U0341972

中國水利史典

珠江卷一

◎中國水利史典編委會　編

图书在版编目（CIP）数据

中国水利史典. 珠江卷. 1 / 《中国水利史典》编委会编. -- 北京 : 中国水利水电出版社, 2015.11
ISBN 978-7-5170-2073-8

Ⅰ. ①中… Ⅱ. ①中… Ⅲ. ①水利史－中国②珠江－水利史 Ⅳ. ①TV-092

中国版本图书馆CIP数据核字(2014)第112794号

中國水利史典　珠江卷一

作者：中國水利史典編委會　編
出版：中國水利水電出版社
（北京市海淀區玉淵潭南路1號D座　100038）
經售：北京科水圖書銷售中心（零售）
全國各地新華書店和相關出版物銷售網點
排版：北京萬水電子信息有限公司
印刷：北京科信印刷有限公司
規格：184mm×260mm　16开本　47.25印張　876千字
版次：2015年11月第1版　2015年11月第1次印刷

定價：430.00圓

『十一五』國家重大工程出版規劃圖書

『十二五』國家重點圖書出版規劃項目

首批國家出版基金資助項目

中國水利史典

主　　編　陳　雷

常務副主編　周和平　李國英　周學文

副 主 編（按姓氏筆畫排序）

匡尚富　任憲韶　岳中明　党連文　陳小江

陳東明　葉建春　湯鑫華　蔡　蕃　鄭連第

劉雅鳴　錢　敏

中國水利史典

編委會

主　　任　陳　雷

副 主 任　周和平　李國英　周學文

委　　員（按姓氏筆畫排序）

王愛國　田中興　匡尚富　曲吉山　任憲韶　李　鷹

汪　洪　汪安南　武國堂　岳中明　周魁一　党連文

高　波　陳小江　陳東明　陳明忠　孫繼昌　張志彤

張志清　張紅兵　葉建春　湯鑫華　鄭連第　鄧　堅

劉　震　劉建明　劉雅鳴　劉學釗　錢　敏

編委會辦公室

主　　任　陳東明

常務副主任　穆勵生

副 主 任　馬愛梅　杜丙照

主任助理　宋建娜

成　　員　王　藝　楊春霞　張小思　朱　莉　趙　耀

中國水利史典

專家委員會

主　　任　鄭連第

副 主 任　蔡　蕃　張志清　譚徐明　蔣　超

委　　員（按姓氏筆畫排序）

王利華　王紹良　牛建强　毛振培　尹鈞科　吕　娟

江金照　杜　翔　李孝聰　吴宗越　范文錚　周魁一

查一民　段天順　徐海亮　郭　濤　郭康松　高　紅

陳茂山　陳紅彦　馮立昇　馮明祥　張汝翼　張廷皓

張孝南　張衛東　鄒寶山　鄭小惠　黎沛虹　謝永剛

竇鴻身　顧　青

序一

讀史明今　鑒往知來

經過四年的緊張籌備和編纂，《中國水利史典》開始正式出版。這是貫徹落實黨的十八大精神、加快推動水文化建設的重要舉措，也是功在當代、澤被後人的重大工程。

我國是一個治水歷史悠久的文明古國和水利大國，興修水利、治理水害、消除水患歷來是治國安邦的頭等大事。在長期的治水實踐中，中華民族不僅修建了都江堰、鄭國渠、靈渠、京杭運河、黄河堤防、江浙海塘等衆多舉世聞名的水利工程，而且非常注重對治水歷史的記録整理。早在公元前一百年前後，歷史學家司馬遷就在《史記》中安排專章，記述了從公元前二十一世紀的大禹治水到西漢時期的重大水利事件，第一次提出了以防洪、灌溉、排水、航運、供水爲主要内容的『水利』概念，開了史書專門記録水利史的先河。繼司馬遷之後，我國編纂水利歷史、總結治水經驗、探索水利規律、提供後世借鑒的優良傳統薪火相傳，綿延至今，留下了《河渠書》《水經注》《水部式》《河防通議》《行水金鑑》等諸多彌足珍貴的水利文獻，形成了獨特而豐富的水文化。

盛世修典是中華民族的優秀傳統。我國水利典籍卷帙浩繁、博大精深。但是，經過千百年間朝代更替、戰火兵燹、天災人禍，許多珍貴歷史文獻遺失或毀損。能够保存至今的古代文獻，藏本分散，複本稀少，孤本難求，極爲珍貴。爲了保護好、傳承好、利用好這些古代文化遺産，全面揭示歷代水利事業的輝煌成就，系統總結我國水利發展的歷史規律，傾力打造文化出版精品工程，爲水利改革發展提供可資借鑒的歷史經驗和現實指導，在國家圖書館和國家出版基金管理委員會的精心指導和大力支持下，水利部决定組織編纂《中國水利史典》。

作爲國家出版基金管理委員會批准并首批支持的重大出版項目，《中國水利史典》具有以下五個鮮明特點：一是歷史的厚重性。《中國水利史典》編纂内容上起大禹治水，下迄一九四九年，涉及我國五千年治水歷史，不僅是新中國成立以來實施的最大單項水利出版項目，也是我國乃至世界歷史上文獻最豐富、結構最完整、時間跨度最長、篇幅規模最大的水利典籍集成。其中收録的歷史文獻，記述了江河湖泊的自然狀况及其演變，記述了治水思想和治水方略的歷史變遷，記述了興修水利的艱辛實踐，記述了水利科技的進步歷程，記述了水利規約制度和管理經驗，凸顯了中國治水實踐的歷史縱深感。二是文化的傳承性。中華民族數千年的治水實踐，不僅創造了豐富的物質文明，而且積澱了深厚的文化財富。《中國水利史典》既是對水利歷史文獻的系統整編，也是對中國治水文化的全面梳理，凝聚了中華民族在治水興水漫長歷史進程中積累的科學認識、思想理念。這是祖先留下的寶貴遺産，是中華民族歷史經驗和智慧的結晶，也是中國傳統文化的絢麗瑰寶。三是内容的豐富性。我國現存的水利典籍，僅專著就有上千種，輿圖、碑刻、拓片、劄子更是不勝枚舉，水利古籍數量之多、領域之廣、內容之豐，居於世界前列。按照編纂方案，《中國水利史典》全書總計十卷，約五十個分册，近五千萬字，可謂鴻篇巨制。在編纂過程中，相關人員充分依托國家圖書館和其他機構的古籍文獻資源，深入查找，廣泛搜集，全面摸清了水利典籍的內容、種類和分布情況，科學厘清了部分文獻記述的來龍去脉和具體特徵，基本做到了應收盡收、精華不漏、系統完整。四是體例的科學性。《中國水利史典》嚴格遵循統一的編纂體例格式，對水利歷史典籍進行甄别、校勘、標點和評注。屬於專門水利著作而內容系統完整的，收録全書；內容涉及門類衆多而水利單獨成篇的，摘録相關篇章；內容豐富而龐雜的，節録水利相關文字和插圖。全書主體部分是經過校點的典籍本身或摘編，全部用繁體字出版，保留了原汁原味。作爲輔助部分的評注，文字簡潔，表述客觀，説理有據，爲讀者閱讀和理解主體部分內容提供了便捷通道。五是編纂的嚴謹性。水利部專門成立編委會，要求各有關單位全力配合、大力支持。爲選准配强編纂隊伍，編委會特别從高校、科研機構選聘了一批綜合素質高、工作責任心强、古文功底深厚、文史水平較高的專家學者參與相關分卷的編纂工作；堅持馬克思主義的立場觀點，堅持科學正確的學術方向，既兼收并蓄、博采衆長，古爲今用，又科學鑒别、去僞存真，去粗取精；建立嚴格規範的工作制度，明確每個環節、每位人員的責任，嚴把選題、大綱、點校、評注以及編輯、出版、印刷等關鍵環節關口，確保了編纂質量的高標準。

『以古爲鑒，可知興替』。當前和今後一個時期，是全面建成小康社會的關鍵時期，是加快轉變經濟發展方式的攻堅時期，也是大力發展民生水利、推進傳統水利向現代水利、可持續發展水利轉變的重要時期。二〇一一年中央一號文件、中央水利工作會議對水利改革發展作出全面部署，黨的十八大把水利放在生態文明建設的突出位置，提出了新的更高要求。《中國水利史典》的出版，爲當前水利工作提供了寶貴的歷史借鑒，爲開展現代水利科學研究提供了深厚的文獻基礎，對於豐富和完善可持續發展治水思路，推進民生水利新發展，加快水生態文明建設，具有重要的現實意義和深遠的歷史影響。我們要充分吸收借鑒歷史實踐的經驗智慧，緊緊抓住用好治水興水的戰略機遇，在新的歷史起點上加快推進水利改革發展新跨越，讓江河更加安瀾，山川更加秀美，人民更加安康，讓水利更好地造福中華民族。

是爲序。

中華人民共和國水利部部長

二〇一三年七月

序　二

汲古潤今　嘉惠萬代

盛世修史治典是中華民族的優秀傳統。水利部組織相關領域專家，系統整理我國水利典籍，編纂《中國水利史典》，全面揭示我國歷代水利事業的輝煌成就，系統總結我國水利發展規律，爲當今水利建設提供借鑒，是一項功在當代、嘉惠子孫的重要文化建設項目。

中國幅員遼闊，從世界屋脊的青藏高原到東海之濱，黄河、長江蜿蜒流轉，奔流不息，經歷高山峽谷、草地平原，造就了獨具特色的景觀。巨大的落差和磅礴的水系，也使生活在這片土地上的人們很早就懂得涵養水源、興修水利，疏通河渠，造福生靈，中國的江河水利哺育滋養了璀璨的中華文明。

中國作爲一個歷史悠久的農業大國，歷來重視水利建設，它不僅是農業的命脉，也是治國安邦的要務。從大禹治水至今，涌現出許多可歌可泣的治水英傑，留下了許多造福萬代的水利工程。《元史·河渠志》中曾説：『水爲中國患，尚矣。知其所以爲患，則知其所以爲利。』歷代王朝都十分關注水利建設，康熙皇帝親政之初即把河務、漕運和三藩等三件大事寫成條幅懸挂堂中，作爲立國根本。一部中華民族繁衍發展史，在很大程度上也是中華兒女興水利、除水害的歷史。中華先賢不斷總結治水經驗和規律，留下了卷帙浩繁的水利典籍，數量和内容之豐富，都居於世界前列。這些典籍至今仍閃耀着光芒，是我們治水興國的重要鏡鑒。

早在先秦時期，《禹貢》《管子》《周禮》《考工記》等典籍中，就記有全國水土資源、水流理論、渠系設計、測量方法、施工組織及管理維修等知識。吕不韋等編修《吕氏春秋》，最早提出水文循環原理。西漢時期，著名史學家司馬遷在《史記》中就有記載水利的篇章——《河渠書》，該書記載了從大禹治水到漢武帝黄河瓠子堵口這一歷史時期内一系列治河防洪、開渠通航和引水灌溉的史實。後世的《水經注》、正史中的《河渠志》，以及《農政全書・水利》等，均是水利文獻中的代表作。隨着水利事業的發展，唐代中央政府頒行了我國第一部水利管理法規——《水部式》。這部珍貴法規二十世紀初在敦煌出土後被伯希和劫走，現藏法國國家圖書館。一九三五年，國立北平圖書館（國家圖書館前身）派員把這部珍貴文獻拍照帶回。《水部式》有二千六百多字，内容包括農田水利管理、航運船閘和橋梁渡口管理、漁業和城市水道管理等内容。《水部式》還規定，水利管理的好壞將作爲有關官吏考核晋升的重要依據。中華民族善於學習，兼收并蓄，明末徐光啓與傳教士熊三拔合譯的《泰西水法》，結合中國水利具體情況，經過實驗後，編譯成書，圖文并茂地記述了往復抽水機、螺旋提水車、雙筒往復抽水機等水利機械的結構和製造方法，以及修建蓄水池和鑿井的基本方法，爲近代西方水利技術的引進開了先河。

在衆多存世的河渠水利文獻中，各種類型的河工輿圖最能直觀描繪水利狀況，尤以明清時代河防工程體系形態最爲重要，如黄河河工輿圖上的提示，明確了各種堤防適合在哪一段工程中使用，如果配合文字史料，就可以細化黄河水利史的研究。又如在運河輿圖上有大量詳盡的文字注記，對沿途各程站的名稱與間距、運河水閘間里程、運河沿綫湖泊大小和儲水量多少、運河與其他水道通塞情况、各運河廳管段交界等狀况均有詳細的文字記述，可以通過地圖上的景物、地名與注記逐一對應，至今仍有重要的參考價值。

這些古代水利典籍，是中華民族的寶貴經驗和智慧結晶，源遠流長，博大精深，有待進一步整理、揭示、傳承、利用，這正是編纂出版《中國水利史典》的重要意義所在。

國家圖書館是全國最大的古籍收藏機構，也是古今水利典籍收藏數量最多的單位之一。在這些古籍和民國文獻中，有大量具有重要價值的水利史典籍。特别是有關河渠水利的地方文獻、金石拓片、輿圖資料和老照片檔案等，内容豐富，頗具特色。這些典籍，有的記録江河湖海的自然狀况，有的反映河渠水利的修造過程，有的闡述治水防灾的方略，有的彰顯造福百姓的德政，不乏精品，有重要借鑒意義。新中國成立後，水利部門爲了治河防洪，曾充分利用國家圖書館收藏的古舊河道圖。如一九六四年，水電部水利史研究室、水電部北京勘測設計院根據毛主席『一定要根治海河』的指示進行重大水利工程建設，制定漳、衛、滏陽、滹沱等河流域的治水方案，爲此查閲了當時國家圖書館收藏的各地清代河道圖一百餘種，爲工作的順利開展提供了文獻保障。

二〇〇七年，國務院下發《關於進一步加强全國古籍保護工作的意見》後，古籍整理及利用受到更多關注。《中國水利史典》作爲古籍整理的重要工程，一定會成爲名山之作，傳之後人。

國家圖書館館長
國家古籍保護中心主任
周和平

二〇一三年七月

中國水利史典

編纂説明

《中國水利史典》是中華人民共和國成立以來首次全面系統整編水利歷史文獻的大型工具書。它全面記録了我國歷代水利事業的輝煌成就，系統呈現了我國水利發展規律，可爲現代水利建設提供借鑒。它既是梳理歷代治水脉絡、服務現代水利的大型出版工程，也是傳承治水文明、弘揚中華水文化的重要文化工程。

二〇〇七年，中華人民共和國國務院批准設立了『國家出版基金』，這是繼『國家自然科學基金』『國家社會科學基金』之後設立的第三大文化類基金。經過申請，二〇〇九年《中國水利史典》被國家出版基金管理委員會批准爲首批支持的項目，并被新聞出版總署列爲『十一五』『十二五』國家重點圖書出版規劃項目。二〇一〇年，水利部決定成立《中國水利史典》編纂委員會（以下簡稱編委會），負責領導全書編纂工作，并成立了編委會辦公室和專家委員會。編委會辦公室設在中國水利水電出版社。

中華文明有三千多年連續的文字記録，其中關於防洪、灌溉、水運等治水的文獻，爲人們提供了寶貴的歷史借鑒。紀傳體史書《二十五史》中的水利專篇《河渠志》，是中國水利史的縮編；以《資治通鑑》爲代表的編年體史書記載了歷代有重大影響的水利項目；歷代紀事本末體史書把散見於不同年代的同一水利項目編輯在一起；歷朝的會要、實録是歷史事實的原始記録，水利内容豐富。在古代行政管理及法制文獻中，也有如唐《水部式》、宋《農田水利條約》等十分珍貴的資料。大量現存的關於流域綜合治理的水利專志，是研究江河湖泊及其治理的重要依據，如明代《問水集》《河防一覽》《漕河圖志》《漕運通志》《浙西水利書》等。此外，清代編寫的《行水金鑑》《續行水金鑑》等水利史料彙編性圖書，分别摘録了黄河、長江、淮河、濟水和運河從遠古傳説到清代的水利史實。古代科技著作中亦不乏水利記載，如宋代著名科學家沈括的《夢溪筆談》、元代王禎的《王禎農書》和明代徐光啓的《農政全書》等著作中都有關於河湖和水利的内容，有的還比較詳細。

爲把這些浩如烟海的水利文獻有序整理出版，《中國水利史典》分爲十卷，分别是綜合卷、長江卷、黄河卷、淮河卷、海河卷、珠江卷、松遼卷、太湖及東南卷、運河卷和西部卷。其中，綜合卷收録的主要是全國性和跨流域的水利文獻，長江卷、黄河卷、淮河卷、海河卷、珠江卷、松遼卷六卷以相關流域範圍内水利文獻爲主，太湖及東南卷收録的主要是太湖流域、浙、閩、臺地區流域、獨流入海河流及海塘的文獻，運河卷收録的主要是京杭運河及全國性運河的文獻，西部卷包括西北和西南地區流域的水利文獻。

《中國水利史典》所收録的文獻時間範圍確定爲從有文字記載開始至一九四九年止。每卷分爲若干册，每册書一百萬字左右，收録一种文獻（稱爲編纂單元）或數种文獻，主要采用標點、校勘、注釋等方式，并增加整理説明、前言、後記等内容重新排版後付梓。

本次水利古籍整理工作的原則是：句讀合理，標點正確，校讎細緻，校勘有據。主要工作如下：

一、對原文獻分段，逐句加標點。標點遵循GB/T 15834—2011《標點符號用法》。

二、對原文獻進行校勘。凡有可能影響理解的文字差異和訛誤（脱、衍、倒、誤）都標出并改正，如有必要再以校勘記進行説明，校勘記置於頁末，文中校碼〔一〕〔二〕〔三〕……緊附於原文附近。正文改字在正文中標注增删符號，擬删文字用圓括號標記，正確文字用六角括號標記，如把擬删的『下』改成『卜』，格式爲『（下）〔卜〕』。

三、對於史實記載過於簡略、明顯謬誤之處，以及古代水利技術專有術語，專業管理機構，工程專有名稱、名詞等，進行簡單注釋。

四、整理後的文獻采用新字形繁體字。除錯字外，通假字、異體字原則上保留底本用字，不出校。

五、每個編纂單元前，有文獻整理人撰寫的『整理説明』。其主要内容包括：文獻的時代背景，作者簡介及其主要學術成就，文獻的基本内容、特點和價值，文獻的創作、成書情況和社會影響，本次整理所依據的版本及其他需要説明的問題。

六、每册書前，有卷編委會或卷主編撰寫的『卷前言』。其主要内容包括：本分卷涵蓋的水域範圍及其地理、水文、水資源基本特點，水域範圍内主要的古代水利事件、水利工程、水利典籍及其在現代水利中發揮的借鑒作用和參考實例，本分卷典籍入選原則，與編纂有關的、需要特别説明的問題，編纂組織工作簡介。

七、整理過程中，有根據文獻收録情況撰寫的『後記』。其主要内容包括：本册選取編纂單元的原則以及需要重點提示的問題，本册書不同編纂單元中有關職官、異體字等内容在點校工作中不同於其他分册的問題，本册書成稿過程中需要特别向讀者説明的事情。

八、爲便於檢索，書籍出版時在雙頁面加『中國水利史典　分册名』書眉，單頁面加『編纂單元名　篇章名』書眉。

九、爲保持文獻歷史原貌，本次整理不對插圖進行技術處理。

《中國水利史典》的編纂出版得到了水利行業及社會各界的廣泛關注和大力支持。水利部長江水利委員會、黄河水利委員會、淮河水利委員會、海河水利委員會、珠江水利委員會、松遼水利委員會、太湖流域管理局、中國水利水電科學研究院等單位承擔了相關分卷的編纂工作。國家圖書館、國家古籍保護中心、中國科學院、中國社會科學院、清華大學、北京大學、北京師範大學、南開大學、中華書局等單位爲本書的編纂出版提供了積極的幫助。本書的點校專家、審稿專家、編纂工作組織者、編輯出版人員亦付出了巨大努力，在此誠表謝意。

《中國水利史典》是連接歷史水利與現代水利的橋梁，搭建這座橋梁工程浩大，編校繁難，在編纂出版過程中難免存在疏漏與錯誤，歡迎讀者、專家批評指正。

《中國水利史典》編委會辦公室

中國水利史典　珠江卷

主　　編　岳中明

常務副主編　黄遠亮

副　主　編　李春賢

執行副主編　張宇明

參編人員　張孝南　張宇明　萬　毅　嚴　黎　馬　濤

前言

珠江地處我國南方，是我國七大江河之一。流域片涉及雲南、貴州、廣西、廣東、湖南、江西、海南、福建八個省（自治區）。它背靠五嶺，瀕臨南海，處於熱帶、亞熱帶地區，自然條件得天獨厚，地緣人文條件優越，在我國經濟社會發展中具有十分重要的戰略地位。珠江流域地形地貌複雜，水文氣象條件特殊，水資源時空分布極不均勻，洪澇災害、乾旱缺水、水污染、水土流失等水問題比較突出。

古往今來，人們不斷地認識、治理和開發利用珠江。在千百年漫長的歲月中，人類以自己的聰明才智，在珠江流域興水利、除水害，創下了許多光輝的業績。秦鑿靈渠，溝通了長江與珠江兩大水系，開拓了珠江水利史。秦漢用兵嶺南，促進了珠江水運的發展。珠江水系的航運爲國家的政治統一、經濟繁榮、文化發展發揮了不可忽視的作用。珠江上游高原湖泊的開發治理，中下游廣大山丘地區陂堰引水工程和山塘、水車蓄提灌溉的广泛應用，下游及三角洲堤圍的興修，都爲流域農業發展、經濟繁榮、社會進步做出了巨大貢獻。然而，珠江流域也時常發生水旱灾害，給社會造成損失，給人民帶來苦難。近代，一九一四年成立了珠江流域性治水機構——督辦廣東治河事宜處，流域的綜合治理與開發被提上議事日程。

自秦漢至民國時期兩千多年來，珠江水利的發展取得了巨大的成就，積累了豐富的經驗，也爲後人留下了許多有關古代人們認識、治理珠江的歷史過程和經驗教訓的各類水利文獻，包括史書、方志、文集、遊記、碑刻、圖記等。這些古籍文獻是治理開發珠江的歷史見證，也是古人認知、改造、開發利用珠江的成果總結。

《中國水利史典》是『十二五』國家出版規劃重點圖書、國家出版基金首批支持的重大出版工程，是一部系統彙編中國水利歷史文獻的大型工具書。《中國水利史典·珠江卷》（以下簡稱《珠江卷》）是《中國水利史典》的重要組成部分，做好《珠江卷》的編纂工作，系統地總結珠江水利發展的客觀歷程和歷史規律，爲當代治江事業和建設緑色珠江提供有益的借鑒，是一項非常有意義的事情。

在水利部和《中國水利史典》編委會的統一安排部署和幫助指導下，珠江水利委員會組織開展了《珠江卷》的編纂工作，並精心遴選了《珠江卷》入典書目。在有關各方大力支持下，經過編纂人員的艱苦努力，《珠江卷》得以按時交稿。

我們國家歷來有盛世修典的優良傳統。在經濟社會迅速發展的今天，珠江水利再掀改革發展新浪潮，民生水利不斷發展，緑色珠江理念深入人心。我們不仅需要先進的當代科學技術、國内外發展的經驗成果，同時也需要認真汲取古人治水的智慧和經驗，做到古爲今用。在這裏，也寄語《珠江卷》的編纂人員，不畏艱難，再接再厲，繼續做好《珠江卷》的各項工作，爲珠江水利事業和『緑色珠江』建設做出新的貢獻。

是爲序。

《中國水利史典·珠江卷》主編

目録

〔清〕明之綱　輯

桑園圍總志

張孝南　整理

整理説明

《桑園圍總志》是一部將桑園圍歷年歲修記録彙總後的輯録，爲以後的歲修和大修提供借鑒和依據。

桑園圍創建於宋徽宗時期，由時任宰相何執中組織民衆創建。分爲東、西兩堤，東自吉水上金鷄坦起，下至𪘏罟墩止，西自鳳窩界起，下至甘竹止，俱爲土堤，捍護田宇。底寬十二丈，面寬六丈，圍形如箕，箕腹在北，箕口在南，即甘竹與龍江、龍山三堡。堤成四年後，因大路峽决堤漫溢，便添築吉贊横基以抵禦上游水流衝擊。後人一直秉持不與水争地的原則，不斷在原堤基礎上增卑培薄，加固原堤。明代，隨着築堤技術的提高，洪武季年九江紳士陳博民考察了當時的西、北兩江的情況，提出於圍東南隅倒流港以船裝大石沉於此，堵塞了原來的圍口，將原來的泥土的開口圍連成一個綿亘數十里的完整的泥石基大圍。並將圍基維護與該地主人結合在一起，小修自理，大修全圍按地均派，形成定例。

《桑園圍總志》是以前各志的彙編，總字數約三十萬字。編輯者明之綱爲當時桑園圍紳士、在籍直隸候選同知，早年即參與桑園圍的歷次大小修，亦爲同治六年丁卯桑園圍歲修的主要發起人和工程主要組織者之一。因歲修之需要查諸前志，但『恐舊版無存，圍志湮没』，從而『悉照甲寅志式翻刻，重者删之，缺者增之，合而爲總志』。

全志共分十四卷，卷一、卷二爲乾隆五十九年甲寅通修志；卷三爲嘉慶二十二年丁丑續修志；卷四爲嘉慶二十四年己卯歲修志，卷五、卷六爲嘉慶二十五年捐修志；卷七至卷十爲道光十三年癸巳歲修志；卷十、卷十一爲道光二十四年甲辰歲修志；卷十二爲道光二十九年己酉歲修志；卷十三爲咸豐三年癸丑歲修志；卷十四爲同治六年丁卯歲修志。

據明之綱在序中言，從己卯志始，歲修皆有志紀實。奏撥之摺，請領之呈，報銷之册，莫不詳載以備考，而圍志遂爲歲修必不可缺。此也爲桑園圍發展中區别於其他水利工程的特别之處。而癸巳志爲前志集大成者，分類纂輯，體例最善，後來的甲辰志、己酉志俱仿此志。直到民國時期，何炳堃編纂《續桑園圍志》，此制度一直保持着。

比起後來的《重輯桑園志》，該志體例尚不完備，而且各志輯録時有重複現象，如《穀食祠記》在甲寅志中已録，在丁卯志中又複重録。但《桑園圍總志》在保存資料上的價值功不可没。

每有較大歲修和通修，皆載於志乘，使有案可稽，使後人有鑒。正因爲桑園圍特殊的維修方式和地理環境，才造成其修必載志、派必有據的特點，也減少了其中的利益争執，降低了其維修成本，提高了其堤圍維修的效率。

本編纂單元整理工作由張孝南完成，由張宇明、萬毅、嚴黎、馬濤、王绍良審稿。不當之處請批評指正。

整理者

桑園圍總志序

桑園圍堤建始北宋，逮明洪武季年，陳東山叟修築全堤，亦未纂輯圍志紀事。厥後，分修基段遇坍決，按基址築復，記載闕如也。昔人論河渠，謂：繕完舊堤，增卑培薄爲下策。若桑園圍則不然。東西基遵海捍築，偶決，依舊加修，不與水争地。圍東南隅倒流港、龍江滘兩水口不設閘陡，水聽其自爲宣洩，受水利不受水害，亦地勢使然，至今稱便。

乾隆甲寅圍決，温質坡少司馬倡議籌欵，闔圍通修，不分畛域，工程最鉅。圍志爰是創始。厥後，丁丑志繼之，己卯志、庚辰志又繼之。嘉慶丁丑冬温少司馬復在籍，請督撫憲奏准借帑生息，爲本圍歲修專欵。己卯之役，實爲領歲修之嚆矢，歷屆歲修皆有志紀實，奏撥之摺、請領之呈、報銷之册，莫不詳載，以備徵考，而圍志遂爲歲修必不可缺。是歲，經盧、伍二紳捐銀十萬兩，改建石堤，歲修銀撥歸籌備堤岸欵項，從此歲修暫歇，已詳庚辰志内。至道光癸巳，鄧鑒堂觀察、潘思園封翁援例案請督撫憲奏撥本欵，而歲修復舊。癸巳一志裒前志而集大成，分類纂輯，體例最善，即己丑伍紳捐貲修築摺册，亦備載癸巳志中。嗣是，而甲辰志、己酉志俱倣此。迨咸豐癸丑歲修甫竣，未及紀事，遽遭兵燹，志板遂燬。迄同治丁卯歷十五年，東西基多坍卸，遇潦漲，潰決可懼，唯亂後帑本息别經提用。同治三年十二月，督撫憲撥還本欵銀貳萬貳千七百餘兩，照舊發商生息。同治四年閏五月，潘蓮舫侍御奏請將本欵全數撥還。年來督撫憲均擬籌撥清欵，旋於丁卯、己巳頻年請領歲修，前後皆俯准，發給應急，紀以志，併查癸丑檔册補之。

諸君子恐舊板無存，圍志湮没，謀再付剞。以甲寅志板最豁目，各志之大小參差者，悉照甲寅志式翻刻，重者删之，缺者增之，合而爲總志。適盧明經夔石勷理邑志局務，且圍例曉暢，爰請其手校，編定卷首，特標列總目，庶易於查覽焉。

同治九年歲次庚午蒲月　明之綱謹識

桑園圍全圖

同治庚午年繪

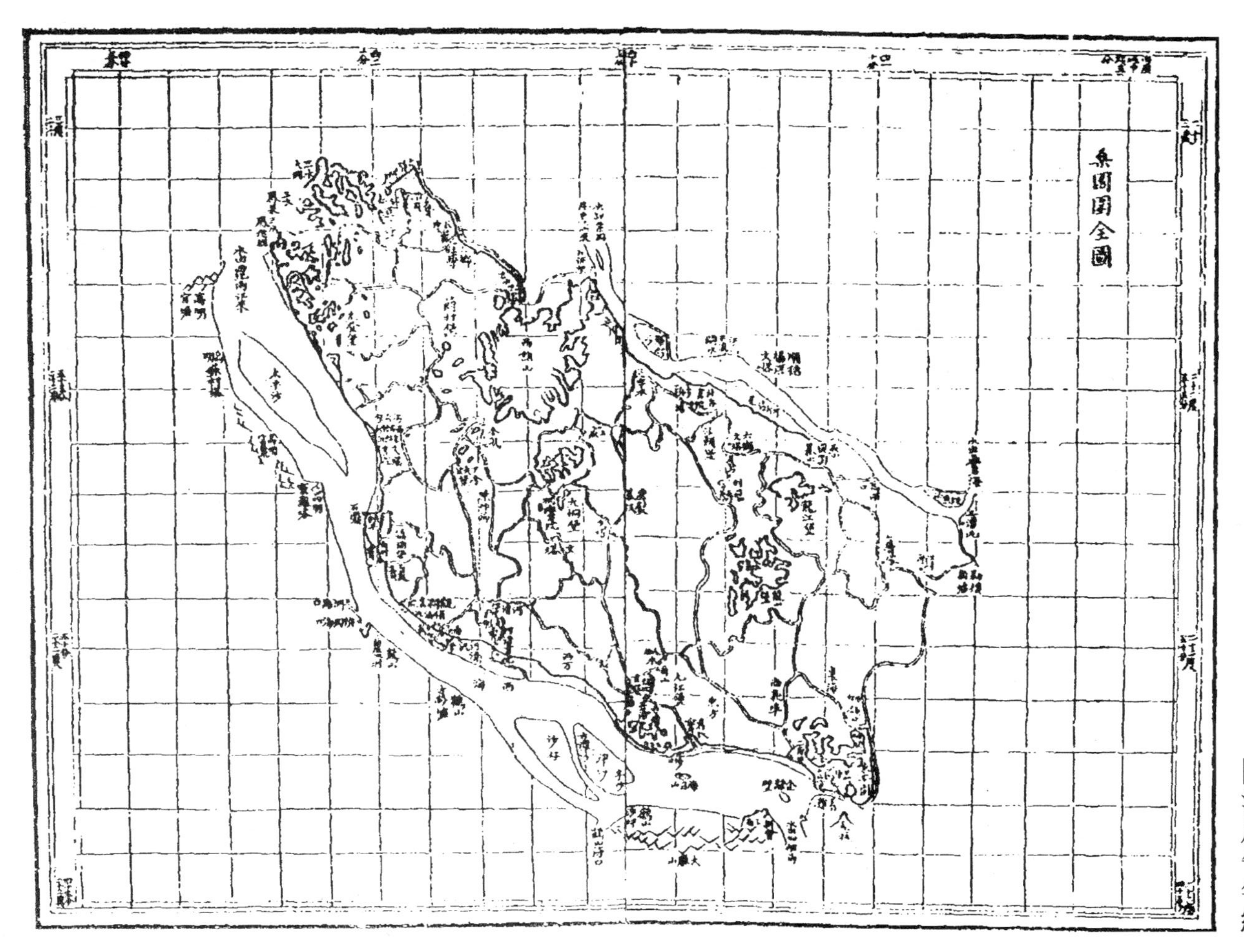

桑園圍舊有全圖，泐石河神廟門首，但位置方向未盡符合。適重修邑志，聘鄒特夫徵君司圖繪事，乃請其徒鄒子景隆周歷圍内各堡，按丈尺界址，别繪一圖，泐〔一〕石廟内，復倣繪縮本，列圍志之首，庶便於觀覽焉。

〔一〕泐同『勒』。本志統用『泐』不用『勒』。

目録

甲寅通修志目録

卷一

卷二

[一] 原書該題有目無内容。

卷一　乾隆五十九年甲寅通修志

陳博民穀食祠記

南海廣之沃壤，唯鼎安沿流西江，自牂牁暨欝林諸江並匯于梧，合流，經封康，出高要峽，踰西樵山入海。湍瀨衝激，漲阡陌，圮濵江民廬舍，歲相望不絶，民束手屏耒耜。前代雖有堤防，尋起尋伏，不過踵白圭之餘法。百〔一〕洪武季年，九江東山叟博民陳君迺相原隰，謂夏潦之湧勢，莫雄于倒流港，窒之必殺其流。于是度以尋尺，約其規矩，簡易如指掌，迺入京師，稽顙玉墀下，悉縷陳其便宜。太祖高皇帝嘉之，即勅有司呼子來之，民率疏附之。衆屬博民，董其役，由甘竹灘築堤，越天河，抵横岡，絡繹亘數十里。經始丙子秋，告成丁丑夏。是歲大稔，民皆舉手加額相慶，曰：帝德如天，粒我蒸民，萬世利也。然非陳氏子勇于有爲，則下民疾苦，上何由而知乎？今餒者有餘粟，寒者有餘衣，父子以樂，室家以和，無流離饑殍者，倚誰之力也？不有報德，何以勸善？乃相率鳩村建祠三間，額曰：穀食祠，爲游息之所。

里人岑平漢等走隣壤新會，請記于予。予維洪範八政以食貨爲首，管子五事以溝瀆爲先，蓋溝瀆遂，則食貨由是而出，此王政之要，農務之急，司牧者之責也。今博民無是責而能施政，可不謂賢乎？設使居其位，任其責，必能大有爲，不失民望矣。夫酬功報德士君子之心也，二三子拳拳若此，予不可不成人之美。遂記其事而繼之以頌。

天生蒸民，稼穡是依。疇昔洪水，黎民阻飢。禹稷既興，萬世農師。裁成其道，輔相其宜。水患既平，百穀既生。迺粒迺食，迺安迺康。後世有作，孰繼其良？堯佐于滑，子瞻于杭。彼美博民，頡頏前人。才堪撫衆，志存濟民。挾策獻納，前席講論。功加當時，澤被後昆。桑田滄海，坐見遷改。以耕以牧，以勞以來。萬實告成，三時不害。紀績貞珉，光于前載。

新會古岡秫坡翁黎貞記

崇（正）〔禎〕〔二〕十年丁丑歲仲夏吉旦重修立石

重修吉贊横基碑記

蓋聞善作貴於善成，有舉期于勿廢。凡經理之道皆然，況基圍之設，所以扞〔三〕水潦，利國家，而庇民人者也。莫爲之前，雖美弗彰；莫爲之後，雖盛弗傳。

我桑園一圍，向無基址，遇横潦，靡有寧居。宋時始于東西沿江建築圍基。越數年，復添築間堵横基，以除水患。前則有大憲何公、張公規畫于上，繼則有義士博民陳公等

〔一〕百　疑爲『自』之誤。

〔二〕崇正　應爲『崇禎』，爲避雍正帝之音諱而改，下同。

〔三〕扞　同『捍』。

踵修于下。其中經理源流，建修年月，基址廣狹高低，上下界至，詳勒前碑，兹不具述。保障無虞，慶奠安者三十七年矣。今乾隆己亥夏五朔，西北兩江水勢浩瀚，環繞通圍。越五日，三水波角崩陷，湧漲下流。初十日，吉贊横基水溢過面，堵截維艱，坍決三口，計長三十丈有奇。圍内早稻乏收，房屋傾圮，指不勝屈。十有八日，各堡圖甲集儒村鄉佛子廟，酌議堵塞，得蒔晚稻。緣以倉卒，防衛未堅，基址低薄，呈憲給示，就近委員督築，在南北田圳取土，由近及遠。復論糧均派，每兩條銀起，科銅錢三百五十文，以爲基工費。是歲十有一月初四日興工，歲暮告竣，半載經營，乃得如前鞏固。

念始創維艱，接修匪易，遂將原創廟宇增以深廣，前座禋祀洪聖王，後座奉祀丞相暨歷代先賢。廟右搆小室一，置田産，募司祝，俾歲時伏臘享祀無窮，永誌甘棠之愛。并將田産、土名、税畝附録于碑，謹識。

署南海縣江浦司候補州右堂蔡諱應芳

南海縣江浦司巡廳加一級陶諱秉鑑

總理

何鴻蜚　劉仁魁　潘宗儒　趙符彩　曾翰元

譚昭和　吴章錦　戴斐章　潘健和　李殿昭

協理

吴佩熙　李貴參　關深和

里人傅雲山記

乾隆四十四年歲次己亥季冬穀旦立石

會奏水患情形[一]

兩廣總督覺羅臣長、廣東巡撫臣朱跪奏爲高要等縣被水，現經查勘撫卹，據實奏聞事。

竊查：肇慶府屬之高要縣有端江一道，受廣西貴州湖南等處之水，由三水縣會潮入海。本年六、七月間，西水較大，東注會流，勢頗浩瀚。先據高要縣知縣傅錫山稟報，臣等即飭藩司委員，會同該道府縣，確查妥辦。據委員等稟覆，水勢逐漸消退等情，兹于八月初一、初二、初三等日，潮勢西漲，與端江之水迎面頂阻，以致上流遏逼于高要，地方漫溢，民田被浸，房屋亦多塌卸。幸水由漸長，該管道府縣于甫經長水之時，即飛傳各處鄉約地保速飭居民移避高阜，是以並未損傷人口。其蓋藏米穀搶獲者十之七八，漂没者十之二三。又與高要縣之接壤三水、四會、高明等縣，亦有間被水溢地方。適臣長赴廣西閲兵，經過高要，目擊情形，棚棲濕處，當即親加履勘，飭令該府縣先行酌爲撫卹，不使稍有失所。一面飛札知照臣朱並據該道、府、縣查報前來。臣等伏查高要被淹田畝，勢處窪下，恐一時不能全行消涸，有悮晚禾，且修葺房屋，築復圍基，民力亦有不能兼及之慮。合無仰懇皇上天恩，將被

[一] 原書正文無此標題，現據目録補。

水貧民無論極次，先行賞借一月口糧，以資接濟。查係一隅偏災，米糧尚不昂貴，所借口糧，應請全放折色，以便民用。其冲塌房間，照例查明，給予修費。所有被水村庄，本年應納錢糧及未完舊欠，請一并緩至來年秋後帶征，如此辦理，民力自覺寬紓，仰沐聖慈實無既極。

至粵省天氣温暖，菜蔬雜糧九、十月間尚可翻犁播種，此處被水田畝能于秋冬之交消涸罄盡，民間尚可赶緊補種，不致乏食。倘有停淤未消，不能補種，臣等届期再行確勘情形，核實妥辦。

再廣州府屬之南海縣，地居下流，沿河一帶亦有海潮頂漲之處。臣等現飭委藩司陳親赴各處，逐加查勘，分別妥辦，所需銀兩撥欵，動支核實報銷。一面飛飭委員，會同該府縣確查被水村庄，户口册報，俟三場事竣，硃卷全進内簾後，臣朱即親往高要督放借糧務，俾實惠及民，不敢稍有濫遺，以期仰體我皇上愛民如子之至意。所有查辦情形，臣長、臣朱謹據實會摺奏聞，伏祈皇上睿鑒。謹奏。

乾隆五十九年八月初十日奏

乾隆五十九年九月十九日奉上諭：

據長等奏高要等縣被水查勘撫邺一摺，内稱高要縣端江水勢漫溢，該管道府等於甫經長水之時，即飭居民移避高阜，並無傷損人口，並親加履勘，先行撫邺等語。高要縣因海潮頂阻被水淹浸，其接壤之區亦間被漫溢，長親赴該處目擊情形，先行酌爲撫卹。朱亦已親往查辦，甚屬妥協。又據稱冲塌房間，照例查明給與修費，並將被水貧民，先賞借一月口糧等語。該處民房猝被冲塌著加恩按例加兩倍給予修費，以示軫邺。所有被水貧民，無論極次，俱着先行賞借一月口糧用資接濟，並將被水各村庄本年應納錢糧及未完舊欠，加恩緩至來年秋後帶徵，俾民力得就寬紓。該督等惟當董率所屬，悉心經理。朱現在親往高要督放借糧，務使小民均霑實惠，毋使一夫失所，以副朕廑念民依至意。欽此。

奏報賞邺被水貧民[一]

廣東巡撫臣朱、兩廣總督覺羅臣長跪奏爲督放高要等縣被水村庄賞借口糧、修費、銀兩，据實奏聞事。

竊查肇慶府屬之高要縣，併接壤之三水、四會、高明、南海等縣，本年八月初間，西潦漲發，漫溢圍基，田廬被浸。據該道府縣查報，經臣與督臣長會摺奏懇皇上天恩，將被水貧民無論極次先行賞借一月口糧。其冲塌房間，照例查明給與修費。被水村庄，新舊錢糧請一并緩至來年秋後帶征，以紓民力，在案。臣等隨飭委藩司陳親往高要、高明、四會、三水、南海等縣查勘坍卸房屋，共大小瓦、

[一] 原書正文無此標題，現據目録補。

坍房屋五千八百四十二間，共給過撫恤修費銀二千五百八十四兩七錢五分。又勘得南海縣之桑園圍，現據各業户赶緊修築，晚禾補種十分之六，勘不成災，稟報到臣。臣等一面分委各員，會同各該府、縣確查高要等處被水村庄貧户丁口，散給印票，於適中之地分設廠所，造具印册申繳前來。臣朱隨於八月二十六日前往三水縣，督放王公等圍貧户七百三十九户，折實大口〔一〕一千八百八十四口半。復巡查高要縣迎因等四廠大灣等二十一圍，親身督放貧户一萬七千八百九十八户，折實大口三萬零七百七十三口。又委廣州府知府朱棟連州知州趙鴻文分往四會、高明縣，會同肇慶府廣五，督同各該縣同時查放内四會縣共貧户二千四百八十一户，折實大口三千二百零七口半，高明縣貧户二千三百二十一户，折實大口四千九百七十九口。以上四縣共折實大口四萬八百四十四口，每口借給口糧銀一錢五分，共賞借過口糧銀六千一百二十六兩六錢。臣認真督辦，不使胥吏冒混，實惠俱已到民，各貧民莫不歡欣，跪領感戴天恩，同呼萬歲。

臣查放事竣，於九月初三日，回省順道查勘南海縣屬之桑園圍等處情形，實屬勘不成災。至各該縣被水村庄應緩征新舊錢糧，飭令藩司陳詳悉確查、核實造册，咨部辦理外，查現在天氣晴霽將及半月，漲水逐日消退，各業佃陸續赶種晚禾糧，得此糧銀接濟，實可同沐皇仁，不致一夫失所。所有督放高要等縣賞借口糧并坍房修費銀兩，查辦緣由，臣朱謹會同兩廣總督臣長據實恭摺奏聞。伏乞皇上睿鑒，謹奏。

乾隆五十九年九月十二日奏

十月二十一日奉硃批：『覽奏稍慰。欽此。』

通修桑園圍各堤碑記〔二〕

南海鼎安都，去縣治西南百二十里，西北兩江環左右流，號稱澤國，有桑園圍各堤捍西江，中塘圍各堤捍北江，延袤幾萬丈，周迴百有餘里。兩江中獨西江稱湍悍，每夏潦暴漲，挾滇黔交鬱諸水建瓴而下，民惴惴焉，以昏墊爲患，故桑園堤工爲最要。

堤之始，相傳創自北宋，然書闕有間。明洪武中曾遣使修天下水利。越二年，鄉人九江陳博民走京師，伏闕陳便宜。詔報可，爰命有司修治。即以博民董其役，自甘竹灘築堤，越天河，抵横岡，綿亘數十里，新會黎貞嘗記之。永嗣是而後，潰決不一，重則董之于官，輕則役之于民。永樂乙未、成化壬寅、乙巳並決。嘉靖乙未決時，御史戴景奏請蠲賦。萬曆丙戌，總督吴文華疏請減租，至丁酉復決。已而海舟堡下堤爲怒濤激齧，文學朱泰等籲請制府護築，新堤堤成。越七年己未而舊堤潰，即今三丫堤是其

〔一〕大口　小孩不算整口人，最後折算成大口。
〔二〕原書目録題爲『藩憲倡修全堤碑記』，現以正文中標題爲準。

故址。崇禎辛巳大路峽決，丹桂十餘堡悉被淹浸，邑令朱光熙捐俸請賑，並請當事助工修峽，明年復捐修鎮涌堡南村各堤二千二百餘丈。逮至我朝順治四年、康熙三十一年、三十三年並決，而三十三年奏免錢糧三分之一。先是雍正五年總督孔公毓珣奏請基圍之務責成于官，或動帑修葺，或督率培補。大中丞傅公泰以海舟堡之三丫堤最衝極險，發帑采石修築，歷癸亥、己亥及甲辰，堤之以決告者復屢矣。

予奉命擢藩東粤，甫越月而桑園圍又以決告。余親歷勘視各堤，潰決計二十餘處，而李村決口長百數十丈，尤難施工。既申請督撫兩院奏准撫恤，并酌量緩征亟籌所以塞之者。適在籍翰林院編修温君汝适暨二邑士民旋以修復請，謂是堤自明初至今四百餘年，潰決無慮十數，皆塞此決彼，迄無成功，欲圖久安，非通修之不可。予曰：此百年之利也，當爲諸君亟成之。太夫人聞之喜，出百金助工。曰：是功德之鉅者，其以此爲善事倡。時南海令李君橒、署順德令王君志槐同廑民艱，屢赴工所，開誠激勸，感動輿情，尅期集事。乃設局修築，而以太學生李肇珠等董其役。措理規畫則有何君瓛洲，往來營度相視則委之九江主簿嵇君會嘉、江浦巡檢司吕君灤。先塞李村決口，餘東西圍並次第施工，卑者築以土，激者捍以石。畚鍤如雲，登馮相應，逾年而事竣。二邑之士請余爲之記。

昔人論河渠，謂繕完舊堤、增卑培薄爲下策，然鄭白之沃，衣食之源，渠堰節宣，所以除害而興利。管子五事以溝瀆爲先，詳哉言之矣。矧鼎安一都號稱沃壤。自宋迄今，世族大家，田疇廬舍，于是乎在其根蟠蒂固，比族而居。大者輒逾萬人，次亦不下千百，莫不世享其利，安土重遷。一遇潰決，則數十萬户之人屏息失措，靡有寧居，是不得不與水争尺寸利。迺若陰陽災祲，端賴人事爲之補救。朱子不云乎：『知所先後，則事有序。』捍災禦患，夫豈一端而已哉？且各堤分隸諸鄉，舊章無改，兹以通修全堤，曠四百年而一舉，酌緩急之宜，通融挹注，闔圍十數堡，能者任力，富者任財，黽勉同心，不分畛域，此固足以驗人情之大順，良由涵煦乎？太和優渥之化，故人敦禮義，户誦詩書，仁讓雍容，蔚爲首郡之望。余亦得與兩邑之士樂觀厥成，其鄉鄰風俗，不可謂不厚矣。

是役也，經始于甲寅年冬十月，告成于乙卯年七月，醵金五萬有奇。凡官吏之捐，廉鄉人士之捐助暨各堡分理諸人名氏有功，兹堤堪垂不朽者，並載碑陰。

賜進士出身廣東布政使會稽陳大文記

記通修鼎安各堤始末

南海縣治西南百餘里，有都曰鼎安，其堡凡十有八。當順德未置縣時，龍江、龍山皆鼎安屬也。有大山中峙曰西樵，有大江環左右流曰西江、北江，有大堤捍江水由來舊矣。瀕江地卑下，其始，各圍渾成，田園即堤也。其後，連十數堡之圍爲一，而渠堰之利遂廣，此鼎安全圍所由始也。

全圍周回百數十里，當水暴漲時，各堡捄護，首尾不相應。自築吉贊橫基，各堡稱便。今自吉贊橫基起，左右繞西樵接順邑界者，其名有四：曰桑園圍，曰甘竹雞公圍，所以捍西江也；曰沙頭中塘圍，曰龍江河澎圍，所以捍北江也。

桑園圍長六千二百八十餘丈。今工程冊作九千餘丈 先登、海舟、鎮涌、河清、九江、大桐、金甌、簡村、雲津、百滘十堡，所築中塘圍，長一千八百八十八丈。沙頭一堡，所築接中塘圍者爲河澎圍，長四百八十五丈。龍江一堡，所築接桑園圍者爲雞公圍，長二百六十丈。甘竹一堡，所築皆詳載各邑志。其險要，西則海舟堡之三丫基等工爲極險，東則沙頭韋馱廟等工爲次險，亦詳載南海志。

其建置故老相傳。桑園圍始宋仁宗至和嘉祐間，何公執中所築，舊有祠在河清祠，已圮。獨故址存。然宋史本傳執中相徽宗在大觀、政和間，與所傳異。至明初陳公博民謂夏潦之湧勢莫雄于倒流港，窒之必殺其流。遂自甘竹灘築堤，越天河，抵橫岡，連亘數十里，事詳《穀食祠記》，俱載郡志，此其創始之大略也。自甘竹灘渡江新會界有天河、橫岡。但据此文勢，天河當即南海之銀河，橫岡當與百滘堡相近。倒流港据《南海志》，明末會於倒流港樹樁。今九江、龍山交界有水名倒流，未知即此港否。

至修築章程，凡歲修及小冲決培築，皆附堤之堡分段專管。遇冲決過甚，需費浩繁，始派之圍衆。惟吉贊橫基係十堡同修 然西圍不派東圍，南、順各不相派，向例然也。其散見于文字碑記。可据者，若永樂十三年海舟、李村圍潰，十堡修復。萬曆四十年海舟舊堤被水冲割，庠生朱泰等謂其地爲河伯所必争，呈制府另築新堤，皆十堡計畝派築。乾隆四十四年，吉贊橫基決三十餘丈，亦論糧均派，刻石洪聖廟中。四十九年李村決八十餘丈，各處亦多潰決，均照舊章修復，四百餘年相沿成例。各堡斷斷謹守，尺寸不踰，此其最著者也。五十九年六月，西潦大至，東西圍坍決二十餘處，而李村衝潰百數十丈，九江大洛口裡外圍俱多潰決，則皆十年前甫經堵築處，圍内田全浸水，四旬不退。及八月水落，李村三姓相率求助，各鄉多遲疑不應。于是龍山堡集鄉約議，曰：桑園圍潰決，雖南海專責，然李村一隅冲決至再，度其力不克舉，即或勉强從事，恐工程不堅固，前事不忘，可無設策？且明初至今閱四百餘年，亟宜通修，以期鞏固。既名通修，即可通融捐助。俟工竣，乃申明舊例，以專責成，自不致推諉貽誤。余兄熙堂與陳君龖龘咸韙其議。

先是偏災甫報大司馬長公，大中丞朱公親臨廣肇各屬勘視，專摺驛聞請旨，分别賑恤緩征。余九月到郡城謁謝，并請通修桑園圍，捍西江，爲一勞永逸計。

中丞詢問甚悉，曰：此守土之責也，然工費浩繁，宜與各鄉人妥議，聯呈請修，官爲董勸可也。時兩邑人士多在省會，酌議連日，皆曰：須各鄉齊到妥議乃可。余兄聞之，即先札知各鄉，并偕陳君自甘竹灘沿堤行數十里至李村，時各鄉到不及半，余袖議稿付南邑諸君，曰：大憲軫念甚殷，吾輩當勉爲桑梓計。十月初旬，南邑諸君再訂期會議，至則何君瓛洲已妥定章程。先期一日，南邑十一堡俱因糧定額，議認捐三萬餘兩矣。蓋額以糧定，實由殷富捐貲足額，章程最妥。然各堡畏難，仍未即領簿，至沙頭、龍江、甘竹皆觀望不到則拘於舊例。故是月，南海縣尹李公諭：開局李村。遴選公正諳練數人爲總理，各鄉公推李君昌耀等董其事。復勸諭丁寧，尅期先交一半，以應要工。又議凡各圍有應修工程報局彙估，仍派鄰堡協修，以昭公允。會是歲歉收，以工代賑，日役數千人，趨事恐後。時則方伯陳公諄諭各屬剴切周詳，令小康者按畝派費，富厚者從厚捐貲，尤留意于桑園圍，則以西江全勢所趨。勘災時，親臨閱視，洞悉情形，念億萬家糧命攸關，補捄不容少緩，疊委賢員以時董率。自郡太守暨兩縣大尹，莫不簡傔從詢民瘼，惠心所孚，百廢具舉。遂先築復李村并各決口，餘險要單薄，視緩急爲先後，以次繕完。今年春緩征錢糧，奉特旨加恩蠲免，里民歡呼載道，共戴皇仁。東作方興，千耦齊出，而各堡陸續興築，登馮相應，欣欣然有安居粒食之幸矣。既南邑認捐三萬餘，順邑議捐一萬，至閏二月初旬，僅繳十之八，而水潦將至，費將不敷。于是方伯檄縣十日一親催。邑侯王公，約三堡皆會總局，至則合兩邑人士定議加捐，遂定順邑一萬五千，南邑三萬五千，合成五萬之數，即詳准上憲催繳，然後鉅工始克全竣。蓋此圍會於雍正五年奏准官爲督修，是以上下相孚，因勢利導，動則有成，勞而不怨。不如是，涣而易散，其不同築室，道謀者鮮矣。而總理諸君措置得宜，心力況瘁，甫於首夏蕆事，而西潦洊至，屹然若金堤之固。恃以無恐，闔圍十數堡莫不欣躍過望，非甚盛事耶。余幸陪末議，慮日久無以徵信，言媿無文，語期摭實，亦使後之君子知圖始綦難，成功不易，而相與保守於無窮，桑梓數百年之利將在是矣。至善後事，宜定于一時而持之經久，未雨綢繆，事半功倍，防蟻漏以固苞桑，尤吾人所宜三致意者已。

通修全圍節略

翰林院編修温汝适記

事苟可垂久遠而缺略弗傳，則後之人欲採遺文以尋軼跡，往往失所考據而致歎無徵。即傳矣，或所聞異辭，則疑以傳疑，因而滋惑，又不若身親其境者之切實而可信。

我圍以桑園稱，素號殷庶，父老相傳始于宋代，周匝百有餘里，内載貢賦五千一十有奇。圍左右環西、北兩江。西江發源牂牁，合𧅫、灕，抵端州，繞圍之西而注于崖門大海。北江發源湞水，合武、湟〔一〕，至三水，會流過圍之東而出于虎門。歲遇夏潦，兩江齊漲，汪洋澎湃，震目駭心。沿堤晝夜防護，莫敢少息。然長堤延袤一萬二千餘丈，偶值水勢洶湧，人力難施，即有漫溢潰決之虞。故圍之潰者非一，俱旋潰旋修，止及一方一隅，塞此決彼，卒鮮善策。乾隆甲寅季夏，潦泛逾常，秋七月李村堤決一百四十餘丈。圳口、大洛口、仁和里等處先後坍決二十餘處，陸沉數十里，居人靡有寧宇。既水退，圍衆議修紛紜不一。何君瓛洲謂：欲圖鞏固，必須通力合作，方可一勞永逸。議以按糧起科之外，量力僉題，遂條列章程，允洽輿論。適太史温公質坡、中書温公熙堂、陳君翽翿至自龍山，會同我邑孝廉潘公吉士暨諸紳士集議，已定設局于李村基所遴推總理，以肇珠等應其選。自揣鼻陋，辭不獲命，用是黽勉圖維，夙夜罔懈，復酌量各堡分之大小，每堡舉公正者三四人，分任催收及修築事宜。

隨蒙列憲捐俸以爲之倡，各堡因而踴躍。藩憲陳大人復選派老成吏書梁君殿昌回鄉察看，備悉情形，轉達隨時訓示。而廣糧分府劉公暨我邑侯李父臺、順德縣王公數往來相視。我邑侯又專派家丁在局督催，復委九江分縣嵇公江浦司呂公協同經理，不辭况瘁，爰得購料鳩工畚挶紛作。先其要害，將李村決口築復，次及全堤，靡不高其卑，厚其薄，險者防之，圮者補之。經始甲寅仲冬，閱乙卯孟夏告竣，計工費五萬餘金。衆謂救災備患固以人事爲先，而名山大川必藉神靈鎮奠。

南瀆尊神聲靈赫濯，吾粵受蔭尤爲顯著，亟宜崇祀以肅明禋。乃另設簿勸捐擇地于李村新堤之傍〔二〕創建廟宇，以迓神庥。廟成蠲吉，呈請藩憲率同郡伯分府，南、順、三水各邑侯詣廟拈香。隨沿堤履勘，謂三丫基等處最爲頂衝，應需培石方可無患，允以再爲倡捐，復簽得銀九千餘兩，于乙卯冬月將應砌石之處，分別加築完固。

追惟始事，端緒棼如，工繁費鉅，期不轉瞬，深懼無以副諸鄉先生委任重心。今日告成，固由列憲慈惠之心有感斯應，而何君瓛洲始終維持，規畫盡善，梁君殿昌左右贊襄，余等隨事獲益，得以藉告無過者，不可謂非幸也。既畢役，若不詳爲紀載，誠恐代遠年湮，故老云遥。後有作者欲訪故實，無由悉其梗概。因序厥端末，開列工程段落，附以圖說，以俟大雅君子而就正焉。謹記。

金甌堡岡邊鄉余殿采、海舟堡田心鄉李昌耀、海舟堡滘邊鄉梁廷光、九江堡北坊關秀峯仝記

修築全圍記

嘗考河渠治法，千古紛紜，因時變通，固未可盡拘成

〔一〕武，武水；　湟，连水。
〔二〕傍　同『傍』。

法，然必須熟究於平時，方可取辦於臨事。至欲萃衆力興鉅工，則非有以順乎人情不可。善世居南海鼎安都之鎮涌堡石龍村，實隸桑園圍。圍有基即堤也，與河渠之堰無異。圍内烟户數十萬家，田地千五百餘頃，圍兩匃環繞大河，在左者爲北江，在右者爲西江，波濤浩瀚。每當夏令潦水驟漲，洶湧震蕩，全賴圍基保障。得之故老傳聞，圍始自宋仁宗朝欽差工部何公執中所築，河清堤上舊有何相公祠，已圮，故址尚存。逮明初修水利，九江鄉人陳公博民伏闕陳請。自甘竹灘起築堤，越天河，抵横岡，綿亘數十里，事詳郡志。厥後屢潰屢修，俱僅隨時堵塞，補苴罅漏，歲久基漸卑薄。

乾隆八年癸亥，李村海舟基決，予方髫齡，目擊昏墊，念非大修徒滋糜費，而有志未逮。及長，旅食京師，道經黄河，悉其修築之法，固非尋常工程可擬。而於險要情形，或分流以避水勢，或加土以固堤防，因地制宜，理無二致。歸而以暇，週歷全圍，默誌險易，籌議章程，間與鄉人言之。時方平安無事，未有以應也。嗣就外郡縣聘，及移榻廣州，汲汲未暇，而此心無日或忘。會甲寅歲夏六月，西潦大漲，益以北江水勢異常。七月五日，本圍兩岸冲缺坍陷者無慮數十處，而李村基決口一百四十餘丈，圍内田廬淹没；梓里之人，巢棲露宿，靡有寧居。圍形如箕，順德之龍江、龍山、甘竹三堡住當箕口，勢處下游，被水爲尤甚。仰荷列憲臨勘撫恤，奏蒙恩旨加賑緩征，并奉憲檄頻催修築，而村落散處，言人人殊，迄無定論。

予謂欲圖一勞永逸，必通力合作，乃有成功。若稍遷延，轉瞬交春雨水一至，即難集事。顛連在目，不啻剥膚。遂分遣子姪邀南、順兩邑紳士至會垣，商議通修，而各鄉以道遠，或有未至。十月初旬，予偕諸君歸里，至麥村之文瀾書院，聯集各鄉紳士，定議按糧起科之外，量力捐題，發簿認簽，俾無推諉，并酌以修築。規條章程甫定，次日，太史温公質坡、中翰温公熙堂暨陳君龍朧由龍山踵至，亦以通修爲良策，詢謀僉同，會計工料需費約五萬餘金。南邑堡分較多，認捐十分之七，順邑堡分略少，認捐十分之三。是月，南邑侯李公諭令開局李村，遴選數人總理，收支一切。衆推李君昌耀等董其事，仍每堡各派三四人在局贊襄，以昭平允。隨蒙列憲分俸倡捐，各堡相率樂助。藩憲軫念倍切，復選派老成吏書梁殿翁往來察看，曲達民隱。廣糧分府，南、順兩邑侯暨九江分縣江浦巡政廳嵇、吕二尹時至工所，多方董勸，不辭勞瘁。由是輿情踴躍，莫不趨事争先。是歲歉收，以工代賑，野無饑色。先將李村決口築復，其餘通圍無論坍卸，次第舉修。凡有單薄、浮鬆、低陷，一律培厚、築固、增高。間有未盡事宜，諸賢就予詢焉，悉心商確，期於至當，并親歷相度，務求料實工堅。七閲月而全工告竣。適夏潦洊至，全堤鞏峙，咸樂安居。早稻幸獲豐收，快覩成效，圍衆忭慰。

因念鉅工克蕆，固沐列憲恩膏而河流順軌，實賴神靈默貺允宜，肅祀仰荅鴻庥[一]。合議另行設簿簽銀，于李村基所，創建廟宇，崇奉南瀆尊神以資鎮奠。落成之日，藩憲率同郡伯暨分府，南、順、三水各邑侯責廟燒香，以予及任事諸公，與有微勞，賜匾褒嘉。復沿堤履勘，俱各完固，惟頂衝之三丫基等處應需培築。諭令籌辦，許再捐俸佽助。仰惟憲恩有加無已，衆心倍形鼓舞。約計石工需銀九千餘兩。南邑各堡按照原額加二，添捐銀六千三百餘兩。兩龍甘竹續襄銀一千四百餘兩，埠商義士簽助銀一千三百兩有奇。購備石塊，于乙卯冬月分別段落堆砌完成，而所以善其後者，亦復條議呈明。勒石今日者，群歌樂土，共慶安瀾。亦足見人情之不甚相遠，而鄉鄰事尚可爲矣。

惟是常人之情，每多切於危亡，而忽於安樂。所望留心世務，明理通達之士，事未至而先爲之防，事既至而急爲之計，同患相恤，和衷共濟，慎勿稍分畛域，坐視稽遲，致滋貽悞。成式具在，非云信以傳信，令人膠柱鼓瑟。實欲後起者，斟酌損益於其間，以歸盡善而垂久遠。是則區區之意，與長堤眷念于無窮耳。

榕湖老人巘洲何元善記

圍公記

水利堤防關係國計民生，其權端自上操之，然在下亦必有人焉，分任其勞則事方易集而尅期可以立效。此其人必有卓越之識、歷練之才、堅忍不拔之操，乃能出其身以任衆人之事，而非泛泛焉輕嘗淺試之所得僥倖萬一。今於通修桑園圍而知事在人爲，周禮任恤之訓不絶於鄉閭，百姓親睦之風不異於古所云也。

我等桑園圍，地枕沿河，爲西北兩江水道必經之所。環樵陽平原沃野，全址俱隸南海。先是無堤防，鄉之民散處高阜，架木巢居，歲視旱潦以爲豐歉，一遇積雨，洪流泛濫，田原胥淹。溯其建圍之始，文籍無稽，聞諸故老，云：宋朝有官廣南路憲張，入粤道，出九江。適當水發，目睹居民巖棲露宿。抵省後，即諭縣傳集里民，籌建基堤，以防水患，題奉俞[二]允差工部侍郎何公執中動項興築本圍。東自吉水上金鷄坦起，下至晒罟墩止，西自鳳窩界起，下至甘竹止，俱築土堤，擁護田宇，底寬十二丈，面寬六丈，圍形如箕，箕腹在北，箕口在南，即甘竹與龍江、龍山三堡地方爲下流宣洩之區。堤工三載告成，河清堤上向有何相公廟，歲久傾圮，藤蔓叢生，故址巋然尚存。苐與志乘所載不同。越四年，大路峽決，漫及本圍，因添築吉贊橫基，以禦上流。自是，圍基工程，歲修小决責成附近居民，大修派之通圍。惟吉贊橫基，不問工程大小，俱係全圍合力修築，由來舊矣。

自宋以迄元明坍修不一。洪武之季，九江陳先生博

[一] 庥 《爾雅·釋言》「庥，庇蔭也。」
[二] 俞 《爾雅·釋言》「俞，然也」，表示應允。

民，憂狂瀾爲患，挾策鳴諸朝，勑有司相度興修。乃道溝瀆，完堤防，起天河，抵横岡，綿亘數十里。事竣，衆立穀食祠于九江閘口，歲時奉祀以報。

厥後，一決於永樂乙未，再決於成化壬寅、乙巳。迨嘉靖乙未、萬曆丁酉，又兩次報決。而海舟堡下堤湍激陡立，勢難久支，文學朱泰等籲請制府于海舟界下加築三丫堤。堤成，垂七載而舊堤決。崇（正）〔禎〕辛巳，大路峽又潰，水勢建瓴下，闔圍被災。邑宰朱光熙躬親撫恤，發粟請賑，並請當事將峽與堤先後捐修。景泰初年，添建順德縣始割兩龍、甘竹三堡分隸順邑。

至國朝，順治四年、康熙三十一年、三十三年，本圍並決。雍正五年，督憲孔公毓珣奏請圍基之務，責成于官，動帑修葺，或督率培補。大中丞傅公泰發帑采石將海舟堡三丫基修築，歷乾隆癸亥、己亥、甲辰，屢被冲决，經義士馮大成等董理築復。詎〔一〕五十九年甲寅六月，水勢逾常。七月五日西北兩江同時並漲，圍基多潰，本圍東岸藻尾、林村，西岸太平、李村、九江等處俱冲陷，而李村缺口一百四十餘丈，圍内田園、廬舍盡遭汩没。蓋自有圍基以來，水患未有如此日之大者也。仰荷列憲軫念民依，臨勘撫恤，奏奉恩旨加賑停征，至優極渥，並蒙憲諭頻催籌議修築，衆人非不知各有身家，無如水患之後，物力爲艱。又或以塞此決彼，徒滋糜費，心懷觀望。

鎮涌堡石頭村何君瓛洲，素稱練達，早有通修之議，平居無事，未有以應殷憂獨摯，至是，復申前説。時兩龍、甘竹三堡未至，衆初疑其畛域之見。惟念同圍即如共井，譬之同舟遇風，存則俱存，溺則俱溺。況彼勢處下游，被浸尤深，此不以鄰爲壑者，豈其翻同視越人之肥瘠？此乃必無之事，盍姑待諸。何君謂冬晴不築，春雨一至，智者無所用其心，勇者無所施其力。宜先定章程，以便商確，庶不等於道旁之築室，衆心允服。遂議以按糧起科之外，量力僉題，措列規條，若綱在綱。次日温太史〔二〕篔坡、中翰〔三〕熙堂陳君鰲鸃適至，見章程欣然，曰：『此固余等三堡之願也』。

因定議設局于李村基所，公舉大學生李君昌耀等四人爲總理，每堡遴選誠信者三四人，勸僉催收。基分段落，工別緩急，次第舉行。旋蒙陳藩憲章太夫人先捐白金一百兩，陳大人捐俸銀二百金，以爲善事倡。郡伯縣尊，相率樂助，各堡聞風捐輸恐後。藩憲憂勞倍切，以老成吏書梁君殿昌籍隸本圍，周知情形，諭令回鄉詢求民瘼，許陳便宜，下情得以無隱，而廣糧分府劉公毓秀暨我邑侯李父臺櫄、署順德縣王公志槐數往來相視，不煩不擾。我邑侯又專派林内司駐局督催，復委九江分縣嵇公會嘉江浦巡廳吕公濼協力經營，所以勤勞者備至，圍衆不勝踴躍。

〔一〕詎　不料；哪知。
〔二〕太史　明翰林院修撰、編修、檢討的通稱。
〔三〕中翰　明中書科中書舍人别稱。

始于是年十一月望後，分設篷廠，購料鳩工。時當歲歉，四方雲集，日役千餘人，貧赤藉以存活者無算。先築復李村決口，餘亦以次趲修，通圍基身一律培築高厚，沿河沙坦陡卸處所，用石砌護。于次年夏月工竣。而潦水洊至，得慶安瀾兼獲豐收，群歌樂土。議者謂人事既盡，神貺彌昭。遂另設簿勸捐，在李村墟新堤之傍創建河神廟，崇奉南瀆尊神，俾資芘廕。旁供列憲長生禄位，藉申愛戴。廟宇成日，藩憲率同郡伯分府，南、順、三水各邑侯，詣廟拈香，按堤巡歷，慰覽久之。以何君及任事諸賢勤能可嘉，賜匾褒美。復謂三丫基等處尤爲頂衝，宜添石以期益堅，許再捐廉相勗[一]，復僉題得項購石，分别培築完固，并酌議善後事宜。具呈詳准勒石。

夫以長堤綿邈，自明初大修之後，歷年數百，日漸坍頹，加以水患頻仍，支持匪易。迺能萃衆力，興鉅工，轉殘缺而復堅完，全圍屹然如新，實曠世而一舉，顧不偉歟？凡此皆由皇恩浩蕩，列憲深仁，上下交孚，因而圍之人觀感奮興，趨事赴功，無分異地，不約而同。此以見桑梓之誼，淳風未泯。而何君爲之挈領提綱，與在事諸君雅意綢繆，戮力同心，經理得宜。使非清操自勵，識裕才優，爲衆望所歸，而能致然耶？用是縷舉實蹟，詳敘事功，俾後之覽者，有所觀法。知衛人即以自衛，遇有修補，繼起争先，其爲永固利賴億萬年如一日矣。至僉題姓氏及經費一切，另載碑册，謹記。

乾隆六十年　月　闔圍紳士公記

[一] 勗　同『勖』。

桑園圍全圖

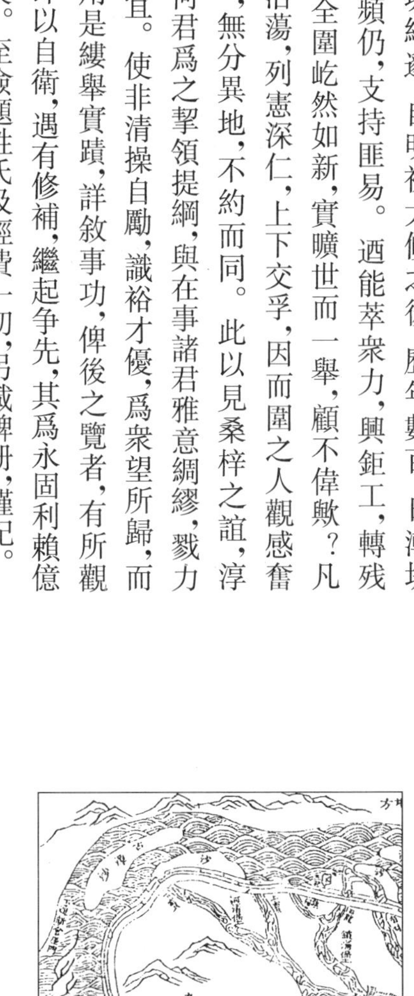

乾隆甲寅年繪

圍内各堡村庄竇穴經管基址丈尺[一]

先登堡村庄

鵝埠石村　茅岡村　稔岡村　圳口村　横岡村

太平村　新羅村

竇一穴

在鵝石陳軍涌。

堡内管基一千一百八十五丈八尺五寸

海舟堡村庄

李村鄉　麥村鄉　海舟鄉　田心鄉　新涌尾鄉

槎潭鄉　新　村　沙尾鄉　良田鄉

竇二穴

一在李村黎余石三姓基内；　一在麥村梁萬同基内。

堡内管基一千三百零一丈一尺

鎮涌堡村庄

南村鄉　南村沙鄉　石頭村　沙田村　鎮涌鄉

燕橋鄉

竇三穴

一在南村尾；

一在石龍村尾；

一在鎮涌村尾。

堡内管基一千零一十二丈。

河清堡村庄

河清鄉　璜璣鄉　丹桂村　南水鄉　蘇族村

竇二穴

一在河清村頭；

一在河清村尾。

堡内管基一千一百五十四丈二尺，另外圍基三百七十七丈五尺。

九江堡村庄

東方

西方

南方

北方

竇一穴

在南方閘邊市。

堡内管基二千九百零五丈七尺，另外圍基一千六百七十一丈六尺。

甘竹堡村庄

甘竹鄉

竇無

堡内管基二百六十丈。

百滘堡村庄

[一] 原書目録中爲『各堡村庄竇穴基址』，現以正文中標題爲準。

沙䄂鄉　黎　村　吉贊鄉　庄邊村
竇一穴
在庄邊村
堡内管基二百零二丈五尺
雲津堡村庄
雲滘鄉　林　村　藻尾村　仙萊岡村　曾邊村
石邊村　西岸村　竹園村　黄牛岡村　多墩村
竇二穴
一在藻尾村
一在民樂市
堡内管基一千一百四十二丈七尺
簡村堡村庄
吉水鄉　䄂頭鄉　龍䄂鄉　簡村鄉　耕涌鄉
莫家寨　倫家寨　凰岡鄉　緑洲鄉　高洲鄉　西湖鄉
竇一穴
在吉水西樵山脚。
堡内管基五百六十五丈五尺。
龍津堡村庄
坑邊村　沙邊村　逕邊村　寨邊村　山根村
岡頭村
竇二穴
一在[一]
一在[二]

堡内管基六百二十三丈。
沙頭堡村庄
沙涌鄉　石井鄉　老村鄉　北村鄉　永南鄉
石岡鄉
竇一穴
在北村前。
堡内管基[三]千八百八十五丈九尺。
龍江堡村庄　龍山堡村庄
龍江鄉　龍山鄉
竇無　竇無
堡内管基四百八十五丈。
大同堡村庄
大同鄉　蜆岡鄉　田心村　下田心村　石龍里村
閘邊村　廖岡村
竇無
基無
金甌堡村庄
儒林鄉　岡邊鄉　小儒村　霍岡村
竇無

[一] 該處原文爲空白。
[二] 該處原文爲空白。
[三] 該處原文未填數字。

基無

盧，以保身命事。

藩糧憲勸捐告示[一]

布政使司陳、督糧道吴爲勸諭合力捐資修築基圍，以衛田

照得粵東民修基圍，工程小者責成該管居民，工程大者派之通圍業户。久奉部行遵照在案。兹查南海縣屬之桑園圍，綿亘數十里，當西北兩江匯流之衝。圍内百萬家烟户田廬全資保障，實爲基圍中最大之區。本年七月，内潦水漲發，該圍被決多處，經本司親臨查勘，大率由基身年久就頽，歲修工料草率所致。兹届冬晴水涸，亟宜籌辦興修。現據南海縣呈送縣屬紳民與順德縣龍江、龍山等鄉紳民公議勸捐及辦理各章程，並據紳士陳文耀、潘吉士等具呈前來，細加核閱，具見各紳民篤念梓桑，綢繆捍衛之至計。惟是工程浩大，需費繁多，必得人人奮勉踴躍捐輸。抑且慮始圖終，萃而不涣，方可尅期集事，聿觀厥成。本司、道現與該府縣各自捐廉倡率，肇興鉅工，合行剴切曉諭。爲此示諭該圍業户居民及南、順兩邑紳士等知悉，爾等或田廬附近基圍，或産業毗連鄰境，目擊切膚之災，每有下游之患。當思利害切身，趂此水涸冬晴，作速捐金修築，小康者照例按田派費，富厚者量力從厚捐資。一俟捐有成數，即彙交董事，刻日鳩工辦料，將決過基口先行築復。其餘通圍基身低薄者加增高厚，浮鬆者夯築堅實，務期一律鞏固，從此共慶奠安。事竣之日，本司道查明捐金數目及在事出力之人，詳請院憲分别給匾，以彰勸善奬勤之義。特示。

乾隆五十九年十一月二十一日示

勸捐修築引

竊惟拯溺救灾咸稱義舉；樂施好義，群頌仁聲。矧夫患及里閭，禍連比户，更應同井相邺，急籌保安者也。某等桑園圍乃闔邑最大之區，接連順德兩龍、甘竹。每歲西北各江潦發，洪流湍激，汹湧殊常，全賴基圍以資保障，田園廬墓人物生息藉以康甯。顧自宋朝創建以來，繼歷洪武修築之後，越年久遠，日就坍頽，兼以淤積坭沙未能宣暢，因之水長基壞，泛濫爲殃。計自乾隆己亥、甲辰以迄今歲甲寅，僅歷一十五年，潰決已及三次。通圍原日基址，高者二、三丈不等，而水勢倍長，竟逾基面尺餘。計一圍之内，東則庄邊、林村、民樂、市藻尾，西則圳口、李村、大洛口、仁和里上下，共連决一十餘處，週迴百數十里淹浸兩月有餘。又值霪雨匝月，兼旬巢棲露宿，舉目傷慘，實從來所未有者也。在該管各基未嘗不臨時搶救，然非常水患實非倉卒所能防。其李村之基曾經甲辰、甲寅兩

[一] 原書正文無此標題，現據目録補。

度冲缺，李村修築已竭經營。以强弩之餘當滔天之勢，是以潰決較他處更寛，而修築亦較他處更難。念此潰決之際，墳墓、田廬多被冲没，鄉村老稚亦被淹浸，稻糧、百植、牲畜、池魚盡遭漂蕩，以及往來搬移船隻轉運，白日墟市全無，晝夜宵小搶攘，所糜費者奚止百十萬金？而流離失所種種禍害何可勝言？今會計通圍大修，不過用銀數萬而一勞永逸，利益無窮。夫以通圍數十萬家烟户，簽題數萬金而成千載不弊之基，每歲保全百十萬之産業。孰得孰失，瞭然明白。現值冬晴水涸，若不急爲善後之圖，轉盼來春水至，勢必仍遭覆溺。貧困者固難爲生，即富厚者亦豈能倖免自保無虞乎？幸蒙大憲軫念民依，縣臺慈懷保赤，親臨勘查，現復諄切勸諭，又煩賢尹呂、嵇二公下鄉勸勉，而順邑諸老先生鄉鄰誼切倡率佽助協辦，次第通圍修築，但工繁費鉅，端賴衆擎，所宜拯救争先，惠施恐後。某等叨連錦里，素沐鄰光，諸賢任恤爲懷，殷情倍篤。用佈悃忱，伏願列位紳耆老先生暨仁人義士俯念同鄉共井之情，毋分畛域，還椎趨事赴功之義，幸勿遷延。惠捐有用之財，以濟闔圍之苦，俾得迅速鳩工。基堤早固，則衛人即所以衛己，厚報總由於厚施，其爲功德實無涯量矣。臨啟曷勝翹切之至。

闔圍公啟

公推總理首事姓名[一]

李昌耀海舟堡田心鄉　余殿采金甌堡岡邊鄉　關秀峯九江堡北坊

梁廷光海舟堡海舟鄉

海舟堡首事

李冠賢　梁廷光　李式豪　李荷君

先登堡首事

符宣匯　張端宏　張廷贊　梁公興　李卓登

梁德峻　李宣培　蘇元聰

九江堡首事

關潔之　關恒五　關履光　劉宗望　徐芳桂

簡村堡首事

陳俞徵　麥綱儒　冼章嗣　譚如軾　麥修達

梁楚元

金甌堡首事

余殿成　陳建章　陳永觀

大桐堡首事

李拜祥　李蒼士　程光可

鎮涌堡首事

何體純　扶奕蕃　何愛鏞

[一] 原書正文標題爲『公推總理』，現據目録改。

河清堡首事
潘植典　潘賢業　胡鑄綱　潘大培
百滘堡首事
潘宗元　張聘君　黎爵寬　潘萬寧
雲津堡首事
潘炳綱　陳長之　黎緒大
沙頭堡首事
崔德孚　崔宗蕃　盧純熙　張玠　李雲沾　黄時望

公議修築章程[一]

一、修築圍基工程浩大。現奉縣主切諭：全在義士、仁人樂施慨助，各就力之大小，廣爲簽題。每堡領簿一本，題畢將簿交出公所，登記其數至各堡，于簽題之外有不足者，論糧起科，仍聽其便。

一、每堡公推殷實、端方者一人，承辦勸簽，又舉諳練殷實者一人協理，各盡所長，以襄厥事。將來禀憲獎勵，以報賢勞。

一、各堡領簿之後，該堡承辦者即協同堡内紳耆實力勸簽，如富厚吝嗇者，遵諭開明姓名禀覆縣主，于十一月初一日繳簿，幸勿遲悮。

一、工程仍須專人總理收支。順德已定議公舉總理二人，本邑各堡亦公舉總理二人，始終董理，工竣之日，闔圍酌議酧謝。

一、簽題繳簿後，于李村營汛附近搭盖篷廠，爲辦事公所。各鄉簽題銀兩携至公所，交總理收存登簿，給予圖記，收單付執，仍聽寄貯，以慎出納。

一、兩邑公推總理，全賴始終鼎力常在公所督辦，其餘首事協辦共四十七人，或本身不能親到，聽其另覓殷實兄弟、子姪赴工督理，不得托辭他往。

一、公所辦事者畢集，日逐支發各項用度，設簿登記。至於所收銀兩及支發各數，每日開明標貼廠前，以昭公當。

一、公所日逐火足，每日就人數多寡支應，豐嗇得宜，列簿開銷。

一、李村基所土性多是浮沙，不能堅固，必須别處取土運赴填築，及一應物料并賃牛踹練，各工程宜聽總理、首事變通酌議。

一、在工受雇之人務須登明住址、姓名、來歷，日逐常川齊集公所，勤慎出力，遇夜即在公所歇息，亦不得酗酒逞兇，聚集賭博。如有懶惰生事，聽總理之人逐除，違抗者禀究。

一、通圍合計現冲者固應急爲修築完固，其餘三丫基、大洛口、圳口尚未告成及各處有形勢單薄並地當要

[一] 原書正文標題爲『公議章程』，現據目録改。

衝者，皆宜一體修築，次第具舉，以期全圍鞏固，共保無虞。

基工章程

一、興工動土擇甲寅歲十月二十九日申時。

一、建醮。擇十一月初十日開壇，十四早完醮。

一、祭基。擇本月十四日請承祭官九江主簿嵇、江浦司吕，祭品用猪羊。祭後下鐵牛四隻，然後大興工作。

一、堵築決口工程最爲緊要，自應博訪賢能，方無貽誤，試就李村大缺口而論，長一百三十餘丈，其水深一丈有餘者，計四十餘丈，最難施工。今擬基形略爲灣入，新基自北頭盤古廟起，至南頭坡地圓眼樹止，計長一百四十五丈。内上湖闊二十六丈，外水深一丈二尺，内水深八、九尺不等，下湖闊七丈五尺，外水深八尺，内水深五、六尺不等。兩湖自下起築基底，計闊十丈，兩傍打密排樁兩層，内外樁四層，中實坭基，仍點梅花石。樁脚實以沙樁，外纍石，闊四丈，填至水面上，内外仍打密樁一排，中間舂灰墻一道，兩傍用牛晒練内外基裙，分八字拷練堅實。外裙上下鋪石以防水激，内裙用石纍脚，上面間築坭壟以護基身。基面寬二丈，北頭舊基外築石壩一道，以卸上流。所有工程務求堅厚鞏固。至各處缺口，亦應一體相度酌辦。是否，還求高明指示焉。

一、開工以石爲先，必須先定石價，所有各項石價集衆議定開列：

鹹水石每百担議銀二兩一錢，新會白石每百担議銀一兩九錢，肇慶黑石每百担議銀一兩七錢。

各石以每塊在一百至二三百斤爲率，最小亦要五十斤以上，不及五十斤者不得上秤，仍要大七小三配搭。秤石之後，須聽首事指點，安放停當。各船有情愿源源接濟者，初次用竹編列字號于該船頭尾，號定水誌。下次挽運到步，以原水號爲准，不用再秤，以省紛煩。

一、大興工作需工甚衆，議以二十人爲一起，每起設攬頭一人，仍由本堡首事保認，以專責成。或挑坭，或搬運，或舂灰墻，每日須聽督理之人指使。所有鋤頭、鍫篸、擔杆、鍋竈、碗快[一]、柴火，自爲預備。每名每日議以工銀八分，另補自備器具銀一分，共銀九分，連飯食在内。仍要熟識工程，勤力工作者方能應募。倘糊混入隊不依指使者，隨時斥退。

一、工數衆多，每起編列字號，以一字號住寮舖一間，深闊各二丈。每號給小牌二十面，各懸帶以便查點。勤者分别奬勸，惰者即行革退，斷不狥情。

一、載運沙坭需用船隻，每船議以約載重二十五担爲額。二人撑駕，每日每船租銀三分，每名工食銀九分。

[一] 快　疑爲『筷』。

一、開工之後，工費浩繁，必須銀兩接濟。各堡派簽銀兩，原訂本月初一日送簿，先交三分之一，希爲早日交出。其餘銀兩，議以按期陸續照數全交。

一、此番全圍合力大修，原屬曠世美舉。查本圍自前明興修以來，迄今四百餘載，基身單薄，以致己亥、甲辰、甲寅疊遭冲決。今奉各憲暨承順、南兩邑諸名公以今年現決各口固應修築，所有圍内險要單薄各處亦應一體加培完固，爲一勞永逸之計。倡捐成數，設局開辦，董其事者不可不詳慎辦理。各堡内倘有應入大修處所，早爲開出，以便稟請勘估，彙列一單，次第遵照工程大小辦理，無得争執。

一、每堡公推首事連協辦者，或三人、四人不等。内有協辦首事尚未推出者，聽其于堡内自行選擇。亦祈及早推出，與先推首事一體早日齊集總局，共襄厥事，各分職掌。

一、各堡派簽銀數議以全數交出總局，聽局内總理支發，將現缺各口以及險要單薄各處次第陸續分人興修。各堡内均舉有首事，公同商辦，斷無慮及應修不修偏輕偏重之事。總期各堡仁人義士踴躍簽題，共成美舉，闔圍幸甚。

一、應修各處基址，在於總局派撥。鄰堡首事二人，協同該處首事相度辦理，毋得私自修築，以昭公慎。

呈報明興工日期[一]

具呈　舉人陳文耀、馮觀育、潘吉士、羅思瑾，生員符澤、李定卓、李英掞等呈爲報明興築日期上舒廑注事。

竊照本年六、七月間洪潦漲發，桑園圍李村等處基堤俱遭潰決，闔圍廬、墓、老、稚以及牲畜、池魚、百植，無不深受慘害。嗣幸水退，藉庇安全。兹當冬晴水涸之時，圍民集議全圍通修，以冀一勞永逸。然費逾數萬，坊隅力有難勝，公同酌定，各按鄉堡設簿簽題，俾襄厥事。此乃群姓室家之謀，廼蒙仁憲保赤爲懷，恩捐清俸，太夫人懿德流徽，垂憐施濟。伏地祇領，感頌難名。該基經於十月二十九日動土興築，現在衆工畢集，悉皆趨事争先。總理、首事人等亦均認真督辦，冀圖早日告成，從此共慶敉甯，永戴高厚，鴻仁無既。謹將興築日期連粘領狀，呈赴欽命廣東布政使司大人臺前，伏乞恩鑒施行。

陳藩憲批：圍基保障田廬，最關緊要。本年猝被潦水冲坍，自應亟爲修築。因念工費浩繁，是以本司酌量捐俸，以爲之倡爾。各紳士、富民均踴躍捐資，共襄厥事，殊屬可嘉。趁此冬晴，赶緊築復加高培厚，以期一勞永逸，共慶安甯，本司實有厚望焉。

乾隆五十九年十一月初八日呈

藉固獻新呈[二]

具呈　廣州府南海縣桑園圍里民黎世隆、余尚德、麥應瑞、

[一] 原書正文無此標題，現據目録補。
[二] 原書正文無此標題，現據目録補。

開占元、李大有、石中藏等呈爲堤工藉固、農力慶登、敢用獻新以抒微忱事。

竊惟五穀成熟，特聞於成天平地之朝； 六府孔修，乃臻夫耕田鑿井之化。 哺含腹鼓，詎獨堯衢，秉滯穗遺，幾仝禹甸。 茲者伏遇大人閣下胞與存心，安懷廑念。 目蒿水火，時深已溺已饑之恩； 志切又安，悉本至大至公之政。 念桑園圍堤之已决，恐輿人耕作之無依，既設法以通修，復籌金至巨萬。 用是，室家相保，行忻有事于西疇； 縱使版築方興，並喜無妨夫東作。 人事修而天時聿[一]應十雨五風； 兒童喜而婦女咸歡兩岐二穗。 實堅實好，已覘夏穫頻登； 載柞載芟，更復秋成可望。 寧云有恃無恐，當思致此何由。 隆等未敢忘自上及下之恩，亦差識先公後私之義。 用獻脱粟之二筥，並挈寒泉之六缾。 匪獨效野老喧芹，亦以抒大人宵旰。 斯盖小民不知不識，意慮惟粟可療飢； 誠體大人無陂無偏，心跡實泉能比潔。 故自忘其草野之賤，祗共申其愛戴之私。 但願祝屢豐盈，浦水良田，永不生夫馬耳； 庶幾穀我士女，樵山冽井，當用汲于龍頭。 所有隆等感戴下忱，謹獻早稻米鄉斗六斗，西樵山龍頭井水六埕，匍匐叩赴。

長制憲批： 户慶豐盈，皆爾百姓醇良召感天和所致，據此可見上天無負斯民。 爾等益當孝友睦婣，作國家好百姓，上天必更有以佑爾也。 酌留所獻穀升許、水一埕，藉以誌慶，餘發還。

朱撫憲批： 據呈早收豐熟，足徵勤邺睦婣之報，益敦仁里，以保天和。 勉之。

陳藩憲批： 上年圍基被水決溢，工費甚鉅，賴爾等各衿民踴躍捐貲，共成義舉。 茲以工竣，可期永保田廬，共享盈甯之福。 本司實深欣慰，獻新之米酌留升許、水一埕，以示田畯至喜。 餘發還。

大工告竣請憲履勘全堤[二]

具呈 修復桑園全圍董事監生李昌耀，職員余殿采、關秀峯、梁廷光等禀爲全堤藉固廟宇落成聯呈叩謝事。

竊照桑園圍基上年洪潦潰决，兩邑群黎同深慘害，上荷大人胞與存心，安懷廑念，捐俸倡率，設法通修，疊諭富户捐貲，貧民出力，通力合作，爲一勞永逸之計。 並得以工代賑，兩邑貧黎感沐仁恩，更無既極。 維時郡公祖仰體憲恩，頻頒示諭，繼以兩邑父母關心民瘼，屢廑先勞。 相視經營，則九江簿主分其責； 往來籌畫，則江浦司主任其憂。 由是，兩邑紳民富以仁而頑以感，群心奮勉，愚勞力而智勞心。 役首李村之堤，次及全圍之址。 高其卑者平其險，可保無虞； 補其缺者救其偏，有基莫壞。 經始于去歲仲冬之月，告竣于今茲孟秋之辰。 計工閲半年，安

[一] 聿 遂也。
[二] 原書正文無此標題，現據目録補。

瀾乃慶；用金逾數萬，樂土方欣。兹廟宇業已落成，遵奉虔塑昭明龍王神像，擇吉于七月十五日安座供奉，除呈請地方官祀事外，理合叩懇憲恩示期親臨履勘，庶幾兩邑群黎得以同申頂視。從此共慶敉寧，永戴高厚殊恩于億萬斯年矣。先此聯申謝悃，連工程册繳赴。伏乞欽命廣東布政使司大人察核，俯鑒施行。

批：據呈圍基工竣，神廟落成，從兹可以永保田廬，無虞水患，深爲欣慰，候示期履勘。其未交銀兩，並候飭縣催交可也。册存。

乾隆六十年七月初三日呈

聯謝憲勞[一]

具呈　桑園圍紳士李昌耀、關萼翹、余殿采、何瓛洲、陳湯鎏、李定卓、黄駿、潘汝瑚、李瑶、梁維綱、李英掞、麥逢秋、扶奕蕃、麥綱儒、李冠賢、譚如軾、潘楚如呈爲恭謝憲勞仰冀垂鑒事。

竊念桑園一圍，茅廬萬井，枕長江之潦漲，前被潰淹；叨碩畫之帡幪，兹徵奠麗。民安耕鑿，樂國遠邁於宋明；室慶盈寧，仁風徧揚於南順。此真蘇堤不能專美于前，召棣得所接踪於後者也。

七月十五日恭逢南海神靈陞座，仰荷大人旌節遥臨。香炷苾芬，題留頌禱。士民遮道，黍苗切陰雨之膏；酒醴躋堂，德澤寫甘棠之愛。思艱圖易，永沐安瀾，勞始逸終，群歌樂土。從兹雨無破塊，祥和均兆于屏藩；海不揚波，瑞應長昭于家國矣。所有感激微忱，理合恭謝慈恩，伏祈垂鑒。爲此呈赴欽命廣東布政使司大人爵前俯鑒施行。

批：悉。

乾隆六十年七月二十七日呈

藩憲倡捐石工告示[二]

布政使司陳爲勸諭堤外再添石工以厚基身以臻完善事。

照得南海縣屬桑園圍基延袤萬二千丈，捍衛良田千五百餘頃，爲廣屬中基圍最大之區。上年六、七月間，洪潦漲發，崩決基口十數處，均當西北兩江頂衝之岸。經本司親往查勘，狂流汹湧，實爲險冲。必須砌築堅固結實，方保無虞。因念民力或有不逮，本司隨捐俸倡率，諭令兩邑紳民合力通修，爲一勞永逸之計。隨據南邑首事何瓛洲、潘吉士等議定勸捐修築章程，具呈到司，並會順邑殷宦温内翰面商，亦慨欣倡助，先後合計題捐銀五萬兩。並據南海縣李令派委總理首事李肇珠等設局李村，分段挑築，人心踴躍，不數月而全堤獲竣。具見兩邑群情向義，

[一] 原書正文無此標題，現據目録補。
[二] 原書正文無此標題，現據目録補。

誼督梓桑，深堪嘉尚。本年七月，董事等以全堤告竣，神廟落成，呈請親臨履勘，當於七月十四日自省起程，十五日赴廟拈香。後隨督同廣州府朱守、佛山水利廳宗丞、南海縣李令、順德縣汪令、三水縣王令沿堤履勘，均已一律堅築高厚。視別圍工程，高出三尺有餘。此後永無泛溢之患。惟西岸海舟之三丫基、南村之禾义基、九江之蠶姑廟、沙頭之韋馱廟各段直接西、北兩江全流之水，澎湃浩蕩，冲激湍急，勢不可當。尤宜于基外厚培大石，方能以阻狂流而捍汹湧。其東岸雲津、百滘之庄邊、吉贊、藻尾等處基脚壁立，並西岸先登、石龍、鎮涌、河清沿基之外，雖生有浮坦，而一遇夏潦漲盛之際，漫灘頂冲，基高脚軟，難免日久坍卸之虞。亦應壘石培護，方爲妥善。當即諭令嵇、吕二委員會勘，計需工費若干，稟報察核，官爲捐助。兹據委員逐段丈勘，列摺稟覆，全圍合計需費九千六百餘兩。並據總理首事呈請查照，南邑原派三萬一千餘兩之數，按照各堡原額加二添捐，尚不敷二千餘金，再爲設法簽足，以仰副盡善盡美之至意。

各等情到司。當批，據呈加捐銀兩，籌添石工砌築基園，爲一勞永逸之計，洵屬妥善。本司當再捐俸佽助，府縣亦各願捐施，候即出示勸諭，其前次未交銀兩並候飭縣嚴催交局可也。除飭府廳縣一體遵照外，合就出示。

爲此示諭該堡紳耆士庶墟總業户人等知悉，爾等家本素豐，固宜早爲踴躍，按照該堡原額添捐，迅速交局。即小康之家，前此未經捐助，今樂全圍鞏固，早稻豐收，亦應按田派費，奮勉争簽，速交董事辦料砌築，以臻完善。從此共慶奠安，咸登衽席，本司實有厚望焉。其各凜遵毋違，特示。

乾隆六十年八月十二日示

聯謝倡捐石工銀兩[一]

具呈　南海縣屬桑園圍舉人黄世顯、陳文耀、馮觀育、李應揚、程功培等呈爲憲恩叠沛祇領叩謝事。

切修築桑園圍，全圍去歲荷蒙仁慈，軫念民依，倡捐廉俸，輿情感動，圍内十一堡以及順德兩龍、甘竹三鄉共樂捐銀五萬兩。經首事等陸續催收，乘時興築。今夏西潦漲發，幸藉敉寧，此誠千古之遺愛，召棣、蘇堤無以倫比。復慮圍枕西江，頻年被潦，更于李村新堤外創立南海神廟，以祈保障。七月喜迓旌旆，賁廟行香，履勘全堤。均已一律堅築高厚。惟東西兩堤險要處所，基脚壁立日久，難免坍卸之虞，應一律壘石培護，方爲妥善。當蒙委員勘估前後，共計添估石價基工銀九千六百餘兩。顯等仰體憲懷，公同籌議，請照本邑原派三萬一千餘兩之數，按照各堡原額加二添捐。其尚不敷銀兩，再爲設法簽足。

[一] 原書正文無此標題，現據目録補。

乃荷恩施優渥，復捐清俸百金，給發到局，顯等伏地祇領感頌難名。趁此冬晴水涸秋收有慶之候，顯等自當勉力勸捐，赶緊培護完竣。從此長堤不獘，永藉安全，仰沐鴻慈于生生世世矣。所有感激微忱，理合聯情先行申謝，連粘領狀呈赴大人臺前，恩鑒施行。

批：據呈已悉。仍速上緊勸捐，乘時培築完竣，以期永慶安甯，勿稍怠忽。領狀存。

乾隆六十年十一月　日呈

呈報開砌石工日期[一]

具呈　南海縣屬桑園圍首事李肇珠、關秀峯、余殿采、梁廷光等呈爲敬陳興築日期上舒厪注事。

切照桑園全圍上年被水冲决，仰荷恩慈，軫念兩邑民依，捐俸倡築，今秋得藉安瀾。乃蒙憲駕遥臨履勘，諭令堤外砌添石工，爲萬年鞏固之舉。再頒清俸，兩邑群黎感佩殊恩，更無既極，當即會同集議簽捐，訂期興築。因銀兩一時未能收全，致未將事。兹本月十六日本邑李縣主因公赴圍之便，傳奉大人慈諭，令即赶緊興築。首事等隨跟同沿堤履看[二]，再三籌議，當蒙面諭，分作三起辦理。目下天晴日暖，先將鎮涌、禾义基土工一段招工填築，如各處銀兩接濟，再將基脚壁立。石船可以灣貼基身之海舟三丫基、九江蠶姑廟、沙頭韋馱廟、雲津百滘之吉贊、庄邊、藻尾各段亦陸續砌纍。至基外生有浮坦之先登、石龍、鎮涌各段，目下冬晴水涸，船隻不能灣近基身，暫俟銀兩齊全，每逢初一、十五潮泛長盛之際，再行堆纍，固可省挑運石塊工貲，而于工程次序，亦不致有紊亂耗費之煩。

各等因，兹遵諭，已擇于本月十九日興工填築，所有興工日期理合呈報。伏冀大人恩鑒施行。

陳藩憲批：趁此冬晴水涸，正宜及時赶緊砌築，以防春潦。仍俟各處工竣陸續呈報，並候飭縣催交捐項齊全，接支工費。

乾隆六十年十一月二十六日呈

[一] 原書正文無此標題，現據目録補。
[二] 看　疑爲『勘』之誤。

卷二　乾隆五十九年甲寅通修志

添派石工仍按堡收銀並籌善後事宜告示[一]

廣州府正堂朱爲曉諭事。

嘉慶元年五月初十日奉欽命廣東等處承宣布政使司布政使加三級陳憲札内開，據吏南科書辦梁玉成稟爲敬陳管見，仰冀鑒察事。切辦于三月下班回藉，遵諭馳往圍基總局，察看辦理情形，因而捧讀大人批諭，龍山紳士請免再捐石工銀兩一案。奉批：桑園圍内石工是否毋庸順邑加捐，仰府飭縣傳訊當局首事秉公籌議，具詳察奪等因。書辦當同董事李肇珠等會計全圍砌築石工，前經委員逐段勘估，計需工費銀九千六百兩，列摺繳報在案。所需工費先蒙大人暨本府、本縣倡給銀四百兩，本邑各紳擬請在於原派三萬一千七百餘兩之數加二，捐銀六千三百四十兩。嗣順邑汪令稟報，以兩龍、甘竹各鄉地居下游，休戚相同，亦應照南邑事例，一體捐銀三千兩。復蒙大人諭令，圍内鹽商應照當押捐襄之例捐銀二千五百兩，續又有簡村堡義士陳俞徵亦樂助石工銀三百六十兩，照數收齊，似屬有盈無絀。今查江浦埠商止據認捐銀一千五百兩，而龍山一鄉已據呈請免捐，則龍江、甘竹兩鄉必有效尤觀望，照原估工程合計，尚短銀一千兩，加以局中用度總需一千四百餘金，方可尅期蔵事。本邑各堡殷富無多，自前年被水之後，各户收成歉薄，上年雖似有八分，然氣體究未能復元，其力能捐簽者，前次業已盡力捐簽，此次又復添辦石費，以强弩之餘勢難再助。倘或儘收儘支，將就了局，則各段工程必有偏重偏輕之不齊。誠慮各堡退有後言，殊不足以昭公當而服衆心。昨經委員帶同董事來省備瀝情形，稟明本縣府轉達憲聰，蒙飭順邑各堡減半捐銀一千四百兩，行知速繳在案。詎因龍山呈内有桑園圍，原係南邑地方，南圍南修，各分段落，向不派及鄰封之説。以故挨延，未即交繳書辦[二]。伏查南圍南修向不派及鄰封者，此乃指歲修小費而言，若大修在千兩以上則派之通圍，歷年有案。且此圍創自宋朝，其時全圍俱隸南海。前明景泰初年，因黄蕭養滋事，平靖之後，始添建順德，割兩龍、甘竹、三堡分隸江村、馬寧二巡檢。其餘各堡仍隸南海縣之江浦司。迨國朝乾隆五十一年，又添設九江主簿，晰九江、沙頭、大桐、河清、鎮涌五堡分隸管轄，餘堡仍隸江浦司。雖先後有沿革建置，然總屬桑園。全圍之内，其兩龍、甘竹之未建圍基者，特以該地爲水道下游，以故留爲宣洩，然全賴上面之有圍基爲之捍衛。伊等晏

[一] 原書正文無此標題，現據目録補。

[二] 書辦，明清時期，府州、縣署各房書吏的通稱。掌管文書，核拟稿件，嗣後用爲掌案書吏的吉稱。

處圍内，獲免歲修，已屬厚幸，是名分兩邑，地寔同圍。伏思各堡之有圍基者，如室家之有垣墻。垣墻之内即屬一家，亦由圍基之内誼同一室。水患一至，俱受淪淹，更豈能區分秦越？今圍内南邑各堡亦分隸九江、江浦兩屬管轄。腹裏無圍基經管之鄉村甚多，遇有坍修，又豈得藉名分隸區分畛域，諉爲鄰封！又府屬三兩縣，同圍者如南海、三水之良鑿、大良、白木灣、大欖背四圍，又豐樂圍則三水、高要、四會三邑同管，誠以地土犬牙相錯。然凡住居圍内者，即屬同圍，遇有修建鉅工，無不同力合作，處處皆然。是其以鄰封之説爲言，殊未妥協。弟誼屬桑梓，不便過爲剖辯，應聽在局首事以理婉陳，得其照數添捐，足以襄事，自可毋庸他論矣。再書辦復溯查，此堤自前明洪武年間九江義士陳博民伏闕陳請通修以來，計今四百餘載，其間載在郡志報決者不一而足。迨乾隆己亥、甲辰、甲寅僅止一十五載，三次被決，黎庶遭殃，莫此爲甚。揆厥由來，前明大修之後，即以附近之堤歸之附堤各堡管理。一堡之中分之各姓，雖遞年議設歲修，然基址有長短，地勢有險易，加以各堡貧富不一。如在殷富之鄉，值當平易之基，歲中略爲培築，尚屬無患。其在貧苦之户，又值險要頂冲，歷年竭力培補，終屬無濟，而告貸于衆，又以各有經管不可破例。畛域之見，積久難移，此堤之所以疊受其害者皆由於此。若非前此甲寅被決，仰荷大人親往勘災，軫念兩邑百萬生靈盡遭慘害，目睹全堤歷年已久，壞爛實多，且邇年下游淤積沙坦，圍築日多，水道不宣，遇潦倍加湧漲，非建議通修，其禍終屬無底。隨會順邑温内瀚確商，並飭傳兩邑紳士妥定章程，共捐銀伍萬兩。西岸自南邑鵝埠石起，下至順邑甘竹灘止； 東岸自南邑仙萊鄉起，下至順邑龍江河澎尾止，俱一律填築高厚，均在兩邑所捐銀伍萬兩開銷。上年七月大功告竣，複蒙履勘，諭令堤外再加石工方能一勞永逸。此誠數百年曠世之奇舉，圍民得獲萬年樂利。凡有氣血者莫不頂戴殊恩於生生世世矣。回思此堤，上自大人以至本府、本縣，無不欣捐清俸倡率外，而當押鹽商義士均各踴躍襄銀資助，即派委在工之委員、首事俱能仰體憲懷，采協經理，上下一心，思艱圖易，始得鹹歌樂土。可否仰懇憲恩飭令各紳知此番工程圖始維艱，成功不易，趁此未經撤局之先，勤求善後之策。未雨綢繆，防蟻漏以固苞桑，庶不負大人建議修築章程，宵旰焦勞，無一夫失所之至意耳。至前蒙履勘面諭，最險之禾義基土工業於三月底築完固，其次險之九江蠶姑廟、沙頭韋馱廟、海舟三丫基，現在稽委員連日督同各首事按段培護石塊。其再次險之吉贊、庄邊、先登、石龍、鎮涌、河清等處，尚俟各處銀兩齊全始能培護。並請飭令廣州府速催各堡未完銀兩，勒限速清，十日内即可全工告竣。書辦住居圍内，謹就見聞所及稟候鑒核施行，連將各堡未完銀兩數目列單送閲等情到司。

據此當批。候行府飭催各堡未完銀兩迅速交局應工，並籌善後事宜，詳奪在案。備札到府，立將單開各堡未完銀兩，專差頭役前往各堡按數飭催，限三日内掃數交局，以應鉅工。併即出示曉諭各堡紳民赴局會同委員首事聯籌善後章程，由該縣府核明擬議詳辦，以爲通圍逓年修築圍基公用，務使長堤經久無患。其圍内涌滘竇穴，上年本司親臨履勘時，聞有被潦淤塞，至今未經疏濬者。亦應飭令各紳民按照地頭疏濬寬深，以資灌溉，以利行人，本司實有厚望焉。

等因奉此，除分差前往各堡催繳未完銀兩交局支應外，合就出示。爲此示諭各堡紳民一體遵照籌辦，毋違。特示。

嘉慶元年五月　日示

全工獲竣謝呈〔一〕

具呈　南海縣桑園圍紳士馮觀育、鄧大觀、陳東銘、黄一木、馮汝楫、程士偉、何瓛洲、梁廷光、李肇珠、余殿采、關秀峰、李冠賢、譚如軾、李式豪、張聘君、陳噲生、陳長之、扶衍庇、何毓齡、李英掞、蘇奠安、符澤、黎俊、譚方興、任元樞、李藹然、李瑶、梁偉、余旋錦呈爲全工獲竣，聯謝鴻恩事。

竊照桑園一圍，地處平衍，水當歸匯。十四堡之生齒，盡屬窪居；萬餘丈之金堤，全資保障。比際甲寅之歲，突遭潰決之虞。仰荷仁慈，疊勞按視，夙孚誠信，狂瀾即歛其洶；念切痌瘝，昏墊胥忘其苦。迨洪流甫退，即賜示興修。上蒙太夫人愷惻爲懷，鉅金恩賜。復荷我大人保民若赤，清俸倡捐。於是遠近歡騰，紳民踴躍，簽題恐後，上下和衷，視長堤之卑薄隨處增培；探決口之淺深相機堵築。及至告成之日，再邀求固之恩。基勢灣環，帮裡戧而資捍衛；溜當湍急，排鉅石而禦洪濤。三載功成，一天戴德。從此含哺鼓腹，享樂土而念康功；鑿井耕田，慶平成而思厚澤。億萬斯年之下，咸頂祝謳歌于無既矣。除雲津、百滘兩堡尚有蒂欠，俟秋收後即行購石堆壘外，所有全圍工竣，及感激微忱，理合聯呈鳴謝，伏祈俯鑒施行。

藩憲陳大人批：據呈已悉。圍基保障田廬，民瘼所繫。是以再三籌慮，督飭興修，亦賴爾各紳士衆力簽題。兹已工竣，從此圍民咸居樂土，永慶安甯。本司不勝欣慰。至雲津、百滘二堡未成一簣之工，仍速赶辦完竣，可也。

嘉慶元年九月三十日呈

雲滘兩堡呈謝捐助石工銀兩〔二〕

具呈　修理桑園圍基首事譚如軾、李式賢，雲滘兩堡

〔一〕原書正文無此標題，現據目録補。
〔二〕原書正文無此標題，現據目録補。

首事張聘君、黎爵寬、潘元上、潘才一、潘韜周、程宗興、吴作錦、陳海生、潘公策、陳長芝，係廣州府南海縣江浦司呈爲恩上加恩，聯名叩謝事。

切照恩膏遠播，固大憲之深仁，感戴難忘，亦閭閻之素志。恭惟大人閣下屏藩東粵，宣化南邦，星耀紫微照臨而光五嶺，春披海甸煦育而撫百城，乃上體聖天子已饑已溺之心，下憫斯民靡室靡家之苦。溯自甲寅，西潦無異，懷襄圍内鄉民，盡皆昏墊。斯時，雖有大栅諸圍同時冲決，不過僅害一圍而已，若桑園圍上通三水，下接順德、兩龍三縣窪居，被災，駭甚。且各圍之決不過基面被冲，原無大陷，桑園則匯成巨澤，長亘百丈有餘，築復固有易難，工程寔分大小。雖大憲之一視同仁，軫念無分彼此，然平施稱物賜賚自有權衡。因之救災捍患，既捐俸而倡築通圍，旋善始而慮終復，憐貧以補助雲滘兩堡，又復賜金滿百，指日功成，物阜民康，貽千載盈寧之樂；基堅寶固，保萬年盤石之安。恩深似海，德重如山，到處遍謳歌，共切啣環之悃；群黎齊頂祝，同傾向日之誠。喜春温而遺愛甘棠，值陽和而拜恩薇省。固結輿情以致謝，聊陳衢巷之微詞。惟願楓宸特簡，三台耀而一品連陞；豸府頻開，五雲移而九重疊誥。

熙朝柱石，萬代公侯，圍衆士民，毋任瞻依欣忭之至，謹聯呈叩謝鴻恩。爲此呈赴欽命廣東等處承宣布政使司大人爵前，俯鑒施行。

批：查桑園全圍爲南順兩邑田廬保障，前因被水冲決，是以本司倡率捐廉，並賴衆紳士簽題，成厥鉅工。嗣後，全圍可無水患，永慶安瀾矣。至雲津、百滘兩堡尚有題捐尾數未清，緣該處業户力有不逮，是以本司率同廣州府復又捐墊足數，以完厥工。本司爲地方民瘼起見，初無邀譽於該首事等，何以謝爲？惟期爾等嗣後遇有鼠竇、蟻穴等項，各按堡内照舊日經管基址修葺，永保無虞。以無負本司軫念饑溺之本意可也。

嘉慶二年二月初八日呈

捐助土石各工銀兩[一]

各憲倡捐，及各堡按糧認捐，兩龍、甘竹襄捐，當押鹽埠續簽各銀數開列：

布政司陳大人、章太夫人　捐紋銀二錠重一百兩。出水八兩八錢。

布政司陳大人前後倡捐銀二百兩。

廣州府朱大老爺前後倡捐銀一百八十兩。

南海縣李太爺前後倡捐銀二百八十五兩玖錢五分。

南邑沙頭堡原捐土工銀六千五百二十兩；　續捐石工銀一千三百零四兩；　當押九間共簽銀三百五十八兩四錢五分。

[一] 原書正文無此標題，現據目録補。

九江堡原捐土工銀五千五百兩；　續捐石工銀一千一百兩；　當押三十八間共襄銀一千五百一十三兩八錢。

簡村堡原捐土工銀三千六百一十七兩九錢；　續捐石工銀七百二十三兩六錢；　當押一間襄銀肆拾兩；　陳俞徵義助銀叁百五十九兩二錢。

先登堡原捐土工銀二千三百五十兩；　續捐石工銀四百七十兩；　當押二間共襄銀八十兩。

金甌堡原捐土工銀二千三百三十二兩一錢三分；續捐石工銀四百六十五兩八錢八分九厘；　當押二間共襄銀八十兩。

海舟堡原捐土工銀二千三百兩；　續捐石工銀四百六十兩；　當押三間共襄銀一百二十兩。

鎮涌堡原捐土工銀二千一百四十兩；　續捐石工銀四百二十八兩。

大桐堡原捐土工銀二千兩；　續捐石工銀四百兩；當押六間共簽銀二百三十九兩六錢六分。

河清堡原捐土工銀一千九百四十兩；　續捐石工銀三百八十八兩；　當押三間共襄銀一百二十兩。

百滘堡原捐土工銀一千六百三十兩；　續捐石工銀三百二十六兩；　當押六間共襄銀二百二十兩。

雲津堡原捐土工銀一千四百一十二兩；　續捐石工銀二百八十二兩四錢；　當押三間共襄銀九十五兩。

伏隆堡前後共捐銀一十一兩七錢二分；　江浦總埠襄銀一千四百六十四兩四錢二分。

順邑龍山堡原襄土工銀七千五百兩；　續襄石銀七百五十兩。

龍江堡原襄土工銀六千兩；　續襄石工銀六百兩。

甘竹堡原襄土工銀一千五百兩；　續襄石工銀七十二兩零六分五厘。

以上通共收銀伍萬玖千玖百捌拾捌兩玖錢捌分肆厘。

全圍分段工程銀數[一]

大修全圍工程目

計開

西邊先登堡派修首事張聘君、蘇元聰、扶奕蕃

馬蹄圍基自三水飛鵝山右翼嘴起，至陳軍涌竇面止，長八十九丈五尺。緣遞年李周各姓歲修互推，今值大修不分畛域，將周姓基址用灰沙硒練，一體加高培厚，善後章程奉藩憲陳檄行廣州府朱，轉飭南海縣李、署三水縣王，會勘明確，豎立石界，內北頭四十四丈七尺五寸，係三水鳳窩鄉周姓管業，南頭四十四丈七尺五寸，係南海鵝埠石鄉管業，取具兩鄉遵依繪圖詳覆，飭遵以後歲修照界

[一] 原書正文無此標題，現據目録補。

防守。

鵝埠石經管基自陳軍涌起，至爐岡頭五嶽廟止，長三百零三丈，內卸陷三十六丈餘，俱卑薄。今築復加高培厚，連馬蹄圍基共用工費銀六百一十八兩六錢九分五厘，續落石工銀一十五兩四錢培護結實。業户經理首事李大昌、李毓林、李作彥、李在新。

茅岡區國器經管基，自爐岡頭起，至觀音山太尉廟止，長一百五十六丈，內卸陷四十六丈餘，俱卑薄。今築復加高培厚，共用工費銀四百二十六兩零六分三厘。圓岡下基膊上流冲割，落石用銀三十七兩六錢二分，培護結實。

業户經理首事區濟賓、區裕之、區廣興、區澤先。

茅岡蘇萬春蘇節二户經管基，自觀音山起至圳口基界止，長二十六丈五尺，俱單薄。

今加高培厚共用工費銀一百一十四兩六錢四分一厘，基外受水冲割落石用銀四十五兩一錢六分二厘，培護結實。

業户經理首事蘇觀光、蘇楚行、蘇恒熾。

圳口李積發、黃世昌等六户經管基，自茅岡基界起，至稔岡蘇梁基界止，長一百四十二丈，俱卑薄。

今加高培厚，共用工費銀二百四十八兩七錢七分一厘，續落石工銀四十四兩五錢四分六厘。培護結實。

業户經理首事李益昌、李梅光、李孟輝、黃爵輝。

稔岡蘇芝望、梁裔昌等五户經管基，自圳口黃李基界起至橫岡基界止，長二十七丈五尺，內受冲險要處二十丈，需落石培護，餘俱卑薄。

今加高培厚，共用工費銀一百四十兩零九錢二分，續落石工銀三十五兩九錢三分九厘，培護結實。

業户經理首事蘇廷彥、蘇聖瓚、梁公憲、梁日聰。

橫岡蘇志大經管基，自稔岡基界起至鳳巢屈岡脚止，長三十丈零五尺，基身卑薄，基外受冲險要。

今加高培厚共用工費銀二百八十七兩一錢九分四厘，續砌石用銀二十六兩一錢。培護結實。

業户經理首事蘇炳斯、蘇德宜、蘇偉宜。

鳳巢李大有經管基，自屈岡起至鄧林基界止，長一百八十四丈五尺，內烏婢潭決口三十丈，餘俱卑薄。

今築復決口及加高培厚，共用工費銀九百六十七兩五錢二分八厘，烏婢潭基脚續落石工銀一百零二兩七錢九分五厘，培護結實。

業户經理首事李楊志、李廷梅、李維揚、李日儒、李宏元。

鄧林、李大成經管基，自鳳巢基外起至龍坑基界止，長七十四丈九尺，俱卑薄，今加高培厚，共用工費銀五十五兩四錢七分八厘。

業户經理首事李秩才、李敢章。

龍坑梁觀鳳、李鄉宗、李棟、蘇芝望四户經管基，自鄧林基界起至李村三角塘止，長一百九十六丈二尺，內卸陷四十丈，餘俱卑薄。

今築復加高培厚，共用工費銀四百三十二兩三錢二分五厘，另扣留本堡尾欠派分各段雜項用銀三十七兩九錢八分八厘。

業户經理首事李培滋、李賢高、梁定進、李燦夫。

海舟堡

李村李繼芳、李復興、李高、梁税祐、黎余石七户經管基，自先登堡龍坑分界起至盤古廟止，計長三百八十六丈一尺，基脚石塌坍卸，基身卑薄。今基脚加石砌復，基身加高培厚，共用工費銀一千七百一十七兩三錢六分九厘，另汛前砌石銀一十四兩八錢。

業户經理首事李漢霖、李式蒼、梁世和、黎秀文、余華衍、石希俊。

又自盤古廟起至上墟文昌廟止，計長一百七十二丈四尺，內冲陷決口一百四十五丈，餘俱卑薄。

今築復決口及加高培厚，共用工費銀一萬二千七百四十六兩八錢零二厘。

在局首事李肇珠、闞秀峰、李式豪、余殿采、梁廷光、李荷君督辦。

麥村梁萬同、李遇春、簡其能、麥秀陽各户經管基，自上墟文昌廟起至龍潭里止，計長二百二十四丈五尺，內滲漏四十餘丈，餘俱卑薄。

今滲漏用灰舂實，餘俱加高培厚，共用工費銀四百九十五兩五錢九分四厘，因基外被海心沙頭横水冲割，連年卸陷，續落石用銀一百四十八兩零八分四厘。培護結實。

業户經理首事梁齊伯、李紹璋、簡國業、麥信昭。

海舟田心三丫基十二户經管，自龍潭里門樓起至南村鄉禾义基分界止，計長五百一十八丈，內滲漏四十餘丈，餘俱卑薄，基脚俱受頂冲，壁立深潭，歷年培石屢被冲塌。

今滲漏用灰舂實，餘俱加高培厚，共用工費銀一千一百三十八兩四錢四分六厘，基脚受冲長五百一十八丈，已落石銀二千三百八十五兩九錢八分五厘。因此段最爲險患，續復堆壘蠻石，共用銀一千六百九十一兩四錢零五厘。培護穩固。

業户經理首事梁麗時、馮作霖、黎豪萬、李廷敏。

鎮涌堡派修首事潘賢業、胡鑄綱。

南村鄉禾义基，自三丫基起，至石龍村分界止，計長二百八十丈，俱卑薄，基外受冲最險，長八十餘丈。

今加高培厚，共用工費銀三百六十二兩三錢二分，基脚受冲八十餘丈，已落石銀一千三百五十一兩七錢四分二厘，此段最爲险患；今基外落石厚培築壩，基內遵奉潘憲面諭，用土填築灣曲，共用銀二千二百八十一兩五錢六分四厘，培護穩固。

業户經理首事何建培、何體元、何覺斯、任廷贊。

石龍村經管基，自禾义基分界起，至鎮涌鄉交界止，計長三百八十七丈，內華光廟前卸陷六十五丈，餘俱卑薄。

今築復加高培厚，共用工費銀三百九十五兩一錢八分九厘。

業户經理首事何愛鏞

鎮涌鄉經管基，自石龍村分界起至河清交界止，計長三百四十五丈，內文閣廟前卸陷三十八丈，餘俱卑薄。

今築復加高培厚，共用工費銀三百二十兩零五錢五分一厘，續于竇口等處砌石用銀一百六十五兩六錢七分六厘。

另扣留本堡尾欠派分各段雜項用銀二十兩。

業户經理首事扶奕蕃、馮職方。

河清堡派修首事劉宗望、徐芳桂。

潘永思户經管基，自鎮涌分界起至潘隆興基交界止，計長五百一十丈，內浮鬆滲漏三十一丈一尺，餘俱卑薄。

今滲漏用灰舂實，餘俱加高培厚，共用工費銀六百二十二兩五錢四分八厘。

業户經理首事潘文業、潘仁遠、潘純遠、潘鴻典。

潘隆興户經管基，計長六十二丈七尺，俱卑薄，今加高培厚，共用工費銀九十二兩零七分七厘。

又自花社起，至九江分界止，計長四百七十三丈，另外圍自天后廟起至舍人廟止，計長三百七十七丈五尺，內郤陷滲漏六十三丈五尺，餘俱卑薄。

今築復卸陷滲漏用灰舂實，餘俱加高培厚，共用工費銀七百八十八兩六錢零七厘。

石工銀九十七兩三錢七分六厘。

業户經理首事潘賢盛、潘何魁。

九江堡派修首事程光可、潘直典。

九江經營基，自河清鄉分界起至金順侯門樓止，計長六百四十七丈五尺，內郤陷三十丈，險要一百一十五丈五尺，餘俱卑薄。

今築復舂灰加高培厚，共用工費銀五百零二兩零一分五厘。

業户經理首事黄鶴年、關恒五、關寧邦、黄華喈。

又自金順侯門樓起至長爲令止，計長一百七十九丈，內卸陷七十丈零三尺，仁和里決口一十四丈五尺，餘俱卑薄。

今築復舂灰加高培厚，共用工費銀一千五百六十四兩六钱三分八厘。

業户經理首事關戴光、關輝壁、關杰魁、關獻聲、關隆顯、關履光。

又自長爲令門樓起，至螺山脚止，計長五百丈零二尺，內清溪社決口長一十六丈，渡頭橋決口長一十二丈，郤陷一十四丈，餘俱卑薄。

今築復加高培厚，共用工費銀一千零三十兩零九錢五分二厘。

業户經理首事曾佩祥、關景昌、朱始林、關潤斯、張裕祥、劉宗望。

又自螺山脚起，至三角田與順德甘竹分界止，計長一千五百七十九丈，內單竹坡決口長二十六丈，甲子基冲決一十丈零三尺，郤陷五十六丈五尺，餘俱卑薄。

今築復春灰加高培厚，共用工費銀五百七十五兩一錢九分四厘。

又外圍上自西方洛口牛路起，至東方蒲排角止，計長一千六百一十八丈四尺，又蚌山羊趾圍基，長五十三丈二尺，共長一千六百七十一丈六尺，内冲決四十七丈七尺，卸陷八十八丈九尺，餘俱卑薄。

今築復，春灰加高培厚，共用工費銀五百七十八兩九钱八分四厘。

另將該堡内基身險要受冲處所落石培護，自西方壩頭起至三帝廟前止，受冲處長一百二十二丈，已落石銀三百六十九兩零七分五厘； 又自三帝廟前起至蚕姑廟前止，長三百二十八丈六尺，已落石銀一百五十二兩三錢八分； 又自蚕姑廟前起，至長樂里關帝廟前止，受冲處長一百六十一丈，已落石銀二百七十六兩五錢二分七厘，共落石銀七百九十七兩九錢八分二厘。 因該各處最爲險患，尚須築壩，續落石，共用銀一千三百零七兩七錢九分七厘，培護穩固。

另支襍項銀四百四十二兩四錢三分八厘。

業户經理首事關潔之、關展光、劉宗望、關恒五、徐芳桂。

甘竹堡

自九江交界起至甘竹灘止，計長二百六十丈，基身卑薄。

今加高培厚，共用工費銀三百六十八兩八錢七分厘。

該堡經理首事

北邊仙菜基

自仙菜鄉廟後岡脚起，至吉贊五顯廟止，計長一百五十二丈，内郤陷一十一丈七尺餘，俱卑薄。

今築復，加高培厚，共用工費銀二百五十六兩八錢。

派修首事譚如軾、麥修達。

北邊通圍横基

自吉贊岡脚起，至東邊杜滘基頭止，計長三百一十八丈，最爲上流當冲險要。

今基身兩傍用灰舂實，餘俱加高培厚，共用工費銀三千四百六十兩零八錢一分九厘。

又建復洪聖廟，工料銀七十九兩六錢零五厘。

又奠土建醮共用銀七十三兩七錢三分八厘。

派修首事譚如軾、麥修達督辦。

東邊雲津百滘二堡基

派修首事李冠賢、陳永觀。

自杜滘與横基頭分界起，至簡村分界止，計長一千一百九十三丈，内冲陷漫溢决口十五處，共長一百零四丈七尺，其餘卸陷卑薄。 今築復，加高培厚，打樁舂灰及築小石壩二道，共用工費銀二千零一十二兩六錢三分四厘； 又又自庄邊以下至程祐新渡頭基，約長一百二十餘丈；

藻尾天后廟潘日佳基長五十丈，基脚被水冲割，壁立傾卸，需石防護，續落石共用銀六百九十九兩四錢一分六厘。培護結實。

另扣留本堡尾欠落石支用，共銀三百六十五兩三錢九分四厘。

業户經理首事程綸芳、潘觀朝、陳豈生、吴作錦。

簡村堡派修首事張端宏、梁公興。

自雲津堡吴聰户基分界起，至西樵山脚止，計長五百六十五丈五尺，内吉水竇文閣碑亭下冲陷决口，闊二丈深八尺，餘俱卑薄。

今築復，落石打樁舂灰并填塞水圳，餘俱加高培厚，共用工費銀一千七百二十六兩零一分。

另扣留木堡尾欠雜項支用銀二百一十七兩七錢三分一厘。

業户經理首事陳俞徵、麥綱儒、冼章嗣、梁楚元。

龍津堡經管基派修首事陳俞徵、麥綱儒。

自江浦司前岡邊起至五鄉舊基止，新築堤基一百六十丈，共用工費銀四百一十四兩五錢一分八厘。

又自五鄉舊基起至黄旗路沙頭交界止，計長四百六十三丈，今築高培厚係五鄉業户自行修築，以工代費。

沙頭堡經管基派修首事李拜祥、關履光。

自龍津分界黄旂路起，至梅屋閘門止，計長七百一十九丈九尺，内決口四處長一十九丈，餘俱卑薄。

又自梅屋閘門起，至村尾拱陽門止，計長五百零一丈，俱卑薄。又自拱陽門起，至順德龍江分界止，連圍築新基長六百六十五丈，内决口三處。其大决口買業圍築長一百一十二丈，餘俱卑薄。

今俱築復，加高培厚及打樁落石，共用工費銀六千一百七十二兩七錢二分五厘。

另將該堡内基身險要受冲處所落石，共用銀九百九十九兩六錢，培護結實。

業户經理首事崔宗蕃、崔德孚、黄時望、李雲沾、盧純熙、張玠。

龍江堡經管基，自沙頭交界起至河澎尾止，計長四百八十五丈，基身卑薄。

今培築高厚，共用工費銀一千二百四十三兩八錢一分。

該堡經理首事

大桐堡經管

水閘一座，圍水多由此閘宣洩，向用閘板，潮水湧漲防範不周，外水湧入，每傷禾稼。今遵嵇贊府示諭，撥項修葺，改用閘門，啓閉稱便，計用工料銀一百二十兩，另扣留木堡尾欠雜用銀二十兩零伍錢六分九厘。

業户經理首事

收支總略

列憲共倡捐銀七百七十四兩七錢五分。

本邑各堡前後共認捐銀三萬八千一百零一兩六錢三分九厘。

本邑當押鹽埠義士共襄捐銀四千六百九十兩零五錢三分。

順邑各堡共襄捐銀一萬六千三百九十兩零五錢七分五厘。

賣出牛隻各物共銀四百五十九兩七錢一分七厘。

通共計收銀六萬零四百一十七兩二錢一分一厘。

發兩邑各堡脩築土石各工，共支銀五萬三千五百零五兩五錢四分四厘； 撥支廟工不敷銀二千三百八十一兩零七分； 神廟落成，奠土建醮，列憲按臨拈香，履勘全堤。所有唱戲、酒席、犒賞、船隻、夫馬一切雜費，共支銀一千零五十九兩九錢九分六厘； 滿月唱戲、祭神，除簽題外，撥支不敷銀二十七兩一錢零五厘。

元年二月初次神誕并在白骨墳建醮唱戲，共撥支銀一百零九兩三錢九分一厘。

元年十月全工告竣，闔圍紳士赴局酬恩備筵，酬謝在事出力人員，除嵇贊府發還席銀外，共撥用銀四百一十四兩九錢四分三厘。

兩年局内雇倩跑差水火夫暨大廠雇用職事，共支工銀一百六十八兩八錢三分七厘。

兩年局内在事人員以及各衙門一切差役、號房因公來局辦事，共支飯食銀九百三十七兩七錢零七厘。

兩年内應酬雜費共支銀一千八百四十兩九分一厘。

通共計支銀六萬零四百四十四兩六錢八分四厘。

内溢平七十八兩九錢五分五厘。

尚存銀五十一兩四錢八分二厘，存當年值事支用。

總局公誌

議奬各衙門在事出力工書[一]

南海縣正堂李諭桑園圍總局首事李昌耀等知悉，案奉廣州府正堂朱牌行，嘉慶元年十月二十二日奉布政使司陳憲牌，據南海縣申稱，嘉慶元年八月二十五日奉本府轉奉憲臺諭開，據吏南科書辦梁玉成禀爲全工指日完竣，附請奬賞以示鼓勵事。

竊辦本籍脩築桑園全圍，土石各工先後共派捐銀五萬九千六百餘兩。前此本邑李縣主與順邑温内翰等公推總理首事七人在局董率經理，復於本邑各堡内舉出勸捐首事數人，僉捐足額，陸續收銀交局，以應鉅工。上年七月大工告竣，經李縣主禀蒙憲恩，于總局首事李昌耀、余殿采、梁廷光、關秀峰、何䕫洲五人給與扁額示奬； 其協辦局務，派委東西兩岸，督築大小缺口，及吉贊横基之李冠賢、譚東元、張聘君、麥脩達、李式豪五人亦蒙本府製扁

[一] 原書正文無此標題，現據目録補。

獎賞； 其餘十一堡首事，亦經李縣主按名給扁以勵賢勞。至續添辦石工，本邑各堡復懇添派勸捐首事數人經理，茲各堡續僉銀兩早經完繳，隨將各段工程培護結實，另行由縣查明獎賞外，惟兩龍、甘竹三鄉前推首事二人，迨後未經到局辦事，是以上年未及禀請獎賞。茲三堡前後襄捐土石各工銀兩均已全數清繳。洵屬踴躍急公，可否仰懇憲恩於兩龍甘竹三堡，每堡給予扁額，懸於該堡公所，庶三堡紳民得以共沐恩光，足徵好善樂施之慶。至若在局辦事，三載以來，常川公所，實心實力，任勞任怨，始終不倦者，則係署九江主簿事鹿步司巡檢稽會嘉、本縣奉委在工之内司林雲朝、總局首事監生李昌耀、協理局務職員李冠賢四人之功居多。此外，尚有一府兩縣工房典吏及九江江浦兩攢典，暨在局掌理數目、書記、登號絲毫不亂之李荷君等，三載以來，屢奉大人暨本府本縣叠頒曲諭，抄寫傳宣，敬謹將事，每於喫緊之際，夜以繼日，且能仰體憲懷，潔己奉公，勤勞不倦。均各出自至誠。茲本邑各紳擬於月内將工程完竣後，在于河神廟唱戲酧恩，並請兩龍、甘竹紳士到局，分別備情公同酧謝，以答勤勞。并將修築各段工程支銷數目開列貼堂，務使闔衆共悉，一目了然。次將大人發給扁額，擇吉送赴兩龍、甘竹三鄉公所懸掛，以暢輿情。所有扁額囑辦，禀懇撰給賜予爵銜，恭候帶回。至一切典禮應用銀兩，即在於先登堡陳軍涌、歸廟沙坦租銀項内動支，無庸派捐，合并禀明，是否有當，統候鑒核示遵等由到司。據此，當批兩龍、甘竹三堡准給扁獎勵，餘飭府分別獎賞可也。備札到府，仰縣立即查明在事出力人員及書吏攢典，分別獎賞，揭示公所，以勵賢勞等因到縣。奉此，遵即分別移行賞擬。去後，茲准署九江主簿兼署江浦司巡檢稽會嘉覆稱：　遵奉率同總局首事，秉公酌議，除李昌耀、李冠賢已蒙給扁賞勵，毋庸再議外，查府憲與兩縣工房于屢奉各憲，叠頒曲諭，均能抄寫傳宣，敬謹將事。堂臺林内司林雲朝實心實力，潔己奉公。擬請各賞袍掛一套。九江江浦攢典均係屬内子民，田舍廬墓皆賴安享，分應急公，但即蒙札行獎賞，擬請各給袍料一件。其在局辦理支收賬目，勤慎不倦之李荷君并各堡新派首事，無不踴躍急公，應請分給扁額以示榮寵而慰勤勞等由到縣，准此。

伏查卑職屬内桑園圍基綿長一萬二千餘丈，實爲通縣圍基最大之區。乾隆五十九年間，被潦溢决基口數處，荷蒙憲臺捐廉倡令該圍各堡紳民踊躍僉捐工費，以襄厥事。現在全圍土石各工均已告竣，奉諭查議獎賞，此誠逾格優恤之慈懷。茲准議覆前由，是否允協，理合申請察核等由到司，據此查核所議，分別獎賞，甚屬妥協，據議前由，備牌行府，仰縣速即轉飭遵照，分別獎賞毋違。

等因奉此除移順德縣轉飭知照外，合諭遵照諭到該首事等，即便傳諭在事出力人員届期赴局，祗領獎賞毋違，特諭。

嘉慶元年十月　　日諭

圍基善後事宜[一]

廣州府爲堤工告竣等事。

據南海縣知縣候補同知李櫺詳稱： 查卑縣屬内圍基，桑園一圍，實爲最大之區。乾隆五十九年西潦冲决，荷蒙藩憲捐廉倡修，本圍各堡紳民亦各感激憲恩，踊躍捐助。惟因工程浩大，復奉憲行諭，令附近該圍之順邑龍江、龍山、甘竹三鄉不分畛域，一體義助帮修。兹查土石各工雖已告竣，可保無虞。第該基堤綿長九千餘丈，誠恐一處防護不周，即爲通圍之害，自應擬立章程，以垂永久。遵即移行九江主簿會同總理首事，傳集十一堡紳耆公同妥議，明立章程，分析條欵，備造清册，移送轉呈。去後，兹准九江主簿嵇會嘉覆稱遵奉檄行，會同通圍紳耆首事人等詳細確議。凡關圍基利害之處，俱已酌議條欵。合就列册移覆等情。

卑職逐欵確核，似尚周匝，如果實力奉行，自可垂示久遠。可否俯如所議，飭令立石永遠遵守之處，合將各欵備列清册，具文，申繳核轉等由到府。

據此，卑府伏查桑園圍基，既據紳耆首事人等公同酌議，所列各欵，似屬防護已周，應否俯如所請，飭令勒石以垂永久？合將繳到條欵册具文詳，候憲臺察核批示，飭遵。爲此備由同册二本，具申伏乞照詳施行。

計抄册開

一、擬歲修工程隣保加結。

查各堡歲修工程多有草率，從事隣保，休戚相關，就近便於查察。應請飭令逓年各堡互相加結報竣，禁止濫給胥役結規，則工歸切實，自無欺飾之弊。

一、擬基身毋得添埋棺木。

查基坦已埋棺木，現奉飭起遷葬，但荒塋纍纍，若令刨挖深坑，未必即能填實，反與基身有碍。應請飭令於各段荒基用板石大書官銜禁令，不許添埋。如違，許令附近居民稟官查究，實爲兩便。

一、擬基圍内外毋得貼近開挖池塘溝渠。

查現有之池塘溝渠，若令填塞，殊有難行。應令冬間將基脚培築高厚，將現在之池塘，挨順業户姓名造册存案，俾得有所稽查，不致日久廢弛，仍復開挖，難以稽察。

一、擬毋得私建竇穴。

查附基業户，乾旱之年貪圖水利，往往于基根偷挖小竇，戽水灌田，潦漲時，失於防範，每多滲漏。兹查東西兩圍，先登堡有竇一穴，海舟堡二穴，鎮涌堡三穴，河清堡兩穴，九江堡一穴，百滘堡一穴，雲津堡二穴，簡村堡一穴，龍津堡二穴，沙頭堡一穴，蓄洩通圍水勢，准其照舊啓閉防守，餘外應請禁示添建。

一、擬基脚内外讓耕二尺。

[一] 原書正文無此標題，現據目録補。

查基圍内外根脚多爲業户侵耕，以致陡削。應令照舊基培補，犁田時再讓二尺，即令各堡按基用石條竪界，一律遵行。

一、擬基工土性肥饒者，栽種龍眼、荔枝。

查龍眼、荔枝五六兩月成熟，正當發水之時，業户日夕看守，即可巡查基址，但栽種菓樹數年，方得收成。如防範不嚴，牛羊一觸，其樹即枯。應令於樹外栽桑，固可以防範牛羊，并可以先得資利，仍不失桑園圍本義。

一、擬基身兩坦土性稍瘠者，所生穛草毋許刈割。

查茂草紛披，驟雨不能冲刷溝窩，其外坦於水漲時，更可抵禦風浪。

一、擬毋得縱放牛羊猪隻侵損基工。

查東西兩岸基身舖屋，每畜牛羊猪母，不自闌欄，任由成群引隊縱放於外，蹂躪踐踏，最壞基身。鄉情難爲禁阻，應請用石大書官銜禁止，如違拏究。

一、擬護基石塊，附近居民毋得偷撿，應用板石大書禁令，如違查出，罰賠枷示。

奉布政使司陳批：據詳，所擬桑園圍防堤各欵章程，俱屬妥善，仰即轉飭南、順兩縣，出示曉諭通圍十四堡一體遵照。并擬定簡明條約，大書禁令，用長大板石深刻，竪于東西兩岸沿河基傍，使愚頑共悉，不致日久懈弛。繳册存卷。

嘉慶二年二月二十四日知府朱棟

藩憲晉陞中丞籲詞稱祝[一]

具呈　南海縣屬桑園圍舉人陳東銘、關士昂、胡珽、馮觀育、鄧大觀、黄一木、羅思瑾、程翔、關士龍、明秉璋、鄧士憲、程功培、程士偉、馮汝楫、岑誠、李應揚、鄭佐揚、關業韶、關國鷹、關廷標、余天保、黄大進，副貢張廣釗，歲貢梅克和、麥用、區先登、陳湯鎏、曾文錦，生員李定卓、潘炳綱、張潢、李英掞、符澤、符樞、梁德俊、蘇奠安、麥逢秋、余旋錦、李瑶、黎蛟、梁維綱、梁培元、李藹然、何京鄉、任元樞、何佩球、何佩珩、何毓齡、曾時雨、何起虬、潘天佑、黄駿、余經、任元機、梁鶴圖、黄奮庸、梁松、陳鳴盛、余清、余崇、冼天球、余鴻、陳應秋、老嘉憲、余誠、余金匯、余鴻瀚、崔振鰲，監生李肇珠，職員何元善、梁東華、關秀峰、余殿采、李冠賢、譚東元、麥修達、李式豪、黎奕揚、符宣匯、陳榮、梁公卿、余殿成、麥江儒、譚舒、蘇榮、譚震、譚方、扶奕蕃、關潔芝、程光可、余國梓、李拜祥、余有恒、任梁、任鶯遷、何大發、余名鰲、何光瀛、譚清洲等呈爲基堤鞏固，屢獲豐收，藉稻獻新，仰答殊恩事。

竊照桑園一圍，前經水决，叠邀慈慮，倡俸完修。凡屬血氣之倫，並享休和之福，去歲盈寧既奏，飽德咸歌，今

[一] 原書正文無此標題，現據目録補。

夏捆載滿郊，平疇迭慶。兩岐呈瑞，恒沾樂利無疆；再造帡幪，須念伊誰實賜。乃小民方欣夫新穫，而大人忽值乎高遷。福蔭所周，無遠弗届，懽騰野布，何殊作相。温公喜溢窮簷[一]，不異北門裴度，念桑園圍之受恩罔極，而涓滴之報效莫伸。正思叩閣言情，備歌五福之錫；謹以錢鎛所及，少酬兩大之休。葢每飯輙動其謳思，斯粒食無忘乎所自。汲樵峰之潔水；欲況清操；採銍艾之鄰萁，聊陳精白。惟愿公侯永葆子孫，常藉詒謀憲府風高，歷世猶欽俎豆則億萬斯年之下，咸頂祝于勿既矣。爲此聯伸謝悃。伏奠[二]俯鑒施行。

陞任巡撫部院陳批：桑園圍基本部院于藩司任内實力督修，亦由該紳士等踊躍急公，始克一力完固。

今工竣兩年，運獲豐收，該紳等具呈獻新，具見誠悃，惟望頻年保護，永慶盈甯。是則本部院深慰焉。

嘉慶二年六月　日呈

捐造南海神廟引附廟圖[三]

粤東地勢平衍，頻罹水患，而桑園圍害尤甚。比年來，堤之决者非一，而能禦灾患不致久于昏墊者，僉以爲神力。故歲甲寅，李村堤決，南、順兩邑諸紳士爲闔圍通修之舉，歷半載而工告竣。自始事迄終事，連月清晏，諸凡役作得黽勉成功，固仰藉列憲勤恤深心，而要非神靈默相不至此。甫畢役群思報答，恭查南海神位次最貴，在北東西三神河伯之上，扶胥黄木，赫濯聲靈。聖天子猶歲命禮官，修祀事，以報其潤澤生民功，是所以成民而致力於神，如此其亟。況今之沐神庥居平土者，苟不崇奉之，以彰美報，其毋乃缺典，不共是懼。因卜地李村新堤以創廟宇，而答神貺，約計工料奠土需非三千金不克蒇厥事。伏念兩邑多好義士，爰設簿勸捐共成集腋，俾神祠輪奐，報賽以時，將見安瀾永慶，使吾人千百世後奠土宇，享豐亨。蒙樂利之休，食昇平之福，不可謂非神明之賜也，不可謂非好善樂施之所致也。是爲引。

[一] 簷　同『檐』。
[二] 奠　同『冀』。
[三] 原書目録題爲『捐造廟工引』，現以正文中標題爲準。

河神廟全圖

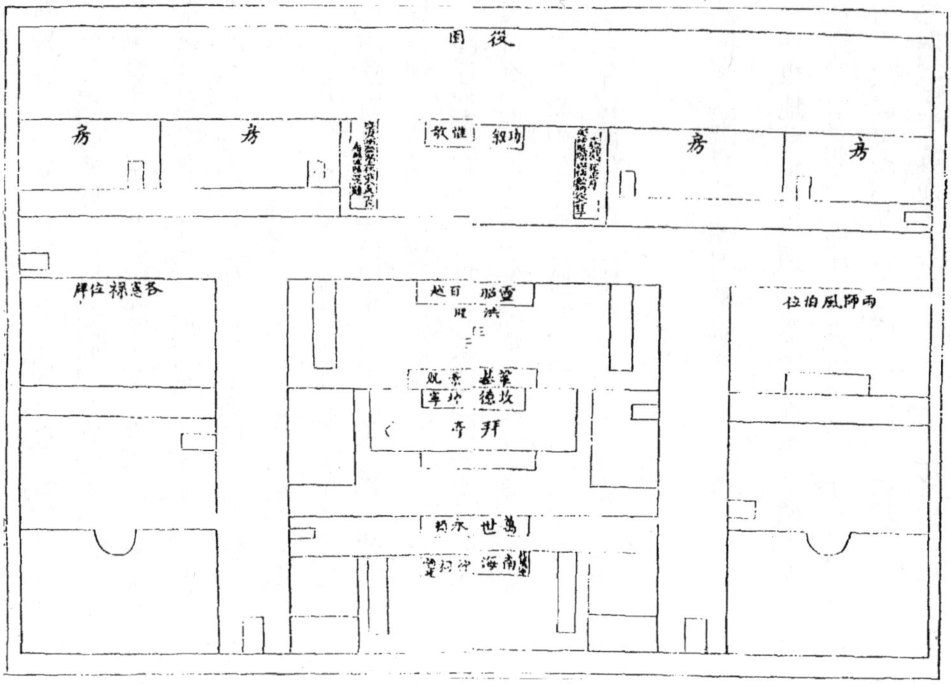

捐造廟工數目[一]

捐建南海神祠工費開列：

南海縣正堂李捐工費銀壹百員，署九江分縣嵇捐銀壹拾員，江浦司巡政吕捐銀壹拾員，金甌堡余殿采捐銀壹百員，金甌堡余殿成捐銀壹百員，省城鹽務綱局捐銀壹百員，九江堡公捐銀捌拾壹兩捌錢，海舟堡李式賢兄弟捐銀壹百員，先登堡區國器户捐銀肆拾員，金甌堡余有恒捐銀肆拾員，簡村堡陳敬修捐銀肆拾員，樂昌埠省舘捐銀肆拾員，海舟堡梁廷光捐銀叁拾員，先登堡蘇志大捐銀貳拾肆員，海舟堡李冠賢捐銀貳拾員，海舟堡李昌耀捐銀貳拾員，昌耀名肇珠。海舟堡梁殿昌捐銀貳拾員，殿昌名玉成。簡村堡譚東元捐銀貳拾員，簡村堡梁惠綱捐銀貳拾員，簡村堡麥綱儒捐銀貳拾員，鎮涌堡何榕湖捐銀貳拾員，榕湖名元善字瓛洲。先登堡李大有户捐銀貳拾員，鎮涌堡陳謙牧堂捐銀壹拾肆兩叁錢伍分，簡村堡冼章嗣捐銀壹拾肆兩叁錢叁分，簡村堡黄以懷捐銀壹拾肆兩叁錢叁分，大桐堡李儼捐銀壹拾肆兩叁錢，海舟堡石應緒捐銀壹拾肆兩貳錢柒分，沙頭堡鄧賢智捐銀壹拾肆兩貳錢，先登堡符宣匯捐銀壹拾兩零零伍分，省城廣和堂捐銀壹拾兩，省城德盛行

[一] 原書正文無此標題，現據目録補。

捐銀玖兩玖錢陸分，省城同文行捐銀捌兩，省城源順行捐銀捌兩，省城廣利行捐銀捌兩，省城義成行捐銀捌兩，省城達成行捐銀捌兩，省城東生行捐銀捌兩，省城怡和行捐銀捌兩，海舟堡黎奕揚捐銀壹拾員，簡村堡麥修達捐銀壹拾員，簡村堡黄純大捐銀壹拾員，先登堡圳口鄉捐銀壹拾員，鎮涌堡何建岳捐銀壹拾員，大桐堡李滄士捐銀柒兩壹錢捌分，省城如順行捐銀柒兩壹錢柒分，鎮涌堡何體純捐銀柒兩壹錢柒分，金甌堡陳建章捐銀柒兩壹錢陸分，沙頭堡鄧昌禮捐銀柒兩壹錢伍分，沙頭堡鄧裔禮捐銀柒兩壹錢伍分，簡村堡陳秉朝捐銀柒兩壹錢伍分，雲津堡程賢章捐銀柒兩壹錢肆分，省城洋行辛池官捐銀柒兩壹錢叁分，先登堡李宣培捐銀柒兩壹錢壹分，簡村堡陳俞徵捐銀柒兩壹錢，鎮涌堡扶奕藩捐銀柒兩零伍分，廣府聲司房梁惠人捐銀柒兩零肆分，海舟堡李阜君捐銀捌員，海舟堡李保君捐銀捌員，簡村堡張文瀚捐銀捌員，廣府户司房黄榮光捐銀柒員，金甌堡岑廣章捐銀伍兩，海舟堡李近中捐銀陸員，海舟堡李時章捐銀陸員，海舟堡譚舒遥捐銀陸員，金甌堡余和賓捐銀肆兩貳錢捌分，金甌堡陳永觀捐銀肆兩貳錢捌分，先登堡蘇宗光捐銀伍員，省城外洋通事謝鰲捐銀伍員，省城中和堂捐銀伍員，省城林鉉鍾捐銀伍員，布政司前長義銀號捐銀伍員，海舟堡李毓賢捐銀伍員，海舟堡李昌蕃捐銀伍員，海舟堡梁毓廷捐銀叁兩伍錢捌分，海舟梁鰲之捐銀叁兩伍錢陸分，海舟堡李啓元捐銀叁兩伍錢陸分，先登堡李名遠捐銀叁兩伍錢陸分，鎮涌堡何緯祥捐銀叁兩伍錢叁分伍厘，金甌堡余用爵捐銀叁兩伍錢叁分伍厘，省城保滋堂捐銀叁員，省城松茂堂捐銀叁員，鎮涌堡任蔭槐捐銀叁員，鎮涌堡關耀常捐銀貳兩壹錢叁分，省城岐生堂捐銀貳員，省城麥毓堂捐銀貳員，省城黄鶴居捐銀貳員，譚慎友堂捐銀貳員，緝熙堂捐銀貳員，梁潤成捐銀貳員，海舟堡李昌恒捐銀貳員，簡村堡潘彰周捐銀貳員，海舟堡李著君捐銀貳員，海舟堡梁景岳捐銀貳員，省城杜遠澤捐銀貳員，省城集蘭堂捐銀壹兩肆錢叁分，鎮涌堡何遇賓捐銀壹兩肆錢貳分，黎岐堂捐銀壹員半，海舟堡梁允功捐銀壹兩，簡村堡張廷昭捐銀壹兩，海舟堡譚正亭捐銀壹員，省城麥敬光捐銀壹員，李村梁税祐户捐銀壹員，省城元興店捐銀壹員，海舟堡李恒合捐銀壹員，海舟堡李恒新捐銀壹員，鎮涌堡任國韜捐銀壹員，省城陳俊英捐銀叁錢伍分。

通共除欠平實收銀壹千壹百捌拾陸兩伍錢柒分。

一、支方南紀先生擇地諏吉送酬金銀肆兩柒錢伍分陸厘。

一、支填塞南湖廟地共用銀肆百玖拾玖兩肆钱捌分伍厘。

一、支青磚銀玖百零陸兩陸錢叁分伍厘。

一、支尾料鰲魚磚窑共銀壹百叁拾柒兩柒錢叁分壹厘。

一、支木料共銀伍百壹拾伍兩貳錢貳分伍厘。

一、支石料共銀陸百貳拾玖兩伍錢捌分伍厘。

一、支灰烟釘料共銀壹百玖拾叁兩叁錢伍分玖厘。

一、支磚匠工銀壹百貳拾柒兩伍錢陸分。

一、支木匠工銀玖拾伍兩壹錢陸分。

一、支石匠工銀肆拾柒兩伍錢貳分。

一、支油漆金薄共銀叁拾貳兩陸錢零柒厘。

一、支篷廠銀玖拾柒兩叁錢伍分捌厘。

一、塑神像并置神樓、案棹、香案、鍾鼓、匾額，以及廟中所用一切共計用銀貳百捌拾兩零陸錢伍分玖厘。

通共用銀叁千伍百陸拾柒兩陸錢肆分。除簽外不敷支銀貳千叁百捌拾壹兩零柒分，係在基務銀兩撥支。總局公啓。

河神廟沙坦圖

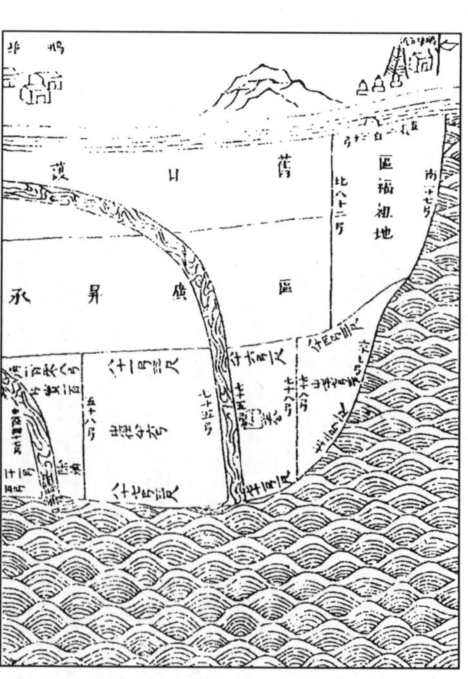

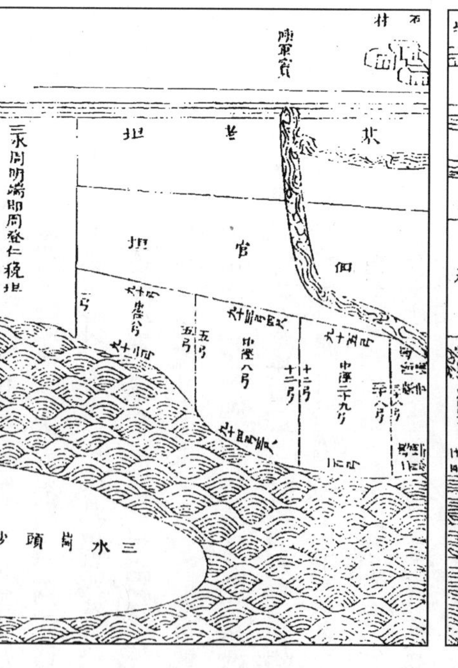

詳撥沙坦歸廟公用附沙圖[一]

布政使司陳爲報明官荒懇撥祀典以杜争端，以資公用事。

嘉慶元年九月二十六日奉巡撫廣東部院朱批本司呈詳。

嘉慶元年九月初五日，據南海縣申稱：嘉慶元年正月二十六日，據桑園圍紳士舉人黄世顯，歲貢區先登，生員李定卓、符澤、蘇奠安，業户梁俊江、李著鴻、李璧東等稱：切照桑園一圍，前被潦水冲決，荷蒙各憲軫念民依，捐廉倡築，兩邑紳民共捐銀五萬兩，合力大修，全圍藉固。事竣，蒙藩憲諭令于李村新基外建立南海神祠，爲全圍保障。落成後復蒙各憲親詣行香，題留、頌禱，聲靈遠播，不特全堤藉庇，即南、順兩邑上下村庄往來籌議堤防事宜，亦得有托足駐宿之地，洵爲千古不可易之香烟。但目下堂垣雖已聿新，而將來修葺以及逓年春秋祀典司祝，傳事公需，尚有未備，自應預籌經久，方足以仰副各憲建設深恩。

兹查先登堡鵝埠石村基外陳軍涌生有沙坦九十餘畝，久經業户區廣昇當官承佃，其自區廣昇地界之西北，自陳軍涌三水鳳起鄉周明端地界起，南至先登堡茅岡鄉區福祖地界止，計長三百六十餘丈，極西至河邊，約税將及百畝。前于乾隆四十年擬抵九江堡關敦厚虚租，隨奉前督憲李批行，不准承陞，恐其圈築有碍河道，任由冲刷。迨後附近貧民貪圖美利，私種雜糧，因係無主之業，此種彼收，致釀人命。嗣經先登堡各鄉嚴禁不許私耕，此後變爲牧牛草地。然逓年潦水淤積，沃土日漸高寬，現成膏腴之業，可以種植桑、麻、豆、麥等類，較之上下接連地段，每畝可批租銀一兩有奇。與其任由抛荒，日後豪强霸耕滋事，附近村民有公庭牽累之慮，孰若撥歸神廟，爲春秋祀典。固可以杜各鄉貧民霸耕滋訟之端，而于全圍香火公需似亦不無小補。爲此聯呈叩懇仁恩，查案核明，委員勘丈，詳請撥入神廟，逓年按堡收租，辦理祀典公用，實爲德便等情到縣。

據此卷，查乾隆六十年十二月二十三日奉憲臺札開，據本司書辦梁五成禀前事等情到司，當經札飭南海縣，親徃逐一查勘。去後兹據申稱：卑職遵即卷查，並查額征全書附載裸税，絶軍王翰仁、馬寛等各業應征官租銀三十七兩五錢七分六厘。前因各業冲缺，查將九江洛口沙撥給佃户關敦厚等抵耕，嗣洛口沙復經冲缺，關敦厚等將陳軍涌口新沙撥抵，奉委順德縣勘明，詳奉前督憲李因恐有碍水道，未奉准行，嗣據楊彤蓴、吴樂天、鄭思誠等承佃各沙，共收租銀七兩二錢四分一厘，撥抵王翰仁等虚租外，

[一] 原書正文無此標題，現據目録補。

尚存虚租銀三十兩零三錢三分五厘，遞年官爲捐解在案，隨將卷宗移送九江主簿查勘。去後兹准覆稱： 查明各卷傳集紳耆沙鄰人等吊核原承税照，齊赴該沙，勘得形分七段，委係水生淤坦，係屬無主官荒，土厚而肥，悉與鄰田相等，並無妨碍水道、鄰田、廬墓，以及隐佔重承情事，不用圈築即可開耕，當即訊取沙鄰，各供揀明界址，丈得該沙實税一頃一十三畝五分零二毫六絲七忽，繪圖取結，造具弓册移送前來。卑職覆查無異，并經飭據紳耆總局首事人等議稱： 該沙一頃一十三畝五分零二毫六絲五忽，每畝約收租銀一兩五錢有奇，每歲可共收銀一百七十餘兩，除請撥抵絶軍王翰仁等虚租銀三十兩零三錢三分五厘外，計剩租銀一百三十餘兩。以之供辦神廟春秋二祭，約共支銀四十兩，歲修神廟支銀二十兩，司祝供食支銀二十兩，香燈支銀二十兩外，尚仍剩銀三十餘兩，儘足以資經理租項首事紙筆、薪工并議公事茶水等費。其經理租項首事每三年公舉殷實公正二人交接，承當通圍共十一堡，離廟遠近不一，按各遠近配搭輪值，以來歲嘉慶二年爲始，首以海舟、金甌、大桐、簡村四堡公舉二人，經理三年。次以先登、百滘、雲津三堡公舉二人，經理三年。又次以鎮涌、河清、九江、沙頭四堡公舉二人，經理三年。收支各數均令逐一登明，三年期滿，交代下手接交時，將各賬目公同逐一算明。毋任私毫遺漏侵隱，循環稽察自可經久無患，公私各有所裨等情前來。

卑職確加查核，似屬妥協，傳集而詢，亦與禀詞無異。伏查該沙係屬水生無主，官荒，並無妨碍水道、鄰田、廬墓以及隱佔重承情事，與其抛荒日久，豪强霸耕滋事，誠不若歸入河神廟内批佃收租，供辦祀典以及歲修各費。且據紳耆所議經理租項之處，亦極公妥詳明，實可經久無弊。應請俯順輿情，悉如所請，准將該沙歸入河神廟内批佃收租，以資各費。倘蒙允准，即令將界用石竪明，聽該紳耆等自行召佃承耕，並令勒石以垂久遠。至該沙税現奉停墾，應請免其陞科，將來奉行墾陞，再行酌議具詳，分别辦理，理合詳候察核示遵等由到司。

據此，該本司查看得南海縣屬桑園圍總局紳耆黄世顯等，請將先登堡鵝埠材前基外土名陳軍涌口水生沙坦撥歸河神新廟内批佃收租，以供祀典及各費用一案，緣桑園圍基工竣，復在該基身建立。河神廟宇保護全圍，紳耆黄世顯等因無祀典以及歲修、香燈費用，闔圍酌議，請將陳軍涌沙坦一段撥歸河神廟内批佃收租，以資春秋祀典及歲修費用等情。當經札飭南海縣親往該處沙坦，逐細勘明，有無妨碍水道、鄰田、廬墓以及隱佔重承情事，刻日確查妥議詳覆去後。

兹據南海縣申稱： 該沙係屬水生無主官荒，並無妨碍水道、鄰田、廬墓以及隱佔重承情事，與其抛荒日久豪强霸耕滋事，誠不若歸入河神廟内批佃收租，供辦祀典以及歲修各費，且據紳耆所議，經理租項之處亦極公妥詳明，實可經久無弊。應請俯順輿情，悉如所請，准將該沙歸入河神廟内批佃收租，以資各費。倘蒙允准，即令將界石豎明，聽各紳耆等自行召佃承耕，并令勒石以垂永久，至該沙税現奉停墾，應請免其陞科，將來奉行墾陞，再行酌議具詳等因前來。

本司伏查陳軍涌沙坦既據南海縣查明委係無主官荒，亦無妨碍水道、鄰田、廬墓以及隱佔重承情事，且各紳耆所議經理租項甚屬公平，應如該縣所請，准予擬歸河神廟内批佃收租，以資各費，候奉批回，飭令南海縣將各界用石豎明，聽該紳耆等自行召佃承耕，并令勒石以垂久遠，至該沙税現在停墾，應請免其陞科，將來奉行墾陞，再行酌議。另詳緣由奉批，如詳飭遵辦理，仍俟將來墾陞時酌議，具詳核辦。並候督部堂衙門批示，繳圖册存。等因奉此，又奉兵部尚書總督兩廣部堂朱批仰候撫部院衙門批示飭遵具報繳圖、册、存。等因奉此，除呈報督憲衙門及行廣州府轉飭遵照外，合就出示爲此示諭該圍紳耆人等遵照，立將該沙用石豎明界栰，查照議定章程，遞年自行召佃收租，除解抵絶軍王翰仁等虚租銀三十兩零三錢三分五厘外，遞年辦理春秋祀典等項公用，勒石河神廟内以垂永久，如將來奉行墾陞，再行具呈，請辦毋違，特示。

嘉慶元年十月初四日示

請留嵇贊府呈[一]

具呈　南海縣屬桑園圍舉人陳東銘、關士昂、胡珽、馮觀育、鄧大觀、黄一木、羅思瑾、程翔、關士龍、明秉瑋、鄧士憲、程功培、程士偉、馮汝楫、岑誠、李應揚、鄭佐揚、關叢韶、關國鷹、關廷標、余天保、黄大進，副贡张廣釗，歲貢梅克和、麥用、區先登、陳湯鎣、曾文錦，生員李定卓、潘炳綱、張潢、李英掞、符澤、符樞、梁德俊、蘇奠安、麥逢秋、余旋錦、李瑶、黎蛟、梁維綱、梁培元、李藹然、何京卿、任元樞、何佩珩、何毓齡、曾時雨、何起虬、潘天祐、黄駿、余經、任元機、梁鶴圖、黄奮庸、梁松、陳鳴盛、余清、余崇、冼天球、余鴻、陳應秋、老嘉憲、余誠、余金匯、余鴻瀚、崔振鰲，監生李昌耀，職員何元善、梁東華、關秀峰、余殿采、李冠賢、譚東元、麥脩達、李式豪、黎奕揚、符宣匯、陳榮、梁公卿、余殿成、麥江儒、譚舒、蘇榮、譚震、譚方、扶奕蕃、關潔芝、程光可、余國梓、李拜祥、余有恒、任梁、任鶯遷、何大發、余名鰲、何光瀛、譚清洲等呈爲基堤鞏固，溝瀆深通，聯叩鴻慈，獎勵賢員，以遂輿情事。

竊照桑園一圍，地連兩邑，堡分十四，烟火萬家，東、西兩堤，長亘百餘里，貢賦五千有餘，爲廣屬中基圍最大之區。每遇夏潦，西、北兩江之水匯冲，長堤遥遠，防護維

[一] 原書正文無此標題，現據目録補。

艱，全賴本管官與民同一乃心，提綱挈領，認真堵禦，自無潰決之虞。前此乾隆甲寅，潦發惴急，巡邏不及，連決廿餘處。疊厪慈懷，調劑保護，倡給工資，圍民感悚，先後共派捐銀六萬兩，委員在工督築高厚，闔圍小民不致失所者，莫非鴻恩之下逮也。嗣大功告竣，令于堤外建祀河神，題送扁額親臨履勘，焚香致祭，永圖保護，深仁厚澤，莫可名言，復慮圍内涌渠被潦停蓄，水道不宣，有妨民耕，時勞厪念。緣連年雨暘，時若未及疏通，上年八月後雨澤稀少，雜糧間被旱傷。臘月中旬當蒙彭縣主傳奉憲示，令即按址疏復，勿使有悞春耕。九江嵇主仰體仁慈，沿鄉激勸，計不匝月，民心向化，各自疏復原位無事，差催前雖望雨甚欣，而圍民早已得水灌溉，翻犂播種，踴躍春耕。上抒厪慮是，辦理民瘼之權，固得治法，復得治人，方能成功如此迅速。東等素稔嵇主自到粵，由黃鼎調任以來，計今五載。前此在工，日則沿鄉催收銀兩，督築各段險基，夜則會同營員協拿匪黨，披星戴月，時刻靡寧。上年積勞成病，擬欲告歸調理，並得以奉侍高堂，因念屬内別處民情尚有遺慮，未敢遽爾陳請。今經一載，各堤險要者均已培補結實，而本圍涌滘亦已疏濬通深。嵇主純孝，性成必應，亟請歸里。誠念東等桑園一圍，地雖兩屬，然商民襍處，良歹不齊。嵇主到任以來，廉明勤慎，教化兼施，更喜與蘇守府駐劄非遥，文武同心，兵役和浹，鋤奸去匪，獎善安良，咸歌樂只，兩屬紳民實有不欲嵇主遠離此地者。惟是逆情乞留，不特有干例禁揆之情理，於心亦覺難安。溯查乾隆五十九年，奉委各官，赴工督辦基務以來，或蒙注績而保薦即陞，或念微勞而另案超拔，均各仰邀恩賚。嵇主以一人之力而獨任其勞，辛勤五載，未邀恩録。東等私心忖度，實覺向隅伏覩，仁憲乃全粵福星，愛民若子，用人行政，自有權衡。用敢忘其冒昧聯叩殊恩，可否俯順輿情，將嵇主奉委修復南、順兩邑沿河圍基及田間水道五載于今，始終不倦，萬姓賴安，于公事之便附奏聖恩量加鼓勵，併令迎母來任，免其告歸。庶賢員得遂，公私兼盡之愿，而兩屬商民並可永戴鴻恩，安居樂業于鄉衢也。愚昧之誠，是否有當？伏冀俯鑒施行。

督憲吉大人批：據紳民等呈稱，巡檢嵇會嘉監脩基圍各工實心經理，著有勞績，本部堂亦素悉此人。今紳民聯名保留，雖干例禁，但粵東基圍民生所係，最關緊要，如果得以實心行實政之人於地方，自有裨益，姑准所請。本部堂再加確訪綜覈名實，量加獎勵也。

撫憲陳大人批：嵇巡檢督辦基務，並緝拏匪類，頗屬認真，自應仍令兼署主簿，以顧輿情，仰布政使司轉飭照舊供職，毋萌退志可也。

藩憲莊大人批：嵇主簿奉職勤慎，現奉撫憲批行留任，候飭該員照舊供職可也。

糧憲吴大人批：曹好保留官長原不足憑，但嵇主簿署任九江以來，盡心民事，輿論翕如，三代直道之公，於斯可見。該衿等所呈，並非挾私妄籲，當會司請院諭留，以孚衆志也。

查勘疏復南石兩竇事宜[一]

布政使司莊爲曉諭踴躍簽捐以襄鉅工以濟民生事。

嘉慶三年六月二十六日奉巡撫廣東部院陳憲諭，照得桑園一圍，地本窪居，且中藏西樵大山。村庄計有數十餘處，每遇下雨，山村地段之水盡注圍内，泛濫禾田。向藉各鄉竇穴爲之宣洩。近聞西岸先登堡之陳軍竇、海舟堡之李村麥村竇、鎮涌堡之南村石龍竇、河清堡之村尾竇共六處均被塞不通，以致圍内禾田亢暘則灌溉無資，霖雨則浸霪爲患，宣洩遲延，晚稻每悮耕種，致膏腴等如磽确，居民失業，室少蓋藏。前據南海縣彭令親往查看基圍稟稱：該圍適中之南村、石龍兩竇緊接外河，常通潮汐，向恃其蓄洩，旱潦無虞。延及枕近之田心、海舟、新村、余村、江邊槎、潭燕橋、南水大桐横基各鄉，並沾利賴，人安耕鑿，户慶盈寧。詎自外沙浮淤以來，日漸寬廣，俱被壅塞，水道不宣，以致各鄉禾田難于耕植，坐受其困，亟應設法疏復。經于道路所過之簡村堡禄舟鄉有拱橋二座，橋檯窄小，不能暢達，即倡給工費銀十兩，令其先行改照吉水竇九尺寬式，以資宣洩。其南、石二竇，稟請派委首事，董率經理各等由前來。本部院隨訪得石龍鄉有保舉孝廉之職員何元善，及監生曾經邦、職員曾宣倫、何鳳翔、何學深、生員曾時雨、殷庶、馮鎮宗、劉儒光、何相高、何朗斯、黄始得、黄啟章等，南村鄉有鄉正何體元、職員任鶯遷、任培君、生員何貢廷、殷庶、何堯泰、何竹友等，田心鄉有舉人李應揚、生員李瑶、職員李時芬、李廷敏、李荷君、李明天等，素爲鄉中推重。凡義之所在，無不奮勉向前，堪膺首事之任。所需工費，本部院倡捐銀叁百兩，并令藩司府縣各捐銀叁百兩，共銀壹千貳百兩，除發給諭帖遵照外，合諭飭遵諭到該司官吏，立即分飭該管縣府遵照，飭令各首事迅即聯議挑築章程，計需工費若干？各鄉簽捐數目共有若干？限七月底由縣妥議，詳司覆核詳報，以憑示期收銀興工，委員前往督辦。工竣查明奬賞，以勵賢勞。事關民瘼，毋任餙卸挨延，致有貽誤。等因奉此，查南、石兩竇，先據南海縣稟報，估需挑疏工費銀叁千二百兩，除行廣州府轉飭各首事來省請領倡捐銀兩，并令先將南、石兩鄉按粮加入科銀一千二百兩，將竇内水利所經之涌渠橋樑，公議章程，拆去石橋陂頭、架用木橋，定以一律寬深，使水性通流，舟行利便外，合就出示。爲批示諭該鄉紳耆庶士業户人等知悉，凡有力仗義之家，務各踴躍題簽，量力捐輸，共成美舉，則闔圍農田水利旱潦無虞，舟行利便，永享盈寧之福。本司實有厚望其各凜遵毋違，特示。

嘉慶三年六月二十七日

[一] 原書正文無此標題，現據目録補。

丁丑續修志目録

〔一〕原書目録題爲『築復三丫基及通修全堤記』，現以正文標題爲準。

卷三　嘉慶二十二年丁丑續修志

奏稿[一]

兩廣總督臣阮、廣東巡撫臣陳跪奏爲籌議護田圍基借欵生息以資歲修并按年分息歸欵仰祈聖鑒事。

竊照粵東地處海濱，形勢低窪，西、北兩江之水匯注大河，分流入海。河濱一帶，俱藉圍基捍衛，而南海縣桑園圍適當江水之衝。本年五月間，西潦漲發，圍基被決，民間修築不敷。經前督臣蔣會同臣陳奏蒙聖恩，賞借帑銀修辦。嗣據南海、順德兩縣紳士陳書、關士昂等呈請，借帑生息，以備此後歲修。復經行司籌議去後。茲據藩司趙慎畛、糧道盧元偉查明具詳，請奏前來。卷查廣、肇二府護田圍基本係土堤，乾隆元年，經前任督臣鄂爾達奏請，改用石工。將鹽運司庫存貯逓年鹽羡等項銀兩借商生息，以爲各屬每歲官修圍基之用。續于乾隆八年及乾隆十六年節次奏明，仍照向例一概聽民自行防修，如有非常冲損，實在民力不支者，隨時奏請酌辦在案。

臣等伏思前項圍基當江水之衝，不特民田、廬舍保障攸關，且圍內田畝均國家正供之所出，若必俟非常冲損始行隨時奏辦錢糧，既須蠲緩帑項，更多糜費，而民間田園、廬舍已不免淹浸之患。是與其隨時懇恩，莫若先籌善全經久之策，使可有備無患。隨將兩縣紳士所請，與在省司道再四熟商。該圍界連順德週四百餘里，長九千五百餘丈，又當頂冲險要，工程最爲吃緊。自乾隆元年改用石工，歷年日久，水勢日夕冲刷，堤面逐漸單薄，堤石亦皆剥落傷殘。因民間自行修防之後，按年培築，不過于坍卸處所填砌修補，不能一律堅固，在小民保護田廬原不肯甘心苟簡，祇緣工鉅費繁，力有未逮，是以自乾隆四十九年以來逓遭冲塌，至嘉慶十八年復被冲淹，奏明借帑修築。本年被水决口較各年尤甚，仰蒙皇上郵緩兼施，併借銀五千兩，連民捐修費，赶緊搶修，始得補種禾稻雜糧。此時若不圖善全經久之計，將來再遭水冲，工程更大，需費更多。臣等飭縣查勘該處圍基，每年歲修約需銀四千六七百兩，方可堅固。現在藩庫備修堤岸銀兩存貯無多，合無[二]仰懇皇上天恩俯准，在于藩庫追存沙坦花息銀兩借出銀四萬兩，並於糧道庫貯普濟堂生息項下借出銀四萬兩，共銀八萬兩，發交南海、順德兩縣當商，每月一分生息，每年可得息銀九千六百兩，内以五千兩歸還原借銀本，以四千六百兩爲歲修之資，責成該圍内殷實紳士購料鳩工，不經書役之手，仍由水利各官督率稽查，或應培築高厚添砌蠻石，或因頂衝險要應復石堤，相度情形，分別首險次險，陸

[一] 原書正文無此標題，現據卷三目録補。
[二] 合無：『犹何不』之意。

續培築堅固。倘有已修石工冲刷决損，俱令領項承辦紳士賠補，每年動用息銀以及收回借本造册呈報。臣等衙門查核，計自嘉慶二十三年起至三十八年止，借本可以全數清完，此後多餘息銀即歸于籌備堤岸項下存貯。如遇通省圍基内實有緊要工程民力不能捐修者，核實奏明動用。如此借動閒欵，生息轉運，既不須臨時動用正帑，而堤岸歲修有賴，工程益歸鞏固，水潦不虞灾歉，閭閻免追呼之擾，朝廷少卹緩之煩，實于國計民生均有裨益。是否有當，臣等合詞恭摺具奏。伏乞皇上睿鑒訓示。謹奏。

嘉慶二十二年十一月初六日奏

嘉慶二十二年十二月十六日奉上諭阮等奏籌議護田圍基借欵生息以資歲修一摺。粤東濱海一帶，田畝俱藉圍基捍衛，南海縣桑園圍界連順德，本年被水冲决，業經降旨借欵修復。惟該處當江水之衝，民田廬舍亟須保障，以爲經久之計，加恩着照所請。准其在藩庫追存沙坦花息銀兩借支銀四萬兩，糧道庫普濟堂生息項下借支銀四萬兩，發南海、順德兩縣當商生息，每年所得息銀，以五千兩歸還原欵，以四千六百兩爲歲修之資。責成該處紳士購料鳩工，隨時培築，毋任胥役經手，仍令該管官督率稽查，如有坍卸，責令承辦之人賠補，以昭覈實，餘俱照所議辦。該部知道，欽此。

後修堤記

桑園圍延袤九千餘丈，半當西江之衝，西江溯源牂牁，挾數省之水建瓴下，勢甚湍悍，圍内田廬恃此爲保障。曩[一]乾隆己亥歲，西潦潰堤，余家居目擊，奔避倉皇。故老言：數十年來未嘗有也。歲甲辰，李村冲决，余官京師，聞水勢過於己亥。迨甲寅歲，李村復决百餘丈，水四旬不退，時巡撫爲大興朱文正公。余謁見，請不分畛域，勸各鄉大修全堤，公韙之。簡亭陳公時爲方伯，鋭意觀成，勸捐集事，語詳前記。自是閲二十年無水患。

歲癸酉，决稔横兩鄉基，咸謂其地水心生沙，昔平今險。丁丑歲，决海舟之三丫基，則本屬險工，歲修楗石不如法，又聞其處因修補堤岸伐大樹數百，易銀以給工費，歲久樹根蠹朽，竟致坍决，因小失大，尤堪駭異。余避水經旬，束手無策，賴制府蔣公與方伯趙公、觀察盧公念切民生，亟諭海舟鄉人赶築月堤，防滛潦再至，又諭各鄉照甲寅歲五成捐簽，俟水落即築復大堤。兩邑邑侯[二]先後踵臨，所以爲捍禦計者甚至然。余頗聞近年西潦歲至，洶湧異常，則歲修最要。向例雖責成各堡分段認修，而實無

[一] 曩　『以往，从前』之意。
[二] 邑侯　知縣。

一定之項，臨時措辦艱難，往往有名無實。倘可借帑生息，庶幾歲修可恃，民慶更生乎！即商之制府蔣公，公謂陳中丞甫至，當與熟籌，會兩邑紳士亦以是爲請。越數日公復書，謂已與中丞酌定，借帑八萬交商生息，以備歲修。仍俟各鄉踴躍捐簽，尅期通修，再爲入奏。余即薦廣文何君毓齡任其事。開局興修未幾，蔣公移節西蜀，余致書謂曩甲寅歲修堤工竣復，續籌萬金落石，然夏潦湍急，石隨水轉，仍不免冲決。

昔年在史館見乾隆初年前總督鄂公奏疏稱：廣、肇各屬基圍皆土築，難免衝坍。欲除大患，惟以建築石堤爲要，請每歲留鹽羨銀二萬五千兩，擇險要處陸續興建石堤。乃知前人已經籌及，而八十年來坍漲靡常，風浪衝齧堤岸之待貼石者不少。昔《水經注》稱：鬱水又南注於海，馬文淵爲石塘，達於海而粵無水患。至今名在炎荒，與銅柱並垂不朽。今桑園圍當滇、黔、桂、鬱諸水之衝，全賴歲修爲固。此十年内可堅築土堤，增高培厚，并於堤脚落石，而未暇即建石堤。十年後土堤曁固，歲有贏餘，似可擇險要處所陸續漸建石堤，以期經久，則水患永除，文淵不得專美于前矣。公曰：吾瀕行，必再與中丞言之。是歲十一月，制府阮公臨粵，念關民瘼，不廢詢芻，余亦縷述全堤利弊甚悉，公一一見之施行，即與陳中丞疏請借帑惠民，爲久遠利。得旨允行。

聖天子明見萬里，渥沛殊恩極之海隅，蒼生莫不霑被，何其盛也。而大憲嘉謨[一]、入告溥[二]利、無窮保赤，誠求拯斯民而登之衽席，維桑與梓何幸而蒙此惠澤也。語曰：長袖善舞，多錢善賈，信哉是言。設綿力薄財則捉襟肘見，納履踵決曷克勝任？愉快今兹之請，誠斯圍之急務矣。雖然力小任重固不可也，有力不任將誰咎乎？繼自今凡我鄉鄰各敦古處，相與有成[三]，未雨綢繆，務臻鞏固，則豈惟歲計有餘，修防足恃，石堤之建亦不難矣。安見水國沮洳[四]不可興歌樂土也耶！

是役也，董其事者廣文何君，而外則有孝廉羅君思瑾，潘君澄江，岑君誠，梁君健翎，咸訪求舊章，悉心經畫而始終其事，不辭勞瘁，則何潘二君之力爲多。先築三丫基，次吉贊横基，次將各堡應修處勘估交本堡自辦。經始於十月，告成於二月。方伯趙公親臨閲視，指示周詳，仍再落石培護，至六月初旬工乃竣。五月二十日西潦盛漲，風雨交至，新堤一百八十丈穩固無虞。惟麥村旁舊堤間有坍卸，即搶築堅實，各堡莫不額手相慶，謂經此巨浸安然無恙，成效已著。在酌定善後事宜，歲修罔懈，可永慶安瀾。

[一] 嘉謨　犹嘉謀，贊許該主意。

[二] 溥　《説文·水部》：溥，大也，廣大。

[三] 相與有成　相互協助而有所成就之意。

[四] 沮洳　《集傳》：沮洳，水浸處下濕之地。低濕之地。

余亦念前事不忘，後將于此考信，因記之以告來者。

嘉慶二十三年夏六月順德温汝适記

跋[一]

少司馬温篔坡先生乾隆甲寅以祠垣在籍，適李村基決，議修全堤。先君子榕湖公偕同奔走往來，出其條議、章程，深爲許可，遂定議修築，鄉人賴之。時毓親隨左右，備悉籌議，然先生終以歲修無資，計非久遠爲歎。迨先生洊[二]陞卿貳告假歸養，中間相隔二十餘年，下車日即諄諄以圍事下詢。聞毓所稱現在形勢，輒動色相戒拳拳然，謂：『宜以未雨綢繆爲慮。』時去稔岡基決僅二年耳。

越二年，丁丑夏五海舟三丫基果復決六十餘丈。先生則致書督撫大憲，請借帑生息，先備歲修計，然後謀築決口，謬以毓可勸厥事，扎毓傳集各堡紳士合議通修。時邑侯閆公、分憲吉公俱親臨九江，着令倣照甲寅年以五成起科，禀明大憲，諏[三]吉興修。毓暨不獲辭命，遂隨同羅懷之、岑善門、潘鑑塘、梁桐廂四君子後審度情勢，先築決口，倣作偃月之形，使稍紆迴，不與水爭利而功費亦歸於簡易。其餘通圍險要、單薄、滲漏、坍卸處所，亦先後培填。

是役也，經始於丁丑十月，迨戊寅七月而工竣。毓自慚庸劣，深慮隕越以負列憲暨先生委任至意，并恐不能仰體先君子前議深心，惟有竭盡駑駘，矢公矢慎，以求無過耳。方今聖天子軫念民生，恩准借帑八萬交南、順兩邑當商生息，遞年以五千兩歸帑本，以四千六百兩爲桑園圍歲修費用，此誠大憲嘉謨入告萬世永賴之休。而先生久列華階，夙膺朝望，雖假旋萬里外而啓沃爲心，所以上體宸衷下蔭桑梓者，抑亦有不可得而泯没者矣。所賴後之君子比歲修築，無相諉辭，無分畛域，查其首險次險，次第工修，匡予不逮，且陸續漸建石堤，苞桑鞏固，以無負先生久遠至計。即先君子之有志未逮者皆得藉以不朽，毓實有厚望焉。

何毓齡跋後

丁丑夏五，海舟三丫基潰，予方守制家居，至七月潦盡，諸鄉先生集議修築事，不以予爲不敏，附忝末議。夙曾景仰温篔坡先生不分畛域之論，同圍之内如屬一家，以未嘗識荆，不及布攄誠欵，值委員吉明府縣主閆父師諭飭予隨諸君子後承辦基務。予維三丫基工較之甲寅李村決口更難爲力。李村決口，極深不過一丈，其淺處則數尺水耳。今則南北兩湖水深俱二丈有奇，長

[一] 原書正文無此標題，現據卷三目録補。
[二] 洊　同薦字。
[三] 諏　《説文》諏，聚謀也。这裏爲選取的意思。

椿沙石坍卸，至再始得結實，並繪圖注說，稟蒙如議挨月基通築。而月基沙泥各半，雜以桑枝、草束，必須撥去浮料，換以浄土兩倍其工，庶幾蕆〔一〕事。每有興作，必偕同事石崖、何世執謁見温六先生，請示機宜，俻承獎借其所以拳拳爲桑園圍善後計者，至周且切也。旋蒙制撫兩憲恩准入奏，借帑生息以俻歲修。聖人端拱在上，明目達聰，凡以予惠元元者無不至藉，非有人焉周知小民之依，使下情得以上達，亦澤不下究耳。當是時，六先生桑梓情殷，痌瘝〔二〕念切，移書當道，指陳利弊，列憲皆見諸施行。是以桑園全圍千百萬生靈億萬年利澤，胥玉成於六先生一人一時之惠，抑何厚幸耶？鄉先達心力焦勞，爲全圍熟籌善後，惠心有孚〔三〕。我後起雖未攝寸柄，得所設施而窮經將以致用，苟鄉園可以效力，爲己即以爲人亦一事業也。謹依指畫强勉奔走。

工竣，六先生爲《後修堤記》，以示來兹後之人，應知皇恩憲澤之有自來，而此後歲修罔敢懈忽，期溥利綿於世世。斯六先生有餘不盡之志，抑兩邑無窮之福也。

(巳)己卯二月既望，南海潘澄江謹跋。

築復三丫基並通修全堤碑記

事以難而自阻，非吾儒之所以爲心。故誼之所屬，雖盤錯當前，可驚可愕，亦且壹意圖之而務期有濟。丁丑五月，西潦漲發，九江、河清兩鄉始則外基不保，繼且内圍坍卸，仁和里、永安門、牛牯路各險方搶救幸免，而海舟之三丫基竟以決告矣。一晝夜間，圍腹盈溢，沙頭、龍江諸堤及吉贊横基，皆反潰向外，而圍中泛濫曾不稍消，人口、田廬多遭傷壞，淹浸二十餘日不克胥匡〔四〕。

蒙大憲軫念民生，據情入告，賑緩兼施。並請旨賞借本管基段十二户帑項五千兩，暫築月基，以護晚禾。嗣復爲長久計，再請借帑八萬兩，發南順兩邑當商生息，歲給四千六百兩爲通圍修築之用。俱蒙俞允立予施行。聖天子德洋恩普，萬里外灑，沉澹災如，恐不及懷。生之類己，莫不歌頌皇仁，同欣得所。惟月基之築，浮鬆卑薄，僅救一時，非築復大堤，無以爲異日歲修之地，十二户方籌還前借帑項，於鉅工斷難獨支，即各堡坍卸基段，責令自修，終恐苟且塞責，列憲深以爲念。遴委吉明府偕南、順闔王兩邑侯會勘設處，檄飭通圍并力從事，照甲寅大修之例五成勸捐，共得銀二萬七千餘兩。命瑾等五人董其役。事關桑梓，不容諉謝，即於是年十月興工，至今年六月始克蕆事。

溯桑園之決，自宋元以迄國朝，不勝屈指而築復之難

〔一〕蕆　完成，解決。蕆事謂事情已辦完。
〔二〕痌瘝　痛苦。痌，《集韵》痛也。瘝，病也。
〔三〕有孚　有誠信。
〔四〕胥匡　全部解救。

善於水利，後多以治水見長。自愧佔畢儒生，不能如古人瑗教弟子經義之外，言：『治事必兼治水』。爾時，劉彜查勘，而新堤屹如山立，得恃無恐，不可謂非幸也。昔胡雨震撼非常。本邑邑侯亟臨相視，制府宫保阮公亦委官工僅成八九，而西潦洊至新堤，不没者二尺，加以暴風淫石，累積新堤暨大洛口、禾乂基，以捍衝激。五月中旬，石圍土工先就，方伯、趙公親至工所歷覽，欣慰，命多購蠻魚塘之害於堤者塞之，卑薄處概加高厚。以二月初旬闔各堡決口及曾經搶救諸堤，請官勘估，交各堡紳耆修復，既先其所難，遂以次及其所易。吉贊横基則築復原址。闊丈有二尺，其底則當南湖處十二丈，他亦不下八九丈。八十二丈，其間填塞南湖施工最鉅。堤成，高皆二丈，面而内繞，以避決口之深。舊堤所決六十二丈者，新築計百相視機宜，悉謂舊堤必不可復，因依傍月基，跨南北湖規比之曩時李村決口較難爲力矣。受命以後，與闔圍紳士坵，迅澓南北歧射，甜而成湖，深者三丈，淺亦二丈有奇，濘[一]，奔溜磢錯，視他處所潰，衝突更甚，且決口内阨於高難制爲憂，盖地當最衝極險。以故，堤身一決，溢流澒正乾隆間，中丞傅公、方伯陳公皆命採石修築，胥以湍怒築新堤，堤成而舊堤潰。新堤者即今所潰者也。國朝雍有明萬曆四十年文學朱泰謂其地爲河伯所必争，籲請護里，爲石旗諸山所阻，激而東駛，三丫基正受其東折之衝。無有如今日者。盖牂牁江自端州出峽，建瓴南下越百餘

明體達用，素裕經猷，又復事處其難，功之克成，豈能自必？故當其始也。湖深決鉅，洋洋浩浩，盧殫爲河。即楗石將竣之日，夏潦暴發，圍衆慄慄，鮮不慮如汲長孺[二]、鄭當時之塞瓠子，成而復壞者而卒鞏，若宣防人歌萬福。先儒有言：處事者不以聰明爲先，而以盡心爲急。其亦勤能補拙之義乎？而列憲之指示周詳，縉紳之維持恐後，則所資者良不少矣。

雖然，不可狃者目前之安也。憶昔甲寅通修費金五萬有奇，工竣後又復籌貲購石捍衛周全，方以爲一勞永逸。乃二十年後，横、稔兩鄉基既潰於前，今此三丫、吉贊基復潰於後，而各堡之坍卸搶修，僅乃得免者又不一處。此豈前功易隳哉？涓涓不壅，將成江河，歲修一弛，狂瀾孰禦？繼起者所貴有螘漏之防也。夫以萬難之事付之書生之手，悉心以圖，尚可按期奏效，况後之君子才力且十倍吾曹，藉帑息之常贏，思患預防圖難於其易。奠定之休豈有既極？吾知萬寶告成，千村安宅，俗美風淳，可無負聖主栽培之德暨列憲保卹之恩矣。

若夫博稽故事，審度時宜，俾踏實易行，恃源不竭，與兩臺往復商推，延利澤於無窮，則在籍少司馬温質坡先生

[一] 溢　急雨，暴雨。《字通·水部》『溢，驟雨曰溢』。澒濘《文選·木華》『葩華踧沑，澒濘潗㵫。』李善注『澒濘，沸貌』。
[二] 汲長孺　即汲黯，字長孺。見《史記·汲黯列傳》。

實任之。已詳先生《後修堤記》，兹不具述。

嘉慶二十三年歲次戊寅孟秋

基務總局首事簡村堡舉人羅思瑾

九江堡舉人岑誠

鎮涌堡訓導何毓齡

河清堡舉人潘澄江

先登堡舉人梁健鎔

桑園圍考

桑園各圍周百數十里，居其中者十四堡。西圍自三水飛鵝山起，至甘竹牛山交界止；東圍自吉贊晾罟墩起，至龍江河澎圍尾止。雖東西各當一面，然一有冲决，則全圍皆受其害，是東西兩圍實合而爲一也。圍内綺交棊布，百族安集，民惟潦漲是懼。查全堤以西圍之三丫、禾乂、大洛口等基爲極險，而東圍之韋馱廟、真君廟次之，中間舊有倒流港，爲九江、兩龍下流之患，經陳東山先生填塞，自是，但有外侮而無内憂。當五、六月，西、北兩江潦水漲發，怒濤惴激，大爲堤害。若不合力并心，時加整理，嗷嗷萬姓，靡有寧居矣。謹將全圍原委基址，廣狹遞次興修，徵諸文獻，編年紀事，略志于後，其有未備者，尚容採訪焉。

宋徽宗時，張公朝棟官廣南路。初入粤，微服訪民間疾苦，舟過鼎安，值夏潦漲湧，懷山蕩蕩，萬頃無垠，高坵上露天席地而棲者滿目皆然，即爲奏請築圍，以全民命得旨，遣尚書左丞後陞左僕射[一]何公執中與公審度形勢，速行建築今東、西兩堤，二公胼胝之力也。故老所傳高廣丈尺，頗不入信。當以乾隆八年周公尚廸碑文爲據，詳後。越二年堤成，即分别堡界，各堡各甲隨時葺理，河清堤上舊有洪聖廟，並奉祀何公，今圮。既築圍之三年，上流大路峽基决，水勢建瓴下，我圍中無間堵，仍復淹浸。張公乃相地勢，最狹處西自吉贊岡邊起，東屬於晾罟墩，築横基三百餘丈，依照東西兩堤，高闊并留餘地，以爲取土修補之用。今横基亦有洪聖廟并祀張、何二公暨歷次有功斯堤者。

明洪武二十八年乙亥六月初九日，吉贊横基被潦冲决，各堡議築。時有九江陳公博民號東山叟，慷慨有才，謂夏潦歲至，倒流港爲害最劇，乃度其深廣工程，伏闕上書議塞。旨下有司，屬公董其役。洪流湍激，人力難施，公取數大船實以石，沉于港口，水勢漸殺，遂由甘竹灘築堤，越天河，抵横岡，絡繹亘數十里。經始丙子秋，告成丁丑夏，各堡人士爲建祠九江。顔[二]曰：『穀食新會黎貞記之。』貞號秫坡。陳白沙，嘗稱之曰：『吾邑以文行教後進百餘年，秫坡一人而已。』詳《府志·儒林傳》。

永樂十三年乙未，李村基潰决，各堡助力修復。

[一] 尚書左丞爲二品尚書，左仆射爲左相職。

[二] 顔　指碑刻正面。

成化十八年壬寅夏四月，河清基決，各堡助力修復。

成化二十一年乙巳，海舟基決，各堡論糧助築。

成化二十四年戊申，海舟基又決，通圍助力修復。

嘉靖十四年乙未夏五月，大水決基不記地名，御史戴景奏請蠲〔一〕賦。

萬曆十四年丙戌秋七月，西海基漫溢，總督吴公文華疏請減租。

萬曆二十五年丁酉大水，西海基決。不記地名。

萬曆三十三年夏五月大水，沙頭堡基決，附近自行築復。

萬曆四十年壬子九月十六日，海舟堡水割下壚，坍陷幾盡。經庠生朱泰等呈請制軍履勘，謂此堤逆障洪流，爲河伯所必争，須退數十丈別創一基，方可免患。通圍定議計百丈有奇，各堡計畝派築，復承邑侯羅公萬爵委佐官督理，數月，基址告成，至萬曆四十七年，原舊基潰。

崇禎十四年辛巳六月初三日，大路峽決，我横基東頭決一十七丈，全圍淹浸。邑令朱公光熙駕農舟行泥淖中，躬親撫慰，捐俸賑施，即傳各堡合力築復，朱公並請當事助工修峽，明年復捐修鎮涌堡、南村各堤及各竇穴，民獲寧宇。

國朝〔二〕順治四年丁亥五月大水，六月初八日大風颶，吉贊横基墮裂二十餘丈，各堡傳鑼築復，附近出舂米酒食。

康熙十七年戊午六月廿七日，渡滘馮德良田頭基決去六丈，各堡齊到，將附近樹木塼杉救復，馮德良犒謝。是年大憲奏免被災錢糧三分之一。

康熙三十一年壬申五月十九日大雷雨，八日葫蘆嶺裂，火光滿天，横基中段決去三十九丈，其深無底。各堡會議，用竹排乘泥，繼用杉紐架井字加板施泥，九月初八日始復原址。

康熙三十三年甲戌五月初六日，西、北兩江潦發，自三水下，連決一十九圍。初八日，横基決去五十八丈八尺，各堡傳鑼齊到。每甲要艇一隻，人夫四名，各携鍬鋤，終不能救。至水退，有義士程公儀先到處科捐，其有應科不繳者，工人纏催，程公即將已業變賣應支，乃得完理。是年大憲奏免錢糧三分之一。

康熙三十六年丁丑六月初二日潦漲，初四日兼發颶風，連日衝決蜆壳、青、草、沙基上桑園等圍。初六早，横基水將溢面，各堡傳鑼救復，吉贊鄉送酒米犒工，各堡亦自携糧到基所工作。

康熙四十年辛巳五月吉贊横基潰，通圍修復。是年大憲奏免錢糧三分之一。

康熙四十一年壬午十一月十五日，奉巡撫都察院彭

〔一〕蠲　同『減』。

〔二〕國朝　本朝代，指清朝。

憲牌案准工部咨開直隸各省應修低岸，上官務須親往查勘，如工程不堅，經營各官指名題參等因，通行欽遵在案。飭縣行司星速親詣所屬各該基實處所，限一月內逐一清查，遇低缺崩陷之處，督令該鄉業户附近坦田取坭修補。倘有豪强抗阻不俾取坭修理，阻撓工程，不遵承管者，立拿究處。至修築興工竣工日期，星馳具報。

江浦司各堡里民呈爲乞採輿情賜文詳覆事。竊惟桑園一圍吉贊横基，歷來各堡里民合同經理，未有分界另管。凡有崩決，合力築修。去年五月內西潦冲陷，奉行修葺，亦係論堡論糧均派。經報竣工在案。今奉攝理府事太爺金批，着令竪界分管，無非欲有專責易於提防。獨是，各堡里民住居有相距基所七八十里，有相距三四十里。近者朝往暮歸，尚能照看； 遠者盡日程途，鞭長莫及，必須人看守方保無虞。但荒郊蔓草，無處栖宿，此竪碑分管似有未便。况西潦漲發無期，決崩基址難料，假使崩決此堡基份，遠者弗能奔救，近者亦謂各有專司，勢必秦越無關。且以一堡之人力，長江巨浪萬萬難持，雖則事後責成經管，復何異江心補船？此分管之勢，實有難爲。今集衆再三商議，求其久遠無弊計，出萬全者莫若任在吉贊一村。夫吉贊枕在基所，出入耕作，皆由此道。若西江潦漲，基有危險，該村登即鳴鑼，附近鄉村遞相接傳奔報。各堡之人，身家性命所關，未有不奔馳恐後者。吉贊一鄉，田園廬舍亦在圍內，當日修葺横基，衆人念係小修，未有派及該村。今日令其傳鑼遞報，揆之情理，甚屬妥協。即去年八月間，西潦復發，基又危險，幸藉該村鳴鑼相傳，晚稻始獲豐收，即其明效。倘風雨淋漓，基未畫一，俟冬天再加修補，另具結報。再查横基東頭有横水小渡一隻，向在村滘村前開擺，裝載耕農器具，迨後權移横基河下。每逢一四七墟期，往來客商以及佛山張槎下風岸等處，販買牛隻，每墟牛隻多則百餘，少則數十，日踏月殘甚易崩頽。如康熙戊午年崩决横基，皆由牛隻踐踏低陷成坑，致遭禍患。伏乞一併轉詳，着令渡回原額，牛由上路通行等情，歷呈各憲蒙批准如詳在案。

康熙四十五年丙戌十月十九日，九江堡舉人關龍貢生朱順昌等瞞控，欲築高篸𡰪基，以爲內防。自潭邊路口起，至沙邊墟石路岡尾市爲界，基面闊以五尺，高照篸𡰪基陂上石橋面爲度。禀蒙縣主給示興工，後經各堡聯呈，以一件宦衿結黨佔業築基，閉塞水道，乞弔示停築，亟救糧命事。

切： 四海爲壑，聖禹利在天下； 鄰國爲壑，白圭私立一方。某等各堡與九江同居桑園圍內，各堡居北，九江居南，歷衆共築東西二海大基，以防水患，間或修葺，合力鳩工。如遇洪潦崩決，全由九江下流注消。是下流之通，無異九河之注海，淮泗之注江也。詎九江堡舉人關龍貢生朱順昌等，只謀一方便利，不顧各堡顛連，假修復爲名，揑稱古蹟，遁前藏後，鬼載一車，强將大同税業混飾，虛詞瞞聳仁天。蒙批查勘，乃賄巡司，不行公踏，不詢鄰堡，不查税户，混文回報，給示修築，突于本月二十二日興工，擺汛兵而擁器械，大張聲勢，童叟驚駭。

公查伊鄉從無裏圍原跡。上古既無舊址，今日奚容新築？此基横截則閉塞下流喉咽，若遭水患，耕鑿維艱，秋成無望，廬舍將爲魚藪，民命喪于海濱。勢着瀝情，叩乞仁慈〔一〕俯念全圍税糧之大，民命之多，亟賜金批弔示禁止，庶水道流通，民安耕鑿，國賴輸將，通都頂祝無既矣。並聯呈督、撫、司、道衙門，蒙准牌仰廣州府親行踏勘後，弔案會審詳報，彼此呈詞，連搆三年，乃得結案。制府批仰布政司速委府廳兼同該縣及營汛，星馳到新築處所，押勒鋤土還田，計聯詞二十紙，單詞五十六紙，并發。

雍正五年丁未，總督孔公毓珣奏請基圍之務責成于官，或動帑修葺，或督率培補。大中丞傅公泰又以海舟堡之三丫堤基最衝極險，蒙發帑采石修築。

乾隆八年癸亥，李村海舟基並決，吉贊横基水過基面，復陷三決口。先是四月廿七日漲決南岸圍，自南岸之下，左右圍基俱被腦頂水冲决。至五月初一日始決横基，其李村海舟基自行築復。五月初八日各堡里排齊集鎮涌洪聖廟，酌議堵塞横基，庶保晚禾。每甲在户民米六石起，至十石止，均要出夫四名，竹籮四隻，杉樁四條，艇一隻。其籮滿載坭土，向缺口處所連樁竪下，每艇又加禾草五十觔，連築四日，壓禦上流，禾稻得以豐收。九月初一日，復呈懇撫憲王公安國仰司移道委妥員辦理具報。

十月初一日，奉廣州府保爲基圍未固事。據南海縣申稱，桑園圍吉贊横基地居上游，實屬通圍喉咽，關係匪輕，培築實難稍緩。經里民曾賢等各堡請合力鳩工，按糧均築，計圖久遠，爲善後之舉。第鄉村遼闊，工力浩繁。誠恐人心未臻畫一。若非專員彈壓督理，更虞呼應不靈，荏苒觀望，應聽道憲委員就近督理，諭令圍民即向旁坦取土，趲工培築高厚。再該圍自吉贊横基之下，則有庄邊、林村、民樂市。藻美鄉至吉水竇一帶基址均屬低薄，亦應着令各業户按照原管基界一體自行加築等情。當即派委南海縣丞會同江浦司巡檢，前赴該圍基督修，仍嚴飭巡檢胥役人等，奉公守法，不得藉端勒索分文及船夫飯食銀兩，如敢陽奉陰違，察出立即參究。隨於十月興工，至十一月底報竣，其告成勒碑在洪聖廟，係江浦司周公尚廸撰文，内載張、何二公始建基址，基底一十二丈，基面六丈，兩旁餘地三丈，吉贊横基亦如之。

乾隆四十四年己亥五月初九日，潦漲，連潰十八圍。自波子角冲决，澎湃順下，漫溢吉贊横基，坍卸三口，計長三十丈有奇。各堡里排集佛子廟妥議，論條銀起科認捐，是年完築。先是漲發洶湧，西海旁九江堡仁和里崩決，河

〔一〕仁慈　指代對方。

清鄉基與九江枕界處崩決，皆本鄉附近自行築復。李村天后廟旁基亦經搶救，卸而復完。

乾隆四十九年甲辰六月初二日，烏尾潭及李村黎家前基潰決，本鄉附近自行築復。

乾隆五十九年甲寅七月初五日，西潦湧漲，各堤潰決，計二十餘處，而李村決口坍潰至八十餘丈。蒙督撫兩院奏准撫恤，并蒙緩征，乃巨浸雖退，該堡無從措計。適在籍温太史質坡先生與薦舉孝廉方正何公榕湖聯集南、順兩邑士民共謀修復，並稱是堤自明初至今四百餘年，潰決無慮十數，皆張皇補塞，迄無成功，欲圖久安，非通修之不可。維時兩邑同圍共十四堡稟奉憲諭，因税定額，每兩條銀起科銀七兩。南邑十一堡，若九江、沙頭、大同、河清、鎮涌、海舟、先登、金甌、簡村、雲津、百滘認捐十分之七，順邑三堡，若龍山、龍江、甘竹認捐十分之三，得五萬餘金。以李肇珠、梁廷光、陳殿采、關秀峰總其事，復各堡推出首事，以爲副理。先將李村決口築復，計長一百四十五丈。其餘通圍，無論坍卸、卑薄，一律培厚增高。經始於甲寅冬十月，告成於乙卯年七月。工竣之後並創建南海神廟，以崇禋[一]祀，旁祀歷來官斯土之有功於桑園者。又蒙陳方伯沿堤履勘，謂頂衝各處應需培石，南、順兩邑各堡復照原額添捐，得銀九千餘兩，分別險段堆砌完成。然後全堤鞏固，備詳圍志。嘉慶十八年癸酉五月初五日，潦湧稔、横兩鄉，基決三十一丈，該鄉自行起科，並向通圍求助，係各鄉堡量力公帮築復。

嘉慶廿二年丁丑五月十九日，西潦暴漲，九江大洛口外基、河清外基皆決，海舟堡三丫基因前伐稿木樹根霉廢，以致滲漏坍卸。經各堡傳鑼，搶救不及，冲決六十二丈，水刷都爲巨浸。緣海舟鄉高坵拒阻，分兩支奔騰。南出者，原仲祠前因涌成湖；北出者麥村旁天妃廟後，因塘成潭，皆深二、三丈不等。二十日水由東滿溢瀾翻，吉贊横基及沙頭堡基、龍江堡基各有數決口，並因狂湧反出，淹斃人命，倒塌民房。荷蒙督撫具奏，委賢員撫恤，復責令該管海舟十二户暫行圈築月基，以救晚稻。十二户紳耆請借帑銀五千兩爲圈築月基工費。恩准十二户分兩年帶征。時在籍龍山温少司馬深以爲憂，致書制府謂：三十年來，連決五次，民困已極，雖竭綿力修復，而塞此決彼，力有難周。况歲修徒爲具文，並無實項，必知其受病之由，方得救之之術。否則，憂未已也。會兩邑紳士亦聯呈，籲蒙蔣部堂阮制憲陳撫憲暨當道各大人皆撫字恩隆，保障念切。於嘉慶廿二年十一月奏准，借帑本銀八萬兩，分十六年繳還。係交南順兩邑當商生息，遞年除歸本外，我桑園圍得息銀四千六百兩，推公正紳士管理，以任歲修。一面飭我通圍十四堡照甲寅李村決口以條銀起科大修例，此次五成起科，公舉總理築復三丫基吉贊横基及通圍各患

[一] 禋　潔祀也。

處所具報，乃俟帑項得息，遞年修補。復承吉分府閆父師帖催南、順兩邑紳士妥議，并硃諭羅思瑾、岑誠、何毓齡、潘澄江、梁健翎承辦基務。九月十七日開局，在梁家祠派簿認捐，限期各堡陸續彙繳，以應基工。詎決口前通大海，後刷深潭，勢難硬築，經繪圖註説請示，着令依月基旁挑去浮沙，換過淨土，用牛踩練。惟南湖十八丈，水深二丈餘，當即採買九龍山鑾石，壘砌成堆，用沙滲結，既成復卸，再卸再填，乃得堅實。於基後密排長樁三重，然後水風交激，不能撼動。隨可一律合施土工。至嘉慶二十三年二月基成，土工先行報竣，南湖基以水面計基底十二丈，其餘基底八丈，或十丈，基面一丈二尺。圍外盡壘鑾石，悉自水底叠次砌起。南湖基裡復傍石塊，又至六月石工始能報竣。蒙阮制憲委徐分府履勘督修，暨趙藩憲親臨基所指示章程，萬民懽忭。閆父師更屢駐禬帷，周圍勘視，無微不照。通圍各堡所有患基，着令該鄉報明勘估，即在該堡應捐項下照估扣留，交該處紳耆培補報銷，並飭首事於估價外，細察全圍情形，應添土工石工之處，悉力籌辦。九江廳李江浦司章常川到局彈壓，日役千餘人，督辦不倦，以至告成。迨五月初旬，連日潦漲，至十八日基不没者二尺餘，新基屹然無患。惟麥村旁舊基因塘成潭處所，曾估銀培築。該十二户紳士但在基外添闊其基，裡陡企處，未免從略，即乘潦至雨多，内坍十餘丈。經麥村傳鑼各堡齊到搶救，得以無虞。六月初三日水退，登即集夫赶緊培好。先是，十九日洪濤洶湧，九江外基華光廟旁決去三丈搶救不及，而大基安鞏無恙。

照甲寅年五折起科并設法歲修聯呈列憲禀[一]

具呈　桑園圍南海縣紳士陳書、關士昂、岑誠、明秉璋、鄭允升、關家麟、黄龍文、關鳳鳴、朱瑛、陳履恒、曾次顔、胡調德、吴大安、潘士琳、潘澄江、何毓齡、何翀霄、傅其琛、郭麟、李雄光、梁文綱、梁健翎、區先登、羅思瑾、黄駿、陳應秋、余鴻、李萬元、崔士賢、張璜，順德縣紳士周維祺、鄧林、温鳳韶、黄聯魁、鄧聰元、温若瑊、周其芬爲聯懇憲恩，仰冀垂鑒事。

切書等桑園一圍爲南、順兩邑最大之區，上接三水，下達龍山、龍江、甘竹三堡，週迴百有餘里，袤延幾及萬丈。百萬生靈，田園、廬墓全賴圍基保障。溯自宋朝始建，迄乾隆己亥、甲辰、甲寅等年，冲決數十次，而甲寅李村之決爲尤甚，波濤洶湧，工鉅費繁，通圍按糧科派，共得銀六萬兩，合力通修，一律完固。詳載誌書，歷歷可考。迨至癸酉先登堡横稔兩鄉基份復被冲決，竭蹶修築，民力實爲拮据。詎今僅越四載，本年五月三丫基又決六十餘丈，荷蒙大人委員暨縣主親臨履勘，撫恤兼施，並蒙借給帑銀五千兩，發十二户圈築月基，以救晚禾，輿情深爲感

[一] 原書正文無此標題，現據卷三目録補。

激。但歷年未久，水患頻仍，氣體尚未復元，又值狂瀾爲害。有力者被災固深，無力者受患不淺，然事因切己，責屬民修，不得不勉强支持，設法工築。書等公同籌議，查照甲寅年按糧事例，以五成起科，所捐銀兩不許扣留，爲該堡修葺之用。概交公所收存，先將三丫基決口築復，其圍内吉贊横基以及頂冲險要坍卸處所，次第補修，以冀鞏固。惟是水患無常，深爲可慮。此次築復之後，實屬力竭筋疲，倘再遇洪濤，勢難復振。與其束手待斃，孰若未雨綢繆。伏思大人視民如傷，慈懷保赤，軫念左支右絀之苦，宏開萬世永賴之恩，或籌欵以備將來，或借項以求生息。俾書等歲修有備，善後得宜。從此基圍鞏固，海晏河清，咸享樂利之休，永無昏墊之害，億萬斯年感戴鴻慈于不朽矣。用敢冒昧上陳，并粘現議捐派銀數、修築章程，聯叩轅前。伏乞恩鑒，爲此呈赴欽命總督兩廣部堂大人臺前，恩准施行。

計粘查照甲寅年原續捐銀數目，今議以五成起科得銀實數，并修築章程列摺呈電。

嘉慶二十二年八月　　日呈

另呈撫憲、藩憲、糧憲、廣州府。

查照甲寅年原續派捐銀兩各堡議以五成起科，所得實數銀欵開列。

計開：

先登堡原捐土工銀二千三百五十兩，續捐石工銀四百七十兩。今議以五成起科，應銀一千四百一十兩。

海舟堡原捐土工銀二千三百兩，續捐石工銀四百六十兩。今議以五成起科，應銀一千三百八十兩。

鎮涌堡原捐土工銀二千一百四十兩，續捐石工銀四百二十八兩。今議以五成起科，應銀一千二百八十四兩。

金甌堡原捐土工銀二千三百三十二兩一錢三分，續捐石工銀四百六十五兩八錢八分九厘。今議以五成起科，應銀一千三百九十九兩零一分。

簡村堡原捐土工銀三千六百一十七兩九錢，續捐石工銀七百二十三兩六錢。今議以五成起科，應銀二千一百七十兩零七錢五分。

百滘堡原捐土工銀一千六百三十兩，續捐石工銀三百二十六兩。今議以五成科銀應銀九百七十八兩。

雲津堡原捐土工銀一千四百一十二兩，續捐石工銀二百八十二兩四錢。今議以五成起科，應銀八百四十七兩二錢。

河清堡原捐土工銀一千九百四十兩，續捐石工銀三百八十八兩。今議以五成起科，應銀一千一百六十四兩。

大桐堡原捐土工銀二千兩，續捐石工銀四百兩。今議以五成起科，應銀一千二百兩。

沙頭堡原捐土工銀六千五百二十兩，續捐石工銀一千三百零四兩。今議以五成起科，應銀三千九百一十二兩。

九江堡原捐土工銀五千五百兩，續捐石工銀一千一百兩。今議以五成起科，應銀三千三百兩。

伏隆堡前後共捐銀一十一兩七錢二分。今議以五成起科，應銀五兩八錢六分尚未派捐。

龍山堡原襄土工銀七千五百兩，續襄石工銀七百五十兩。今議以五成起科，應銀四千一百二十五兩。

龍江堡原襄土工銀六千兩，續襄石工銀六百兩。今議以五成起科，應銀三千三百兩。

甘竹堡原襄土工銀一千五百兩，續襄石工銀七十二兩零六分五厘。今議以五成起科，應銀七百八十六兩零三分。

江浦司前五鄉基分係龍津堡屬，前甲寅通修，五鄉以工代費。此次五鄉幸無患基，且所科無幾，故與伏隆堡尚未派及，嗣後遇有工費，仍一體科捐。

公議章程

一、十四堡公築圍基工程浩大。現奉縣主切諭，議照甲寅年按糧起科大修事例，除鹽當兩商免計外，所有原續派捐銀兩，准以五成派簽。悉聽其便。每堡領簿一本，或向殷户勸捐，或因條征科派，總宜照額分限交出，以應大工。

一、每堡公推殷實端方者一人，承辦勸捐。又舉諳練一二人赴局協理，各盡所長以襄厥事。

一、各堡領簿之後，該堡承辦者即協同堡内紳耆，實力勸簽。如富厚吝嗇者，遵諭開明姓名，禀覆縣主。於十月初一日繳簿，幸勿遲悞。

一、簽題繳簿後，在海舟借梁大夫祠爲辦事公所。各鄉簽題銀兩携至公所，交總理收存登簿，給予圖記，收單付執，仍聽寄貯，以慎出納。

一、兩邑公推總理五人，每堡亦議協理二人，全賴始終鼎力常在公所督辦。其餘所雇請司事人等，量給工金。其總理協理，本身不能常駐，聽其另覔公正子弟赴工督理，不得託辭他往。

一、公所辦事者畢集，日逐支發各項用度，設簿登記。至於所收銀兩及支發各數，每日開明標貼廠前，以昭公當。

一、公所日逐火足，每日就人數多寡支應，豐嗇得宜，列簿開銷。

一、三丫基所土性多是浮沙，不能堅固，必須别處取土運赴填築及一應物料，并賃牛踏練。各工程宜聽總理首事變通酌議。

一、在工受雇之人，務須登明住址、姓名、來歷，日逐常川，齊集公所，勤慎出入。遇夜，即在公所旁寮廠歇宿。亦不得酗酒、逞兇，聚集賭博。如有懶惰生事，聽總理逐除，違抗者禀究。

一、通圍合計現冲者，固應急爲修築完固。其餘吉贇橫基及各堡各段有頂冲、坍卸、險要、單薄、滲漏者，皆宜一體修築，次第具舉，以期全圍鞏固，共保無虞。

基工章程

一、建醮擇十月初九日開壇，十二日完醮。

一、祭基擇十月初九日請官主祭，祭品用豬羊，祭後下鐵牛二隻。

一、興工、刨土、打樁、下石，擇十月十三日。

一、築決口最爲緊要。原決六十餘丈，水激成湖。現內外水俱深二丈三四尺不等，甚難施工。今議照決口硬築爲一圖； 略灣入裡成基爲一圖； 挨南便湖斜割下石截流，擇淺處趨北成基爲一圖； 又照新築月基，依基旁圈築爲一圖。 計繪四圖。將工料、土石用丈尺乘數，仿土方例估議費用，逐一註說。稟蒙列憲定議以前三圖皆憑空結撰，水深俱二丈有零，落石而石滿，則卸下土而土散則浮，工費浩繁，究非堅實。不如照月基圈築，東、西、北三方皆有淤田，桑地可靠。惟南湖十八丈內外深潭，着用長樁先打一重，然後下石，即將月基浮沙填滲石罅，再卸再填，務令結實。基底脚闊，基根乃固。再復連打長樁兩重，貼平水面上加淨土，用多牛踹練基裙，八字艇運坭爪密排，由水底層累施放，俾有坭漿糊結外裙。上下並砌石塊，以防水激內裙，用石壘脚以護基身。原南湖基最險，自築成，照水面計，基底闊一十二丈，高二丈，面寬一丈二尺。基餘遍身一律挑去浮沙，換過淨土，用牛踹實，上面間築坭壟拖尾以頂基身，外面多壘石塊。基底闊十丈或九丈，面闊一丈二尺； 基裡通打一丈二尺，杉樁週圍一式共圈築成一百八十二丈。上下原決口兩嘴以蠻石砌築埧頭，卸却上流，自成門户。所有工程務須鞏固，毋或苟安。

一、開工以石爲先，招集各處石船，議定石價。鹹水石，每百担議銀二兩一錢五分； 新會石，每百担議銀一兩八錢五分； 肇慶石，每百担議銀一兩七錢五分。各石以每塊在一百至二三百斤爲率，最小亦要五十斤以上，不及五十斤者不得上秤。仍要大七小三配搭，秤石之後，須聽首事指點，安放停當。各船有情愿源源接濟者，初次於該船頭尾量准水則，編列字號，用紙單注明尺寸，蓋上圖記實粘船裡。下次輓運到步，以原字號爲准，不用再秤，以省紛煩。至秤石時，如有賄囑，以少報多，查出將石銀罰去。倘督理有暗中需索，許船户通知，毋得隱匿作弊。

一、坭工人數甚多，議以二十人爲一起，每起要攬頭一人，每工價銀一錢正，仍由該堡保認以專責成。或挑坭，或搬運，或舂坭，及鈒桯淘灰等項聽從督理指使。所有鋤頭、鍪鍬，每號要十五件，大簝每號要十五担，担挑鍋、灶、碗快、柴火自爲預備。開工之日，在基廠交督理點明，如有器具不足以及老弱年穉，不得與列。至於胡混入隊，不依指使，一切斥逐。

一、坭工編列字號，每號住寮鋪一間，深闊約二丈。每日開工聽大廠。五鼓後，頭旬鑼造飯，二旬鑼食飯，三旬鑼到大廠。每號每人領腰牌一個，始得開工。至中午鳴鑼食晏，復至晚鳴鑼，一律收工。日間督理，不時稽察，如有短少人數，未經報明，即行將該號斥革，另招補充。至收工時，候將腰牌照人數繳回督理。

一、開工之後，遇有風雨，難以施工，即要鳴鑼齊收。清晨至朝飯收工，則算三分工；清晨至中午收工，則算五分工；清晨至申一二刻收工，則算八分工。

一、工數人多，要編列某號落坭某處，某號取坭某處，設竹牌懸起標明。各工要掛起腰牌，以便查點，勤者分別獎勸，惰者即行革退。其用船載沙坭者，每日船租三分，人工照算。

一、取土處所如係田畝，則按井計算，中打一柱至田面，用字爲號，以免挑工作弊。

一、挑南湖裡田，每坭一井投銀三錢六分。

一、挑北湖裡田，每坭一井，投銀二錢四分五厘。

一、挑坭每日用牛硒練，所挑到坭塊，用工拷碎，耙平，然後牛練。其牛隻預早招人租賃。

一、牛隻硒練以三隻爲一手，一人帶牛。每日人工牛工共銀七錢二分。所有帶牛之人飯食以及餵牛草料，俱在工銀之內。分上午、下午兩班，自清晨練至中午放牛爲上班，作一日算。自中午練至酉刻放牛爲下班，作一日算。中間快鞭匀練，不得私行放水，其老弱牛母及牛牯仔概不取録。

一、搭大廠一座，監督之人常川在此督理。每日發收腰牌，登記字號，設草紙大簿，註明某號工數若干，坭井若干，牛數若干。午後先交總理，所兑銀至晚携同各攬頭到公所開支。

一、坭工每號、牛工每號，皆設小簿。註明住址、人數、牛數、艇數、井數，每晚隨同大廠督理之人交總理所，註明某號數目。用了圖記，方得支銀，完工之日，繳回此部存核。

一、此番奉憲查照甲寅年大修事例，以五成科派銀兩，先將三丫基決口及吉贊横基築復，并查明全圍内頂冲坍卸、低薄、滲漏各處，禀明勘估次第，遵照工程大小辦理，毋容争執。

一、開工之後，工費浩繁，必須銀兩接濟。各堡派簽銀數，議以全數繳交總局，聽局内總理支發。其應修處所，次第陸續分人興修。各堡均舉有首事，公同商辦，斷無慮及輕重或有偏倚。

一、應修各處基址在於總局，撥吏事人協同該處紳士首事相度辦理，毋得私自修築，希圖冒銷，乃爲公慎。

做土方例議估各堡患基工費條欵

一、大决口係冲陷成潭者，將其底面長闊乘井。每井估土工銀五錢四分，牛工銀四錢四分。另用椿處每長一丈，估椿料銀二兩五錢。

一、小決口每井估工費銀八錢。

一、坍卸經搶救者，現有打椿可據。每卸一丈，估工費銀四兩。

一、大坍卸雖未搶救，而卸至基脚水面，不能築復原坵者，應傍原基外培築，每長一丈，估工費銀八兩。

一、小坍卸每長一丈，估銀一兩二錢。

一、頂冲單薄，每長一丈，估工費銀一兩四錢。

一、填塘，每長一丈，闊一丈，高一尺，連牛工共估銀三兩六錢。

一、應斜撇填闊處，每長一丈，闊一丈，共估銀三兩。

一、滲漏處每長一丈，估銀一兩四錢。另各堡所有患基，公局如有餘羨，查其緊要處所，再行添補。

稟明興工收銀日期[一]

具稟　桑園圍首事羅思瑾、岑誠、何毓齡、潘澄江、梁健翎爲遵諭稟覆仰慰錦注事。

切照桑園圍三丫基本年五月被潦冲決，荷蒙仁臺軫念民依，親臨履勘，圈築月基，以救晚禾。查照甲寅年大修事例，以五成起科銀兩，設法興築，諭令瑾等趕緊諏吉購料，催速各堡應捐五成銀兩，依限繳赴公所，以應厥工，仍將興工日期先行稟覆等因。遵即傳集各堡，將派捐銀簿交給催收。限以十月初一日繳交三分之一，十月十五日繳交三分之二，十月三十日全數交清，毋得遲悞。并選擇於十月初九日祭基，十月十三日興工，落石、下樁。瑾等准於本月十七日在公所辦事，常川督理，趕緊築修，以慰慈念。至各堡協理勸捐首事，容俟各堡公舉，并妥議樁木、土石各工事宜，列册另稟外，理合將興工及分限繳收日期先行稟覆。乞垂鑒轉詳，爲此稟赴。

嘉慶二十二年九月十五日稟

稟請圈築工程[二]

具呈　桑園圍首事羅思瑾、岑誠、何毓齡、潘澄江、梁健翎爲敬陳修築基工事。

切瑾等遵照甲寅年修復李村基章程，以五成起科銀兩，先將三丫基決口築復，其餘次第修葺通圍一案，經將諏吉興工，并分限催繳銀兩。各日期先行稟覆臺鑒。茲於本月十七日設局辦事，連日邀集各堡熟諳河工，老成練達之人，分段相度繪圖註說，勘估需費工料銀兩，籌議妥商。

查該基決口及內潭深處長一百丈或八十丈，俱深二丈三四尺不等，工費浩大，實難施工。惟新築月基現有基

[一] 原書正文無此標題，現據卷三目録補。
[二] 原書正文無此標題，現據卷三目録補。

地可憑，衆議於基傍通築大基，挑去浮沙，换過凈土，用牛踹練堅實，外面多壘石塊，增高培厚，自可無虞。較之決口内潭等處施工，事歸簡易，費用節省。瑾等揣情度勢，似屬可行，理合繪圖列摺，稟候察核。仰懇仁臺親臨履勘，指示工程，俾得有所遵循，勿致貽悞。并懇出示於附近處所，取土培築，以免阻撓，實爲恩便，爲此稟赴。一稟縣主，一稟吉分府。

計粘估議工費銀兩清摺一扣〔一〕。

夾稟請照依限繳銀〔二〕

再稟者瑾等連日傳集各堡熟諳基工之人，分段勘估，需工料銀兩，繪圖列摺來省，懇請履勘，稟明列憲，俾得遵辦。緣現已標貼招集石工於廿七八等日到局，定價及分頭採買樁料，兼以十月初一日爲頭限。收銀之期，各堡公推協理、首事，尚未赴局勸辦。以致不能親請訓示。可否仰懇仁臺據情列摺通詳？抑或諭令瑾等通稟大憲之處，聽候批示，飭遵。至各堡派捐銀簿，雖已樂從領回，現聞人心不一，或以圍外零税爲詞，或以勸簽爲難，或以按條爲苦紛紜其説，尚未定議。瑾等思既有外税可除，則當甲寅年派捐時自應除清。今以五成起科，係照原捐額數折半科派，何得藉以爲詞？况此説一開，各堡效尤，混指推延，銀兩何以措辦？非仰仗嚴諭，必致悞事。伏乞諭令後開各堡首事，不得以外税推諉，遵照原額，或向殷户捐簽，或責令糧長科派，照數依限繳赴公所，毋得延悞。并懇牒移九江江浦李、章兩父臺一體嚴催，俾衆無異議，鉅工得以有濟。又稟。

縣示附近取土〔三〕

南海縣𦊕爲曉諭事。

現據桑園圍首事羅思瑾、岑誠、何毓齡、潘澄江、梁健翎等稟稱：切瑾等遵奉甲寅年修復李村基章程，以五成起科銀兩，先將三丫基決口築復，其餘次第修葺通圍一案，經將諏吉興工，并分限催繳銀兩，各日期先行稟覆。兹於本月十七日設局辦事，連日邀集各堡熟諳河工、老成練達之人，分段相度，繪圖註説，勘估需費工料銀兩，籌議妥商。查該基決口及内潭深處長一百丈，或八十丈，俱深二丈三四尺不等，工費浩大，實難爲功。惟新築月基現有基地可憑，衆議於基旁通築大基，用牛踹練堅實，外面多壘石塊，上面用土加高培厚，自可無虞。較之決口内潭等處施工，事歸簡易，費用節省，瑾等揣情度勢，似屬可行，理合繪圖列摺，稟候察核。仰懇仁臺親臨履勘，或委員勘估、指示，工程俾得有所遵循，勿致貽悞。并出示附近處

〔一〕扣　纸張數單位。
〔二〕原書正文無此標題，現據卷三目録補。
〔三〕原書正文無此標題，現據卷三目録補。

所，取土培築，以免阻撓等情。

據此除諭飭首事羅思瑾等購料興修外，查興修基段所需坭土，誠恐附近人等借詞阻撓，合就示諭。爲此，示諭附近居民人等知悉，如遇基工挑取坭土，任從挖掘，不得借詞阻撓。倘敢抗違，許首事羅思瑾等指名禀赴本縣，以憑嚴拿，從重究懲，決不姑寬。其工匠人等如有可取土之處，不得貪近毀廢墳塋，各宜凛遵毋違，特示。

嘉慶二十二年十月初一日

禀覆勘估全堤[一]

具禀　桑園圍首事羅思瑾等爲勘估全堤據實禀覆事。竊照修築桑園圍基一案，瑾等遵奉嚴諭，先將三丫基決口築復，其餘吉贊横基及各堡險要頂冲坍卸處所，禀明次第修補。前月二十日接奉鈞示，着瑾等隨同委員立將該圍合堤勘明，何處冲決坍卸，何處最爲險要，必須先行修築，何處可以暫緩，分别估計應需工料若干，刻日禀覆等因。

查五成起科，僅得銀二萬七千餘兩，今三丫基決口前估費銀一萬七千餘兩，吉贊横基又需費約一千兩，尚餘銀八千餘兩，自應分别工程緩急，逐段勘明，方能核實，次第辦理。登即札知各堡，如有患基，列單報明，以便估勘。遵於前月除甘竹堡基段未有開報，所有各堡均已報清。廿四日，由先登堡飛鵝山起，歷海舟、鎮涌、河清、九江、沙頭、龍江、簡村、百滘、雲津等堡，挨次查勘，秉公核估。惟九江、沙頭兩堡基段多被居民影佔，以致基面偪窄，一遇潦至，用浮坭傍塞，水退則將浮坭鋤去。瑾等察看情形，其有應歸公項修補者，列明册内。其霸佔基址低窪者，責令該業户自行培護，以昭公當。但恐人心不一，惟利是趨，希國通圍爲其修葺，將應捐銀兩扣留，不肯繳局。獨不思三丫決口工程僅及五分之二，用銀已費八千，現在日逐支銷，動形竭蹶，倘再延玩。必致悮工。轉瞬春水一至，悔何能及？理合將估勘緣由，列摺禀覆。伏乞嚴諭各堡遵照估勘工費辦理，速將應繳之銀繳赴公所，毋稍扣留。該堡應修工費，總局亦按額派修，不敢遲玩。臨禀不勝懇切焦急之至。爲此禀赴。

計粘估勘全圍基段丈尺工費清摺一扣。

夾覆公舉帮辦首事[二]

再禀者瑾等於十一月廿四日由先登堡起，協同各堡紳士業户地保人等，眼同將各段基址沿堡逐一施弓，所有患基皆經估勘。本月初二日回局，正擬將勘估情形，分别緩急，備列清摺禀呈電鑒。適初三日接奉臺諭，領悉徐分府現奉制軍委臨履勘，是以未及禀覆，詎今數日尚未見

[一] 原書正文無此標題，現據卷三目録補。
[二] 原書正文無此標題，現據卷三目録補。

到，不得不赶緊稟聞，以抒廑注。查九江、沙頭基址，多被民房霸佔，并種植桑株，以致基面僅留三、四尺不等。今一概照舊着令底闊五丈，面闊一丈，勢必毁拆民房，鋤伐桑株，人心未免争執。况所佔基地相沿已久，業户屢爲更易，事有窒碍難行。瑾等悉心籌議，飭令將基面培築高闊。其桑地低薄者，責令業户自行培厚該地，仍給管理。似此，民不失業，兩得其平，將來應繳之銀，更難藉端推卸。至各堡應修基段，填塞塘池，瑾等理應前赴督修，緣在公所辦事，僅瑾等五人，又吉贊横基不日開工，正需人料理，各堡協理無人到局，難以分辦。盍無各堡修補各基，令該紳士公舉三二公正之人督理，分任厥工，乃能勸事。復飭照所估章程，依段刻日興修，毋任濫銷虚應故事。瑾等固不敢辭勞，亦不敢稍存偏輕偏重之見，以負委任。至各堡竇穴，現在該堡將竇水赶緊車乾，再行勘估，稟覆。羅思瑾等再稟。

制憲札委催辦[一]

兩廣總督部堂阮爲札委催辦事。

照得南海縣桑園圍三丫基夏間被水冲决，經蔣前部堂會同撫部院，奏蒙聖恩借帑修辦。本部堂蒞任以來，未據該縣將工程已有幾分，何時可以完竣之處，隨時具稟。又該圍横基及九江大洛口等處，今夏亦皆報險，應一律乘時培築，免致春雨耽延，夏潦踵至。現在曾否興工，亦未見據該縣具報。刻已臘月，轉瞬開正，春令雨多，工程即不能如冬令之堅固，合亟飭委催辦，札到該倅，立即束裝前往，傳諭司事業墟人等，趂此冬晴日暖，無分晝夜，加緊修築，赶於交春以前完竣。並將横基、九江、大洛等處堤工一律察看培修。該紳民自衛梓桑，聞知本部堂此諭，自必倍加踴躍趨事。該倅於傳諭後，即周歷决口，將工程已有幾分之處，先行稟覆查核。

至保護堤身之法，第一先須培厚。桑園圍當日堤身本寬，後爲外水内塘所冲，遂至日侵日削。此時借帑生息籌議歲修，必須預行核定堤身丈尺，分别急緩，以便將來辦理有所依據。除沿堤魚塘先經蔣部堂飭據委員吉倅會同南、順二縣勘覆，分别遠近，俟工竣辦理外，並即傳諭各堡紳衿、司事乘此冬令水落，各將本堡堤身現存丈尺若干，原舊丈尺若干，必須若干丈尺方資捍衛，堤外有無沙坦，沙坦寬闊若干，何處情形險要宜先修，何處情形次要可緩修，會同總局核明、詳晰，繪圖貼説，通送院、司、府、縣、衙門察核。本部堂，勤求民瘼，不憚先事綢繆。各總散司事人等，務須核實，秉公據實開報，毋稍草率隱飾。切切。特札。

嘉慶二十二年十二月初三日

[一] 原書正文無此標題，現據卷三目録補。

報明基工工程情形〔一〕

具呈　桑園圍首事羅思瑾等爲報明基工情形，仰祈察核事。

竊瑾等遵奉修築三丫基決口，業將興工日期及善後章程隨時稟明在案。

本月初二日接奉鈞諭備悉，大憲現委徐分府親臨查勘基工，隨於本月初七日到局面諭加緊修築，赶於交春以前完竣，并諭各堡紳士將堤身應填丈尺若干，堤外有無沙坦，何處情形險要，分別赶修，詳晰繪圖通稟等因。

遵即隨同查勘，三丫新築基身計長一百八十二丈，南基八十丈，築有八分工程，與原基高寬一式； 北基長一百零二丈，已築有四分工程。連日又隨同查勘吉贊橫基及九江大洛口等處應修填基段、魚塘，擇於十二十五等日興工，沙頭一堡已於十一月二十日開工修補，其餘坍卸滲漏處所，亦加緊培築，務於春前完竣。瑾等仰體憲懷，於查勘時，勸令各堡首事將應捐銀兩早爲繳局，以應鉅工。本月初一日以前各堡拘執扣留意見，以致所繳銀兩僅及敷支，不得不酌減人夫，以待接濟。此番估勘之後，人心想應踴躍從事。現已復役千夫，趕緊培築報竣，以毋負列憲深恩。惟龍江、甘竹兩堡分隸順邑，屢催未繳。當此大工緊迫，勢難遲緩，轉瞬恐有春雨躭延，夏潦踵至，悔何能及？懇請移縣飭催。其餘沙頭、九江、先登、簡村、百滘、雲津各堡欠繳銀兩爲數尚多，現經李、章兩父臺嚴催，又奉仁臺嚴諭，仍復再延鉅工，何以應需？即沿堡所估患基銀兩，除該堡扣回填築外，仍懇示諭該堡紳士務照所勘丈尺基段，依估培修，毋得濫銷。一經覆勘察出，恐干未便，然後通圍乃可一律完固。至歲修善後事宜，經瑾等於十月内稟覆，緣奉制臺大人札諭，復再集闔圍衿老妥商，均照前擬列摺呈報。所有現在基工及通圍填修各段情形，除稟列憲外，理合繪圖註説，稟候察核。爲此稟赴。

計粘徐分府稟稿一紙、圖形一紙，呈電。

制憲曉諭告示〔二〕

總督部堂阮爲曉諭示禁事。

照得南海縣屬桑園圍三丫基等處本年夏間潦水冲決，經蔣前部堂會同撫部院，奏蒙聖恩借帑籌辦，并據該圍居民公捐興築。現在應修冲決水口及各堡患基竇穴，業經諄飭。趂此冬晴水涸，赶緊修築完固。第興利必先除害，慎始尤貴圖終。查該圍基兩傍向有護堤樹木，屢被附近居民肆行砍伐，樹根朽爛，坭土即鬆，且有貧民盜葺官基，開挖魚塘，以致堤身日就侵削低陷。若不從嚴示禁，則工完之後，難保不復行潰決。合行出示禁止。

〔一〕原書正文無此標題，現據卷三目録補。
〔二〕原書正文無此標題，現據卷三目録補。

爲此，示諭居民諸色人等知悉，除附近魚塘即照原勘丈尺，一律填塞外，嗣後毋得砍伐堤傍樹木，盗葬墳墓，私挖魚塘。倘有貪利頑梗之徒，仍蹈故轍，許地保基總人等即赴地方官禀究。該地保等縱容徇隱，查出一併嚴懲。工竣之日，該首事仍將各堡沿堤樹木、叢葬、墳穴詳細查明，立石堤上，毋許再行違犯。本部堂念切民瘼，不憚諄切告誡該民人等，宜各自衛梓桑，毋得貪圖目前小利，自貽伊戚。特示。

嘉慶二十二年十二月廿四日

府憲飭遵札[一]

署廣州府事留粵府正堂龔爲飭遵事。

嘉慶二十三年正月二十四日奉布政使司趙憲札嘉慶二十三年正月十四日奉太子少保兩廣總督部堂阮批：

據南海縣具禀案，照縣屬桑園圍三丫基等處，去年夏間被潦水冲决，先據該圍紳士等公同議照甲寅年通修事例，五成起科，先將三丫基决口築復，其餘次第興修一案。荷蒙憲恩奏請借帑生息，以爲歲修之費，當經卑職將全堤議修始末緣由，通禀在案。除督飭委員催速各首事赶緊修竣，務祈鞏固，另文申報外，所有善後事宜，同甲寅年桑園圍誌，理合禀繳察核，緣由奉批。據禀善後事宜，仰東布政司議詳察奪，仍飭縣督率委員，速催各首事赶緊修竣具報，毋稍延緩。

此繳誌書存禀摺抄發等因，奉此到府。惟查章程指稱堤工丈尺，既與奏案不符，而末條帑本繳清後，息銀全給修堤之語，更與原奏相悖，除將章程改合轉詳藩憲外，合就札飭札到該縣，立即遵照奉批情節，督催委員速催各首事刻日赶修完固，具報。毋得遲違，速速。須札。

計粘單一紙。

嘉慶二十三年二月初六日札

禀請轉詳不能如法辦理情形[二]

具呈　桑園圍首事羅思瑾等爲力有難施，禀懇據情轉詳事。

竊照桑園一圍，上連三水，下達順德甘竹、兩龍，爲南、順兩邑最大之區，當西北兩江頂冲要道。去年五月内潦水漲發，冲决海舟堡三丫基六十餘丈，查照甲寅年李村决口，按各堡額數以五成起科，共得銀二萬七千餘兩，先將三丫基决口築復，其餘一律通修。現通圍土工均已告竣，惟三丫基及禾义基、大洛口等處俱應落石培護。荷蒙藩憲軫念民依，親臨履勘，擬照浙江塘工之法，用大小木櫃或竹簍裝貯亂石，兩旁用木樁打排結實，層累而上，砌作階級之勢，飭令瑾等如法辦理。仰見大人指示周詳，法

[一] 原書正文無此標題，現據卷三目録補。
[二] 原書正文無此標題，現據卷三目録補。

良意美，敢不凜遵？惟查粤東河道類多沙坭，壘砌蠻石亦不能隨沙滚溜，且基旁河水皆深二三丈不等，潮退無多，比不同浙江潮水大長大消，易於施設。兹三丫基、大洛口險要等處前經落石日久，雖有坍卸，然再添石塊，自可無虞。現在此次起科銀二萬七千餘兩，而各堡所欠尚有二千七百七十兩，三丫石工已有六分，大洛口石工亦有五分。惟有赶緊催收餘欠之銀，按照基段添補壘砌，風浪自不致冲激。況蒙列憲奏請，借帑生息，以備歲修，遞年將所領息銀亦照段積壘，更爲鞏固。即欲如浙河辦理，而粤海水深樁短，人力固難施工，經費亦難設措，徒負憲恩。理合將落石情形不能遵照浙河辦理緣由，用敢冒昧，據實稟覆。是否有當？聽候察核轉詳，實爲恩便，爲此稟赴。

善後章程[一]

遵將籌議善後章程列摺呈核。

計開

一、議首重歲修，以備將來也。

查桑園一圍正當西江頂衝，自明初至今四百餘年，堤岸日削，迴非昔比。向例歲修，俱責之附堤各堡，而無如地瘠民貧，不免草率從事。現蒙大憲勸諭，照甲寅年五成捐簽銀兩，一律通修。幸慶安瀾，足稱樂土。但以一萬餘丈之長堤，當滇黔西粤數省之盛漲，歲一不修，或修不如法，即多可虞，不得不申明舊例。每歲應責成各堡，按照誌書基段長短，隨時自行修補，遞年聽候兩司查勘，不得藉有歲修帑息銀兩，推卸争執。至該堡如果實有險要處所，會同總理紳士及公舉首事量明丈尺，估值開報，領銀修築。歲底造册繳縣報銷，以歸核實。

一、擬借帑生息以垂永久也。

查圍内衝險卑薄處不一而足，歲修工費需銀四五千不等。今蒙大憲奏懇聖恩，賞借帑本銀八萬兩，交南、順兩邑當商，每月一分生息，遞年對週當商，將息交出，以五千兩歸還帑本，以四千六百兩給與修堤。遞年將此項銀兩擇險要處所，修築土堤，添落石塊，務令堅固，并可隨時酌建石堤，以資捍禦。倘年深日久，或有冲卸漫口，立時攔築，責成該管業户自行捐修，倘該管業户如果力薄難支，通圍酌量帮助。俟隆冬築復大堤，則通圍協力，仍由各堡科派應用，即有不敷，酌支息銀帮補，方可垂之永遠。

一、擬聯請帑息務求實效也。

查遞年息銀有四千多金，非得公正殷實之人，恐有浮開濫費情弊。今議合十四堡公舉端方殷實者四人爲之總理，於每年年底冬晴水涸之時，聯呈赴縣請領。領銀到日，眼同各堡紳士將圍基頂險、次險，先後緩急，分段勘估。倘需費過多，息銀不敷，應總計需銀若干，以息折派。

[一] 原書正文無此標題，現據卷三目録補。

如有不應修，而故爲争執應修者，許總理首事公同禀究。

一、擬公舉首事以專責成也。

查遞年二月十三日爲河神誕期，先於初十日，各堡即將公正首事推出，辦理收租賀誕等事。俟十月請領帑息，亦責成該首事赴領所有是年修費等項銀兩，必須列欵標貼廟前，俾衆共悉。其首事，遞歲奔走辛勤，議以歲底酌送袍金，以酬厥勞。并議三年一换，以昭公慎。

一、擬西潦漲發須爲稽察也。

查遞年五、六月潦水奔騰，若不稽查，恐致悮事，須責成該管業户及基總，時刻察看。遇有危急，立時搶修，并即傳鑼通知各堡帮救，毋得貽悮。

一、擬嚴禁害堤毋稍狥隱也。

昔人築圍以捍西江，圍邊必多餘地。今已日就削薄，而堤畔又開池種藕，或蓄養魚苗、藕根，最能壞礮。衆莫不知，養魚苗者，内水已淺，不能敵堤外盛漲之汪洋，最爲堤害。更有堤上大樹，從而削伐，其根一腐，不數年而堤即冲决。又有貧民相率盗葬，習以爲常，爲害尤劇。蟻漏尚能决堤，况此等易朽之木乎？古塚難以悉遷，亦宜查明該處基身有無妨碍，設法於堤内培厚，鑲築堅固。自查禁後，如有新葬者，罪之，即勒令遷去，填築堅固。以上數欵刻石嚴禁，并每歲出示曉諭。責令基總地保查報，毋得狥隱，則積害可除，全堤永固矣。

一、擬修堤支息聽民交付以歸簡易也。

當商所領帑本八萬兩，每年對週交息，以五千兩還帑，四千六百兩修堤。其應還帑者，擬由當商隨當餉上庫；其留爲修堤者，擬由當商公推在省貲本殷實之商數家分貯，該圍亦推公正殷實數人預禀。

本縣給發諭貼、印簿，届期携諭帖、印簿赴省當收取，庶事歸簡易，免致上庫時須换紋銀，及至領出支發工費又須换回洋錢，多費轉折也。至十六年後，每年息銀四千六百兩，仍給修堤，亦照此行，修防永賴。

築復三丫基及通修全圍收支總略[一]

先登堡

照甲寅年五成起科，應銀一千四百一十兩，原估患基土工銀二百二十兩零四錢五分，續補土工銀六十兩，除估并實收外，未繳銀三百七十二兩七錢零七厘。

海舟堡

照甲寅年五成起科，應銀一千三百八十兩，原估患基土工銀三百五十八兩，續補土工銀七百七十三兩一錢八分一厘，續培石塊銀一百一十九兩八錢一分八厘，除估修并實收外，未繳銀四十四兩九錢二分八厘。

鎮涌堡

[一] 原書卷三目録題爲『築復全圍收支總略』，現以正文標題爲準。

照甲寅年五成起科，應銀一千二百八十四兩，原估患基土工銀一百三十兩零九錢五分，原估修竇二六工銀二百七十兩，起科銀數完繳。

河清堡

照甲寅年五成起科，應銀一千一百六十四兩，原估患基土工銀五百零六兩八錢八分，並估修内外竇工銀一百五十兩，續補外基土工并貢元巷前等共銀一百兩，起科銀數完繳。

九江堡

照甲寅年五成起科，應銀三千三百兩，原估内外患基土工銀一千六百六十兩零八錢二分，續培石塊銀七百七十七兩六錢六分三厘，起科銀數完繳。

沙頭堡

照甲寅年五成起科，應銀三千九百一十二兩，原估患基土工銀一千二百六十七兩，續培石塊銀四百一十二兩七錢，起科銀數完繳。

大桐堡

照甲寅年五成起科，應銀一千二百兩，起科銀數完繳。

金甌堡

照甲寅年五成起科，應銀一千三百九十九兩零一分，起科銀數完繳。

簡村堡

照甲寅年五成起科，應銀二千一百七十兩零九分五厘。原估患基土工銀一十七兩三錢四分，並估修竇一六工銀六百兩，除估修并實收外，未繳銀六十八兩零六分。

百滘堡

照甲寅年五成起科，應銀九百七十八兩，原估患基土工銀一兩六錢，並估修竇一六工銀六百兩，除估修并實收外，未繳銀一百九十四兩五錢一分。

雲津堡

照甲寅年五成起科，應銀八百四十七兩二錢，原估患基土工銀五十七兩二錢七分，續補土工銀三十七兩四錢，除估修并實收外，未繳銀三百二十六兩零二分。

龍山堡

照甲寅年五成起科，應銀四千一百二十五兩，起科銀數完繳。

龍江堡

照甲寅年五成起科，應銀三千三百兩，原估患基土工銀一百三十兩零九錢七分，除估修并實收外，未繳銀一千一百一十九兩零三分。

甘竹堡

照甲寅年五成起科，應銀七百八十六兩零三分二厘，除實收外，未繳銀四百九十兩零一分一厘。

築復三丫基

土工、牛工、杉樁共支銀八千四百八十三兩一錢五分四厘，九龍石、肇慶石共支銀四千八百四十五兩五錢四分九厘，夫廠、牛廠、雜廠等共支銀三百零四兩八錢一分。

培築吉贊横基

土工、牛工、杉樁、夫廠共支銀七百七十一兩六錢零三厘；　兩年僱倩跑差、人役、水火夫及司事工費船費共銀二百六十七兩一錢二分；　兩年局内在事人員、衙門一切差役、因公往來共飯食銀八百四十一兩零三分六厘；　兩年應酬官項雜項各費共銀六百五十五兩八錢四分五厘。修葺神廟，工料不敷，支去銀一百三十兩。酬神上匾及建置長生位，請官及各堡叙福支銀八十二兩四錢二分。竪碑砌石共支銀四十九兩五錢一分。

通共實收到銀二萬四千六百四十兩零九錢二分六厘。

通共估修并實支去銀二萬四千六百八十三兩零八分九厘。内溢。

禀明基工全竣聯謝鴻恩[一]

具呈　桑園圍首事羅思瑾、岑誠、何毓齡、潘澄江、梁健翎，紳士陳書、關士昂、明秉璋、鄭允升、關家麟、黄龍文、關鳳鳴、朱瑛、陳履恒、曾次顔、胡調德、吴大安、潘士琳、何翀霄、郭汝良、傅其琛、李雄光、區先登、黄駿、陳應秋、余鴻、李萬元、崔士賢，順德縣紳士鄧林、温鳳詔、周維祺、黄聊魁、鄧聰元、温若瑊爲基工全竣，聯謝鴻恩事。

竊聞功成禹甸，頌明德於千秋；　績著蘇堤，紀芳踪於奕世。誠以事必究其所自，恩當審其所歸。瑾等族處海濱，圍通順邑，户樂東南之畝，流兼西北之衝。堤障桑園，延亘十千零丈；　人依梓里，生聚百萬餘家。去歲水潦，無異懷襄，三丫基堤忽遭冲决，顛連莫定。荷列憲亟沛鴻慈，賑借兼施，俾編民獲資，燕息固已。杖鳩父老，吟遍康衢；　竹馬兒童，懽騰陌巷。然而月基權設，小築雖獲秋成；　虹堤未修，億兆正憂夏潦。瑾等仰承恩照，猛思加築之謀；　不揣愚蒙，謬膺董理之責。喜訓諭之多方，幸禀承之有自。勸輸集腋，共期挹注，以兼收鳩工庀[二]材，勉効芻蕘之一試。度其緩急，先致力於海舟三丫；　相厥機宜，隨施工於横基各險。培埞磊石，晒練則絡繹牛蹄；　繼長增高，捍衛則排釘木柱。惟期鞏實，罔敢稽延。經始於去歲冬初，告成於今年春仲。此亦足以見灑沉之有備，而信胥溺之無憂矣。復蒙念切恤民，心殷拯溺，命踵事於功成之後，高而彌堅；　籌撥帑爲歲葺之需，久而不敝。邇者洪濤驟漲，五、六月事頗倉皇；　卒之巨浸無驚，百餘鄉人安樂利。計通圍之修費也，共二萬四千金。而瑾等之撤局也在七月初二日。覩大堤之山立，懷土之風光。　緑樹連材，邑井之桑麻綉錯；　青陽匝地，

[一] 原書正文無此標題，現據卷三目録補。
[二] 庀　準備，聚集。《玉篇·廣部》『庀，具也』。

閭閻之廬舍綺紛。皆藉化雨涵濡，福星感召。一壺冰潔，澄萬派於中流；兩袖風清，障百川而東注。從此人歌安宅，年慶屢豐。變滄海爲良田，共拜仁慈之賜；起哀鴻於中澤，永懷父母之恩。唯有啣環結草，報高厚於三生，加之獻曝傾葵，傾公侯於萬禩。

撫憲批：據呈三丫基及吉贊横基等處堤工，次第修筑，一律培補齊全。該紳等踴躍辦公，殊堪嘉尚。嗣後遇有低薄浮鬆處所，仍務隨時集夫修築，俾得永慶安瀾，是所厚望。

藩憲批：據呈，已悉。仰南海縣履勘明確，繪圖造册通繳查核。

縣主批：據禀，已悉。該首事等先後兩年始終其事，不辭勞瘁，不避嫌怨，得以大功告竣，永慶安瀾。欣慰之餘，深堪嘉尚，候據情通報。至摺開已捐未收銀二千六百餘兩，仍即全數收清，存貯生息以爲公共之需。摺存。

己卯歲修志目録

卷四

稟請轉詳工竣報銷

稟覆吉縣主歲修報銷緣由

遵諭分造總册詳銷

卷四　嘉慶二十四年己卯歲修志

己卯歲修紀事〔一〕

爲丁丑年築復三丫基之役，經奉憲諭，照甲寅年通修事例五成起科，先築三丫决口，以次派修通圍，並詳新誌。維時制撫兩憲洞悉情形，念此後歲修民力實不足恃，即據闔圍紳耆所請，奏蒙恩准賞借帑銀八萬兩，交南、順兩邑當商生息，逓年得息銀九千六百兩。以五千兩還回帑本，以四千六百兩給與桑園圍紳士領築。嘉慶二十三年正月二十五日奉到上諭之後，各憲飭令妥議善後事宜，至四月初一日發銀派當生息，温少司馬篔坡先生以何某、潘某樸誠可任，屢書致囑。某等才力不及，堅意推辭，閏縣主未遽允准，旋蒙圍内諸鄉先生復稟推接理，何某報詳起復候委，潘某呈請會試蒙批，歲修事宜，現奉撫憲面諭催辦。前據舉人明秉璋等以訓導何毓齡、舉人潘澄江熟悉基工，舉爲首事。衆心敬服，業經諭飭，接辦在案。今復借詞推諉，竟將保護地方之要務，視爲無關吃緊。轉瞬春潦漲發，堤圍未修，董理乏人。本縣實爲各堡生民焦灼，現在

〔一〕原書正文標題爲『歲修紀事』，現據卷四目録改。

潘某志切觀光，未便阻滯。何某亦報病痊，起復候委。該紳等既爲明秉璋與順邑温少司馬及各鄉紳耆所推重，應即回鄉，畢集諸紳士，公議何人實堪充此首事。務於十日内選舉定妥，聯名呈覆，事不容緩。共各勉之。等因奉此，當即十二月二十五日邀集各堡紳士會議，均以何某、潘某應命，二十六日又承仲縣主飭號房持帖回鄉相邀，二十九日晋省入謁所有敷陳。俱蒙恩准作主，某等始不復辭，合將札諭禀報，各要件依月日紀略於後。

温少司馬寄蔣制軍書[一]

秋初差弁回省，曾肅函佈謝，轉瞬又屆初冬，懷思時切。兹聞閣下渥邀宸眷，移節蜀中，九重之毗倚方隆，三錫之恩榮疊沛。玉壘群欣於望歲，珠江彌切于去思。弟誼託金蘭，契深膠漆，顧以庭闈，侍奉乏人，跬步不離左右；未獲摳送，行旌少抒，積愫歉仄奚似。惟冀雄略如神，訏謨坐鎮，化巖疆爲坦易，指南極以重臨。此則吾粵人士所深願者也。前者屢承俯念，各鄉頻遭水患，勸諭丁甯，令照甲寅六萬之數，五成捐簽修復。此後即爲借欵歲修，兹聞各鄉甚爲踴躍，計日可收集腋之效。未審借帑生息，曾經具奏否？昔《水經注》稱：『鬱水又南注於海』，馬文淵爲石塘，達於海而粵無水患，至今名在炎荒，與銅柱並垂不朽。今西江挾滇、黔、桂、鬱諸水，建瓴而下，桑園圍適當其衝，且延袤九千餘丈，險要處不一而足。此十年内增高培厚，未暇籌及石工，十年後土堤既固，歲有贏餘，似宜漸建石堤，以資捍禦，則水患永除，文淵不得專美于前矣。至於堤上伐樹，堤脚開池種藕、養魚，皆大爲堤害。仍冀瀕行時與中丞裁定，有利必興，有弊必革，將頌修和而歌樂只者，歷百年如一日，何快如之？書不盡言，伏惟鑒察。温篔坡先生《攜雪齋文鈔》。

温少司馬寄阮制軍書[二]

一别三秋，倍深懷想，猶憶西江雪泊，辱承旌麾過訪，又蒙惠貺稠疊，拜嘉飽德，感不可言。兹聞閣下政成南紀，移節海疆，庾樓之雅興方酣，服嶺之仁風更被。星軺甫莅，人士騰歡，引領喬輝，曷勝忻頌！弟南歸後，喜南方氣候常和，侍奉庭闈，甚覺安適。現家慈年高，跬步需人扶掖，未便遠離左右。尚未得一到會垣，少叙悃悰。所幸城鄉雖隔，帶水非遥，瞻企之私，無時或釋耳。今歲五月時，南海桑園圍冲决，連村淹浸，敝鄉水亦深五尺餘。溯自己亥至今，三十餘年五遭堤决，每次數十丈至百餘丈不等。弟目擊顛連，殫心籌畫，曾商之蔣制軍。承復書，謂民力果不足恃，已與陳中丞酌定，當爲借帑八萬，發當商

[一] 原書正文標題爲『寄制府蔣公書近年兩院修堤書幾十數函，今擇其尤要者存之』，現以目録標題爲準。

[二] 原書正文標題爲『寄阮制軍書』，現據卷四目録改。

生息，以備歲修，至現在堵築各工，仍照甲寅歲大修公捐六萬之數，勸令各堡五成交出，鄉人喜出望外，陸續捐輸，已於十月十三日興工矣。此圍當滇、黔、桂、鬱諸水之衝，非歲歲如法增修，難期鞏固。且歷年既久，今昔情形判然迥别。向日堤外距水常十數丈，今則半無，沙潬壁立如削。竊謂堤外之削，緣爲水所割，非落石與築埧不能扞禦。施工不易，當擇其要者先之。至堤内之削，則附近居人侵佔，開挖魚池、藕池，致傷堤岸。在核定丈尺，以時培築堅實而已。視其緩急爲先後，歲計有餘，無難奏效。但全堤延袤九千餘丈，險薄處不一而足，非金高如山，不足以語此。此借帑生息，用之不窮。皇仁浩蕩，萬世永賴，策之上者也。尚懇留神照察，庶使澤國咸登樂土，則美利同霑，荷德靡涯矣。《攜雪齋文鈔》

縣憲條議告示〔一〕

調署南海縣事，東莞縣正堂、加十級、紀録十次、記大功三次、卓異候陞。仲爲剴切曉諭，歲修堤工事。

照得桑園一圍，乃南、順兩邑各堡民田廬墓之保障。前年夏間，士名三丫基等處决口，經照甲寅年事例，勸令附堤業户減以五成派捐銀兩，公舉紳士羅思瑾、何毓齡、潘澄江等董理，通圍一律修竣，幸慶安瀾。惟是九千餘丈之長堤，歲一不修即多坍卸滲漏，當蒙大憲思患預防。軫念民力維艱，奏奉聖恩，借給帑項生息，以資歲修經費。議於遞年十月責成首事查明應修基段，估計工料若干，請領息銀，督率興修，造册報銷。迄今歲已更新，各堡選擇首事互相推諉，以致逾期尚未定妥，工程懸宕。兹本縣訪選，得候補訓導何毓齡、舉人潘澄江端方富厚，前年通修全圍，不避嫌怨，頗費辛勤，且於堤工情形熟悉，素爲鄉鄰推重。并據九江堡舉人明秉璋等聯名舉充前來，除給發歲修首事戳記，以爲憑信，囑令何毓齡、潘澄江設立基局辦理，并移行九江廳江浦司就近督催外，所有應行緊要事宜，合先列欵出示曉諭。

爲此，示諭桑園圍紳民業户人等知悉，即便遵照後開條欵，聽從該首事公議查辦，逐一舉行，趕緊興工。倘有不遵，故違條議，阻撓生事者，本縣鐵面無私，不論衿監軍民，立拏究治，照河工條例究辦，决不姑寬。各宜猛省，毋違。特示。

計開

一、此次歲修諸事辦理伊始，桑園一圍地分南海之九江江浦屬十一堡，順德之龍山、龍江、甘竹三堡向歸十四段業户經理。今每堡責成紳士議定曉事者兩人帮查其事，凡應興動，一切應聽基局商議，如遇基局有傳帖到段飭查，或該段内有應修之工，或應議事件，或聯名具呈，即

〔一〕原書卷四目録題爲『縣主條議告示』，現以正文標題爲準。

同會商，以昭公慎。如藉稱傳帖不到，故爲疲玩者，實屬心忘桑梓，均于[一]重咎。其每堡所定帮查之紳士名單，由九江江浦彙交基局，登簿總理，務於正月十五以前勘明基段，何處應修，沽[二]需修費若干，一同禀覆本縣查核。

一、各處險要基段，隨地補築。從前修圍舊志俱就近取土，由近及遠，不論桑田芋地，即便改挖爲塘，塘仍可以收租，無碍税業，其有填塋不得取挖。此次培修，俱照舊例，倘以鄉紳勢宦恃符措阻，致悮要工，查出革究。

一、向來各堡竇穴，各有經管，爲水利灌溉者修葺。上年派捐通修三丫基等處竇穴，均分輕重估修，餘皆完好。嗣後各鄉堡積有坦舖渡額等租。應仍自行修理，毋許混銷公項，更不得先爲挖破，然後請勘。倘有此等情弊，許總理基局指名禀究。

一、大堤之外，居民另有圈築子基，係開塘成基者，與大堤有别，准於海旁患處動用公項落石以捍衝激，若用土工則歸塘頭業户自辦。其大堤内外基裙，查核舊志，兩邊俱有餘地，現被民間佔爲私業，相沿已久，似難復還原址。惟貼近堤基均屬魚塘，多有企勘未培。爾等業户如有佔基爲業者，限於正月内一律培築肥厚，知會基局查明，再以公項加高、拷砌堅實，以免後患。

一、上年通圍大修，係照甲寅年舊例，按税減以五成起科，經總理首事出心出力，督修完竣。所有各堡應捐銀兩，自應及早繳齊。乃工竣已久，尚有欠繳銀二千餘兩，殊屬玩悮。除飭差并移順德縣查唤欠繳之首事勒追外，爾等務於十日内，各按欠數備足，繳赴基局，收還歸欵。倘敢藉端推擋，影射瞞混，或藉稱扣留，各修自分畛域，定即嚴拿究比。

以上各條，本縣爲念切民瘼，亦爾等自衛身家起見，各宜寓目遵辦，毋稍玩違延悮。切切。

嘉慶二十三年十一月

温少司馬來書

入春四日得接手教，具悉。

兩先生情殷桑梓，溥利無窮，全圍歲修已承季諾，慰甚慰甚。弟日前到省撫憲處，雖係略陳大概，然撫憲意甚殷然，弟瀕行，復以前後修堤記送閲，計已瞭如指掌。貴堡如有應辦事宜，一經禀及，自必承留神照察，不比泛泛。是至弟之管見，已詳前信，祈與貴堡諸先生公酌而行之。是所禱切。盖歲修原應各堡分段籌項認修，兹幸蒙大憲奏請動支帑息，衹係補其不足，豈得全靠公項？設各堡不知此意，非惟有負大憲盛心，亦覺輕改數百年之成例，甚非所望也。從前初酌章程時，原有遇工多銀少則各堡按成數分支之説。但工程俱不可稍緩，是以弟有如支帑銀不

[一] 于　疑爲『予』之誤。
[二] 沽　疑爲『估』之誤。

敷，第壹年議由該堡借墊，仍分年給還，則各處可一齊興工，不致顧此失彼。計各堡年中俱有墟埠租息，原非無力者。比今乃連此些微息銀俱不肯認，似非鄉鄰之美事。弟豈敢聞於大憲，爲此蛇足之舉耶。再前聞佐貳各委員頻到公局，不免多一番酬應，是以略與當事言之。以爲每年歲修，初由本邑正印官勘估，工竣再行查核。利害切己，自無不公當，餘可毋多委，以省繁費，并以力争先着爲言。蓋曲突徙薪之意耳。全圍雖廣，喫緊實不過西面一帶。就此一面中，聚精會神，經畫盡善，餘可迎刃解也。示及九江應築壩處，甚爲要着，當即與敝鄉諸公言之，一切仍祈高明裁酌，及早興工。俾資捍禦，闔圍永賴。專此並候近祺不宣。尊謙敬璧。

查看基段情形禀呈縣憲[一]

治晚生何毓齡、潘澄江謹禀父師大人閣下，敬禀者毓等遵諭辦理桑園圍歲修工程，於本月初五日由省回鄉，隨於初九、初十等日前赴各堡查看，其應歸公項修筑，及應業户自行培補者，均已查明列册。惟查海舟堡天后廟基、九江大洛口西方一帶外基最爲首險，天后廟下潭水過深，基身壁立，大洛口則被古潭沙冲射，坍卸百有餘丈，海深基薄，在在堪虞。現計帑息銀四千六百兩，兩處基段合該落石工費銀兩，實屬不敷。毓等惟有仰體慈懷，矢慎矢公，按其險要，先後盡銀築修，認真妥辦，以毋負父師焦灼深心。至各堡應自行培補各段，并尾欠銀兩，仍懇札移九江、江浦兩司，嚴飭各業户首事人等，照數賠捐，俾得一體趕修，以免遲悮。合將查過情形脩列清摺，并辦理緣由。伏惟恩鑒。

禀報興工日期[二]

爲報明興工日期，以抒錦注事。

切，毓等領銀後遵於二十四日回鄉，擇吉於二十九日進河神廟開局辦事，登即招集土石各工赴局酌議。定於初五日由海舟堡三丫基、天后廟興工，其九江大洛口一帶分别次第辦理，所有應歸公項培築及業户自行培補者，前經列摺面呈，惟現在招齊各工動土後，工繁費重，現領之項實不敷支，仰懇仁臺催收當息，俾資接濟。并照前摺，催令各堡按照自行培築各段，刻日一概興修，毋得遲悮，實爲恩便。理合將興工日期先行禀明，餘容續報。爲此禀赴父師大人臺前，恩鑒施行。

遵照條欵辦理諭

調署南海縣事東莞縣正堂加十級、紀録十次、記大功三次、卓異候陞仲諭桑園圍歲修總理何毓齡、潘澄江知

[一] 原書卷四目録題爲『禀呈查看基段情形』，現以正文標題爲準。
[二] 原書卷四目録題爲『報明興工日期』，現以正文標題爲準。

悉，案照桑園圍歲修事宜，先經舉定該紳士等設局總理，仍令各堡另選曉事紳士兩人，分按所管基段，帮同會商勘辦，并將應行緊要事宜列欵出示曉諭各在案。兹據該紳等勘明，該圍全堤分别基段險易次第應歸公項修筑，及應由業户培築，列册禀覆前來。經本縣覆核無異，除應由業户培補各基，另行出示曉諭趕修外，查該紳士等雖於堤工情形熟悉，但此次歲修事宜辦理伊始，誠慮辦理無綜，反多束手，所有應行事宜合諭飭遵諭到該紳等，即便遵照後開條欵，悉心妥辦，務宜矢公矢慎，本縣實有厚望焉。此諭。

計開

一、查桑園圍東西沿海各堤，原例分段經管，遞年歲修，向歸各業户自行辦理，由巡司取結備查。兹因前年三丫基被冲修復，當奉大憲體恤，奏蒙皇恩賞以帑項生息，以爲歲修之資，每年可得四千六百金，此稍補民力之不足，助不給之意。必須分别頂險、次險禀勘，估計施工。其餘基面低矮破損，仍應責成經管之業户捐辦，毋得全靠官項，致悮要工。倘有佔基爲業，即指名着令趕緊培厚，毋得延緩。萬一不虞，復有開口，應照向例，或責成經管，或合衆科派，依甲寅年誌書分别辦理，不得執部文爲詞，致首事賠纍。

一、查全圍惟海舟堡九江堡基段爲最險，沙頭堡爲次險，所有應修經本縣查勘明確。除一面諭飭首事辦理外，其餘各基皆宜自衛身家，稍有修葺，即自行粘補，毋得争執應修，致滋議論。

一、查九江堡大洛口外基頂冲險要，緣古潭、沙頭水射以致冲坍，割脚應即用公項落石。惟沿海地段坍陷數百丈，現銀實不敷支，所有前修三丫基各堡尾欠銀兩，務令尅日繳出，以應鉅工。更能於各堡捐派，或向殷實挪借，將來分年領息，然後塾還。本年歲修伊始，必藉厚力辦理，乃見成效。倘銀兩足用，更於大洛口外坦築石壩二個，阻慢水勢，乃可留淤以成鼇裙，修防永賴。其外基土工統歸外基業户科派，趕緊培築，毋任觀望。

一、查外基所以護衛大基，倘坍卸可虞，則經管之責愈重。現在大洛口外坦所存無幾，若連築兩壩，每壩約築八九丈，便可保全餘坦，而内圍益更安堵。然連年息項皆由九江堡開銷，通圍亦不輸服。今應飭着九江堡東西南北紳士趕緊勸助，務令題助二千金，庶掛借略少，易於措辦。次年别堡有險，亦得彌補，乃昭公當。

一、查向例，本堡動工修基，即請鄰堡督理，最爲公允。乃聞近來人情散慢，不肯向前急公。所有傳帖並不到公所會商，甚屬不成事體。現經本縣諭飭，每堡舉出曉事兩人，不時到局敘議，公事公辦，在總理首事亦可以表白。無他，即將來接理需人，各皆熟悉，有條議可循，不致紊亂。

以上各條，該紳士務即實心實力，倘有各堡中不遵議辦，存私阻撓者，許該總理指名稟究可也。

縣奉督憲札

調署南海縣事東莞縣正堂卓異候陞仲諭桑園圍歲修首事何毓齡、潘澄江知悉，現奉督憲札開，嘉慶二十四年二月初四日，據該署縣具稟，選舉桑園圍歲修首事，及支給息銀設局辦理緣由到本部堂。據此當批：據稟足見急於民事。此等人心不齊，事權不一，總在地方官倡率體貼，嚴辦撓誘之人，自可集事見功。仰東布政司即速核明飭遵，仍飭諭令首事何毓齡等先將該圍基分別險要確估工料，上緊修筑，頂冲處所加培碎石，務其高厚堅固。勒限於西水未到以前竣事，毋稍稽延遲悮。仍嚴禁各衙門書吏，因造册等事查駁需索。其未繳息銀，一面勒催各商照數繳足備支。並候撫部院批示，繳稟抄發等因，掛發東藩司外，合先録批飭知備札，仰縣即便遵照辦理毋違等因。奉此，查本案先奉各憲檄行，業經轉飭遵照在案。茲奉前因合行諭知諭到該首事等，即便查照各段基工，上緊修築，仍將修築情形隨時稟報，統俟大工告竣。該首事始終出力，本縣另當稟請各憲優加奬勵也。務期盡心妥辦，毋違。特諭。

縣奉藩憲札

縣憲諭爲札遵事。

現奉藩憲札，奉撫憲批，據該縣具稟，查勘桑園圍歲修圍堤應需石料，紳士議捐助修緣由云云。現收息銀四千六百兩，尚不敷用，自應照紳士陳書等所議，在於該縣屬之九江及順德縣屬之龍山、龍江各墟市紳士勸諭，勉力簽題，以足工用。惟九江墟雖有成議，尚無定數，龍江、龍山兩墟雖云可捐，尤無成議。仰布政司速即分飭該縣及順德縣，即日勸諭九江龍江、龍山各墟紳士及有力之家，勉力題簽。想該紳士等顧恤桑梓，諒無不情殷捐助也。仍俟兩縣紳士簽題事竣，將簽題銀兩數目，並能否足用情形，據實具報。並飭南海縣，不時會同主簿及江浦司巡檢親往，督同總理紳士人等將該圍堤基應行培築處所督率人夫晝夜趕修，務期工堅料實，永保無虞，是爲至要。仍候督部堂批示繳稟、抄發。

等因奉此，并據該縣繪圖具稟到司，除札順德縣遵照外，合就札飭備札到縣即便遵照院憲批行事理，速即勸諭九江紳士業户人等及有力之家，勉力題捐，并即催令當商刻日完繳息銀，批解以應要工。該縣仍即不時會同主簿及江浦司巡檢，親往督同總理紳士人等將該圍堤基應行培築處所趕修完固。務期工堅料寔，永保無虞。仍候紳士簽題事竣，將銀兩數目并能否足用情形通稟察核，以憑分别詳請咨部報銷。至所稱需用石塊甚多，應由新安九龍山採取運用等語。查該山孤懸海外，歷奉封禁，遇有要工應需石塊，均係呈請給照，方准採取運用。此次修築圍基，既據查明應由九龍山採石應用，應即飭令紳士等呈請給照，限日採運，以免奸徒藉名偷挖，滋生事端。均毋有違，速速。等因到縣。奉此，除諭飭總理首事何毓齡、潘澄江務須督率人夫晝夜趕修堅固，并應用石料稟請轉詳，給照採運外，所有九江西方外基一帶紳士捐簽銀兩數目，除移九江廳查照奉批情節，務令紳士殷民踴躍捐簽成數。而捐過銀兩數目是否足數，請即列册移覆，以憑查核轉報。云云。

稟報基工情形

爲報明基工情形仰祈垂鑒事。

竊毓等遵奉辦理歲修桑園圍工程，經將開局興工，并先築石壩各緣由稟明在案。其興仁里及威靈廟兩壩業經築有八分外，旁基脚坍卸處所亦已用石鋪砌。即今將先鋒廟前華光廟前兩壩并上下附海基段亦次第興築。惟石船近來到局甚少，深爲焦急。查係趕載石板往別埠售賣，亦因節屬清明及天后神誕以致遲延。現着承辦之人趕赴山場催迫，日内想應陸續赴局。毓等既承委任，斷不敢稍存怠忽，以仰體慈懷。刻下九江外基土工吕父臺日夕差催，毓等亦親爲勸督，業已將次告竣。

惟此番工程約計需銀若干，毓等察看九江大洛口西方一帶，并三丫基上下頂冲處所，水深陡險，需費寔難會計。今就其暫行堵禦，以避冲激，非萬金不能爲功。父師大人日夕焦勞，稟請札飭龍江、龍山及圍内士民捐助。但恐人心遲緩，未能速捐成數，以濟要工。毓等惟有將所領息銀，并現存銀兩，上緊趕築，餘俟收到捐項，再行培填。理合將辦理情形，粘列收支清摺稟覆，聽候察核。爲此稟赴父師大人臺前，垂鑒施行。

稟覆採石章程

敬稟者，日前接奉鈞諭，内開。『基圍工程需石甚多，新安九龍山石，歷奉嚴禁，遇有要工，均係呈請給照，方准採用。此次修築圍基應即稟請給照採運，以免奸徒藉名偷挖。着毓等查明稟覆，以便詳請給牌。』

等因奉此，竊桑園圍基，長有一萬餘丈，頂冲險要則莫如三丫基及九江大洛口一帶外基應築議採石培築，誠萬世永賴之体，圍民莫不踴躍歡呼，歌功戴德。查該山孤懸海外，毓等未經其地，辦理章程，素非諳練。必須招取石匠攬頭，方能承辦。但攬頭石匠狡詐多端，只徒飽己肥囊，不顧基工要務，往往假公濟私，將石運赴別埠售賣，到局者百無二三，鞭長莫及，無奈伊何。若非妥定章程，則奸徒得以射利，於基工究屬無益。各處石匠現聞有開山之説，紛紛到局，愿於一年之内交銀七千兩，總局代爲給價者；　有愿運石三千三百四十萬，無庸給價者。毓等再四思維，收銀代給，輾轉徒勞，不若得石爲先，方歸實效。兹謬擬章程四欵，以防弊端。圍基總要得石以應鉅工，亦須將每月得石數目，列册呈報。其餘石板任聽承辦運售別埠，在總局既無染指之虞，在承辦亦得石板價銀以資彌補，兩得其平，似無情弊。如此則奸徒無從射利，毓等免受不白之名，庶基圍得以鞏固，實惠永頌無窮。合將辦理緣由粘連議欵，冒昧稟明，可否據情詳明大憲批示飭遵。毓等不勝雀躍屏營之至，謹稟恭請崇安。

計粘謬擬章程呈核

計開

一、議禁止阻運也。

查九龍山石久奉嚴禁，今奉大憲恩准，務懇詳請行知文武各衙門，沿途出示張掛，如有照票，不許兵吏書役巡船人等索詐，遇便放行，以免遲悞。

一、議功歸實效也。

採石築基首事領牌後，自必招取石匠承辦，妥立合同。但石匠奸詐異常，多有藉端滋事。查該山石船共有二百餘號，玆議以每月撥船若干號，運赴培基。每船約載石若干，每月計得石若干，週年核算共計得石若干，照局價算應給銀若干，今概毋庸。給聽承辦石匠將鑿出板石運赴別埠售賣，彌補工脩、火足、水脚銀兩，仍須先交按櫃銀一千兩，另要殷實舖店担保，始准承辦，方見實效。

一、議事昭平允也。

承接石匠基圍石塊運脚各費，係承接自辦，固毋庸局中支發。若不籌度彌補，實難辦理。今議長板石塊，聽其別運售賣，自可兩相有益。然基務總以按月約得石三百萬到局，只許有多無少。倘有按月運石不足數，聽從首事稟明，將牌撤回，另招接辦，并將按櫃銀兩報官充公，担保之人送官究治。如按月照合約交足石數，俟運竣稟明停採後，將按櫃之銀交回承辦石匠，以昭平允。

一、議責有專成也。

石匠辦接挽運之後，毋得以銀兩不敷，揑詞推諉，希圖飾卸。至沿途倘有留難阻滯，該石匠即指名報局，俾得稟請釋放該石匠，亦無得藉端滋事。

已上四欵不過芻蕘鄙見，如此辦理似屬至公無私。盖石船按月運交，按月照石數開報，毋庸支給銀兩，局中人等無所施其奸詐，即承辦之家所取石板，亦足以資彌補，兩得其平。惟憎惡不同，流言妄出。毓等一秉至公，始終如一。倘有異端物議，悉聽稽查，一有從中作弊，甘受其咎。如屬虛揑，亦求請究辦。是否有當？聽候飭遵。

縣奉督憲諭

調署南海縣正堂卓異候陞仲爲飭遵事。

現奉藩憲札開，奉太子少保兩廣總督部堂阮憲札。

嘉慶二十四年二月十六日，據署南海縣仲振履稟稱：竊照卑職縣九江桑園圍基，上接三水，旁通高要，當北江、西江之衝，基內十四堡咸受其害。去歲仰蒙奉撥藩庫帑銀八萬兩，存南、順兩縣當典，按月一分行息，計得息銀九千六百兩，以五千兩還庫，分作十六年清完。餘四千六百兩以作修基之費。憲慮精詳，至周且備，實通圍紳士托命之源也。茲經酌定候補訓導何毓齡、舉人潘澄江總理基務，刻日興工。卑職當於本月初八日由省起程，初十日抵九江堡，約會署主簿吕衡璣，督同何毓齡、潘澄江及各堡紳耆人等詳加查勘。勘得基圍一道，自先登堡起，至甘竹灘止，約計四十餘里，内除河清外基漫生沙坦，水不能溢，及先登、甘竹上下皆山無患崩缺外，圍之緊要者約二十里。其海舟堡之天后廟，經二十二年大水冲坍基後，小溝刷深三丈，匯而成豬，議基身必加寬五尺外，用巨石培壘以護基脚，而基上土力較鬆，仍需加土堅築，以備不虞，此一要也，已於本月初五日興工。南下三四里爲三丫基外圍，於二十二年冲決六十二丈，涸爲深潭，缺口兩頭舊壘石，雖内基堅固，足資捍衛，仍恐壩頭一坍，水勢下注，防堵維艱，議再加添巨石，以捍急流，亦於本月初五日興工，此二要也。再南一二里爲禾义基，當日築基之人拙於相度，横置一角於水次，往來冲激，已不可支，而基又甚薄，並無樹木、池沼兩相撑柱，議外用石壘，内築堅土，内外加闊，以防冲突，此三要也。而尤要者則莫如九江之大洛口，即所謂西方外基也。蓋西、北兩江之水匯於思賢滘，合流而注於先登堡，使江面廣闊，無所窒礙也。則奔騰而下瀉數百里，直由新會崖門入海，原無所害。顧近年以來江中陡生沙坦，三區相次而南，皆近西岸。西江之水至沙而阻激泛濫，北江阻泛濫之水搏而横流，歷天后、三丫、禾义三基，怒奔而至河清堡，又爲沙坦所阻，至大洛口兩沙相阻，以夾流之形成在山之害勢則然也。然幸下此即爲甘竹山，而江又廣闊可無阻矣。議靠基用四石壩以轉水，而基外水深二丈許，工料所不能施。卑職檮昧之見，與首事等酌買麻陽舊船四隻，滿貯巨石，可高丈餘，駛至基邊，約離四、五丈，相度阨要處所，鑿而沉之。再用竹簍裝載碎石，繞船圍護，上添巨石壘高，迤邐而南，與甘竹相接。庶十四堡可免巨浸之患，而下年修補，亦可由舊蹟而愈培愈固矣。

惟是亘延二十里之基，兼大洛口之四壩用石甚多。查巨石取自新安九龍山，由海艘裝運，每艘十餘萬斤，連運脚計銀二十一兩有零；小石取自肇慶羚羊諸山，連船價約銀十一兩，加以挑土、築土、堆石、監修人工、飯食之費，息銀四千六百兩斷不敷用。卑職復與吕主簿及九江紳士陳書、明秉璋等議加捐助。九江墟各姓已約捐銀一千兩，其龍山兩墟據云亦可捐銀一千兩，望即飭順德縣王署令督同該處紳士上緊題捐。倘有不敷，容再會同籌議，務使料實工堅。所有查勘該圍實在情形，理合先行馳稟申聞，餘容面禀一切，不敢贅陳等由，附呈基圍圖一紙，到本部堂。據此查桑園圍堆石禦衝最爲善策。修基息銀既不敷用，自應令圍内士民捐助，以濟要工。據禀前由，除圖存案并批回南海縣，將應修各基督飭首事，刻日趕緊修築完固，具報無稍遲悞。及札順德縣遵照飭令龍山、龍江兩墟紳士將工費銀兩趕緊踴躍捐輸，務足每墟一千之數，寧多無少，並諭以此係未雨綢繆，較之洪水破堤，仍須捐銀補築，大爲便益，斷不可觀望自悞。如捐足後仍不敷用，再由該縣會同仲令另行籌辦外，合并札遵札司，即便一體轉行遵照，毋違。

等因奉此，查本案先奉撫憲批行，業經轉飭遵照，茲奉行前因，除札順德縣遵照外，合就札飭札到該縣即便遵照。先奉院憲批行情節辦理，速即勸諭九江墟紳士業户人家及有力之家勉力題捐，并即催令當商刻日完繳息銀，批解以應要工。該縣仍不時會同主簿及江浦司巡檢，督同總理紳士人等，將該圍堤基應行培築處所，趕修完固，務期工堅料實，永保無虞。仍俟紳士簽題事竣，將銀兩數目並能否足用情形，通稟察核以憑，分别詳請咨部報銷，均毋有違。

等因奉此，查本案先奉督撫二院憲批行，當經先後諭飭遵照。去後茲奉前因，除備移順德縣轉飭遵照外，合諭飭遵諭到該首事等，立即查照奉行情節，上緊趕修完固。并將辦理情形，隨時稟覆核辦，均毋遲違，速速須諭。

縣憲查勘險要基段

計開

吉贊横基長三百一十八丈，爲上流頂冲最險。

先登堡圳口石堤下，至岡屋脚，長一百二十五弓，基坦至基面高六尺，係頂冲次險。

先登堡稔、横兩鄉基，自界樹起，至南邊岡脚止，長一百零一弓，基坦至基頂高六尺，係頂冲次險。

海舟堡由天妃廟十二户界起，至三丫基北頭，計長二百一十一弓，基坦至基面高六尺，頂冲最險。

海舟堡三丫、新月基長一百八十二丈，頂冲最險。

海舟堡由三丫基南頭起，至墟口大樹止，長二百五十弓，基坦至基面高七尺，頂冲最險。

海舟堡下墟口大樹起，至墟尾門樓止，長一百弓，兩旁舖舍，外面無坦，海旁離勘五尺，水深七八尺不等，應屬最險。只可在海旁壘石，其墟心基甚屬低薄，應着墟保業户培築高厚。

海舟堡由蕩平門樓至禾义基鎮涌界，計長二百三十弓，基坦至基面高七尺，係頂冲最險，貼基水深一丈或八尺。

鎮涌堡禾义基下至南村基窄坦處，長七十二弓，基坦至基面高八尺，頂冲最險。

河清堡荒基秋楓樹至九江界，係甲辰舊决口，長四十四弓，基坦至基面高一丈，頂冲次險。

九江堡滘心社上基甲辰舊决口長五十四弓，基面坦至基面高八尺，頂冲次險。

同日清丈後，與九江吕公、江浦汪公隨奉仲太老爺妥議，合計全圍患基連大洛口外堤，共長一千七百零二丈。每石長一丈、高一丈，下用木樁十根，每根長七尺，上徑五寸，下徑三寸。每石一塊長二尺五寸，厚一尺，闊一尺。每丈計用石四十塊，每杖打樁，挑土培築，各夫約用五名，每名日給工價銀一錢。再計每石一丈，約銀一兩，高一丈，共銀十兩；木樁十根，共銀七錢；人夫五名，共銀五錢；外加器具、油灰、管工、飯食各項，篷廠碎用使費，大約每丈需銀一十六兩。當即繪圖貼說，開具清摺，十五晚回省議詳，請入奏云云。

稟繳月册稟

敬稟者，毓等遵奉辦理歲修基務，於正月二十九日設局辦事，經將二、三兩月收支銀兩數目列摺稟報在案。隨於四月初五日領到帑息銀一千四百七十六兩，并收到九江題助石工銀，及各堡尾欠銀兩。陸續在九江築壩培石，工程似可無虞，而三丫基上下險要各段仍須添補培石。是以於又四月二十二日由九江撤局，復回河神廟辦理。深慮五六月潦水漲發，急望各堡尾欠繳清，方能接濟，并查帑息遞年應給歲修四千六百兩，除蒙前後給發銀四千三百二十兩外，尚應給銀二百八十兩。但此項銀兩未曉仍由憲臺給發，抑由別處領取。懇爲批示飭遵，以便赴省稟請領收，以清年欵，以應要工。兹將現辦情形，并粘連四月、閏四月兩月收支銀兩數目，另列清摺開報，聽候察核，仰惟恩鑒。

計粘四月、閏四月兩月收支銀兩數目另列清摺一扣呈電。

再稟者，日昨蒙老父師襜帷暫駐，軫念民依，委吕父臺與晚等將西海圍基，擇其險要無坦處所，丈量深淺闊窄，議建石堤。此誠格外施恩，有加無已。凡有血氣心知，莫不感戴二天，載忻載頌。惟查桑園一圍，地當西北兩江頂冲，今雖築立四壩，基旁壘砌蠻石，然根基單薄，誠恐石堤堅厚，上重下輕，重載無力，一有拆裂，即行傾卸。毓等再四思維，築建石堤，必先多設石壩，以殺水勢，再於海旁多壘蠻石，培厚根底，以妨割脚，方能任重。然後上加石堤，自可鞏固無虞。現在沙頭、雲津各堡聞築石堤之議，紛紛到局求請代爲稟請，一視同仁，同時建築。似此工程浩大，費用實難會計。老父師深謀遠慮，動出萬全，惟有仰懇設法，以求盡美。兹再有懇者，遞年帑息銀兩，經列憲奏准給發四千六百兩，爲歲修之用，皇上軫恤窮黎，恩膏廣厚，列憲懷慈保赤，既渥且優。兹議築立石堤，仍懇遞年將應給帑息銀兩照數給修，以廣皇仁。俾一萬餘丈之基土石各工，按年加高培厚，倘有疎虞，亦得搶救有資，有備無患。將見全堤永固，共慶安瀾。

皇恩與石堤之功，並垂蔭於生生世世。毓等愚昧之見，非敢妄有所希冀，總祈精益求精，固益求固，用敢冒昧上陳，仰惟原宥。是否有當？聽候卓裁。何毓齡等再禀。

禀請轉詳工竣報銷[一]

具禀　歲修桑園圍首事何毓齡、潘澄江爲歲修工竣，禀請據册轉報事。

竊毓等奉委辦理歲修工程，蒙撥帑息銀四千六百兩，遵於正月二十九日設局河神廟辦事，酌定章程，招集土石各工，於二月初五日先由海舟堡三丫基、天后廟興工，其餘各堡基段分別次第辦理。惟查九江築立石壩最爲緊要，隨於二十一日遷往九江關氏祠，二十四日開工築建，并將海旁培放蠻石，趕緊補培，均經禀明在案。後於又四月二十二日返河神廟添培三丫基及修築吉贊横基各段。緣工程浩大，帑息銀兩實不敷支。幸蒙勸令九江墟塲業户捐助，催追上年各堡起科尾欠銀兩，陸續支發。計自二月起，至八月底，連帑息共收銀六千八百一十五兩一錢四分八厘，共支去銀六千八百一十一兩六錢零二厘。除支外，尚存銀三兩五錢四分六厘。茲當工程告竣，理合備造收支總册禀呈，伏懇據册詳銷。實爲恩便。再委辦盧、伍義紳捐助築建石堤銀一十萬兩，工程業於九月初一日接辦矣。合并禀明，爲此禀赴父師大人臺前，恩鑒施行。

計繳歲修基圍收支銀兩工程總册一本，呈核。

禀覆吉縣主歲修報銷緣由[二]

二十五年四月禀覆吉縣憲歲修報銷緣由爲遵諭禀覆事。

本月初二日接奉鈞諭，内開諭桑園圍首事何毓齡、潘澄江知悉案，奉藩憲札飭，以桑園圍基經有紳員伍元蘭等捐輸銀十萬兩，改築石堤，其奉發八萬兩息銀，毋庸動支，仰將由縣支過之歲修銀四千六百兩，并未完繳息銀，一并解繳司庫，立等列册詳咨。等因奉此。當查支過前項歲修銀兩，係由前縣動支之項，隨經備移前縣去後，茲准移覆。查此項支過息銀四千六百兩，係在未辦捐築石堤以前照依歲修年額給發，首事何毓齡、潘澄江領回歲修，取有領狀附卷，業據該首事等辦理完竣等由過縣，准此。

查此項息銀既經前縣照依歲修年額，發給該首事等領回承修，該首事等如果承修完竣，自應列册報銷。今前縣移稱，業據該首事等辦理完竣，因何修竣之後並不報銷，合諭查覆。諭到該首事等即便遵照，立將修竣之後並不報銷緣由，及所修何處？曾否勘驗？刻日禀覆本縣，以憑核辦，毋得遲違，速速。

等因奉此，查毓等於上年正月内遵委辦理桑園圍歲

[一] 原書卷四目録題爲『工竣禀請據册轉報禀』，現以正文標題爲準。
[二] 原書正文無此標題，現據卷四目録補。

修工程，蒙發帑息銀四千六百兩，正月二十九日設局，在河神廟辦事。三月初五日，先由海舟堡天后廟興築土工，分别次第辦理。惟九江興仁里口、威靈廟、圓所廟、沙溪社四處築建石壩各一道，工最吃緊。隨於二十一日遷往九江公所，二十四日開手築建，并將大洛口横基至圓所廟一帶擇其應培者，分段鋪放蠻石。後於又四月二十二日返河神廟，添築三丫基各段土工、石塊，并修築吉贊横基土石各工，均經稟明在案。緣帑息銀兩實不敷支，蒙前臺仲勸令九江墟業户捐助，并追上年起科築復海舟堡三丫基尾欠銀兩，連帑銀四千六百兩，共收得銀六千八百一十五兩一錢四分八厘。計自二月起至八月工竣止，共支去銀六千八百一十一兩六錢零。續於上年九月十二日備造清册，稟請轉報詳銷。旋即接辦義紳捐助大工，以致未奉勘驗。茲奉前因，理合抄原稟底册，盖用戳記，粘連呈核。伏懇將毓等修竣之後業經報銷各由，據情詳銷。實爲恩便。爲此稟赴大老爺臺前，轉報施行。

計粘九月報銷原册壹本、原稟一紙呈電。

遵諭分造總册詳銷

歲修桑園圍基帑息銀兩收支數目報銷册

舊管無

新收領

二十四年正月二十一日領到帑息銀壹千七百八十二兩。

二月初五日領到帑息銀壹千零六十二兩。

四月初五日領到帑息銀壹千四百七十六兩。

六月十六日領到帑息銀貳百八十兩。

合共計領到帑息銀四千六百兩。

開除

海舟堡

一、鎮涌界至瘋子寮基六十三丈，用土工七百八十五工，每工銀九分，共計支去銀柒拾兩零六錢五分。每工担泥四十担，共計積泥乘得二百一十八井零五寸五分。

一、三丫基南北兩頭計長五十丈，用土工一千一百五十工，每工銀九分，共計支去銀一百零三兩五錢。每工挑泥四十担，共該積泥得三百一十九井四尺四寸四分。

一、天妃廟旁基長一百二十一丈四尺一寸，用土工二千三百五十五工，每工銀九分，共該支去銀二百一十一兩九錢五分五厘。每工挑泥四十担，共計積泥乘得六百五十四井一尺六寸六分。

已上三段共踊練牛工五十隻，每隻工銀壹錢八分，共支去銀九兩。

一、自禾义基至瘋子寮，上至天妃廟海旁，共堆九龍蠻石計重二百二十八萬六千一百四十斤，每萬斤連運脚價銀二兩一錢五分，共計支去銀四百九十一兩五錢二分。

九江堡

一、新築興仁里壩一道，共堆壘九龍蠻石三百三十一萬七千零二十三斤，每萬斤連運脚價銀貳兩一錢五分，共計支去銀七百一十三兩一錢六分。

一、新築威靈廟壩一道，共堆九龍蠻石三百二十六萬七千二百五十五斤，每萬斤連運脚價銀二兩一錢五分，共計支去銀七百零二兩四錢六分。

一、新築沙溪社壩一道，共計九龍蠻石三百二十九萬三千五百三十四斤，每萬斤連運脚價銀二兩一錢五分，共計支去銀七百零八兩一錢一分。

一、新築圓所廟壩一道，共堆九龍蠻石三百三十萬零一百八十六斤，每萬斤連運脚價銀二兩一錢五分，共計支去銀七百零九兩五錢四分。

吉贊橫基長三百一十八丈。

基脚塘車水工銀五兩七錢二分。

一、支糖膠銀六錢二分。

一、用石灰三千三百斤，每百斤價銀一錢三分一厘算，共支銀四兩三錢二分。

一、支削椿工銀七錢二分。

一、支砌石二百零二工，計工匠銀二十四兩二錢四分。

一、支擡椿夫脚銀二兩五錢五分五厘。

一、支擡石四百四十六丈一尺四寸，每丈工銀六分九厘，共支夫脚銀叁拾兩零六錢零三厘。

一、支運椿船脚銀八兩四錢一分七厘。

一、支松椿七千零二十六條，每條價銀一分四厘算，計銀九十八兩三錢五分五厘，打椿工銀一十四兩八錢二分。

一、砌基脚深塘處所，兩邊合計長一百四十八丈七尺，共用地牛砧石一千零五十四件，每件連運脚價銀五分二厘七毫，計支去銀五十五兩七錢三分。內船户福銀一錢八分五厘。共用八寸方砧石四百四十六丈一尺四寸，每丈價銀七錢二分八厘，計支去銀三百二十五兩二錢八分三厘。內船户福銀五錢。

一、培築全基泥工共用一千二百零八工，每工銀九分，共支土工銀一百零八兩七錢二分。每工挑泥四十担，共積得泥三百三十五井五尺五寸五分。

沙頭堡

一、自韋馱廟至橫塘基長四十四丈，又真君廟前一十五丈，共堆蠻石九十三萬零三百三十二斤。每萬斤連運脚價銀二兩一錢五分，計支銀二百兩。

以上通共總計支去工料銀四千六百兩。

歲修桑園圍基題[一]助銀兩及各堡尾欠收支數目

報銷册

計開

[一] 題　签題款，非最後實收。

舊管無
新收
二十四年二月十三日
一、收九江堡題助銀五百三十一兩八錢八分一厘。
三月初五日
一、收九江堡題助銀二百一十七兩二錢五分四厘。
三月十六日
一、收簡村堡尾欠銀六十八兩。
一、收海舟堡尾欠銀四十四兩五錢七分三厘。
一、收先登堡尾欠銀壹百兩。
四月十二日
一、收九江堡題助銀一百九十兩零七錢四分一厘。
閏四月初四日
一、收九江堡題助銀六十兩零七錢九分九厘。
十六日
一、收甘竹堡尾欠銀一百四十兩。
十八日
一、收龍江堡尾欠銀八百兩。
二十六日
一、收雲津堡尾欠銀五十一兩九錢。
五月初六日
一、收雲津堡尾欠銀一十兩。
合共計收銀貳千二百一十五兩一錢四分八厘。

開除
九江堡
一、自石角横間基下至圓所廟基，長五百零五丈，堆壘九龍巒石六百一十五萬四千四百四十六斤，每萬斤價銀二兩一錢五分，共支銀一千三百二十三兩二錢零六厘。
堆壘紅石三十四萬三千二百五十斤，每萬斤價銀二兩，共支銀六十八兩六錢五分。
堆壘肇慶巒石八十六萬五千三百八十八斤，每萬斤價銀一兩八錢，共支銀一百五十五兩七錢七分。
共計支巒石價銀一千五百四十七兩六錢二分六厘。
一、支自二月起至八月止，火足銀二百七十三兩陸錢。
一、支司友夫役工脩銀一百二十九兩壹錢二分。
一、支雜項銀二百六十一兩二錢五分六厘。
合共計支去銀二千二百一十一兩六錢零二厘。
實在
除支存銀叁兩五錢四分陸厘。貯河神廟箱。

庚辰捐修志目録

卷五　嘉慶二十五年庚辰捐修志

奏稿[一]

嘉慶二十四年六月初五日，太子少保兩廣總督臣阮、廣東巡撫臣陳奏爲護田大圍亟建築石堤，以資捍衛，經本籍紳士急公捐輸辦理緣由，恭摺具奏，仰祈聖鑒事。

竊照粵東南海縣屬毗連順德縣界之桑園圍，週迴百有餘里，居民數十萬户，田地一千數百餘頃，種植桑株以飼春蠶，誠粵東農桑之沃壤也。圍外廣東西北兩江環繞左右，而廣西左右諸江亦並匯而來，由此合流入海。每遇夏潦暴漲，東尚緩緩，西水建瓴而下，宣洩不及，圍基即被衝淹，居民田園、廬墓盡皆淹没。設水勢驟長，不能移避高阜，民人亦皆淹斃，屢經前任督撫、臣奏蒙聖恩，恤緩兼施，借銀修葺。因向來僅建土堤，乾隆八年奏改石工，間段用塊石堆砌，并借銀生息，以作歲修。嗣又節次奏明，改歸民間自行修防，如有非常衝損，民力不支者，隨時奏請酌辦。嗣經歷年久遠，沙高石低，屢被冲刷，禍移民間。雖欲培築，苦於力有未逮，上年臣阮與前撫臣陳因該處係農田廬墓，情勢緊要，奏蒙聖恩允准，於藩糧兩庫借銀八萬兩，發商按月一分生息，計得生息銀九千六百兩，以五千兩歸還原借本銀，以四千六百兩爲歲修之費。第圍基遼闊，恐此築彼坍，歲得四千餘金，僅敷逐段粘補之用，仍不足爲永遠經久之計。前據南海、順德兩縣紳士商民紛紛懇請捐建石堤，經署南海縣知縣仲振履等親詣查勘，該圍最險頂衝之吉贊横基、三丫基、禾义基、天后廟、大洛口等處，約計一千九百餘丈，須用大條石叠砌高厚。其次七千餘丈，亦須大塊石堆砌成坡，方可藉資捍禦。所需工料運脚等項，撙節估計非捐銀十萬兩不能興辦，南、順兩縣紳士人等即欲踴躍捐輸，而工鉅費繁，一時未能集事。兹查現任刑部郎中伍元蘭、刑部員外郎伍元芝因家鄉有此大工，自京專遣家丁回籍赴縣呈請兩人願捐銀各三萬兩，又有緣事革職在籍之郎中盧文錦獨捐銀四萬兩，共十萬兩。現據藩司魏元煜、糧道盧元偉轉據該府縣等核議詳請，具奏前來。臣等查桑園圍有關兩縣農民田廬，屢被水患，亟應築堤保障。惟因經費過多，碍難籌辦。今既據該紳員伍元蘭等情殷桑梓，尚義輸銀。臣等逐加採訪南海、順德兩縣士民，聞知義舉可成，靡不同聲歡慶，自應俯順輿情，奏請准其興建。如蒙俞允，即飭該紳員等，各將捐銀繳貯，仍令兩邑紳衿耆老選舉殷寔公正紳士，赴圍董理，購料鳩工，妥速趕辦。地方官但司督率稽察，務使工堅料實，毋稍浮冒虛糜。不許胥役人等涉手，致有侵染，

[一] 原書正文無標題，現據卷五目録補。

俟工竣再行查勘驗收。此次築堤之後，自必永慶奠安，然水力冲險異常，恐未必年久一無所損。上年奏請生息銀兩，仍須照舊生息。將來察看情形，另行核奏。至例載捐修公所銀至千兩以上，即應分別旌賞，或由部議叙。臣等查明，伍元蘭等於桑園圍並非自護田廬，今各捐銀至數萬兩，洵屬急公向義，應俟工竣後，臣等再行循例奏懇天恩，量加獎勵。臣等因事關農田水利，謹據士民輿情，合詞恭摺具奏，伏乞皇上睿鑒訓示。謹奏。

嘉慶二十四年七月十五日奉到硃批：『依議辦理，工竣後核實具奏，欽此。』

工竣奏稿[一]

道光元年　月　日太子少保兩廣總督臣阮、廣東巡撫臣康奏

爲紳民捐修桑園圍石堤工竣，遵旨核實具奏並將支剩捐項分別撥充公用，仰祈聖訓事。

切照粵東南海縣屬毗連順德縣界有大堤一道，土名桑園圍，周環百有餘里，圍内居民數十萬户，農桑田地一千數百頃，爲近省第一沃壤。該圍地處下游，當本省西、北兩江及廣西衆水之衝，每遇春夏秋暴漲，諸水建瓴而下，全藉圍基保護。先因土堤易圮，屢遭水患，淹斃人口，兼淹及順德龍山等處。叠經前督撫臣奏蒙諭旨，恤緩兼施，借項修葺，復於乾隆八年奏准改築石工。嘉慶二十三年，臣阮復會同前撫臣陳奏蒙聖恩，借項發商生息爲歲修之用。祇緣從前奏改石工之時，限於經費，僅係擇要間段改築。而臣阮等奏准生息之項，歲祇得銀四千六百兩，亦僅敷隨時粘補，不能一律改建。每遇伏秋大汛，田廬民命均時刻耽心。二十五年，適有現任刑部郎中伍元蘭、刑部員外郎伍元芝遣丁回藉，赴縣呈請，各捐銀三萬兩，又有在藉之緣事革職郎中盧文錦亦願獨捐銀四萬兩，將圍基險要之處普改石工。由司道轉據府縣核詳，經臣阮會同前撫臣李具奏聲明：伍元蘭等各捐銀至數萬兩，洵屬急公向義，俟事竣循例奏懇獎勵。欽奉硃批：『依議辦理，工竣後核實具奏，欽此。』當經行據該紳士等將捐銀十萬兩照數繳貯藩庫，由南海、順德二縣轉飭二邑紳耆，公舉素來辦事公正、身家殷實之候選訓導何毓齡、舉人潘澄江等經理其事，並由司委員赴工督率稽查，其一切領銀、用銀悉由董事經理，不涉官吏之手。據報於二十四年九月水落後興工，二十五年全工告竣，撙節核實，共用銀七萬五千兩。臣等飭委督糧道盧元偉赴圍親勘，實係堅厚鞏固，農民咸悦，並據府縣轉據首事紳士開報工料，由司會核，詳請照案具奏獎勵，聲明此係民捐民辦之件，照例毋庸造册報銷前來。臣等伏查定例，捐修公所及橋梁道路，實於地方有裨益者，銀至千兩以上，請旨建坊。遵照『欽

[一] 原書正文無標題，現據卷五目録補。

定樂善好施』字樣，聽本家自行建坊等語。此案盧文錦籍隸新會，伍元蘭、伍元芝雖籍隸南海，皆非圍内之人。今能各捐銀至數萬兩，俾全園藉資鞏固，保護數十萬民田、廬舍，其捐銀遠過千兩之數，與奬勵之例相符，應請照例建坊，以奬善舉。至前項捐欵銀十萬兩，除現在核寔，祇用銀七萬五千兩外，尚餘銀二萬五千兩，原捐各紳不願領回，呈請撥充公用。查有南海縣屬與三水縣屬交界之土名波子角圍基一道，與桑園圍唇齒相依，亦屬險要。現據該處衿民呈請修築，應請於前項存剩銀兩撥銀一萬兩，撙節擇要，估修照舊。令舉殷實紳士自爲經理，工竣通報院、司、府、縣查核，照例毋庸造册報銷。尚餘銀一萬五千兩，查先經臣阮會同前撫臣李奏明纂修《廣東通志》，六部查取。

《大清一統志》事宜稿本，現在將次完竣，除臣等陸續公捐經費外，尚有不敷，應將此欵盡數撥給湊支公用。如此分别辦理，係以紳士原捐之項，辦本地方應捐之事，亦復甚洽輿情，是否有當？臣等謹一併具奏。伏乞皇上聖鑒訓示。謹奏。

新建南海縣桑園圍石堤碑記

南海縣之西南有西樵山焉。勢高而基厚，連綴甘竹、飛鵝各小埠。盤礴數十里，西北兩江之水所共抱而洩海者也。此山古必居海潮中，數千年兩江泥沙附山而渟，漸渟漸廣，山之距水亦漸遠。於是始有田，田患大水之浸，於是北宋以後始圍以堤，始有桑園之名。田之未圍堤也，大水浸之，則泥沙加積焉。一年積二三分厚之泥沙，百年即高一二尺厚之田地。自有堤而田無水患，地亦不復加高。然而順德、香山、新會下游之海變而爲田者，愈久愈多。下游之田既多，則上游兩江之水難速洩。以難速洩之水，抱不復加高之田，水高田低，且以不堅之堤捍之，烏能不險而潰哉？國朝以來，屢經修築，以衛民生。溯宋元明，事載前碑，誌不具述。余于嘉慶二十二年冬初涖粤，是年夏水決三丫基，民命、田稼所傷寔多，察知歲修資少，乃籌庫資發商生息，歲得銀肆千陸百兩以濟之，然終不能無大患。南海人伍元芝、伍元蘭兄弟並官刑部郎，捐銀六萬兩，新會人盧文錦前官工部郎捐銀四萬兩，請于險處皆建石堤，以障之。其險首，如三丫基、禾义基、天后廟、大洛口、吉贊横基諸處，堤上用條石叠之，堤坡堤根用塊石護之，共叠石一千六百餘丈，護石二千三百餘丈。始斯役者，南海令仲振履，終斯役者，南海令吉安，躬斯役而勞心力者，佐貳、顧金臺、李德潤，舉人潘澄江、何毓齡等。二十五年工成，用銀七萬五千兩，餘銀還之三部郎。三部郎不願復受，請以濟三水縣堤及公事之用。

夫桑園圍内數十里如一小邑，堤若潰，則順德、龍山諸地兼受其衝，伍與盧無田廬在其中，乃捐銀至十萬之多，志在保障，可謂好義而樂善者矣。是役也，工鉅用多，不可不奏而行。二十四年元會撫部院奏，奉旨允行。道光元年以工竣奏，且請照禮部建坊例，獎伍、盧以坊，題欽定『樂善好施』四字，奉旨又允行。余閲水師，出虎門，歸過順德，歷斯圍各險處。勘其工，謁海神廟，心慰焉。且誡圍中各堡紳士耆老等，自兹後，歲逢大水，土堤之薄者厚之，低者崇之，漏者塞之；石堤之壞者增之，修之；塊石之卸者增之，壘之。官士請樹碑以記其事，書此付之，庶幾此一方永臻安定焉。

捐修桑園全圍碑記〔一〕

太子少保、兵部尚書、都察院右都御史、兩廣總督揚州阮元撰

賜探花及第、原充國史文顯兩館纂修官、翰林院編修瓊州張岳崧書

我桑園圍周遭百餘里，受東〔二〕北兩江之衝，時憂潰決。前蒙大憲奏請皇上發帑生息，爲歲修之資，里巷歡騰，平成可賴。歲己卯，息項新頒，遴選總理。闔圍紳士以毓齡、澄江薦舉，辭不獲命，遂執藁函爲工人先。土工既就，前邑侯仲公察勘情形，謂帑息歲修固堪久遠，然水勢湍悍異常，非先固堤身，異日歲終必多費力，鋭意爲築石堤之舉勸。古岡盧公文錦、本邑伍公元芝、元蘭昆仲合銀十萬兩助工。詳于大憲，據情入奏，得旨恩准，闔衆喜出非望，憲乃委南雄刺史余公保純相其險夷緩急之宜，裁定章程，飭毓齡、澄江仍肩其任，而各堡别舉十五人，以贊之。委員顧公金臺、李公德潤常駐總局，以司稽糾。工鉅費繁，深虞辱命。經始于是年九月，閲今年四月大工告竣，蓋是時邑侯吉公接任數月，幾經訓示，始幸無過焉。且夫我桑園圍之有石堤也。

自乾隆元年鄂大司馬始當其時，廣肇兩郡圍基俱勞經畫，不能以全力爲我圍計。棲石之處百止一二。數十年來怒濤衝齧，遺跡無存。曩亦間一修補，大都蠻石硨矶，散置堤根，未及數年，隨流滚溜，不可久長。今列憲以十萬之資，備一圍之用，開山採石，飛挽連綿。自斯堤修築以來，未有庀材若斯之富者也。是故，甃石爲墻者一千六百四十丈六尺，纍石爲坡者，二千三百二十丈，激石爲壩者四所，並加堆舊壩一十二所。即土堤之無需石護者，亦概爲之培厚增高。固益求固，靡有遺憾。昔召信臣守南陽，纍石爲鉗盧陂〔三〕，厥後，杜詩復修其業，民有召父杜母之歌。夫因前人之所有而修之，猶有頌聲洋溢，況增前人之所不足者哉？而邑侯吉公轉以毓等兩人勤劬

〔一〕原書卷五目録題爲『捐修全堤碑記』，現以正文標題爲準。

〔二〕東　當爲『西』之誤。

〔三〕鉗盧陂　水利工程。公元前四十年至前三十六年漢元帝時南陽郡太守召信臣在泌陽修建馬仁陂，在鄧縣修建六門碣、鉗盧陂蓄水灌溉工程。

爲念，詳請大憲與盧、伍諸公概予獎勵。夫盧、伍諸公初非自護田廬，以列憲心廑民瘼，相率佽助，斯誠好義可風。毓等勤其手足，即以衛其身家，何功之足云？迄今堤身已固，帑息暫停頒發。然安不忘危，存不忘亡，以迅猛洪流與石爲鬥，豈能過恃？尚當聯懇大憲，再請皇仁，按年給領，擇要而修，是又無窮之樂利，我圍衆所寢食不忘者也。

嘉慶二十五年歲次庚辰孟秋舉修圍基總理

候委訓導何毓齡、舉人潘澄江仝立石

縣憲稟詳義助大修銀兩[一]

敬稟者，竊卑縣桑園圍基，當西、北兩江之衝，計長九千六百餘丈，內護南、順兩縣居民共十四堡，爲府屬基圍最大最險之地。自乾隆元年大水冲坍，傷損甚多，經前縣稟明奏請改用石工。嗣奉停止，飭令聽民自修，如有非常冲損，仍准奏明動帑。迨後數十年中屢修屢潰，邀恩蠲恤，不一而足。及嘉慶十八年二十二等年，該圍三丫、禾乂各基又遭冲決，田廬、墳墓均被淹浸，奏蒙恩旨，恤緩兼施，并借帑銀五千兩給發修補，又蒙各憲以該圍最爲險要，且圍內田畝均關國家惟正之供，一有冲潰，錢糧既須蠲緩，帑項更多虛糜，復又奏撥藩庫銀八萬兩，分存南、順兩縣典商生息，每年得息銀九千六百兩，以五千兩歸還借本，以四千六百兩爲歲修之資，軫恤民艱，至周至備。復經卑職選舉候補訓導何毓齡、舉人潘澄江設局經理，分別最險、次險，各用土工石壩加意培築，惟是基址綿長，計人工飯食之需，非息銀四千餘兩所能敷用。雖經卑職稟請，勸令圍內居民量力捐助，而貧富不齊，仍多觀望。卑職仰蒙憲恩，以堤工緊要奏請，俟今冬工竣，再行送部引見。下懷感激，益切勉惶，曾於本月十二日馳赴該圍，率同何毓齡、潘澄江等詳加查勘，其當西江頂冲最險之三丫基、禾乂基、大洛口均已添壘碎石，并於大洛口堆砌石壩，目前尚可無虞。惟當北江頂衝最險之吉贊横基，及次險之先登、河清兩堡各基堤，曾經迭次倒塌，且因歲欠失修，基堤剥落，若僅以歲修了事，不過擇段修補，一遇江水驟發，則通圍皆成巨浸。卑職職守斯土，斷不敢存苟且。目前之見，致遺百姓身家性命之憂，當與該處紳耆等妥爲酌議，必須改用石工，分別最險、次險，通圍砌築，方足以資久遠無患。如最險之吉贊横基、三丫基、禾乂基、天后廟、大洛口等處，約計一千九百餘丈，須用條石疊砌高厚，其餘七千餘丈亦必用大碎石塊堆砌平衍如坡，方可一律鞏固。惟九千餘丈之基堤所需石料、人工、飯食、運脚等項，非捐銀十萬兩，不能集事。卑職於去年十月到任後，久經出示曉諭南順兩縣紳士、商賈人等踴躍捐輸，以襄義舉。

[一] 原書卷五目録題爲『縣主稟詳義助捐修銀兩』，現以正文標題爲準。

兹據緣事革職在籍之郎中盧文錦情願捐銀四萬兩，又據現任刑部山東司郎中伍元蘭、現任刑部安徽司員外郎伍元芝專遣家丁回籍，赴縣呈請各捐銀三萬兩，均屬出自至誠，似應准其所請，庶圍基藉以永固，民患盡除，且可一勞永逸。毋需歲修之費，以仰體憲臺捍災恤民之至意。除照各該員原呈另文轉詳外，合先具禀察核示遵，俾得趕緊興工，以甦民命而節國帑。至已革郎中盧文錦、現任刑部山東司郎中伍元蘭、現任安徽司員外郎伍元芝等踴躍捐輸，急公明義，可否奏請鼓勵之處，出自憲恩。爲此具禀，伏乞慈鑒。

修築章程

查桑園全圍，東、西兩海環繞左右，圍堤如箕。北爲箕腹，東南爲箕口，最北處與三水毗連。西起飛鵝山，邱阜數十，迤邐東行，至晾罟墩止，接以吉贊横基，所以障上流也。防西海者，上自南海、三水交界馬蹄圍起，下至順德甘竹灘止； 防東海者，上自吉贊横基旁仙萊鄉起，下至順德龍江河澎圍尾止； 中間包西樵山，其東南則下流宣洩之區，不用設堤。計水口有四，曰吉水竇，曰閘邊口，曰唱歌滘，曰獅頷口。合南、順兩邑通圍共十四堡，除龍山、金甌大同在圍腹無基外，其餘分各段經管。先登管基長一千八百五十八丈五尺； 海舟堡管基長一千四百二十一丈一尺； 鎮涌堡管基長一千零一丈二尺； 河清堡管基長一千一百五十四丈二尺，外堤四百四十五丈； 九江堡管基長二千九百零五丈七尺，外堤一千六百七十丈零六尺； 甘竹堡管基長二百六十丈，此西海基也。吉贊横基長三百一十八丈，百滘堡管基長二百六十丈，雲津堡管基長一千一百四十二丈七尺； 簡村堡管基長五百六十五丈五尺； 沙頭堡管基長一千八百八十五丈九尺； 龍江堡管基長四百八十五丈，另有五鄉基屬龍津堡管，歷來自行修築未及清丈，此東海基也。舊傳九千六百餘丈係單指西圍而言，舉其首險。今按甲寅年全圍通修丈尺俱載誌書。復因歷次開口皆要圈築，故丈尺較增。此番仰籍慈恩，得有義舉，自應毋分畛域，一視同仁。其應用石工者則用石工，其應用土工者則用土工，務使全圍之内永慶安瀾。均沾實惠，所有章程謬議呈奪。

一、此番義助築堤，土石兼施，銀兩既多，工程甚大，必定期於某月興工。先前一月，須將銀兩交付，以便搭蓋工廠，雇倫土石各工，買置椿木灰船等物，届期舉辦，免致周章。

一、設立石壩，須買舊蔴陽船隻，堆滿蠻石，用繩纜找好，鑿破船底，沈作根子，上面方易壘砌，以免隨水滚溜。

一、桑園圍基計長萬有餘丈，其頂冲險要處所水深三、四丈不等，勢必堆砌蠻石，培厚根底，方能上築石堤，不致上重下輕之弊。否則，石堤雖建而基根不穩，必致拆裂，不可不慎。

一、築建石堤，必察其水勢，因其地形。如基身壁立，脚無鼇裙，前雖壘有蠻石，亦必再爲培厚，使基底堅固。然後打實梅花松樁，安放横排底石一層，逐層斜壘而上，至基身潦水不到處爲止。倘其基略有餘坦三、四丈，而係屬頂冲海旁，已有蠻石砌壘者，則將上面基身餘坦枕海處略埋四尺，鋤深六寸，横排方砧作底，次第砌作，階級而上，方能永固。其海旁仍加石培築。

一、開山採石首事人等素未親履山場，必資諳練匠頭，乃能熟悉辦法。但匠頭詭詐多端，多有因公濟私運售别埠，若不嚴定章程，勢必悮事。今議匠頭承接，必要殷實舖店担保，先交按櫃銀一千兩，立明字據，限每月運到方砧大石船若干，每船若干丈，蠻石若干船，每船若千萬。如有短少及私賣情弊，查出將牌撤回，另將按櫃銀兩稟公允公。若不悮事，工竣之日，首事交回按櫃銀兩，以昭公允。

一、各石以每塊在一百至二、三百斤爲率，最小亦要五十斤以上，不及五十斤者不得上秤。仍要大七小三配搭。秤石之後，須聽首事指點，安放停當。各船到埠，初次於該船頭尾量准水則，編列字號，用紙單註明尺寸，蓋上圖記，實粘船裡。下次查照原字號爲准，不用再秤，以省紛煩。至秤石時如有賄囑，以少報多，查出將石銀罰去。倘督理有暗中需索，許船户通知，毋得隱匿作弊。

一、築堤取土，遵照向例由附近挑挖。如有違抗，許首事稟究。首事人等督令工人亦不得將山墳破毁。

一、牛隻踹練，以三隻爲一手，一人帶牛，每日人工牛工共銀該計若干，所有帶牛之人飯食以及餵牛草料俱在工銀之内。分上午下午兩班。自清晨練至中午放牛爲上班，作一日算；自中午練至酉刻放牛爲下班，作一日算。中間决鞭匀練，不得私行放水，其老弱牛母及小牛概不取録。

一、坭工人數甚多，議以二十人爲一起，每起要攬頭一人，每工價銀若干，仍須該堡保認，或要泥，或搬運，或春坭，任從督理指使。所有鋤頭鍫鍪。每號要十五件，大簍每號要十五担，担挑、鍋灶碗快、柴火自爲預備。開工之日，在基廠交督理點明，如有器具不足，以及老弱年穉不得與列。至於胡混入隊，不依指使，一切斥逐。

一、坭工編列字號，每號住寮舖一間，深闊約二丈，每日開工聽大廠五鼓後。頭旬鑼造飯，二旬鑼食飯，三旬鑼到大廠。每號每人領腰牌一個，始得開工。至中午鳴鑼食晏。復至晚鳴鑼，一律收工。日間督理，不時稽察，如有短少人數，未經報明，即行將該號斥革，另招補充。至收工時候，將腰牌照人數繳回督理。

一、擬總理兩人，在河神廟設局辦事，南邑十一堡，大堡公舉兩人，小堡公舉一人，以分派各段公所知理。比如修某堡基段，必以别堡之人督理，以昭公慎。在該堡紳耆選舉公正諳練勷理，其貪婪不職及託故悮公者，聽衆辭退。仍要該堡另選報充。至應議酬勞，係該堡自行酌送，毋得將此番義助銀兩開銷。

一、擬督辦之廠，將全圍分爲七大段，每段借祠宇爲公所，另搭小廠，以督工作。九江以下至甘竹爲一段，河清、鎮涌兩堡爲一段，海舟堡自爲一段，先登堡自爲一段，吉贊横基爲一段，百滘、雲津、簡村三堡爲一段，沙頭至龍江爲一段，係因基勢利便，庶易報銷。每段公所設首事二名，司事二名，火夫一名。其首事應脩金，該堡自送。司事、火夫、工金，係公所報銷。各段火足銀兩，則首事與司事等均一并開報。

一、擬九江、沙頭、簡村、海舟、先登五堡皆爲大堡，要每堡舉出首事二人。百滘、雲津、河清、鎮河、金甌、大桐六堡皆爲小堡，要每堡舉出首事一人，共得一十六人。因人擇地派放，毋得以本堡之人争執要承修本堡之基。公所計七段，用去一十四人，尚餘二人留總局，帮辦各務。

一、擬各段土石兼施，先後興作，所有石砧、石角船隻俱要到總局執號，聽總理丈量明白，給與水號石數照票一紙，盖用戳記，派交某段公所收領，自無冒開情弊。其土工按字號、人數，逐日支銷。總理不時分段巡察，倘有虚假，應即稟官追究。

一、擬各段工作勘明某處應砌石砧，應傍基脚計長多少？某處至某處應加土工培厚計長多少？要築闊多少？繪圖貼説，實貼該段公所，俾如式照辦，毋致有悮。

一、擬西海頂冲水勢最爲洶湧。今自先登堡起，至甘竹灘止，審度形勢，應於圳口汛上下築一石壩，稔、横兩鄉基頭築一石壩，太平墟上築一石壩，以上是先登堡管屬。李村華光廟下築一石壩，李村汛下築一石壩，三丫基頭新賣布行處築一石壩，温家路口下築一石壩，大灘頭汛下華光廟築一石壩，以上是海舟堡管屬。禾义基、海舟鎮涌交界處，現雖肥厚而頂冲卸溜，必須築開二丈，以殺水勢。其鎮涌、河清兩堡不用築壩，九江新墟下要添一石壩，蠶姑廟前横基頭要築一石壩，石栈路口要築一石壩，所用石壩約築數丈，便可護坦，但水深工鉅需石正多，即本年歲修所築四壩，亦要加長數丈，以上是九江堡管屬。至甘竹堡不用石壩，東海各基惟沙頭堡爲險要，舊雖各有石壩，要加高培厚，以殺水勢，其餘各基均一體查明，培築高厚。

一、仲縣主親臨履勘應砌石砧處所。

吉贊横基長三百一十八丈。

先登堡圳口石堤下至岡屋脚，長一百二十五弓，先登堡稔、横兩鄉基自界樹起，至南邊岡脚止，長一百零一弓。

海舟堡由天妃廟十二户界起，至三丫基北頭計長二百一十一弓。

海舟堡三丫新基長一百八十二丈。

海舟堡，由三丫基南頭起至墟口大樹止，長二百五十弓。

海舟堡下墟口大樹起，至墟尾門樓止，長一百弓，因兩旁舖舍應加面壘石。

海舟堡由蕩平門樓至禾义基鎮涌界，計長二百三十弓。

鎮涌堡禾义基下至南村基窄坦處，計長七十二弓。

河清堡荒基秋楓樹至九江基界，係甲辰舊决口，計長四十四弓。

九江堡滘心社上甲辰舊决口長五十四弓。

九江堡大洛口一帶頂冲遵諭在外堤建石，自洪聖廟起，下至七里横間基頭，計長九百零八丈五尺。

已上共應建石堤計長一千七百零二丈，尚有未經親勘處所，或屬頂冲，一體遵照，以期經久。

一、所建石堤下用松木椿打梅花樣，鋪以石板，然後加砌條石，自無卸陷之患，其餘填塘所用土工亦必加椿板始可填坭。

一、全圍舊日基址原寬，舊碑可據。乃附近估基爲業，或爲房屋，或爲田塘，相沿已久。歷奉各憲嚴諭，要責成經管往後培補，以頂基身，仍復修不如法，各處尚屬單薄，應責令塘頭業户預備挑泥處所，標出加高培厚，無分内外圍基，一體照辦。其魚塘則必築闊層級斜高，毋任苟且了事。

一、石土各工數目甚繁，各段公所，務於每月初三、四等日，將前一月收支各數列摺報明總局。總局查核後，即彙總抄粘，運各册報修具詳細清摺，分呈各憲，聽候察核。

一、前辦三丫基及今年歲修，均擬有協理首事，詎皆隱匿不出。此次工程浩大，務懇諭令各堡早爲舉出赴局辦公。若仍前�專屬雇工代辦，不特總理心地無以表白，即將來各鄉堡亦退有後言。

以上章程統候憲裁。

稟請議定條欵催舉首事帮辦

敬稟者，毓等十一日稟辭後，遵於十三日回局，登即邀集各堡衿耆，公舉分辦首事，衆皆樂從，惟以一時難得其人，迄無定議。此番工程浩大，責任非輕，毓等固不敢擅專，而各堡又屬遲玩，諸多棘手。現聞各堡有妄擬全砌石砧者，有妄想按堡分銀自行承辦者，膠執己見，議論紛紜。毓等以二人之力難辯衆口之多。若非仰邀明諭分派各堡，指明應修基段，悉聽公論，毋得挾私争執，并催刻日舉出公正之人報局，得以會同各堡首事，將通圍查勘，逐段施丈。其應修及不應修處所，秉公列册，稟請恩示，粘連條欵，俾衆共悉，庶遵照辦理，事歸畫一，可以息浮言而定公議。毓等樗櫪庸材，辱蒙委辦，又復格外栽培，時加教誨，理有難辭。緣衆情難副，物議難防，稍不遂謀，流言横起。毓等辦理數年，差幸無咎。今當任大責重，實覺力有難支。况一圍之内，諳練者不少其人。可否仰懇仁恩，准予辭退，另舉接辦，俾毓等不致怨謗過深，寔爲德便。臨稟不勝激切悚惶之至。何毓齡等謹稟。

稟謝准捐義助銀兩呈

具呈　桑園圍紳士陳書、明秉璋、岑誠、鄭允升、朱瑛、黄龍文、關翰宗、黄虞、李萬元、黄亨、崔士賢、梁健翎、李英掞、區郁之、張光瑶、羅思瑾、陳天池、冼炳麟、李業、陳應秋、余璇錦、余杰光、郭汝良、傅其琛、潘士琳、何天錫、潘延瑞、何翀霄、何佩珩、黎漢清、陳登仕、潘邦、潘萬寧，歲修首事何毓齡、潘澄江。

竊以堤成葑草，紀盛德於坡公；陂號鉗盧，思鴻恩於召父，既胼胝之不倦，斯感戴之難名。恭惟老父師大人念切民依，心憂已溺，一夫不獲，而引爲辜。百室既寧，而圖其久。念桑園堤堰之未堅，即蔀屋顛連之可憫。前邀恩於大帑，固已浹髓淪肌，將報命於元圭，又復勞心焦慮。鑒閭閻之任卹，切牖户之綢繆。籌資則累萬充盈，畫策則纖毫悉盡。構雲根而築堵，行看巨石鞭來；求澤國之安瀾，務使尾閭遠去。從此低窪皆成樂土，十四堡歡躍於浦水之鄉；畎畝長享豐年，億萬人忭舞於牂江之滸。

老父師先憂後樂之志，有備無患之心，雖謝安之邵伯，無以過之，而王景之芍陂，不足言矣。爲此呈赴太老爺臺前，恩鑒施行。

委員余刺史查估詳文(一)

勘查桑園全圍，東西兩河環繞左右，圍以大堤。西圍上自南海、三水交界馬蹄圍起，下至順德甘竹灘止，共内堤八千六百丈零七尺，外堤二千一百一十五丈，係先登、海舟、鎮涌、河清、九江、甘竹六堡分管。其外河直接西江，寬闊湍急，堤外有沙坦，而水勢紆繞者，尚屬平穩。無沙坦而基岸壁立，適當正衝者最爲險要。現擬擇險要之區，結砌條石，下脚錯用亂石堆壘保護，又築石壩數道，以殺水勢。其餘有坦各堤，坦寬則僅用土培築基身，坦窄則加用亂石壘護坦脚，以期有長無坍。東圍上自仙萊鄉起，下至順德龍江河澎圍止，共堤四千六百二十七丈一尺，係百滘、雲津、簡村、沙頭、龍江五堡分管，其外河由佛山沙口分支承接。西、北兩江之水，紆徐曲折，而達桑園圍。港汊紛歧，較之圍西大河，河面小窄，水勢亦覺平緩。惟堤身本屬單薄，又復連年失修，其中堤岸坍卸壁立，堤身低矮浮鬆者亦復不少。現擬擇要緊處所，由堤後加土培築，堤前仍用亂石壘脚，以防續坍。北面與三水基圍交界，三水基身單薄，適在桑園圍上流之頂，一遇沖決，則桑園全圍淹浸。向於吉贊鄉前築横基一道，以防冲決之水，其基最關緊要。現擬結砌石堤二百一十丈，以期鞏固。又三水基圍下尚有山坳，洩注決水之所，亦爲通圍之患。現擬購買三水飛鵝岡坳山基四十餘丈，一體培築堤岸，以

(一) 原書正文標題爲『委員余刺史詳文』，現據卷五目録改。

資保障。東南則下流宣洩之區，向不設堤，謹將現勘大概情形，開具略節章程，並將應修段落，按堡列册，將估計數目，按段簽貼册首，呈候採擇施行。

一、原議設總理兩人，在河神廟設局辦事，南邑十一堡每大堡舉首事兩人，九江堡工程最鉅，舉首事三人。每小堡舉首事一人，分派七段公所管理。餘留首事二人在總局帮辦，如修某堡基段，派別堡之人督辦，本堡首事不得干預，以昭公慎。如首事有怠、玩、冒銷諸弊，聽總理辭退，仍着落該堡選充，其酬勞之費，該堡自行酌送，毋得開銷義助銀兩。

一、原議督辦之廠，分爲七大段，每段借祠宇爲公所。另搭小廠，以督工作。九江至甘竹爲一段，河清、鎮涌兩堡爲一段，海舟堡爲一段，先登堡爲一段，吉贊橫基爲一段，百滘、雲津、簡村三堡爲一段，沙頭至龍江爲一段。每段公所除首事二名外，加添司事二名，火夫一名，其工金係公所報銷。各段飯食銀兩，則首事與司事等均一并開報。

一、原議各段土石兼施，先後興作。所有條石、蠻石船隻先到總局報號，聽總理量秤明白，給與水號石數照票一紙，蓋用戳記，派交某段公所收領，自無冒銷情弊。其土工按字號人數逐日支銷，總理不時分段巡察，倘有虛揑，稟官追究。

一、原議建造石堤，下用松木樁打梅花樣，鋪以石板，然後加砌條石，自無卸陷之患。其餘填塘所用土工，亦必加樁板，始可填泥。

一、原議石土各工數目甚繁，各段公所務於每月初三、四等日將前一月收支各數列摺報明總局。總局查核後，即彙總造册，分呈各憲察核。

一、通圍各堡聞有義助公項十萬金，各圖盡量培築本堡所管基分，甚有預圖冒銷肥己、浮開段落丈尺者，計非四五十萬金不能如其所願。茲擇通圍最險處所，以條石結砌，次要處所以蠻石培脚，其餘尋常基分概用土工培補。誠恐臨時民間與首事互相争執，請照工程册內所開段落，飭知南海縣預行粘單，出示曉諭，俾共遵守。

一、奏摺內開吉贊橫基、大洛口等處約計一千九百餘丈須用大條石壘砌高厚，其次七千餘丈亦須用大塊石堆砌成坡等因係專指西圍而言，東圍四千餘丈不在數內。茲既通圍大修，東圍自應一律修整，以期全圍鞏固。再吉贊橫基三百一十八丈，原勘均造石堤，惟兩頭九十八丈，壙塚千餘，年久月深，遷葬不易。且該處無甚險要，似止須用土培厚，毋庸砌石。其餘二百二十丈，仍造石堤。大塊石堆砌成坡，工費甚鉅。計平坦處所，每見方一丈約須石七八萬斤，方能堆滿。其有壁立而不臨深河者，非用石四五十萬不能堆砌成坡。以每丈用石十萬通匀計算，每開採大塊石一萬，連運脚給賞銀一兩八錢，七千餘丈之工程，即需銀十餘萬兩，尚有結砌條石工料及一切土工樁板各項，又須銀四萬餘兩。現在捐助之項不敷支應，兹擬撙節辦理，土石兼施，其基身偏入内地者，概用土工。逼近大河者，以大塊石疊護基脚。可否如斯？統候憲示遵行。

一、結砌大條石自以寬厚爲堅實，惟經費僅有十萬兩，不得不概從撙節。兹與總理何毓齡、潘澄江等圍中熟諳基工之人互相商酌，先將基底挖深一二尺，用松木樁打梅花式樣，樁上横鋪石板，約寬三尺。上面每層一順一横，横石後根以大塊石填底，中間空隙，用糖水拌灰搗實石縫，以草斤搗灰筃塞。計見方一丈約工料銀二十三兩。查勘李村鄉十八年所築石堤即用此法，越今五六年，尚屬完固，並無擘裂坍卸，似乎工省而價廉。

一、土工將底面高低長闊乘井計算，加以樁板工料，易於核估。惟近者不過數丈，遠者竟至里餘，工值因以縣殊。現今甫定章程，各基未定取土處所，難以確估。兹與總理何毓齡等略爲懸估，其多寡之數，尚難遽以爲準。應俟各堡首事派定段落，與公所鄉民勘定取土地面，訂定挑運工值，另造估册送與總理復勘核報，方可爲準。理合禀明。

一、用大塊石堆砌護基。水淺處所，可以預定石數。其有水深數丈，適當急流，不特水底之高低虚實難以探測，更慮石隨水轉，沈移莫定。兼之石塊厚薄、大小不齊，其數目亦難確估。兹與總理何毓齡等姑爲懸估，仍請飭知總理，於下石時，遇有水深處所，務須會同分段首事、該堡鄉民及石匠工人四面眼同看視，登記實數，以杜冒銷偷減諸弊。擬築石壩數道，亦照此辦理。

一、石匠准其領照赴山開採。現經總理與石匠曾名高等訂定價值，每大塊石一萬斤，連運脚給價銀一兩八錢，大條石寬一尺，厚一尺，每長一尺，連運脚給價錢九分。其尺以粤東通用排前尺[一]爲準，不准以營造尺[二]搪塞，較之民間隨常買賣價值大爲節省。惟路遥船少，以九江山、十字門、南沙等三處山塲同時開採而計，每月雇船一百七八十號，陸續轉運。每船定以裝石十萬，每月限以往運兩次，即無風水阻滯，亦須轉運八九個月方敷工所石數。應由南海縣即日詳請結照，俾石匠及時開採轉運，以免延久貽悮。

一、工程奏定歸於紳士經理，原不必委員干預。即夫役衆多，恐有怠玩抗違，酗酒賭博諸事，儘可責成九江主簿、江浦司巡檢就近彈壓稽查，亦毋庸委員前往。惟日逐支發銀兩，必須公正佐雜一員經理數目。而催運石塊爲工所第一要務，九龍等處山塲遠在外洋，轉輸不易。或催，或收，必須委候補州縣一員專司其事，添委佐雜二員，

[一] 排前尺　當時粤東通用的尺，比營造尺長。
[二] 營造尺　唐以來歷代營造工程所用的尺子。一營造尺合零點三二米。

聽其派赴各山塲催趲。止准催石，不准干預工程，其飯食、船夫及隨帶差役飯食銀兩，作何支給？已與南海縣仲令籌議，均由該令捐給不動公項。

一、基圍大堤，底寬十二丈，面寬六丈，此定章也。嗣基面歷次加高，日形尖削，基底臨河半面六丈，被水冲刷，亦復參差不齊，靠内半面六丈悉係官地，民間不應以爲佔侵。現今九江、百滘、雲津等堡，除基面一二丈外，半爲民間侵佔。其盖造房屋，種植桑株，不致傷損基圍，尚可乞恩，聽從民便。惟開挖池塘，蓄魚、蒔藕，於基圍大有妨碍，九江堡爲尤甚。伊等池塘深者七八尺，淺者五六尺，逼近基身。一遇潦水漲發，基脚空虚，支持不住，勢必乘虚傾陷。伊等止圖一家之私利，不顧通圍之大累，或遇官爲查辦，即以他處糧照影射，作爲税地；或稱買自上手，作爲私業。屢經地方官出示填復，置若罔聞。即卑職下鄉查勘，面囑該鄉紳士傳諭業主填復，均覺習俗難移。魚塘利息最厚，各業主坐享數十年侵佔官地之利，僅令其出資填復加高，不究。歷年花息，已屬從寬。若再抗違，寔屬梗頑難化，可否札飭催石委員，就近督仝九江主簿、江浦司巡檢逐塘丈量。如在基脚半面六丈界内，悉令照界填復培高；如業主躲匿抗違，即將其魚塘、藕池概行變價以作工費，仍行縣拘追歷年花息，并治抗違之罪。抑由委員督同總理紳士勘定填復，丈尺以無碍基身爲度，不必拘定。每面六丈之界從優賞給半費，或業户出土，公所出工，俾伊等踴躍從事，不致拖延時日之處，統乞訓示遵行。至現造估册已將填塘工費一并列入，合并聲明。

一、種植樹木，原可保護堤身，但須在數丈以外不致根林傷基，方爲有益。今基身兩旁多有種植大樹者，樹因風擺，基身爲之動摇。樹根盤入基上，因以滲漏，如若概令斬伐，幹去根存，朽腐蟻蝕，基身更形空虚，應由南海縣示令常時修剪枝葉，勿令招風。現生小枝概行艾刈，亦不得將大樹私伐變賣似於基圍大有利便。

一、石塊轉運不及，應將水深處所工程，趁冬晴水涸之時先行趕辦；次及淺水處所；其餘旱地基身留俟三、四月間陸續辦竣。庶次第舉行，無虞春潦碍工。

一、經費有定，工程無限，撙節估計，寧可使其有餘，不可少有不足。兹督同總理估銀七萬七千餘兩留作續添工程，及篷廠、器具、首事、飯食、司事、火夫、工食、飯食，暨首事總理因公往來、船夫價脚並油燭、紙張一切雜費之用。如工竣之日，核計尚有盈餘，則儘數添買大塊石。多填最次險要段落。再所估之數係約略大概情形，恐有不實，不盡。現囑總理何毓齡等携帶底册，再赴各圍，逐段細核，或多寡不符，應請准其隨時造册更正。該總理何毓齡、潘澄江二人情殷桑梓，潔己奉公，洵爲通圍公正可靠之人，兼且熟諸基務，其勘估工料，尚不致有冒濫。合并稟明。

委員勘估工程銀兩[一]

計開

先登堡

一、馬蹄圍與三水分界基脚有小涌氹，淤水約十餘丈，加石塊護脚，查該處外有桑地，水勢順流毋庸落石。惟基脚爲三水人賣與窰户取土，致成小涌，幸尚淺窄，亟宜用土培復，永禁窰户挑挖爲要。估土工銀二十兩、石銀三十六兩。

一、陳軍涌古竇壞爛淤塞，基址低薄。查該處古竇久經壞爛淤塞，並非必不可少之竇，即趂勢築塞，不得私開掘井，致悞通基，其低薄處所用土培築可也，估銀二十兩。

一、先鋒廟下基壆頂冲廟前山墳處低薄，查該處内稻田，外桑地，水勢順流，用土培築，加石護脚。估土工銀十兩，加石工銀十八兩。

一、五岳廟前有漏孔碗口大。查該處漏孔用灰沙築塞，該處内田外坦毋庸石鑲，估銀十兩。

一、三水鳳果鄉飛鵝岡坳六十弓[二]，飛鵝翼低下二十餘弓。甲寅年水漲，三水鄉人偷掘卸水入桑園圍，先登堡附近救住後，總局張卓觀等加灰椿舂寔。嘉慶十八年三水岡頭鄉基圍冲決，水又漫入附近，搶救暫止。此處原非本圍基址，奈鳳果鄉基身低薄，一遇冲決，無處洩水，勢由此岡坳漫入。若不培築，冲溢可憂。查飛鵝岡坳六十弓，飛鵝翼低下二十餘弓，本係三水地方，適當桑園圍上流極頂處所，遇有西潦漫溢，通圍受累。今擬購買其地，歸於通圍修築高基，着落附近之先登堡各村庄經管，不得以通圍公業推諉悞事。估銀以七十二兩。

其餘自三水縣馬蹄圍毗連起，至茅岡鄉交界止，共基三百餘丈。其中低薄處所，應行加高培闊者約有一百丈，應於基面培寬三尺，基脚培寬六尺，估土工牛工銀四百兩。

茅岡鄉十甲區祖文等經管基份，自圓岡下起，至榕樹脚止，内十九丈基底至基面高一丈二尺。如遇西潦大漲，適當頂冲，幸基外有餘坦，尚屬次險，應用蠻石叠砌，其餘基份以蠻石護脚。擬用銀一百零八兩，石六船工銀四十一兩，水灰約銀三兩。護脚蠻石四船，銀七十二兩。圳口堤下至岡屋脚，長六十三丈，基身單薄，外無餘坦，正當頂冲，應用條石叠砌，新舊基脚用蠻石保護。估銀一千五百九十三兩九錢，蠻石二十船銀三百六十兩。

稔横兩鄉基，自岡脚界樹起，至南邊岡脚止，長五十一丈，係十八年新築之基，應以條石叠砌，估銀一千一百七十三兩。

一、土名氹唇基有烏婢潭，前甲寅年曾經崩決。查該

[一] 原書正文標題爲『委員勘估工程銀數』，現據卷五目録改。
[二] 弓　舊時丈量單位，每弓爲五尺。

處接連山岡新基，偏入內地，外有餘坦，並非頂冲。惟基後深潭空虛，酌堆蠻石以護基脚。擬用蠻石五船銀九十兩。

一、土名三根榕基間有滲漏，宜加土培築，擬估銀二十兩。

一、土名列聖廟至船澳頭止，內十七丈，遇西潦大漲，適當頂冲，幸基外稻田離河較遠，尚屬次險，應用蠻石疊砌，擬用蠻石六船。銀一百零八兩，工銀三十六兩七錢二分，水灰約銀二兩六錢。

一、圳口汛上下一處，稔橫兩鄉基頭一處，太平墟上一處，各基外無餘坦，基身壁立，水勢急溜，應各築石壩一道，以殺水勢。每壩擬估銀六百兩，每壩約石三十三船零。合其計銀一千八百兩。

海舟堡

一、李村頭十甲李繼芳户經管圍基共一百五十四丈零。該基外有沙坦，足資保護，其有低矮單薄處所，止須用土培築，毋須砌石。惟基外魚塘、基內藕塘均應打樁培築七八尺，並層遞加高，外坦用蠻石護脚。擬估坭工銀二百二十一兩七錢六分，牛工銀六十六兩五錢六分，樁板銀一百五十四兩。蠻石三十船銀五百四十兩。

一、自第一社前起，至九甲李復興古巷口止，共基五十丈零，內泥基十餘丈，外有沙坦，其餘均有小石角旁築，止須堆壘大蠻石護脚，毋庸砌石。擬用蠻石二十五船，銀四百五十兩。自九甲李復興經管基分起，至黎、余、石三姓經管基分天后廟止，均舊有石工，毋庸再行砌築。惟基脚尚須堆壘蠻石保護。擬用蠻石四十船銀七百二十兩。

一、自天后廟起，至盤古廟止，計長四十一丈五尺，久經砌石，惟外無餘坦，內有魚塘，應外加蠻石護脚，內填復魚塘丈餘。擬用蠻石二十五船銀四百五十兩，填塘泥工銀二十六兩，樁板牛工銀一十兩。

一、自盤古廟起，至上墟營汛後止，計長一百五十九丈，基外桑地水勢順流，尚非險要，惟基內有深潭三口，亟應培復八尺，以免空虛。再該基種植樹木太多，應將小株砍去，大樹削去枝葉，免得招風動基。但大樹不得鋸賣，以致根腐傷基，擬用土工樁板牛工共銀二百七十兩。

一、盤古廟至公所、馬頭基外沙坦，時長時坍，應於坍外堆疊蠻石，以資保護廟脚，加蠻石保護。擬用蠻石三十一船，銀五百五十八兩。

一、麥村鄉基段二百三十一丈餘，外有沙坦，內有住村屋宇，基脚聳厚，基身僅高三四尺，足資保護，毋庸再行培修。

一、天妃廟海旁灣頭應加蠻石培護，擬用石五船銀九十兩。

一、自天妃廟十二户界起，至新築三丫基界止，共長一百有六丈。基外河水太深，應照原勘以條石砌築基，內有原冲深潭，水深三丈，餘應用沙泥填築四五尺，基外石脚尚應壘石。擬估條石銀二千四百三十八兩，填潭銀一千兩，蠻石三十船銀五百四十兩。

一、新築三丫月基，共長一百八十二丈，內有八十丈正當頂冲，應照原勘，以條石結砌。尚有一百零二丈灣入偏旁止，須蠻石護脚，毋庸結砌條石，基後深潭，應用沙坭填築四五尺。擬估條石銀二千八百四十兩，蠻石三十船銀五百四十兩，填南湖約估銀一千兩。

一、自新築三丫基南頭起，至墟口大樹止，長一百二十五丈，應照原勘結砌條石。基脚以蠻石填護，擬估條石銀二千八百七十五兩，蠻石三十船銀五百四十兩。

一、墟口大樹起，至墟尾門樓止，長五十丈，兩旁舖舍，止能外面壘石，後面培補土工。擬用蠻石二十五船計銀四百五十兩，土工銀五十兩。自蕩平門樓起，至禾义基頭鎮涌界止，其長一百一十八丈，基身壁立，水深約四、五丈，應照原勘結砌條石，另基脚添蠻石。擬條石銀二千七百一十四兩，另蠻石銀七百二十兩。

一、三丫舊基決口六十二丈，鄉人求請築復，但內有三十丈，測探無底，無憑着力。且新築月基甚屬鞏固，何必拆毀。已成之新基築復無底之舊址，徒致虛糜工費耶。

一、李村兩處，三丫基頭新賣布行一處，温家路口下一處，瘋子寮一處，大灘汛下華光廟一處，各築石壩一道，以殺水勢。六壩約估銀四千八百兩，每壩約石四十四船零，另加船費銀二百八十兩。

鎮涌堡

一、海舟鎮涌禾义基交界處所，基址雖肥厚而頂冲卸溜，必須築開二丈，以殺水勢。擬估蠻石銀五百兩，用石二十七船。

一、鎮涌堡禾义基下至南村基窄坦處，長三十六丈，正當頂冲，應照原勘結砌條石，另基脚添堆蠻石。擬砌條石銀八百二十八兩，另旁堆蠻石銀二百十六兩石十二船。

一、該管基長一千零一十餘丈，擇單薄處加土工三百丈，擬護基蠻石銀一百八十兩石船，另土工銀三百兩。

河清堡

一、荒基秋楓樹至九江基界，係甲辰舊決口，計長二十二丈，應照原勘結砌條石，擬估條石銀五百零六兩。

一、該管基一千一百五十四丈，又外圍三百七十七丈，擬估填塘坭工銀六百七十八兩六錢，又樁板工銀三百七十七兩，牛工銀一百六十五兩八錢八分，單薄處銀二百一十六兩。

九江堡

一、滘心社上甲辰舊決口，長二十七丈高八尺，應照原勘結砌條石，擬估條石銀四百九十六兩八錢。

一、內圍大基兩旁，或民房侵佔，或栽植桑株，於基身無甚妨碍，尚可任從民便。惟基脚開挖魚塘二十二口，基身壁立，基脚空虛，倘遇大水猝至，何以支持？應請飭令填復，層遞築高，以資保障。尚有基身低薄浮鬆處所，亦應用土培築，以期鞏固。通圍加高填塘約估銀一千五百兩，樁板土工六百兩。

一、內圍鐵牛處所，共十丈，用條石結砌，下用蠻石護脚。擬估銀一百三十八兩，蠻石三船銀五十四兩。

一、外圍大洛口一帶，計長九百丈零八丈五尺，令丈溢六十三丈五尺，原勘均用條石結砌，惟内有坦無坦之分。基外無坦，基身壁立，自應砌石以當水勢之衝刷，并須下加蠻石，以護基脚。其基外有坦者，基身本屬鞏固，兩旁基脚寬厚，無虞冲決，似可仍循其舊，節省工費，以作最險處所作壩壘石之需。查該處基外無坦，或有坦而不過三四丈者，共該四百六十丈零五尺，應照原勘以條石結砌。其基外餘坦四五丈至八九丈者，計五百一十一丈五尺，似可用土培補，無須砌石。惟通行砌石業已入奏，自應遵照辦理。再外圍亦有魚塘七口，應請一律飭今[一]填復加高，免致傾陷。

四百六十丈零五尺通匀以高一丈計算，共工料銀一萬零五百九十一兩五錢，護基蠻石二百三十船，銀四千一百四十兩。

五百一十一丈五尺通匀以高六尺計算，共工料銀七千零五十八兩七錢。土工銀六百四十五兩，填塘椿板銀二百兩。

一、九江一帶正當古潭沙分水斜冲，河深湍急，逼近基身。本年歲修，業已堆築石壩四道，尚不足殺水勢。應於九江新墟下蠶姑廟前、横基頭、石栈路口等處，添築石壩三道，新墟之下一道，格外加長，壩頭用舊蘇陽船裝石沈底，依次堆放蠻石，以防石塊散失。歲修所築石壩四道，尚須加高續長。擬添壩三道估銀二千三百兩，加高壩四道估銀一千六百兩，另加船費銀二百一十兩。

一、吉贊横基長三百一十八丈，係通圍上流公業，撥歸吉贊鄉經管。其基適當三水基圍之下流，三水基身單薄，遇有冲決，全賴此基爲通圍之保障。原勘全築石堤，但南北兩頭貧民所葬墳塚不下千餘，年久月深，遷葬不易。察看基之南頭六十八丈，正對吉贊本村，基之北頭，三十丈依旁山岡，均非正冲險要之所，向無冲決之虞，似止須用土培寬丈餘，便可鞏固。惟基中二百二十丈，正當冲要，應仍照原勘以石條結砌，再基東有深潭三口，基西有藕塘四口，基脚未免空虚，現將歲修銀兩購石砌填五六尺，因水大尚未完工，應俟水勢稍退，即行修築。如歲修銀兩不敷支應，准於捐助項内動支，尚有基旁各田，不免侵佔基脚，均應鋪以條石，以別疆界。擬條石銀五千零六十五兩，土工銀二千二百九十五兩。填藕塘銀一百兩，基脚條石銀一百七十六兩四錢。

雲津、百滘兩堡

一、仙萊鄉基址一百丈零六尺，應用土工培厚。擬估土工銀一百六十兩。

由雲津堡横基角起，至旱竇止，長二十三丈，裡塘外坦。裡塘應填復丈許，又旱竇一口，應壘碎石填塞。擬估

[一] 今　應爲『令』之誤。

土工銀三十三兩一錢二分，另石銀九兩。

由雲津堡横基下二十三丈旱竇起，至庄邊旱竇止，長七十二丈。有外坦，内有旱竇一口，屢次傾陷，應壘碎石填塞，擬估銀九兩。

由雲津堡庄邊竇起，至庄邊基止，長三百十一丈，裏塘外坦，裏塘應填復丈許，擬估土工銀四十四兩六錢六分，又椿板銀三十一兩。

由庄邊基起，至上庄邊石界止，長二十六丈，裡塘外河，基外應疊碎石六船半，裏塘應填復丈許，擬碎石銀一百一十七兩，填塘銀三十七兩四錢四分。

由百滘堡上庄邊石界起，至庄邊大竇止，長六十丈，裏塘外河，基外應壘碎石十五船，裏塘應填復丈許，庄邊竇穴應略加粘補，費銀二十兩。擬碎石銀二百七十兩，裏塘加土工銀五十四兩，另吉贄竇費銀二十兩。

由庄邊竇下至四十二丈，裏塘外河，基外應壘碎石十船，裏塘應填復丈許，再竇有頂冲成渾處所，加石十萬斤。擬石銀一百八十兩，填塘銀三十七兩捌錢，又加潭石銀十八兩。

由四十二丈起，至程宅横水渡頭止，長九十四丈，内二十四丈低洼缺卸，裏田外河，基外應壘碎石八船，擬估碎石銀一百四十四兩。

由横水渡頭起，至程宅社止，長六十五丈。由程宅社起至大土地止，共三十五丈，外涌裏地。外涌應壘碎石二十船，内有二十餘丈魚塘，應填復丈許。由大土地門樓起，至儒林福地止，共四十四丈應土培築。擬石銀三百六十兩，填塘銀四十五兩，又鎮潤工銀三十一兩六錢八分。

由百滘堡潘宅大社門樓起，至山坂頭止，長三十丈，裏塘外涌，外涌應壘碎石七船，裏塘應填復丈許。擬碎石銀一百二十六兩，又約加土工銀二十兩。

由百滘堡山坂頭起至梁宅葫蘆塘止，長二十二丈，基面窄矮，用土工培高厚。擬加填塘銀三十九兩六錢，又椿板銀二十二兩。

由雲津堡梁宅葫蘆塘起，至京兆門樓止，長二上〔一〕四丈，由京兆門樓起，至聚星門樓止，長三十一丈五尺，外塘最險，應押令業主填復丈餘，擬加土工銀五十兩。

由雲津堡陳宅聚星門樓起，至康公廟止，長二十丈，廟側基滲漏，内有十丈裏塘外涌，裏塘填復丈許，外涌壘石十萬斤，餘用土工培高厚。擬填塘銀十五兩，碎石銀十八兩，補基面銀十五兩。

由雲津堡康公廟起，至民樂市北閘止，長五十丈，外小涌基，裏有十餘丈魚塘，外涌應壘石十一船，魚塘填復丈許。擬土工銀二十六兩三錢，碎石銀一百九十八兩。

一、由北閘至二閘、三閘，兩邊鋪舍，難以施工，似可毋庸培築。山民樂市東街起，至藻尾鄉天后廟後門樓止，長八十丈，基面寬三尺，用土工培厚，擬估基面銀三十兩。

〔一〕上　應爲『十』之誤。

由天后廟後丁丑年冲缺處起，至迎龍門樓吴宅止，長四十五丈； 由迎龍門樓起至懷洞祖祠後止，共七十五丈，逼近外河，應壘碎石三十船，擬估碎石銀五百四十兩。

由吴宅祠後起，至横水渡頭止，長三十八丈，裏外魚塘應每邊五尺填復丈餘。 擬填塘土工銀六十八兩四錢。

由横水渡頭起，至高田竇止，長六十一丈外，係吴宅大塘，應填復丈許。 高田竇口現尚完固，毋庸粘補，擬填塘土工銀二十兩。

由高田竇起，至簡村堡二十七户歲字號石界止，長一百零九丈，内有二十餘丈，低矮，用土工培高，擬土工銀一十兩。

簡村堡

一、竇門右基有爛樹根小穴一口，應用灰沙舂築。 擬灰基，銀一十兩。

一、竇腮砌蠻石。 擬竇腮工料銀二十二兩。

一、墟亭基身長二十六丈，過于低矮，應加高三尺。底寬六尺，面寬三尺。 擬加土工銀二十四兩一錢。

一、竇穴外深潭應填碎石十萬斤，擬加碎石銀一十八兩。

一、外基三丫海口應壘碎石三十萬，擬加碎石銀五十四兩。

一、内外基灌旱小竇十三口，現俱完固，毋庸修築。

一、内外基低陷單薄處所，約有百丈左右，應用土工培補，擬土工銀約一百五十兩。

一、西湖村陳、麥、羅三姓向居圍外，今請代作圍基數百丈，難以允行。

沙頭堡

一、頭壩長九丈，應壘碎石九十萬加高培長，擬石工銀一百六十二兩。

一、城渡頭基大樹起，至石竇口，長三十三丈，内魚塘應培填一丈，層遞頂基外坦，應壘碎石三十三萬，擬填塘椿板銀九十兩零七錢五分，又碎石銀五十九兩四錢。

一、韋馱廟邊基舊砲臺上應用碎石砌高三尺，由此起至二壩後長約八九丈，内魚塘，外無坦，魚塘應培填一丈，層遞頂基。 擬砌石連工銀二十七兩，填塘土工銀二十四兩七錢五分。

一、第二壩在韋馱廟邊，長一十三丈，應壘碎石一百三十萬加高培厚。 擬估銀二百三十四兩十三船。

一、二壩後基至横塘基，長二十六丈，内魚塘，外無坦，基邊深潭，其魚塘應填一丈，層遞頂基，外潭約三四丈，應壘碎石四船。 擬估填塘連椿板共銀四十六兩八錢，又碎石銀七十二兩。

一、佛山渡頭基至三壩，長一十一丈，外無坦，内藕塘，應于藕塘填築六尺，申明飭禁； 基外應壘碎石四船。擬填藕塘銀一十一兩六錢八分，又碎石銀七十二兩。

一、第三壩長六丈，應壘碎石六十萬加高培長，擬加碎石銀一百零八兩。

一、由三壩後基至四壩，長三十二丈，外無坦，内藕塘，應于藕塘培填六尺，外加碎石九船。擬填藕塘銀三十三兩三錢六分，又碎石銀一百六十二兩。

一、第四壩長五丈，應壘碎石五十萬，加高培長，擬石工銀九十兩。

一、由四壩後基二十四丈，外無坦，内藕塘，應于藕塘培填六尺，外加碎石六船。擬估藕塘填工銀二十五兩九錢二分，又碎石銀一百零八兩。

一、第五壩長五丈，應壘碎石五十萬加高培長。擬估石工銀九十兩。

一、真君廟左基長六丈，外無坦，内涌滘，應于涌滘培填一丈，外加碎石三船。擬填涌銀十五兩，碎石銀五十四兩。

一、真君廟右基約長五丈，外無坦，旁小涌口，内涌滘應于廟後涌培築一丈，外加碎石兩船。擬填涌銀一十兩，碎石銀三十兩。

一、河澎圈築基長一十八丈，外有餘坦，魚塘在内，應于魚塘填築六尺，外加蠻石六船。擬填塘銀三十七兩四錢四分，石銀一百零八兩。

一、石竇基長七尺，外有坦，内涌滘，應于基前加壘碎石二船。擬估石工銀三十六兩。

一、與龍江分界基長五丈，外有坦。該管基内基面間有低矮，應加高，擬估土工銀四十兩。

一、通圍坦身淺窄，應加石培護，擬石工銀五百四十兩。計三十船。

一、五鄉基界向屬龍津堡管修，迨甲寅通圍大修，該堡未有科派，自願以工代費，稍爲粘補。至二十二年，三丫基決，又復通修，該堡亦未派及，現有捐項大修，自宜一體修補。該基單薄處所約有五六十丈。浦南鄉前基旁兩面魚塘亦須打樁培闊。擬估工費銀二百五十兩。

龍江堡

一、與沙頭分界起，至河澎圍尾止，計四百餘丈，外多餘坦，並非險要，間有低矮，應加土培高。擬估加高銀一百兩。

甘竹堡

基身單薄，滲漏處所約三十丈，擬估土工銀一百兩。

稟明隨勘續報呈

敬稟者毓等遵諭於二十一日，由省返局，登即傳集各堡紳士伺接委員余大老爺查勘圍基。二十三日到局，毓等會同各首事連日隨同查勘，經首事將該堡應修處所備摺開明，呈候逐段履勘，至二十七日勘畢回省。蒙諭着毓等將圍基覆勘細查，其有應行補入者再行續報等因。

毓等復於初一、初二等日復往細看，查先登、鎮涌、河清、九江、甘竹、龍江、沙頭各堡，間有應行續報者，業經另摺稟覆，至分派各廠首事，毓等亦經謬爲議派，伏懇父師大人將查勘章程出示各堡及各廠曉諭，并懇給一章程印册，諭毓等遵照辦理，俾事歸議定，以免各堡争論。惟此番工程浩大，採石爲先，一定章程，需銀支發，其給牌給銀之處，均乞稟請大憲妥定，以冀早日施工。除將續報段落緣由另呈余明府外，理合將隨勘及續報情形分派各廠首事，分摺稟明台前，聽候察核。仰惟恩鑒，恭請崇安。

計粘覆查各段續估列摺一扣。

諭再遵查各堡應行續估基段列摺呈電

先登堡太平山路口横基起，至墟舖止，計長一百一十二弓。雖有微坦，水已割卸，請加碎石培護坦脚，用碎石一十九船，估銀三百四十二兩。列聖廟至山路口，計四十五弓，略有沙坦，係屬頂冲，請用條石砌築高八尺，估銀四百一十四兩。茅岡鄉十甲區祖文等基十九丈，係接圳口土堤，上便遵估用蠻石叠砌，應請換砌条石，除照估蠻石銀二百二十四兩，加估銀二百一十三兩。太尉廟前夬子岡至圓岡，計七十弓，應請堆壘碎石，加估銀二百一十六兩。

鎮涌堡禾义基下旁堆壘蠻石，至泥龍角，均屬頂冲，遵照勘估銀兩處，共銀三百九十六兩，惟水深石少，應請加碎石二十船，計加銀三百六十兩。又土工照估銀三百兩，應請加樁板牛工一百五十兩，并懇派開各段，以免争端。計南村基單簿處所，着土工銀一百六十兩，何克彛塘頭至寶䏁，着土工銀八十兩，見龍里至沙逕着土工銀八十兩，土主廟下基土工銀一百三十兩。

河清堡外圍除填塘、泥工、樁板、牛工等費外，其內堤單薄處所，經估銀二百一十六兩。惟基長費繁，應請加估土工二百一十六兩，并懇派開以免争執，鎮涌界下基着土工銀二百一十六兩，九江界上基着銀二百一十六兩。

九江堡南方甲子圍、周子雁圍、曲睁頭、破排角等處，應請加土工、樁料、牛工，共銀五百兩。

沙頭堡頭墹應請加石三船，二墹應請加石三船，三墹加石二船，四墹加石二船，五墹加石二船，并該堡原有第六墹在真君廟下，便應請加石五船，共估銀三百零六兩。另通基填塘處所，再加土工銀一百二十兩。

雲津、百滘兩堡通基請共加牛工銀一百五十兩，簡村堡、墟亭基應加牛工銀一十兩。吉贊横基應請加樁板、牛工銀共五百四十兩。龍江堡懇再加土工銀五十兩。甘竹堡懇再加土工銀五十兩。

稟催給牌採運請免混扯撥修

敬稟者毓等。桑園一圍頂冲險要各段，非數十萬金不能見效。茲義商慨助銀一十萬兩，不過將緊要處所均擲興築。蒙恩飭毓等辦理，經擇定本月二十四日興工，并預請給照開採，稟詳各在案。祇候牌照發下，即交石匠赶緊遵照妥辦。惟前承余大老爺親臨勘估，各段基工概爲節省。在大老爺未嘗目擊潦漲冲險情形，約略會計，幸蒙面諭。此番查看係屬大概計估，實在冲險處所，或多未估之工，着毓等於逐段興修，因地制宜，應行添估，隨後續報。仰見列憲恩隆，有加無已，圍民莫不感激，深幸基工有增無減，俾藉裁成，庶無遺憾。毓等荷老父師格外恩施，自應知無不言，言無不盡。刻下風聞三水、南海之界有請修波子角者，勢必牽扯混賴，指稱三水波子角爲桑園圍之上流，倘一開口，該圍亦不足恃，不思各管各圍誌書可考，歷久無異。今義助十萬，原屬不敷，緣余大老爺詳文，內餘羨尚多，伊等覬覦立至，誠恐日內有向列憲呈請撥銀修補者，務懇老父師全恩代爲辦白。至各段應加估之處，並懇轉致委員太爺歷覽察勘，指示應修。毓等始免冒開情弊，理合稟明。再二十四日興工爲期已近，仰懇上請早發牌照，俾石工如期遵辦。諸惟恩照，恭請崇安。何毓齡、潘澄江謹稟。

初五日批：

查詳請開採石料，現奉藩憲飭知，已將告示分發新安、東莞各縣粘貼矣。其所需照票，候即由本縣印給，前往採運可也。至三水縣屬基圍各有混指爲桑園圍，越境請修，本縣自當查究。現定本月二十四日興工，爲期已近，該紳等應將一切趕緊措置齊全，督率各堡首事依期辦理，毋稍觀望延悞。

稟請通融辦理呈

具呈　桑園圍首事何毓齡、潘澄江，各廠分辦首事張鳴球、朱瑛、余用爵、老鳳倫、馮芳、梁公章、何在中、關翰宗、程士標、張宣榮、李荷君、潘贊祖、黎漢清、張桂湄、關文保、黎國英爲會看圍基，據實稟明，仰祈詳鑒事。

竊照桑園圍基，每遇西、北兩江洪水漲發，屢遭冲決。嗣蒙發帑生息歲修，以保民命，莫不感激靡涯。然以萬丈基堤，歲修之費無幾，終難免此修彼塌。圍内各業户，雖欲合力損資，通圍修固，其如力不從心，束手無策。兹幸義紳盧文錦、伍元蘭、伍元芝等樂輸銀十萬兩，協濟大工，藉以通圍修築。此皆仰賴各憲勸善樂施之所致也。惟七月間，委員卸任，南雄州余刺史親臨勘估之際，正值江水漲發之時，該基地方遼闊，形勢不同，似應詳加諮訪，因地制宜，方足以昭盡善。奈彼時余刺史侍養情殷，歸心如箭，以故不遑細察，草草定章。其所詳估章程，内多窒礙難行，有未能盡善盡美者。毓等公同十四堡紳耆業户覆加察看，如刺史所議圍内魚塘、藕池填塞爲基，查名池塘業主輾轉相售，已屬百有餘年，並非起於近日。既令業主將用價售買之池塘填塞爲基，事屬因公，且爲捍禦廬墓田園起見，斷無抗違之理。然令業主各出己貲僱工填築，合計填塘一口，計費不下百餘金。此中業户貧乏居多，不特苦樂不匀，抑且諸多棘手，似應由工所給發工金，以昭平允。他如刺史所議，用條石應更易蠻石叠砌者，議用蠻石應更用條石叠砌者，基身濱臨大河冲險之處最多，均應多築石壩，以避急湍。況水底之淺深不一，水勢之緩急靡常，總須隨時隨事相機而行，工料人夫何能預定？惟當不昧天良，秉公核辦，若照余剌史原定章程辦理，竊恐徒費多金。毓等經理其事，責有攸歸，不敢不冒昧直陳，應否相機度勢，因地制宜，總求工堅料實，不必拘定章程之處。伏候轉詳憲示飭遵。爲此，禀赴老父師大人臺前，恩准施行。

卷六　嘉慶二十五年庚辰捐修志

縣奉　督憲催查條蠻各石諭

諭桑園圍首事何毓齡等知悉，現奉督憲札開，照得縣屬毗連順德之桑園圍基奏明建築石堤工程緊要所需石條石塊，議在九龍南沙十字門等處山塲採取，經南海縣選派石匠曾名高前往開採，并據藩司詳明，限二十五年五月内採足封閉在案。今前項石堤自開工至今尚取十分之三，詢係石料不能應手，故工程不能迅速。查向來開採山石，俱先儘工應用，其餘不合用石塊，方准石匠售賣。該石匠在南海出具承接單，自限每月運石三百號。今自開採至今，已逾三月，尚不足六百號，明係將所採石料私售透漏，玩視要工，殊屬可惡。除札委署水師提標左營中軍守備佘清，并新安縣會同親赴九龍山等處密行查察，并提石匠曾名高及船户人等嚴訊。因何運石短少？究係何人私行售賣？查出前項情弊，即將私售遲悞要工之人，在於採石處所枷號示衆。一面會同周歷各工，嚴催多雇石匠船隻，上緊採運，務補足每月三百號之數。如敢仍前玩悞，以致停工待料，四月半前不能完工，立即禀請提究，毋稍狥縱。仍先將辦理緣由，禀覆察查切速外，備札仰縣，即便嚴督承辦紳士漏夜興築，務於來年西潦未發以前完工，以資捍衛。毋稍遲逾，切切，特札。

等因奉此，合諭飭遵諭到該園首事何毓齡等，即便遵照查明該石匠因何不能按月趲運足數，有無偷漏私賣情弊，立即禀覆，赴縣以憑拏究。該首事等仍即趕緊督率各工丁漏夜興築，務於來年西潦未漲以前完工，毋延悮慎速，特諭。

遵諭禀覆繳圖呈

具禀　桑園圍首事候委訓導何毓齡、舉人潘澄江爲據實禀覆，仰祈垂鑒，轉報事。

緣毓等於二十四年十二月二十三日接奉前台仲札諭内開，現奉督憲札開，照得縣屬毗連順德之桑園圍基，奏明建築石堤工程緊要所需石條、石塊，議在九龍、南沙、十字門等處山塲採取，經南海縣選派石匠曾名高前往開採，并據藩司詳明限二十五年五月内採足封閉在案。今前項石堤自開工至今尚取十分之三，詢係石料不能應手，故工程不能迅速。查向來開採山石，俱先儘工應用，其餘不合用石塊方准石匠售賣，該石匠在南海出具承接單，自限每月運石三百號。今自開採至今，已逾三月，尚不足六百號，明係將所採石料私售透漏，玩視要工，殊屬可惡。除札委署水師提標左營中軍守備佘清，并新安縣會同親赴九龍山等處，密行查察，並提石匠曾名高及船户人等嚴訊，因何運石短少，究係何人私行售賣？查出前項情弊，即將私售遲悮要工之人，在於採石處所枷號示衆。一面會同周歷各工，嚴催多雇石匠船隻，上緊採運，務補足每月三百號之數。如敢仍前玩悮，以致停工待料，四月半前不能完工，立即禀明提究，毋稍徇縱。仍先將辦理緣由，禀覆查察切速外，備札仰縣，即便嚴督承辦紳士漏夜興築，務於來年西潦未漲以前完工，以資捍衛，毋稍遲逾。續於二十四日，九江佘守府到局，面奉制憲諭飭毓等將前項緣由，即行禀覆。

等因奉此，毓等遵查，義紳盧文錦、伍元芝、伍元蘭合助番銀一十萬兩，築建桑園圍石堤。荷蒙前台諭令毓等接辦，屢辭，未蒙恩准。遵即妥議章程，禀請詳核，旋召募各處石匠雲天富等議價時，曾名高取價略少，毓等自揣開山採運，未敢擅便，帶同石匠赴署立單。蒙於九月十九日給發告示，交石匠曾名高收領，限以十月初十日内運石赴局，每月條䜌各石共運足三百號數，不得延悮。毓等即擇於九月二十四日興工，十月初二日分派首事，前往各廠司理。曾名高於十四日始行運到石船，查十月内所到船號甚爲稀少，詢責，據説現在辦事伊始，各船一時難以速雇，是以稽遲，嗣後自當多雇船隻，趕緊照數運足等語。迨十一月中旬，查核僅及二百餘號，經前台仲與委員大爲嚴飭，復諭嚴催，十二月底核算，共僅運得石船將及六百號。事經三月，石船短少三分之一，寔難保其無偷漏私賣情弊。毓等在局辦事，九龍等山，遠處大洋，難於稽察，惟有仰懇憲恩，嚴行究懲，勒令石匠曾名高趕緊運足，以應巨工。至各段土石各工，會計現有四分工程，其餘自當趕速辦理，務於四月內完竣，以仰慰列憲軫念焦勞。茲奉前因，理合據實稟明并將圍圖内自九月興工起至十二月底止工程分數粘明，呈核，所繳圍圖，係前奉制憲面諭繪送。伏懇據情轉詳，將圍圖一幅同繳，寔爲恩便。爲此稟赴大老爺台前恩鑒施行。計繳圍圖二幅。

縣憲飭造册諭

署南海縣正堂即用分府吉諭首事何毓齡、潘澄江知悉，桑園圍修築石堤一案，查該首事等於前縣任内繳致《石數工料册》查核，所開蠻石並無斤數，條石並無件數，坭工亦無担數，統以收到幾船造報，查土石均定有價銀，將來堆砌亦須積并成算。此雖民捐民辦，但已入奏，必須報部，似此籠統開造，必干駁詰，合就諭飭諭到該首事即便遵照，立將前報之册另行改造。嗣後如遇運到蠻石、條石，務必按查斤數、件數，及各廠基段施用坭工担數，逐一開列明晰，繳赴本縣，以憑察核。此次工程重大，首事責任匪輕，毋任浮冒疎忽，致干未便。特諭。

稟催石匠趕運呈

爲疲玩悞工，懇恩嚴催趕運，以期告竣事。

縁毓等遵奉辦理桑園圍基務，經將石匠曾名高貽悞短運緣由稟明前臺，并於本年正月十一日稟呈憲鑒，復蒙面諭毓等具結，准於四月内告竣在案。登即稟辭回局，趕辦查核。曾名高自上年十月起至十二月底止，共運到條石一百二十八號，照原立單，每號長以四十丈爲率，尚不致有短少。其蠻石每號以十萬斤爲率，現雖有四百餘號之名，而斤數僅及二百九十九號，竟至短少一百四十餘號之多。且自正月以來，条蠻各石共僅運得一十四號，似此疲玩，勢必大悞基工。雖該匠立限二月内運足敷用，究恐其被拘狡釋，故態復萌。核至二月爲日無多，恐難運應。毓等奉辦，責任匪輕，固不敢稍存懈怠，辜負憲恩。且室家田廬均處圍中，倘遇潦水漲發，殊堪憂懼。刻下停工待石，非仗霜威嚴催，工程難以藏事。理合稟懇憲臺勒令石匠曾名高趕緊趲運，并移知佘守府、新安縣主一體查辦，庶石匠不敢再行疲玩，大工得以如期告竣，寔爲恩便，爲此稟赴。

縣憲催辦諭

爲諭飭遵照事。案照桑園圍修築石堤，工程浩大，需石繁多，縁石匠曾名高運石不能應手，以致工所遲滯。除飭令曾名高具限尅期運足石塊，前赴基工趕辦外，合就札飭諭到該首事何毓齡等立即遵照。所有該圍基段先儘險要處所，趂此天晴日煖、春潦未到之際，并工集料，趕辦完竣，再辦次要之工，其餘挨次修築完固，務於本年四月中旬報竣。如石匠裝運石料仍復無多，不敷各廠應用，有悞大工，亦即稟明本縣以憑究辦。至各堡紳士倘不顧全局，惟圖自善其基，爭先阻撓，亦即稟明，聽候察究。事大責重，該首事毋稍瞻狥自悮，特諭。

縣奉　督憲檄飭情節辦理諭

現奉督憲牌開，嘉慶二十五年正月二十九日據署東莞縣吴延揚稟稱案，奉本府札開，奉布政使司札開，嘉慶二十四年十二月二十日奉太子少保兩廣總督部堂阮憲札，照得南海縣屬毗連順德之桑園圍基，奏明建築石堤工程緊要所需石條、石塊，議在九龍、南沙、十字門等處山塲採取，經南海縣選派石匠曾名高前往開採，並據藩司詳明，限二十五年五月内採足封閉在案。今前項石堤自開工至今尚止十分之三，詢係石料不能應手，故工程不能迅速。查向來開採山石，俱先儘工需應用，下餘不合用石塊方准石匠售賣，該石匠在南海出具承接單，自限每月運石三百號。今自開採至今已逾三月，尚不足六百號。明係將所採料石私售透漏，玩視要工，殊屬可惡。備札仰司行府飭縣即便遵照，尅日會同營員親赴開採該管山塲，密行查察，並提石匠曾名高及船户人等，嚴訊因何運石短少，究係何人私行售賣？查出前項情弊，即將私售遲悮要工之人在於採石處所枷號示衆，一面會同周歷各工，嚴催多雇石匠船隻，上緊採運，務補足每月三百號之數。如敢仍前玩悮，以致停工待料，四月半前不能完工，立即稟請提究，毋稍狥縱。仍將辦理緣由，先行通稟察核等因。又於嘉慶二十五年正月二十四日奉布政使司札開飭縣即便遵照，立將石匠曾名高前往南沙山塲開採石塊，會同營員飭令沿途各口岸砲臺、塘汛、巡船、兵役及所屬捕巡各官不時稽察採運，毋許偷賣遲悮。如應給照，亦即做照新安縣刊給編列字號，予以往返限期。倘有藉端遲逾，立即嚴提究辦。該縣仍將該匠現在雇集工丁名數及每日採運若干先行列册稟核，無稍狥縱玩悮。等因各到縣。奉此，卑職遵即移會營員，親赴南沙山塲，嚴密查察，並提石匠曾名高及船户人等查訊。據供，南沙山石每月應運工石一百號，自上年十月起至現在止尚未滿四個月，應運工石三百八十餘號，已陸續運赴石二百三十二號，尚短運石一百四十餘號。寔因雇工雇船不及，以致遲悮，並無私賣透漏等供。據此，卑職查該處現集工丁，核其採運數目，尚屬相符。現在勒催該匠趕緊雇工開採，雇船起運，務足每月一百號之數，並專委該管之缺口司巡檢隨時會營在山稽察，其石船運工自應做照新安縣一體編號給照，即於照内酌填限期，催令赴工。其驗發照單，亦即責成該巡檢專司其事。將發照銷照數目，每十日報縣一次，並懇檄飭承辦基工之員查照。如遇石船到工，驗照查收，給予圖記，回照繳查。庶不致船户沿途盜賣，仍移行沿途口岸、砲臺、塘汛、巡船、兵役，務須驗照放行，不得留難需索，以致欲速反遲。卑職仍當不時親赴稽查，不敢稍有弊運。至飭造工丁名數，及每日採運若干清册，現在查趕造，一俟造齊，即當另文申繳。緣奉前因，合將遵辦緣由，先行通稟察核。等因到本部堂。

據此，除批回該縣督飭缺口司巡檢認真查催，速採、速運，如有仍前遲悞及私售透漏情弊，一經察出，該巡檢同干未便外，合就檄行備牌，仰縣即便轉飭駐工委員遵照。如遇有九龍、南沙、十字門三處石船到工，立即驗照查收，給予圖記，回照繳查。如有號數不符，及運不足數，該委員即行報縣查究，毋稍狥縱。

等因奉此，查本案先經本縣稟請大憲并分别移諭，定以石船到工交總局首事查驗，將照截角留存彙繳，移還銷號在案。茲奉牌行前因是，毋庸再行留存，衹須截角，蓋用圖記、回照。除移新安、香山二縣，署水師提標左營中軍守府佘并在工委員外，合就諭遵諭到該首事何毓齡、潘澄江立即查照。現奉督憲檄飭情節辦理，毋違特諭。

縣奉 督憲札諭

諭桑園圍總理首事何毓齡、潘澄江知悉，現奉藩憲札開，嘉慶二十五年二月初一日奉太子少保兩廣部堂阮批：據該縣具稟案，查原估桑園圍基工料銀七萬七千餘兩，勒限本年四月完竣，溯自上年九月興工至臘月底，計領過銀四萬兩。據紳士經手已支給過銀二萬七千兩，衹因石未應手，工僅三成，業經前令具稟在案。查該圍地當西、北兩江之衝，捍衛田廬，亘長九千餘丈，仰蒙，憲臺軫念民瘼，訓示周詳，并飭將石匠曾名高查究等因。卑職當即傳該石匠，嚴飭具限，務於二月內趕運赴工，現奉檄行。又經移知在山稽查之署水師營守備佘清，暨新安縣并桑園圍總局委員首事等，將日逐所到石船挨號查收，十日一次繳報，以杜偷漏貽悞之弊。卑職於十八日叩辭後，前赴該圍，會同委員，傳齊首事，周歷基所，查勘石工，大略與首事所報相同。查該圍於丁丑年間西潦冲缺，卑職曾經奉委查辦，但今昔情形不同，復與首事等妥爲相度，因地制宜，務期全圍大局分别緊、緩，次第修築，方爲扼要。因查各紳士分段修築，多有只圖搶修本堡基圍，反置全局於不問，茲分别最險、次險，細加請求。海舟一堡，同大洛口最爲頂冲之處，基工已、未興修不等，設遇潦水驟漲，關係非輕，卑職已令趕先築成石壩，以減水勢，於大洛口土名蠶姑廟石栈路口各築堤壩一道。又海舟堡之三丫基，因上游太平沙阻碍，激怒水勢，頂冲南湖口堤身，該處亦趕築堤壩一道。均已飭令將麻陽船載石鑿沉，攔截水底。又南湖口之下土名下墟，亦屬頂冲，應需設壩。現已飭令購備船隻，俟運石一到，儘先堆壘。

惟此四壩工最緊要，首先趕辦，築成之後，則全圍基身似可無虞。其次，則修海舟堤身要工。再有餘，各工亦次第趕辦。該首事等意見相同，惟是冬春時令不同，施工難易迥别，卑職自當隨時嚴催，務期尅日藏事。仰副憲臺保民若赤，胞與爲懷至意。至上年臘底工匠人等多有回家度歲，以致曠時。現在已陸續催令赴工，并因堤身加高培厚，原估遺漏舊基，丈尺無憑勘驗，倘有踈虞，所關非小，當責成首事何毓齡等出具並無偷工減料，甘結存卷。所有勘過現修已修工程，合并繕備清摺，呈候憲鑒示遵。并據另單禀稱，查九江堡之吉水里外基一段，濱臨大河，沙土浮鬆，易於坍卸，倘遇潦水盛漲，一經冲决非惟基内居民恐遭淹没，且逼近大堤，亦有唇亡齒寒之患，現據該處紳耆聯名呈懇修築。卑職覆勘無異，不敢以原佑所無，稍事拘泥，致令一隅失所。應請於九江堡工段節省項下一律興修。是否有當？合附禀陳緣由，奉批據禀及另單所辦俱是。至該圍基係上年九月興工，迄今已閱五月，尚止三分工程。現值春令，不日西潦漲發，設有踈虞所關非細。仰東布政司嚴飭該縣，上緊督率在工紳士，趁此西潦未發之前，先將最要處所，趕緊興築。其餘次要各工，亦次第趕辦完竣，以資捍衛。該縣係上年冬杪接印，日期不爲不寬，若夏間悮工，不能推諉，勿謂一禀即站脚也。凛之切切，仍候撫部院衙門批示，繳禀抄發，另單同摺并發，仍繳等因。又奉總督兩廣部堂兼署廣東巡撫印務阮批行同事。仰司奉此，并據該縣具禀到司，合就札飭備札，仰縣即便遵照奉批情節辦理。立即嚴督在工紳士查明險要處所，分别次第，上緊培築，務於西潦未發以前完竣。并即押令石匠依限照數採運，如有停工待料，一面嚴行提究，慎毋貽悮，致干未便。速速。

等因奉此，查海舟堡、大洛口趕緊築壩石及緊要各工，經本分府勘工時，已逐一指示。現在會否完竣，抑工有幾成？兹奉前因合并諭查諭到該首事等即便遵照奉批情節辦理，立即查明險要處所，分别次第，上緊培築，務於西潦未發以前完竣。并即催令石匠曾名高依限照數運足應工，仍將現築情形及工程分數，隨時禀核，慎毋刻遲，速速特諭。

會覆停運各由禀

敬禀者，竊卑職金臺治晚生何毓齡叩辭後，於十九日下午到局，伏查石船自三月十三日卑職在局動身時起，截至二十日，共到二百一十三船。恐山𡉏業經發照，陸續在途者尚多，業於本日專函飛致佘守府即行停止。再前奉制憲面諭，倣照河工之例，擇緊要處所，堆壘蠻石以防未然。日來大老爺晋謁時想已細爲禀商，是否遵照辦理，抑酌爲變通，伏祈訓示遵行。又制憲諭令繪圖貼説一層，現已札致各廠首事，細查丈尺，以及土石各數，尚須稍緩彙總繪呈，并求大老爺婉禀及之，實所萬幸。卑職即於明後日同赴各廠，嚴催各工陸續報竣，合肅禀覆，恭請崇祺，伏祈慈鑒。卑職顧金臺治晚生毓齡謹禀。

報明廠工告竣呈

爲廠工報竣，先行禀覆，仰紓錦注事。

竊毓等遵奉辦理桑園圍基工一案，經於上年十月初旬分派首事前往七廠督辦，詎石匠曾名高運石短少遲玩悮工，幸蒙憲臺責令具限趕緊挽運，計自二月以來石船始源源接濟。毓等協同各廠首事寔力趕辦，復蒙委員親爲催竣。現查九江、海舟、鎮涌三廠土工均已完好，海旁結砌條石處所，不過尚需粘補，便可藏事。其餘沙頭一廠添壘原壩石工，先登廠添築新買飛鵝坳地段土工，九江滘心社砌用条石及應填魚塘各工，現亦速爲辦理。會計本月二十，内外土工與條石工程均可完工。惟吉贊一廠河道淺窄，抬運維艱，全用條石，工費甚大。今該廠首事亦認真趕築，大約月底亦可一律告竣。茲據雲津百滘、簡村一廠報竣前來，理合先行稟覆，以慰錦念。尚有各廠未竣工程，毓等仍行迅速辦竣，隨報隨稟，不敢稽遲。再查頂冲最險之海舟三丫基、九江之大洛口基、鎮涌之禾义基，今雖砌築石堤，旁用蠻石，惟水深陡險，工鉅費繁，必需多壘蠻石層遞加高，方免傾卸。毓等既承委任，惟有矢慎矢公，斷不敢稍有疎虞，以期鞏固已耳。爲此稟赴。

續報廠工告竣稟

敬稟者，竊毓叩辭後，於十九日回局，經將石船號數，催辦。基工各由，隨同顧委員稟覆。諒邀鈞鑒。本月二十三、二十四等日，續據沙頭、鎮涌、河清兩廠報竣前來，理合先行轉報。其九江、海舟、吉贊、先登四廠，現已趕緊催竣，俟報到日，另行續稟，不敢遲緩，以紓錦注。至十八日領回銀一萬兩，除現支外，僅存銀一千兩，餘應領之項，懇爲籌備俾得二十八日赴省領取。合并稟明，恭請陞祺仰惟恩鑒。治晚生何毓齡、潘澄江謹稟。

續報大工全竣稟

爲基工全竣，仰懇據情轉報事。

竊毓等桑園一圍，荷蒙列憲恩准義紳捐銀一十萬兩，築建石堤，奉委余刺史親臨查勘，估議章程。又奉制憲大人面諭，以所估基段不能拘於一定，當因地制宜，隨機酌辦，着令毓等趕緊興修。遵於上年九月内開局辦事，分派各首事前往各廠督修，緣石匠曾名高採運條蠻各石短少悮工，幸蒙仁威，勒拘具限，得以源源挽運，接應趕築。計自設局以來，所有領收支發銀兩，均經按月造報稟明在案。各廠基工，前據雲津、百滘、簡村、河清、鎮涌、沙頭、龍江三廠報竣外，其先登、海舟、九江、吉贊四廠亦於本月十三、十四等日告竣前來。似此通圍七廠土石各工，均已遵諭趕修完好，聽候憲臺查看驗收。至前後收支總册，已催各廠首事趕造報局，容俟彙造列册，稟請詳銷。現當潦水將發之時，憲慮焦勞甚切，茲幸全工獲竣。理合稟明，仰慰錦念，并懇據情轉報，以免奉催，寔爲恩便。爲此稟赴。

再稟者，現奉憲諭，於潦水未到之時，趕緊告竣，毋得遲緩。茲各廠均已報明完工，惟九江、海舟兩廠，工程甚大，尚需略爲粘補，大約二十一二乃能蕆事。今一體報竣，以省煩瀆冒昧之咎。乞求原宥，何毓齡、潘澄江再禀。

會覆飛鵝山坳基責令先登堡附近村庄經管禀

潮陽縣峽山司巡檢顧金臺、候補從九品李德潤基務首事何毓齡、潘澄江謹禀大老爺鈞座。

敬禀者，五月初七日接誦鈞諭，着令卑職等會同首事，將李卿伍所禀情節妥議，禀覆。等因奉此，卑職等遵即會同首事何毓[二]等查看，得桑園圍全堤分段管落歷辦章程。責成該堡該鄉經理，毋得推卸，致有貽悞。惟吉贊橫基當築建時，從田面做起，高一丈二三尺，長三百一十餘丈。昔人念其各姓田業，枕近基傍，歲修取土，不無傷業。議遇修葺，免其派及，仍責令潦漲時不時巡查。倘有踈虞，傳鑼通圍各堡防護，碑誌可考。今飛鵝山迤東一帶俱屬土崗，其相連山坳過接處兩旁寬厚，高亦一丈有零，向無土基。此次義助通修，蒙余大老爺估價，買受山坳地段培築，着落附近之先登堡各村庄經管，不得以通圍公業推諉悞事。詳明列憲首事等，即將該段山坳照址買受，在崗背上築建小堤，除買價外，共用去土工銀三十九兩零。今李卿伍等窺係義助銀兩，公買公築，混扯吉贊橫基公修爲詞，不思現在大修吉贊基，計用銀數千餘兩。該基新築，僅用銀三十餘兩，工程形勢大相懸殊。李卿伍等乃以將來歲修有限之工，又欲諉之通圍經管。況各堡相離該山五六十里不等，鞭長莫及，事屬顯然。而該堡鵝埠石鄉相離二三里，餘鄉亦不過五六里，責有難辭。余憲識見明達，洞悉情形，着落附近村庄經管，自屬至公至當。似應遵照詳定章程，飭令遵守，毋得推卸，以昭平允。且與歷辦章程不致混亂，緣奉飭查，理合會同據寔查議禀覆。是否有當？聽候憲臺察核，批示飭遵。卑職顧金臺等、首事何毓齡等謹禀。

遵諭造繳總散各册圖摺禀

桑園圍首事何毓齡、潘澄江謹禀大老爺閣下。

敬禀者，五月二十日接奉鈞諭。內開，案照桑園圍基建築石堤一案，先據該首事等禀報，全圍大工完竣，業經通報在案。惟查該首事等逐月報銷各册其總散欵目，並未分晰，碍難轉報，當經諭飭另造。去後日久，未據造繳，殊屬延玩，合函專差嚴催，諭到該首事等即便遵照，速將本案報銷數目造具總散各册，一樣二本，並照繪呈督憲圖形二份，另預備藩府二憲二份，貼明基段土工若干丈尺，石工若干丈尺，蠻石若干，并另列工程清摺四扣，刻日一并禀繳本縣，以憑親詣查勘。另請大憲親臨勘驗，毋再遲違。等因奉此，捧讀之下具見憲臺慎重周詳，殷勤教誨。使

[一] 云云　在此相當於省略號。

[二] 該處漏一『齡』字。

毓等有所遵循，免致錯謬，深爲感佩。遵即查照前後收支銀兩，造具總散各册一樣各二本，并圖形四紙，註明各段土石各工清摺四扣，備列土石丈尺數目，照諭稟繳，聽候憲臺察核轉詳，核寔驗收。惟毓等樗櫪庸才，照工部工程做法，素不諳曉，寔難照例開造，倘各册摺有不合之處，伏乞查照改正，俾免憲駁，寔爲恩便。恭請陞祺。何毓齡、潘澄江謹稟。

計繳總散册各二本、土石各段圖形四紙、土石各工清摺四扣。

縣憲禁止瀆稟告示

爲曉諭事。案照桑園圍修築基堤土石各工，先據該首事稟報完竣，當即通報各憲在案。各堡耆老多有赴縣，以所修工程不敷原估之數，懇飭補修。等情具稟前來，均經備移督修委員查勘。去後，兹准覆稱，該圍基段所有用土石培築之處，俱已堅固，似可無庸補修等由。

查原估之時，本不能詳盡應增應減，均須隨時酌斟，總期工程堅固，並非估長必須用盡，未足不准加增。爾等毋以一己私見，紛紛瀆稟，徒滋案牘，合就出示曉諭。爲此示諭各堡耆老業户人等知悉，爾等均即遵照，不得再以估多用少瀆稟，毋違特示。

請示遵辦呈

具稟　桑園圍首事何毓齡、潘澄江爲稟請批示遵辦事。

竊修築桑園圍石堤一案，前後共領捐項銀七萬五千兩，告竣時共支去銀七萬三千七百七十餘兩，尚存銀一千二百二十餘兩，經將各數列册報明在案。本年四月内毓等稟謁仁臺，復蒙諭將所餘銀兩於單薄處所買石添補。況工續經以西潦在邇，斯時落石恐潦水漲發，難以施工。況工程告竣雖經兩載，向未遇有大潦。深慮洪流暴漲，冲刷異常，所築條䪺各石妨有傾卸，可否請俟潦退之後再加察看，如有坍卸，一律粘補稟明憲鑒。兹當八月潦退，正宜及早查察補修。毓等七月二十一日前往，通圍逐段查看，如九江之蠶姑廟前、沙頭之韋駝廟前、鎮涌之禾义基石堤、三丫基之華光廟下各海邊䪺石均略有坍卸。惟三丫基之賣布行基外海旁坦脚於七月十五日卸去一丈六尺，復於七月二十七日再行卸去二丈有零。現在坦脚壁立，前壘護石概行傾卸，九江沙頭等處雖有粘補，所費尚屬無幾，該布行外則工費浩繁。現奉大憲竪建碑文圍圖，各工又爲盧、伍兩紳建立石坊兩座，所剩銀兩寔恐不敷。毓等現計除碑圖牌坊及五月二十八九日搶護三丫基、禾义基、九江威靈廟等處經費外，尚剩銀兩。先將三丫基之賣布行基外坦脚坍卸處所，落石培固，或酌於基内之地加土，用牛踹練堅寔，次將九江沙頭等處再爲培補。是否有當？聽候批示遵辦。爲此稟赴大老爺臺前，察核施行。

道光元年八月初七日稟

縣奉　督憲飭造碑文諭

借補南海縣正堂即用分府吉諭桑園圍首事何毓齡、潘澄江知悉，案照紳員伍元芝等捐築桑園圍石堤一案，現奉督憲飭發碑文一道，仰即轉飭發刻。等因奉此，合諭轉發，諭到該首事等即便遵照，立將發來碑文一道查照高寬尺寸，立即飭匠刊刻，仍將刻竣日期趕印刷多張，稟繳本縣察核轉呈，均毋遲違，速速。

道光元年七月二十三日諭

縣奉　督憲飭繪刊圍圖諭[一]

借補南海縣正堂即用分府吉諭桑園圍首事何毓齡、潘澄江知悉，案照紳員伍元芝等捐築石堤一案，現奉督憲發下碑文一道，飭令在於海神廟門左右各設碑石一塊。左邊刊刻碑文，右邊刊繪全園圖形，其碑石須寬長一式，刊刻精良。再於海神廟前或左右相當之地建立石牌坊兩座，均不必過於高大，亦不必大加雕琢，先行勘明擬定式樣、尺寸，將坊心應刊之處量明寬長，繳送。以便書寫匾額，給發刊刻，爲盧、伍二商立坊旌奬。等因奉此，合諭飭遵諭到該首事，即便隨同江浦司遵照趕緊如式確估辦理，并即繪具詳細圖形六套，稟繳本縣，以便轉呈大憲察核。毋得遲悞，速速特諭。

道光元年七月二十三日諭

遵照建立牌坊稟[二]

治晚生何毓齡、潘澄江謹稟大老爺閣下。敬稟者七月二十七日兩奉鈞諭内開，案照紳員伍元芝等捐築石堤一案，現奉督憲發下碑文一道，飭令在於海神廟門左右各設碑石一塊。左邊刊刻碑文，右邊刊繪全園圖形，其碑石須寬長一式，刊刻精良。再於海神廟前，或左右相當之地建立石牌坊兩座，均不必過於高大，亦不必大加雕琢，先行勘明擬定式樣尺寸，將坊心應刊字之處量明寬長繳送，以便書寫匾額，給發刊刻，爲盧、伍二商立坊旌奬。等因奉此，合諭飭遵，諭到該首事即便隨同江浦司遵照，趕緊如式確估辦理，并即繪具詳細圖形六套，稟繳本縣以便轉呈大憲察核，毋得遲悞。

等因奉此，毓等遵於八月初三日隨同江浦司王臺，前往海神廟相度情形，非有碍於居民，則相離太遠。惟有廟旁𥜥祠之前附墻建立石坊兩座，左右相配，大壯觀瞻，且貼近墟塲，衆目共覩，似爲合式。經繪備圖形，詳細註説，一樣六套，呈送王臺，稟繳仁臺，轉呈大憲察核飭遵。至廟前碑文園圖，現在省垣雇工趕辦，俟刊刻完竣，當即印刷呈繳，合并稟明，恭請崇禧。治晚生何毓齡、潘澄江

[一] 原書正文標題爲『縣奉督憲繪刊園圖諭』，現據卷六目録改。
[二] 原書正文無此標題，現據卷六目録補。

謹稟。

道光元年八月　日稟

借補南海縣正堂即用分府吉爲飭發遵照事。

現奉督憲批：據本縣稟覆奉發碑文刊刻，擬定圖形，呈繳緣由奉批。據稟已悉，仰將發回建坊圖形一紙，飭發照式建造，仍俟碑文圍圖刊刻刷印，通繳察核備案。並候撫部院衙門批示繳等因，批稟印發，并發回建坊圖形一紙，到縣。

奉此，合就諭飭諭到該首事等即便遵照，立將發回建坊圖形，照式建造，并將碑文圍圖每樣刊刻刷印八張，裱背完好，繳赴本縣，以憑轉繳，均毋遲違未便，速速須諭。

計發回建坊圖形一紙。

道光元年八月二十八日諭

呈繳碑文圍圖報明粘補日期稟[一]

具稟　桑園圍首事何毓齡、潘澄江爲呈繳碑文圍圖，報明粘補日期，仰祈垂鑒事。

竊毓等遵奉辦理捐建石堤一案，於大工告竣時，除支外，尚存銀一千二百餘兩，續經稟明，俟本年潦水退後，再加查看，將所餘銀一律粘補。并奉大憲飭令建坊竪碑等費，均經於潦退後查估，稟請興修在案。

現在牌坊碑石俱已運齊興工。毓等於十月　日前往河神廟設局督理，趁此冬晴水涸之時，并召募石船，挽運

蠻石，於三丫基、賣布行、華光廟下及禾义基坍卸等處添補培築，趕緊辦竣。俾完七萬五千兩之數，以清首尾，以慰慈懷。其碑文圍圖已雇匠印刷完好，理合遵照前諭，裝裱一樣八張呈送，聽候轉報。至粘補各費，請俟完工日，另行列册造報呈核。爲此稟赴大老爺臺前，恩鑒施行。

計繳碑文八張，圍圖八張。

道光元年十月　日稟

大工全竣繳戳報銷辭退稟[二]

具稟　桑園圍首事何毓齡、潘澄江稟爲大工全竣，存項支完，繳戳報銷，仰懇詳退事。

竊毓等遵奉辦理桑園圍基工，自嘉慶二十二年前臺閆諭令築復海舟堡、三丫基決口，并將通圍大修。二十三年奉仲前臺委辦帑息歲修基段，均於告竣時備册，詳請報銷。二十四年又奉仍辦盧、伍兩紳義助築建石堤捐項。計共領到義助銀七萬五千兩，共支去銀七萬三千七百七十七兩六錢八分九厘，除支外，尚存剩銀一千二百二十二兩三錢一分一厘，亦經列册稟明。復蒙糧憲親臨，核實驗工，詳明大憲。所剩銀兩，續經毓等稟請，俟本年潦退後再加察看，酌爲粘補。迨七月内察看三丫、禾义等基，均

[一] 原書正文無此標題，現據卷六目録補。
[二] 原書正文無此標題，現據卷六目録補。

略有坍卸低陷，并奉制憲飭辦牌坊碑文圍圖等工，俱已估明工料及粘補各費，列摺請示興修，各在案。毓等遵即先將牌坊碑文各工趕緊刊辦，隨於十月内趂冬晴水涸設局，仍在河神廟，將三丫、禾义等基粘補完好，共用去存項銀一千一百九十八兩五錢八分二厘，連前工竣報銷時，通共用去銀七萬四千九百七十六兩二錢七分一厘，現存銀尾銀二十三兩七錢二分九厘。是此，案石堤捐築大工，既已全竣，所領七萬五千兩之項亦已支完，理合將辦竣緣由，并前給戳記存支銀尾清摺禀繳。仁臺念毓等歷辦五載，學業久荒，詳賜銷案，俾得安心復理舊業，勉圖上進，寔深戴德。抑再有懇者，九江外圍華光廟上下坍卸兩段，係在大工告竣之後，事分兩起，今已將七萬五千捐項支銷完畢，首尾已清。其外圍坍卸之處，應如何設法修復，自應該鄉衿耆早日公舉首事禀請督修。乃恃有官工，又欲推諉毓等接辦，不思基圍舊章，除吉贊橫基係公修外，其餘各堡基段，遇有冲决坍卸，責令該管基户自行經理。今九江外圍觀望遲疑，妄有希冀，轉瞬春潦漲發，勢必累及内堤。毓等奉辦基工，不爲不久，况事分兩起，該管自理，奚能變亂舊章。伏乞嚴飭該堡紳耆，責令外圍業户迅速集議興修，以免推卸貽悮。合併禀明，爲此禀赴大老爺臺前，恩鑒施行。

計繳銀尾一包重二十三兩七錢二分九厘，戳記一個，存支清摺一扣。

道光元年十一月　日禀

桑園圍全圖註説[一]

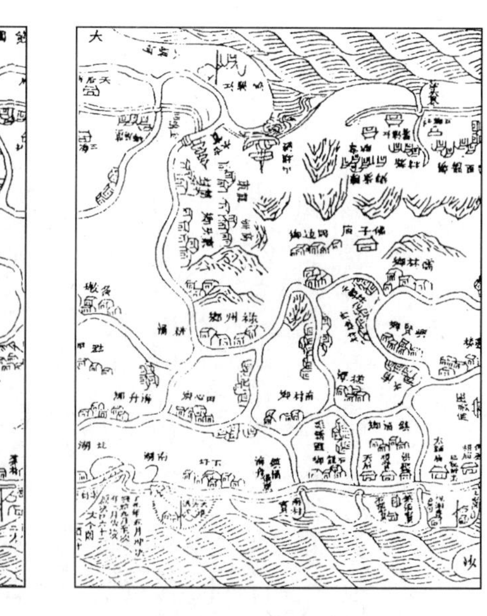

[一] 原書正文無此標題，現據卷六目録補。

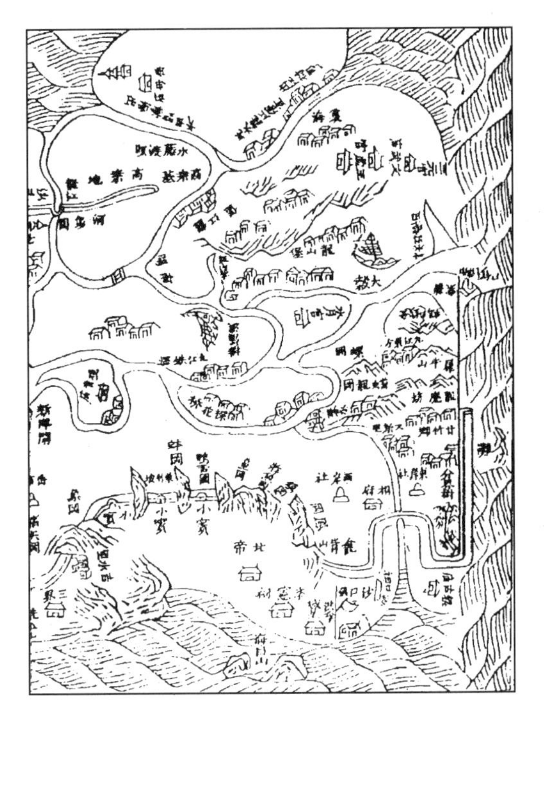

收支總略

新收

嘉慶二十四年九月起，至二十五年四月止，共領捐項柒萬伍千兩。

開除

一、支總局司友、工脩、火促、應酬雜費，共銀壹千叁佰玖拾貳兩叁錢肆分壹厘。

經理總局

一、支先登廠土石工料、雜費共銀肆千肆佰陸拾兩零零五分。

經理首事關文保、黎國英

一、支海舟廠土石、工料、雜費共銀貳萬零玖伯[一]肆拾兩零伍錢柒分柒厘。

經理首事何在中、余用爵

一、支鎮涌河清廠土石、工料、雜費共銀伍千捌伯貳拾玖兩零叁分。

經理首事朱瑛、張宣榮

一、支九江甘竹廠土石、工料、雜費共銀貳萬陸千陸伯零叁兩捌錢壹分陸厘。

[一] 伯　代爲『佰』。當時民衆不規範用字，仅見於少數下層民紳行文中。

經理首事張鳴球、關翰宗、李兆森

一、支吉贊横基廠土石、工料、雜費共銀柒千叁伯叁拾柒兩捌錢陸分玖厘。

經理首事馮芳、潘贊祖

一、支雲津、百滘、簡村廠土石、工料、雜費共銀叁千零柒拾壹兩貳錢捌分。

經理首事老鳳倫、程士標

一、支沙頭龍江廠土石、工料、雜費共銀貳千柒伯捌拾玖兩捌錢肆分捌厘。

經理首事梁公章、黎漢清

一、支金甌堡土工銀伍拾兩。

經理首事陳裔龍

一、支二十五年四月工竣報銷後自五月起十二月止，粘補九江海舟、鎮涌、河清各堡土工及粘補海舟賣布行溫家路口，三丫基南頭等處石工，并建醮酬神、出省造册、工脩、火促、册金、船銀、雜費共銀壹千叁伯零貳兩捌錢柒分捌厘。

經理總局

一、支道光元年五月至十月，再行粘補九江威靈廟、海舟三丫等基土石各工及建坊、竪碑、繪圖刻字、掃刷碑圖、工石各料雜費共銀壹千壹百玖拾捌兩伍錢捌分貳厘。

經理總局

通共計支銀柒萬肆千玖佰柒拾陸兩貳錢柒分壹厘。

抄刻買受飛鵝山地契[一]

立永遠斷賣秧地

契人三水縣鳳起鄉周元泰祖地一畛，種子四升，東柒丈壹尺，西柒丈捌尺伍寸，南柒尺柒寸，北貳丈貳尺柒寸。周松岡祖地一畛，種子肆斗伍升，東捌丈，西捌丈貳尺，南壹丈伍尺，北伍尺。周毓年地一畛，種子捌斗，東壹拾叁丈壹尺，西壹拾肆丈伍尺，南壹丈伍尺，北捌尺。緣鄉南田，地毗連南海縣桑園圍，該處有屋宅，佛、秃兩山相夾，中連一土基，計長貳拾餘丈。原趾單薄，每遇三邑潦漲，水勢從此泛入桑園，爲頂門要害，内外税畝皆是三邑輸供。今值桑園大修，首事何毓齡、潘澄江等聯合圍衆到請讓地，以期永固。毓等桑梓情殷，仰體上憲救災恤鄰之義，情願將前開地畝賣出培修，税屬零星，難以過割，不便另設寄庄花户，連津貼永遠生息，約糧及地價三坵，共銀柒拾伍圓，重伍拾肆兩。自賣之後，聽買主挑築高厚，遞年每遇培修，該基任從桑園圍衆在附近取土，不得攔阻。間有三邑圍被冲決，亦毋得將該基鋤毁，洩水病鄰，糧差在生息銀代納，永無過問。倘有來歷不明，係賣主同中理明，不干買主之事。屬在土田，犬牙相錯，永敦世好，後無

[一] 原書正文無此標題，現據卷六目録補。

異言。今欲有憑，爰立賣契，交執爲照。

計開各四至列

周元泰祖地　東至墈下田毓成，北至路，南至墈價銀壹拾捌圓。

周松岡祖地　東至毓年，西至路，南至祥大，北至路價銀貳拾叁圓。

周毓年地　東至下墈，西至松岡祖，南至巳，北至路價銀叁拾肆圓。

至上手契年遠日久，所有搜出，日後視爲故紙。

嘉慶貳拾伍年二月二十一日周毓年、周文年、周瑞大、周禧年鯤超代筆

中人李弼垣、李茂元

癸巳歲修志目録

卷七

奏稿內補載道光己丑伍紳捐修奏稿，原志備載乾隆甲寅、嘉慶丁丑、庚辰各志奏稿，兹不重録。

圖説

卷八

沿革內補載道光己丑伍紳捐修檔册、圍紳張喬年等基工獲竣，呈業户區大器等仙萊岡工竣呈。

基段

防潦

搶塞

修築內補載道光己丑伍紳捐修銀二萬兩呈，續捐九千五百兩呈，捐修收支總册。

卷九

章程

畐户

祠廟

卷七　道光十三年癸巳歲修志道光九年己丑伍紳捐修奏稿附

奏稿[一]內補載道光己丑伍紳捐修奏稿，〔原志備載乾隆甲寅、嘉慶丁丑、庚辰各志奏稿，兹不重録。〕[二]

案浙江海塘，地跨杭、紹、甯、嘉、温、台六府，其一百餘里之土，備塘一萬四千餘丈之魚鱗大石，塘爲千古未有之鉅工，修堤防者特設專官，凡遇鉅工恪稟。廟謨，指授，其志録，皆奉敕編纂，卷首專門恭録聖諭，絜綱維也。若我桑園圍基，地跨數百里，內基一萬二千七百二十三丈四尺五寸，照乾隆甲寅清丈，計自嘉慶丁丑三丫基決，彎築新基五百丈，約溢基六百丈。外基二千零四十九丈一尺，通計基一萬四千七百七十二丈五尺五寸，丈，道光癸巳三丫基決，彎築新基一百八十二載税一千八百四十二頃有奇龍津堡六鄉順德縣龍山、龍江、甘竹三堡未計入內。在粤東圍基工程最鉅，而在天下則小，無勞聖天子神算。惟自雍正五年總督孔公毓珣奏廣州府民間圍基專責廣南韶道，不時親詣工所，督率董理。乾隆元年總督鄂公彌達請以鹽羨生息銀兩爲修圍基之用，桑園圍基於廣屬最大用，此屢廑大憲俯念。嘉慶二十二年，端揆宫保前總督阮公前撫院陳公若霖奏請撥藩庫、糧庫貯項銀八萬兩，交南海、順德兩縣當商生息，爲桑園圍基歲修及通省圍基修築之費，則嘉謨入告專賴，大憲惠愛災黎，稠恩渥澤，爰特編《奏稿》冠全書之首，而欽奉聖旨俞[三]允，照批准奏摺年月恭録。俾闔圍士民凛然憬然，知民隱上達得沐聖主鴻施，皆賢公卿之力也。

原志備載甲寅、丁丑、庚辰各志奏稿，兹不重録。

道光十年十一月兩廣總督部堂李片奏。

再道光九年五月間，廣東省西北兩江潦水陡漲，廣州府各屬沿河圍基多被冲潰，南海縣屬之桑園圍、三水縣屬之蚬塘圍坍裂尤甚，當經臣會同前撫臣盧派令陞任督糧道夏督率委員候補知縣楊砥柱等實力趕修培築完固，並經南海縣廩貢生伍元薇先捐銀二萬兩，以爲該兩圍冬間改建石堤工費，業於奏請緩征，案內將捐修委辦等情，俟工竣另行具奏在案。

嗣因桑園圍之上游坡子角潰口處所工段寬長，採石較遠，且堵而復潰，用費浩繁，該廩貢生復捐銀一萬三千兩，俾得添工補砌，於本年四月報竣。經臣親往履勘，修築堅穩，歷過五六七八等月，西江大汛，毫無矬塌，一律完整。各圍內秋收豐足，倍勝尋常，從此萬户田廬可資捍禦，所有委令督修各員夙夜在工，歷時甚久，不辭勞瘁，實

[一] 原書該標題上有另一標題『桑園圍癸巳歲修志』，因該卷目録已明確題目，故此處删除。
[二] 原書正文此處標題不完整，現據卷七目録補。
[三] 俞　應允。

屬勉力從公。內有候補知縣楊砥柱、候補未入流吳崇增尤爲認真出力，可否將二員各歸本班儘先補用？出自天恩，又綏猺廳教諭梁元本無地方之責，因係三水原籍熟悉水道情形，委令督率鄉夫加緊修築，俾臻堅厚，亦屬奮勉。應請勅部議敘。其餘在工出力各員由臣查明，分別記功獎賞。至該廪生伍元薇雖籍隸南海，並非居住桑園圍內，乃慷慨出資，先後共捐銀三萬三千兩，以成要工，殊屬情殷桑梓，好義可嘉。查嘉慶十八年直隸南宮縣廪生齊如驤因地方荒歉，捐賫賑銀一萬二千兩，奏奉諭旨，賞給舉人，一體會試。道光八年福建莆田縣監生鄭道立捐輸木蘭陂水利銀兩，奏奉上諭賞給副榜，各在案。茲伍元薇以肄業儒生，不惜重貲，保存鄉里，應否量予獎勵？恭候恩施。謹附片陳奏。伏乞聖鑒，謹奏。

十二月初九日奉上諭：　李奏查明捐修堤工並督修出力人員，請予鼓勵等語，廣東廣州府屬之桑園、蚬塘兩圍前因江水陡漲，多致潰塌，經南海縣廪貢生伍元薇先後捐銀三萬三千兩改建石堤，修築堅穩。候補知縣楊砥柱等在工督修，俱尚爲奮勉，自應量加恩施。廣東候補知縣楊砥柱、候補未入流吳崇增俱着各歸本班，儘先補用，綏猺廳教，諭梁元着交部議敘，廪貢生伍元薇著賞給舉人，准其一體會試，以示獎勵，欽此。

道光十四年三月二十日太子少保兩廣總督臣盧奏爲查明南海、順德二縣桑園圍基業户先後借項修築圍基銀兩，請將歲修本欵分別扣抵攤徵，以抒民力，仰祈聖鑒事。

竊照廣東南海縣屬毗連順德縣界之桑園圍，地週圍四百餘里，居民數十萬户，田地一千數百餘頃，種桑飼蠶，爲農桑奥區。圍基長九千五百餘丈，圍外東西兩江環繞，又有廣西左、右諸江之水並匯而來，合流入海。每遇夏潦暴漲，西水建瓴而下，宣洩不及，圍基即被冲損，民田、廬墓盡皆淹没。經前督臣阮元、前撫臣陳若霖於嘉慶二十二年奏准，設立歲修，在藩糧二庫各借動銀四萬兩，共銀八萬兩，交南海、順德兩縣當商，按月一分生息，每年得息銀九千六百兩。以五千兩歸還原借本銀，以四千六百兩爲該圍歲修之費。迨嘉慶二十四年，據該縣紳士伍元蘭等捐銀十萬兩，將該圍基改建石工，歲修銀兩無需動用。將此項息銀歸入籌備堤岸項下，歷年間爲南海、三水等縣借動別圍修費，事竣分年徵還南海業户。道光九年分尚有未經徵還銀四千一百一十兩，由藩司按年造報咨部，在案。是桑園圍修費本有專欵，雖改建石工以來，未經動用，而每年息銀本欵仍存司庫。道光十三年夏秋，西、北兩江非常異漲，致將圍基冲決，工鉅費繁，一年兩遭水患，民情倍形拮据，圍基决口冲成深潭巨浸。經該圍紳士等先後籲請，借動庫項銀四萬六千八百八十四兩八錢八分三釐，現又續借銀三千兩，一律加培堅實。查前此該圍借欵同此外，南海、三水等縣別圍借修銀兩業經臣奏蒙恩旨借修圍基。現在動支同嗣後續借銀兩，及南海縣未完道光九年分銀四千一百一十兩，著於道光十四年起，分限五年免息徵還，以紓民力，欽此。其有上年被水各屬應徵民屯銀米，亦經奏准一律展緩。自道光十四年秋收起，分作二年帶徵。仰蒙聖恩優渥，臣飭司刊刷謄黄，徧行曉諭，百姓莫不歡頌皇仁。

惟查桑園圍借修圍基銀兩，因工程浩大，關係四百餘里，全圍民田、廬舍借數較他圍獨鉅。該圍於十四年秋後既有應繳緩徵銀米，又須按畝攤派借支修費，同時並徵，實恐力有未逮。查該圍於上年六月内借領歲修生息本欵銀一萬二千兩，除用去銀六千八百八十四兩八錢八分三釐，餘因盛漲停工，仍將用存銀五千一百一十五兩一錢一分七釐繳還司庫。嗣於十一月内，據該圍紳士李應揚等借領銀二萬兩，修塞決口。内於歲修生息本欵内動支銀七千四百八十五兩，又在籌備堤岸項内支銀二千三百六十兩，米耗盈餘項下支銀一萬一百五十五兩，經藩司發給南海縣，轉給該圍紳士領辦。又本年正月内，因春汛即屆，據承修紳士再請，續發銀二萬兩，以應要工。據該司呈報，亦在司庫米耗盈餘内如數動撥。今於三月又借銀三千兩，在生息本欵内動支銀一千九百兩，備修土墪水栅項内借支銀一千一百兩，以上桑園圍共先後借領銀四萬九千八百八十四兩八錢八分三釐。内一萬六千二百六十九兩八分三釐係動支該圍歲修本欵息銀。自應就欵開銷，毋庸再行歸還，其餘三萬三千六百十五兩係在堤岸籌備及米耗盈餘、土墪水栅等欵内動支，應行還欵。若俱請在於應得歲修息銀四千六百兩數内扣收，計須七年方能清欵，有逾原奏五年之限。今請將前項借欵以二萬三千兩在於桑園圍每年應得歲修銀四千六百兩，按年儘數扣收還欵，免其攤派。尚欠銀一萬零六百十五兩，欽遵諭旨，自十四年起，分限五年歸該圍按糧攤徵。每年徵解銀二千一百二十三兩，如此半歸歲息扣收，半歸攤徵還項，均仍不出五年之限。在借欵可以全清，而通圍攤徵爲數較減，易於完繳，闔圍萬姓普沾恩澤，頂感聖主深仁，益靡既極。臣爲展舒民力起見，是否有當？謹恭摺具奏，請旨。伏乞皇上聖鑒訓示，再撫篆係臣兼署，毋庸會銜，合併陳明。謹奏。

圖説

案：繪圖爲地志切要之務，故名曰《圖經》。况言水利堤防，無圖以指畫險易，不特賢宦涖兹土者留心民瘼，譚之茫然。即生長圍基内士民，未身履其地，尚多揣臆。故自元王氏喜撰《治河圖略》一卷，首列六圖，圖末各系以説。後之江海河防諸書咸倣之。桑園圍基甲寅、丁丑志並有繪圖，但有總圖而無分圖，且第注其地名界至，而頂衝首險、次衝次險基段未之詳，並未注説於後。今繪總圖以綜全局，其有基段十一堡，各分繪一圖，皆注説以析其長短險易，庶展卷了了心目。於歲修搶塞工程，培土負薪，楗石釘樁，動中要害，策不妄施。次圖説。

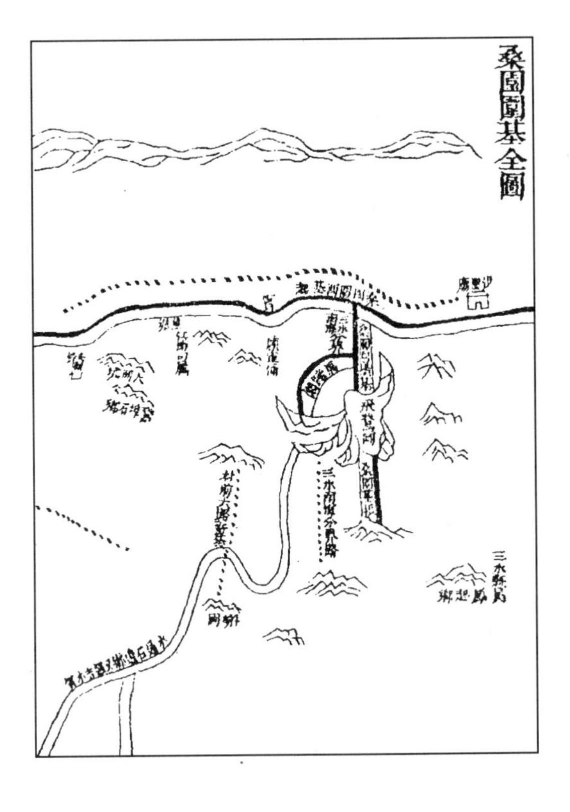
桑園圍基全圖
三水縣屬

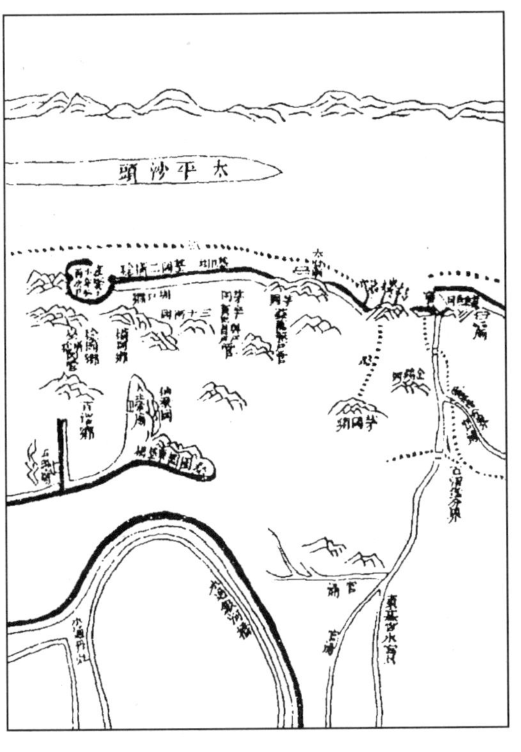
太平沙頭

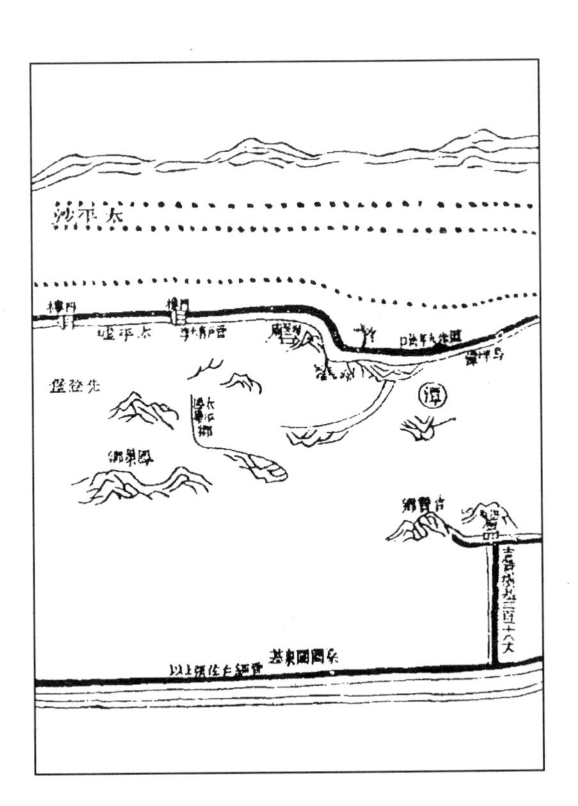
太平沙
桑園圍東基

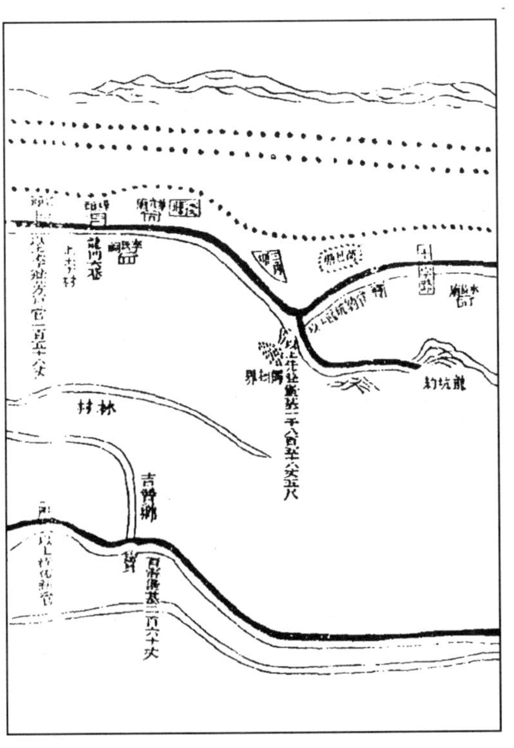
林村
吉贊鄉

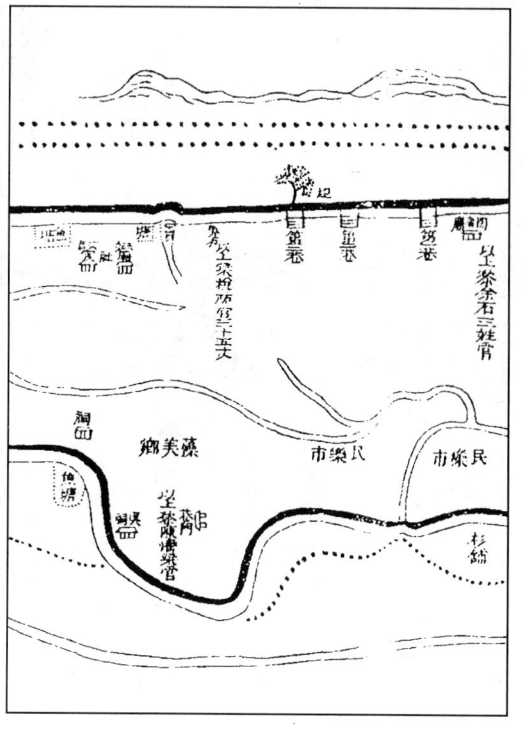
藻美鄉
民樂市
民樂市

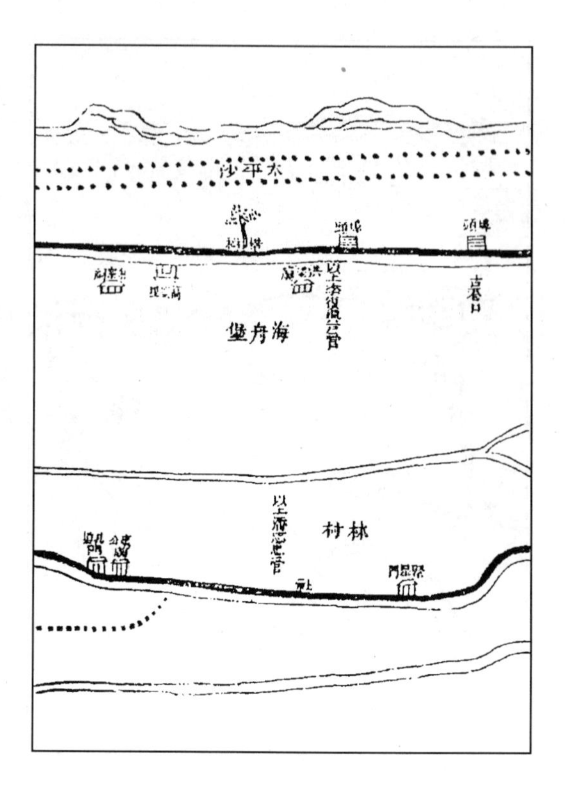
太平沙
海舟堡
林村

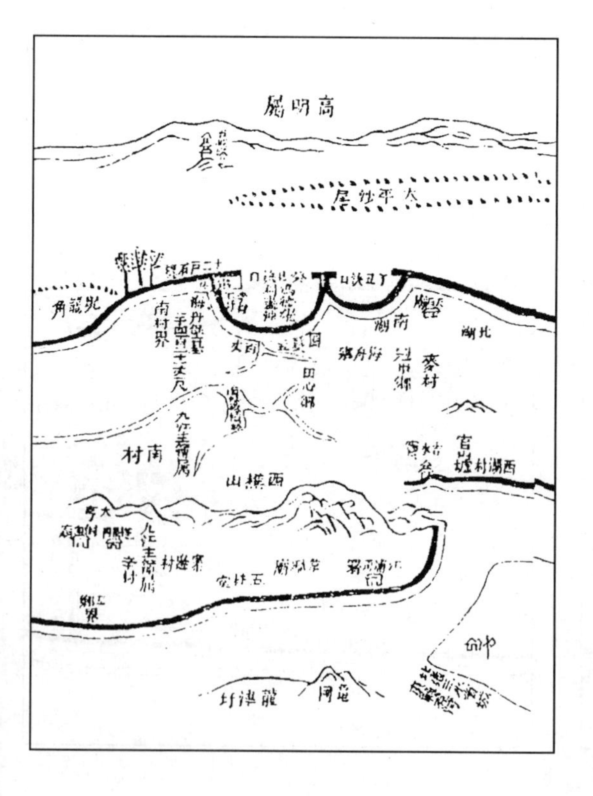
高明屬
太平沙尾
南村
西樵山

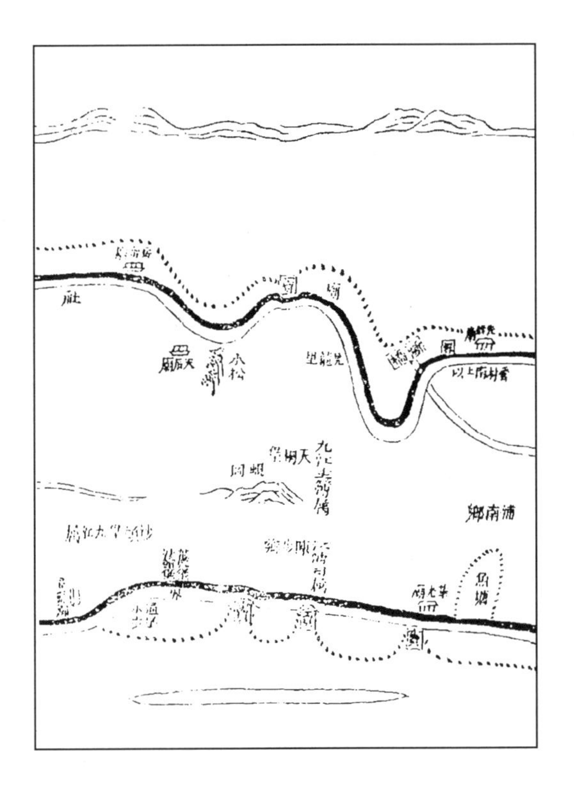

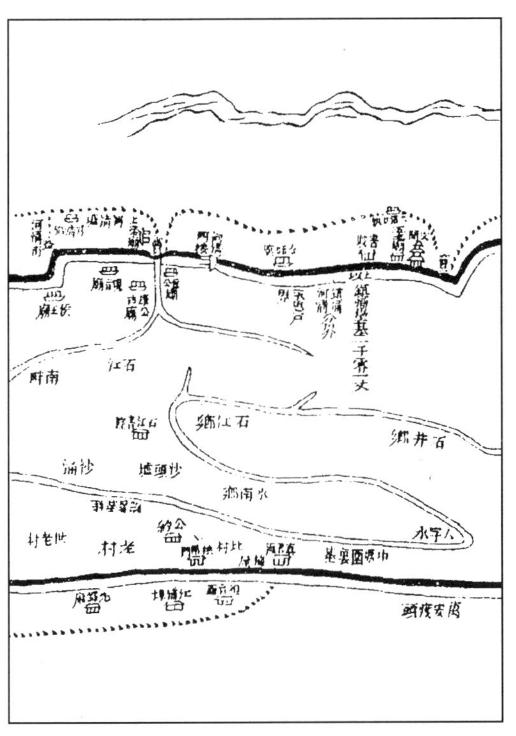

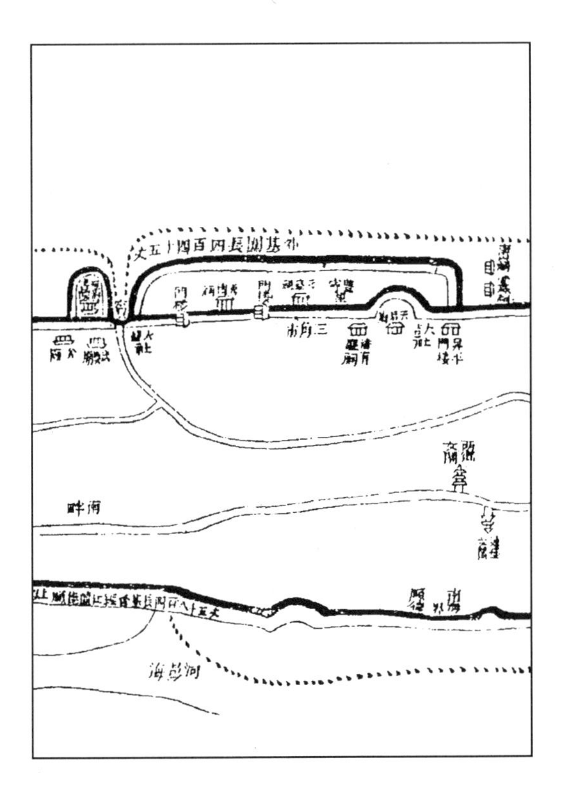

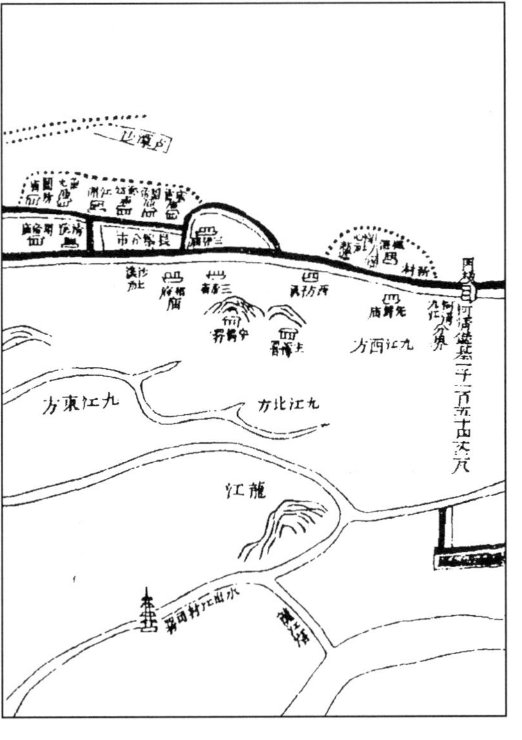

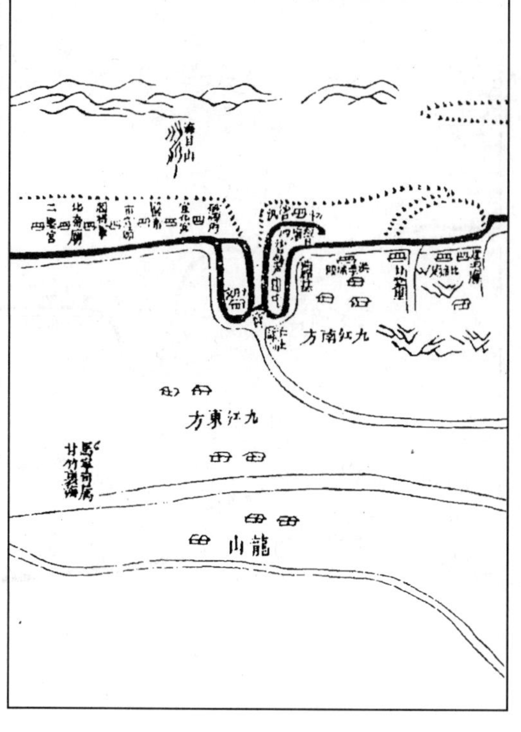

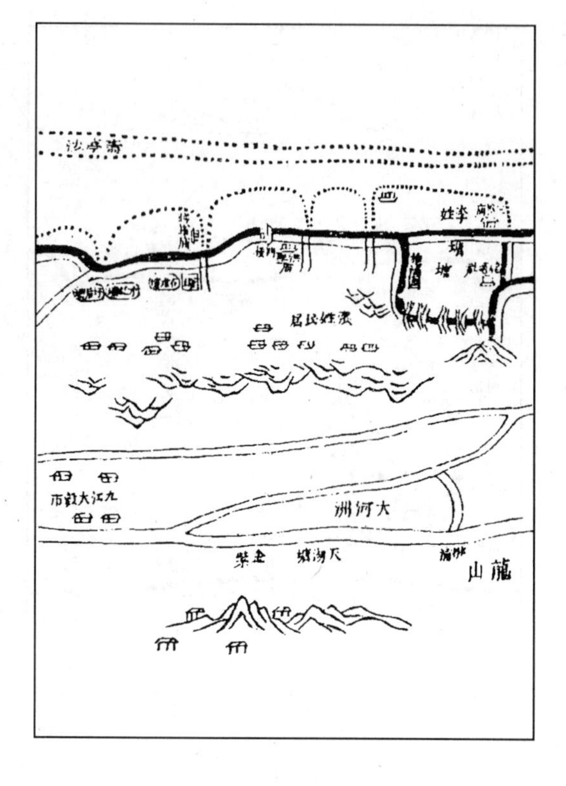

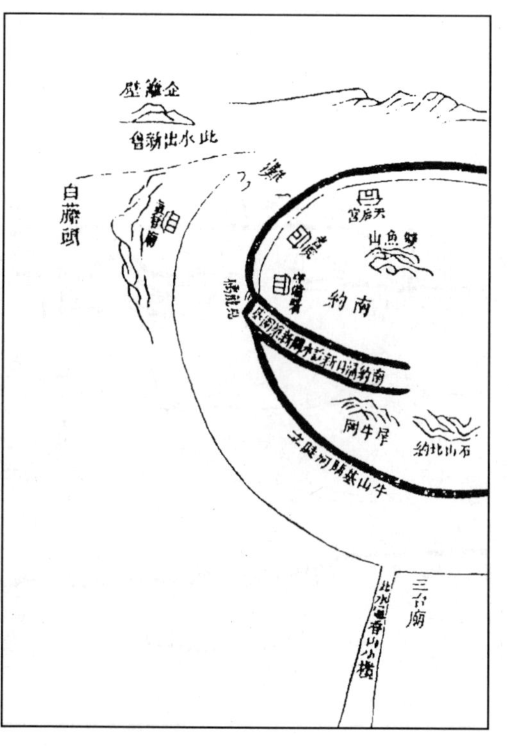

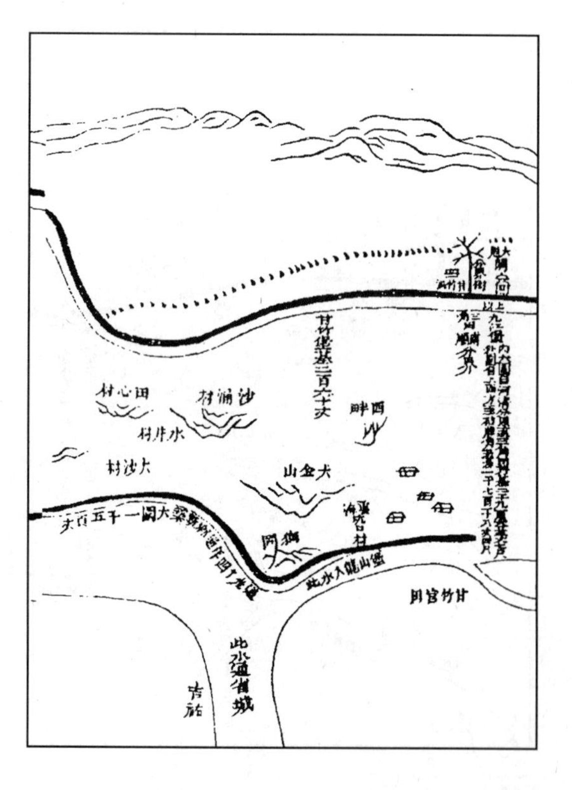

桑園圍周百數十里，居其中者十四堡。西圍自三水飛鵝山起，至甘竹牛山交界止；東圍自吉贊晾罟墩起，至龍江河澎圍尾止。雖東、西各當一面，然一有冲決，則全圍皆受其害，是東西兩圍實合而爲一也。圍内綺交棊布，百族安集，民惟潦漲是懼。查全堤以西圍之三丫、禾义、大洛口等基爲極險，而東圍之韋馱廟、真君廟次之。中間舊有倒流港，爲九江兩龍下流之患，經陳東山先生填塞，自是但有外侮而無内憂。當五六月西、北兩江潦水漲發，怒濤湍激，大爲堤害。若不合力并心，時加整理，嗷嗷萬姓，靡有甯居矣。據丁丑《桑園圍志》修。

桑園圍自乾隆甲寅來，歷嘉慶癸酉、丁丑，道光己丑、癸巳、甲午，衝決者凡六。決後修築，必加高培厚，然終不能謹衣袽。揆其所自，歲修未盡人得而知之。而西基江心太平、古潭、龕貝三沙突起，亙先登、海舟、鎮涌、九江四堡。河清外坦積淤，曲障江滸。東基江心羅村沙，爲沙頭圍基，不利與太平等沙埒。以桑園圍居西、北江之下游，地綿百餘里，圍基萬餘丈，圍内居民恃爲保障。而東、西江心浮沙淤坦，激水射基，無有窮期。苟有於沙中開窗户，樹椿橛，築石埧，歲修雖勤，恐終不可恃矣。

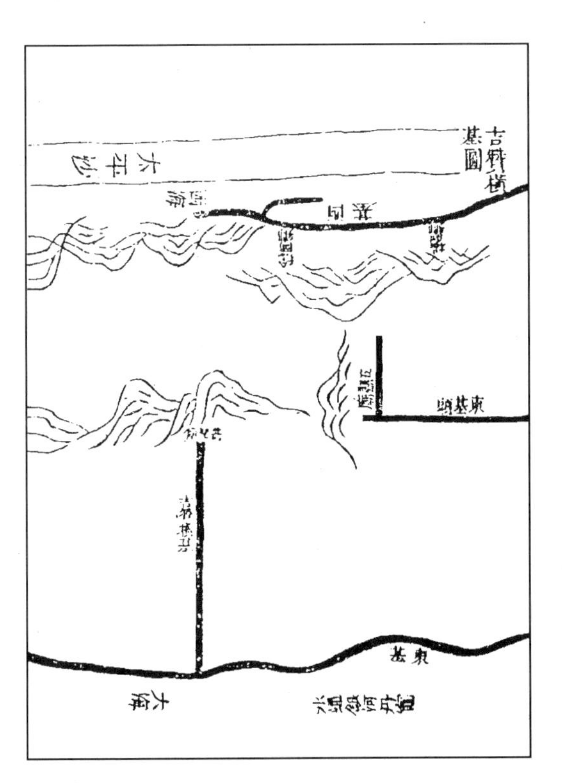

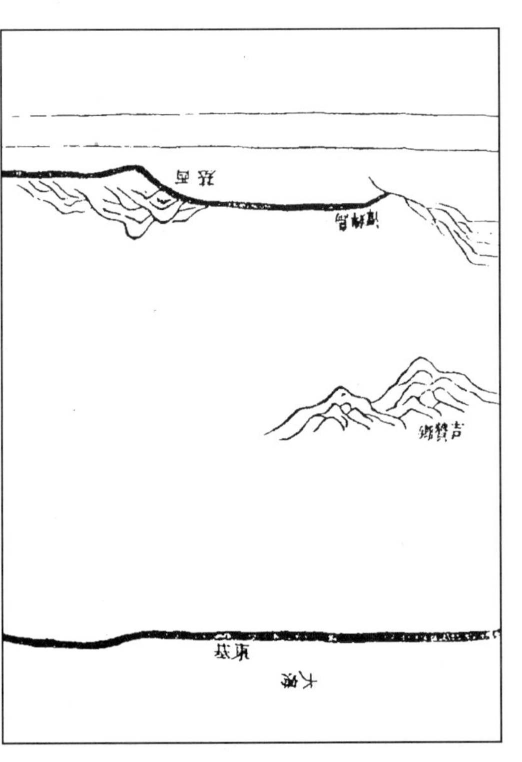

吉贊横基爲通圍上游公業，比鄰三水縣屬圍基，每有衝决，潦水從此灌頂而入，前人仿河工格堤之法築此基，其意甚深且遠。但全基三百一十八丈，俱在平陸，潦水一侵，融卸可虞。庚辰捐修，曾有全築石堤之議，而南頭六十八丈，北頭三十丈，古墳纍纍，議格不盡行。惟中段二百二十丈外砌石坡，然石久則傾攲縫裂，不如於基中開隧道，用三合土舂灰牆之爲固。基東深潭三，基西藕塘四，多填一尺，受一尺之益，墳冢舊葬者聽，新葬者禁，如此庶保無虞。否則上游潦至，其患潰入。西基衝决，急潦東駛，其患潰出，事已前徵矣。

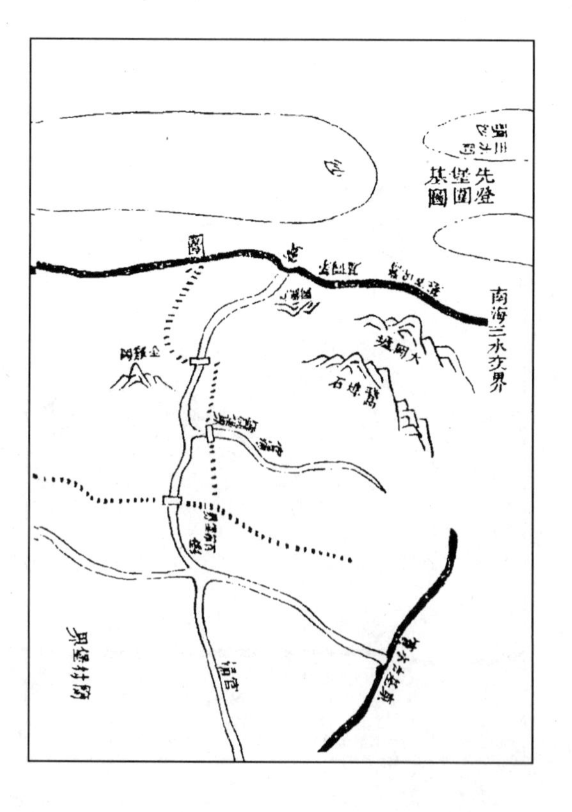

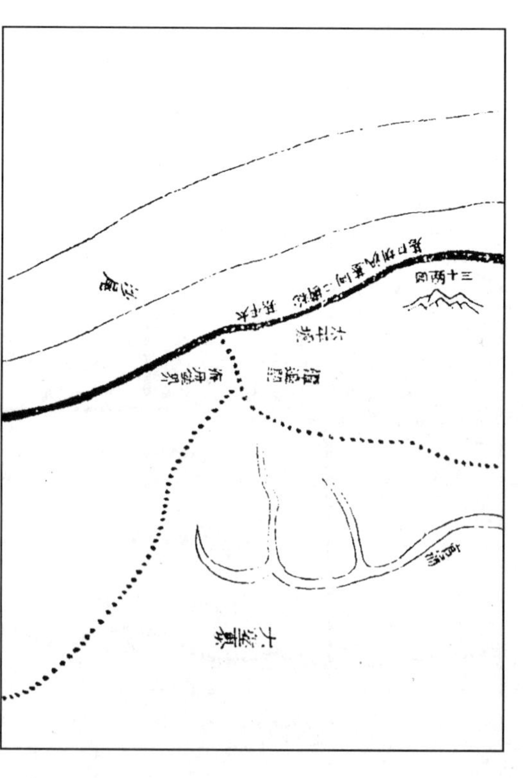

先登堡圍基，内倚山阜，即有漫溢，可保不至延袤。惟茅岡、圳口二段，受太平沙頭水激射，圳口汛、稔岡、横岡、太平墟各段基身壁立，水勢湍急，護脚鑾石、殺水石壩，宜因舊績歲加培砌。

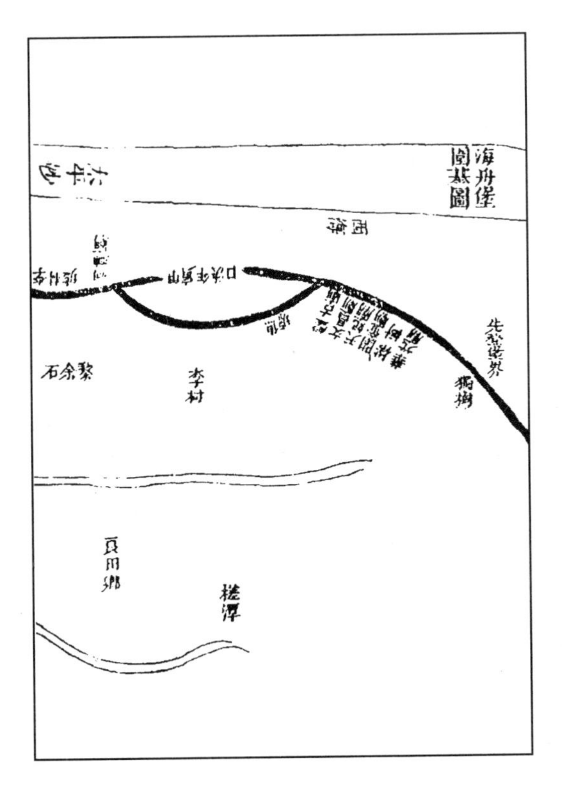

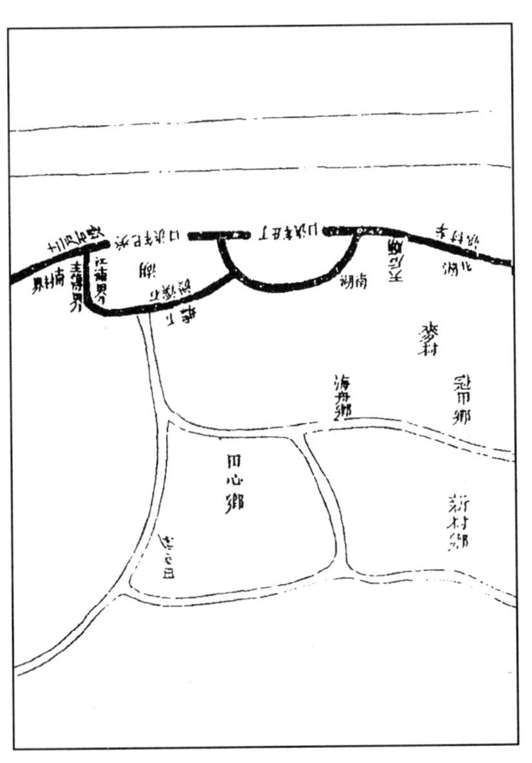

海舟堡圍基受太平沙水激射最烈，甲寅黎余石一段舊決口，丁丑、癸巳十二户、三丫基二段舊決口，圈築入裏，與水讓地，基身高厚，似可無虞。惟天后廟前丁丑決口下毗連鎮涌禾义基界，上三處基段頂衝最險，内填塞北湖，外築三大石壩，以殺水勢，可保鞏固。然殺水石壩非長三十丈，高與基并，不能與太平沙角力。照石壩式乘井估值，每壩約需銀五六七八萬兩不等，誠非可猝辦。

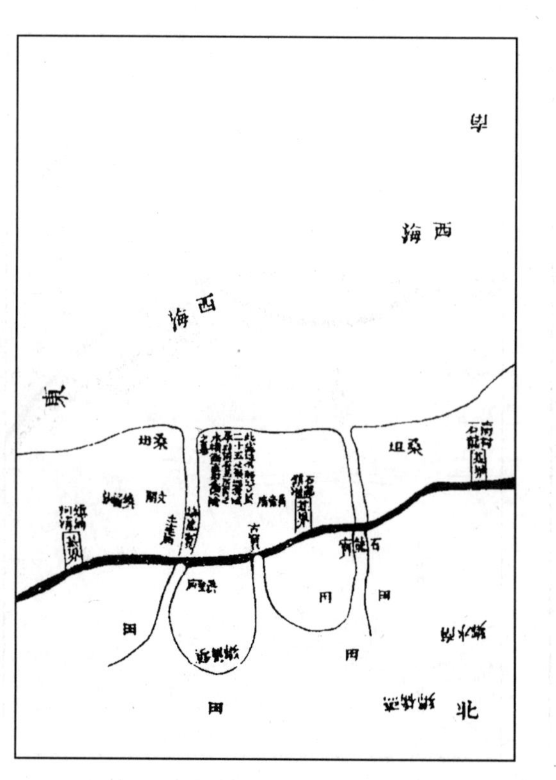

鎮涌堡圍基，由禾义基交界下至南村基，坦膺逼窄，雖有泥龍角培築肥厚，以禦江流，而太平沙尾急溜衝擊，石壩歲修不可緩視。而河清分界以上，直至洪聖廟外坦，雖闊而裏面陡絶，倘有崩決，由裏面救護又不如由外面圈築之爲直捷也。

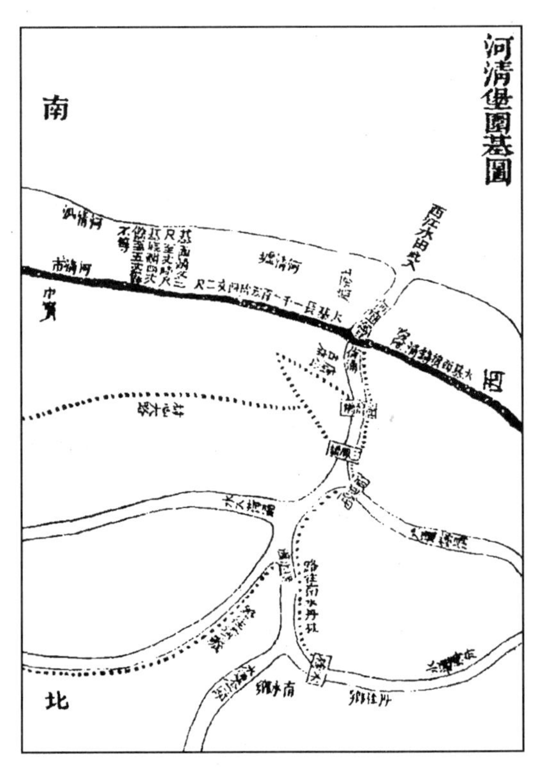

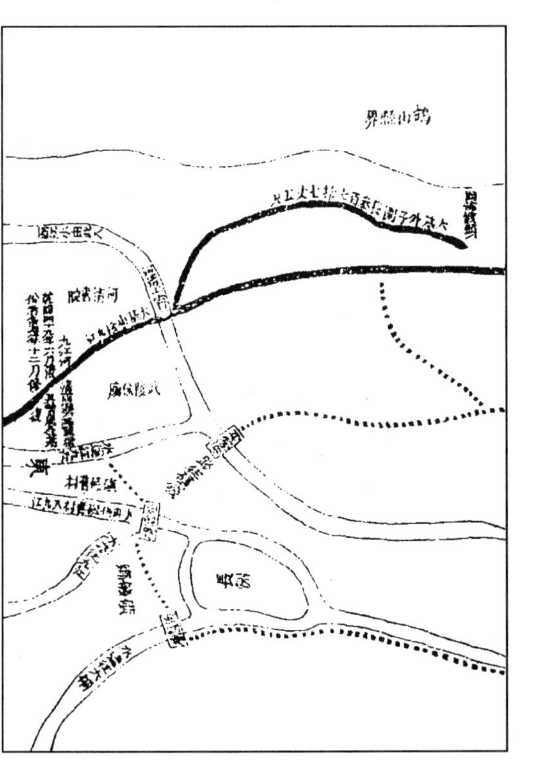

河清圍基，沙坦漫生，尚屬平易荒基。秋楓樹至九江界甲辰舊决口四十四弓，屬頂衝次險，壘石培土，當防未然。

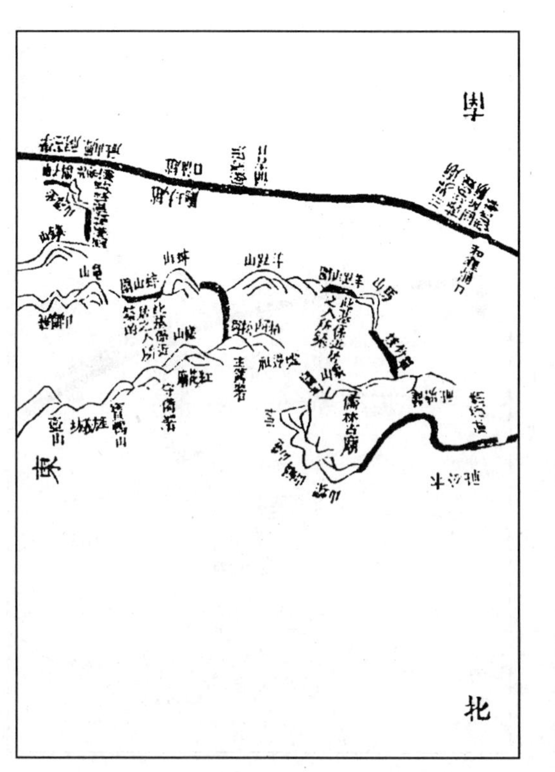

九江堡圍基圖

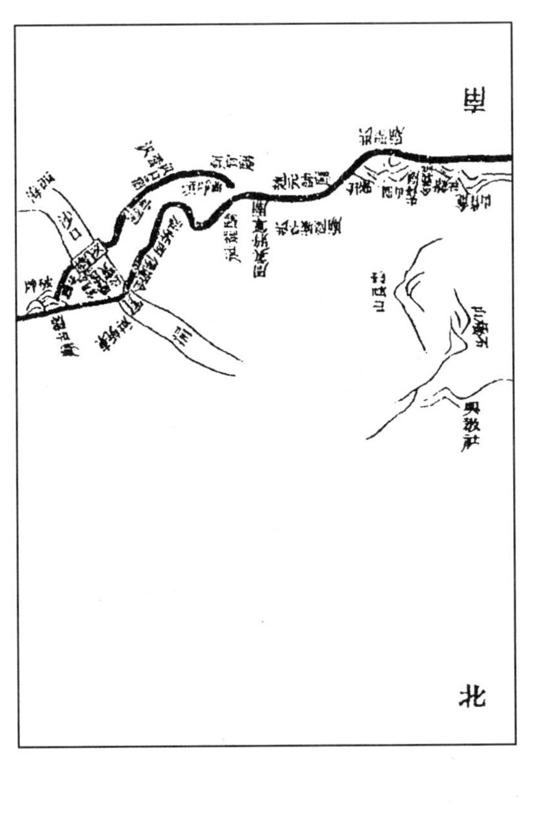

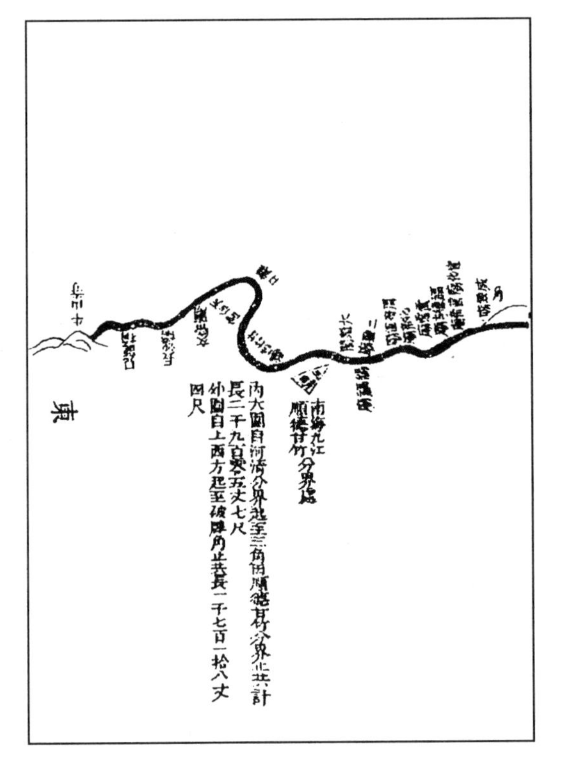

九江堡圍基處西、北江下流，潦水驟並，至上流。太平沙突起江中，河清坦亘連江滸，至大洛口，古潭、龜貝二沙層陡而起，兩沙相阻，搏擊横流。古潭沙頭近更開設窖户，益阻遏。有勢以夾流之形成，在山之害。己卯歲修，伸邑侯創築興仁里、威靈廟、沙溪社、圓所廟石壩四道。庚辰捐修，委員余刺史於新墟下蠶姑廟前横基頭石栈路口創築石壩三道，當事之憂，可謂厪矣。而壩短水深，江流石轉，纘績紹休，端望來哲。

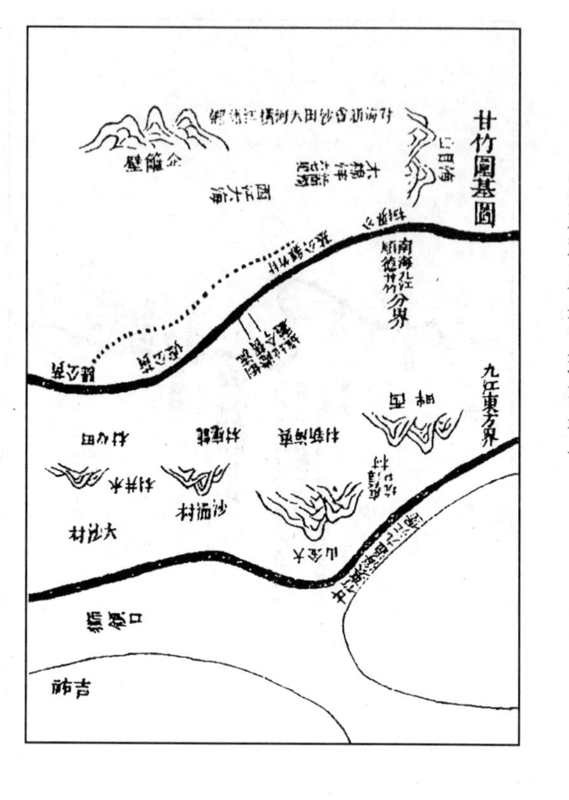

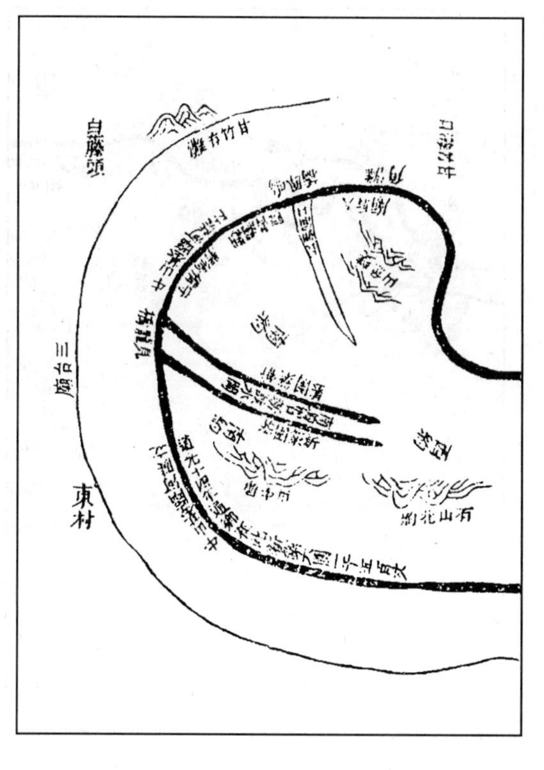

甘竹堡圍基，自灘口上至九江界，水皆順流，無衝射擊撼之險。但基身爲墟場舖舍阻障，加高培厚孔艱，常有溢面之患。自守備署下至犀牛山，臨河壁立，時防坍陷。今於南約創築裏圍基一千五百丈，以防大基漫溢，亦曲突徙薪之見也。

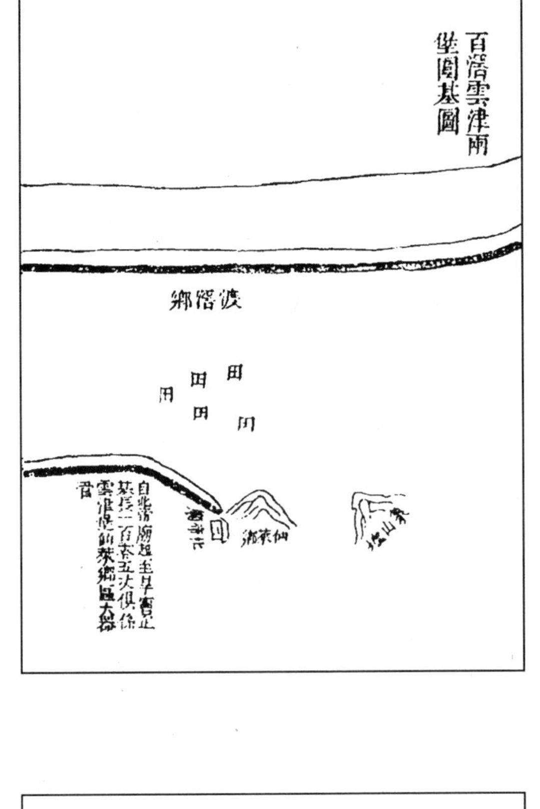

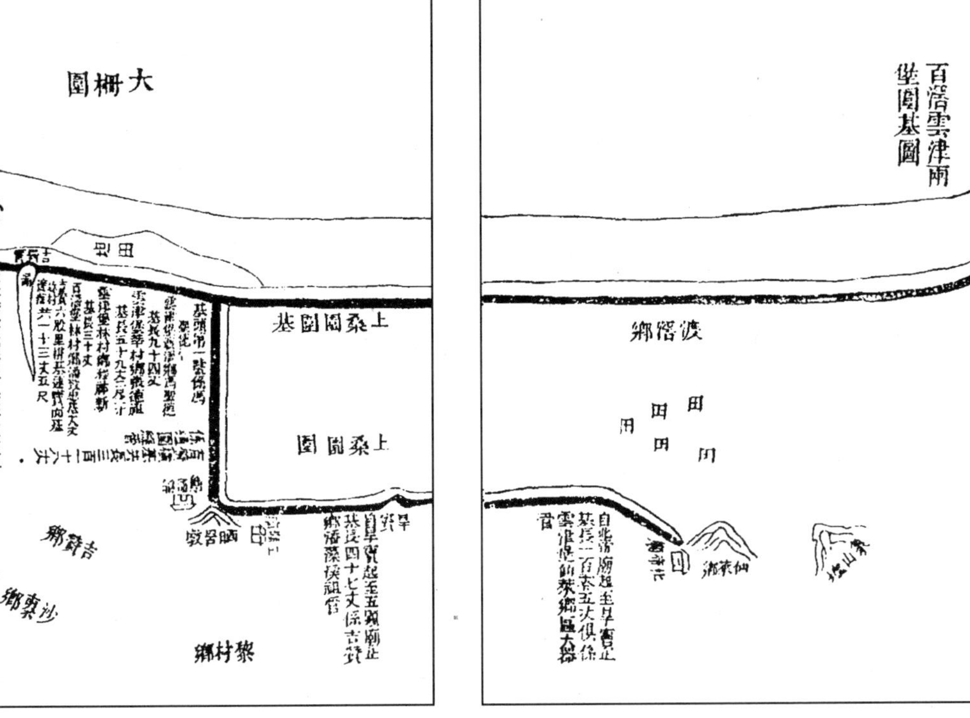

大栅圍

林村鄉

林家新村

田

田

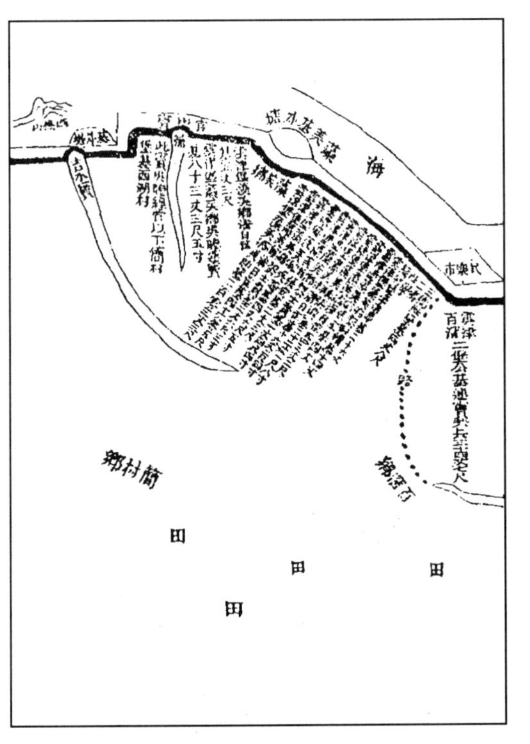

雲津、百滘兩堡圍基，自簡村堡以上，江潦有倒灌而無直注，防護亦易。惟吉贊横基上仙萊岡一百五十餘丈，上游三水蜆塘、波角、鳳果圍潰，輒有及溺之憂。自庄邊竇下至高田竇基段，内外臨塘者十一，外臨河者八，而臨塘陡險。葫蘆塘一段爲最臨河之險，壘石護脚，歲修未易。息肩臨塘之險，填水爲地，一勞永逸矣。

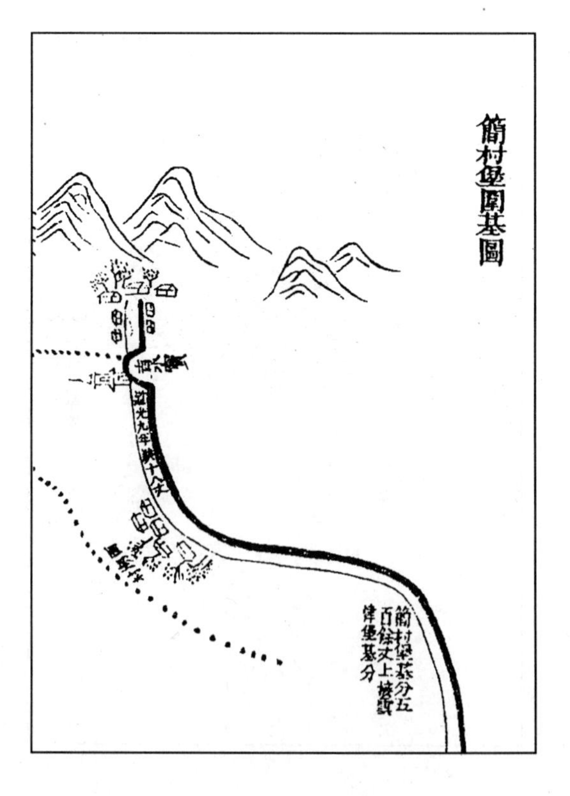

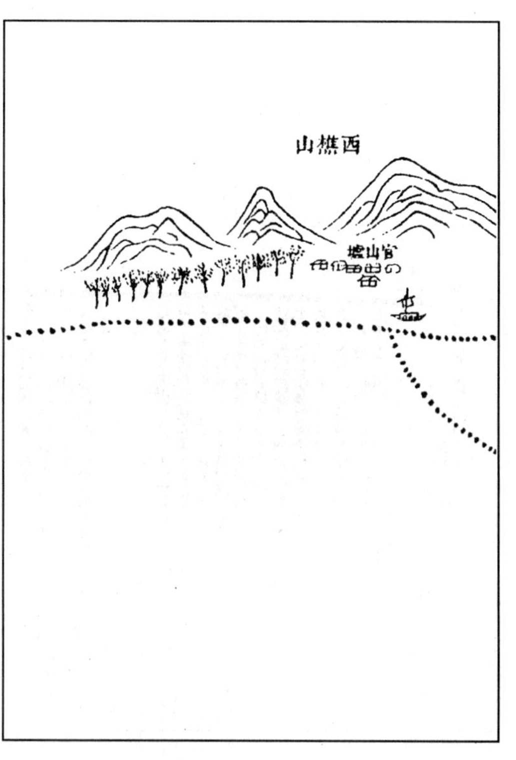

簡村堡圍基，南阻西樵山，吉水竇在基彎盡處，盛潦猝至，狂風驟作，可藉岡阜殺風潦之勢。惟墟亭一段，低矬單薄，漫溢時虞。外基三丫、海口與水相敵，敵水非壘石不能，矬薄，但培土立可使之高厚。

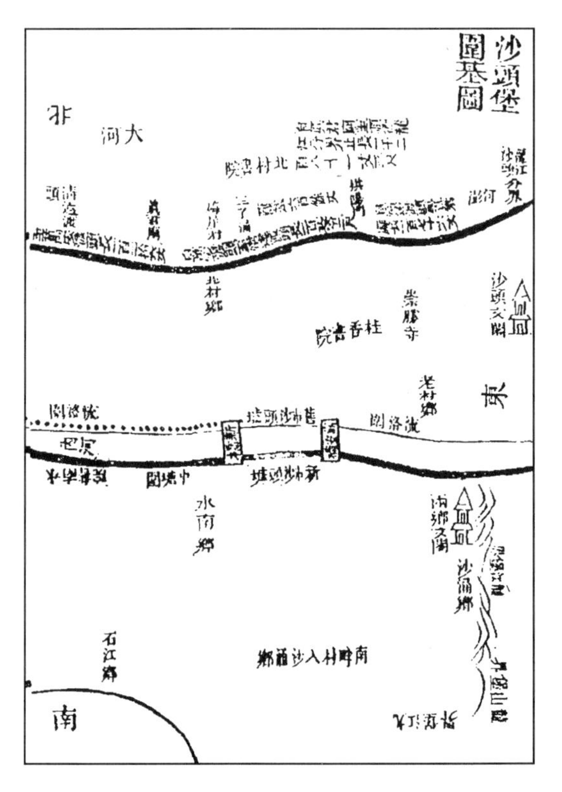

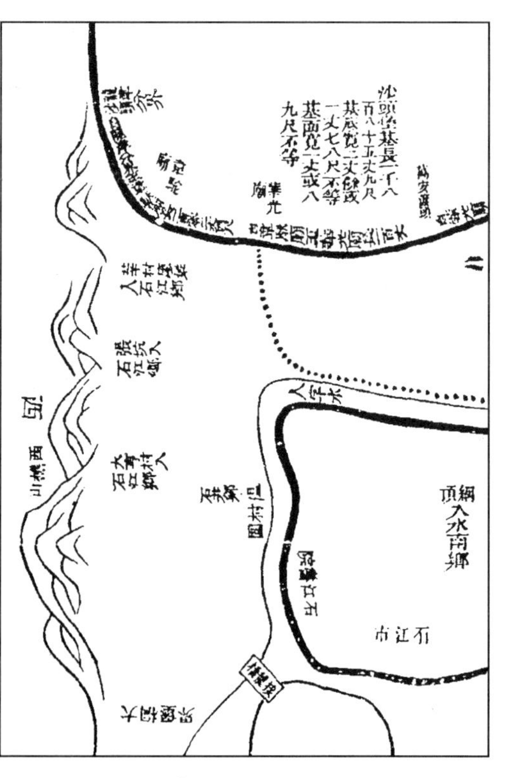

沙頭堡圍基爲東基極險要區。西、北兩江之水，由思賢滘直下港汊紛注，紆徐曲折，過佛山沙口、紫洞、吉利、龍津，至沙頭界，羅村沙突起江中，亘長幾與基並，激水横射。歲修稍緩，坍卸立見。由省城渡舊步頭至真君廟上五壩，遞築防護，亦已周備。然沙之勢乘淤日增，壩之石隨流日轉，保障歲矢履冰。而韋馱廟、真君廟上下相距中間第二壩、第三壩、第四壩各段，外無坦，内臨藕塘，涌滘填塞。壘護克勤，庶無陡陗之虞。

同治六年冬，因北村裏患基最多，惟外涌内塘礙難加高培闊，故自三丫涌起，至拱陽門外止，於外坦增築護基六百餘丈，舊基仍不廢，庶内、外兩基交資扞禦。

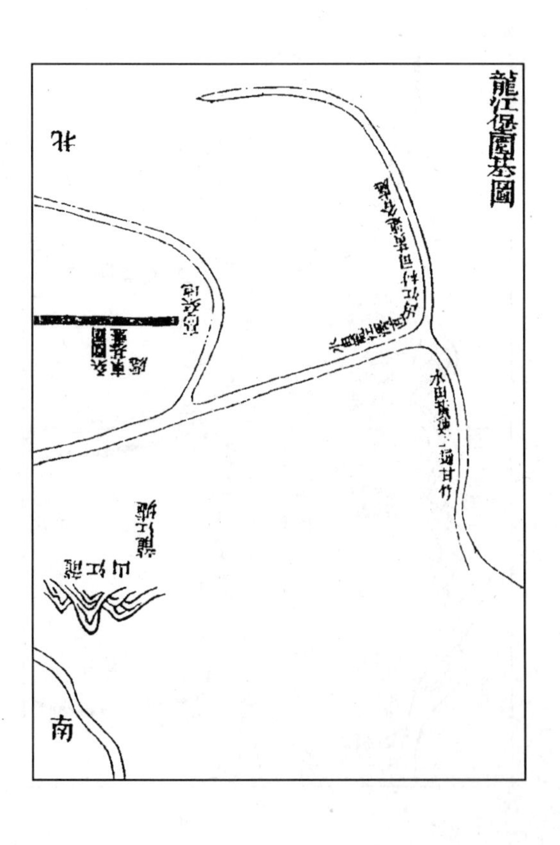

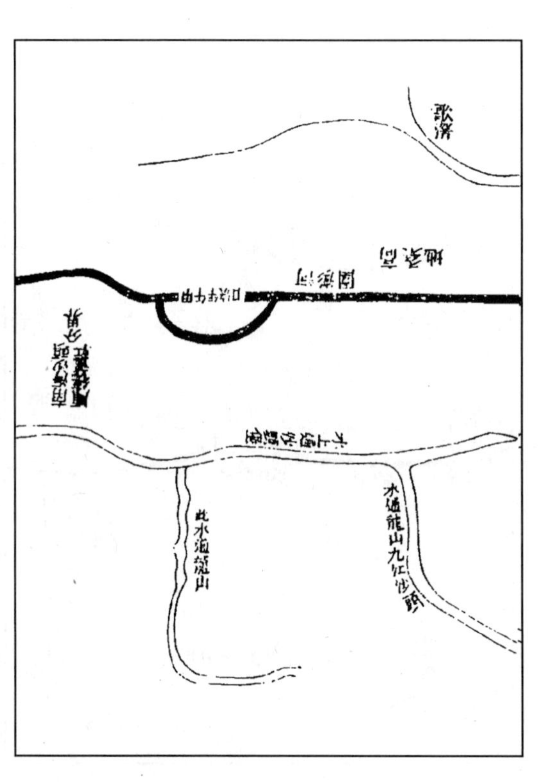

龍江堡圍基，爲通圍涌滘下流東注之區。似乎歲修可緩，然一月漫溢，則淫潦倒灌，退出倍難。前人於此築基，幾費熟思審處，苟任其低矬坍卸，不早爲之所，豈非玩愒前烈？加高培厚，是所望於福惠桑梓者。

卷八　道光十三年癸巳歲修志道光九年己丑伍紳捐修呈稿收支總册附

沿革內補載道光己丑伍紳捐修檔册、圍紳張喬年等基工獲竣，呈業户區大器等仙萊岡工竣呈。

案：桑園圍自宋徽宗時尚書左丞相何公執中建築，越三年張公朝棟築吉贊橫基三百餘丈，明洪武二十八年，陳公博民伏闕上書，塞倒流港。嗣是由明代至國朝乾隆四十九年以前，溢決不一，或基主業户自行修築，或官爲督修經理，或圍內好義郵助工程不一，基形曲直亦遞有變遷。而當日總理諸公姓名多軼不可考，惟乾隆五十九年及嘉慶二十二年其總理姓名固有圍志存，并今道光十三年大修總理諸公姓名及基段圈築直築情形，均宜備載，以資來裔考据。次沿革。

宋徽宗時，張公朝棟官廣南路。初入粤，微服訪民間疾苦。舟過鼎安，值夏潦漲湧，懷山蕩蕩，萬頃無垠，高坵上露天席地而棲者滿目皆然。即爲奏請築圍，以全民命。得旨，遣尚書左丞後陞左僕射何公執中與公審度形勢，速行建築。今東西兩堤二公胼胝之力也。故老所傳高廣丈尺頗不入信，當以乾隆八年周公尚迪碑文爲據，詳後。

越二年堤成，即分别堡界，各堡各甲隨時葺理。河清堤上舊有洪聖廟，並奉祀何公，今圮。據丁丑《桑園圍志》修，下同。

既築圍之三年，上流大路峽基決，水勢建瓴下，我圍中無間堵，仍復淹浸。張公乃相地勢最狹處，西自吉贊岡邊起，東屬於晾罟墩，築橫基三百餘丈，依照東、西兩堤高闊并留餘地，以爲取土修補之用。今橫基亦有洪聖廟，并祀張何二公，暨歷次有功斯堤者。

明洪武二十八年乙亥六月初九日，吉贊橫基被潦冲決，各堡議築。時有九江陳公博民，號東山叟，慷慨有才，謂：『夏潦歲至，倒流港爲害最劇。』乃度其深廣工程，伏闕上書議塞。旨下有司，屬公董其役。洪流激湍，人力難施，公取數大船，實以石沉於港口，水勢漸殺，遂由甘竹灘築堤，越天河，抵橫岡，絡繹亘數十里。經始丙子秋，告成丁丑夏。各堡人士爲建祠九江，顏曰：『穀食』，新會黎貞記之。貞號秫坡，陳白沙嘗稱之曰：『吾邑以文行教後進，百餘年秫坡一人而已。』詳《府志·儒林傳》。

永樂十三年乙未，李村基潰決，各堡助力修復。

成化十八年壬寅夏四月，河清基決，各堡助力修復。

成化二十一年乙巳，海舟基決，各堡論糧助築。

宏治元年戊申，海舟基又決，通圍助力修復。

嘉靖十四年乙未夏五月，大水決基不記地名，御史戴景奏請蠲賦。

萬曆十四年丙戌秋七月，西海基漫溢，總督吴公文華疏請減租。

萬曆二十五年丁酉，大水，西海基決不記地名。

萬曆三十三年甲辰夏五月大水，沙頭堡基決，附近自行築復。

萬曆四十年壬子九月十六日，海舟堡水割下墟，坍陷幾盡，經庠生朱泰等呈請制軍履勘，謂：『此堤逆障洪流，爲河伯所必争，須退數十丈，别創一基，方可免患。』通圍定議計百丈有奇，各堡計畝助築復，承邑侯羅公萬爵委任官督理，數月，基址告成。至萬曆四十七年原舊基潰。

崇禎十四年辛巳六月初三日，大路峽決，我橫基東頭決一十七丈，全圍淹浸。邑令朱公光熙駕農舟，行泥淖中，躬親撫慰，捐俸賑施，即傳各堡合力築復。朱公並請當事助工修峽，明年復捐修鎮涌堡、南村各堤，及各竇穴，民獲甯宇。

國朝順治四年丁亥五月大水，六月初八日大風颶，吉贊橫基墮裂二十餘丈，各堡傳鑼築復，附近出椿米酒食。

康熙十七年戊午六月二十七日，渡滘馮德良田頭基決去六丈。各堡齊到，將附近樹木、塼杉救復，馮德良犒謝。是年大憲奏免被災錢糧三分之一。

康熙三十一年壬申五月十九日大雷雨，八日葫蘆嶺裂火光滿天，橫基中段決去三十九丈，其深無底。各堡會議用竹排乘泥，繼用杉紐架井字加板施泥，九月初八日始復原址。

康熙三十三年甲戌五月初六日，西、北兩江潦發，自三水下連決一十九圍，初八日横基決去五十八丈八尺。各堡傳鑼齊到，每甲要艇一隻，人夫四名，各攜鍬鋤，終不能救。至水退，有義士程公儀先到處科捐，其有應科不繳者，工人纆催，程公即將已業變賣應支，乃得完理。是年大憲奏免錢糧三分之一。

康熙三十六年丁丑六月初三日潦漲，初四日兼發颶風，連日衝決蜆壳、青草、沙基、上桑園等圍。初六早横基水將溢面各堡傳鑼救復，吉贊鄉送酒米犒工，各堡亦自攜糧到基所工作。

康熙四十年辛巳五月，吉贊横基潰，通圍修復。是年大憲奏免錢糧三分之一。

康熙四十一年壬午十一月十五日，奉巡撫都察院彭憲牌案准工部咨開直隸各省應修低岸，上官務須親往查勘，如工程不堅，經管各官指名題參等因。遵照咨院行司飭府轉縣星速親詣所屬各該基竇處所，限一月内逐一清查。遇低缺崩陷之處，督令該鄉業户附近坦田取坭修補。倘有豪强抗阻，不俾取坭修理，阻撓工程，不遵承管者，立拏究處。至修築興工、竣工日期，星馳具報。

江浦司各堡里民呈爲乞採輿情賜文詳覆事。

竊惟桑園一圍吉贊横基，歷來各堡里民合同經理，未有分界另管，凡有崩決，合力修築。去年五月内西潦冲陷，奉行修葺，亦係論堡論糧均派，經報竣工在案。今奉攝理府事太爺金批，着令竪界分管，無非欲有專責，易於提防。獨是各堡里民住居，有相距基所七八十里，有相距三四十里。近者朝往暮歸，尚能照看，遠者盡日程送鞭長莫及，必須人看守，方保無虞。但荒郊蔓草，無處栖宿，此竪碑分管，似有未便。况西潦漲發無期，决崩基址難料，假使崩決此堡基份，遠者弗能奔救，近者亦謂各有專司，勢必秦越無關。且以一堡之人力，長江巨浪，萬萬難持。雖有事後責成經管，復何異江心補船。此分管之勢，實有難爲。今集衆再三商議，求其久遠無弊，計出萬全者，莫若任在吉贊一村。夫吉贊枕在基所，出入耕作皆由此道。若西江潦漲，基有危險，該村登即鳴鑼，附近鄉村遞相接傳奔報，各堡之人身家性命所關，未有不奔馳恐後者。吉贊一鄉田園、廬舍亦在圍内，當日修葺横基，衆人念係小修，未有派及。該村今日令其傳鑼遞報，揆之情理，甚屬妥協。即去年八月間西潦復發，基又危險，幸藉該村鳴鑼相傳，晚稻始獲豐收，即其明效。倘風雨淋漓，基未畫一，俟冬天再加修補，另具結報。再查横基東頭有横水小渡一隻，向在杜滘村前，開擺裝載耕農器具，迨後權移横基河下。每逢一四七墟期，往來客商以及佛山張槎下風岸等處販買牛隻，每墟牛隻多則百餘，少則數十，日踏月踐，甚易崩頽。如康熙戊午年崩決，横基皆由牛隻踐踏，低陷成坑，致遭禍患。伏乞一併轉詳，着令渡回原額，牛由上路通行等情。歷呈各憲，蒙批准如詳在案。

康熙四十五年丙戌十月十九日，九江堡舉人關龍、貢生朱順昌等瞞控，欲築高簦𡌴基以爲内防。自潭邊路口起，至沙邊墟石路岡尾市爲界。基面闊以五尺，高照簦𡌴基陂上石橋面爲度，稟蒙縣主給示興工。後經各堡聯呈，以一件宦衿結黨佔業，築基，閉塞水道，乞弔示停築，亟救糧命事。

切四海爲壑，聖禹利在天下；鄰國爲壑，白圭私立一方。某等各堡與九江同居桑園圍内，各堡居北，九江居南，歷衆共築東、西二海大基，以防水患。間或修葺，合力鳩工。如遇洪潦崩決，全由九江下流注消。是下流之通，無異九河之注海，淮泗之注江也。詎九江堡舉人關龍、貢生朱順昌等，只謀一方便利，不顧各堡顛連，假修復爲名，揑稱古蹟，遁前藏後，鬼載一車，强將大同税業混飾虚詞，瞞聾仁天，蒙批查勘。乃賄巡司，不行公踏，不詢鄰堡，不查税户，混文囘報，給示修築。突於本月二十二日興工，擺汛兵而擁器械，大張聲勢，童叟驚駭。公查伊鄉從無裏圍原蹟，上古既無舊址，今日奚容新築？此基横截則閉塞下流喉咽。若遭水患，耕鑿維艱，秋成無望，廬舍將爲魚藪，民命喪於海濵。勢着瀝情，叩乞仁慈，俯念全圍税糧之大，民命之多，亟賜金批弔示，禁止庶水道流通。民安耕鑿，國賴輸將，通都頂祝無既矣。並聯呈督、撫、司道、衙門蒙准，牌仰廣州府親行踏勘。

後弔案會審詳報，彼此呈詞連搆三年，乃得結案。制府批仰布政司速委府廳兼同該縣及營汛星馳到新築處所，押勒鋤土還田，計聯詞二十紙，單詞五十六紙，并發。

雍正五年丁未總督孔公毓珣奏請基圍之務，責成於官，或動帑修葺，或督率培補。大中丞傅公泰又以海舟堡之三丫堤基最衝極險，蒙發帑采石修築。

乾隆八年癸亥，李村、海舟基并決，吉贊横基水過基面，復陷三決口。先是四月二十七日漲決南岸圍，自南岸之下左右圍基俱被腦頂水冲決。至五月初一日始決横基，其李村、海舟基自行築復。五月初八日各堡里排齊集鎮涌洪聖廟酌議堵塞横基，庶保晚禾。每甲在户民米六石起至十石止，均要出夫四名，竹籮四隻，杉樁四條，艇一隻。其籮滿載坭土，向缺口處所連樁竪下，每艇又加禾草五十觔，連築四日，壓禦上流，禾稻得以豐收。九月初一日復呈懇撫憲王公安國仰司移道委妥員辦理具報。十月初一日，奉廣州府保爲基圍未固事。據南海縣申稱，桑園圍、吉贊横基地居上游，實屬通圍喉咽，關係匪輕，培築實難稍緩。里民曾賢等各堡請合力鳩工，按糧均築，計圖久遠，爲善後之舉。第鄉村遼闊，工力浩繁，誠恐人心未臻畫一。若非專員彈壓督理，更虞呼應不靈，荏苒觀望。應聽道憲委員就近督理，諭令圍民即向旁坦取土，趲工培築高厚。再該圍自吉贊横基之下，則有庄邊、林村、民樂市、藻美鄉至吉水竇一帶基址均屬低薄，亦應着令各業户按照原管基界一體自行加築等情。當即派委南海縣丞會同江浦司巡檢前赴該圍基督修，仍嚴飭巡檢胥役人等奉公守法，不得藉端勒索分文及船夫飯食銀兩，如敢陽奉陰違，察出立即叅究。隨於十月興工，至十一月底報竣。其告成勒碑在洪聖廟。係江浦司周公尚迪撰文，内載張、何二公始建通圍基址。基底一十二丈，基面六丈，兩旁餘地三丈，吉贊横基亦如之。

乾隆四十四年己亥五月初九日，潦漲，連潰十八圍。自波子角冲決，澎湃順下，漫溢。吉贊横基坍卸三口，計長三十丈有奇，各堡里排集佛子廟妥議，論條銀起科認捐，是年完築。先是漲發洶湧，西海旁九江堡、仁和里崩決，河清鄉基與九江枕界處崩決，皆基主業户自行築復，李村天后廟旁基亦經搶救，卸而復完，皆賴搶救之力也。

《重修吉贊横基碑記》我桑園一圍，向無基址，遇横潦靡有甯居。宋時始於東西沿江建築圍基，越數年，復添築間堵横基，以除水患。前則有大憲何公、張公規畫於土，繼則有義士博民陳公等踵修於下，其中經理源流，建修年月，基址廣狹高低上下界至，詳勒前碑，茲不具述。保障無虞慶奠安者，三十七年矣。今乾隆己亥夏五朔，西北兩江水勢浩瀚，環繞通圍。越五日，三水波角崩陷，湧漲下流，初十日吉贊横基水溢過面，堵截維艱，坍決三口，計長三十丈有奇，圍内早稻乏收，房屋傾圮，指不勝屈。十有八日，各堡啚甲集儒村鄉佛子廟酌議諸塞，得蒔晚稻。緣以倉卒防衛未堅，基址低薄，呈憲給示，就近委員督築。在南北田圳取土，由近及遠，復諭糧均派，每兩條銀起科銅錢三百五十文，以爲基工費。是歲十有一月初四日興工，歲暮告竣，半載經營，乃得如前鞏固。念始創維艱，按修匪易，遂將原創廟宇增以深廣，前座禋祀洪聖王，後座奉祀丞相暨歷代先賢。廟右搆小室一，置田産，募司祝，俾歲時伏臘享祀無窮，永誌甘棠之愛，并將田産土名税畝附録於碑。里人傅雲山謹記。督修官署南海縣江浦司候補州右堂蔡應芳，南海縣江浦司巡廳加一級陶秉鑑，總理何鴻翥，劉仁魁、潘宗儒、趙符彩、曾翰元、譚昭和、吴章錦、戴斐章、潘健和、李殿昭，協理吴珮熙、李貴參、關深和。

乾隆四十四年歲次己亥季冬穀旦立石，據甲寅《桑園圍志》修。

乾隆四十九年甲辰五月二十六日，烏尾潭及李村黎家前基潰決，本鄉附近自行築復。

乾隆五十九年甲寅七月初五日，西潦湧漲，各堤潰決計二十餘處，而李村决口坍潰至八十餘丈。蒙督撫兩院奏准撫恤，并蒙緩征。乃巨浸雖退，該堡無從措計。適在籍温太史質坡先生與薦舉孝廉方正何公榕湖聯集南、順兩邑士民共謀修復，並稱是堤自明初至今四百餘年，潰決無慮十數，皆張皇補塞，迄無成功。欲圖久安，非通修之不可。維時兩邑同圍共十四堡，稟奉憲諭因税定額，每兩條銀起科銀七兩。南邑十一堡若九江沙頭、大同、河清、鎮涌、海舟、先登、金甌、簡村、雲津、百滘認捐十分之七，順邑三堡若龍山、龍江、甘竹認捐十分之三，得五萬餘金。以李肇珠、梁廷光、余殿采、關秀峰總其事，復各堡推出首事，以爲副理。先將李村决口築復，計長一百四十五丈，其餘通圍無論坍卸卑薄，一律培厚增高。經始於甲寅冬十月，告成於乙卯年七月工竣之後，并創建南海神廟，以崇禋祀，旁祀歷來官斯土之有功於桑園者。又蒙陳方伯沿堤履勘，謂頂衝各處應需培石。南順兩邑，各堡復照原額添捐，得銀九千餘兩，分別險段堆砌完成，然後全堤鞏固。

原志載甲寅志陳伯方《通修桑園圍各堤碑記》温少司馬《通修鼎安各堤始末記》《里民藉固獻新呈園紳請留稽贊甫呈》，兹不重録。

嘉慶十八年癸酉五月初五日潦湧，稔岡、横岡兩鄉基決三十一丈，該鄉基主業户自行科貲，及借帑銀二千兩築復，所借帑項全歸該基主業户自還。

嘉慶二十二年丁丑五月十九日，西潦暴漲，九江大洛口外基、河清外基皆決，海舟堡三了[一]基因前伐稿木，樹根霉廢，以致滲漏坍卸。經各堡傳鑼，搶救不及，冲決六十二丈，水刷都爲巨浸。緣海舟鄉高坵拒阻，分兩支奔騰南出者，原仲祠前因涌成湖，北出者麥村旁天妃廟後因塘成潭，皆深二三丈不等。二十日水由東滿溢瀾翻，吉贊横基及沙頭堡基、龍江堡基各有數決口，並因狂湧反出，淹斃人命，倒塌民房。荷蒙督撫具奏，委賢員撫卹，復責令該管海舟十二户暫行圈築月基，以救晚稻，十二户紳耆請借帑銀五千兩爲圈築月基工費，恩准十二户分兩年帶征。時在籍龍山温少司馬深以爲憂，致書制府，謂三十年來，連決五次，民困已極，雖竭綿力修復，而塞此決彼，力有難周。況歲修徒爲具文，並無實項，必知其受病之由，方得救之之術，否則，憂未已也。會兩邑紳士亦聯呈籲恩，蒙蔣部堂、阮制憲、陳撫憲暨司、道、府、縣莫不撫字恩隆，保障念切。於嘉慶二十二年十一月奏准借帑本銀八萬兩，分十六年繳還，係交南、順兩邑當商生息，遞年除歸本外，我桑園圍得息銀四千六百兩，推公正紳士管理，以任歲修。一面飭我通圍十四堡照甲寅李村決口以條銀起科大修例，此次五成起科，公舉總理羅思瑾、岑誠、何毓齡、潘澄江、梁健翎承辦基務。九月十七日開局，在梁家祠派簿認捐，限期各堡陸續彙繳，以應基工。詎決口前通大海，後刷深潭，勢難硬築。經繪圖註説請示，着令依月基旁挑去浮沙，換過溪土，用牛踹練。惟南湖十八丈，水深二丈，餘當即採買九龍山蠻石壘砌成堆，用沙滲結。既成復卸，再卸再填，乃得堅實。於基後密排長椿三重，然後水風交激，不能撼動，隨可一律合施土工。至嘉慶二十三年二月基成，土工先行報竣。南湖基以水面計，基底十二丈，其餘基底八丈，或十丈，基面一丈二尺，圍外盡壘蠻石。悉自水底疊次砌起，南湖基裏復傍石塊，又至六月石工始能報竣，蒙阮制憲委徐分府履勘督修，暨趙藩憲親臨基所，指示章程，萬民懽忭[二]。閆大令更屢駐襜帷，周圍勘視，無微不照。通圍各堡所有患基着令該鄉報明勘估，即在該堡應捐項下照估扣留，交該處紳耆培補報銷，並飭首事於估價外，細察全圍情形，應添土工石工之處，悉力籌辦。九江廳李江浦司章常川到局彈壓，日役千餘人，督辦不倦，以

[一]『了』爲『丫』之誤。
[二] 懽忭　歡喜。《字通・心部》『懽』同『歡』。

至告成。迨五月初旬連日潦漲，至十八日基不没者二尺餘，新基屹然無患。惟麥村旁舊基，因塘成潭處所，曾估銀培築，該十二户紳士但在基外添闊，其基裏陡企處未免從略，即乘潦至雨多，内坍十餘丈，經麥村傳鑼各堡齊到搶救，得以無虞。六月初三日水退，登即集夫赶緊培好。先是十九日洪濤洶湧，九江外基華光廟旁决去三丈，搶救不及，而大基安鞏無恙。據丁丑《桑園圍志》修。

原志載丁丑志圍紳陳書等稟照甲寅五折起科章程，首事羅思瑾等稟明基工全竣呈，温少司馬《後修堤紀》，兹不重録。

嘉慶二十二年十一月，太子少保兩廣總督阮公、廣東巡撫陳公奏請借撥藩庫追存沙坦花息銀四萬兩、糧道庫貯普濟堂生息銀四萬兩，共八萬兩。發交南海、順德兩縣當商生息，每月一分，每年得息銀九千六百兩。内以五千兩歸還原借銀本，以四千六百兩爲桑園圍歲修圍基之費。二十三年正月二十五日奉到俞旨批准。四月初一日發銀派當生息，温賀坡侍郎推教諭何毓齡、舉人潘澄江爲總理。二十四年正月設局，二月施工，擇圍内吉贊横基先登、海舟、鎮涌、河清、九江沙頭各險要基段先行加高培厚。基脚衝激處間壘砌蠻石，八月工竣。據己卯《桑園圍志》修。

原志載己卯志温少司馬來書，兹不重録。

嘉慶二十四年邑紳郎中伍元蘭、員外伍元芝各捐銀三萬兩，新會原任郎中盧文錦獨捐銀四萬兩，將桑園圍東、西基，吉贊公基險要工改建石堤，餘各基段俱施土工加高培厚。呈繳院司委余州牧估勘，條議章程，詳辦督工，委員顧金臺、李德閏，總理何毓齡、潘澄江復相度吉贊横基附近飛鵝山坳，照址買受，在岡背建築小堤，歸附近鵝埠石鄉管理，以防三水縣潦漲，灌頂要害。九月施工，二十五年四月工竣。奉旨照禮部建坊例，旌獎伍、盧紳以欽定『樂善好施』四字，爲建牌坊於南海神廟旁。據庚辰《桑園圍志》修。

原志載庚辰志阮制軍《新建南海桑園圍石堤碑記》買受飛鵝山地契。兹不重録。

道光九年五月初三日，西潦漫溢，决簡村堡、西湖村圍基二處。南决二十六丈九尺，深二丈四尺，北决八丈五尺，深一丈八尺。雲津堡藻美村外高田竇圍基决五丈深五尺，仙萊鄉圍基决三十一丈，深四丈五尺。邑庠貢生伍元薇捐銀三萬兩築復，并修葺東西患基，又築復桑園圍上游蜆塘圍波子角决口。簡村堡、西湖村基奉派捐銀二千兩，尚不敷銀二千餘兩，係該基主業户自行墊足工竣總督李公具奏奉旨賜伍元薇舉人。據縣檔册修。

道光十年四月十五日具呈：桑園圍舉人張喬年、明離照等呈爲基工獲竣，聯謝鴻恩事。竊念桑園圍當縣治之西，萬井毗連，兩江環繞，一十五堡之沃壤，耕鑿時安；萬二千丈之長堤，藩籬有賴。去年潦决，補救維殷，晚稻豐收，快覩成效。仰荷仁憲勤思保障，一時之捍災既切，千秋之防護彌深。通諭於冬日分段大修，舉人等以吉贊横基爲通圍公基，集同各堡公擬首事，通力合作。冬晴水涸，無愆將事之期，材備工堅，必杜虚縻之弊。復蒙憲勞親臨工次，反覆履勘，規畫周詳。首事等知所遵循，工程獲竣，當父師大人廑懷昏墊，念切民依，海隅蒼生俾資奠麗。自今以始，慶家室之相安，長江非險； 思粒食之所自，每飯不忘。田耕召埭，長涵膏雨之陰； 業紀蘇堤，永護甘棠之蔭。鞏苞桑於南甸，蝗漏深防； 登衽席於東瀛，鼊波遠靖。磐石之安，歌誦於生生世世矣。舉人等領過撥給伍紳捐修吉贊橫基銀四千兩，所有收支工料理合分列報銷。茲謹備册呈電，思卿環之願切，更向日之情殷。舉人等感激微忱，敬當聯呈鳴謝。爲此禀呈。蒙批，據呈慰悉，候轉報册存。

道光十年四月十三日，具呈桑園圍雲津堡、仙萊岡業户區大器等呈爲基工完竣，乞恩察核驗收，據情轉報事。

切業户等仙萊岡基於道光九年五月初四日被潦水冲決，蒙糧憲暨前憲親臨履勘，矜憐業户等赤貧丁稀，無力堵塞，發給伍紳捐項番銀三千兩，飭令搶塞決口，遵於五月十八日興工，六月初九日搶修工竣，計搶築新基伍十丈零五尺，共用工料銀一千八百四十四兩二錢三分，當經開列工料支銷數目，具禀糧憲暨前憲委員核實驗收。尚餘銀一千一百五十五兩七錢七分，聲明留俟冬晴水涸，將搶修決口翻築，在案。決口搶塞，晚禾幸賴有秋。迨至去冬，飭將搶修新基翻築，并將舊基加高培厚，添砌石堤。蒙委員文太爺勘明禀奉再發給伍紳捐項番銀二千兩，遵經購料雇工，於十一月初一日興工，蒙委員文太爺同江浦司吴主時到督理，立限完竣，並蒙仁憲暨糧憲親臨指示，工做章程。伍紳亦親在工次，董率業户等有所遵循，加工如法赶辦，各工踴躍，樂於趨事，伍紳復加捐番銀三百四十兩，所有冬晴修築工程連搶修剩銀前後共領伍紳捐項番銀三千三百四十兩，均經業户等備具領狀，繳赴糧憲存案。又溢銀水銀二十五兩九錢八分七厘。又拆回搶修杉樁，除破爛及用回打新基水樁外，剩樁賣銀一百陸拾兩零陸錢四分六厘，共得銀三千六百八十二兩四錢零三厘，折去抱築新基五十丈零五尺。翻築新基長四十丈，基底闊七丈，面闊一丈五尺，高一丈七尺。舊基長一百一十二丈，原底闊三丈，面闊四尺，高一丈四尺。今基底培闊四丈，基面培闊一丈一尺，培高三尺。新基一律底闊七丈，面闊一丈五尺，高一丈七尺，新舊基共一百五十二丈。新舊基外面基脚俱横排地牛砧石一層，横石上新基加砌方砧大石六層，舊基加砌方砧大石六層，舊基加砌方砧大石肆層，新舊基内面基脚俱砌大石一層，石裹靠石樁練灰砂厚伍尺，高與石齊。石步另加灰砂墻高闊俱一尺六寸，決口被冲成潭，計闊六畝餘，用砂坭填平。工竣後復蒙江浦司吴主隨同糧憲新臨勘驗無異，一切收支數目，俱業户等自行經理，計共用工料銀四千四百四十四兩五錢三分。除支前後所領捐欵及溢水賣樁共銀三千六百八十二兩四錢零三厘支銷外，不敷銀七百六十二兩一錢二分七厘。業户等係屬雲津堡赤貧丁稀，實在無力措支，經附近並無基份之百滘堡捐足，交業户等辦竣，於道光九年十一月初一日興工，十年三月初五日工竣，所有修築緣由及工竣日期理合開列收支銀兩，工料細數。奉懇憲恩察核，蒙縣憲批候轉報粘單附。

道光十三年五月十七日，西潦陡漲，決海舟堡十二户、三丫基一百三十餘丈，刷成深潭二百餘丈。横流東駛，東基被衝陷坍決者，雲津十七處，共長一百二十六丈九尺； 簡村堡一處，十二丈； 龍津六鄉一處，九丈； 沙頭堡十六處，八十一丈八尺； 龍江堡三十三處，一百二十一丈二尺。又河清、九江、甘竹均有衝決。十二户基主自借帑銀四千八百兩，築水基以保晚禾。施工至再，被潦衝刷，弗成。圍衆議照丁丑起科例，減五成科，捐銀一萬三千五百餘兩，合十二户自借興築水基，前後共借帑銀四萬九千八百八十餘兩，築復通圍各決口及通修東西各患基。公推武舉李應揚，舉人何子彬、曾銘勳，職員溫承鈞、陳昌運總理基務。工竣蒙太子少保總督盧公奏請聖恩，於桑園圍本欵歲修息銀扣繳還銀三萬九千二百六十九兩餘。據縣檔册修。

道光十四年三月十八日，雲南候補道鄧士憲，候選知府鄧林，主事何文綺、溫承悌、內閣中書張謙，大理寺評事黄世顯，陝西鄜州州同譚瑀、教諭張喬年、温澤明，舉人曾銘勳、何子彬、黄龍文、明離照、馮汝棠、岑誠、陳榮、程貴時、冼文焕、郭懋勳、潘澍漳、潘廷瑞、潘佐堯、潘士瑛、何淞湘、李雄光、梁澄心、梁植生、梁懷文、潘漸逵、梁策書、關景泰、黄亨、譚瑀、郭培、蔡詔、黄之免，曾棵材、鍾璧光、潘以翎，武舉李應揚、莫緯光，職員温承鈞、陳昌運，拔貢曾釗，副貢梁上清、麥穎、張士魁、馮日初，歲貢左龍章、陳愈，生員關家駿、張世光、陳士麟、明倫、吴文昭、譚彬、譚靄元、何玉梅、譚彦光、陳嘉言、程鴻漸、郭傑、李應剛、胡積煇、鄧翔、何如驤、何作垣、劉翰垣、余暉超、李業、麥祥佳、陳瑶筠、張清徽、胡調德、黎芳、梁起宗、潘芳、盧璋、程翔萬、潘以翥呈爲基工告竣，聯謝鴻恩乞飭籌定善後事。竊聞饑溺載懷，每切椎心之籲；沉菑既濟，亟抒坭首之誠。振古如斯，於今爲烈。某等桑園圍基，處東、西粤之下流，扼八千里之巨浸。滔天夏潦，須臾冒岸襄堤；動地江聲，瞬息排山撼岳。溯自趙宋，逮乎熙朝，決溢頻開，築修疊紀。惟去年癸巳五月丁亥，西潦殊昔，衝決海舟堡三丫基百丈有奇，歌興瓠子，悵田園之已空；人立航頭，悼室家之俱靡。加以黄熊恣虐，颶母增威，萬家鱗瓦，競逐洪濤，百姓編氓，痛隨逝水。沉珪刑馬，弗蒙河伯之仁；囊土負薪，轉觸陽侯之怒。斯固天心之樂禍，亦由人事之未修。伏惟宫保大人掞華摛藻，世傳燕許文章；掃妖氳氛，人仰范、韓勳績。清明仁恕，所至爭視叔倫，勇功智名，到處咸歌元凱。兹幸福星再曜，節鉞重臨。海角長城，專倚元老；嶺東開府，兼屬雄才。值痛深創鉅之秋，敷生死肉骨之惠。部糧連艘，頓慰鴻雁哀鳴；經武分麾，坐使萑苻斂蹟。復軫桑園地大，基段役煩，俯借四萬九千帑項，圈築五百餘丈雲堤。迭派重員，屢厪諄命。某等禀憲裁而部署，萬杵齊鳴；合群力而胼胝，千夫並作。計工奠食，節縮不憚維嚴；楗石釘樁，經營聿求孔固。役更五月，常恐隕越貽羞；成以十旬，敬矢輿情謌謝。既歌膏雨，不忘履霜。乞沛全恩，剴飭圍衆，續修志乘，編纂章程。基分段落，管護勿卸仔肩；費定要歸，揩拄必清主腦。庶二千零項疆畝，普慶安瀾；一十四堡紳民，長登樂土。禾油桑沃，群澆鄭國之渠；蠶熟魚肥，永頌傳祇之堰。切赴。

蒙盧制臺批：桑園圍爲西、北兩江下游衝要，數百里田廬保障，關係甚重。上年潦水疊漲，冲決圍基，工鉅費繁，各業户一時派捐不及。經本部堂奏蒙聖恩，准於藩庫借項興修，分限五年征還歸欵。自上冬開工以來，諸紳士與該府縣，董率克勤。前因春漲，届期未據報竣，本部堂昕夕焦慮。今據禀報全圍一律竣工，極爲堅實。從此工程鞏固，合圍士民永資利賴。皆蒙聖主鴻施，本部堂責司守土，分所應爲。諸紳士摛藻歸功，毋乃溢美。諸紳士素隆聲望，表率齊民。惟願誠勉閭閻，各敦本業，共護圍基，是所厚望。至志乘應如何修纂，段落應如何分管，並即商定，以垂久遠可也。

吉藩臺批：桑園圍基，上年西潦決口，工段綿長，修築爲難。由司先借發銀四萬九千兩餘，選派首事經理。開工以來，在事之人，無不殫竭心力，趕緊興修。現已一律報竣，從此長堤鞏固，永慶乂安，深爲欣慰。至以後如何定立章程，分段保護之處，仰廣州府飭縣率同該紳士等，妥協籌議，具禀察奪。

李臬臺批：據禀圍基蒇事，請飭修纂善後章程，仰廣州府查明辦理，禀覆察奪。

鄭糧道臺批：據呈基工告竣，深爲欣慰，諸紳士仰體大憲借項卹災之意，共相努力，得告成功。從此闔圍受福，永慶安瀾，可喜可嘉。至應築石壩，係不可少之工程。現奉督憲批飭趕緊修築。各紳士務須及早辦竣，方爲全工完善。其善後章程，應如何籌定之處，仰南海縣飭令基總業户人等妥議熟商，期垂久遠可也。

金府尊批：桑園圍上年被水冲決，經大憲奏蒙聖恩，借帑金修築。諸紳士等督率業户人等實力辦理，俾得迅速工竣，永賴利安，實爲欣幸。至志乘之如何續纂，章程段落之如何分管攤費，仰南海縣即速查明舊章，及詳定分年還欵定限，督同諸紳士等妥議禀奪。

黄邑侯批：查三丫基素爲桑園圍險要之區。上年猝受非常之冲，決口百有餘丈，計需工費浩繁。仰蒙各大憲念切民依，准借帑金數萬以倡修。事關大工，相度機宜，運籌辦理，本守土之責。今賴諸紳士設勸集資，督飭群工以興築，實心實力，兹得迅速告竣，可期一勞永逸，共慶安瀾，殊深欣幸。其於善後修志，及如何分管段落，編纂章程，候飭各堡紳耆，會同各首事等查議覆奪。

道光十四年五月，西、北潦坍卸甘竹堡武營上灘頭圍基一段，武營下牛山基一段，龍江堡河澎圍基坍缺十餘口，潦水倒灌，至七月未築復。圍紳在籍主事何文綺温承悌等數十人呈請督糧道鄭公檄行順德縣，飭基主業户自行築復。甘竹堡紳士業户以牛山基脚崩陷旋築旋卸，十一月相度地勢，於南約改築裏圍，添設水閘以裏圍代外圍，爲桑園圍堵障下關。十一月呈糧憲行順德縣，履勘興工。據糧道檔册修

道光十四年十一月順德縣甘竹堡紳士生員吴文昭等禀爲遵諭禀明事。現奉本縣扎開，奉大人批：據桑園圍紳士何温等赴轅呈稱：本年五月潦水，坍卸甘竹左灘、武營上灘頭基一段，係右灘黄姓、左灘西約業户應築，又坍卸武營下牛山基一段，係左灘南約業户應築，懇飭築等情。生等係南約人，已經遵諭於九月初八興工修築。但查牛山基段基脚冲卸，屢被西潦撼擊，磡下成潭，旋築旋卸，不能鞏固。生等相度成勢，欲於南約涌内改築裏圍，添設水閘。此處浪静波平，左右有山夾護在水閘兩旁。築至山麓，不受波濤冲擊，堵塞桑園圍下關，實爲鞏固。前於九月内經桑園圍紳士黄龍文、曾銘勳等到境親勘，輿情允協，並無異議。今於十二月初一興工，約於來春正月底乃能竣工。至海旁基段修葺平正，以利行人。若再培土加高，恐上重下浮，必致崩墜。理合禀明，并繪圖呈上。仰乞憲恩俯准改築，則群黎咸沾福蔭矣。

奉督糧道鄭批：據呈牛山基一段，已於九月興工修築，具見知務。惟基脚屢卸，該生等欲於涌内改築，裏圍設立水閘，是否輿情允協，足資鞏固。仰順德縣親詣勘明，飭令妥協。其海旁基一段應否無庸培高一并查勘，具報毋違。圖附順德詳文後幅云云。

等因奉此，卑職遵於道光十四年十二月十五日親詣該處，傳集該生吴文昭等查勘牛山基一段，因基脚冲陷，難期鞏固。現據該生等於涌内改築，裏圍設立水閘，洵足以資保護。查詢士民輿情允協，當已諭飭查照改築。至海旁基段，均已修築平正。若再培高，恐致上重下浮，亦屬實在情形，自可毋須再築云云。

道光十五年五月，西潦漲湧，漫溢沙頭、九江、河清、雲津、簡村等堡圍基，坍決十餘處，俱該基主業户自行築復，沙頭圍基一千八百丈餘，一律加高三尺。龍江堡圍基四百餘丈，亦並時加高。

基段

案：歲修喫緊，全在基段分明。如州縣管轄地方，所管轄治具嚴明，雖鄰封失事，不相牽涉。桑園圍自甲寅清丈，相沿至今，兹據之纂入。至海舟堡丁丑、癸巳兩次決口，基段溢於前，當詳載之。至各堡内鄉村又自各分段立界，蓋附基水利租業係基主業户所得，今宜分晰某堡某處某段係某鄉村所管，庶歲修救護得有專責也。次基段。

圍内各堡村庄竇穴經管基址丈尺

先登堡村庄

鵝埠石村　茅岡村　稔岡村　圳口村　横岡村

太平村　新羅村

竇一穴　在鵝石陳軍涌

堡内管基一千一百八十五丈八尺五寸。
海舟堡村庄
李村鄉　麥村鄉　海舟鄉　田心鄉　新涌尾鄉
槎潭鄉　新村　沙尾鄉　良田鄉
竇一穴　一在李村黎余石三姓基，一在麥村梁萬同
基内。
堡内管基一千三百零一丈一尺。
鎮涌堡村庄
南村鄉　南村沙鄉　石頭村　沙田村　鎮涌鄉
烟橋鄉　河清鄉
竇三穴　一在南村尾，一在石龍村尾，一在鎮涌
村尾。
堡内管基一千零一十二丈。
河清堡村庄
河清鄉　璜璣鄉　丹桂村　南水鄉　蘇族村
竇二穴　一在河清村頭，一在河清村尾。
堡内管基一千一百五十四丈二尺，另外圍基三百七
十七丈五尺。
九江堡村庄
梅圳村　李涌村　大正村　沙嘴村　龍涌村
新涌村　翹南村　侯王村　匯龍村九村屬北方
萬壽村　樂只村　太平村　洪聖村　西山村
大稔村　相府村　賢和村　敦睦村　先鋒村
上洪聖村　潭邊村　上游村　迴龍村十四村屬西方
墟邊村　良村村　松岡村　壺東村　壺南村
沐滘村　九社村　趙涌村　小洛村　忠良村十村屬南方
奇山村　沙滘村　藤滘村　大穀村　雙涌村
太和村　閘邊村七村屬東方
竇三穴　惠民竇在南方閘邊市，漁歌涌口竇、禾狸涌
口竇俱在西方，今淤。
堡内管基二千九百零五丈七尺，另外圍基一千六百
七十一丈六尺。
甘竹堡村庄
甘竹鄉
竇無
堡内管基二百六十丈
百滘堡村庄
沙東鄉　黎村　吉贊鄉　庄邊村
竇一穴　在庄邊村
堡内管基二百零二丈五尺。
雲津堡村庄
雲滘鄉　林村　藻尾村　仙萊岡村　曾邊村
石邊村　西岸村　竹園村　黄牛岡村　多墩村
竇二穴　一在藻尾村，一在民樂市民樂竇，百滘、雲津兩堡
同管。
堡内管基一千一百四十二丈七尺。

按：百滘雲津二堡基段交錯，且有簡村堡及外圍基分攙雜其中，頗難畫鴻溝，甲寅志亦第略舉大數載之。自道光九年伍紳捐修，奉憲傳集業户履勘，分晰丈尺，各業户具結領修。今據縣檔百滘堡堡内各姓合共管基壹百零捌丈壹尺，雲津堡堡内各姓合共管基玖百陸拾伍丈柒尺肆寸，另百滘堡潘□□[一]祖雲津堡潘炳垣祖鋪面基共長叁拾柒丈捌尺玖寸，另雲津百滘二堡公基連竇共長叁拾肆丈柒尺，又三鄉社學基肆丈捌尺，又坐入雲、滘兩堡基内之簡村堡李洪皋基貳拾陸丈。

簡村堡村庄

吉水鄉　㯃頭鄉　龍㯃鄉　簡鄉鄉　耕涌鄉　高洲鄉　西湖鄉　莫家寨　倫家寨　鳳岡鄉　緑洲鄉

竇一穴　在吉水西樵山脚

堡内管基五百六十五丈五尺。

龍津堡村庄

坑邊村　沙邊村　逕邊村　寨邊村　山根村

岡頭村

竇二穴

堡内管基六百二十三丈。

沙頭堡村庄

水南村　石井村　老村　北村　沙涌村　石岡村

竇一穴　在北村前

堡内管基一千八百八十五丈九尺。

龍江堡村庄

忠臣坊　北山坊　龍江頭　長路坊　白社坊

竇無

堡内管基四百八十五丈。

龍山堡村庄

陳涌　排涌　仙塘　沙富　岡貝　海口　沙洲

竇無

基無

大桐堡村庄

大桐鄉　蜆岡鄉　田心村　下田心村　石龍里村

閘邊村　廖岡村　富賢村

竇無

基無

金甌堡村庄

儒林鄉　岡邊鄉　小儒村　霍岡村

竇無

基無據甲寅《桑園圍志》修。

防潦

案：基段分明，歲修既勤，其頂衝極險及基身卑薄

[一] 原稿漫漶不清，以空格代替。疑爲『潘守愚』。

坍卸，漫溢堪虞。尤當視西潦到海之遲速，以爲巡守圍基之緩急。故防海塘者亦考究潮汐，大抵西潦漲發，每年自穀雨節爲始，至立夏而長，夏至而盛，大暑以後，至立秋少衰矣。然必俟雲、貴兩省水齊到巡基方可息肩，則潦之爲患於圍基也特甚。次防潦。

西潦驟漲，由數尺至一、二丈有差，來以一二日，四五日而住，五日以後必消。其住以水流柴到爲候，其消遇西風乃急。據《南海縣志》修。

清明後潦必發而未盛，由立夏届夏至，其發至暴，其決圍基亦至急，過三伏則少衰矣。北江潦期視西江爲强弱，北潦先至，西潦未來，驟來即消。苟北潦能過思賢滘以西，則西潦終歲晏堵。若西潦先至未消，北潦適來，西潦尚能助北潦爲祟。更或北潦方至，西潦倏來，滔天之勢，朋比煽惑，排山撼嶽，所過莫當。故講江防者不可不講潦期，而期以西潦爲準，能防西潦，北潦可統而賅之。據《南海縣志》修。

歲清明節後，穀雨節前，遇小雨乍晴，小蝦蟇當路族躍，必有西潦至，名曰頭江水。魚苗隨之即至，歷立夏、小滿節，潦第隨至隨消，於圍基無虞。惟届芒種、夏至節，潦最有力，更值龍舟水端午節雨與磨刀水關帝誕雨雨助潦漲，瞬息溢冒堤岸，圍基潰決，常在二節前後。故俗有『芒種朦根反，夏至石頭流』之謡，謂潦勢急猛，能拔樹衝石也。小暑、大暑、立秋潦尚未已，而決圍基則甚尠。諺又以『清明暗，西水不離墈』，故測潦期恒自清明節始。據《南海縣志》修。

潦期預於前年十月，自朔日始，逐日黎明取水一瓶秤之，日亭午再秤之，以一日準一月。黎明準月之初一至十四，亭午準月之十五至三十。如初三、四水重，則知明年三、四月西潦到得早。又黎明重於亭午，則上半月潦水盛，亭午重於黎明，則下半月潦水盛。即初一、初二，及初十以後，其所準之月不值西潦期候。但是日水重則明年所準之月雨水亦多。若初九水重，明年節氣復遲，九月輒有盛潦。較其錙銖，恒多奇驗。據《學海堂二集》注。儒林鄉魚苗經參修。

潦之至，與氣候寒暄，風雨電光相因。立夏後天氣漸炎，暑届三伏而炎極。然夜臥至五更乍寒徹曉，三五夜如是，必有盛潦。又交立夏節歷小分龍四月二十日大分龍五月二十日有風雨驟起輒止，名曰石湖風，一名石尤。每至在潮上時，瞻西北雲起如蠄蟧[一]脚，瞬息即至，連至三日，盛潦隨之。漁人測潦，當夜分西望，電光即預占魚苗來自何江水？到以何日？如柳慶動越三旬、兩旬西潦之來，必俟來賓水到後其勢乃弱，來賓柳州屬縣水遠而至濁。南甯則兩旬、旬半，餘各遲速有差或電光遠，則知過阧不來。大抵電光高則來

[一] 蠄蟧　飛天蠄蟧：爲杪欏的别稱。廣東亦稱一種長脚類蜘蛛爲蠄蟧，與勤勞諧音，這裏的蠄蟧脚應爲長脚蜘蛛的脚。

速，電光低則來遲。電光歷夜多則潦長，電光歷夜少則潦短。在西北角閃者有柳州水到，在西南角閃者有大江水到，其到約歷二十日爲期。據《南海縣志》《廣州府志》《九江鄉志》修。

搶塞

案：每歲西潦長盛，時有衝險，及卑薄基段宜及早預買杉椿，以備不虞。脱[一]巡防不支，至於潰裂漫溢，亟宜傳鑼通圍丁壯搶救，免悮大事。脱奔救不及，至漫潰成決口，旬日内基主業户即宜興議堵塞，以保晚禾。總之圍基決遲一日，受一日之益，塞遲一日，受一日之害。其利害須講於平日，臨時方識重輕。次搶塞。

江潦之決圍基也，歲自四月中旬始，七月初旬止，喫緊在五六月，餘潦不足慮也。四月小滿節後是其一鼓作氣之時也，五月朔至六月望則再鼓而盛，立秋節後則三鼓而竭矣。有基段專管業户以其時於基岸公所慎選老成持重紳耆住宿其中，雇强健實心工役，聽其指揮，畫段巡基，椿橛、竹笪之物早爲之具。要險者四人巡百丈，平易者四人巡三二百丈，四人更番巡視。雖猋風暴雨，黑夜篝燈，弗少懈。稍有坍裂滲漏，飛報通圍合力奔救之。即猝遇悍潦，必不使之肆其虐。或風浪鼓擊，震撼基身，則用稻秆葦茅及樹枝草蒿之屬，束成綑把，編浮下風之岸，而繫以繩，或伐大樹連梢繫之堤旁，隨風水上下，以破齧岸巨浪。巨浪勢堅，綑把樹木勢柔，堅物遇柔，輒足殺其勢，則巨浪止能排擊綑把，而基晏然。於内健役、幫工却巨浪於外，其附基脚池塘悉貯水令平岸，以助内力。雖有烈風，莫之能害也。據《治水筌蹄》《元史·河渠志》修。

圍基所由潰決也有數端。臨河陡立，無石壩沙坦爲之護，多伐護基大樹，收目前之利，而根蕴蠹腐，於中蛇窩鼠穴蜞孔偏蝕腹基，不早爲之所，其患每釀於一二年以前。然亦無潦至驟潰决者，必有坍裂滲漏爲之兆。兆纔見，鳴鑼遄告於衆，環而救之，多樹椿，厚培土，坍裂者補，滲漏者塞矣。即釀患已深，潰決尋丈至十數丈，及時籲趫捷强毅、善基工者數十人，畀以椿橛，視水之深淺爲長短，丈至二三丈有差，並駕農艇，迎决口，逆流密樹而救。逆流高噴尋丈，浪濤喧豗，趫捷强毅者當之，目不瞬而艇不移，兩艇夾椿刺下。一人抱椿末墜之入水，一人站艇旁，捉椿頭牽制之，使不斜，持錘者跨兩艇旁奮臂迅擊之。一二擊而椿定，三四擊而椿入泥，五六擊而椿根固。椿根既固，入水者乃泅而出也。一椿既樹，持錘者立椿之頂，用力益捷。樹至四五椿，以麻篾排繫之，至十餘椿，以杉横押而堅絟之。至三二十椿，以西桅爲龍骨，横押其後，而統繫之。復以長杉揞拄龍骨，而斜撑之。防潦猛摇撼之，

[一] 脱　倘若，如果。

久而椿或漂折也。椿之樹分兩層，兩層相距由五尺至八尺爲率，椿工方畢，土工繼之，實土於蒲包而填之。或以竹笪偏插椿裏，而中以散土填之，椿裏偏插竹笪，則土草間疊層下可也。工則以速爲宜，土工畢而水基成矣。或決瀨西江圍基，潦勢視北江酷虩[一]數倍，往往衝而成潭不能接决口。舊基堵塞，則相度基外内地勢，爲彎而樹椿，又名月基也。凡樹椿以麻篋箍其頭而擊之，則受錘雖多不禿裂。錘之重可半伯斤也，兩人輪持之。與河工兩人舁擲之，其功有遲速之殊。一董理水基工程首事須要在决口業户内揀選經理，不可攙用外堡人。因辦理工程本無甚難，祇須實心實力，博訪老練築基工人從事，自無貽誤。一攙以外堡之人，業户轉得藉口委卸，而在外堡之人又以事非切己未肯實心。且首事非土著，呼應不靈，反致互相推諉，必以觀望誤工矣。一、築水基，先要熟識地勢水勢之人，察看决口情形，相度周詳，布置方位停妥。然後擇日祭基開工，以免歧誤。一、先搭蓋篷廠三座，一爲官廠，一首事棲止，一工人棲止。一、築水基相度地形水勢淺深，分别買椿杉之長短，最爲急着。其杉總要四五寸，尾堅好方合用。其繩索、蒲包亦要一齊買備，因水基係趁水興築，必要堅好椿杉排密整竪，方可落泥。否則，泥被水衝散。若椿杉需用太多，一時買辦不及，則分頭二、三、四、五起採買，俾得陸續運回應用。一、築水基要趁水未退時趕竪杉椿。俟水稍退，即要落泥，方得快捷趕蒔晚禾。若俟水退涸時始議竪椿，工必遲悮矣。一、竪椿工人須標字召募，或計工定值，或計椿數定值。其價值多少？或到首事廠面議，或用標投，以取值少者得。開工之後，勤者畱用，惰者辭退。一、竪椿工人要訂明竹蔑、藤纜、橋板、椿椎、伙具等項，俱要工人自己備辦，方爲利便。一、椿既竪下，其露出椿頭，高與基面平齊，方能堵潦。倘一時不得長椿，至短只可低於基面一尺八寸。太低則不能藏泥，潦至不可堵矣。一、竪椿必於直椿之後，間竪斜椿相之。若不竪斜椿，相後則水易衝，浮泥易堆。側斜椿既竪，又用横椿押住，用藤蔑絟紮，竹纜牽挽横斜帮輔，椿乃穩固。一、椿頭修圓，方不折裂，椿尾削尖，力易入地。要另雇木工治之，不可由竪椿工人包辦。因木工值賤，椿工值貴，且用斧鑿，椿工不如木工之精巧。兩工分辦，則價值廉而工速矣。一、椿未修削者放埋一堆，已修削者另放一堆。每日計工，用去多少，派人逐日查點，晝夜看守，方免疏失。一、竪椿工程畢，即要趁勢落泥。但基口尚有水出入，初次所落之泥，要用裝鹽新蒲包裝泥放落，方不爲水衝去。到水面之上，可落散泥，不必費用蒲包。但用軟竹笪牐住椿傍，可防水湧矣。一、招工挑泥要議明自備船艇、鋤頭、鏟簝、伙具等項。在近處取泥，要按井論工計值，過水取泥，要論船艇大小計值。一、竪椿挑泥，各工均以十二人爲一排，内十一人在工次做工，畱一人料理該排飯食、茶水等項，按排編列字號，以便稽查。如稽查之人查出某排不足十一人做工，即回明大廠首事，登時到某排説明，扣除工數。如某排内有工人因事不到，須於清早開工時候報明，大廠標貼某排是日人數若干，以憑支給工銀，杜絶冒濫。一、每日各工赴工次做工，以大廠鳴鑼爲號，昧爽鳴頭鑼食早飯，天亮鳴二鑼開工，日中鳴三鑼食午飯，日入鳴四鑼收工。如鳴二鑼不赴工者，即行扣辭。一、董理首事要派開某人管數收支銀兩，某人在廠同候官府，迎送賓友，某人分頭買辦各料，某人巡察工人勤惰。因才任事，各有職司，不可攙越混亂，以專責成。一、基廠除董理首事之外，所用打雜人等應計某項事情繁簡，酌用人數多寡，以分司稽察。或稽察椿工，或稽察泥工，或稽察防守物料，均有專責，不可紊亂。一、工次每日各鄉觀探多人，恐無分别。所有稽察巡緝各工之人，每人手執板簽一枝，内書明稽察某項字樣，常川巡查，使各工一望知爲督工之人，不致懶惰。一、大廠董理首事每日飯食薪水茶烟等項，須立畫一規條，以示限制。據《南海縣志》修。

[一] 酷虩　非固定搭配詞。《説文新附》：『虩，虐也；急也。从虎从武』。

圍基之决，恒值禾蠶迭熟、大魚上市、新魚入塘之時。使管基業户搶救，多三五日，則基决遲三五日。將禾之熟者剋期搶刈，蠶之熟者以次上箔，新魚速撈而遷，大魚鬻網而售，商賈百貨群輦而避，居民衣服、器械，檢而高庋，禽畜牢籠而飼也。惟業户惜樁橛之費，靳犒工之需，且慮搶救物料不繼，圍衆索責馴致，毁房廬以實决口，遂坐視潰决，諱不傳鑼，大事迺去。至圍基一决，溺斃人命，衝塌屋宇，傷敗禾稼，其尤大者。次即魚塘，計每塘一口，自正月去舊水换灌新水，漚水餵魚草糞之需，歷五六月，塘耗十金，第約略舉耳。魚之洶逸，則未暇數，他貨物漂失復難屈指，搶救不力害竟如斯。

既洪之後，旬日内宜及早搶築。有帑可借，即領即施工，無帑可借，該業户竭力起科，慎勿覬覦各堡貨助，遷延貽悮。務保莳晚禾，桑早露抄發葉，補供蠶事；池塘岸出魚可再種。失之東隅，尚可收之桑榆。苟越旬月不施工，則前潦方消，後潦續漲。漲久功虧，其爲害有不可勝言者。據《南海縣志》修。

有基段專管業户，當盛潦之期，樁橛、竹笪、畚鍤弗早備具。猝遇不虞，鄉鄰工役奔救，徒手擇立，如溉空釜而炊，張空拳而戰，雖有智者，其何能勝？其或工役視救基爲虚文，以置領傭錢爲實事。未至决口，中途輒返，聞風杜撰。委之，力不能爲，視悮基工者，厥罪惟鈞。更或奔救不及，憤糧命不保，乘勢搶掠，事勢常有。則是遺工役救基，非有明幹公慎紳耆蒞[一]監工，堅明約束。欲收實效，夫豈易易？據《南海縣志》修。

或謂搶築水基必不能如大基並高，苟前潦雖退，後潦續發，泛溢其面，仍無濟於事。且秋後築大基水基，樁橛盡數拔起，乃可施工，豈不重費。不若任其自然，待秋高潦盡水落，决口岸露，乘勢并築大基，費省而民不勞之爲愈，吾應之曰：內河，小圍基捍禦田廬無多，大圍基先决，雖搶築而潦無由消，待秋高水落，築之可也。若捍禦西、北兩江大圍基，不先搶築水基，則潦至輒灌入園內，勢同大海，不特晚禾桑株不保，洪潦淫雨迭乘爲虐，民人露棲瓦面，宅土無期，暑濕熏蒸，疾役繼作，何以處之？海風煽威，颶母播惡，破屋溺命，何以禦之？至溢面之不足慮，其易明者耳。今試置缸貯水，大雨時行，豈不泛溢四出？然其泛溢露缸口而止，缸以内之水不能躍而出也。則潦發泛溢亦露水基面而止，不能躍而入也。江潦不能躍入，則基内之水將漸消且涸矣。彼齗齗[二]以不待潦平，搶築水基，防溢面爲慮，非不知行水之理，則有意悮基工者也。據《南海縣志》修。

[一] 此處疑脱『臨』字。
[二] 齗齗　争辯之意。

修築

內補載道光己丑伍紳捐〔修〕銀二萬兩呈，續捐九千五百兩呈，捐收支總册。

案： 搶塞水基，不過堵築決口，使潦再至不能漫溢，俾圍內前受決口衝泛之潦易於速消，以保蒔晚禾。至水基所釘杉樁兩旁插竹笪，中間，只雜填坭沙稻草，令潦不能入而止，非堅久之計。到霜降後須拔起杉樁，掘去沙坭、稻草，相度衝決潭湖之深淺，或避前，或避後，或填跨潭湖直築，總在總理諸公諳練基務，定奪機宜，矢慎矢公，如法堅築，永資保障。其各堡卑薄基段亦應乘時一律修補，以杜後患。次修築。

防河至堅之策，堤底以八丈爲度，面以五丈爲準，高以一丈五尺爲憑，每堤一丈，應用土九十七方半。若底闊七丈，面闊三丈，高一丈二尺，每丈亦用土六十方。計每地一丈掘土六十方，離堤三十丈之內，不許取土。其三十丈以外取土者，每土一方用夫三工； 一百二十丈以外取土者，每土一方，用夫四工； 二百四十丈以外取土者，每土一方用夫五工。合遠近而牽算之，大約每土一方，用夫四工，每工照例給銀四分。據靳文襄公《經理八疏》修。

土以方一丈、高一尺爲一方。然有上方下方之别焉，有專挑兼築之分焉。至挑河，又有起土淺深之不同焉。築堤亦有運土主、客之不同焉。其土方工值，更有人力强弱之不同焉。上方下方者，以築成堤工之實土爲上方，土塘所取之鬆土爲下方也。然一堤之中，亦自有上方下方之别。如築堤一丈，則以平地起至五尺爲下方，自六尺至一丈爲上方。如築堤一丈二尺，則以一尺至六尺爲下方，七尺至丈二尺爲上方。蓋築堤愈高則愈難，故必先爲斟酌難易，而等差其工價。庶鋪底者不致以易而多取價，收頂者不致以難而寡受值。專挑者止挑去河身之土，而不係築堤； 兼築者即用挑河之土，以築防河之堤。主土者，就近挑挖之土，以所築之堤爲準； 客土者，迤遠挑運之土，以所起之土爲主。據靳文襄公《治河書》修。

堤工取土有遠近，故價值有多寡。取土之遠者，每土一方估銀二三錢不等； 取土之近者，每土一方亦估銀一錢四五分不等。遠土或取之百丈之外，或取於里餘之外，最近之土亦應離堤二十丈及十五丈之外，此定例也。今見現築各堤，即於堤根取土，且於近堤一帶先挖下一二尺，並將週圍剷平，以作假堤，希圖虛冒錢糧。又舊例，每堆土六寸謂之一皮，夯杵三遍以期堅實，行硪一遍以平整虛土。一尺夯硪成堤僅有六七寸不等，層層夯硪，故堅固而經久，雖雨淋衝刷，不致有水溝浪窩汕損之虞。今見各堤俱無夯杵，止有石硪。又自底至頂俱用虛土堆成，惟將頂皮陡坦，微硪一遍，以飾外觀。是以堤頂一經雨淋，則水溝浪窩，在在不堪。堤底一經汕刷，則坍塌、損壞、崩潰繼之。故年來糜費錢糧，迄無成效。自今以後，加幫之堤俱將原堤重用夯杵密打數遍，極其堅實，而後於上再加新土。創築之堤，先將平地夯深數寸，而後於上加土建築，層層如式夯杵行硪，務期堅固。照依估定遠近土方取土加幫，不許近堤取土，亦不許穵傷民間墳墓。據張文端《治河書》修。

堤基工程《元史·河渠志》有創築、修築、補築之別。堤基坍卸，掘舊土而重新堅築，不易其址，此修築也。堤基卑薄，不足資捍禦，爲之加高培厚，此補築也。基決百數丈，外水衝决口，撞刷成潭，欲照舊基左右堤岸接築，則水深址浮，不特工艱費鉅，且恐落石而石滿則卸，下土而土散，則鬆勞而鮮濟。須相深潭外内地址堅厚處，或前或後，灣而築之，爲偃月形，爲眠弓形，爲荷包形，爲垂臂形，爲半筐形，爲勾股摺角形，總因地勢長短深淺定局。基脚闊十丈，面闊四丈，上狹下寬，則基脚成坡，而人之升下便也。高一丈五尺爲率，因水勢而增損之，基脚兩旁，用長樁密排，堅樹兩重，内外樹密樁四重，樁内實以老土，雜填以石，錯綜作梅花點樁脚，插滲浮沙則樁罅逼固，雖越久水不能入而摇也。臨水之樁外纍石，闊四丈，石出水面則止，内外復排樹密樁，中舂灰牆一道，闊盈丈，灰牆外層築老土，踹練用牛，以其力厚而長且匀也。基外坡脚上下砌石塊，以殺浪濤之衝擊也。基内坡脚悉纍石，間築丁字土壟附基身，欲其撐基之後捍禦益有力也。舊决口左右基嘴環砌蠻石爲坝，壩令其自成門户，則上流可殺卸而之中流也。一、基工先擇吉日動土，次擇吉日建醮，完醮擇吉日祭基，請督工委員該管地方主簿、巡檢司主祭，祭品用豬羊。祭畢下鐵牛四隻，然後興工刨土，打樁，下石。一、基底或有高低不一，先令工人將低者加工挑平，使其一律。每日插牌標記，以便認看挑工之勤惰，以定賞罰。或有該段取泥遠者，則須多加工人，基身既約相等，或投計泥井給工價，可免督催之勞。一、基底步位已定，看基裏之地，有水者先宜疏去，免浸基脚，且易取土。一、基址若定，宜先用鐵針遍插，以探軟硬。如軟則多打樁，或稍移地段。一、圍底最要慎跨湖，恐底軟水深，基卸難成，似省實費更多。一、開工以石爲先，招各處石船，議定石價。鹹水石每一百擔議銀一兩六錢正，若新會白石每百擔議銀一兩三錢正，若肇慶黑石每百擔議銀一兩二錢正。凡各石以每塊在一百至二三百斤爲率，最小亦要五十斤以上，不及五十斤者不得上秤。仍要大七小三配搭，秤右之後須聽首事指點，安放停當。各船有情愿源源接濟者，初次於該船頭尾量准水則，編列字號，用紙單註明尺寸，蓋上圖記，實貼船裡。下次輓運到步，以原字號爲准，不用再秤，以省紛煩。至秤石時，如有賄囑，以少報多，查出將石銀罰去。倘督理有暗中需索，許船户通知，毋得隱匿作弊。一、石工除堆基脚爲坡，若須砌者，與石匠訂明運到盤起，俟雇工砌起，乃量石結銀。計須多砌工，不但免騙患而基亦更堅也。一、泥工人數甚多，議以二十人爲一起，每起要攬頭一人，每工價銀一錢正，仍由該堡保認，以專責成。或挑泥，或搬運，或舂泥，及鈒稈淘灰等項，聽從督理指使。所有鋤頭、鑿鏨、每號要十五件；大篸，每號要十五擔；擔挑鍋竈、碗快、柴火，自爲預備。開工之日，在基廠交督理點明，如有器具不足，以及老弱年穉混充入隊，不依指使，一切斥逐。一、各工人挑土，嚴禁挑砂，砂多則見水即卸基。一、泥工編列字號，每號住寮舖一間，深闊約二丈。每日開工，聽大廠五鼓後，頭旬鑼造飯，二旬鑼食飯，三旬鑼到大廠。每號每人領腰牌一個始得開工；中午鳴鑼食午飯，復至晚鳴鑼一律收工。日間督理不時稽察，如有短少人數，未經報明，即行將該號斥革，另招補充。至收工時候，將腰牌照人數繳回督理。一、開工之後，遇有風雨難以施工，即要鳴鑼齊收。清晨至朝飯收工，則算三分工。清晨至中午收工，則算五分工。清晨至申一二刻收工，則算八分工。一、工數人多，要編列某號落泥某處，某號取泥某處。設竹牌懸起，標明各工要掛起腰牌以便查點，勤者分別獎勸，惰者即行革退。一、各督工之人，或派實監某字號，或每日調換以免與工人習熟，有循情之弊。一、泥工督理不時稽察，或於工人食飯時查點，或各督工一齊傳工人查點，聯查，乃免一人應數字號之弊。一、打樁或論条給工價，或論日雇工亦可。因論条計則有截斷一作兩或稱打不下，將樁截短，以圖易打，大爲要害，須參用。一、取土處所如係田畝，則按井計算。中打一柱至田面，用字爲號，以免挑工作弊。一、挑取田泥，每井工銀，遠以三錢六分，近以二錢四分五釐爲率。一、載運沙泥需用船隻，每船議以約載重二十五擔爲額，二人撐駕，每日每船租銀三分，每名工食銀照泥工算。一、挑泥每日用牛踹練，所挑到泥塊用工拷碎耙平，然後牛練，其牛隻預早招人租賃。一、牛隻用得日子長，宜買不宜賃。賃牛則帶牛之人固懶於鞭行，且恐傷牛，須力催之，仍群立而無濟於事。計兩月之租價，已可足買價，用畢仍可賣之。甲寅年誌即買牛用矣。一、牛隻踹練，以三隻爲一手，一人帶牛，每日人工、牛工共銀七錢二分。所有帶牛之人，飯食以及餵牛草料，俱在工銀之内。分上午、下午兩班，自清晨練至中午放牛爲上班，作一日算；　自中午練至酉刻放牛爲下班，作一日算。中間快鞭勻練，不得私行放水，其老、弱牛母及牛牯仔概不取録。一、各官到勘，宜先搭馬頭甬道，官廠燈籠，綵細鋪墊，挑沙鋪路，以便行走。一、總局廠能搭在近施工之〔一〕爲佳，易於照應。若基段長則另要間搭小廠，以便督〔二〕停歇。一、搭大廠一座，監督之人常川在此督理。每〔三〕發收腰牌，登記字號，設草紙大簿，註明某處工數若〔四〕，泥井若干、牛數若干，午後先交總理所兑銀，至晚攜同各攬頭到公所開支。一、泥工每號，牛工每號，皆設小簿註明住址、人數、牛數、艇數、井數，每晚隨同大廠督理之人交總理所，註明某號數目用了圖記，方得支銀。完工之日，繳回此部存核。一、進支數每日開報貼堂，俾衆共見，以免招疑挪用之獘，且易歸總出數。一、倘有水冲骨骸，宜即拾清，早覓地安塟。據《南海縣志》《甲寅圍志》《丁丑圍志》修。

《河防志》有創建石工、甎工之法。今粵東圍基甎工實未之見，石工則有之。求其堅久穩固，須俟秋冬水涸日，於基外照潮退至盡處水痕，樹密樁以盛石。石之度塊，長六尺，方尺，鏨鑿平整，在樁頂兩重層砌，而上至基面止。石之縫，凈練石灰膠粘之。每砌石二層，内間一石加横石作丁字形，以牽制縱石，使石之後撐揞有力，雖浪濤擊撞，弗虞其震盪凹陷也。基以内，貼基脚掘下二尺，碎樁重砌，石式如基。外基之中，每砌石三層，填以鑿口碎石，雜攙以灰土，用堅木杵之，令碎石與灰土結而爲一，則歷久水不滲，蟄不屋也。若從潮上水痕樹樁石，在基膞高凸處起砌，一重疊上，有縱而無横，有外而無内，潮上時溯流觀之，屹然石堤，覩則侈矣。洪潦驟至，石壓其上，塌蝸於下，上重下輕，浪濤乘風撼齧，非徒無益，而又害之據《南海縣志》修。

石工之基，用徑尺長六尺大石，在基外内四重層砌，中實灰土、碎石，舂至蝸結，工程堅固，無踰於此。然基段百數十丈，或可爲之。若延袤至千丈以外，工料浩鉅，力恐不繼。且數十年後，樁木霉朽，則石必墮落，修補亦不易易，不如舂灰沙牆之爲愈。其法視基面廣狹，度中央掘

〔一〕此處似脱『處』字。
〔二〕此處似脱『理』字。
〔三〕此處似脱『日』字。
〔四〕此處疑脱『干』字。

隧道，寬三之一，築灰沙牆實之。若基面寬一丈五尺，則掘五尺之隧也，牆址高底以冬月水涸潮退時掘至平水面爲準。沙用四之二，灰土各用四之一，沙灰中恒有石子夾雜，揀之務盡，土則鎚之令成孋粒，簸以禾篩，沙灰土攪若一。下於隧中，厚盈尺，密夯杵勻舂之。既融結，擲銅錢於上試之，錢跳而旋覆，方可再下沙灰土也。每層畢，舂基兩旁並夯杵加築焉，使與灰沙牆膠結爲一，層舂至基面乃止。如此則鼠不穴，蛇不鑽，蟻不垤，蜞不蛀，蟄不陷，浪濤擊撞之不墮裂，苦雨久淋之不融卸而成坑也。據《南海縣志》修。

築堤之法，余以唐張仁愿搶築三受降城〔一〕之法，築邳宿三百七十里，不用翻工。舊制則布五萬夫，聯絡於三百七十里之中，分爲信地，編定字號，萬杵齊鳴。分之則爲各段，合之則成長堤，火爨蓬居不移而具，遲速勤惰不令而嚴。始以十萬金計，終三萬成之，便法也。據《治水筌蹄》〔二〕修。

堵築決口，工程最爲緊要，自應博訪賢能，方無貽誤。試就李村大缺口而論，長一百三十餘丈，其水深一丈有餘者計四十餘丈，最難施工。今擬基形略爲灣入新基，自北頭盤古廟起，至南頭坡地圓眼樹止，計長一百四十五丈內。上湖闊二六丈，外水深一丈二尺，內水深八九尺不等。下湖闊七丈五尺，外水深八尺，內水深五六尺不等。兩湖自下起築基底，計闊十丈，兩傍打密排椿兩層，內外椿四層，中實坭基，仍點梅花石椿脚，實以沙。中外纍石闊四丈，填至水面上，內外仍打密椿一排，中間舂灰牆一道，兩傍用牛酾練，內外基裙分八字拷練堅實。外裙上下鋪石，以防水激，內裙用石纍脚，上面間築泥壟以護基身。基面寬二丈，北頭舊基外築石壩一道，以卸上流，所有工程務求堅厚鞏固。至各處缺口亦應一體相度酌辦。據《甲寅桑園圍志》修。

原志載《甲寅志》陳藩憲倡捐石工告示。兹不重録。

河工護堤之法。其一栽柳，臥柳、長柳相兼栽植，臥柳須用桃核大者，入地二尺餘，出地二三寸許，柳去堤址約二三尺，密栽，俾枝葉搪禦風浪。長柳須距堤五六尺許，既可捍水，且每歲有大枝可供埽料，俱宜於冬春之交，津液含蓄之時栽之。其一栽茭葦草子。凡堤臨水者，須於堤下密栽蘆葦，或茭草。俱掘連根叢株，先用引橛錐窟深數尺，然後栽入，計闊丈許，將來衍茁愈蕃，即有風不能鼓浪，此護臨水堤之要法也。堤根至面再採草子，乘春初稍覆密種，俟其暢茂，雖雨淋不能刷土。竊倣是法而

〔一〕張仁愿，（？—七一四年），唐朝大臣，唐代名將，長期统軍於朔方禦突厥南侵，曾於七〇八年奪取漠南後，沿黄河北岸築三座『受降城』，構成防禦屏障。

〔二〕《治水筌蹄》，十六世紀七十年代治黄通運的代表著作之一。明萬恭著。

行之。

粵東圍基距基脚三四丈之外，土性肥饒者宜排栽荔枝、龍眼，樹間二丈栽一株，此二果三、四兩月結子，五、六兩月成熟。正當潦發之時，業户晝夜看守，可藉以巡防基工。其土性磽瘠者，宜斬老榕樹麤幹，每長八尺，倒頭排種根株，疎密照前式，俾其枝秀發盤屈不上矗。且榕樹枝葉茂密，較別樹倍蓰，擋禦風浪更有力，又爲物不材而年壽，居民無所利，可永避斬伐之患。若基脚臨水無坦者，種茭葦當如河工法，自脚至面又當栽草子禁芟薙也。據《河防一覽》《南海縣志》修。

原志載甲寅志通修全圍工程，通修捐簽總略，丁丑志通修收支總略，己卯志歲修祭息報銷册，歲修題助收支報銷册，兹不重録。

丁丑通修仿土方例議估工費： 一、大决口係冲陷成潭者，將其底面長闊乘井，每井估土工銀五錢四分，牛工銀四錢四分，另用椿處，每長一丈，估椿料銀二兩五錢。

一、小决口每井估工費銀八錢。

一、坍卸經搶救者現有打椿可據，每卸一丈，估工費銀四兩。

一、大坍卸雖未搶救而卸至基脚水面，不能築復原坵者，應傍原基外培築，每長一丈，估工費銀八兩。

一、小坍卸每長一丈，估銀一兩二錢。

一、頂冲單薄每長一丈，估工費銀一兩四錢。

一、填塘每長一丈，闊一丈，高一尺，連牛工，共估銀三兩六錢。

一、應斜撇填闊處每長一丈，闊一丈，共估銀三兩。

一、滲漏處，每長一丈，估銀一兩四錢。另各堡所有患基，公局如有餘羨，查其緊要處所再行添補。據《丁丑桑園圍志》修。

原志載庚辰志： 委員余刺史勘估工程、續勘估工程，仲縣憲奉督憲檄，飭情節辦理，諭奉督憲催竣石工諭庚辰捐修收支總略，兹不重録。

道光六年八月二十三日，廣東督糧分巡道夏爲題銷事。廣東省歲修護田圍基工程用過銀兩，造册不符，應令查明，聲覆删減事。准藩司移開道光六年八月初三日奉廣東巡撫部院成案，驗道光六年七月二十五日准工部咨都水司案呈工料鈔出廣東巡撫成等題廣東省嘉慶二十三年歲修護田圍基工程用過銀兩題覆請銷一案，道光五年十二月二十一日題『六年三月十九日奉旨該部察核具奏，欽此』。欽遵鈔出到部。

該臣等查得廣東巡撫成格等疏稱： 南海縣嘉慶二十三年分歲修桑園圍基用過工料銀兩請銷一案，先准前撫臣嵩會同督臣阮查核，具題准部咨覆查册開，禾义基及沙頭堡堆壘蠻石，並未開明高、寬丈尺。其石料斤重、價值，運脚，核與嘉慶四年該縣册報修築圍基成案浮多。其餘地、牛、石方、砧石價值、運脚銀兩，並海舟堡等處土基積土，每井斤重、挑脚價銀，土基用牛踹練，每隻夫工銀兩及築勘後坭工糖膠、車水夫工、運椿、擡椿、擡石夫工等項。查嘉慶四年該縣修築圍基成案，冊內均未開載。應於原冊內粘簽，請明鈐印，發還該撫轉飭，據實查明，分晰聲覆刪減，另造妥冊送部，具題核銷等因。行司轉飭遵照去後，茲准督糧道移據廣州府，轉飭南海縣申據。紳士何毓齡稟稱：該基地當衝要，基脚低窪，常被水浸，坭土浮鬆。若仍僅將蠻石照常堆下，雖有椿木，然地脚未堅，一經潦水冲刷，勢必傾卸。須將基脚浮土挖開安放地步，再砌方砧，然後堆下蠻石，用杜椿築，俾地脚堅穩，方能鞏固。第以用石頗多，近處既無。石山開採，不獨市價高昂，亦且難於適用，是以於新安縣屬之九龍石山，雇工採取，議明石價，并按程給與水脚。令其如式採鑿，用船運至基所，并雇民夫實力砌築，將用過椿石支過工費，按日登記，工竣驗收。將用過銀兩實在數目開列。茲奉大部簽駁，核與嘉慶四年收築成案未符，伏思嘉慶四年內係堵築決口要工，內田地被淹水，農民不能耕種，急於落成。雖有工項給發，猶各自捐工，以故應用地、牛、石方、砧石價、脚銀兩及土基築磡、車、水夫工等項議費，無須開報。且從前修築，除給領官項及各民捐工外，一切例價，較之時價實屬不敷，尚須按稅科派。今此次歲修，一切民夫均須雇倩，因未便通圍科派，亦難獨力賠墊，只將支過工料實開報。至於所用蠻石實緣各基脚地勢高低不等，厚薄亦殊，當日實係通融勻計，切不能將逐段高厚尺寸分晰開報，所開斤重亦屬實數。今與例未符，只得遵照刪減，自行賠墊，理合遵照改造清冊。并將奉查各欵據實登覆，伏乞轉請詳銷等情。

據此伏查嘉慶二十三年歲修，桑園圍基用過銀兩。原奏稟明在於各當商生息銀兩撥給銀四千六百兩，經前署縣仲振履照數發交首事何毓齡等收領，令其鳩工購料，加意倍築，總期工歸實用。緣該首事平素習讀，老成可靠，係由鄉民選舉經理，只圖基工穩固，不能拘泥成式。且歲修與搶修有間，一切民夫均須雇倩，是以與嘉慶四年成案未符，而核其冊開挑土各欵，雖從前修築冊內並無開報，然究係修基必需之用，並無揑飾情弊，其所開嘉慶二十三年歲修桑園圍基工程，原請銷工料銀四千六百兩，今遵照指駁，自行刪減銀七錢五分，實請銷銀四千五百九十九兩二錢五分，應請准其照數開銷，合將繳到工料細冊，詳請察核，具題送部核銷。其自行刪減銀兩，俟催解到日，另詳咨報等情。臣覆查無異，除冊送部查核外，臣謹會同兩廣總督臣阮恭疏具題等因前來。查廣東省嘉慶二十三年歲修護田圍基工程，先據兩廣總督阮等奏明，並據前任廣東巡撫嵩將用過銀兩造冊題銷，經臣部查冊開，禾义基及沙頭堡堆壘蠻石，並未開明高寬丈尺。其石料、斤重、價值、運脚，核與嘉慶四年該縣冊報修築圍基成案浮多。其餘地、牛、石方、砧石價值、運脚銀兩，並海舟堡等處土基積土，每井斤重，挑脚價銀，土基用牛踹練，每隻夫工銀兩，及築磡後坭工糖膠，車水夫工，運椿、擡椿、擡石夫工等項，查嘉慶四年該縣修築圍基成案，册内均未開載，應於册内粘簽註明，鈐印發還該撫轉飭，據實聲覆删減，另造妥册送部，具題核銷，在案。今據廣東巡撫成等將前項修築護田圍基共原估銀四千六百兩内删減銀七錢五分，實請銷銀四千五百九十九兩二錢五分，題覆請銷。臣部辦理一切工程，總以例案爲憑，今查册開，禾义基及沙頭堡堆壘蠻石僅籠統開報總長丈尺，並禾〔一〕開明高寬丈尺，無憑核算。其地、牛、石方、砧石，係用何項石料？所開價值係照何例開報？均未聲明。再查該縣則例並未開載松木價值，即嘉慶四年准銷成案亦無松椿名目，今册開松椿每条銀八分四厘，無憑查核。又查修築土基三段，共用土一千零七十二萬五千二百十五斤，估册内開每百斤挑脚銀二釐五毫，核計祇應共用銀二百六十八兩一錢三分零四毫，今册開共用銀三百八十六兩一錢五釐。計多開銀一百七十兩九錢七分四釐六毫。其土基需用牛隻夫工銀九兩，亦係例案所無。又查嘉慶四年准銷成案册内蠻石每井重一萬斤，今册開每井重一萬一千斤，較前案每井多開重一千斤，計禾义基、九江堡、沙頭堡等處共蠻石一千四百九十井三尺九寸七分二釐一毫三絲，每井多開重一千斤，共多開一百四十九萬零三百九十七斤二分一釐三毫。照現送册開，每萬斤銀二兩一錢五分，核計多開銀三百二十兩零四錢三分五釐四毫。又查嘉慶四年准銷前案册内，蠻石每萬斤價銀三錢五分，又每萬斤每百里運脚銀三錢七分，運遠二百三十八里，核計每萬斤運脚銀八錢八分零六毫，共計每萬斤價值運脚銀一兩二錢三分零六毫。今册開每萬斤連運脚價銀二兩一錢五分，較成案每萬斤多開銀九錢一分九釐四毫。禾义基、九江堡、沙頭堡等處蠻石按井核計，共重一千六百三十九萬四千三百六十九斤三分四釐三毫，除較成案多開一百四十九萬零三百九十七斤二分一釐三毫業已照現送册開實值另行核減外，實計重一千四百九十萬三千九百七十二斤一分三釐，照成案價值核算每萬斤多開銀九錢一分九釐四毫，共計多開銀一千三百七十兩零二錢七分一釐二毫。又查嘉慶四年准銷前案册内並無需用坭工及糖膠車水散工並運椿、擡椿、擡石夫工。今册開糖膠車水散工、運椿、擡椿、擡石夫工，共用銀一百五十六兩六錢零七釐。以上通共計多開銀一千九百七十四兩二錢八分八釐二毫，應於册内逐欵粘簽註明，鈐印發還該撫轉飭，將應減各欵查明删減。其禾义基、沙頭堡堆壘蠻石高寬丈尺，及地、牛、石方、砧石、松椿價值係照何例開報，應令一并查明聲覆，以憑具題核銷。道光六年五月初二日題。本月初四日奉旨依議，欽此。

爲此，合咨前去，欽遵計册一本等因到本部院。准此，合就檄行備案，仰司照依准咨，奉旨內事理，即便轉

〔一〕禾　疑爲『未』之誤。

行，欽遵查照，將發去册開指駁，應删各欵，逐一查明，删減。並將禾义基、沙頭堡堆壘蠻石高寬丈尺，及地、牛、石方、砧石、松椿價值，係照何例開報，作速一併查明，詳請核辦。仍將發去印册隨文呈繳，毋違。計發印册壹本。

等因奉此，合就備移過道，希將移來簽册轉飭南海縣，遵照奉行。指飭情節及册内簽駁各欵逐一詳細查明，據實删減聲覆，並將禾义基、沙頭堡推壘蠻石高寬丈尺，及地、牛、石方、砧石、松椿價值係照何例開報，作速一併查明，册減聲覆，另造妥合工料、青皮印册四本，白皮印册三本，連簽册申覆，呈道覆核，移司以憑核明。詳請題銷，勿任再有浮冒，稽延施行，計移册一本，等因到道。

准此，合就札飭札到該縣，即將發來簽册遵照奉行，指飭情節，及册内簽駁各欵，逐一詳細查明，據實删減聲覆，并將禾义基、沙頭堡堆壘蠻石高、寬丈尺，及地、牛、石方、砧石、松椿價值係照何例開報，作速一併查明删減聲覆。另造妥合工料青皮印册五本，白皮印册四本，連簽册由府呈送本道，以憑覆核，移司核明。詳請題銷，毋得再有浮冒稽延，速速。據糧道檔册修。

道光九年五月十四日，具呈南海縣廩貢生伍元薇呈爲桑園圍坡角等基被水潰決，捐貲趕緊修築，乞恩詳請辦理事。

竊本年五月初一日，西江潦水漲發，冲决三水縣屬坡子角基，圍腹盈溢，潦水反潰於東。又值北江水漲，以致桑園圍東邊吉水灣藻尾基、仙萊岡基於初四日漫溢冲決。查桑園圍爲南、順兩邑要區，周回百餘里，農桑田地一千數百頃，圍基一萬餘丈，當西北兩江匯流之衝，地處平衍，水當歸匯，全藉圍基保障，圍基一決，則數十萬户田廬悉成巨浸。前於嘉慶十八、二十二等年，雨經冲決，曾經生兄元芝、元蘭捐貲，將西基及横基改築石堤，十餘年獲慶安瀾，即今西基及横基尚無冲決。而坡子角係在桑園圍上游，該園地居南、三兩邑，田廬亦復不少。坡角一決，則桑園圍西海基雖堅固，而水從坡角圍裏建瓴而下，灌頂直衝，洪流泛濫，兩圍遂爲胥溺，桑禾被淹，房屋受浸。避居高阜者席地而露宿，散處原隰者架木以巢居。似此情形，若不及早修復，勢必愈冲愈闊，愈刮愈深，將來堵塞更費周章。轉瞬立秋，不特早稻現已歉收，土房被塌，抑且晚禾將來失望，磚屋皆傾。唯此時被水雨圍人衆自顧不暇，恐難及時興工，即或勉强支持，亦慮工程草率。生桑梓念切，救助情殷，情願措捐銀二萬兩以資工費，趕緊修復桑園圍基，及坡子角基決壞處所。並將桑園圍東基增高培厚，俾晚造田禾可望有秋，並可保全現浸房屋，而赤貧之人，或藉築基工作以爲餬口，庶幾圍基鞏固，永慶安瀾。理合呈懇憲恩，伏乞俯准輿情，詳請辦理，及早興工，俾免遲悮。如奉批准，生當即遵將洋銀二萬兩稟繳督糧道庫，聽候隨時發給支應，實爲公便。呈督糧道廣州府南海縣。據廣府檔册修。

道光九年十二月二十日具呈南海縣廩貢生伍元薇呈爲續捐築理桑園蜆塘兩圍工費銀兩繳蒙分別撥給，乞恩察核事。

竊本年五月，西潦漲決三水縣屬蜆塘坡子角基，并決南海縣屬桑園圍吉水灣、仙萊岡等基，生經捐銀二萬兩，以爲搶塞修築工費。稟蒙恩准，並蒙糧道憲仁憲督同地方官及各委員臨勘，發給坡子角基銀二千五百兩，吉水灣基銀二千兩，仙萊岡基三千兩，先將決口搶修堵塞，餘銀留爲冬晴修築。生經隨同委員督工搶修堵築，嗣經吉水灣、仙萊岡兩基搶修報竣。所領銀兩，吉水、灣剩銀一千兩，仙萊岡剩銀一千一百餘兩，稟明留爲冬晴翻築兩決口之用。坡子角所領銀兩，因西潦復漲，工費浩繁，銀不敷支，生經陳明續捐一千三百兩，給與該處業户收領，辦竣搶修事宜，又蒙於前捐項内另給銀一千兩，砌築石堤，後因搶修工未堅實，尚須冬晴翻築堅固，方能砌石。其所發石工銀一千兩，留存業户候用，隨於十月間冬晴水涸，先奉飭文、吴兩委員，勘明桑園東基吉水、藻尾、民樂、林村、庄邊、渡滘、吉贊横基、仙萊岡等處，除決口外，共長二千二百餘丈，竇穴四口。又龍津基六百餘丈，東基共長二千八百餘丈，坍卸裂陷，不一而足，均應修築。而吉贊横基、仙萊岡兩基爲桑園圍全圍頂冲保障，最險最要横基長三百餘丈。前雖砌石，僅得其半，本年劈陷六十餘丈，仙萊岡基全未有石。本年被水冲決兩基，全堤均應加砌方砧大條石，靠石裏面加椿灰沙數尺，吉水灣新築基與東基近海險要之處，亦應擇地加石。竇穴四口，拆去舊基，改砌石條，始能一律鞏固。計東基通修，連翻築決口，除前給銀共剩銀二千一百餘兩外，尚需銀萬兩有奇。西基自鵝埠石起，至甘竹止，共長九千餘丈，其險要處所，前雖已砌石堤，本年潦水冲漲，石堤坍卸甚多，計鵝埠石、圳口、太平、李村、三丫基、泥龍角、禾义基西方外圍圓所廟、下甘竹各處，補砌石塊，加築工料，共需銀四千餘兩。蜆塘圍、蓬村上下，蘇亞娘鞋、符家社周家内外基，當風頭蓬萊廟、坡子角、龍池横基等處除決口外，共長五百餘丈，前雖砌石，本年潦水冲漲，石堤坍卸亦多。該處爲西江頂冲最險，決口砌石，培應高厚，方能抵禦。通修舊基，連翻築決口，計需銀六千兩。除現存石工銀一千兩外，尚需銀五千兩。除蒙糧道憲仁憲親臨履勘，生亦隨同查看無異，合計桑園圍東西兩基共長一萬二千餘丈，決口兩處，前後搶塞修築，共估銀一萬九千七百兩。蜆塘圍基長五百餘丈，決口一處前後搶塞修築共估銀九千八百兩。合共需銀二萬九千五百兩，前捐銀二萬兩，不敷支應。伏思蜆塘圍地處上游，爲西海頂冲險要，西潦漲入，直衝腹裏，反潰於東，建瓴而下，則下游之蜆壳、大良、大有、大棚、琴沙、仙蹟、杜滘、桑園等圍均受冲刷。

而桑園圍爲南、順兩邑要區，週迴百餘里，農桑田地一千數百頃，圍基一萬餘丈，當西北兩江匯流之衝，地處平衍，水當歸匯。該圍一決，則南、順兩邑均受其災，西潦全藉西基以爲捍禦。西基中之圳口、三（了）〔丫〕基、禾义基、西方外基尤爲險要。北潦及西潦上游冲決，全藉東基以爲保障。東基中之吉贊横基、仙萊岡基更爲頂冲。是蜆塘、桑園兩圍，一爲上游最險最要，一爲下游最險最大。兩圍完好，則腹裏各圍俱可無虞。前捐之銀現不敷支，若令業户科派，不特力有未逮，且恐有稽時日。生雖住非同圍，念切桑梓，情願再捐銀九千五百兩俾敷支應。一面照數繳出，聽候委員先行撥給各業户領收，取具領狀，繳送存案。庶幾得以及時趕辦，悉臻鞏固，永慶安瀾，以仰副大憲痌瘝在抱，保民若赤至意。

除禀各憲外，所有續捐銀九千五百兩，修築前後共捐銀二萬九千五百兩緣由，理合禀候仁憲察核，實爲恩便，爲此禀赴。據廣府檔册修。

己丑捐修收支總册，廣州府南海縣加知州銜潘爲造報事，遵將道光九年五月間潦水漲發，冲決桑園圍、吉水灣等處基口，奉行支發伍紳捐欵，修築及加高培厚各基銀兩數目分别已、未報銷，造報施行，須至册者。計開：一、桑園圍吉贊横基奉發銀四千兩，交紳士潘進等領收支用。一、吉水灣基奉發銀二千兩，交紳士潘進等領收支用。一、仙萊岡基奉發銀五千三百四十兩交紳士潘進等領收支用。一、簡村、雲津、百滘三堡基竇奉發銀四千兩，交紳士潘進等領收支用。一、九江西方外圍大基奉發銀八十五兩，先後交紳士關鳴駒等領收支用。一、九江西方外基奉發銀六百八十五兩，先後交業户關瓊業等領收支用。一、九江堡大基荔菴祠前奉發銀三十兩，交業户關廣倉等領收支用。九江堡南方大基西岸社奉發銀七十兩，交紳士梅履中領收支用。一、九江堡南方南頭圍基奉發銀四十兩，交紳士曾幹貞等領收支用。一、海舟堡三丫基奉發銀四百八十兩，交紳士李應揚等領收支用。一、海舟堡麥村基奉發銀二百七十二兩，交紳士梁植生等領收支用。一、海舟堡李村基奉發銀六十兩，交業户李繼芳領收支用。一、海舟堡李村李章等基奉發銀五十兩，交業户李章等領收支用。一、海舟堡李村李復興等基奉發銀三十五兩，交業户李萬安等領收支用。一、海舟堡李村黎余石基奉發銀二百三十兩，交業户黎友鯨等領收支用。一、海舟堡李村梁文濟基奉發銀四十五兩，交業户梁文濟等領收支用。一、鎮涌堡石龍鄉基奉發銀六十兩，交紳士何文經等領收支用。一、鎮涌堡鎮涌鄉基奉發銀二十兩，交業户馮會等領收支用。一、鎮涌堡禾义基坭龍角奉發銀一千兩，交紳士何子彬等領收支用。一、先登堡鵝埠石右翼嘴基奉發銀三十兩，交業户李遠蕃等領收支用。一、先登堡鵝埠石鄉基奉發銀七十兩，交業户李遠蕃等領收支用。一、先登堡太平鄉基奉發銀一百一十兩，交業户李金璋等領收支用。一、先登堡太平龍坑基奉發銀五十六兩，交業户梁瑞進等領收支用。一、先登堡圳口村基奉發銀一百八十兩，交業户李光昌等領收支用。一、先登堡茅岡鄉基奉發銀二十四兩，交業户蘇萬春等領收支用。一、先登堡茅岡鄉區偉雄基奉發銀九十兩，交業户區偉雄等領收支用。一、先登堡稔岡鄉基奉發銀十五兩，交業户蘇芝望等領收支用。一、先登堡横岡鄉基奉發銀一十五兩，交業户蘇志大等領收支用。一、先登堡太平鄉李大成基奉發銀六十五兩，交業户李應中等領收支用。一、雲津堡李村基奉發銀二十三兩，交業户李洪芳等領收支用。一、龍津堡五鄉基奉發銀三十兩，交業户顔昌等領收支用。一、龍津堡五鄉伍桂同基奉發銀一百二十兩，交業户伍桂同等領收支用。一、龍津堡岡頭墟基奉發銀三十兩，交業户顔福安等領收支用。一、河清堡河清基奉發銀八十兩，交紳士潘士琳等領收支用。一、沙頭堡馮日初等基奉發銀六十兩，交紳士馮日初等收領支用。一、沙頭堡韋馱廟華光廟基奉發銀五十兩，交紳士譚培等領收支用。一、甘竹埠甯墟基奉發銀二百兩，交紳士黄焕賢等領收支用。一、填塞吉水灣基外潭穴奉發銀二百兩，交紳士張喬年等領收支用。一、沙頭堡韋馱廟等基又奉發銀九十兩，交紳士莫緯光等領收支用。一、九江西方外基之荔菴祠一帶又奉發銀八十兩，交業户朱壯南等領收支用。一、九江西方外基蠶姑廟一帶又奉發銀五十兩，交業户朱壯南等領收支用。

通共奉發給領銀二萬零一百七十兩。道光十年閏四月二十四日。

卷九　道光十三年癸巳歲修志

章程

案：基段分明，各堡認真歲修遞年依潦信巡防，圍基自臻鞏固。萬一西潦漲溢殊常巡防不及能如法搶塞修築，失之東隅，尚可收之桑榆。惟基主業户平時歲修巡防不能認真，及決溢之後，又以自己田廬附近決口已受切近之災，遂欲圍衆同受其害，匿避諉卸，觀望，怠玩，日久不從事搶塞修築，遂至貽害痛深。是以有乾隆十年里民馮世盛、陳德昌等呈訴利專基諉，奉前郡侯金審結，詳奉院憲批飭遵照一案，茲通圍權宜共濟，於基工蕆事日，聯謝憲恩，呈請飭定章程，以垂永久。奉列憲批行，縣主率同紳士議定，經議草稿於道光十四年四月日傳集通圍紳士在南海學宫明倫堂妥議，繕請縣主通詳，列憲批允，此屬至公至當，爰仰承列憲爲我圍熟籌善後至意，并搜録歷年舊章，編載志乘，俾圍衆畫一遵守，永慶安瀾。次章程。

乾隆十年廣州府金案奉布政司納憲牌，乾隆十年十一月二十七日，奉巡撫都察院準批：

據南海縣桑園圍里民李文盛等呈爲險基之衝割日甚，乞飭照例均修，以收成效事。稱切蟻等桑園一圍，載税八千畝，生靈百萬家，所賴圍基保固。一有崩潰，不分遠近，盡遭淹没，而圍内土名三丫基址，當西、北兩河洪潦之沖，夙稱險要，非同别處緩基，止因低薄或水刷割，一經修葺即保無虞者。生斯長斯，深悉痼弊，是以數十年來竭蹶工築，力盡髓枯，修無成効。雍正八年，蒙前督撫兩憲發帑，委員確勘修理，多置椿石堆護險處，冀獲無虞。但因椿石無幾，以致枕近上下仍然沖刷，漸入基底，巖崖壁立，目覩心寒不已。去年七月内以再陳基圍痼弊等事，聯陳各憲，請照豐樂圍之例，於上流添築石壩，射水中流，約費工料銀八千餘兩，方能奏効。乃上厪憲懷，荷蒙發帑一千一百四十餘兩。皇仁憲德，固已浹髓淪膚，獨是自勘估以來，割刷日深，即發之帑，除裝運水脚之外，所餘買石無幾，以致投之深淵，誠如滄海之一滴，不獨蟻等基工罔効，且負皇仁憲德。

茲若再請發帑添築，恐貽屢瀆之咎，第思通圍基址即關通圍糧命，原無彼此輕重之殊，查乾隆八年三月内經前督憲慶奏准部咨一件移咨事内開：圍民修築土石各工，自應令其按田出資，均匀公派，毋致偏枯等因，通行在案。正與蟻等現在請修之例相符，且與先年吉贊崩基，通圍協修之例相合。但慮民心怠玩，非官莫應，茲幸福星按臨，隨車膏雨。只得籲叩憲轅，伏乞飭行示諭通圍業户，遵照部行定例，按田公派，協力公築，或建壩頭，或堆基脚，庶衆擎異舉，指顧工成，則百萬生靈永沐帲幪之庇矣等情。

奉批：圍基關係百姓田廬，理應及時修葺，以資捍衛。該處圍基現應作何興築，俾工程得垂永久，而民力不致偏枯。仰布政司確查妥議，通詳察奪，毋違。

等因奉此，查本案三丫險基，先據估報，用石堆護工料銀壹千一百四十五兩零，詳奏咨部給項動修在案。茲奉批前因，合就飭行備牌，仰府照依事理，即將桑園圍三丫基現在作何興築，俾工程得垂永久，而民力不致偏枯之處，刻日悉心確查，妥議詳覆，以憑轉請院奪，慎勿遲違。等因奉此，依奉轉行南海縣查議具詳。去後，茲據該縣詳稱依即備移署水利縣丞傳集桑園圍衿耆、里老、圩總、業户悉心公同妥議，移覆核轉。去後，茲准署水利縣丞事神安司巡檢沈元龍牒呈，内開當經移令江浦司傳集公同會議移覆。茲准該巡檢韓士英牒稱，隨據桑園圍里民簡村堡、先登堡、百滘堡、雲津堡馮世盛等呈爲圍基久定成例，修理各有專司，懇賜回覆，以免派累事。稱：切桑園一圍，自宋徽宗四十一年有按院張臨境訪察，見潦水淹没田廬，上任後奏明，奉宋徽宗命工部侍郎何同委員督築，蒙委水利道田、邑主王督令里民建築。至四十三年工成，將基分附近各鄉各堡圖甲業户管理，以專責成。至吉贊横基，後因大路峽圍基被水冲决，田禾仍然淹浸，遂添築吉贊間堵横基，斷絶上流。蒙委縣主同里民相踏吉贊岡嘴，形勢狹隘，中有沙心可以堵築，即令衆里民興工及築成。議明此基十圖屬衆，惟吉贊鄉各姓田業枕近築基，取土略傷其業，凡有修葺，俱不派及。倘遇潦水漲發，止要該鄉傳鑼通知，十堡齊力防護，詳奉批允，飭行遵照。此數百年之成例也。今海舟堡里民李文盛等以一件險基冲割日甚，乞飭照例均修，以收成效事聯呈赴上憲，呈稱三丫基址險要，所領公帑一千一百四十餘兩不足修築，懇照横基之例，通圍按田派修等情，奉行傳集衿耆、里民、圩總、業户人等公同會議妥覆。仰見各上憲明慎周詳，務使民情平允至意。但桑園圍基址除吉贊横基之外，係俱分其海旁魚埠及新生沙坦，悉爲各分管基分所得。遇有低薄冲决，亦爲各自修築，即康熙戊午年茅岡基崩，辛巳年何步石基决，就乾隆八年林村基决三處，均係經管各鄉各業户自行築修。且乾隆八年十堡里民聯赴上憲，呈懇委員督修横基，蒙藩憲議詳案内，亦經聲明横基之下有庄邊村、民樂市、草美〔二〕各處基址低薄，請併飭令業户人等按照原管基址，一體加築高厚，共保無虞，詳奉批行，飭遵在案。況海舟一鄉所管基址，其魚埠、沙租遞年約有三百餘兩，自昔至今，計其所得數萬有零，得此利，修此基，理所當然。今既蒙上憲奏請皇恩，給有公帑千餘，如有不足，乞着李文盛將歷年租利添修，務在鞏固，以垂永久，免紊成典。庶基無藉推諉，則升斗之貧民亦不至受累，事屬至公。今遵會議，據實聯覆，懇乞仁台賜文回覆，百萬生靈

〔二〕正文中其餘各處皆爲『藻美』。

頂祝鴻恩於無既等情。

據此，又據三丫基十二户里民李文盛等呈爲黠猾違例，藐憲推諉事，稱：　切三丫基險要，屢厪憲衷，蟻等議築石填以垂永久，奈苦於獨力不已，去年十一月十八日遵查乾隆八年三月内前任督憲慶部咨一件移咨事内開，其圍民修築土石各工，自應令其按田出資，均匀分派，毋致偏枯等因定例，聯懇撫憲。奉批：　圍基關係百姓田廬，自應及時修葺，以資捍禦。今該處圍基現今作何興修，俾工程得垂永久，而民力不致偏枯，仰布政司確查妥議，通詳核奪，毋違。

又經具呈藩、道二憲暨縣主在案，均奉行憲查議。在圍内十堡業户理應仰體憲衷，遵奉部例，協力興修，俾工程永久。詎有簡村、百滘、先登、雲津等堡，李村一鄉馮世盛等捏以一件圍基久定成例事具控，内稱基分有附近各鄉業户管理，以專責成等語。不思桑園圍基計共六千四百八十四丈，如小修則責之附近業户，大修則通圍論税計丁。如三丫基舊址被水冲割，於萬曆四十八年改築入内，乃係十堡均築，《九江鄉志》鑿鑿可查。又混指魚埠、沙租，忖魚埠一項舊基決没，水割勘深，絫戚難於下手，其間或有或無。況三丫基修理日久，力盡髓枯，縱有亦凑支基工之用。且從前埠租歸官，今改爲蛋户，何得藉爲推諉。至基外海心沙乃通堡共承，即李村、麥村李繼芳等已居其半。況一撮之沙，遞年輸納賦税，貧民自食其力，原非修基之業，在馮世盛等詞稱成例，乞訊成例何在？總之馮世盛等即部文所云黠猾之人，偷安推諉，故捏成例，以飾違例，藐憲之咎耳。似此黠猾基工，終難奏効，只得聯呈叩台，遵照大部，奉旨依議遵行定例，通詳上憲，飭令十堡照部例均修。俾基工指顧功成，蟻等免受偏枯，等情到司。據此，理合據情牒覆，請煩查照施行等由，准此。

查圍基一項，論税均修，奉行皆然。但桑園一圍最爲廣闊，查據十堡里民馮世盛等詞稱，該圍自建築工成，將基分爲附近各鄉各堡圖甲業户管理，以專責成等情。兹三丫基李文盛等欲圖變易往例，控牽通圍論税派修，將來各堡基址或藉歧視，勢必貽悮匪輕。且各相互控訟，無了日矣。況案查乾隆八年林村基分被決，悉係該村業户築復完固，並未派及通圍，今李文盛等控稟前情，似未妥協，等由過縣，准此。并據桑園圍十堡里民馮世盛、陳德昌等稟爲利專基諉，叩乞押修，以免派累事稱，切桑園一圍，西海旁基上自何步石起，下至九江鄉口，計長三十餘里，自宋朝年間築成，衆見圍闊人散，修築恐有不及，遂將此基分爲附近管理，並將基外魚埠及海心各沙逐一分定，使住此地。將此租培此基，久經成例。如三丫基係屬海舟堡李文盛等十二户分下管理，海心沙地有四頃餘，遞年租銀除納糧外，計有三百餘兩，沙鄰可問。若果將利傭工，年年培築，何愁此基而不堅厚？乃李文盛等兜收肥己，致基比於莫問。去年十一月内，混以險基冲割，瞞控上憲批行司查，司爺回覆在案。李文盛等又以違例藐憲，具控混稱小修則責附近，大修則論畝計丁。不思茅岡鄉與何步石鄉先年冲決基口二處，皆係程雲芳等破家修復，豈彼獨愚，而李文盛等獨智，於西海旁基上下各鄉皆有分下專責，皆有分下租利。收利培基，人無推諉，基無危險。豈彼拙於兜肥，李文盛等獨巧於脱卸乎？遞年魚埠，名雖爲蛋，而發批仍屬經管業户，伊等遞年租銀，計有五千餘兩，何得推爲或有或無？三四頃之沙尚稱一撮，尤見虎腹無厭。且去年伊等赴領公帑，亦止十二户聯名，並無商知通圍，其爲名下基分顯然。可見有此奸推，只得聯禀叩乞嚴押修固，毋使別處覬覦，各相效尤，數千萬生靈頂祝鴻恩於靡既矣。

切赴等情到縣。據此，該卑職查看得江浦司屬桑園圍內海舟堡三丫基低薄添築一案，現案撫憲批據海舟堡里民李文盛等呈稱：該基上接西、北兩江洪潦之冲，夙稱險要，數十年竭蹶工築，力盡髓枯。雍正八年蒙督撫兩憲發帑，委員勘修，因椿石無幾，仍然冲刷漸入基底，去年七月內聯陳各憲蒙發帑銀一千一百四十餘兩，購石添築。而所發之帑買石無幾，但通圍基址則關通圍糧命，請照乾隆八年三月內奉准部咨圍民修築，土石各工自應按畝出資，毋致偏枯等因。則三丫基址自應通圍按畝帮修，俾得與先年吉贊基崩通圍協修之例相符等情，批送藩憲，轉行查議，作何興築，俾工程得垂永久而民力不致偏枯等因。依經卑職備移水利縣丞議覆，去後茲准署縣丞事神安司巡檢沈元龍移據江浦司巡檢呈，據十堡里民馮世盛等呈，稱：桑園圍除吉贊横基前大路峽被水冲決添築間堵横基，議該基十堡衆修外，其餘通圍基址原分各堡各鄉業户按税管理，以專責成。前經茅岡鄉何步石、林村等基崩決，俱係各業户自行修築。今李文盛等欲圖更易往例，牽累通圍，將來各堡基址勢必歧視，貽悮基工等由牒覆。

茲據馮世盛等禀，同前情到縣。卑職伏查桑園圍基除吉贊横基十堡均修外，餘係該圍各堡按照名下修築，由來已久。即如乾隆八年林村基決，係該鄉自修報縣有案，並未有派之通圍十堡。今李文盛等因三丫基址單薄，欲派通圍修築，查奉文行圍民。修築土石各工，自應令其按田出資，均勻公派，係指各名下所共基址而言。今該基圍六千二百八十四丈一尺，各堡各有派定應修之基，三丫基內止有海舟堡李文盛等之田，並非十堡所共之基，自應李文盛等遵照往例，於海舟堡各田按畝數公派，若牽扯各堡分修，將來各堡勢必效尤諉卸，紊亂成例，貽悮基工，所關非輕。無論該基向有魚埠、沙租，遞年批佃，可以抵補興修之費，即現奉發帑項一千一百四十五兩，零購石堆護，儘可修築，間或不敷，李文盛等自應於海舟堡各照名下基址按畝捐築，毋庸派之通圍，以致滋事。緣奉飭查，事理是否有當？伏候本府核轉。等由到府。

據此，隨查興築，俾工程得垂永久，而民力不致偏枯，被水冲刷成潭，現經曾否修固？文内並未聲明，然經批飭，再加確查，妥議詳覆。去後，兹據該府詳稱：該圍三丫基向係海舟堡李文盛等管理，前因被潦，冲刷成潭，經該縣水利各員詳請石塊堆護基身，添堆石脚，奉准部覆動項興修，在案。乃李文盛等因工程浩大，欲派通圍均築，具詞上控。奉行查議，兹行南海縣轉據水利縣丞覆到府，覆查分基修管原屬以專責成，不得推諉悞工。今三丫基向係李文盛等分管，且有魚埠、沙租遞年批佃，抵補修築之費，現又領項堆護完竣。工料並無不敷，應如縣議，毋庸再派通圍，致滋紛，更舊例。遞年着令海舟堡李文盛等照依原分基址修築高厚，各堡無虞等由前來。

本署司覆查南海縣屬三丫基，既該縣府查明向係李文盛等分管修築，未便派之通圍，致啓分爭。應如該縣、府所議，遵照舊例，遞年歲修，除魚埠、沙租抵補外，如有不敷，飭令該里民李文盛等各按該基内田畝，均匀出資派築，及時培築，以專責成，以垂永久。其餘各基仍飭令各鄉里民照原定界址分管培築。至該基脚冲刷水深，據稱勢難築填，惟有堆護基脚以保基身。先奉准部咨行，令支給銀兩領回，業已堆護完竣。現在催取結，詳請咨銷，合并聲明。是否允協？理合詳覆憲臺察核，示遵緣由。奉批如詳，轉飭遵照原定界址分管培築，仍飭令李文盛等不得藉詞推諉，致干查究。并將堆竣基脚，作速委員勘驗，造具册結詳銷，并候督部堂批示繳，合就飭行。爲此，牌仰府官吏照依事理，即便轉飭遵照，將原定界址分管培築，仍飭李文盛等不得藉詞推諉，致干查究。並將堆竣基脚，作速委員勘驗，造具、册結、詳送，立等詳請題銷，毋得遲遲。

原志載甲寅志通修公議章程，兹不重録。

嘉慶二年十二月十一日，布政使司莊爲涌渠被塞立應疏復，以資灌溉，以利行人事。

照得南海縣屬桑園圍，自乾隆五十九年間，圍基被决，淹浸兩月，堤内涌渠淤積浮土一尺有餘。嗣聞該處枕涌業户，有將自己田業挑去浮土，堆出涌基，被牛羊踐踏，漸次卸落，以致水道不宣。兹訪聞該圍自本年八月以後，雨澤稀少，灌溉無由，晚稻雜糧被旱者十居三四，現在蔬菜、薯麥望水灌溉，若不即行疏復，轉瞬交春即應翻犂播種，偶遇雨水缺少，春耕必致有悞。查溝洫涌渠，乃田間水道，向係鄉民業户、公衆出貲挑築，使田業得以灌溉，並得以利行人，而枕涌之田亦得先受其益。今該圍涌渠既被枕涌業户挑土塾塞，自應各按業户田頭，督令疏復原位，除札南海縣及九江主簿、江浦司查明該鄉渠橋梁淺窄者，立即督令枕涌業户，限本月望後起，趁此天晴水涸之時，各自行疏復，一律寬深，水性通流，舟行利便。事竣稟覆，候委員前往查勘。倘有不遵，立予責處外，合就出示。爲此，示諭該鄉業户人等知悉，遵照速辦。其各稟遵毋違，特示。據甲寅《桑園圍志》修。

原志載丁丑志。阮督憲札委催辦諭禁止沿堤種樹葬墳挖塘告示己卯志仲縣憲條議告示《遵照條欵辦理諭》《奉督憲上緊修築》《札奉藩憲催簽題落石》《札奉督憲催修稟覆，諭總理何毓齡等稟覆採石章程》《庚辰志委員余刺史勘估工料詳文》《委員勘估工程銀兩稟》兹不重録。

嘉慶二十四年六月廿八日，具呈桑園圍紳士陳書等呈：爲遵諭稟覆，聯懇察案追繳事。

竊書等桑園一圍，除吉贊横基不問工程大小，俱係全圍合力修築外，其餘各堡分段管落。凡有歲修冲决，係該管自行築復，以專責成。舊章可考，毋庸諉卸。即乾隆己亥年吉贊横基及九江仁和里河清鄉崩决，均各照向例辦理。乾隆四十九年，李村基冲决八十餘丈，業户黎、余、石三姓，丁不滿六百，徭銀僅五十兩，先自圈築搶救，復行築復大堤，通圍槩無派捐。迨至五十九年，僅及十載，李村基復再决一百四十餘丈，黎、余、石三姓仍復勉爲搶築，緣大堤工程浩大，力難復振，相率求助圍衆，因念三姓糧少丁稀，遂議合力通圍大修，按徭銀科派，築復長堤。及嘉慶十八年先登堡稔岡、横岡兩鄉崩决，仍照舊例，自行築復，曾略有帮助，亦聽各堡捐題。該鄉所借帑銀五百兩，亦經該鄉陸續歸還，並無派及圍衆，此皆李瑶等所共知共見者。嘉慶二十二年五月内，海舟堡三丫基冲决六十二丈，係李瑶等十二户經管。冲决時，伊等因銀兩不及，前後稟請借帑銀五千兩，情愿具限繳還，前台閆稟明藩憲，亦聲明現築月基，據支出銀六千二百餘兩，合議盡歸十二户認捐自行歸欵外，另估修决口工程，通圍各堡併十二户一體照數均派，案甚明晰，舊章不紊。乃李瑶等已認圖翻，逞其刁詐混行，稟請所借帑項派入各堡地丁帶征。荷蒙仁台斥其事後諉卸，富厚昧良，洞悉奸詐，各在案。現在事關帑項，奉行嚴催，斷難少緩，理合開列李瑶等認繳前後案由，粘連呈核，伏懇仁臺嚴飭李瑶等各姓業户按税出資，或照丁口照派，毋致帑項久延，俾基務章程遵照成例，以專責成，萬世永賴。爲此稟覆縣憲批，即飭李瑶等派繳。

道光十四年十月二十七日，雲南候補道鄧士憲，候選知府鄧林，主事何文綺、温承悌，内閣中書張謙，大理寺評事黄世顯，江蘇武進縣知縣程士偉，陝西鄜州州同譚瑀，江西南安府照磨郭惟清，教諭張喬年、温懌明，舉人曾銘勳、何子彬、黄龍文、明離照、馮汝棠、岑誠、陳榮、程貴時、洗文焕、郭懋勳、潘澍漳、潘廷瑞、潘佐堯、潘士瑛、何淞湘、李雄光、梁澄心、梁植生、梁懷文、潘漸逵、梁策書、關景泰、黄亨、郭培、蔡詔、黄之冕、曾櫟材、鍾璧光、潘以翎，武舉李應揚、莫緯光，職員温承鈞，拔貢曾釗，副貢梁上清、麥穎、張士魁、馮日初，歲貢左龍章、陳愈，生員關家駿、張世光、陳士麟、明倫、吴文昭、譚彬、譚靄元、何玉梅、譚彦光、陳嘉言、程鴻漸、郭傑、李應剛、胡積煇、鄧翔、何如驤、何作垣、劉翰垣、余暉超、李業、麥祥佳、陳瑶均、張清徽、胡調德、黎芳、梁起宗、潘芳、盧璋、程翔萬、潘以翥。稟爲桑園圍修築善後章程，乞恩俯照前議各欵，核詳飭遵，俾得奉纂志乘，以垂久遠事。

竊桑園圍三丫基於道光十三年夏潦冲决，荷蒙大憲奏奉恩旨，賞借銀兩修復，工竣，叩謝。奉督憲批：飭志乘應如何修纂？段落應如何分管？並即妥定以垂久遠。又奉臬藩糧各憲暨府憲、前憲，飭將地段保護善後章程，妥協籌議禀覆各等因。當查，桑園圍基築自北宋，東、西兩基，向皆分段歸附近業户經管，該處有基分者謂之基主業户，而附基之海利雜息，亦歸經管之基主所得。其基即責成經管之基主保護修築，各堡皆有派定基段，分管保修章程，一體無異。唯吉贊横基係通圍公基，事歸通圍合辦段落，詳載舊志，歷久皆然。遵經會同闔圍紳民，悉心集議，推究致患之由，通籌保護之策，或採舊聞，或參新議，段落分管則率由舊章，以專責成。遇潦冲决則因時權衡，以應急變，椿料籌於先事，巡視謹於臨時，董理務在得人，修費歸諸實用。基脚戒其侵削，涌竇責以疏通，合全局之情形，酌公平之良法，備具闔圍條議章程。粘禀前憲，懇詳飭遵，纂修志乘，永遠遵照。

嗣因圍丙[一]沙頭、九江各堡基分又於本年五月被潦冲决，致未奉前憲核詳。茲沙頭、九江各堡本年被冲之基，各經管基分之基主業户，悉已遵照前議，禀案章程築復鞏固，各無異論。照此纂修志乘，垂之永久，則事不偏枯，工可共濟。平時自不懈於歲修，漲决復無虞其推諉，其臻鞏固，民用大和，共慶安瀾，永叨利賴，以仰副仁憲暨列憲子惠黎元之至意。理合聯懇憲恩，伏乞俯准核定前禀條議章程，詳奉飭遵，俾得遵照纂修志乘，以垂久遠，實爲德便，爲此禀赴。

計粘條議章程

一、各堡基段宜循照舊章，分管保修，以專責成也。

查桑園圍堤基築自北宋，東、西兩基一萬四千七百七十二丈五尺，向來分段歸附近各堡經管，該處有基分者謂之經管基主業户，遞年歲修保固，以及夏潦冲决築復水基大基例，責該基主業户自辦，而附近之海利魚步、沙租雜息，亦歸經管基主業户所得，以補工費。因堤基鞏固，全賴歲修，若非分段責成，必致歲修推諉。歲修廢弛則基患多而冲决易，分段經管所以專責成，而勤歲修。通圍各堡，皆有基分，經管一體辦理。惟吉贊横基係通圍公基，始歸通圍公〔同〕[二]立法最爲妥善，歷數百年無異。乾隆十年間，海舟堡里民李文盛等推諉修築，與各堡里民馮世盛等互訟，經奉大憲飭蒙前任府縣各憲查，議以桑園圍分基管修，原屬以專責成，各堡各有派定應修之基，議照舊例分修，詳奉藩憲，轉奉督撫兩憲批飭，遵照原定界址，分管修築，不得推諉等因，案存憲檔。是以乾隆四十四年五日吉贊横基與九江河清等基同時並决，祇係吉贊横基歸通圍科

[一] 丙　疑爲『内』之誤。
[二] 脱一字，疑漏『同』字。

築，而九江、河清悉係經管基主業户自行築復。又四十九年六月烏尾潭及李村黎家基冲決，亦係經管基主業户自築。惟五十九年甲寅六月，海舟堡李村基冲決，基主業户黎、余、石三姓丁稀貧赤，力難築復，又值通圍基多坍卸，衆議大修。於是南、順兩縣十四堡按税起科銀五萬餘兩，通修各基，并帮其築復決口。後嘉慶十八年五月，圳口基決，仍照舊章歸稔、横兩鄉經管基主業户自築。二十二年丁丑五月，九江、河清外基及海舟堡三丫基同時並決，九江、河清兩基經管基主業户先自築復，三丫基主業户亦自借帑銀五千兩先築水基，以救晚禾，銀歸基主業户自還。後因通圍有借帑生息，以爲歲修之舉，并因衆議修葺通圍患基，仍仿照甲寅年大修章程五成起科，修葺通圍患基，并帮其築復決口。至道光九年五月，吉水、仙萊兩基同決，邑紳伍元薇捐銀帮築吉水基，除領欵不敷銀三四千兩，仙萊基亦不敷銀五百餘兩，維時伍紳捐欵除給吉水、仙萊外，尚有銀萬餘兩，撥給全圍東、西兩基通修，而吉水、仙萊兩基不敷之項，不准向伍紳捐欵領足，亦不准派之通圍，仍照舊章，責令基主業户自行塾足，歷有成案。道光十三年五月，三丫基冲決，先經基主業户自借帑銀四千八百餘兩修築水基，工未竣，復被水冲，八月始行水退，晚禾趕蒔不及。荷蒙大憲軫念民依，奏准借銀四萬五千兩築復大基，仍飭令照甲寅大修四分之一起科，修葺通圍患基。所借帑銀，現蒙奏請恩旨，以歲修息銀撥抵歸欵外，餘銀五千餘兩，歸通圍南、順兩縣各堡按税畝分五年征還，此係非常殊恩，自必永慶安瀾。唯借大修帮築決口者，係一時權宜，不能援爲常例，應請飭令，嗣後仍各照舊章辦理。除吉贊横基公修外，其餘各基遇有冲決，不論水基、大基，均歸經管基主業户自行修築。其或工程浩大，基主業户獨力難支，亦責其趕緊先築水基，以顧晚禾，到冬晴築復大基時，通圍紳士隨時酌量，按其決口之大小，工貴之重輕，基主業户之貧富，丁口之多寡，因時權衡，酌帮集事。工竣，仍歸基主保固。

倘通圍各基均有卸爛，公同禀官，將通圍應修基竇逐一勘估，方照甲寅大修事例，按南七順三論糧通派。公舉圍内公明幹練紳士董理，將估費交給基主業户，責令領修保固，工竣由董理紳士核實驗收，浮冒責賠。若大修與築復潦決大基同時並舉，將通圍應修基竇與決口工程勘估劃清，亦按決口大小、工程輕重、基主貧富、丁糧多寡酌量，責令基主於衆派外，仍出工費若于〔一〕，然後歸衆帮築，分别大修、帮築辦理。不得全借大修之名科銀專築決口，致有偏枯，俾基主業户各有專責，無所希冀覬望。且各修己基工程，可期核實財用，不致虚糜。庶使平時不懈於歲修，潦決無虞其推諉，於循照舊章之中，仍寓因時變通之

〔一〕于　當爲『干』之誤。

意，堤基可保其永固矣。

一、備修工費銀兩，宜禁濫用也。查圍基鞏固，全賴歲修。保修工程，責成基主業户，各基俱有備修雜息，如果基主業户每年於秋冬晴涸之時，以備修公費各將名下經管基寶，隨時增卑培薄，壘石築填，基無不固之理。唯查各堡附基産業水利，及鄉中公衆租息，每爲無識耆老子弟把持，留爲鄉内酬神、演戲、賽會、酒食之用，或撥歸該處書院公費，或據爲各姓祖祠蒸嘗，置基工於不問。應請飭令嗣後該基段紳士，不論頂險、次險，平易基段，但有公項出息銀兩，只可留爲圍基培土、釘樁、壘石要用，不得分毫浪用别處。如該基段耆老子弟仍蹈陋習，以迎神、演戲，酒食爲重，將鄉内公項浪用侵蝕，以修基保障爲虚文，許該處紳士及鄰近基主業户指名禀究。更或因玩視不修，以致衝決潰卸，該紳士立將賽神浪費貽悮基工之人鎖押解送，重治其罪。

一、搶救樁料，宜先事籌備也。查遞年清明節後、穀雨節前，所有衝險基段，即要在於該基主業户先事籌辦公費，買備一丈二尺以上三四寸尾杉樁百餘條，一丈杉樁三四百條，儲該基主業户内公所，預備搶救之用。

一、搶救樁料，宜隨時稽查也。查遞年清明節後應請札行該管主簿巡司，按照章程，於有衝險基段鄉堡，親臨該基段處所，查問該基主業户是否照數丈尺買備杉樁，親身點明。如有不足數，檄令刻期買足。潦盛漲時，復勤加查點，如不遵辦，或暫借杉樁飾點，搶救時杉樁全無，立提基主業户責究。

一、遇潦巡防，宜雇選丁壯巡視也。查遞年四月中旬起，至七月中旬後，係潦水盛漲之期，應請札行該管主簿巡司，於凡險要基段，趁期嚴飭基主業户，雇選幹練丁壯巡視，每基百丈雇五六人巡視，稍有坍裂即鳴鑼傳救。倘有諱匿不傳鑼，以致失事，立將巡視人役治罪，基主業户亦予以雇選不力之咎。

一、搶救飯食樁料，宜責基主備應也。查遞年西潦驟漲，基段防護不及，猝被冲決，傳鑼圍衆撥人前往搶救。所有工役、飯食應請飭令基主業户供應，不得躲避。如基主業户杉樁不備，或杉樁僅備而躲避不出，工役飯食無人供應，以致徒手枵腹，立視冲決，搶救無從施力，則貽悮糧命、民命，責有攸歸，聽從圍衆禀請押辦。

一、夏潦冲決，宜責限基主堵塞也。查遞年西潦驟漲，固宜竭力救護。倘潦水過甚，加以颶風大雨，人力難施，致不能搶救。三日水定後，應請飭令基主業户即照章程設法堵塞，以保蒔晚禾。倘故意匿避，志存推卸，工程十日後尚不施工堵塞，是失事於前，故悮於後，不特晚禾不保，而且決口日衝日闊，堵塞更難。通圍紳士即將該基主業户禀官押辦。

一、通圍帮築決口，宜通圍公舉外堡紳士協理也。查各堡分段經管之基，遇有冲決，工程浩大，基主業户貧赤，力難築復，通圍酌量帮築，應請飭令基主商請通圍公議，選舉外堡練達紳士、殷户，在局帮同基主業户董理，以昭公慎。其外堡董理修金由基局公項支銷，至基主業户修金，係基主業户自辦，不得混支局内公項，俾酬勞之中，微寓主客之别。若不用通圍帮築，聽其自辦，毋庸商請外堡紳士董理。如遇通圍大修工程，一切修金、飯食，工竣報銷。册結、紙張經費，俱在公項支銷，不得苦累董理紳士、殷户，以示平允。

一、廟租銀兩，宜撙節積存，以備搶救也。查南海神廟祀產、沙田租銀，照嘉慶元年陳藩憲告示章程，除廟中遞年應支用外，尚應存有銀兩。嗣因管理未能畫一，經於道光五年起復舊章程，輪堡管理，應請飭令嗣後倍加撙節，冀積羡餘，以爲遞年搶救修廟及通圍公事集會之用。其神誕日期，但許具牲醴鼓樂慶賀，輪管值事及到行禮紳士具饍敘福，其從前演戲及附近鄉堡紳耆分生胙之例，一槩删除。如有頑劣紳耆霸管，侵蝕肥囊，通圍指名呈究。輪管交代時如有交兑數目不清，許下手接交，三堡首事傳請通圍紳士聯禀追賠究治，以杜弊端。

一、險要基段歲修，宜責鄰堡稽查也。查各堡險要基段，凡遇歲修，該基主業户如果認真辦理，工程必臻堅固。無如各堡歲修廢弛，即奉官檄行修補，亦置若罔聞。更有探聞地方官臨鄉查勘，即雇道士禳祀書插興工符章，以爲掩飾，俟官勘驗去後，毫無實事工程。毋怪險要荒基，每每冲決百數十丈，馴致不救。惟毗鄰鄉堡，休戚相關，耳目又近，易於查察，應請飭令每次歲修工程工竣之日，責令鄰堡基主業户互相稽查，禁止濫給胥役結規，俾不得藉行其欺飾浮冒之弊。

一、基外沙坦，宜禁開建磚窰也。查附近基外沙坦開建磚窰，必多挖泥土供燒磚料，漸傷基身，即基外海心沙坦開設磚窰，必多堆貯燒成磚塊，及備購一年燒磚柴草，格砌如山。潦漲時，中流壅水，江潦不能溢過坦面驟銷。且撒棄破裂，苦窳碎磚，積砌坦滘。日積月累，横截江流，激水衝射，圍基爲害更烈。應請嗣後飭行封禁，現設者毁拆，未設者永禁，不必委該管主簿、巡檢查勘，致滋夤緣飾卸。若海心沙坦耕種民人建造廬舍，雖不禁，仍不得於坦滘圈築石基，致分殺水勢，激射沿江兩岸圍基。

一、近基池塘，宜責塘主培築基脚也。查圍基内外，貼近開挖池塘，種菱藕，養魚苗及貼基開溝渠，俱能傷害基身。查魚苗塘貲本甚重，遇潦魚即湧散，故搭蓋塘寮，住宿工伴，常在池塘基岸照料養活，潦至尚可藉以巡管圍基。至菱藕塘資本無多，日久無人看守，於圍基有損無益。但業户輾轉買賣，相沿日久，遽行填塞，殊有難行。應請飭令冬間將基脚培築高厚，俾得有所稽查，自定章程，以後不得再有開挖。違者查出，業主嚴究治罪，其業充撥通圍公產。至遇西潦盛漲之時，基内池塘水淺，基外巨浪洶湧，外内勢不相敵，基常因之墮陷。並請每年届期行知該主簿巡司親行查勘，飭令業主放水入池塘，平岸滿貯，藉水力帮頂基身，庶不致於貽悞大事。

一、護基樹木，宜禁砍伐，並禁在基盜葬也。查護基樹木既長大成材，基主業户若圖利擅伐變賣，及樹蔃腐朽，圍基因之中潰。如嘉慶丁丑海舟堡十二户三丫基決六十餘丈，係因該基主業户斫伐藁子樹二百株賣錢別用，越年樹蔃爲白蟻蛀食通透，致累全基驟潰，載在丁丑志及碑記，前車可鑒。又附近基脚盜葬棺木日久，蟻漏鼠穴，即從此開，雖古冢舊基非其子孫自行遷葬者，不遇冲決改築基段之時，難盡強遷，而後此侵盜添葬，與擅伐護基樹木者，應請飭行該管主簿巡司不時稽查禁止，庶絶後害。

一、防護基身，宜令多種桑株果木也。查基外護基樹木，相度土宜合種荔枝、龍眼。因此二果成熟在五六兩月，適當西潦盛漲之時，業户日夕看守，即可藉以巡視圍基。但種果數年方得收成，且有牛羊牧食之害，應請飭令於樹木雜栽桑株，固可以防範牛羊，并可以先收資利，且一望沃若，於桑園圍本義名實相符。若基外平坦無多，宜任其多生細草，永禁刈薙，俾蒙茸纏固。驟雨不能衝刷溝窩，潦漲時，風浪衝撼，土不鬆卸。更或基外並無平坦，亦宜於基磡外多種蘆葦，使叢生層疊，自堪卸殺巨浪。

一、基脚内外，宜禁耕犂侵削也。查基脚内外多爲業户侵耕，以致陡削，應請飭令查照舊基界培補完好。此後凡有業户犂耕鋤種，毋論基外基内，各要讓耕五尺，許多不許少。至基内外兩岸，其相沿建造民屋鋪舍者，每畜牛羊豬母不自防，閑任其成群引隊，沿基蹂躪踐踏，最足傷壞基身。與凡附近基段居民偷取護基石塊，俱請一律飭禁。

一、分段經管基分，宜用石板竪明界至也。查各堡基段長短、寬狹界至，雖經備載前志，亦間有竪石立界，唯未一律齊全。應請通飭各堡基主業户，一體用闊度石板，書鑿某堡某鄉分管基段，自基處起至某處止，共若干丈尺，其應禁傷害基身各欵，亦照式用石板書鑿。奉憲嚴禁附近基身某欵某事，如違稟拿究辦，竪石基側，俾圍衆咸知凛戒。

一、竇穴涌滘，宜設法疏通也。查各堡大基竇穴，砌石結築堅固，方足以利宣洩而資旱潦。若有於基根偷挖小竇，戽水灌田，潦漲時不及防範，每多滲漏，此例在必禁。但西基自海舟、先登兩堡基分疊次潰決以來，浮沙迸潦，衝駛圍内，田畝積壓，涌滘淺淤，除兩堡不計外，其西北之鎮涌、金甌、簡村、雲津、百滘、河清、大桐七堡壓淤爲尤甚。其東南之沙頭、九江、甘竹、龍山、龍江五堡在圍中地處低窪，又上游各堡竇穴少建，不敷宣洩，每遇圍基冲決塞水基後，潦退出鄉内小圍基面，水專由五堡涌滘消流，潦水較西北七堡輒退遲二十日，晚稻往往趕蒔不及，桑株果木淹萎較多，宣洩未能畫一。

查嘉慶三年莊藩憲有改拓閘竇、疏通涌滘之示。道光十年，阿藩憲飭行南海、三水兩縣札諭縣屬紳士、業户於圍基内，相度地方形勢，應開建竇閘之處。舊有而已被淤塌者，着即疏通築復，舊無而可資灌溉者，着即籌欵新建。疊奉憲示，洞悉民隱，在案。應請飭行各堡，照示舉行，但有新建竇閘，必用長大方砧石砌築，閘門用堅韌生松或紫荆木爲之，務臻鞏固。每年江潦漲發時候，責該基主業户派定閘夫若干名專司啓閉，自毋貽悮。如遇大修及有冲决基竇，均一體照護定章程辦理。又每届圍基冲决，及每年西潦漲發，於潦退時候，各鄉内小圍既出，出基面潦由涌滘流行，每日僅消三二寸。鄉民宅土情迫，度日如年，而土豪匪類乘災罔利，常於鄉内涌滘津隘處所，恣樹罭栈，插裝箔簖，括取魚蝦，横截中流，日夜不休。匝旬累月，以致潦消遲慢，往往貽悮晚禾。又有該村庄於鄉堡内處下游，於内圍基岸上游開設水閘，接裏海水以灌旱乾，及遇圍基冲决潦既退出内圍基岸，即將其上游水閘用土椿塞，待鄉鄰皆報宅土，乃復開挖，只求自己村庄潦退迅速，不顧上游村庄被他壅遏，下流潦消愆期，晚禾無望。均應請飭行永禁，藉澹沉災。

一、禁詭糧飛寄，以重徭役也。圍田殷户誠實者固多，狡詐者亦所不免。現有業在本圍，税寄圍外另户，被人控告有案至一二頃者。惟此次紳士公定章程，意在和衷共濟，姑不呈究，聽其畏法自行收割，即便了事。此後如復故抗，及有效尤者，定行集圍紳士聯名呈究，決不徇情。

一、通圍志乘宜遵照奉行善後章程纂修，以垂久遠也。查甲寅、丁丑及己卯捐修圍志，不過總理值事收拾告示、呈詞、賬目，彙抄、刻板。故告示照書辦抄貼欵式，呈詞、批語照狀榜欵式，賬簿照登記欵式，固蕪冗不成體例，且所存章程多爲悮基卸工地步，並未列纂修人銜名，未呈請地方官鑒定，殊非傳信之義。兹待呈准善後章程後，應公推圍内諳熟志書體例、公正可信紳士，重新編纂。書成之日，請大憲鑒定賜序，以垂久遠。

一、志書板片櫃藏遞交，以重文獻也。查向來圍志板片，無專責成，易致遺失。此次志成，印刷、呈送各衙門之後，即製架收藏，交南海神廟當年值事輪貯。如有印刷時，其工料在南海神廟租銀支出。倘遺失朽蝕，責在南海神廟當年值事賠刻。

縣憲批：候查照該紳等前禀條議，該基圍善後章程詳請憲示飭遵。

道光十四年十二月初三日，署南海縣正堂劉諭桑園圍紳士等知悉，現奉撫憲簽開，據該縣詳繳紳士鄧士憲等條議，修築桑園圍善後章程，候核示遵緣由前來，查核册内條欵，開載通圍帮築决口一欵内，一切修金、飯食，工竣報銷，册結紙張經費，在所不免，殊未妥協，合就簽回到縣，立將發回詳册，轉發該紳士等酌改再議，另詳察奪。至桑園圍尚有應修石壩各處，至今未修，該縣仍迅速督率該處圩業户人等，趁此冬晴水涸之際，趕緊修築完固，毋稍稽遲。等因奉此，遵照奉簽情節，妥議酌改，刻日列册八本繳赴本縣，以憑轉繳該紳士，仍即催令承修首事李應揚等，將應修石壩各處，趁此冬晴水涸之際，趕緊修築完固，具報。均毋延悮，速速。

道光十四年十二月十九日，桑園圍紳士鄧士憲等禀爲遵諭酌改，乞恩據情轉請更正事。現奉仁憲諭開，轉奉撫憲簽據，詳繳紳士條議，修築桑園圍善後章程，候核示遵，緣由前來。查核册内條欵，開載通圍帮築决口一欵内一切修金、飯食、工竣報銷册結、紙張經費，在所不免。議在公項支銷立案，尚屬可行。至部費房費四字殊未妥協，簽縣將發回詳册轉發該紳士等，酌改再議，另詳察奪。至桑園圍尚有應修石坦各處，至今未修，該縣仍迅速督率該處圩總業户人等，趁此冬晴水涸之際，趕緊修築完固等因，轉諭紳士等遵照奉簽情節。妥議酌改，仍即催令承修首事李應揚等將應修石坦，趕緊修築完固，具報。

等因奉此，仰見大憲指示周詳，無微不到至意。除應修石坦催令首事李應揚等趕緊籌議興修外，遵將前繳章程第六欵開載通圍帮築決口一條内開一切修金、飯食、工竣報銷册結。部費房費四字酌改，紙張經費四字俾臻妥協。緣奉飭改，合將酌改緣由稟覆憲臺察核，俯賜將奉簽發回，原册酌改，轉繳並懇轉奉各憲一體更正，俾歸畫一，實爲德便，爲此稟赴。縣憲批候將章程册如稟更正轉繳。

道光十四年十二月二十七日署南海縣正堂劉敬稟者： 案奉憲臺簽開，據該縣詳繳紳士等條議，修築桑園圍善後章程，候核示遵緣由前來。查核册内條欵，開載通圍帮築決口一欵内一切修金、飯食、工竣報銷册結，紙張經費，在所不免，議在公項支銷，立案尚屬可行。至部費房費四字殊未妥協，合就簽回到縣，立將發回詳册，轉發該紳士等，酌改再議，另詳察奪。至桑園圍尚有應修石壩各處，至今未修，該縣仍迅速督督[一]該處圩總業户人等，趁此冬晴水涸之際，趕緊修築完固，毋稍稽遲，速速。此簽仍繳等因。計發回詳一件，册一本到縣。奉此，遵即飭據該紳士等將章程册内『部費房費』四字酌改，『紙張經費』四字并稱，應修石壩已催令首事李應揚等趕緊興修。等情呈覆前來，除於章程册内覆核更正外，合將奉發原册同原詳文册連鈞簽，奉繳憲臺察核，俯賜作爲初詳辦理，以省繁牘，實爲公便。卑職謹稟。

道光十四年十月二十七日，海舟堡梁萬同、石中藏，大桐堡陳永泰、冼派宗、陳餘三、林昌祚、程章、温徐，九江堡關陞、黄運興、陳永安、曾永泰、陳聯宗，河清堡潘永盛、黎福增，沙頭堡鄧仕同、崔維同、老必昌、盧萬春、周遷、程萬里、莫鋭、鄧崔宏，鎮涌堡梁建昌、何斌，簡村堡麥逢年、何勝祖、冼以進，金甌堡陸萬鍾、岑祖賦、陳昌，百滘堡潘耀璣、張祖同，先登堡梁觀風、張嘉隆，雲津堡張裕賦、鍾鄧、劉霍、李羅祥、吴祥、黎子進，甘竹、龍江、龍山三堡里民稟爲借項修築桑園圍三丫基決口，乞恩詳請分撥攤征還欵事。

竊桑園圍基，築自北宋。東、西兩基，分段歸附近各堡經管。該處有基分者，謂之基主業户，遞年修葺，以及夏潦冲決築復水基大基，例責該基主業户自辦，而附基之海利雜息亦係經管基主業户所得，通圍各堡皆有基分，經管一體辦理，歷數百年無異。道光十三年五月，海舟堡十二户經管基分之三丫基被潦冲決，當經該基主業户紳士李應揚等請借庫項銀一萬兩先築水基，以冀救蒔晚禾，工築未竣，復被水冲，趕蒔晚禾不及。該基主業户李應揚等用去借欵銀四千八百八十四兩八錢八分三厘，餘銀五千一百一十五兩一錢一分七厘繳還藩庫。迨十一月冬晴水涸，荷蒙大憲軫念民依，以三丫基決口工程浩大，照常例全責該基主業户築復大基，理所應然。但春耕期速，恐該基主業户力有未逮，轉致貽累通圍，且通圍各堡患基亦應一體修葺。復蒙格外施恩，飭照甲寅大修事例，在通圍按

[一]『督督』應爲『督率』之誤。

畝起科銀一萬三千六百餘兩，通修各基，并准借庫項銀築復三丫基決口大基，連李應揚等自借興築水基，前後共借銀四萬九千八百八十四兩八錢八分三釐。嗣蒙督憲奏請，在桑園圍歲修本欵息銀扣銀三萬九千二百六十九兩八錢八分三釐，尚欠銀一萬零六百一十五兩，自十四年分限五年歸該圍按糧攤征還欵。等因。經等稟懇前憲，詳請分撥攤征，奉批尚未奉到恩旨准行，致未蒙詳請分撥攤還，旋奉恩旨准飭，欽遵辦理在案。又值桑園圍別基沙頭等堡基分於本年五月□日被潦冲決，而三丫基築復新基尚幸鞏固。茲沙頭等堡本年冲決之基已經各基主業户自行築復，前借庫欵現屆按糧攤征之期，庫項似未便久懸。伏查桑園圍借項，奏奉恩旨，應還銀一萬零六百一十五兩，内四千八百八十四兩零八分三釐，本係三丫基基主業户海舟堡十二户李應揚等自借興築水基，並非通修築復大基之欵，應歸十二户按糧攤還。尚餘銀五千七百三十兩零一錢一分七釐，應歸通圍南、順兩縣各堡按糧攤還。又桑園圍科修章程，向來南海各堡着十之七，順德各堡着十之三，現在應撥歸通圍攤還借庫銀五千七百三十兩零一錢一分七釐，南、順兩縣三七分攤，南海各堡應還銀四千零一十一兩零八分一釐九毫，順德各堡應還銀一千七百一十九兩零三分五釐一毫。理合稟懇憲恩，伏乞俯賜查照該基主業户，海舟堡十二户及通圍南、順各堡應攤數目，據情詳請分撥，按糧五年攤征還欵，並懇備移順德縣知照，實爲德便。爲此稟赴大老爺臺前，恩准施行。

縣憲批：　候據情轉詳，並備移順德縣知照。

道光十四年十一月初六日署南海縣劉爲據情轉詳事。

現據桑園圍里民海舟堡梁萬同等暨大桐、九江、龍江、龍山等堡里民等呈稱：竊桑園圍基，築自北宋，東、西兩基分段歸附近各堡經管，該處有基分者謂之基主業户，遞年修葺，以及夏潦冲決築復水基大基，例責該基主業户自辦，而附基之海利雜息，亦係經管基主業户所得，通圍各堡皆有基分，經管一體辦理，歷數百年無異。道光十三年五月，海舟堡十二户經管基分之三丫基被潦冲決，當經該基主業户紳士李應揚等請借庫項銀一萬兩，先築水基以冀救蒔晚禾，工築未竣，復備水冲，趕蒔晚禾不及。該基主業户李應揚等用去借欵銀四千八百十四兩八錢八分三釐，餘銀五千一百一十五兩一錢一分七釐，繳還藩庫。迨至十一月冬晴水涸，荷蒙大寧軫念民依，以三丫基決口工費浩大，照常例全責該基主業户築復大基理所應然，但春耕期速，恐該基主業户力有未逮，轉致貽累通圍，且通圍各堡患基亦應一律修葺。復蒙格外施恩，飭照甲寅大修事例，在通圍按畝起科銀一萬三千六百餘兩，通修各基，并准借庫項銀築復三丫基決口大基，連李應揚等自借興築水基，前後共借銀四萬九千八百八十四兩八錢八分三釐。嗣蒙督憲奏請在桑園圍歲修本欵息銀扣銀二萬九千二百六十九兩八錢八分三釐，尚欠銀一萬零六百一十五兩，自十四年分限五年，歸該圍按糧攤征還欵。等因。經[一]等禀懇前憲，詳請分撥攤徵，奉批尚未奉到恩旨准行，致未蒙詳請分撥攤還，旋奉恩旨准飭欽遵辦理在案。又值桑園圍别基沙頭等堡基分於本年五月十四日被潦冲决而三丫基築復新基尚幸鞏固。兹沙頭等堡本年冲决之基，已經各基主業户自行築復，前借庫項現屆按糧攤征之期，庫項似未便久懸。伏查桑園圍借項，奏奉恩旨，應還銀一萬零六百一十五兩，内四千八百八十四兩八錢八分三釐係三丫基基主海舟堡十二户李應揚等自借興築水基，並非興修築復大基之欵，應歸十二户按糧攤還，尚餘銀五千七百三十兩零一錢一分七釐，應歸通圍南順兩縣各堡按糧攤還。又桑園圍科修章程向來南海各堡着十之七，順德各堡着十之三，現在應撥歸通圍攤還借庫項銀五千七百三十兩零一錢一分七釐，南、順兩縣三七分攤，南海各堡應還銀四千零一十一兩零八分一釐九毫，順德各堡應還銀一千七百一十九兩零三分五釐一毫。理合禀懇憲恩，伏乞俯賜查照該基主業户海舟堡十二户及通圍南、順各堡應攤數目，據情詳請分撥，按糧五年攤征還欵，並懇備移順德縣知照。等情到縣。據此，除分飭卑縣屬各堡業户，并移順德一體遵照外，理合據情詳候云云。

道光十五年正月二十一日，署南海縣劉爲據情轉詳事。

道光十五年正月十四日奉憲臺札開，道光十四年十二月二十三日奉署布政使司李札開，道光十四年十二月初八日奉兩廣總督部堂盧批：據南海縣詳桑園圍基領修基費銀兩應攤各堡歸欵一案，奉批仰東布政司核明，分飭遵照，仍候撫部院批示繳。又奉巡撫廣東部院祁批同前事，奉批：據詳已悉，仰布政司核飭知照，仍候督部堂批示繳各等因。奉此，並據該縣具詳到司，查南海縣桑園圍基上年被水冲决，據該圍業户先後共在司庫借給修費銀四萬九千八百八十四兩八錢八分三釐，本應遵照原奏在於該圍業户分限五年按税攤征還欵，嗣奉督憲以該圍業户十四年秋收後既有應繳緩征銀米，又須按畝攤派借支修費，同時並征，實恐力有未逮，奏請將動支本欵息銀一萬六千二百六十九兩八錢八分三釐就欵開銷。又在本欵歲修息銀内扣收歸還借欵銀二萬三千兩外，尚欠銀一萬零六百一十五兩，分限五年歸該圍按糧攤征等因。欽奉硃批，允准在案。今若以修築三丫基工費銀四千八百八十四兩八分三釐責令海舟堡内李應揚等十二户自行繳還，尚餘銀五千七百三十兩零一分七釐，始歸通圍南、順兩縣各堡按糧攤還，核與督憲奏奉恩旨未符。且查該圍界連南、順兩邑，地方遼闊，載税千有餘頃，按畝派科，爲

[一] 原稿『經』字後爲空格無字。

數亦屬無幾。海舟一堡僅止十二户，究竟載税若干，各業户是否俱皆殷厚，力能措繳不致推諉延宕之處，合飭查議，札府飭縣，即便遵照，將海舟堡内業户李應揚等確切查明，該十二户載税共有若干？是否俱皆殷厚，所借修費基工銀兩應如何着落繳還？方與督憲原奏符合。由該縣秉公確核妥議，詳覆核辦，毋稍偏延，致于未便。等因到縣。

奉此，卑職伏查該桑園圍基久經分定段落，歸各堡業户分管，遇有冲決損壞，概爲該管基段業户興修，如嘉慶十八年冲決該圍横岡基段，及二十二年三丫基被決，均係管基段業户按税科修，各在案。上年該圍海舟堡十二户經管之三丫基被決，自應責令該管基段業户按税科修，以符原案。惟因工程浩大，該管業户一時科修無多，仰蒙各憲軫念民依，誠恐有悞秋耕，是以先後酌借該管業户紳士武舉李應揚、舉人梁澄心等領回工費銀一萬兩，飭令趕緊修築。未及興工，旋值潦水復漲，不能興築大基。該紳士等議以先築攔水子基，以期補種晚禾，共用去工費銀四千八百八十四兩八錢八分三釐，尚用剩銀五千一百一十五兩一錢一分七釐，經該紳士李應揚等照數繳還藩憲歸款，聲明另行籌議興築大堤，等情在案。是所借前項銀兩係該海舟堡十二户紳士李應揚自借興築自己經管基段，並非通修築復該圍大堤之欵，自應槩歸經管基段之十二户按税攤還。且前此曾擄該圍里民公呈該圍基各有段落，各還各欵等情，今以李應揚等自借之項責令自還，尚似與督憲奏奉恩旨並無不符。至該圍基段業户無論殷實與否，向來均係責成經管業户按税起科，自行集資修築，上年借動庫項已屬格外體恤，統計該圍先後共借給修費銀四萬九千八百餘兩應攤之欵。復蒙督憲尚恐民力拮据，奏准於歲修本欵息銀内扣出銀三萬九千三百餘兩，免其攤征，更屬體恤中之體恤，各業户應如何感激皇仁？該武舉等係地方紳士，更應倍加感奮。所有該武舉等自領興築自己經管基段銀兩，應請俯照原詳該圍里民公呈，以修築三丫基工費銀四千八百八十四兩八錢八分三釐，責令海舟堡内李應揚等十二户依限攤還歸欵，尚餘銀五千七百三十兩零一錢一分七釐，則歸之通圍南、順二縣各堡按糧攤還，凑足一萬零六百一十五兩之數，以免懸宕，而洽輿情。是否允協？合將查議緣由申覆憲臺察核，俯賜轉請查辦，實爲公便。爲此備由具申，伏乞照詳施行，一申本府。

道光十五年三月初四日署南海縣劉諭桑園圍各堡紳士業户知悉，現奉藩憲札開，道光十五年二月十一日奉巡撫廣東部院祁批，據南海縣武舉李應揚等呈稱：切武舉等十二户去年五月内西潦漲發，將圍基冲決百有餘丈，荷蒙列憲親臨履勘，飭令武舉等趕築水基，以救晚禾。武舉等即向各大憲聯呈請領歲修息銀，荷蒙恩准，武舉等當即旋里打椿培土。詎意功將成而復潰者再，是致三築乃成，共用去銀四千八百餘兩。迨築決口及圍内請領並蒙撥欵，前後共發給銀四萬九千八百八十餘兩。經蒙督憲奏請在桑園圍歲修本欵息銀扣回三萬九千二百六十九兩，餘尚欠銀一萬零六百一十五兩，欽遵諭旨，自十四年起分限五年歸欵，該圍按糧攤征，每年征解銀二千一百二十三兩，欽遵在案。突有以里民梁萬同、石中藏等瞞稟縣主，通詳云所欠一萬零六百之數内要先派四千八百餘兩歸十二户，其餘五千七百餘兩始派通圍等語。此意實與制憲原奏不符，又云遞年修葺，以及夏潦冲決築復水基大基，例責該基主業户自辦等語。查舊日章程雖係各堡基每遇有冲決坍卸，責令該管基主自行經理。但此指小費而言，若千兩以上則派之通圍，志有明文矣。以十二户受灾獨深，共計田税五十五頃四十三畝九分一釐，除水冲沙壓四十一頃八十二畝零三釐九毫六絲，實剩田税一十三頃六十一畝八分七釐零三絲，經蒙前縣憲黄親臨履勘，屬實在案。其民房倒塌者，十之六七，所有十二户村場即有方寸餘地，亦已盡行挖土培基，竟不成爲村落矣。現有天后廟上下一段患基，正月時業已修築，用去銀一千餘兩。兹又復興工修築，緣五月時西潦漲發，在基局内發出銀五百餘兩，不分晝夜搶救，僅保無虞。此項銀兩業已稟追在案。今既要科派填還此欵，又要科派修築圍基，重重科派，實在維艱。倘復加以里民梁萬同等所稟四千八百之項，則十二户之民何以聊生。只得瀝情叩赴臺階，伏乞大人鑒此苦情，請照原奏，恩施格外，將里民梁萬同等所稟四千八百之項派之通圍，俾十二户之窮民不至流離失所，則感再造之恩於生生世世矣等情。

奉批，查上年十一月據南海縣具詳里民梁萬同等呈議，攤桑園圍借欵項内據稱共應還銀一萬零六百餘兩，内四千八百餘兩係海舟堡業户李應揚等十二户自借興築三丫水基，並非通修築復大基之欵，應歸該十二户按糧攤還，尚餘銀五千七百餘兩，始派通圍南順二縣三七分攤等情。業經批司轉飭，知照在案。如該所議未協，該業户因何並不及早稟縣查辦？迄今數月之久，忽以攤派不公，諉之通圍，究竟此項借欵銀兩應如何分别按糧攤征還欵，以昭平允之處？仰布政司速飭南海縣傳集各堡紳業人等，諭令公同妥議，稟覆立案，事關帑項，毋任諉延干咎。等因奉此，查本案先據該縣具詳，奉兩院憲批，司當查桑園圍基上年被水冲決，據該圍業户先後共在司庫借給修費銀四萬九千八百八十四兩八錢八分三釐，本應遵照原奏，在於該圍業户分限五年按糧攤征還欵。嗣奉督憲以該圍業户十四年秋收後既有應繳緩征銀米，又順按畝攤派借支修費，同時並征，實恐力有未逮。奏請將動支本欵息銀一萬六千二百六十九兩八錢八分三釐，就欵開銷，又在本欵歲修息銀内扣收歸還借欵銀二萬三千兩外，尚欠銀一萬零六百十五兩分，限五年歸該圍按糧攤征等因。欽奉硃批，允准在案。今若以修築三丫基工費銀四千八百八十四兩八分三釐責令海舟堡内李應揚等十二户自行繳還，尚餘銀五千七百三十兩零一錢一分七釐，始歸通圍南順兩縣各堡按糧攤還，核與督憲奏奉恩旨未符，就經札飭廣州府查議詳覆。去後，兹奉批前因，合就札遵札縣速即查明所借修費如何派征？傳集各堡紳業人等公同妥議章程，由府核議詳覆，赴司以憑詳明院憲立案，毋稍偏延滋訟。

等因奉此，合就諭飭諭到該圍各堡紳士業户人等，立將武舉李應揚等呈控前情查明，所借修費銀兩應如何派征，刻日公同妥議章程，禀覆本縣，以憑轉詳立案。毋任偏諉滋訟，速速特諭。

道光十五年五月初一日具呈，桑園圍紳士雲南候補道鄧士憲，候選知府鄧林，主事何文綺、温承悌，内閣中書張謙，大理寺評事黄世顯，國子監學録黄漸逵，江蘇武進縣知縣程士偉，江西南安府照磨郭惟清，署湖南桑植縣典史余際平，教諭張喬年、温澤明，舉人黄龍文、郭懋勳、陳韶、何松湘、李雄光、潘漸逵、梁策書、關景泰、鍾璧光，武舉莫緯光、朱麟，職員温承鈞、黎大驄、陳茂槐、高志超、黎達成、吴作琦、張紹先、老藝英，拔貢曾釗，副貢梁上清、麥穎、張士魁、馮日初、潘澤樞、潘延齡，歲貢趙允顯、左龍章、陳愈，監生何隆清、陳瀚書、程楫、郭振、傅文森、郭良、郭鍾鎘、郭衍光、冼大經，生員關家駿、張世光、陳士麟、明倫、吴文昭、譚彬、譚靄元、何玉梅、何蒼霖、陳華澤、陳嘉言、程鴻漸、郭傑、李聯魁、李應剛、胡積輝、鄧翔、何如驥、何作垣、劉翰垣、余暉超、李業、麥祥佳、陳瑶筠、張清徽、潘爲霖、黎景淯、潘友信、潘堯封、潘瑩清、譚顯龍、潘麟徵、潘文珮、潘文瀚、胡調德、黎芳、梁起宗、潘芳、盧璋、程翔萬、潘以翥、潘儀端、潘翀漢，武生岑鳳揚、陳廷綱、程錦泉，業户海舟堡梁萬同、石中藏，大桐堡陳永泰、冼派宗、陳餘三、林昌祚、程章、温徐，九江堡關陞、黄運興、陳永安、曾永泰、陳聯宗，河清堡潘永盛、黎福增，沙頭堡鄧仕同、崔維同、老必昌、盧萬春、周遷、程萬里、莫鋭、鄧崔宏，金鎮涌堡梁建昌、何斌，簡村堡麥逢年、何勝祖、冼以進，先登甌堡陳萬鍾、岑祖賦、陳昌，百滘堡潘耀璣、張祖同、吴堡梁觀鳳、張嘉隆，雲津堡張裕賦、鍾鄧、劉霍、李羅祥、祥、黎子進、甘竹、龍江、龍山三堡里民等呈爲遵諭公同議覆，乞恩俯照，原議詳歸十二户攤征還欵，以昭公允事。

竊奉憲諭飭將三丫基主業户海舟堡十二户李應揚等自借庫項銀四千八百八十餘兩修築水基，應如何派徵公同妥議章程，禀覆以憑轉詳立案等因。奉此，遵即傳集通圍各堡紳士業户會查，桑園圍基築自北宋，東西兩基一萬四千七百餘丈，歷來分段歸附近各堡經管。該處有基分者，謂之經管基主業户，遞年修葺，以及夏潦冲决築復水基大基，例責該基主業户自辦。通圍各堡皆有基分經管，無論經管業户之税畝多寡貧富，悉係一體遵照辦理，數百年無異，歷有案據。是以嘉慶十八年横岡基决，該基主業户税止數頃，丁止數百，及二十二年三丫基被決，各借欵興築，均係該管基段業户按税科還。　即如道光九年吉水灣基及仙萊岡兩基冲決，邑紳伍元薇捐銀帮築，該基主業户等除領欵外，不敷銀數千兩，時伍紳捐欵尚有銀萬餘兩，分撥通圍東、西兩基修葺。　而該兩基不敷之項，不准向伍紳捐欵領足，亦不准派之通圍。　吉水基主業户税有數頃，丁有數百，固照舊章自行墊足，即至赤貧之仙萊基主業户，税不及一頃，丁不及二百，其不敷銀兩，亦責令自行籌措，委員册報。　案據又十三年與三丫基同時冲決之沙頭、吉水等基，及十四年五月沙頭、九江、河清各基冲決，築復水基、大基、各所需工費銀數千兩，均係該管業户自理，從無敢有推諉。　道光十三年五月三丫基冲決，該基主業户紳士李應揚等自請借領庫項銀四千八百八十四兩八錢八分三釐，通圍業户梁萬同等禀奉仁憲飭次，詳請歸該基主業户海舟堡十二户攤還，係屬查照舊章辦理。　嗣據李應揚等赴督憲呈請槩歸通圍攤徵，奉批前據縣詳桑園圍借欵内四千八百八十四兩零，係三丫基主業户海舟堡十二户李應揚等自借興築水基，並非通修築復大基之欵，應歸十二户按糧攤還，係該圍里民公呈。　且圍基各有段落，各還各欵，亦屬公允。　原禀亦無通圍攤征字樣，據請一併攤之通圍，該武舉自爲計則得矣，通圍業户其肯甘心順受耶？圍基向來均應業户按畝起科，自行集資修築，上年借動庫項已屬格外體恤，又以四萬九千八百餘兩應攤之款，本部堂尚恐民力拮据，奏准於歲修本欵息銀内扣出銀三萬九千二百餘兩，免其攤征，更屬體恤中之體恤，各業户應如何感激皇仁？該武舉係地方紳士，自應勉感知奮，乃於應完借欵尚思推諉，並以攤還修費爲科派，殊非情理不准，各等因在案。　仰見仁憲暨督憲於恩恤之中即寓公平至意，李應揚等自應遵照憲詳暨督憲批示辦理，乃復赴撫憲呈責，致奉飭議，紳等遵即公同合議，伏思堤基鞏固全賴歲修，歲修勤奮，則基患少而冲決難；　歲修廢弛，則基患多而冲決易。　向例分段經管，冲決責令該基主業户自辦，所以專責成而勤歲修。　通圍各堡皆有基分經管，遇有冲決，無論水基大基工費多少，基主貧富，俱係全責該基主業户自應，歷來無異。　三丫基主業户李應揚等怠於歲修，致被冲決。　因大基工費浩繁，荷蒙大憲軫念民依，春耕期速，恐累通圍，飭照大修事例令通圍科派，帮其築復大基，已屬格外恩施。　誠如督憲批諭，實爲體恤中之體恤。　且十二户於通圍各堡中尚屬殷庶，較之横岡、仙萊岡等基主業户税少丁稀，何啻霄壤。　乃不思勉感，又欲將自借興築水基之欵，妄思推諉，不獨變亂舊章，且恐各堡效尤，任意將該經管基分諉卸，必致歲修廢弛，貽悮非鮮。　所有三丫基主業户李應揚等自借興築水基銀四千八百八十四兩八錢八分三釐，應請俯照原議，詳歸海舟堡十二户分限按糧攤征還欵。　緣奉飭議紳等通圍紳士業户僉議，悉同合將僉議緣由禀覆仁憲，伏乞據情詳覆飭遵，實爲恩便。爲此具呈大老爺臺前，恩准施行。縣憲批：　即據情轉詳。

道光十五年五月初二日，署南海縣劉爲據情詳覆事。

道光十五年二月二十五日奉藩憲札開，奉撫憲批，據南海縣武舉李應揚等呈稱：　切武舉等十二户去年五月内，西潦漲發，將圍基冲决百有餘丈。荷蒙列憲親臨履勘，令武舉等趕築水基，以救晚禾。武舉等即向各大憲聯呈，請領歲修息銀，荷蒙恩准，武舉等當即旋里打樁培土。詎意功將成而復潰者再，致三築乃成，共用去銀四千八百餘兩。迨築决口及圍内請領並蒙撥欵前後共發給銀四萬九千八百八十餘兩，經蒙督憲奏請，在桑園圍歲修本欵息銀扣回三萬九千二百六十九兩，餘尚欠銀一萬零六百十五兩，欽遵諭旨自十四年起分限五年歸欵，該圍按糧攤征，每年征解銀二千二百二十三兩，欽遵在案。突有以里民梁萬同、石中藏等瞞稟縣主，通詳云：　所欠一萬零六百之數内，要先派四千八百餘兩歸十二户，其餘五千七百餘兩，始派通圍等語，此意實與制憲原奏不符。又云：　遞年修葺，以及夏潦冲决，築復水基、大基，例責該基主業户自辦等語。查舊日章程，雖係各堡基段，遇有冲決坍卸，責令該基主自行經理，但此指小費而言；若千兩以上，則派之通圍，志有明文矣。以十二户受災獨深，共計田税五十五頃四十三畝九分一釐，除水冲沙壓四十一頃八十二畝零三釐九毫七絲，實剩田税一十三頃六十一畝八分七釐零三絲，經蒙前縣憲黄親臨履勘，屬實在案。其民房倒塌者十之六七，所有十二户村場，即有方寸餘地，亦已盡行挖土培基，竟不成爲村落矣。現有天后廟上下一段患基，正月時業户修築用去銀一千餘兩，兹又復興修築，緣五月時西潦漲發，在基局内發出銀五百餘兩，不分晝夜搶救，僅保無虞。此項銀兩業已稟追在案。今既要科派填還此欵，又要科派修築圍基，重重科派，實在維艱。倘復加以里民梁萬同等所稟四千八百之項，則十二户之民何以聊生？只得瀝情叩赴臺階，伏乞大人鑒此苦情，請照原奏，恩施格外，將里民梁萬同等所稟四千八百之項派之通圍，俾十二户之窮民不至流離失所，則感再造之恩於生生世世矣等情。

奉批，查上年十一月據南海縣具詳，里民梁萬同等呈議，擬還桑園圍借欵項内，據稱共應還銀一萬零六百餘兩，内四千八百餘兩，係海舟堡業户李應揚十二户自借興築三丫水基，並非通修築復大基之欵，應歸十二户按糧攤還，尚餘銀五千七百餘兩，始派通圍南、順二縣三七分攤等情，業經批司轉飭，知照在案。如果所議未協，該業户因何並不及早稟縣查辦？迄今數月之久，忽以攤派不公諉之通圍，究竟此項借欵銀兩應如何分別按糧攤征還欵？以昭平允之處，仰布政司速飭南海縣傳集各堡紳業人等，諭令公同妥議，稟覆立案。事關帑項，毋任諉延干咎。

等因奉此，查本案先據該縣具詳，奉兩院憲批司當查，桑園圍基上年被水冲决，據該圍業户先後共在司庫借給修費銀四萬九千八百八十四兩八錢八分三釐，本應遵照原奏在於該圍業户分限五年按糧攤征還欵。嗣奉督憲以該圍業户十四年秋收後既有應繳緩征銀米，又須按畝攤派借支修費，同時並征，實恐力有未逮。奏請將動支本款息銀一萬六千二百六十九兩八錢八分三釐，就欵開銷，又在本欵歲修息銀内扣收歸還借欵銀二萬三千兩外，尚欠銀一萬零六百十五兩，分限五年歸該圍按糧攤征等因。欽奉硃批，允准在案。今若以修築三丫基工費銀四千八百八十四兩八分三釐責令海舟堡内李應揚等十二户自行繳還，尚餘銀五千七百三十兩零一錢一分七釐，始歸通圍南順兩縣各堡按糧攤還，核與督憲奏奉恩旨未符，就經札飭廣州府查議詳覆。去後兹奉批前因合就札遵札縣速即查明所借修費如何派征？傳集各堡紳業人等公同妥議章程，由府核議詳覆，赴司以憑詳明院憲立案。毋稍偏延滋訟等因。又奉憲臺轉奉藩憲奉撫憲批行，前因到縣，奉此，當即諭該圍紳業人等妥議稟覆。去後，兹據紳士雲南候補道鄧里民等呈稱：　切奉憲諭，飭將三丫基主業户海舟堡十二户李應揚等自借庫項銀，實爲因便等情到縣。據此，查本案先奉憲臺，轉奉藩憲，奉督憲，飭將海舟堡十二户所借修費基工銀兩，應如何着落繳還？妥議詳核等因。

經卑職以該桑園圍基久經分定段落，歸各堡業户分管，遇有冲决損壞，槩爲該管基段業户興修。如嘉慶十八年冲决該圍橫岡基段，及二十二年三丫基被决，均係該管基段業户按税科修，各在案。上年該圍海舟堡十二户經管之三丫基被决，自應責令該管基段業户按税科修，以符原案。惟因工程浩大，該管業户一時科修無力，仰蒙各憲軫念民依，誠恐有悮秋耕，是以先後酌借該管業户紳士武舉李應揚、舉人梁澄心等領回工費銀一萬兩，飭令趕緊修築。未及興工，旋值潦水復漲，不能興築大基，該紳士等議以先築攔水子基，以期補種晚禾，共用去工費銀四千八百八十四兩八錢八分三釐，尚用剩銀五千一百一十五兩一錢一分七釐，經該紳士李應揚等照數繳還藩憲歸欵。聲明另行籌議興築大堤，等情在案。是所借前項銀兩係該海舟堡十二户紳士李應揚等自借興築，自己經管基段，並非通修築復。該圍大堤之欵，自應槩歸經管基段之十二户按税攤還。且前此曾據該圍里民公呈該圍基各有段落，各還各欵等情。今以李應揚等自借之項責令自還，尚屬公允，似與督憲奏奉恩旨並無不符。至該圍基段業户無論殷實與否，向來均係責成經管業户按税起科，自行集資修築，上年借動庫項，已屬格外體恤，統計該圍先後共借給修費銀四萬九千八百餘兩應攤之欵，復蒙督憲尚恐民力拮据，奏准於歲修本欵息銀内扣出銀三萬九千三百餘兩，免其攤征，更屬體恤中之體恤。各業户應如何感激皇仁！該武舉等係地方紳士，更應倍加奮感，所有該武舉等自領興築自己經營基段銀兩，應請俯照原詳該圍里民公呈，以修築三丫基工費銀四千八百八十四兩八錢八分三釐，責令海舟堡内李應揚等十二户依限攤還歸欵。尚餘銀五千七百三十兩零一錢一分七釐則歸之通圍南、順二縣各堡按糧攤還，凑足一萬零六百一十五兩之數以免懸宕，而洽輿情等由。詳覆憲臺，轉請查辦在案。

奉行前因卑職伏查該桑園圍基段歷次被決修築舊案，無論業户殷實與否，均係責成經管業户按税起科，自行集資修築。上年該武舉李應揚等借領修築三丫基工費銀四千八百八十四兩八錢八分三釐，先據該圍里民工呈議，歸經管基段之李應揚等十二户依限攤還歸欵，本屬公允。今該紳士等聯呈公覆，既據稱係查照舊章辦理，自可仍循其舊，未便任由推諉。所有武舉李應揚等上年借領前項修費銀兩，應請俯如所請，照依原詳，責令李應揚等十二户依限攤還歸欵，以免延宕。是否允協？理合據情詳候憲臺察核，俯賜轉請查辦，實爲公便。爲此，備由具申。伏乞照詳施行，一申本府。

初撫憲批：　查督部堂原奏動支本欵息銀三萬九千二百六十九兩八錢八分三釐，應攤於何户開銷？餘銀一萬零六百一十五兩歸於何户攤征？均未據造具清册呈繳，本易牽混。　今據詳李應揚等自借銀四千八百八十四兩八錢八分三釐，歸於海舟堡十二户按税攤還，係照舊章自未便任其諉卸。　惟此外之五千七百三十兩零一錢一分七釐，是否不復再攤海舟堡十二户之處，未據切實聲明，殊難定案。　仰再切實查明，另詳核辦，并飭南海縣將支銷本欵息銀，及攤征借項各堡户名姓氏分晰，造具清册，隨詳呈繳察核，事關動支庫欵，毋任延混，仍即録批呈報。　督部堂暨候批示具報繳。

署布政使司陳詳

伏查桑園圍基，既據該府飭縣查明，久經分定段落，歸各堡業户分管，遇有衝決損壞，槩係經管基段之業户興修，如嘉慶十八年衝決該圍横岡基段及二十二年三丫基被決，均係該管基段業户按税科修。道光十三年該圍海舟堡十二户經管之三丫基被決，該武舉李應揚等請領過修費銀四千八百八十四兩八錢八分三釐，係該海舟堡十二户紳士李應揚等自借築其自己經管基段，並非通修築復大堤之欵事，與二十二年該基被決相同，其沙頭、雲津、簡村等堡同時借領銀貳千兩，當潦水陡至時，原欲堵築東基，因三丫水基圈築復潰，東基係在下游，難以施工，不能堵築，是以留爲冬晴大修撥歸通圍公用。實與海舟堡十二户借領銀兩搶築水基不同，未便因李應揚等隨詳翻控有搶築水基，係顧通圍晚禾一語，任聽推諉宕延。所有該武舉李應揚等借築三丫水基工費銀四千八百八十四兩八錢八分三釐，應如該縣府所議，責令海舟堡十二户依限攤還歸欵，其餘銀五千七百三十兩零一錢一分七釐，應歸通圍按糧攤征，海舟堡十二户即在通圍之内仍照一體勻攤。至該圍攤征借項各堡户名、姓氏清册，及應造報銷細册，俟飭令造送到日，另文呈繳。是否允協？理合詳候憲臺察核，批示飭遵除詳云云。

十八年九月十八日，呈桑園圍紳士何文綺、温承悌，舉人張喬年、冼文焕、何淞湘、梁懷文、潘漸逵、梁植生、潘以翎、黄亨、何子彬、曾銘勳，職員温承鈞呈爲已收另支，乞恩將欠轉詳攤收事。

切桑園圍十二户武舉李等前於道光十三年間借領到帑項四千八百八十四兩八錢八分三釐，搶築三丫水基。嗣因該武舉等將所領銀兩推攤還欵，以致互控，旋奉憲行，飭令通圍紳士等公議處覆等。正欲會議，惟適因道光十七年五月内，西潦大漲，搶築無資，集衆酌議，勸令十二户、該武舉等將未繳之項勉力交出，搶築各基險處。該武舉等業已陸續交出搶築支銷清楚，惟該武舉前領帑項未繳。只得據情聯叩臺階，伏乞俯賜轉詳，將該武舉等未繳四千八百八十四兩八錢三釐之數，歸入通圍攤收，并繳清册呈。電

計繳修築桑園圍清册一本。

具呈　桑園圍十二户武舉李應揚、梁澄心、李謙揚等呈爲另數完銷，乞將帑項轉詳均攤事。

切武舉李等前於道光十三年間借領到帑項四千八百八十四兩八錢三釐，搶築桑園圍三丫水基，嗣因與紳士何等推派互控，屢奉憲行飭令，闔圍紳士公議處覆。衆紳士正欲會議，惟適於道光十七年五月内西潦復漲，闔圍紳士會同酌議，勸令十二户武舉等將所借領未還之項勉力交出，及時搶築各基險處，其所欠帑項歸入通圍攤收。是日衆情允協，武舉等已將此數陸續交出，搶築支銷明白。惟所欠帑項未繳，只得據情禀叩台階，伏乞俯賜轉詳，將武舉等前領帑項四千八百八十四兩八錢零三釐之數，歸入通圍攤收。何文綺批繳到清册一本，存候，核明、轉詳。至所稱海舟堡十二户武舉李應揚等應還前領帑項，業於去夏交該紳士等築險基，交銷清楚，請歸通圍攤還等語，並即詳明可也。李應揚批，已批何文綺呈内。

道光十七年十月□日南海縣劉爲據情轉詳事。

案奉本府憲臺札開，奉藩憲轉奉巡撫廣東部院祁批：據南海縣申詳議覆桑園圍李應揚等借築水基銀兩，應歸海舟堡十二户攤還等由。奉批，該縣所議，是否公允？仰布政司即日核明，擬議詳覆察奪，餘已悉，仍候督部堂批，示繳。又奉兩廣總督部堂鄧批：仰東布政司核議，通詳察奪，仍候撫部院批，示繳等因。嗣據該武舉李應揚等以搶築水基係顧通圍晚禾，所用工費銀兩業蒙奏准恩免，餘欠一萬零六百十五兩自應歸於通圍攤還。何文綺等將搶築水基銀四千八百八十四兩八錢八分三釐，轄令伊十二户自行賠繳，又稱沙頭、雲津、簡村等堡曾同時借領銀貳千兩均能援奏免還，就欵開銷，獨十二户不准，援奏免還各等情控。奉院憲批司核議，並據該武舉李應揚等隨詳控訴到司，應即確核妥議另詳，合就札飭，札府飭縣，立即查明海舟堡十二户借築水基銀兩應如何攤還？秉公妥議，詳覆赴府，以憑覆核。等因到縣。

奉此，當經卑職於前署任内暨劉陞縣飭，據該園紳士何文綺等議，以海舟堡十二户借築水基銀四千八百八十四兩八錢八分三釐，應照舊章，歸經管基主李應揚等十二户自行攤還，其沙頭等堡請領銀貳千兩已撥歸大修通圍公用，與海舟堡十二户借築水基銀兩不同等情稟覆。業經先後據情轉詳，并飭知李應揚等遵照在案。兹據該桑園圍紳士在籍主事何文綺、温承悌，雲南候補道鄧士憲，合浦教諭曾釗，候選教諭何子彬、曾銘勳，舉人冼文焕、李鳴韶、何淞湘、黄亨、梁謙光、余秩庸、明倫、馮日初、潘漸逵、潘以翎、潘夔生、鍾澄修、馮汝棠、潘佐堯、陳韶、梁策書、郭培、蔡詔、黎國琛，職員温承鈞、余際平等詞令抱呈何福，赴縣呈稱：　切桑園圍十二户武舉李應揚等前於道光十三年間借領到帑項四千八百八十四兩八錢八分三釐，搶築三丫水基。嗣因該武舉等將所領銀兩推攤還欵，以致互控，旋奉憲行，飭令通圍紳士何文綺等公議處覆等因。經文綺等會議稟覆，在案。旋因道光十七年五月内西潦大漲，搶築無資，集衆酌議，勸令十二户該武舉李應揚等將未繳之項，勉力交出，搶築各基險處。該武舉等業已陸續交出搶築支銷清楚，惟該武舉前領帑項未繳，只得據情聯叩，伏乞俯賜轉詳，將武舉等未繳四千八百八十四兩八錢八分三釐之數，歸入通圍攤收等情。并據武舉李應揚等呈，同前情各到縣。據此，卑職覆查無異，除催令該圍業户將借領過修費銀兩遵照分限措還，另行解繳外，理合據情詳候憲臺察核。除申督撫憲藩糧憲外，爲此備由，另繕書册具申，伏乞照詳施行。一詳督撫憲藩糧憲本府。

道光十八年十月□日工典房承申覆桑園圍李應揚等借築水基銀兩議歸通業户攤還由。

畐户

案：　凡圍基借帑修築，必紳士出名呈請大憲具領，方准給發。道光十三年五月三丫基衝决，先經基主業户自借帑銀四千八百餘兩搶塞水基，荷蒙宫保總督盧公暨列憲軫念民依，准以桑園圍里民花户姓名借領帑銀四萬五千零八十四兩，築復大基，仍飭令照乾隆四十九年[一]甲寅大修四分之一起科，修葺通圍患基，此屬格外殊恩。所借帑銀本年三月二十日復蒙宫保總督盧公奏請恩旨，以歲修息銀撥抵歸欵外，餘銀五千七百餘兩，歸通圍南、順兩縣各堡按税畝分五千[二]徵還。經蒙恩旨俞允，此與端揆宫保前總督阮公、前巡撫陳公奏請撥藩糧二庫貯銀八萬兩交南、順當商生息爲歲修公費，並爲自有桑園圍以來亘古無兩之盛典，則通圍畐甲花户宜與詳載，俾徵輸得以核實。次畐户。

[一] 此處紀年有誤，當爲『乾隆五十九年』。
[二] 『千』當爲『年』之誤。

九江堡三十四啚

一甲關　陞　另柱關　譽　二甲曾　廣
另柱曾三省　三甲關仕榮　四甲張明臣
另柱張斌授　五甲關仕隆　另柱關福昌
六甲梅魁先　七甲關應運　八甲岑良富
另柱岑繼祖　九甲曾通理　十甲朱廷相

九江三十五啚

一甲黃運興　二甲蘇運隆　另柱老榮芳
三甲曾　宏　四甲關　美　另柱關上遷
五甲李隆運　另柱黃　登　另柱鍾　文
六甲陳一德　一柱陳永昌　七甲廖起昌
一柱廖　元　九甲關　法　十甲陳顯祖
又八甲關仕興

九江堡三十八啚

一甲陳世昌　一柱陳　勝　一柱陳大受
一柱陳大業　一柱陳　承　一柱陳世山
一柱陳碧洲　一柱陳世德　一柱陳大德
一柱陳廣恩　一柱陳　保　一柱陳萬安
一柱陳萬盛　二甲張彭太　一柱張仁智
一柱張　復　一柱張　同　一柱張　信
一柱張崇萬　一柱張永賢　一柱張永寬
一柱張　英　一柱彭効忠　三甲明　鐸
一柱盧紹明　一柱岑　都　一柱岑　洞
一柱岑善祖　四甲鄭波石　一柱朱紹源
一柱朱繼昌　一柱朱宣義　五甲馮劉胡
一柱馮德潤　一柱馮新盛　一柱馮化生
一柱馮　球　一柱馮嗣京　一柱馮啓昌
一柱馮直山　一柱劉　芳　一柱劉　岳
一柱劉世隆　一柱劉　毓　一柱劉遠盛
一柱劉　隱　一柱劉世美　一柱劉濟美
一柱劉永華　一柱劉昌泰　一柱劉華卓
一柱劉國安　一柱胡廣安　一柱胡大盛
一柱胡子盛　一柱胡新盛　一柱胡海盛
一柱胡昌盛　一柱胡　斑　六甲陳熙載
一柱陳　廣　七甲關義存　一柱關忠顯
一柱關榮仁　一柱關遇春　一柱李大能
一柱李永甯　一柱李鼎熾　一柱鄧　英
一柱鄧貽穀　一柱鄧沖霄　八甲黎祖福
一柱黎廣發　一柱黎其昌　一柱黎永盛
一柱黎錫玉　一柱黎　奇　一柱曾昌勝
一柱曾允勝　一柱曾維新　一柱曾　祖
一柱曾志興　九甲關世業　一柱關稅宇

一柱關永昌　一柱關洛溪　一柱關樂川
一柱關寢昌　一柱關鶴亭　一柱關玉亭
一柱關汝璧　一柱黄泰來　一柱黄貴益
一柱黄連元　一柱周上喬　一柱周　溥
一柱周　昌　一柱周東田　一柱周元覆
一柱關麗泉　一柱黄　敬　十甲馮昌英
一柱馮永興　一柱馮丹陵　一柱余文炳
一柱余梧埜

九江五十九啚

一甲曾永泰　一柱曾觀富　一柱曾恒泰
二甲李喜華　三甲梁瑞隆　四甲劉思宗
一柱黄昭泰　五甲張清富　六甲關日新
一柱關文燸　一柱關嘉南　一柱關文球
一柱關福存　七甲曾奉朝　一柱曾　輝
八甲黎登泰　九甲岑起新　十甲黄興隆

九江八十啚

一甲陳聯宗　另柱黄揆文　二甲陳世卿
另柱陳士貴　三甲梁鳴鳳　四甲鄧　偉
五甲鄧仕昌　六甲劉　盛　七甲吴大進
一柱吴　廣　十甲陳登谷　另柱曾功墀

沙頭二十三啚

一甲鄧仕同　又一甲關　鎮　二甲李太畱
三甲崔　震　四甲崔仕興　又四甲崔仕登
五甲吴憲祖　又五甲馮躍祥　六甲黄色高
七甲梁耀祖　又七甲盧　明　八甲馮　長
又八甲李泗興　九甲崔文奎　十甲鄧　瓚
又十甲鄧貴旺

沙頭二十四啚

一甲崔維同　二甲盧世昌　三甲馮世隆
又三甲崔國賢　四甲何　昌　另柱歐陽翹玉
五甲崔　壽　又五甲崔　昌　六甲崔永昌
七甲何漸造　八甲何聰先　九甲何　仕
十甲李　盛　另柱鄭國安

沙頭四十三啚

一甲老必昌　二甲陳振南　三甲陸繼思

四甲李何創　五甲蘇繼軾　六甲何紹隆
七甲張懷德　八甲吕進承　九甲梁　超
十甲鍾萬壽

沙頭五十啚

一甲盧萬春　二甲崔日盛　三甲譚廣興
四甲譚廣安　五甲盧有道　六甲莫必盛
七甲崔彦興　八甲何維新　九甲崔萬昌
十甲譚同盛　另柱黄永隆

沙頭六十八啚

一甲周　遷　二甲馮　相　三甲崔桂奇
四甲胡文昌　五甲老少懷　六甲老鍾英
另柱老沼芷　七甲蘇萬成　八甲葉承爵
九甲胡祖昌　十甲何祖興　另柱僧顯珍

沙頭七十啚

一甲程萬里　二甲梁　勝　三甲崔日新
四甲梁喜昌　五甲林　秀　六甲林仕昌
七甲何繼昌　八甲桂林芳　九甲李萬盛
十甲盧大綱

沙頭七十三啚

一甲鄧崔宏　二甲劉胡同　三甲崔浩賓
四甲譚南興　五甲吴崔興　六甲譚　盛　何其昌
七甲李馮文　八甲羅邵新　九甲何三有
十甲廖永經

沙頭七十四啚

一甲黄　鋭　二甲李南軒　三甲崔紹興
四甲盧明正　五甲崔勝昌　六甲崔熾昌
七甲黄色裔　八甲鄧閏高　九甲崔漸鴻
十甲關鎮興

大桐堡二十五啚

一甲陳永太　另柱陳祖昌　二甲程　慶
三甲梁世昌　四甲陳永進　五甲郭尚雄
六甲陳永昌　七甲郭嘉隆　八甲郭萬昌
另柱郭應時　九甲周日先　十甲熊萬春

大桐二十六啚

一甲冼派宗　二甲李　綱　三甲郭無疆
另柱黎珍女　另柱譚民安　另柱程儲富

另柱冼　英　另柱胡再興　另柱譚　德
四甲郭　宗　五甲郭夢松　六甲傅榮貴
又六甲郭善安　七甲郭嘉進　八甲戴　仁
另柱郭天福　另柱郭祖同　九甲郭志豪
十甲李禎祥　另柱李日盛　另柱李進盛

大桐四十一啚

一甲陳餘三　二甲李同春　三甲郭日盛
四甲郭祖興　五甲郭永興　六甲何侯關
七甲李三茂　八甲冼永隆　九甲陳恒泰
十甲胡程昌

大桐六十三啚

一甲林昌祚　另柱林鳳彩　二甲梁顯隆
三甲郭子保　四甲林厚業　五甲吴何昌
六甲郭晋豐　七甲蘇蔡沈　八甲李　賢
九甲沈郭李　十甲梁番清

大桐七十一啚

一甲程　章　二甲劉　昌　三甲傅維新
四甲麥　豐　五甲程冼昌　六甲陳　昭
七甲程思增　八甲程經顯　九甲傅永昌
十甲胡　廣

大桐七十二啚

一甲温　徐　二甲傅居萬　三甲傅精忠
四甲黎民盛　五甲陸光祖　六甲老猶壯
七甲袁桂芳　八甲高光臨　九甲郭良進
十甲李貴隆　另柱僧斯竺

鎮涌二十七啚

二甲梁建昌　三甲何耀祖　四甲一柱何宗顯
另柱何毓裕　六甲潘可大　另柱潘善正
七甲任　儒　十甲任　隆

鎮涌二十八啚

二甲曾　賢　三甲任税同　另柱何昌裔
五甲劉鳴鳳　六甲何少同　七甲曾　奇
九甲任　賦　十甲何大成

鎮涌二十九啚

二甲潘龍興　三甲潘起龍　另柱馮　會
四甲陳永昌　四甲陳順章　四甲陳　文
六甲潘裔昌　七甲潘大用　八甲何允隆

另柱何愈昌　另柱何晚盛　另柱何　興
九甲梁大德　另户何國珍彥　另户何信賢
另户何良輔　另户黃少緒

鎮涌四十啚

二甲鄧劉昌　二甲鄧振東　四甲何斌舉
五甲黃雷霍　六甲何仕富　六甲扶　昌
六甲何　長　一柱何宗遠　八甲黃志德
九甲另柱馮太來　十甲何　桓　十甲何維建

河清三十二啚

一甲潘永盛　二甲潘　魁　三甲潘紹祺
四甲潘有德　五甲何其昌　六甲余元達
七甲潘繼業　八甲何榮相　九甲潘朝璉
十甲譚有俊　另户潘樂成　另户潘清端
另户潘何興　另户潘敖公

河清三十三啚

一甲黎福增　二甲潘永思　三甲潘可仕
四甲何福隆　另柱何攀柱　另柱何群英
五甲潘賢昌　六甲胡伯興　七甲潘　傑
八甲潘維昭　另柱潘日升　另柱潘隆升
另柱潘燦升　另柱潘俊澤　九甲潘明盛
十甲潘祚興　另柱潘廣隆　另柱潘世隆
另柱潘榮升

簡村十四啚

一甲麥逢年　二甲冼憲宗　三甲梁永盛
四甲陳德昌　另柱陳燕侯　五甲馮世盛
六甲李裔興　另柱李國祀　七甲倫　廣
八甲梁俊英　又八甲黃紹宗　九甲梁　富
又九甲馮二昌　十甲陳　章　另柱陳家修
另九甲陳以平　二甲另柱冼天球

簡村五十三啚

一甲何勝祖　二甲張世昌　另柱張世盛
三甲黃　德　四甲張二德　五甲陳德昌
六甲馮　震　七甲麥　喜　八甲羅萬石
九甲張廣生　十甲張　宗

簡村五十四啚

一甲冼以進　另户冼　喬　又一甲馮逸吾

另户馮觀育　二甲麥　德　另户張承恩
三甲蘇芝秀　四甲簡如錦　一柱麥　碧
五甲馬遇芳　另柱馬符禄　六甲蘇業進
另柱符瑞龍　另柱蘇茂達　七甲左　英
九甲黎有實　另柱黎衆盛　另柱霍黄吕
另柱麥　沾

百滘十一畐

一甲潘耀璣　二甲黎　忠　三甲潘大有
四甲潘啓元　五甲黎日進　另柱黎　昌
六甲潘世隆　七甲黎豐煥　八甲潘光壯
九甲潘　龍　另柱潘日千　另柱潘日山
又九甲潘萬盛　另柱潘廣相　另柱潘挺相
十甲梁　相

百滘十二畐

一甲張祖同　又一甲張天錫　二甲潘紹元
三甲潘大成　四甲潘上進　五甲潘致忠
六甲梁　同　七甲潘永盛　又七甲潘　學
另柱潘始昌　八甲區紹基　九甲麥　佳

又九甲潘　興　十甲黎日登

先登十三畐

一甲梁觀鳳　又一甲蘇耀光　二甲李　標
三甲李大有　四甲蘇芝望　五甲張俊英
六甲梁卓明　另柱梁南儒　七甲蘇萬春
八甲李瑯琛　九甲蘇志大　十甲李　棟

先登五十二畐

一甲張嘉隆　二甲李永高　三甲梁裔昌
四甲蘇　節　五甲梁九達　六甲李大成
另柱李　宗　七甲張宗傑　八甲馮有戌
又八甲符曰臣　九甲李　祥　十甲區國器

海舟三十畐

一甲梁萬同　二甲麥秀陽　三甲馮　俊
四甲余尚德　又四甲梁税滿　五甲梁孟朝
五甲梁榮隆　另柱梁義誠　六甲温萬成
六甲梁天祚　六甲梁大有　又六甲梁　仰

又六甲黎大傑　七甲黎禮敬　八甲梁　椿
九甲李常興　又九甲李復興　十甲李遇春

海舟三十一啚

一甲石中藏　二甲簡其能　三甲馮永盛
四甲譚稅長　五甲黎世隆　六甲林　璋
七甲李文興　八甲李文盛　九甲梁　昌
十甲李繼芳　另户蔣良材

雲津十啚

一甲張裕賦　二甲馮　梓　四甲林桂芳
又四甲黎祖興　五甲潘祖同　六甲潘世興
另柱潘其勤　九甲吳　聰

雲津二十二啚

一甲鍾鄧劉　三甲羅　信　另柱馬　盛
另柱麥裕益　五甲程祐新　七甲陳運昌
八甲潘　德

雲津三十七啚

三甲麥大年　四甲黎振昌　五甲周　興
七甲陳聯昌　八甲何昌祚　九甲區兆麒
十甲梁德彰

雲津四十九啚

一甲黎譚崔　三甲石　英　四甲冼裕興
另柱何德詹　五甲梁林周　六甲陳　同
陳宗器　嚴　法　七甲陳宗富
九甲李　華　十甲冼公養　另柱陳兆祥

金甌九啚

三甲余振剛　五甲余　成　七甲余一鸞
衿户余良棟　另柱余永昌　九甲梁維彰
另柱張　廣　十甲趙萬印

金甌三十六啚

一甲潘　綬　二甲岑老壯　三甲羅　昌
四甲余　挺　五甲岑裕昌　六甲關永興
七甲冼祐隆　八甲余永隆　九甲唐　聖
十甲余際興

金甌四十六啚

一甲陳　昌　二甲老陳梁　三甲余區同
四甲余世昌　六甲余萬盛　八甲陳　益

祠廟

衿户陳　鰲　　十甲余冼興

案：能禦大災則祀，能捍大患則祀，名山川澤出財用，有功烈於民則祀，經傳固有明文，即如我朝會典通禮所載祀典，東、西、南、北四海龍王，江、淮、河、濟四瀆之神，及天津海口、洞庭湖、浙江海潮諸神，俱遣官致祭。浙江海塘，英衛公伍員誠、應武肅王錢鏐、静安公張夏、甯江伯湯紹恩，俱有司春秋二祭，我桑園圍地隸廣州，吉贊横基宋明以來建有洪聖廟，祀南海之神，配以何公執中、張公朝棟。河清基亦有洪聖廟，今圮。九江堡建有穀食祠，十八堡同建，祀陳公博民。最合典禮。

國朝乾隆六十年，通圍紳民創建南海神祠於李村新基，前布政使陳公大文題書楹銘，牓額僦祠，左祀雨師風伯，右奉列憲紳賢有功德於通圍者禄位，布政使陳公復撥給祀產。凡此祠廟三處，皆專爲桑園圍而設，例當備載，俾永永恪展明禋，聿昭崇報。其餘圍内各堡洪聖廟尚多，非圍基專祀，槩不濫述，而以祠廟殿全書焉。

南海神廟在海舟堡李村上虚，國朝乾隆六十年建，奉撥祀田陳軍涌口水生沙坦一頃一十三畝五分零。

陳藩憲撥沙坦充祀典示

嘉慶元年十月初四日，布政使司陳爲報明官荒懇撥祀典，以杜争端，以資公用事。嘉慶元年九月二十六日，奉巡撫廣東部院朱批：本司呈詳嘉慶元年九月初五日據南海縣申稱：嘉慶元年正月二十六日據桑園圍紳士舉人黄世顯，歲貢區先登，生員李定卓、符澤、蘇奠安，業户梁俊江、李著鴻、李璧東等稱：切照桑園一圍前被潦水冲決，荷蒙各憲軫念民依，捐廉倡築，兩邑紳民共捐銀五萬兩，合力大修，全圍藉固。事竣，蒙藩憲諭令，於李村新基外建立南海神祠，爲全圍保障。落成後復蒙各憲親詣行香，題留頌禱，聲靈遠播，不特全堤藉庇，即南、順兩邑上下村庄、往來籌議堤防事宜，亦得有托足駐宿之地，洵爲千古不可易之香烟。但目下堂垣雖已聿新，而將來修葺，以及遞年春秋祀典、司祝傳事公需，尚有未備，自應預籌經久，方足以仰副各憲建設深思。兹查先登堡鵝埠石村基外陳軍涌生有沙坦九十餘畝，久經業户區廣昇當官承佃，其自區廣昇地界之西北，自陳軍涌三水鳳起鄉周明端地界起，南至先登堡茅岡鄉區福祖地界止，計長三百六十餘丈，極西至河邊，約税將及百畝，前於乾隆四十年擬抵九江堡關敦厚虚税，隨奉前督憲李批行不准承陞，恐其圈築有碍河道任由冲刷。迨後附近貧民貪圖美利，私種雜糧，因係無主之業，此種彼收，致釀人命。嗣經先登堡各鄉嚴禁，不許私耕。此後，變爲牧牛草地，然遞年潦水淤積，沃土日漸高寬，現成膏腴之業。可以種植桑、麻、豆、麥等類，較之上下接連地段，每畝可批租銀一兩有奇，與其任由抛荒，日後豪强霸耕滋事，附近村民有公庭牽累之慮，孰若撥歸神廟，爲春秋祀典，固可以杜各鄉貧民霸耕滋訟之端，而於全圍香火公需，似亦不無小補。爲此，聯呈叩懇仁恩，查案核明，委員勘丈，詳請撥入神廟。遞年按堡收租，辦理祀典公用，實爲德便，等情到縣。據此，卷查乾隆六十年十二月二十三日，奉憲臺札開，據本司書辦梁玉成稟前事等情到司，當經札飭南海縣，親往逐一查勘。去後，兹據申稱卑職遵即卷查并查額征全書，附載禖税絶軍王翰仁、馬寬等各業應征官租銀三十七兩五錢七分六厘，前因各業冲缺，查將九江洛口沙撥給佃户關敦厚等抵耕。嗣洛口沙復經冲缺，關敦厚等將陳軍涌口新沙撥抵。奉委順德縣勘明，詳奉前督憲李因恐有碍水道，未奉准行。嗣據楊彤蕚、吴樂天、鄭思誠等承佃各沙共收租銀七兩二錢四分一釐，撥抵王翰仁等虚租外，尚存盧租銀三十兩零三錢三分五釐，遞年官爲捐解在案。隨將卷宗移送九江主簿查勘。去後，茲准覆稱：　查明各卷，傳集紳耆沙鄰人等吊核原承稅照，齊赴該沙，勘得形分七段，委係水生淤坦，係屬無主官荒，土厚而肥，悉與鄰田相等，並無妨碍水道、鄰田、廬墓以及隱佔重承情事，不用圍築即可開耕。當即訊取沙鄰各供插明界址，丈得該沙實稅一頃一十三畝五分零二毫六絲七忽，繪圖取結造具弓册移送前來。卑職覆查無異，并經飭據紳耆總局首事人等議稱：　該沙一頃一十三畝五分零二毫六絲五忽，每畝約收租銀一兩五錢有奇，每歲可共收銀一百七十餘兩，除請撥抵絶軍王翰仁等虚租銀三十兩零三錢三分五釐外，計剩租銀一百三十餘兩，以之供辦神廟春秋二祭。約共支銀四十兩，歲修神廟支銀二十兩，司祝供食支銀二十兩，香燈支銀二十兩。外尚仍剩銀三十餘兩，儘足以資經理租項首事、紙、筆、薪工并議公事茶水等費。其經理租項首事每三年公舉殷實公正二人交接承當，通圍共十一堡，離廟遠近不一，按各遠近配搭輪值。以來歲嘉慶二年爲始，首以海舟、金甌、大桐、簡村四堡公舉二人，經理三年。次以先登、百滘、雲津三堡公舉二人，經理三年。又次以鎮涌、河清、九江、沙頭四堡公舉二人，經理三年。收支各數均令逐一登明，三年期滿，交代下手接交時，將各賬目公同逐一算明，毋任絲毫遺漏侵隱。循還稽察，自可經久無患，公私各有所裨，等情前來。

卑職確加查核，似屬妥協，傳集面詢，亦與禀詞無異。伏查該沙係屬水生無主官荒，並無妨碍水道、鄰田、廬墓以及隱佔重承情事，與其抛荒日久，豪强霸耕滋事，誠不若歸入河神廟内批佃收租，供辦祀典以及歲修各費。且據紳耆所議，經理租項之處亦極公妥詳明，實可經久無弊，應請俯順輿情，悉如所請，准將該沙歸入河神廟内批佃收租，以資各費。倘蒙允准，即令將界用石竪明，聽該紳耆等自行召佃承耕，并令勒石以垂久遠。至該沙稅現奉停墾，應請免其陞科，將來奉行墾陞，再行酌議，具詳分別辦理，理合詳候察核示遵等由到司。

據此，本司查看得南海縣屬桑園圍總局紳耆黄世顯等請將先登堡鵝埠村前基外土名陳軍涌口水生沙坦撥歸河神新廟内批佃收租，以供祀典及各費用一案，緣桑園圍基工竣，復在該基建（建）立河神廟宇，保護全圍，紳耆黄世顯等因無祀典以及歲修香燈費用，闔圍酌議，請將陳軍涌沙坦一段撥歸河神廟内批佃收租，以資春秋祀典及歲修費用等情。當經札飭南海縣，親往該處沙坦，逐細勘明，有無妨碍水道、鄰田、廬墓以及隱佔重承情事，刻日確查，妥議詳覆，去後。

茲據南海縣申稱：　該沙係屬水生無主官荒，並無妨碍水道、鄰田、廬墓以及隱佔重承情事，與其抛荒日久，豪强霸耕滋事，誠不若歸入河神廟内批佃收租，供辦祀典以及歲修各費，且據紳耆所議，經理租項之處亦極公妥詳明，實可經久無弊，應請俯順輿情，悉如所請，准將該沙歸入河神廟内批佃收租，以資各費。倘蒙允准，即令將界石竪明，聽各紳耆等自行召佃承耕，并令勒石，以垂永久。至該沙稅現奉停懇，應請免其陞科，將來奉行懇陞，再行酌議具詳等因前來。

本司伏查陳軍涌沙坦既據南海縣查明委係無主官荒，亦無妨碍水道、鄰田、廬墓以及隱佔重承情事，且各紳耆所議經理租項甚屬公平，應如該縣所請，准其擬歸河神廟内批佃收租，以資各費。候奉批回，飭令南海縣將各界用石竪明，聽該紳耆等自行召佃承耕，并令勒石，以垂久遠。至該沙稅，現在停墾，應請免其陞科，將來奉行墾陞再行酌議。另詳緣由，奉批如詳，飭遵辦理，仍候將來墾陞時酌議，具詳核辦，並候督部堂衙門批示繳圖册存。

等因奉此，又奉兵部尚書總督兩廣部堂朱批：　仰候撫部院衙門批示飭遵，具報繳圖册存等因。奉此，除呈報督憲衙門及行廣州府轉飭遵照外，合就出示。爲此，示諭該圍紳耆人等遵照，立將該沙用石竪明界杙，查照議定章程，遞年自行召佃收租，除解抵絶軍王翰仁等虚租銀三十兩零三錢三分五釐外，遞年辦理春秋祀典等項公用，勒石河神廟内，以垂永久。如將來奉行墾陞，再行具呈請辦，毋違特示。據甲寅《桑園圍志》修。

賢宦配祀銜名

宋尚書左僕射兼門下侍郎晉少師何公諱執中

宋廣南路安撫使張公諱朝棟

兵部尚書兼署兩廣總督暫留廣東巡撫號石君朱公
兵部尚書都察院右都御史總督廣東廣西等地方軍務兼理糧餉
號礪堂蔣公
太子少保兵部尚書都察院右都御史總督廣東廣西等地方軍務兼
理糧餉號芸臺阮公
太子少保頭品頂帶兵部尚書兼都察院右都御史總督兩廣等處地方
軍務兼理糧餉一等輕車都尉號厚山盧公
兵部侍郎兼都察院右副都御史巡抚廣東地方提督軍務兼理糧
餉陳公名若霖
欽命廣東等處承宣布政使司布政使加三級紀録五次號簡亭
陳公
欽命廣東等處承宣布政使司布政使加十級紀録十次趙公名
慎昣
欽命廣東等處承宣布政使司布政使加五級紀録十二次號敬
占吉公
欽命廣東督糧道軍功加五級吴公名俊
欽命廣東督糧道管通省民屯錢糧料價兼分巡廣州府管轄佛岡直隸
同知帶理水利驛務加三級紀録三次盧公名元偉
欽命廣東督糧道管理民屯錢糧料價兼分巡廣州府管轄佛岡直隸同
知帶理水利驛務加二級紀録八次號雲麓鄭公
廣州府正堂加八級紀録五次朱公名棟
特調廣州府正堂加十級紀録十次卓異候陞號謝堂金公
署廣州糧捕監掣府加十級紀録十次劉公名毓琇

明特調南海縣正堂加二級紀録五次朱公諱光熙
南海縣正堂加十六級紀録十四次李公名橒
署順德縣正堂加十級紀録十次王公名志槐
順德縣正堂加十級紀録十次汪公名浩
特調南海縣正堂加四級紀録六次卓異候陞閆公名掄閣
調署南海縣正堂加十級紀録十次紀大功三次卓異候陞仲公名振履
署南海縣正堂即用分府加五級紀録五次吉公名安
特調南海縣正堂加五級紀録五次號半溪黄公
署南海縣九江廳加三級稽公名會嘉
南海縣分駐九江廳加一級李公名德潤
署南海縣江浦巡政廳加三級吕公名濼
兵部尚書兼都察院右都御史兩廣總督澄泉瑞公
署兵部侍郎兼都察院右副都御史廣東巡撫筠仙郭公
兵部侍郎兼都察院右副都御史廣東巡撫香泉蔣公
兵部侍郎兼都察院右副都御史廣東巡撫星衢李公
廣東丞宣布政使司布政使浦帆王公
運同銜廣州糧捕通判署南海縣事京圃陳公
鄉先生配祀銜名
兵部右侍郎都察院左副都御史温名汝适號篔坡先生
明處士陳諱博民號東山先生
雲南糧儲道前翰林院庶吉士諱士憲號鑒堂鄧公
貤贈奉直大夫翰林院庶吉士加四級晋贈資政大夫選用員外郎加七
級候選州同諱進號思園潘公

工部郎中木倉監督賞戴花翎諱文錦號東川盧公

鹽運使銜候選道加四級刑部員外郎諱元芝號商靈伍公

候選道加四級刑部郎中賞戴花翎諱元蘭號香皐伍公

布政使銜候選道賞戴花翎欽賜舉人諱崇曜號紫垣伍公

國學生玉成梁公

處默堂義士

選用員外郎辛亥恩科舉人諱斯湖號湘南潘公

知府銜候選同知諱錦華號子莊李公

洪聖廟，在河清堡圍基上，以宋丞相何公執中配祀，今圮。

洪聖廟，在百滘堡吉贊横基，明建，旋圮。

國朝乾隆八年重建，四十四年六十年重修，置祀田一畝五分五釐零。一土名北丫田一坵，載中則民税一畝零二釐八毫三絲七忽，該民米三升三，合價銀二十三兩七錢六分，税在百滘堡十二啚八甲户内。一上名新基外田一坵，藏中則民税五分三釐三毫一絲四忽，該民米一升七合一勺一抄四撮，價銀十二兩九錢六分，税在百滘堡十二啚六甲户内。

賢宦配祀銜名

宋尚書左僕射兼門下侍郎晉少師何公諱執中

宋廣南路安撫使張公諱朝棟

鄉先生配祀銜名

宋十堡經理興築桑園圍基事務黄公嗣昌等

宋經理興築吉贊横基十堡義士陳公遇隆等

明修築横基御賜乃功堂東山叟陳公博民

國朝捐修吉贊横基義士程公儀先

歷代經理修築吉贊横基十堡義士

黎秫坡穀食祠記[一]

崇（正）〔禎〕十年丁丑歲仲夏吉旦重修立石據甲寅《桑園圍志》修。

穀食祠，在九江堡忠良山麓，十八堡士民建，祀義士陳博民。今其子孫世司祠祀。

[一] 該記與卷一甲寅『陳博民穀食祠記』重，此處内容略去。

桑園圍甲辰歲修志序

事無鉅細，惟功則傳，非欲炫其功也。蓋一事也而天時之變異在其中，人事之經畫在其中，工力之艱難瑣屑亦在其中。迨乎厥功告成，身其事者，幸風雨無虞而綢繆匪易，遂欲條舉端緒以質來世。南海桑園圍亘百餘里，待衛田盧者數十萬家，甲辰夏，雨漲堤決，田與水俱。予爲之請欵籌貲，率都人士，鳩工畚築，填蛟窟，峻虹基，培蟻漏，久乃保障一新，而田疇復舊，予既記之，刓諸石矣。今春何子子彬手志一卷，請序於予。自始事以迄竣工，綱舉目張，如指諸掌，俾繼此者有所遵循，而不廢厥志，尚已！嘗謂唐休璟能知河防，酈道元作《水經注》乃心民瘼，卓哉古人！諸君子力挽波靡，砥柱中流，他日建防秋之策，普利群生，其時尚有待其事顧異人任耶？而予竊有幸焉。自黑蜧肆虐以來，予徧歷鄉陬，親瞻疾苦，波濤㶁湃，時縈寤寐。兹乃承乏廣熙，行且往矣。緬乎堤柳毿毿，良苗一碧，未嘗不撫摩憑眺，流連不忍去。獲此一卷，藏諸篋笥，暇復展閲，而某水某山，神與俱往，更不啻與諸君子口講手畫時也。此又欲搦管而躍然心喜者也。爰綴數語於簡端云。

道光二十七年丁未季春

羅定直隸州知州前知南海縣事史樸序

桑園圍甲辰歲修志序

嘗讀相國阮公元桑園基圍一碑，未嘗不歎其措置之允當也。始則倡捐集事，繼則籌欵歲修。嗣因伍氏盧氏捐建石堤，議者遂以爲一勞永逸，而歲修之欵改爲報部備撥矣。繼又改充捕盜經費矣。記曰：有其舉之，莫敢廢也。胡迺弁髦前事，而安竟忘危耶！予於丙午冬涖任南武，前任史侯重以培護桑園基圍相屬，繼則接見彼中紳士，詢悉端委，得覩所輯《甲辰大修志》三卷，益歎其經理之艱，而有備無患也。予謂率衆鳩工，不難於勤以集事，而尤貴公以服人。桑園一圍，界聯南、順，計畝起科，宕延攻訐，何紛紛也！是當扼其要領，祛其蔽痼，公爾忘私，其爲今之第一吃緊者乎？首事何君等以序言相諈諉。守土之吏，責無他讓。以今日言之，堤堅且固矣，而患起忽微，計須經久，予當與諸君子交勉而力持之，以期洪流順軌，永奠苞桑，無愧經始之前賢，而可作後來之準則也。是爲序。旹[一]

道光二十七年歲次丁未仲夏之月

賜進士出身知南海縣事山左張繼𨛦譔

[一] 旹　時也。

甲辰歲修志目録

凡例

一、修築圍基，工費浩繁，先事之圖，莫要於籌欵。而我桑園圍修築經費，除支領歲修銀兩外，惟有捐派一途，爲永遠遵行之法。查舊志只附見於奏稿中，今分爲撥欵、起科二門，將經行成案詳細分彙編入，庶閲者一目瞭如。

一、自癸巳總修圍志，已案照甲寅、癸未等舊志將全圍繪圖、註説，玆無容再述。惟此次修築林村缺口，工役最鉅，而半跨半圈之法，亦當詳細紀述，使後日有稽。故附見其圖於修築門中，而其餘從略。

一、本圍自乾隆五十九年甲寅大修，以後皆通圍均派，按畝起科，南七順三，向無翻異。故將各堡額銀若干、收繳若干，悉行詳載，而太平沙希圖免派一案亦附入焉。

一、興工伊始，例由地方官暨總局紳士公同估價，該管業主領回修築，如額銀浮於估價，仍須繳銀，估價浮於額銀，仍須補價。向有舊章，而各堡聚訟紛如，復多希冀，故於修築一門，詳載基段之險夷，估值之多少。而李麗林等停工勒補一案，悉附於篇。

一、缺口既已興修，單弱亦宜培護。而鉅工既竣，各堡尾欠又復拖延，蟻穴潰堤，能無悚懼？故立培護一門，詳載基段險要頂衝處所，宜落石若干、價銀若干，而各堡尾欠，宜亟繳爲落石之用者，亦附載焉。

一、癸巳圍志於圖説門，已將各堡經管基段丈尺詳載。而此次潘卓全等仍復以諠造新志、改易基段爲言，希圖卸管，故於書内仍立基段一門，詳載此案，使後人無從翻異焉。

一、癸巳圍志只據甲寅志纂修，於各堡村鄉下僅載竇閘有無而已，而於疏濬修築章程，一切遺漏。每當興工領費，異議煩興，因别立竇閘一門，搜採經行成案，詳細紀述，庶日後有成法可守。

一、此次修志只載甲辰修築章程，其甲辰以前具有成書，無容更贅。而亦有事關要工而前書失於採取者，間亦補入各門之内，以免疎漏。

卷十　道光二十四年甲辰歲修志是年義士捐築水基事附

撥欵[一]義士捐築水基事附

按：修築之役，工鉅費繁，宜先籌欵，而我桑園圍自甲寅大修以後，大抵皆按照各堡條銀多少派定應出額銀，或從富户捐輸，或由民田科派，各隨其便，如是而已。然田經淹浸，民力彌艱，勸捐則人苦逡巡，照派則勢多延宕。欲卒興版築，其道無由，貽誤基工，靡不緣此。自嘉慶二十二年，前兩廣總督阮、廣東巡撫陳奏准借帑八萬兩，發當生息，每年以五千兩歸還原本，以四千六百兩留備歲修，俟清還本銀之後其五千兩留爲通省籌備堤岸之費，其四千六百兩仍爲本圍歲修之資，歷年領支，具有成案。自嘉慶二十四年，經盧、伍二商捐銀十萬兩，將本圍險要處改建石堤，可無連歲崩缺之虞。因將此項息銀暫行停支，而許别圍借動，事竣，仍分年徵還，留貯司庫，以爲桑園圍歲修本欵。故道光十三年三丫基再遭崩缺，前後借動庫銀四萬餘兩，經前兩廣總督盧奏准，將一萬六千餘兩從本

[一] 原書該標題上有另一標題『桑園圍甲辰通修志』，因該卷目録已明確題目，故此處删除。

圍應得歲修息銀開銷，餘二萬三千兩，於自後每歲應得歲修銀扣抵。是以全圍克鞏，民慶更生兹者。甲辰五月，夏潦非常，冲缺林村等各基至拾餘處，闔圍紳民籲請撥欵興修。後蒙藩憲傅、撫憲黃於給領各官捐廉八千兩外，撥給歲修銀壹萬兩，趕緊開局興築，以濟要工。而後各堡科派之銀乃得陸續湊收，以竣厥事。是知歲修一項真我桑園圍四百里内南、順兩邑之命脈，而前後列憲軫念民依，凡所以出之波濤之中，登之袵席之上者，恩至渥，謀至周也。謹將前後稟稿文移，詳加編輯，以示來兹云。

稟列憲籌撥欵項公呈

南海縣桑園圍舉人馮日初、明倫、潘漸逵、冼文焕、何子彬、李謙揚、潘夔生、黃亨、陳韶、崔藻球、崔維亮、譚璐、梁作楫、梁植生、潘以翎、鍾澄修、朱文彬、明之綱、朱堯動、朱次琦、黎國琛、關景泰、余朝憲、余秩庸、馮汝棻、梁謙光、程貴時、陳榮、李徵霨、程師儉、潘佐堯、梁懷文、陳文瑞、張清徽、蔡韶、李文照、黃仁、黃溥、程師道、梁策書、張錡、崔茂齡、劉宜秩、黃之冕、潘斯濂、關肇基，武舉李應揚、吳樂榮、關定揚、陳廷獻，貢生陳上齡、朱庭森、麥穎、梁上清、關鸞飛、譚楷、盧乘光、蔡鳳華、鄧翔、趙允顯、郭傑、潘芳、潘爲霖、崔丹，生員譚彦光、崔令儀、盧維球、梁照垣、李升、黎芳、張桂楣、潘燦光、潘斯湖、潘冲漢、陳開運、陳觀濤、朱宗琦、關森桂、曾冲漢、關昌言、曾中立、曾鑑瀛、何如驤、何玉梅、何德垣、何如鏡、何作垣、何亨、陳華澤、陳治同、關瑞溶、關俊英、陳嘉言、余暉、梁觀光、李應剛、蘇應銓、程翔萬、郭天驥、郭際清、麥穗歧、冼瑞元、陳鑑光、麥翹、張紹華、梁載鉷、麥湛清、陳祖銓、黎景滔、譚顯龍、胡積輝、潘廣居、潘縉儒、潘志典、潘文佩、潘麟徵、黎銘秋、左垣、鄧泉、蔡瑜，武生岑鳳揚、黃灼英、李鳳翔、李芬、陳瑛、陳廷安、程錦泉、程國安，職員老兆勝、馮泰開，監生梁炳中、譚炳桂、關靄彬、何濂、陳森、陳持衡、陳翰書，耆民程颰蕃、程饒蕃、程必蕃、關陞、鄧仕同、陳永泰、梁建昌、潘永盛、馮世盛、潘耀璣、梁觀鳳、梁萬同、張裕賦、余振剛俱係南海順德兩縣人抱告馮陞呈爲基工浩繁、捐派無措，聯請籌撥欵項及時修築以救糧命事。切日初等。

桑園圍，界連南、順兩邑，分東、西兩基。東基捍禦北江水潦，西基捍禦西江水潦，共長一萬四千七百十二丈五尺。圍内居民百餘萬，端賴堤基保障，最爲險要。本年五月内西、北兩江水勢逾常，溢漫基面，業户搶救人力難施。十三至十六等日，一連冲决各處基段自百餘丈至數十丈淺深闊窄不等。業蒙仁台暨列憲委員親臨查勘撫卹，歡聲載道。并蒙諭令附近業户搶築水基，以救晚禾。是時，闔圍方在巨浸之中，無從措辦，幸蒙義士捐銀五千兩，始得分築水基。不料六月三十日，水潦復漲，林村程姓基、吉贊潘姓基再被冲决，復行搶救。此時，五千之數已屬不敷，且水基係從水面堵築，沙土鬆浮，基身單薄，不足以資捍衛。趁兹潦退泥乾，必須由實地築復大基，與舊基高厚相等，然後可臻完固。况西基一帶自先登、海舟、鎮涌、河清、九江各堡當西潦頂衝，近年無欵歲修，基多危患，今夏竭力搶救，而冲决坍卸已多，倘冬修不實，誠恐貽害更深。日初等悉心計度，其崩缺者或圈築或跨築。度地勢之情形，或石工，或土工。論基身之險易，其坍塌者薄處亟加厚，鬆處亟加堅，陡削處亟添石塊，滲漏處亟舂灰基。至全堤之被漫溢者，又概宜加高，似此工程較從前爲尤大，圍内紳民爲保糧命，現在議捐議派，以應鉅工。惟是工愈鉅則費愈繁，早禾既失收於前，晚稻又補蒔不及，桑株魚塘均被淹浸，大災之後，民力彌艱，再三思維，萬難籌策。溯道光十三年本圍三丫基各處冲决，蒙前大憲奏明，在桑園圍歲修本欵開銷息銀三萬九千二百六十九兩零，除外，遞年存貯息銀，未經請領，只得聯懇憲恩親臨履勘，籌撥欵項給領，俾得請定章程，刻日興修，庶决基賴補，危基賴安，闔圍頂祝。切赴。

甲辰林村、吉水竇等基决，衆方集河神廟籌費築水基，以救晚禾，忽有不識姓名二人突入，問築水基所需幾何？衆荅以五千兩；問交付何人？值事告以居址。越數日，即有人先後駕槳船賫白金五千兩至，題曰『處默堂』。問施者姓名，不荅而去。遂興築水基，晚造獲收，顧未識何人之惠，只懸『至德無名』扁於廟内，識不忘而已。此真所謂陰德耳鳴者矣。

史邑侯請列憲籌欵稟敬稟者

竊卑職自初五日稟辭出省後，連日履勘江浦、黄鼎、九江三屬被冲各圍基，飭令紳士業户人等趕緊集費興修，以防春潦。内大栅、桑園等數圍民力實在拮据，卑職酌量工程之大小，户口之多寡，與鄉村之貧富，分别賞給捐項，以資補助。現共計用銀壹萬貳千有奇，該紳民等仰荷恩施，無不感激踴躍，具限興工，以期仰副大人保衛民生至意。惟桑園一圍，所有林村、吉水等處决口，惟賞給修費，可望興築。然該圍患處甚多，關係甚重，非通圍大修不足以資捍衛。卑職傳集各紳士等，諭以通派合修，僉稱工程浩大，即按田科派，亦難集事。惟求轉懇憲恩代爲籌欵，以資民力而濟要工。卑職目擊情形，雖不能大如所望，似不得不代其籌畫，以爲未雨綢繆之計。第捐項止有此數，而該圍歲修本欵又所存無幾，應如何辦理之處，容俟面稟一切，請示遵行。卑職擬於十七日前往三江、金利兩屬查勘，計期十九日方可回省，除將帮賞修費銀兩，俟勘畢另行詳報外，合將現在勘辦情形，先稟憲臺察核。再晚造惟大栅、桑園等圍歉收，其餘尚屬豐稔，刻下各鄉米價平減，民情甚屬安貼，知關兹廑，合併稟聞。肅此具稟，恭請鈞鈞[一]

[一] 此處衍一『鈞』字。

安，伏祈崇鑒。卑職樸謹稟。

聯請撥給歲修銀兩公呈

敬稟者竊舉人等桑園圍界連南、順兩邑，週圍四百餘里，民户數十萬，税畆一千數百頃，東西堤基共長一萬四千七百餘丈，當西北兩江之衝。歲遇夏潦漲發，一有冲決，闔圍糧命害不勝言。嘉慶二十三年，圍内紳民稟奉前督憲阮、撫憲陳合奏蒙恩准借帑八萬兩，發南順兩縣當商計本生息，歲得息銀九千六百兩。以五千兩歸還帑本，以四千六百兩爲桑園圍遞年歲修專欵。經於二十四年請欵銀四千六百兩，爲是年歲修之用。嗣因盧、伍二紳捐銀添建石堤，奏將歲修銀暫行停止，其帑本仍照舊生息，俟日久基有損壞，再行核給等因。遵照在案。

道光十三年，本圍三丫基各處冲決，蒙前督憲盧先後撥銀四萬九千八百餘兩，爲大修之費，内一萬六千餘兩就歲修本欵開銷，内二萬三千兩，就每年應得歲修四千六百兩分五年扣還，計至道光十八年，已經扣足。尚餘壹萬零六百餘兩，亦已歸該圍糧攤徵。十九年至二十四年，所有歲修息銀未經請領。本年五月六月兩次水漲，東、西堤基疊被冲決。舉人等雖欲議捐議派，酌籌修築，而大災之後早晚田禾均已失收，桑株魚塘俱被淹浸，民窮力竭，實在拮据。仰惟憲天𢡟心民瘼，不忍一夫失所，俯軫兩縣災黎，只得聯懇仁恩，乞於桑園圍存貯歲修息銀撥給，並於別欵再行籌撥，以集要工。俾得請定章程尅日興工，且得藉修基圍，以工代賑，貧民有資生之便，匪徒無竊發之虞。不特堤基可以復完，地方亦不無小補。再今夏冲決坍卸處所，係東基居多，計約需銀貳萬餘兩，方能築復。而西基之大洛口、禾义基、三丫基各頂衝處所，或低陷，或滲漏，或堤坡浮削，或石脚傾頹，若不加高培固，一有冲決，爲患更甚。計此項又約需工費銀貳萬餘兩，合共應需銀四萬餘兩，庶可一律築修，以資鞏固。除聯名具呈外，理合另摺呈電，恭請鈞誨施行。

傅藩憲上撫憲請撥歲修銀兩稟稿

敬稟者竊照本年四五月間西、北兩江潦水漲發，經將各縣被水情形並未成災，分別撫恤，無庸動項辦理緣由，詳請具稟在案。查各縣被水冲決圍基，南海、三水二縣較重，高要、高明次之。經憲臺倡捐，暨司、道、府、縣捐廉撫恤，並爲築復決口之用。惟南海之桑園圍，界連南、順，環繞百有餘里，田園甚多，最關緊要。本年被冲決口較重，築復需費浩繁。兹據南海縣史令稟稱：查勘該圍本年被冲決之外，其低薄鬆浮之處甚多，必須通圍一律加高培厚，方足以臻鞏固，而資捍衛。當集各紳士確實估計，共需三萬餘金，方敷通圍修築。除按田科派可得銀一萬四千兩，又現於官捐項内撥給銀八千兩外，尚短銀壹萬兩，請於該圍歲修本欵内籌撥銀壹萬兩，以濟要工等由。

本司伏查桑園圍生息一項，起於嘉慶二十三年，在藩道兩庫提撥銀八萬兩，發交南、順二邑典商生息，每年得息銀九千六百兩，以五千兩歸還原本，以四千六百兩爲該圍歲修之資。嗣因盧、伍二商捐築石堤，後無庸歲修，將歲收息銀歸入籌備堤岸項內，報部備用，其應歸原本銀兩，於原本補足後，亦入季報撥。迨於道光九年，又將入季報撥銀五千兩，改充捕盜經費，是桑園圍生息一欵久已作部欵，不能由別支用。惟查道光十三年桑園圍被水冲決，借領修費銀四萬九千八百八十四兩八錢八分三釐，奉行稟明，以一萬六千二百六十九兩八錢八分三釐動支該圍歲修本欵息銀，毋庸歸還，再以二萬三千兩，將桑園圍業户徵還。尚餘銀壹萬零六百壹十五兩，分限五年按糧攤徵在案。本年該圍被決情形較重，修費較多，官捐之項既屬不敷，民力又難科派。合無仰懇憲恩，俯准援照道光十三年成案，稟明動支該圍歲修息銀壹萬兩，發給紳士，將通圍修築鞏固，以資捍衛。至本欵現收存銀三千八百九十六兩，不敷動支。查有籌備堤岸一項，可以借動銀四千零四兩，土整水栅一項，可以借動銀貳千一百兩，共足壹萬兩之數。俟以後收有歲收息銀，按年照數歸補。是否允協？理合稟候察核。

開工修築請先給歲修及委員勘估公呈

呈爲報明築基日期，懇恩給領欵項，並請勘定工程，趕速興修事。

切桑園圍本年被水冲缺，雲津堡林村基及簡村堡、九江堡、沙頭堡、龍江堡各決口亟需築復，以防春潦。而西基一帶，如三丫基、禾义基、大洛口及東基韋駄廟、横基頭皆係頂衝險要處所，坍卸陷裂，患基甚多，均須一律加高培厚，方足以臻鞏固，而資捍衛。疊經仁臺親臨履勘，洞悉情形，承諭合力大修，以期一勞永逸。復蒙念災歉之後，民力維艱，轉懇大憲鴻恩，准給修費銀壹萬八千兩外，着照例按畝税科派銀一萬四千，共銀叁萬貳千兩，爲大修之費。仰見憲慮周詳，至優且渥，闔圍士庶無不踴躍歡呼。兹已擇定本月二十一日亥時祭基，二十四日卯時興工修築。惟一經開局，動需應支，各堡科派額銀尚待催繳。只得懇恩迅撥修費具領，並請委勘估各堡基段，核實共需工費若干，以便遵辦，而免争執。趕趁冬晴水涸，集工修築。如經費不敷，仍懇設法籌撥，務期全圍堅固，以副仁臺暨列憲保護生民之至意。除請定章程，給示曉諭遵照外，理合呈明。切赴。

史邑侯催領歲修諭

諭：　董修桑園圍紳士馮日初、明倫、潘漸逵、何子彬等知悉，案照本年桑園圍江浦屬之土名林村、鵝春社、吉水竇及主簿屬之南頭圍等處基段被潦冲決，并該圍東西兩基多有坍卸陷裂處所，業經本縣親詣，逐一勘明飭修。嗣據該紳等議以通圍合修，呈請籌撥修費，當將官紳捐題項內，先行帮給銀八千兩，交該紳等領回興修，并禀請籌撥該圍歲修生息之欵。現奉大憲在於桑園圍生息本欵動撥銀壹萬兩，給發下縣，轉給修築。惟此次工程，先據該紳等擬請，通圍大修，估需經費銀三萬餘兩，計通圍田畝科派，可得銀壹萬四千兩，官紳捐項内帮給銀八千兩，兹奉動撥生息本欵銀壹萬兩，共計經費已有三萬二千兩，自必足敷辦理。除再出示曉諭，及備移順德縣轉飭龍江等堡，將應派銀四千二百兩催交該紳等凑支外，合就諭知該紳等即便赴縣請領生息銀兩，務須仰體列憲念切民瘼，恩施逾格，趕緊購備物料，雇集多夫，秉公認真經理，迅速趕築完固，以資保護，而垂永久。尤宜工歸實在，項不虛縻。一面將南屬業户應派銀兩亦須踴躍繳上，免致延悞。特諭。

起科

案：桑園圍基段各有分管，每有冲缺，興修皆業户自行辦理。故東圍不派西圍，南、順各不相派，向例然也。自乾隆甲寅堤缺李村，工鉅費繁，勢難獨任。不得已，籲請通圍佽助，以濟要工。時順邑温太史在籍，亦謂兹圍爲兩龍、甘竹上流之保障，使責李村自行修築，勢必將就了事。今日一方獨任其役，他日必闔圍通受其殃，遂合兩邑紳士議全圍大修，呈請通融辦理。估計基工需銀五萬餘兩，奉憲令兩邑一體捐輸，南、順各半。續以南邑之額銀已經完繳，而順邑應出之項，所繳殊屬寥寥。奉憲嚴催，急如星火，而總局值事梁廷光等謂：此圍雖分屬兩邑，究竟田畝基段南邑居多，自願兩邑捐輸各半之銀，南邑從其增，順邑從其減，兩邑會議僉以爲宜。此南七順三之例所從始也。嗣堤工告竣，順邑紳士黎常功等恐南邑業户卸管基工，輒行通派，呈請遵照舊章。蒙藩憲陳批，此次冲決太多，工程太大，兩邑地相唇齒，一例捐輸，每歲修葺不得援以爲例。此小修則責之業户，大修則均派通圍，所自始也。乃圍中紳士成見未忘，多有南邑南修之説，不知其不同圍者，不獨同邑不派，及即同司亦不派。其同圍者，不獨異縣可派，即異府亦可派。不當論縣之同不同，當問圍崩之浸不浸而已。《傳》曰：『同舟遇風，胡越相救，如左右手。』查南邑太平沙等在圍外者一律起科，况順邑地居下游，恃兹圍以爲固者乎？所望破除畛域，同守章程，至於拖欠之銀嚴督催收，俾堤工有賴，是在當事者已謹將起科巔末悉列於左。

請催繳南順各堡起科禀

具禀　桑園圍舉人馮日初、明倫、何子彬、潘漸逵禀爲延繳悮公，乞恩分別迅飭拘追，以濟要工事。

緣桑園圍上年被水冲決東西基各段蒙恩籌撥歲息捐欵，共銀壹萬八千兩，南順十四堡不論有無基份，照章捐派銀壹萬四千兩，集資合修，當經議允章程，稟明在案。詎自去冬興工以來，所有各堡估修基費，除將應派額銀扣留，不足仍由總局墊銀添補外，其餘單開各堡未繳額銀，前經稟奉札諭催繳，仍延未交。竊惟以一萬四千七百餘丈之圍基，僅得三萬二千兩之經費，內中决口共長二百七十餘丈，坍卸共長五百餘丈，創築補築動費不貲。此外衝險陷裂滲漏低薄處所，共長一萬二千餘丈，均應一律加高培厚，計三萬二千之數，倘恐不敷。現當趕速竣工，而各堡仍欠繳銀四千餘兩，無憑支應。若停工以待，萬一雨潦疊至，貽悮非輕。只得瀆叩憲臺，伏乞迅飭拘追並移順德縣，飭令龍山堡等遵照，單開額銀限日備繳，毋任延悮。俾要工有濟，闔圍賴安，切赴老父師大人臺前，恩准施行。

計估各堡欠繳額銀花户名數册一扣。

飭查太平少外税是否免科諭

南海正堂史諭桑園圍首事馮日初、明倫、何子彬、潘漸逵知悉。現據區遂全等呈稱：緣上年潦水缺桑園圍基，蒙仁臺勘明捐修，並諭各紳士在圍内税畝按條起科，通圍修築。仰見仁臺軫念民生至意。惟蟻等十甲區國器户住居太平沙，界連三縣，孤懸海中，與桑園圍基相隔一大河，户内共條銀三十四兩三錢一分九釐，内圍内田税條銀二十三兩六錢二分二釐，業經遵照科收，其圍外海中沙税條銀壹十兩零六錢九分七釐，經乾隆甲寅年及嘉慶二十三年起科，修築圍基，均蒙各前臺諭飭免派太平沙外税各在案，卷存可查。况蟻等居住沙頭潦水當冲，連年坍卸，虚糧賠納，屋宇倒塌，苦不勝言。兹各紳士不照向例，連蟻等外税起科，貽累奚堪？勢得抄粘免派諭帖，匍叩台階，伏乞諭飭總理紳士及先登堡紳士梁懷文等，查照向例免派，並懇分諭册房、工典房、糧房查照。嗣後遇有修築桑園圍基，太平沙外税毋庸派及等情。又據李中和等呈稱：切圍基崩缺，攤派銀兩修築，係派圍内與及貼連大河之田地，非派圍外相隔大河之沙坦。不獨官存案卷，各廟亦有竪碑，歷久章程並無更改。蟻等李大成、李棟兩户税業，俱系坐落太平沙居多，雖有實征條銀五十餘兩，除外海沙坦條銀四十餘兩，實圍内田地條銀壹十餘兩。今年攤派之例加壹五四二起科，實應科銀三十餘兩，其應科之銀曾經大局總理馮日初等當面訂明准作。蟻等領回修基外，尚發給銀四十一兩三錢六分五釐，立單可據。是蟻等圍内田地捐派已足，而外海沙坦亦已免派，遵照而行，奚有異議？不料復有江浦司諭帖來，蟻族内且不分別外税免派字樣，混沌催繳。蟻等赴局查問，着令蟻等稟明仁憲，只得抄粘舊案并繳清單具稟憲階，伏乞飭局分別清楚，應免則免，應支則支等情。

除各批揭示外，合就諭遵諭到該首事，即便查照區遂全及李中和等各呈内事理，太平沙如果坐落桑園圍外，向無派科修基工費，即照依向章辦理，仍稟覆備案毋違，特諭。道光二十五年三月十四日諭。

飭查李和中外税諭

正堂史諭： 桑園圍董事舉人馮日初等知悉，現據耆民李勝觀等呈稱，蟻等住太平沙，環圍大海，並非貼連大基外，明是孤懸海中，凡有廬税，坐落沙中，向無基工派累。即嘉慶二十二年，首事悮以税同李大有户，并執票有不分内外爲詞，混派蟻等沙條三十四兩二錢零四釐，迫蟻族老李萬元等繪圖稟前閆縣，批着總局羅思瑾等公覆。奉諭，外税係指貼連大基而言，非指相隔大河而論，其太平沙毋庸派及，案存工典房可查。碑載河神廟可據，不謂李大有之糧柱未賴飭知册房撥開沙條，故道光二十三年復悮混派。蟻經抄案稟前梁縣批飭，隨蒙免派。惟是沙條猶未撥開，致今仍遭悮混，派累何休？亟得抄粘案據，稟明仁台，乞照原案免派，飭知册房將李大有糧柱撥開沙條，外税，註明糧册。如遇基工，不致悮混派累等情。

據此除揭示外，合就諭遵諭到該首事即便查照李勝觀等詞内事理，太平沙如果坐落桑園圍外，向無科派修基工費，即照向章辦理，仍稟覆備案，毋違特諭。

飭查圍外十户應否免科諭

正堂史諭： 桑園圍董理紳士馮日初、明倫、何子彬、潘漸逵知悉，現據仙萊岡鄉區大器等稟稱，蟻雲津堡三十七圖，九甲共一十四户，其田園廬墓坐落本圍内，惟蟻鄉區大器、區兆麒、區松盛三户及新羅鄉潘進一户，蟻鄉三户，共實征條銀七兩九錢一分一釐，應派奉憲派開加五四一六四起科修基銀，共壹十二兩一錢九分一釐四毫。蟻等遵於本年正月初八日往赴基局，清繳收單執照，其新羅鄉潘進户實征條銀一兩七錢九分四釐，蟻等帶差向討，各户聲説『各修各圍，毋得越派，任討莫繳』等語，蟻等忖思其田廬非在圍内，修蟻本圍似難派及，蟻等耕作度日亦難，不時帶差往討，只得據實報明，叩懇飭令修基總理紳士將蟻堡册列外圍十户開除免派等情。據此除批揭示外，合就諭知諭到諭紳士等即便查明區大器等所稟外圍十户田廬是否均在圍外？應否免派？即照向章辦理，毋違特諭。道光二十五年四月二十三日諭。

查明太平沙外税稟覆

舉人馮日初等爲遵諭稟覆，懇恩察奪，以昭公允事。緣前奉鈞諭内開，現據老民李暢然、區遂全、李和中等各呈李大有户、區國器户、李大成、李棟户太平沙税，如果坐落桑園圍圍外，向無科派修基工費，即照向章辦理，仍稟復備案等因。舉人等竊查合圍大修，自乾隆甲寅年以來，例照圍内户口按糧科派，其户内有無外税，俱係因糧定額繳足，毋庸翻異。先經去年十一月稟蒙示遵在案。隨據九江堡之古潭沙、壽亭沙、裹肚沙，沙頭堡之盧家沙雖係孤懸海外，均照向章一律科派清繳，並無異詞。惟先登堡李暢然等太平沙欲以圍内户口自分外税，無論有無影卸飛漏之弊，而懷私背議，已不足壓服衆心，必欲確切查明，應請諭飭李暢然、區遂全、李和中等繳驗該沙印契，傳集鄰証，委員逐一勘丈明白。如果與報税相符，蒙恩准免科派，則九江堡、沙頭堡之古潭等沙前經繳收銀兩，亦應照數給回。如應照九江等堡一例科派，懇即限日勒繳，毋任推延，方足以杜刁猾而昭公允。兹奉飭查，除前經具摺呈明外，理合據實稟覆，仰憑察奪，爲此切赴。道光廿五年四月廿八呈。

查明外税一體起科面呈摺略

一、合圍大修自乾隆甲寅年以來，例照圍内户口按糧捐派，前奉鈞諭内開，現據先登堡區遂全、李和中等稟稱：太平沙外税請免派，及著查明稟覆等因。

竊查圍内如九江堡之壽亭沙、古潭沙、沙頭堡之盧家沙均係孤懸海外，且盧家沙現已人業俱無，而業廢糧存，此次乃按户額科派。又各堡均有住居省城佛山及别堡等處，是人業俱在圍外，惟既有契買税業經歸入該堡户内輸糧，即照糧攤收。李和中等前經到局，另請修基費銀，欲除去外税，除銀四十餘兩。舉人等未便據一面之詞，擅准免派，隨以基工難緩，該堡科銀急難收繳，只得於三月二十八日借銀給修，仍令立單歸欵。乃李和中等輒敢於三月十五日以前瞞稱舉人等，先已給發銀四十一兩三錢六分五釐，憑空硬坐，狡猾可知，不思以祖宗田園廬墓之區，必欲於一户之中故分畛域，雖較與全居圍内者輕重有别，而懷私規避，均屬全無本心。舉人等照例辦公正，不敢妄爲翻異，但各堡均有外税，一免則必盡免，不特一萬四千兩之數有名無實，且恐各堡紛紛效尤，藉端影卸，并有將内税附作外税之弊，如必勘查確鑿，非弔驗印契，集証勘丈，不足以杜刁猾而服衆心。似此事既難行，轉恐滋擾。况大修始需科派，十數年偶一舉行，在區遂全、李和中等當以祖宗廬墓爲心，不宜以一己之私，致違通圍公議，謹就所見瀆陳，是否有當，統候訓示飭遵。伏惟電誓。

李和中等希圖免派稟

具稟人李和中、李暢然、區遂全爲前着免派免繳，印刷碑圖，叩察准免事。

竊蟻等住居太平沙，所以區國器、李大有、李大成、李棟四户均有外海沙税。自來修築圍基，乾隆甲寅年間已無派及，碑記可據。是馮日初等所稟，自乾隆甲寅年以來，其户内有無外税，俱因糧定額繳足，毋庸翻異者，謬也。上年修基工費，經蟻等稟蒙諭免派在案。不料現又奉有憲諭，着令一律科派，掃數完交。始知係據馮日初等稟請，照依九江古潭沙之例也。不思九江古潭沙之應派，以其稅雖在外，而廬墓則在圍內。蟻等太平沙之應免，以其稅既在外而廬墓均在圍外，《桑園圍志》載甚詳。是以自甲寅至今，年將滿百，一向免派，無有更改。若可更改，則非推之皆準、行之無弊之善政矣。只得抄粘稟由，并繳碑圖，聯叩仁階，伏乞弔齊舊卷核明，諭飭免派，俾免分歧，以符舊日善政。出自憲批，沾恩切赴。道光二十五年六月二十八日呈批：候飭承查案察奪，碑圖粘抄附。

李和中等剷註原碑希圖免派公稟

具稟　桑園圍紳士馮日初、何子彬、明倫、潘漸逵、冼文煥、黃亨、潘夔生等稟爲剷註原碑，瞞稟抗派，聯懇給示勒石押繳事。

切紳等桑園圍前年甲辰大修，其論糧科派者，均係查照乾隆甲寅、嘉慶丁丑年例派修，册房圍志疊無更異。不謂先登堡太平沙李暢然、區遂全、李和中等四户，屢行逞刁抗派，瞞瀆不休，甚至將河神廟碑私行剷註，印呈作據。不知原碑所載，係續估土工銀六十兩，乃李暢然等竟剷註云：此係外稅，詳准豁免，憑空杜撰，希圖瞞聽，不知文義字迹，兩兩不符，撿閱原碑，難逃明鑑。況查太平沙雖孤懸海外，要之祖祠、墳墓均在圍中。乃互鄉積習，民性刁頑，其在外經營者，則包攬獄訟；在家耕作者，則嘯聚萑苻。前經文武員弁圍捕燬拆窩穴十數家，而東竄西竄，不越一洲之外。且與河神廟距僅一河，故久得以私剷原碑，以圖永遠滋訟。茲因圍志告成，用敢聯叩台堦，伏乞飭房將前後案卷核實查辦，並飭差拘李暢然、區遂全、李和中等到案，嚴行訊究，勒限清繳。并懇賜示勒石，俾得刊入志乘，以符舊例而儆刁頑。合圍均感，切赴大老爺臺前察奪施行。道光二十七年三月。

張邑侯着太平沙外稅一律科派示

爲出示曉諭遵照事。

現據紳士馮日初、何子彬、明倫、潘漸逵、冼文煥、黃亨、潘夔生、何培蘭、關景泰、余秩庸、李應揚、關昌言、何玉梅、潘斯湖、何如鏡、潘廣居、何文卓、關瑞溶、李升等稟稱：紳等桑園圍前年甲辰大修，其論糧科派者，均係查照乾隆甲寅、嘉慶丁丑年例派修，册房圍志疊無更異，不謂先登堡太平沙區國器、李大成、李棟、李大有四户，屢行逞刁抗派，瞞瀆不休，甚至將河神廟碑私行剷註，印呈作據，不知原碑所載，係續估土工銀六十兩，乃李暢然等竟剷註云：『此係外稅，詳准豁免』憑空杜撰，希圖瞞聽，不知文義字迹，兩兩不符，檢閱原碑，難逃明鑑。再查太平沙雖孤懸海外，要之祖祠、墳墓均在圍中，自應照派。茲因圍志告成，用敢聯懇飭房將前後案卷核實查辦，并差拘李暢然、區遂全、李和中等到案，嚴行訊究，勒限清繳，并懇給示勒石，俾得刊入志乘，以符舊例而儆刁頑等情。據此，查桑園圍地兼南、順兩邑，亘長百有餘里，一有潰決，全圍均受其害，遇有闔圍大修，按糧派費，自係一定章程。事關大局，豈容刁逞諉卸？據禀前情，除批示并差飭李暢然等清繳外，合行出示曉諭。

爲此，示諭先登堡衿耆業户人等知悉，爾等須知太平沙雖孤懸海外，其祖祠墳墓均在圍中，嗣後遇有桑園圍大修工程，均應一律按糧科派修費。倘有刁民飾詞抗派，許該董事等指名禀報，以憑拘究。該董事等亦應秉公查照舊章辦理，各宜凛遵毋違，特示。道光二十七年八月日示。

太平沙李暢然等再求免派禀

具禀人李暢然禀爲既免復翻，乞恩弔卷核明，照舊免派事。

切蟻等住居太平沙孤懸海中，與桑園圍相隔大河，所有基工向無關涉，即乾隆甲寅歲、嘉慶丁丑舊例派修，亦無派及，因嘉慶二十三年首事悮派，業經李萬元等禀蒙閣前憲，飭令總局羅思瑾、舉人潘澄江等查明，蟻等沙居委係孤懸海外，並非貼連基脚，禀覆免派，勒碑存據。嗣道光二十五年，首事馮日初復請科派，又經蟻等印碑繪圖，禀蒙史前台，以蟻等廬舍俱在海外，恩准免派，各在案。殊馮日初不由舊章，偏執祖祠之説，反謂憲諭廟碑俱係私劖杜撰，瞞呈科派，致奉諭知。不思蟻等太平沙，與桑園圍相隔大河，居住二百餘年，向無派及，而蟻沙潦崩，科築亦與伊桑園圍無干，何得因蟻等僅有合族祖祠一間坐落圍内，混呈科派？且蟻等之外税免派，現有各憲諭可憑，案存工典，何爲杜撰？水神廟碑之確鑿，亦有十四堡註脚可據，文字相符，何爲私劖？乃蟻等沙居既被屢淹，又被混派，實屬一皮兩剥，迫得抄粘奔叩，乞准弔卷核明，照舊免派，俾免滋訟。沾恩，切赴。道光二十七年九月。

批：本案先據紳士馮日初等以太平沙雖在海外而爾等祠墓均在圍中，禀請一律照派，查基工本關大局，且闔圍大修，並非常有之事，何得固執藐抗，殊屬無知。着即如數辦清，毋再飭延干咎。粘抄保狀附。

史邑侯諭紳士勸捐札

正堂史諭桑園圍董修紳士馮日初、何子彬、明倫、潘漸逵知悉，案照該圍本年被潦冲決林村、鵝春社、吉水竇及九江之南頭圍等基，此外各堡經管基段多有坍卸損壞，以致全圍被淹。經蒙列憲念切民瘼，率屬捐廉撫恤，及籌捐修費，所謂至優且渥。兹届冬令水涸，亟應將大圍修復，藉資保護。復經本縣親歷查勘，分別撥給修費，隨據該紳等以圍之西基濱臨大海，本年坍卸裂陷患基甚多，且皆險要，擬請通圍大修，以爲一勞永逸之計。但工浩費繁，非三萬餘金不克蕆事。除官紳捐項及在圍内田額科派外，尚多不敷，第該圍基地跨南、順兩邑，環繞百有餘里，烟户數萬，全堤基段在在均關緊要。倘僅修復決口，祇可爲目前之計，而難爲久遠之謀。若通圍大修，一律加高培厚，所需甚鉅，如限以經費，工程難期鞏固。因思縣屬官紳殷户素稱急公好義，而圍内衿民尤屬情關梓里，自宜一體踴躍捐輸，以成善舉而資保障。本縣現經通禀各憲，請以捐資在三百兩以上者，無論士庶，分別等次奏請從優議敘，以示奬勵，除出示諭外，合諭勸捐諭到，該紳等即便遵照。須知桑梓之誼，患關切己之憂，務宜不分畛域，親詣勸捐。圍内、圍外紳民富户，好善樂施之家，急公慷慨之士，踴躍捐輸，俾湊厥用而成義舉。樂捐者固得恩奬之榮，而基圍永獲安瀾之慶。惟在衆紳等交相勸勉，切勿稍存瘼視，是所厚望焉。勉之，特諭。

附録　甲寅起科成案

布政使司陳札廣州府南海、順德縣知悉，據吏南科書辦梁玉成禀爲敬陳管見，仰冀鑒察事。

竊辦於三月下班回籍，遵諭馳往圍基總局，察看辦理情形。因而捧讀大人批諭，龍山紳士請免再捐石工銀兩一案。奉批：桑園圍内石工是否毋庸順邑加捐，仰府飭縣傳訊當局首事，秉公籌議，具詳察奪等因。書辦當同董事李昌耀等會計全圍砌築石工，前經委員逐段勘估，共需費銀九千六百兩，列摺繳報在案。所需工費先蒙大人暨本府本縣倡給銀四百兩，本邑各紳擬請在於原派三萬一千七百餘兩之數加二捐銀六千三百四十兩，嗣順邑王署令禀報，於兩龍、甘竹各鄉地居下游，休戚相同，亦應照南邑事例，一體捐銀三千兩。復蒙大人諭令圍内鹽商，應照當押捐襄之例，捐銀二千五百兩，續又有簡村堡義士陳俞徵亦樂助石工銀三百六十兩，照數收齊，似屬有盈無絀。今查埠商梁廷光止係認捐銀一千五百兩，而龍山一鄉已據呈請免捐，則龍江、甘竹兩鄉必有效尤觀望，照原估工程合計尚短銀一千兩，加以局中用度總需一千四百餘金，方可尅期蒇事。本邑各堡殷富無多，自前年被水之後，各户收成歉薄，上年雖已有八分，然氣體究未能復完，其力能捐僉者前次業已盡力捐僉，此次又復添辦石費，以強弩之餘勢難再助。倘或儘收儘支，將就了局，則各段工程必有偏重偏輕之不齊。誠慮各堡退有後言，殊不足以昭公當而服衆心。昨經委員帶同董事來省備瀝情形，禀明本縣府轉達憲聰，蒙飭順邑各堡減半捐銀一千四百兩，行知速繳在案。今查甘竹一鄉，已據照額繳交，尚未解局。惟龍江一鄉因見龍山呈内有桑園圍原係南邑地方，南圍南修，各分段落，載在郡志，向無派及鄰封之説，以致觀望挨延，未即交繳書辦。

伏查南圍南修向不派鄰封者，此乃指歲修小費而言，若大修在千兩以上，則派之通圍，歷年有案。且此圍創自宋朝，其時全圍俱隸南海，前明景泰初年因黄蕭養滋事，平靖之後，始添建順德，割兩龍、甘竹三堡分隸江村、馬甯二巡檢，其餘各堡仍隸南海之江浦司。迨國朝乾隆五十一年，又添設九江主簿，析九江沙頭、大桐、河清、鎮涌五堡，分隸管轄，餘堡仍隸江浦司。雖先後有沿革建置，然總屬桑園。全圍之內，其兩龍、甘竹之未建圍基者，時以該地爲水道下游，以故留爲宣洩。然全賴上面之有圍基，爲之捍衛。伊等晏處圍內，獲免歲修，已屬厚幸。是名分兩邑，地實同圍，伏思各堡之有基圍者，如室家之有垣牆，垣牆之内即屬一家，亦猶圍基之内誼同一室，水患一至，俱受淪淹，更豈能區分秦越？今圍内南邑各堡，亦分隸江浦主簿兩屬管轄，腹裏無圍基經管之鄉村甚多，遇有坍修，又豈得藉名分隸，區別畛域，諉爲鄰封！又府屬三兩縣同圍者，如南海、三水之良鑿、大良、白木灣、大欖背四圍，又豊樂一圍，則三水、高要、四會三邑同管，誠以地土犬牙相錯，然凡住居圍内者即屬同圍，遇有修建鉅工，無不同力合作，處處皆然。是其以鄰封之説爲言，甚屬紕繆。茅誼屬桑梓，不便過爲剖辨，轉致鄰於攻訐，應聽在局首事以理婉陳，得其照數添捐，足以襄事，自可毋庸他論矣。再書辦復又溯查，此堤自前明洪武年間九江義士陳博民伏闕陳請通修以來，計今四百餘載，其間載在郡志報決者不一而足。迨乾隆己亥、甲寅、甲辰，僅止一十五載，三次被決，黎庶遭殃，莫此爲甚。揆厥由來，前明大修之後，即以附近之堤歸之附堤各堡總理。一堡之中分之各姓，雖遞年議設歲修，然基址有長短，地勢有險易，加以各堡貧富不一，如在殷富之鄉，值當平易之基，歲中略爲培築，尚屬無患； 其在貧苦之户，又值險要頂冲，歷年竭力培補，終屬無濟，而告貸於衆，又以各有經管，不可破例。畛域之見，歷久難移，此堤之所以疊受其害者，皆由於此。若非前此甲寅被決，仰荷大人親往勘災，軫念兩邑百萬生靈盡遭慘害，目覩全堤歷年已久，壞爛實多，且邇年下游淤積沙坦，圈築日多，水道不宣，遇潦倍加湧漲，非建議通修，其禍終屬無底。隨會順邑温内翰確商，并飭傳兩邑紳士，妥定章程，共捐銀五萬兩。西岸自南邑鵝埠石起，下至順邑甘竹灘止，東岸自南邑仙萊鄉起，下至順邑龍江河澎尾止，俱一律填築高厚，均在兩邑所捐銀五萬兩開銷。上年七月大功告竣，復蒙履勘，諭令堤外再加石工，方能一勞永逸，此誠數百年曠世之奇舉，圍民得獲萬年之樂利。凡有血氣者，莫不頂戴殊恩於生生世世矣。迴思此堤，上自大人以至本府、本縣，無不欣捐清俸倡率外，而當押鹽商義士亦各踴躍襄銀佽助。即派委在工之委員首事，均能仰體憲懷，妥協經理，上下一心，思艱圖易，始得咸歌樂土。可否仰懇憲恩飭令各紳知此番工程圖始維艱，成功不易，趁此未經撤局之先，勤求善後之策，未雨綢繆，防蟻陋以固苞桑，庶不負大人建議，修築章程，宵旰焦勞，誠使無一夫失所之至意耳。至前蒙履勘面諭最險之禾义基，土工業於三月底填築完固，其次險之九江蠶姑廟、沙頭韋馱廟、海舟三丫基，現在稔委員連日督同各首事，按段培護石塊。再次險之吉贊、庄邊、先登、石龍、鎮涌、河清等處，尚俟各處銀兩齊全始能培護。並請飭令廣州府連催各堡未完銀兩，勒限速清，十日内即可全工告竣。緣奉批行籌議事理，書辦住居圍内，繆抒己見，理合稟候鑒核施行。連將各堡未完銀兩數目，列單送閲等情到司。

據此當批。候行府飭催各堡未完銀兩迅速交局應工，並籌善後事宜，詳奪在案。合札飭遵札到該府縣，立將單開各堡未完銀兩，專差頭役前往各堡按數飭催，限三日内掃數交局，以應鉅工。並即出示曉諭各堡紳民赴局會同委員首事，於東、西兩岸堤外各沙洲坦地，或有係子母接生，可以耕植，或有係魚遊鶴立長草牧牛，未經承陞，無碍水道溢坦，並沿堤馬頭及魚蝦蜆埠，可以批租取息，無妨民間蛋户者，聯籌善後章程，由該縣府核明擬議詳辦，以爲通圍遞年修築圍基公用，務使長堤經久無患。其圍内涌滘竇穴，上年本司親臨履勘時，聞有被潦淤塞，至今未經流濬者，亦應飭令各紳民按照地頭疏濬寬深，以資灌溉，以利行人。本司實有厚望焉。速速。

再稟覆太平沙應照一律科派公呈，呈爲遵諭查覆，懇飭照派免紊向章事。

現奉鈞諭内開，飭查太平外沙孤懸海外，其盧墓究竟有無全在圍中？從前歷次大修，該沙曾否一律科派修費？刻即查明稟覆核辦等因。

紳等公同查確，遡該圍乾隆甲寅年大修章程，係在圍内各堡各户糧税派修，無分内外税畝、應派免派之別，誠以圍外之沙論徵輸，則糧歸祖户，稽户口則世在祖家，按糧科派。前人繩式本屬公當。

此後嘉慶二十二及道光十三等年大修，均照向章辦理。迨道光二十四年，該圍大修，首事馮日初等查照向辦章程，按圍内各堡各户糧税科派，如九江堡之古潭沙、壽亭沙、裏肚沙，沙頭堡之盧家等沙，均係孤懸海外，其糧税仍編入圍内總户，照依一律起科，並無異議。乃太平沙業户區成邦、李暢然等吝出修費，不顧先人盧墓，欲亂數十年之成規，遂以伊等先登堡區國器、李大有、李大成、李棟、李宗五户糧税自分太平沙外税，私將河神廟碑劖註『外税奉行詳免』字樣，混指爲免派証據。無論其有以外税影卸隱匿，即各户外沙税畝多係伊等祖嘗之業，且祖祠墳墓俱在圍中，自應一律起科，方昭公允而免效尤。況該圍志載有云外税可除則當甲寅年派捐時自應除清，今以五成起科，係照原捐額數折半科派，何得藉以爲詞等語，是外税之應派確有明文，且李暢然等所繳河神廟碑模，查與(二)志載先登堡收支項下並無外税奉行詳免數字，顯係

(二) 與 疑爲『於』。

該沙人等意存私見，知有碑可以劖註，而不知有誌不可混添，即核其劖註，數字文理不符，字跡亦異，事之真僞難逃洞鑒，只得公同查覆，并繳圍志呈候察核，懇飭李大有等各户按糧科繳，免亂向章，闔圍頂祝，切赴。道光二十八年四月。

正堂張批：

查閱現呈，與舉人馮日初等前稟相同，桑園圍歷次大修工費既按圍内各堡各户糧税科派，並無外沙免派章程，自係公論可知，豈容爭執。惟前經差飭清繳，並出示曉諭，乃李暢然及區成邦等仍以免派爲詞，赴縣暨糧府憲紛紛呈控，嘵瀆不休，不知悔悟，當即着令李、區各姓房族衿老妥爲剴切勸諭，仍令照舊派捐，各自安業，毋使纏訟取累，切切。

卷十一　道光二十四年甲辰歲修志

修築

修築之法，如鳩工起土、下石、打樁及圈築、跨築等，一切具有前規。然時異勢殊，其章程亦有隨時添設者，如修築水基皆該決口之業主自籌工費，向來無異。故道光十三年圍決，海舟堡李應揚等借項修築水基，欲派歸通圍一案，至經互訟，具載前書。此次修築水基，將義士帮助之銀五千兩分撥業主，分毫不費。較之前者，大覺便宜，故修築大基時，議於估定修費内業主招墊貳成以專責成。其餘如業主領費興修，總局派人督理，估定之價，不得妄費求添起科之銀，不得借端扣抵，悉照前章。所望在事諸人矢慎矢公，務求牢固，各秉和衷以濟要務，勿執私見而誤鉅工，則全堤於以長鞏矣。

估勘全圍大略工費稟

桑園圍舉人馮日初、明倫、潘漸逵、何子彬謹稟老父師大人鈞座：　敬稟者，舉人等奉諭督修桑園圍基，經於前月十六日稟明興工日期，蒙先撥給捐欵銀八千兩，領回開局辦理。二十四日即將林村決口圈築緣由繪圖注説，稟明在案。旋於二十五日至本月初二日，隨同九江廳鄧江浦司張周歷全圍，按照前經册報各冲決、坍卸、陷裂、滲漏低薄處所，及龍江、甘竹兩堡基段逐一分別勘估，共需土工、牛工、椿灰等費約銀二萬二千餘兩。此係大概情形，究未能詳盡，或有患基再應添撥，仍須隨時斟酌。即如林村決口處，初擬圈築新基長七十八丈，今須略灣向裡以期堅穩，計新築大基長八十八丈，斷難估少，不許用多，亦非估多必要濫用，總期工歸實着，銀不虛糜。現林村工程已得四分之一，各堡應修基段，舉人等亦經分派首事，先由總局酌撥銀兩，次第興工。俟奉到鈞諭，飭催各應科派額銀，迅速收繳，並懇將歲修之銀一萬兩給領，俾得陸續應支，計期來春二月以前大工儘可告竣。所有將來工費，應否添補，及基段長短，丈尺餘餘，買石多少，一切總散數目，容另核實開報，免致前後參差。理合先將勘估，全圍大略工程，禀候訓示遵行，恭請台安，統惟照察，謹禀。

附録　請主簿會同估勘書

夙欽雅望，久切依馳。昨聞下車，未曾摳謁，疎忽之罪，諒惟鑒原。敬禀者，本年桑園圍各堡基段多被潦水冲決，蒙列憲撥給銀兩，并令按畝起科，合圍大修，弟等於本月十六日面謁邑侯，其領修費，承諭東、西基各決口坍卸患基處所，就近呈請各地方官會同勘估，其需工費若干，以便核得等因。自十八日由省河啓行，十九日到林村基所開局，二十日祭基興工，二十四日隨司江浦司往勘簡村堡、吉水竇各堡基段，准擬二十五日到沙頭堡恭候仁台，於見日已刻下貢桂香書院，會同該堡紳士按照開報基段逐一勘估，俾得繕册禀覆，實爲公便。專此飾瀆，恭請升安，伏惟電照不莊。

修基條欵

一、大圍内各堡多有子圍，如九江堡大洲圍、大桐堡新慶圍、白範圍，沙頭堡中塘圍，龍山堡北護圍，凡屬内河子圍，原與大圍迥別，此次係合修大圍，所有子圍不得將起科公項扣留混支。一、各堡竇閘例係該基主業户自行修葺保固，原杜私挖，以專責成，如祇應培修，不得將起科公項動支。一、決口遇須圈築，如所壓係該管基主之業，例不補回業價。價[一]一、取土例係就近標挖，除墳墓、祠屋、要路外，可酌取者不得措阻，該督工人，亦不許藉端撟難。一、按畝科派，照各堡啚甲條銀勻攤，向例不得分内外税，俱係因糧定額繳足，毋得翻異。一、補築決口，例應該管業主業户酌出公費若干，今擬每支公項銀一百兩，該基主應報墊銀二十兩，以遵舊章。一、總理由官紳公推四位，此次工程以林村爲最大，即在林村程氏宗祠開設總局辦事，另九江堡舉首事三位，雲津、百滘、簡村、沙頭、龍江每堡舉首事二位，鎮涌、海舟、先登、河清、金甌、大桐、龍山、甘竹每堡舉首事一位，均請先到總局分派督辦，以昭公慎，如有徇私冒銷等弊，聽衆辭退，仍着該堡選充。一、督辦廠分設七所，就近祠宇借住，另蓋小篷廠以督工作。

[一] 此衍『價』字。

九江並甘竹爲一所，派首事四位，該堡選司事三名，伙夫二名。河清、鎮涌爲一所，海舟、先登爲一所，簡村爲一所，沙頭爲一所，龍江爲一所，吉贊公基爲一所，每所派首事二位，該堡選司事二名，伙夫一名。如地方遼遠，再行添設其首事、脩金。該堡自送司事、伙夫工金係公項報銷，伙食銀兩則首事與司事等均一併開報。一、各堡照舉首事應共得二十一人，因人擇地，分派督查，互相勾稽，庶免虚假之弊。計七所去十六位，尚餘四位，留在總局督辦各務，如各堡紳士有心切桙誼，不時到商辦一切，更爲厚幸。一、鑾石如須價買，經費有限，勢必不敷。然須先勘明某處應傍基脚，及添堆水埧，計應長闊用石若干，分別開列多少，仍請由各堡繪圖貼説繳局，俾得洞悉無遺，俟籌有石時，照式堆傍，以護基身。一、各工多以圍内人承攬，本年灾歉之後，以工代賑，貧民亦可資生。此係縣憲慈恩體邺備至，凡屬圍内人等各宜激發天良，出力從事，所有工價，悉由妥議，毋得争貪。一、坭工議以二十五人爲一號，每號要攬頭一人，每工價銀八分五釐，仍由該堡殷實人保認，以專責成。或挑坭，或搬運，或舂灰坭等項，均聽督理指使。所有鋤頭、鑿鏨、竹篸、担竿、繩篋及爨具、柴草一切器用，俱係工人自爲預備。老弱年稺不得與列，至胡混入隊，不依指使者隨時斥革。一、工人每號住寮鋪一間，深闊約二丈，每號給小牌二十六面，各懸帶以便查點。每日聽大廠五鼓後，頭次鑼造飯，二次鑼食飯，三次鑼即要開工。中午鳴鑼食晏，至晚鳴鑼收工。日間督理不時稽查，如有短少人數，未經報明，即將該號斥革，另招補充。一、挑坭每担以八十斤爲率，督理隨時稱較，分别輕重，勤壯奮力者當即奬賞，怠惰者盡號斥革。一、各工每名照每日工價支銀三份之二，扣留三份之一，五日一清。如遇雨色，自清晨至中午爲半工，自中午至酉刻爲半工，或不及半工，總以一日六時分别算給。一、工人務宜安分力作，如有偷竊、賭博、酗酒、打架及毁壞篷寮等弊，立即送官懲究。倘或私逃，亦惟担保人是問，决不姑徇，各宜自愛可也。一、踊練基牛以三隻爲一手，一人帶牛踊練，每日分上午、下午兩班。自清晨至中午放牛爲上班，作一日算；自中午至酉刻爲下班，作一日算；所有帶牛工人飯食、餵牛，俱在價内。一、承接踊基之牛，務要肥壯及大者，方取録用，老弱與牛牯子、牛母一概不取。一、帶牛之人務要聽督理指揮，中間快鞭匀練，不得私行放水。倘有此弊，立即革退。一、帶牛一手，給小牌一面，懸帶身上，以便呼名查點。每日聽大廠五鼓後，頭次鑼造食，二次鑼食飯，三次鑼即要開工。若中午放牛及酉刻放牛，俱要聞鑼方許收班。日間督理不時稽查，倘有怠惰，不肯將牛鞭打以至慢行者，盡號斥革。扣留之銀，不許取回。一、工價，每牛每日支銀三份之二，扣留三份之一，五日一清。倘遇雨色，按一日六時，分别算給。

附録　祭基祝文

維道光二十四年冬十一月既望，祭日甲申，承祭官南海縣江浦司張韶九，桑園圍紳士馮日初、明倫、潘漸逵、何子彬等，謹以剛鬣柔毛金猪、菓品、清酤香燭、寶帛之儀，敢昭告于敕封南海廣利昭明龍王、山川后土、社稷諸神之前，惟神德納衆流，尊承百谷，渺三山而窟宅，統萬壑以朝宗。位奠離明，職司坎德；澤國欽其効順，陬澨仰其懷柔。緣今年夏潦爲災，致舊日長堤竟決，水餘三版，波及全圍，杜少陵舍南舍北春水蓬門，范文正已溺已饑關心螯粥。固已悲涼，滿目昏墊滔天者矣。詎傅巘之版築垂成，而瓠子之防秋複潰，陷竟同於覆轍，慘更酷於椎胸，仰蒙列憲軫恤兼施，沛不匱之鴻慈，登斯民于衽席。兹以冬晴水涸，合力通修，涓吉日以告虔，遂大興其工作，謂是民力普存薦。其肥腯而藉神明呵護，奠厥經管，偕童律以俱行，鎖支祁而譴督。從此堤成偃月，永期鞏固于苞桑；海不揚波，更奠全圍于磐石矣。神其來格，鑒此積誠，伏惟尚饗掩寿文。嗚呼，無造不化，無存不亡，造化存亡，各守其常。汝家素貧，小葬慳囊；當時窀穸，急就基旁。奉上修圍，川障瀾狂；補苴罅漏，汝骨暴揚。兹仍掩骼，斂魄善藏，幽明盡通，預悅且康。魂其有靈，捍衛村鄉，魂其樹德，保護麻桑。佑汝嗣續，綿汝蒸嘗，野祭或缺，薦附四方。爰酬以酒，爰饱以糧，贈以寶帛，貽以衣裳。魂其來格，陰豈疑陽，人鬼各適，上慰穹蒼。謹祝。

南海彈壓告示

欽加同知銜南海縣正堂加十級紀録十次史爲出示曉諭遵照事。現據桑園圍舉人馮日初等呈稱：切桑園圍本年被水冲决。雲津堡林村基及簡村、沙頭、龍江各堡，决口亟須築復，以防春潦。而西基一帶，如三丫基、禾义基、大洛口及東基韋䭾廟、橫基頭，皆係頂衝險要處所，坍卸陷裂，患基甚多，均應一律加高培厚，方臻鞏固，而資捍衛。迭蒙親勘，洞悉情形，承諭合圍大修，以期一勞永逸。復念灾歉之後，民力維難，轉懇大憲准給修費銀一萬六千兩外，著照例按税科派銀一萬四千兩，凑銀三萬兩爲大修之費。兹已擇定十一月二十一日祭基，二十四日興工，惟一經開局，動需支應，叩乞迅撥修費等情。

據此，除先發給修費銀八千兩，交該紳等領回，購料興工，并委員彈壓外，合行出示曉諭。爲此，示諭桑園圍各堡紳業基主人等知悉，立即查照後開章程，分别遵照辦理，毋得抗違阻碍基工，致干咎戾。至基工人等，務須勤慎工作，各安本分，如敢怠惰、偷安、酗酒、滋事，許該紳業就近送赴各巡司嚴懲。各宜凜遵毋違，特示。

江浦司彈壓告示

調署南海縣江浦司吴川縣硇洲司巡政廳張爲札飭督修彈壓事。

現奉本縣憲札開，案照桑園圍本年被潦冲决林村鵝春社、吉水竇及九江之南頭圍等基，此外各堡經管基段，多有坍卸陷裂處所。疊經本縣親歷查勘，隨據該圍紳士馮日初等以圍之西基濱臨大海，且坍卸裂陷甚多，皆屬險要，擬請通圍大修，以爲一勞永逸計。但工程浩大，非三萬餘金不克蕆事。當在官紳捐項内撥銀八千兩，及稟請大憲在於該圍本欵息銀籌撥八千兩外，應在該圍田畝科派銀一萬四千兩，以奏厥用。即經面諭該紳等按照起科定期興修。去後，兹據該紳士等稟稱：伊等圍基各決口及坍卸各處，仰荷籌撥修費，闔圍庶士無不踴躍懽呼。兹擇十一月二十一日祭基，二十四日興工修築，懇請發給修費，并請出示曉諭，委員彈壓。等情前來。除先發銀八千兩，交該紳士馮日初等領回趕築外，仰廳立即親詣該圍基督催修築，常川巡查彈壓，務令各工人勤慎工作，各安本分，毋得偷惰、竊物、打架、滋事、酗酒、賭博及頑悍不聽呼喚。倘敢故違，立將該工人重責懲儆，俾免貽悞基工，仍將所修工程隨時申覆本縣察核，毋稍違延。

等因奉此，除飭役嚴密巡查外，合行出示曉諭。爲此，示諭該處基工人等知悉，爾等務須各安本分，勤慎工作，毋得偷惰、竊物、酗酒、打架、滋事、賭博及頑悍不聽呼喚。倘敢故違，立即鎖拿，從重責懲，決不姑寬。本廳准於十一月二十一日親詣祭基，并在該處督修彈壓，各宜凜遵毋違，特示。

圈築林村決口情形稟

桑園圍舉人馮日初、明倫、潘漸逵、何子彬謹稟，老父師大人鈞座敬稟者。舉人等於本月十七日領到撥修基費銀八千兩，隨於十八日啓行，十九日到林村基所開局。登即傳習圍内諳練基工紳士人等，悉心訪度，當向該決口處所再三察看情形，僉稱原基冲決成潭。現探得水深尚有二丈餘、一丈餘不等，即潭尾亦有七八尺之多，若概從跨築，不特工費鉅繁，究恐泥淖浮鬆，難期堅穩。就擬圈築由水基南頭起，至中段略移向外，其自中段至北頭如照原築水基，未免棄業太多，殊堪軫惜，擬從淺水跨圈斜繞至塘角，接合吉贊上渡馬頭，共計圈築新基長七十八丈，底闊八丈，面闊一丈餘，基身高二丈餘，圈内兩脇均宜多堆蠻石，以防潦水消長，免受衝激，似此足臻鞏固而資捍衛。

遵於二十一日祭基興工，即將原築水基盤拆以清基底，趕速實力培築，不敢稍有稽延，致悞要工。除隨同主簿江浦司前赴各堡勘估基段，核實工費，容俟續報外，理合將林村基口圈築緣由繪圖貼説，先行稟明，以寬綺注。肅此具稟，恭請棠安。

馮日初等謹稟

龍津五堡以工代派并量給修費諭

欽加同知銜南海縣正堂史諭：桑園圍龍津堡岡頭涌、浦南寨邊等五鄉紳耆業户人等知悉，現據該圍董修紳士馮日初、潘漸逵面稟，該五堡經管江浦司署前基長二百餘丈，又自署右起至沙頭分界基止，長四百餘丈，本年水溢，基面間有坍卸，一隅未修，恐累全圍。惟乾隆甲寅年合圍大修，該處自願以工代費，未有起科，嗣經嘉慶二十二年、道光十三年均未派及，遇有領項，亦稍爲粘補。據該耆老鍾耀輝、顔滿舉等到局稱説前情，覆查屬實。可否量給修費，抑仍飭五鄉自行科派，凑銀興修之處，出自恩示等情。

查圍基被決，向由圍民自行科修，今五鄉經管基段，間有坍卸，工程無幾，所需工費約估不過百四十金，自應該處按章科派修培。但被災之後，民力不無拮据，除面諭董修紳士馮日初等，在於修基項内帮給銀八十兩正培修外，合就諭遵諭到該岡頭等五鄉紳業人等，即便遵照，即到總局領取修費銀八十兩。其餘不敷銀兩，即按章科派，趕緊將該基坍卸低薄處所，雇夫培補完好，務宜一律堅固，藉保無虞。毋得草率稽延致悮，通圍各宜凜遵，特諭。

催决口業户繳招墊銀稟

具稟人督理仙萊局基務生員張桂楣等稟爲逞刁抗諭，備繳無期，叩乞差拘勒繳，免誤工程事。

上年五月西潦湧漲，桑園圍東、西兩基多被坍決，奉憲籌欵合修，議被冲決處所，估計工料銀多寡，業户招墊二成，諭令備繳，會同局撥銀兩一體應支。吉贊鄉潘藻溪、潘觀仲、莫雍陸基段被冲決所二處，估計工料銀三百零二兩八錢，自應招墊二成銀六十兩零。仙萊鄉區大器基段被冲決所二處，估計工料銀三百零九兩，自應招墊二成銀六十兩零。疊經着令備繳，會同局撥銀兩，得以應支，趕緊修復。不料被决各基口工程過半，局撥估計銀兩業已按數清交，兩鄉自應招墊二成銀兩備繳無期，不催則視若罔聞，迫則抵觸彼怒，憲諭工程趕緊，工費憑何支給？迫得叩懇台堦，拘潘藻溪、潘觀仲、莫雍陸、區大器等業户到案，押令刻日將墊二成銀兩清繳，俾得工程有賴，則闔圍沾恩矣。上赴司老爺臺前，恩准施行。

催修龍坑基稟

具稟　桑園圍舉人馮日初、何子彬、明倫、潘漸逵爲全圍工竣，一隅波累，乞恩追繳押修，以懲刁猾事。

竊舉人等奉修桑園圍基，合計給領歲息捐欵及科派除收實得經費銀二萬八千餘兩，所有勘估林村各决口及坍卸、衝崩、陷裂、滲漏、低薄處所，共長一萬三千餘丈，均係藉銀辦理，間須添補，亦必公同核給，毋得濫支，闔圍俱照公議章程修竣無異。惟先登堡富監李麗林等經管龍坑基一段，長僅一百九十六丈，只須培葺。舉人等先經給工費銀二百兩領修，隨以該基工程枉濫無當，不得已復添補銀一百兩，俾蕆厥事。各堡紳士僉稱，該基給費已多，如仍不敷，應照各堡貼修例，責令該基主賠墊。緣經費有限，合圍之大，如必盡厭所欲，恐十萬之數亦不敷用。况先登堡已共支去修基費銀九百三十餘兩，而該堡應派額銀尚欠三百五十餘兩之多，本月初四日，當經憲台面諭飭差按催，李麗林等輒敢駁回，不要派差，又不遵諭限繳，其放肆藐視已屬顯然。據稱該處尚有未修之基長一十九丈，稟請再添補銀一百餘兩，其貪婪無恥，尤爲可鄙，以應繳之銀，故抗不繳，以應修之基，故延不修，恃符抗衆，希圖波累。如果遂其奸詐，照數補給，闔圍士庶實在憤不甘心，只得叩台堦，伏乞飭傳李麗林等到案，勒令將應欠繳銀，應修基段，限日完竣，俾刁猾知儆，基工有賴，合圍感恩。爲此切赴大老爺臺前，恩旌施行。

龍坑基求補銀修築稟

具稟　監生李殿元，職員李健林、李麗林呈爲患基未獲全修，聯懇憐察飭局趕修完好，以免遺患事。緣生等住居桑園圍龍坑坊，派管西海當衝險要基一百九十六丈二尺。上年西潦漲發，坍卸五次，共長五十二丈，基身又多滲漏，傳鑼通圍搶救五日夜，費用銀二百餘兩，始免崩潰。前經稟明，并將患基工程列册呈繳，在案。嗣蒙仁憲倡捐大修，經總局紳士先委張紹華督理，十二月十六興工，用灰舂築坍卸四處，共用銀一百六十四兩一錢二分，歲底停工，延至二月，總局委潘佐芳兩次前來詳細按視，悉將患基公心勘估，據佐芳估值，修費銀二百五十兩。於二月二十八日復委潘佐芳帶來銀一百兩，督理繼修，用過銀三十六兩六錢一分，只得又復停工。現尚有水仙廟坍卸滲漏十九丈，三角塘應須培護十七丈，又基身陡立應築頂後牛尾，兹經半年未獲續修，忖思基之當衝險要，非用石堤當前，必須牛尾培後，至滲漏弗克完修。基身之患莫測，盛潦之浸難防，非預時堅修，臨時決難捍衛。且防夏潦猝至，難以施工，生等水灾之後，值搶救費用在先，又坊内按糧科派之數加倍重修，論丁挑土之工，財殫力竭，苦不勝言。今幸仁憲巡視，仰覩痌瘝在抱，撫恤窮黎，只得瀝情聯叩崇輿，伏乞憐察，普施全恩，迅飭局紳將生等患基趕緊一律修固，以免遺患，則不獨生等沾恩，闔圍感戴，切赴。

批：　現據董事紳士馮日初等具稟，爾等經管龍坑基長僅百九十六丈，只須培修，已先後給發工費銀三百兩，足敷修葺，乃不趕緊培築完固，尚敢混稟推諉，而該堡應派之項延欠尚多，殊屬玩惧，着速趕修催繳。如再延宕致悮，通圍定將該職監等詳請革究。

龍坑基再求補費稟

具稟　監生李殿元、職員李健林呈爲全堤鞏固，功虧一簣，迫懇飭局全修，以保糧命事。

切生等住居桑園圍先登堡龍坑坊，族小糧稀，派管西海當衝險要基一百九十六丈二尺。上年潦漲坍卸滲漏五次，共長五十二丈，傳鑼通圍帮救五日夜，費銀貳百餘兩，始免崩潰。當經稟明，并將患基工程列册呈繳。嗣蒙仁憲痌瘝在抱，撫恤窮黎，倡捐大修通圍，均沾厚澤，總局紳士先令生員張紹華督理，十二月十六日興工，依總局章程，用灰舂築坍卸四處，用銀一百六十餘兩，歲底停止。

延至本年二月，又令值事潘佐芳兩次到基詳細勘估，尚需銀二百五十兩，方可完竣。是月二十八由局領銀一百兩，到來繼修，諭令一切章程悉聽佐芳主意辦理，佐即將單薄之基先行加高培厚，但培厚之工未完，生等已墊過銀三十餘兩，總局尚未給發歸欵。嗣因無力再墊，只得三月十八日又復停工，現尚有水仙廟坍卸滲漏一十九丈，三角塘應須培護一十七丈，又基身陡立，應築牛尾衛護。茲經半月有餘，未獲續修，現在西潦連日頻增，倘此險基未竣，終遭潦潰，固負廉明高厚深恩，即通圍受累不少，不得已屢請局紳完修，無如均未着實。生等伏思通圍既蒙恩捐大修，已用數萬多金，全圍鞏固，今一隅之險，倘置不問，仍有功虧一簣之虞。似此百十之數，亦復奚惜！且聞總局留銀備石築坦，不過外護已成之基，孰若稍減石坦，堅修有患之處。若謂生等先登堡內尚有糧銀未交，俟交出再修，第所欠在人。生等户内糧銀久已繳齊，當此麥秋風雨，春汛泛濫，迫難久待，用敢瑣瀆仁衷，伏乞迅賜諭令總局紳士及早挪資，將生等患基趕緊一律修固，共慶安瀾，袵席無虞，甘棠永頌，切赴。

批：已於爾等前禀批。

龍坑基請飭局給費禀

禀爲遵諭趕修派項難顧，懇恩明察另諭催修事。

竊桑園圍蒙恩捐給，并派收糧務，共得銀三萬餘兩，是以無分基份，通圍合修。堅者小倍[一]，險者大修，如不敷用，由局支應，並不再累基主，在在皆然。此大公無私之舉，咸沾厚澤。惟生等龍坑基份，爲西海當衝最爲險要，且基身單薄，上年西潦漲發，坍卸五處，經總局紳士先後給發修基銀貳百六十餘兩，派令張潘二值事督修，一切工程悉聽主意辦理。生等止係走奔代勞，迨因基未收竣，銀已用完，生等不得已亦代挪銀三十餘兩湊支。嗣因不肯發銀，隨即停止，生等因見尚有坍卸基十九丈，單薄基十七丈，並未興工。屢次到局催修，無如該紳等初則謂生等堡內派項未清，繼則謂基工濫費，轄令生等自行捐修，不允。隨控生等故延故抗，不思修葺。該基原係局紳派人督理，有無濫費，實與生等無千[二]。至各堡派收糧銀，生等名下户内久已繳完，所欠者在别鄉别户，自有大鄉大户舉人生員方可催收，生等族小丁稀，奚能任責。茲奉憲諭，奚敢多瀆？除一面遵照挪項趕修完好，以仰副廉明撫卹至意。然基是自己基份，然通圍合修，即屬通圍之事。修費工程無論大小，似應皆由局支。今生等現在遵諭挪項趕修，一俟完竣，另行奉報。其所抽過費用銀兩，仍懇仁恩飭局給發歸欵，以免獨任偏枯。至先登堡未繳派項，伏乞另諭堡内紳士催收繳局，俾昭平允，苦樂均沾，頂祝

[一]『倍』當爲『培』之誤。
[二]『千』當爲『干』之誤。

切赴。

飭龍坑基業户不准支公項諭

欽加同知銜南海縣正堂史諭桑園圍先登堡太平鄉龍坑坊監生李殿元，職員李健林、李麗林知悉，案照桑園圍上年四、五月間林村鵝春社等基被潦冲决，并有塌卸基段及低薄、浮鬆患處甚多，當經本縣親歷查勘，傳集各紳士議以通圍大修，估需工費三萬二千兩，内撥官紳捐項銀八千兩，稟奉大憲籌給該圍本欵生息銀一萬兩，在通圍按田科派銀一萬四千兩，共成估需之數，以湊厥用。由總局董理紳士按照向章分别派收支發，一律興修在案。現在通圍工程將次告成，昨經本縣親歷查勘，白叟黄童歡迎載道，均知，觀感可見，此番經理一秉大公，無所偏倚。詎爾先登堡經管龍坑基並不按章遵辦，上緊修復，乃一味希冀嘵瀆，觀望遷延。兹據董理紳士馮日初等以龍坑基僅長一百九十六丈，止須培葺，先給修費銀貳百兩，係按章匀給，旋因該工枉濫無當，復又添補一百兩，各堡衆議咸謂給費已多，如應不敷，應照各堡貼修之例，責令自行賠墊，不能再支公項。緣經費有限，合圍之大，如必盡厭所欲，恐十萬之數，亦難敷用。況先登一堡已共支去修費銀九百二十餘兩，而該堡應派額銀尚欠三百五十餘兩之多。以應繳之銀故抗不繳，應修之基，故延不修，希圖波累闔圍，士庶憤不甘心等情具稟。查桑園圍派費工程向有定章，以經費之多寡，工程之鉅細，按段分給，最爲公允。且該基費業已多領，豈容再生無厭之求，以抗衆議。合就諭飭諭到該監生等，即便遵照，刻日將經管基段一律修築完固，并將該堡所欠派項速即繳總局應用。如敢再事遷延，恃符抗衆，致悮通圍，定即拘案革究。倘該監生等欲以估定之工，格外加工倍築，逾於尋常，是則工無限制，不敷之需，應照各堡之例，由該基主自行捐墊辦理，不准再支公項。慎之，特諭。

主簿催報興竣日期諭

南海九江分縣鄧諭董理桑園圍紳士馮日初、明倫知悉，現准本縣移開，現奉糧憲札開，照得上年被水冲缺各圍，均經領項轉發紳士承領修復，其各該圍年前曾否動工？如已興修，現在工程約有幾分？能否刻日竣工？節過雨水，春潦堪虞，亟宜上緊督催培築，札縣移廳，希即查明各圍已未興修，同已報動工各圍一體催令趕緊培築完固，務於月中一律報竣。仍先將各圍現在修築工程分數情形，移覆轉報。等因准此。

查屬内桑園圍基想已動工日久，惟並未據報興竣各日期。合就諭飭諭到該紳士等，務宜趕緊一律培築完固，即將工竣日期具報，如未竣工，仍先將現在修築工程分數情形稟覆，以憑移縣轉報，速速，特諭。

南海查驗基工上列憲稟

敬稟者。卑職自初二日稟辭後，當即由省開船，至初三日行抵桑園圍內林村地方灣泊。連日據董事紳衿馮日初等次第引勘各堡基工，勘得該圍內林村吉水竇等處各決口及坍塌、脱卸等處，均已修復完竣。內有最要之處，俱用石衛護基根，較舊基更形鞏固，其各堡內險患基段亦已一律加高培厚，可保無虞。周歷之餘，見各鄉白叟黄童歡迎夾道，謂此番工程浩大，非大憲優恤籌欵，弗克至此。從此苞桑永慶，十四堡共享安居，悉憲德之所賜也。至別圍修復各決口，亦已陸續報竣。卑職一身不能遍歷，業委員分路代爲勘驗矣。除將各圍工竣日期另文詳報外，合將卑職查驗桑園圍基工情形，先具稟憲臺察核，再鄉間雨水調匀，田苗鬯茂，知關慈廑附以稟聞，肅此具稟。恭請鈞安，伏惟崇鑒。卑職謹稟。

全圍報竣稟

具稟　桑園圍舉人馮日初、何子彬、明倫、潘漸逵等

稟爲報明全堤工竣，乞恩轉詳，以紓憲注事。

切桑園圍基上年洪潦潰決，兩邑群黎同深慘害，荷蒙大憲恩撥歲息、捐欵銀一萬八千兩，另飭合圍捐派銀一萬四千兩，凑爲大修之費。經於去冬十一月二十四日在林村設局興修，舉人等隨同仁台暨九江廳鄧、江浦司張週歷估勘所有決口、衝險、坍卸、低薄處所，均係因銀核辦，各堡俱照公議章程分別修築，務使工歸實用，銀不虚縻。合計前後給領歲息捐欵及所收科派實共用去銀貳萬八千餘兩，業於本月初二日全堤工竣，奠土告成。初三日經蒙仁台暨縣憲親臨勘丈驗收，理合稟懇，據情牒轉詳，以上副列憲保護生民之至意。除先登、雲津、龍山各堡尚有蔕欠，容俟隨收落石統繕清册報銷外，只得先行稟明，并懇籤差迅催欠繳起科各業户，刻日交局，以濟石工，實爲德便。切赴大老爺台前，詳察施行。

全圍報竣聯謝公呈

爲堤工告竣，聯謝鴻慈事。

竊惟塘成捍海，紀年實溯開元；堤美護城，載記尚傳郭杲。導河水於澶淵，坡培牧馬；甃石坪於高堰，灣障黄牛。自來治河籌海之方，罔非禦患澹菑之策。况稟承之有自，每感戴於不忘。舉人等桑園圍，地聯南、順，堤亘東、西。東當湞黄之支流，西接牂牁之歸匯。甲辰五月，西江潦發。林村各處潰決頻聞，流分燕尾，塘迴直激夫翻瀾；社没鵝春，堤陷遂逾於累卵。漫漫鯨浪，處處鴻哀，仰承列憲賑恤兼施，班載道之餱糧，登斯民於衽席。固已巢居穴處，均受帡幪；虀粥葦航，無胥饑溺者矣。詎月基之插築垂成，而瓠子之防秋復潰。嘆黄熊之披猖肆虐，刑白馬而禱祀無靈。疊蒙膏雨涵優，分捐鶴俸；

亟趁冬晴水涸，諭令鳩工。代求本欵生息之資，飭行通圍捐派之例。論採蒭蕘，惟通力而合作；材分樗櫟，遂委任而專司。於是瓜皮泥馬，驅薄淖以平基；鐵脚木鵝，就淺深而測水。跨蛟窟則難資堅穩，偃虹形而略作彎環。梢芟薪柴，樫橛竹石，春料既具，工役大興。合千夫而操作，虎旅紛騰；積一簣之高堅，牛蹄絡繹。既築修夫决口，遂併力於全圍。胼胝罔憚，肯忽犍涔；繚繞悉堙，不遺蟻穴。計自去冬經始，共費三萬二千金；迄今初夏告成，爲堤壹萬五千丈。復荷襜帷暫駐，福曜重臨，鼓腹方賡九敘之歌，當頭更覩五雲之色。慶奠安於酸棗，美蔽芾之甘棠。從此雲横由固，蜿蜒留漢上之題；桑沃禾油，羔羊樂豳風之俗。永臻磐石，恒頌岡陵。除先登、雲津、龍山、龍江各堡尚有蒂欠，懇飭迅繳落石護堤外，所有感激微忱，理合聯名稟謝。復乞據情通詳，實爲公便。

縣批：據呈桑園圍全堤告竣，昨經本縣親詣勘驗，均已一律穩固。該紳耆等籌度有方，俾大工妥速，捍衛有資，具見經理實心，殊堪嘉尚。候據情通報，仍催先登各堡速完尾欠，其築基田畝，飭承一併過割。繳册暨另單附。

大修桑園圍記

邑之有圍，所以衛田廬，捍水患，由來舊矣。南海爲廣州郡首邑，都圖濱海者十之六，恃基圍爲長堤之限。每遇西、北兩江匯漲，安危繫焉。曩日官斯土者，亦復講求詳盡，而不能無潰决之虞。道光甲辰夏四月，予受事之初，值水患决圍者數十，而桑園圍尤甚。予因撫恤，遍歷其所如。林村、吉水竇等處潰决者百四十餘丈，吉贊、龍坑等處汕刷脱卸者百八十餘丈，其因基身薄弱滲漏者未可勝計。桑園固大圍也，地兼南、順兩邑，綿長百有餘里，内糧田二千餘頃。一有冲决，則全圍受患，此而不亟圖，將數十萬家之民生安託？爰邀闔圍紳士，同詣河神廟集議，僉稱，是圍非全修不可，估其值三萬兩有奇。第鴻嗸未紓，鳩工無計，予爲請於大府，撥給官紳捐項八千兩正，又奏請撥給本圍生息歲修銀一萬兩，圍中十四堡按畝簽銀一萬四千兩，統計得銀三萬二千兩之數。由通圍公舉何君子彬、馮君日初、明君倫、潘君漸逵四孝廉董其事，自甲辰年十一月二十四日開工，至次年乙巳四月初二日告成。予親往覆勘，見其一律工竣。與諸紳相慶，諸紳亦歸美於予。予曰：『是役也，仰荷聖恩憲德，及富紳好善樂施之舉，與在工者勤賢襄事之力。予數月以來，督飭經畫其間，第守土者責耳。烏足譽？』雖然，竊有言焉，夫制作樂觀厥成，而苞桑尤期永固。今全圍固屹若金城矣。而或不能隨時修葺，恐歷久難保無虞，甚非所以慎遠圖也。書曰：『有基勿壞』，記曰：『民生在勤』，吾願諸君子共籌經久之計，弗懈初心。防護在秋夏，培築在冬春。闕者補，削者益，未雨綢繆，俾十四堡保障常新，狂瀾無恙，將室家安堵，物産豐滋，我百姓永享平成之福焉。此予之所厚望也。夫是爲記。

賜進士出身同知銜知南海縣事北平史樸撰并書道光二十五年仲夏穀旦刊立

收支清册

先登堡經管基

飛鵝翼起，至茅岡分界止，長叁百零三丈，加高培厚，共用工料銀壹百三十七兩貳錢壹分，經理業户李瑞時。

茅岡區國器基長壹百五十六丈，加高培厚，共用工料銀五十六兩正，經理業户區綿初。

茅岡蘇節、蘇萬春基，長二十六丈五尺，加高培厚，共用工料銀貳拾貳兩四錢正，經理業户李積發、黄世昌等。

圳口六户基，長壹百四十二丈，加高培厚，共用工料銀七十兩正，經理業户李廷昌。

稔岡、横岡基長五十八丈，加高培厚，共用工料銀柒拾五兩六錢正，經理首事梁懷文、蘇應銓。

鳳巢李大有基，長壹百八十四丈五尺，加高培厚，共用工料銀貳百零六兩六錢四分，經理業户李茂芳。

鄧林李大成基，長七十四丈九尺，加高培厚，共用工料銀四十一兩三錢六分五釐，經理業户李和中。

龍坑梁觀鳳、李瑯中、蘇芝望、李棟四户基，長壹百九十六丈二尺，加高培厚，春灰骨，共用工料銀叁百零六兩壹錢貳分，經理業户李端亮、李麗林。

海舟堡經管基派修首事潘佐芳

李繼芳户基，自龍坑分界起，至李復興止，計長壹百六十丈，基身滲漏卑薄，今加高二尺，用灰春實培厚，共用工料銀壹百叁十壹兩貳錢。

李復興、高户基，自李繼芳分界起，至梁稅祐止，計長五十五丈七尺，基身卑薄，内滲漏叁十丈，用灰春實培厚，共用工料銀伍拾兩正。

梁稅祐基，自李高分界至黎余石止，計長叁十二丈八尺，加高一尺五寸，滲漏用灰春實，餘俱培厚，計共工料銀貳拾兩零五錢貳分。

黎余石基自梁稅祐分界起，至梁萬同止，計長叁百三十二丈八尺，基身滲漏，臨河陡險，今加高二尺，所有滲漏用灰春實，一律培厚，共用工料銀肆百零五兩九錢八分。

梁萬同、李遇春、簡其能、麥秀陽、林璋基，自黎余石分界起，至十二户基止，計長貳百二十四丈五尺，加高二尺，滲漏用灰春實，一律培厚，共用工料銀貳百叁十九兩正。

十二户三丫基，自梁萬同分界起，至伏波廟，長五十丈，基身受冲最險，基内深潭屢被冲塌，今加杉樁，内外培闊三丈九尺，基面加高二尺五寸，用灰牛隻踹練，共工料銀肆百四十二兩壹錢壹分。

又自伏波廟起，至天后廟，長十二丈，基身最險，今内外培闊三丈七尺，加高二尺，共用工料銀四十一兩七錢正。自天后廟至梏樹，基長十八丈，用密排杉樁兩層，培闊三丈，牛隻踹練，共工料銀六十五兩五錢正。自梏樹起至譚家祠前止，長九十八丈四尺，加高培厚，共用工料銀二十七兩壹錢叁分。自譚家祠至鎮涌堡分界止，計長四百三十七丈，加高二尺，内三十丈滲漏，用灰春實，餘俱培厚，共工料銀貳百二十六兩零六分。

另廠宇工人寮鋪、司事酬金、火夫工金、雜費、伙促銀壹百四十八兩四錢八分，總局共支出銀壹千柒百九十七兩六錢八分。另該堡義捐粘補各段基工銀柒百三十八兩九錢九分，不入總局進支。該堡經理首事李謙揚、譚恒發另在總局續支落鑾石銀柒拾兩正。

鎮涌堡經管基派修首事黎景淳

南村基自海舟分界起，至泥龍角止，計長壹百零五丈，基身受衝最險，今加高一尺五寸，培厚一丈一尺，又自泥龍角至石龍鄉止，計長一百七十五丈，加高一尺二寸，培厚五尺，共用工料銀三百九十三兩壹錢二分五釐。

石龍鄉基，自南村分界起，至鎮涌止，計長四百壹十四丈，基身滲漏卑薄。今加高二尺，用灰春實培厚，共工料銀壹百七十三兩七錢正。

鎮涌鄉基，自石龍鄉分界起，至河清基止，計長貳百四十二丈，内十丈滲漏，用灰春實餘俱卑薄。今加高二尺，培厚三尺，共工料銀九十一兩八錢正。

另廠宇、工人寮鋪、雜費、司事酬金、火夫工金、伙促銀七十三兩二錢三分，總共支出銀七百三十一兩八錢五分五釐。該堡經理首事何敦仁、何允修。

河清堡經管基派修首事馮廣祥

潘永思户基，自鎮涌分界起，至順之祠止，計長七十八丈，加高一尺五寸，内滲漏五十三丈，用灰春實，餘俱培厚，共用工料銀八十四兩一錢六分。

自順之祠至秀槐祠，長一百八十丈，内滲漏二十五丈，用灰春實，餘俱卑薄。今加高培厚，共用工料銀三百二十六兩九錢六分。

自秀槐祠起，至武陵廟止，長六十八丈，加高一尺，内坍卸七丈，今築復培厚，共用工料銀二十六兩四錢。

自武陵廟起，至九江分界止，長一百十一丈，加高培厚，共用工料銀五十九兩九錢四分。外堤三百七十七丈，内坍決口五處，今築復加高培厚，共用工料銀五十三兩七錢六分。

另廠宇、工人寮鋪、司事酬金、火夫工金、雜費伙促銀八十一兩五錢五分，總局共支出銀六百三十二兩七錢六分。

另該堡義捐粘補各段基工銀二百二十六兩九錢八分，不入總局進支。該堡經理首事潘爲霖、譚顯龍、潘廣居。

九江堡經管基派修首事莫靄秀

自河清分界起，至鐵牛基止，計長四百五十三丈，內滲漏用灰舂實，餘俱卑薄。今加高一尺，培厚二尺，共用工料銀二百九十九兩二錢七分，業户經理朱盛堯、關景綸。

又自鐵牛基起，至相府社止，計長一百六十四丈五尺，卑薄滲漏。今加高一尺，培厚二尺，用灰舂實，用銀壹百六十七兩六錢八分。

又外圍牛路口起，至三帝廟横間基止，計長一百七十八丈，卑薄。今加高一尺五寸，培厚五尺，用工料銀九十二兩四錢正，業户經理關用康、關信年。

又自相府社起，至清溪社止，計長四百八十六丈，俱卑薄坍陷，今加高培厚，用灰舂實，共工料銀三百六十七兩四錢二分，業户經理關祐、關植培。又道光廿六年五月，將收龍山銀壹百兩，續估培修，仍交關佑等支理。

又自清溪社起至石路口止，計長一百二十五丈五尺，俱卑薄。加高二尺，培厚二尺用工料銀八十七兩零八分。

又外圍自横間基至石路口，計長五百六十丈，內江洲社決口六丈，今築復用土工春灰，牛工踹練，銀二百零五兩七錢二分。餘俱卑薄，加高二尺，培厚二尺，共用工料銀三百零八兩二錢八分。業户經理關靄朝、關應朝、關恒業。

又自石路口起，至龍塘社止，計長二百九十一丈八尺，內石獅里決口一十二丈五尺，今築復用土工春灰，牛工踹練，銀八百二十四兩八錢正。餘俱卑薄。今加高三尺，培厚三尺，用工料銀一百六十二兩三錢八分。又外圍自石路口起，至抱涌圍横間基止，計長一百四十三丈九尺，俱卑薄滲漏。今加高二尺，培厚二尺，用灰舂實，共工料銀貳百零九兩九錢八分。業户經理鍾碧海、朱辰階、陳偉登、陳松茂。

又外圍抱涌圍計長二百五十丈，內坍陷一十二丈，餘俱單薄。今加高培厚，用工料銀一百七十二兩三錢二分，業户經理張昇洲、關誠遠。

又外圍南頭圍計長叁百六十丈，內坍卸六處，用灰舂工料修復，餘俱卑薄。今加高二尺，培厚二尺，共用工料銀三百零四兩三錢三分。業户經理曾凌霄。

又單竹坡基、羊趾基、鴨舌基、鳳朝里甲子基鳳山社至騎龍社，共計長五百三十六丈六尺，俱卑薄。今加高培厚，共用工料銀三百二十一兩六錢四分。業户經理關青雲、岑聖培。

又自騎龍社起，至周將軍廟止，共高級石決口長四丈，關家山傍決口長四丈六尺。今築復，用土工春灰，牛工踹練，共銀三百零四兩四錢正。又五百一十丈基身卑薄，今加高培厚，用銀三百一十兩零八分。業户經理關業恒、陳泰交。

另廠宇工寮、司事酬金、火夫工金、雜費、伙促銀四百四十七兩九錢五分，總局共支出銀四千五百八十五兩六錢四分。另該堡自捐粘補各段基工銀七百二十四兩，不入總局進支。

甘竹堡經管基

自九江分界起，至灘底文閣止，長二百六十丈，內卸陷二十三丈。今築復，加高培厚，共用工料銀三百五十兩正。又金山決口、沙涌決口長二十八丈。今築復決口連加高培厚，共用樁料、土工銀二百一十二兩正，總共銀五百六十二兩正。總局支出銀四百一十三兩七錢七分，該堡義捐銀一百四十八兩二錢三分，不入總局進支。經事首事吳文昭、胡仕鴻。

雲津、百滘堡經管基

程祐新基一百零九丈二尺，加高培厚，共用工料銀一百零六兩三錢正。

陳運昌基長九十二丈，內坍決十三丈，坍卸傾陷三十八丈。今築復坍決，加高培厚，共用工料銀一百八十二兩五錢八分。

梁杜開基二十三丈七尺，加高培厚，共工料銀一十二兩八錢七分。

黎子邦基長十六丈六尺，內坍決七丈六尺，今築復培厚，共工料銀貳拾兩零一錢二分。

潘守愚、潘炳恒、李洪皋三鄉社學基計長一百零三丈四尺，內坍決口十八丈五尺，今築復，加高培厚，共用工料銀八十九兩三錢正。

潘日佳基，長六十五丈二尺，內坍決十四丈，今築復決口，加高培厚，共用工料銀五十八兩三錢一分。

黎士賢秉卓基，長十八丈，加高培厚，共用工料銀二十一兩五錢正。

潘致忠基，長八十一丈，內坍決二丈一尺，加高培厚，共用工料銀三十九兩九錢正。

張興宏基，長二十八丈五尺，加高培厚，共用工料銀貳拾六兩五錢二分。

吳聰户基長二百九十四丈，坍決九處，長十七丈一尺。今築復決口，加高培厚，共用工料銀一百七十七兩六錢八分。

另廠宇工人寮鋪、司事酬金、火夫工金、雜項伙促銀五十五兩三錢八分。經理首事陳夔士、吳作翰、程良蕃、吳玉圖。

簡村堡經管基派修首事譚彦光

自吳聰分界起，至西樵山脚止，計長五百六十五丈五尺，內吉水竇傍決口十三丈五尺。今築復決口，共用土工、牛工、石灰、樁料銀九百二十八兩九錢七分八釐。

另加高培厚，共工料銀叁百零九兩八錢七分九釐。另廠宇雜用、司事酬金、火夫工金、伙促銀八十九兩八錢八分四釐。總共支銀壹千三百二十七兩八錢七分一釐，內應簡村堡招回整竇石借銀貳百八十四兩零分八釐。該堡經理首事陳景新。

沙頭堡經管基派修首事張彪

自龍津分界起，至龍江河蟛圍分界止，計長一千八百八十五丈九尺，內決口六處，計長二十五丈五尺，共用土工椿灰、牛工硒練支銀三百九十九兩八錢正。

又坍卸十一處，計長四十八丈五尺，用工料銀貳百七十一兩四錢正。

(又)又卑薄滲漏計長一千八百二十一丈，今加高培厚，用灰舂實，支銀五百六十四兩七錢八分。韋馱廟落石銀九十五兩九錢正。

另公廠工人寮、司事酬金、火夫工金、雜用伙促銀一百六十九兩五錢五分三釐，總共銀壹千五百零一兩四錢三分八釐。該堡經理首事崔令儀、老亮純、崔顯文、馮仰祖。

龍江堡經管基

自沙頭河蟛圍分界起，至河蟛尾止，計長四百八十五丈，內決口二處，長十六丈四尺，坍卸七處，長二十八丈六尺。其餘一律加高培厚，連落蠻石、雜費、伙促、工修總估壹千一百三十兩零三錢三分。該堡經理紳士盧乘光、蔡鳳華、劉宜秩。

雲滘仙萊岡基

自仙萊岡脚起，至五顯廟止，長壹百五十二丈，內決口四處，長四十六丈，坍卸三十丈，今築復決口，加高二尺五寸，一律培厚，共用工料銀壹千零九十八兩七錢五分。另廠宇、工人寮鋪、雜費、司事酬金、火夫工金、伙促銀一百三十兩零七錢八分，該堡經理首事張信孚、張桂楣、潘聯拜。

吉贊橫基

自洪聖廟至渡滘分界，長叁百一十八丈，加高二尺，培厚壹丈五尺，內決口十二丈，今築復培厚，共用椿料、石灰、牛工、硒練、泥工銀貳千一百一十四兩一錢四分。重建洪聖廟、賢宦祠磚石、木料、工匠、油漆、琴枱，總共銀叁百五十叁兩五錢五分五釐。陞梁、奠土、建醮，各堡紳士酒席、篷廠雜費銀壹百一十六兩二錢一分七釐，總局經理。

雲津、百滘堡經管基

自吉贊基頭起，至程祐新橫水渡頭止，長四百零五丈，內決口五處，長一百四十七丈，今築復決口，加高培厚，共用椿料、石灰、牛工、泥工該銀八千八百二十六兩九錢九分七釐。落九龍蠻石貳百三十三萬九千五百觔，支銀四百一十四兩七錢八分四釐。工人篷廠支銀貳百六十五兩六錢六分，支買牛隻銀貳百八十九兩二錢一分。支牛工、草料銀壹百六十五兩八錢二分四釐。支兩年在局司事人員差役、飯食、應酬、雜費銀九百八十壹兩一錢八分二釐。兩年局內雇倩跑差、水火夫、職事工金、因公來往船隻渡費共銀叁百三十五兩貳錢九分，總局經理。

龍津堡

領修基銀捌拾兩正。

甲辰通修收支總略

領官紳捐項銀八千兩正。內布政司銜即選道潘仕成捐銀五千五百兩，官捐項内撥銀二千五百兩。

領歲修銀壹萬兩正。

收百滘堡起科銀四百三十一兩六錢正，收雲津堡起科銀貳百七十八兩四錢七分六釐，收伏隆堡起科銀四兩四錢八分五釐，收簡村堡起科銀捌百二十七兩八錢七分四釐，收沙頭堡起科銀壹千三百八十二兩九錢一分，收龍江堡起科銀壹千零六十九兩四錢九分，收先登堡起科銀貳百五十兩零三錢六分八釐，收海舟堡起科銀五百九十四兩四錢二分，收鎮涌堡起科銀叁百九十一兩零七分八釐，收河清堡起科銀五百壹十貳兩七錢六分三釐，收九江堡起科銀貳千五百三十八兩八錢六分八釐，收甘竹堡起科銀肆百零貳兩零五分，收大桐堡起科銀壹千零零九兩一錢零八釐，收金甌堡起科銀叁百八十三兩二錢七分，收龍山堡起科銀五百兩正，收潘政忠決口招墊二成銀九兩九錢六分，收馮聖德決口招墊二成銀貳拾八兩四錢五分，收張佐仁程祐新決口招墊二成銀壹千零四兩七錢四分八釐，收區大器決口招墊二成銀六拾兩正，收簡村堡決口招墊二成銀壹百八十兩正，收沙頭堡決口招墊二成銀七十九兩九錢六分，收龍江堡決口招墊二成銀六十兩零八錢四分，收九江堡決口招墊二成銀貳百八十七兩正，收甘竹堡決口招墊二成銀壹拾一兩七錢二分，收賣出牛隻銀貳百七十九兩零八分三釐，總共收入銀叁萬零五百七十八兩五錢三分八釐，發兩邑修築圍基土工各料銀貳萬九千零六十九兩五錢五分。

又除報部題銷編纂誌乘及衙門省局、捐修河神廟各費支訖外，尚存欠繳起科招墊二成銀兩列左：　雲津堡欠繳起科銀叁百貳十五兩零六分七釐，金甌堡欠繳起科銀壹百叁十三兩零零五釐，鎮涌堡欠繳起科銀玖拾四兩八錢九分二釐，先登堡欠繳起科銀叁百八十五兩五錢五分，大桐堡欠繳起科銀柒拾叁兩五錢六分七釐，順邑龍山堡欠繳起科銀壹千五百零九兩九錢七分，順邑龍江堡欠繳起科銀陸百一十八兩四錢八分四釐，林村程姓欠決口招墊二成銀貳百七十六兩九錢七分三釐，林世舉欠繳二成銀壹拾九兩九錢八分，吉贊鄉潘觀仲、潘藻溪、莫雍睦等欠決口招墊二成銀貳拾七兩九錢，通共欠繳起科并招墊二成銀叁千肆百六十五兩叁錢八分八釐。

廣東布政使司李爲題銷廣東省南海縣修築桑園圍基工程用過銀兩與例相符，應准開銷事。

道光二十八年九月初八日，奉巡撫廣東部院葉案驗，道光二十八年九月初一日准工部咨都水司案呈工料，抄出廣東巡撫徐等題南海縣道光二十四年修築桑園圍基工程用過銀兩，造册題銷一案，道光二十七年十二月二十一日題二十八年三月二十九日奉旨該部察核具奏，欽此。欽遵抄出到部。該臣等查得廣東巡撫徐等疏稱南海縣道光二十四年修築桑園圍基用過工料銀兩造册請銷一案，先經巡撫臣黄會同督臣耆查核具題，准部咨覆，以册開挑運椿木水脚銀兩，間有浮多之處，應於原册内粘籤鈐印發還，據實删減，另册送部具題核銷等因。

飭行遵照，兹據廣東布政使葉詳據南海縣遵照奉駁籤飭情節，於册内删減外，共用過工料銀一萬一千六百十二兩一錢五分三釐三毫。内除官紳捐項及通圍業户按税科派銀一千六百十二兩一錢五分三釐三毫凑支外，實用過工料銀一萬兩。另造細册詳候題銷，理合查照轉造清册詳請察核，具題。臣覆核無異，除册并將原駁籤册送部外，臣謹會同協辦大學士兩廣總督臣耆恭疏具題。等因前來。

查廣東省南海縣道光二十四年修築桑園圍基工程，先據協辦大學士兩廣總督宗室耆等奏明，並據前任廣東巡撫黄等將需用銀兩造册題估，經臣部查，册開挑運椿木水脚銀兩，間有浮多之處，於原册内粘籤鈐印發還該撫，轉飭據實查明删減，另册送部具題核銷在案。

今據廣東巡撫徐等將前項修築桑園圍基除遵駁删減外，共用工料銀一萬一千六百十二兩一錢五分三釐三毫，内除官紳捐項及通圍業户按税科派銀一千六百十二兩六錢五分三釐三毫凑支外，實用過工料銀一萬，造册題銷。臣部查册開挑運椿木水脚浮多銀兩之處，既據該撫查明，於册内遵駁删減，核與應減銀數相符，其所開工料價值與例亦屬無浮，應准開銷。道光二十八年五月初九日題，本月十一奉旨依議，欽此。爲此合咨前去，欽遵施行等因到本部院。准此，合就檄行備案，仰司照依准咨奉旨内事理，即便轉行欽遵查照，毋違。合就札飭札縣即便欽遵查照，毋違，特札。

道光二十八年九月二十二日

培護

修築既完，培護伊始，勢宜疊壘巒石於頂冲險要單薄處所，以殺水勢，以護基根。而大工告竣，多視爲緩圖。一有決崩，前功盡棄，欲惜費而費愈甚，欲省工而工愈繁，此因一簣之盈虧，貽害通圍之糧命者也。查甲寅大修，按畝起科，派定各堡額銀，共得五萬餘兩，仍不敷落石之用。奉憲諭照各堡原額加二成捐輸，時龍山紳士黎常功等以大圍既竣，勢宜自修子圍，大圍石工力難兼顧，呈請免科。奉憲諭南、順兩邑唇齒相依，且大圍既已堅牢，即爲小圍保障，理合一律均派，不必自生畛域，希圖免科。仰見列憲仁慈，爲未雨綢繆之計者，至周且備也。此次工程浩大，計撥欵捐廉及起科之所入，僅三萬餘兩，力行省節以完要工。而各堡未繳額銀即留爲壘石之用，比從前再行捐輸者已有勞逸之不同。所望各堡紳民將尾欠陸續繳齊，以培護基脚，使無貽後日之悔，可耳。

催各堡欠數以備落石護堤稟

具稟人桑園圍舉人馮日初、何子彬、明倫、潘漸逵、冼文煥、李謙揚、潘藼生、朱士琦、李徵霨、崔茂齡抱稟馮陞，爲堤基已竣，籌欵落石，乞恩檄飭催繳，以濟要工事。

緣舉人等。

桑園圍綿亘南、順兩邑，堤分東、西，計長一萬四千餘丈。上年被水冲決雲津堡林村基及簡村堡、沙頭堡、九江堡、龍江堡各基段。蒙大憲恩准，核給歲修帑銀息一萬兩，復撥給捐欵銀八千兩外，仍着南、順十四堡照章科捐銀一萬四千兩，凑爲大圍合修之費。自去年十一月開局董修，陸續催收各堡應捐銀兩，隨時支應。至本年四月所有土工一律告竣，經大憲委員暨前陞縣憲史親臨驗收，通詳在案。惟東、西基各險要處所，必須多買蠻石堆護基脚，方足以資捍衛而臻鞏固。現計南、順各堡尚欠繳銀三千餘兩，屢延不支，不思合圍大修，均係照例科派，如有一堡不繳，其已繳之堡必不輸服，一户欠繳，其已繳之户亦不甘心。況刻當趕籌石工，需銀購辦，若任其延賴，不特背違舊例，實恐貽誤要工，只得粘列單開各堡欠繳名數，并應落石處所。除稟府縣憲別札移催繳外，理合聯叩轅下，乞恩迅檄順德縣飭令龍山、龍江兩堡紳業人等，限日將應欠銀數繳到沙頭堡桂香書院修基局，俾得公同買石，堆護險要基脚，圍圍永固，萬户沾恩。切赴督糧道大人爵前，恩准施行。計粘南、順各堡欠繳銀數，并應落石處所另摺呈。

雲津堡共欠繳銀三百二十五兩零六分七釐，金甌堡共欠繳銀一百三十三兩零零五釐，鎮涌堡共欠繳銀九十四兩八錢九分二釐，又大桐堡共欠繳銀七十三兩五錢六分七釐，先登堡共欠繳銀約三百八十五兩五錢五分，吉贊鄉潘觀仲莫雍睦潘藻溪等祖共欠招墊決口二成銀二十七兩九錢，林村程姓林姓共欠繳銀二百九十六兩九錢五分三釐。

計開東、西基應行落石處所：

一、西基海舟堡三門一帶應需蠻石約一百萬斤，龍潭東角應需蠻石三百萬斤。

一、西基鎮涌堡鐵牛泥龍角一帶應需蠻石約千餘萬斤。

一、西基九江堡蠶姑廟銅鼓灘一帶應需蠻石約五百萬斤。

一、東基沙頭韋馱廟横基頭一帶應需蠻石約三百萬斤。

一、東基龍江堡河澎基新築決口一帶應需蠻石約六十萬斤。

一稟督憲，一稟藩憲。

督憲批：據呈，全堤修竣，需石加培，覶飭催繳等情。堤基工程緊要，自應培築完固，未便任其一簣功虧。既據粘單前來，仰東布政司分檄南海、順德二縣，刻日查明。如果單開各堡欠繳基費銀兩屬實，立即分別諭催完繳，以應要工。粘單並發。

藩憲呈批：基圍爲田廬保障，必應乘時修築完固，以禦潦患。所有各堡未清修費，應即清交修理。仰廣州府分飭南、順二縣查明何堡未交修費，嚴飭按數交出，以資應用，毋任遲延，切切。粘件詞附。

糧道批：仰廣州府飭縣照案催繳，以應要工。粘單並發。

催尾欠以備落石呈

一、籌欵落石，如林村新築彎基及舊基陡削處所，除現經價買蠻石二百萬堆傍外，尚須再購石五百萬。又西基海舟堡之三門應需石一百餘萬，龍潭東角應需石三百萬，鎮涌堡之鐵牛、泥龍角應需石八百萬，九江堡之蠶姑廟銅鼓灘應需石五百萬，東基沙頭堡之韋馱廟横基頭應需石六百萬，計每萬斤現買脚價銀一兩八錢五分，合共應籌備石費銀五千餘兩。

一、各堡捐派銀數，計先登堡欠繳銀三百八十餘兩，雲津堡欠繳銀三百二十餘兩，金甌堡欠繳銀一百三十餘兩，鎮涌堡欠繳銀九十兩零，順德之龍山堡欠繳銀一千五百餘兩，龍江堡除從寬扣留估修基費外尚應欠繳銀六百餘兩。查合圍大修例，應不分畛域，公同捐派，如有一堡欠繳，其已繳之堡必不輸服。即一户不繳，其已繳之户亦不甘心，現計各堡共欠繳銀三千餘兩，即照數收清。尚不敷買石之用，應請飭差嚴催，並移順德縣飭令龍山等堡迅速備繳，以應石工。

一、補築決口，例應該基主業户招墊工費銀二成，以分主從。除九江、沙頭、簡村、龍江等堡均照例招墊外，惟林村程祐新户程颸蕃等除收尚欠繳銀二百七十六兩九錢七分三釐，林世舉尚欠繳銀一十九兩九錢八分，又吉贊鄉潘藻溪、莫雍睦、潘觀仲等三户共欠繳銀二十七兩九錢。以上各户尚欠招墊二成銀兩，會經屢集圍中公約籌議，緣此係合圍公例，礙難姑狥。應請飭差嚴拘追繳，俾知基主各有責成，免致懈於歲修，貽誤通圍糧命。

請府憲催各堡尾欠禀

具禀人桑園圍首事舉人馮日初、何子彬、潘漸逵、明倫等禀爲護堤需石，催項久延，聯乞派員催繳，以濟石工事。

緣舉人等桑園圍節奉列憲核給歲修帑息及撥捐欵共銀一萬八千兩，并着南、順十四堡科派銀一萬四千兩，湊修上年冲决雲津、林村各處基口，及通圍大修之費。自去冬今夏，土工告竣，荷蒙憲員暨史縣台履勘、驗收、通報，惟東、西險基需石堆護，方爲盡善。核計南、順各堡尚欠繳銀三千餘兩，而龍山一堡已欠繳通修三七額銀一千五百餘兩之多，龍江復欠繳銀六百餘兩。九月十八日經具粘單，禀奉仁憲批候，分檄勒催等因各在案。今時近冬暮，候繳無期，致令需石護堤無資購辦。倘或再任延宕，又恐春潦誤工。除南屬各堡禀縣行司，就近隨時追繳外，只得再叩憲階，聯乞查照粘單，檄行順德縣台諭飭龍山、龍江紳業，剋日交繳并派委員坐催，勒限全數清完，俾資購石，以護圍堤。闔圍戴德，迫切再呈老公祖大憲大人，恩准飭行。

批：　趁此冬晴，正趕修基岸之時，豈容任催罔應，致誤要工。再檄飭順德縣勒催清交，以濟工用而臻鞏固。粘單附道光二十年十一月府呈。

基段

各堡經管圍基，必每段丈尺分明，彼此無容推諉。然後，每歲小修，自行辦理。遇有崩缺，自築水基，可爲永遠遵行之法。前志於圖説載明每段長短，及該管業户姓名，以分界限，杜推卸也。乃此次大修，復有潘卓全等借端推諉之事，總局查明公覆，此後，彼此不至互推，特將此案詳列於編，使人得以查核焉。

吉贊鄉推卸基份禀

具禀人潘卓全、潘猷建、潘恭建、潘銓璧、潘卓富、潘光建、莫爵廷抱告潘耀光，禀爲架揑基份，乞拘察究事。

切桑園圍𡌴名仙萊岡基，共長一百五十二丈，向係區大器基份，有伊投報詞炳據，與蟻祖無干。上年該基被潦冲决數次，詎區大器業户區信玉等突稱《桑園圍新誌》開載仙萊岡基一百零五丈，係伊區大器管餘基四十七丈，揑蟻祖潘藻溪祖等管，并要潘藻溪、莫雍睦、潘觀仲各招二成銀二十兩，蟻等駭異，即查新舊誌基圍核對，舊志並無蟻祖名字，新誌從何注揑？想修新誌時，區大器等以蟻祖後岡枕近堤基，混稱蟻祖名注入，預爲揑架地步。不思此基道光九年冲決，經區大器請領伍紳捐項，自行修復新舊基一百五十二丈，報竣呈明。經附近並無基份之百滘堡捐足辦竣。蟻祖係百滘堡圖户，尚何有四十七丈之基架揑顯？然經投通圍處斷，信等弗恤，天理奚在？只得粘抄匍叩台堦，伏乞差拘區信玉等到案，究將該基撥還區大器經管，俾免架揑，沾恩切赴。

批：　爾等既係百滘堡圖户，並無經管仙萊岡基，有舊志成案可據，何以區大器改易新誌，候飭查明舊志成案，據實禀奪。粘單附道光二十五年五月初八日呈。

具禀，桑園圍紳士馮日初、何子彬、明倫、潘漸逵、李應揚、曾釗、陳韶、冼文煥、黄亨、潘夔生、關景泰，耆老潘聯拜、張信敷抱禀馮陞，爲遵諭禀覆，乞恩通詳立案，以免推卸事。

緣奉鈞諭，内開仙萊岡鄉與吉贊鄉分管基段，立即秉公確查該基上年被決處所，究竟應歸何鄉管理，據實稟覆等因。舉人等遵即傳集闔圍紳耆，查照新舊志書，虛公察議。僉稱圍基段落均係因業派管，其土名仙萊岡基，共長一百五十二丈，除一百零五丈係雲津堡區大器經管外，四十七丈係百滘堡潘藻溪祖、莫雍睦、潘觀仲三户經管，歷無翻異。自道光九年具領伍紳捐修基費，及去年該基被決，具領義士築水基銀兩，俱係潘藻溪祖等三户出名承領，有單可秉。據是潘藻溪祖與區大器户各有經管基段，無容互推。詎潘卓全等妄稱伊祖並無基份，以道光十年區大器報竣呈詞『經附近無基份之百滘堡捐足辦竣』一語爲據，不思道光九年係區大器經管之基破決，而以附近之百滘堡帮築，自應分别聲明。上年係潘藻溪祖等經管之基被決，自應係潘藻溪祖等招墊，何得借詞混推。至稱新誌係從中注揑，不思新修之誌當經通稟大憲，按照舊志公同商確，逐一詳修。一有更移，各堡定必不服，豈止潘藻溪祖等一段嘵嘵抗争。今潘卓全希圖借仙萊岡基爲名，盡推與仙萊鄉區大器户併管，不知基因業派歷有定程，其仙萊岡基共長一百五十二丈，區大器例應照管一百零五丈，潘藻溪祖等例應照管四十七丈，斷難翻異。兹奉前因，理合據實稟覆。乞恩通詳立案，以免推卸，並懇拘追潘卓全等應招墊二成銀六十兩，刻日繳出，以資石工，實爲公便。爲此，切赴大老爺臺前，恩准施行。

渠竇

圍内竇閘渠涌，所以通潮汐，防旱潦，便舟楫者也。渠竇爲然基圍爲十四堡保障，此方既決，即浸及於彼方。渠竇爲一方灌溉之資，此處利益不能波及於彼處。故崩決後大修，則合圍均派，而修葺渠竇，疏濬涌渠，祇以本方之銀興本方之利，不能動支公項，亦不能派及他方。查前志於渠竇一門，失於詳載，僅記某堡竇閘有無，某鄉竇閘幾穴而已。故每遇大修，或欲借通圍公項之資，爲一方竇閘之用。輒云竇閘附於基圍，修基圍即修竇閘。彼此争論，剖析殊難，不知修竇閘，濬涌渠，前人歷有成法，因搜採甲寅經行成案，别立渠竇一門，附載此志之末，使知向有舊章，無容翻異云爾。

疏渠成案

布政使司莊爲涌渠被塞應疏復以資灌溉以利行人事。

照得南海縣屬桑園圍，自乾隆五十九年間圍基被決，淹浸兩月，堤内涌渠淤積，浮土一尺有餘。嗣聞該處枕涌業户有將自己田業挑去浮土，堆積涌基，被牛羊踐踏，漸次卸落，以致水道不通。兹訪聞該圍自本年八月以後，雨澤稀少，灌溉無由，晚稻雜糧被旱者十居三四，現在蔬菜薯麥望水灌溉，若不即行疏復，轉瞬交春，即應翻犁播種，偶遇雨水缺少，春耕必致有悮。

查溝洫涌渠，乃田間水道，向係鄉民業户公衆捐貲挑築，使田業得以灌溉，並得以利行人，而枕涌之田，亦得先受其益。今該圍涌渠既被枕涌業挑土墊塞，自應各按業户田頭，督令疏復原位。除於該圍十一堡及各段淺窄涌渠橋樑處所出示外，合先札遵札到該縣員，立即查明圍内涌渠，及橋樑淺窄者，多出告示，曉諭各業户，務於本月望後起，趁此天晴水涸之際，各按田頭自行疏復。一律寬深，水性流通，舟行利便，事竣稟覆，以憑委員查勘。倘有不遵，立即責懲，事關民瘼，毋任違延，速速。嘉慶二年十二月十一日。

署理布政使司常札廣州府南海縣九江主簿知悉，據廣州府詳據該南海縣詳報，會同九江該主簿崔鎮查勘過桑園圍南村、石龍兩鄉。奉撫憲倡捐修費，疏復水竇、水圳情形，繪具圖形，由府詳檄前來。查南村、石龍兩竇，前奉撫憲諭開，令該府縣等分飭各首事，聯挑築章程，計需貲若干，各鄉籤捐數目若干，由縣妥議，詳司覆核詳報，以憑示期收銀興工，委員前往督辦。經前司諭飭，於南、石兩竇適中處所設立公所，先將兩鄉按糧加入起科銀一千三百兩，并妥議竇外挑疏水圳工程，務使經久無患。其竇内水利所經之涌渠、橋樑，議定高寬欵式，拆去陂石，改用木橋，使一律深通，無碍水道，立定章程，使各鄉共悉。並親往水利可到之田心等鄉，凡有力仗義之家，一體勸諭籤捐，共計得銀若干，由縣府妥議詳司，以憑詳請示期收銀興工，委員前往督辦，另選素諳工程首事數人專司經理，行知遵照在案。自應飭令各鄉紳耆首事，查照前檄情節，妥定收銀日期，并推專司經理工程首事數人，選擇吉日由縣府妥議稟覆，以憑詳請撫憲給示興工。今抚憲指日赴京入覲，未便稽延，札飭札到該府縣員，立即遵照札飭情節，迅飭各首事即日稟覆，由縣先行通稟察核，以慰憲懷。毋得遲延，速速。嘉慶三年九月十三日。

竇閘成案

廣州府爲飭遵事。

嘉慶元年二月三十日奉兵部尚書兼署兩廣總督朱憲牌，照得桑園圍民樂市等處被冲竇穴圍基，先據稟報，順邑及該圍紳士公捐銀數萬兩，設立修基總局。今首事梁廷光等將捐銀修築鞏固等由，批飭遵照，續又檄催遵照原案，嚴飭該縣巡檢督同該首事在於公捐銀内購齊石椿、竇門，勒限修築堅固高厚，委勘具結，詳報在案。

現屆春耕，正潦水漲發之候，亟宜趕早辦竣，以資捍禦。乃今未獲核實、修竣、委勘、結報，將來潦水漲發，貽悮匪輕。合亟飭遵備牌，仰府照依事理，立將該處被冲竇穴圍基，徑飭該縣及巡檢主簿，督同總理首事梁廷光、李昌耀等在於該圍及順邑紳士公捐銀兩内，購齊石椿、竇穴門等項，親往民樂市各處，分段趕緊修築完固高厚，其竇穴上下左右，及基身危險處所立即砌石，以期鞏固修竣。該縣及該巡檢首事出具保結，由府委勘明確，具結通詳。事關民瘼，毋得任由揑飭延悞，致干未便。

等因奉此，遵即轉飭南海縣及九江主簿、江浦司巡檢遵辦，去後。茲據南海縣李令詳稱，移准九江主簿稽會嘉、江浦司巡檢吴洪會申稱，遵查乾隆五十九年潦水異漲，桑園圍被水冲決二十餘處，當蒙各憲捐廉倡修，因全圍工程浩大，需費甚繁，而圍内各處竇穴不少，力難兼顧。當經圍衆公議，止將公捐銀兩專修基圍，其各處竇門、竇穴，仍令各鄉查照舊例，自行修理。俱已允從，毫無異議。詎民樂市竇穴向係百滘、雲津兩堡居民經管，該鄉田畝仰藉灌溉，十居其九。歷來修理該竇，作爲拾壹分派修，百滘出費拾壹分之玖，雲津出費拾壹分之貳，而雲津堡生員潘炳綱派爲該堡首事，經收籤題銀兩。因伊住屋附近民樂市竇穴，遂懷私意，先將捐修基工銀壹百捌拾餘兩，修理民樂市之竇穴，其意不過暫挪一時，欲向百滘堡收得歲修之費，仍復歸欵。不料百滘堡居民隨以潘炳綱修竇並未通知同估工程，疑有冒銷等事，不肯出費，以致潘炳綱之雲津堡尾欠銀壹百捌十餘兩，任意延宕，至六十年十月内，潘炳綱無銀繳局，畏懼差追，又因修竇工程不無浮冒，百滘堡切近同鄉，易於指摘，不敢復向百滘堡索取，輒以竇工未竣係因總局不肯發銀，混赴上憲具呈，希圖諉卸。後蒙堂臺臨工齊集，確訊查出潘炳綱妄控，并百滘堡不肯出費實情，押取兩堡甘結，令其趕緊興修，十一月内蒙本府檄委候補縣朱振瀚來工督催，潘炳綱躱匿，敝廳等隨傳百滘堡管理該竇值年潘才一等剴切曉諭，伊等亦知理虧，萬難推諉，即日出銀將未完工程趕緊完竣。惟竇門朽爛，急需自另爲更换，據潘才一等回稱，數年前通堡公買力木板叁塊，存貯竇面，原爲修補竇門而設，後有潘蕃昌私自押錢應用，懇飭追繳等情，敝廳等隨傳潘蕃昌等訊認不諱，當即押令贖回，交潘才一等做門，督令安設，即取潘才一等切結，加具印結，報竣在案。此民樂市竇門、竇穴，俱係該鄉自行出費，自行承修，並不動支總局公捐之項，毋庸着令總局首事出結，奉行前因復查，據總局首事梁廷光等覆稱：

桑園圍竇穴閘門共有十餘處，如江浦司屬簡村堡之吉水竇，先登堡之陳軍涌竇，海舟堡之李村竇、麥村竇，九江主簿所屬鎮涌堡之鎮涌竇、石龍竇，河清堡之河清上、下竇，九江堡之惠民閘、文昌橋閘，沙頭堡之新涌竇等處，俱經各鄉居民自行出費，自行承修，均已完固。其自出之費係因各竇閘内外或有桑地魚塘，或有居住店舖，所收租銀，歷來各爲歲修之資。此次通修桑園圍基，工程浩大，南、順兩邑公捐之銀實有不敷，各處竇門竇穴力難兼顧，是以始初通圍公議，即經議定各處竇門、竇穴概行照舊各鄉居民自修，不准動支總局公捐之項。即如民樂市竇，現有店房九十四間，每年收租不下五六十金，該鄉居民止於竇上略爲粘補，即將餘銀聯同派分，以致竇門如此朽壞。若因其觀望延遲，背違前議，獨將公捐銀兩撥給帮修，無論該處竇門、竇穴已修未修，均得藉詞群向總局索費，萬喙齊鳴，無可排解。且竇門、竇穴蓄水洩水，衹便本鄉，兼之房地租銀，歷世安享，利既專歸一隅，工亦惟一隅是問，其修圍基總局之公捐銀兩斷難撥給帮修各處竇門、竇穴，致啓紛争，有悞基工等情。

敝廳等覆加確查，委屬實情，伏查南、順兩縣去歲公捐銀兩，計共肆萬伍千有零，隨經築復各處被冲其身，併全圍增培土石各工，業已支銷盡浄。報竣後，荷蒙藩憲暨本府及堂臺臨工察看，以近海險要處所，尚需壘石培護，以期歷久安瀾。飭委敝廳等確估共需銀玖千陸百餘兩，通圍紳耆齊集公議，照各堡籤題原額，加二添捐，南邑該銀六千兩，順邑該銀三千兩，其餘不敷之銀，蒙各憲捐廉佽助。近聞順邑紳士以修本處子圍爲詞，疊次推諉，恐難照數添捐，所估落石各工正難辦理。所有民樂市竇穴，雖經潘才一等修整完好，尚需内外加砌石塊，仍應請照向例，飭令該鄉值年等自行承辦，并着承辦值年出具保固各結，敝廳等親赴勘明，加結轉檄。其總局首事梁廷光、李昌耀等向不經理竇門、竇穴，應請免其出結。俾事有專責，結無濫加，實爲公便等情，准此。

卑職覆加體察，委屬實情，除該處竇門、竇穴先已移行，准據九江主簿、江浦巡檢覆稱押令雲津百滘兩堡承修。值年首事潘才一、潘日千等已於本年正月初十日購料興工，至二十日趕築完固，取具潘才一。潘曰：千保固甘結加結，經繳藩憲暨本府在案。嗣奉飭行加培石工，仍應雲津、百滘兩堡值年首事潘才一等承修，除移行催令雲津、百滘二堡速將應行添捐加二銀兩照數清繳支應，并令承修該竇之值年首事潘才一趕緊培石完固，出具切實保固結狀，加具印結，申繳察轉。其總局首事梁廷光、李昌耀等係屬專管基身工程，並未經理竇門、竇穴之事，應請免其出結。理合據實，詳請察核轉詳，以便轉飭遵照，等由到府。

據此，卑府伏查桑園圍内各處竇門、竇穴，既據南海縣移行九江主簿江浦巡檢查明向例，均係各鄉自行出資修理，民樂市竇亦係雲津、百滘兩堡居民派收，自不便在於公捐項内動支，亦毋庸首事梁廷光等具結，除民樂市應砌石工，仍飭雲津、百滘兩堡值年首事修竣具結，另行加結申繳外，理合具據情，詳請憲台核示飭遵。除呈督憲外，爲此備由具申，伏乞照詳施行須至書册者。

嘉慶元年七月十八日知府朱詳督憲批：仰東布政司檄明飭遵具報繳。奉此，除行廣州府轉飭遵照外，查民樂市竇門、竇穴既經雲津、百滘兩堡居民派修完固，自不便在於公捐項支動支，亦毋庸首事梁廷光等具結，(共)〔其〕應砌石工，應令轉飭雲津、百滘兩堡值年首事潘才一等迅速購石，砌築堅固，統限一月内備竣。竇穴一并取具保固甘結，由縣府加具印結，通繳查核，合將飭遵緣由報覆憲台查核，伏乞照驗施行報督院。

布政使司陳批：仰即飭令雲津、百滘兩堡首事潘才一等迅速購石，砌築堅固，限一月内連各竇穴一併修竣，取具保固甘結，由該縣府加具印結，詳報核轉，毋任延悮。仍候督憲批示繳。

桑園圍欵項[一]從粤東省例録出

南海縣所屬之桑園圍，界連順德，爲全省最衝、最險、最廣之圍，關係最要。前因土堤易圮，嘉慶二十二年奏准在藩糧二庫借動銀八萬兩，交南海、順德兩縣當商生息，每年息銀九千六百兩，以五千兩歸還原借本銀，以四千六百兩作爲歲修之用。嘉慶二十四年紳士伍元蘭等捐銀十萬兩改建石堤，無需歲修，即將前項歲修銀兩歸入籌備堤岸項下聽撥。其應歸原本銀兩於補足後，業已撥充捕盜經費。道光十三年，桑園圍基被水冲決，需費繁鉅，捐項不敷，奏請即在籌備堤岸項内歷年存貯歲修本欵息銀支用。如本欵不敷動支，先於藩庫籌項借給，仍俟續收歲修息銀歸補。如工程過大，費用過多，借項未便久懸，亦應酌定年限。除續收歲修幾年歸補若干外，餘銀仍應由該圍分年按糧攤征歸欵，道光二十四年該圍復決，即援照十三年辦過成案奏明辦理。

卷十二　道光二十九年己酉歲修志

己酉歲修紀事

案：桑園圍自嘉慶戊寅蒙端揆宫保前督宪阮文达公偕前撫憲陳公若霖以鄉先生少司馬温篔坡公之請奏准借帑八萬，發商生息，遞年以五千兩還帑本，以四千六百兩發桑園圍歲修之用。次年己卯即發給息銀四千六百兩，通修圍堤。以訓導何毓齡、舉人潘澄江二先生董其役。此我桑園圍歲修之嚆矢也。嗣因盧、伍二紳捐建石堤，由是歲修不舉，比歲修息積貯司庫，待潦漲圍潰，搶築無措，始籲請憲恩補偏救敝。如道光癸巳、甲辰，一築海舟堡三丫决基，借帑四萬餘兩，蒙前督憲盧以歲修息撥抵三萬九千餘兩，一築雲津堡林村決基，蒙前督憲耆給歲修息一萬兩俾蕆厥事。是皆臨時籌欵，具有奏案。昔篔坡六先生創議歲修，其作《後修堤記》有曰：『未雨綢繆，務臻鞏固。與其救之於事後，孰若防之於未然。』慮至深遠也。戊申仲秋，海風大作，鎮涌堡之禾义基坭龍角石堤有剥卸掀動者，海舟堡天后廟石坡多有隨流汩没者，圍内紳

[一] 原書卷十一目録題爲『粤東省例同治庚午採入』，現以正文標題爲準。

業以該基當太平沙梗流之沖，若不思患預防，江潦湍悍，勢必日朘月削，潰敗不能復救。自此以外，土石之損者、卑者、薄者所在皆然，於是集議通圍，僉謂宜體未雨綢繆至意，因以其事聞諸當道，蒙督憲爵部堂徐、撫憲爵部院葉奏准，動撥本欵修息。己酉春，奉給銀一萬兩，闔園公舉前開建縣儒學何子彬、候選教諭潘以翎董其事，度其險易繁簡，環東、西堤而通修之，其所爲弭患於未萌，且並能復己卯歲修之舊，奠之磐石，固於苞桑，計至善也。考己卯志卷首有《歲修紀事》一編，茲以事原相類故，亦序其緣起，列諸簡端，特加己酉字以別之，使閱者知其所自。所有奏稿稟報各要件編列如左。

道光二十八年十二月十九日，兩廣總督臣徐、廣東巡撫臣葉奏爲南海屬桑園圍基卸陷，請撥歲修息銀築復，恭摺奏祈聖鑒事。

切照本年九月間，省城陡發颶風，南海等縣民房、船隻、田禾、圍基間有損壞，先經臣等委員勘不成灾，妥爲撫恤，附片奏聞，並聲明桑園圍基多有傾卸，工費較繁，已委員覆勘再行酌辦在案。茲據委員修補直隸州知州彭澤會同南海縣知縣張繼鄒馳赴該圍勘明稟覆，桑園圍西基内頂冲險要之禾义基、埞龍角石堤二段，及廟前土堤一段，均已坍卸激動，又河清、九江兩堡交界處所及土名大洛口、蠶姑廟各土堤並沙頭堡韋馱廟前石堤亦俱冲刷拆裂，低薄浮鬆，其餘各堡圍基或間有損動情形，亟應分別修築，加高培厚，核實確估，約需工費銀一萬餘兩。體察民力，實有未逮，議請撥給銀兩，飭令各紳士雇工，購料，趕緊修築等情由司核明，詳請具奏前來。

臣等伏查，該圍籌備歲修生息一項，先於嘉慶二十二年在藩、糧二庫提銀八萬兩，發交南海、順德二縣當商生息，每年得息銀九千六百兩，以五千兩還本，以四千六百兩爲該圍歲修之用。嗣因紳士伍元蘭等捐銀十萬兩，將該圍改築石堤。此後無須歲修，每年將歲修息銀四千六伯兩歸入籌備堤岸項内備用，其應歸本銀五千兩，續奉行令入季報撥。嗣道光十三年桑園圍被水冲決，先後在司庫借領銀四萬九千八伯八十四兩八錢八分三厘。經前督臣盧奏明，以一萬六千二佰六十九兩八錢八分三厘動支該圍歲修銀，再以二萬三千兩將該圍每年應得歲修息銀四千六伯兩按年儘數扣收，毋庸征還。尚欠銀一萬零六伯一十五兩，分限五年攤征。又道光二十四年被水，該圍患基甚多，經前撫臣程會同督臣耆奏准，動支歲修息銀一萬兩，給發紳士領回培築，毋庸歸欵，各在案。數年以來，水石冲激，本年九月内復被颶風擊剥，土堤、石堤多有坍卸傾裂，亟應修築培補。惟工費較鉅，民力實有未逮。相應仰懇天恩，俯念基功緊要，准照道光十三年暨二十四年等年成案，在於該圍歲修生息欵内籌撥銀一萬兩，發交南海縣，轉發該圍紳士人等領回，由縣督飭興修，尚有不敷，即由該圍殷户捐足支用。俟工竣核實驗收，將動撥之項造册報銷，務使全圍一律鞏固，以資捍衛。其請撥銀兩應即就款開銷，毋庸歸還。第本款息銀現存銀三千一百三十二兩，不敷支撥，請在籌援堤岸項内借足，仍將桑園圍每年應得歲修息銀四千六伯兩，按年儘數收還歸款，是否有當？云云。

道光二十九年正月二十六日奉上諭：督臣徐、撫臣葉奏請撥項築復桑園圍基一摺，廣東南海縣屬桑園圍基，既據該督等查明，該處數年以來水石沖激，上年九月内又被颶風擊刷，(士)〔土〕[一]堤、石堤多有坍裂。着准其援照成案，在於該圍歲修生息款内籌撥銀一萬兩，發交南海縣，轉發該圍紳士領辦，即責成該縣督飭興修，工竣核實驗收，務使一律鞏固，以資捍衛。仍將動撥之項，造册報銷，餘着照所議辦理，該部知道。欽此。

案：桑園圍之有志，始於乾隆甲寅大修，歷嘉慶丁丑續修，己卯歲修，庚辰捐修，皆分類詳載。至道光癸巳志，則彙前志而集大成。特仿浙江《海塘志》例，以奏稿冠全書之首，戴皇仁也。而列憲勤民之德，亦見焉。廿四年甲辰志悉因之。玆仍援照癸巳志例，採輯奏稿於前，其欽奉上諭，敬謹偹録，仰見大憲軫念民依，灑沉澹災，如恐不逮，闔圍士庶應知湛恩普被之有自，後之君子有志歲修者，亦得援照成案，嗣前徽而勉後效云爾。

聯請歲修公呈

具呈　桑園圍南、順兩邑紳士候補教職舉人何子彬，舉人潘以翎、朱士琦、明之綱、冼文焕、張應秋、朱畹蘭、梁謙光、潘蘷生、余秩庸、潘漸逵、李徵霨、張清徽、陳文瑞、傅正常、岑灼文、李雲驅、關鸞飛、關鴻、程貴時、李文照、程師儉、梁作楫、崔茂齡、馮日初、崔藻球、崔維亮、馮汝棠、鍾澄修、朱堯勳、朱文彬、關仲瑒、潘躍鯨、余朝憲，武舉李應揚、吴樂榮、李芬、陳廷獻、陳堅，副貢潘斯湖、朱廷森，歲貢郭傑，縣丞潘廷煇，職員陳謨、何榮芳、李孟高，生員馮汝柏、程翔萬、關昌言、梅許伯、黎銘秋、周鶴翥、何玉梅、陳華澤、陳治同、潘縉儒、潘廣居、冼瑞元、梁觀光、關簡、關俊英、何文卓、何如鏡，監生何濂、何邦任、陳鴻猷呈爲險基卸陷，籲請憲恩，撥領歲修築復，以拯糧命事。

竊照桑園一圍，地連南、順兩邑，堤長環繞九千餘丈，適當西、(比)〔北〕兩江之衝，圍内烟户百萬餘家，貢賦千有餘頃，全藉基圍以資捍衛。每遇潦漲，兩江之水建瓴而下，培護稍疎，即成澤國。前於嘉慶二十二年，蒙前憲軫念民力維艱，奏奉恩准，借給帑本銀八萬兩，發南、順兩縣當商分領生息，遞年應得息銀九千六佰兩，以五千還本，四千六伯兩爲歲修之用。嘉慶二十四年，蒙前憲給發歲修本款，諭令冬修。惟經費有限，不能一律施工，隨據盧、伍兩商捐銀十萬兩，爲全堤加培高厚，並於頂冲險要基段

[一]『士』應爲『土』之誤。

改築石堤。雖洪流湍急，鞏固無虞。無奈水石冲激，陡險異常，不數年間，迭遭潰决。圍内居民均形拮据，所以道光十三年，蒙前憲給發歲修本款銀三萬九千餘兩，二十四年又蒙前憲給發歲修本款銀壹萬兩，修築全堤，均臻完固。夫以九千餘丈之堤，東補西缺，歲不一修，即多損壞。伏查該圍西基沿海一帶，本年因颶風擊剥，於十月初旬鎮涌堡禾义基石堤劈卸兩處，共長十餘丈，坭龍角石塊傾陷者六十餘丈，海舟堡天后廟前土堤塌卸四十餘丈，九江堡大洛口土堤、蚕姑廟前石堤、沙頭堡真君廟前石堤俱多拆裂，共約長八十餘丈，九江、河清兩堡分界基段單薄應培者七十餘丈，其餘多有塌卸，尚未悉數。且各隨堤身，類多壁立，堤根日久刷成深潭，均係頂冲險要之基，自應分別用土用石砌築及填潭築壩，以殺水勢。約估需工料銀一萬餘兩，方可集事。雖業户遞年各自培護，然皆補苴滲漏，未能大修。况石堤、石壩動用非少，現值兩遇颶風，晚禾收成更歉，再勒以按糧科派，民力維艱。即或勉強支持，又慮工程草率，明年潦漲，抵禦綦難。仰覩大憲保民若赤之心，並念圍民左支右绌之苦，籲請撥給歲修本款息銀一萬兩，趁此冬晴水涸，擇吉按段興修。從此全堤鞏固，闔圍咸享樂利之休，永戴鴻慈於不朽矣。切赴。

督憲爵部堂徐大人批：

據呈桑園圍基沿海一帶，兩遭颶風，多有傾陷坍卸處所，自應趕緊修築，以資捍衛。惟所估工料銀兩是否確實？應否在於本款生息撥給之處？仰東布政司委員會同南順二縣確切勘估，妥議通詳察奪。

撫院爵部院葉大人批：

據呈桑園圍西基一帶，被颶風擊剥，多有傾陷，聯請撥項興修等情。仰布政司迅即委員馳往，確切勘估，應否准其撥項修築。由司確核妥議詳辦，粘抄並發。

南海張邑侯批：

查桑園圍基當西、北兩江之衝，圍内烟户衆多，皆賴此堤以捍衛。遇有損壞，急應隨時修復，未便稍涉膜視。今據稱該圍西基一帶多有坍卸傾陷及拆裂單薄、冲刷成潭之處。惟既係因風所致，則應在七、八月間，何以轉至十月初旬始行繫壞？且未據即時赴縣呈報，經管之九江江浦司亦未報縣有案，所請撥給修費又至萬餘兩之多。究竟有無冒揑？應否如數詳撥？姑候分別移行查勘覆奪。保狀附。

南海縣張移請九江分縣查勘文

爲移請查覆事。

現據桑園圍云云等情。據此，查該圍石堤土堤因風塌卸，未准移知有案。據呈前情，徐札江浦司查覆外，合就備移。爲此合移貴廳，希即會同江浦司親詣該圍查照，該紳等所開各處石堤、土堤，勘明果否因風劈卸傾陷？實有若干丈尺，應否撥款興修，逐一查勘明確，繪圖註說，刻日移覆過縣，以憑核辦，請勿有遲施行。

九江分縣鄧勘覆牒文

爲確勘繪圖牒覆事。

今月十七日准堂台移開云云等因，准此。敝廳遵於次日輕騎減從窮兩晝夜之力，逥歷所報應修基段，勘得主簿屬之鎮涌堡禾义基石塊崩缺，量長市排尺一十一丈五尺，坭龍角石塊崩缺量長市排尺六十二丈。二處當西江之水，建瓴而下，洵爲全圍衝要。且年前若不趕修，春水一發，即人力難施，江浦司海舟堡天后廟前基段崩榻當衝，亦與禾义基坭龍角相等，其丈尺應由江浦司巡檢申報。估得此三段洵爲最要、最險，刻不可緩之工程。詢其何不早由地方官稟報，僉稱：八九兩月颶風二次大起後，河水未落，察看不清。十月初水落，始知崩卸，恐稟官請款輾轉遲延，是以聯名稟赴各大憲轅下等語，諒係實在情形。至主簿屬之九江堡大洛口土堤、蚕姑廟前石堤，據該基總稟稱：微有滲漏，應列爲次要之工。九江、河清兩堡分界基段稍形單薄，沙頭堡真君廟石堤略有裂縫，均應列爲再次之工。至統計實需工料銀若干兩。敝廳職本微員，素未經手錢糧，且署中無諳練書吏工匠，碍難估報。理合繪圖，註説，備文，牒呈堂台察核。請於文到三日內飛稟藩糧憲，遴委正印賢員，帶同熟工、書吏、辦堤工匠，逐段按估，迅爲籌款撥修，實爲公便，須至牒呈者。

計牒解基圍形圖一紙。

藩憲委員彭、南海縣張會勘詳文云云。

等因奉此。卑職等遵即前往桑園圍西基一帶，督同主簿巡檢，傳集紳士何子彬等查勘，得鎮涌堡土名禾义基石堤一段，量長一百零二丈，內石塊坍卸一十二丈，其餘九十餘丈均有破水激動形迹。又相連之泥龍角石堤一段，量長九十二丈，內石塊坍卸六十五丈，其餘二十七丈亦有被水激動形迹。又相連之海舟堡天后廟前土堤一段，長六十五丈五尺，多被坍卸，基脚原有碎石堆護，現皆傾脱。以上三段首尾聯射，外無淤坦，基身壁立。西、北兩江之水合流而來，直撞基身，最爲險要。必須分别用土、用石修築完固，以資捍衛。又勘得河清、九江兩堡交界處所，土堤八十丈，其基底尚屬寬厚，惟近基面二三尺不等，間有被水冲刷，頗形單薄。又九江堡土名大洛口土堤一段，長一十八丈，又土名蚕姑廟一段，量長一十六丈，亦因被水冲刷，較爲單薄。又沙頭堡真君廟前石堤一段量長一十八丈，略有拆裂形迹。以上各段雖非冲要，比諸禾义基工程較減，惟亦須分别用土、用石加高培厚，以防潰決。詢據該圍紳士何子彬等僉稱：『工程浩大，需費不貲』，是亦實在情形。應由各紳士自行督飭工匠，逐段撙節估修，工竣列册報銷。所有工料細數一時碍難預估，惟圍基要務，民瘼攸關，似應俯如所請，准其撥給銀兩，趁此冬晴水涸，雇工購料，趕緊興工修築，未便稽延。再查坍卸處所，均係卑職地方，並非順德縣管轄界内，應請毋庸會勘合並稟明。

請給歲修呈

具稟　承修桑園圍基首事舉人何子彬、潘以齡爲請給修費以資工用事。

緣桑園圍基前被颶風塌卸，土名禾义等基土石各堤先經合圍紳士聯請撥給本款歲修息銀築復，以資保障。蒙恩詳奉各憲准給興修，現議舉人等董理其事，自忖識淺才疎，工程未諳，奈衆情所推舉，義無可辭。所有塌卸各基，及全圍應行培修段落務宜核實估修，總期工歸實用，帑不虛支。刻下正宜諏吉購料，集夫修築。一經興工，在在需支，只得備具領狀，繳赴台堦，請給修費，以應要工。并在工夫役，良歹不一，恐有怠惰、偷安、酗酒、滋事，或恃衆阻撓，藉端争鬭等弊。仍請發給告示，曉諭嚴禁。一俟興工有期，另行呈報外，理合稟候父師大人台前，恩准施行。

計粘領狀一紙

歲修稟報興工日呈

具稟　督修桑園圍首事候補教職舉人何子彬、候選教職舉人潘以翎，爲報明興工日期，仰祈詳鑒事。

切紳等。桑園圍，地連南順，全堤保障，糧命攸關。去年八九月兩遭颶風，禾义基及各處石堤土堤均有坍陷，所以於去年冬月内闔圍紳業籲請歲修本款銀兩一律修築，幸蒙列憲恩准，撥給在案。今年正月初八日，赴縣領銀，諏吉於正月十二日興工。先由禾义基及各險處逐段趕緊修竣，以資捍衛。務使工歸實用，費不虛縻，以無負列憲軫念民依之至意。除稟各憲外，理合將興工日期稟報台堦。伏乞轉詳，實爲德便，爲此切赴太爺台前，詳察施行。

歲修報竣呈

具稟　督修桑園圍首事舉人何子彬、潘以翎爲報明修基工竣日期，仰祈詳鑒事。

緣桑麻圍〔一〕土名禾义等基上年八九月内被風雨塌卸土石各堤，先經闔圍紳士開列應修段落，稟蒙各憲撥給本圍歲修帑息銀一萬兩，交舉人等領回趕緊興修。即於圍内各堡基段週歷查勘，除塌卸處所分别用土、用石修復外，尚有低薄之基俱皆一律培築高厚，以資保障。所領帑息修費銀一萬兩，各基主業户仍按段科捐二成銀兩以助修費。計自本年正月十二日興工起，圍内居民踴躍從事，至閏四月二十三日各段土、石工程俱皆一律完竣。從此全堤鞏固，永慶奠安，皆荷仁恩所及也。除將工竣日期稟報

〔一〕『桑麻圍』疑爲『桑園圍』之誤。前文未出現此名。

縣憲，暨江浦司九江廳外，理合稟候太爺台前，察核施行。

署南海縣馮批：

桑園圍土名禾义基等基工，既經一律修竣，候即驗明轉報。至用過工料銀兩，該首事等並即妥造清册，出具切結，另繳核辦，勿延爲要。

全堤告竣聯謝公呈

呈爲堤工完竣，奠安永賴，聯謝鴻恩事。

竊惟乎河紀效，甫匝月而成堤，紹郡承流，築三江而立閘。塞長塘而防海，建高堰於平津。此皆挽頽波於峮决山排之後，而非障狂瀾於風飄雨剥之時。彬等桑園圍，地逼海隅，生當河曲，竈居樹上，屋隱蘆中。占蛟宫而卜宅，是水耕火耨之鄉；蟠蜃穴以建基，繫一髪千鈞之任。即使蜿蜒如故，潰敗未成，固已形同累卵之危，勢等朽索之馭者矣。去年八九月兩遭舊風，一江新漲，狂翻颶母，望澤國而天黄，掀動波臣，訝荆門之水斗。慨長堤之剥蝕，將群姓兮其魚。爰憫江鄉，凫没，李垂陳捍海之圖；中澤鴻嗸，賈讓奏治河之策。伏惟父師大人馴雉鄰封，飛凫邑境，悉下情而上達。先軫念乎民依，汲長孺便宜從事，騰茂實而著循聲；范文正[一]憂樂關心，對蒼生而無愧色。籌桑園之專款，繕槐里之環堤。諸宣金鼎，先頒一朵紅雲；錢發水衡，不待十行丹詔。彬等恭承明命，仰體仁懷。王尊立水，沉白馬以明心；武肅禦潮，向長鯨而控弩。於是，驅五丁之石，剔穴搜巖；掘萬刦之灰，誅茆刈棘。江革移舟，增颿檣而重載；陶公運甓，雜竹木以宣勞。豈比竊來息壤，遂堙洪水於九年；載就蘆灰，漫止洪流於一瞬也哉？其禾义基處所，地當德棣之衝，施功彌急；水蓄梗漂之狀，用石尤多。他如波灣鶴嘴，護以雲腴，岸堵龍坑，培之膏土。總會計夫全堤，大半增其高厚。興修於正月十二，報竣於閏四月二十三。竭東南之民力，定應胥種効靈；費巨萬之金錢，頓使蛟鼉避道。從此虹形偃水，慶成乎而治媲蘇堤；蟹堁宜禾，頌安瀾而功垂禹甸矣。彬等謹將感激微忱，聯叩各憲外，合先肅稟父師大人台前，察核施行。

廿九年七月十三日稟

批：桑園圍禾义等基，上年迭遭風雨，剥卸堪虞。大憲軫念民依，奏給修費，俾資工築。所賴諸賢紳不辭勞瘁，督辦認真，土石各工悉臻完固。具見情殷桑梓，經理得宜，實堪嘉尚。當就地察看，督令基總業户人等隨時酌加培護，以期歷久鞏固，永遠綏安，是所厚望也。

藩憲委員周署南海縣馮會同驗收稟覆文

廣東雷防同知周世烜署南海知事馮沅謹稟大人閣下

[一] 范文正，即范仲淹。

敬禀者。竊照卑南海縣屬桑園圍土名禾义基等土石各堤，於上年八九月間被風塌卸，當經禀奉奏撥該圍歲修本款生息銀一萬兩，轉給該圍首事舉人何子彬、潘以翎等購料興修。嗣於本年閏四月內據報土石各堤一律工竣，經將工竣緣由通報在案。茲奉藩憲轉札行，飭委卑職世烜會同卑南海縣前往桑園圍將修竣各段堤基工程逐一驗明，出具切結，並催令各紳士造具用過工料、銀兩、細册詳繳，以憑核明詳辦。

等因奉此，卑職沅並奉札飭前因，卑職等遵即會同前往桑園圍傳集紳士何子彬、潘以翎等，周歷查驗，查勘得工程最大之土名禾义基石堤一道長一百餘丈，所有剥落坍卸之處，俱用新石砌築堅固。另在基角壘築大石壩一道，長十四丈高二丈五尺，面寬七丈，以殺水勢。又相連之土名垊龍角，石堤長九十餘丈，亦用新石築復完好，基外築有子壩一道，長八丈，高二丈一尺五寸，面寬五丈，兩處基脚一帶仍用碎石堆護，高至基膊止，工程最爲結實。又勘得天后廟前即鶴嘴基土堤一道，長六十餘丈，砌用新石，舂築堅厚，基脚亦均用碎石堆護。其餘九江堡、沙頭堡、河清堡、先登堡、簡村堡、雲津堡各處，或土工，或石工，俱已一律培厚加高，修築完固。委係工堅料實，足資捍衛。圍内各紳庶莫不蹈舞皇仁，感戴憲德。現在田禾秀茂，地方安静，堪以上慰慈懷。除由卑職諭飭該紳等隨時防護，遇有鬆卸立即修補以垂永久，並將該紳等繳到工料細册，另文申請核銷外，所有會同查驗過桑園圍修竣各堤基工委實堅固緣由，理合出具切結。禀候憲台察核，除禀督撫憲暨藩、糧憲外，卑職謹禀。

一具結

雷防同知周世烜、署南海縣馮沅今於與結爲具結事。依奉結得奉委會勘過桑園圍土名禾义等基修竣各工程，委係工堅料實，一律完固，中間不冒，合具印結是實。

附録　先登堡禀

具呈　舉人梁謙光，生員蘇應銓、李應剛、梁觀光，監生李殿光、李繼遠，職監梁覲揚、李健林，職員李健傳、李鼎勳、李堅、李森呈爲上流要險，基患堪虞，聯懇轉詳撥款修固事。

竊以鄉民首重乎農桑，圍基全憑於鞏固。緣桑園一圍，本年兩次颶風，擊陷基堤未報。原擬派捐修復，無如晚禾歉收，無力捐築。十一月內經舉人何子彬等呈請督撫二憲撥給歲修經費銀一萬兩，當蒙委員查勘。因此時患基只列數段，其餘各基遼遠，未及遍舉地名，不能繪圖呈報。經委員先抵鎮涌，九江、沙頭、海舟四處基堤巡視，其餘先登堡之龍坑、鳳巢、鄧林、横岡、稔岡、茅岡、圳口、鵝埠石等處一帶上流頂冲基段未及履勘，是以呈報莫及。切思基段雖分，浸灌則一，偏隅有災，累及全圍。本堡患基最險者，龍坑、圳口，其次鄧林、鳳巢、横岡、鵝埠石等處亦多單薄削立，滲漏坍卸處所，非用灰石舂築不足保固。但工費浩繁，計動數千金，方能堅築。若不趁此隆冬興築，來歲西潦漲發，難於抵禦，下流堅築亦無所用。先經呈蒙藩憲委員卸羅定州彭前往確勘，只得聯懇憲恩，伏乞迅賜轉詳，請於本年撥給經費，俾得修固，免滋再患，萬户沾恩。切赴。

南海縣張批：

查先登堡各處應修基段，已奉委員會勘，稟覆各憲在案。仍俟奉到批行轉飭，遵照辦理保狀附。

附録　藩憲委員彭、南海縣張會勘先登堡基詳文

謹將奉委會勘過。卑南海縣舉人梁謙光等呈報桑園先登堡各段基工情形列摺呈核。

一、勘得先登堡自首至尾鵝埠石、茅岡、圳口、横岡、稔岡、鄧林、鳳巢、龍坑共八段。每段二百餘丈或數十丈不等，内外草皮俱皆安貼，並無被水冲刷，因風掀動形迹。惟各段基身均不高大，而鄧林一段尤其單薄。據各該段衿耆指稱，因基工浮鬆，每遇夏潦漲發，由基底滲漏之處，不可勝數。節年以來，釘樁槍築，方保無虞。必須再行培厚加高，以防潰決。再龍坑一段老基之内另築子基一條，有數年前缺口一個，頂闊四丈五尺，横穿三丈五尺，離老基較遠。非切要之工，應歸該業户自行堵築。歲修總理何子彬、潘以翎，協理何省蘭、何昭獻、何文遠、黎澤聰、任肇修、潘開傑。

全圍按段派款培修清册

案：歲修莫要於籌款，籌款既得，董事者自應秉公辦理，按基段險易匀派，使全圍均沾實惠。其險患衆著者固宜多與修費，吃緊用力。即基非甚險而土薄堤低者仍須量給修費，加高培厚，以備不虞。要在基主業户不以歲修銀爲充公濫費之資，而以爲防潦築堤之用，則不論多少，皆於基有益，帑不虚縻。況遇有基決，科税必派通圍，若歲修領項僅利及偏隅，同苦不同樂，人心恐難帖服。此次歲修原呈祇聲敘禾义基、埞龍角、天后廟、大洛口、蠶姑廟、真君廟及九江、河清分界處共七段，迨奉給銀後，預貯公費部費餘銀盡數派定，通傳各堡到領。除原呈七段外，東、西堤一律按派，同時興修。以禾义基爲最險，修費最鉅。總局設南村首事協同基主督辦。其外派修之處，基主領銀自理，首事仍隨時巡察並議官項之外，各加二捐修，以助公用，以專責成。嗣後遇領歲修，允宜照式通派。其派修之數，或今日多而異日少，或今日少而異日多，由首事隨時酌定，不能膠柱鼓瑟。在基主亦不必圖占便宜，應聽首事酌派。宜多宜少，無非審時度勢，豈能任意軒輊。此次先登堡於圍衆公稟後獨自補稟，妄有覬覦。後所派者卒不逾原議三百之數，可爲明鑒。否則人人争執，築室道謀，徒令首事無所適從耳。至向例凡派修費止及

濵海大圍，不及圍裡子圍。此次大桐堡白飯、新慶兩子圍亦有修費派及，衆議以該處當大圍之腹，每遇潦决則雲津、百滘、簡村、先登、海舟、鎮涌、河清、金甌、大桐九堡均受其害，與他處子圍不同，故權宜從事。然與向例略殊，恐他處子圍藉端生議。下次歲修是否合派，應俟後賢相機而行，是又未可與大圍一概論也。

領歲修銀壹萬兩

鎮涌堡

南村管基派銀肆千兩。自鐵牛界至坭龍角石堤砌舊添新，堤裡用灰沙舂實，雜以塊石爲骨，計長四十三丈。又自鐵牛前石堤起，盡坭龍角無石堤處，堤脚通壘蠻石。另堤外北邊築大壩一道，南邊築子壩一道，共用蠻石壹千六百餘萬斤。又自鐵牛界起，盡南村管基，其土堤俱加高培厚，計長二百八十丈。此次歲修全力辦石，旁及土工，下次歲修應自坭龍角起，至南村石龍分界處，再將土堤鑲闊丈餘，從基外桑地鑲起，施工較易。如此，則堤益堅壯。其南邊子壩亦宜用石續長壩下桑坦，始可永保無虞。

石龍鄉管基派銀壹伯兩。基面培土。

鎮涌鄉管基派銀壹伯兩。土工加高培厚。

海舟堡

天后廟前鶴嘴基派銀壹千兩。

廟前加壘蠻石。又自廟前起，至南村側一帶，土堤增培。又附近鐵牛界石堤，舊多傾卸，今砌回。該處江潦直射，擊動基身。廟後深湖大爲基患，此湖亟宜漸次填復，填得一尺則收一尺之效。下次歲修當由外堡首事協同該堡紳士開局督辦，内填湖外築壩，此上策也。若向土堤用力，終是基根浮軟，顧奴失主。

麥村管基派銀肆拾兩。基漏舂實。

李村管基派銀陸拾兩。修葺石堤。

先登堡

派銀叁百兩。

龍坑、鄧林、鳳巢、茅岡、圳口、稔岡、横岡、鵝埠石八段俱土工。

河清堡

派銀伍百兩加高培厚俱土工。

九江堡

派銀伍百柒拾兩。

土石分段雜施。九江堡管基至長，而大洛口、蠶姑廟等處緣海中古潭沙梗流，江潦從沙頭分流直注，爲最險患之區。下次歲修，應由外堡首事協同該堡紳士督辦，於大洛口、蠶姑廟一帶多設石壩，以殺水勢。工程之要與海舟堡天后廟同，不能緩視。

甘竹堡

派銀捌拾兩。土工修復患處。

雲津、百滘兩堡

仙萊基派銀壹百兩。

自北帝廟前至基角處，用土培高。又於五顯廟前用土加修廿四年患處。該基頂沖險要，與吉贊橫基同，此次歲修以基低屡溢面，急於加高，尚未培厚。下次歲修應從基角處培闊丈餘，然後此基厚重有力。

林村潘姓管基派銀貳拾兩。土工。

林村黎姓管基派銀伍拾兩。基中舂灰墻一道，餘用土培。

林村陳姓管基派銀伍拾兩。康公廟前用土加高，餘則培厚。

民樂市竇旁基派銀肆百壹拾兩。

竇左邊基用土培闊，併用條石結砌數層護土，計長二十餘丈。又於竇左邊基面至北頭路閘，均用土加高，又於竇右邊基添石結砌。

藻尾鄉吴姓管基派銀壹百捌拾兩。

用土加高培厚，其吴宅祠後一帶基脚用蠻石叠砌。

藻尾鄉張姓管基派銀伍兩。土工。

藻尾鄉潘姓管基派銀貳拾伍兩。土工。

雲、滘兩堡基向日低薄過甚，經此次歲修，各行加高，無潦水溢面之虞。然高或有餘，厚則不足，下次歲修自林村起，至民樂市北頭路閘，又自民樂市南頭路閘，至藻尾鄉高田竇，均應一律用土培厚。患伏於微，防維須密。

簡村堡

派銀貳百兩。

二十七户分管各段，灰土雜施，其竇面公基，用土培高。吉水竇旁西湖村基比簡村堡基低尺餘，水易溢面，然不入二十七户經營之内。下次歲修當於簡村堡派款外，另將銀撥派西湖村，着其用土加高，與簡村堡基一式，始免參差。

沙頭堡

派銀肆百兩。萬安渡頭上下舊塌添壘新石，餘俱土工。

龍津五鄉基派銀肆拾兩。土工。

龍江堡

派銀壹百兩。土工加高培厚。

吉贊橫基

派銀陸拾兩。基漏舂實。

另派大桐堡白飯園銀壹百兩，新慶園銀壹百兩，撥修河神廟銀壹百貳拾兩零肆錢壹分壹厘。

撥充南村總局費用銀貳百壹拾柒兩六錢叁分玖厘，暨部費、房東司事酬金省館使用，共銀壹千零柒拾壹兩玖錢伍分。

通共支銀壹萬兩。另各堡業户自行加二捐修，不在此數内。

已上各段其中補註善後章程，特就確見深知者，略陳梗概。然以萬餘丈之基，耳目難遍，遺脱尚多。況浪激雨破，數年之間，往往安危頓異，形勢懸殊。異日董事者更宜博采輿論，躬親履勘，據補註之所及以盡其所未及，然後動中要害，功歸實效。

購石章程

案：盛潦非石不能禦，而採石尤難於取土。我桑園圍前後用石，其購辦經行成法。查志載各船到埠，初次於船頭尾量准水則，編列字號，用紙單註明丈尺，蓋上圖記，實粘船裏。下次查照原字號爲准，不用再秤。據此，亦便宜從事之道。然石船奸僞百出，照舊章每爲所欺，用銀多而得石少。此次辦石，自始至終俱輕重明秤，又不用攬頭，直向各石船商定初議每萬斤價銀壹兩玖錢。晚春以後，西潦漸長，輓運較難，（比）〔北〕邊大壩衝激尤甚。因於原價外，石壹萬斤量加五分，或至壹錢，每船用秤一杆，三人經管。一人執秤，一人畫重數，一人旁立關防船户設詐。如遇石數十艘齊到，則開秤以八杆或十杆爲度。仍一船一（杵）〔杆〕秤，各船挨次先後秤去，石船到埠，向局掛號，先到先秤，魚貫而進。秤石之人非常川住局，向南村何、任、潘三姓選定，每人每日工銀陸分，局總供膳，石船到時，一呼並集，秤畢則先後退去，下次船到亦然。局用略省，且免喧鬨，各秤俱總局設暨，每日開工由局携去，收工時飭令繳局。其秤石每船三人，仍隔日彼此船移換，以杜賄囑舞弊。又志載凡石廳首事指點安放，法固不可易。然猶有未盡者，船户依樣拋擲，石與基身往往不相依附，難收實效。今收南村基於石船落石之後，另雇散工將石扛護基身，壘成坡樣，其石堤得蠻石貼傍，則堤脚益堅。其土堤得蠻石貼傍，亦無崩卸之虞。南、北二壩，均用散工收拾整齊，小石在下在内，大石在上在外，潦東駛不能遽動。故此次南村基得石最多，工程最固，謹綴此條於派欵清册後，爲修基購石者備一法焉。

廣東布政司司柏爲題估等事

咸豐元年閏八月十五日奉巡撫廣東爵部院葉案行咸豐元年閏八月初二日准工部咨都水司案呈工科，抄出廣東巡撫葉等題南海縣道光二十八年修築桑園圍基工程需用銀兩造册題估一案，道光三十年十二月初十日題咸豐元年四月初五日奉旨該部察核具奏，欽此。欽遵抄出到部。該臣等議得廣東巡撫葉等疏稱南海縣屬桑園圍基被風卸陷，先經臣葉會同督臣徐於道光二十九年正月二十六日奏奉諭旨，准其動撥歲修息銀一萬兩給領興修，俟工竣之日，造册報部核銷等因。當經飭行遵照，兹據廣東布政使柏詳據署南海縣知縣馮沅詳稱：將該圍土、石堤工程一律培厚加高，共用過土石銀一萬二千零五十四兩零七分四厘，除領銀一萬兩外，餘銀在於圍内各段業户公捐湊足，造具、工料細册，相應詳繳，具題核銷等由。

臣覆核無異，除册送部查核外，臣謹會同兩廣督臣徐恭疏具題等因前來，查廣東省南海縣道光二十八年修築桑園圍基工程，先據兩廣總督徐等奏明南海縣桑園圍基因道光二十八年九月内陡發颶風，頂冲險要土、石各堤多有坍卸，亟應修築，以資捍衛。共估需銀一萬餘兩，應請在於該園歲修生息款内撥銀一萬兩。其餘不敷，即由該圍業户捐足，飭令興修等因。

今據廣東巡撫葉等將前項修築桑園圍基共需工料銀一萬二千五十四兩七分四厘，除各業户公捐銀二千五十四兩七分四厘外，實需工料銀一萬兩，造册題估。臣部查係奏明之工，應準辦理，仍令該撫將做過工程、用過銀兩照例切實具題造册，送部核銷。咸豐元年五月十四日題，本月十六日奉旨『依議，欽此』。爲此，合咨前去，欽遵施行等因到本爵部院。

准此，合就檄行備案，仰司照依，准咨奉旨内事理，即便轉行欽遵，查照辦理，毋違。

等因奉此，查本案修築桑園圍基，先據該縣造具用過工料銀兩細册，業經轉詳請銷在案，兹奉前因合就札遵札到該縣，即便欽遵查照辦理，毋違須札。

咸豐元年閏八月　日札

予築復林村決口之五年，與潘君鶴洲董修禾义基。禾义基者，予南村管也。其基未嘗決，修之，何也？禾义之比爲海舟堡三丫基。兩基毗連，江中太平沙自先登堡迤邐至斯，沙盡水復，合基當其衝。西潦盛時，建瓴東下，撼地陷天，古稱龍門峽、瞿唐峽，其剽捍恣怒之勢當不過是。向者道光癸巳三丫基嘗決矣，決口之大且深，實爲桑園從前所未有。圍内淪胥之慘，亦視從前彌甚。環予鄉南北，古墓纍纍，漂没廢徙者數百穴。膏腴上地，積沙深數尺，棄置不耕者，十之三四。幽門告哀，辛苦墊隘。每一追述，猶有餘痛。搶塞修築，費至五萬。予嘗董其役焉，蓋自甲寅以後，工役未有若斯之鉅者也。今禾义基石堤被颶擊剥，履霜堅冰，患將至矣。予懲三丫基往事，念此基若決，其禍之烈，將與三丫基等。三丫之決，民困未甦，若此基又決，吾其魚乎？是以傳布通圍，籲請帑息修而固之也。是役也，因禾义而修及全圍，盡防衛也。然則修禾义基與築林村決同乎？曰林村基捍桑園圍之東河，狹而水緩，取土堅築高厚，可以無虞。禾义基捍桑園圍之西江，廣而流急，惟積石乃能障，而東之地異勢殊，修之之法，未可同日語也。

何子彬謹跋

道光己丑築仙萊、吉水決基之役，先長伯思園公以基決，民貧力絀，義勸伍紳捐銀三萬，環堤通修。時觀察夏公修恕迭次按臨，先長伯所條議，夏觀察輒韙之。越四年癸巳，築三丫基決，借帑數萬，鄉先生鄧公鑒堂以爲憂，先長伯指授機宜，《呈盧制軍》節略。查桑園圍三丫基於嘉慶二十二年冲六十餘丈，業户科銀不足，借帑銀五千兩凑辦，其銀係從前貯備，各屬基堤公款，業經按年清還無欠。又道光九年，桑園圍吉水灣、藻尾、仙萊岡各基冲決，係伍紳士各銀收復，並無借帑興修。桑園圍通圍前後實無少欠借修決基帑銀。至南海縣各屬別圍，及主簿屬鰲岸外圍，有借帑未還，均與桑園圍無涉。其所借之帑均係乾隆八年積存貯備公項，與桑園圍紳士李應揚等現在請領歲修生息銀兩不同。現在請領之銀，係嘉慶二十二年桑園通圍南、順兩縣紳士呈奉，前督憲阮撫憲陳奏蒙恩准，借藩庫追存沙坦息銀四萬兩，道庫貯普濟堂息項銀四萬兩，共銀八萬兩，發交南順兩縣當商生息，每年得息銀九千六百兩，以五千兩歸還原借帑本，四千六百兩交桑園圍歲修各基。嘉慶二十四年蒙照給二十三年息銀四千六百兩修葺各基，列册報給，不用還款在案。嗣因盧、伍二商捐銀改建石堤，此項息銀暫停未給。道光九年，吉水灣等基沖決，又經五〔一〕紳捐修，是以未經請領此項銀兩。計自嘉慶二十三年起，至道光十二年止，共十五年實得息銀一十四萬餘兩，除還原借帑本銀八萬兩，并二十四年給銀四千六百兩歲修外，尚有原本銀八萬兩，仍交南、順二縣當商生息，未經停止，又積存息銀五萬餘兩未領。此項息銀，係南、順兩縣紳士稟奉奏蒙恩准，借帑本銀八萬兩發交南、順兩縣當商生息，以爲桑園圍歲修之用，專爲桑園圍而設，給發歲修，不用還款有案。與別圍無涉，亦與別圍及二十二年三丫基所借通省各項應還者不同。盧、伍二商捐銀大修，亦止奏明暫時停止，仍聲明俟將來基有損壞，再行核辦，亦無奏明不給之案，理合開明送核。

遂獲請當道，以歲修銀撥償，而我桑園圍此歲修款，自續奏停支以來，復得援據成案沐皇仁而安樂上者，賴有此也。翎於先長伯無能爲役，然時時追隨左右。基務之要，每聞而謹識之。戊申冬十月，闔圍人士以秋颶傷及堤岸，爲防護計，時斯濂乞假南歸。予勗之曰：『桑園圍事，先世嘗三致意，繩諸祖武，爾其勉之。』於是斯濂先向上游略陳梗概，厥後圍紳繼竭呈請，遂蒙委勘，隨即撥領歲修銀壹萬兩，翎以圍衆公推董理，屢辭不獲命。迺與同事何君綺堂執畚鍤爲役徒，先首致力於禾义基，其餘派修各段，常督勸不敢懈，工竣彙敘顛末，付之剞劂，不揣固陋，謹仿丁丑舊志，謬附己意，以盡駑鈍所不逮。竊維生民之患，有天有人。桑園圍地跨南順，一有潰決，民命之瘡痍，田廬樹畜之漂没，不可勝數，此天實爲之。至於土石歲久剥落，不先事培修，致成巨浸滔天之害，厥咎在人。《傳》曰『備預不虞』，古之善教。我桑園圍歲修本款，歷有案據，可爲防護之資。聖天子子惠元元，賢公卿奉揚德意，苟下情上達，罔弗恩膏立沛。後之君子，所當隨時入告以歲修之利，爲桑梓造無窮之福也。抑又聞之，『善治水者不與水争地』。故禹播九河，不惜棄數百里之地，以殺河流。前人論之詳矣。鎮涌堡禾义基横置一角於水，次仲邑侯嘗謂建圍之始，拙於相度，即先長伯每爲翎言之。然形勢已定，不能復更，今就其已定之勢，爲善後之策。積石爲壩，迂水勢也；壘石爲坡，護河壖也。增土爲塘，抑泛濫也；壘石爲楗，固藩籬也。翎所爲，奉先長伯之訓，偕何同事并力一心，冀無隕越者，如此而已矣。若其勢處極險，異時水激難支，如朱生論下墟古基爲河伯所必争，翎豈能逆知其必無哉？惟安不忘危，勤修勿懈，庶幾永永年代，久而彌固。翎願與基主圍衆共勉之。

潘以翎謹跋

重修桑園圍　南海神祠記

歲丙午冬十月，連日驟雨，十有二日。天方曙，繼之

〔一〕五　當爲『伍』。

以風，廟之後堂遂塌焉。時值麥村梁君雨馨館其地，屨皇劍寢，始（護）〔獲〕免於厄。其徒某即於瓦礫中扶翊以出，尋得無恙，以是知神之爲靈昭昭也。廟建自乾隆甲寅、乙卯間，圍堤鉅工既竣，僉以李村爲通圍適中之地，爰立廟以妥神，并建後堂爲集事處。惟時官斯土者，類皆恤民隱，體察輿情，用能上下交孚，一乃心力。故自有桑園圍以來，言堤工者，皆以甲寅爲倫觀，其大修告成之後，於禾义基之險要處，謂爲河伯之所争，固讓地而坡之培之。於竇穴之淤壞者，悉令該處紳業倡修，以爲圍中宣洩灌溉而疏之導之。事無纖悉，次第具舉，其泛應曲當也。如川之赴壑也，由水之就下也，莫不盈科而後進也。以視吾儕之甫謀一工，甫畢一役，真不啻跋前而躓後焉。豈和衷之實難歟？抑才力之不逮歟？何勞逸之懸殊而古今人不相及也？故曰堤工以甲寅爲備正，不僅壯廟貌之宏規，使歲時伏臘，講貫有資，經畫得所而已。夫士君子浮湛里社，即此一二修廢挽頽之舉，力所能致，當致力焉。顧爲之拘牽，憚勞而不任，厥事將自矜其智而人獨愚乎？况溯廟迄今五十餘年，構堂重新，規横展焕，於以仰答神庥，式承靈貺，則所以慶安瀾、貽樂利者，其在斯乎？其在斯乎？是役也，經始於戊申九月，以己酉閏四月與歲修堤工一齊蕆事。其間鳩工庀材則潘君焯堂之力居多，而始終在工督役者則有梁君雨馨，常川到局揚確者則有何君省蘭、李君芸軒。彬不過隨諸君子後，效奔走之勞焉爾。因援筆而記其事。

道光二十九年歲在己酉閏四月之望南村何子彬記

同修首（首）〔事〕

鎮涌堡	何子彬	綺堂
百滘堡	潘　泰	焯堂
海舟堡	梁子霖	雨馨
鎮涌堡	何世文	省蘭
海舟堡	李孟宗	芸軒

前後集議章程附記

圍廟之大修也，原議查照甲辰修堤，通圍派捐起科銀壹萬四千兩之例，壹成起科，計得銀壹千四百兩，除現在將後堂地臺填高二尺，及通修外，仍將兩邊襯祠鋪砌新安、九龍石塊，及兩旁青雲路一律填砌，以肅觀瞻。且擬於後堂南便横門餘地，闢一南園，更爲美備。嗣因興工日久，只有百滘、河清、鎮堡[一]三堡如數先交，其餘各堡起科銀兩催繳不起，復行邀集各堡先生齊赴公所，再議七二折實以爲定額。後來幾堡俱有尾欠未清，是以各工程尚有仍舊未修者。幸得甲辰堤工撥來餘羡銀貳伯兩，己酉歲修又復撥來銀壹伯貳拾兩，而且戊申圍廟值事係屬鎮涌、

[一] 堡　疑爲『涌』之誤。

海舟堡，己酉圍廟值事係屬百滘、河清堡，類皆彼此和衷，前後在廟箱撥支歸款，然後各工料銀兩始得完結。至襯祠青雲路諸石工，以暨南園工築，是所望於後之君子焉。

收支數目并附

一、收撥來甲辰修堤餘存銀貳百兩正。

一、收圍廟箱撥來銀伍拾兩正。鎮涌海舟堡值年。

一、收百滘堡照額起科銀叁拾壹兩零八分。

一、收百滘堡於起科外來長銀壹拾貳兩零八分。

一、收鎮涌堡照額起科銀叁拾伍兩。八錢壹分叁厘，欠平五分。

一、收鎮涌堡於起科外來長銀壹拾叁。兩九錢貳分七厘。

一、收河清堡照額起科銀叁拾陸。兩九錢壹分五厘，欠平七分八厘。

一、收河清堡於起科外來長銀捌兩叁錢九分壹厘。

一、收海舟堡照額起科銀肆拾貳兩七錢九分七厘。

一、收先登堡照額匯交起科銀肆拾陸兩八錢正。

一、收簡村堡照額匯交起科銀陸拾肆兩捌分正。

一、收甘竹堡照額匯交起科銀貳拾捌兩四分四厘。

一、收大桐堡照額起科銀柒拾玖兩五錢八分九厘。

一、收九江堡二次共來起科銀壹百肆拾兩正。

一、收龍江堡來起科銀壹百兩正。欠平貳錢正。

一、收沙頭堡來起科銀伍拾兩正。欠平壹錢四分。

一、收雲津堡來起科銀貳拾兩零九錢七分六厘。

一、收金甌堡來起科銀壹拾兩零九錢七分八厘。

一、收龍山堡來起科銀貳拾捌兩正。

一、收己酉歲修圍堤總局撥來銀壹百貳拾兩零四錢壹分壹厘。

以上共計收銀壹千壹百貳拾兩零柒錢八分壹厘，內除共欠平頭銀肆錢陸分捌厘。實共進收銀壹千壹百貳拾兩零叁錢壹分叁厘。

支數

一、支太平沙李允秀估修前、中、後三座，并襯祠及改建後墻磚瓦、木灰各料并工。除前座自辦杉料外，共駁實交銀伍伯壹拾肆兩壹錢零陸厘。

一、支太平和昌石店砌換前、中、後三座新石，并洗石柱及散工數共工料九七實銀壹伯貳拾貳兩肆錢叁分陸厘。

一、支九江恒和杉料除匯允秀取料不計外，實自辦前座各料九六實銀陸拾柒兩伍錢捌分。

一、支自九江載前座杉料水脚實銀壹兩壹錢陸分。

一、支永吉店雙面屏門壹堂實銀壹拾肆兩肆錢正。

一、支李品堅等填高後座泥工銀玖兩玖錢柒分柒厘。

一、支鄺仕等春實後座新填泥工銀伍兩貳錢陸分四厘。

一、支亞性春石口各油灰工銀壹兩伍錢貳分壹厘。

一、支英華花脊頂獅子魚塔連載，共實銀叁兩零捌分。

一、支合成包油神座，及前座、中座并高牌扁額、花簷，一切連金共實銀叁拾肆兩叁錢玖分。

一、支明新塑各神像，并新椅及鷄刀神福在内共實銀捌兩柒錢陸分。

一、支成就店包油後座，及襯祠工料，實銀壹拾伍兩柒錢零柒厘。

一、支補修後座兩廊，共工料實銀壹拾玖兩正。

一、支填高兩廊沙泥，及砌堦磚，挑渠、作竈，共工銀伍兩肆錢正。

一、支銅線、鐵釘、鋤頭、舂杵、竹篸、繩纜等物，共實銀柒兩叁錢肆分。

一、支公所什物，厨房器具，共實銀壹拾兩零零八分。

一、支李冠南油刻修廟值事大匾一個，工料實銀叁兩叁錢玖分。

一、支廟廠及公所共棚廠實銀肆拾玖兩玖錢正。

一、支磚司石匠搭篷三行，共開工上樑陞座完工、各神福，實折銀肆兩肆錢貳分叁厘。

一、支上樑陞造金豬寶燭等物并雜項，共銀捌兩叁錢肆分玖厘。

一、支大鼓、印令等物，共實銀叁兩捌錢陸分。

一、支大寶鐵龍亭除交舊鐵亭外連載費，共實銀壹拾玖兩陸錢陸分。

一、支大小燈籠一单，實銀壹兩捌錢玖分。

一、支商修廟事，各堡先生來往船費、飯金，共銀壹拾兩零壹錢正。

一、支往各堡催收起科，及偕營兵往龍江帶銀，共費用銀貳兩貳錢零伍厘。

一、支公所火促，自戊申九月起，至己酉閏四月止，酒、米、魚、菜、柴、炭、油、鹽、雜用共銀捌拾玖兩陸錢貳分捌厘。

一、支火夫、厨子、兜夫、雜差，共工銀壹拾伍兩陸錢零柒厘。

一、支修東基洪聖古廟及前任史邑侯捐置爲司祝工食之茶館共工料實銀陸拾肆兩陸錢。

合共支出實銀壹千壹百叁拾肆兩壹錢貳分叁厘。

除上二十數收銀壹千壹百貳拾兩零叁錢壹分叁厘外，實尚不敷銀壹拾叁兩捌錢壹分，至庚戌正月初四日在圍廟箱撥支訖。河清百滘堡值年。

癸丑歲修志目録

卷十三　咸豐三年癸丑歲修志同治四年乙丑稟

拆楊滘長垻事附

癸丑歲修紀事

桑園圍每歲修必有志，惟咸豐三年癸丑九江榆岸五鄉岡頭涌等基决，是冬領歲修本欵息銀一萬兩，加二起科，通修患基。甲寅春，工甫竣，會紅匪不靖，繼以海氛，志務久未遑及。今歲因輯丁卯志，諸君子以前志板悉燬兵燹，議裒全志稍加删補，重授梓人，將并癸丑領帑事補志之。而是役首事潘君湘南、崔君霽南均先後謝世，工役度支無有記其詳者，爰從檔房備查案由大略續輯。至岡頭涌鍾姓圖撻代墊工費，控追歸欵，並誌之，以杜諉卸。而楊滘鄉築壩一事，關碍全圍，亦附誌之，以厪隣戒焉。若夫修築購料、一切章程，則癸巳志已薈萃。前志詳言之，兹不復贅。同治九年歲次庚午蒲月盧維球謹識。

奏稿[一]

咸豐三年十一月初六日兩廣總督臣葉、廣東巡撫臣柏跪奏

[一] 原書正文無此標題，現據卷十三目録補。

爲南海縣屬桑園圍基冲卸，請撥歲修息銀築復，恭摺奏祈聖鑒事。

竊照本年六七月間，粵省東、西、北三江潦水漲發，各府屬州縣圍基、田畝、房屋間有淹坍。先經臣等委員勘不成災，捐廉妥爲撫綏，專摺覆奏，並聲明南海縣屬桑園圍東基等處基段多有坍卸、浮鬆。據紳士呈報，請撥給歲修銀兩，俾資培築。俟委員會縣覆勘，另行辦理在案。茲據委員候補知縣朱甸霖會同南海、順德二縣馳往該圍，確切勘明稟覆。桑園圍東基内九江堡、龍津堡、簡村堡、先登堡、甘竹堡各基段，冲決自十餘丈至八十餘丈不等，因基身均已内陷，必須踹練堅築，始足以資鞏固。此外，沙頭各堡基段石堤亦多拆裂浮鬆，亟應分别添石培補修築。工程浩大，民力實有未逮，議請動撥該圍歲修生息銀一萬兩，轉給紳士領回，鳩工購料，赶緊修築等情。由司詳請具奏前來。臣等伏查，該圍籌備歲修生息一項，先於嘉慶二十二年在藩糧二庫提銀八萬兩，發交南海、順德二縣當商生息，每年繳銀九千六百兩，以五千兩還本，以四千六百兩爲該圍歲修之用。嗣因紳士伍元蘭等捐銀十萬兩將該圍改築石堤，此後無需歲修，每年將歲修息銀四千六百兩歸入籌備堤岸項内備用。其應歸本銀五千兩，續奉行另入季報撥。嗣道光十三年，桑園圍被水冲決，先後在司庫借領銀四萬九千八百餘兩，經前督臣盧奏明，以一萬六千二百餘兩動支該圍歲修息銀，以二萬三千兩將該圍每年應得歲修息銀四千六百兩按年儘數扣收，毋庸征還。尚餘銀一萬六百餘兩，分限五年攤征。又二十四年被水，該圍患基甚多，及二十八年被風擊壞土堤石堤，均經先後奏准各動支歲修息銀一萬兩紳[一]發紳士領回培築，毋庸歸欵各在案。數年以來，水石冲激，本年該圍東基各段復被潦水冲決及拆裂浮鬆多處，既經委員會縣勘明亟應修築。惟工費鉅，民力實有未逮，仰墾天恩，俯念要工，准照道光十三等年成案，在該圍歲修生息欵内籌撥銀一萬兩，發交南海、順德二縣轉給紳士領回，由縣督飭，赶緊興修，以資扞衛。如有不敷，仍由該圍殷户自行籌足，統俟工竣，驗收覈實，造册報銷，毋庸歸還原欵。第本欵息銀現存銀二千三百三十八兩，不敷支撥，請在籌備堤岸項内借動銀七千六百六十二兩，湊足一萬兩，先行給領，仍俟續收桑園圍歲修息銀内歸補還欵。是否有當？臣等謹合詞恭摺具奏，伏乞皇上聖鑒訓示。謹奏。

請撥帑歲修呈

具呈　桑園圍南、順兩邑紳士舉人潘斯湖、崔繼芬、朱士琦、余秩庸、馮汝棠、陳鑑泉、程師儉、岑灼文、關仲暘、廖熊光、黎國琛、陳文瑞、張清徽、何子彬、梁謙光、程

[一] 此處『紳』字疑衍。

貴時、傅正常、潘漸逵、黄之冕、黎熾遠、陳韶、關景泰、朱堯勳、關士暘、關簡、李雲驅、崔茂齡、鄧翔、朱畹蘭、鍾澄修、崔藻球、朱文彬、梅夢雄、潘文佩、熊次夔、關鴻、莫晉良、崔維亮、潘元申、賴孟瑜、廖金鏗、李珠光，武舉李應揚、李芬、胡流德，貢生陳上齡、程翔萬、盧維球，職員郭汝康，生員潘縉儒、潘廣居、何亮熙、崔令儀、吴元壽、黎銘秋、何倫、譚藹元、余澤涵、譚嵩年、黄昌庸、黄卿槐、梁觀光、陳華澤、關俊英、何如鏡、崔贊元、崔佐、李應剛、蘇應銓、李良弼、何作垣、何文卓、程啓瑞、程簡良、戴異、程璜、郭鵬飛、傅超常、陳鎮泉、曾翀漢、關樹梅、崔博、潘繼李、潘如洋、梁吉、陳鑑光、潘樹庭、張桂湄、黎芳、潘燦光、潘翀漢、潘文澧、黎汝培、何培蓉、梁价如、麥穗歧、麥湛清、麥翹、關瑞溶、崔榮、梁以楨、李升、李鴻貞、莫燮理、馮濟昌、馮翰昌、馮寅，武生黎鏘緒，監生梁國鋥、老亮純、何隆清、傅遂良、李玲光。呈爲基決費繁，派捐無力，聯懇通詳大憲，撥領歲修，俾及時修築，以救糧命事。

切舉人等桑園圍界連南、順兩邑，分東、西兩基，東基扞禦北江水潦，西基扞禦西江水潦，共長一萬四千七百丈，圍内烟户數十萬家，貢賦二千餘頃，全藉基堤扞衛，最爲險要。本年七月内，西、北兩江潦勢逾常，自初五至十二等日，九江堡榆岸圍基段冲決十四丈餘，趙涌南頭圍基段冲決兩處，共二十丈餘，坍卸七丈餘，龍津五鄉基段冲決崩卸二十丈餘，簡村堡基段坍卸八十一丈，飛鵝岡左右二翼公基冲決三十九丈，其餘坍卸漫溢指不勝屈。非闔圍大修，難期無患。舉人等審度形勢，其崩決者須牛工練築，其坍卸者須灰料實舂，卑薄處培厚增高，陡削處添樁壘石，至全堤基之漫溢者又一律加高。似此工程非二萬餘金不足蒇事。本年早禾歉收，米食騰貴，又值潦水灌注，圍内晚禾及桑株魚塘被浸者十居七八，且各決口連日搶救，共用工料銀六千餘兩。民力倍艱，惟有籲請憲恩，俯念圍民左支右絀之苦，查照道光十三年三丫基冲決，撥給歲修本欵銀三萬九千兩；道光二十四年林村吉水各基冲決，撥給歲修本欵銀一萬兩；道光二十九年禾义基石堤擘卸，撥給歲修本欵銀一萬兩成案。伏乞親臨履勘，轉詳大憲，將桑園圍歲修本欵息銀撥給，俾得請定章程，刻日興修，從此全堤鞏固，億萬斯年，感戴鴻慈於不朽矣。切赴。

咸豐三年八月二十二日呈

首事具領修費并請示稟

具稟　重修桑園圍基首事舉人潘斯湖、崔繼芬稟爲請給修費，赶速興工，以重基務事。

緣桑園圍基前被西潦冲決，九江榆岸岡頭涌五鄉基等處各堤，先經合圍紳士聯請撥給本欵歲修息銀，通圍合修，以資保障。蒙恩詳奉大憲，准給銀一萬兩及時興修。蒙委員履勘，洞悉情形，承諭實力大修，以期鞏固。現議舉人等董理其事，自忖識淺才疎，工程未諳，奈衆情推舉，義無可辭。所有塌卸各基，及全圍應行培修基段，務宜核實、估修。謹於十月初旬諏吉購料，集夫修築。但一經興工，在在需支，只得備具領狀，繳赴臺階，請給修費以應要工。并在工夫役，良歹不一，恐有怠惰、偷安、酗酒、滋事，或恃衆阻撓，藉端争鬭等弊，仍請給示，曉諭嚴禁。切赴。

咸豐三年九月二十三日稟

申報興工日期文

廣東廣州府南、順二縣爲申報事。

案奉藩憲札開，咸豐三年十月十五日奉巡撫廣東部院柏批：據委員朱甸霖會同該二縣稟覆勘過桑園圍冲決基段應修處所，繪具圖摺，請撥歲修息銀一萬兩，給縣領回，轉給首事具領興修等由奉批，據稟已悉，仰布政司迅將修費銀一萬兩，發縣轉給，並即轉飭遵照，督令該首事等將各圍決口及應修處所，刻日興工，趕緊修築完固，以資保障。工竣，取具册結，覈實報銷。並候爵督部堂批示，繳圖摺存。又奉太子少保兩廣爵督部堂葉批：據稟已悉。仰東布政司俟該縣等繳到印領，即將該園息銀支給，下縣轉發首事具領興工，並飭該二縣隨時督率，趕緊修築，務期工程鞏固，以免貽悞。仍候撫部院批示，繳圖摺存各。

等因奉此，案經籌撥銀一萬兩，於十月二十九日支給該二縣領回，轉給首事具領興修在案。合就札飭札到二縣，立即遵照，將領回前項銀兩，飭令首事趕緊興修，務祈工程鞏固。一俟工竣，覈實驗收。造具用過工料、銀兩細册，出具保固切結，詳繳赴司，以憑核明，詳請題銷，毋任稽延。仍將給領過前項銀兩及興工、竣工各日期，通報查考等因，并奉發基費銀一萬兩到縣。

奉此，當經諭飭該紳等領修去後。兹據董修桑園圍舉人潘斯湖、崔繼芬等稟稱：切舉人等奉諭飭將奉發桑園圍修基工費銀一萬兩備具領狀，親身赴領興修等因。舉人等擇於十一月二十四日興工，理合備具領狀。叩乞當堂給領等情。

據此，經卑南海縣於十一月十八日將奉發銀一萬兩當堂給該舉人潘斯湖等領回興修，取具領狀附卷，除飭催該首事等趕緊築復完固，容俟工竣另文申報外，所有給過奉發基費銀兩及據報興工各日期，理合具文通報憲臺察核，除申各憲外，爲此備由具申，伏乞照驗施行。

咸豐三年十二月初一日

藩憲催造報劄

署廣東布政使司周爲題估廣東省南海、順德二縣修築桑園圍基工程需用銀兩，應准辦理事。

案奉署廣東巡撫部院江案行咸豐八年正月二十七日准工部咨都水司案呈工科，抄出前任廣東巡撫柏題南海、順德二縣咸豐三年修築桑園圍基工程需用銀兩造册題估一案。咸豐五年八月十七日題十一月二十四日奉旨該部察核具奏，欽此。欽遵抄出到部，隨經臣部行令造具副册繪圖去後。今於咸豐七年七月二十二日據大學士兩廣總督兼署廣東巡撫葉將圖册咨送到部，該臣等議得前任廣東巡撫柏疏稱：南海縣屬桑園圍基，因咸豐三年潦水漲發，被冲坍卸，經臣柏會同督臣葉奏請籌撥銀壹萬兩，給領興修，工竣造册取結，詳辦在案。兹據廣東布政使江國霖詳稱：據南海、順德二縣承修該圍基段，實用工料銀一萬二千六百十六兩四錢三分一厘，除領銀一萬兩外，餘銀由基主按税科派，造具工料細册，詳請具題等由。臣覆查無異，除册咨部查核外，臣謹會同兩廣總督臣葉恭疏具題等因前來。查廣東省咸豐三年南海、順德二縣修築桑園圍基工程，先據大學士兩廣總督葉奏明，經臣部會同户部議奏，行令造册具題在案。今據前任廣東巡撫柏將前項修築桑園圍基共需工料銀一萬二千六百十六兩四錢三分一厘，造册題估，臣部查係奏明之工，應准辦理。仍令該撫將做過工程用過銀兩，照例切實具題造册，送部核銷。至動用該園生息銀兩，應行文户部，查照咸豐七年十一月二十一日題本月二十三日奉旨『依議，欽此。』爲此，合咨前去，欽遵施行，等因到本署部院，准此合就檄行備案行司，照依准咨。奉旨内事理，即便轉行欽遵查照，將做過工程用過銀兩，照例切實造册，具詳核辦，勿忽。等因奉此，合就檄行。爲此，劄仰該二縣即便欽遵查照辦理，毋違須劄。

咸豐八年七月二十七日

五鄉業户禀

具禀　業户監生鍾英，職員鍾兆開，户長鍾贊鳴、廖五經、何昌、顔永祖、顔昌、霍起宗、顔活軒、崔日升，俱龍津堡人，爲圍基冲决，搶救力竭，難籌築復，乞恩勘估，詳給歲修銀兩修復事。

竊生等龍津堡南莘村陳步各鄉附居桑園圍東基内，自江浦司署後起，至沙頭堡界止，堤基六百三十餘丈。前月潦水漫溢，登即搶救，奈濤狂浪盛，力救不及，慘於七月初五夜被水冲决堤基二十餘丈，自堤面至水底約深二丈有奇，坍卸二十餘丈，被溢崩缺三、五尺，約有一百餘丈。幸各户紳民督率子弟奮力救護，數日始暫堵塞。生等用過工料銀四百餘兩，業經禀明江浦司主查勘明確。現當水退，亟應修築。第思遭此奇災，搶救用去多金，力難科派。况田禾桑塘均經淹浸，口食無靠，各鄉族小丁稀，亦無富户可捐，税畝亦僅數頃，實在捐築維難。忖歷次各處崩决堤基，均蒙列憲恩給桑園圍歲修欵項修築，迫瀝叩鴻慈，俯念生等無力捐築，恩准勘估，詳給欵項。俾得赶緊修築，以免後患，永頌甘棠。切赴。

咸豐三年七月二十六日禀

代理南海縣憲胡批：

現據桑園圍紳士崔繼芬等呈稱：陳步等五鄉鍾贊鳴户基段被潦冲決一十餘丈，因工料未備，無力搶築，經爾鍾英等親求各堡代賒工料、飯食銀一千一百餘兩，始行築復完固。向爾等討取墊支銀兩，延匿不還。現禀並未敘及，顯係飾詞，圖吞代墊工費。希冀邀准借給修基銀兩，殊屬取巧。着即查照舊章，斂齊修費歸還，毋得違延滋訟。保狀附。

催鍾姓填還代墊搶救工費呈

具呈　桑園圍紳士舉人崔繼芬、陳鑑泉、黎國琛、關景泰、何子彬、梁謙光、崔茂齡、莫晉良、程師儉、程貴時、馮汝棠、廖熊光、朱士琦、朱堯勳、李雲驅、崔藻球、崔維亮、余秩庸，武舉李芬，職員郭汝康，優貢盧維球，生員關樹梅、曾翀漢、程啟瑞、程簡良、郭鵬飛、何亮熙、崔令儀、崔贊元、莫燮理、李鴻貞、崔佐、崔博、何培蓉、關俊英、何作垣、何如鏡、梁觀光、李應剛、蘇應銓、李良弼、李嘉樹呈爲恃刁冒報，浩費無歸，聯懇勒交押追以重基務事。切紳等。桑園一圍，東、西堤基共長一萬四千七百餘丈，分段經管，以專責成。遇有冲決搶救，所有工役、飯食、椿杉物件，均歸經管基主自備供應，前後《桑園圍誌》歷歷可據。詎於七月初五日夜，東基岡頭村即陳步鄉鍾贊鳴户等五鄉基份被西潦冲決一十一丈五尺，崩卸九丈，深一丈八尺。該基主雖鳴鑼喊救，而椿杉不備，飯食不供，該處子弟固躲匿不出，即各堡赴救亦皆枵腹立視，措手無憑。水勢奔騰，人情惶恐，各堡紳士當即急赴基所責成基主。該基主監生鍾英等親求各堡代賒取工料、飯食等項，赶緊搶築，事後起科，竭力歸欵。衆信爲然，遂鳩工庀材，并力搶救。自初六日起，至十一日止，圈築水基五十六丈一尺，合而復潰者凡三次，竭六晝夜之力，乃克蕆事。計沙頭堡代支出工料、飯食銀九百六十餘兩，大桐金甌兩堡代支出工料飯食銀二百餘兩，事後向討，始猶甜延，後竟躲避不面。經闔圍紳士屢集河神廟秉公理處，責令歸欵，以符向章。在該鄉田畝富户不少，倘設法起科勸捐，儘可措辦。乃監生鍾英等昧良喪心，恃刁不恤，復以搶救力竭等詞冒禀仁臺，並不聲出各堡代賒工料飯食等項，其規避禀追，有心圖撻，已屬顯然。不知集工搶救，闔圍皆知，諒一紙虚詞，難逃洞鑒。似此逞刁取巧，若不嚴爲拘究，將來各處效尤，互相推諉，遇有崩坍，定釀巨浸。兹查鍾英等具禀，粘有地保保人領狀，理合粘列清單，聯叩崇轅，伏乞勒保交出押令，如數歸欵，以符舊章，以杜諉卸。切赴。

咸豐三年八月初三日呈

代理南海縣胡批：

已於監生鍾英等禀内批示，候差拘究追。

闔圍紳士潘斯湖等面呈　縣憲手摺

敬禀者。岡頭涌鍾姓應繳三堡代墊基費一案，其牽涉圍外龍津社學紳士混覆者，蓋因既不能圖撻三堡墊項，又欲硬派四鄉以資彌補，不知去年決口係在鍾贊鳴户基一百七十餘丈之内，本與四鄉無涉。查道光十三年冲決顔姓基段，彼時鍾氏已置之弗恤。自後五鄉各管各基，自爲保固。此次墊欵，無論三堡舊欠，不應派及四鄉。即浮開搶救用過杉椿銀四百八十餘兩之數，更屬轄瑱無理。但四鄉類皆赤貧，鍾姓殷户較多，習俗刁悍。舉人等再四籌思，若不善爲調劑，他日搆訟生波，四鄉必至受累，殊非仰體仁臺息訟安民之意。是以鍾氏繳銀之時，勸令四鄉除浮開四百餘兩十計外，勉力捐銀一百三十餘兩，以息其心。蓋令其徇舊日五鄉之名，盡同堡救災之義，免他日鍾氏又肆欺凌，各皆允肯。不料圍外龍津社學紳士不知原委，竟冒昧袒護鍾姓，是四鄉既科派三堡舊欠，又須認填浮開四百八十餘兩之數，苦樂不均。可否仰懇飭令鍾姓及四鄉投稱闔圍紳士妥議，俾於工竣酬神之日，會同十四堡紳士善爲勸解，以息訟端之處。出自鴻慈，謹禀。

查咸豐四年三堡將鍾揚開扭到主簿，解縣押追。五月廿八日提訊供稱：已於廿七日將代墊搶救銀柒伯兩繳交三堡收訖，隨將鍾揚開省釋完結。

乙丑拆楊滘壩紀事

拆壩之役，固幸各圍紳士同心協力，尤仰賴郭筠仙中丞雷厲風行，秦賡兩憲秉公勘斷。其壩勘得已築成者二十四丈餘，水勢被遏，如灘急，小船之激沈，大船之破底者踵相聞，怨聲不絶，而農民尤深切齒。壩形如丁鈎壘石，層層間以磚窑泥，兩旁加椿夾護。天寒，工人皆縮手，後得天秤法，俟春融始克，徐徐拔其根株。自乙丑臘月越明年丙寅初夏而工告蕆。未及一載，積沙已微見影，若不及早控拆，日久愈築愈長，更難施工。尤幸者當會勘時，是日潮水驟退，壩首尾畢露，巒石横亘，如長蛇凸出水面。兩憲齊聲詫訝，謂無怪各紳士聯控，此壩若不拆，上游民靡甯居矣。兩憲之關心民瘼如此。同治九年歲次庚午蒲月盧維球謹識。

通禀　列憲呈

具呈　桑園圍南海縣屬沙頭堡優貢生盧維球，生員何亮熙，舉人鄧翔，生員馮濟昌、譚杞、鄧維霖，職員譚沅，百滘堡舉人潘以翎、潘斯湛、潘漸逵，生員潘贊勳，簡村堡舉人陳文瑞，副貢生陳伯翔，雲津堡舉人潘桂森、潘仕釗，九江堡舉人關仲暘，候選訓導關樹梅，武舉關榮章，生員劉樹南、曾師孔，先登堡舉人李良弼，生員李應剛、蘇應銓、區佩恩、蘇祥泰，海舟堡舉人梁清，生員梁以楨、李用詒，大桐堡舉人陳鑑泉，候選訓導傅超常，附貢李海，生員戴異，程啓瑞，李介臣、程潢，河清堡舉人熊次夔，生員潘繼李，鎮涌堡舉人何文卓，生員何如鏡、何亨，金甌堡舉人關景泰、余得俊，順德縣屬龍山堡候選訓導馮培光，歲貢左秩俞，附貢吴元壽，龍江堡舉人張汝梅，監生張華秋，南海縣屬西圍舉人沈維杰、廖翔，副貢李籍鏞，生員羅應坤、廖炳文、李拱宸、馮鑑清、關宗漢，羅格圍舉人羅熊光、羅應鏗，生員冼瑩，大柵圍舉人高子沅、何愷儔，生員何庭修、馮熺，鼎安圍武舉麥霖秋，生員麥文經、麥錦泉、王延年、王慶霖、王治平，大有圍舉人陳熾基，武舉譚廷昭，生員關焜、張耀奎、關萬年、陸登魁，蜆壳圍南海縣屬舉人康贊修、陳錦騰，生員游光海、杜清、潘鑑㴩、游光潼、陸炳煌、康達芬、康達節、潘福甫，三水縣屬舉人鄧顯仁，副貢冼冠魁，生員歐陽泓、周耀南、陸恒孚、徐善福、梁觀瀾、林煥、蘇禮昌，閂門圍三水縣屬舉人梁翬，武舉謝樹芳、謝泰階、謝星階，生員劉始然、徐卓英、鄧震亨，大良圍南海縣屬舉人楊焯垣、鄧瑶、徐澄溥，生員何若瑜、劉廷鏡、張喬芬、黄德華，茯洲圍南海縣屬舉人李文燦，生員陳國儀、陸元達、李善康、陳熾垣，呈爲築壩遏流、沙外圖沙、聯懇飭縣傳案解押，諭局拆毁，以救糧命事。

切紳等。南、三、順等縣各圍當西、北二江頂衝，潦水一漲，自上游建瓴而下，至三水南岸圍，南海、順德桑園圍、大柵圍、鼎安圍、大良圍、大有圍、蜆壳圍、閂門圍、茯洲圍、羅格圍、西圍、東圍等十餘圍相連百餘里。所有圍外諸水，經由各圍村前直落順德縣屬黄連海口，始有支海分流而去。若水流至順德楊滘鄉，河面築壩横攔，宣洩必滯，禾稻定然失收。查近年楊滘鄉開設磚窑，海邊沙外復有沙影微露。然猶幸其流通無滯，沙可隨長隨消，不至大害。不料該鄉貢生馬應楷、生員馬家駒、職員馬業昌等窺此沙可積，遂斂貲購石，於海邊沙外築壩，横亘河面。現築石凸起水面者十餘丈，寄椿落石者數十丈，遏流圖沙。借名利鄉，實肥己橐。夏潦猝至，上流十餘圍均受其害。而對河之桑園圍被壩水激射，受害更慘。况桑園圍係蒙大憲奏請撥帑歲修之圍，豈容該貢生等漁利，切近貽災。忖築壩官河，大干例禁。今觀其壩在海邊沙外，離該鄉基圍五十餘丈，專爲積沙肥己起見，各圍農民怨聲載道。經紳等往勸拆毁，詎應楷等不惟不拆，反乘夜落石潛築，實屬昧良貽害，勢着粘圖聯叩憲恩，俯念十餘圍糧命攸關，趁此夏潦未發，迅飭順德縣拘馬應楷等解送憲轅，押令拆毁。查該鄉向係武舉馬逢清主局，伏乞諭令該局紳將已成未成築壩椿石，徹底拆清，俾河水暢流，以救糧命，而息民争。頂祝，切赴。

同治四年四月初一日呈

兼署督憲瑞批：

據呈馬應楷等築壩積沙，有碍水道，候行東布政司迅飭順德縣馳往查勘，秉公剖斷，妥辦詳報圖存。

署撫憲郭批：

去歲聞順德縣河有私行築壩之案，正擬專札查辦，所禀馬應楷等在楊滘河面築壩，是否即係順德縣河面？此等利害，關係十餘圍基生命，豈能聽從一、二户罔利私築，貽害數縣。仰布政司嚴飭順德縣查明禀覆。如果有築壩擅利，攔截水道情事，即先由順德縣將馬應楷等提解來省，聽候查辦。詞抄發。

署順德縣憲賡批：

查楊滘海委係上游出水要處。既據該生等禀，奉糧憲批行，候傳馬應楷等訊明，勒令拆毀，以杜訟端。繪圖附。

馬應楷等赴順德縣投案訴禀

具訴詞　楊滘鄉紳士優貢生馬應楷，生員馬家駒，職員馬福昌、馬德源、馬步蟾，監生馬應清、馬耀林，爲修壩防患，捏控遏流，粘圖瀝禀，籲恩察核，申詳恤存民命事。

切生等楊滘鄉貼近玉帶圍邊居住，其對河爲沙頭桑園圍。溯西、北兩江之水合流而下，自江浦司前至龍江二壩河道，或闊或窄，當江浦司前至沙頭堡河道闊者一百三十餘丈，窄者約八十餘丈。而楊滘村前河道約二百一十餘丈，龍江二壩河道闊約九十餘丈，此河道闊窄各殊之明徵也。沙頭基圍外，自岡頭壩起，至洪聖廟壩止，共計築壩一十二条，各壩大細長短不一，而真君廟壩爲最大，堆石長二十餘丈，且接連上十一壩之水，横射楊滘村前，撼决莫當。舊有築壩一条，以障狂瀾。嗣因玉帶圍西閘口海邊民居被水冲塌，避遷村内，此地今已變爲巨浸。誠恐冲塌愈甚，貽害莫測，且以合鄉公議修復舊壩一条，以防水災，此修壩防患之實在情形也。不料沙頭堡局紳盧維球、何亮熙二人倡言有碍水道，意圖率衆逼拆。生等理勸不果，維球等遂聯各局聲勢，捏架築壩遏流等謊，借桑園圍防患大題，危言聳聽，瞞禀大憲，批發仁臺勘訊。忖沙頭圍外河道闊約八十餘丈，而築壩一十二条，真君廟壩長廿餘丈，楊滘河道闊約二百十餘丈，而西閘口修復舊壩一条，長約廿一丈，其中河道闊窄懸殊，築壩多寡互異。若以遏流而論，豈沙頭之河道窄而壩多者不爲遏流，楊滘之河道闊而壩少者反爲遏流乎？又捏海中沙影微露，沙外圖沙等謊。沙流聚散無常，倘若覬覦積沙，必先升科爲佔沙地步，生等既無升科承税，何謂沙外圖沙？總之，是否遏流，伏乞察核詳覆，永頌甘棠。切赴。

同治四年四月十九日禀

署順德縣憲賡批：

查爾等楊滘鄉爲上游各圍出水要處。該貢生等築壩横亘河面，殊於桑園各圍大有關碍，現禀防患各情，其中不無掩飾。昨奉糧憲札飭，傳集質訊，該紳等着即赴案投質，聽候訊明，分別察斷。繪圖附。

諭楊滘局紳札

署順德縣正堂賡爲諭飭遵照事。

照得現奉撫憲暨藩臬憲批行。據南海、三水、順德三縣紳士盧維球等具控順德楊滘鄉馬應楷、馬家駒、馬業昌等築壩遏流，沙外圍沙，致上游十餘圍均受其害，而對河之桑園圍被壩水激射，受害更烈。叩乞押拆，並諭該鄉局紳馬逢清等勒限將已成未成各壩一律拆毀，以除後患等情。奉批，仰縣飭提馬應楷等押解赴省，除飭差勒傳外，合就諭飭諭到該紳，即便遵照，速即勸諭馬應楷等將該鄉海邊沙外現築橫壩澈底拆清。緣事關三縣各圍，且桑園圍更係奉旨撥帑歲修之處。如馬應楷現築之壩，果與桑園圍有害，其勢斷不能不拆。該紳可傳諭馬應楷等，此案關係甚大，務須將壩早日拆毀，庶可保全身家。若再挨延違抗，其禍患有不忍言者。本縣忝任斯土，豈忍士民悮罹法網，用特專諭該紳，望爲愷切勸解，俾令悔悟，切囑特諭。

同治四年四月廿四日札

再遞順德縣呈

具呈　桑園圍南海縣屬紳士優貢生盧維球等呈爲壩未動拆，瞞禀銷案，聯懇押令徹底拆清，無俾詭稱舊壩留址，並懇賞示永禁潛築，以絶後患事。

切紳等。前因馬應楷等在楊滘鄉前私築長壩，沙外圍沙，大碍水道，聯呈列憲暨仁憲，荷蒙堂訊諭飭毁拆淨盡，應楷等陽具遵結，陰違憲諭，並未動拆，瞞禀詳銷。揣其私意，因沙頭以上河窄，舊壩可存，楊滘河闊築壩應拆，心非甘服。遂控伊鄉原有舊壩，希圖指新築爲舊址，不知沙頭上便海心突起羅村一沙，河道逼窄，頂衝處所故多，其壩正與沙争權，使沙不至趨下，愈積愈肆。楊滘地處下流，河闊則水勢散漫，無沙阻碍，水得以暢流入海。此沙頭舊必設壩，楊滘不用築壩實在情形，數百年相安無事之緣由也。以不用築壩之地，而忽於堤外涌、涌外沙邊築石，横攔河面，此專欲積沙肥己之明證也。至謂沙頭真君廟壩長廿餘丈，水勢冲射，致該鄉民居冲塌遷避，更屬杜撰。忖真君廟與楊滘上下相隔約三里之遥，其壩圍志載僅五丈，如果水勢激射，何以與壩相對之龍畔村、梧村兩鄉不見冲塌，而獨於相隔三里之楊滘鄉冲塌乎？且既有冲塌之慘，該壩何以不築於當時而築於今日乎？此又築壩非以避冲，實欲積沙之明證也。至沙頭各壩由來已久，屢蒙大憲奏准，撥帑培築，迄嘉慶廿四年盧、伍二紳捐建石堤，經前督憲阮飭委勘估，加石培長，以資扞禦。工竣，報部列憲，檔案有據。今應楷等所築已自認二十一丈，連打底見影者不下數十丈，况官築與私築緩急迥殊，護堤與圖沙形勢迥異。幸蒙仁憲洞悉奸謀，憫及異赤，勒令拆毁净盡，無留餘孽。仰見廉明公正，情僞難欺。詎應楷等既揑稱修築舊壩於前，復謬稱拆至水面於後，謂於五月十四日集衆動拆，將加高新石盡行拆清至水面下三、二尺等詞謊禀銷案。紳等會同察看，實未動拆，應楷詭乘夏潦漫面，混指未拆爲已拆，影射新築爲舊址，暗留異日積沙之計。勢着將沙頭有壩，楊滘無壩，歷久相沿事由剖明，呈繳《桑園圍志》。瀆叩臺階，伏乞飭傳馬應楷等到案，押令拆除净盡，以免詭稱舊壩留址，貽害無窮。倘果徹底拆清，紳等定必據實禀覆，並懇給示，勒石永禁，以絶後患而息訟端。庶水道暢消，十餘園田廬民命獲保，萬户沾恩。切赴。

同治四年閏五月　　日呈

署順德縣憲賡批：

前據馬應楷等稱：已於五月十四日將壩遵諭拆毀，當經具結在案。是以本縣將案詳銷。據呈尚未動拆，如果情真，殊屬藐玩，候飭差速查明確，勒令拆清，一面出示，永禁復築，以杜訟端。《桑園圍志》三本存。

撫轅親遞攔輿呈

具呈　桑園圍南海縣屬紳士優貢生盧維球等呈爲瞞禀銷案，壩石未拆，聯懇傳案飭委督拆净盡，以保田廬而絶後患事。

切紳等。南海順德、三水等縣十餘圍基，因下游順德楊滘鄉沙外圖沙、歛貲購石，私築長壩，大碍水道，紳等於本年四月聯叩崇轅，乞飭傳爲首歛貲之馬應楷、馬家駒等，并諭主局馬逢清將壩拆清，奉批飭傳該衿等押解來省在案。旋蒙順德縣主飭傳到案，供認築壩屬實，具結拆毁，求免押解。殊該衿等狡脱回鄉，瞞禀縣主開工動拆，致縣將案詳銷。經紳等赴縣禀明，壩未動拆，復蒙縣主飭差嚴催，并出示泐石，永禁復築又在案。詎應楷等數月之久，片石未除，具遵不依，札諭不從，差催不恤，抗藐已極，欲肥一己之私槖，罔顧數縣之生靈。若任其瞞禀銷案，受害胡底？紳等爲上游十餘圍糧命攸關，迫粘憲批，及順德縣主諭示，再詞叩瀆，伏乞飭傳馬應楷等到省，勒令捐貲雇工，並委員親履築壩處所，趁冬晴水涸，督令拆清，無留餘蒂，以絶後患。庶水道暢消，田廬獲保，陰德齊天。切赴。

計粘憲批一紙，順德縣諭馬逢清札印示各一紙。

同治四年九月十五日呈

署撫憲郭批：

仰布政司即速委員會同順德縣勘明楊滘鄉私壩，立與毁拆，并嚴拿馬應楷、馬家駒等到案，訊明因何築壩營利，抗不拆毁情由，分别究辦。詞抄發。

諭以石代工札

順德縣正堂賡諭三縣紳士盧維球等知悉，現奉撫憲委員協同本縣將馬應楷等所築之壩拆毁净盡，其石起清，不准沙石存留。現斷令以石代工，着原告盧維球等督工代拆代起，本縣已將馬應楷暫押，俟拆清再釋，以免滋生事端。倘再有楊滘村人等阻撓，該紳等立即稟縣究辦。此諭。

同治四年十月廿五日札

永禁楊滘鄉築壩示 此示泐石在沙頭(一)

欽加同知銜署順德縣正堂賡爲飭遵事。

現奉代辦布政司方札開，同治四年閏五月十一日奉署理廣東巡撫部院郭批：據該縣具詳桑園圍沙頭堡優貢生盧維球、生員何亮熙等呈控馬應楷等在楊滘鄉海邊沙地方攔河築壩，沙外圍沙，致上游十餘圍洩水要口均被阻碍，爲害非輕，叩乞飭縣毀拆等情。當經飭傳馬應楷等到案，諭令將該處新築之壩全行毀拆，毋得少留餘根，以杜訟端。馬應楷等遵諭拆毀，愿具甘結完案，隨將控案詳銷。奉批如詳銷案，仰布政司轉飭，遵照出示，泐石該鄉，嗣後不拘何姓人等，永遠不准在該處河面築壩，以免阻塞水道，此繳結存。

又奉廣州將軍兼署兩廣總督部堂瑞批：據詳已悉，仰布政司檄飭銷案，仍候撫部院批示，繳各等因到司。合札飭札縣，即遵照奉批情節，出示泐石。

等因奉此，合行出示泐石，永遠嚴禁。爲此，示諭楊滘鄉等處紳民人等知悉，嗣後楊滘鄉海邊沙外，不拘何姓人等，永遠不准在該處河面築壩，以致阻塞上游水道。倘此次拆清之後，如有人復敢覬覦，在該處築壩，准各縣紳士指名稟縣，以憑飭拘究拆，決不姑寬。各宜凜遵，特示。

同治四年六月廿九日示

此案因楊滘鄉紳士馬應楷等在該處村前築壩，大碍水道，經聯呈列憲蒙賡憲飭傳到案，具遵拆毀。詎應楷等只將石扒低，瞞稟詳銷。奉撫憲轉飭給示勒石，永禁復築在案。惟事關十餘圍田廬民命，未便任其陽奉陰違，迫於去冬控奉撫憲委員秦會同賡憲履勘，壩長二十四丈餘，委係遏流，當蒙賡憲給札，斷令三縣紳士督工代拆，以石抵工，計起石四百四十餘萬，閲四月而工始蕆。爰將示壽石并識其巔末焉。

同治五年歲次丙寅四月吉旦立 此示泐石在沙頭桂香書院。

壩石拆清詳請銷案文

署順德縣冒爲詳請銷案事。

現奉藩憲轉奉前撫憲批，據桑園圍南海縣屬優貢生盧維球等遣抱譚安，稟控順德縣屬楊滘鄉馬應楷、馬家駒、馬業昌等攔河築壩，南、三、順三縣十餘圍洩水要口均被阻碍，爲害匪輕，叩乞飭縣押拆等情奉批。去歲閏順德

(一) 原書標題爲『永禁楊滘鄉築壩示』，現據卷十三目録改。

縣河有私行築壩之案，正擬專札查辦，所禀馬應楷等在楊滘河面築壩各情，是否即係順德縣河？此等利害關係十餘圍基生命，豈能聽從一、二户罔利私築，貽害數縣。仰布政司嚴飭順德縣查明禀覆，如果有築壩擅利，攔截水道情事，即先由順德縣將馬應楷等提解來省，聽候查辦等因。並據盧維球等以前情控，奉各憲批行查辦，等因到縣。查本案先據南、三、順各縣紳士盧維球等赴縣禀控楊滘鄉貢生馬應楷等在於楊滘鄉河邊新築石壩，橫亘河面，有碍水道，呈請押拆等情前來。經卑前縣賡令飭傳馬應楷等到案，訊認築壩屬實，情愿具結拆毁，將案詳請注銷，并出示，泐石該鄉。嗣後不拘何姓人等，永遠不准在該處河面築壩，以免阻碍水道在案。旋據紳士盧維球等復以馬應楷等抗不毁拆等情控，奉前撫憲批，仰布政司委員會同順德縣勘明楊滘鄉私壩，立與拆毁，并嚴拿馬應楷等到案訊明，因何築壩營私，抗不拆毁情由，分别究斷等因。並奉委員候補同知秦汝燮會同前署縣賡令傳集兩造，親詣楊滘鄉，勘明馬應楷等築壩處所，有碍水道，斷令原告盧維球等將未拆壩石盡行雇工拆清，所有石塊歸盧維球等變賣以作工資。兩造遵斷，具結完案。猶恐馬應楷滋生事端，復經賡令將其帶署暫交號房看管，俟盧維球等將壩拆清，再行禀請省釋，並將勘辦情形通禀憲鑒在案。賡令未及督拆清楚，旋即卸事。卑職抵任，接准移交，當即照案催令盧維球等赶緊拆毁，去後。旋據盧維球等禀稱馬應楷等所築該壩石塊均已起挖淨盡，水道暢流，懇請勘明，將控案詳銷等情前來。卑職親往覆勘無異，除將馬應楷一名省釋外，理合查案具文，詳候憲臺察核，俯賜將控案註銷，實爲公便。爲此，備由具申，伏乞照詳施行。

同治五年九月廿七日　詳督、撫、藩、臬、道、府各憲

丁卯歲修志目録

[一] 該圖即爲卷首同治庚午年繪『桑園圍全圖』。

卷十四　同治六年丁卯歲修志

丁卯己巳歲修紀事

桑園圍自咸豐癸丑領帑歲修後，中更多故，本款歲修帑本息銀別經提用，全堤破壞不修者歷十數寒暑，同治甲子，奉毛督憲、郭撫憲撥還本銀二萬二千七百餘兩，照舊發當生息。乙丑，潘蓮舫侍御復奏奉諭旨，着將提用本款帑本息銀查明已還、未還，設法歸款。丁卯秋，陳京圃邑侯甫攝篆，詢邑中大利病，李君子莊首以本圍久廢修對，因請潘君湘南手撰節略，上邑侯懇先達上游，繼以紳士呈請，皆報可分兩年籌撥息銀二萬兩加二起科。是年冬，興修各堡患基，一律培築。惟人村裏内塘外涌礙難加高培闊。如沙頭北村者，迫於外坦增築護基六百餘丈，以助扞衛，而舊基仍不廢。推潘君鶴洲、岑君翥卿、陳君雲史、關君心葵任其勞，而潘君湘南實總厥成。逾年工甫竣，湘南、子莊兩君遽歸道山，派支總數未得其詳，故闕載焉。己巳春陳邑侯彭委員勘工，周歷各處，深以海舟、鎮涌首險爲憂，飭具摺繪圖，以兩處外海内湖基身壁立，應再壘石填泥，面覆大府。是冬，遂得續請發給帑息一萬兩，專注兩堡首險。董事者潘君鶴洲、何君立卿、梁君鄉林、潘君海三，而倡始提其領者明君立峰也。未雨綢繆，有備無患，由是而間歲踵行之，豈非斯圍無疆之福哉？同治九年歲次庚午蒲月盧維球謹識。

奏稿[一]

同治四年閏五月十八日　潘斯濂片奏

再查粵東廣州府屬之桑園圍，跨南海、順德兩縣，自北宋以來爲時既久，户口數十萬丁，賦税二千餘頃，爲粵東糧命最大之區。每年夏秋潦漲，北潦自本省南雄韶州直注，西潦自雲南牂牁歷廣西匯合鬱、梧諸水，建瓴而下，該圍正當西、北兩江之衝，稍遭決陷，工鉅費繁，甚爲兩縣之患。嘉慶二十二年，順德縣在籍侍郎温汝适呈請督臣阮元奏明，在藩、道兩庫提撥銀八萬兩，發交南海、順德兩縣當商，按月一分生息，每年得息銀九千六百兩。以五千兩歸還原撥帑本，以四千六百兩交桑園圍歲修各基。嘉慶二十四年，給領二十三年分歲修銀四千六百兩，修葺圍基，列册報銷。嗣因盧、伍二商捐建石堤，此後歲修銀兩暫停未領。道光十三年，漲決異當，石堤歲久又多剥落，是以先後共在司庫借給修費銀四萬九千八百八十四兩八錢八分三厘，經前督臣盧坤奏請，將動支本款息銀一萬六千二百六十九兩八錢八分三厘就款開銷，又在本款息銀

[一] 原書正文無此標題，現據卷十四目録補。

內遞年扣收歸還借款銀二萬三千兩，尚欠銀一萬零六百一十五兩，分限五年由該圍按糧攤徵，清還借款。道光二十四年、二十八年、咸豐三年，前後三次均經奏請給發本款歲修銀各一萬兩。蓋桑園圍向有專款，遞年收存司庫以備給領。自咸豐四年以後，前督臣葉名琛將此項帑本并歷年存司庫息銀提用，計自嘉慶二十三年起，至咸豐三年止，共三十六年，實得歲修息銀一十六萬五千六百兩。除嘉慶二十四年領息銀四千六百兩，及道光十三年至咸豐三年前後四次又共領息銀六萬九千二百六十九兩八錢八分三厘外，應存歲修息銀九萬一千七百餘兩。既經提用，此後桑園圍歲修銀兩無從撥給。聞同治三年十二月間，前督臣毛鴻賓、現署撫臣郭嵩燾以桑園圍堤基險要，糧命所關，設法籌撥銀二萬二千七百五十八兩七錢八分解還司庫，照舊發商生息，以資支發。查桑園圍歲修一項，原係奏明在藩、道兩庫提撥銀八萬兩，發交南海、順德兩縣當商，按月一分生息。近年既將本息銀全數提用，今撥還本銀二萬二千餘兩，在督撫臣關心民瘼，將來自必本息全數清還，以復專款。而臣竊計桑園圍爲廣肇兩府下游頂衝險要之基，受西、北兩江之患最劇，近日該圍下游各水道又復壅塞，碍難宣洩，堤身低薄，坍卸時虞。其所以沐皇仁而歌樂土者，誠賴有此歲修專款。若使歲脩無措，不獨從前良法美意未久遂湮，而萬姓嗸嗸，兵燹之餘，迭遭水患，於兩縣生民糧命關係匪輕。仰懇天恩敕下該省督撫，將咸豐四年提用桑園圍原撥帑本，暨歷年存庫息銀一項，查明已還、未還各數目，設法籌撥全數歸欵，照舊發商生息，俾該圍歲修有賴，以符向章而恤糧命。謹附片具奏。

同治四年閏五月十八日奉上諭，據御史潘斯濂另片奏桑園圍爲粵東糧命最大之區，當西、北兩江之衝，稍遭決陷，工鉅費繁。向有生息銀兩以爲歲修之費。近年將本息銀兩全數提用。從此歲修無措，水患難免，於兩縣生民大有關係等語。着瑞麟、郭嵩壽將咸豐四年提用桑園圍原撥帑本暨歷年存庫息銀一項，查明已還、未還各數目，設法歸欵，照舊發商生息，爲禦災扞患之計。原摺片單着抄給瑞麟、郭嵩燾閱看，將此諭知瑞麟、郭嵩燾知之，欽此。

同治八年正月二十七日兩廣總督臣廣東巡撫臣李瑞跪奏爲廣東南海、順德二縣屬桑園圍基年久失修，動撥歲修息銀修築完竣，恭摺具奏，仰祈聖鑒事。

竊照南海、順德二縣屬桑園圍，自咸豐三年動支歲修生息銀兩給發興修後，迄今十餘年之久，迭經風潦冲刷，基堤半多傾圮。每遇西、北兩江水漲，時有潰決之虞。同治六年秋冬間，迭據紳士呈報，請撥給歲修銀兩，俾資修築等情。

經臣瑞與前降調撫臣蔣攸司委員會縣查勘，隨據委員委用知縣徐寶符會同南海、順德二縣前往逐一履勘明確，該圍基段傾卸低陷處所，係屬刻不可緩之工，亟應赶緊修築，加高培厚。覈實確估約需工費銀二萬四千餘兩。體察民力實有未逮，當在該圍歲修生息銀内動支銀二萬兩，發給該圍紳士領回，鳩工購料，次第修築。其不敷之銀，議由圍内殷實業户捐辦。據報於同治六年十一月初十日興工，七年十月初十日工竣。覈實驗收。委係一律完固，並無低薄浮冒情弊。由司核明，詳請具奏前來。

臣等伏查該圍籌備歲修生息一項，係於嘉慶二十二年在藩、糧二庫提銀八萬兩，發交南海、順德二縣當商生息。每年繳息銀九千六百兩，以五千兩還本，以四千六百兩爲該圍歲修之用。嗣因紳士伍元蘭等捐銀十萬兩，改築石堤，無須按年修築。當將歲修息銀四千六百兩歸入籌備堤岸項内備用。其應歸本銀五千兩，照依續准部咨入季報撥。嗣於道光十三年桑園圍被水冲決，先後在司庫借領銀四萬九千八百餘兩，經前督臣盧奏明，以一萬六千二百餘兩就司庫收存，該圍歲修本欵動用，以二萬三千兩，請俟歲修息銀繳到，按年儘數扣收，尚借動銀一萬六百餘兩，分限五年攤徵歸款。又該圍於道光二十四年被水，二十八年被風，咸豐三年被水，先後坍卸基堤，均經奏准，每次動用歲修息銀一萬兩，給發該紳士具領修築，各在案。

自咸豐三年迄今，又歷十有餘年。該圍水石冲激，基堤半多傾圮，委員會縣勘明，係屬刻不可緩之工。并據查明，工費較鉅，民力實有未逮。經臣瑞與前降調撫臣蔣援照道光、咸豐年間成案，飭司在於該圍歲修生息欵内動撥銀二萬兩，發交南海、順德二縣分别轉發該圍紳士具領，由縣督飭，赶緊興修。兹據具報大工一律告竣，覈實驗收完固，委無浮冒。除動撥外，尚不敷銀四千餘兩，即由該圍殷實之户捐足支用等情。臣等覆查無異，除飭將動撥銀兩赶緊造册報銷外，所有南海、順德二縣屬桑園圍基年久失修，動撥該圍歲修息銀修築緣由，臣等謹合詞恭摺具奏，伏乞皇太后、皇上聖鑒，謹奏。

同治八年五月初八日軍機大臣奉旨該部知道，欽此。

工部謹題

爲題銷廣東省南海、順德二縣修築桑園圍基工程需用銀兩，應准開銷事。户科抄出廣東巡撫李題南海、順德二縣同治六年修築桑園圍基工程需用銀兩造册題銷一案。同治八年四月廿八日題，八月初三日奉旨『該部察核具奏，欽此。』於八月十八日准户部將科抄片送過部，嗣於九月初七日據該撫將册籍揭送到部。

該臣等查得廣東巡撫李疏，稱南海、順德二縣桑園圍基自咸豐三年興修，迄今十有餘年，基堤半多傾圮，迭據紳士呈請撥給歲修息銀，俾資修築，經臣瑞與前調任撫臣蔣益澧飭委會勘，業經前藩司札委知縣徐實符會同馳往勘覆，係屬刻不可緩之工，亟應培補修築。惟工費較難，體察民情，實有未逮，當在該圍歲修生息項内動支銀二萬兩，發給該圍紳士領回，按段修築。其不敷之銀，議由圍内業户捐辦在案。兹據廣東布政使王凱泰詳稱：南海、順德二縣飭，據紳士明之綱等稟報，承修該圍基段，實用工料銀二萬四千三十四兩三錢二厘，除領銀二萬兩外，其餘銀兩係由圍内殷實業户捐支等情由。縣造具册圖詳請具題，臣覆核無異，除册圖送部查核外，謹會同兩廣總督臣瑞恭疏具題等因前來。查廣東省南海、順德二縣同治六年修築桑園圍基工程，先據兩廣總督瑞等奏明，南海、順德二縣桑園圍基，自咸豐三年興修後，迄今十有餘年，基堤半多傾圮，請撥歲修息銀修築，在案。今據廣東巡撫李等將前項修築圍基共用過工料銀二萬四千三十四兩三錢二厘，造册題銷。臣部查係奏明之工，其册開工料價值與例相符，應准開銷，并行文户部查照。再此案於同治八年九月初七日據該撫將册籍揭送到部，　月　日辦理，具題合併聲明，臣等未敢擅便。謹題。

藩憲移軍需總局文

代辦布政使司爲欽奉事。

案奉兼署兩廣總督部堂瑞憲札，同治四年六月初十日准兵部火票遞到軍機大臣字寄，同治四年閏五月十八日奉上諭，據御史潘斯濂另片奏『桑園圍爲粵東糧命最大之區，當西、北兩江之衝，稍遭決陷，工鉅費繁，向有生息銀兩以爲歲修之費。近年將本息銀兩全數提用，從此歲修無措，水患難免。於兩縣生民大有關係』等語。着瑞麟、郭嵩燾將咸豐四年提用桑園圍原撥帑本暨歷年存庫息銀一項，查明已還、未還各數目，設法歸欵，照舊發商生息，爲禦災扞患之計。原摺片單着抄給瑞麟、郭嵩燾閲看，將此諭知瑞麟、郭嵩燾知之，欽此。遵旨寄信前來，到本兼署部堂承准，此查桑園圍發商生息銀兩，前因軍需緊急提用，除先後撥還外，已於同治三年十二月内飭據軍需總局查明，通共應還本銀五萬四千一百二十五兩五錢，當將帑本銀二萬二千七百五十八兩七錢七分在於籌餉總局收存項内撥解藩庫，照舊發商生息，以資支發所欠息銀。議俟局用稍紓，再行陸續撥解清欵在案。今欽奉前因，札東軍需總局遵照，迅將提用桑園圍基發商生息銀兩一欵所欠息銀，刻日會商籌餉總局，上緊設法籌撥，解還司庫清欵，毋稍緩延外，合就恭録札知札司，即便欽遵查照辦理，毋違。又奉署理廣東巡撫部院郭牌行准兼署兩廣總督部堂咨前事各等因到司。奉此合就備移，爲此合移貴總局，希爲查照，迅將提用桑園圍基發商生息銀兩一欵所欠息銀，刻日會商籌餉總局，上緊設法籌撥解還司庫清欵，幸勿再延施行。

請撥帑歲修呈

具呈　南海縣、順德縣桑園圍在籍紳士選用員外郎舉人潘斯湖，直隸候選同知進士明之綱，浙江候選同知馮錫鏞，刑部主事進士馮栻宗，湖北即用知縣進士蕭開榮，內閣中書舉人潘斯湛，候選同知李錦華，內閣中書銜候選教諭舉人馮汝棠、高要縣教諭舉人李徵霨，廣甯縣訓導舉人潘以翎，同知銜舉人陳文瑞，舉人梁清、關仲暘、劉文照、岑鳳鳴、黎瓆、馮錫綸、劉逢辰、關兆熙、鄧翔、崔藻球、譚維鐸、崔友成、崔佐、李昌世、崔祁、潘仕釗、潘桂森、陳卓明、陳敬中、李良弼、蘇佩文、梁明輝、陳鑑泉、何文卓、潘文灃、潘斯治、潘漸逵、梁士衡、賴孟瑜、陳書、張汝梅、陳駿、余澤涵、熊次夔、潘文佩、陳國彦、關景泰、余得俊、梁融、郭乃心，武舉關榮章，候選訓導傅超常、何培蓉、崔贊元、馮培光，副貢陳伯翔，優貢盧維球，歲貢莫燮理、潘如洋，附貢關俊英、李海、李徵雯，生員潘繼李、關瑞溶、何亮熙、陳邦佐、李仕超、梁啓康、麥鴻、潘樹庭、潘應鐘、梁倣如、張曰仁、張曰恕、陳贊明、李應剛、蘇應銓、李榮棣、余廷霖、李用詒、梁恩霖、梁承照、何如銓、潘贊勳、潘壽昌、潘譽徵、黎芳、黎鏘緒、梁靄芳、潘燦光、譚杞、梁鋈、馮濟昌、黄兆新、吴兆光、戴異、程啓瑞，職員胡浩中呈爲堤基專欵虚懸，歲修久歇，聯請憲恩，查案俯准本息撥還，並給修費以扞水災，以拯糧命事。

竊紳等。桑園圍界連南、順二縣，中分東、西兩基，户口數十萬丁，税賦二千餘頃，受西、北兩江頂衝之患，爲粤省糧命最大之區。每遇夏潦暴發，一有缺陷，不但本圍猝成巨浸，而水道驟難宣洩，隣圍兼受其累，爲害不可勝言。嘉慶二十二年前，督憲阮奏明在藩、道兩庫借帑八萬兩，發交南海、順德兩縣當商，按月一分生息，每年得息銀九千六百兩。以五千兩歸還帑本，以四千六百兩爲桑園圍遞年修築專欵。嘉慶二十四年，給領本欵息銀四千六百兩，是爲歲修之始，列册報銷在案。嗣因盧、伍二商捐建石堤，奏將歲修銀暫行停止，仍舊生息繳存司庫。無如水石沖激，不數年間迭遭潰決。迨道光十三年，給發歲修本欵息銀四萬九千八百八十四兩八錢八分三厘，二十四年，復發息銀一萬兩，二十九年又發息銀一萬兩，咸豐三年又發息銀一萬兩，歷經修築完固。當咸豐四年基工報竣之日，正萑苻告警之時，以後頻年團練，救災不遑。且此項由給領。迨同治三年，奉撥還本銀二萬七千七百餘兩，發當商承領帑本，并歷年存庫息銀，又以軍餉全行提用，無商生息，四年，復經御史潘斯濂奏奉諭旨，着將提用原撥帑本暨歷年存庫息銀，查明已還、未還設法歸欵。現計還欵外，尚欠撥回原帑本銀五萬七千。

報興工日期請撥足二萬兩呈

具呈　桑園圍在籍紳士選用員外郎舉人潘斯湖等呈爲報明堤基興修日期，瀆請憲恩，續撥息欵，以濟要工事。

竊紳等七月間聯請援案給還桑園圍歲修本息，先在息銀項下發銀二萬兩，俟冬晴水涸，速興要工，隨奉給發息銀一萬兩領回，會同主簿巡司，按照圖冊切實勘估，當患基百出，望澤孔殷鉅欵，仰承僉謂『憲恩已極優渥，實心實政，浹髓淪肌』，闔圍同深感戴。當即起科二成，諏吉本月初十日興力均修。但以一萬四千餘丈之基，經十五年歲修久歇，前呈粘圖列册，頗費施工。欲專修首要則外此患處尚多，欲兼顧餘基則險區工程不足。且自兵燹以來，民疲財竭，本年晚禾大半失收，科派過多，民力不逮。迫得再行聯懇續發息銀一萬兩，俾得永臻完固。明知發棠之請，過瀆慈懷，而工鉅費繁，不得不乞恩俯准，爲此切赴。

同治六年十一月二十二日呈

署南海縣憲陳批：

昨據該紳等呈，奉撫憲批行，堤基工程緊要，即由南、順二縣先行籌銀給發等由。稟請藩憲先提各典商未繳歲修息銀，並由縣籌項，分別給領。該紳等應即聽候提發，一面赴順德縣呈請籌發，可也。

陳邑侯覆王方伯稟

敬稟者。現奉憲臺札開同治六年十一月二十七日奉廣東巡撫部院蔣批，據南、順二縣桑園圍在籍紳士選用員外郎舉人潘斯湖等呈稱云云，而工鉅費繁，乞恩俯准，爲此切赴等情。奉批：堤基工程緊要，自應趁此冬晴水涸，迅速興修。惟目前司庫支應浩繁，息銀驟難再發，查應修堤岸，南海地面較寬，順德次之，應即由南海縣先行籌銀六千兩，順德縣先行籌銀四千兩，發交該紳等具領，覈實支用。俟來年春間司庫稍裕，再行撥還歸欵。仰布政司迅即轉飭南海、順德二縣遵照籌發具報。毋稍稽延，切切。

等因奉此，除札順德縣遵照外，合就札飭札縣立即遵照，先行籌銀六千兩，發交該紳等具領，覈實支用。俟來年春間司庫稍裕，再行請領歸欵。并將籌發銀兩日期通報察核。事關要工，萬勿諉延干咎，切切。

等因奉此，伏查修理桑園圍堤基一案，工程甚鉅，前蒙憲臺札發銀一萬兩下縣，當經轉給該紳士潘斯湖等領回興工在案。茲奉飭令卑縣籌銀六千兩，自當即行遵照籌發。惟卑縣各當商承領桑園圍歲修經費生息一欵，計自同治五年七月初一日起，至本年三月十八奉提本銀之日止，尚未繳息銀一千一百七十餘兩。又自本年七月十三日奉發回本銀起，至十二月底止，尚未繳銀七百六十餘兩。二共銀一千九百三十九兩零，應請即由卑縣諭飭各當商，將本欵息銀照數備繳，先行給發。一面再由卑職籌欵連息銀共發足六千兩之數，以應要工。緣奉前因，理合具稟憲臺察核，伏乞批示飭遵，實爲公便，肅此具稟。

報竣工日期呈

具呈　桑園圍紳士在籍直隸候選同知進士明之綱等

呈爲基工告竣，據實呈明事。

切紳等。桑園圍基，自咸豐三年發項興修，後迄今十有餘載，上年因基身泥頹石卸，請發歲修息銀，將各處患基修築完好等情。呈奉兩院憲批行，先後奉發歲修息銀二萬兩，蒙公祖大人飭紳等領回，分派通圍興修。計自上年主業户仍按派銀數科捐二成銀兩，以助修費。各基十一月初十日稟報興工，圍内居民踴躍從事，至本年十月初十日，各段土石工程均經一律完竣。從此全堤鞏固，永慶安瀾。除另造工料細册稟繳核明，詳請題銷外，合將修築桑園圍基竣工日期，稟報察核，再前請領歲修息銀。紳士潘斯湖業於本年八月内身故，未便列銜，合併聲明，切赴。

同治七年十月十一日呈

繳工料細册呈

具呈　桑園圍紳士在籍直隸候選同知進士明之綱等呈爲造繳修築桑園圍基用過工料銀兩細册事。

切紳等。上年因桑園圍基身泥石傾頹，呈奉兩院憲先後撥本欵息銀二萬兩，轉給紳等領回興修，業於本年十月初十日呈報工竣。兹前項工程統計用工料銀二萬四千零三十四兩三錢零二厘，除領銀二萬兩外，餘銀在於圍内各段業户按畝派捐凑足。圍内居民均以基堤係自護田廬，認真培築，並無浮冒，以期鞏固。合將用過工料銀兩備列細册八本，呈繳察核，俯賜飭承聲列各册首尾銜名。懇請用印，詳繳各憲，并請題銷備案，實爲公便，切赴。

同治七年十月二十九日呈

繳結圖呈

具呈　南、順二縣桑園圍紳士在籍直隸候選同知進士明之綱等呈爲遵諭具結繪圖繳候核轉事。

切紳等。桑園圍基，自咸豐三年發項修葺，後迄今十有餘載。前年因基身泥頹石卸，請發歲修息銀，將各處所應修患基修築完好，以資扞衛。先後呈奉列憲撥給歲修息銀二萬兩，飭發紳等領回，按段分給興修，統計共用工料銀二萬四千零三十四兩三錢零二厘，除領銀二萬兩外，餘銀在於圍内各段業户二成科修。業經開列細數，造册呈繳在案。兹奉諭飭具結繪圖，呈候彙繳等因，祇得出具切結，繪圖註説，呈達臺階，伏乞早賜轉繳核銷，實爲公便。切赴。

同治八年正月二十二日呈

請示禁築沙壩呈

具呈　南、順二邑桑園圍紳士在籍直隸候選同知進士明之綱等呈爲沙壩傷圍，聯懇賞示勒石禁築，以保圍基而垂永久事。

竊紳等。桑園一圍，當西、北兩江之衝，歷蒙前督撫憲發帑加高培護，沙消則水闊而流通，沙長則水窄而流淤。倘射利之徒，復築壩攔海，使水不衝沙而衝圍，即間歲一修，亦潰決可懼。實慮徒費帑項，辜負憲恩。是欲藉圍以防潦，宜杜築壩以疏通。雖節蒙前督撫憲示禁築壩，并派委督拆，紳等仍恐日久玩生，沙棍希圖子母相生，但知築壩有利，不顧圍基受傷，變海爲田，貽害無底。今因去年援照成案，請領歲修，邀恩撥給庫銀二萬兩，一律興修完竣。經具呈列册報銷各在案。趂此基工告成，理合聯懇仁憲賞示，嚴禁桑園圍外一帶海心沙永遠無得築壩射水，傷害基圍。立案勒石，永遠遵守，庶歲修有濟，共慶安瀾，長沐鴻慈於靡既矣。切赴。

同治七年十二月十六日呈

府憲禁攔海築壩示[一]

試用道署廣州府正堂加十級紀録十次沈爲嚴禁攔海築壩以保基圍事。

案據南、順二邑桑園圍紳士候選同知明之綱等，遣抱陳正赴轅呈稱：切紳等。桑園圍當西、北兩江之衝云云，立案勒石，永遠遵守，庶歲修有濟，共慶安瀾等情。當批：據呈，桑園圍工程甫經修竣，誠恐射利之徒覬覦海心積沙，攔海築壩，潰決堪虞。聯請示禁係爲保護基圍起見，事屬可行，候即出示嚴禁，以垂久遠保領。附在詞除批揭示及行南、順二縣知照外，合行出示勒石曉諭。爲此，示諭沿圍附近鄉村人等知悉，爾等須知桑園圍關係南、順二邑田園、廬墓。此次領帑修築，工程浩大，始臻鞏固，自宜隨時保護，以期永慶安瀾。倘有射利之徒，覬覦海心積沙，攔海築壩，阻其宣洩，一經指控，定即委員督拆，從嚴究辦，決不姑寬。各宜凜遵，毋違。特示。

同治八年正月二十七日示

此示一泐石在河神廟，一泐石在九江儒林書院。

禁攔海築壩示

欽加運同銜廣州糧捕分府署南海縣正堂陳爲示禁築壩傷基事。

現據桑園圍紳士明之綱等呈稱：竊紳等桑園一圍當西、北兩江之衝，云云。立案勒石，永遠遵守，等情。據此，除批揭示外，合行給示，勒石禁築。爲此示諭諸色人等知悉，爾等嗣後永遠無得在於桑園圍外一帶海心等處築壩射水，傷害圍基。倘敢故違，一經訪聞，或被指控，定必飭差嚴拿究辦，決不寬貸。各宜凜遵毋違，特示。

同治七年十二月十八日示

此示泐石在河神廟。

[一] 原書正文標題爲『禁攔海築壩示』，現據卷十四目録改。

續請發帑專注首險呈

具呈　廣州府南海縣、順德縣在籍紳士直隸候選同知進士明之綱，廣甯縣教諭舉人潘以翎，員外郎銜吏部主事進士郭乃心，刑部主事進士馮栻宗，户部員外郎進士馮錫瑜，兵部郎中舉人明纘道，湖北即用知縣進士蕭開榮，高要縣教諭舉人李徵霨，同知銜舉人陳文瑞，舉人梁清、何文卓、陳序球、關仲暘、劉文照、岑鳳鳴、黎璿、劉逢辰、關兆熙、鄧翔、崔藻球、譚維鐸、崔友成、崔祁、李良弼、蘇佩文、梁明輝、陳鑑泉、潘斯治、潘漸逵、梁士衡、賴孟瑜、張汝梅、陳駿、譚子恭、熊次夔、潘文佩、陳國彦、關景泰、梁侃、何汝蘭、何如鍇、余得俊、梁融、潘桂森、陳敬中，候選同知潘斯瀾，武舉關榮章、余宗光，候選訓導傅超介如、潘繼李，增貢何亮熙，附貢關俊英、李海、李徵雯，常、馮培光，副貢陳伯翔，優貢盧維球，歲貢莫燮理、梁廩生關瑞溶、何如銓、麥鴻、曾樹槐、朱配麒，生員陳邦佐、李仕超、梁啓康、潘樹庭、梁倣如、張曰仁、張曰恕、李應剛、陳序璿、蘇應銓、李榮棣、余廷霖、李用詒、梁恩霖、梁承照、潘贊勳、潘壽昌、潘譽徵、潘斯澈、黎芳、黎鏘緒、梁靄芳、潘燦光、譚杞、馮濟昌、黄兆新、梁鋆、吴兆光、戴異、程啓瑞、關韶、曾師孔、李炳煌、崔光宇、李文治、崔培銑、梁紹熙、黄曾貫、陳邦士、岑筠垣、余贊年呈爲險基欠石，懇恩再給帑息續修，俾全圍一律鞏固，以保糧命事。

竊紳等。桑園圍界連南、順二縣，中分東、西兩基，户口數十萬丁，税賦二千餘頃，受西、北兩江頂衝，爲粤省糧命最大之區。同治六年，當經闔圍紳士開列應修基段，稟蒙各憲撥給本圍歲修息銀二萬兩，舉人潘斯湖等領回，分極險、次險，先行修築。惟是以二萬之資，派修一萬四千餘丈歷十五年未修之患基，泥工、石工雖分修築補，惟頂衝首險仍欠石護基脚。查基段最險而欠石工者，以海舟、鎮涌兩堡爲最。海舟堡十二户舊廟基，前海後湖，深至十餘丈，頂衝壁立，應再多加大石外護基脚。至内基脚應用泥填湖，培厚基身，共計三百餘丈。其鎮涌堡禾义基、泥龍角等處爲通圍首險，横支一角直撑海中，從前所築護基石多已衝去，共計亦有二百餘丈以上。兩處去年雖多撥銀兩，施石工、泥工，但基段内外深險，因兼顧各處患基，未能專注石工。春初，委員彭履勘，會飭令具摺粘圖聲明，兩段首險基工應再落石施泥，稟明各憲，設法加石加泥，庶前功不至盡棄。但統計鉅工約需銀一萬兩方足蕆事。不得已將海舟、鎮涌兩堡首險基段實情，籲請臺階，伏乞援案再給歲修息銀一萬兩，給紳等於本年冬晴水涸速興要工，不至因兩處險基，貽累通圍。從此一律鞏固，永戴全恩於不朽矣。頂祝，切赴。

同治八年九月十五日呈

委勘估險基札

布政使司王爲飭遵事。

同治八年十月十五日奉兩廣總督部堂瑞批：據該縣具禀，請再撥給桑園圍歲修息銀培築鎮涌、海舟兩堡險基，緣由奉批此案。昨據紳士明之綱等赴轅具呈，當經批司查案核明，委員會同南、順二縣勘估詳覆。一面籌撥修費，分別飭遵辦理在案。據禀前由，仰東布政司查照明之綱等呈批事理，迅即委員會縣確切勘估，一面籌撥修費，分別飭遵具報，并飭該署縣知照。仍候撫部院批示繳，又奉巡撫廣東部院李批同前事。奉批：前據紳士明之綱等赴轅具呈，業經批司委員會縣勘估詳辦在案。仰布政司查照前批，迅即委員會同南、順二縣勘明確估，議詳籌給興辦，毋稍稽延。仍候督部堂批示繳各等因。奉此，並據該縣具禀到司，先經批飭遵照，并札委勘禀在案。奉批前因，合再札飭札到兩縣，立即遵照，會同委員候補知縣周炳燾，刻日董率諸紳，馳往桑園圍，將應修各基段應需工料，逐一履勘明確，核實估計修費，列册妥議禀覆，以憑籌撥修費，詳請院憲奏明辦理，毋再違延，切切。此札。

同治八年十月二十一日札

申請藩憲給費文

南海縣陳爲申請給發銀兩興修事。

案：據桑園圍紳士明之綱等具呈，桑園圍基上年奉給歲修息銀二萬兩，經將圍内各基段一律修葺。惟地方遼闊，尚有海舟、鎮涌兩堡之舊廟基等處，前海後湖，深至十餘丈，頂衝壁立，爲通圍首險。去年雖多撥銀兩，但基段内外深險，因兼顧各處患基，未能專注石工，請再撥給息銀一萬兩，壘石培護，俾得通圍一律鞏固等情。經卑職據情通禀，隨奉憲臺轉奉院憲批據該紳等呈同前情，奉批：札委候補知縣周炳燾下縣，會同卑職於十月二十日，已將應修各基段勘明。除核實估計修費，列册議覆籌撥外，兹據紳士明之綱等以現當冬晴水涸，亟應及早興修，禀懇轉請發給銀兩，赶緊購石修築等情前來。卑職查係實在情形，委屬急不可緩之工。理合據情申請憲臺察核，俯賜籌給息銀一萬兩下縣，俾得轉給該紳等興修。實爲公便。爲此，備由，伏乞照驗施行。

同治八年十月二十七日

禁抗阻取土滋事示

正堂陳爲給示諭禁事。

現據桑園圍紳士明之綱等禀稱：紳等呈請再行撥給桑園圍歲修息銀一萬兩，壘石培築海舟、鎮涌兩堡舊廟等處險基。經禀蒙，據情禀奉各憲，允給，并蒙由各糧局先行提繳銀，發給支應。現已設局興修，懇乞查照歷次修築成例，准就近在於附近田坦挑取泥土培築。誠恐有豪强抗阻，及工匠人等打架、酗酒、賭博、滋事，叩乞給示，分别禁止等情。據此，合行照案出示曉諭嚴禁。爲此示諭桑園圍内海舟、鎮涌等堡紳民人等知悉，爾等須知，培築基圍所以衛護田廬。凡有修基取土，除墳塋、房屋外，在從就近挖掘，毋得逞刁措阻，其工匠人等亦毋得聚衆、賭博、打架、酗酒、滋事，倘敢抗違，許該紳等禀赴本縣，立即拘案究懲，决不寬貸。各宜凛遵毋違。特示。

同治八年十一月初五日示

報興築險基日期呈

具呈　桑園圍紳士明之綱等呈爲興工修築，叩乞據情轉報事。

切紳等。桑園圍前於同治六年間，禀蒙詳給歲修息銀二萬兩，經將通圍修復列册報銷。惟地方遼闊，尚有海舟、鎮涌兩堡之十二户舊廟等基段爲通圍頂衝首險，必須落石施泥，外護基脚，内填深湖。經紳等瀝陳各憲，蒙准再撥歲修息銀一萬兩給領興修在案。兹紳等購石顧工，擇於本年十一月十三日興工修築，理合將興工日期呈叩臺階，乞賜據情轉報，切赴。

同治八年十一月十五日呈

險工告竣呈

具呈　南順二縣在籍紳士明之綱等呈爲撥帑修基，險工告竣，據實呈明事。

切紳等。南順兩縣桑園圍，自同治六年，先後領歲修息銀二萬兩，另加二起科銀四千兩，共銀二萬四千兩，通修闔圍基段。同治七年十月告竣，當經報明在案。惟海舟、鎮涌外海内湖，基身壁立，壘石坍卸，雖多派領銀落石，仍未堅穩。經彭委員勘明，以海舟、鎮涌頂衝險基，當再加石填泥，應續撥銀添修等情回明大憲。嗣於去冬紳等呈請再撥銀一萬兩，加修海舟、鎮涌險基石工、泥工，專注首險。承周委員履勘屬實，核計共給歲修息銀一萬兩，蒙憲恩飭紳等領回興修。另按圍例加二成起科，實共領得歲修息銀一萬兩，併二成起科銀二千兩，共銀一萬二千兩。於去年十一月十三日設局，在海舟、鎮涌興工督修，曾報明亦在案。幸圍内居民踴躍從事，至本年四月十二日海舟、鎮涌土、石工程均經一律完竣。從此險基鞏固，永慶安瀾。除另造工料細册，禀繳核明詳請題銷外，合將修築海舟、鎮涌頂衝險基段竣工日期禀報察核，切赴。

同治九年四月十三日呈

繳工料細册圖結呈

具禀　桑園圍紳士在籍直隸候選同知進士明之綱等禀爲遵繳細册圖結乞恩核轉事。

切紳等於同治八年九月内呈奉各憲給發該圍本款歲修息銀一萬兩，領回培築該圍海舟、鎮涌兩堡首險基段，當將興竣各日期禀報。茲奉藩憲札委卸南澳軍民府張會同仁台查勘修竣兩堡基段，俱一律鞏固，並無草率偷減情弊。并奉諭飭，將用過工料，銀兩，造具細册，繪圖貼説，出具保結。各一樣九本套呈繳等因。遵即備造支銷細數，青皮正、副册五本，白皮四本，并圖結，各一樣九套，呈請核轉，實爲德便。爲此切赴。

同治九年六月十五日

申藩憲繳工料細册圖結文

同知銜署廣州府南海縣事賡爲申繳事。

案：據桑園圍紳士明之綱等呈稱：桑園圍基前於同治六年蒙給歲修息銀二萬兩，將通圍修復。惟地方遼闊，尚有海舟、鎮涌兩堡基段爲通圍頂衝首險，必須落石施泥填湖，方臻鞏固等情，先後呈奉院憲批行，憲台籌撥銀一萬兩，給發該圍紳士明之綱等領回，於同治八年十一月十三日興工，至九年四月十二日一律工竣，各日期先後通報在案。隨奉憲台札委卸南澳同知張曰銜會同卑職前往桑園圍，將修竣海舟、鎮涌各堡基段，逐一確勘，是否一律鞏固。有無草率偷減情弊？出具切結，先行禀覆核辦。並催令各紳士造具用過工料、銀兩細數，正、副各册，繪圖貼説，出具保固切結各一樣八本套詳繳等因。除將會同勘明緣由，出具切結禀繳外，嗣奉憲台札開，查此項會勘印結，向係彙同工料册圖一起，詳請題銷。先經飭令繕具八張繳送，茲據祇繳一張前來，係屬不敷分送，合亟札飭，札縣立即查照現繳銜名結式，刻日補繕七張，并造具工料册圖各八本申繳，以憑核明詳銷，毋得稍遲等因。奉此，茲據該圍紳士明之綱等禀稱：奉發歲修息銀一萬兩領回，培築海舟、鎮涌兩堡基段，一律鞏固。共用過工料銀一萬二千零三十三兩七錢九分六釐九毫，除領銀一萬兩外，餘銀在於圍内各業户按畝科捐，理合備造工料細册、繪圖註説，出具保固切結，繳候核轉等情到縣。據此，卑職覆查無異，除另繕會勘印結，彙同工料册圖結，具文申繳憲台核轉。爲此，備由同會勘印結七張青皮正、副印册五本，白皮印册三本，圖結各七張具申，伏乞照驗施行，須至申者。

同治九年六月　日

羊城西湖街富文齋刊印

整理人：張孝南，編審。長期從事文史研究工作以及水利史志編纂工作。《珠江續志（一九八六至二〇〇〇）》副總編，《中國河湖大典·珠江卷》常務執行副主編。

〔清〕何如銓　纂修

重輯桑園圍志

萬毅　整理

整理説明

《重輯桑園圍志》是珠江三角洲原廣州府屬南海、順德縣境内最大的塘壟圍基——桑園圍的專門性地方志。相傳桑園圍始建於北宋末徽宗在位時期，明太祖洪武二十九年（一三六八年）邑人陳博民主持修築全圍基堤，明清時期，桑園圍成爲廣府地區最大和最重要的塘壟圍基。《重輯桑園圍志》修纂於清光緒十一年（一八八五年）乙酉，成書於光緒十四年（一八八八年）戊子，光緒十五年（一八八九年）乙丑四月雕版刊刻。目前，北京國家圖書館和廣州市圖書館均收藏有該書。

《重輯桑園圍志》編纂者何如銓，字（號）嗣農，似爲本圍内南海縣屬鎮涌堡鄉紳，舉人身份，揀選知縣銜，以教讀爲業。列名倡修者，如馮栻宗、陳仕良、陳序球、張琯生、潘譽徵等，多爲本地的在任京官。其中，時任翰林院編修的陳序球和時任刑部貴州司主事的馮栻宗分别以官員身份在籍主持過光緒六年（一八八〇年）庚辰全圍大修和光緒十一年圍堤歲修的工程，本書卷首即有馮栻宗和時任廣州知府李璲所作的序。

《重輯桑園圍志》全書十七卷，約二十六萬字，編爲十六門，分别是： 一、奏議； 二、圖説； 三、江源（附潦期潮信）； 四、修築； 五、搶救； 六、蠲賑； 七、撥款； 八、起科； 九、義捐； 十、工程； 十一、章程； 十二、防患； 十三、渠竇（附子圍）； 十四、祠廟（附産業）； 十五、藝文； 十六、十七雜録（分爲上、下卷）。在本書編纂之前，桑園圍已有清嘉慶十七年（一八三七年）癸巳和嘉慶二十年（一八四八年）甲辰兩部圍志，編纂本書時，編纂者借鑒了清初楊鏻《海塘擥要》的體例，在承續原有志書内容的基礎上，對原志的舊有門類進行了重新編排，如删去原有的『沿革』，將『奏稿』改爲『奏議』，『防潦』改爲『防患』，『搶塞』改爲『搶救』，又將『基段』『圖户』『培護』分别併入『圖説』『起科』『修築』各門，並特别增加了『江源』『蠲賑』『義捐』『工程』『藝文』『雜録』等新的門類。在内容上，本書編纂者特别注重所集資料與本圍的相關性，如將舊志中與桑園圍並非直接相關的材料歸入『雜録』一門； 在『藝文』的選擇上也儘量摭取與本圍水患、堤防相關的詩文，表現出較强的專門性和審慎性。在各個門類的纂作中，作者也儘量追根溯源，給後人留下了從北宋到清末，特别是明清以來關於桑園圍基農田水利防護修築的大量史料，對我們認識珠江下游的水文水利和珠江三角洲地區的塘壟圍基農業有着重要意義。

本編纂單元整理工作由萬毅完成，由張孝南、張宇明、馬濤、嚴黎、黎沛虹審稿。不當之處請批評指正。

整理者

重輯桑園圍志序

嘗攷我朝各省堤防，其蒙恩發帑培修者，惟浙江之海塘與粤東南順二縣之桑園圍。海塘以捍潮，桑園圍以捍潦，雖地之大小不同，而其藉以禦災則一也。余官粤東，而籍粤西，西潦之爲鉅患久在心目中。況桑園圍當西北兩江之衝，其受患可勝言哉！每歲盛潦之來，洶湧震盪，瀕江而居者，非堤不能防，而堤岸閱歲坍卸，非修不能固。圍自嘉慶二十三年經督撫奏定歲修專帑，嗣後數十年間，每需培築，一經圍紳呈請，即援案撥款。歷荷聖俞，仰見皇仁，稠叠閱久如新，益以見斯圍之關繫者甚重也。圍舊有志，光緒乙酉以其未協體例，重輯成書。今南海馮越生比部、李輔廷同年問序於余，比部先已有序，凡綱目規條，亦已詳載卷中，無庸贅述。顧余忝守廣州，數年來屢見江水暴漲，十圍九缺，人家蕩析離居，心實憫之。而桑園圍獨屹立鞏固，即險工間出，獲慶安瀾，此彌信有備者無患。而圍内諸紳藉歲修之力，未雨綢繆，所以衛桑梓而仰答恩施者，其成效固顯著也。爰樂而紀其梗概焉。讀斯志者，其足與浙之《海塘擥[一]要》並資水利參攷也夫！

賜進士出身

誥授中憲大夫，在任候補道廣州府知府李璲撰

重輯桑園圍志序

吾粤西、北兩江無年不漲，瀕江而居者，亦無年不慮水漲。漲之大小，基圍視爲安危。光緒乙酉五月，西江上游發蛟，水勢湍悍殊常，人畜木植遂流而下。加以霪雨連旬，東、北兩江並漲，沿江基圍十決八九。我桑園圍當西、北江之衝，迺雖險幸完，僉謂其藉歲修之力。潦退，查勘基段，間有頹塌。余亟與諸同人援案呈請大府撥給歲修銀兩，工次稍暇，因語及舊日圍志作非一手，文不一律，衆論歉焉。夫古來水利諸書，原無專志基圍者，然前明謝廷諒《千金堤記》、吴韶《捍海塘紀》、仇俊卿《海塘録》等編，殆與圍志相近。我桑園圍保障南、順兩縣一十四堡，載税一千八百四十二頃有奇。

嘉慶二十二年，奏蒙仁廟俞旨，給予歲修專帑，歷次奉行，其關繫者甚大，是□□□[二]志。然使紀載繁蕪，條例歧異，雖有志亦非著書之體[三]。□圍何嗣農孝廉學問淹貫，具纂修才，爰請其將舊志增删重輯。孝廉於講課餘晷，悉心釐訂，自『奏議』『江源』，迄『藝文』『雜録』，彙分十

[一] 擥　同『攬』。

[二] 因破損湮失三字，據字迹估爲『不可無』三字。

[三] 原文湮，估爲『體』字。

有六門，意議具於凡例，大略倣楊氏鑅《海塘擥要》[一]，仍取舊編《癸巳志》《甲辰志》諸門而增易之，詳略得宜，典而能覈。至戊子歲書成，同人屬爲之序以付梓。是年復值大水，他圍多缺，而我圍復幸完，此又藉歲修之力也。昔都水少監任元發撰《浙西水利議答録》，其要有三：一曰濬江河以洩水，二曰築堤岸以障水，三曰置牐竇以限水，我桑園圍利害同之。近年下流多强築圍壩阻塞水道，光緒十一年八月初十日，經御史方汝紹奏，奉上諭，著督撫查明嚴禁。詔命煌煌，其行與不行，權在大吏。至堤岸之障，牐竇之限，凡屬同圍，不可不勉，願以告後之覽斯志、而留心圍工者。

賜進士出身、誥授中憲大夫、賞加四品銜刑部貴州司主事，總辦秋審處行走前吉林理刑南海馮栻宗謹序

重輯桑園圍志　職名開列

倡修

四品銜刑部主事　馮栻宗

户部主事　李仕良

四品頂戴員外郎銜吏部主事　郭乃心

翰林院編修　陳序球

前河南開歸陳許道　潘仕釗

翰林院編修　余贊年

員外郎銜户部主事　張瑄生

户部郎中　潘譽徵

同知銜前甘肅兩當縣知縣　周兆璋

七品銜大挑教職　劉文照

纂修

揀選知縣　何如銓

校對

同知銜揀選知縣　李錫培

揀選知縣　何炳堃

揀選知縣　曾兆棨

[一]《海塘擥要》爲楊鑅於嘉慶年間撰寫的關於浙江海塘修築管理的一部水利專著。

桑園圍志　凡例

一、志書標題當系以地。陳儀之《直隸河渠》則統括全省，單鍔之《吴中水利》則兼綜數郡，富玹之《蕭山水利》則包舉一縣。桑園圍在有明中葉以前盡南海地，景泰間置順德縣，割甘竹、龍山、龍江三堡隸之，圍乃分屬。今用謝廷諒《千金堤志》例，不冠以縣名，直題曰《桑園圍志》。千金堤在撫州城東，當汝水之衝。桑園圍在廣州城西南，當西、北二江之衝，皆係一方利弊者也。

一、桑園圍修築大要與浙江海塘相類。海塘捍蔽杭、嘉七郡，關數十縣利弊。桑園圍保障南、順兩邑，關十四堡利弊。故是書體例仿楊氏鑅《海塘擥要》爲之，而略爲損益。起『奏議』，訖『雜録』，凡十有六門，釐爲若干卷。

一、《癸巳志》例，曰『奏稿』、曰『圖說』、曰『沿革』、曰『基段』、曰『修築』、曰『搶塞』、曰『防潦』、曰『圖户』、曰『章程』、曰『祠宇』；《甲辰志》增『撥款』『起科』『培護』『渠竇』四門；今去『沿革』，易『奏稿』而『奏議』，易『防潦』而『防患』，易『搶塞』而『搶救』，併『基段』於『圖說』，併『圖户』於『起科』，併『培護』於『修築』，而增『江源』『蠲賑』『義捐』『工程』『藝文』『雜録』，餘悉仍舊貫。

一、舊志『防潦』『搶塞』『修築』諸門雜引他書，無與桑園圍事，今概入『雜録』，用備稽覽。刺取『沿革』中紀事，依類排纂，昭其實也。

一、翟均廉《海塘録》兼紀名勝，謝肇淛《北河紀餘》、全友理《太湖備考》皆及古蹟，桑園圍包絡西樵山，連綴兩龍、九江各岡阜，山川清美，賢哲留題，載諸志乘。是書主修築堤防，其無關水利者概不采録。

一、奏議既詳載卷首，『撥款』門復節録諸疏，隨事附見，以便省覽。

一、書中地名、人名，或聲音相近如尾美、范飯之類，或偏旁互異如泂柯、彭澎之類，或稱謂閒殊如元善、瓛洲爲一人，肇珠、昌耀爲一人之類，皆依據原文，不復追改。

一、《朱子集注》融會諸家之說，或標姓或不標姓，是書參用舊志，間有竄易，不盡標明某志，所以省繁文。亦猶朱子意，非敢掠美也。

目録

卷一　奏議

案浙江海塘地跨杭、紹、甯、嘉、温、台六府，其一百餘里之土備塘，一萬四千餘丈之魚鱗大石塘，爲千古未有之鉅工，修堤防者特設專官，凡遇興築，恪稟廟謨指授，其志皆奉敕編纂，卷首專門恭録聖諭，絜綱維也。若我桑園圍基，地跨百餘里，内基一萬二千七百二十三丈四尺五寸，照乾隆甲寅清丈計，自嘉慶丁丑三丫基決，彎築新基一百八十二丈。道光癸巳三丫基決，彎築新基五百丈，約溢基六百丈。外基二千零四十九丈一尺，通計基一萬四千七百七十二丈五尺五寸，載税一千八百四十二頃有奇，龍津堡六鄉，順德縣龍山、龍江、甘竹三堡未計入内。在粤東圍基，工程最鉅。賢公卿軫念民瘼，偶值偏災，或籲請賑恤，或發帑興修，且爲之規畫久遠，垂之無窮。當其剴切敷陳，真有如沈愷曾所云『當事大臣仰體主恩而曲爲生民請命』者。仁人之言，其利溥也。攷明王瓊《漕河志》、吴仲《通惠河志》、國朝靳文襄《治河奏績書》，皆詮敘奏議，爰輯乾隆甲寅以來諸大吏章疏冠全書之首。章疏之後，仍恭録上諭，俾闔圍人士發函雒誦，憬然知民隱上達，渥被恩施，而賢公卿之遺愛在民，終不可諼也。志奏議。

會奏查辦被水情形摺

長麟

竊查肇慶府屬之高要縣，有端江一道，受廣西、貴州、湖南等處之水，由三水縣會潮入海。本年六、七月間，西水較大，東注會流，勢頗浩瀚。先據高要縣知縣傅錫山稟報，臣等即飭藩司委員，會同該道府縣確查妥辦。據委員等稟覆水勢逐漸消退等情，兹于八月初一、初二、初三等日，潮勢西漲，與端江之水迎面頂阻，以致上流遏逼于高要，地方漫溢，民田被浸，房屋亦多塌卸。幸水由漸長，該管道府縣于甫經水長之時，即飛傳各處鄉約地保，速飭居民移避高阜，是以並未損傷人口。其蓋藏米穀搶獲者十之七八，漂没者十之二三。又與高要縣之接壤三水、四會、高明等縣亦有間被水溢地方。適臣長麟赴廣西閲兵，經過高要，目擊情形，棚棲溼處，當即親加履勘，飭令該府縣先行酌爲撫恤，不使稍有失所。一面飛札知照臣朱珪，並據該道府縣查報前來。臣等伏查，高要被淹田畝勢處窪下，恐一時不能全行消涸，有誤晚禾。且修葺房屋，築復圍基，民力亦有不能兼及之慮。合無仰懇皇上天恩，將被水貧民，無論極次，先行賞借一月口糧，以資接濟。查係一隅偏災，米糧尚不昂貴，所借口糧應請全放折色以便民用。其沖塌房間照例查明，給予修費。所有被水村莊本年應納錢糧及未完舊欠，請一并緩至來年秋後帶征。如此辦理，民力自覺寬紓。仰沐聖慈，實無既極。至粤省天氣温暖，菜蔬雜糧九、十月間尚可翻犁播種，此處被水田畝，能于秋冬之交消涸罄盡，民間尚可趕緊補種，不致乏食。倘有停淤未消，不能補種，臣等届期再行確勘情形，核實妥辦。再廣州府屬之南海縣，地居下流，沿河一带亦有海潮頂漲之處，臣等現飭委藩司陳大文親赴各處，逐加查勘，分別妥辦，所需銀兩，撥款動支，核實報銷。一面飛飭委員，會同該府縣確查被水村莊户口册報。俟三場事竣，硃卷全進内簾後，臣朱珪即親往高要督放借糧，務俾實惠及民，不敢稍有濫遺，以期仰體我皇上愛民如子之至意。所有查辦情形，臣長麟、臣朱珪謹據實會摺奏聞，伏祈皇上睿鑒。謹奏。

乾隆五十九年八月初十日奏

乾隆五十九年九月十九日，奉上諭： 據長麟等奏高要等縣被水查勘撫恤一摺，内稱高要縣端江水勢漫溢，該管道府等於甫經水長之時，即飭居民移避高阜，並無傷損人口，並親加履勘，先行撫恤等語。高要縣因海潮頂阻，被水淹浸，其接壤之區亦間被漫溢，長麟親赴該處，目擊情形，先行酌爲撫恤，朱珪亦已親往查辦，甚屬妥協。又據稱沖塌房間照例查明，給予修費，並將被水貧民先賞借一月口糧等語。該處民房猝被沖塌，著加恩按例加兩倍給予修費，以示軫恤。所有被水貧民無論極次，俱著先行賞借一月口糧，用資接濟。並將被水各村莊本年應納錢糧及未完舊欠，加恩緩至來年秋後帶徵，俾民力得就寬紓。該督等惟當董率所屬，悉心經理。朱珪現在親往高要，督放借糧，務使小民均霑實惠，毋使一夫失所，以副朕廑念民依至意。欽此。

奏報賞恤被水貧民摺

朱珪

竊查肇慶府屬之高要縣，併接壤之三水、四會、高明、南海等縣，本年八月初間西潦漲發，漫溢圍基，田廬被浸。據該道府縣查報，經臣與督臣長麟會摺奏懇皇上天恩，將被水貧民無論極次，先行賞借一月口糧。其沖塌房間照例查明，給與修費。被水村莊新舊錢糧，請一并緩至來年秋後帶征，以紓民力在案。臣等隨飭委藩司陳大文親往高要、高明、四會、三水、南海等縣查勘坍卸房屋，共大小瓦草房屋五千八百四十二間，共給過撫恤修費銀二千五百八十四兩七錢五分。又勘得南海縣之桑園圍，現據各業户趕緊修築，晚禾補種十分之六，勘不成災，禀報到臣。臣等一面分委各員，會同各該府縣確查高要等處被水村莊貧户丁口，散給印票，於適中之地分設廠所，造具印册，申繳前來。臣朱珪隨於八月二十六日前往三水縣，督放王公等圍貧户七百三十九户，折實大口一千八百八十四口半。復巡查高要縣迎恩等四廠，大灣等二十一圍，親身督放貧户一萬七千八百九十八户，折實大口三萬零七百七十三口。又委廣州府知府朱棟、連州知州趙鴻文分往四會、高明縣，會同肇慶府廣玉督同各該縣同時查放。内四會縣共貧户二千四百八十一户，折實大口三千二百零七口半； 高明縣貧户二千三百二十一户，折實大口四千九百七十九口，以上四縣共折實大口四萬八百四十四口。

每口借給口糧銀一錢五分，共賞借過口糧銀六千一百二十六兩六錢。臣認真督辦，不使胥吏冒混，實惠俱已到民。各貧民莫不歡欣跪領，感戴天恩，同呼萬歲。臣查放事竣，於九月初三日回省。順道查勘南海縣屬之桑園圍等處情形，實屬勘不成災。〔一〕至各該縣被水村莊，應緩征新舊錢糧，飭令藩司陳大文詳悉確查，核實造册，咨部辦理外，查現在天氣晴霽將及半月，漲水逐日消退，各業佃陸續趕種晚禾襍糧。得此糧銀接濟，實可同沐皇仁，不致一夫失所。所有督放高要等縣賞借口糧并坍房修費銀兩查辦緣由，臣朱珪謹會同兩廣總督臣長麟據實恭摺奏聞，伏乞皇上睿鑒。謹奏。

乾隆五十九年九月十二日奏

十月二十一日奉硃批：覽奏稍慰。欽此。

籌議借款生息以資歲修摺

阮元

竊照粵東地處海濱，形勢低窪。西、北兩江之水匯注大河，分流入海，河濱一帶俱藉圍基捍衛。而南海縣桑園圍適當江水之衝，本年五月間西潦漲發，圍基被決，民間修築不敷。經前督臣蔣攸銛會同臣陳若霖奏蒙聖恩，賞借帑銀修辦。嗣據南海、順德兩縣紳士陳書、關士昂等呈請借帑生息，以備此後歲修，復經行司籌議。去後茲據藩司趙慎畛、糧道盧元偉查明具詳，請奏前來。卷查廣、肇二府護田圍基本係土堤，乾隆元年經前任督臣鄂爾達奏請，改用石工。將鹽運司庫存貯遞年鹽羨等項銀兩，借商生息，以爲各屬每歲官修圍基之用。續于乾隆八年及乾隆十六年節次奏明，仍照向例，一概聽民自行防修，如有非常沖損，實在民力不支者，隨時奏請酌辦在案。臣等伏思，前項圍基當江水之衝，不特民田廬舍保障攸關，且圍內田畝均國家正供之所出，若必俟非常沖損，始行隨時奏辦，錢糧既須蠲緩，帑項更多糜費，而民間田園廬舍已不免淹浸之患。是與其隨時懇恩，莫若先籌善全經久之策，使可有備無患。隨將兩縣紳士所請，與在省司道再四熟商。該圍界連順德，周迴百有餘里，長九千五百餘丈。又當頂沖險要，工程最爲吃緊。自乾隆元年改用石工，歷年日久，水勢日夕沖刷，堤面逐漸單薄，堤石亦皆剥落傷殘。因民間自行修防之後，按年培築，不過於坍卸處所填砌修補，不能一律堅固。在小民保護田廬，原不肯甘心苟簡，祇緣工鉅費繁，力有未逮。是以自乾隆四十九年以來，遞遭沖塌。至嘉慶十八年復被沖淹，奏明借帑修築本年被水決口，較各年尤甚。仰蒙皇上恤緩兼施，併借銀五千兩，連民捐修費，趕緊搶修，始得補種禾稻雜糧。此時若不圖善全經久之計，將來再遭水沖，工程更大，需費更多。臣等飭縣查勘，該處圍基每年歲修，約需銀四千六、七百

〔一〕清法律規定『自六分至十分爲成災，五分以下爲勘不成災』。每有災情上報，地方官員必須勘災後据實上報。

兩方可堅固。現在藩庫備修堤岸銀兩存貯無多，合無仰懇皇上天恩，俯准在于藩庫追存沙坦花息銀兩借出銀四萬兩，並於糧道庫貯普濟堂生息項下借出銀四萬兩，共銀八萬兩，發交南海、順德兩縣當商，每月一分生息，每年可得息銀九千六百兩。內以五千兩歸還原借本銀，以四千六百兩爲歲修之資。責成該圍内殷實紳士購料鳩工，不經書役之手，仍由水利各官督率稽查。或應培築高厚，添砌蠻石，或因頂衝險要，應復石堤，相度情形，分別首險次險，陸續培築堅固。倘有已修石工沖刷決損，俱令領項承辦紳士賠補。每年動用息銀以及收回借本，造册呈報臣等衙門查核。計自嘉慶二十三年起，至三十八年止，借本可以全數清完。此後多餘息銀，即歸于籌備堤岸項下存貯，如遇通省圍基内實有緊要工程，民力不能捐修者，核實奏明動用。如此借動閒款，生息轉運，既不須臨時動用正帑，而堤岸歲修有賴，工程益歸鞏固，水潦不虞災歉，閭閻免追呼之擾，朝廷少恤緩之煩，實於國計民生均有裨益。是否有當？臣等謹合詞恭摺具奏，伏乞皇上睿鑒訓示。謹奏。

嘉慶二十二年十一月初六日奏

嘉慶二十二年十二月十六日奉上諭：　阮元等奏《籌議護田圍基借款生息以資歲修》一摺，粵東濱海一帶，田畝俱藉圍基捍衛。南海縣桑園圍界連順德，本年被水沖決，業經降旨借款修復。惟該處當江水之衝，民田廬舍亟須保障，以爲經久之計。加恩著照所請，准其在藩庫追存沙坦花息銀兩借支銀四萬兩，糧道庫普濟堂生息項下借支銀四萬兩，發南海、順德兩縣當商生息，每年所得息銀以五千兩歸還原款，以四千六百兩爲歲修之資，責成該處紳士購料鳩工，隨時培築，毋任胥役經手。仍令該管官督率稽查，如有坍卸，責令承辦之人賠補，以昭核實。餘俱照所議辦，該部知道。欽此。

紳士捐輸建築石堤摺

阮元

竊照粵東南海縣屬毗連順德縣界之桑園圍，周迴百有餘里，居民數十萬户，田地一千數百餘頃，種植桑株以飼春蠶，誠粵東農桑之沃壤也。圍外廣東西、北兩江環繞左右，而廣西左、右諸江亦並匯而來，由此合流入海。每遇夏潦暴漲，東尚緩緩，西水建瓴而下，宣洩不及，圍基即被衝淹，居民田園廬墓盡皆淹没。設水勢驟長，不能移避高阜，民人亦皆淹斃。屢經前任督撫臣奏蒙聖恩，恤緩兼施，借銀修葺。因向來僅建土堤，乾隆八年奏改石工，間段用塊石堆砌，并借銀生息，以作歲修。嗣又節次奏明，改歸民間自行修防，如有非常衝損，民力不支者，隨時奏請酌辦。嗣經歷年久遠，沙高石低，屢被沖刷，禍移民間。雖欲培築，苦於力有未逮。上年臣阮元與前撫臣陳若霖因該處係農田廬墓，情勢緊要，奏蒙聖恩允准，於藩糧兩庫借銀八萬兩發商，按月一分生息，計得生息銀九千六百兩。以五千兩歸還原借本銀，以四千六百兩爲歲修之費。第圍基遼闊，恐此築彼坍，歲得四千餘金，僅敷逐段粘補之用，仍不足爲永遠經久之計。前據南海、順德兩縣紳士商民紛紛懇請捐建石堤，經署南海縣知縣仲振履等親詣查勘，該圍最險頂衝之吉贊横基、三丫基、禾义基、天后廟、大洛口等處，約計一千九百餘丈，須用大條石疊砌高厚，其次七千餘丈亦須大塊石堆砌成坡，方可藉資捍衛。所需工料運脚等項，撙節估計，非捐銀十萬兩不能興辦。南、順兩縣紳士人等即欲踴躍捐輸，而工鉅費繁，一時未能集事。兹查，現任刑部郎中伍元蘭、刑部員外郎伍元芝，因家鄉有此大工，自京專遣家丁回籍赴縣呈請，兩人願捐銀各三萬兩；又有緣事革職在籍之郎中盧文錦，獨捐銀四萬兩，共十萬兩。現據藩司魏元煜、糧道盧元偉轉據該府縣等核議，詳請具奏前來。臣等查桑園圍有關兩縣農民田廬，屢被水患，亟應築堤保障，惟因經費過多，礙難籌辦。今既據該紳員伍元蘭等情殷桑梓，尚義輸銀，臣等逐加採訪，南海、順德兩縣士民聞知義舉可成，靡不同聲歡慶，自應俯順輿情，奏請准其興建。如蒙俞允，即飭該紳員等各將捐銀繳貯。仍令兩邑紳衿耆老，選舉殷實公正紳士赴圍董理，購料鳩工，妥速趕辦。地方官但司督率稽察，務使工堅料實，毋稍浮冒虚糜，不使胥役人等涉手。致有侵染，俟工竣再行查勘驗收。此次築堤之後，自必永慶奠安。然水力沖險異常，恐未必年久一無所損。

上年奏請生息銀兩，仍須照舊生息。將來察看情形，另行核奏。至例載捐修公所銀至千兩以上，即應分别旌賞，或由部議敘。臣等查明，伍元蘭等於桑園圍並非自護田廬，今各捐銀至數萬兩，洵屬急公向義，應俟工竣後，臣等再行循例奏懇天恩，量加獎勵。臣等因事關農田水利，謹據士民輿情合詞恭摺具奏，伏乞皇上睿鑒訓示。謹奏。

嘉慶二十四年七月十五日奉硃批：依議辦理，工竣後核實具奏。欽此。

石堤工竣併將支賸捐項分别撥充公用摺　阮元

竊照粤東南海縣屬毗連順德縣界，有大堤一道，土名桑園圍。周環百有餘里，圍内居民數十萬户，農桑田地一千數百頃，爲近省第一沃壤。該圍地處下游，當本省西、北兩江及廣西衆水之衝。每遇春夏秋暴漲，諸水建瓴而下，全藉圍基保護。先因土堤易圮，屢遭水患，淹斃人口，兼淹及順德龍山等處。疊經前督撫臣奏蒙諭旨，恤緩兼施，借項修葺，復於乾隆八年奏准改築石工。嘉慶二十二年，臣阮元復會同前撫臣陳若霖奏蒙聖恩，借項發商生息，爲歲修之用。祇緣從前奏改石工之時，限於經費，僅係擇要間段改築。而臣阮元等奏准生息之項，歲祇得銀四千六百兩，亦僅敷隨時粘補，不能一律改建。每遇伏秋大汛，田廬民命均時刻耽心。二十四年，適有現任刑部郎中伍元蘭、刑部員外郎伍元芝遣丁回籍，赴縣呈請，各捐銀三萬兩； 又有在籍之緣事革職郎中盧文錦亦願獨捐銀四萬兩，將圍基險要之處普改石工。由司道轉據府縣核詳，經臣阮元會同前撫臣李鴻賓具奏，聲明伍元蘭等各捐銀至數萬兩，洵屬急公向義，俟事竣循例奏懇獎勵。欽奉硃批，『依議辦理，工竣後核實具奏。欽此。』當經行據該紳士等將捐銀十萬兩照數繳貯藩庫，由南海、順德二縣轉飭二邑紳耆，公舉素來辦事公正、身家殷實之候選訓導何毓齡、舉人潘澄江等經理其事，並由司委員赴工督率稽查，其一切領銀用銀悉由董事經理，不涉官吏之手。據報於二十四年九月水落後興工，二十五年全工告竣。撙節核實，共用銀七萬五千兩。臣等飭委督糧道盧元偉赴圍親勘，實係堅厚鞏固，農民咸悅。並據府縣轉據首事紳士開報工料，由司會核，詳請照案具奏獎勵，聲明此係民捐民辦之件，照例毋庸造册報銷前來。臣等伏查定例，捐修公所及橋梁、道路實於地方有裨益者，銀至千兩以上，請旨建坊。遵照欽定『樂善好施』字樣，聽本家自行建坊等語。此案盧文錦籍隸新會，伍元蘭、伍元芝雖籍隸南海，皆非圍內之人，今能各捐銀至數萬兩，俾全圍藉資鞏固，保護數十萬民田廬舍，其捐銀遠過千兩之數，與獎勵之例相符，應請照例建坊，以獎善舉。至前項捐款銀十萬兩，除現在核實祇用銀七萬五千兩外，尚餘銀二萬五千兩，原捐各紳不願領回，呈請撥充公用。查有南海縣屬與三水縣屬交界之土名波子角圍基一道，與桑園圍唇齒相依，亦屬險要。現據該處衿民呈請修築，應請於前項存賸銀兩撥銀一萬兩，撙節撙要估修。照舊令舉殷實紳士自爲經理，工竣通報院司府縣查核，照例毋庸造册報銷。尚餘銀一萬五千兩。查先經臣阮元會同前撫臣李鴻賓奏明纂修《廣東通志》六部，查取《大清一統志》事宜，稿本現在將次完竣，除臣等陸續公捐經費外，尚有不敷，應將此款盡數撥給，湊支公用。如此分別辦理，係以紳士原捐之項，辦本地方應捐之事，亦復甚洽輿情。是否有當？臣等謹一併具奏，伏乞皇上聖鑒訓示。謹奏。

請將捐修紳士及督修人員量予議敘片　李鴻賓

再道光九年五月間，廣東省西、北兩江潦水陡漲，廣州府各屬沿河圍基多被沖潰，南海縣屬之桑園圍、三水縣屬之蜆塘圍坍裂尤甚。當經臣會同前撫臣盧坤，派令陞任督糧道夏修恕，督率委員候補知縣楊砥柱等實力趕修，培築完固。並經南海縣廪貢生伍元薇先捐銀二萬兩，以爲該兩圍冬閒改建石堤工費，業於奏請緩征。案内將捐修委辦等情，俟工竣另行具奏在案。嗣因桑園圍之上游坡子角潰口處所，工段寬長，採石較遠，且堵而復潰，用費浩繁，該廪貢生復捐銀一萬三千兩，俾得添工補砌，於本年四月報竣。經臣親往履勘，修築堅穩，歷過五、六、七、八等月西江大汛，毫無矬塌，一律完整。各圍内秋收豐足，倍勝尋常，從此萬户田廬可資捍禦。所有委令督修各員夙夜在工，歷時甚久，不辭勞瘁，實屬勉力從公。內有候補知縣楊砥柱、候補未入流吴崇增尤爲認真出力，可否將二員各歸本班，儘先補用，出自天恩。又綏猺廳教諭梁元本無地方之責，因係三水原籍，熟悉水道情形，委令督率鄉夫加緊修築，俾臻堅厚，亦屬奮勉。應請敕部議敍。其餘在工出力各員，由臣查明，分別記功獎賞。至該廩生伍元薇，雖籍隸南海，並非居住桑園圍内，乃慷慨出資，先後共捐銀三萬三千兩，以成要工，殊屬情殷桑梓，好義可嘉。查嘉慶十八年直隸南宫縣廩生齊如驤，因地方荒歉，捐賚賑銀一萬二千兩，奏奉諭旨，賞給舉人，一體會試；道光八年福建莆田縣監生鄭道立捐輸木蘭陂水利銀兩，奏奉上諭，賞給副榜各在案。兹伍元薇以肄業儒生，不惜重貲，保存鄉里，應否量予獎勵？恭候恩施，謹附片陳奏。伏乞聖鑒。謹奏。

十二月初九日奉上諭：李鴻賓奏『查明捐修堤工並督修出力人員，請予鼓勵』等語。廣東廣州府屬之桑園、蜆塘兩圍，前因江水陡漲，多致潰塌，經南海縣廩貢生伍元薇先後捐銀三萬三千兩改建石堤，修築堅穩。候補知縣楊砥柱等在工督修，俱尚爲奮勉，自應量加恩施。廣東候補知縣楊砥柱、候補未入流吴崇增俱著各歸本班，儘先補用；綏猺廳教諭梁元著交部議敍；廩貢生伍元薇著賞給舉人，准其一體會試，以示獎勵。欽此。

請將歲修本款分别扣抵攤徵以紓民力摺　盧坤

竊照粤東南海縣屬毗連順德縣界之桑園圍地，周圍百有餘里，居民數十萬户，田地一千數百餘頃，種桑飼蠶，爲農桑奥區。圍基長九千五百餘丈，圍外東、西兩江環繞，又有廣西左、右諸江之水並匯而來，合流入海。每遇夏潦暴漲，西水建瓴而下，宣洩不及，圍基即被沖損，民田廬墓盡皆淹没。經前督臣阮元、前撫臣陳若霖於嘉慶二十二年奏准，設立歲修。在藩糧二庫各借動銀四萬兩，共銀八萬兩，交南海、順德兩縣當商，按月一分生息，每年得息銀九千六百兩，以五千兩歸還原借本銀，以四千六百兩爲該圍歲修之費。迨嘉慶二十四年，據該縣紳士伍元蘭等捐銀十萬兩，將該圍基改建石工。歲修銀兩無需動用，將此項息銀歸入籌備堤岸項下。歷年間爲南海、三水等縣借動别圍修費，事竣分年徵還南海業户。道光九年分尚有未經徵還銀四千一百一十兩，由藩司按年造報，咨部在案。是桑園圍修費本有專款，雖改建石工以來未經動用，而每年息銀本款仍存司庫。道光十三年夏秋，西、北兩江之水非常異漲，致將圍基沖決，工鉅費繁。一年兩遭水患，民情倍形拮据，圍基決口沖成深潭巨浸。經該圍紳士等先後籲請，借動庫項銀四萬六千八百八十四兩八錢八分三釐，現又續借銀三千兩，一律加培堅實。查前此該圍借款，同此外南海、三水等别圍借修銀兩，業經臣奏蒙恩旨，借修圍基。『現在動支同嗣後續借銀兩，及南海縣未完道光九年分銀四千一百一十兩，著於道光十四年起分限五年免息徵還，以紓民力。欽此。』其有上年被水各屬應徵民屯銀米，亦經奏准，一律展緩。自道光十四年秋收起，分作二年帶徵。仰蒙聖恩優渥，臣飭司刊刻謄黄，徧行曉諭，百姓莫不歡頌皇仁。惟查桑園圍借修圍基銀兩，因工程浩大，關係百有餘里，全圍民田廬舍借數較他圍獨鉅。該圍於十四年秋後既有應繳緩徵銀米，又須按畝攤派借支修費，同時並徵，實恐力有未逮。查該圍於上年六月内借領歲修生息本款銀一萬二千兩，除用去銀六千八百八十四兩八錢八分三釐，餘因盛漲停工，仍將用存銀五千一百一十五兩一錢一分七釐繳還司庫。嗣於十一月内，據該圍紳士李應揚等借領銀二萬兩修塞決口，内於歲修生息本款内動支銀七千四百八十五兩，又在籌備堤岸項内支銀二千三百六十兩，米耗盈餘項下支銀一萬一百五十五兩，經藩司發給南海縣，轉給該圍紳士領辦。又本年正月内，因春汛即屆，據承修紳士再請，續發銀二萬兩以應要工。據該司呈報，亦在司庫米耗盈餘内如數動撥。今於三月又借銀三千兩，在生息本款内動支銀一千九百兩，備修土墩水柵項内借支銀一千一百兩。以上桑園圍共先後借領銀四萬九千八百八十四兩八錢八分三釐，内一萬六千二百六十九兩八分三釐係動支該圍歲修本款息銀，自應就款開銷，毋庸再行歸還。其餘三萬三千六百十五兩係在堤岸籌備及米耗盈餘、土墩水柵等款内動支，應行還款。若俱請在於應得歲修息銀四千六百兩數内扣收，計須七年方能清款，有逾原奏五年之限。今請將前項借款，以二萬三千兩在於桑園圍每年應得歲修銀四千六百兩，按年儘數扣收還款，免其攤派。尚欠銀一萬零六百十五兩，欽遵諭旨，自十四年起，分限五年，歸該圍按糧攤徵，每年徵解銀二千一百二十三兩。如此半歸歲息扣收，半歸攤徵還項，均仍不出五年之限。在借款可以全清，而通圍攤徵爲數較減，易於完繳。闔圍百姓普沾恩澤，頂感聖主深仁，益靡既極。臣爲展舒民力起見，是否有當？謹恭摺具奏請旨，伏乞皇上聖鑒訓示。再，撫篆係臣兼署，毋庸會銜合併陳明。謹奏。

道光己酉籌撥歲修息銀摺

徐廣縉

竊照本年九月間，省城陡發颶風，南海等縣民房、船隻、田禾、圍基間有損壞。先經臣等委員，勘不成災，妥爲撫恤，附片奏聞。並聲明桑園圍基多有傾卸，工費較繁，已委員覆勘，再行酌辦在案。茲據委員候補直隸州知州彭澤會同南海縣知縣張繼鄒馳赴該圍勘明禀覆，桑園圍西基内頂沖險要之禾义基、坭龍角石堤二段，及廟前土堤一段均已坍卸激動。又河清、九江兩堡交界處所及土名大洛口、鹽姑廟各土堤，並沙頭堡、韋馱廟前石堤亦俱沖刷拆裂，低薄浮鬆。其餘各堡圍基，或間有損動情形，亟應分別修築，加高培厚。核實確估，約需工費銀一萬餘兩。體察民力，實有未逮。議請撥給銀兩，飭令各紳士雇工購料，趕緊修築等情，由司核明，詳請具奏前來。臣等伏查，該圍籌備歲修生息一項，先於嘉慶二十二年在藩、糧二庫提銀八萬兩，發交南海、順德二縣當商生息，每年得息銀九千六百兩，以五千兩還本，以四千六百兩爲該圍歲修之用。嗣因紳士伍元蘭等捐銀十萬兩，將該圍改築石堤，此後無須歲修。每年將歲修息銀四千六百兩歸入籌備堤岸項内備用，其應歸本銀五千兩，續奉行令入季報撥。嗣道光十三年，桑園圍被水沖決，先後在司庫借領銀四萬九千八百八十四兩八錢八分三釐，經前督臣盧坤奏明，以一萬六千二百六十九兩八錢八分三釐動支該圍歲修銀，再以二萬三千兩將該圍每年應得歲修息銀四千六百兩，按年儘數扣收，毋庸徵還。尚欠銀一萬零六百一十五兩，分限五年攤征。又道光二十四年被水，該圍患基甚多，經前撫臣程矞采會同督臣耆英奏准，動支歲修息銀一萬兩，給發紳士領回培築，毋庸歸款。各在案。數年以來，水石沖激，本年九月内復被颶風擊刷，土堤石堤多有坍卸傾裂，亟應修築培補，惟工費較鉅，民力實有未逮。相應仰懇天恩，俯念基工緊要，准照道光十三年暨二十四年等年成案，在於該圍歲修生息款内籌撥銀一萬兩，發交南海縣，轉發該圍紳士人等領回，由縣督飭興修。尚有不敷，即由該圍殷户捐足支用，俟工竣核實驗收，將動撥之項造册報銷，務使全圍一律鞏固，以資捍衛。其請撥銀兩，應即就款開銷，毋庸歸還。第本款息銀現存銀三千一百三十二兩，不敷支撥，請在籌備堤岸項内借足。仍將桑園圍每年應得歲修息銀四千六百兩，按年儘數收還歸款，是否有當？臣等謹合詞恭摺具奏，伏乞皇上聖鑒訓示。謹奏。

道光二十九年正月二十六日奉上諭：督臣徐廣縉、撫臣葉名琛《奏請撥項築復桑園圍基》一摺，廣東南海縣屬桑園圍基，既據該督等查明，該處數年以來，水石沖激，上年九月内又被颶風擊刷，土堤、石堤多有坍裂，著准其援照成案，在於該圍歲修生息款内籌撥銀一萬兩，發交南海縣，轉發該圍紳士領辦。即責成該縣督飭興修，工竣核實驗收，務使一律鞏固，以資捍衛。仍將動撥之項造册報銷，餘著照所議辦理。該部知道。欽此。

咸豐癸丑籌撥歲修息銀摺

葉名琛

竊照本年六、七月間，粵省東、西、北三江潦水漲發，各府屬州縣圍基、田畝、房屋間有淹坍。先經臣等委員，勘不成災，捐廉妥爲撫綏。專摺覆奏，並聲明南海縣屬桑園圍東基等處基段多有坍卸浮鬆。據紳士呈報，請撥給歲修銀兩，俾資培築。俟委員會縣覆勘，另行辦理在案。兹據委員候補知縣朱甸霖會同南海、順德二縣馳往該圍，確切勘明稟覆，桑園圍東基内九江堡、龍津堡、簡村堡、先登堡、甘竹堡各基段沖決，自十餘丈至八十餘丈不等。因基身均已內陷，必須硒練堅築，始足以資鞏固。此外沙頭各堡基段石堤亦多拆裂浮鬆，亟應分别添石培補修築，工程浩大，民力實有未逮，議請動撥該圍歲修生息銀一萬兩，轉給紳士領回，鳩工購料，趕緊修築等情，由司詳請具奏前來。臣等伏查該圍籌備歲修生息一項，先於嘉慶二十二年在藩、糧二庫提銀八萬兩，發交南海、順德二縣當商生息，每年繳銀九千六百兩，以五千兩還本，以四千六百兩爲該圍歲修之用。嗣因紳士伍元蘭等捐銀十萬兩，將該圍改築石堤，此後無需歲修。每年將歲修息銀四千六百兩歸入籌備堤岸項內備用，其應歸本銀五千兩續奉行另入季報撥。嗣道光十三年桑園圍被水沖決，先後在司庫借領銀四萬九千八百餘兩，經前督臣盧坤奏明，以一萬六千二百餘兩動支該圍歲修息銀，以二萬三千兩將該圍每年應得歲修息銀四千六百兩，按年儘數扣收，毋庸徵還。尚餘銀一萬六百餘兩，分限五年攤徵。又二十四年被水，該圍患基甚多，及二十八年被風，擊壞土堤、石堤，均經先後奏准，各動支歲修息銀一萬兩，給發紳士領回培築，毋庸歸款。各在案。數年以來，水石沖激，本年該圍東基各段復被潦水沖決，及拆裂浮鬆多處。既經委員會縣勘明，亟應修築，惟工費較鉅，民力實有未逮，仰懇天恩，俯念要工，准照道光十三年等年成案，在該圍歲修生息款內籌撥銀一萬兩，發交南海、順德二縣，轉給紳士領回，由縣督飭，趕緊興修，以資捍衛。如有不敷，仍由該圍殷户自行籌足，統俟工竣驗收覈實，造册報銷，毋庸歸還原款。第本款息銀現存銀二千三百三十八兩，不敷支撥，請在籌備堤岸項内借動銀七千六百六十二兩，湊足一萬兩，先行給領，仍俟續收桑園圍歲修息銀内歸補還款。是否有當？臣等謹合詞恭摺具奏，伏乞皇上聖鑒訓示。謹奏。

請設法籌還提用桑園圍歲修本息銀片　潘斯濂

再查粤東廣州府屬之桑園圍，跨南海、順德兩縣。自北宋以來，爲時既久，户口數十萬丁，賦税二千餘頃，爲粤東糧命最大之區。每年夏秋潦漲，北潦自本省南雄、韶州直注；西潦自雲南牂牁，歷廣西匯合鬱、梧諸水，建瓴而下。該圍正當西、北兩江之衝，稍遭決陷，工鉅費繁，甚爲兩縣之患。嘉慶二十二年，順德縣在籍侍郎温汝适呈請督臣阮元奏明，在藩道兩庫提撥銀八萬兩，發交南海、順德兩縣當商，按月一分生息，每年得息銀九千六百兩。以五千兩歸還原撥帑本，以四千六百兩交桑園圍歲修各基。嘉慶二十四年，給領二十三年分歲修銀四千六百兩修葺圍基，列册報銷。嗣因盧、伍二商捐建石堤，此後歲修銀兩暫停未領。道光十三年漲決異常，石堤歲久，又多剝落，是以先後共在司庫借給修費銀四萬九千八百八十四兩八錢八分三釐，經前督臣盧坤奏請，將動支款息銀一萬六千二百六十九兩八錢八分三釐就款開銷，又在本款息銀內遞年扣收歸還借款銀二萬三千兩。尚欠銀一萬零六百一十五兩，分限五年，由該圍按糧攤徵清還借款。道光二十四年、二十八年，咸豐三年，前後三次均經奏請，給發本款歲修銀各一萬兩。蓋桑園圍向有專款，遞年收存司庫，以備給領。自咸豐四年以後，前督臣葉名琛將此項帑本并歷年存司庫息銀提用。計自嘉慶二十三年起，至咸豐三年止，共三十六年，實得歲修息銀一十六萬五千六百兩。除嘉慶二十四年領息銀四千六百兩，及道光十三年至咸豐三年前後四次，又共領息銀六萬九千二百六十九兩八錢八分三釐外，應存歲修息銀九萬一千七百餘兩。既經提用，此後桑園圍歲修銀兩無從撥給。聞同治三年十二月間，前督臣毛鴻賓、現署撫臣郭嵩燾以桑園圍堤基險要，糧命所關，設法籌撥銀二萬二千七百五十八兩七錢八分解還司庫，照舊發商生息，以資支發。查桑園圍歲修一項，原係奏明在藩、道兩庫提撥銀八萬兩，發交南海、順德兩縣當商，按月一分生息。近年既將本息銀全數提用，今撥還本銀二萬二千餘兩，在督撫臣關心民瘼，將來自必本息全數清還，以復專款。而臣竊計，桑園圍爲廣、肇兩府下游頂衝險要之基，受西、北兩江之患最劇，近日該圍下游各水道又復壅塞，擬難宣洩，堤身低薄，坍卸時虞，其所以沐皇仁而歌樂土者，誠賴有此歲修專款，若使歲修無措，不獨從前良法美意未久遂湮，而萬姓嗷嗷兵燹之餘，迭遭水患，於兩縣生民糧命關係匪輕。仰懇天恩，敕下該省督撫，將咸豐四年提用桑園圍原撥帑本暨歷年存庫息銀一項，查明已還、未還各數目，設法籌撥，全數歸款，照舊發商生息，俾該圍歲修有賴，以符向章而卹糧命。謹附片具奏。

同治四年閏五月十八日奉上諭：據御史潘斯濂另片奏，桑園圍爲粵東糧命最大之區，當西、北兩江之衝。稍遭決陷，工鉅費繁。向有生息銀兩以爲歲修之費，近年將本息銀兩全數提用，從此歲修無措，水患難免，於兩縣生民大有關係等語。著瑞麟、郭嵩燾將咸豐四年提用桑園圍原撥帑本暨歷年存庫息銀一項，查明已還、未還各數目，設法歸款，照舊發商生息，爲禦災捍患之計。原摺片單著抄給瑞麟、郭嵩燾閱看，將此諭令瑞麟、郭嵩燾知之。欽此。

附移軍需總局文

方濬頤

代辦布政使司爲欽奉事案，奉兼署兩廣總督部堂瑞憲札，同治四年六月初十日，准兵部火票，遞到軍機大臣字寄。

同治四年閏五月十八日奉上諭：據御史潘斯濂另片奏，桑園圍爲粵東糧命最大之區，當西、北兩江之衝，稍遭決陷，工鉅費繁。向有生息銀兩以爲歲修之費，近年將本息銀兩全數提用，從此歲修無措，水患難免，於兩縣生民大有關係等語。著瑞麟、郭嵩燾將咸豐四年提用桑園圍原撥帑本，暨歷年存庫息銀一項，查明已還、未還各數目，設法歸款，照舊發商生息，爲禦災捍患之計。原摺片單著抄給瑞麟、郭嵩燾閱看。將此諭令瑞麟、郭嵩燾知之。欽此。

遵旨寄信前來，到本兼署部堂承准此。

查桑園圍發商生息銀兩，前因軍需，緊急提用。除先後撥還外，已於同治三年十二月内飭據軍需總局查明，通共應還本銀五萬四千一百二十五兩五錢。當將帑本銀二萬二千七百五十八兩七錢七分，在於籌餉總局收存項内撥解藩庫，照舊發商生息，以資支發。所欠息銀，議俟局用稍紓，再行陸續撥解清款在案。今欽奉前因，札東軍需總局遵照，迅將提用桑園圍基發商生息銀兩一款所欠息銀，刻日會商籌餉總局，上緊設法籌撥，解還司庫清款，毋稍緩延外，合就恭録札知札司，即便欽遵，查照辦理，毋違。又奉署理廣東巡撫部院郭牌行准兼署兩廣總督部堂咨前事各等因到司。奉此，合就備移，爲此合移貴總局，希爲查照，迅將提用桑園圍基發商生息銀兩一款所欠息銀，刻日會商籌餉總局，上緊設法籌撥，解還司庫清款，幸勿再延施行。

奏報動撥歲修息銀修築完竣摺　瑞麟

竊照南海、順德二縣屬桑園圍，自咸豐三年動支歲修生息銀兩給發興修後，迄今十餘年之久，迭經風潦沖刷，基堤半多傾圮，每遇西、北兩江水漲，時有潰決之虞。同治六年秋冬間，迭據紳士呈報，請撥給歲修銀兩，俾資修築等情。經臣瑞麟與前降調撫臣蔣益澧，飭司委員會縣查勘，隨據委員委用知縣徐賓符會同南海、順德二縣前往逐一履勘，明確該圍基段傾卸低陷處所，係屬刻不可緩之工，亟應趕緊修築，加高培厚，覈實確估，約需工費銀二萬四千餘兩。體察民力，實有未逮。當在該圍歲修生息銀内動支銀二萬兩，發給該圍紳士領回，鳩工購料，次第修築。其不敷之銀，議由圍内殷實業户捐辦。據報於同治六年十一月初十日興工，七年十月初十日工竣。覈實驗收，委係一律完固，並無低薄浮冒情弊。由司核明，詳請具奏前來。臣等伏查，該圍籌備歲修生息一項，係於嘉慶二十二年在藩、糧二庫提銀八萬兩，發交南海、順德二縣當商生息。每年繳息銀九千六百兩，以五千兩還本，以四千六百兩爲該圍歲修之用。嗣因紳士伍元蘭等捐銀十萬兩，改築石堤，無須按年修築。當將歲修息銀四千六百兩，歸入籌備堤岸項内備用。其應歸本銀五千兩，照依續准部咨，入季報撥。嗣於道光十三年桑園圍被水沖決，先後在司庫借領銀四萬九千八百餘兩，經前督臣盧坤奏明，以一萬六千二百餘兩就司庫收存該圍歲修本款動用，以二萬三千兩請俟歲修息銀繳到，按年儘數扣收。尚借動銀一萬六百餘兩，分限五年攤徵歸款。又該圍於道光二十四年被水，二十八年被風，咸豐三年被水，先後坍卸基堤，均經奏准，每次動用歲修息銀一萬兩，給發該紳士具領修築。各在案。自咸豐三年迄今，又歷十有餘年。該圍水石沖激，基堤半多傾圮。委員會縣勘明，係屬刻不可緩之工。并據查明工費較鉅，民力實有未逮。經臣瑞麟與前降調撫臣蔣益澧，援照道光、咸豐年間成案，飭司在於該圍歲修生息款内動撥銀二萬兩，發交南海、順德二縣分別轉發該圍紳士具領。由縣督飭，趕緊興修。茲據具報，大工一律告竣，覈實驗收完固，委無浮冒。除動撥外，尚不敷銀四千餘兩，即由該圍殷實之户捐足支用等情，臣等覆查無異。除飭將動撥銀兩趕緊造册報銷外，所有南海、順德二縣屬桑園圍基，年久失修，動撥該圍歲修息銀修築緣由，臣等謹合詞恭摺具奏，伏乞皇太后、皇上聖鑒。謹奏。

同治八年五月初八日，軍機大臣奉旨該部知道。欽此。

癸酉籌撥歲修息銀摺

張兆棟

竊照南海、順德兩縣所屬桑園圍，分東、西兩基，共長一萬四千七百餘丈，當西、北兩江之衝。同治九年，因該圍石堤傾卸，曾經動支歲修息銀一萬兩給發修築工竣。無如堤長工險，兼以近年潦水漲發，水石沖激，沿堤剥卸甚多。茲據南海縣紳士明之綱等呈請，撥給歲修息銀兩，俾資修築等情。經臣等飭司委員會縣查勘，隨據委員會同南海縣前往履勘，該圍鎮涌堡禾义基、海舟堡天后廟、先登堡太平墟、九江堡石路口，暨簡村堡吉水竇各段石堤，均有頹卸剥落，其餘東、西兩堤基亦皆單薄低陷，亟應添補泥石，培築鞏固。覈實確估，約需工費銀一萬二千餘兩。體察民力，實有未逮。議請動撥該圍歲修息銀一萬兩，轉給該圍紳士領回興修等情。由司核明，詳請具奏前來。臣等伏查，桑園圍基本有歲修息銀專款，同治九年因該圍堤工險要，欠石培護，經臣瑞麟會同前撫臣李福泰奏明，援案動撥歲修息銀一萬兩。修築完竣，奉旨允准，造册題銷在案。今該圍鎮涌堡、海舟堡各處基段，近被潦水灌注，坭石傾頹。委員勘明，係屬刻不可緩之工。所估工料銀一萬二千餘兩，民力實有未逮。據請動撥歲修銀兩，自應照案動支。惟查本款息銀，先已按季報撥，及收入籌備堤岸項内存儲。當經仿照咸豐三年及同治九年動撥成案，在於籌備堤岸經費項内借支銀一萬兩，發給南海縣紳士領回，鳩工購料，由縣督飭，趕緊興工修築。其餘不敷銀兩，即由圍内殷實業户捐足支用。除俟工竣，覈實驗收，將動撥銀兩造册報銷。仍俟續收桑園圍歲修息銀儘數歸補還款外，所有圍基傾圮，援案借撥修築緣由，臣等謹合詞恭摺具奏，伏乞皇太后、皇上聖鑒訓示，敕部知照。謹奏。

光緒丁丑籌撥歲修息銀摺

張兆棟

竊照南海、順德兩縣所屬桑園圍，分東、西兩基，共長一萬四千七百餘丈，當西、北兩江之衝。同治十二年，因該圍坭石傾卸，曾經動支歲修息銀一萬兩，給發修築。工竣，屢經水患，藉保無虞。上年兩江潦水盛漲，沿堤剥卸甚多，基脚被水沖激成潭。據南、順兩縣紳士陳序球等呈請，撥給歲修銀兩俾資修築等情。經臣等飭司委員會縣查勘，隨據委員試用通判宋邦倬會同南、順二縣前往履勘，該圍鎮涌堡、坭龍角基脚被水沖激成潭，情形最爲險要，應用石填塞，以免沖塌。其餘海舟堡、天后廟等基段，或石塊傾陷，或坭土鬆浮低薄，亟應添補坭石培築堅固。覆實確估，約需工費銀二萬餘兩。體察民力，實有未逮。議請動撥該圍歲修息銀二萬兩，轉給該圍紳士領回興修等情。由司核明，詳請具奏前來。臣等伏查，桑園圍基本有歲修息銀專款，同治十二年因該圍基段傾圮，經臣兆棟會同前督臣瑞麟奏明，援案動撥歲修息銀一萬兩，修築完固，奉旨允准，造册題銷在案。今該圍鎮涌等堡各處基段被潦水沖激成潭，坭石傾陷，委員勘明，係屬刻不可緩之工。所估工料銀二萬餘兩，民力實有未逮，據請撥給歲修銀兩，自應照案動支。查本款息銀，先已按季報撥，及收入籌備堤岸項内存儲，並無息銀動支。咸豐三年及同治九年暨十二年各次動撥，均係在籌備堤岸項下借支。惟現在堤岸項下存銀無多，不敷借支，而各處基段，該紳等已於上年十一月初一日興工，經費急需支用。查司庫米耗盈餘一項，尚堪借撥，當經在於籌備堤岸、米耗盈餘二款各借支銀一萬兩，共銀二萬兩，發給該圍紳士領回，由縣督飭，趕緊修築。其餘不敷銀兩，即由圍内殷實業户捐足支用。除俟工竣覆實驗收，將動支銀兩造册報銷，仍俟續收桑園圍歲修息銀儘數歸補還款外，所有圍基被水沖決，援案借款修築緣由，臣等謹合詞恭摺具奏，伏乞皇太后、皇上聖鑒訓示，敕部知照。謹奏。

己卯籌撥歲修息銀摺

裕寬

竊照南海、順德兩縣所屬桑園圍，分東、西兩基，共長一萬四千七百餘丈，當西、北兩江之衝。光緒三年，因該圍基段被水沖激成潭，曾經動支歲修息銀二萬兩，給發修築，工竣。無如堤長工險，兼以本年夏間，西、北兩江盛漲，水勢沖激，以致該圍東、西基復多卸陷。據南、順兩縣紳士陳序球等呈請，撥給歲修銀兩藉資修築等情。經奴才飭司委員會縣查勘，隨據委員候補知縣胡鑑會同南海、順德二縣前往履勘，該圍東基仙萊岡及吉贊横基等處基段並西基一帶，均有坍裂卸陷，亟應培築堅固，以資捍衛。惟應修段落過多，工費較鉅，體察民力，實有未逮。議請動撥該圍歲修息銀八千兩，轉給該圍紳士興修。由司核明，詳請具奏前來。奴才伏查，桑園圍基本有歲修息銀專款，光緒三年因該圍基段被水沖陷，經前撫臣張兆棟會同前督臣劉坤一奏明，援案動撥歲修息銀二萬兩。修築完固，奉旨允准，造册題銷在案。今該圍東基仙萊岡等處基段並西基一帶被水沖激，坍裂卸陷，委員勘明，係屬刻不可緩之工。惟需費過鉅，民力實有未逮。據請撥給歲修銀兩，自應照案動支。查本款息銀，先已按季報撥，及收入籌備堤岸項內存儲，現無息銀動支。而各處基段，該紳等已於本年十一月初三日興工，經費急需支應。查司庫米耗盈餘一項尚堪借撥，當經仿照光緒三年動撥成案，在於米耗盈餘項内借支銀八千兩，發給該圍紳士領回，由縣督飭，趕緊修築。其餘不敷銀兩，即由圍内殷實業户捐足支用。除俟工竣核實驗收，將動撥銀兩造册報銷，仍俟續收桑園圍歲修息銀，儘數歸補還款外，所有桑園圍基卸陷，援案借款修築緣由，奴才謹恭摺具奏，伏乞皇太后、皇上聖鑒訓示，敕部知照。再，兩廣總督係奴才兼署，毋容會銜合併陳明。謹奏。

乙酉籌撥歲修息銀摺

張之洞

竊照南海、順德兩縣所屬桑園圍，分東、西兩基，共長一萬四千七百餘丈，當西、北兩江之衝。光緒五年，因該圍基段被水沖激卸陷，曾經動支歲修息銀八千兩，給發修築工竣。無如堤長工險，兼以上年夏間西、北兩江異常盛漲，水勢沖激，以至該圍海舟堡李村、盤古廟等處基段復多卸裂。據南、順兩縣紳士馮栻宗等呈請，撥給歲修銀兩，藉資修築等情。經臣等飭司委員會縣查勘，隨據委員候補知縣伍學純會同南海、順德二縣前往履勘，該圍海舟堡李村、盤古廟等處基段均有卸裂滲漏，亟應培築堅固，以資捍衛。惟應修段落過多，工費較鉅，體察民力，實有未逮。議請動撥該圍歲修息銀一萬兩，轉給該圍紳士領回興修。由司核明，詳請具奏前來。臣等伏查，桑園圍基本有歲修息銀專款，光緒五年因該圍基段被水沖激卸陷，業經前撫臣裕寬奏明，援案動撥歲修息銀八千兩，修築完固。奉旨允准，造册題銷在案。今該圍海舟堡李村、盤古廟等處基段被水沖激卸裂，委員勘明，係屬刻不可緩之工。惟需費過鉅，民力實有未逮，據請撥給歲修銀兩，自應援案動支。查本款息銀，先已按季報撥，及收入籌備堤岸項内存儲，現無息銀動支。而各處基段，該紳等已於上年十一月十八日興工，經費急需支應。查司庫籌備堤岸一項，尚堪撥給，當經援案，在於籌備堤岸項内撥給銀一萬兩，發給該圍紳士領回，由縣督飭，趕緊修築。其餘不敷銀兩，即由圍内殷實業户捐足支用。除俟工竣核實驗收，將動撥銀兩造册報銷，仍俟續收桑園圍歲修息銀儘數歸補還款外，所有桑園圍基段卸裂，援案撥給歲修息銀修築緣由，臣等謹合詞恭摺具奏，伏乞皇太后、皇上聖鑒訓示，敕部知照。謹奏。

丙戌大修廣、肇兩屬圍堤籌撥官款摺　張之洞

竊照上年水災緊急之際，賑飢堵決，多方拯濟。自八月後，災象稍舒。臣與前撫臣倪文蔚及司道等籌議，僉謂備災之計，與其補救於事後，不如豫防於未然。因議籌集鉅款，大修沖要圍堤。曾於上年十月初九日，將大略情形奏明在案。查廣、肇兩府水害，考諸省志，從前每數年數十年而一見。近二十年來，幾於無歲無之。其患常在西江，若助以北江，則爲害愈烈。上年通省潰決圍堤一百五十餘面。高要、高明、四會、清遠、三水、南海六縣所屬一百二十九圍，高要、高明受西江之水；四會、清遠受綏江及西江之水；清遠受北江之水；三水、南海兼受西、北兩江之水，故此六縣爲最沖。餘縣或地勢較高，或受水較緩，或去海口近，旁溢倒灌，爲患稍輕。當於九月間派員攜帶算生勘繪圖式，籌計辦法。於此六縣中擇其圍大田多，當沖受灌者若干處，分別首沖、次沖、又次沖，酌加培築，分爲三路：南海圍多事煩，自爲一路，責成前署糧道蕭韶督同署南海縣知縣張琮辦理。嗣蕭韶委署藩司，即專令張琮經辦。三水、清遠，河多溜急，面面皆沖，工程最爲吃重，合爲一路，責成署陸路提督鄭紹忠辦理。高要、高明、四會，地處上游，合爲一路，責成肇陽羅道潘駿猷辦理。湘軍統領提督陶定昇，籍隸岳州，熟悉堤工，檄調其部下弁勇赴肇慶幫同工作。查圍基本屬民工，然其時民困未蘇，非由官先發鉅款以爲之倡，不足以資鼓舞。而司局各庫，正當無款可籌，且借修基圍，仍須代征歸還，事亦轇轕。查有誠信、敬忠兩堂商人捐修會館銀三萬兩，曾於上年九月間奏明，發交紳董收儲，改作修築圍堤之用。又查辦肇慶府黃江税廠書巡浮收累商案內，該廠書巡等罰繳銀八萬五千元七兑，合銀五萬九千五百兩，以助廣、肇災區修圍之費。本年三月奏明在案。又光緒九年間，直隸籌賑局司道以順直水災刊印捐資，經前督臣張樹聲行司分發勸辦，嗣據各屬陸續捐繳，計收存銀四千三百兩零二錢二分，因爲數無多，其時順直賑務已竣，尚未彙解。又上海辦賑公所紳士嚴作霖等解來助修東省圍工、西省路工規平銀二萬七百三十兩六錢九分四釐，除撥解西省外，尚存銀一萬五千二百四十七兩六錢七分。又在上年試辦牙捐項下提銀，又率同各官捐集銀二萬六千五百二十二兩零四分四釐，計共籌撥捐集銀二十五萬五千五百六十八兩九錢三分四釐，均充本案大修圍堤之用。於上年十月内興工，本年四、五兩月先後告竣。查南海縣地居首要，勢處下游，現將該縣西、北兩江較爲吃重之五十二圍一律加高培厚，並於沖要處攬加作内圍，或添築石磡，建造石閘。就中以筲箕篤、大所背、烏茶、佈花岡、南沙、茯洲頭、三水、南岸珊門、大良、官洲、大柵、下龍灣、基羅格、南北大富共十五圍基爲最要，共支用銀一十萬零二千兩，由該署縣張琮督率紳董修理，核實支發。至兼跨南

海、順德兩縣最大之下桑園東、西圍，已於上年九月照案於籌備堤岸項下發銀一萬兩，交圍紳修築。此係該圍生息專款，並非正項，業經於本年二月專案奏明。計南海境內當沖較大之圍，僅良鑿一圍因原修堅固，未經發款加修。三水縣爲西、北兩江所匯注，上年全縣三十三大圍概行漫決，雖經修復，此次必須加倍完固。其沖要各圍，於頂溜跌塘處所，必須間用石壩，或用石築基，或參用灰沙，以期堅穩。此次計培築大小四十八圍堤，就中以南岸魁岡、深水、擔竿、涌尾、江根、榕塞、東海口、壩石、頭岡、兩圍，上梅佈、下梅佈、長洲、青塘、永豐、大洛、鳳起、蜆殼、白泥、谿陵、雄旗、蜆塘、灶頭、灶岡二十四圍堤爲最要，共支用銀六萬四千九百七兩一錢三分二釐。清遠則除石角圍外，有基無圍，上年漫決十七基堤，被災亦重。此次計培築二十二基，以下界牌、上界牌、恒頭、花岡、山塘、金亭、正江口、倒水灣、黄江、捕屬、三壩十基堤爲最要，共支用銀一萬五千六十九兩五錢四分一釐。以上三水、清遠兩縣，均由署陸路提督鄭紹忠督率地方官、營汛兵勇、紳董修理，核實支發。高要縣上承梧州、三江，下東於羚羊峽，水勢易漲難消，上年受災最先。此次計培築二十四圍，就中以景福、羅秀、豐樂、大灣、白石伍圍爲最要。內景福一圍近護府城，羅秀一圍爲高明各圍門户，決口深廣，屢築屢潰，尤須大加修築。粤省民圍，向止用人築牛踐，今於高要最沖各圍，或酌加夯硪，或幫石護根，或須打椿沈船，或須運土填潭。羅秀一圍，尤極費手，共支用銀四萬二千六百九十兩零六錢三分七釐。高明縣圍基較少，地方最瘠，此次培築十四圍，就中以上秀麗、下秀麗、三洲下圍、大沙下圍、白鶴五圍爲最要，共支用銀一萬一千九百六十八兩九錢三分。四會縣當懷集、廣甯、高要下游，每遇西江、綏江並漲，上注下灌，各受其害。上年漫決各圍均已修復，此次計擇要培築十五圍，就中以倉豐上、倉豐下、大興、馬鞍四圍爲最要，共支用銀一萬三千九百七十四兩五錢。已上肇慶屬三縣圍工，係由肇陽羅道潘駿猷督率該府縣及肇慶督標協營弁兵、委員、紳董修理，核實支發。又打椿機器租價、測繪地圖薪工、勘修委員夫馬等項，共銀六千二百九十六兩五錢一分四釐，通計六縣一百七十五圍加高培厚，以及添造石工，重築基址，共用官款銀二十五萬六千九百零七兩二錢七分四釐。除以上籌撥捐集銀二十五萬五千五百六十八兩三錢四分，在司庫海陽等縣塘租奏留充公項下撥銀一千三百二十八兩三錢四分，充支足數。此次因有官款助修，民情極爲踴躍，用昭妥速蕆工。現據各處陸續具摺工竣，除南海之大有、巾子、銀涌、蜆殼、孝墩五圍興工較晚，將次修竣，續行勘修外，其餘逐一委員前往驗收，均屬堅固，足以捍衛田廬。其約發官款之數，各視當沖等差、業户貧富、工程大小，斟酌消息。或官一民二，或官民各半，或官款多至十之七八，亦間有因災深民困，全資官力者。大抵南海各圍，民籌多於官款；肇屬高要、高明、四會三縣各圍，官民約略相等；三水、清遠兩縣各圍，官發多於民捐。通盤牽算，略以官民各半爲率。此外，尚有愛育堂紳董自行捐資助修者，不在其內。惟查廣東圍基，向係民捐民辦，其修築圍基，力有不足者，定例由官借給修費，分年帶徵歸還。僅南海桑園一圍，其中村落田畝最多。嘉慶二十二年前，督臣阮元借支庫款銀八萬兩，發商生息，遞年歸本存息，以備歲修。道光十三年，廣、肇兩府大水，前督臣盧坤等籌集官捐銀三萬五千餘兩，紳富鋪租捐銀三十五萬餘兩，均充賑濟。至修築之費，仍奏明借給，分限五年，免息征還。光緒四、五等年，清遠縣石角圍沖決，該圍爲三水、南海兩縣保障，前督臣劉坤一等勸集民捐銀八萬餘兩，修成石工。此次水災，適當海防倥傯，重勞民力之後，而當沖各圍，不能不急修以備春漲。若勸捐恐涉遲緩，借款亦多葛藤，故以籌集巨款，官民合辦之策以資感發而速成功。計此次大修，官籌銀數合之去年夏秋堵決代賑銀八萬九千餘兩之數，統計已及三、四十萬餘兩。今年水勢雖覺稍緩，而五月盛漲時，較之上年，高要僅差四尺九寸，三水僅差二尺六寸，南海僅差一尺三寸，各圍幸獲安全。惟南海之射洲、肚窩、琴沙、巾子四圍，高明之陳深水等一圍決沖或數丈，或十餘丈，皆係低窪小圍，傷稼尚屬無多。但使每年少決十餘圍，即爲民間保全錢穀百餘萬。所動各款，除會館捐、廠書罰款，本係奏明專備圍工之用外，借用順直賑捐存款，目前順直正有水災，應由粵另行籌捐歸還。滬紳捐款出於樂施善舉，粵官捐款尤係分所應爲，均不敢邀請奬敘。塘租奏留充公一款，本係各官應領之項，令其節省輸助，扣發辦公。其牙捐一項，因海防需餉，甫經試辦，並非向有庫款。且防海修圍，同一保衛民生之事，今以取之於商者用之於農，似於情理尚順。各圍均經詳加查核，委係實支實用。此係官民合辦，且並未動支正項，應請免其造册報銷。仍飭各屬督令各圍總、業户人等，各就該圍向章，隨時妥爲保護，自行培築，日增月益，常保無虞。其各圍修過丈尺銀數、官款數目，一面刊刻《徵信録》宣示周知，由廣東布政使高崇基會同善後局司道，詳請具奏前來。臣伏查此項大修廣、肇兩屬沖要圍堤，乃仰體慈恩浩蕩，軫念邊黎，故亟於懲前毖後之時，勉爲曲突徙薪之計。溯考粵省修圍成案，關係重者共三起：前督臣阮元則借款提息，專充桑園圍歲修，意在先其所急，惠而不費；盧坤則賑款散放，圍款徵還，意在分別常變，俾救急之，與循法並行不悖；劉坤一專作最沖大圍石工，意在擇要併力，成效較鉅。三督臣辦法不同，而用意精密，實皆爲經久良規。此次水患較廣，災民過衆，必宜先保今年農收，方免眉睫之患，勢不能兼顧一一大圍從容籌修。又以民困之餘，專勸民捐，必致畏難貽誤；暫借帶征，亦必觀望不前。今昔時勢不同，故不得不羅掘大舉，官倡民和，合力成之。此後遇有修築圍基之事，仍應照按定例借款征還，或籌修最要一兩處，方爲經久之法。其此次工程係屬官民合辦，核實支發，並未動用正款。其滬紳集捐，均係仰體聖慈，救災盡職，出於至誠，不敢仰邀議敘。相應將修築各圍堤工、加倍丈尺石壩工段籌發官款，分別清單，並繪具西、北兩江水道，及此次修築各圍堤，恭呈御覽，仰懇敕部查照，免其造册報銷。至各官捐助銀數銜名，已於賑撫堵決案内開單奏陳，毋庸重列。除咨明户、工二部外，理合恭摺具陳。再，廣東巡撫係臣兼署，毋庸會銜合併陳明，伏乞皇太后、皇上聖鑒訓示。謹奏。

馬頭岡築閘案奏請斥革片

張之洞

再查南海縣屬之珊門、大栅、大良、官洲等十四圍，地處三水下游，每遇盛漲，珊門四圍先受其衝。加以堤身卑薄，一被沖刷，無不立見潰決。四圍既決，則腹内巾子、大有等十圍亦即隨之坍塌。泛濫之患，幾於無歲無之。各村百姓受災已非一日，紳士知縣李應鴻等目覩情形，亟圖補救，隨於光緒十一年冬間集衆籌議，擬將該四圍堤身加高培厚，以禦水勢。復於鄰近桑園圍之馬頭岡地方建築石閘，以衛腹内各堤。自行捐集經費五萬兩，尚不敷銀四、五萬，懇撥官款協助等情。稟經前署督糧道蕭韶率同南海縣知縣張琮勘查，所議各節實爲捍災要圖，稟請撥款，給示興築。當經臣批飭善後局籌發圍工款四萬金，妥爲開辦。經該縣張琮與桑園圍及十四圍諸紳熟議，作閘三道，既障外水，兼疏内水，並議明築成後，如夏間内水疏消不暢，即將此閘拆毁。乃桑園圍在籍户部主事張瑄生、户部郎中潘譽徵等，不顧大局，不察形勢，輒以馬頭岡建閘，有礙該圍出水之道，具呈出頭攔阻。即經臣婉切批諭，曉以連鄉接畛，誼如一家，桑園圍歲領巨款，幸獲有秋，十四圍罹災已久，今適有官民合辦之舉，機會難逢，令其虚衷籌商，同紓飢溺。復委前署督糧道李蕊立即馳往，秉公履勘，妥籌兩全之策，稟候核辦，以存睦誼，而成要工。旋據勘明，桑園圍北界上桑園圍、仙跡圍田廬相連，僅隔吉贊橫基及螺岡等小平山。東界大栅圍，中隔一河。西南界西海，其大勢坐東北向西南，其形如箕，水皆匯於西海。由馬頭岡出東海者，僅吉水竇一小支。西樵山七十二峰，在桑園圍東南。惟吉水鄉係山北脚下，水歸吉水竇，餘皆不由此出。是馬頭岡建閘，有利於大栅圍，無害於桑園圍明甚。況馬頭岡海口狹隘，今擬建二閘於水中，先由南岸陸地開建一閘，計三閘。擴開海口三分之一，足障外水之入，並足利内水之出。形勢昭彰，顯而易見等語。周諮博訪，衆論僉同。即桑園圍本圍公正紳士翰林院編修陳序球致十四圍信函，經李應鴻呈明，亦極言馬頭岡建閘，於桑園圍有利無害，力勸興工。乃張瑄生、潘譽徵等，一味强横，希圖力敗善舉。竟於該道來勘之先一日，忽有舉人李錫培、武生麥玉成，糾集無賴多人，揚旗鳴礮，將十四圍工廠八所、木排二排、浮橋二道概行焚燬。搶掠器物，礮傷水手、工人四名，鑿沈石船二隻。該道聞信趕往彈壓，當經督飭該縣張琮勘明廠船焚沈，驗明工人周亞春等四名傷痕屬實，即傳各紳責飭，仍敢恃刁支飾，不服理勸。查馬頭岡石閘，既經委員往勘，飭令繪圖稟核，自應静候勘確籌商。果使官斷不平，於桑園圍實有妨礙，再行到省控訴，亦甚不難。且時值冬令，春水未生，數萬金石閘鉅工亦非旬月所能竣事，無論有無水害，目前並無急迫情形，何至於運料方始，停工待勘之際，遽爾糾衆逞兇？若非十四圍忍忿守法，立時已成械鬭之禍。似此幸災逞强，糾匪滋事，暴横藐法，至此而極！若不從嚴懲處，不足以儆刁風。據署南海縣張琮詳由，廣東按察使王毓藻會同布政使高崇基查明，李錫培係中式同治丁卯科本省舉人，詳請奏革前來。臣查李錫培、麥玉成，不恤鄰災，不候官勘，抗官糾衆，焚搶傷人，實屬悖理藐法。除飭查明張瑄生、潘譽徵有無主謀抗拒，聚匪焚掠情事，再行據實嚴行參辦。並飭捉滋事各匪，務獲究辦外，相應請旨將舉人李錫培、武生麥玉成一併先行斥革，以憑歸案審辦，理合附片奏陳。再，廣東巡撫係臣兼署，毋庸會銜合併陳明。伏祈聖鑒。謹奏。

光緒十三年二月二十八日奉硃批：李錫培、麥玉成均著斥革，歸案審辦。餘依議。欽此。

馬頭岡築閘案奏請開復片

張之洞

再，已革南海縣舉人李錫培、武生麥玉成，前因阻築桑園圍馬頭岡石閘，不候官勘，輒行糾衆毀廠傷人，當經臣奏請，先行斥革，歸案審辦，奉旨允准在案。迭據南海縣知縣查傳人證，研訊確情。據該革舉李錫培等供稱，馬頭岡建築石閘，桑園圍農民不明利害，以爲此閘築成，桑園圍田園廬墓均受其害。鄉愚無知，一時情急，聚衆闖入工廠。該革舉等聞信趕赴，衆勢洶洶，喝阻不及，以致毀廠傷人。事起倉卒，實無主謀糾匪逞兇抗拒等情。現在工人周亞春等四人傷痕俱已平復，工廠所失各物均照價賠償。該縣等復經查詢，十四圍紳民俱言當日衅起，一時在塲均係桑園圍鄉間愚民，並無匪徒乘間滋擾。該革舉等並無糾衆逞兇情事，所傷工人傷痕實已平復。現在十四圍各圍基均已一律加高培厚，石閘現奉飭停工待勘。十四圍紳士、知縣李應鴻等均願具結，領價歸款，彼此和息。該革舉等亦深知愧悔，近日甚爲安分守法，應請將該革舉李錫培、武生麥玉成前革衣頂奏請開復，以資觀感。在籍户部主事張瑄生、户部郎中潘譽徵等，並查無主謀糾衆焚搶情事，應請一併免議，由藩臬兩司核明，詳請具奏前來。臣查該革舉李錫培等，於關繫鄰封河道水患之舉，不候官勘，一味横强，出頭攔阻，致釀毀廠傷人之事，原屬咎有應得。惟既查無糾匪搶劫等事，復願將工廠失物照價認賠，與鄉鄰益敦睦誼，尚屬深知愧悔。相應請旨，准將已革舉人李錫培、武生麥玉成衣頂一併開復，以資觀感。在籍户部主事張瑄生、户部郎中潘譽徵等，既查無主謀抗拒情事，應請一併免其置議。除咨部外，謹附片具陳。再，廣東巡撫係臣兼署，毋庸會銜合併陳明，伏祈聖鑒。謹奏。

光緒十五年十月十六日奉硃批：著照所請，該部知道。欽此。

卷二　圖說

繪圖爲地志切要之務，故名曰圖經。況言水利堤防，無圖以指畫險易，不特賢宦涖兹土者，留心民瘼，譚之茫然，即士民生長圍中，未身履其地，尚多揣臆。故自元王氏喜撰《治河圖略》一卷，首列六圖，圖末各系以說。後之江海河防諸書咸倣之。桑園圍甲寅、丁丑志，但有總圖，而無分圖。且第注其地名界至，而頂衝首險、次衝次險基段，概未之詳。癸巳志有總圖以綜全局，其有基段之十一堡各分繪一圖，皆注說以析其長短險易，庶展卷了然。於歲修、搶塞、工程、培土、負薪、楗石、釘樁，皆動中要害矣。顧圖說既逐段申畫，疆理分明，『基段』一門，可不復立。兹倣《海塘擥要》之例，於圖繪之前，將各堡所管基段一一詳載。其丈尺之數，悉本甲寅舊志。蓋奉憲勘定，不可變亂也。至後日增築之基，則因事類見，不具載焉。志圖說。

先登堡

馬蹄圍基。自三水飛鵝山右翼嘴起，至陳軍涌竇面止。長八十九丈五尺。緣遞年李、周各姓歲修，互相推諉，值大修時，不分畛域，將周姓基址用灰沙踮練，一體加高培厚。奉方伯陳公大文檄，行廣州府朱公棟轉飭南海縣李公橒、三水縣王公淦會勘明確，竪立石界。内北頭四十四丈七尺五寸，係三水鳳窩鄉周姓管業。南頭四十四丈七尺五寸，係南海鷄埠石鄉管業。取具兩鄉，遵依繪圖，詳覆飭遵。以後歲修，照界防守。

鷄埠石基。自陳軍涌起，至爐岡頭五嶽廟止。長三百零三丈。

茅岡區國器基。自爐岡頭起，至觀音山太尉廟止。長一百五十六丈。

茅岡蘇萬春、蘇節二户基。自觀音山起，至圳口基止。長二十六丈五尺。

圳口李積發、黄世昌等六户基。自茅岡基界起，至稔岡蘇梁基界止。長一百四十二丈。

稔岡蘇芝望、梁裔昌等五户基。自圳口黄李基界起，至横岡基界止。長二十七丈五尺。

横岡蘇志大基。自稔岡基界起，至鳳巢屈岡脚止。長三十丈零五尺。

鳳巢李大有基。自屈岡起，至鄧林基界止。長一百八十四丈五尺。

鄧林李大成基。自鳳巢基外起，至龍坑基止。長七十四丈九尺。

龍坑梁觀鳳、李鄖宗、李棟、蘇芝望四户基。自鄧林基界起，至李村三角塘止。長一百九十六丈二尺。

海舟堡

李村李繼芳、李復興、李高、梁税祐、黎余石七户基。自先登堡龍坑基界起，至盤古廟止。長三百八十六丈一尺。

又自盤古廟起，至上墟文昌廟止。長一百七十二丈四尺。

麥村梁萬同、李遇春、簡其能、麥秀陽各户基。自上墟文昌廟起，至龍潭里止。長二百二十四丈五尺。

海舟田心三丫基，十二户經管。自龍潭里門樓起，至南村禾义基止。長五百一十八丈。

鎮涌堡

南村鄉禾义基。自三丫基起，至石龍村止。長二百八十丈。

此段基最爲險要。基外落石壩，基内經方伯陳公大文面諭，用土填築灣曲，以資培護。

石龍村基。自禾义基界起，至鎮涌鄉基界止。長三百八十七丈。

鎮涌鄉基。自石龍村分界起，至河清鄉基界止。長三百四十五丈。

河清堡

潘永思户基。自鎮涌分界起，至潘隆興基止。長五百一十丈。

潘隆興户基。長六十二丈七尺。

又自花社起，至九江基界止。長四百七十三丈。另外圍自天后廟起，至舍人廟止。長三百七十七丈五尺。

九江堡

九江堡基。自河清鄉基界起，至金順侯門樓止。長六百四十七丈五尺。

又自金順侯門樓起，至長爲令止。長一百七十九丈。

又自長爲令門樓起，至螺山脚止。長五百丈零二尺。

又自螺山脚起，至三角田與順德甘竹分界止。長一千五百七十九丈。

又外圍，上自西方大洛口牛路起，至東方破牌角止。長一千七百一十八丈四尺。又蚌山羊趾圍基，長五十三丈二尺，共長一千六百七十一丈六尺。

附丁丑十一月二十四日總理羅思瑾等呈，稱：查九江沙頭基址多被民房霸佔，并種桑株，以致基僅留三四尺不等。今一概照舊，飭令底闊五丈，面闊一丈，勢必毁拆民房，鋤伐桑株，人心未免争執。況所佔基地，相沿已久，業户屢爲更易，事有窒礙難行。瑾等悉心籌議，令將基面培築高闊。其桑地低薄者，責業户自行培厚該地，仍給管理。似此民不失業，兩得其平，將來應繳之銀，更難藉詞推卸。

甘竹堡

自九江基起，至甘竹灘止。長二百六十丈。

北邊基

自仙萊鄉廟後岡起，至吉贊五顯廟止。長一百五十二丈。

橫基自吉贊岡脚起，至東邊杜滘基頭止。長三百一十八丈。

東邊雲津、百滘二堡基

自杜滘與橫基頭分界起，至簡村分界止。長一千一百九十三丈。癸巳志載『百滘堡二百零二丈五尺，雲津堡一千一百四十二丈七尺。』按，百滘、雲津二堡，基段交錯，且有簡村堡及外圍基分攙雜其中，頗難申畫。甲寅志亦第略舉大數載之。自道光九年，伍紳捐修，奉憲傳集業户履勘，分晰丈尺，各業户具結領修。今據縣檔，百滘堡內各姓共管基九百零八丈，雲津堡內各姓共管基九百六十五丈七尺四寸另。百滘潘荔二守愚祖、雲津潘炳垣祖。鋪面基共三十七丈八尺九寸另，雲津、百滘公基連實面共三十四丈八尺。又三鄉社學基四丈八尺，又坐落雲、滘兩堡之簡村堡李洪臯基二十六丈。

簡村堡

自雲津堡吴聰户基起，至西樵山脚止。長五百六十五丈五尺。

龍津堡

自江浦司前岡邊起，至五鄉舊基止，新築基一百六十丈。

又自五鄉舊基起，至黄旗路、沙頭交界止。長四百六十三丈。

沙頭堡

自龍津堡黄旗路起，至梅屋閘門止。長七百一十九丈九尺。

又自梅屋閘門起，至村尾拱陽門止。長五百零一丈；又拱陽門起，至順德龍江分界止，連圈築新基六百六十五丈。又圈築決口長一百一十二丈。

龍江堡

自沙頭交界起，至河澎尾。四百八十五丈。

金甌堡向無經管基段。

大桐堡今無經管基段。

龍山堡今無經管基段。

按，大桐、龍山二堡，據《九江鄉志》，向有基段。自甲寅清丈後，乃歸併於九江。其堤圍，論曰：謹案《縣志》，桑園圍本堡大圍，自河清堡基界起，至三角田即舊倒流港口甘竹堡基界止。共長二千九百零五丈七尺。而黎志自豐滘一作楓滘，在上西方先鋒約。尾起，上至舍人廟在河清堡基界内，屬大桐堡。分自豐滘，下至倒流，計二千八百九十二丈五尺。上基由豐滘抵蚌岡，計一千八百二十五丈九尺，屬本堡，三十四圖分。下基由蚌岡抵牐外小海基頭，計三百六十五丈。由基頭抵大洋灣在東方太和社海，計一百七十丈，俱屬本堡，三十五圖分。自大洋灣至倒流，則屬龍山堡分，與縣志互異。攷《桑園圍志》載，西基上自鵝埠石起，下至甘竹灘止。東基上自仙萊鄉起，下至龍江河澎尾止。中包先登、海舟、鎮涌、河清、九江、甘竹、大桐、金甌、簡村、雲津、百滘、沙頭、龍江、龍山十四堡。自宋徽宗朝，張公朝棟、何公執中興築，越二年堤成。未幾，上流大路峽基潰，水勢建瓴下，我圍中無閒堵，仍復淹浸。張公乃相地勢最狹處，西自吉贊岡邊起，東屬於晾罟墪，築橫基三百餘丈，永歸圍園公修。其東、西基，即分別堡界，各堡各界隨時葺理。先登、海舟、鎮涌、河清、九江、甘竹六堡分管西基；雲津、百滘、簡村、沙頭、龍江五堡分管東基，金甌、大桐、龍山三堡，雖處圍腹，並無基實，而地與各堡毗連，亦各以附近基段分屬。故當時本堡豐滘以上基段屬大桐堡，大洋灣以下基段屬龍山堡。然兩堡究非貼附基所，照管難周，且閱時既久，事異勢殊，興修每難援往例。是以乾隆甲寅清丈以後，本堡上下基段全歸本堡經管。大桐、龍山兩堡不復有所分屬。但遇修築，則照各堡例起科。今昔章程，彰彰可攷。縣志蓋《黎志》舉歲修分屬而言，所以重同舟而期共濟；據通修清丈而言，所以正經界而專責成。詞若相左，義實相成也。至外圍，縣志未及逐段分注地名界至，第載共長一千七百一十八丈，似未明晰。今據《桑園圍志》，本堡内外圍所分各基段，自乾隆己亥起，歷年增修事款，及通圍大例有關本堡基段者，參以采訪所得，略著於篇。其大圍内子圍，或前分後合，或昔有今無，或增築，或創建，該基長短，所包村莊里社，田畝廬舍，並詳載之，俾後之覽者悉其梗概焉。

又按，圍之里數遠近，堤之丈尺長短，癸巳志序謂地跨數百里，阮公摺則云『周四百餘里』，盧公因之。而阮公石堤工竣摺又云『周環百里有餘』，《海神廟碑記》又云『桑園圍内數十里，如一小邑』，陳、温、何、李諸記，均作百餘里，當得其實。癸巳志序載『内外基一萬四千餘丈』，或作『九千餘丈』，今悉以嘉慶甲寅清丈爲準。至彼此參差，不復追改，而附記於此。

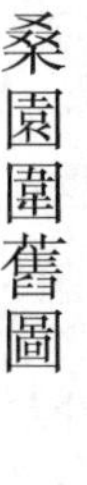

桑園圍舊圖

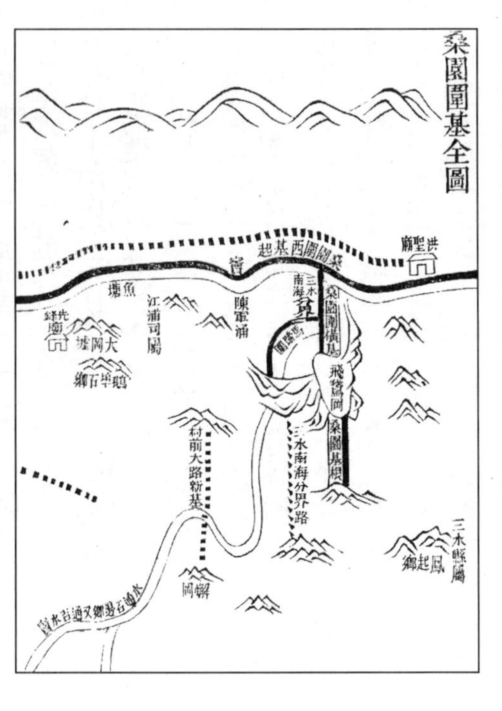
桑園圍基全圖
洪聖廟
桑園圍西基起
陳軍涌
江浦司屬
大岡墟
鴨石亭鄉
三水南海分界路
村前大路新基
三水縣屬
鳳起鄉
飛鵝岡

太平沙頭
桑園圍東基根
百滘鄉
横岡鄉
茅岡鄉
仙萊岡
金甌岡
五顯廟
官涌
東莞水竇
水涌丹灶
百滘堡分界

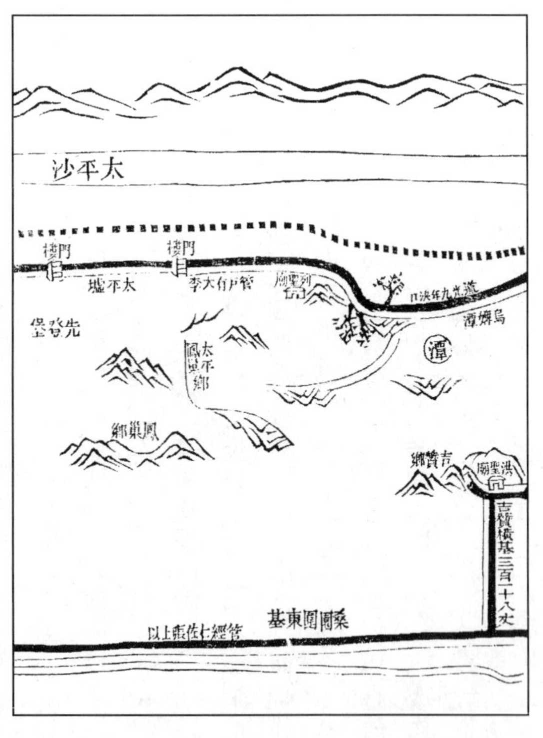
太平沙
太平墟
先登堡
鳳巢鄉
太平鄉
烏潭
吉贊鄉
洪聖廟
吉贊横基三百一十八丈
桑園圍東基
以上張佐七經管

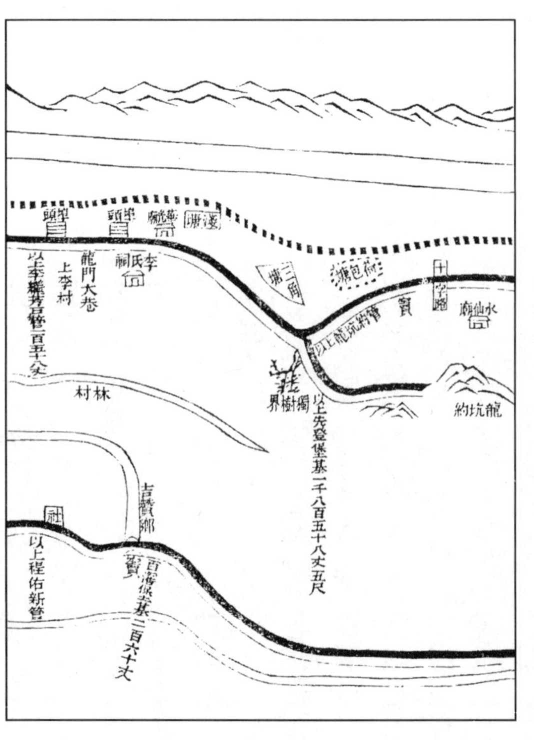
龍門大巷
李氏祠
上李村
林村
水仙廟
以上先登堡基一千八百五十八丈五尺
以上程佑新管
吉贊鄉
龍坑約

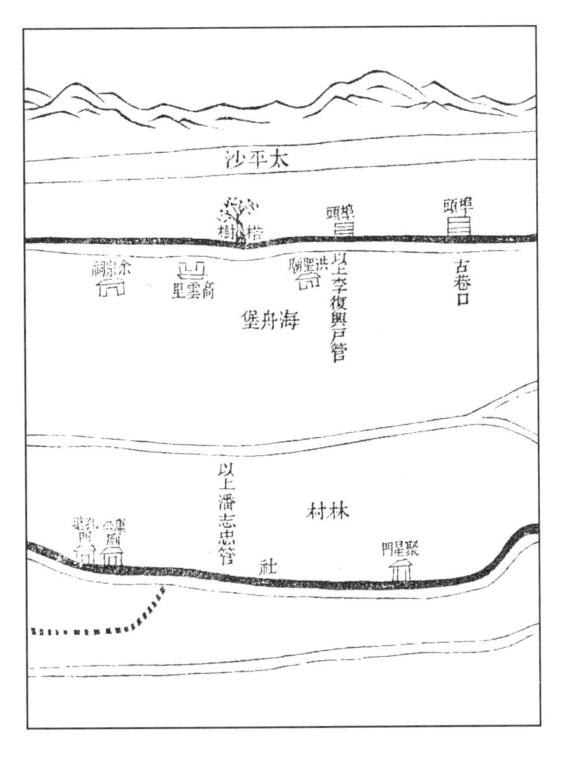
太平沙
頭埠
頭埠
以上李復興戶管
古巷口
洪聖廟
高雲里
海舟堡
以上潘志忠管
林村
康公廟
社
聚星門

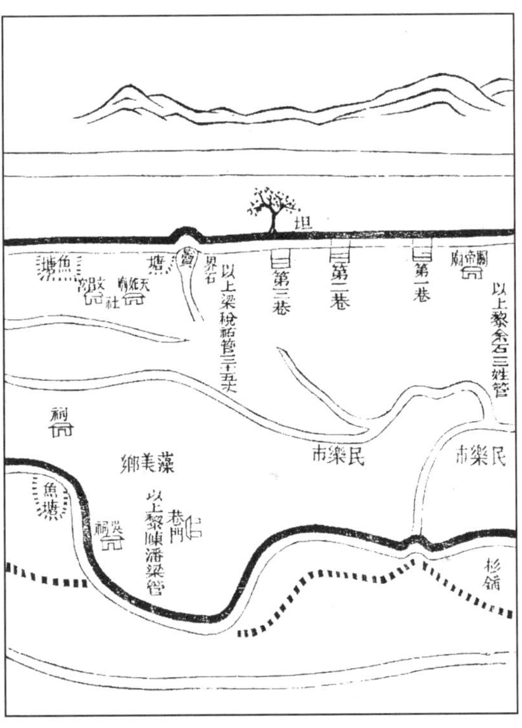
以上黎余石三姓管
關帝廟
第一巷
第二巷
第三巷
坦
魚塘
天后廟
社
民樂市
民樂市
藻美鄉
祠
魚塘
巷門
以上黎陳潘梁管
杉滘

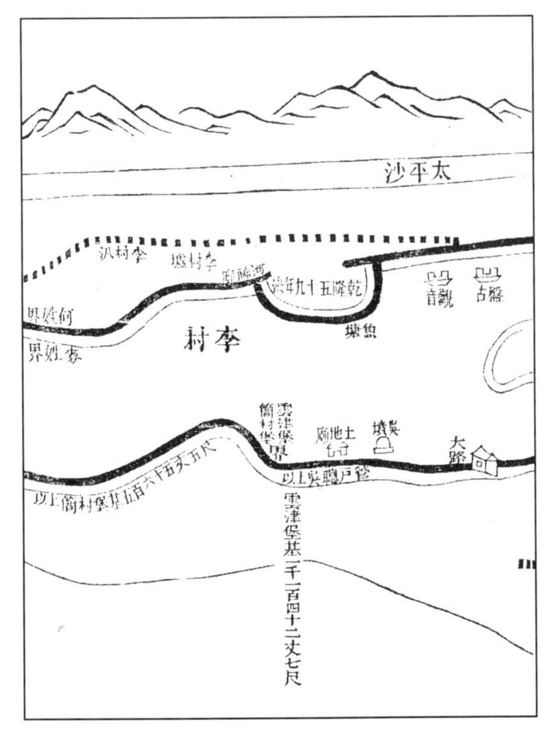
太平沙
李村汛
李村墟
乾隆五十九年決
古路
觀音
魚塘
李村
何姓界
麥姓界
雲津堡簡村堡界
土地廟
大路
以上吳戶管
以上簡村堡基五百六十五丈五尺
雲津堡基一千一百四十二丈七尺

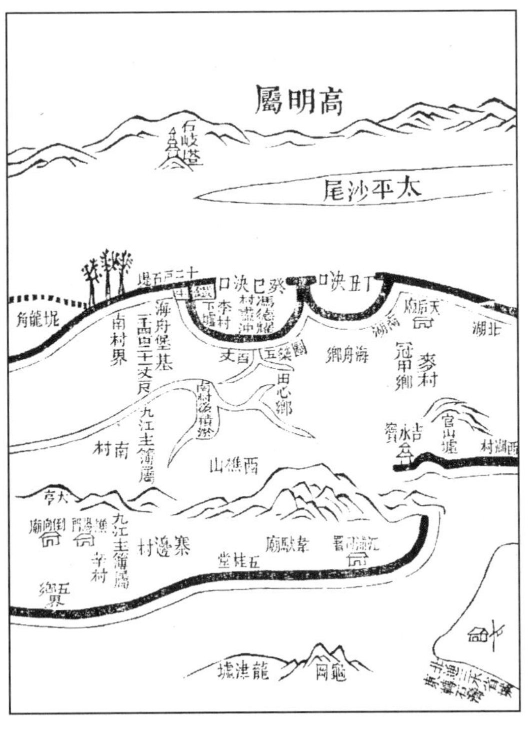
高明屬
石岐塔
太平沙尾
乙巳決口
丁丑決口
天后廟
北湖
南村界
海舟鄉
冠甲鄉
麥村
田心鄉
南村
西樵山
九江主簿屬
官山墟
大亭
關帝廟
寨邊村
辛村
五桂堂
龍津墟

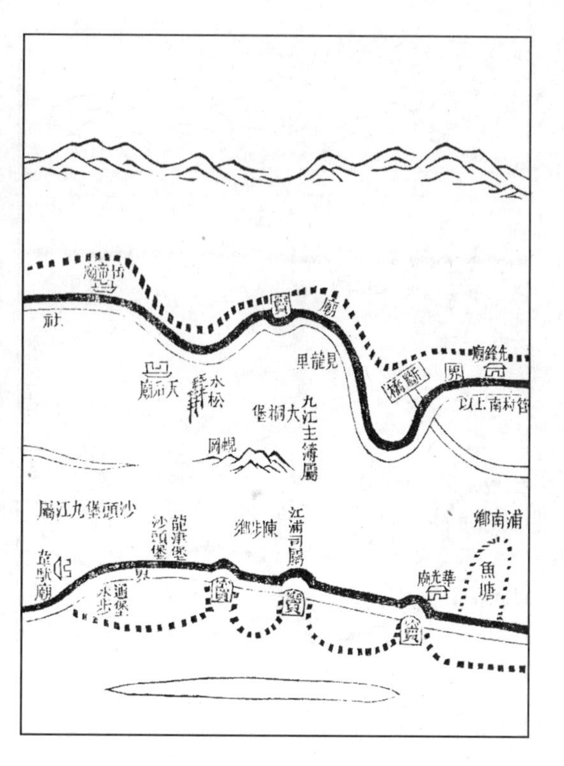

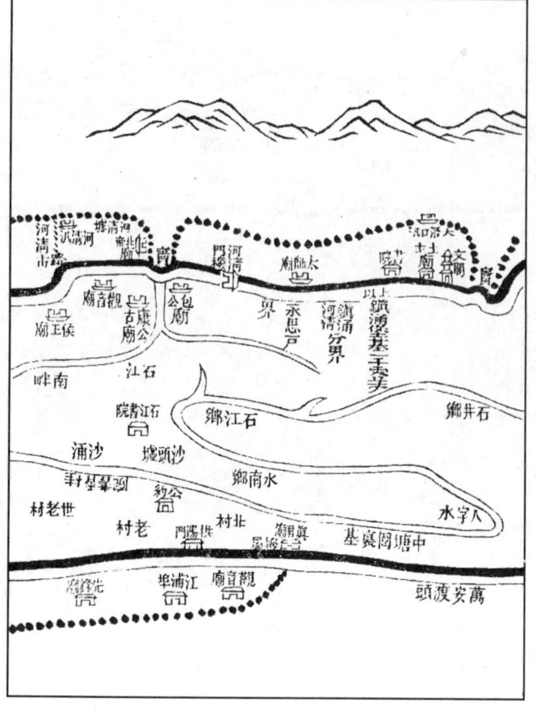

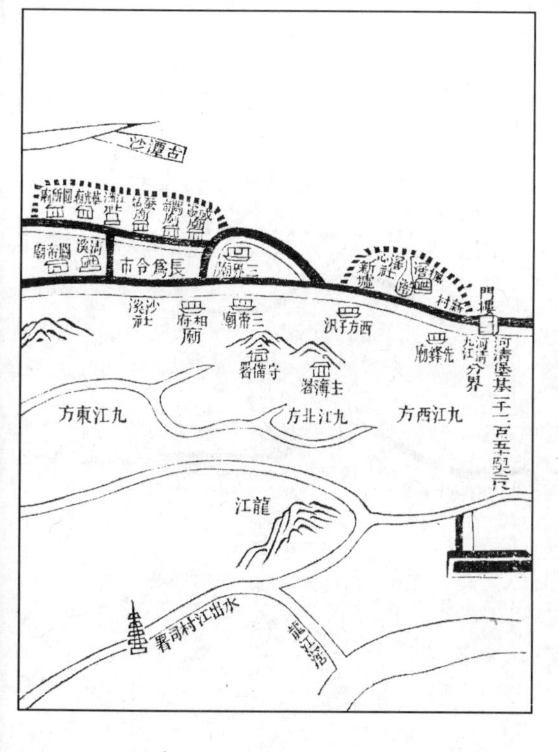

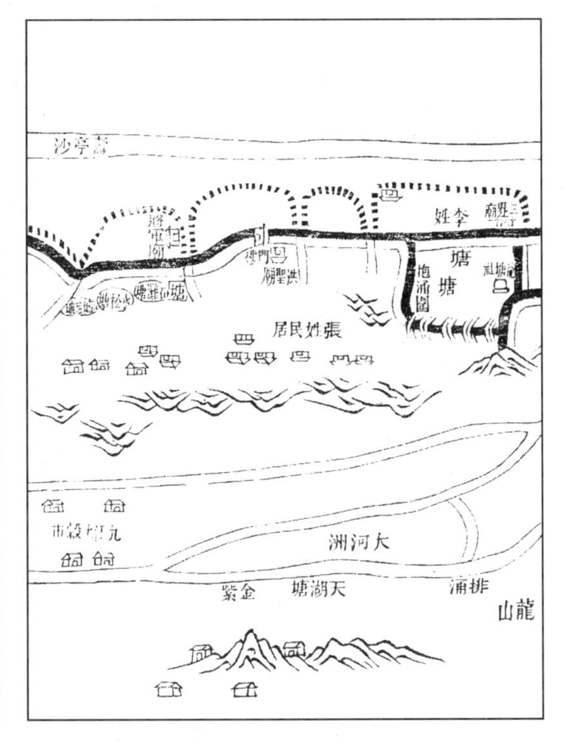
沙亭
李姓
張姓民居
塘
大河洲
九江墟市
天湖塘
金紫
排涌
龍山

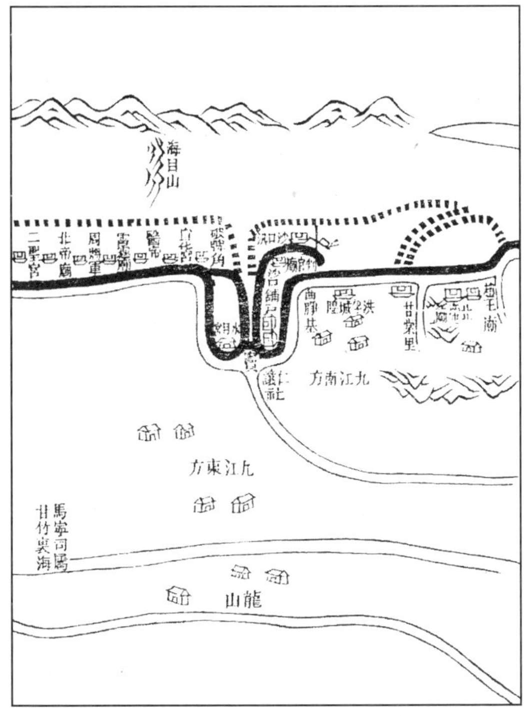
海目山
九江南方
九江東方
龍山
甘竹良海司署

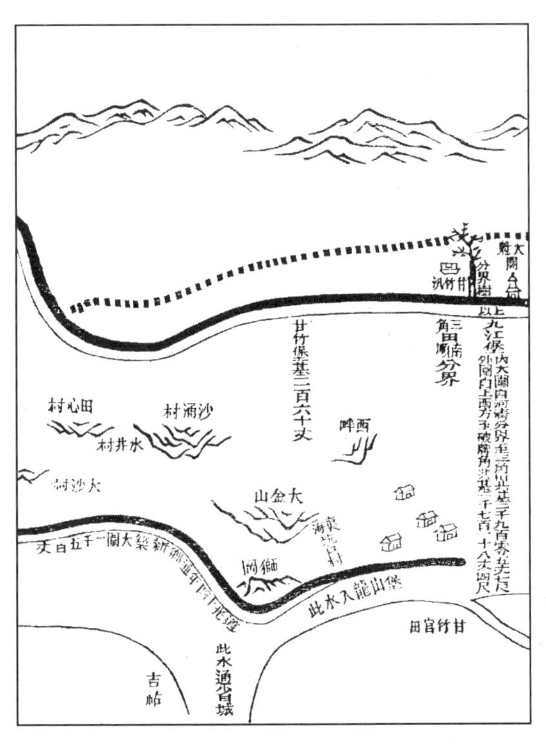
甘竹堡基二百六十丈
沙涌村
田心村
水井村
大沙村
大金山
西畔
此水入龍山堡
甘竹官田
吉帖
此水通順德城

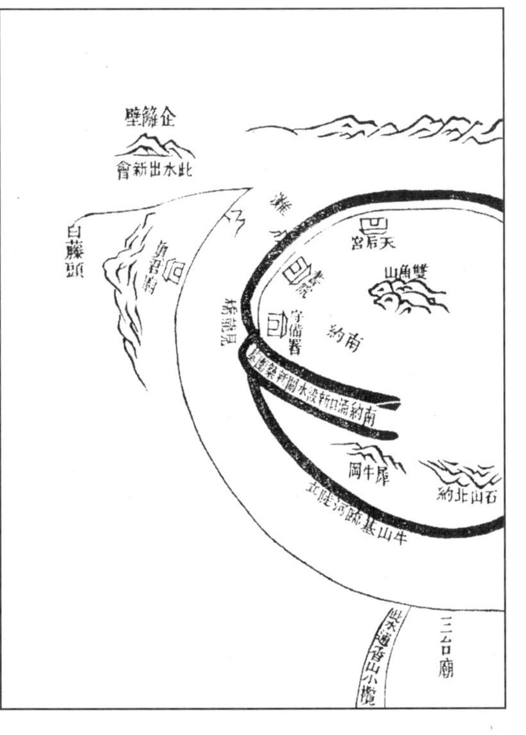
企籮壁
此水出新會
白藤頭
天后宮
雙角山
南約
牛山基
石山北約
此水通香山小欖
三台廟

桑園圍周百數十里，居其中者十四堡。西圍自三水飛鵝翼起，至甘竹牛山交界止。東圍自吉贊晾罟墩起，至龍江河澎圍尾止。雖東西各當一面，然一有沖決，則全圍皆受其害，是東西兩圍實合而爲一也。圍内綺交棊布，百族安集，民惟潦漲是懼。查全堤以西圍之三丫、禾义、大洛口等基爲極險，而東圍之韋馱廟、真君廟次之。中間舊有倒流港，爲九江、兩龍下流之患。經陳東山先生填塞，自是但有外侮而無内憂。當五、六月西、北兩江潦水漲發，怒濤湍激，大爲堤害，若不合力并心，時加整理，嗷嗷萬姓靡有寧居矣。《丁丑志》

桑園圍自乾隆甲寅來，歷嘉慶癸酉、丁丑，道光己丑、癸巳、甲午，沖決者凡六。決後修築，必加高培厚，然終不能謹衣袽。揆其所自，歲修未盡，人得而知之。而西基江心太平、古潭、龜貝三沙突起，先登、海舟、鎮涌、九江四堡，河清外坦積淤，曲障江滸。東基江心羅村、沙爲、沙頭圍基不利，與太平等沙埒。以桑園圍居西、北江之下游，地綿百餘里，圍基萬餘丈，圍内居民恃爲保障，而東、西江心浮沙淤坦，激水射基，無有窮期。苟有於沙中開竇户，樹椿橛，築石壩，歲修雖勤，恐終不可恃矣。《癸巳志》

吉贊橫基分圖

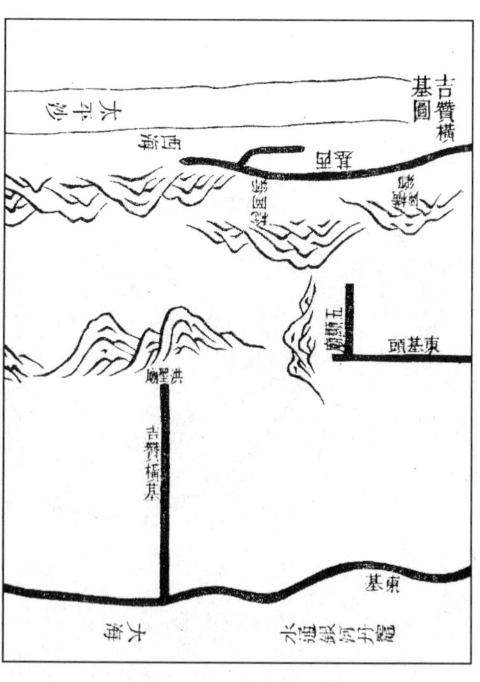

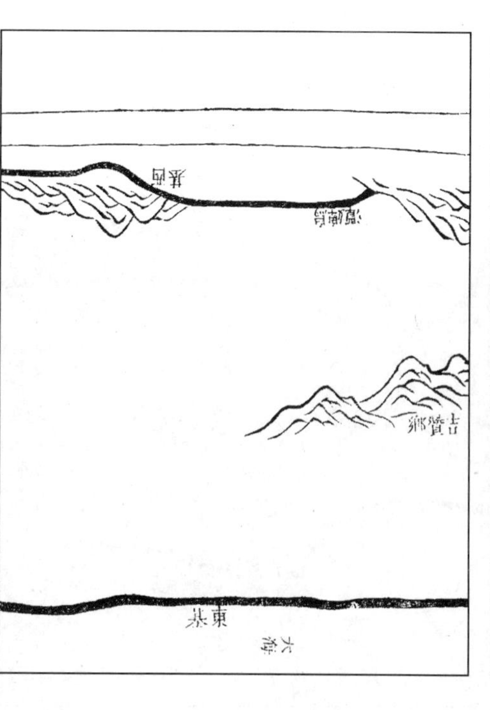

吉贊橫基爲通圍上游公業，比鄰三水縣屬圍基。每有衝決，潦水從此灌頂而入。前人仿河工格堤之法築此基，其意甚深且遠。但全基三百一十八丈，俱在平陸，潦水一侵，融卸可虞。庚辰捐修，曾有全築石堤之議，而南頭六十八丈，北頭三十丈，古墳纍纍，議格不盡行。惟中段二百二十丈，外砌石坡。然石久則傾欹縫裂，不如於基中開隧道，用三合土舂灰牆之爲固。基東深潭三，基西藕塘四，多填一尺，受一尺之益。墳冢舊葬者聽，新築者禁，如此庶保無虞。否則上游潦至，其患潰入，西基沖決，急潦東駛，其患潰出，事已前徵矣。《癸巳志》

附江浦司各堡里民呈稱：竊惟桑園一圍吉贊橫基，歷來各堡里民合同經理，未有分界另管。凡有崩決，合力修築。去年二月內，西潦沖陷，奉行修葺，亦係論堡、論糧均派，經報竣工在案。今奉攝理府憲金批，著令竪界分管，無非欲有專責，易於提防。獨是各堡里民住居，有相距基所七、八十里，有相距三、四十里。近者朝往暮歸，尚能照看；遠者盡日程途，鞭長莫及。必須人看守，方保無虞。但荒郊蔓草，無處棲宿。此竪碑分管，似有未便。況西潦漲發無期，決崩基址難料。假使崩決，此堡基分遠者弗能奔救，近者亦謂各有專司，勢必秦越無關。且以一堡之人力，長江巨浪萬萬難持。雖有事後責成經管，復何異江心補船？此分管之勢，實有難爲。今集衆再三商議，求其久遠無弊，計出萬全者，莫若任在吉贊一村。夫吉贊枕在基所，出入耕作，皆由此道。若西江潦漲，基有危險，該村登即鳴鑼，附近鄉村遞相接傳奔報，各堡之人身家性命所關，未有不奔馳恐後者。吉贊一鄉，田園廬舍亦在圍內，當日修葺橫基，衆人念係小修，未有派及該村。今日令其傳鑼遞報，揆之情理，甚屬妥協。即去年八月間，西潦復發，基及危險，幸藉該村鳴鑼相傳，晚稻始獲豐收，即其明效。倘風雨淋漓，基未畫一，俟冬天再加修補，另具結報。再查橫基東頭有橫水小渡一隻，向在杜滘村前開擺，裝載耕農器具。迨後權移橫基河下，每逢一、四、七墟期，往來客商以及佛山張槎下風岸等處販買牛隻，每墟牛隻多則百餘，少則數十，日踏月踐，甚易崩頹。如康熙戊午年崩決橫基，皆由牛隻踐踏，低陷成坑，致遭禍患。伏乞一併轉詳，飭令渡回原額，牛由上路通行，蒙批准如詳在案。

附吉贊鄉推卸基分稟

具稟人潘卓全、潘猷建、潘恭建、潘銓璧、潘卓富、潘光建、莫爵廷，抱告潘耀光，稟爲架揑基分，乞拘察究事。

竊桑園圍尻名仙萊岡基，共長一百五十二丈，向係區大器基分。有伊投報詞炳據與蟻祖無干。上年該基被潦沖決數次，詎區大器業户區信玉等突稱《桑園圍新志》開載仙萊岡基一百零五丈，係伊區大器管。餘基四十七丈，揑蟻祖、潘藻溪祖等管。并要潘藻溪、莫雍睦、潘觀仲各招二成銀二十兩。蟻等駭異，即查新舊志基圍核對，舊志並無蟻祖名字，新志從何注揑？想修新志時，區大器等以蟻祖後岡枕近堤基，混稱蟻祖名注入，預爲揑架地步。不思此基道光九年沖決，經區大器請領伍紳捐項，自行修復新舊基一百五十二丈，報竣呈明。經附近並無基分之百濟堡捐足辦竣。蟻祖係百滘堡圖户，尚何有四十七丈之滘堡捐足辦竣。經投通圍處斷，信等弗恤，天理奚在？只遠？架揑顯然。經投通圍處斷，信等弗恤，天理奚在？只得粘抄匍叩台堦，伏乞差拘區信玉等到案，究將該基撥還區大器經管，俾免架揑。

批：爾等既係百滘堡圖户，並無經管仙萊岡基，有舊志成案可據。何以區大器改易新志？候飭查明舊志成案，據實稟奪。

粘單附

道光二十五年五月初八日具稟：　桑園圍紳士馮日初、何子彬、明倫、潘漸逵、李應揚、曾釗、陳韶、冼文煥、黄亨、潘夔生、關景泰，耆老潘聯拜、張信敷，抱稟馮陞，爲遵諭稟覆，乞恩通詳立案，以免推卸事。

緣奉鈞諭，内開仙萊岡鄉與吉贊鄉分管基段，立即秉公確查。該基上年被決處所，究竟應歸何鄉管理？據實稟覆等因。

舉人等遵即傳集闔圍紳耆，查照新舊志書虚公察議。僉稱圍基段落均係因業派管，其土名仙萊岡基，共長一百五十二丈。除一百零五丈係雲津堡區大器經管外，四十七丈係百滘堡潘藻溪祖、莫雍睦、潘觀仲三户經管，歷無翻異。自道光九年具領伍紳捐修基費，及去年該基被決，具領義士築水基銀兩，俱係潘藻溪祖等三户出名承領，有單可秉。據是，潘藻溪祖與區大器户各有經管基段，無容互推。詎潘卓全等妄稱伊祖並無基分，以道光十年區大器報竣呈詞『經附近無基分之百滘堡捐足辦竣』一語爲據。不思道光九年係區大器經管之基被沖，而以附近之百滘堡幫築，自應分別聲明。上年係潘藻溪祖等經管之基被決，自應係潘藻溪祖等招墊，何得借詞混推，至稱新志係從中注揑？不思新修之志當經通稟大憲，按照舊志公同商確，逐一詳修。一有更移，各保定必不服。豈止潘藻溪祖等一段嘵嘵抗争。今潘卓全希圖借仙萊岡基爲名，盡推與仙萊鄉區大器户並管。不知基因業派，歷有定程，其仙萊岡基共長一百五十二丈，區大器户應照管一百零五丈，潘藻溪祖等例應照管四十七丈，斷難翻異。兹奉前因，理合據實稟覆。乞恩通詳立案，以免推卸。並懇拘追潘卓全等應招墊二成銀六十兩，刻日繳出，以資石工，實爲公便。

先登堡基分圖

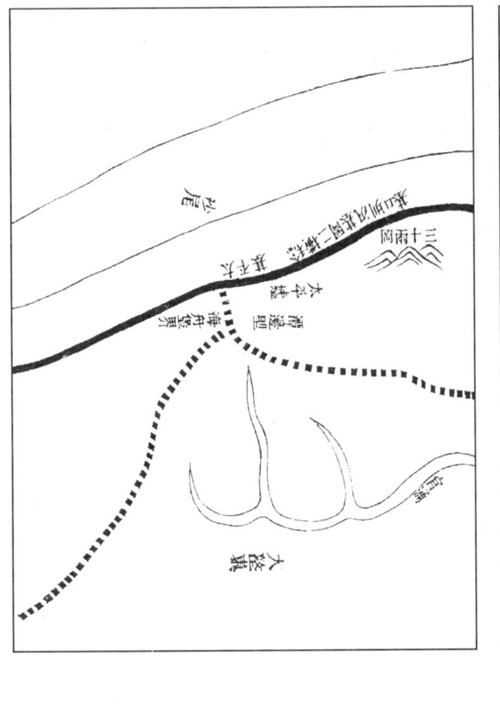

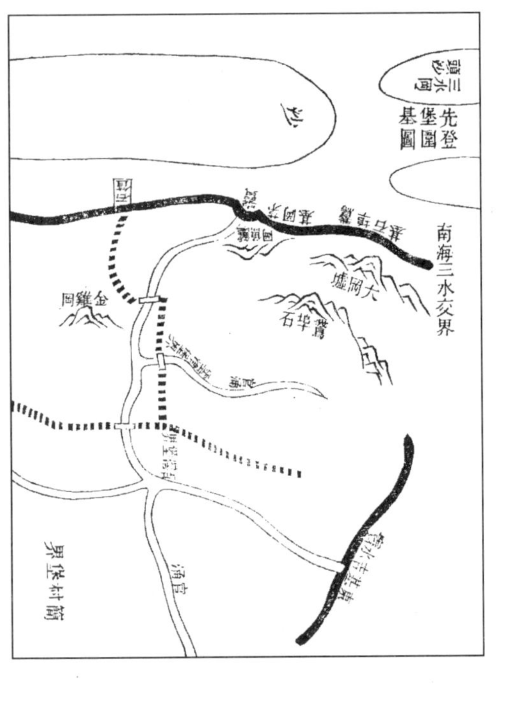

先登堡圍基，內倚山阜，即有漫溢，可保不至蔓延。惟茅岡、圳口二段，受太平沙頭水激射，圳口汎稔岡、横岡、太平墟各段基身壁立，水勢溜急，護脚石、殺水石壩宜因舊蹟，歲加培砌。《癸巳志》

村莊七，曰鵝埠石、曰茅岡、曰稔岡、曰圳口、曰横岡、曰太平、曰新羅。

嘉慶元年，南海縣李公橒勘定李、周兩姓幇修基段示

爲功虧一簣，非勘不明等事，嘉慶元年四月十三日奉本府朱信牌，嘉慶元年四月初九日奉布政使司陳憲牌，嘉慶元年三月二十五日奉兵部尚書兼署兩廣總督部堂朱批，本司呈詳：　查得南海縣生員李定卓與三水縣民周加宜互推修築馬蹄圍基一案，緣南海縣桑園圍西基與三邑馬蹄圍西基上下接連，濱臨大河，俱屬要工。　南邑桑園圍內北首向有水涌一道，向設竇門出水。　三邑馬蹄圍內北首亦有水涌一道，涌口竇門因經淤塞，尚未疏通。　南邑桑園圍內之田皆屬南邑民人稅業，遇修桑園圍，悉係南邑民人按稅科修。　其三邑馬蹄圍內之田，因係南、三兩縣民人各有其半。　遇修馬蹄圍，即藉雍正元年魚苗埠詳奉前撫憲定有南、三兩縣分縣界石，年久無存，各指原豎界石處所不符，混行推修，以致乾隆三十一年南邑民人李標等與三邑民人周萬貞、周廷可等在縣訐訟不休。　乾隆五十九年各基沖決，奉行飭修，李定卓、周登仁等又以界址互推。　并因三邑小土名猪母圍基被沖，水泛難消，周登仁等一時情

急，將南邑桑園圍北首間基土名飛鵝山腰掘破，注入桑園圍内，李定卓等不依，一併在縣具控。續又據本司倉科書辦李琪琳具禀，隨經批行勘訊。去後，嗣據南海縣李令會同署三水縣王令前往勘訊詳覆，查得馬蹄圍互推修築處所，桑園圍北首間基土名飛鵝山腰，雖經總局司事代爲一律修築完固，第西潦時發，後患須防，嗣後必須要定章程，庶絶訟根而杜推諉。除土名飛鵝山腰，係桑園圍、猪母兩圍彼此接連之間基，應久遠禁其挖掘。馬蹄圍西基北首之出水涌亦應遵照雍正九年周、李二姓互推斷案，仍令照舊疏通外，其馬蹄圍互推修築之西基，并北首之横基，均係敵潦要基，當飭弓手眼同兩造。自桑園圍西基北首土名朕軍涌，即陳軍涌竇口起，量至馬蹄圍北首横基岡脚，即飛鵝山右翼止，計共一百七十九弓，折長八十九丈五尺。查該圍内税業，計共八十一畝零。内南邑生員李定卓等税業三十四畝四分零，三邑民人周登仁等税業四十七畝零，多寡不甚懸殊，則圍基似應各半分修，中立界石，久遠遵守。周登仁等混掘桑園圍間基土名飛鵝山腰，係因西潦漲發，水泛難消，一時情急所致。既經桑園圍總局司事代修築完固，從寬免議等因詳覆。旋又據三水縣民人周加宜等以朕軍涌、陳軍涌、出水涌名目未符，并將南、三兩邑壤土交錯。内三邑鳳起鄉上自同邑岡頭村、岑逕竇起，下至朕軍涌上勒石碑摹粘連赴司呈控。又據本司倉科書辦李琪琳具禀，『陳』、『朕』、『陣』三字，土音相同，是以『陳軍涌』人皆呼爲『朕軍涌』，又『陣軍涌』等情。復經飭行南海縣會同三水縣查議另詳。去後迨據南海縣知縣李櫺禀稱，本案前係會同署三水縣韶州府經歷王志槐勘詳。兹王經歷業已卸事，旋省三水縣新任羅令恐未深悉前情，除各人證移會羅令傳唤外，禀懇檄飭前署三水縣王經歷會同覆勘具詳等由到司，隨經批飭遵辦。去後兹據會同覆加確勘詳覆，據周加宜等粘抄縣碑，因争魚苗埠步，於雍正元年詳奉前撫憲年飭行勒石。但查碑内僅註鳳起埠上自岑逕竇起，下至朕軍涌止，并未聲明若干丈尺。乃周加宜等稱該基共長五百二十丈，已屬無稽。且界石無存，亦難保無移甲作乙情弊。復查陳軍涌竇，於雍正十二年動項准修案内，亦未聲明『陳軍涌』字樣。今據李定卓等稱，『陳』、『朕』二字土音同，人多辨别不清，呼『陳軍涌』爲『朕軍涌』，亦難足憑。又康熙年間因水沖決馬蹄圍内閑基，致閑基旁之出水涌竇淤塞。雍正九年周國器等欲於南、三兩圍交界之紅岡脚閑基設立子竇，水從桑園圍出。詳奉督憲鄂批行不准，飭令閉基，内有田産者，按畝出夫修築。并令周國器等將馬蹄圍出水涌竇照舊疏通等因，並無指有疏通出水涌即朕軍涌字樣。是周加宜等現稱馬蹄圍内之出水涌即朕軍涌，亦屬風影之詞。再，周加宜等呈稱，本案奉前糧道倪批行，業經前縣魯令移請水利縣丞鍾會同三水縣周令勘詳完結等語。兹經卷查，前雖會勘，但因李標等臨勘外出，隨經李標等呈稱未經到勘，且税少基多，飭令開列稅册到縣，未經詳覆各在案。是兩造所爭之陳軍涌即朕軍涌，均屬無稽，殊難懸定。惟查本案關鍵，原在按稅修基，不在各涌名目。職等覆勘，均仍如前，應請仍照前詳。自桑園圍西基北首土名陳軍涌竇口起，至馬蹄圍北首橫基飛鵝山岡脚止，共計一百七十九弓，折長八十九丈五尺，該圍稅業計共八十一畝零。內李定卓等稅業三十四畝四分零，周登仁等稅業四十七畝零，稅業多寡不甚懸殊，應行各半各修，中立石碑爲界。並請勒石，豎立河神廟內，載明李定卓等管修南首基四十四丈七尺五寸，自出工費六分，周登仁等幫補四分；周登仁等管修北首基四十四丈七尺五寸，自出工費六分，李定卓等幫補四分，俾各久遠遵守，以免再有諉延，致悞基工。其周加宜等續控各涌名目，似非緊要，應聽周加宜等以馬蹄圍內之出水涌爲朕軍涌，以息争端。其現在准爲朕軍之出水涌，坐落周加宜等應修基工界內，久經淤塞，一經水漲，宣洩無由，應令周加宜等即日自行出費，趕緊疏通，與李定卓等無涉。陳軍涌坐落李定卓等應管基工界內，如有修理疏通之處，亦係李定卓等自捐公費，與周加宜等無干。至周加宜等前掘桑園圍北首土名飛鵝岡腰間基，因係西潦漲發，水泛難消，一時情急所致，此後久遠禁止，不許再行混掘。所有周加宜等從前混掘之咎，與桑園圍總局司事代修互推馬蹄圍處所，及飛鵝山腰間基銀兩，出自桑園圍公項，均請俯照前詳，免其究追。兩造均已允服，取各遵依。繳送一干人等釋寧等由，詳覆前來。本司復查，南海縣生員李定卓與三水縣民周登仁等互推馬蹄圍基處所，既據南海縣李令會同前署三水縣王經歷覆加勘明，斷令將各基工兩造，各半分修，中立幫修基工石界，及勒石豎立河神廟內。並准周加宜等以馬蹄圍內出水涌爲朕軍涌，以息争端，已屬妥協。但繳到三邑鳳起鄉周加宜等遵依，未有聲明覆勘。指出土名古蹟朕軍涌，任周加宜等開復竇穴出水豎明『古蹟朕軍涌石碑』字樣，詳內未據聲明。查雍正元年奉前撫憲年飭，將三水縣接壤地方勒石碑摹，內有聲明『三邑鳳起埠上自岑逕竇起，下至朕軍涌止』字樣。朕軍涌是係兩縣交隅處所，茲據該縣覆勘，指出『古蹟出水涌即朕軍涌，任周加宜等開復竇穴出水，豎明古蹟朕軍涌碑石』等語，亦應飭令周加宜等于馬蹄圍北首豎明古蹟朕軍涌碑石，書明係南、三兩縣交界字樣，以免將來遇有地方工程，藉詞推諉。合將兩縣勘斷馬蹄圍基緣由，通詳憲臺察核批示立案。候奉批回飭行，遵照緣由，奉批如詳，轉飭遵照。仍候撫部院衙門批示繳奉。此又奉兵部尚書暫留廣東巡撫部堂朱批，同前詳奉批如詳立案。仍飭南海、三水二縣，一體遵照，並候督部堂衙門批示繳等因。奉此合就飭行，備牌仰俯照依奉批，詳内事理，即便速飭南海、三水二縣遵照，將馬蹄圍基中立周、李二姓幫修基工，勒石豎立河神廟內。并令周加宜等于馬蹄圍北首豎明古蹟朕軍涌碑石，書明係南、三兩縣交隅字樣，俾其永遠遵守，以免將來遇有地方工程，藉詞推諉，取具豎立界石日期，通報察核，毋違等因。又奉督糧道吴批『同前』，詳仰廣州府確核，飭遵辦理，仍候藩司批示録報繳等因各到府。奉此合行，飭遵備牌，仰縣照依奉批，詳内事理，即便遵照，將馬蹄圍基中立周、李二姓幫修基工，勒石豎立河神廟内。并令周加宜等于馬蹄圍北首豎明古蹟朕軍涌碑石，書明係南、三兩縣交隅字樣，俾其永遠遵守，以免將來遇有地方工程，藉詞推諉。取具豎立界石日期，通報察核，毋得遲違等因。奉此除移三水縣，飭令周加宜等在於馬蹄圍北首豎明古蹟朕軍碑石，書明係南、三兩縣交隅字樣立界外，合就給示勒石，爲此示諭南海縣生員李定卓等、三水縣民周加宜等知悉，即便遵照憲行，將馬蹄圍基中立周、李二姓幫修基工，勒石豎立河神廟内，李定卓等管修南首基四十四丈七尺五寸，自出工費六分，周登仁等幫補四分；周登仁等修北首基四十四丈七尺五寸，自出工費六分，李定卓等幫修四分，俾各久遠遵守，毋使再有諉延，致悮基工。各宜凜遵毋違，特示。

海舟堡基分圖

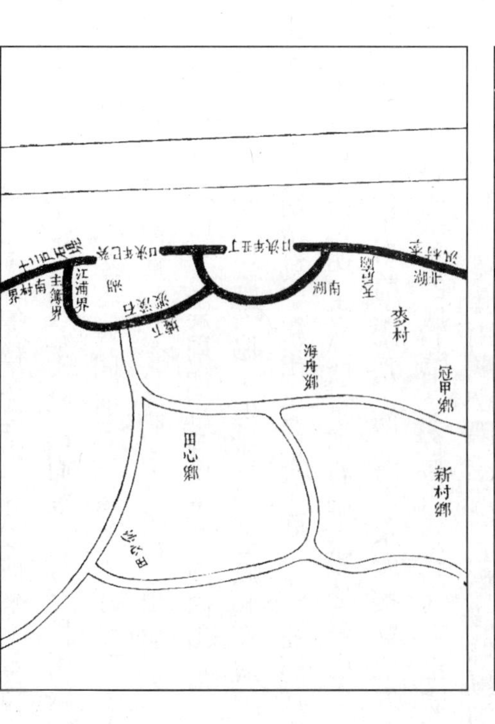

海舟堡圍基受太平沙水激射最烈，甲寅黎余石一段舊決口，丁丑、癸巳十二户、三丫基二段舊決口，圈築入裏，與水讓地。基身高厚，似可無虞。惟天后廟前丁丑決口下毗連鎮涌堡禾义基界，上三處基段頂衝最險。内填塞北湖，外築三大石壩以殺水勢，可保鞏固。然殺水石壩非長三十丈，高與基並，不能與太平沙角力。照式乘井估值，每壩約需銀五、六、七、八萬兩不等，誠非可猝辦。《癸巳志》

村莊九，曰李村、曰麥村、曰海舟、曰田心、曰新涌尾、曰槎潭、曰沙尾、曰良田、曰新村。

鎮涌堡基分圖

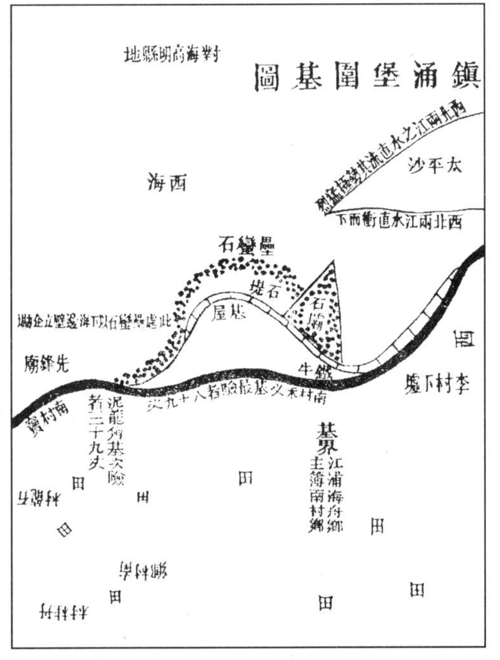

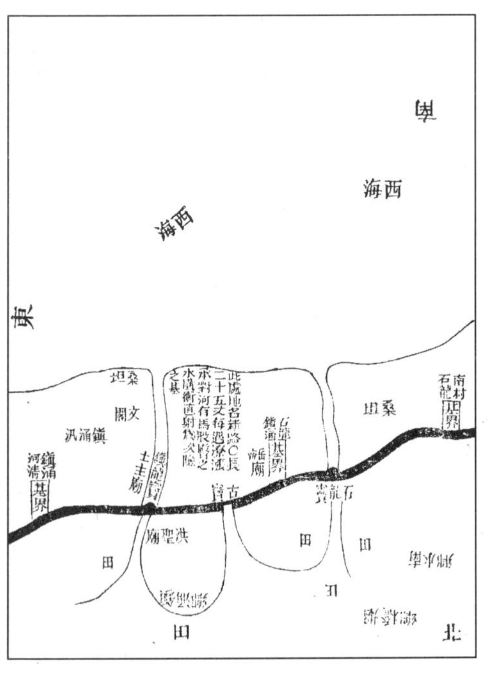

鎮涌堡圍基由禾义基交界，下至南村基，坦唇逼窄。雖有泥龍角培築肥厚，以禦江流，而太平沙尾急溜衝擊石壩，歲修不可緩視。而河清分界以上直至洪聖廟外，坦雖闊而裏面陡絶，倘有崩决，由裏面救護又不如由外面圈築之爲直捷也。《癸巳志》

村莊七，曰南村、曰石頭村、曰南村沙、曰沙田、曰鎮涌、曰烟橋、曰河清。

按，古石頭村即今石龍村，《南海縣志》兩載失攷。石龍村東烟橋西有絲線圍村，不入鎮涌堡，附識於此。

河清堡基分圖

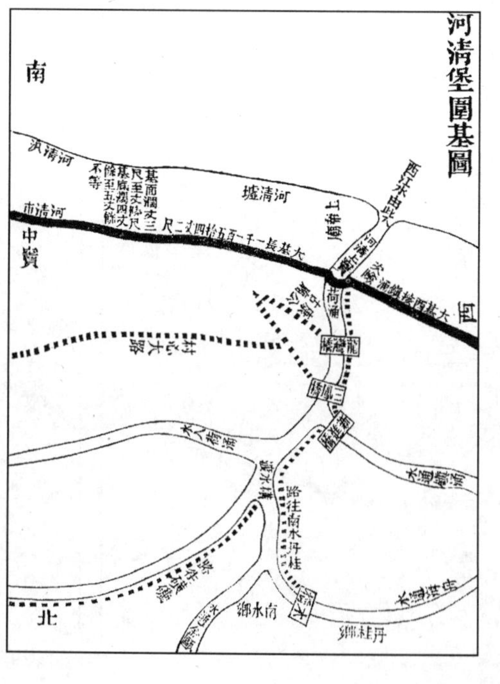

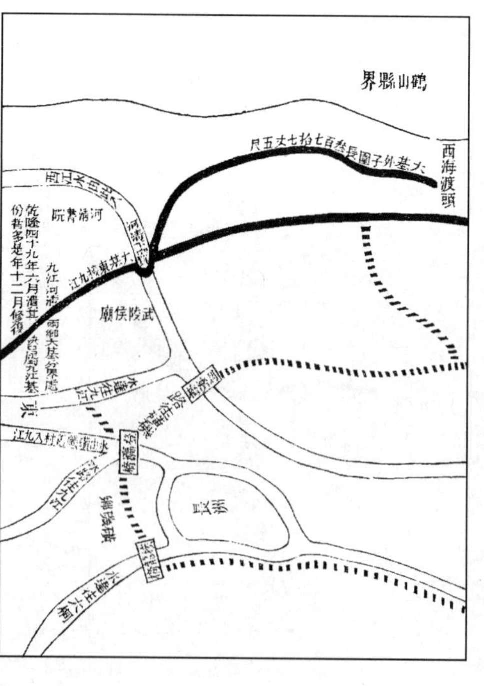

河清圍基沙坦漫生，尚屬平易。荒基秋楓樹至九江界，甲辰舊決口四十四弓，屬頂衝次險，壘石培土，當防未然。《癸巳志》

村莊五，曰河清、曰璜璣、曰丹桂、曰南水、曰蘇族村今爲蘇合墩。

九江堡基分圖

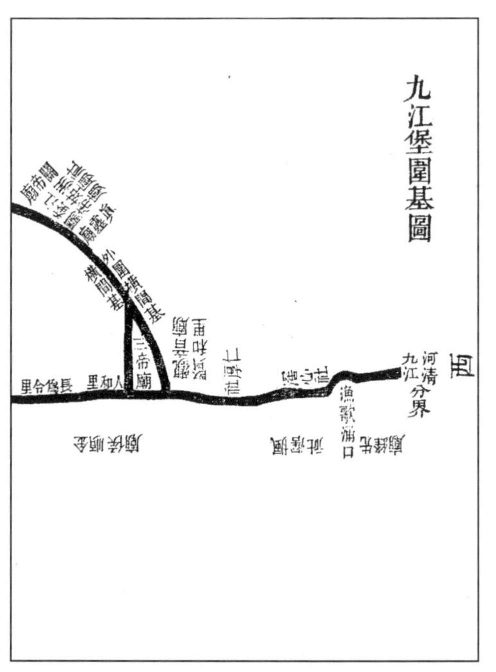

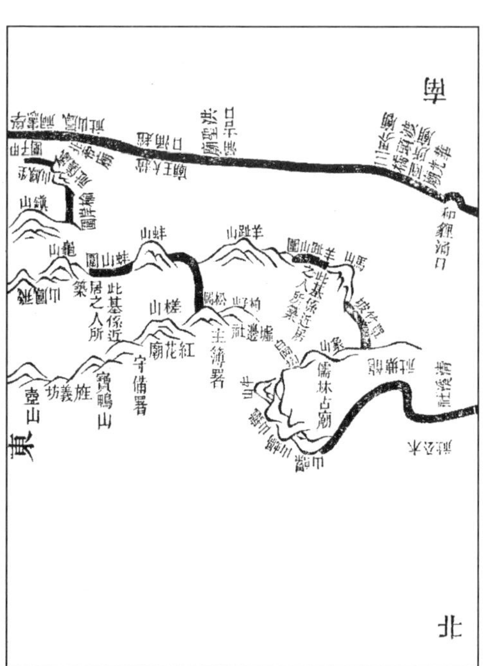

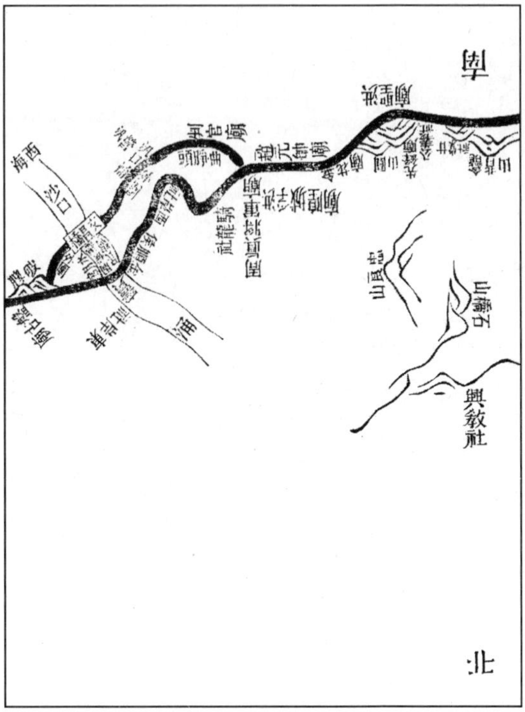

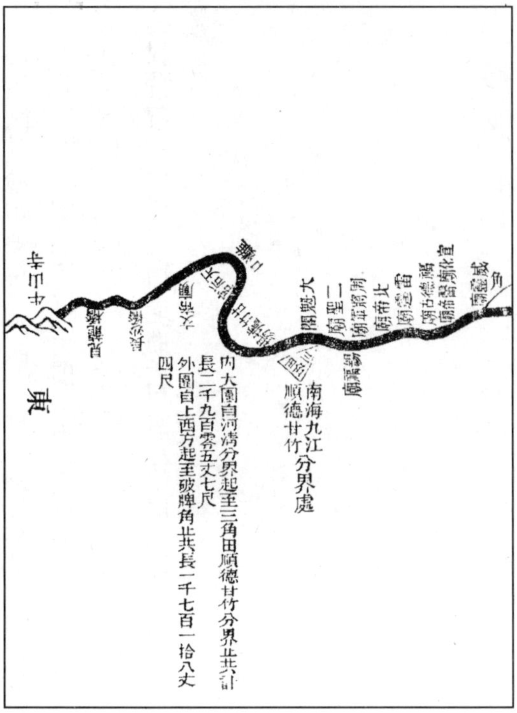

九江堡圍基處西、北江下流，自上流太平沙突起江中，河清坦亘。連江滸至大洛口，古潭、龕貝二沙層陡而起，兩沙相阻，搏擊横流。古潭、沙頭近更開設窰户，益阻遏，有勢以夾流之形，成在山之害。己卯歲修，仲邑侯創築興仁里、威靈廟、沙溪社、圓所廟石壩四道。庚辰捐修，委員余刺史於新墟下蠶姑廟前、横基頭、石栿路口創築石壩三道。當事之憂，可謂廑矣。而壩短水深，江流石轉，纘績紹休，端望來哲。《癸巳志》

村莊四十，北方九村，曰梅圳、曰李涌、曰大正、曰沙嘴、曰龍涌、曰新涌、曰翹南、曰侯王、曰匯龍。

西方十四村，曰萬壽、曰樂只、曰太平、曰洪聖、曰西山、曰大稔、曰相府、曰賢和、曰敦睦、曰先鋒、曰上洪聖、曰潭邊、曰上遊、曰迴龍。

南方十村，曰墟邊、曰良村、曰松岡、曰壺東、曰壺南、曰沐濬、曰九社、曰趙涌、曰小洛、曰忠良。

東方七村，曰奇山、曰沙濬、曰藤濬、曰大穀、曰雙涌、曰太和、曰閘邊。

甘竹堡基分圖

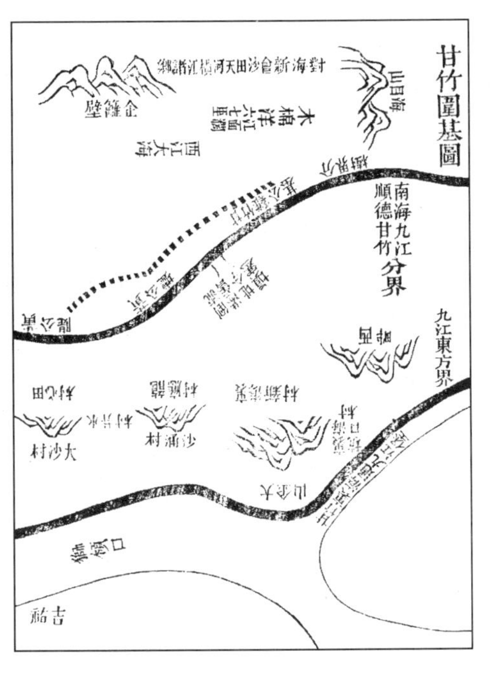

甘竹堡圍基，自灘口上至九江界，水皆順流，無衝射擊撼之險。但基身爲墟場鋪舍阻障，加高培厚孔難，常有溢面之患。自守備署下至犀牛山，臨河壁立，時防坍陷。今於南約創築裏圍基一千五百丈，以防大基漫溢，亦曲突徙薪之見也。《癸巳志》

村莊一，曰甘竹。

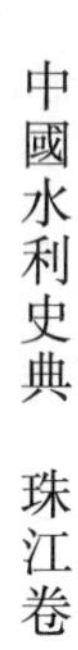

百滘、雲津堡基分圖

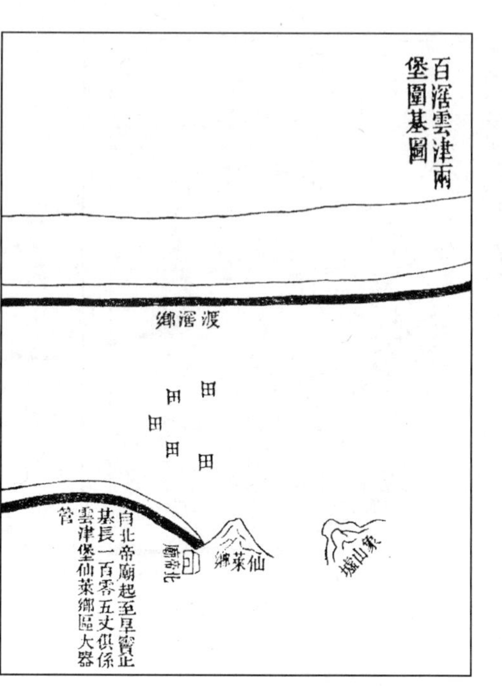
百滘雲津兩堡圍基圖
渡滘鄉
田
田
田
田
田
自北帝廟起至旱竇止基長一百零五丈俱係雲津堡仙萊鄉區大器管
北帝廟
仙萊鄉
象山墟

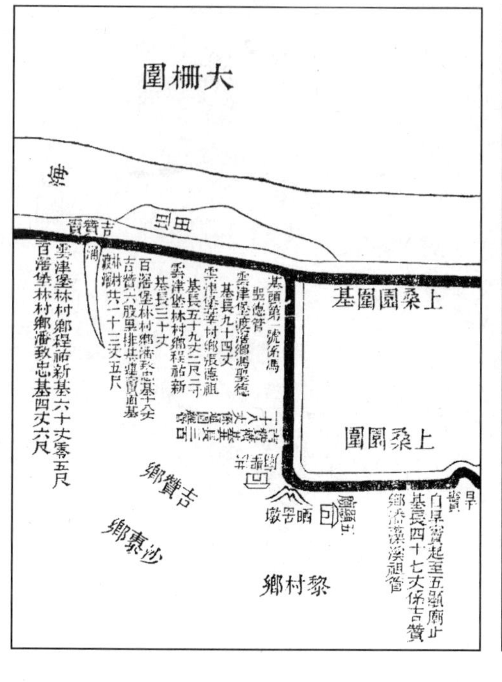
大柵圍
海
田
吉贊竇
上桑園圍基
上桑園圍
吉贊鄉
沙東鄉
黎村鄉
雲津堡林村鄉程祐新基六十丈零五尺
百滘堡林村鄉潘致忠基四丈六尺
基長三十丈
基長五十九丈二尺三寸
基長九十四丈
旱竇
自旱竇起至五顯廟止基長四十七丈係吉贊鄉

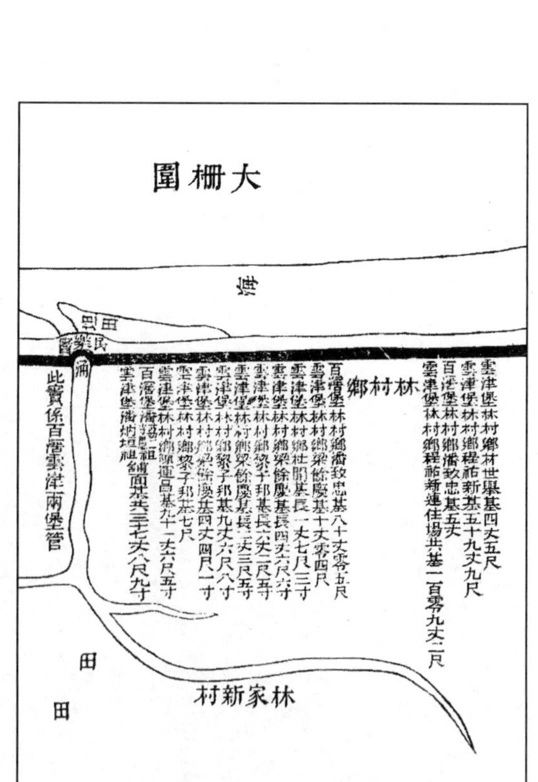
大柵圍
海
田
民樂竇
林村鄉
此竇係百滘雲津兩堡管
林家新村
田
田
雲津堡林村鄉林世興基四丈五尺
雲津堡林村鄉程祐新基五十九丈九尺
百滘堡林村鄉潘致忠基五丈

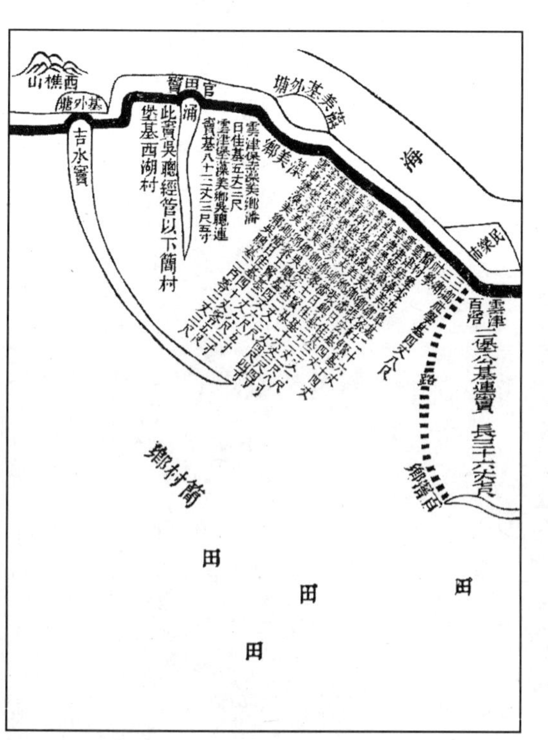
西樵山
基外塘
吉水竇
官田竇
此竇吳聰經管以下簡村
堡基西湖村
海
民樂市
三丈六尺
路
簡村鄉
田
田
田
田

雲津、百滘兩堡圍基，自簡村堡以上，江潦有倒灌而無直注，防護亦易。惟吉贊橫基上仙萊岡一百五十餘丈，上游三水蜆塘、波角、鳳果圍潰，輒有及溺之憂。自莊邊竇下，至高田竇基段内，外臨塘者十一，外臨河者八，而臨塘陡險。葫蘆塘一段爲最臨河之險，壘石護脚，歲修未易。息肩臨塘之險，填水爲地，一勞永逸矣。《癸巳志》

百滘堡村莊四，曰沙㯮、曰黎村、曰吉贊、曰莊邊。

雲津堡村莊九，曰林村、曰藻尾、曰仙萊岡、曰曾邊、曰石邊、曰西岸、曰竹園、曰黄牛岡、曰多墩。

按，圖内載莘村鄉張德祖基段，帶有魚塘一口，桑基若干畝，本莊邊鄉羅、馮兩姓管業，緣莊邊基决，鄉人他徙，遂將基塘賣與大栅圍張德祖，而基即隨之。凡有修築，其費概歸張氏。嗣張氏式微，輾轉售賣，久將不可究詰。且此段工程由外圍修治，倘草率從事，貽誤匪輕。光緒七年二月十三日，諸紳士集海神廟，擬提羡餘銀二百兩，向羅五桂堂買受基塘，計其租息足敷修費。張德祖基一段撥歸通圍公修。

簡村堡基分圖

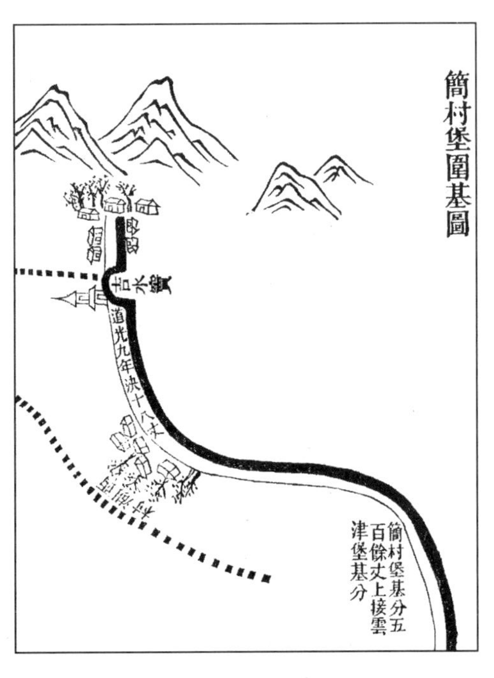

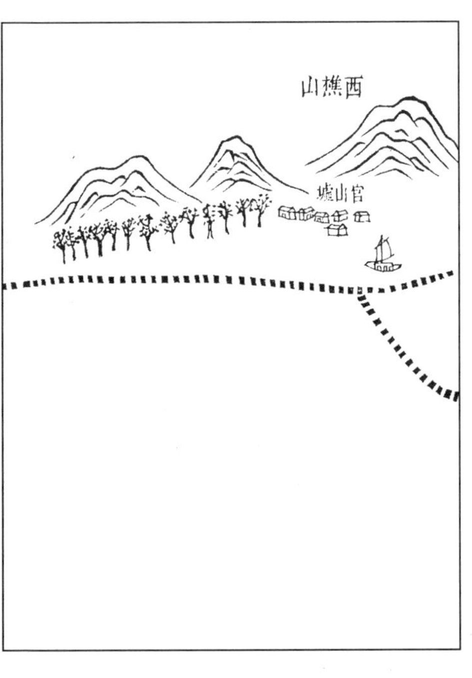

簡村堡圍基，南阻西樵山，吉水竇在基彎盡處，盛潦猝至，狂風驟作，可藉岡阜殺風潦之勢。惟墟亭一段低矮單薄，漫溢時虞。外基三丫海口與水相敵，敵水非壘石不能，矮薄但培土，立可使之高厚。

村莊十二，曰吉水、曰㓨頭、曰龍㓨、曰簡村、曰耕涌、曰莫家寨、曰倫家寨、曰凰岡、曰緑洲、曰高洲、曰西湖、曰何樓。據《南海縣志》增。

沙頭堡基分圖

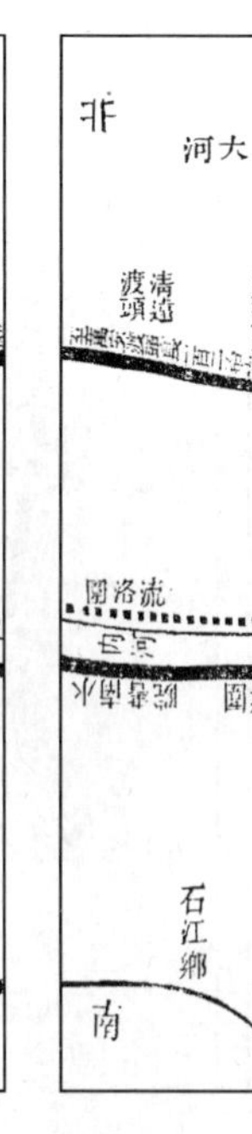

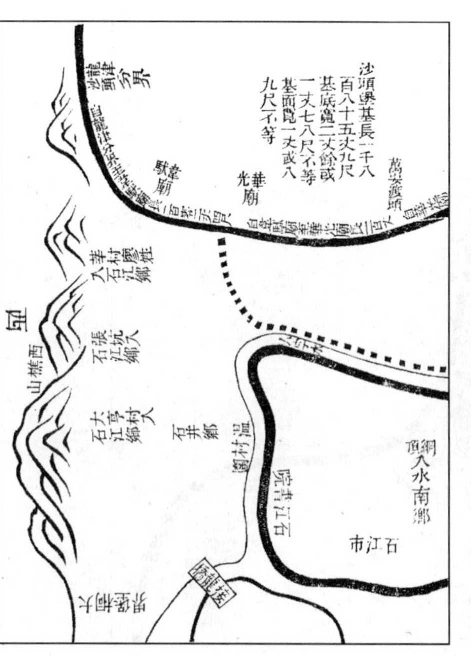

沙頭堡圍基，爲東基極險要區。西、北兩江之水由思賢滘直下，港汊紛注，紆徐曲折。過佛山沙口、紫洞、吉利、龍津，至沙頭界，羅村沙突起江中，亘長幾與基並，激水橫射。歲修稍緩，坍卸立見。由省城渡舊步頭至真君廟上，五壩遞築，防護亦已周備。然沙之勢乘淤日增，壩之石隨流日轉，保障時切履冰。而韋馱廟、真君廟上下相距，中間第二壩、第三壩、第四壩各段，外無坦，內臨藕塘，涌滘填塞，壘護克勤，庶無陡陗之虞。《癸巳志》

同治六年冬，因北村裏患基最多，惟外涌內塘礙難加高培闊，故自三丫涌起，至拱陽門外止，於外坦增築護基六百餘丈，舊基仍不廢，庶內外兩基交資捍禦。

村莊六，曰水南、曰石井、曰老村、曰沙涌、曰石江、曰北村。

按，《南海縣志》，尚有大坑、樟坑、新村、竹林、樵陽、蘿客、南村七鄉。

龍江堡基分圖

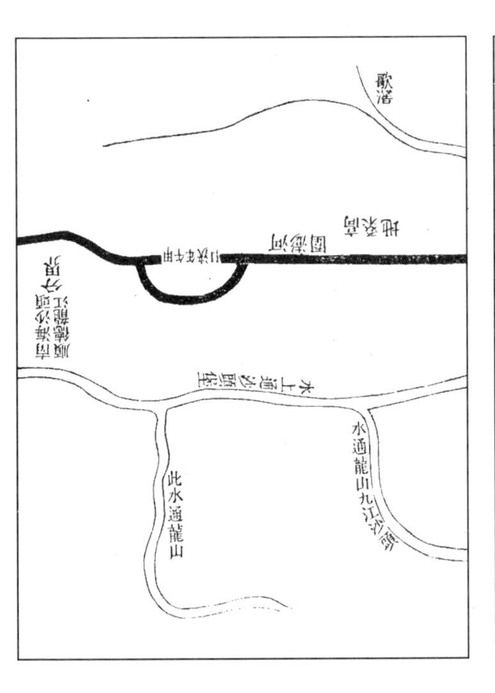

龍江堡圍基，爲通圍涌滘下流東注之區，似乎歲修可緩。然一有漫溢，則淫潦倒灌，退出倍難。前人於此築基，幾費熟思審處。苟任其低矮坍卸，不早爲之所，豈非玩愒前烈。加高培厚，是所望於福惠桑梓者。《癸巳志》

村莊五，曰忠臣坊、曰北山坊、曰龍江頭、曰長路坊、曰白社坊。

金甌堡

村莊四，曰儒林、曰岡邊、曰小儒村、曰霍江。

龍津堡

村莊五，曰坑邊、曰沙邊、曰寨邊、曰山根、曰岡頭。

龍山堡無基。

村莊七，曰陳涌、曰排涌、曰仙塘、曰沙富、曰岡貝、曰海口、曰沙洲。

大桐堡無基。

村莊八，曰大桐、曰蜆岡、曰田心、曰下田心、曰石龍里、曰閘邊、曰廖岡、曰富賢。

按，《南海縣志》，尚有盧村、朝山、西邊、藤村、寺邊、柏山、街邊、閘邊、竹園、澳表、高浪、蘇洲、新村、番村、敦根、長棗、茶根、園井、古巷、隔岡、村尾、井頭、大塘邊、上巷、松園、灰部、坑表、徑邊、歧洲、璜璣、大茂三十二鄉。

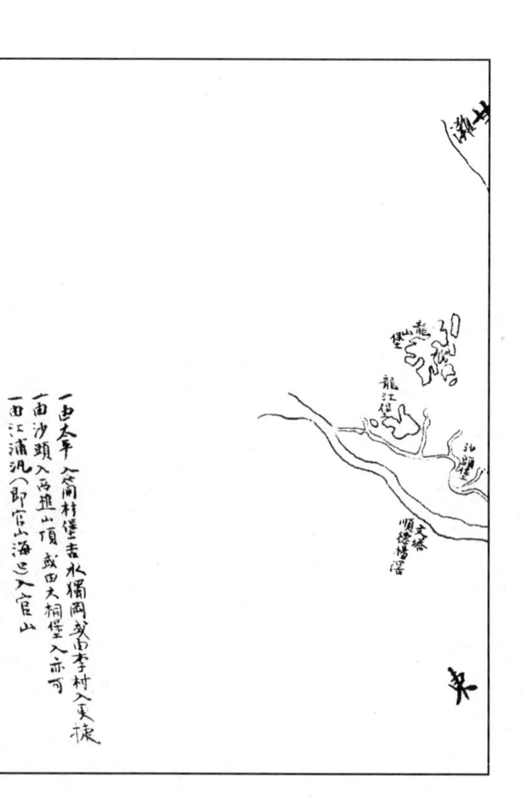

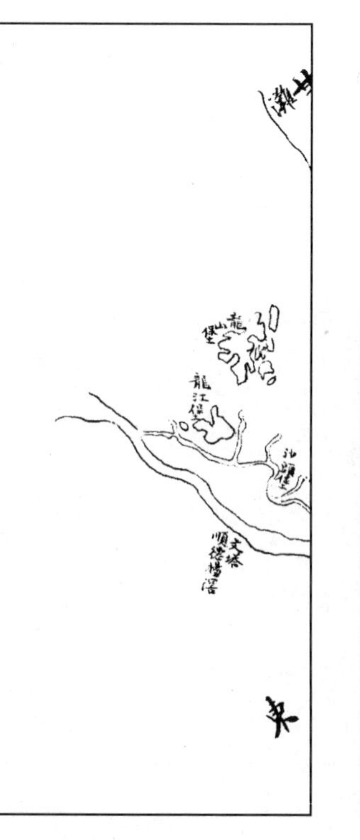

桑園圍新圖

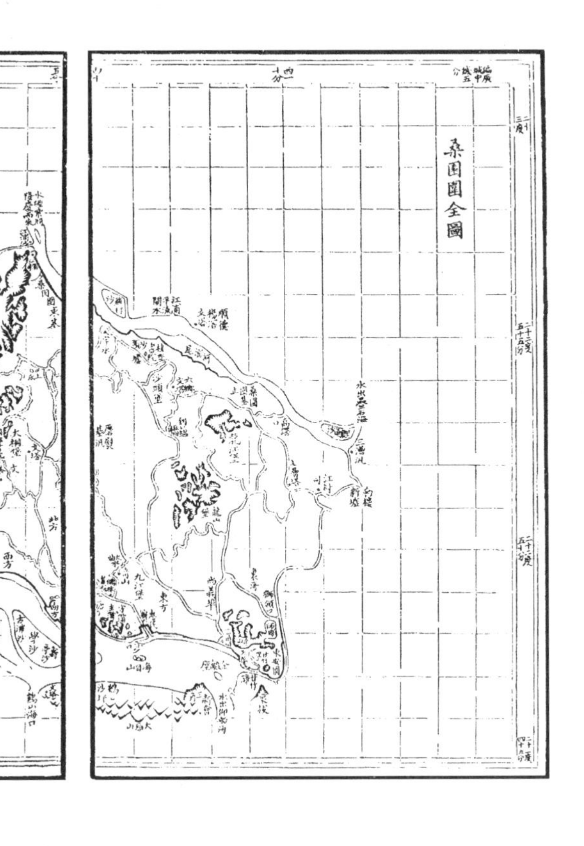

夫作圖之法，古有成規，蓋必深明測量、準望諸術，然後成圖，斯爲精妙。丙寅重修邑乘，承鄒特夫師命，與同門羅君海田分繪闔邑輿地。桑園圍一區，余任其勞。適圍中紳士明君立峰等領帑修基，欲得全圍真形。梁君香林屬余董其事，遂并親履順邑兩龍、甘竹之地而圖成。今爲斯圖，以省城中爲中綫，每方格爲經緯各一分。每緯一分當地面三里三分里之一，每經一分當地面三里十五分里之一有奇。復於圖之旁繪爲闌綫，每分析爲六十秒。依率計里，廣袤可知。以雙綫爲基圍，基中有圈爲竇穴，單線者爲涌滘，深闊者爲大河。作狗牙爲山邊，圍中村鄉，廟宇、橋樑、道路，備詳邑志。因石性堅，難以盡刻，故删繁就簡焉。若各堡，則明備矣。

同治庚午仲秋　鄒璡　跋

繪圖之法，失傳久矣。著書者未經歷其地，摭拾故紙，以訛傳訛。而生其地者，不曉摹描，雖了然於心，不了然於筆間。有曉者不過用畫師寫山水法，能翻空以取神，不能徵實以求是。以至東南互移，位置顛倒，常不免矣。吾友鄒特夫徵君，精專算學，其圖繪依《晋書・裴秀傳》分率、準望等六法，而益精之。命其弟子鄒君景隆、羅君海田手執指南分率尺，水道則駕舟循其曲折，陸路則行步記其方向。足所到即目所到，足有未到，甯闕而不誣。計步而知里，視鍼所旋轉，知迂曲衺直之數，故分之界限瞭如，合之布置無舛，可謂惟妙惟肖者也。吾桑園圍向有舊圖，全失古法，因請鄒、羅二君再繪，摹刻上石，立於河神廟中。異日滄海桑田，或小有更變，而此圖尚在，其故蹟可按索而得矣。

同治九年六月
李徵霨記

按，此圖係海神廟石刻縮本，惟單綫爲圍堤，雙綫爲涌滘，與石刻本異。今不復重繪而明辨之，仍附鄒跋、李記於後。

卷三　江源附潦期潮信

《浙江扞海潮擎要》一書，詳潮蹟而附以江源，明所輕也。粵東扞江漲，海潮不足爲患，故獨重江防。三江皆匯於廣州，而桑園圍獨當西、北之衝，爲兩江抱而入海之道，源遠而勢大，又常同時暴發，交助爲虐。佐以颶風驟雨，飛揚震盪，瞬息萬狀。其抵禦較諸圍爲難，其受禍亦比諸圍尤烈。居人常懷警懼，測候潦信，每以飛電之高低，決來源之遠近。因知漲發之遲早，於是募丁壯，嚴巡邏，備器械，謀修守，有備無患，職是之由。然則江源所自來，固謹堤防者所宜講究也。志江源。

黄宗羲《今水經》表：『湞水，亦名北江，源出大庾嶺。流經南雄府城南，又名保水。始興縣在其東北，杜安水西流來合之。杜安水源出信豐縣深窖鐵子源，至始興縣東北三十八里，西流入於湞水。湞水西南流，淩江水來合之。淩江水源出順都百丈山，下流合昌水，至南雄府城西流入於湞水。又西合朔水。朔水在始興縣東一百里，源出贛州龍南縣界，下流與清化水合。湞水又逕韶州府仁化縣治南，會湞水入之。會湞水源出仁化鄉，南流二百五十里入湞水。又逕韶州府城東，黎溪入之。黎溪在韶州府城東九十里，源出始興縣東坑嶺，西流入湞水。又南流，合武水爲曲江。源出郴州臨武岡宜章縣，南入樂昌縣，又南流至韶州府城東，入於湞水。下流至英德縣西一十五里，兩山對峙夾水，號湞陽峽。又合翁溪。翁溪源出翁源縣靈池山，西南流二百四十里至英德縣入於湞水。湞水逕廣州府，湟水合焉。湟水在廣州府連州城下，東注陽山，出洸口，入於湞水。至南海縣西入於西江。

牂牁江一名烏泥江，其源有二，俱出程番府。一自金筑司治北爲麻線河，至府城西境爲七曲江。過盧山，東經洪番、方番，至爲番司，南爲大韋河。一自上司馬橋治，東北流經小程番、盧番北境，南流遶府城，東過臥龍司，西與大韋河合爲牂牁江，遶臥龍司治。南又爲遶翠江，過羅番大龍司治北，回龍江南流來注之。回龍江在金石番司左。折遶大龍司，東入廣西泗城州。經慶遠府境，達遷江來賓縣南，東流縈迴約千餘里，入於右江。

右江，源出貴州都勻府西南境，會十二渡水，過府城南爲都勻江，經獨山州入廣西南丹州，過慶遠府城北，又東流至柳州府界，福祿江北來注之。福祿江源自湖廣靖州，西南流入貴州黎平府。西境爲古州江，東流至永從縣，東南流合爲福祿江。又東合大崖江爲南江，入廣西柳州界，經融縣入柳江。柳江又東至柳城縣西，融水入之。融水出柳州府北懷遠縣，至融縣東爲融水，又名潭江。下流與背江、思回江、玉華江、丹江、靈壽溪水合，歷柳城縣西入柳江。又東至柳州府南爲柳江，抵柳州府城東南，洛青江東來注之。洛青江在雒容縣一百二十里，源自桂林府，流至縣界入柳江。南流經來賓縣東，牂牁江西來注之。經象州，至潯州府城北，東流爲黔江。經城東南爲潯江，與左江合。左鬱、右潯二江合流，至平南縣東南龔江，亦名都泥江。至平南縣北，烏江在縣西入之，白馬江在縣東入之。龔江又東流過藤縣北，爲藤江，又東繡江入之。繡江源出廣東高州府，北流經容縣，容江注之。至藤縣東南爲繡江，入於藤江。藤江又東流至梧州府城西，與灕江合流爲桂江。東流至梧州府城南，爲大江，陸川從南來注之。大江又東入廣東肇慶府西封川縣，東安水從封川界南流來注之。東安水在廣西梧州府城北四十里。大江過德慶州南，又東瀧水北流來注之。瀧水源出猺境，經瀧水縣西南八十里，北流入於大江。大江經肇慶府城南，又爲西江即端溪。又東，新江北流來注之。新江源出新興縣亂山，經府城南六里，名新江，北流入於大江。又東，綏江南來注之。綏江源出梧州府懷集縣，懷溪水合馬甯、花夔、西劘、宿泊、下朗、佛燈、甘洞、桃花、多羅、瀛諸水，自峽中曲繞而下，漫流至廣東四會縣治，南爲綏江，入於大江。大江又東至廣州府南海縣西，爲西江、北江入之。南流，又合東江，入於南海。

左江，上流即盤江，又名牂牁江，源出烏撒蠻界。過雲南霑益州，有二源。其一北流曰北盤江，其一南流曰南盤江。州據二江之間，北盤江自霑益州東北流入貴州普安州北境，折而東南流經安南衛城東界，至永甯州境與南盤江合。南盤江自霑益州西南流，白石江入之。白石江在曲靖府城北八里。經貴州普安州西南境，南流遶雲南羅平州境之西下流，瀟湘江入之。瀟湘江源出馬龍州木容箐溪，至曲靖府城南爲瀟湘江。又東流至貴州永甯州，與北盤江合。盤江經永甯州頂營長官司西四十里，南流入廣西泗城歷山林峒，由奉議州城北，經州境爲左江。東流過隆安、武緣，至南甯府城西五十里合江鎮，與龍江合，是爲大江。又東，西江水來注之。西江水在武緣縣西，源出明山界，經本縣南流入於大江。大江又東，八尺江注之。八尺江源出廣東欽州界，北流至南甯府城東南六十里爲八尺江，入於鬱江。大江東流入橫州，號爲鬱江。下流清江、武流江、秋風江、東班江來注之。清江在橫州東一十五里，源出從化鄉，入於槎江。武流江在橫州東南五十里，源出廣東靈山縣界，至橫州，入於槎江。秋風江在永淳縣南一十里，源出靈山縣界，流入鬱江。東班江在永淳縣東北五里，源出賓州領方縣界，流入鬱江。又東，寶江來注之。寶江一名浮江，在貴縣西二里，水來自賓州界，入鬱江。鬱江又東流至潯州府城南，又名南江。又東流，與右江會。

龍江，源出交趾廣源州，合七源州水，歷龍州城南爲龍江。下思明，明江入之。明江源出思明府城東南上思州南六十里十萬山，流至上思州治西，爲上思江。至右萬寨與小江水合。又流遶思明府治南，爲明江。又角硬水在思陵州治南，源出州治南二十里角硬山，北流至州治前，念削水合之。流入思明府界，會於明江。明江又北流一百八十里，入龍州龍江。龍江入太平府界，會崇善縣水。至羅陽縣，馱排江入之。馱排江源出太平府永康縣，西流至羅陽縣，入於龍江。至江州，歸安水入之。歸安水來自上思州，流經江州，入於龍江。龍江至南甯府合江鎮，入於大江。

灕江，源出廣西桂林府海陽山，流五里分爲二，北爲湘水，南爲灕水。灕江至靈川縣東北，銀江入之。銀江在靈川縣東北，東流入於灕江。東南流至桂林府城南，陽江入之。陽江源出靈川縣思磨山，東流入於灕江。又南，合相思江。相思江源出臥石山下，唐長壽初，築相思埭分水，使東西流。東流至桂林府城南五十里，合灕江。西流合白石水，至永福縣入於灕江。灕江又南逕平樂府城南，又合荔水。荔水源出柳州界，歷修仁、荔浦二縣，入於灕江。至梧州府城西入於廣江。

按引書體例，由遠及近。言水道當以《漢書·地理志》及《水經注》爲先。今先黄書，以其説較明暢，使讀者易悉也。後所引書，主於條理分明，故亦不拘時代先後。

《水經注》：『斤江水，出交阯龍編縣。東北至鬱林領方縣，東注於鬱。《地理志》云：『逕臨塵縣，至領方縣注於鬱。』

《廣東通志》：『鬱水出鬱林郡。鬱水首受夜郎豚水，東至四會入海。過郡四，行四千三十里。《漢書·地理志》泿水出武陵鐔城縣北界沅水谷，南至鬱林潭中縣，與鄰水合。又東至蒼梧猛陵縣，爲鬱溪。又東至高要縣，爲大水。鬱水自鬱林之阿林縣，東逕猛陵縣。泿水於縣左合鬱溪，亂流逕廣信縣。鬱水又逕高要縣。又東至南海番禺縣西，分爲二。其一南入於海，鬱水分泿南注。其一又東過縣東南入於海。泿水東別逕番禺，其一水南入者，鬱川分派，逕四會入海也。其一即川東，別逕番禺城下，《漢書》所謂『浮牂牁，下離津，同會番禺』，蓋乘斯水而入於越也。』泿水又東逕懷化縣入於海。其餘又東至龍川爲涅水，屈北入員水。泿水枝津，衍註自番禺，東歷增城縣，又逕博羅縣西界。龍川員水又東南一千五百里入南海，東歷揭陽縣而注於海也。』

《廣東輿圖》：『綏江在城南一里，一名滑水，又名綏建水。發源廣西，流經廣甯縣東南，至縣前江面空闊，環遶而來。十五里至陶冶山下，分爲二派：一派西南流出高要縣清岐鎮，入西江；　一派東南流出南津口，入北江。』《南海縣志》：『北江爲湞、武、湟三水合流。湞水源出大庾嶺，過烏逕，至南雄州治，西南流一百五十里，逕韶州府治，東北與武水合。漢元鼎五年討南越，主爵都尉楊僕爲樓船將軍，出豫章，下横浦，入湞水，即此。

武水源出湖南柳州宜章縣廣莽山，逕桂陽臨武縣，至韶州樂昌縣西，又名三瀧水，東逕縣治南。又八十里逕韶州府治，西南與湞水合。

湟水源出柳州南黄岑山，元鼎五年討南越，衛尉路博德爲伏波將軍，出桂陽，下湟水是也。湟水南至連州星子司紅巖山下，東南流入，名連州江。合衆溪，會朱岡水，逕州治前。過龍泉、楞伽、羊跳、龍頭諸峽，至陽山縣界，合冠水。東南流過連州諸灘。又東過青蓮水口，逕青蓮司前。又逕雷豐鄉，出黄家陂三峽，東達韶州英德縣界，與湞水合。北江之名自此著矣。

北江西南流一百二十五里，逕彈子磯，又逕觀音巖，又過湞陽峽，又過大廟峽，至廣州清遠縣界。南逕稔岡，又逕清水逕，又逕火炭墟，又逕白廟，又過清遠縣治南，又西逕鼇頭塔，又南至迴岐司，南流一百一十里至三水縣上界牌山西北。又西過鴨浦水，東至龍坡山之陽，又名蘆包水也。蘆包水逕三水縣治北四十里，東至鹹魚嘴，會肄江之流。肄江亦北江水也，自鹹魚嘴南流達南海之靈洲官窰矣。

北江過蘆包口，西南過南津水，又西南過思賢滘，西江自肇慶高要縣來會之。《三水縣志》：西江遶縣治前，夏月四之一，餘月十之一。北江東逕五頂都北，西經老鴉洲、龍船沙者，又名蒼江也。東南至崑都山，東至白塔岡，遶三水縣治南者，又名肄江也。又東過西南潭，又東南逕南海金利司靈洲，蘆包水東北來合之。南達石門之衝，花縣横潭水、馬逕水合巴由水北來注之。又從化縣流溪水東北來注之。漢元鼎六年冬討南越，樓船將軍將精卒先陷尋陿，破石門，得樓船粟，即在此也。昔吕嘉拒漢，積石於江，故名曰石門也。自石門至沈香浦，南流爲巨浸。又南逕雙女山，又西南過大通港，又東南過荔枝洲，又過柳波浦，東匯爲白鵝潭。逕省治南，會珠江入於海。北逕老鴉洲外者，東至南海黄鼎司小唐，又東逕荔枝園，又逕莊步。自北江赴省治，舊惟取道石門，今則多行莊步，西潭淤塞故也。又南逕紫洞，又東至王借岡，今亦漸涸淺矣。北江遶王借岡之陽，東逕五斗口滘州堡，又東逕魁岡堡，又逕深村堡，又逕平洲堡，又逕季華堡，又逕林岳堡，北合大王滘，東逕龜岡塔，東趨省治，會珠江入於海。魁岡堡瀾石鄉、季華堡三山鄉、平洲堡平朗鄉，隔江南岸毗順德界，俱有支津入海。

北江遶王借岡之陰，扶南、梯雲、大歷、西隆四堡水北來合之。入沙口，東逕佛山鎮，東北逕疊滘堡，又逕神安司，又東逕大通堡，又東北出大通港，東南入白鵝潭，與石門南下巨浸會也。五斗口蠕岡堡西北有支津，南下三山西淋山之門，南與平洲江水合。北江由小唐至紫洞西流者，西逕龍慶，又逕大沙，又西南逕大岸，南逕江浦司，則西樵山之東也。又南逕龍津堡，又逕沙頭堡，又南逕順德龍江堡，會大澎河，南下入於海。

按，北江南逕江浦司西，流逕馬頭岡，過官山墟，折而北逕簡村堡，又逕百滘堡，又逕雲津堡，至舊莊邊鄉出桑園圍境，一趨丹竈鄉，一趨沙基頭，受蜆壳、鳳果十餘圍之水。

西江合雲南、貴州、廣西并交趾東北境諸水，故其源遠而流長。其一源自貴州都匀府三脚屯，東逕黎平府古州，南逕廣西慶遠府，又東逕柳州府，又東至潯州府，爲鬱水，一名潯水，今又名右江也。其一源自雲南廣南府百愛，東至廣西思恩府百色。又東南逕土田州，又東南逕南甯府，又東至潯州府，爲左江，古名盤江。會右江，合鬱水也。其一源自交趾廣源州，爲麗江。東北流至廣西太平府甯明州，又東至南甯府，與左江合也。其一源自廣西桂林府，南逕平樂府，又東南至梧州府治，西南與梧州大江合，古爲灕水，又名桂江，今名府江也。漢元鼎五年，故歸義粤侯二人爲戈船、下瀨將軍，出零陵，或下灕水，或抵蒼梧，即此灕水也。使馳義侯因巴蜀罪人發夜郎兵下牂牁，咸會番禺，即梧州大江也。

《水經注》：鬱水即夜郎豚水也。豚水東北逕談稾縣，東逕牂牁郡且蘭縣，謂之牂牁水。牂牁，江中兩山名也。又逕鬱林廣鬱縣，爲鬱水。鬱水又東逕猛陵縣，浪水注之。又東逕蒼梧廣信縣，灕水注之。牂牁，漢郡，且蘭、夜郎、談稾，其所領縣。今雲南廣南即故牂牁地，貴州都匀即牂牁之夜郎也。鬱林亦漢郡，廣鬱其所領縣。今廣西之潯州、柳州、南甯及鬱林州，即其地。蒼梧亦漢郡，廣信、猛陵其所領縣，今廣西平樂、梧州及廣東肇慶之境即其地也。廣信今梧州治也，右江、左江水至潯州合流，東逕附郭桂平縣，有斷藤峽焉。明成化元年冬十一月，都御史韓雍砍大藤峽，破八寨猺在此也。又東逕梧州藤縣，容江西南來注之。東漢建武十八年，馬援拜伏波將軍，破交趾，斬徵貳，謂官屬曰：『當吾在浪泊西里間，虜未滅之時，下潦上霧，毒氣重蒸。仰視飛鳶，跕跕墮水中』，指此江也。又逕梧州治南，府江北來會之。又東至廣東肇慶封川縣，過靈洲，一名錦水，賀江西北來會之。賀江，古封溪水也。又東至德慶州，逕錦石山。漢文帝元年八月，遣大中大夫陸賈使南越，賈默禱山神。比南越王趙佗稱臣奉貢，賈以錦裹山爲謝。後人因祠祀賈於山下，稱曰『錦石』也。或謂賈使南越時，嘗設錦帳於此也。又逕州治東，端溪水自端山北來會之，渌水自羅定南來會之。又逕悦城，程溪北來合之。又逕大湘峽，又逕小湘峽，又東逕肇慶府治新州，新江南來合之。新江，臨允牢水也。新州今新興縣，爲古臨允也。《水經注》：『鬱水又東逕高要縣，牢水注之』是也。高要，漢蒼梧所領縣，今屬肇慶也。又東北出高峽，山高百丈，江廣一里。相傳山有羊化石，因名羚羊峽，亦曰靈羊也。西江至此，水受峽束，勢益悍矣。峽口之東，江中有東洲沙，宋天聖五年，包拯知端州軍事，秩滿而行，擲硯於此也。

西江又東逕横查都，古婪水北來合之。又南逕豐樂圍，又南至廣州三水縣思賢滘。逕思賢滘東流者，與北江會也。西江又自三水界南逕横石嶺，又逕大路峽，又逕白泥，又逕太平海，又南至南海先登堡，又南逕海舟堡，又逕鎮涌堡，又逕河清堡，高要縣倉步水西來合之，一名都合水，又曰三洲水也。又南逕九江堡，鶴山縣坡山水來合之。又注海目山，出海目山之陽，汪洋迤邐，江南廣六、七里。又西南至新會縣豬頭山，又南逕蓬萊山，又逕鱷州，又西南逕北街口，又西南至江門，分爲二水。左逕石嘴，至虎門入海。右逕縣滘，入於熊海。熊海在新會治南二十餘里熊子山下，東通江，西通青曕洋，南阻厓山也。《水經》：『鬱水又東至南海番禺縣，分爲二。其一南入於海』，即此也。南海，漢郡，治番禺，領番禺、博羅、中宿、龍川、四會、揭陽六縣，今廣、惠、潮三府其地也。廣州之南海、番禺、順德、香山、三水、新會，漢番禺縣地也。

西江之源中有牂牁山，故昔人以名郡，又以名水也。西江之水，豚、鬱爲大，灘次之，而發源牂牁，匯流鬱林，下合灘水，故西江或稱牂牁江，或稱鬱水，或稱灘水也。逕縣西者爲西江經流，故於新會入海之地稱曰江門也。《地理志》：『鬱水首受夜郎水，東至四會入海，過四郡，行四千三十里』。四郡牂牁、鬱林、蒼梧、南海。四會，南海屬縣也。天下之水，黄河、岷江而外，西江爲大矣。《水經》又謂『鬱水，其一又過南海番禺縣，東南入於海』者，西江注思賢滘，東流至三水之蒼江，與北江湞、武、湟合流，過西南潭，下南海靈洲，出石門。舊志謂『靈洲山下，鬱水逕焉』是也。今西南潭水口淤塞，其一東流至紫洞，別趨鼎安、吉利、龍津、沙頭，東南入海。其一逕紫洞，南趨王借岡，東過石灣，至黄鼎街下佛山汾水。其一逕蠕岡，南趨五斗口入海。其一逕三家店，倒流神安，南注三山，北匯珠江入海。其逕九江堡、海目山南流者，一注甘竹灘，一注仰船岡，並可達順德、香山入海也。此皆西江支流也。

《大清一統志》：『北港水在縣東南一百二十里，自羅鬱江分大江水，繞范州都諸村。南流至牛圍口，入高明倉步水。倉步水一名滄江，一名滄溪，在縣南門外，源出老香山，東南流二十餘里至合水村，合雲宿水。又東二十里至更樓村，受文儲、歌樂諸溪。又東十里至米埠，受鹿崗西北諸溪。又五里至南岸，受幕田小溪。又十里至白鸛岡，受鹿崗東溪。又東十里至清泰，受楊梅、大溪、步洲小溪。又十里至牛圍口，受范州水。又十里至官渡頭，受瀝窖水，總名曰倉步水。又五里至泥灣，名泥窖水。又五里至三洲，名三洲水。又五里至龍攬灣，名都合水。又五里受大查山水，又數里至南海縣界，入西江。』

《肇慶府志》：『古勞河即蘇海，中與南海分界。發源廣西，合衆流以入羚羊。甫出峽，豁然奔放，一瀉數百里，直達厓門。古勞坡山當上流之衝，夏秋時，見西北最遠處有大雷電，即知某日潦漲其至也。頃刻盈丈，勢若黄河。官斯土者，督巡圍基，不暇輟食。或有潰决，則内地之蠶桑、稻禾、塘魚、屋宇傷殘無算。旁有石螺山，昔東坡過此，因建亭曰坡亭，村曰坡山。後邑令黄大鵬勒「蘇海」二字於石，故又曰蘇海。古勞小河，一發源粉洞，一發源狗頭岡，一發源崑山，一發源禄洞，會於橋頭獨岡，過大基頭，與樓沖河合流。出小口，入大江。』

按，自湞水已下諸水，爲西、北江上游，合衆流以歸墟。桑園圍適當其中，其爲害固劇。北港已下六水，皆近注西江，在桑園圍西與西江同時並漲，亦能助西江之虐，爲患吾圍者也。故並志之。

《粤東筆記》：『西樵泉　西樵三十二泉，其出於大科中峰之南，天峰之北。東流兩厓之下，瀉於雲谷者，爲左天泉。南自福老峰流於天峰之南，瀉於雲谷者，爲右天泉。二泉最高，西樵第一泉也。雙流過仰眠峰，飛瀉於噴玉巖下，出於大坑。又南則四峰之泉，注洗硯池，出於厓子坑，流於九龍洞，出於西坑口，至於大坑，會噴玉泉而東入於江。西則烟霞洞泉，伏流洞口，會於錦巖泉，又會於鐵泉，又會於龍泉，流於石子嶺，出瀉於樂堯莊，爲左垂虹泉。其雲端井泉二，溢流於龜頭社，瀉於樂堯莊，爲右垂虹泉。合流洞口，出於羅漢巖，達於黄岡，而西入於江。北則大科峰泉，流於西竺，會於寶鴨池。西出會於飲馬泉，南下爲瀉錢泉，歸於天湖。其碧雲三泉，一出清流館，一出山坳，一出村邊，盈積五、六池，瀉於觀翠巖。北會於階梯泉，與貴峰大槽之泉歸於天湖。流出於豬坑，注無底井，又注於官山下，而入於江。南則雲路二泉，流於村南，出於大嘴山下帽峰，達於江村，而南入於江。』

《廣州府志》：『三漕海在城北二十里黄連鄉，左出南海之西樵山，至桂林，與疊石海匯。北經堡後，出黄涌。南經堡前，出江村。自三漕下爲金鈎沙，沙東有細陳村海，通高陽、鷺洲、白廟海，環注堡西。魚塘海發源西樵，東流入縣界，經桂林都粘南疊石海。』

《廣東輿圖》：『仰船海，在城西四十里，發源南海九江，出三瀝沙，西達新會，直入香山海。』

《方輿紀要》：『龍江在城西北八十里，即西江水也。流入縣界，經龍穴山之陽，又東入南海縣境，會入於北江。』

《廣東通志》：『石頭海在縣西南七十里，流逕甘竹堡，西通香山。』

《廣州府志》：『河彭海在水藤，發源西樵。甘竹灘在城西六十七里獅子嶺之前，灘石奇聳，聲如雷霆，江水海潮相爲吞吐。水經南海九江而東下，過石壁，即激成灘。貫堡東入勒樓，夏潦尤盛。語曰「水長水下灘，水消水上灘」，言潮自灘入，後自灘出也。舟每紆象山之陰避之，謂之「偷洋滘」。石壁北望海目，南盡海門，西挹大雁，上與擔杆峽，下與三瀝沙相應。援賊不得由第七滘入勒樓，不得越甘竹度九江，不得度馬甯入横流灘爲之也。企犁在其西。』

按，西樵山泉爲三漕諸海所發源，皆桑園圍内水也。往時水道暢流，西、北二江隨漲隨消，内水不能爲患。近下游沙田增築日多，紆曲殊甚。外水既盤旋不退，内水即宣洩無期。幸歌滘口、獅頷口、九江沙口、官山海口廣闊深通，水勢所趨，尚無梗道，故田禾猶得趕蒔，桑株不致久淹，衣食有資，生計未促。時議建閘堵截外水，殊不知外水之沖激，但捍以堅堤，則修築易爲力。而内水之瀦蓄，既奪其出路，則疏瀹無所施也。又諸書多從阮《通志》[一]轉引，今仍標原書，使閲者不忘所自也。

勞孝輿《西江考》：『西江固南交大瀆也，《峋嶁碑》云：「南瀆衍亭」。而西江與岷山之流異，獨發源於牂牁，匯流於厓門，于嶺以南别爲一瀆，故又名牂牁江。由滇阿迷羅雄逕廣南泗城田州，乃至以一江而盡納滇、黔、交、桂諸水，迅行而東，長幾萬里。然粵之上游，如匯、如灘、如横浦，皆湍急崎嶇，不通舟楫。昔唐蒙上策取南越，欲從夜郎浮船，以爲一奇，固非計也。自史禄通鑿靈渠，兩伏波將軍始賴之以下樓船，江道之通流久矣！江南趨海，怒流而驕，苦爲羚羊峽所束，咽喉隘小，當夏潦淫漲，水如萬馬奔騰，巖壑與驚濤相爲勁敵。嘗登肇郡之東江亭俯視，建瓴水頭萬丈，排山而下，真有滔天之勢。濱海之縣，魚鼈爲鄰，靡有定處。迨穿峽而出，又與北江合爲一大川。北江者，湞水以上，雄、連諸水也。水比西江源短而勢驟，故西江挾之而愈横。三水、四會，其巨浸也。肇之江患一，而廣州倍之。豐樂大圍爲數縣保障，圍一敗而屬縣不復望秋矣！聞之故老，昔小而今大，昔暫而今數。考其故，則昔之江廣而通，今之流隘而淤也。南海之九江，爲江之孔道，以入熊海，鉅圍築焉。而其上游，則一由王借岡逕分水以趨珠江，一由石門以抱會城，此即楊僕樓船先破石門得越船粟者是也。今王借岡之沙口漸淺，石門則沙淤水涸矣。而九江以一水而受全江，欲圍不崩，得乎？數年以來，水患頻仍，歲祲屢警，當事者引爲己憂，疏請增築基圍。江流翕若，而愚所私憂過計者。竊以江水在天地間，猶人身之有血脈也。血脈不通，其病在腫，不治必潰。然治之固貴培補，尤宜疏其下流，而後血脈斯通，漸有生氣。今江之上流圍基雖固，而下流壅塞，可望其安瀾乎？廣屬若南、三諸縣常受水患，而香、順諸處每受水益，鹵田得清水而稻乃肥，安享其利。又利子母生沙，横江截海，幾於變滄海而爲桑田。下流既塞，水斯逆行矣！説者以其坦田升科，可增税課，可補民虚，試思頻

[一] 即阮元主修之《廣東通志》。

年蠲賑，屢次增修，耗國勤民，得失孰多？不待智者而知矣！聞之「利者害之萌」，此當事者所宜酌劑也。生長茲土，利害頗悉，剥牀以膚，最爲切近。因考西江之源流而備詳之如此。』

陈澧《牂牁江考》：『牂牁江者，今廣西紅水河。首受南、北兩盤江，東南流曰都泥江、曰潯江、曰龔江，入廣東界曰西江，至廣州府境分數支入海。《史記》、《漢書》《西南夷傳》並云：南粵食唐蒙蜀枸醬，蒙問所從來，曰：「道西北牂牁。牂牁江廣數里，出番禺城下」。「牁」，《漢書》作「柯」。此由今廣西紅水河順流至廣東番禺縣也。又云：「發巴蜀卒治道，自僰道指牂牁江。」按，僰道爲今四川宜賓縣地。《漢書·地理志》「越嶲郡遂久」下云：「繩水東至僰道入江。」「繩水」，今金沙江也，至宜賓縣入江。此治道由宜賓而南至貴州大定府西南境，則北盤江也。《華陽國志》云：『周之季世，楚威王遣將軍莊蹻泝沅水且蘭以伐夜郎，植牂牁繫船，因名。』且蘭爲牂柯國，《史記正義》引《華陽國志》與今本小異，而與《後漢書》同。《後漢書》、《水經注》略同。『莊蹻』《後漢書》作『莊豪』。按，且蘭今貴州都勻縣，沅水所出。其縣南之水南入紅水河，紅水河爲牂牁江明矣。《漢書·地理志》無牂牁江之名。益州郡毋棳縣下云：『橋水首受橋山，東至中留入潭，過郡西行三千一百二十里。』此即今紅水河。首受北盤江，橋山，今雲南霑益州西北境花山，北盤江所出。東至象州，入柳江，即牂牁江也。《水經注》云：《地理志》曰：「橋水東至中留入潭。」又云：「領方縣又有橋水。」」余謂其川流更無殊津，正是橋温亂流，故兼通稱。作者咸言『至中流入潭』，潭水又得鬱之兼稱，而字當爲温，非橋水也，蓋書字誤矣。澧按，酈以班志橋水入潭字爲温字之誤。又以班志言，入潭爲即入鬱，由其以今紅水河爲鬱水，以今南盤江爲温水。於是班志所云「橋水入潭行三千餘里」者，無之，誤辨見下文。其引《地理志》領方縣橋水，以爲更無殊津，亦誤也。《地理志》領方『墧』水，字不作『橋』，其水爲今廣西上思州明江，與紅水河相去遠矣。

攷牂牁江者，其説不一。其誤則自酈道元始，酈云：『温水自夜郎縣西北流逕談藁縣，又西逕昆澤縣，南又逕味縣，又西逕滇池城，池在縣西北。』此指今南盤江也。酈氏以南盤江爲温水，非漢志温水也。漢志牂牁郡鐔封下云：『温水東至廣鬱入鬱』，此今廣西西林縣同舍河也。其源流甚短，若以爲南盤江，則源遠流長，漢志不應不記里數矣。又云：『鬱水即夜郎豚水也，東北流逕談藁縣，東逕牂牁郡且蘭縣，謂之牂牁水。又逕鬱林廣鬱縣，爲鬱水。』如其言，此豚水與所云温水同出一縣，而豚水東北流。今北盤江與盤江同出雲南霑益州，而北盤江東北流，則酈所謂豚水者，今北盤江也。酈以其下流爲牂柯水，是所謂牂牁水亦指今紅水江，未誤也。而以豚水爲牂牁水上源，以鬱水爲牂柯水下流，乃大誤矣。《漢志》牂柯郡夜郎下云：『豚水東至廣鬱。』鬱林郡廣鬱下云：『鬱水首受夜郎豚水，東至四會入海。』按鬱水者，今廣西西洋江下流，曰鬱江也。豚水者，今西洋江所受泗城府水也。夜郎今泗城府治淩雲縣，廣鬱今百色廳。百色廳以下之西洋江，《漢志》鬱水也。西林縣同舍河及縣東南至百色之西洋江，《漢志》温水也。西林縣爲漢鐔封縣，同舍河逕西林東界，淩雲西界，故《漢志》温水屬鐔封。《水經》則云夜郎、温水，各舉一縣耳。又《漢志》俞元縣下云：『池在南，橋水所出，東至母單入温，行千九百里。』此今南盤江也。池者，今南盤江上源中延澤也。南盤江與北盤江同出霑益州之花山，爲《漢志》之橋山。《漢志》於毋棳橋水云：『首受橋山，其俞元橋水上有池。』則但以池爲橋水所出，其實橋水亦出橋山，故毋棳、俞元兩水皆名橋水矣。南盤江不與同舍河通流，志言俞元橋水入温，温字誤也。勝休縣下云：『河水東至毋棳入橋』，此今貴州興義縣馬别河，及廣西西隆州北境之南盤江，東至淩雲縣北境與北盤江合也。俞元橋水爲南盤江，與馬别河合。志文當云『入河』，蓋刊書者疑河爲黄河，非益州之水所入。而《水經注》云：『橋水上承俞元之南池，至毋單縣注於温』，遂據以改《漢志》耳。

廣西水道分左、右二江，鬱江爲左江，紅水河爲右江。酈以豚水爲牂柯水上源，是移左江爲右江水上源也。又以鬱水爲牂柯水下流，是又移左江水爲右江水下流也，其誤甚矣！尋酈氏所以致誤者，由據莊蹻泝沅伐夜郎，而沅水出且蘭，遂謂夜郎豚水逕且蘭縣。不知莊蹻所伐者，周季世之夜郎國也，豚水所出者，漢夜郎縣也。《史記》、《漢書》並云：『西南夷君長以什數，夜郎最大。』莊蹻泝沅至且蘭，乃甫至夜郎國北境耳。若漢夜郎乃牂柯郡之一縣，其縣固必在古夜郎國境内，然豈必在其國之北境邪？酈誤以莊蹻所至爲漢夜郎縣，遂以漢夜郎縣之豚水爲牂柯水上源。又以《漢志》言鬱水首受豚水，遂以鬱水爲牂柯水下流。其所以致誤者以此。《史記索隱》云：『《地理志》夜郎又有豚水，東至四會入海。』此牂柯江也，即承酈注之誤也。又今紅水河無分出之水，而酈注云：『牂柯水又東南逕毋斂縣西』，毋斂水出焉。又《水經》云『存水出犍爲郁鄢縣，東南至鬱林定周縣，爲周水。又東至潭中縣，注於潭。』酈注云：『毋斂水首受牂柯水，東注於存水』，此並誤也。《漢志》牂柯郡毋斂下云：『剛水東至潭中入潭』，此今廣西融縣西北境背江也。東至縣東境，入柳江。又鬱林郡定周下云：『水首受毋斂，東入潭』，此今廣西思恩縣龍江。首受貴州荔波縣勞村江，東入柳江。酈所云『毋斂水』，不知其指，今背江歟？抑指今勞村江歟？然二水皆非首受北盤江也。《漢志》定周水下云：『至潭中』，其至潭中者剛水也，《水經》合爲一，亦誤。又云『牂牁水又東驩水出焉』，又云『驩水源上承牂柯水，東逕增食縣，而下注朱涯水』，『朱涯水又東北逕臨塵縣，入領方縣，注鬱水。』，此又誤也。《漢志》鬱林郡增食下云：『驩水首受牂牁，東界入朱涯。』此今廣西歸順州水，乃麗江之北源也。鬱林郡臨塵下云：『朱涯水入領方』，此今龍州廳龍江，乃麗江之南源也。麗江與紅水江中隔鬱江，不得云驩水上承牂柯水也。《漢志》言驩水首受牂柯東界者，謂此水源出牂柯郡東界地，非謂首受牂柯水。《漢志》無牂牁水之名也。酈誤讀《漢志》耳。漢牂柯郡地，可以水道約略定之。其故且蘭沅水，爲今貴州都匀縣沅水。其鐔封温水，爲今廣西西林縣同舍河。其毋斂剛水，爲今廣西融縣西北境背江。其夜郎豚水，爲今廣西泗城府水。又鬱林郡定周水首毋斂，爲今廣西思恩縣龍江，首受貴州荔波縣勞村江，則毋斂爲今荔波縣地。又益州郡俞元縣橋水，至母單入温，爲入河之誤，即今南盤江，至廣西西隆州與别河合。則母單爲今西隆州地，並已見前文。其鳖縣鳖水，今貴州貴陽府北境烏江也。《志》云『鱉水入沅』，今烏江入沅之瀆已湮也。其西隨麋水，今雲南元江州河底江也。其都夢壺水，今雲南賓甯縣南境普梅河，入越南國境曰宣化水也。其句町文象水，今廣西天保縣泓滰江也。又有盧唯水、來細水、伐水，今雲南土富州者郎河及廣西小鎮安廳下勞村、那旺村諸水也。其益州銅瀨縣迷水，至談稾入温，爲今雲南賓甯州西洋江上源，至廣西西林縣南境與同舍河合，則談稾爲今西林縣南境地也。是漢牂柯郡北至今貴州貴陽府境，南至今越南國境，西南至今雲南元江州，西至今廣西泗城府境，東北至今貴州都匀縣、荔波縣、廣西融縣西北境，東南至今廣西天保縣，此漢牂柯郡境也。驩水爲今歸順州水，州在天保縣西南，故爲牂柯郡東界矣。凡今所攷漢志水道，及攷酈注之誤，詳見澧所注《地理志・水道圖説》及《水經注攷異》二書。 酈氏北朝人，未諳南方水道，故其書於今雲、貴、兩廣諸水多不合。近人攷牂柯江者，又或以爲貴州烏江，或以爲廣西柳江。烏江則入江，不至番禺。柳江則距僰道太遠，皆與《史記》、《漢書》不合，其誤易見，不必辨矣。

潦期

《南海縣志・江防略》： 案河防分桃花汛、伏汛、秋汛防之，秋汛安瀾，而河决乃無虞。若江防，則清明後潦必發而未盛。由立夏届夏至，其發至暴，其決圍基亦至急，過三伏則少衰矣。北江潦期，視西江爲强弱。北潦先至，西潦未來，驟來即消。苟北潦能過思賢滘以西，則西潦終歲安堵。若西潦先至未消，北潦適來，西潦尚能助北潦爲祟。更或北潦方至，西潦倏來，滔天之勢，朋比煽惑，排山撼嶽，所過莫當。故講江防者，不可不講潦期。而期以西潦爲準，能防西潦，北潦可統而賅之。潦至值潮長，其消輒遲兩三日。

潦期預於前年十月，自朔日始，逐日黎明取水一瓶秤之，日亭午再秤之，以一日準一月。黎明準月之初一至十四，亭午準月之十五至三十。如初三、四水重，則知明年三、四月西潦到得早。又黎明重於亭午，則上半月潦水盛； 亭午重於黎明，則下半月潦水盛。即初一、初二及初十以後，其所準之月不值西潦期候。但是日水重，則明年所準之月雨水亦多。若初九水重，明年氣節復遲，九月輒有盛潦，較其錙銖，恒多奇驗。

歲清明節後，穀雨節前，遇小雨乍晴，小蝦蟆當路族躍，必有西潦至，名曰頭江水，魚苗隨之即至。歷立夏、小滿節，潦第隨至隨消，於圍基無虞。惟届芒種、夏至節，潦最有力，更值龍舟水端午節雨與磨刀水關帝誕雨，雨助潦漲，瞬息溢冒。堤岸、圍基潰決，常在二節前後。故俗有『芒種朦根反，夏至石頭流』之謡，謂潦勢急猛，能拔樹衝石也。小暑、大暑、立秋，潦尚未已，而決圍基則甚鮮。諺又曰：『清明暗，西水不離墈。』故測潦期恒自清明節始。

潦之至，與氣候寒暄、風雨電光相因。立夏後天氣漸炎，暑届三伏而炎極。然夜卧至五更乍寒，徹曉三、五夜，如是必有盛潦。又交立夏節，歷小分龍四月二十日、大分龍五月二十日，有風雨驟起輒止，名曰『石湖風』，一名『石尤』。每至，在潮上時瞻西北雲起，如蟛蟧脚，瞬息即至。連至三日，盛潦隨之。漁人測潦，當夜分西望電光，即預占魚苗來自何江，水到以何日。如柳慶動，越三旬、兩旬，西潦之來，必俟來賓水到後，其勢乃弱。來賓，柳州屬縣，水遠而至濁。則兩旬、旬半，餘各遲速有差。或電光遠，則知過阧不來。南甯大抵電光高則來速，電光低則來遲。電光歷夜多，則潦長；電光歷夜少，則潦短。在西北角閃者，有柳州水到；在西南角閃者，有大江水到。其到約歷二十日爲期。然其部位微茫，漁人終祕爲求，衣食之具，不盡告人。諺曰『西閃西江水，北閃北江水，南閃猛南風，東閃日頭紅』，其大概矣。東閃若當水門位，則西潦至較遲。

西潦驟漲，由數尺至一、二丈有差。來以一二日、四五日而住，五日以後必消。其住以水流柴到爲候，其消遇西風乃急。

潮期

《易緯·乾鑿度》：月，坎也；水，魄也。水天地脉，周流無息。在上曰漢，在下曰潮。月，陰精。水爲天地信，順氣而潮。潮者，水氣往來，行險而不失其信者也。

許慎《說文》：江海之水，朝生爲潮，夕生爲汐。

《抱朴子》：天河從北極分爲兩條，至於南極。其一經南斗中過，其一經東井中過。兩河隨天轉入地，而與地下水相得。又與海水合三水，相蕩而天轉排之，故涌激而成潮。天之兩河，一日一夜，各一入地。故一旦一夕，而有兩潮也。一月之中，天再東再西，故潮再大再小也。又夏時日居南宿，陰消陽盛，天高一萬五千里，故夏潮大也。冬時日居北宿，陰盛陽消，天卑一萬五千里，故冬潮小也。春時日居東宿，天高一萬五千里，故春潮漸起也。秋時日居西宿，天卑一萬五千里，故秋潮漸減也。

又曰：海濤噓吸，隨水消長。濤者，據朝來也；汐者，據夕至也，故月盛則潮大。

趙自勔《造化權輿》：潮者，陰陽氣所激，五月無潮，陰氣微也；八月最大，則陰盛也。

封演《見聞記》：余少居淮海，日夕觀潮。大抵每日兩潮，晝夜各一。假如月出，潮以平明，二日、三日漸晚；至月半，則月初早潮翻爲夜潮，夜潮翻爲早潮矣。如是漸轉，至月半之早潮，復爲夜潮，月半之夜潮，復爲早潮。凡一月旋轉一帀，周而復始。雖月有大小，魄有盈虧，而潮常應之，無毫釐之失。月，陰精也；水，陰氣也。潛相感致，體於盈縮也。

沈存中《筆談補》：盧肇論海潮，以爲日出没所激而成，此極無理。若因日出没，當每日有常，安得復有早晚乎？考其行節，每至月正臨子午，則潮生，候之萬萬無差。月正午而生者爲潮，則正子而生者爲汐。正子而生者爲潮，則正午而生者爲汐。

余靖《海潮圖序》：古之言潮者多矣！或言如橐籥翕張，或言如人氣呼吸，或云海鰌出處，皆無經據。唐盧肇著《潮賦》謂『日入海而潮生，月離海而潮大』，自謂極天人之論，世莫敢非。嘗東至海山，南至武山，且夕候潮之進退，弦望視潮之消息，乃知盧氏之談，出於胸臆，蓋所謂不知而作者也。夫陽燧取火於日，陰鑑取水於月，從其類也。潮之漲退，海非增減。蓋月之所臨，則水往從之。日月右轉，而天左旋，一日一周，臨於四極。故月臨卯酉，則水漲乎東西；月臨子午，則潮平乎南北。彼竭此盈，往來不絶，皆係於月，不係於日。何以知其然乎？夫晝夜之運，日東行一度，月行十三度有奇，故太陰西没之期常緩於日三刻有奇。潮之日緩，其期率亦如是。自朔至望，常緩一夜。潮自望至晦，復緩一晝。潮若因日之入海，激而爲潮，則何故緩不及期，常三刻有奇乎？肇又謂『月去日遠，其潮乃大；合朔之際，潮殆微絶』，此固不知潮之準也。夫朔望前後，月行差疾，故晦前三日潮勢長，朔後三日潮勢極大，望亦如之，非謂遠於日也。月弦之際，其行差遲，故潮之來去，亦合沓不盡，非謂近於日也。盈虚消息，一之於月，陰陽之所以分也。夫春夏晝潮常大，秋冬夜潮常大，蓋春爲陽中，秋爲陰中，猶月之有朔望也。故潮之極漲，常在春秋之中；濤之極大，常在朔望之後，此又天地之常數也。

《廣州府志》：廣州潮以朔日長，至初四而消；以望日長，至十八而消，謂之水頭。以初四消至十四，以十八消至廿九、三十，謂之水尾。春夏水頭盛於晝，秋冬盛於夜。春夏水頭大，秋冬小，故防倭者自清明前三日至大暑前一日謂之『春汛』。春汛爲大，以水頭故，言大汛也。自霜降前一日，至小寒前一日，謂之『冬汛』。冬汛爲小，以水尾故，言小汛也。潮，朝潮也；汐，夕潮也，統謂之潮，與月相應。余靖云『月臨卯酉，則水漲乎西東；月臨子午，則潮盛乎南北。彼竭則此盈』者是也。然月順天右行，積三十日一周天。其臨子午卯酉，時有先後，故潮因之，亦有晝夜早暮之不同。粤潮分五節，朔至初三、十六至十八，潮夏辰，冬午，春秋巳；汐夏戌，冬子，春秋亥，此之謂『平』。初四至初六、十九至二十一，潮夏巳，冬未，春秋午；汐夏亥，冬丑，春秋子，此之謂『落』。初七至初九、二十二至二十四，潮夏寅，冬辰，春秋卯；汐夏申，冬戌，春秋酉，此之謂『敗』。初十至十二、二十五至二十七，潮皆同上，唯春則巳時；汐皆同上，唯春則亥時，此之謂『起』。十三至十五、二十八至三十，潮夏卯，冬巳，春秋辰；汐夏酉，冬亥，春秋戌，此之謂『旺』。大抵潮於寅而汐於申，兩辰而盈，兩辰而縮。朔後三日，明生而潮壯；望後三日，魄見而汐湧。仲春月落，水生而汐微；仲秋月明，水生而潮壯。陰陽消長，不失其時。故曰：『潮信若夏秋之際，朝潮水落，夕汐乘之。駕以颶風，前後相蹴，海水沸溢，是曰「沓潮」，此則潮之變也。裹海較大海潮遲數刻，乃遲迅紆迴之别，俗傳『初一十五，水上日午；初九二十三，水大牛歸欄』，實是不爽。

《番禺縣志》：　沓潮者，廣州去大海不遠二百里，每年八月潮水最大，秋中復多颶風。當潮水未盡退之間颶風作，而潮又至，遂淹没人廬舍，蕩失禾稼，沈溺舟船，南中謂之『沓潮』。或數十年一有之，俗呼爲『海翻』，爲『漫天』。

《南海縣志》初一日，寅末長，巳末消；　申末長；　亥末消。初二日，卯初長，午初消；　酉初長；　子初消。初三日，卯末長，午末消；　酉末長，子末消。初四日，辰正長，未正消；　戌初長，丑正消。初五日，辰末長，未末消；　戌末長，丑末消。初六日，巳初長，申初消；　亥初長，寅初消。初七日，巳正長，申正消；　亥正長，寅正消。初八日，巳末長，申末消；　亥末長，寅末消。初九日，午初長，酉初消；　子初長，卯初消。初十日，午正長，酉正消；　子正長，卯正消。十一日，未初長，戌初消；　丑初長，辰初消。十二日，未正長，戌正消；　丑末長，辰末消。十三日，申初長，亥初消；　寅初長，巳初消。十四日，申正長，亥正消。十五日，寅正長，巳正消。十六日至三十日亦如之。大較以初二、十六兩日，繇子午時遞推，歷三時而長，長三時復消，一潮一汐，遞周於十二時之内，而時刻不爽矣。衡消長者三其時，衡潮汐者，六其時。

《順德縣志》：　邑以海爲池，潮汐出入，一時穿貫都堡。自香山、新會而至，通舟楫，輸阡陌，奏庶鮮食，其功鉅矣！候潮之法，以太陰每日所躔天盤子午卯酉之位而定其消長：　月臨於午，則爲長之極；　歷未及申酉，則極消。消極復長，而至於子。又以爲長之極，自是至卯而消；　復至於午而極盛，此其大較也。然月順天右行，積三十日一周天，其臨子午卯酉，時有先後，故潮因之，亦有晝夜、早暮之不同。

卷四　修築

《漢書·溝洫志》載，孝文時，興東郡卒塞金堤。孝武時，令將軍以下負薪塞河。此爲後世堵塞決口所自昉。又載，賈讓言治河，以繕完故堤，增卑培薄爲下策。然攷之《戴記·月令》季春，天子命有司修利堤防，此實歲修之權輿，而賈讓之言未可執以論今日堤工也。自神禹不世出，而水患日以深。非堵塞無以救敗於事後，非歲修無以弭患於將來，比較其功，而歲修之保全爲尤大。桑園圍爰自宋代，逮及國朝，決溢不一，工役繁興。大抵乾隆以前，殫力於堵塞；道光以後，多事乎歲修。至今四十餘年，子圍間有變動，而全堤屹然。灑沈澹災，民安作息，前賢成蹟，何可忘也！志『修築』。

宋尚書左丞何公執中、廣南路安撫使張公朝棟築桑園圍東、西堤。

宋徽宗時，張公朝棟官廣南路。初入粵，微服訪民疾苦。舟過鼎安，值夏潦漲，懷山蕩蕩，萬頃無垠。高邱上露天席地而棲者，滿目皆是。奏請築堤以全民命。得旨，遣尚書左丞何公執中與公審度形勢，速行興築。越二年堤成，即分別界址，屬各堡各甲隨時葺理。

按舊志謂，故老所傳圍基高廣丈尺，頗不足信。據乾隆八年《周尚迪碑》，基底二十二丈，基面六丈，又兩旁餘地三丈。今舊跡已湮，必一一追復，徒滋騷擾。惟就見在基址，如有卑薄，隨加高厚，枕近田畝，禁耕者侵削而已。又按，宋初廣南東西路設安撫使，肇慶一府，廣、韶、循、潮、連、梅、南雄、英、賀、新、康、南恩、惠十四州屬東路；高、雷、欽、廉、瓊、化六府，昌化、萬安、朱崖三軍屬西路。今廣州乃東路轄境，張公當爲廣南東路經略安撫使也。

廣南安撫使張公朝棟築吉贊橫基三百餘丈。既築圍之三年，上流大路峽決，水勢建瓴下，圍中無間堵，仍淹浸。張公乃相度地勢最狹處，西自吉贊岡邊起，東屬於晾罟墩築橫基，與東西兩堤高闊相等，留餘地俾異時修補，於此取土。

明洪武二十九年丙子，九江陳處士博民塞倒流港。

二十八年乙亥六月初九，吉贊橫基被潦沖決。各堡議堵築，公謂：『夏潦歲至，倒流港爲害最劇。』乃度其深廣，伏闕上書。旨下有司，屬公董其役。洪流激湍，人力難施。公取大船，實以石，沈於港口，水勢漸殺。遂由甘竹灘築堤，越天河，抵橫岡，絡繹數十里。經始於丙子秋，訖丁丑夏告竣。

永樂十三年乙未，李村基決，九堡助工修復。

成化十八年壬寅夏四月，河清基決，各堡助工修復。

二十一年乙巳，海舟基決，各堡論糧助築。

宏治元年戊申，海舟基決，各堡助工修復。

嘉靖十四年乙未夏五月，大水決基。

萬曆十四年丙戌，西海基漫溢。

二十五年丁酉，大水，西海基決。

按，此三年決口處所，舊志軼其地名，且不載修復工程，今不可攷矣。

三十三年甲辰夏五月，大水，沙頭堡基決，附近自行築復。

按，《明史·神宗本紀》三十三年乙巳。

四十年壬子九月，九江生員朱泰請移築海舟堡基。海舟堡水割下墟，坍陷幾盡。文學朱泰等呈請制軍履勘，謂此堤逆障洪流，爲河伯所必争，須退數十丈别創一基，方可免患。通圍定議，計百丈有奇。各堡計畝助築，邑侯羅公萬爵委官督理，數月基成。萬曆四十七年舊基潰。

按，《九江鄉志》朱泰作朱遐，無朱泰，辨詳《雜録》。

崇禎十四年辛巳六月初三日，大路峽決，横基東決一十七丈，知南海縣朱公光熙諭各堡合力築復。時全圍淹没，朱公駕農舟行泥淖中，躬親撫慰，捐俸賑施。傳各堡合力興築，並當事助工修峽。明年，復捐修鎮涌堡南村堤及各竇穴，民獲甯宇。

國朝

康熙十七年戊午，茅岡基決，諭業户自行築復。

三十三年甲戌五月初八日，西、北江並溢，横基決五十八丈八尺，義士程儀先修復。時自三水已下連決一十九圍，横基險工迭出，各堡聞鑼齊赴。每甲艇一夫四，各攜鍬鋤，終不能救。水退，儀先謀築決口，赴各堡科捐。其有應科不繳者，工人纏催，儀先變産業墊支，工乃竣。

四十年辛巳五月，横基潰，通圍修復。鵝埠石基決，自行築復。

雍正五年丁未，巡撫傅公泰加築海舟三丫基。初，總督孔公毓珣奏請基圍之務，責成於官，或動帑修葺，或督率培補。撫院傅公以三丫基最衝極險，發帑采石修築。

乾隆八年癸亥，横基水溢，凡三決口，各堡築復。李村、海舟、林村基並決，自行築復。

初四月二十七日，漲決南岸圍。自南岸而下，左右圍基俱被沖決。五月初一日，決横基。初八日，各堡里排齊集鎮涌堡洪聖廟議堵塞，每户民米六石起，至十石止，出夫四名，竹籮四隻，杉椿四條，艇一隻。其籮滿載泥土，向缺口處所連樁豎下。每艇又禾草五十觔，連築四日，壓禦上流。李村、海舟、林村各決口亦自行築復。晚禾應時而蒔，歲則大熟。

里民曾賢等稟請通修全圍，巡撫王公國安委南海縣丞會同江浦巡檢周尚迪督修。

巡撫王公安國據里民曾賢等稟，仰司移道，委妥員辦理具報。十月初一日，奉廣州府保爲基圍未固事。據南海縣申稱，桑園圍吉贊横基，地居上游，實屬通圍喉咽，關係匪輕，培築實難稍緩。里民曾賢等各堡請合力鳩工，按糧均築，計圖久遠，爲善後之舉。第鄉村遼闊，工力浩繁。誠恐人心未臻畫一，若非專員彈壓督理，更虞呼應不靈，荏苒觀望。應聽道憲委員就近督理，諭令圍民即向旁坦取土，趲工培築高厚。再，該圍自吉贊横基之下，則有莊邊、林村、民樂、市藻、美鄉、至吉、水窶一帶基址，均屬低薄，亦應著令各業户按照原管基界，一體自行加築等情。當即派委南海縣丞會同江浦司巡檢前赴該圍基督修，仍嚴飭巡檢胥役人等奉公守法，不得藉端勒索分文，及船夫飯食銀兩。如敢陽奉陰違，察出立即參究。隨於十月興工，十一月報竣，周公尚迪撰碑，勒洪聖廟。

十年乙丑，巡撫凖公泰允十二户李文盛等請築三丫基石壩，不成。

李文盛等以三丫基夙稱險要，請照豐樂圍之例，於上流添築石壩。尋以領帑不足，該基脚又沖刷過深，勢難填築，諭將石塊堆護基脚而止。

四十四年己亥五月，西、北江漲，横基漫溢三十丈有奇。巡撫李公質穎委候補典史蔡應芳、江浦巡檢陶秉鑑督紳士何鴻蜚等修復。

夏五月朔，西、北兩江漲發，水勢湍悍，連決十八圍。越五日，三水波子角決，水建瓴下，横基漫溢，堵截維艱，坍決三口。各堡里排集儒村佛子廟議堵築，獲蒔晚稻。緣倉卒防衛，工未堅實，又基址低薄，呈請就近委員督修，在南北田圳取土，由近及遠，無得抗阻。復諭論糧均派，每兩條銀起科銅錢三百五十文，以爲基費。隨委署江浦巡檢、候補典史蔡應芳，江浦巡檢陶秉鑑督總理何蜚鴻、協理吴佩熙等十三人修復。同時河清鄉基、九江仁和里基皆決，業主自行堵塞。

四十九年甲辰五月，水漲，決烏婢潭基、李村黎家祠前基，自行築復。

按，庚辰余委員估勘工程册内載：自秋楓樹荒基至九江基界，係甲辰舊決口，舊志《沿革門》僅載烏婢潭及黎家祠兩段，至河清基決，則無明文。是否同此甲辰，未能臆斷，故附志之。

五十九年甲寅，西潦大至，李村堤決一百四十餘丈，圳口、大洛口、仁和里等坍決二十餘處。布政司陳公大文委九江主簿嵇會嘉、江浦巡檢吕濚督監生李肇珠等修築。

時翰林院編修温公汝适暨南、順兩邑士民以修復請。謂是堤自前明至今四百餘年，潰決無慮十數，皆塞此決彼，迄無成功。欲圖久遠，非通修不可。布政陳公倡捐助工，又諭同圍十四堡論糧起科，得銀五萬兩，委嵇、吕兩佐貳督修，而以李肇珠、梁廷光、余殿采、關秀峰董其役。先塞李村決口一百四十五丈，通圍無論坍卸卑薄，一律培補。乙卯七月，工竣。

布政司陳公大文諭添築石磡

陳公沿堤履勘，謂頂衝處所應需培石，諭南、順各堡復照原額，續捐銀九千餘兩。分別險要，加築石磡，以資鞏固。

嘉慶十八年癸酉五月，西江水漲，稔岡、横江基決三十一丈，自行築復。

兩鄉舊無患基，近海心生沙，水勢激射，至是沖決。鄉人謀塞決口，業户科捐不足，稟請借帑二千兩助工，所借帑仍由該業户分年帶徵歸款。

二十二年丁丑五月，西潦暴發。十九日，海舟三丫基決六十二丈。二十日，水東溢，反決横基及沙頭、龍江兩堡基。西潦初至，九江、河清兩鄉外基先決，繼而內圍坍卸。仁和里、永安門、牛牯路迭出險工，搶救獲完，而海舟三丫基以決告矣。三丫基直受西江之水，每歲修㨂石，多不如法。鄉人修補堤岸，伐大樹數百株，易銀給工。歲久樹根蠹朽，潦至滲漏坍卸，經各堡搶救不及，遂決六十二丈。決口阻高埳，水勢分流，南出原仲祠前，北出麥村天妃廟，復瀦而爲湖，皆深二丈有奇。一晝夜間，圍腹盈溢。吉贊横基及沙頭、龍江諸堤皆反潰向外，而圍中泛濫不少消，人口、田廬多遭傷斃。

總督蔣公攸銛諭海舟鄉人先築月堤

圍決後，兩院具奏，委員撫恤。復責令該管十二户先築月堤，俾蒔晚稻。十二户士民請借帑銀五千兩濟工，奏蒙恩准，十二户分兩年帶徵。

總督阮公元委同知陳公督舉人羅思瑾等築三丫基決口，並通修各堡患基。

九月，議塞決口，開局梁家祠，照甲寅例以五成起科，得銀二萬七千餘兩。三丫基前築月堤，沙泥桑草互相攙雜，基址不牢。因撥去浮料，換以浄土，跨南北湖規而內繞，以避決口。舊堤所決六十二丈者，增築一百八十二丈，堤成，高二丈，面闊丈有二尺。趾則當南湖處十二丈，他處亦八、九丈不等。於是，横基及各堡曾經搶救者，一律修固。二十三年二月土工竣，六月石工竣。

二十四年己卯，前署歸善縣教諭何毓齡、舉人潘澄江始領歲修帑息，擇險施工。

兩院奏借帑銀八萬兩，二十三年正月二十五日奉到俞旨，批准四月初一日發當商生息。温侍郎汝适公推前署歸善教諭何毓齡、舉人潘澄江爲總理。二十四年，領帑息銀四千六百兩，先由海舟天后廟興築土工，次九江興仁里口威靈廟、圓所廟、沙溪社築石壩各一道。修吉贊横基三百一十八丈，沙頭堡韋馱廟至横塘基四十四丈，真君廟前基一十五丈。

二十五年庚辰，南海刑部郎中伍紳元蘭、刑部員外郎伍紳元芝、前工部郎中新會盧紳文錦捐助圍工。總督阮公元委卸南雄州知州余公保純勘估工程，潮陽峽山司巡檢顧金臺、九江主簿李德潤督候選訓導何毓齡、舉人潘澄江通修全圍。

三部郎捐助圍工，經兩院奏，奉硃批『依議』，旋委前南雄州知州余公保純相其險夷緩急之宜，裁定章程，佐貳顧金臺、李德潤駐工督率，而以何毓齡、潘澄江董其役。開山採石，挽運連綿。凡甃石爲牆者一千六百四十丈，壘石爲坡者二千三百二十丈，激石爲壩者四所，加堆舊壩者一十二所。土堤之無需石護者，概培厚增高。二十四年九月興工，二十五年四月工竣，用銀七萬五千餘兩。

築飛鵝岡坳基四十餘丈

勘估委員余公保純詳稱，查飛鵝岡坳六十弓飛鵝翼低下二十餘丈，係三水地方，適當桑園圍上游頂極處所，遇有西潦漫溢，通圍受累。今擬購買其地，歸於通圍，修築高基，著附近之先登堡各村莊經管，不得以通圍公業推諉誤事。基成，李卿伍等援吉贊基公修爲詞，不肯收管。控縣，經督修委員顧金臺、李德潤，總理基務何毓齡、潘澄江等會覆，責令如詳經管。

附覆禀　敬禀者：　五月初七日接誦鈞諭，著令卑職等會同首事，將李卿伍云云。飭即會同首事，將李卿伍所禀情節妥議禀覆等因。奉此，卑職等遵即會同首事何毓齡等查看，得《桑園圍全堤分段管落歷辦章程》，責成該堡該鄉經理，毋得推卸，致有貽誤。惟吉贊横基，當築建時從田面做起，高一丈二、三尺，長三百一十餘丈。昔人念其各姓田業枕近基旁，歲修取土，不無傷業。議遇修葺，免其派及，仍責令潦漲時不時巡查。倘有疏虞，傳鑼通圍各堡防護，碑誌可考。今飛鵝山迤東一帶俱屬土岡，其相連山坳過接處兩旁寬厚，高亦一丈有零，向無土基。此次義助通修，蒙委員余憲估價，買受山坳地段培築，著落附近之先登堡各村莊經管，不得以通圍公業推諉誤事，詳明列憲。首事等即將該段山坳照址買受，在岡背上築建小堤。除買價外，共用去土工銀三十九兩零。今李卿伍等，窺係義助銀兩，公買公築，混扯吉贊横基公修爲詞，不思現在大修吉贊基，計用銀數千餘兩，該基新築，僅用銀三十餘兩，工程形勢大相懸殊。李卿伍等乃以將來歲修有限之工，又欲諉之通圍經管。況各堡相離該山五、六十里不等，鞭長莫及，事屬顯然。而該堡鵝埠石鄉相離二、三里，餘鄉亦不過五、六里，責有難辭。余憲識見明達，洞悉情形，著落附近村莊經管，自屬至公至當，似應遵照《詳定章程》，飭令遵守，毋得推卸，以昭平允，且與《歷辦章程》不敢混亂。緣奉飭查理，合會同據實查議禀覆，是否有當，聽候憲臺察核批示飭遵。卑職顧金臺等，首事何毓齡等謹禀。

附地契　立永遠斷賣秧地契人三水縣鳳起鄉周元泰祖地一畛，種子四升，東柒丈一尺，西柒丈捌尺伍寸，南柒丈柒寸，北貳丈貳尺柒寸。周松岡祖地一畛，種子肆斗伍升，東捌丈，西捌丈貳尺，南壹丈五尺，北伍尺。周毓年地一畛，種子捌斗，東壹十叁丈壹尺，西壹拾肆丈伍尺，南壹丈五尺，北捌尺。緣鄉南田地毗連南海縣桑園圍，該處有屋宅、佛秃兩山相夾，中連一土基，計長貳拾餘丈。原趾單薄，每遇三邑潦漲，水勢從此泛入，在桑園圍爲頂門要害，内外税畝皆是三邑輸供。今值桑園圍大修，首事何毓齡、潘澄江等，聯合圍衆到請讓地，以期永固。毓等桑梓情殷，仰體上憲救災恤鄰之義，情願將前開地畝賣出培修，税屬零星，難以過割，不便另設寄莊花户，連津貼永遠生息，納糧及地價三圻，共銀柒拾伍圓，重伍拾肆兩。自賣之後，聽買主挑築高厚。遞年每遇培修該基，任從桑園圍衆在附近取土，不得攔阻。間有三邑圍被沖決，亦毋得將該基鋤毁，洩水病鄰。糧差在生息銀代納，永無過問。倘有來歷不明，係賣主同中理明，不干買者之事。屬在土田犬牙相錯，永敦世好，後無異言。今欲有憑，爰立賣契，交執爲照。

計開各四至列

周元泰祖地　東至塍下田毓成北至路　南至塍價銀壹拾捌圓

周松岡祖地　東至毓年　西至路　南至祥大　北至路價銀貳拾叁圓

周毓年地　東至下坳　西至松岡祖　南至已　北至路價銀叁拾肆圓
至上手契年遠日久，所有搜出，日後視爲故帋
嘉慶貳拾伍年二月二十一日周文年瑞大周毓年禧年鯤超代筆　中人李弼垣茂元

道光元年辛巳十月，候選訓導何毓齡、舉人潘澄江續修三丫基、禾义基石堤，並請諭飭九江迅修外圍。

呈稱：　毓等遵奉辦理捐建石堤一案，於大工告竣時，除支外尚餘銀一千弍百餘兩。續經稟明，俟本年水退後再加查看，將所餘銀一律粘補。趁此冬晴水涸之時，并召募石船，挽運蠻石，於三丫基賣布行華光廟下，及禾义基等處添補培築，俾完七萬五千兩之數，以清首尾，以慰慈懷。

是年，九江外圍多有坍卸，又呈稱：　外圍坍卸之處，應如何設法修復，自應該鄉紳耆早日公舉首事，稟請督修。乃恃有官工，又欲推毓等接辦，不思基圍舊章，除吉贊橫基係公修，其餘各堡基段，遇有沖決坍卸，責令該管基户自行經理。今九江外圍觀望遲疑，妄有希冀。轉瞬春潦漲發，勢必累及内堤。毓等奉辦基工，不爲不久，況事分兩起，該管自理，奚能變亂舊章，伏乞嚴飭該堡紳耆，責令外圍業户迅速興修，以免推卸貽誤。九年己丑，西潦漫溢。

簡村堡西湖村基、雲津堡藻尾鄉高田竇基、仙萊岡基並決，南海廩生伍公元薇捐助圍工。西湖村兩決口，南決二十六丈九尺，深二丈四尺；　北決八丈五尺，深一丈八尺。藻尾村決五丈，深五尺。仙萊岡決三十一丈，深四丈五尺。伍公元薇捐銀二萬餘兩築復，并通修東西患基。又以上游蜆壳塘圍波子角決口不塞，則桑園圍卒受其害，因捐貲修固，十年四月工竣。

十三年癸巳，西潦陡漲。田心三丫基決一百三十丈，九江、甘竹、河清基並衝決。横流東駛，反決雲津堡基共一百二十丈九尺，簡村堡基十二丈，龍津堡六鄉基九丈，沙頭堡基共八十一丈，龍江堡基共一百二十一丈二尺，總督盧公坤請帑修復。

三丫基屬海舟堡十二户初借帑銀築攔水基，施工至再，悉被衝刷，弗成。衆議照丁丑起科例，減五成科捐，得銀一萬三千五百餘兩，又合十二户所借前後共借帑銀四萬九千兩，以武舉李應揚、舉人何子彬董其役，築復各決口，及通修東西患基，十四年三月工竣。

十四年甲午五月，西、北江漲。龍江堡河澎尾基決十餘處，糧道鄭公開禧檄基主築復。

河澎尾處桑園圍下游，五月崩缺，潦水倒灌，七月尚未動工。在籍主事何文綺、温承悌等呈請督糧道鄭公檄行順德縣，飭基主築復。

甘竹堡牛山基陷，順德縣生員吴文昭請改築裏圍，添設水閘，奉督糧道鄭公批行。

順德縣甘竹堡紳士生員吴文昭等稟：　爲遵諭稟明事，現奉本縣札開奉大人批，據桑園圍紳士何文綺、温承

悌等赴轅呈稱，本年五月潦水坍卸甘竹左灘、武營上灘頭基一段，係右灘黄姓、左灘西約業户應築，又坍卸武營下牛山基一段，係左灘南約業户應築，聯懇飭築等情。生等係南約人，已經遵諭於九月初八興工修築。但查牛山基段，基脚沖卸，屢被西潦撼擊，磡下成潭，旋築旋卸，不能鞏固。生等相度地勢，欲於南約涌内改築裏圍，添設水閘。此處浪静波平，左右有山夾護，在水閘兩旁築至山麓，不受波濤沖擊，堵塞桑園圍下關，實爲鞏固。前於九月内經桑園圍紳士黄龍文、曾銘勳等到境親勘，輿情允協，並無異議。今於十二月初一興工，約於來春正月底乃能竣工。至海旁基段修葺平正，以利行人。若再培土加高，恐上重下浮，必致崩墜。理合稟明并繪圖呈上，伏乞憲恩俯准改築，則群黎咸沾福蔭矣。

奉督糧道鄭公批：據呈牛山基一段已於九月興工修築，具見知務。惟基脚屢卸，該生等欲於涌内改築裏圍，設立水閘，是否輿情允協，足資鞏固？仰順德縣親詣勘明，飭令妥協。其海旁基一段，應否毋庸培高，一并查勘具報，毋違。圖附。

順德詳文後幅，其略云：奉此，卑職遵於道光十四年十二月十五日親詣該處，傳集該生吴文昭等查勘，牛山基一段因基脚沖陷，難期鞏固，現據該生等於涌内改築裏圍，設立水閘，洵足以資保護。查詢士民輿情允協，當已諭飭，查照改築。至海旁基段，均已修築平正，若再培高，恐致上重下浮，亦屬實在情形，自可無庸再築。

二十四年甲辰五月，西、北江漲。簡村堡吉水竇傍基決十三丈五尺，雲津堡林村基決口五，共一百四十七丈，舉人馮日初等呈請修築。

呈稱：桑園圍本年被水沖決，雲津林村基及簡村堡、九江堡、沙頭堡、龍江堡各決口亟需築復，以防春潦。而西基一帶如三丫基、禾义基、大洛口及東基、韋馱廟横基頭，皆係頂衝險要處所，坍卸陷裂，患基甚多，均須一律加高培厚，方足以臻鞏固，而資捍衛。十一月興工，二十五年四月工竣。

二十九年己酉，海風陡發，西堤多傾陷，候補教職何子彬等呈請大修。

彭委員世烜、馮邑侯沅詳稱：卑職等遵即會同前往桑園圍，傳集紳士何子彬、潘以翎等周歷查驗，查勘得工程最大之土名禾义基石堤一道，長一百餘丈，所有剥落坍卸之處，俱用新石砌築堅固。另在基角壘築大石壩一道，長十四丈，高二丈五尺，面寬七丈，以殺水勢。又相連之土名坭龍角石堤，長九十餘丈，亦用新石築復完好。基外築有子壩一道，長八丈，高二丈一尺五寸，面寬五丈。兩處基脚一帶，仍用碎石堆護，高至基膊止，工程最爲結實。又勘得天后廟前即鶴嘴基土堤一道，長六十餘丈，砌用新石，舂築堅厚，基脚亦均用碎石堆護。其餘九江堡、沙頭堡、河清堡、先登堡、簡村堡、雲津堡各處，或土工，或石工，俱已一律培厚加高，修築完固。委係工堅料實，足資捍衛。

咸豐三年癸丑七月，江水漲發，東西堤多坍卸，舉人潘斯湖等呈請修築。

呈稱： 本年七月內，西、北兩江潦勢異常，自初五至十五等日，九江堡榆岸圍基沖決四十餘丈，趙涌南頭圍基沖決兩處，共二十餘丈，龍津五鄉基沖決二十餘丈，簡村堡基坍卸八十一丈，飛鵝左右翼公基沖決三十九丈，其餘坍卸漫溢，指不勝屈，非闔圍大修，難期無患。且各決口連日搶救，共用工料銀六千餘兩，民力倍艱。惟有籲請憲恩，查照成案，親臨履勘。轉詳大憲將桑園圍歲修本款息銀撥給，俾得刻日興工。旋經委員朱公甸霖會縣履勘詳覆，撥銀一萬兩，十一月興工，四年春工竣。

同治五年丙寅，舉人陳鑑泉、教諭潘以翎等築十堡橫檔基。

《南海續志》： 基在沙頭温邨子圍內，係同治五年丙寅新築，以禦大涌之水者也。緣甘竹口納西江水，水繞九江、沙頭、大同三堡，自龍江口出。龍江納北江水，水亦繞三堡，自甘竹口出。然西江大，北江小，小不敵大，故北江西出者少，西江東出者多。不幸兩江同時俱漲，會合於新慶、中塘、白飯、温邨四圍間，勢劇危險。且水決東圍，從龍江趨下流，其勢順，水退恒速。決西圍，倒灌滿十堡。俟大涌乾，下水仍由決口及斗門而去，其退遲。蓋西圍基段，雖有九江、大同、沙頭之分，圍內並無畛域，任決一處，各處均受其害。但九江圍人居稠密，地多墟市，巡邏嚴密，潰決甚稀。大同圍內農人衆多，搶救亦易。惟沙頭温邨圍民房多面圍而居，不能增高培厚。業主多圍外人，耕户又多客作，設有搶救，工料難籌。又邨後即西樵山脚，地面多魚塘，地下多石底。欲遷圍則圈築不固，若崩潰則椿杉難施，此無可奈之勢也。然此圍一決，大同、蜆岡等邨先受其害，故向來危急時，大同人先行搶救，然後向十堡傳鑼，已習爲故事。咸豐間，北江盛漲，大同人知此圍斷難保固，爲救目前計，暫借圍內大坑邨往來之路，由邨前直至北陂閘取土培築，以横截之。然大坑人屢有違言，謂此我邨孔道，各堡因利乘便，久假不歸，將來日久相忘，誤以爲我邨基段，責我保固，我邨受害更深。其言極有理。會辛酉年，水盛漲，大坑路亦有崩決之勢。舉人陳鑑泉倡十堡往救，屢築屢決，先後費至千金。事前均各堡計畝均攤，無不允肯。事後遷延怠緩，總未清交。而水患中於沙頭者，今中於大同矣。丙寅五年，禾將熟，水又盛漲，大同書院先辦杉料，發農人搶救，而後通傳十堡同助，幸得保全。忖思此乃急則治標，終非長策。矧此路係借得來，終非己物，水退後大坑人惡其不便行走，鏟低削薄，多開閘竇門，亦非十堡所能禁也。是年十月，舉人陳鑑泉、在籍教諭潘以翎等通傳十堡，集大同書院，議按畝起科，與沙頭堡買地，傍大坑路側另築一堤，堤外挖爲涌，以通來往。起科不足，繼以殷户捐助，地方官亦捐廉以鼓舞之。共費工料銀若干，而堤成。平時由大同堡就近巡邏，稍有坍卸，先事防閑。自此以後，西子基數千丈一律完固，可高枕無憂矣。

同治六年丁卯七月，選用員外郎潘斯湖等以歲修久歇，堤多傾圮呈請通修。

呈稱：桑園圍基自咸豐三年發款興修後，迄今十有餘載。上年因基身泥頽石卸，請發歲修息，將各處患基修築完好等情，呈奉兩院憲批行，奉發歲修息銀二萬兩，飭紳等領回，分派通圍興修。各基主業户仍按派銀數，科捐二成銀兩，以助修費。自上年十一月初十日禀報興工，圍内居民踴躍從事，至本年十月初十日，各段土石工程一律完竣。

按，此係報竣呈，初呈載在『撥款門』，不贅録。

九月，直隸候選同知明之綱等呈請續撥帑息，專辦海舟、鎮涌兩堡險工。

呈稱：前蒙撥給本圍歲修息銀二萬兩，分極險、次險先行修築。惟是以二萬之資，添修一萬四千餘丈，歷十五年，未修之患基泥工石工雖分築修補，而頂沖首險仍欠石工。海舟十二户舊廟基，前海後湖，深十餘丈，頂衝壁立，應多加大石外護基脚，再用泥填湖，培厚基身，共三百餘丈。鎮涌堡禾义基爲通圍首險，横支一角直拄海中，從前所下護基石多已沖去，計亦二百餘丈。經彭委員履勘，飭令具摺繪圖，聲明兩段首險基工應再落石施泥，禀明各憲代爲設法，庶前功不至盡棄。統計鉅工約需銀一萬兩，伏乞援案續撥，俾紳等速興要工。旋委候補縣周公炳壽履勘，詳奉續撥銀一萬兩，八年十一月興工，九年四月工竣。

築沙頭堡北村外護基六百餘丈。

北村内塘外涌，礙難加高培厚，舉人潘以翎、岑鳳鳴、陳文瑞，生員關俊英議於外坦增築護基，逾年工竣。

九年庚午冬，舉人何文卓大修泥龍角。

泥龍角在南村，前爲桑園圍第一險工。道光己酉，何廣文子彬等貼近圍堤築北邊大石壩一道，後遇歲修，必添堆蠻石。是年七月十六夜，有聲如雷，大壩一夕傾圮殆盡，牽動基身坼裂數丈。届冬籌款修復，僉謂舊壩横拄海中，與水争地，宜堆石基脚，隨水曲折，作坡陀形以殺水勢，凡坼裂處所概舂灰牆，而以何君文卓董其役。

十二年癸酉，堤石坍卸，候選同知明之綱呈請歲修。

呈稱：同治七年，先後給領息銀三萬兩，通修患基。去年夏潦盛漲，邑屬圍决十之五六，而桑園圍藉此歲修，先事補築，幸獲保全。闔圍感戴憲恩，已極優渥。然以一萬四千七百餘丈之堤，東補西缺，歲不一修，即多損壞。如同治九年鎮涌堡鐵牛石壩下未經修補之基段，七月被水沖陷，牽及基身卸陷數十丈。紳等以給領未久，未便以發棠之請過瀆慈懷，因責成業户自行修築。不足，圍内各堡捐助，共捐修銀伍千餘兩築復。近年潦水灌注，其勢更甚。沿堤泥傾石頹，不可枚舉。現值西潦初發，西基石堤多剥卸，與其臨事搶救，害大而工多，孰若先事預防，費少而利溥。紳等擬將石堤趕緊修補，其餘泥工卑薄處培厚增高，陡削處添椿築土，必俟秋後方能興修，統計泥石兩工約估需工料銀一萬餘兩。似此巨款，欲再按堡科捐，民力已竭，即稍緩須臾，又慮基身險要，難期抵禦。再四思維，萬難籌策。仰承大憲保民若赤之心，並念圍民左支右絀之苦，不得已將各處患基應石應泥粘呈，匍叩崇轅，伏乞俯准，查照成案，撥給歲修本款息銀一萬兩。另圍內業户照向章加二成，刻即興修石工，秋後再行興築泥工，從此全堤鞏固，億萬斯年，永感鴻慈於不朽矣。經委員程公煊會縣履勘，詳請發帑，十二年七月二十九日興工，十三年八月初一日工竣。

光緒三年丁丑，西、北江並漲，堤多傾卸，編修陳序球呈請歲修。

呈稱：自同治六年後，疊蒙列憲恩施，先後撥給本款歲修息銀四萬兩，屢經水患，該圍幸保無虞。惟自元年以前，兩遭颶風掣剥。繼以今年夏間，西、北兩江潦勢逾常，埞石傾卸，危同累卵。幸藉迭次歲修保全，若不及早增修，一遇潦發，勢必不支。忖該圍西基埞龍角基脚被水沖刷，已成深潭，最爲險要，設法修築，非萬金不能。其餘東、西基石塊傾陷，土堤塌卸，指不勝屈。紳等審度形勢，成潭處須用石填塞，或築壩以殺水勢，卑薄處培厚增高，加春灰基，陡削處添椿壘石，似此工程需二萬餘金方足蒇事。迫得籲請憲恩，俯念圍內糧命攸關，查照從前成案，詳請撥給歲修本款息銀二萬兩，趁此冬晴水涸，趕緊按段興修，從此全圍鞏固，咸享樂利之休，永沐鴻慈於不朽矣。經委員宋公邦倬會縣履勘，詳請發帑，三年十一月初一日興工，五年正月二十日工竣。

五年己卯夏五月，大路峽復決，東基水溢。編修陳序球呈請歲修。

呈稱：去年西、北江潦水大漲，上游大路峽基決，合兩江之水建瓴而下。本年兩江漲盛逾常，大路圍復決，水勢滔天，潰溢十餘圍，汪洋巨浸。桑園圍當下流入海之道，東西基均受沖激，萬分危險。東基一帶更屬頂衝，拆陷卸溢者指不勝屈。兹闔圍集議大修，計非三萬餘金未能集事。現向圍内殷户勸捐，且按田畝科派，惟連年歉收，兩歲救險，經費浩繁，民力實恐不逮。紳等仰體憲台救饑拯溺之心，不忍圍民左支右絀之苦，籲請撥給歲修本款息銀八千兩，趁此近冬潦落，定日興修，則闔圍百萬生靈皆受仁慈之賜矣。經委員胡公鑑會縣履勘，詳請發帑，五年十一月初三日興工，六年四月初四日工竣。

六年庚辰夏潦盛漲，東西基多傾卸漫溢，編修陳序球呈請大修。

呈稱：本年五月，夏潦非常，向所未見。撼撥基面，深則二尺，淺則尺餘，至二千餘丈之多。若坍卸裂漏，各堡基段皆有，謹粘列呈。幸居民極力救護，費數千金，轉危爲安。故鄰圍十決八九，而桑園圍能獲保全，皆近年迭次給撥歲修築基所致。查東西基多受沖刷，倘不籌築，明年夏潦，潰決可懼。刻下籌防緊要，未敢專靠，請撥歲修本款。圍內紳耆合商，擬照甲寅、丁丑、癸巳、甲辰向章減數，每畝科銀一錢五分，蒙南海、順德縣令賞示核辦，仍趕緊陸續勸捐，趁冬晴修築。惟工愈鉅則費愈繁，非四、五萬金不能集事。只得粘列應修患基，聯懇籲請憲恩援成案，籌撥歲修息銀六千兩，給紳等具領，迅速修築，以應要工。經委員吳公景萱會縣履勘，詳請發帑，六年十一月初三日興工，八年十一月工竣。

十一年乙酉，西、北江並漲，四品銜刑部主事馮栻宗呈請歲修。

呈稱：桑園圍跨南、順兩邑，堤長一萬四千餘丈，賦稅二千餘頃。東基捍北江之水，西基捍西江之水，海面寬三百丈至九百丈不等。潦漲時勢極洶湧，每遇堤決，築復動費數萬金。嘉慶二十二年，前督憲阮撫憲陳奏，准在藩、道二庫借銀捌萬兩，發商生息。歲得息銀玖千陸百兩，以伍千兩歸還借本，以肆千陸百兩爲桑園圍歲修之資，從此得有專款，闔圍共戴皇仁。

嘉慶二十四年，盧、伍二部郎義捐鉅款，通圍大修，因將歲修暫停。道光癸巳堤決，圍紳援案稟蒙給銀叁萬餘兩。道光甲辰堤決，除科捐外蒙給銀壹萬兩，始能築復。然救災於既決之後，孰若防患於未決之先。嗣是先事豫防，閱數年即稟請發給修款。歷蒙前憲軫念民依，道光己酉給銀壹萬兩，咸豐癸丑給銀壹萬兩，同治丁卯給銀壹萬兩，同治己巳給銀壹萬兩，同治癸酉給銀壹萬兩，光緒丁丑給銀貳萬兩，光緒己卯給銀捌千兩，光緒庚辰按畝科捐，亦蒙給銀陸千餘兩，各在案。故自甲辰以來，迄今四十餘年，桑園圍幸保無恙者，歲修之力。本年五月，江潦盛漲，向所未覩，各圍十決其八。桑園圍以頻年修葺，雖獲保全，然堤長水激，卸裂滲漏殊多，計搶救已費數千金。若不及今培修，難冀鞏固。但搶救時所費不貲，民力已極，且本年農桑失利，亦難計畝科捐。爲此聯懇憲台賜撥桑園圍歲修專款銀貳萬兩，給圍內紳士領回，趕於冬晴修築，庶江防有賴，永慶安瀾。闔圍頂祝無既。旋奉總督張公批，據呈，係水利所關，仰東布政司立即在於歲修生息或籌備圍堤項內酌撥銀壹萬兩，飭發興修，經委員伍公學純會縣履勘詳覆，於十一月十八日興工，十二年正月土工竣。惟頂衝陡深處所須石培護，緣是年決圍甚多，需石者衆，承辦者先其所亟，力求展限，至十一月初十日始一律報竣。

卷五　搶救

猝遇險難，厥有搶救，存亡所繫，間不容髮。曩時人情醇厚，急鄉鄰之難，如身家之事； 而居者有犒謝，來者自齎糧，彼此一心，誼甚盛也。降及今日，此風亦少替矣。揆其情弊，則《南海縣志》論之綦詳，其言曰：『有基段專管業户，當盛潦之期，椿橛、竹笪、畚鍤，弗早備具。設有不虞，四方奔赴，徒手林立，如溉空釜而炊，張空拳而戰，雖有智者，何能爲力？其或工役，視趨救鄰患爲虚文，以冒領工錢爲實事，未至決口，中塗輒返。更或多索傭值，坐視其危亡，甚且毁祠宇，攫貲財，假公濟私，事所常有。然則驅遣役夫，非得明幹公慎之紳耆，爲之堅明約束，未易收效也。』旨哉言乎，當奉爲圭臬矣。志『搶救』。

順治四年丁亥五月大水。六月初八日大風颶。古贊横基墮裂二十餘丈，各堡傳鑼築復，附近鄉村出樁，犒以酒食。

康熙十七年戊午六月二十七日，渡滘馮德良田頭基決六丈，各堡齊赴，將附近樹木磚杉救復，馮德良犒謝。

三十一年壬申五月十九日，大雷雨。越八日，葫蘆嶺裂，火光滿天。横基中段決三十九丈，各堡會議，用竹排乘泥，繼用杉紐架井字加板施泥，九月初九日築復。

三十六年丁丑六月初三日，潦漲。初四日，颶風連日。決蜆壳、青草沙基、上桑園等圍。初六日，横基水將溢面。各堡傳鑼救復，吉贊送酒米犒工。各堡亦自齎糧食到基所工作。

乾隆四十四年己亥夏潦漲湧，李村天后廟基傾卸，各堡搶救獲完。

五十九年甲寅大水，九江搶救單竹坡堤。《九江鄉志·關遠光傳》：『甲寅，桑園圍單竹坡堤決，居人鼓鉦籲救，無一應者。遠光躬持畚揭，率義民搶護。歷一晝夜，功幾集。翌日，李村基復決百四十餘丈，遠光扼腕曰：「李村居鄉上游，事至此，天降割我鄉民乎？非書生所能爲力矣！」』

嘉慶二十三年戊寅五月，連日潦漲，麥村基坍卸十餘丈，各堡齊赴搶救獲完。

初，麥村舊基因塘成潭處所曾經估築，十二户紳士在基外鑲闊，裏面陡企處未免從略，潦至雨多，從内坍卸。

道光九年己丑五月大水，初三日横基圮，各堡搶救，初五日獲完。

十七年丁酉七月大水，初十日搶救太平基。

十九年己亥五月大水，二十六日搶救九江基。

二十四年甲辰五月初三日搶救鵝埠石基，初四日搶救海舟基。

咸豐三年癸丑七月大水，初六日搶救岡頭鄉鍾贊鳴基，同日搶救鵝埠石基，初九日又搶救林村、吉贊、吉水基、九江榆岸基。

初五日，鍾贊鳴基決一十一丈五尺，卸九丈八尺。基主雖鳴鑼喊救，而樁杉不備，飯食不供，又躲匿不出。各堡赴救者皆枵腹而立，束手無策。督救紳士乃赴基所責成基主，監生鍾英等乃求各堡代賒工料、飯食，許以事後起科歸款。於是鳩工庀材，并力搶救，自初六日至十一日，圍築水基五十六丈一尺，合而復潰者三，竭六晝夜乃克蕆事。沙頭、大桐、金甌三堡代支銀一千一百餘兩，旋向討取，則躲避不面，希圖逋負。經崔繼芬等控縣，押追四年，將欠項清繳，鍾揚開乃省釋結案。

《九江鄉志·明之綱傳》：『西潦決桑園圍榆岸，波濤洶湧，勢如壞雲壓山。搶救者拄以丈二長樁，樁屢拔。工人罷手曰：「不可爲矣！」紳民轟然散之。綱多方籌策，露立風雨中督之。竭三晝夜，力復完固。』

又《朱鶴齡傳》：『桑園圍決，鳳朝里聞報，奔赴督救。寢食俱廢，露立風雨泥濘中。殆雨晝夜，堤復完。』案，救鳳朝里基《九江鄉志》失其年月，附載於此。

六年丙辰七月，大水。初一日，搶救横基。初六日，復搶救横基。同日，搶救太平基。

十一年辛酉四月，大水。十九日，搶救大同基。二十日，搶救大稔基、吉水基、吉贊横基、西湖村基、林村基。二十四日，復搶救林村基。五月十三日，復搶救大稔基，又往救沙頭基。十四、十五日，搶救莊邊村基。六月二十三日，又連日搶救林村基。二十六日，搶救河澎尾基。

案，是年水患基最劇，搶救最多。第就石龍村而論，撥夫助役，有册可稽已二百餘夫矣。至於大鄉，則勞費更巨。同患相救，義無可貸。卒之全圍鞏固，歲則大熟。語云『人和年豐』，不信然耶！

同治三年甲子七月大水。二十日，搶救大同蒲前基。

五年丙寅五月大水。二十二日搶救九江堡大莘基，二十三日搶救白飯圍基。

光緒二年丙子五月大水，搶救九江基。

三年丁丑五月大水。二十七日搶救李村基，六月初五日搶救鵝埠石基。

四年戊寅五月大水，三水縣大路峽決。十一日搶救民樂市基，十三日搶救仙萊岡基。

大路峽踞圍之上游，既崩決，水越蜆殼等圍，建瓴而下。東基適當其衝，故民樂市上下各基溢面、坼裂、滲漏所在而有。仙萊岡基坍卸數十丈，賴舊築灰墻阻遏水勢，堵塞得以施工。圍衆分赴各段，竭數日搶救之力，始獲無恙。

五年己卯五月大水。初六日，大路峽復決。初十日，搶救林村大社頭基。十一日，搶救横基。同日，搶救藻美潘姓基、林村陳姓基、簡村十二户基、龍津堡五鄉基。

六年庚辰，西、北江並漲。五月初六日，搶救圳口基，連日搶救李村基、鎮涌基。

夏潦暴漲，圳口基坼卸十餘丈。連日李村、鎮涌等處紛紛告險，九江子圍多潰，牽動大堤。幸去年東基一律修固，水至屹然不動。圍衆得畢赴西基，悉力搶救，危而復安。

十一年乙酉，西潦大至。五月初八夜，搶救石龍村基。初九日，搶救海舟基、麥村基。越日，又搶救鵝埠石及飛鵝翼公基。

是年水患比前更烈。自四月下旬，迄五月中旬始退。廣肇諸圍崩決者百二十九，惟桑園圍巋然獨存，然瀕於危者屢矣。海舟、麥村猝然報警，椿杉不具，衆至洶洶，倡言毀坼祠屋，搜取材木，基主畏避不出。俄而河清紳士以椿至，繼而大同紳士又以椿至。迨及下椿，而璜璣役徒與九江役徒又鬨然互毆，經文學潘君斯瀅、舉人何君如鍇、武舉陳君龍韜極力排解，乃次第施工。而鵝埠石又告警矣。同時大同之白飯圍，九江之梅家塘、觀音廟皆傾卸泛溢，紛紛搶救，日役數千夫，奔走十餘日，費資逾巨萬。人心之驚惶，衆力之勞瘁，數十年來所僅見也。

卷六　䘏賑

圍堤既決，厥有水災。水災洊至，爰謀拯濟。䘏賑者，拯濟之急計也。沈愷曾《東南水利備録》『緩徵』、『議賑』諸疏似無關水利，然當洪水降割之時，憫居人蕩析之苦，有湛恩汪濊之頌，無流民轉掠之憂，所以撫定災黎，培養元氣，非細故也。桑園圍自創築以來，每遇偏災，多蒙恩恤，當時詔書、章奏雖不盡傳，舊志『沿革』門中已見涯略。更攷之《九江鄉志》，復得若干條，特立『䘏賑』一門，俾覽斯編者有以知朝廷惠及災區，至優極渥。又以知散放之舉，勞費百倍於歲修。則未雨綢繆，亟圖本計，其收效不巨且逸歟！志『䘏賑』。

明成化二十一年乙巳夏，大水，海舟基決。左布政使陳公選賑之。

時水淹數旬，道殣相望。公不待報，發粟賑恤，民情乃安。

二十三年丙午，詔免被災錢糧。

九月，左布政陳公選被逮，道死，乃奉免糧之命。

宏治六年癸丑，大水，飢。南海縣知縣張公烜臨賑。

十一年戊午，大飢。詔免被災錢糧。

嘉靖十四年乙未，大水，基決。巡按御史戴公璟賑之，奏䘏民租。

萬曆十四年丙戌，西基漫溢。總督吳公文華疏請減租。

崇禎十四年辛巳，大水，基決。南海縣知縣朱公光熙捐俸賑之。

國朝康熙十七年戊子，大水。總督金公光祖、巡撫金公儁奏，奉恩旨免被災錢糧三分之一。

三十三年甲戌，大水，吉贊基潰。總督布善公、巡撫高公承爵奏聞，詔免被災錢糧三分之一。

四十年辛巳，大水，吉贊基潰。總督阿世坦公、巡撫彭公鵬奏聞，詔免被災錢糧三分之一。

四十三年甲申夏，大水。總督包克圖公、巡撫石文成分委員臨賑。奏聞，詔免被災錢糧三分之一。

雍正三年己巳四月，大水，圍基多溢。總督孔公毓珣、巡撫楊公文乾賑之。

乾隆五十九年甲寅六月，西潦大至，圍決，民房多塌。總督長麟公、巡撫朱公珪奏聞，請先賞一月口糧。奉旨按例加兩倍給予修費，緩徵本年錢糧，旋奉恩旨豁免。

嘉慶二十二年五月，大水，海舟基決。總督蔣公攸銛、巡撫陳公若霖委員賑之，奏請緩徵本年錢糧。奉旨允准。

道光九年己丑，大水，東基並決。布政使阿勒清阿公、督糧道夏公修恕親臨撫恤。

十三年癸巳，大水，田心基決。總督盧公坤奏請緩徵民屯銀米，奉旨允准。

歲飢，設廠平糶。

時地方官勸捐買米，議定章程，分設米廠，因地制宜。第照其所減時價三分之一，准折米領運回廠，分賑貧民，不復收繳糧價。

光緒十一年乙酉，西、北江並漲，廣、肇兩府圍堤多決。總督張公之洞、巡撫倪公文蔚奏聞慈禧端祐康頤昭豫莊誠皇太后，發給賑撫銀三萬兩。

上諭：張之洞、倪文蔚、李秉衡奏報廣東廣西被水詳細情形各一摺，覽奏。災民困苦流離，極深憫惻。業經該督撫等籌款集捐，分別賑濟，稍慰廑系。欽奉慈禧端祐康頤昭豫莊誠皇太后懿旨，發給廣東廣西銀各三萬兩，即由户部撥放，俾資賑撫。欽此。張之洞等務當仰體聖慈，軫念災黎，有加無已至意，核實散給，毋任稍涉弊混。餘著照所議辦理。欽此。

按江漲方發，桑園圍險工迭出，均以搶救獲完。雖財力耗損，收成歉薄，幸免重災，義不冒賑，廉讓之風猶存閭左。欣逢皇太后殊恩渥沛，超越近古，是不可不恭紀於編，昭茲來許。

卷七　撥款

桑園圍之有歲修專款，自嘉慶二十三年始。領歲修帑息，則自二十四年始。嗣盧、伍三部郎捐銀十萬兩改建石堤，可無連歲崩決之患。經兩院奏，將此項息銀暫行停止，仍聲明俟將來基有損壞，再行核辦。許別圍借動，事竣徵還，留貯司庫，以爲桑園圍歲修本款。道光十三年，三丫基再遭崩決，請領庫銀四萬餘兩。自是遇有堵塞決口，培護基身，援案籲請，皆蒙給發，是以全堤鞏固。甲辰迄今四十餘年，無蕩析離居，而民生滋殖，未始非歲修之功。然則歲修一項，真我桑園圍內南、順兩縣數十萬家之命脈，而前後官斯土者，軫念民依，封章入告，聖天子准予報銷。凡所以出之波濤之中，而登之衽席之上者，恩至渥，謀至周也。志『撥款』。

雍正五年丁未，巡撫傅公泰發帑築三丫基。

乾隆十年乙丑，巡撫準公泰發帑一千一百餘兩，給里民李文盛等添築三丫基石壩，不成。

李文盛等以三丫基夙稱險要，前置椿石多被沖刷，漸入基底，請照豐樂圍之例，於上流添築石壩，射水中流。約需工料八千餘兩，除發帑一千一百四十兩，議均派通圍。衆不可，遂以不敷支應。該基又沖刷過深，勢難填築，諭將石塊堆護基脚而止。

嘉慶十八年癸酉，巡撫韓公對奏借帑銀二千兩，塞稔岡、横岡決口。

二十二年丁丑，總督阮公元奏借帑銀五千兩，築海舟三丫基。

按，癸酉、丁丑兩次所借帑銀，皆由該處業户分年帶徵歸款。

二十三年戊寅，總督阮公元、巡撫陳公若霖奏，奉諭旨借撥庫銀八萬兩，發商生息，爲歲修專款。

桑園圍歲修，向無專款。乾隆元年，雖經總督鄂彌達公奏，將鹽羨銀兩借商生息，以爲各屬官修圍基之用。然必俟非常衝損，始行隨時奏辦。旋又停止，仍照向例，一概聽民自行防修，往往力有不逮。間歲培築，不過於坍卸處所填砌修補，不能一律堅固。至是阮文達公臨粤，因前督蔣公攸銛成議，籌借藩庫銀四萬兩、道庫銀四萬兩，共八萬兩，發南、順兩縣當商生息，每月一分，每年得息銀九千六百兩。以五千兩還本，以四千六百兩爲桑園圍歲修之費。俟還本後，以五千兩歸通省籌備堤岸，其四千六百兩永爲桑園圍歲修專款。會同巡撫陳公奏請，蒙恩旨允行。

二十四年己卯，候選訓導何毓齡、舉人潘澄江領歲修銀四千六百兩。

歲修既有專款，温侍郎汝适公推何司訓毓齡、潘孝廉澄江爲總理，舉人明秉璋等又呈縣推舉，乃給歲修，首事戳記，設局海神廟。歲十月，總理親赴各基段，會同該處紳耆勘明工程，分別險易次第，孰歸公項修築，孰歸業户培補，具册報縣，覆核屬實，出示曉諭飭遵，趕緊興工，限西水未到以前報竣。自庚辰以後，停支帑息，將戳記繳官，首事亦不常置。

道光十三年癸巳，總督盧公坤籌撥息銀四萬九千八百餘兩，塞田心三丫基決口。

疏稱：該圍於上年六月內借領歲修生息銀一萬二千兩，除用去銀六千八百八十四兩八錢一分三釐，因盛漲停工，仍將存銀五千一百一十五兩一錢一分七釐繳還司庫。嗣於十一月在歲修生息本款內動支銀七千四百八十五兩，又籌備堤岸項內支銀二千三百六十兩，米耗盈餘項下支銀一萬一百五十兩。又本年正月內，因春汛即屆，據承修紳士再請續撥銀二萬兩，以應要工。據司呈報，亦在司庫米耗盈餘內如數動撥。今於三月，又借銀三千兩，在生息本款內動支一千九百兩，備修土墩水柵項內借支一千一百兩。以上桑園圍先後共借領銀四萬九千八百八十四兩八錢八分三釐。

按，十二户武舉李應揚等初領築水基銀四千八百餘兩，照舊例應歸十二户攤徵。嗣奏，准一萬六百十五兩歸通圍按糧帶徵。十二户意圖推諉，與圍紳鄧觀察士憲等訟，呈詞轇轕，茲不具録。録陳方伯詳文，略見此事緣起；再録劉邑侯詳文，以誌此事結案。

署布政使司陳，詳伏查桑園圍基，既據該府飭縣查明，久經分定段落，歸各堡業户分管。遇有衝決捐壞，概係經管基段業户興修。如嘉慶十八年衝決該圍橫岡基段，及二十二年三丫基被決，均係該管基段業户按税科修。道光十三年，該圍海舟堡十二户經管之三丫基被決，該武舉李應揚等請領過修費銀四千八百八十四兩八錢八分三釐，係該海舟堡十二户紳士李應揚等借築其自己經管基段，並非通修築復大堤之款，事與二十二年該基被決相同。其沙頭、雲津、簡村等堡同時借領銀二千兩，當潦水陡至時，原欲堵築東基，因三丫水基圈築復潰。東基係在下游，難以施工，不能堵築，是以留爲冬晴大修，撥歸通圍公用，實與海舟堡十二户借領銀兩搶築水基不同，未便因李應揚等隨詳翻控，有『搶築水基係顧通圍晚禾』一語，任聽推諉宕延。所有該武舉李應揚等借築三丫水基工費銀四千八百八十四兩八錢八分三釐，應如該縣府所議，責令海舟堡十二户依限攤還歸款，其餘銀五千七百三十兩零一錢一分七釐，應歸通圍按糧攤徵。海舟堡十二户即在通圍之內，仍照一體匀攤。至該圍攤徵借項，各堡户名姓氏清册，及應造報銷細册，俟飭令造送到日，另文呈繳。是否允協，理合詳候憲臺察核批示飭遵。

南海縣劉爲據情轉詳事案。

奉本府憲臺札，開奉藩憲，轉奉巡撫東部院祁批，據南海縣申詳議覆，桑園圍李應揚等借築水基銀兩，應歸海舟堡十二户攤還等由，奉批該縣所議是否公允，仰布政司即日核明，擬議詳覆察奪，餘已悉，仍候督部堂批示繳。又奉兩廣總督部堂鄧批，仰東布政司核議，通詳察奪，仍候撫部院批示繳等因。嗣據該武舉李應揚等，以搶築水基係顧通圍晚禾，所用工費銀兩，業蒙奏准恩免。餘欠一萬零六百十五兩，自應總歸於通圍攤還。何文綺等將内挑出搶築水基銀四千八百八十四兩八錢八分三釐，檄令伊十二户自行賠繳。李應揚等又稱『沙頭、雲津、簡村等堡曾同時借領銀二千兩，均能援奏免還，就款開銷，豈獨十二户不准援奏免還？』各等情控，奉院憲批司核議，並據該武舉李應揚等隨詳控訴到司，應即確核妥議，另詳。合就札飭札府飭縣立即查明，海舟堡十二户借築水基銀兩，應如何攤還，秉公妥議詳覆，赴府以憑覆核等因到縣。奉此，當經卑職於前署任内暨劉陞縣飭，據該圍紳士何文綺等議，以海舟堡十二户借築水基銀四千八百八十四兩八錢八分三釐，應照舊章歸經管基主李應揚等十二户自行攤還。其沙頭等堡請領銀二千兩已撥歸大修，通圍公用，與海舟堡十二户借築水基銀兩不同等情禀覆。業經先後據情轉詳，并飭知李應揚等，遵照在案。兹據該桑園圍紳士在籍主事何文綺、温承悌，雲南候補道鄧士憲，合浦教諭曾釗，候選教諭何子彬，曾銘勳，舉人冼文焕、李鳴韶、何淞湘、黄亨、梁謙光、余秩庸、明倫、馮日初、潘漸逵、潘以翎、潘夔生、鍾澄修、馮汝棠、潘佐堯、陳韶、梁策書、郭培、蔡詔、黎國琛，職員温承鈞、余際平等詞，令抱呈何福，赴縣呈稱：竊桑園圍十二户武舉李應揚等，前於道光十三年間借領到帑項四千八百八十四兩八錢三分三釐，搶築三丫水基。嗣因該武舉等將所領銀兩推攤還款，以至互控。旋奉憲行飭，令通圍紳士何文綺等公議處覆等因，經文綺等會議禀覆在案。旋因道光十七年五月内西潦大漲，搶築無資，集衆酌議，勸令十二户該武舉李應揚等將未繳之項勉力交出，搶築各基險處。該武舉等業已陸續交出搶築，支銷清楚。惟該武舉前領帑項未繳，只得據情聯叩，伏乞俯賜轉詳，將武舉等未繳四千八百八十四兩八錢八分三釐之數歸入通圍攤收等情。并據武舉李應揚等呈同前情，各到縣。據此，卑職覆查無異，除催令該圍業户將借領過修費銀兩遵照分限措還，另行解繳外，理合據情詳候憲臺察核，伏乞照詳施行。

按，是年總督爲鄧公廷楨，巡撫爲祁公𡎴，廣府爲珠爾杭阿公，南海縣爲劉公師陸。

二十四年甲辰，布政司傅公繩勛籌撥歲修息銀一萬兩，塞吉水、林村兩決口。

詳稱：本年該圍被決，情形較重，修費較多，官捐之項既屬不敷，民力又難科派，懇准援照道光十三年成案，禀明動支該圍歲修息銀一萬兩，發紳士將通圍修築鞏固，以資捍衛。至本款現存銀三千八百九十六兩，不敷動支。查有籌備堤岸一項，可以借動銀四千零四兩，土墩水柵一項，可以借動銀二千一百兩，共足一萬兩，俟已後收有歲修息銀，按年照數歸補。

按，巡撫黄公恩彤疏，舊志失載，故節録藩司詳文。

二十九年己酉，總督徐公廣縉、巡撫葉公名琛籌撥歲修息銀一萬兩。

奏稱：　本款息銀僅存三千一百三十二兩，不敷撥給，在籌備堤岸項内借足，仍將桑園圍每年應得歲修銀四千六百兩按年儘數收還歸款。

聯請歲修公呈

具呈　桑園圍南、順兩邑紳士候補教職舉人何子彬、舉人潘以翎、朱士琦、明之綱、冼文焕、張應秋、朱畹蘭、梁謙光、潘夔生、余秩庸、潘漸逵、李徵霱、張清徽、陳文瑞、傅正常、岑灼文、李雲驅、關鸞飛、關鴻、程貴時、李文照、程師儉、梁作楫、崔茂齡、馮日初、崔藻球、崔維亮、馮汝棠、鍾澄修、朱堯勳、朱文彬、關仲埸、潘躍鯨、余朝憲，武舉李應揚、吴樂榮、李芬、陳廷獻、陳堅，副貢潘斯湖、朱廷森，歲貢郭傑，縣丞潘廷煇，職員陳謨、何棨芳、李孟高，生員馮汝柏、程翔萬、關昌言、梅許伯、黎銘秋、周鶴翥、何玉梅、陳華澤、陳治同、潘縉儒、潘廣居、冼瑞元、梁觀光、關簡、關俊英、何文卓、何如鏡，監生何濂、何邦任、陳鴻猷呈爲險基卸陷，籲請憲恩撥領歲修築復，以拯糧命事。

竊照桑園一圍，地連南、順兩邑，堤長環繞九千餘丈，適當西、北兩江之衝。圍内烟户百萬餘家，貢賦千有餘頃，全藉基圍以資捍衛。每遇潦漲，兩江之水建瓴而下，培護稍疏，即成澤國。前於嘉慶二十二年，蒙前憲軫念民力維艱，奏奉恩准借給帑本銀八萬兩，發南、順兩縣當商分領生息，遞年應得息銀九千六百兩。以五千還本，四千六百兩爲歲修之用。嘉慶二十四年，蒙前憲給發歲修本款，諭令冬修。惟經費有限，不能一律施工。隨據盧、伍兩商捐銀十萬兩，爲全堤加培高厚，並於頂沖險要基段改築石堤，雖洪流湍急，鞏固無虞。無奈水石沖激，陡險異常，不數年間，迭遭潰決，圍内居民均形拮据。所以道光十三年，蒙前憲給發歲修本款銀三萬九千餘兩，二十四年又蒙前憲給發歲修本款銀壹萬兩修築全堤，均臻完固。伏夫以九千餘丈之堤，東補西缺，歲不一修，即多損壞。伏查該圍西基沿海一帶，本年因颶風擊剥，於十月初旬鎮涌堡禾乂基石堤劈卸兩處，共長十餘丈；　泥龍角石塊傾陷者六十餘丈；　海舟堡天后廟前土堤塌卸四十餘丈；　九江堡大洛口土堤、蠶姑廟前石堤、沙頭堡真君廟前石堤俱多拆裂，共約長八十餘丈；　九江、河清兩堡分界基段單薄應培者七十餘丈，其餘多有塌卸，尚未悉數。且各處堤身類多壁立，堤根日久刷成深潭，均係頂沖險要之基，自應分别用土用石砌築，及填潭築壩，以殺水勢，約估需工料銀一萬餘兩方可集事。雖業户遞年各自培護，然皆補苴滲漏，未能大修。況石堤、石壩，動用非少，現值兩遇颶風，晚禾收成更歉，再勒以按糧科派，民力維艱，即或勉强支持，又慮工程草率，明年潦漲，抵禦綦艱。仰覩大憲保民若赤之心，並念圍民左支右絀之苦，籲請撥給歲修本款息銀一萬兩，趁此冬晴水涸，擇吉按段興修，從此全堤鞏固，闔圍咸享樂利之休，永戴鴻慈於不朽矣！

具領修費并請出示彈壓呈

具稟　承修桑園圍基首事舉人何子彬、潘以齡爲請給修費，以資工用事。

緣桑園圍基前被颶風，塌卸土名禾义等基土石各堤，先經合圍紳士聯請，撥給本款歲修息銀築復，以資保障，蒙恩詳奉各憲准給興修。現議舉人等董理其事，自忖識淺才疏，工程未諳，奈衆情所推舉，義無可辭。所有塌卸各基，及全圍應行培修段落，務宜核實估修，總期工歸實用，帑不虛支。刻下正宜諏吉購料，集夫修築。一經興工，在在需支。只得備具領狀，繳赴台堦，請給修費，以應要工。并在工夫役，良歹不一，恐有怠惰偷安，酗酒滋事，或恃衆阻撓，藉端争鬧等弊。仍請發給告示，曉諭嚴禁。一俟興工有期，另行呈報外，理合稟候台前，恩准施行。

計粘領狀一紙

具領：　桑園圍紳士　今於　與領。爲具領事，依奉領到桑園圍歲修本款息銀　兩，修築圍基，務期工堅料實，中間不冒。所領是實。年　月　日領

歲修稟報興工日期呈

具稟　督修桑園圍首事，候補教職舉人何子彬、候選教職舉人潘以翎，爲報明興工日期，仰祈詳鑒事。

竊紳等桑園圍地連南、順，全堤保障，糧命攸關。去年八、九月兩遭颶風，禾义基及各處石堤、土堤均有坍陷，所以於去年冬月内闔圍紳士業籲請歲修本款銀兩，一律修築，幸蒙列憲恩准，撥給在案。今年正月初八日赴縣領銀，諏吉於正月十二日興工。先由禾义基及各險處逐段趕緊修竣，以資捍衛。務使工歸實用，費不虛糜，以無負列憲軫念民依之至意。除稟各憲外，理合將興工日期稟報台堦，伏乞轉詳，實爲德便。爲此切赴　台前，詳察施行。

歲修報竣呈

具稟　督修桑園圍首事何子彬、潘以翎，爲報明修基工竣日期，仰祈詳鑒事。

緣桑園圍土名禾义等基，上年八、九月内被風雨，塌卸土、石各堤，先經闔圍紳士開列應修段落稟，蒙各憲撥給本圍歲修帑息銀一萬兩，交舉人等領回，趕緊興修。即於圍内各堡基段周歷查勘，除塌卸處所分别用土用石修復外，尚有低薄之基，俱皆一律培築高厚，以資保障。所領帑息修費銀一萬兩，各基主業户仍按段科捐二成銀兩，

以助修費。計自本年正月十二日興工起，圍内居民踴躍從事，至閏四月二十三日，各段土石工程俱皆一律完竣。從此全堤鞏固，永慶奠安，皆荷仁恩所及也。理合將工竣日期禀報，恭候憲台察核。

計粘結押一紙

具結：董修紳士　等，今於　與結。爲具結事，依奉到結得紳等領到修築桑園圍工費銀　兩，培築各基完固，委係實支實用，並無浮濫，中間不冒。所結是實。

年　月　日　結押

按，報銷時尚有繳結圖呈，載丁卯歲修後。

又按，道光癸巳、甲辰兩次領帑息，皆堵塞决口，非尋常歲修可比，惟嘉慶己卯專事歲修。是時帑息以五千兩還本，由商繳官。其歲修息四千六百兩，總理預禀，邑侯給發諭帖印簿，赴省當收取，具領報官，事歸簡易，故無聯名呈請之詞。自時厥後，凡領帑息，先期會集紳士赴各基段勘明，將患基情形陳請委員履勘屬實，然後批行。甲辰迄今，雖間有卸裂，無復崩决，歲修之功偉矣！己酉爲續領歲修之始，故備載其呈詞，俾後人有所依據焉。

先登堡舉人梁謙光等以上游險基，請另撥修費。布政司李公璋煜飭委員卸羅定州彭公世煊會同南海縣張公繼鄒勘詳，不准。

呈稱：竊以鄉民首重乎農桑，基圍全憑於鞏固。緣桑園一圍，本年兩次颶風擊陷基堤，未報。原擬派捐修復，無如晚禾歉收，無力捐築。十一月内，經舉人何子彬等呈請督撫憲撥給歲修經費銀一萬兩，當蒙委員查勘。因此時患基只列數段，其餘各基遼遠，未及遍舉地名，不能繪圖呈報。經委員先抵鎮涌、九江、沙頭、海舟四處基堤巡視，其餘先登堡之龍坑、鳳巢、鄧林、横岡、稔岡、茅岡、圳口、鵝埠石等處一帶上流頂沖基段未及履勘，是以呈報莫及。竊思基段雖分，浸灌則一。偏隅有災，累及全圍。本堡患基最險者龍坑、圳口，其次鄧林、鳳巢、横岡、鵝埠石等處，亦多單薄削立，滲漏坍卸處所，非用灰石舂築，不足保固。但工費浩繁，計動數千金，方能堅築。若不趁此隆冬興築，來歲西潦漲發，難於抵禦，下流堅築，亦無所用。先經呈，蒙藩憲委員卸羅定州彭前往確勘，只得聯懇憲恩，伏乞迅賜轉詳，請於本年撥給經費，俾得修固，免滋再患，萬户沾恩。

委員會縣勘得先登堡自首至尾，鵝埠石、茅岡、圳口、横岡、稔岡、鄧林、鳳巢、龍坑共八段，每段二百餘丈，或數十丈不等，内外草皮俱皆安貼，並無被水沖刷，因風掀動形迹，惟各段基身均不高大，而鄧林一段尤其單薄。據各該段衿耆指稱，因基工浮鬆，每遇夏潦漲發，由基底滲漏之處，不可勝數。節年以來，釘樁搶築，方保無虞，必須再行培厚加高，以防潰決。再龍坑一段老基之内，另築子基一條，有數年前缺口一個，頂闊四丈五尺，横穿三丈五尺，離老基較遠，非切要之工，應歸該業户自行堵築。

咸豐三年癸丑，總督葉公名琛、巡撫柏貴公籌撥歲修息銀一萬兩。

疏稱：本年該圍東基各段被潦水沖激，及坼裂浮鬆，既經委員會縣勘明，亟應修築。准照道光十三年成案，在該圍歲修生息款内籌撥一萬兩給紳士領回，趕緊興工。第本款現存銀二千三百三十八兩，請在籌備堤岸内借動七千六百六十三兩湊足，俟續收得桑園圍歲修息銀歸補還款。

同治六年丁卯，總督瑞麟公、巡撫蔣公益澧籌撥歲修息銀二萬兩。八年己巳，巡撫李公福泰續撥歲修息銀一萬兩。

七年，疏稱：桑園圍自咸豐三年動支息銀興修，迄今又歷十有餘年。該圍水石沖激，基堤半多傾圮。委員會縣勘明，實係刻不可緩之工。并據查明，工費較巨，民力實有未逮。經臣瑞麟與前降調撫臣蔣益澧援照咸豐三年成案，飭司在於該圍歲修生息款内動撥二萬兩，發該圍紳士具領，趕緊興工。

八年，南海知縣陳公善圻詳稱，據桑園圍紳士明之綱等具呈，桑園圍基上年奉給歲修息銀二萬兩，經將圍内各基段一律修葺，惟地方遼闊，尚有海舟、鎮涌兩堡之舊廟基等處，前海後湖，深至十餘丈，頂衝壁立，爲通圍首險。去年雖多撥銀兩，但基段内外深險，因兼顧各處患基，未能專注石工，請再撥給息銀一萬兩壘石培護，俾通圍一律鞏固等情。卑職伏查，係實在情形，委屬急不可緩之工，理合據情申請，俯賜籌給息銀一萬兩下縣，俾得轉給該紳等興工。

按，八年疏舊志失載，兹節録陳邑侯詳文、七年潘部郎呈與潘侍御疏互相發明，故附録於後。

呈爲堤基專款虛懸，歲修久歇，聯請憲恩查案，俯准本息撥還，並給修費以捍水災，以拯糧命事。

竊紳等桑園圍界連南、順二縣，中分東、西兩基，户口數十萬丁，税賦二千餘頃，受西、北兩江頂衝之患，爲粤省糧命最大之區。每遇夏潦暴發，一有缺陷，不但本圍猝成巨浸，而水道驟難宣洩，鄰圍兼受其累，爲害不可勝言。嘉慶二十二年，前督憲阮奏明在藩道兩庫借帑八萬兩，發交南、順兩縣當商按月一分生息，每年得息銀九千六百兩。以五千兩歸還帑本，以四千六百兩爲桑園圍遞年修築專款。嘉慶二十四年，給領本款息銀四千六百兩，是爲歲修之始，列册報銷在案。嗣因盧、伍二商捐建石堤，奏將歲修銀暫行停止，仍舊生息繳存司庫。無如水石沖激，不數年間，迭遭潰決。迨道光十三年給發歲修本款息銀四萬九千八百八十四兩八錢八分三釐，二十四年復發息銀一萬兩，二十九年又發息銀一萬兩，咸豐三年又發息銀一萬兩，歷經修築完固。當咸豐四年基工報竣之日，正萑苻告警之時，以後頻年團練，救災不遑。且此項當商承領帑本，并歷年存庫息銀，又以軍餉全行提用，無由給領。

迨同治三年，奉撥還本銀二萬七千七百餘兩，發商生息。四年復經御史潘斯濂奏奉諭旨，著將提用原撥帑本暨歷年存庫息銀，查明已還未還，设法歸款。現計還款外，尚欠撥回原帑本銀五萬二千餘兩。又計提用前積存息銀，除歷次給領外，尚餘九萬一千七百餘兩，均未蒙撥還。紳等竊思，桑園圍户口最繁，糧務尤大，以一萬四千餘丈之基，東補西缺，歲或不修，即多傾圮。況自咸豐三年領款興修後，迄今十有五年，泥頽石卸不可枚舉。上年西圍鵝埠石及禾乂基一帶，東圍林村一帶裂陷，立即搶救，幸未崩決。現在闔圍集議，均以本年水勢尚微，已同累卵，萬一來年潦發，勢必不支。欲爲未雨綢繆，不得已將各處患基粘單，匍叩崇轅，伏乞查案，將未還帑本銀伍萬二千二百四十一兩二錢三分迅賜全還，照舊發商生息。惟歷年繳存司庫息銀九萬一千七百餘兩，現當司庫支絀之時，未敢望邀儘數賜還。伏求憲恩在於繳存司庫息銀項下先撥銀二萬兩給紳等，於本年冬晴水涸，速興要工，其餘照舊存庫備撥。則患基無虞，歲修有賴，感荷全恩，實無涯涘矣！

丁卯繳結圖呈

具呈　南、順二縣桑園圍紳士，在籍直隸候選同知進士明之綱等呈，爲遵諭具結繪圖繳候核轉事。

竊紳等桑園圍基自咸豐三年發項修葺後，迄今十有餘載。前年因基身泥頽石卸，請發歲修息銀，將各處所應修患基修築完固，以資捍衛。先後呈奉列憲，撥給歲修息銀二萬兩，飭發紳等領回，按段分給興修。統計共工料銀二萬四千零三十四兩三錢零二釐，除領銀二萬兩外，餘銀在於圍内各段業户二成科修，業經開列細數，造册呈繳在案。兹奉諭飭，具結繪圖，呈候彙繳等因，祇得出具切結，繪圖註説，呈送臺階。伏乞早賜轉繳核銷，實爲公便。

十二年癸酉，總督瑞麟公、巡撫張公兆棟籌撥歲修息銀一萬兩。

疏稱：今該圍鎮涌堡、海舟堡各處基段，近被潦水灌注，泥石傾頽，委員勘明，係屬刻不可緩之工。所估工料銀一萬二千餘兩，民力實有未逮。據請動撥歲修銀兩，自應照案動支。惟查本款息銀先已按季報撥，及收入籌備堤岸項内存儲。當經仿照咸豐三年及同治九年動撥成案，在於籌備堤岸經費項内借支銀一萬兩，發給南海縣紳士領回，鳩工購料，由縣督飭，趕緊興工修築。其餘不敷銀兩，即由圍内殷實業户捐足支用，俟工竣核實驗收，將動撥銀兩造册報銷，仍俟續收桑園圍歲修息銀，儘數歸補還款。

光緒三年丁丑，巡撫張公兆棟籌撥歲修息銀二萬兩。

疏稱：今該圍鎮涌等堡各處基段，被潦水沖激成潭，泥石傾陷，委員勘明，係屬刻不可緩之工。所估工料銀二萬餘兩，民力實有未逮。據請撥給歲修銀兩，自應照案動支。查本款息銀先已按季報撥，及收入籌備堤岸項内存儲，並無息銀動支。咸豐三年及同治九年暨十二年各次動撥，均係在籌備堤岸項下借支。惟現在堤岸項下存銀無多，不敷借支。而各處基段該紳等已於上年十一月初一日興工，經費急需支用。查司庫米耗盈餘一項，尚堪借撥。當經在於籌備堤岸、米耗盈餘二款各借支銀一萬兩，共銀二萬兩，發給該圍紳士領回，由縣督飭，趕緊修築。其餘不敷銀兩，即由圍内殷實業户捐足支用，俟工竣核實驗收，將動支銀兩造册報銷，仍俟續收桑園圍歲修息銀，儘數歸補還款。

五年己卯，巡撫裕寬公籌撥歲修息銀八千兩。

疏稱：今該圍東基仙萊岡等處基段，並西基一帶被水沖激，坍裂卸陷，委員勘明，係屬刻不可緩之工，惟需費過鉅，民力實有未逮。據請撥給歲修銀兩，自應照案動支。查本款息銀先已按季報撥，及收入籌備堤岸項内存儲，現無息銀動支。而各處基段，該紳等已於本年十一月初三日興工，經費急需支應。查司庫米耗盈餘一項，尚堪借撥。當經仿照光緒三年動撥成案，在於米耗盈餘項内借支銀八千兩，發給該圍紳士領回，由縣督飭，趕緊修築。其餘不敷銀兩，即由圍内殷實業户捐足支用，俟工竣核實驗收，將動撥銀兩造册報銷，仍俟續收桑園圍歲修息銀，儘數歸補還款。

六年庚辰，總督張公樹聲、巡撫裕寬公籌撥歲修息銀六千六十餘兩。

疏稱：所有梁元超等繳到擅支公款及用剩銀六千六十二兩六錢七分四釐，既係各紳民樂捐，毋庸發還，自應提充公用。查有南海屬桑園圍基費，前因軍需提用，本銀尚有五萬七千餘兩未經解還，以致息銀短少，不敷該圍修築之費。現據紳士翰林院編修陳序球等呈請給發修費前來，應請即將此案提充公用之款，發交該紳等領回，以充該圍修費。

十一年乙酉，總督張公之洞、巡撫倪公文蔚籌撥歲修息銀一萬兩。

疏稱：今該圍海舟堡、李村、盤古廟等處基段被水沖激卸裂，委員勘明，係屬刻不可緩之工，惟需費過鉅，民力實有未逮。據請撥給歲修銀兩，自應援案動支。查本款息銀先已按季報撥，及收入籌備堤岸項内存儲，現無息銀動支。而各處基段，該紳等已於上年十一月十八日興工，經費急需支應。查司庫籌備堤岸一項，尚堪撥給，當經援案在於籌備堤岸項内撥給銀一萬兩，發給該圍紳士領回，由縣督飭，趕緊修築。其餘不敷銀兩，即由圍内殷實業户捐足支用，俟工竣核實驗收，將動撥銀兩造册報銷，仍俟續收桑園圍歲修息銀，儘數歸補還款。

卷八　起科

桑園圍向無公款，遇有坍決，多由基主修築。然前明永樂時已有各堡助工之舉，至成化乙巳，海舟基決，始有論糧助築之文。遞國朝康熙間，里民曾賢又請按糧均築，其數多寡，皆不可攷。乾隆己亥，修築横基，定議每兩條銀起科制錢三百五十文。是時風尚質樸，徒役簡稽，工勤而物賤，故科費無多而大工克就。迨甲寅之役，因稅定額，每條銀一兩起科七兩，則幾幾於病民矣！然額雖以糧定，實由殷富捐貲充數，不至累及貧户。於指定經費之中，寓因時制宜之義，法至良也。厥後率以是爲權輿，其數遞減，乃所收轉難。蓋擁貲自私，鮮同舟共濟之誼；赤貧無措，有秕糠及米之憂。是以衆情觀望，横議朋興，當事者長慮卻顧，不敢復言起科矣。兹將歷届數目，具書於左，使知起科所以助官帑之不足，其事有萬不得已者，起科出於圖户，今并附焉。志『起科』。

明成化二十二年乙巳，海舟基決，各堡論糧助築。

萬曆四十年辛酉，生員朱泰移築海舟基，各堡計畝助工。

國朝康熙三十三年甲戌，塞横基決口，義士程儀先赴各堡科捐。

乾隆八年癸亥，通修圍基，按糧均築。

十年乙丑，海舟十二户李文盛等築三丫基石壩，稟請照例均修，奉布政司牌行不准。

李文盛等初援乾隆八年部咨，内開圍民修築土石各工，自令其按田出資，均匀公派，毋致偏枯等因，謂與先年吉贊横基崩決，通圍協修相合。乞飭行示諭通圍業户，遵照部行定例，按田公派，協力公築。委署水利縣丞、神安司巡檢沈元龍傳集里民，公同妥議。隨據里民簡村、先登、百滘、雲津各堡馮世盛等呈，爲圍基久定成例，修理各有專司，懇賜回覆，以免派累。又據李文盛等以『黠猾違例藐憲，推諉工程』稟控。又據馮世盛等以『利專基諉，叩乞押修』稟控。旋據縣府查覆，藩司牌稱：『本署司覆，查南海縣屬三丫基，既該府縣查明，向係李文盛等分管修築，未便派之通圍，致啟分爭。應如該縣府所議，遵照舊例，遞年歲收魚埠沙租抵補外，如有不敷，飭令該里民李文盛等，各按該基内田畝，均匀出資派築，及時培築，以專責成，以垂永久。其餘各基，仍飭令各鄉里民照原定界址分管培築。至該基脚冲刷水深，據稱勢難築填，惟有培護基脚，以保基身，先准部咨行令，支給銀兩，領回堆護完竣。現在咨取結詳咨銷，合并聲明。是否允協，理合詳覆，憲臺察核示遵。緣由奉批如詳，轉飭遵照原定界址，分管培築，仍飭令李文盛等不得藉詞推諉，致干查究。并將堆竣基脚，作速委員勘驗，造具册結詳銷，并候督部堂批示繳，合就飭行。爲此牌仰府官吏照依事理，即便轉飭遵照，將原定界址分管培築，仍飭李文盛等不得藉詞推諉，致干查究。並將堆竣基脚，作速委員勘驗，造具册結詳送，立等詳請題銷，毋得遲遲。

四十四年己亥，委署江浦巡檢蔡應芳、江浦巡檢陶秉鑑督修横基，諭通圍起科。

是年論糧均派，每條銀一兩，科錢三百五十文。

五十九年甲寅，塞李村决口，論糧科銀五萬四千四百餘兩。

原議條銀壹兩起科七兩，續以加添石工，各堡按照原捐加二成起科。

沙頭堡原捐土工銀六千五百二十兩，續捐石工銀一千三百零四兩。

九江堡原捐土工銀五千五百兩，續捐石工銀一千一百兩。

簡村堡原捐土工銀三千六百一十七兩九錢，續捐石工銀七百二十三兩六錢。

先登堡原捐土工銀二千三百五十兩，續捐石工銀四百七十兩。

金甌堡原捐土工銀二千三百三十二兩一錢三分，續捐石工銀四百六十五兩八錢八分九釐。

海舟堡原捐土工銀二千三百兩，續捐石工銀四百六十兩。

鎮涌堡原捐土工銀二千一百四十兩，續捐石工銀四百二十八兩。

大桐堡原捐土工銀二千兩，續捐石工銀四百兩。

河清堡原捐土工銀一千九百四十兩，續捐石工銀三百八十八兩。

百滘堡原捐土工銀一千六百三十兩，續捐石工銀三百二十六兩。

雲津堡原捐土工銀一千四百一十二兩，續捐石工銀二百八十二兩四錢。

伏隆堡前後共捐銀一十一兩七錢二分。

龍山堡原襄捐土工銀七千五百兩，續襄捐石工銀七百五十兩。

龍江堡原襄捐土工銀六千兩，續襄捐石工銀六百兩。

甘竹堡原襄捐土工銀一千五百兩，續襄捐石工銀七十二兩零六分五釐。

按，是年因稅畝定額，應捐者無可推諉。以殷捐足額，赤貧者不至，滋累南海堡分多捐十之七，順德堡分少捐十之三，通力合作，衆擎易舉，法莫良於此。乃持異論者倡爲『南圍南修』之説，直視同舟如胡越矣，善乎前人之論曰：『其不同圍者，不獨同邑不派，即同司亦不派；其同圍者，不獨異縣可派，即異府亦可派。不當論縣之同不同，當問圍崩之水浸不浸而已！』朱太守示，據梁書辦稟，剖析分明，足破拘攣。故録之，以爲自分畛域者告焉。

廣州府正堂朱爲曉諭事

嘉慶元年五月初十日，奉欽命廣東等處承宣布政使
司布政使加三級陳憲札，内開據吏南科書辦梁玉成禀，爲
敬陳管見，仰冀鑒察事。竊辦于三月下班回籍，遵諭馳往
圍基總局，察看辦理情形，因而捧讀大人批諭龍山紳士請
免再捐石工銀兩一案。奉批，桑園圍内石工，是否毋庸順
邑加捐，仰府飭縣，傳訊當局首事秉公籌議，具詳察奪等
因。書辦當同董事李肇珠等會計全圍砌築石工，前經委
員逐段勘估，計需工費銀九千六百兩，列摺繳報在案。所
需工費先蒙大人暨本府本縣倡給銀四百兩，本邑各紳擬
請在於原派三萬一千七百餘兩之數加二，捐銀六千三百
四十兩。嗣順邑汪令禀報，以兩龍、甘竹各鄉地居下游，
休戚相同，亦應照南邑事例一體捐銀三千兩。復蒙大人
諭令，圍内鹽商應照當押捐襄之例，捐銀二千五百兩。續
又有簡村堡義士陳俞徵亦樂助石工銀三百六十兩，照數
收齊，似屬有盈無絀。今查，江浦埠商止據認捐銀一千五
百兩，而龍山一鄉已據呈請免捐，則龍江、甘竹兩鄉必有
效尤觀望，照原估工程合計尚短銀一千兩。加以局中用
度，總需一千四百餘金，方可剋期蕆事。本邑各堡，殷富
無多，自前年被水之後，各户收成歉薄。上年雖似有八
分，然氣體究未能復元。其力能捐簽者，前次業已盡力捐
簽，此次又復添辦石費，以强弩之餘，勢難再助。倘或儘
收儘支，將就了局，則各段工程必有偏重偏輕之不齊。誠
慮各堡退有後言，殊不足以昭公當而服衆心。昨經委員
帶同董事來省，備瀝情形，禀明本縣府轉達憲聰，蒙飭順
邑各堡減半捐銀一千四百兩，行知速繳在案。詎因龍山
呈内有『桑園圍原係南邑地方，南圍南修，各分段落，向不
派及鄰封』之説，以故挨延，未即交繳。書辦伏查，『南圍
南修，向不派及鄰封』者，此乃指歲修小費而言，若大修在
千兩以上，則派之通圍，歷年有案。且此圍創自宋朝，其
時全圍俱隸南海。前明景泰初年，因黄蕭養滋事，平靖之
後，始添建順德，割兩龍、甘竹三堡分隸江村、馬甯二巡
檢，其餘各堡仍隸南海縣之江浦司。迨國朝乾隆五十一
年，又添設九江主簿，析九江、沙頭、大桐、河清、鎮涌五堡
分隸管轄，餘堡仍隸江浦司。雖先後有沿革建置，然總屬
桑園全圍之内。其兩龍、甘竹之未建圍基者，特以該地爲
水道下游，以故留爲宣洩，然全賴上面之有圍基爲之捍
衛。伊等晏處圍内，獲免歲修，已屬厚幸，是名分兩邑，地
實同圍。伏思各堡之有圍基者，如室家之有垣牆，垣牆之
内，即屬一家。亦猶圍基之内，誼同一室，水患一至，俱受
淪淹，更豈能區分秦越？今圍内南邑各堡亦分隸九江、江
浦兩屬管轄，腹裏無圍基經管之鄉村甚多，遇有坍修，又
豈得藉名分隸，區分畛域，諉爲鄰封？又府屬三兩縣同圍
者，如南海、三水之良鑿、大良、白木灣、大欖背四圍，又豐
樂圍則三水、高要、四會三邑同管，誠以地土犬牙相錯。

然凡住居圍内者即屬同圍，遇有修建鉅工無不同力合作，處處皆然。是其以鄰封之説爲言，殊未妥協。第誼屬桑梓，不便過爲剖辯，應聽在局首事以理婉陳，得其照數添捐，足以襄事，自可毋庸他論矣。再，書辦復溯查，此堤自前明洪武年間九江義士陳博民伏闕陳請通修以來，計今四百餘載，其間載在郡志報決者，不一而足。迨乾隆己亥、甲辰、甲寅，僅止一十五載，三次被決，黎庶遭殃，莫此爲甚。揆厥由來，前明大修之後，即以附近之堤歸之附堤各堡管理。一堡之中，分之各姓。雖遞年議設歲修，然基址有長短，地勢有險易。加以各堡貧富不一，如在殷富之鄉，值當平易之基，歲中略爲培築，尚屬無患。其在貧苦之户，又值險要頂沖，歷年竭力培補，終屬無濟。而告貸於衆，又以『各有經管，不可破例』，畛域之見，積久難移。此堤之所以疊受其害者，皆由於此。若非前此甲寅被決，仰荷大人親往勘災，軫念兩邑百萬生靈盡遭慘害，目覩全堤歷年已久，壞爛實多。且邇年下游淤積沙坦，圍築日多，水道不宣，遇潦倍加湧漲。非建議通修，其禍終屬無底。隨會順邑温内翰推商，并飭傳兩邑紳士妥定章程，共捐銀伍萬兩。西岸自南邑鵝埠石起，下至順邑甘竹灘止，東岸自南邑仙萊鄉起，下至順邑龍江、河澎尾止，俱一律填築高厚，均在兩邑所捐銀五萬兩開銷。上年七月大工告竣，復蒙履勘，諭令堤外再加石工，方能一勞永逸。此誠數百年曠世之奇舉，圍民得獲萬年之樂利，凡有血氣者，莫不頂戴殊恩於生生世世矣！迴思此堤，上自大人，以至本府、本縣，無不欣捐清俸倡率外，而當押鹽商義士，均各踴躍捐銀佽助。即派委在工之委員首事，俱能仰體憲懷，妥協經理，上下一心，思艱圖易，始得咸歌樂土。可否，仰懇憲恩，飭令各紳知此番工程，圖始維艱，成功不易。趁此未經撤局之先，勤求善後之策，未雨綢繆，防蟻漏以固苞桑，庶不負大人建議修築章程，宵旰焦勞，無一夫失所之至意耳。至前蒙履勘面諭，最險之禾义基土工，業於三月底填築完固。其次險之九江蠶姑廟、沙頭韋馱廟、海舟三丫基，現在嵇委員連日督同各首事，按段培護石塊。其再次險之吉贊、莊邊、先登、石龍、鎮涌、河清等處，尚俟各處銀兩齊全，始能培護。並請飭令廣州府，速催各堡未完銀兩，勒限速清，十日内即可全工告竣。書辦住居圍内，謹就見聞所及，禀候鑒核施行。連將各堡未完銀兩數目列單送閲等情到司。據此當批，候行府飭，催各堡未完銀兩迅速交局應工，並籌善後事宜，詳奪在案，備札到府。立將單開各堡未完銀兩，專差頭役前往各堡按數飭催，限三日内掃數交局以應鉅工。併即出示，曉諭各堡紳民赴局，會同委員首事聯籌善後章程，由該縣府核明，擬議詳辦，以爲通圍遞年修築圍基公用，務使長堤經久無患。其圍内涌滘竇穴，上年本司親臨履勘時，聞有被潦淤塞，至今未經疏濬者，亦應飭令各紳民按照地頭疏濬寬深，以資灌溉，以利行人，本司實有厚望焉。等因奉此，除分差前往各堡催繳未完銀兩交局支應外，合就出示，爲此示諭各堡紳民，一體遵照籌辦毋違。特示。

嘉慶二十二年丁丑，塞海舟三丫基決口，論糧科銀二萬四千六百餘兩。

九江堡應科銀三千三百兩。
先登堡應科銀一千四百一十兩。
海舟堡應科銀一千三百八十兩。
鎮涌堡應科銀一千二百八十四兩。
金甌堡應科銀一千三百九十九兩零一分。
簡村堡應科銀二千一百七十兩零七錢五分。
百滘堡應科銀九百七十八兩。
雲津堡應科銀八百四十七兩二錢。
河清堡應科銀一千一百六十四兩。
大桐堡應科銀一千二百兩。
沙頭堡應科銀三千九百一十二兩。
伏隆堡應科銀五兩八錢六分。
龍山堡應科銀四千一百二十五兩。
龍江堡應科銀三千三百兩。
甘竹堡應科銀七百八十六兩零三分二釐。

江浦司前五鄉，基分屬龍津堡。前甲寅通修，五鄉以工代費。此次五鄉幸無患基，且所科無幾，故與伏隆堡尚未派及。嗣後遇有工費，仍一體科捐。

按，是年照乾隆甲寅原續派捐例，定以五成起科。惟鎮涌、河清、九江、沙頭、大桐、金甌、龍山七堡一律完繳，故實收之數僅二萬四千六百四十兩。至己卯年，續收各堡舊欠一千二百一十兩，人情踴躍，漸不如前。首事催收，致煩祈請，兹將呈詞節録於後。

羅思瑾等稟稱，至各堡派捐銀簿雖已樂從領回，現聞人心不一，或以圍外零税爲詞，或以勸簽爲難，或以按條爲苦，紛紜其説，尚未定議。瑾等思，既有外税可除，則當甲寅年派捐時，自應除清。今以五成起科，係照原捐額數折半科派，何得藉以爲詞？況此説一開，各堡效尤，混指推延，銀兩何以措辦？非仰仗嚴諭，必致誤事。伏乞諭令後開各堡首事，不得以外税推諉，遵照原額，或向殷户捐簽，或責令糧長科派，照數依限繳赴公所，毋得延誤。并懇牒移九江、江浦李、章兩父臺，一體嚴催，俾衆無異議，鉅工得以有濟。

道光十三年癸巳，塞田心三丫基決口，論糧科銀一萬三千五百餘兩。

是年，議照前丁丑例減五成起科。各堡繳銀實數，舊志不存。

二十四年甲辰，塞吉水林村決口，論糧科銀一萬五百餘兩。

此次論條銀加一、五、四、二起科，與經辦成例略爲變通。又議向築決口應該管基主酌出，公費每支公項銀一百兩，基主應墊二十兩，以遵舊章。

百滘堡起科銀四百三十一兩六錢。
雲津堡起科銀二百七十八兩四錢七分六釐。
伏隆堡起科銀四兩四錢八分五釐。
簡村堡起科銀八百二十七兩八錢七分四釐。
沙頭堡起科銀一千三百八十二兩九錢一分。
龍江堡襄捐銀一千零六十九兩四錢九分。
先登堡起科銀二百五十兩零三錢六分八釐。
海舟堡起科銀五百九十四兩四錢二分。
鎮涌堡起科銀三百九十一兩零七分八釐。
河清堡起科銀五百一十二兩七錢六分三釐。
九江堡起科銀二千五百三十八兩八錢六分八釐。
甘竹堡襄捐銀四百零二兩零五分。
大桐堡起科銀一千零零九兩一錢零八釐。
金甌堡起科銀三百八十三兩二錢七分。
龍山堡襄捐銀五百兩正。
潘政忠決口，招墊二成銀九兩九錢六分。
馮聖德決口，招墊二成銀二十八兩四錢五分。
張佐仁、程祐新決口，招墊二成銀一千零四兩七錢四分八釐。
區大器決口，招墊二成銀六十兩。
簡村堡決口，招墊二成銀一百八十兩。
沙頭堡決口，招墊二成銀七十九兩九錢六分。
龍江堡決口，招墊二成銀六十兩八錢四分。
九江堡決口，招墊二成銀二百八十七兩。
甘竹堡決口，招墊二成銀一十一兩七錢二分。
太平沙民區遂全、李和中等求免科外稅，奉知南海縣張公繼鄒批飭不准。

正堂張爲出示曉諭遵照事

現據紳士馮日初、何子彬、明倫、潘漸逵、洗文焕、黄亨、潘蘷生、何培蘭、關景泰、余秩庸、李應揚、關昌言、何玉梅、潘斯湖、何如鏡、潘廣居、何文卓、關瑞溶、李升等稟稱，紳等桑園圍前年甲辰大修，其論糧科派者，均係查照乾隆甲寅、嘉慶丁丑年例派修册房圍志，疊無更異。不謂先登堡太平沙區國器、李大成、李棟、李大有四户，屢行逞刁抗派，瞞瀆不休，甚至將河神碑私行劖註，印呈作據。不知原碑所載，係續估土工銀六十兩。乃李暢然等，竟劖註云：『此係外稅，詳准豁免。』憑空杜撰，希圖瞞聽。不知文義字迹，兩兩不符。檢閱原碑，難逃明鑑。再查太平沙雖孤懸海外，要之祖祠墳墓，均在圍中，自應照派，兹因圍志告成，用敢聯懇飭房，將前後案卷核實查辦，并差拘李暢然、區遂全、李和中等到案，嚴行訊究，勒限清繳。并懇給示勒石，俾得刊入志乘，以符舊例，而儆刁頑等情。據此，查桑園圍地兼南、順兩邑，亘長百有餘里，一有潰決，全圍均受其害。遇有闔圍大修，按糧派費，自係一定章程。事關大局，豈容刁逞諉卸。據禀前情，除批示并差飭李暢然等清繳外，合行出示曉諭。爲此示諭先登堡紳耆業户人等知悉，爾等須知，太平沙雖孤懸海外，其祖祠墳墓均在圍中。嗣後遇有桑園圍大修工程，均應一律按糧科派修費。倘有刁民飾詞抗派，許該董事等指名稟報，以憑拘究。該董事等亦應秉公查照舊章辦理。各宜凜遵毋違。特示。道光二十七年八月日示

區遂全等再求免派，稟稱：爲既免復，翻乞恩弔卷，核明照舊免派事。

竊蟻等住居太平沙，孤懸海中，與桑園圍相隔大河，所有基工向無關涉。即乾隆甲寅歲、嘉慶丁丑舊例派修，亦無派及。因嘉慶二十三年首事誤派，業經李萬元等稟蒙閆前憲，飭令總局羅思瑾、舉人潘澄江等查明，蟻等沙居委係孤懸海外，並非貼連基脚。稟覆免派，勒碑存據。嗣道光二十五年，首事馮日初復請科派，又經蟻等印碑繪圖，稟蒙史前台以蟻等廬舍俱在海外，恩准免派，各在案。殊馮日初不由舊章，偏執祖祠之説，反謂憲諭廟碑俱係私剷杜撰，瞞呈科派，致奉諭知。不思蟻等太平沙與桑園圍相隔大河居住，二百餘年向無派及。而蟻沙潦崩，科築亦與伊桑園圍無干，何得因蟻等僅有合族祖祠一間坐落圍内，混呈科派？且蟻等之外税免派，現有各憲諭可憑，案存工典，何爲杜撰？海神廟碑之確鑿，亦有十四堡註脚可據，文字相符，何爲私剷？乃蟻等沙居既被屢淹，又被混派，實屬一皮兩剥，迫得抄粘奔叩，乞准弔卷核明，照舊免派，俾免滋訟。

奉正堂張批：本案先據紳士馮日初等以太平沙雖在海外，而爾等祠墓均在圍中，稟請一律照派。查基工本關大局，且闔圍大修並非常有之事，何得固執藐抗，殊屬無知。著即如數辦清，毋再飾延干咎。粘抄保狀附。闔圍紳士覆稱，爲遵諭查覆，懇飭照派，免紊向章事。現奉鈞諭，内開飭查太平外沙孤懸海外，其廬墓究竟有無全在圍中？從前歷次大修，該沙曾否一律科派修費？刻即查明稟覆核辦等因。紳等公同查確，遡該圍乾隆甲寅年大修章程，係在圍内。各堡各户糧税派修，無分内外税畝應派免派之别。誠以圍外之沙，論徵輸則糧歸祖户，稽户口則世在祖家。按糧科派，前人成式，本屬公當。此後嘉慶二十二年及道光十三年大修，均照向章辦理。迨道光二十四年，該圍大修，首事馮日初等查照向辦章程，按圍内各堡各户糧税科派。如九江堡之古潭沙、毒亭沙、裹肚沙，沙頭堡之盧家等沙，均係孤懸海外，其糧税仍編入圍内總户，照依一律起科，並無異議。乃太平沙業户區成邦、李暢然等，吝出修費，不顧先人廬墓，欲亂數十年之成規，遂以伊等先登堡區國器、李大有、李大成、李棟、李宗五户糧税自分太平沙外税，私將河神廟碑剷註『外税奉行詳免』字樣，混指爲免派證據。無論其有無外税影卸隱匿，即各户外沙税畝，多係伊等祖嘗之業，且祖祠墳墓俱在圍中，自應一律起科，方昭公允，而免效尤。況本圍志

載有云：『外稅可除，則當甲寅年派捐時自應除清，今以五成起科，係照原捐額數折半科派』，何得藉以爲詞等語。是外稅之應派，確有明文。且李暢然等所繳河神廟碑模，查與志載先登堡收支項下並無『外稅奉行詳免』數字，顯係該沙人等意存私見，知有碑可以剷註，而不知有志不可混添。即核其剷註數字，文理不符，字跡亦異，事之真僞，難逃洞鑒。只得公同查覆，并繳圍志呈候察核。懇飭李大有等各户按糧科繳，免亂向章。闔圍頂祝。

奉正堂張批：查閱現呈，與舉人馮日初前禀相同。桑園圍歷次大修工費，既按圍内各堡各户糧税科派，並無外沙免派章程，自係公論可知，豈容爭執。惟前經差飭清繳，並出示曉諭，乃李暢然及區成邦等，仍以免派爲詞，赴縣暨糧府憲紛紛呈控，嘵瀆不休，不知悔悟，當即著令李區各姓房族衿耆，妥爲剴切勸諭，仍令照舊派捐，各自安業，毋使纏訟取累。切切。

按，此案始於史邑侯時，及張公覆任，方批結。故以張爲主，而史諭附之，庶閱者知全案始末焉。

南海縣正堂史諭桑園圍首事馮日初、明倫、何子彬、潘漸逵知悉。現據區遂全等呈稱，緣上年潦水决桑園圍基，蒙仁臺勘明捐修，並諭各紳士在圍内税畝按條起科，通圍修築，仰見仁臺軫念民生至意。惟蟻等十甲區國器户住居太平沙，界連三縣，孤懸海中，與桑園圍基相隔一大河。户内共條銀三十四兩三錢一分九釐，内圍内田稅條銀二十三兩六錢二分二釐，業經遵照科收，其圍外海中沙税條銀一十兩零六錢九分七釐，經乾隆甲寅年及嘉慶二十三年起科修築圍基，均蒙各前臺諭飭，免派太平沙外税，各在案，卷存可查。況蟻等居住沙頭，潦水當沖，連年坍卸，虚糧賠納，屋宇倒塌，苦不勝言。茲各紳士不照向例，連蟻等外税起科，貽累奚堪？勢得抄粘免派諭帖，匍叩台階。伏乞諭飭總理紳士及先登堡紳士梁懷文等，查照向例免派。並懇分諭册房、工典房、糧房查照，嗣後遇有修築桑園圍基，太平沙外税毋庸派及等情。又據李和中等呈稱，竊圍基崩缺，攤派銀兩修築，係派圍内與及貼連大河之田地，非派圍外相隔大河之沙坦。不獨官存案卷，各廟亦有豎碑。歷久章程，並無更改。蟻等李大成、李棟兩户，税業俱係坐落太平沙居多，雖有實徵條銀五十餘兩除外，海沙坦條銀四十餘兩，實圍内田地條銀一十餘兩，今年攤派之例，加一、五、四、二起科，實應科銀三十餘兩。其應科之銀，曾經大局總理馮日初等當面訂明，准作蟻等領回修基外，尚發給銀四十一兩三錢六分五釐，立單可據。是蟻等圍内田地捐派已足，而外海沙坦亦已免派，遵照而行，奚有異議？不料復有江浦司諭帖來，蟻族内且不分别外税免派字樣，混沌催繳。蟻等赴局查問，著令蟻等禀明仁憲，只得抄粘舊案，并繳清單，具禀憲階，伏乞飭局，分别清楚，應免則免，應支則支等情。除各批揭示外，合就諭遵，諭到該首事，即便查照。區遂全及李和中等各呈内事理，太平沙如果坐落桑園圍外，向無派科修基工費，即照依向章辦理。仍稟覆備案，毋違。特諭道光二十五年三月十四日諭。

正堂史諭桑園圍董事舉人馮日初等知悉，現據耆民李勝觀等呈稱：蟻等住太平沙，環圍大海，並非貼連大基外，明是孤懸海中。凡有廬税坐落沙中，向無基工派累。即嘉慶二十二年首事誤以税同。李大有户并執票有『不分内外』爲詞，混派蟻等沙條三十四兩二錢零四釐，迫蟻族老李萬元等總圖，稟前罔縣批著，總局羅思瑾等公覆。奉諭，外税係指貼連大基而言，非指相隔大河而論，其太平沙毋庸派及。案存工典房可查，碑載河神廟可據。不謂李大有之糧柱未賴，飭知册房撥開沙條，故道光二十三年復誤混派。蟻經抄稟前梁縣批飭，隨蒙免派。惟是沙條，猶未撥開，致今仍遭誤混，派累何休。亟得抄粘案據，稟明仁台，乞照原案免派。飭知册房將李大有糧柱撥開沙條外税，註明糧册，如遇基工，不致誤混派累等情。據此，除揭示外，合就諭遵，諭到該首事，即便查照李勝觀等詞内事理，太平沙如果坐落桑園圍外，向無科派修基工費，即照向章辦理，仍稟覆備案，毋違。特諭。

舉人馮日初等爲遵諭稟覆，懇恩察奪，以昭公允事。緣前奉鈞諭内開，現據老民李暢然、區遂全、李和中等各呈李大有户、區國器户、李大成、李棟户太平沙税，如果坐落桑園圍外，向無科派修基工費，即照向章辦理，仍稟復備案等因。

舉人等竊查，合圍大修，自乾隆甲寅年以來，例照圍内户口，按糧科派。其户内有無外税，俱係因糧定額繳足，毋庸翻異。先經去年十一月稟，蒙示遵在案，隨據九江堡之古潭沙、毒亭沙、裹肚沙，沙頭堡之盧家沙，雖係孤懸海外，均照向章一律科派清繳，並無異詞。惟先登堡李暢然等太平沙，欲以圍内户口自分外税，無論有無影卸飛漏之弊，而懷私背議，已不足壓服衆心，必欲確切查明。應請諭飭李暢然、區遂全、李和中等繳驗該沙印契，傳集鄰證，委員逐一勘丈明白。如果與報税相符，蒙恩准免科派，則九江堡、沙頭堡之古潭等沙前經繳收銀兩，亦應照數給回。如應照九江等堡一例科派，懇即限日勒繳，毋任推延，方足以杜刁猾而昭公允。兹奉飭查，除前經具摺呈明外，理合據實稟覆，仰憑察奪。道光廿五年四月廿八日呈

紳士馮日初等面呈摺略

竊闔圍大修，自乾隆甲寅年以來，例照圍内户口按糧捐派。前奉鈞諭，内開現據先登堡區遂全、李和中等稟稱，太平沙外税請免派及，著查明稟覆等因。

竊查圍内如九江堡之毒亭沙、古潭沙，沙頭堡之盧家沙，均係孤懸海外。且盧家沙現已人業俱無，而業廢糧存，此次仍按户額科派。又各堡均有住居省城、佛山及别堡等處，是人業俱在圍外。惟既有契買税，業經歸入該堡

户内輸糧，即照糧攤收。李和中等前經到局，另請修基費銀，欲除去外税，除銀四十餘兩。舉人等未便據一面之詞擅准免派。隨以基工難緩，該堡科銀急難收繳，只得於三月二十八日借銀給修，仍令立單歸款。乃李和中等輒敢於三月十五日以前瞞稱舉人等先已給發銀四十一兩三錢六分五釐，憑空硬坐，狡猾可知。不思以祖宗田園廬墓之區，必欲於一户之中故分畛域，雖較與全居圍内者輕重有别，而懷私窺避，均屬全無本心。舉人等照例辦公正，不敢妄爲翻異。但各堡均有外税，一免則必盡免，不特一萬四千兩之數有名無實，且恐各堡紛紛效尤，藉端影卸，并有將内税附作外税之弊。如必勘查確鑿，非弔驗印契，集證勘丈，不足以杜刁猾而服衆心。似此事既難行，轉恐滋擾。況大修始需科派，十數年偶一舉行，在區遂全、李和中等，當以祖宗廬墓爲心，不宜以一己之私，致違通圍公議。謹就所見瀆陳，是否有當，統候訓示飭遵。伏惟電察。

具禀人李和中、區遂全爲前著免派免繳，印刷碑圖，叩察准免事。

竊蟻等住居太平沙，所以區國器、李大有、李大成、李棟四户，均有外海沙税。自來修築圍基，乾隆甲寅年間已無派及，碑記可據。是馮日初所禀，自乾隆甲寅年以來，其户内有無外税，俱因糧定額繳足，毋庸翻異者，謬也。上年修基工費，經蟻等禀蒙，諭免派在案。不料現又奉有憲諭，著令一律科派，掃數完交，始知係據馮日初等禀請照依九江古潭沙之例也。不思九江古潭沙之應派，以其税雖在外，而廬墓則在圍内；蟻等太平沙之應免，以其税既在外，而廬墓均在圍外，桑園圍志載甚詳。是以自甲寅至今，年將滿百，一向免派，無有更改。若可更改，則非推之皆準，行之無弊之善政矣！只得抄粘禀由，并繳碑圖，聯叩仁階。伏乞弔齊舊卷，核明諭飭免派，俾免分歧，以符舊日善政。出自憲批。

具禀　桑園圍紳士馮日初、何子彬、明倫、潘漸逵、冼文焕、黄亨、潘夔生等禀爲劖註原碑，瞞禀抗派，聯懇給示勒石押繳事。

竊紳等桑園圍前年甲辰大修，其論糧科派者均係查照乾隆甲寅、嘉慶丁丑年例派修，册房圍志，疊無更異。不謂先登堡太平沙李暢然、區遂全、李和中等四户，屢行逞刁抗派，瞞瀆不休，甚至將河神廟碑私行劖註，印呈作據。不知原碑所載，係續估土工銀六十兩。乃李暢然等，竟劖註云：『此係外税，詳准豁免。』憑空杜撰，希圖瞞聽。不知文義字迹，兩兩不符，檢閲原碑，難逃明鑑。況查太平沙雖孤懸海外，要之祖祠墳墓，均在圍中。乃互鄉積習，民性刁頑，其在外經營者則包攬獄訟，在家耕作者則嘯聚萑苻。前經文武員弁圍捕，燬拆窩六十數家，而東竄西竄，不越一洲之外。且與海神廟僅距一河，故久得以私劖原碑，以圖永遠滋訟。茲因圍志告成，用敢聯叩台堦，伏乞飭房將前後案卷核實查辦，並飭差拘李暢然、區遂全、李和中等到案，嚴行訊究，勒限清繳。并懇賜示勒石，俾得刊入志乘，以符舊例，而儆刁頑。合圍均感。道光二十七年三月

正堂史諭：桑園圍董理紳士馮日初、明倫、何子彬、潘漸逵知悉，現據仙萊岡鄉區大器等禀稱，蟻雲津堡三十七圖九甲，共一十四户，其田園廬墓坐落本圍内，惟蟻鄉區大器、區兆麟、區松盛三户及新羅鄉潘進一户、蟻鄉三户共實徵條銀七兩九錢一分一釐應派，奉憲派開加五、四、一、六、四起科，修基銀共一十二兩一錢九分一釐四毫。蟻等遵於本年正月初八日往赴基局清繳，收單執照。其新羅鄉潘進户實徵條銀一兩七錢九分四釐。蟻等帶差向討，各户聲説『各修各圍，毋得越派，任討莫繳』等語。蟻等忖思，其田廬非在圍内，修蟻本圍，似難派及。蟻等耕作度日亦難，不時帶差往討，只得據實報明。叩懇飭令修基總理紳士，將蟻堡册列外圍十户開除免派等情。據此，除批揭示外，合就諭知，諭到該紳士等，即便查明區大器等所禀外圍十户田廬是否均在圍外，應否免派，即照向章辦理毋違。特諭。

正堂史諭桑園圍先登堡太平鄉龍坑坊監生李殿元、職員李健林、麗林知悉：案照桑園圍上年四月、五月間林村鵝春社等基被潦沖决，并有塌卸基段，及低薄浮鬆，患處甚多。當經本縣親歷查勘，傳集各紳士，議以通圍大修，估需工費三萬二千兩，内撥官紳捐項銀八千兩，禀奉大憲籌給該圍本款生息銀一萬兩，在通圍按田科派銀一萬四千兩，共成估需之數，以湊厥用。由總局董理紳士按照向章分别派收支發，一律興修在案。現在通圍工程將次告成，昨經本縣親歷查勘，白叟黄童，歡迎載道，均知觀感。可見此番經理一秉大公，無所偏倚。詎爾先登堡經管龍坑基並不按章遵辦，上緊修復，乃一味希冀嘵瀆，觀望遷延。兹據董理紳士馮日初等以龍坑基僅長一百九十六丈，止須培葺，先給修費銀二百兩，係按章匀給。旋因該工枉濫無當，復又添補一百兩。各堡衆議，咸謂給費已多，如仍不敷，應照各堡貼修之例，責令自行賠墊，不能再支公項。緣經費有限，合圍之大，如必盡饜所欲，恐十萬之數亦難敷用。況先登一堡，已共支去修費銀九百二十餘兩，而該堡應派額銀尚欠三百五十餘兩之多。以應繳之銀故抗不繳，應修之基故延不修，希圖波累。闔圍士庶，憤不甘心等情具禀。查桑園圍派費工程，向有定章。以經費之多寡，工程之鉅細，按段分給，最爲公允。且該基費業已多領，豈容再生無厭之求以抗衆議？合就諭飭，諭到該監生等即便遵照，刻日將經管基段一律修築完固，并將該堡所欠派項速即繳總局應用。如敢再事遷延，恃符抗衆，致誤通圍，定即拘案革究。倘該監生等欲以估定之工格外加工倍築，逾於尋常，是則工無限制，不敷之需應照各堡之例，由該基主自行捐墊辦理，不准再支公項。

慎之，特諭。

按，桑園圍起科，十數年一舉。比較他圍，已爲厚幸。原區、李等户應繳之款，爲數甚微，乃動稱滋累，搆訟不休。其訟費逾於捐數，逮負氣求勝，卒不能勝。徒耗私貲，有傷睦誼，孟子所謂『養其一指，失其肩背』者也。同時復有區大器請除潘進外税，龍坑基求補基費兩案，輒以小故，鬩於同室，見疑官長，貽笑鄉鄰，兹并附録於後，昭示來許。願生斯長斯者，毋相效尤焉耳。

光緒六年庚辰，大修東、西圍堤，計畝起科，編修陳序球等呈請曉諭各堡。

呈稱：　紳等桑園圍跨南、順兩邑，分東西兩基，堤長壹萬四千餘丈，居民百餘萬，賦税二千頃，端賴堤基保障。前嘉、道年間，屢經科捐，興修有案。近年復迭蒙憲恩，給發歲修帑息，修基連年。五月夏潦非常，向所未見，撼潑基面，深則二尺，淺亦尺餘，至一千五百餘丈之多。若坍卸裂漏，各堡基段皆有。謹粘列呈，幸居民極力救護，費數千金，轉危爲安。故鄰圍十決八九，而桑園圍獨能保全，皆近年迭次給撥歲修築基所致。查東西基多受沖刷，倘不籌策，明年夏潦，潰決可懼。刻下籌防緊要，未敢專靠請撥歲修本款，圍内紳耆合商，擬照甲寅、丁丑、癸巳、甲辰向章減數，每畝科銀一錢五分，限十月内先繳一半，十二月中旬繳足，仍陸續勸捐，趁冬晴修築。惟工愈鉅則費愈繁，非四、五萬金不能集事。至請領歲修公呈，俟另投遞，候列憲恩施，理合聯懇，分飭南、順兩縣給示曉諭，科捐迅速收繳，以應要工。俾將西基險者築固，低者增高，薄者培厚，凡當加椿加石，察看施工。即東基未完善者，一律修築，尅日興修。庶全堤鞏固，糧命有賴，闔圍永戴鴻慈於不朽矣！

按，此呈一遞廣州府請飭縣給示，一遞南海縣，一遞順德縣，皆請給示飭遵。

編修陳序球呈控龍山堡舉人李珠光、賴孟瑜等抗不遵科。

呈稱：　南海、順德兩縣桑園圍，分東西基，堤長一萬四千餘丈，賦税二千餘頃。圍内共十四堡，順德龍山、龍江、甘竹三堡，賦税十份之三；　南海十一堡，賦税十份之七。自前明至今，每年應歲修銀一千兩以下，由該堡自行修築。倘遇圍決，或是年夏潦盛漲，東西各基坍卸裂漏，幸搶救未成決口，交秋冬節，即通傳圍内紳耆除請官帑給修外，即按畝起科，并派捐修基，自二、三萬，至五、六萬兩不等。即爲大修，迭次科捐，《桑園圍志》備載詳明。即如乾隆甲寅，順德龍山温侍郎汝适在籍，倡議大修，共收十四堡派畝銀五萬九千九百八十八兩九錢八分四釐，龍山派襄捐續捐共銀八千二百五十兩，全數完繳。嘉慶丁丑，龍山温侍郎汝适復在籍，再倡議大修，桑園圍照甲寅五成起科，龍山應派畝銀四千一百二十五兩，全數完繳。迨道光癸巳、甲辰兩次均通修，按條起科，南七順三，龍山、龍江、甘竹三堡俱同認十份之三，《桑園圍志》亦刻載明備。去年夏潦非常，向所未見，秋初通傳圍内紳耆會商，親勘大圍各患基，約估價四萬兩。除恩給歲修銀六千兩外，擬照温侍郎甲寅年減數起科，每畝科銀一錢五分，按南七順三呈請，南海、順德縣主賞示各在案。龍山堡應派科畝銀四千兩，初次與龍山紳士舉人左永思、訓導馮培光等熟商，各皆遵科。後龍山舉人李珠光、舉人賴孟瑜抗不遵科，經紳等多人親到龍山鄉約諄勸，併請其派紳督辦基務，而李珠光、賴孟瑜並不會面，只有舉人張伯康等説願量力捐銀。惟捐銀無成數，而科畝有定額，紳等係按照龍山温侍郎汝适甲寅、丁丑舊章減數科捐，而抗不遵科，即係龍山後輩李珠光諸紳，實出情理之外。現順德甘竹堡科畝銀千餘兩已照數繳清，聞龍江亦擬酌派。刻下圍防緊要，尚蒙憲恩撥給歲修基銀六千兩，而龍山應科銀兩竟抗不遵科，固上負憲恩，且壞通圍千百年成規，將來各堡效尤，糧命大有干礙。祇得籲請憲恩，札府飭縣，嚴諭舉人李珠光、賴孟瑜，將龍山堡遵照科畝銀四千兩著速繳出，趁春晴通修大基，俾臻鞏固。如仍不遵札，併懇即發委員到龍山檄繳，糧命有賴。

奉督憲張公批：桑園圍大修之年，按條起科通修，載在圍志，事有成例。蓋合圍十四堡，安樂與同，亦患難與共，此良法美意也！據呈，龍山堡舉人李珠光、賴孟瑜抗不遵科，實屬逞私忘公，罔顧大局。仰廣東布政司迅即遴委員前赴龍山堡，會同順德縣督飭，將應科畝捐銀兩照數清繳，以應要工。李珠光、賴孟瑜等如果從中阻撓，即行據實，詳請究辦。該堡紳士如江蘇試用道温子紹、即用知縣盧慶雲、貢生馮培光等，皆公正而能任事，並應由縣諭令該紳等協力同辦，毋令一二劣紳坐壞通圍成規。一面札飭廣州府，速飭順德縣傳諭該堡紳士一體遵照，原呈抄發圖存。

撫憲裕公批：如果桑園圍基修費向係由南海、順德各堡按畝派捐，歷經議修，派捐有案。此次興修，除撥給公款外，自應由該紳等查照向章，按畝科銀，以資修費。據呈順德龍山堡舉人李珠光等抗不遵繳，殊屬非是。仰布政司即飭順德縣查明諭遵，毋任抗延，致誤要工。粘繳刊圖并發。

藩憲姚公批：按税出費，修築圍基，係爲保衛田廬起見，歷有成案可查。凡屬圍内業户，自當踴躍輸將，以濟要款。桑園圍於上年被水冲決，除發項興築外，其餘不敷，既經該紳等照章派捐，俱各允從。龍山堡舉人李珠光等，何得故違衆議，致紊定章？據呈前情，仰廣州府迅即飭縣，令該堡紳士照依向定章程，作速清繳，俾濟要工，毋任違延貽誤。切切！

再呈：爲堅執抗科，故違憲諭，再懇傳訊，并發委坐催，以息刁梗而重糧命事。竊紳等桑園圍，生民數十萬，賦税額徵銀五萬餘兩。基圍當西、北兩江之衝，去年因水勢滔天，東西基俱多潑面卸裂，衆議大修，已歷三十七年。宜趁冬晴，一律修築。蒙發歲修息銀六千兩興修在案，此外尚不敷銀數萬兩，議照舊例減數，圍内十四堡按畝起科，每畝科銀一錢五分，十三堡均已陸續按繳修築。獨龍山堡地居桑園圍腹地，最屬富庶。紳等俱係照龍山温侍郎嘉慶甲寅、丁丑減數起科，在龍山堡後輩固應踴躍照科，遵守成規。乃查得該堡紳民並知義無可諉，祇爲當權紳士數人，如舉人李珠光、賴孟瑜及儲公項職監張祥即張炳中等，從中阻撓，徒自私自利，罔顧全圍大局。紳等以爲，一時之抗科事猶小，而順德龍山此次既抗科，即南海各堡恐亦效尤，從此永廢通修，固誤糧項，更貽害數萬户生靈。不得已指名呈請發委坐催，業蒙憲台嚴諭申飭，隨即發委親到勸諭。詎俞委員一到，而三人躲避不面，僅託紳士致意，欲以一千兩之數苟且擋塞。似此堅執私意，抗違憲諭，固壞千百年成規，併不顧闔圍糧命，實屬昧良喪心。且憲諭如此嚴峻，該紳等竟敢蔑視，刁梗已極。若不傳案申飭，并發委坐催，則該紳等反得逍遥事外，自詡得計。現泥工及椿工，東西基俱辦理八九，惟石工亟應往新安陸續運石，培護險要基脚，急需支應，方能全工告竣。迫得再叩台階，乞即傳龍山紳士到案，嚴加申飭，俾得科銀如數繳出，闔圍糧命有賴。

七年辛巳，布政司姚公覲元委俞公文萊催龍山堡基費。

桑園圍紳士列摺呈稱： 南海、順德兩縣桑園圍，分東西兩基，堤長一萬四千餘丈，賦税二千餘頃。圍内共十四堡，順德龍山、龍江、甘竹三堡，賦税十分之三；南海十一堡，賦税十分之七。自前明至今，每遇歲修基圍，該費壹千兩以下，由附近基段各堡自行修築。倘遇圍決，或是年夏潦盛漲，東西基有坍卸傷壞，應修基銀一千兩以上，即通傳圍内紳耆，除請官帑給修外，即按十四堡税畝起科，并派捐銀兩，自二、三萬至五、六萬兩不等。即爲大修，迭次科捐，《桑園圍志》皆備載詳明。即如乾隆甲寅，順德龍山温侍郎汝适在籍，倡議大修，共收十四堡派畝銀五萬九千九百八十八兩九錢八分四釐，龍山派襄捐續捐銀八千二百五十兩，全數完繳。嘉慶丁丑，温侍郎汝适復在籍，再倡議大修，桑園圍照甲寅五成起科，龍山應派畝銀四千一百二十五兩，亦全數完繳。迨道光癸巳、甲辰兩次均通修，按條起科，南七順三，龍山、龍江、甘竹三堡俱同認十分之三，《桑園圍志》亦刻載明備。去年夏潦非常，向所未見，秋初通傳圍内紳耆，會勘大圍各患基，均估價四萬兩，擬照温侍郎甲寅年減數起科，每畝科銀一錢五分，按南七順三，均呈請南海、順德縣主給示，併通禀各大憲在案。龍山堡應科畝銀四千兩，經與龍山舉人左永思、訓導馮培光等熟商，各皆遵科。唯舉人李珠光、賴孟瑜抗不遵科，併以不足據之碑爲詞。查圍志，修基一千兩以下，由附近經管基段，該堡自行修築； 一千兩以上，即派十四堡通修。此碑係因各堡經管基段，惟恐有推諉，俾專責成。若通修一千兩以上，不在此例。況此碑並未刻有『順德龍山、龍江、甘竹三堡不用起科』字樣，而甘竹堡屢次固科銀清繳。即此次甘竹亦按畝科銀，全數清繳。且甘竹孝廉譚子恭現在總局辦理基務，其刻碑不足據可知。至道光癸巳、甲辰，龍山俱照圍例起科，間有尾欠，圍志亦備載詳明，安能以隨意襄捐爲飾卸乎？總之，應科不應科，以決圍水浸不浸爲斷。昨龍山紳士函覆順德縣主，併稱『苛求於圍外之龍山』，此固罔顧大局，尤自相矛盾。察看《桑園圍全圖》，龍山在圍內，瞭如指掌。即如本年二月龍山舉人梁士衡等因龍江築閘阻水，通稟大憲，請速禁止，免礙桑園圍洩水呈內，亦聲明龍山堡在桑園圍内，下游南海數十鄉，諸山水必經龍山，直趨龍江出海。此其同圍共患，自認確據。龍山紳士復以修該鄉子圍爲詞，獨不思桑園圍内各有子圍，皆該堡自行修築。就修子圍而論，九江一堡，本年費修基銀至二萬之多，皆自行籌款修築，並非由桑園大圍公款支出。又安得以修子圍爲詞，希圖推卸也！查桑園圍向領歲修帑息修基，若大修，雖給帑息，亦不敷用。本年蒙憲恩發帑息六千兩，而通修需四萬金有奇，勢必按照龍山温侍郎向章減數科銀。孰意抗科即在龍山李珠光等，殊出情理之外！倘龍山一堡抗繳，各堡效尤，以後基務大壞，固誤糧命，貽害圍民。向桑園圍每次興工告竣，均蒙督撫憲奏明立案，故當遵向章辦理。幸仁台奉委查辦，迫得列摺上陳。伏懇飭令龍山紳士，遵照大憲批示如數遵繳，闔圍糧命有賴。

閏七月，龍山堡紳士賴孟瑜等赴順德縣完繳襄捐銀四千兩。

呈稱： 竊前奉諭，襄捐桑園圍經費銀四千兩，除經繳銀二千兩外，茲遵催鄉内簽助，各家再湊二千兩，特飭鄉練協同貴差繳赴台階，計前後共完繳銀四千兩。伏祈察收，轉給圍局照領。并乞將紳等前具限單給回，實爲德便。

奉順德縣張公批： 據繳助桑園圍經費銀二千兩，如數完收存。俟彙同前繳之二千兩，共四千兩一併解省，轉給圍局照領可也。所請前具限狀，非同取銀單據，業已附卷，毋須發回。

龍山堡襄捐銀四千兩。

甘竹堡襄捐銀七百七十二兩五錢。

九江堡起科銀五千七百九十二兩。

河清堡起科銀一千三百九十一兩九錢三分四釐。

鎮涌堡起科銀一千三百三十七兩三錢八分九釐。

海洲堡起科銀一千四百零六兩二錢二分八釐。

先登堡起科銀一千七百二十四兩零六分二釐。

百滘堡起科銀一千四百一十七兩八錢四分。

雲津堡起科銀九百六十三兩六錢八分五釐。
簡村堡起科銀一千八百二十七兩五錢六分三釐。
金甌堡起科銀一千零五十六兩七錢七分三釐。
大桐堡起科銀一千三百三十五兩七錢三分八釐。
沙頭堡起科銀三千五百五十二兩二錢八分四釐。
龍津堡岡頭涌五鄉起科銀一百五十兩正。
伏隆堡關世澤户起科銀七兩九錢八分。

按，此次龍江堡應修基段甚多，需費亦鉅，勘估當在千數百兩以上。且去總局遼遠，東西大工齊舉，一時督理，難得其人。衆議以該堡應捐之款修該堡受患之基，許自收自支。事出權宜，不得援以爲例云。

九江堡三十四圖

一甲關　陞　另柱關　譽　二甲會　廣
另柱曾三省　三甲關仕榮　四甲張明臣
另柱張斌授　五甲關仕隆　另柱關福昌
六甲梅魁先　七甲關應運　八甲岑良富
另柱岑繼祖　九甲曾通理　十甲朱廷相

九江堡三十五圖

一甲黃運興　二甲蘇運隆　另柱老榮芳
三甲曾　宏　四甲關　美　另柱關上遷
五甲李隆運　另柱黃　登　另柱鍾　文

六甲陳一德　一柱陳永昌　七甲廖起昌
一柱廖　元　九甲關　法　十甲陳顯祖
又八甲關仕興

九江堡三十八圖

一甲陳世昌　一柱陳　勝　一柱陳大受
一柱陳大業　一柱陳　承　一柱陳世山
一柱陳碧洲　一柱陳世德　一柱陳大德
一柱陳廣恩　一柱陳　保　一柱陳萬安
一柱陳萬盛　二甲張彭太　一柱張仁智
一柱張　復　一柱張　同　一柱張　信
一柱張崇萬　一柱張永賢　一柱張永寬
一柱張　英　一柱彭効忠　三甲明　鐸
一柱盧紹明　一柱岑　都　一柱岑　洞
一柱岑善祖　四甲鄭波石　一柱朱紹源
一柱朱繼昌　一柱朱宣義　五甲馮劉胡
一柱馮德潤　一柱馮新盛　一柱馮化生
一柱馮　球　一柱馮嗣京　一柱馮啟昌
一柱馮直山　一柱劉　芳　一柱劉　岳
一柱劉世隆　一柱劉　毓　一柱劉遠盛
一柱劉　隱　一柱劉世美　一柱劉濟美
一柱劉永華　一柱劉昌泰　一柱劉華卓

一柱劉國安　一柱胡廣安　一柱胡大盛
一柱胡子盛　一柱胡新盛　一柱胡海盛
一柱胡昌盛　一柱胡　斑　六甲陳熙載
一柱陳　廣　七甲關義存　一柱關忠顯
一柱關榮仁　一柱關遇春　一柱李大能
一柱李永甯　一柱李鼎熾　一柱鄧　英
一柱鄧貽穀　一柱鄧沖霄　八甲黎祖福
一柱黎廣發　一柱黎其昌　一柱黎永盛
一柱黎錫玉　一柱黎　奇　一柱曾昌勝
一柱曾允勝　一柱曾維新　一柱曾　祖
一柱曾志興　九甲關世業　一柱關税宇
一柱關永昌　一柱關洛溪　一柱關樂川
一柱關寢昌　一柱關鶴亭　一柱關玉亭
一柱關汝壁　一柱黃泰來　一柱黃貴益
一柱黃連元　一柱周上喬　一柱周　溥
一柱周　昌　一柱周東田　一柱周元覆
一柱關麗泉　一柱黃　敬　十甲馮昌英
一柱馮永興　一柱馮丹陵　一柱余文炳
一柱余梧埜

九江堡五十九圖

一甲曾永泰　一柱曾觀富　一柱曾恒泰
二甲李喜華　三甲梁瑞隆　四甲劉思宗
一柱黃昭泰　五甲張清富　六甲關日新
一柱關文熣　一柱關嘉南　一柱關文球
一柱關福存　七甲曾奉朝　一柱曾　輝
八甲黎登泰　九甲岑起新　十甲黃興隆

九江堡八十圖

一甲陳聯宗　另柱黃撰文　二甲陳世鄉
另柱陳士貴　三甲梁鳴鳳　四甲鄧　偉
五甲鄧仕昌　六甲劉　盛　七甲吳大進
一柱吳　廣　十甲陳登谷　另柱曾功墀

沙頭堡二十三圖

一甲鄧仕同　又一甲關　鎮　二甲李太留
三甲崔　震　四甲崔仕興　又四甲崔仕登
五甲吳憲祖　又五甲馮躍祥　六甲黃免高
七甲梁耀祖　又七甲盧　明　八甲馮　長
又八甲李泗興　九甲崔文奎　十甲鄧　瓚
又十甲鄧貴旺

沙頭堡二十四圖

一甲崔維同　二甲盧世昌　三甲馮世隆

又三甲崔國賢　四甲何　昌　另柱歐陽翹玉

五甲崔　壽　又五甲崔　昌　六甲崔永昌

七甲何漸造　八甲何聰先　九甲何　仕

十甲李　盛　另柱鄭國安

沙頭堡四十三圖

一甲老必昌　二甲陳振南　三甲陸繼思

四甲李何創　五甲蘇繼軾　六甲何紹隆

七甲張懷德　八甲呂進承　九甲梁　超

十甲鍾萬壽

沙頭堡五十圖

一甲盧萬春　二甲崔日盛　三甲譚廣興

四甲譚廣安　五甲盧有道　六甲莫必盛

七甲崔彥興　八甲何維新　九甲崔萬昌

十甲譚同盛　另柱黃永隆

沙頭堡六十八圖

一甲周　遷　二甲馮　相　三甲崔桂奇

四甲胡文昌　五甲老少懷　六甲老鍾英

另柱老沼芷　七甲蘇萬成　八甲葉承爵

九甲胡祖昌　十甲何祖興　另柱曾顯珍

沙頭堡七十圖

一甲程萬里　二甲梁　勝　三甲崔日新

四甲梁喜昌　五甲林　秀　六甲林仕昌

七甲何繼昌　八甲林桂芳　九甲李萬盛

十甲盧大綱

沙頭堡七十三圖

一甲鄧崔宏　二甲劉胡同　三甲崔浩賓

四甲譚南興　五甲吳崔興　六甲譚　盛　何其昌

七甲李馮文　八甲羅邵新　九甲何三有

十甲廖永經

沙頭堡七十四圖

一甲黃　銳　二甲李南軒　三甲崔紹興

四甲盧明正　五甲崔勝昌　六甲崔熾昌

七甲黃色裔　八甲鄧閏高　九甲崔漸鴻

十甲關鎮興

大桐堡二十五圖

一甲陳永太　另柱陳祖昌　二甲程　慶

三甲梁世昌　四甲陳永進　五甲郭尚雄

六甲陳永昌　七甲郭嘉隆　八甲郭萬昌

另柱郭應時　九甲周日先　十甲熊萬春

大桐堡二十六圖

一甲冼派宗　二甲李　綱　三甲郭無疆

另柱黎珍女　另柱譚民安　另柱程儲富

另柱冼　英　另柱胡再興　另柱譚　德

四甲郭　宗　五甲郭夢松　六甲傅榮貴

又六甲郭善安　七甲郭嘉進　八甲戴　仁

另柱郭天福　另柱郭祖同　九甲郭志豪

十甲李禎祥　另柱李日盛　另柱李進盛

大桐堡四十一圖

一甲陳餘三　二甲李同春　三甲郭日盛

四甲郭祖興　五甲郭永興　六甲何侯關

七甲李三茂　八甲冼永隆　九甲陳恒泰

十甲胡程昌

大桐堡六十三圖

一甲林昌祚　另柱林鳳彩　二甲梁顯隆

三甲郭子保　四甲林厚業　五甲吴何昌

六甲郭晉豐　七甲蘇蔡沈　八甲李　賢

九甲沈郭李　十甲梁番清

大桐堡七十一圖

一甲程　章　二甲劉　昌　三甲傅維新

四甲麥　豐　五甲程洗昌　六甲陳　昭

七甲程思增　八甲程經顯　九甲傅永昌

十甲胡　廣

大桐堡七十二圖

一甲温　徐　二甲傅居萬　三甲傅精忠

四甲黎民盛　五甲陸光祖　六甲老猶壯

七甲袁桂芳　八甲高光臨　九甲郭良進

十甲李貴隆　另柱曾斯竺

鎮涌堡二十七圖

二甲梁建昌　三甲何耀祖　四甲一柱何宗顯

另柱何毓裕　六甲潘可大　另柱潘善正

七甲任　儒　十甲任　隆

鎮涌堡二十八圖

二甲曾　賢　三甲任税同　另柱何昌裔

五甲劉鳴鳳　六甲何少同　七甲曾　奇

九甲任　賦　十甲何大成

鎮涌堡二十九圖

二甲潘龍興　三甲潘起龍　另柱馮　會

四甲陳永昌　四甲陳順章　四甲陳　文

六甲潘裔昌　七甲潘大用　八甲何允隆

另柱何愈昌　另柱何晚盛　另柱何　興

九甲梁大德　另户何國珍彦　另户何信賢

另户何良輔　另户黃少緒

鎮涌堡四十圖

二甲鄧劉昌　二甲鄧振東　四甲何斌舉

五甲黃雷霍　六甲何仕富　六甲扶　昌

六甲何　長　一柱何宗遠　八甲黃志德

九甲另柱馮太來　十甲何　桓　十甲何維建

河清堡三十二圖

一甲潘永盛　二甲潘　魁　三甲潘紹祺

四甲潘有德　五甲何其昌　六甲余元達

七甲潘繼業　八甲何榮相　九甲潘朝璉

十甲譚有俊　另户潘樂成　另户潘清端

另户潘何興　另户潘敖公

河清堡三十三圖

一甲黎福增　二甲潘永思　三甲潘可仕

四甲何福隆　另柱何攀桂　另柱何群英

五甲潘賢昌　六甲胡伯興　七甲潘　傑

八甲潘維昭　另柱潘日升　另柱潘隆升

另柱潘燦升　另柱潘俊澤　九甲潘明盛

十甲潘祚興　另柱潘廣隆　另柱潘世隆

另柱潘榮升

簡村堡十四圖

一甲麥逢年　二甲冼憲宗　三甲梁永盛

四甲陳德昌　另柱陳燕侯　五甲馮世盛

六甲李裔興　另柱李國祀　七甲倫　廣

八甲梁俊英　又八甲黃紹宗　九甲梁　富

又九甲馮二昌　十甲陳　章　另柱陳家修

另九甲陳以平　二甲另柱冼天球　又甲另户陳茂恩

簡村堡五十三圖

一甲何勝祖　二甲張世昌　另柱張世盛
三甲黄　德　四甲张二德　五甲陳德昌
六甲馮　震　七甲麥　喜　八甲羅萬石
九甲張廣生　十甲張　宗

簡村堡五十四圖

一甲冼以進　另户冼　喬　又一甲馮逸吾
另户馮觀育　二甲麥　德　另户張承恩
三甲蘇芝秀　四甲簡如錦　一柱麥　碧
五甲馬遇芳　另柱馬符禄　六甲蘇業進
另柱符瑞龍　另柱蘇茂達　七甲左　英
九甲黎有實　另柱黎衆盛　另柱霍黄吕
另柱麥　沾

百滘堡十一圖

一甲潘耀璣　二甲黎　忠　三甲潘大有
四甲潘啟元　五甲黎日進　另柱黎　昌
六甲潘世隆　七甲黎豐焕　八甲潘光壯
九甲潘　龍　另柱潘日千　另柱潘日山
又九甲潘萬盛　另柱潘廣相　另柱潘挺相
十甲梁　相

百滘堡十二圖

一甲張祖同　又一甲張天錫　二甲潘紹元
三甲潘大成　四甲潘上進　五甲潘致忠
六甲梁　同　七甲潘永盛　又七甲潘　學
另柱潘始昌　八甲區紹基　九甲麥　佳
又九甲潘　興　十甲黎日登

先登堡十三圖

一甲梁觀鳳　又一甲蘇耀光　二甲李　標
三甲李大有　四甲蘇芝望　五甲張俊英
六甲梁卓明　另柱梁南儒　七甲蘇萬春
八甲李瑯琛　九甲蘇志大　十甲李　棟

先登堡五十二圖

一甲張嘉隆　二甲李永高　三甲梁裔昌
四甲蘇　節　五甲梁九達　六甲李大成
另柱李　宗　七甲張宗傑　八甲馮有戌
又八甲符曰臣　九甲李　祥　十甲區國器

海舟堡三十圖

一甲梁萬同　二甲麥秀陽　三甲馮　俊
四甲余尚德　又四甲梁稅滿　五甲梁孟朝
五甲梁榮隆　另柱梁義誠　六甲温萬成
六甲梁天祚　六甲梁大有　又六甲梁　仰
又六甲黎大傑　七甲黎禮敬　八甲梁　椿
九甲李常興　又九甲李復興　十甲李遇春

海舟堡三十一圖

一甲石中藏　二甲簡其能　三甲馮永盛
四甲譚稅長　五甲黎世隆　六甲林　璋
七甲李文興　八甲李文盛　九甲梁　昌
十甲李繼芳　另户蔣良材

雲津堡十圖

一甲張裕賦　二甲馮　梓　四甲林桂芳
又四甲黎祖興　五甲潘祖同　六甲潘世興
另柱潘其勤　九甲吳　聰

雲津堡二十二圖

一甲鍾鄧劉　三甲羅　信　另柱馬　盛
另柱麥裕益　五甲程祐新　七甲陳運昌
八甲潘　德

雲津堡三十七圖

三甲麥大年　四甲黎振昌　五甲周　興
七甲陳聯昌　八甲何昌祚　九甲區兆麒
十甲梁德彰　四十七圖　九甲羅祖相

雲津堡四十九圖

一甲黎譚崔　三甲石　英　四甲洗裕興
另柱何德詹　五甲梁林周　六甲陳　同
陳宗器　嚴　法　七甲陳宗富
九甲李　華　十甲洗公養　另柱陳兆祥

金甌堡九圖

三甲余振剛　五甲余　成　七甲余一鸞
衿户余良棟　另柱余永昌　九甲梁維彰
另柱張　廣　十甲趙萬印

金甌堡三十六圖

一甲潘　綬　二甲岑老壯　三甲羅　昌
四甲余　挺　五甲岑裕昌　六甲關永興
七甲冼祐隆　八甲余永隆　九甲唐　聖
十甲余際興

金甌堡四十六圖

一甲陳　昌　二甲老陳梁　三甲余區同
四甲余世昌　六甲余萬盛　八甲陳　益
衿户陳　鰲　十甲余冼興

按，順德三堡向以襄捐爲名。其銀由該堡彙交，花户姓名無繇分析，故舊志『圖户』門僅載南海十一堡，今從之。

卷九　義捐

昔蘇東坡在惠州，出上所賜金錢，築長堤於豐湖之右，傳之紀載，以爲美談。夫坡公於惠州無守土之責、田宅之置，乃慷慨施予，可謂曰『義』。然第以資游覽，其於農田水利，所益尚鮮。若夫捐巨貲捍大難，遂使千百萬家世蒙其芘，可不謂『功同磐石，義重衡嵩』者乎！志『義捐』。

乾隆五十九年甲寅，塞李村决口，布政司陳公大文、督糧道吴公俊諭助堤工。

照得粤東民修基圍，工程小者，責成該管居民；工程大者，派之通圍業户，久奉部行，遵照在案。兹查南海縣屬之桑園圍，綿亘數十里，當西、北兩江匯流之衝。圍内百萬家，烟户田廬，全資保障，實爲基圍中最大之區。本年七月内潦水漲發，該圍被决多處。經本司親臨查勘，大率由基身年久就頽，歲修工料草率所致。兹屆冬晴水涸，亟宜籌辦興修。現據南海縣呈送縣屬紳民與順德縣龍江、龍山等鄉紳民公議勸捐及辦理各章程，並據紳士陳文耀、潘吉士等具呈前來。細加核閱，具見各紳民篤念梓桑，綢繆捍衛之至計。惟是工程浩大，需費繁多，必得人人奮勉，踴躍捐輸，抑且慮始圖終，萃而不涣，方可尅期集事，聿觀厥成。本司道現與該府縣各自捐廉，倡率肇興，鉅工合行，剴切曉諭。爲此，示諭該圍業户居民及南、順兩邑紳士等知悉：爾等或田廬附近基圍，或産業毗連鄰境，目擊切膚之災，每有下游之患，當思利害切身。趁此水涸冬晴，作速捐金修築。小康者照例按田派費，富厚者量力從厚捐資，一俟捐有成數，即彙交董事，刻日鳩工辦料，將決過基口先行築復。其餘通圍基身，低薄者加增高厚，浮鬆者夯築堅實，務期一律鞏固，從此共慶奠安。事竣之日，本司道查明捐金數目，及在事出力之人，詳請院憲分别給匾，以彰勸善奬勤之義。特示。

六十年乙卯布政司陳公大文諭助石工

照得南海縣屬桑園圍基，延袤萬二千丈，捍衛良田千五百餘頃，爲廣屬中基圍最大之區。上年六、七月間，洪潦漲發，崩決基口十數處，均當西、北兩江頂衝之岸。經本司親往查勘，狂流洶湧，實爲險沖。必須砌築堅固結實，方保無虞。因念民力或有不逮，本司隨捐俸倡率，諭令兩邑紳民合力通修，爲一勞永逸之計。隨據南邑首事何毓洲、潘吉士等議定勸捐修築章程，具呈到司。並會順邑殷宦温内翰面商，亦概欣倡助，先後合計題捐銀五萬兩。並據南海縣李令派委總理首事李肇珠等設局李村，分段挑築，人心踴躍，不數月而全堤獲竣，具見兩邑群情向義，誼篤梓桑，深堪嘉尚。本年七月董事等以全堤告竣，神廟落成，呈請親臨履勘，當於七月十四日自省起程，十五日赴廟拈香，後隨督同廣州府朱守、佛山水利廳宗丞、南海縣李令、順德縣汪令、三水縣王令沿堤履勘，均已一律堅築高厚，視别圍工程高出三尺有餘，此後永無泛溢之患。惟西岸海舟之三丫基、南村之禾义基、九江之蠶姑廟、沙頭之韋馱廟各段，直接西、北兩江全流之水，澎湃浩蕩，沖激湍急，勢不可當，尤宜于基外厚培大石，方能以阻狂流而捍洶湧。其東岸雲津、百滘之莊邊、吉贊、藻尾等處，基脚壁立，并西岸先登、石龍、鎮涌、河清，沿基之外雖生有浮坦，而一遇夏潦漲盛之際，漫灘頂沖，基高脚軟，難免日久坍卸之虞，亦應壘石培護，方爲妥善。當即諭令嵇、吕二委員會勘，計需工費若干，稟報察核，官爲捐助。兹據委員逐段丈勘，列摺稟覆，全圍合計需費九千六百餘兩。並據總理首事呈請，查照南邑原派三萬一千餘兩之數，按照各堡原額加二添捐，尚不敷二千餘金，再爲設法簽足，以仰副盡善盡美之至意各等情到司。當批據呈，加捐銀兩，籌添石工，砌築基圍，爲一勞永逸之計，洵屬妥善。本司當再捐俸佽助，府縣亦各願捐施候。即出示勸諭，其前次未交銀兩，并候飭縣嚴催交局可也。除飭府、廳、縣一體遵照外，合就出示，爲此示諭該堡紳耆士庶、墟總業户人等知悉，爾等家本素豐，固宜早爲踴躍，按照該堡原額添捐，迅速交局。即小康之家，前此未經捐助，今樂全圍鞏固，早稻豐收，亦應按田派費，奮勉争簽，速交董事辦料砌築，以臻完善，從此共慶奠安，咸登袵席，本司實有厚望焉。其各凜遵毋違。特示。
陳方伯章太夫人捐銀一百兩。
布政司陳公大文捐銀二百兩。
廣州府朱公棟前後捐銀一百八十兩。
南海縣李公橒前後捐銀二百八十五兩。
陳俞徽捐銀三百五十九兩。
沙頭堡當押九間捐銀三百五十八兩。
九江堡當押三十八間捐銀一千一百一十三兩。
簡村堡當押一間捐銀四十兩。
先登堡當押二間捐銀八十兩。
金甌堡當押二間捐銀八十兩。
海舟堡當押三間捐銀一百三十兩。
大桐堡當押六間捐銀二百三十九兩六錢六分。
河清堡當押三間捐銀一百二十兩。
百滘堡當押六間捐銀二百二十兩。
雲津堡當押三間捐銀九十五兩。
江浦總埠捐銀一千四百六十四兩四錢二分。
嘉慶二十四年己卯，歲修九江堡墟場，題助銀一千餘兩。

二十五年庚辰，改建石堤，刑部郎中伍紳元蘭捐銀三萬兩，刑部員外郎伍紳元芝捐銀三萬兩，前工部郎中新會盧紳文錦捐銀四萬兩。

南海縣詳稱：卑職職守斯土，斷不敢存苟且目前之見，致百姓身家性命之憂。當與該處紳耆等妥爲酌議，必須改用石工，分別最險、次險，通圍砌築，方足以資久遠無患。如最險之吉贊橫基、三丫基、禾乂基、天后廟、大洛口等處，約計一千九百餘丈，須條石疊砌高厚，其餘七千餘丈亦必用大碎石塊堆砌，平衍如坡，方可一律鞏固。惟九千餘丈之基堤所需石料、人工、飯食、運脚等項，非捐銀十萬兩不能集事。卑職於去年十月到任後，久經出示，曉諭南、順兩縣紳士商賈人等，踴躍捐輸，以襄義舉。兹據緣事革職在籍之郎中盧文錦情願捐銀四萬兩，又據現任刑部山東司郎中伍元蘭、現任刑部安徽司員外郎伍元芝專遣家丁回籍，赴縣呈請，各捐銀三萬兩，均屬出自至誠，似應准其所請。庶基圍藉以永固，民患盡除，且可一勞永逸，毋需歲修之費，以仰體憲臺捍災恤民之至意。除照各該員原呈另文轉詳外，合先具稟，察核示遵，俾得趕緊興工，以甦民命而節國帑。至已革郎中盧文錦、現任刑部山東司郎中伍元蘭、現任刑部安徽司員外郎伍元芝等踴躍捐輸，急公明義，可否奏請鼓勵之處，出自憲恩。爲此具稟，伏乞慈鑒。

道光九年己丑，塞西湖村、藻尾基、仙萊岡三決口，南海縣廩生伍紳元薇捐銀二萬九千五百兩。

呈稱：竊本年五月，西潦漲決三水縣屬蚬塘坡子角基，并決南海縣屬桑園圍吉水灣、仙萊岡等基，生經捐銀二萬兩以爲搶塞修築工費，稟蒙恩准，並蒙糧道憲仁憲督同地方官及各委員臨勘，發給坡子角基銀二千五百兩，吉水灣基銀二千兩，仙萊岡基三千兩，先將決口搶修堵塞，餘銀留爲冬晴修築。生經隨同委員督工搶修堵築，嗣經吉水灣、仙萊岡兩基搶修報竣。所領銀兩吉水灣賸銀一千兩，仙萊岡賸銀一千一百餘兩，稟明留爲冬晴翻築兩決口之用。坡子角所領銀兩，因西潦復漲，工費浩繁，銀不敷支。生經陳明，續捐一千三百兩給與該處業户收領，辦竣搶修事宜。又蒙於前捐項内另給銀一千兩砌築石堤，後因搶修，工未堅實，尚須冬晴翻築堅固，方能砌石。其所發石工銀一千兩留存業户候用，隨於十月間冬晴水涸，先奉飭文，吴兩委員勘明桑園東基吉水、藻尾、民樂、林村、莊邊、渡滘、吉贊横基、仙萊岡等處，除決口外共長二千二百餘丈，竇穴四口，又龍津基六百餘丈，東基共長二千八百餘丈，坍卸裂陷，不一而足，均應修築。而吉贊横基、仙萊岡兩基爲桑園圍全圍頂沖保障，最險最要，其險要處所，前雖已砌石堤，本年潦水沖漲，石堤坍卸甚多，計鵝埠石、圳口、太平、李村、三丫基、泥龍角、禾义基，西方外圍圓所廟下甘竹各處，補砌石塊，加築工料，共需銀四千餘兩。蜆塘圍蓬村、上下蘇亞、娘鞋、符家社、周家内外基，當風頭蓬萊廟、坡子角、龍池横基等處除決口外，共長五百餘丈，前雖砌石，本年潦水沖漲，石堤坍卸亦多。該處爲西江頂沖最險，決口砌石，培應高厚，方能抵禦。通修舊基，連翻築決口，計需銀六千兩，除現存石工銀一千兩外，尚需銀五千兩。除蒙糧道憲仁憲親臨履勘，生亦隨同查看無異。合計桑園圍東西兩基共長一萬二千餘丈，決口兩處，前後搶塞修築。横基長三百餘丈，前雖砌石，僅得其半，本年劈陷六十餘丈。仙萊岡基全未有石，本年被水沖決兩基，全堤均應加砌方砧大條石，靠石裏面，加舂灰沙數尺。吉水灣新築基與東基近海，險要之處，亦應擇地加石。竇穴四口，拆去舊基，改砌石條，始能一律鞏固。計東基通修，連翻築決口，除前給銀共賸銀二千一百餘兩外，尚需銀萬兩有奇。西基自鵝埠石起，至甘竹止，共長九千餘丈，需銀一萬九千七百兩。蜆塘圍基長五百餘丈，決口一處，前後搶塞修築，共估銀九千八百兩，合共需銀二萬九千五百兩，前捐銀二萬兩不敷支應。伏思蜆塘圍地處上游，爲西海頂沖險要，西潦漲入，直衝腹裏，反潰於東，建瓴而下，則下游之蜆売、大良、大有、大栅、琴沙、仙蹟、杜滘、桑園等圍均受沖刷。而桑園圍爲南、順兩邑要區，周迴百餘里，農桑田地一千數百頃，圍基一萬餘丈，當西、北兩江匯流之衝，地處平衍，水當歸匯。該圍一決，則南、順兩邑均受其災。西潦全藉西基以爲捍衛，西基中之圳口、三丫基、禾义基、西方外基尤爲險要。北潦及西潦上游沖決，全藉東基以爲保障。東基中之吉贊横基、仙萊岡基更爲頂沖。是蜆塘、桑園兩圍，一爲上游最險最要，一爲下游最險最大，兩圍完好，則腹裏各圍俱可無虞。前捐之銀現不敷支，若令業户科派，不特力有未逮，且恐有稽時日。生雖住非同圍，念切桑梓，情願再捐銀九千五百兩，俾敷支應。一面照數繳出，聽候委員先行撥給各業户領收，取具領狀，繳送存案。庶幾得以及時趕辦，悉臻鞏固，永慶安瀾，以仰副大憲痌瘝在抱，保民若赤至意。除稟各憲外，所有續捐銀九千五百兩，前後共捐銀二萬九千五百兩緣由，理合稟候仁憲察核，實爲恩便。

按，此次捐助，不專桑園圍。而桑園圍用款較多，施工不止三决口，而三决口工程較大。且前捐二萬兩，已聲明此稟中存之，具見規畫詳密，而前稟可從略焉。

二十四年甲辰，塞林村、吉水兩决口，知南海縣史公樸諭紳士勸捐。

諭桑園圍董修紳士馮日初、何子彬、明倫、潘漸逵知悉，案照該圍本年被潦沖决林村、鵝春社、吉水竇，及九江之南頭圍等基，此外各堡經管基段，多有坍卸損壞，以致全圍被淹。經蒙列憲念切民瘼，率屬捐廉撫恤，及籌捐修費，所謂至優且渥。兹届冬令水涸，亟應將大圍修復，藉資保護。復經本縣親歷查勘，分别撥給修費。隨據該紳等以圍之西基濱臨大海，本年坍卸裂陷患基甚多，且皆險要，擬請通圍大修，以爲一勞永逸之計。但工浩費繁，非三萬餘金不克蕆事。除官紳捐項，及在圍内田額科派外，尚多不敷。第該圍基地跨南、順兩邑，環繞百有餘里，烟户數萬。全堤基段，在在均關緊要，倘僅修復决口，祇可爲目前之計，而難爲久遠之謀。若通圍大修，一律加高培厚，所需甚鉅。如限以經費，工程難期鞏固。因思縣屬官紳殷户，素稱急公好義，而圍内衿民尤屬情關梓里，自宜一體踴躍捐輸，以成善舉，而資保障。本縣現經通稟各憲，請以捐資在三百兩以上者，無論士庶，分别等次，奏請從優議敘，以示獎勵。除出示諭外，合諭勸捐，諭到該紳等即便遵照。須知桑梓之誼患，關切己之憂務，宜不分畛域，親詣勸捐。圍内、圍外紳民富户，好善樂施之家，急公慷慨之士，踴躍捐輸，俾湊厥用而成義舉。樂捐者固得恩獎之榮，而基圍永獲安瀾之慶。惟在衆紳等交相勸勉，切勿稍存瘼視，是所厚望焉。勉之。特諭。

列憲捐廉二千五百兩。

布政司銜候選道番禺潘公仕成捐銀五千五百兩。

處默堂義士捐銀五千兩。

基初决，衆集海神廟籌築水基費，趕蒔晚禾。忽有不識姓名二人入問築水基所需幾何？答曰五千兩，問交付何人？值事告以居址。越數日，即有人駕槳船賫白金五千兩至，題曰『處默堂』，詢姓名，不答而去。

卷十　工程

浙江海塘，官董其役，體統嚴重，與河工等。自督撫以迄守備，皆辦工之員，上下鈐束，固無慮呼應不靈，臨事推諉。復設額兵供役使，一切物料均官爲定價，又無可混弊。若桑園圍則帑領於官，而事統於紳，分等而人衆。清高之士率多規避，而圖私不遂者又恣爲蜚語，故任事頗難其人。至僱役夫、庀衆材，概難准官價發給。又不得不與時消息，隨地變通，成蹟具在，按籍可稽也。志『工程』。

推首事

乾隆己亥修築

總理何鴻蜚　劉仁魁　潘宗儒　趙符彩　曾翰元

譚昭和　吴章錦　潘健和　李殿昭

協理吴佩熙　李貴參　關深和

乾隆甲寅修築

一、擬工程須專人總理收支。順德公舉二人，南海公舉二人，始終董理。工竣之日，闔圍酌議酬謝。

一、兩邑公推總理，全賴始終鼎力，常在工所督辦。其餘協理共四十七人，或本身不能親到，聽其另覓殷實兄弟子姪赴工督理，不得託詞他往。

一、每堡公推首事及協理，或三四人不等。內有協理尚未推出者，聽其於堡內自行遴選，及早推定，與先推首事一體齊集總局，共襄厥事。

一、應修各處基段，在總局派撥。鄰堡首事二人協同該處首事相度辦理，毋得私自修築，以昭公慎。

總理李昌耀海舟堡人　余殿采金甌堡　關秀峰九江堡人

梁廷光海舟堡人

按，舊志始於乾隆甲寅，所有條例，皆以此爲權輿。已後隨時損益，彌臻詳密。兹擇存其所損益者，至相沿成例，不復贅焉。

嘉慶丁丑修築

兩邑公推首事總理五人，協理二人：

總理羅思瑾簡村堡舉人　岑誠九江堡舉人

何毓齡鎮涌堡歲貢生　潘澄江河清堡舉人

梁健齡先登堡舉人

己卯、庚辰兩次修築

南海縣仲示：今歲已更新，各堡選擇首事，互相推諉，以致逾期尚未定妥，工程懸宕。本縣訪得候補訓導何毓齡、舉人潘澄江，端方富厚，前年通修全圍，不避嫌怨，頗費辛勤。且於堤工情形熟悉，素爲鄉里推重，并據九江堡舉人明秉璋等聯呈，舉充前來。除給發首事戳記，以爲憑信，囑令何毓齡、潘澄江設立基局辦理，并移九江廳江浦司就近督催。

一、議總局兩人，河神廟設局辦事。大堡公舉二人，小堡公舉一人，分派各段公所知理。比如修某基段，必以別堡之人督理，以昭公慎。在該堡紳耆選舉公正諳練者，勷理其事。貪婪不職，及託故誤公者，聽衆辭退，仍要該堡另選報充。至應議酬勞，係該堡自行酌送，毋得將該堡義舉銀兩開銷。

一、原議督辦之廠分爲七段，每段借祠宇爲公所，另搭小廠以督工作。九江、甘竹爲一段，河清、鎮涌爲一段，海舟堡爲一段，先登堡爲一段，吉贊横基爲一段，百滘、雲津、簡村爲一段，沙頭至河澎尾爲一段，每段除首事二人外，添司事二名，火夫一名，其工金係由公開銷。各段飯食銀兩，則首事與司事等一併開銷。

一、議九江、沙頭、簡村、海舟、先登五堡皆爲大堡，舉首事二人； 百滘、雲津、河清、金甌、鎮涌、大同六堡爲小堡，各舉首事一人，共一十六人。因人擇地派放，毋得以本堡之人争執要承修本堡之基。公所計七段，用去一十四人，尚餘二人留總局幫辦各務。

己卯總理何毓齡　潘澄江

庚辰總理何毓齡　潘澄江

協理張鳴球　朱　瑛　余用爵　老鳳倫

馮　芳　梁公章　何在中　關翰宗

程士標　張宣榮　李荷君　潘贊祖

黎漢清　張桂湄　關文保　黎國英

道光己丑首事張喬年　明離照　黄龍文

癸巳修築

一、董理水基工程首事，須在決口業户内揀選，經理不可攙用外堡人。因辦理工程本無甚難，須得實心實力，博訪老練基工人從事，自無貽誤。一參以外堡之人，業户轉得藉口委卸，而在外堡之人，又以事非切己，未肯實心。且首事非土著則呼應不靈，反多觀望。

一、董理首事要派開某人管數收支銀兩，某人在廠伺候官府，迎送賓友，某人分買辦各料，某人巡察工人勤惰，因材任事，各有職司。不可攙越混亂，以專責成。

一、大廠董理首事每日飯食茶烟等項，須立畫一規條，以示限制。

總理李應揚（田心鄉武舉）　何子彬（南村鄉舉人）

甲辰修築

總理馮日初（沙頭堡舉人）　明倫（九江堡舉人）　潘漸逵（百滘堡舉人）
何子彬

己酉歲修

總理何子彬　潘以翎（百滘堡舉人）

咸豐癸丑歲修

總理潘斯湖（百滘堡舉人）　崔繼芬（沙頭堡舉人）

同治丁卯己巳歲修

首事潘斯湖　明之綱（九江堡進士）　潘以翎

何文卓鎮涌堡舉人　梁　清海舟堡舉人　潘斯瀾百滘堡候選同知

癸酉歲修

首事明之綱　潘以翎　何文卓　潘斯瀾

光緒丁丑歲修

首事何文卓　潘以翎　劉文照鎮涌堡舉人

潘斯沅百滘堡附生

己卯歲修

首事陳序球雲津堡進士　潘斯瀅百滘堡附生

庚辰大修

首事陳序球　梁　融大同堡進士

崔友成沙頭堡舉人　何文卓

潘斯瀅　何如鍇鎮涌堡舉人

陳其灼九江堡順天舉人　譚子恭甘竹堡舉人

余得俊金甌堡舉人　關俊英金甌堡附貢生

陳序璿雲津堡附生　余廷霖海舟堡附貢生

郭汝舟大同堡附生　譚　杞沙頭堡附生

乙酉歲修

首事馮栻宗九江堡進士　劉仕潼九江堡舉人

梁　融　何文卓　何如鍇

李錫培簡村堡舉人　余得俊　潘斯瀅

馭工人

一、大工興作，需工甚衆。議以二十人爲一起，每起設攬頭一人，仍由本堡首事保認，以專責成。或挑泥，或搬運，或舂灰墻，每日須聽督理之人指使。所有鋤頭、鏨鑿，每號要十五件，大簍要十五擔，擔杆、鍋竈、碗快、柴火，自爲預備。每名每日議以工銀八分，另補自備器具銀一分，共銀九分，連飯食在内。仍要熟識工程、勤力工作者，方能應募。倘糊混入隊，不依指使者，隨時斥退。老弱幼穉及廢疾者，不得充數。

一、工數衆多，每起編列字號。以一字號，住寮鋪一間，深、闊各二丈。每號給小牌二十面，各懸帶以便查點。勤者分别獎勸，惰者即革退，斷不徇情。以上乾隆甲寅例

一、在工受僱之人，務登明住址、姓名、來歷。當在公所勤慎出入，遇夜即在公所旁寮歇宿。亦不得酗酒逞兇，聚集賭博。如有懶惰生事，聽總理逐除，違抗者禀究。

一、泥工每日開工，聽大廠五鼓後。頭旬鑼造飯，二旬鑼食飯，三旬鑼到大廠。每人領腰牌一個，始得開工。至中午鳴鑼食晏，復至晚鳴鑼，一律收工。日間督理不時稽察，如有短少人數，未經報明，即行將該號斥革，另招補充。至收工時候，將腰牌照人數繳回督理。

一、開工之後，遇有風雨，難以施工，即要鳴鑼齊收。

清晨至朝飯收工，則算三分工。清晨至中午收工，則算五分工。清晨至申一二刻收工，則算八分工。

一、工數人多，要編列某號落泥某處，某號取泥某處。設竹牌懸起標明。各工要掛起腰牌，以便查點。其用船載沙泥者，每日船租三分，人工照算。以上丁丑年增

一、各督工之人，或派實監某字號，或某日調换，以免與工人習熟，有徇情之弊。

一、泥工督理，不時稽察。或於工人食飯時查點，或各督工一齊傳工人查點，以免一人應數字號之弊。

一、基廠除董理首事之外，所用打雜人等，應計某項事情繁簡，酌用人數多寡。以分司稽察，或稽察樁工，或稽察泥工，或稽察防守物料，均有專責，不可紊亂。

一、工次，每日各鄉觀探，多人恐無分别。所有稽察之人，每人手執板簽一枝，内書明稽察某項字號，常川巡查。使各工一望知爲督工之人，不致懶惰。以上癸巳年增

一、各工多以圍内人承攬。本年災歉之後，以工代賑，貧民亦可資生，此係縣憲恩慈體恤。並至凡屬圍内人等，各宜激發天良，出力從事。所有工價，悉由妥議，毋得争貪。

一、各工每名照每日工價支銀三份之二，扣留三份之一，五日一清算，不得踰額多支。

一、工人務宜安分力作。如有偷竊、賭博、酗酒，及毁壞蓬寮等弊，立即送官懲究。倘或私逃，亦惟擔保是問，决不姑徇，各宜自愛可也。以上甲辰年增

附牛工

一、牛隻踹練，以三隻爲一手。一人帶牛，每日人工、牛工共銀七錢二分。所有帶牛之人飯食，以及餵牛草料俱在工銀之内。分上午、下午兩班，自清晨練，至中午放牛，爲上班，作一日算。自中午練，至酉刻放牛，爲下班，作一日算。中間快鞭匀練，不得私行放水。其老弱牛母及牛牯仔，概不取録。

一、挑泥每日用牛踹練，所挑到泥塊，用工拷碎耙平，然後牛練。其牛隻預早招人租賃。

一、牛隻用得日子長，宜買不宜賃。賃牛則帶牛之人固懶於鞭行，且恐傷牛，雖力催之，仍群立而無濟於事。計兩月之租賃，已足買價，用畢仍可賣之。甲寅年志，即買牛用矣。

一、搭大廠一座，監督之人常川在此督理。每發收腰牌，登記字號，設草紙大簿。註明某所工數若干，泥井若干，牛數若干。午後先交總理所兑銀，至晚，同各攬頭到公所開支。

一、泥工、牛工，每號皆設小簿，註明住址、人數、牛數、艇數、井數。每晚隨同大廠督理之人交總理所，注明某號數目用了圖記，方得支銀。完工之日，繳回此簿存核。

購石

一、開工以石爲先，必須先定石價。所有各項石價，集衆議定開列。

鹹水石，每百擔議銀二兩一錢。丁丑年增五分，癸巳年減四錢。

新會白石，每百擔議銀一兩九錢。丁丑年減五分，癸巳年減三錢。

肇慶黑石，每百擔議銀一兩七錢。丁丑年增五分，癸巳年減五錢。

各石以每塊在一百至二、三百斤爲率，最小亦要五十斤以上。不及五十斤者，不得上秤。仍要大七小三配搭秤石。之後須聽首事指點安放停當。各船有情愿源源接濟者，初次用竹編列字號于該船頭尾，號定水誌。下次挽運到步，以原水號爲准，不用再秤，以省紛煩。至秤石時，如有賄囑，以少報多，查出將石銀罰去。倘督理暗中需索，許船户通知，無得隱匿。

己卯年稟覆採石章程

敬稟者，日前接奉鈞諭，内開基圍工程需石甚多，新安九龍山石歷奉嚴禁，遇有要工，均係呈請給照，方准採用。此次修築圍基，應即稟請，給照採運，以免姦徒藉名偷挖。查該山孤懸海外，毓等未經其地，辦理章程素非諳練，必須招取石匠攬頭，方能承辦。但攬頭石匠狡詐多端，只徒飽己肥囊，不顧基工要務，往往假公濟私，將石運赴別埠售賣，到局者百無二三，鞭長莫及，無奈伊何。若非妥定章程，則姦徒得以射利，於基工究屬無益。各處石匠現聞有開山之説紛紛到局，願於一年之内交銀七千兩，總局代爲給價者，有願運石三千三百四十萬，無庸給價者。毓等再四思維，收銀代給，輾轉徒勞，不若得石爲先，方歸實效。兹謬擬章程四款，以防弊端。圍基總要得石以應鉅工，亦須將每月得石數目列册呈報。其餘石板任聽承辦運售別埠。在總局無染指之虞，在承辦亦得石板價銀，以資彌補。兩得其平，似無情弊，如此則姦徒無從射利。合將辦理緣由，粘連議款，冒昧稟明，可否據情，詳明大憲批示飭遵。

計粘集擬章程呈核

一、議禁止阻運也。

查九龍山石，久奉嚴禁。今奉大憲恩准，務懇詳請行知文武各衙門，沿途出示張掛，如有照票，不許兵吏、書役、巡船人等索詐，遇便放行，以免遲誤。

一、議功歸實效也。

採石築基，首事領牌後，自必招取石匠承辦，妥立合同。但石匠姦詐異常，多有藉端滋事。查該山石船共有二百餘號，兹議以每月撥船若干號運赴培基，每船約載石若干，每月計得石若干，周年核算，共計得石若干，照局價算應給銀若干，今概無庸給，聽承辦石匠將鑿出板石運赴別埠售賣，彌補工修火足水脚銀兩，仍須先交按櫃銀一千兩。另要殷實鋪店擔保，始准承辦，方見實效。

一、議事昭平允也。

承接石匠、基圍石塊運脚各費，係承接自辦，固無庸局中支發，若不籌度彌補，實難辦理。今議長板石塊聽其別運售賣，自可兩相有益。然基務總以按月約得石三百萬到局，只許有多無少。倘有按月運石不足數，聽從首事稟明，將牌撤回，另招接辦并將按櫃銀兩報官充公，擔保之人送官究治。如按月照合約交足石數，俟運竣稟明停採後，將按櫃之銀交回承辦石匠，以昭平允。

一、議責有專成也。

石匠辦接挽運之後，毋得以銀兩不敷捏詞推諉，希圖飾卸。至沿途倘有留難阻滯，該石匠即指名報局，俾得稟請釋放。該石匠亦無得藉端滋事。

已上四款，不過芻蕘鄙見，如此辦理，似屬至公無私。蓋石船按月運交，按月照石數開報，毋庸支給銀兩。局中人等無所施其姦詐，即承辦之家，所取石板亦足以資彌補，兩得其平。惟憎惡不同，流言妄出。毓等一秉至公，始終如一，倘有異端物議，悉聽稽查。一有從中作弊，甘受其咎。如屬虛捏，亦求請究辦。是否有當，聽候飭遵。

一、石匠准其領照赴山開採。現經總理與石匠曾名高等訂定價值，每大塊石一萬斤，連運脚給價銀一兩八錢。大條石寬一尺，厚一尺，每長一尺，連運脚給價銀九分。其尺以粵東通用排前尺爲準，不準以營造尺搪塞。較之民間隨常買賣價值，大爲節省。惟路遥船少，以九江山、十字門、南沙等三處山場同時開採而計，每月雇船一百七、八十號，陸續轉運，每船定以裝石十萬，每月限以往運兩次，即無風水阻滯，亦須轉運八九個月，方敷工所石數。應由南海縣即日詳請給照，俾石匠及時開採轉運，以免延久貽誤。

一、工程奏定，歸於紳士經理，原不必委員干預。即夫役衆多，恐有怠玩抗違、酗酒賭博諸事，儘可責成九江主簿、江浦司巡檢就近彈壓稽查，亦毋庸委員前往。惟日逐支發銀兩，必須公正佐雜一員經理數目。而催運石塊爲工所第一要務，九龍等處山場，遠在外洋，轉輸不易。或催或收，必須委候補州縣一員專司其事，添委佐雜二員，聽其派赴各山場催趲。止准催石，不准干預工程。其飯食、船夫及隨帶差役飯食銀兩作何支給，已與南海縣仲令籌議，均由該令捐給，不動公項。

一、石工除堆基脚爲坡。若須砌者，與石工訂明，運到盤起，俟雇工砌起，乃量石結銀。不但免騙患，而基亦更堅也。

己酉購石章程

夫盛潦非石不能禦，而採石尤難於取土。我桑園圍前後用石，其購辦經行成法，查志載，各船到埠，初次於船頭尾量准水則，編列字號，用紙單註明丈尺，蓋上圖記，實粘船裏。下次查照原字號爲准，不用再秤，據此亦便宜從事之道。然石船姦僞百出，照舊章每爲所欺，用銀多而得石少。此次辦石，自始至終俱輕重明秤。又不用攬頭，直向各石船商定，初議每萬斤價銀壹兩九錢。晚春以後，西潦漸長，輓運較難，北邊大壩衝激尤甚。因於原價外，石壹萬斤量加五分或至壹錢，每船用秤一杆，三人經管，一人執秤，一人書重數，一人旁立關防船户設詐。如遇石數十艘齊到，則開秤八杆或十杆爲度，仍一船一杆秤，各船挨次先後秤去。石船到埠，向局掛號，先到先秤，魚貫而進。秤石之人非常川住局，向南村何、任、潘三姓選定。秤畢則先後退去，下次船到亦然。局用略省，且免喧鬨。各每人每日工銀陸分，總局供膳。石船到時，一呼並集。秤秤俱總局設置，每日開工，由局攜去，收工時飭令繳局。其秤石每船三人，仍隔日彼此船移換，以杜賄囑舞弊。又志載，凡石聽首事指點安放，法固不可易，然猶有未盡者。船户依樣抛擲，石與基身往往不相依附，難收實效。今修南村基，於石船落石之後，另雇散工將石扛護基身，壘成坡樣。其石堤得蠻石貼傍，則堤脚益堅。其土堤得蠻石貼傍，亦無崩卸之虞。南北二壩，均用散工收拾整齊，小石在下、在内，大石在上、在外，潦東駛不能遽動。故此次南村基得石最多，工程最固。謹綴此條於後，爲修基購石者備一法焉。

築石壩石堤

《河防志》有創建石工、甎工之法。今粤東圍基，甎工實未之見，石工則有之。求其堅久穩固，須俟秋冬水涸日，於基外照潮退至盡處水痕，樹密樁以盛石。石之度，塊長六尺，方尺，鑿鑿平整，在樁頂兩重層砌，而上至基面止。石之縫净練石灰膠粘之。每砌石二層，内間一石，加横石作丁字形，以牽制縱石，使石之後撐揞有力，雖浪濤擊撞，弗虞其震盪凹陷也。基以内貼基脚掘下二尺，碎樁重砌，石式如基外。基之中，每砌石三層，填以鑿口碎石，雜攙以灰土，用堅木杵之，令碎石與灰土結而爲一，則歷久水不滲、螯不屋也。若從潮上水痕樹樁石，在基膊高凸處起砌一重，疊上有縱而無横，有外而無内。潮上時溯流觀之屹然，石堤覩則侈矣。洪潦驟至，石壓其上，墈融於下，上重下輕，浪濤乘風撼齧，非徒無益，而又害之。

己卯石工

總理何毓齡等呈稱：查桑園圍地當西、北兩江頂沖，今雖築立四壩，基旁壘砌蠻石，然根基卑薄，誠恐石堤堅厚，上重下輕，重載無力，一有拆裂，行即傾卸。毓等再四思維，築建石堤，必先多設石壩，以殺水勢。再於海旁多壘蠻石，培厚根底，以防割脚，方能任重。然後上加石堤，自可鞏固無虞。

一、設立石壩須買舊麻陽船隻，堆滿蠻石，用繩纜找好，鑿破船底，沉作根子。上面方易壘砌，以免隨水滚溜。

庚辰石工

一、擬西海頂沖，水勢最爲洶湧。今自先登堡起，至甘竹灘止，審度形勢，應於圳口汛上下築一石壩，稔横兩鄉基頭築一石壩，太平墟上築一石壩，以上是先登堡管屬。李村華光廟下築一石壩，李村汛下築一石壩，三丫基頭新賣布行處築一石壩，温家路口下築一石壩，大灘頭汛下華光廟築一石壩，以上是海舟堡管屬。禾乂基、海舟、鎮涌交界處，現雖肥厚，而頂沖卸溜，必須築開二丈，以殺水勢。其鎮涌、河清兩堡不用築壩。九江新墟下要添一石壩，蠶姑廟前横基頭要築一石壩，石�路口要築一石壩，所用石壩約築數丈便可護坦，但水深工鉅，需石正多。即本年歲修，所築石壩亦要加長數丈，以上是九江堡管屬。至甘竹堡不用石壩，東海各基惟沙頭堡爲險要，舊雖各有石壩，要加高培厚，以殺水勢。其餘各基均一體查明，培築高厚。

一、桑園圍基計長萬有餘丈，其頂沖險要處所，水深三四丈不等，勢必堆砌蠻石，培厚根底，方能上築石堤，不致上重下輕之弊。否則石堤雖建，而基根不穩，必致拆裂，不可不慎。

一、築建石堤，必察其水勢，因其地形。如基身壁立，脚無鼈裙，前雖壘有蠻石，亦必再爲培厚，使基底堅固。然後打實梅花松椿，安放横排底石一層，逐層斜壘，而上至基身潦水不到處爲止。倘其基略有餘坦三四丈，而係屬頂沖，海旁已有蠻石砌壘者，則將上面基身餘坦枕海處略埋四尺，鋤深六寸，横排方砧作底，次第砌作階級而上，方能永固。其海旁仍加石培築。

一、奏摺内開吉贊横基、大洛口等處，約計一千九百餘丈，須用大條石壘砌高厚。其次七千餘丈，亦須用大塊石堆砌成坡等，因係專指西圍而言，東圍四千餘丈不在數内。兹既通圍大修，東圍自應一律修整，以期全圍鞏固。再吉贊横基三百一十八丈，原勘均造石堤，惟兩頭九十八丈墳塚千餘，年久月深，遷葬不易。且該處無甚險要，似止須用土培厚，毋庸砌石。其餘二百二十丈仍造石堤，大塊石堆砌成坡，工費甚鉅。計平坦處所，每見方一丈，約須石七、八萬斤方能堆滿，其有壁立而不臨深河者，非用石四、五十萬不能堆砌成坡。以每丈用石十萬通匀計算，每開採大塊石一萬，連運脚給費銀一兩八錢，七千餘丈之工程，即需銀十餘萬兩。尚有結砌條石工料，及一切土工、椿板各項，又須銀四萬餘兩。現在捐助之項不敷支應，兹擬撙節辦理，土石兼施，其基身偏入内地者，概用土工；逼近大河者，以大塊石疊護基脚。可否？如斯並候憲示遵行。

一、結砌大條石，自以寛厚爲堅實。惟經費僅有十萬兩，不得不概從撙節，兹與總理何毓齡、潘澄江等圍中熟諳基工之人互相商酌，先將基底挖深一、二尺，用松木樁打梅花式樣，樁上横鋪石板，約寬三尺。上面每層一順一横，横石後根，以大塊石填底，中間空隙，用糖水拌灰舂實，石縫以草根舂灰嵌塞。計見方一丈，約工料銀二十三兩。查勘李村鄉十八年所築石堤，即用此法，越今五、六年尚屬完固，並無擘裂坍卸，似乎工省而價廉。

一、用大塊石堆砌護基，水淺處所，可以預定石數。其有水深數丈，適當急流，不特水底之高低虚實難以探測，更慮石隨水轉，沈移莫定。兼之石塊厚薄、大小不齊，其數目亦難確估。兹與總理何毓齡等姑爲懸估，仍請飭知總理，於下石時遇有水深處所，務須會同分段首事、該堡鄉民及石匠工人四面眼同看視，登記實數，以杜冒銷、偷減諸弊。擬築石壩數道，亦照此辦理。

一、所建石堤下用松木樁打梅花様，鋪以石板，然後加砌條石，自無卸陷之患。其餘填塘所用土工，亦必加樁板，始可填泥。以上皆余委員詳定。

南海縣勘工詳稱：查該圍於丁丑年間西潦沖缺，卑職曾經奉委查辦。但今昔情形不同，復與首事等妥爲相度，因地制宜，務期全圍大局，分别緊緩，次第修築，方爲扼要。因查各紳士分段修築，多有只圖搶修本堡基圍，反置全局於不問，兹分别最險、次險，細加講求。海舟一堡同大洛口最爲頂沖之處，基工已未興修不等，設遇潦水驟漲，關係非輕。卑職已令趕先築成石壩，以減水勢。於大洛口土名蠶姑廟、石栿路口各築堤壩一道。又海舟堡之三丫基，因上游太平沙阻礙，激怒水勢，頂沖南湖口堤身，該處亦趕築堤壩一道。均已飭令將麻陽船載石鑿沈，攔截水底。又南湖口之下，土名下墟，亦屬頂沖，應需設壩。現已飭令購備船隻，俟運石一到，儘先堆壘。惟此四壩工最緊要，首先趕辦。築成之後，則全圍基身似可無虞。

余委員勘估工程

先登堡

一、馬蹄圍與三水分界，基脚有小涌氹，淤水約十餘丈，加石塊護脚。查該處外有桑地水勢順流，毋庸落石。惟基脚爲三水人賣與窑户取土，致成小涌，幸尚淺窄，亟宜用土培復，永禁窑户挑挖爲要。

估土工銀二十兩，石銀三十六兩。

一、陳軍涌古竇壞爛淤塞，基址低薄。查該處古竇久經壞爛淤塞，並非必不可少之竇，即趁勢築塞，不得私開掘井，致誤通基。其低薄處所，用土培築可也。

估銀二十兩。

一、先鋒廟下基壆頂沖，廟前山墳處低薄。查該處内稻田外桑地，水勢順流，用土培築加石護脚。

估土工銀十兩，加石工銀十八兩。

一、五岳廟前有漏孔，碗口大。查該處漏孔，用灰沙築塞，該處内田外坦，毋庸石鑲。

估銀十兩。

一、三水鳳果鄉飛鵝岡坳六十弓，飛鵝翼低下二十餘弓，甲寅年水漲，三水鄉人偷掘卸水，入桑園圍先登堡附近救住，後總局張卓觀等加灰椿舂實。嘉慶十八年，三水岡頭鄉基圍沖決，水又漫入，附近搶救，暫止此處。原非本圍基址，奈鳳果鄉基身低薄，一遇沖決，無處洩水，勢由此岡坳漫入。若不培築，沖溢可憂。查飛鵝岡坳六十弓、飛鵝翼低下二十餘弓，本係三水地方，適當桑園圍上流極頂處所。遇有西潦漫溢，通圍受累。今擬購買其地，歸於通圍，修築高基。著落附近之先登堡各村莊經管，不得以通圍公業，推諉誤事。

估銀七十二兩。

其餘自三水縣馬蹄圍毗連起，至茅岡鄉交界止，共基三百餘丈。其中低薄處所，應行加高培闊者，約有一百丈。應於基面培寬三尺，基脚培寬六尺。

估土工、牛工銀四百兩。

茅岡鄉十甲區祖文等經管基分，自圓岡下起，至榕樹脚止。內十九丈，基底至基面高一丈二尺，如遇西潦大漲，適當頂沖。幸基外有餘坦，尚屬次險，應用蠻石疊砌。其餘基分，以蠻石護脚。

擬用石六船，銀一百零八兩，工銀四十一兩，水灰約銀三兩。護脚蠻石四船，銀七十二兩。

圳口堤下至岡屋脚，長六十三丈。基身單薄，外無餘坦，正當頂沖，應用條石疊砌。新舊基脚，用蠻石保護。

估銀一千五百九十三兩九錢。

蠻石二十船，銀三百六十兩。

稔横兩鄉基，自岡脚界樹起，至南邊岡脚止。長五十一丈，係十八年新築之基，應以條石疊砌。

估銀一千一百七十三兩。

一、土名氹唇基，有烏婢潭，前甲寅年曾經崩決。查該處接連山岡，新基偏入內地，外有餘坦，並非頂沖。惟基後深潭空虛，酌堆蠻石，以護基脚。

擬用蠻石五船，銀九十兩。

一、土名三根榕基，間有滲漏，宜加土培築。

擬估銀二十兩。

一、土名列聖廟，至船澳頭止，內十七丈。遇西潦大漲，適當頂沖。幸基外稻田離河較遠，尚屬次險，應用蠻石疊砌。

擬用蠻石六船銀一百零八兩，工銀三十六兩七錢二分，水灰約銀二兩六錢。

一、圳口汛上下一處、稔横兩鄉基頭一處、太平墟上一處，各基外無餘坦，基身壁立，水勢急溜，應各築石壩一道，以殺水勢。

每壩擬估銀六百兩，每壩約石三十三船零，合共計銀一千八百兩。

海舟堡

一、李村頭十甲李繼芳户經管圍基，共一百五十四丈零。該基外有沙坦，足資保護。其有低矮單薄處所，止須用土培築，毋須砌石。惟基外魚塘、基內藕塘，均應打樁培築七、八尺，並層遞加高。外坦用蠻石護脚。

擬估泥工銀二百二十一兩七錢六分，牛工銀六十六兩五錢六分，樁板銀一百五十四兩。

蠻石三十船，銀五百四十兩。

一、自第一社前起，至九甲李復興古巷口止，共基五十丈零。內泥基十餘丈，外有沙坦。其餘均有小石角旁築，止須堆疊大蠻石護脚，無庸砌石。

擬用蠻石二十五船，銀四百五十兩。

一、自九甲李復興經管基分起，至黎、余、石三姓經管基分天后廟止，均舊有石工，毋庸再行砌築，惟基脚尚須堆疊蠻石保護。

擬用蠻石四十船，銀七百二十兩。

一、自天后廟起，至盤古廟止，計長四十一丈五尺。久經砌石，惟外無餘坦，內有魚塘，應外加蠻石護脚，內填復魚塘丈餘。

擬用蠻石二十五船，銀四百五十兩，填塘泥工銀二十六兩，樁板牛工銀一十兩。

一、自盤古廟起，至上墟營汛後止，計長一百五十九丈。基外桑地水勢順流，尚非險要。惟基內有深潭三口，亟應培復八尺，以免空虛。再該基種植樹木太多，應將小株砍去，大樹削去枝葉，免得招風動基。但大樹不得鋸賣，以致根腐傷基。

擬用土工、樁板、牛工共銀二百七十兩。

一、盤古廟至公所馬頭基外沙坦，時長時卸，應於坍外堆疊蠻石，以資保護。廟脚加蠻石保護。

擬用蠻石三十一船，銀五百五十八兩。

一、麥村鄉基段，二百三十一丈。餘外有沙坦，內有住村屋宇，基脚聳厚，基身僅高三、四尺，足資保護，毋庸再行培修。

一、天妃廟海旁，灣頭應加蠻石培護。

擬用石五船，銀九十兩。

一、自天妃廟十二户界起，至新築三丫基界止，共長一百有六丈。基外河水太深，應照原勘，以條石砌築。基內有原沖深潭，水深三丈餘，應用沙泥填築四、五尺，基外石脚尚應壘石。

擬估條石銀二千四百三十八兩，填潭銀一千兩，蠻石三十船，銀五百四十兩。

一、新築三丫月基，共長一百八十二丈。內有八十丈正當頂沖，應照原勘，以條石結砌。尚有一百零二丈灣入偏旁，止須蠻石護脚，毋庸結砌條石。基後深潭，應用沙泥填築四、五尺。

擬估條石銀一千八百四十兩，蠻石三十船，銀五百四十兩，填南湖約估銀一千兩。

一、自新築三丫基南頭起，至墟口大樹止，長一百二十五丈。應照原勘，結砌條石。基脚以蠻石填護。

擬估條石銀二千八百七十五兩，蠻石三十船，銀五百四十兩。

一、墟口大樹起，至墟尾門樓止，長五十丈。兩旁鋪舍，止能外面壘石，後面培補土工。

擬用蠻石二十五船，計銀四百五十兩，土工銀五十兩。

一、自蕩平門樓起，至禾义基頭鎮涌界止，共長一百一十八丈。基身壁立，水深約四、五丈，應照原勘，結砌條石。另基脚添蠻石。

擬條石銀二千七百一十四兩，另蠻石銀七百二十兩。

一、三丫舊基，決口六十二丈。鄉人求請築復，但內有三十丈測探無底，無憑著力。且新築月基甚屬鞏固，何必拆毁已成之新基，築復無底之舊址，徒致虛糜工費耶！

一、李村兩處、三丫基頭新賣布行一處、温家路口下一處、瘋子寮一處、大灘泛華光廟一處，各築石壩一道，以殺水勢。

六壩約估銀四千八百兩，每壩約石四十四船零，另加船費銀二百八十兩。

鎮涌堡

一、海舟鎮涌禾义基交界處所，基址雖肥厚，而頂沖卸溜，必須築開二丈，以殺水勢。

擬估蠻石銀五百兩。用石二十七船。

一、鎮涌堡禾义基下，至南村基窄坦處，長三十六丈。正當頂沖，應照原勘，結砌條石。另基脚添堆蠻石。

擬砌條石銀八百二十八兩，另旁堆蠻石銀二百十六兩，石十二船。

一、該管基長一千零一十餘丈，擇單薄處加土工三百丈。

擬護基蠻石銀一百八十兩，石十船；　另土工銀三百兩。

河清堡

一、荒基秋楓樹至九江基界，係甲辰舊決口，計長二十二丈，應照原勘，結砌條石。

擬估條石銀五百零六兩。

一、該管基一千一百五十四丈，又外圍三百七十七丈。

擬估填塘泥工銀六百七十八兩六錢，又樁板工銀三百七十七兩，牛工銀一百六十五兩八錢八分，單薄處銀二百一十六兩。

九江堡

一、滘心社上甲辰舊決口，長二十七丈，高八尺。應照原勘，結砌條石。

擬估條石銀四百九十六兩八錢。

一、內圍大基兩旁，或民房侵佔，或栽植桑株，於基身無甚妨礙，尚可任從民便。惟基脚開挖魚塘二十二口，基身壁立，基脚空虛，倘遇大水猝至，何以支持？應請飭令填復，層遞築高，以資保障。尚有基身低薄浮鬆處所，亦應用土培築，以期鞏固。

通圍加高填塘約估銀一千五百兩，椿板土工六百兩。

一、內圍鐵牛處所，共十丈。用條石結砌，下用蠻石護脚。

擬估銀一百三十八兩，蠻石三船，銀五十四兩。

一、外圍大洛口一帶，計長九百零八丈五尺。另丈溢六十三丈五尺，原勘均用條石結砌，惟內有坦、無坦之分，基外無坦，基身壁立，自應砌石，以當水勢之衝刷。並須下加蠻石，以護基脚。其基外有坦者，基身本屬鞏固。兩旁基脚寬厚，無虞沖決，似可仍循其舊，節省工費，以爲最險處所作壩壘石之需。查該處基外無坦，或有坦而不過三、四丈者，共該四百六十丈零五尺，應照原勘，以條石結砌。其基外餘坦四、五丈至八、九丈者，計五百一十一丈五尺，似可用土培補，無須砌石，惟通行砌石業已入奏，自應遵照辦理。再外圍亦有魚塘七口，應請一律飭令填復加高，免致傾陷。四百六十丈零五尺，通匀以高一丈計算，共工料銀一萬零五百九十一兩五錢。護基蠻石二百三十船，銀四千一百四十兩。五百一十一丈五尺，通匀以高六尺計算，共工料銀七千零五十八兩七錢，土工銀六百四十五兩，填塘椿板銀二百兩。

一、九江一帶正當古潭沙分水斜沖，河深湍急，逼近基身。本年歲修，業已堆築石壩四道，尚不足殺水勢。應於九江新墟下蠶姑廟前横基頭、石栿路口等處，添築石壩三道，新墟之下一道，格外加長。壩頭用舊麻陽船裝石沈底，依次堆放蠻石，以防石塊散失。歲修所築石壩四道，尚須加高續長。

擬添壩三道，估銀二千三百兩。加高壩四道，估銀一千六百兩。另加船費銀二百一十兩。

一、吉贊横基，長三百一十八丈，係通圍上流公業，撥歸吉贊鄉經管。其基適當三水基圍之下流，三水基身單薄，遇有沖決，全賴此基爲通圍之保障。原勘全築石堤，但南北兩頭，貧民所葬墳塚不下千餘，年久月深，遷葬不易。察看基之南頭六十八丈，正對吉贊本村； 基之北頭三十丈，依旁山岡，均非正沖險要之所，向無沖決之虞，似止須用土培寬丈餘，便可鞏固。惟基中二百二十丈正當沖要，應仍照原勘，以石條結砌。再基東有深潭三口，基西有藕塘四口，基脚未免空虛，現將歲修銀兩購石砌填五、六尺，因水大尚未完工，應俟水勢稍退，即行修築。如歲修銀兩不敷支應，准於捐助項內動支。尚有基旁各田，不免侵佔基脚，均應鋪以條石，以別疆界。

擬條石銀五千零六十五兩，土工銀二千二百九十五兩，填藕塘銀一百兩，基脚條石銀一百七十六兩四錢。

雲津百滘兩堡

一、仙萊鄉基址一百丈零六尺，應用土工培厚。

擬估土工銀一百六十兩。

由雲津堡横基角起，至旱竇止，長二十三丈。裏塘外坦，裏塘應填復丈許。又旱竇一口，應壘碎石填塞。

擬估土工銀三十三兩一錢二分，另石銀九兩。

由雲津堡横基下二十三丈旱竇起，至莊邊旱竇止，長七十二丈。有外坦内有旱竇一口，屢次傾陷，應壘碎石填塞。

擬估銀九兩。

由雲津堡莊邊竇起，至莊邊基止，長三百十一丈。裏塘外坦，裏塘應填復丈許。

擬估土工銀四十四兩六錢六分，又椿板銀三十一兩。

由莊邊基起，至上莊邊石界止，長二十六丈。裏塘外河，基外應壘碎石六船半，裏塘應填復丈許。

擬碎石銀一百一十七兩，填塘銀三十七兩四錢四分。

由百滘堡上莊邊石界起，至莊邊大竇止，長六十丈。裏塘外河，基外應壘碎石十五船，裏塘應填復丈許。莊邊竇穴，應略加粘補，費銀二十兩。

擬碎石銀二百七十兩，裏塘加土工銀五十四兩，另吉贊竇費銀二十兩。

由莊邊竇下至四十二丈裏塘外，河基外應壘碎石十船，裏塘應填復丈許。再竇有頂沖成潭處所，加石十萬斤。

擬石銀一百八十兩，填塘銀三十七兩八錢，又加潭石銀十八兩。

由四十二丈起，至程宅橫水渡頭止，長九十四丈。內二十四丈低窪缺卸，裏田外河，基外應壘碎石八船。

擬估碎石銀一百四十四兩。

由橫水渡頭起，至程宅社止，長六十五丈，由程宅社起，至大土地止，共三十五丈。外涌裏地，外涌應壘碎石二十船。內有二十餘丈魚塘，應填復丈許。由大土地門樓起，至儒林福地止，共四十四丈，應土培築。

擬石銀三百六十兩，填塘銀四十五兩，又鑲闊工銀三十一兩六錢八分。

由百滘堡潘宅大社門樓起，至山坂頭止，長三十丈。裏塘外涌。外涌應壘碎石七船，裏塘應填復丈許。

擬碎石銀一百二十六兩，又約加土工銀二十兩。

由百滘堡山坂頭起，至梁宅葫蘆塘止，長二十二丈。基面窄矮，用土工培高厚。

擬加填塘銀三十九兩六錢，又椿板銀二十二兩。

由雲津堡梁宅葫蘆塘起，至京兆門樓止，長二十四丈。由京兆門樓起，至聚星門樓止，長三十一丈五尺。外塘最險，應押令業主填復丈餘。

擬加土工銀五十兩。

由雲津堡陳宅聚星門樓起，至康公廟止，長二十丈。廟側基滲漏，內有十丈裏塘外涌。裏塘填復丈許，外涌壘石十萬斤，餘用土工培高厚。

擬填塘銀十五兩，碎石銀十八兩，補基面銀十五兩。

由雲津堡康公廟起，至民樂市北閘止，長五十丈。外小涌，基裏有十餘丈魚塘。外涌應壘石十一船，魚塘填復丈許。

擬土工銀二十六兩三錢，碎石銀一百九十八兩。

一、由北閘至二閘、三閘，兩邊舖舍，難以施工，似可毋庸培築。

由民樂市東街起，至藻尾鄉天后廟後門樓止，長八十丈。基面寬三尺，用土工培厚。

擬估基面銀三十兩。

由天后廟後丁丑年沖缺處起，至迎龍門樓吴宅止，長四十五丈； 由迎龍門樓起，至懷洞祖祠後止，共七十五丈。逼近外河，應壘碎石三十船。

擬估碎石銀五百四十兩。

由吴宅祠後起，至横水渡頭止，長三十八丈。裏外魚塘，應每邊五尺，填復丈餘。

擬填塘土工銀六十八兩四錢。

由横水渡頭起，至高田竇止，長六十一丈。外係吴宅大塘，應填復丈許。高田竇口現尚完固，毋庸粘補。

擬填塘土工銀二十兩。

由高田竇起，至簡村堡二十七户歲字號石界止，長一百零九丈。内有二十餘丈低矮，用土工培高。

擬土工銀一十兩。

簡村堡

一、竇門右基，有爛樹根小穴一口，應用灰沙舂築。

擬灰基銀一十兩。

一、竇腮砌蠻石。

擬竇腮工料銀二十二兩。

一、墟亭基身，長二十六丈，過于低矮，應加高三尺，底寬六尺，面寬三尺。

擬加土工銀二十四兩一錢。

一、竇穴外深潭，應填碎石十萬斤。

擬加碎石銀一十八兩。

一、外基三丫海口，應壘碎石三十萬斤。

擬加碎石銀五十四兩。

一、内外基灌旱小竇十三口，現俱完固，毋庸修築。

一、内外基低陷單薄處所，約有百丈左右，應用土工培補。

擬土工銀約一百五十兩。

一、西湖村陳、麥、羅三姓，向居圍外，今請代作圍基數百丈，難以允行。

沙頭堡

一、頭壩長九丈，應壘碎石九十萬，加高培長。

擬石工銀一百六十二兩。

一、城渡頭基大樹起，至石竇口，長三十三丈。内魚塘應培填一丈，層遞頂基。外坦應壘碎石三十三萬。

擬填塘椿板銀九十兩零七錢五分，又碎石銀五十九兩四錢。

一、韋馱廟邊基舊砲臺上，應用碎石砌高三尺。由此起至二壩後，長約八、九丈，内魚塘，外無坦。魚塘應培填一丈，層遞頂基。

擬砌石連工銀二十七兩； 填塘土工銀二十四兩七錢五分。

一、第二壩在韋馱廟邊，長一十三丈。應壘碎石一百三十萬加高培厚。

擬估銀二百三十四兩。

一、二壩後基，至橫塘基，長二十六丈。內魚塘，外無坦。基邊深潭，其魚塘應填一丈，層遞頂基。外潭約三、四丈，應壘碎石四船。

擬估填塘連椿板共銀四十六兩八錢，又碎石銀七十二兩。

一、佛山渡頭基，至三壩，長一十七丈。外無坦，內藕塘。應于藕塘填築六尺，申明飭禁。基外應壘碎石四船。

擬填藕塘銀一十一兩六錢八分，又碎石銀七十二兩。

一、第三壩長六丈，應壘碎石六十萬，加高培長。

擬加碎石，銀一百零八兩。

一、由三壩後基，至四壩，長三十二丈。外無坦，內藕塘。應于藕塘培填六尺，外加碎石九船。

擬填藕塘銀三十三兩三錢六分，又碎石銀一百六十二兩。

一、第四壩長五丈，應壘碎石五十萬，加高培長。

擬石工銀九十兩。

一、由四壩後基二十四丈，外無坦，內藕塘。應于藕塘培填六尺，外加碎石六船。

擬估藕塘填工銀二十五兩九錢二分，又碎石銀一百零八兩。

一、第五壩長五丈，應壘碎石五十萬，加高培長。

擬估石工銀九十兩。

一、真君廟左基，長六丈。外無坦，內涌滘，應于涌滘培填一丈，外加碎石三船。

擬填涌銀十五兩，碎石銀五十四兩。

一、真君廟右基，約長五丈。外無坦，旁小涌口，內涌滘。應於廟後涌培築一丈，外加碎石兩船。

擬填涌銀一十兩，碎石銀三十兩。

一、河澎圈築基，長一十八丈。外有餘坦，魚塘在內。應于魚塘填築六尺，外加蠻石六船。

擬填塘銀三十七兩四錢四分，石銀一百零八兩。

一、石竇基長七尺，外有坦，內涌滘。應于基前加壘碎石二船。

擬估石工銀三十六兩。

一、與龍江分界基，長五丈。外有坦，該管基內，基面間有低矮，應加高。

一、通圍坦身淺窄，應加石培護。

擬石工銀五百四十兩。計三十船

一、五鄉基界，向屬龍津堡管修。迨甲寅通圍大修，該堡未有科派，自願以工代費，稍爲粘補。至二十二年三丫基決，又復通修，該堡亦未派及。現有捐項大修，自宜一體修補。該基單薄處所，約有五、六十丈，浦南鄉前基旁兩面魚塘，亦須打樁培闊。

擬估工費銀二百五十兩。

龍江堡

一、與沙頭分界起，至河澎圍尾止，計四百餘丈。外多餘坦，並非險要，間有低矮，應加土培高。

擬估加高銀一百兩。

甘竹堡

基身單薄滲漏處所約三十丈。

擬估土工銀一百兩。

總理何毓齡等會看圍基，續估工程。

呈稱：桑園圍基，每遇西、北兩江洪水漲發，屢遭沖決。嗣蒙發帑生息歲修，以保民命，莫不感激靡涯。然以萬丈基堤，歲修之費無幾，終難免此修彼塌。圍内各業户雖欲合力捐資，通圍修固，其如力不從心，束手無策。兹幸義紳盧文錦、伍元蘭、伍元芝等，樂輸銀十萬兩協濟大工，藉以通圍修築，此皆仰賴各憲勸善樂施之所致也。惟七月間委員卸任南雄州余刺史親臨勘估之際，正值江水漲發之時。該基地方遼闊，形勢不同，似應詳加諮訪，因地制宜，方足以昭盡善。奈彼時余刺史侍養情殷，歸心如箭，以故不遑細察，草草定章。其所詳估章程，内多窒礙難行，有未能盡善盡美者。毓等公同十四堡紳耆業户覆加察看，如刺史所議圍内魚塘、藕池填塞爲基，查各池塘業主輾轉相售，已屬百有餘年，並非起於近日。既令業主將用價售買之池塘填塞爲基，事屬因公，且爲捍禦廬墓田園起見，斷無抗違之理。然令業主各出己貲，僱工填築，合計填塘一口，計費不下百餘金。此中業户貧乏居多，不特苦樂不匀，抑且諸多棘手，似應由工所給發工金，以昭平允。他如刺史所議，用條石應更易蠻石疊砌者，議用蠻石應更用條石疊砌者，基身濱臨大河，沖險之處最多，均應多築石壩，以避急湍。況水底之淺深不一，水勢之緩急靡常，總須隨時隨事，相機而行，工料人夫何能預定？惟當不昧天良，秉公核辦。若照余刺史原定章程辦理，竊恐徒費多金。毓等經理其事，責有攸歸，不敢不冒昧直陳。應否相機度勢，因地制宜，總求工堅料實，不必拘定章程之處，伏候轉詳憲示飭遵。

先登堡太平山路口横基起，至墟鋪止，計長一百一十二弓。雖有微坦，水已割卸，請加碎石培護坦脚。用碎石十九船，估銀三百四十二兩。

列聖廟至山路口，計四十五弓。略有沙坦，係屬頂沖，請用條石砌築，高八尺，估銀四百一十四兩。

茅岡鄉十甲區祖文等基，十九丈。係接圳口土堤，上便遵估用蠻石疊砌，應請換砌條石，除照估蠻石銀二百二十四兩，加估銀二百一十三兩。

太尉廟前夫子岡至圓岡，計七十弓，應請堆壘碎石，加估銀二百一十六兩。

鎮涌堡禾义基下旁堆壘蠻石，至泥龍角均屬頂沖，遵照勘估銀兩處共銀三百九十六兩。惟水深石少，應請加碎石二十船，計加銀三百六十兩。

又土工照估銀三百兩，應請加椿板、牛工一百五十兩。并懇派開各段，以免争端。計南村基單薄處所，著土工銀一百六十兩；　何克彝塘頭至實肥，著土工銀八十兩；　見龍里至沙逕，著土工銀八十兩；　土主廟下基，土工銀一百三十兩。

河清堡外圍，除填塘泥工、樁板、牛工等費外，其内堤單薄處所，經估銀二百一十六兩。惟基長費繁，應請加估土工銀二百一十六兩。并懇派開，以免争執。鎮涌界下基，著土工銀二百一十六兩；　九江界上基，著銀二百一十六兩。

九江堡南方甲子圍、周子雁圍、曲䏲頭、破排角等處，應請加土工、樁料、牛工共銀五百兩。

沙頭堡頭壩應請加石三船，二壩應請加石三船，三壩加石二船，四壩加石二船，五壩加石二船，并該堡原有第六壩，在真君廟下，便應請加石五船，共估銀三百零六兩。另通基填塘處所，再加土工銀一百二十兩。

雲津、百滘兩堡通基，請共加牛工銀一百五十兩。

簡村堡墟亭基，應加牛工銀一十兩。

吉贊横基，應請加樁板、牛工銀共五百四十兩。

龍江堡懇再加土工銀五十兩。

甘竹堡懇再加土工銀五十兩。

附丁丑羅思瑾等呈，爲力有難施，稟懇據情轉詳事。

竊照桑園一圍，上連三水，下達順德甘竹、兩龍，爲南、順兩邑最大之區，當西、北兩江頂沖要道。去年五月内，潦水漲發，沖決海舟堡三丫基六十餘丈。查照甲寅年李村決口，按各堡額數以五成起科，共得銀二萬七千餘兩。先將三丫基決口築復，其餘一律通修。現通圍土工均已告竣，惟三丫基及禾义基、大洛口等處俱應落石培護。荷蒙藩憲軫念民依，親臨履勘，擬照浙江塘工之法，用大小木櫃或竹簍裝貯亂石，兩旁用木樁打排結實，層累而上，砌作階級之勢，飭令瑾等如法辦理。仰見大人指示周詳，法良意美，敢不凜遵！惟查粤東河道，類多沙坭，壘砌巒石，亦不能隨沙滚溜。且基旁河水皆深二、三丈不等，潮退無多，比不同浙江潮水，大長大消，易於施設。兹三丫基、大洛口險要等處，前經落石，日久雖有坍卸，然再添石塊，自可無虞。現在此次起科銀二萬七千餘兩，而各堡所欠，尚有二千七百七十兩。三丫口石工已有六分，大洛口石工亦有五分，惟有趕緊催收餘欠之銀，按照基段添補壘砌，風浪自不致沖激。況蒙列憲奏請借帑生息，以備歲修，遞年將所領息銀，亦照段積壘，更爲鞏固。即欲如浙河辦理，而粤東海水深樁短，人力固難施工，經費亦難設措，徒負憲恩。理合將落石情形不能遵照浙河辦理緣由，用敢冒昧，據實稟覆。是否有當，聽候察核轉詳，實爲恩便。

甲辰石工

海舟堡三門一帶，需石一百萬斤。

龍潭東角，需石三百萬斤。

鎮涌堡鐵牛一帶，需石一千萬斤。

九江堡蠶姑廟一帶，需石五百萬斤。
沙頭堡韋馱廟、横基頭，需石三百萬斤。
龍江堡河澎尾，需石六十萬斤。

己酉石工

鎮涌堡自鐵牛界至泥龍角石堤，砌舊添新，堤裏用灰沙舂實，雜以塊石爲骨，計長四十三丈。又自鐵牛前石堤起，盡泥龍角無石堤處，堤脚通壘鑾石。另堤外北邊築大壩一道，南邊築子壩一道，共用鑾石千六百餘萬斤。又自鐵牛界起，盡南村管基，其土堤俱加高培厚，計長二百八十丈。

海舟堡天后廟，加壘鑾石。又廟前起，至南村側一帶，土堤增培。又附近鐵牛界石堤，舊多傾卸，今砌回。

民樂市竇左邊基，用土培闊，併用石條結砌數層護土，計長二十餘丈。又於竇左邊基面，至北頭路閘，均用土加高。又於竇右邊基添石結砌。

土工

一、李村基所，土性多浮沙，不能堅固，必須别處取土，運赴填築。

一、載運沙泥，需用船隻，每船議以約載二十五擔爲額，二人撐駕，每日每船租銀三分，每名工食銀九分。

一、取土處所，如係田畝，則按井計算，中打一柱，至四面用字爲號，以免挑工作弊。

一、挑南湖裏田，每泥一井，投銀三錢六分。

一、挑北湖裏田，每泥一井，投銀二錢四分。

丁丑通修仿土方例議估工費

一、大決口係沖陷成潭者，將其底面長闊乘井，每井估土工銀五錢四分，牛工銀四錢四分。另用椿處，每長一丈，估椿料銀二兩五錢。

一、小決口，每井估工費銀八錢。

一、坍卸經搶救者，現有打椿，可據每卸一丈，估工費銀四兩。

一、大坍卸，雖未搶救，而卸至基脚水面，不能築復原坵者，應傍原基外培築，每長一丈，估工費銀八兩。

一、小坍卸，每長一丈，估工費銀一兩二錢。

一、頂沖單薄，每長一丈，估工費銀二兩四錢。

一、填塘每長一丈，闊一丈，高一尺，連牛工共估銀三兩六錢。

一、應斜撇填闊處，每長一丈，闊一丈，共估銀三兩。

一、滲漏處，每長一丈，估銀一兩四錢。

另各堡所有患基，公局如有餘羨，查其緊要處所，再行添補。

南海縣詝示：查興修基段所需泥土，誠恐附近人等借詞阻撓，合就示諭。爲此示諭附近居民人等知悉：如遇基工挑取泥土，任從挖掘，不得借詞阻撓。倘敢故違，許首事羅思瑾等指名禀赴，本縣以憑嚴拿，從重究懲，決不姑寬。其工匠人等，如有可取土之處，不得貪近毁廢墳塋，各宜凜遵毋違。特示丁丑十月初一日示。

一、基底高低不一，先令工人將低者加工填平，使其一律。每日據記，以便認看挑工之勤惰，因定賞罰。或有該段取泥遠者，則須多加工人。基身即約相等，或投計泥井給工價，可免督催之勞。癸巳年增。

一、挑取田泥每井工銀，遠者以三錢六分，近者以二錢四分爲率。

築決口

一、堵築決口，工程最爲緊要。自應博訪賢能，方無貽誤。試就李村大決口而論，長一百三十餘丈，其水深一丈有餘者，計四十餘丈，最難施工。今擬基形，略爲灣入。新基自北頭盤古廟起，至南頭坡地圓眼樹止，計長一百四十五丈。内上湖闊二十六丈，外水深一丈二尺，内水深八、九尺不等。下湖闊七丈五尺，外水深八尺，内水深五、六尺不等。兩湖自下起築，基底計闊十丈。兩傍打密排樁兩層，内外樁四層，中實泥基，仍點梅花石樁脚，實以沙樁。外壘石，闊四丈，填至水面。上内外仍打密樁一排，中間舂灰牆一道，兩傍用牛踹練内外基，裙分八字，拷練堅實。外裙上下鋪石，以防水激；内裙用石壘脚，上面間築泥壟，以護基身。基面寬二丈。北頭舊基外築石壩一道，以卸上流。所有工程，務求堅厚鞏固。至各處決口，亦應一體相度酌辦。

一、決口六十餘丈，水激成湖，内外水俱深二丈三、四尺不等，甚難施工。今議照決口硬築爲一圖；略灣入裏成基爲一圖；挨南便湖斜割下石截流，擇淺處趨北成基爲一圖；又照新築月基，依基旁圈築爲一圖，計繪四圖，將工料土石用丈尺乘數，仿土方例，估議費用，逐一註説，禀蒙列憲定議。以前三圖皆憑空結撰，水深俱二丈有零，落石而石滿則卸，下土而土散則浮。工費浩繁，究非堅實。不如照月基圈築，東、西、北三方皆有淤田、桑地可靠。惟南湖十八丈内外深潭，著用長樁先打一重，然後下石。即將月基浮沙填滲石罅，再卸再填，務令結實。基底脚闊，基根乃固。再復連打長樁兩重，貼平水面，上加净土，用多牛踹練。基裙八字，艇運泥瓜密排，由水底層累施放，俾有泥漿糊結。外裙上下並砌石塊，以防水激。内裙用石壘脚，以護基身。原南湖基最險，自築成，照水面計，基底闊一十二丈，高二丈，面寬一丈二尺。其餘通身，一律挑去浮沙，换過浄土，用牛踹實。上面間築泥壟，拖尾以頂。基身外面多壘石塊，基底闊十丈或九丈，面闊一丈二尺，基裏通打一丈二尺杉樁周圍一式，共圈築成一百八十二丈上下。原決口兩嘴，以蠻石砌築，埧頭卸卻上流，自成門户。所有工程，務須鞏固，毋或苟安。

羅思瑾等呈稱：連日邀集各堡熟諳河工、老成練達之人，分段相度，繪圖註説，勘估需費工料銀兩，籌議妥商。查該基決口，及内潭深處，長一百丈或八十丈，俱深二丈三、四尺不等。工費浩大，實難施工。惟新築月基，現有基地可憑，衆議於基傍通築大基，挑去浮沙，換過浄土，用牛踹練堅實。外面多壘石塊，增高培厚，自可無虞。較之決口，内潭等處施工，事歸簡易，費用節省。瑾等揣情度勢，似屬可行，理合繪圖列摺，稟候察核。仰懇仁臺親臨履勘，指示工程，俾得有所遵循，勿致貽誤。并懇出示，於附近處所取土培築，以免阻撓，實爲恩便。

一、築仙萊岡決口，區大器等稟稱拆去抱築新基五十丈零五尺，翻築新基長四十丈，基底闊七丈，面闊一丈五尺，高一丈七尺。舊基長一百一十二丈，原底闊三丈，面闊四尺，高一丈四尺。今基底培闊四丈，基面培闊一丈一尺，培高三尺。新基一律底闊七丈，面闊一丈五尺，高一丈七尺。新舊基共一百五十二丈。新舊基外面基脚，俱横排地牛砧石一層，横石上新基加砌方砧大石六層，舊基加砌方砧大石四層，新舊基内面基脚俱砌大石一層，石裏靠石。椿練灰砂，厚五尺，高與石齊。石步另加灰砂牆，高闊俱一尺六寸。決口被沖成潭，計闊六畝，餘用砂泥填平，工竣後復蒙江浦司吴主隨同糧憲親臨，勘驗無異。

一、堤基工程，《元史·河渠志》有創築、修築、補築之别。堤基坍卸，掘舊土而重新堅築，不易其址，此修築也。堤基卑薄，不足資捍禦，爲之加高培厚，此補築也。基決百數丈外，水衝決口，撞刷成潭，欲照舊基左右堤岸接築，則水深址浮，不特工艱費鉅，且恐落石而石滿則卸，下土而土散則鬆，勞而鮮濟。須相深潭外内地址堅厚處，或前或後，灣而築之，爲偃月形、爲眠弓形、爲荷包形、爲垂臂形、爲半筐形、爲勾股摺角形，總因地勢長短深淺定局。基脚闊十丈，面闊四丈，上狹下寬，則基脚成坡，而人之升下便也。高一丈五尺爲率，因水勢而增損之。基脚兩旁，用長椿密排堅樹兩重，内外樹密椿四重，椿内實以老土，雜填以石，錯綜作梅花點椿脚，插滲浮沙。則椿罅逼固，雖越久水不能入而摇也。臨水之椿外壘石，闊四丈，石出水面則止。内外復排樹密椿，中舂灰牆一道，闊盈丈。灰牆外層築老土，踹練用牛，以其力厚，而長且匀也。基外坡脚，上下砌石塊，以殺浪濤之衝擊也。基内坡脚悉壘石，間築丁字土壟附基身，欲其撑基之後，捍禦益有力也。舊決口左右基嘴，環砌蠻石爲壩，令其自成門户，則上流可殺卸而之中流也。癸巳年議

一、築林村決口，馮日初等呈稱：舉人等於本月十七日領到撥修基費銀八千兩，隨於十八日啟行，十九日到林村基所開局。登即傳集圍内諳練基工紳士人等，悉心訪度，當向該決口處所再三察看情形。僉稱原基沖決成潭，現探得水深尚有二丈餘、一丈餘不等，即潭尾亦有七、八尺之多。若概從跨築，不特工費鉅繁，究恐泥淖浮鬆，難期堅穩。就擬圈築，由水基南頭起，至中段略移向外。

其自中段至北頭，如照原築水基，未免棄業太多，殊堪軫惜。擬從淺水跨圈，斜繞至塘角，接合吉贊、上渡、馬頭，共計圈築新基長七十八丈，底闊八丈，面闊一丈餘，基身高二丈餘。圈内兩脇，均宜多堆蠻石，以防潦水消長，免受衝激，似此足臻鞏固，而資捍衛。

一、築决口遇須圈築，如所壓係該管基主之業，例不補回業價。

一、補築决口，例應該管基主酌出公費若干，今議每支公項一百兩，該基主應招墊二十兩，以遵舊章。

樁工

一、基址若定，宜先用鐵針遍插，以探軟硬。如軟則多打樁，或稍移地段。

一、打樁或論條給工價，或論日僱工亦可。因論條計則或截一作兩，或稱打不下，將樁截短，以圖易打，爲害最大。

一、竪樁工人須標字召募。或計工定值，或計樁定值。其價值多少，或到首事廠面議，或用標投以取值，少者得之。開工之後，勤者留用，惰者辭退。

一、竪樁工人要訂明竹篾、藤纜、橋板、樁椎、伙具，俱要工人自備辦，方爲利便。

一、樁既竪下，其露出樁頭，高與基面平齊，方能堵潦。倘一時不得長樁，至短只可低於基面一尺八寸，太低不能藏泥，潦至不可堵矣。

一、竪樁必於直樁之後，間竪斜樁相之。若不用樁相後，則水易衝浮，泥易堆側。斜樁既竪，又用横樁押住，用藤篾絟紮，竹纜牽挽，横斜幫輔，樁乃堅固。

一、樁頭修圓，方不拆裂；樁尾削尖，方易入地。要另僱木工治之，不可由樁工人包辦。因木工值賤，樁工值貴，且用斧鑿，樁工不如木工之精巧，兩工分辦，則價值廉而工速矣。

一、樁末修削者放埋一堆，已修削者另放一堆。每日計工用去多少，派人逐一查點，晝夜看守，方免疏失。

一、竪樁工程畢，即要趁勢落泥。但基口尚有水出入，初次所落之泥，要用裝鹽蒲包載泥放落，方不爲水沖去。到水面之上，可以落散泥，不必再用蒲包，但用軟竹笪牐住樁傍，可防水湧矣。

舂灰牆

石工之基，用徑尺長六尺大石，在基外内四重層砌，中實灰土碎石，舂至融結。工程堅固，無踰於此。然基段百數十丈，或可爲之。若延袤至千丈以外，工料浩鉅，力恐不繼。且數十年後，樁木霉朽，則石必墮落，修補亦不易。易不如舂灰沙牆之爲愈。其法視基面廣狹，度中央掘隧道，寬三之一，築灰沙牆實之。若基面寬一丈五尺，則掘五尺之隧也。牆址高低，以冬月水涸潮退時掘至平水面爲準。沙用四之二，灰土各用四之一。沙灰中恒有石子夾雜，揀之務盡。土則鎚之，令成粗粒，簸以禾篩。沙灰土攪若一，下於隧中，厚盈尺。密夯，杵勻，舂之。既融結，擲銅錢於上試之。錢跳而旋覆，方可再下沙灰土爲一層。每層畢舂基兩旁，並夯杵加築焉。使與灰沙牆膠結爲一層。舂至基面，乃止。如此鼠不穴，蛇不鑽，蟻不垤，蜞不跂，螯不陷，浪濤擊撞之不墮裂，苦雨久淋之不融卸而成坑也。

按，自咸同而後，地方多故，税例繁興，物價騰貴。往日每夫一工，給銀不過九分，今遞增至一錢二、三分。每挑泥一井，遠則三錢六分，近則二錢四分，今遞增至四、五錢有奇。每石萬斤，上者二兩二錢，次者一兩七錢，今自二兩九錢增至三兩一錢。他若灰椿雜貨，皆視前有加。是以費倍而功半，亦時勢使然也。

卷十一　章程

昔漢有天下，張蒼即爲定章程，所以示法守也。夫有法則治，無法則棼，天下事大抵類然。而承辦堤工，尤不可無畫一之規，以息紛紜之論。道光十四年既塞三丫基決口，圍内紳士鄧觀察士憲、何職方文綺、温比部承悌、張中翰謙，邀十四堡人士集南海學宫，公同酌議章程，請邑侯通詳飭遵，編載志乘，自時厥後，遂有所循守。今彙前後官紳所條議者著於篇。詩曰『不愆不忘，率由舊章』，美守法也。又曰『匪先民是程』，傷變法也。後之君子可以知所處矣。志『章程』。

嘉慶二年廣州府朱公棟詳定章程

爲堤工告竣等事，據南海縣知縣候補同知李橒詳請。查卑縣屬内圍基，桑園一圍實爲最大之區。乾隆五十九年，西潦沖決，荷蒙藩憲捐廉倡修，本圍各堡紳民亦各感激憲恩，踴躍捐助。惟因工程浩大，復奉憲行諭，令附近該圍之順邑龍江、龍山、甘竹三鄉，不分畛域，一體義助幫修。兹查土石各工雖已告竣，可保無虞。第該基堤綿長九千餘丈，誠恐一處防護不周，即爲通圍之害。自應議立章程，以垂永久。遵即移行九江主簿，會同總理首事，傳集十一堡紳耆公同妥議，明立章程，分晰條款，備造清册，移送轉呈。去後，兹准九江主簿嵇會嘉覆稱，遵奉檄行，會同通圍紳耆首事人等詳細確議，凡關圍基利害之處，俱已酌議條款，合就列册移覆等情。卑職逐款確核，似尚周帀，如實力奉行，自可垂示久遠。可否俯如所議，飭令立石，永遠遵守之處，合將各款備列清册，具文申繳核轉等由到府。據此，卑府伏查桑園圍基，既據紳耆首事人等公同酌議所列各款，以屬防護已周，應否俯如所請，飭令勒石，以垂永久。合將繳到條款，册具文詳，候憲臺查核批示飭遵。爲此備由同册二本具申，伏乞照詳施行。

一、議歲修工程鄰堡加結。

查各堡歲修工程，多有草率從事。鄰堡休戚相關，就近便於查察。應請飭令遞年各堡互相加結報竣，禁止濫給。胥役結規則工歸切實，自無欺飾之弊。

一、議基身毋得添埋棺木。

查基坦已埋棺木，現奉飭起遷葬，但荒塋纍纍，若令刨挖深坑，未必即能填實，反與基身有礙。應請飭令，於各段荒基用板石大書官銜，禁令不許添埋。如違，許令附近居民稟官查究，實爲兩便。

一、議基圍内外毋得貼近開挖池塘溝渠。

查現有之池塘溝渠，若令填塞，殊有難行。應令冬閒將基脚培築高厚，將現在之池塘挨順業户姓名造册存案，俾得有所稽查，不致日久廢弛。仍復開挖，難以稽察。

一、議毋得私建竇穴。

查附基業户乾旱之年貪圖水利，往往于基根偷挖小竇，戽水灌田。潦漲時失於防範，每多滲漏。兹查東、西兩圍先登堡有竇一穴，海舟堡二穴，鎮涌堡三穴，河清堡兩穴，九江堡一穴，百滘堡一穴，雲津堡二穴，簡村堡一穴，龍津堡二穴，沙頭堡一穴，蓄洩通圍水勢，准其照舊啟閉防守，餘外應請禁示添建。

一、議基脚内外讓耕二尺。

查基圍内外，根脚多爲業户侵耕，以致陡削。應令照舊基培補，犁田時再讓二尺。即令各堡按基用石條豎界，一律遵行。

一、議基工土性肥饒者栽種龍眼荔枝。

查龍眼、荔枝五、六兩月成熟，正當水發之時。業户日夕看守，即可巡查基址。但栽種果樹，數年方得收成，如防範不嚴，牛羊一觸，其樹即枯。應令於樹外栽桑，固可以防範牛羊，并可以先得資利，仍不失桑園圍本義。

一、議基身兩坦土性稍瘠者，所生雜草毋許刈割。

查茂草紛披，驟雨不能沖刷溝窩，其外坦於水漲時更可抵禦風浪。

一、議毋得縱放牛羊豬隻侵損基工。

查東、西兩岸基身鋪屋，每畜牛、羊、豬母，不自闌欄，任由成群引隊縱放於外，蹂躪踐踏，最壞基身。鄉情難爲禁阻，應請用石大書官銜禁止，如違拏究。

一、議護基石塊附近居民毋得偷檢，應用板石大書禁令，如違查出，罰賠枷示。

嘉慶二十二年總督阮公元嚴禁砍伐堤樹、盜葬墳墓、私挖魚塘示

爲曉諭示禁事，照得南海縣屬桑園圍三丫基等處，本年夏間潦水沖決，經蔣前部堂會同撫部院奏蒙聖恩，借帑籌辦，并據該圍居民公捐興築，現在應修沖決水口及各堡患基竇穴，業經諄飭。趁此冬晴水涸，趕緊修築完固。第興利必先除害，慎始尤貴圖終。查該圍基兩傍，向有護堤樹木，屢被附近居民肆行砍伐，樹根朽爛，泥土即鬆。且有貧民盜葬官基，開挖魚塘，以致堤身日就侵削低陷，若不從嚴示禁，則工完之後，難保不復行潰決。合行出示禁止，爲此示諭居民諸色人等知悉，除附近魚塘即照原勘丈尺一律填塞外，嗣後毋得砍伐堤傍樹木，盜葬墳墓，私挖魚塘。倘有貪利頑梗之徒，仍蹈故轍，許地保基總人等即赴地方官稟究。該地保等縱容徇隱，查出一併嚴懲。工竣之日，該首事仍將各堡沿堤樹木、叢葬墳穴詳細查明，立石堤上，毋許再行違犯。本部堂念切民瘼，不憚諄切告誡，該民人等宜各自衛梓桑，毋得貪圖目前小利，自貽伊戚。特示。

嘉慶二十三年總理羅思瑾等籌議善後章程

一、議首重歲修以備將來也。

查桑園一圍，正當西江頂衝。自明初至今四百餘年，堤岸日削，迥非昔比。向例，歲修俱責之附堤各堡，而無如地瘠民貧，不免草率從事。現蒙大憲勸諭，照甲寅年五成捐簽銀兩，一律通修，幸慶安瀾，足稱樂土。但以一萬餘丈之長堤，當滇黔西粵數省之盛漲，歲一不修，或修不如法，即多可虞。不得不申明舊例，每歲應責成各堡按照志書基段長短，隨時自行修補。遞年聽候兩司查勘，不得藉有歲修帑息銀兩推卸争執。至該堡如果實有險要處所，會同總理紳士及公舉首事量明丈尺，估值開報，領銀修築。歲底造册繳縣，報銷以歸核實。

一、議借帑生息以垂永久也。

查圍内衝險卑薄處不一而足，歲修工費需銀四、五千不等。今蒙大憲奏懇聖恩，賞借帑本銀八萬兩，交南、順兩邑當商每月一分生息。遞年對周，當商將息交出，以五千兩歸還帑本，以四千六百兩給與修堤。遞年將此項銀兩擇險要處所修築土堤，添落石塊，務令堅固，并可隨時酌建石堤，以資捍禦。倘年深日久，或有沖卸漫口，立時攔築，責成該管業户自行捐修。倘該管業户如果力薄難支，通圍酌量幫助。俟隆冬築復大堤，則通圍協力，仍由各堡科派應用。即有不敷，酌支息銀幫補，方可垂之永遠。

一、議聯請帑息務求實效也。

查遞年息銀有四千餘金，非得公正殷實之人，恐有浮

閉濫費情弊。今議合十四堡公舉端方殷實者四人爲之總理，於每年年底冬晴水涸之時，聯呈赴縣請領。領銀到日，眼同各堡紳士將圍基頂險次險，先後緩急分段勘估。倘需費過多，息銀不敷，應總計需銀若干，以息折派。如有不應修而故爲争執應修者，許總理首事公同稟究。

一、議公舉首事以專責成也。

查遞年二月十三日，爲海神誕期。先於初十日，各堡即將公正首事推出，辦理收租賀誕等事。俟十月請領帑息，亦責成該首事赴領所有是年修費等項銀兩。必須列款標貼廟前，俾衆共悉。其首事遞歲奔走辛勤，議以歲底酌送袍金以酬厥勞，并議三年一换，以昭公慎。

一、議西潦漲發須爲稽察也。

查遞年五、六月，潦水奔騰，若不稽查，恐致誤事。須責成該管業户及基總時刻察看，遇有危急，立時搶修。并即傳鑼通知各堡幫救，毋得貽誤。

一、議嚴禁害堤毋稍徇隱也。

查昔人築圍，圍邊必多餘地。今已日就削薄，而堤畔又開池種藕，或蓄養魚苗。藕根最能壞磡，衆莫不知。養魚苗者，内水已淺，不能敵堤外盛漲之汪洋，最爲堤害。更有堤上大樹，從而削伐，其根一腐，不數年而堤即沖决。又有貧民相率盜葬，習以爲常，爲害尤劇。蟻漏尚能決堤，況此等易朽之木乎！古冢難以悉遷，亦宜查明該處基身有無妨礙，設法於堤内培厚鑲築堅固。自查禁後，如有新葬者，罪之，即勒令遷去，填築堅固。以上數款刻石嚴禁，并每歲出示曉諭，責令基總、地保查報，毋得徇隱。則積害可除，全堤永固矣！

一、議修堤支息聽民交付以歸簡易也。

查當商所領帑本八萬兩，每年對周交息。其應還帑者，擬由當商隨當餉上庫。其留爲修堤者，擬由當商公推在省貲本殷實之商數家分貯，該圍亦推公正殷實數人預稟本縣，給發諭帖印簿，届期攜諭帖印簿赴省當收取，庶事歸簡易。免致上庫時須换紋銀，及至領出支發工費，又須换回洋錢，多費轉折也。至十六年還清帑本後，每年息銀四千六百兩，仍給修堤，亦照此行修防永賴。

嘉慶二十三年署南海縣仲公振履明定章程

一、此次歲修，諸事辦理伊始，桑園一圍，地分南海之九江、江浦屬十一堡，順德之龍山、龍江、甘竹三堡，向歸十四段業户經理。今每堡責成紳士議定曉事者兩人，幫查其事。凡一切興動，應聽基局商議。如遇基局有傳帖到段飭查，或該段内有應修之工，或應議事件，或聯名具呈，即同會商，以昭公慎。如藉稱傳帖不到，故爲疲玩者，實屬心忘桑梓，均干重咎。其每堡所定幫查之紳士名單，由九江、江浦彙交基局登簿。總理務於正月十五以前勘明基段，何處應修，估需修費若干，一同稟履本縣查核。

一、各處險要基段，隨地補築。從前修圍，俱就近取土，由近及遠，不論桑田芋地。即便改挖爲塘，塘仍可以收租，無礙税業。其有墳塋，不得取挖。此次培修俱照舊例。倘以鄉紳勢宦恃符措阻，致誤要工，查出革究。

一、向來各堡竇穴，各有經管，爲水利灌溉者修葺。上年派捐通修三丫基等處竇穴，均分輕重估修，餘皆完好。嗣後各鄉堡積有坦鋪、渡額等租，應仍隨時自行修理，毋許混銷公項。更不得先爲挖破，然後請勘。倘有此等情弊，許總理基局指名稟究。

一、大堤之外，居民另有圈築子基，係開塘成基者，與大堤有别。准於海旁患處，動用公項，落石以捍衝激。若用土工，則歸塘頭業户自辦。其大堤内外基裙，查核舊志，兩邊俱有餘地，現被民間佔爲私業，相沿已久，似難復還原址，惟貼近堤基，均屬魚塘，多有企磡未培。爾等業户如有佔基爲業者，限於正月内一律培築肥厚，知會基局查明。再以公項加高，拷砌堅實，以免後患。

一、上年通圍大修，係照甲寅年舊例，按税減以五成起科。經總理、首事出心出力，督修完竣，所有各堡應捐銀兩，自應及早繳齊，乃工竣已久，尚有欠繳銀二千餘兩，殊屬玩誤。除飭差并移順德縣查唤欠繳之首事勒追外，爾等務於十日内各按欠數備足，繳赴基局收還歸款。倘敢藉端推搪，影射瞞混，或藉稱扣留，各修自分畛域，定即嚴拏究比。

嘉慶二十四年署南海縣仲公振履再定章程

諭桑園圍歲修總理何毓齡、潘澄江知悉：案照桑園圍歲修事宜，先經舉定該紳士等設局總理，仍令各堡另選曉事紳士兩人，分按所管基段幫同會商勘辦，并將應行緊要事宜列款出示曉諭各在案。兹據該紳等勘明，該圍全堤分别基段險易次第，應歸公項修築及應由業户培築，列册稟覆前來。經本縣覆核無異，除應由業户培補各基，另行出示曉諭趕修外，查該紳士等雖於堤工情形熟悉，但此次歲修事宜，辦理伊始，誠慮辦理無綜，反多束手，所有應行事宜，合諭飭遵。諭到，該紳等即便遵照後開條款，悉心妥辦，務宜矢公矢慎，本縣實有厚望焉。此諭。

一、查桑園圍東西沿海各堤，原例分段經管，遞年歲修，向歸各業户自行辦理，由巡司取結備查。兹因前年三丫基被沖修復，當奉大憲體恤，奏蒙皇恩，賞以帑項生息以爲歲修之資，每年可得四千六百金，此亦補助不足不給之意。必須分别頂險、次險稟勘，估計施工。其餘基面低矮破損，仍應責成經管之業户捐辦，毋得全靠官項，致誤要工。倘有佔基爲業，即指名著令趕緊培厚，毋得延緩。萬一不虞，復有開口，應照向例，或責成經管，或合衆科派，依甲寅年志書分别辦理。不得執部文爲詞，致首事賠累。

一、查全圍惟海舟堡、九江堡基段爲最險，沙頭堡爲次險。所有應修，經本縣查勘明確，除一面諭飭首事辦理外，其餘各基皆宜自衛身家。稍有修葺，即自行粘補，毋得爭執應修，致滋議論。

一、查九江堡大洛口外基，頂沖險要，緣古潭沙頭水射，以致沖坍割脚，應即用公項落石。惟沿海地段坍陷數百丈，現銀實不敷支，所有前修三丫基各堡尾欠銀兩，務令剋日繳出，以應鉅工。更能於各堡捐派，或向殷實挪借，將來分年領息，然後塾還。本年歲修伊始，必藉厚力辦理，乃見成效。倘銀兩足用，更於大洛口外坦築石壩二個，阻慢水勢。乃可留淤以成鼇裙，修防永賴。其外基土工統歸外基業户科派，趕緊培築，毋任觀望。

一、查外基所以護衛大基，倘坍卸可虞，則經管之責愈重。現在大洛口外坦所存無幾，若連築兩壩，每壩約築八、九丈，便可保全餘坦，而內圍益更安堵。然連年息項皆由九江堡開銷，通圍亦不輸服。今應飭著九江堡東西南北紳士趕緊勸助，務令題助二千金，庶掛借略少，易於措辦。次年別堡有險，亦得彌補，乃昭公當。

一、查向例，本堡動工修基，即請鄰堡督理，最爲公允。乃聞近來人情散慢，不肯向前急公，所有傳帖並不到公所會商，甚屬不成事體。現經本縣諭飭，每堡舉出曉事兩人，不時到局叙議，公事公辦，在總理首事亦可以表白。無他，即將來接理需人，各皆熟悉，有條議可循，不致紊亂。

以上各條，該紳士務即實心實力，倘有各堡中不遵議辦，存私阻撓者，許該總理指名禀究可也。

道光十四年紳士呈請核定章程

雲南候補道鄧士憲，候選知府鄧林，主事何文綺、温承悌，内閣中書張謙，大理寺評事黄世顯，江蘇武進縣知縣程士偉，陝西鄜州州同譚瑀，江西南安府照磨郭惟清，教諭張喬年，温澤明，舉人曾銘勳、何子彬、黄龍文、明離照、馮汝棠、岑誠、陳榮、程貴時、冼文煥、郭懋勳、潘澍漳、潘廷瑞、潘佐堯、潘士瑛、何淞湘、李雄光、梁澄心、梁植生、梁懷文、潘漸逵、梁策書、關景泰、黄亨、郭培、蔡詔、黄之冕、曾樑材、鍾璧光、潘以翎，武舉李應揚、莫緯光，職員温承鈞，拔貢曾釗，副貢梁上清、麥穎、張士魁、馮日初，歲貢左龍章、陳愈，生員關家駿、張世光、陳士麟、明倫、吴文昭、譚彬、譚靄元、何玉梅、譚彦光、陳嘉言、程鴻漸、郭傑、李應剛、胡積輝、鄧翔、何如驤、何作垣、劉翰垣、余暉超、李業、麥祥佳、陳瑶均、張清徽、胡調德、黎芳、梁起宗、潘芳、盧璋、程翔萬、潘以翥，禀爲桑園圍修築善後章程，乞俯照前議各款，核詳飭遵，俾得奉纂志乘，以垂久遠事。

竊桑園圍三丫基，於道光十三年夏潦沖決，荷蒙大憲奏奉恩旨，賞借銀兩修復，工竣叩謝。奉督撫批飭，志乘應如何修纂？段落應如何分管？並即妥定，以垂久遠。又奉藩、臬、糧各憲暨府憲、前憲飭，將地段保護善後章程妥協籌議，稟覆各等因。當查桑園圍基，築自北宋。東西兩基，向皆歸附近業户經管。該處有基分者謂之『基主業户』，而附基之海利雜息，亦歸經管之基主所得，其基即責成經管之基主保護修築。各堡皆有派定基段，分管保修章程，一體無異。惟吉贊橫基係通圍公基，事歸通圍合辦段落，詳載舊志，歷久皆然。遵經會同闔圍紳民悉心集議，推究致患之由，通籌保護之策，或採舊聞，或參新議，段落分管則率由舊章，以專責成。遇潦沖決，則因時權衡，以應急變。樁料籌於先事，巡視謹於臨時。董理務在得人，修費歸諸實用。基脚戒其侵削，涌竇責以疏通。合全局之情形，酌公平之良法，備具闔圍條議章程，粘稟前憲，懇詳飭遵，纂修志乘，永遠遵照。嗣因圍內沙頭、九江各堡基分，又於本年五月被潦沖決，致未奉前憲核詳。茲沙頭、九江各堡本年被沖之基，各經管基分之基主業户悉已遵照前議稟案章程築復鞏固，各無異論。照此纂修志乘，垂之永久，則事不偏枯，工可共濟。平時自不懈於歲修，漲決復無虞其推諉。基臻鞏固，民用大和，共慶安瀾，永叨利賴。以仰副仁憲暨列憲子惠黎元之至意，理合懇憲恩，俯准核定前稟條議章程，詳奉飭遵，俾得遵照纂修志乘，以垂久遠。

一、各堡基段，宜循照舊章分管保修，以專責成也。

查桑園圍基，築自北宋。東西兩基一萬四千七百七十二丈五尺，向來分段歸附近各堡經管。該處有基分者，謂之經管基主業户。遞年歲修保固，以及夏潦沖決，築復水基、大基，例責該基主業户自辦，而附近之海利、魚步、沙租雜息，亦歸經管基主業户所得，以補工費。因堤基鞏固，全賴歲修，若非分段責成，必致歲修推諉。歲修廢弛，則基患多，而沖決易。分段經管，所以專責成而勤歲修。通圍各堡，皆有基分經管，一體辦理。惟吉贊橫基，係通圍公基，始歸通圍公修，立法最爲妥善，歷數百年無異。乾隆十年間，海舟堡里民李文盛等推諉修築，與各堡里民馮世盛等互訟，經奉大憲飭蒙前任府縣各憲查議，以桑園圍分基管修，原屬以專責成，各堡各有派定應修之基，議照舊例分修。詳奉藩憲轉奉督撫兩憲批飭，遵照原定界址，分管修築，不得推諉等因，案存憲檔。是以乾隆四十四年五月，吉贊橫基與九江、河清等基同時並決，祇係吉贊橫基歸通圍科築，而九江、河清悉係經管基主業户自行築復。又四十九年六月，烏婢潭及李村黎家基沖決，亦係經管基主業户自築。惟五十九年甲寅六月，海舟堡李村基沖決，基主業户黎、余、石三姓丁稀貧赤，力難築復，又值通圍基多坍卸，衆議大修，於是南、順兩縣十四堡按税起科銀五萬餘兩，修通圍各基，并幫其築復決口。後嘉慶十八年五月，圳口基決，仍照舊章歸稔、横兩鄉經管基主業户自築。二十二年丁丑五月，九江、河清外基及海舟堡三丫基同時並決，九江、河清兩基經管基主業户先自築復，三丫基主業户亦自借帑銀五千兩先築水基以救晚禾，銀歸基主業户自還。後因通圍有借帑生息以爲歲修之舉，并因衆議修葺通圍患基，仍仿照甲寅年大修章程，五成起科，修葺通圍患基，并幫其築復決口。至道光九年五月，吉水、仙萊兩基同決，邑紳伍元薇捐銀幫築。吉水基除領款，不敷銀三、四千兩，仙萊基亦不敷銀五百餘兩。維時伍紳捐款，除給吉水、仙萊外，尚有銀一萬餘兩，撥給全圍東西兩基通修。而吉水、仙萊兩基不敷之項，不准向伍紳捐款領足，亦不准派之通圍，仍照舊章責令基主業户自行墊足，歷有成案。道光十三年五月，三丫基沖決，先經基主業户自借帑銀四千八百餘兩修築水基，工未竣，復被水沖。八月始行水退，晚禾趕蒔不及，荷蒙大憲軫念民依，准借銀四萬五千兩築復大基，仍飭令照甲寅大修四分之一起科，修葺通圍患基。所借帑銀，現蒙奏請恩旨，以歲修息銀撥抵歸款外，餘銀五千餘兩，歸通圍南、順兩縣各堡按税畝分五年征還。此係非常殊恩，自必永慶安瀾。唯借帑大修，幫築決口者，係一時權宜，不能援爲常例，應請飭令嗣後仍各照舊章辦理。除吉贊横基公修外，其餘各基遇有沖決，不論水基、大基，均歸經管基主業户自行修築。其或工程浩大，基主業户獨力難支，亦責其趕緊先築水基，以顧晚禾，到冬晴築復大基時，通圍紳士隨時酌量，按其決口之大小，工程之輕重，基主業户之貧富，丁口之多寡，因時權衡，酌幫集事。工竣，仍歸基主保固。倘通圍各基均有卸爛，公同禀官，將通圍應修基竇逐一勘估，方照甲寅大修事例，按南七順三論糧通派，公舉圍内公明幹練紳士董理。將估費交給基主業户，責令領修保固，工竣由董理紳士核實驗收，浮冒責賠。若大修與築復潦決大基同時並舉，將通圍應修基竇與決口工程勘估劃清，亦按決口大小，工程輕重，基主貧富，丁糧多寡，酌量責令基主於衆派外，仍出工費若干，然後歸衆幫築，分别大修、幫築辦理，不得全借大修之名科銀專築決口。致有偏枯，俾基主業户各有專責，無所希冀觀望。且各修己基，工程可期，核實財用，不至虚糜。庶使平時不懈於歲修，潦決無虞其推諉。於循照舊章之中，仍寓因時變通之意，堤基可保其永固矣。

一、備修工費銀兩，宜禁濫用也。

查圍基鞏固，全賴歲修。保修工程，責成基主業户。各基俱有備修雜息。如果基主業户每年於秋冬晴涸之時，以備修公費，各將名下經管基竇隨時增卑培薄，壘石築填，基無不固之理。唯查各堡附基産業、水利，及鄉中公衆租息，每爲無識耆老子弟把持，留爲鄉内酬神演戲、賽會酒食之用。或撥歸該處書院公費，或據爲各姓祖祠烝嘗，置基工於不問。應請飭令嗣後該基段紳士，不論頂險、次險，平易基段，但有公項出息銀兩，只可留爲圍基培土、釘樁、壘石要用，不得分毫浪用别處。如該基段耆老子弟仍蹈陋習，以迎神演戲酒食爲重，將基内公項浪用侵蝕，以修基保障爲虚文，許該處紳士及鄰近基主業户指名稟究。更或因玩視不修，以致衝決潰卸，該紳士立將賽神浪費貽誤基工之人鎖押解送，重治其罪。

一、搶救樁料，宜先事籌備也。

查遞年清明節後穀雨節前，所有衝險基段，即要在於基主業户先事籌辦公費，買備一丈二尺以上三、四寸尾杉樁百餘條，一丈杉樁三、四百條，儲該基主業户内公所，預備搶救之用。

一、搶救樁料，宜隨時稽查也。

查遞年清明節後，應請札行該管主簿巡司按照章程，於有衝險基段鄉堡，親臨該基段處所，查問該基主業户是否照數丈尺買備杉樁，親身點明。如有不足數，檄令刻期買足。潦盛漲時，復勤加查點。如不遵辦，或暫借杉樁飾點，搶救時杉樁全無，立提基主業户責究。

一、遇潦巡防，宜雇選丁壯也。

查遞年四月中旬起，至七月中旬後，係潦水盛漲之時，應請札行該管主簿巡司，於凡險要基段，趁期嚴飭基主業户雇選幹練丁壯巡視。每基百丈，雇五、六人巡視，稍有坍裂，即鳴鑼傳救。倘有諱匿不傳鑼以致失事，立將巡視人役治罪。基主業户亦予以雇選不力之咎。

一、搶救飯食、樁料，宜責基主備應也。

查遞年西潦驟漲，基段防護不及，猝被衝決，傳鑼圍衆撥人前往搶救，所有工役飯食應請飭令基主業户供應，不得躲避。如基主業户杉樁不備，或杉樁僅備而躲避不出，工役飯食無人供應，以致徒手枵腹，立視衝決，搶救無從施力，則貽誤糧命。責有攸歸，聽從圍衆稟請押辦。

一、夏潦沖決，宜責限基主堵塞也。

查遞年西潦驟漲，固竭力救護。倘潦水過甚，加以颶風大雨，人力難施，致不能搶救，三日水定後，應請飭令基主業户即照章程設法堵塞，以保莳晚禾。倘故意匿避，志存推卸，十日後尚不施工堵塞，是失事於前，延誤於後，不特晚禾不保，而且決口日衝日闊，堵塞更難。通圍紳士即將該基主業户稟官押辦。

一、通圍幫築決口，宜通圍公舉外堡紳士協理也。

查各堡分段經管之基，遇有沖決，工程浩大。基主業户貧乏，力難築復。通圍酌量幫築，應請飭令基主業户商請通圍公議，選舉外堡練達紳士殷户在局幫同董理，以昭公慎。其外堡董理脩金，由基局公項支銷。至基主業户脩金，係基主業户自辦，不得混支基局公項。俾酬勞之中，微寓主客之別。若不用通圍幫築，聽其自辦，毋庸商請外堡紳士董理。如遇通圍大修工程，一切脩金飯食，工竣報銷。册結紙張經費，俱在公項支銷，不得苦累董理紳士殷户，以示平允。

一、廟租銀兩，宜撙節積存，以備搶救也。

查南海神廟祀産沙田租銀，照嘉慶元年藩憲告示章程，除廟中遞年應支用外，尚應存有銀兩。嗣因管理未能畫一，經於道光五年起復舊章程，輪堡管理，應請飭令嗣後倍加撙節，冀積羨餘，以爲遞年搶救修廟，及通圍公事集會之用。其神誕日期，但許具牲醴、鼓樂慶賀，輪管值事及到行禮紳士具膳敘福。其從前演戲，及附近鄉堡紳耆分生胙之例，一概删除。如有頑劣紳耆霸管侵蝕肥囊，通圍指名呈究。輪管交代時，如有交兑數目不清，許下手接交三堡首事傳請通圍紳士聯禀，追賠究治，以杜弊端。

一、險要基段歲修，宜責鄰堡稽查也。

查各堡險要基段，凡遇歲修，該基主業户如果認真辦理，工程必臻堅固。無如各堡歲修廢弛，即奉官檄行修補，亦置若罔聞。更有探聞地方官臨鄉查勘，即雇道士禳祀，書插興工符章以爲掩飾，俟官勘驗去後，毫無實事工程。毋怪險要荒基，每每沖决百數十丈，馴致不救。惟毗鄰鄉堡休戚相關，耳目又近，易於查察。應請飭令每次歲修工程工竣之日，責令鄰堡基主業户互相稽查，禁止濫給胥役結規，俾不得藉行其欺飾浮冒之弊。

一、基外沙坦宜禁開建磚窑也。

查附近基外沙坦開建磚窑，必多挖泥土，供燒磚料，漸傷基身。即基外海心沙坦，開設磚窑，必多堆貯，燒成磚塊。及備購一年，燒磚柴草，格砌如山。潦漲時，中流壅水，江潦不能溢過，坦面驟銷。且撒棄破裂苦窳碎磚，積砌坦滑，日積月累，横截江流，激水衝射圍基，爲害更烈。應請嗣後飭行封禁，現設者毁拆，未設者永禁。不必委該管主簿、巡檢查勘，致滋夤緣飾卸。若海心沙坦耕種民人建造廬舍，雖不禁，仍不得於坦滑圈築石基，致分殺水勢，激射沿江兩岸圍基。

一、近基池塘，宜責塘主培築基脚也。

查圍基内外貼近開挖池塘，種菱藕，養魚苗，及貼基開溝渠，俱能傷害基身。查魚苗塘貲本甚重，遇潦魚即湧散。故搭蓋塘寮住宿，工伴常在池塘基岸照料養活。潦至尚可藉以巡管圍基。至菱藕塘，資本無多，日久無人看守，於圍基有損無益。但業户輾轉買賣，相沿日久，遽行填塞，殊有難行。應請飭令冬閒將基脚培築高厚，俾得有所稽查。自定章程以後，不得再有開挖。違者查出，業主嚴究治罪，其業充撥通圍公産。至遇西潦盛漲之時，基内池塘水淺，基外巨浪洶湧，外内勢不相敵，基常因之墮陷。並請每年届期，行知該主簿、巡司親行查勘，飭令業主放水入池塘，平岸滿貯，藉水力幫頂基身，庶不致於貽誤大事。

一、護基樹木宜禁砍伐，並禁在基盜葬也。

查護基樹木既長大成材，基主業户若圖利擅伐變賣，及樹蔃腐朽，圍基因之中潰。如嘉慶丁丑，海舟堡十二户三丫基决六十餘丈，係因該基主業户斫伐藁子樹二百株賣錢别用。越年，樹蔃爲白蟻蛀食通透，致累全基驟潰。載在丁丑志及碑記，前車可鑒。又附近基脚盜葬棺木日久，蟻漏鼠穴即從此開。雖古冢舊基非其子孫自行遷葬者，不遇衝决改築基段之時，難盡强遷。而後此侵盜添葬，與擅伐護基樹木者，應請飭行該管主簿、巡司不時稽查禁止，庶免後害。

一、防護基身宜令多種桑株果木也。

查基外護基樹木，相度土宜，合種荔枝、龍眼。因此二果成熟在五、六兩月，適當西潦盛漲之時。業户日夕看守，即可藉以巡視圍基。但種果數年方得收成，且有牛羊牧食之害。應請飭令於樹外雜栽桑株，固可以防範牛羊，并可以先收資利，且一望沃若，於桑園圍本義名實相符。若基外平坦無多，宜任其多生細草，永禁刈薙。俾蒙茸纏固，驟雨不能衝刷溝竇，潦漲時風浪衝撼，土不鬆卸。更或基外並無平坦，亦宜於基磡外多種蘆葦，使叢生層疊，自堪卸殺巨浪。

一、基脚内外宜禁耕犂侵削也。

查基脚内外，多爲業户侵耕，以致陡削，應請飭令查照舊基界培補完好。此後凡有業户犂耕鋤種，無論基内基外，各要讓耕五尺，許多不許少。至基内外兩岸，其相沿建造民屋鋪舍者，每畜牛羊豬母，不自防閑，任其成群引隊，沿基蹂躪踐踏，最足傷壞基身，與凡附近基段居民偷取護基石塊，俱請一律飭禁。

一、分段經管基分，宜用石板豎明界至也。

查各堡基段長短、寬狹、界至，雖經備載前志，亦間有豎石立界，唯未一律齊全。應請通飭各堡基主業户，一體用闊度石板，書鑿『某堡某鄉分管基段，自某處起至某處止，共若干丈尺』。其應禁傷害基身各款，亦照式用石板書鑿『奉憲嚴禁附近基身某款某事』。如違，稟拿究辦。豎石基側，俾圍衆咸知凜戒。

一、竇穴涌滘宜設法疏通也。

查各堡大基竇穴，砌石結築堅固，方足以利宣洩而資旱潦。若有於基根偷挖小竇，戽水灌田，潦漲時不及防範，每多滲漏，此例在必禁。但西基自海舟、先登兩堡基分疊次潰決以來，浮沙迸潦衝駛，圍内田畝積壓，涌滘淺淤。除兩堡不計外，其西北之鎮涌、金甌、簡村、雲津、百滘，河清、大桐七堡，壓淤爲尤甚。其東南之沙頭、九江、甘竹、龍山、龍江五堡，在圍中地處低窪。又上游各堡，竇穴少建，不敷宣洩，每遇圍基沖決，塞水基後，潦水退出，鄉内小圍基面水專由五堡涌滘消流。故五堡較西北七堡水輒退遲二十日，晚稻往往趕蒔不及，桑株果木淹萎較多，宣洩未能畫一。查嘉慶三年，莊藩憲有改拓閘竇，疏通涌滘之示。道光十年，阿藩憲飭行南海、三水兩縣，札諭縣屬紳士業户於圍基内相度地方形勢，應開建竇閘之處，舊有而已被淤塌者，著即疏通築復。舊無而可資灌洩者，著即籌款新建。疊奉憲示，洞悉民隱在案。應請飭行各堡，照示舉行。但有新建竇閘，必用長大方砧石砌築，閘門用堅韌生松或紫荆木爲之，務臻鞏固。每年江潦漲發時候，責該基主業户派定閘夫若干名，專司啟閉，自毋貽誤。如遇大修及有沖決基竇，均一體照議定章程辦理。

又每届圍基沖决，及每年西潦漲發，於潦退時候，各鄉内小圍，水即退出基面，潦由涌滘流行，每日僅消三二寸。鄉民宅土情迫，度日如年，而土豪匪類乘災罔利，常於鄉内涌滘津隘處所恣樹罭杙，插裝箔簕，括取魚蝦，横截中流，日夜不休。帀旬累月，以致潦消遲慢，往往貽誤晚禾。又有該村莊於鄉堡内處下游，於内圍基岸上游開設水閘，接裏海水以灌旱乾，及遇圍基沖决，潦既退出内圍基岸，即將其上游水閘用土椿塞，待鄉鄰皆報宅土，乃復開挖，但求自己村莊水退迅速，不顧上游村莊被他壅遏，下流潦消愆期，晚禾無望。均應請飭行永禁，藉澹沈災。

一、禁詭糧飛寄以重徭役也。

查圍田殷户誠實者固多，狡詐者亦所不免。現有業在本圍，税寄圍外另户，被人控告有案至一、二頃者。惟此次紳士公定章程，意在和衷共濟，姑不呈究，聽其畏法自行收割，即便了事。此後如復故抗，及有效尤者，定行集圍紳士聯名呈究，决不徇情。

一、通圍志乘，宜遵照奉行善後章程纂修，以垂久遠也。

查甲寅、丁丑及己卯捐修圍志，不過總理值事收拾告示、呈詞、帳目，彙抄刻板。故告示照書辦抄貼款式，呈詞、批語照狀榜款式，帳簿照登記款式，固蕪冗不成體例。且所存章程多爲誤基卸工地步，並未列纂修人銜名，未呈請地方官鑒定，殊非傳信之義。兹待呈准善後章程後，應公推圍内諳熟志書體例，公正可信紳士，重新編纂。書成之日，請大憲鑒定賜序，以垂久遠。

一、志書板片，櫃藏遞交，以重文獻也。

查向來圍志板片，無專責成，易致遺失。此次志成，印刷呈送各衙門之後，即製架收藏，交南海神廟當年值事輪貯。如有印刷時，其工料在南海神廟租銀支出。倘遺失朽蝕，責在南海神廟當年值事賠刻。

附道光十四年署南海縣劉公開域覆藩憲禀

敬禀者：案奉憲臺簽，開據該縣詳繳紳士鄧士憲等條議『修築桑園圍善後章程』，候核示遵緣由前來。查核册内條款，開載通圍幫築决口一款，内一切脩金、飯食，工竣報銷，册結、紙張經費，在所不免。議在公項支銷立案，尚屬可行。至部費、房費四字，殊未妥協。合就簽回到縣，立將發回，詳册轉發該紳士等酌改再議，另詳察奪。至桑園圍尚有應修石壩各處，至今未修，該縣仍迅速督該處墟總業户人等，趁此冬晴水涸之際，趕緊修築完固，毋稍稽遲，速速，此簽仍繳等因。計發回詳一件、册一本到縣。奉此，遵即飭據該紳士等，將章程册内『部費房費』四字酌改『紙張經費』四字，并稱應修石壩已催令首事李應揚等趕緊興修等情，呈覆前來。除於章程册内覆核更正外，合將奉發原册同原詳文册，連鈞簽奉繳憲臺察核，俯賜作爲初詳辦理，以省繁牘，實爲公便。

光緒十二年集議救基章程

一、前經刊發救基圖章，分派各堡，恐日久遺失，今議再刻照派。每遇基段有患，基主必須傳鑼報警，用紅束寫明『某處基段拆裂或卸陷約若干丈』，蓋上圖章，交傳鑼者挨傳。以免將無作有，將小作大，不惟驚動各鄉人心，亦且徒費財力。

一、各鄉聞傳鑼到境，即當撥人往救。然必要紳士督帶，并選三五老農同到約束。如無紳士，或由鄉中老成曉事之人，可以彈壓得住，呼應得靈者，親帶局帖或紳士帖先到公所掛號，以便查核。

一、遇事之鄉既經傳鑼，後必當於鄰近擇一祠堂或廟宇，先標貼『救基公所』字樣，各鄉督帶之人聚會公所，與基主妥商救法，救基工人不得攙入。如或樁不足用，止許督帶人催基主趕買。應如何處置，酌定後，即由督帶分撥，不得推諉。如祠廟相隔太遠者，亦必於患基左右設一定所，以便會商。

一、附近基圍各鄉，不論大小貧富，平時均當預備太平樁，至少亦要三、四十條。一遇有警，借之鄰近左右，已足敷用。如仍不足，即使趕買，亦不至緩不濟急。但所借之樁，必須於事後一月內照數歸還，不得藉詞延宕。

一、基段危險之處，或係兩鄉交界，或係兩姓交界，遇事時務要和衷共濟，不分畛域，亟爲搶救。所用銀兩事後照基段長短分派，臨時不得推諉爭執，貽悞大局。

一、由廟箱設旗數十枝，除派十一堡外，璜璣鄉亦派一枝，旗上寫明『某某堡救基』字樣。若遇搶救該處，督帶之人招齊該堡救基子弟同行。到患基左右，就本旗屯聚一處，以免混亂滋事。

一、遇搶救，除公所聚集外，基主必要將附近祠宇、閒鋪、閒屋敞開，以備各處救基子弟歇息造飯。

一、救基莫急於樁杉。各鄉到救時，如無樁用，必至激成事端。是在基主平時籌款，多儲樁杉備用，乃免臨時束手。至席包亦所急用，此物惟九江沙頭官山有之，傳鑼到該處，須聲明多帶席包同到。如不用，每百由基主酌送茶資銀，將原物帶回。

一、凡屬同圍，憂樂與共。我圍基段，雖向來分堡、分鄉、分姓經管，然一遇潰決，實累全圍。今議凡遇搶救，所有工食器具等項，俱照向章，各鄉自行辦理，不得向基主索取。

一、附近基圍之鄉，必須預籌公款，以資搶救之用，恐基主力薄，倉猝不能應支。若平時既無款項，臨時徒事張皇，必至貽悞大局。各鄉書院、社學，務宜開設義倉，遇有搶救，基主出銀若干，公項提銀若干，分別預立章程，以備不虞，最爲要著。

一、近來搶救時，每有不法之徒手執鍪板糾衆而來，並無督帶紳耆。託名救基，實欲乘機搶掠。倘有擅入鄉村滋事者，即行集衆拘拿，聯名送官究治。

一、基段遇有危險，各鄉齊往搶救，務必同心協力，共禦狂瀾。不得以平日積有仇怨，在此尋釁報復。違者聯名稟官究治。

一、各鄉果有患基，經左右鄰親詣勘明屬實，如基主隱忍不願聲張，鄰里即蓋上圖章，代爲傳鑼飛報。倘無印蓋圖章，挾恨傳鑼者，一經拏獲，除將妄傳之人即送官究治外，仍查出主使之人罰銀二十員，給被陷者使費。

一、本鄉基段雖無危險，隔鄉或挾嫌，或誤聽而遽代傳鑼者，如有各鄉搶救人到，該鄉父老子弟宜出相勞苦，婉言慰謝，或燒茶以待，或擇地令息，庶盡主人之誼，而免激衆怒。不得閧鬧峻拒，置之不理，致釀事端。

卷十二　防患

基圍之有崩決，有坍卸，無智愚，皆知其患。故堵築培護，萬衆同心，無復異議。若利在目前，其患乃見於後日；利在一方，其患乃貽及通圍。此非識微見遠之士，不能思患而預防也。後之君子慎勿輕舉妄動，侈言興造。至於彼此互控，有傷大體，甚或有司聽斷不明，激成事故，其患更不可勝言矣。志『防患』。

康熙四十五年丙戌十月，九江堡舉人關龍、貢生朱順昌築高篸石基。自潭邊路口、沙邊墟、石路岡、尾市基面五尺高，與篸石基陂上石橋齊。各堡以閉塞水道，籲請停築。

呈稱：四海爲壑，聖禹利在天下；鄰國爲壑，白圭私立一方。某等各與九江同居，桑園圍內各堡居北，九江居南，歷衆共築東西二海大基，以防水患。間有脩葺，合力鳩工。如遇洪潦崩決，全水由九江下流消注。是下流之通，無異九河之注海，淮泗之注江也。詎九江舉人關龍、貢生朱順昌等，只謀一方便利，不顧各堡顛連，假修復爲名，揑稱古蹟，遁前藏後，載鬼一車，强將大同稅業混飾虛詞，瞞聳仁天。蒙批查勘，乃賄巡司，不行公踏，不詢鄰堡，不查稅户，混同回報，給示修築。突於本月二十二日興工，擺汛兵而擁器械，大張聲勢，童叟驚駭。公查，伊鄉從無裏圍原蹟，上古既無舊址，今日奚容新築？此基横截，則閉塞下流喉咽，若遭水患，耕鑿維艱，秋成無望，廬舍將爲魚藪，民命喪於海濱。迫得瀝情叩乞仁慈，俯念全圍稅糧之大，民命之多，亟賜金批，弔示禁止。庶水道流通，民安耕鑿，國賴輸將，頂祝無既矣！

按，是案彼此搆訟三年，旋奉制府批，仰布政司速委府廳，同該縣及營汛星馳到新築處所押勒，鋤土還田，其案乃結。

嘉慶二十三年兩廣總督阮公元禁開墾沙坦佔築水道示

八月初二日，據南海縣州同李泉、教諭何毓齡、在籍知縣關士昂、舉人梁健翎等，遊擊陳書，副貢張士魁等，歲貢黃駿等，生員馮應昌等，監生關青田等呈稱：西江一水自雲、貴、廣西匯注肇慶峽，奔流而下，歷高要、高明、南海、鶴山，直趨新會、香山兩縣界内歸海。數縣居民各築圍堤，全賴下流疏通，始無氾濫潰決之患。所以乾隆三十年間，經前憲李奏准奉旨嚴禁内河圈築，不令干礙水道，上傷國課，下害民生。現查各處圍堤，疊奉修築，比前加倍高厚。乃遞年水勢輒與堤平，頻遭坍塌，下流壅塞。顯然可見其故，總由近來土豪多從沙坦攔江圈築，遂使河道日窄。西潦漲發，停阻不消，各處圍堤屢被衝陷，慘不可言。詎水患業已連年，而私築猶復未已。即如新會潮連司屬之潘始琨、陳秋衍等，膽在坦邊、高沙、芝山等處，暗築長堪十餘條，攔截半河，希圖積淤成田，有礙河道。若仍任其攔築，徒肥十數家富户，竟害盡兩郡瀕河窮黎，糧命無依，田廬漂蕩，實屬有苦莫訴。仰惟憲臺軫懷兩粤，軫念民依，賑貸多方，幾經籌畫，開局修志。首諭訪查水道弊端，亟着聯顲憲恩，派委重員，勘拆潘、陳石堪。并嚴禁各處土豪，於有礙河道之處，不許墾築。俾百萬生靈，數百萬頃稅糧免遭淹害，造福無量等情到本部堂。據此，查乾隆三十七年李前部堂原奏，嗣後呈報開墾，惟確查實無干礙水道者，方准承陞。其餘出海要區，一概不准報承。又乾隆五十三年，欽奉上諭，嗣後凡瀕臨江海河湖處所河漲地畝，除實在無關利病者毋庸查辦外，如有似窖金洲之阻遏水道，致有地方之害者，斷不准其任意開墾，妄報陞科。如該處民人冒請認種，以致釀成水患，即照蕭姓之例嚴治其罪，并將代詳之地方官一併從重治罪等因。欽此。

又嘉慶十八年韓前撫部院示

禁嗣後沙頭坦嘴及深涌口一帶沙坦，永不許混承報墾。倘敢故違，即治以强佔之罪。是開墾沙坦，當須無礙水道，方准承陞。聖諭及本省成案歷歷具在。今貪利之徒竟敢於坦外添築長堪，冀圖接漲成淤，祇圖一己之利，不顧遠近之害，可恨已極。除詞批發并潘始琨等先經批司委員拏究外，合就出示曉諭，爲此示論紳士軍民人等知悉：嗣後凡有瀕河沙坦，毋得違例圈築基堤樁壩，與水爭地。其開墾沙坦亦必須無礙水道，方准報承。自示之後，倘仍有違例估築者，定即從嚴究辦，決不寬貸。凜之，慎之！

道光九年准調署南海縣潘公尚楫禁報墾沙坦築壩防礙水道示

現奉藩、臬、糧憲札開，照得本年夏間，西、北兩江水潦陡漲，以致廣、肇二府所屬沿海圍基多被衝決，淹没田廬，傷害民命，當經分别賑恤，及借項興修。現在傷痍雖復，而水道未清，患猶未已。溯查本省，自嘉慶十九年、二十二年，及道光三年及九年疊遭水患，本年爲害尤甚。似此水災日增，若不預爲釐剔，爲害伊于胡底。推原其故，實由沿海之番禺、順德、香山、新會等縣屬開墾沙坦，櫛比鱗連，且于附近沙田水深丈餘之處，混報爲土名某處之水草白坦，一經瞞准報承，即行壘石築壩，砌堤樹樁。歷歲既久，土結堤堅，沙復壅塞。堤外之沙潛滋暗長，河邊之地月積歲淤。沙坦既愈墾而愈寬，水道自愈侵而愈狹。每遇江水陡發，百川驟漲，即致水道阻遏，泛濫成潦。亟應詳查確勘，分别拆毁，以除禍患，而安邊氓。除委員前往查勘外，合行會札飭遵。札縣立即前赴屬内沿海沙坦，逐詳細查勘。其有切近海口，壘石築壩之處，凡屬有礙河道，阻遏水勢者，無論新舊，及曾否報墾，即督同該墾户人等一律拆毁，不得少有存留，致滋萌蘗。如係報墾之地，即查明應毁地段丈尺，及應納糧賦幾何，准其照數扣除。該縣接到此札，先行出示曉諭，一面馳往清查。本司道等委往查辦之員，亦即接踵可至，該縣即會同妥協勘辦，毋得草率從事。且須嚴禁丁役人等，受賄隱匿，需索滋擾。倘有查毁不實，致有妨礙水道之堤壩，任其隱匿，一經存留察出，獲咎滋重，毋謂言之不預。該縣於辦竣後，即會同委員，將毁過處所，及應減課税，修造清册，稟繳核辦。再，沿海沙坦，以後難免不復報墾，果係相離海口遥遠，原可因地之利，仍准報承。但須相距海口在幾十里以外，方不致礙水道，始可詳請開墾。該縣亦即會同委員詳確察看情形，據實稟覆，以憑會核辦理。均毋違延，速速等因。

奉此，兹奉前因，合行出示曉諭。爲此示諭各邑紳士、軍民墾户人等知悉，爾等如有切近海口壘石築壩之處，凡屬有礙河道阻勢者，無論新舊，及曾否報墾，該墾户人等立即毁拆，不得少有存留，致滋萌蘗。如係報承有税，亦即查明毁過地段丈尺，及應納糧賦，准該墾户稟請照數扣除。此係大憲委查要件，毋庸稍存隱匿，務宜實力奉行。指日本縣會同委員親臨查勘，如有應拆不拆，一經察出，立拘該墾户人等嚴加責究外，飭差鎖押，一律拆毁，各宜凜遵毋違。

附南海州同李泉，在籍知縣關士昂，在籍主事何文綺，新會舉人羅鳴鑾，鶴山舉人胡泉、馮體仁，三水在籍知縣鄧雲龍，南海舉人羅仲衡，拔貢曾釗，捐職詹事府主簿陳昌運，新會監生譚連進，南海舉人羅廷桂、崔樹良、鍾璧光，李謙揚，何子彬、黃龍文，新會舉人李覽輝、鍾麟士、張源基、黃昭新，三水卸署訓導歐陽翎，舉人鄧光岳、陸灼、梁大霖、潘俊良、梁鸞光、梁萬選，鶴山舉人譚應龍、何潤之、宋嘉玉，南海職員何盛、扶文林，新會職員葉名興、陸朝英、羅受昌、郭淇芳，南海副貢黃焕，歲貢梁有才，三水副貢鄧錫章，南海生員胡調德、朱士琦、程鴻漸、馮日初、潘廷珍、關昌言、陳嘉言、羅元暉、譚彦光、盧芸書、黃本澄、陳應秋、何玉梅、何翀霄、黃夢蘭、陳撝謙、陳瑶筠、佘秩庸、劉鵬，番禺生員簡芳、簡容，新會生員簡書升、羅鳴岡、陳素嫻、王繼緒、羅芳、羅瑛、葉芬、陸朝瑞、陳士琪、温時乘，三水生員劉弼泰、歐陽冠、杜文中、周耀南、陸衡夫、鄧堯河、歐陽容、鄧謙光、梁巨成、梁瀛、周光弼、何洲、李文江，鶴山生員何崢嶸、勞烜、古夢松、何器之、黎羽儀、任璇璣、黎在寅，新會監生任利國、任起鵬、羅時中、羅國儀、葉名彬，三水貢生蘇大晶、杜九皋、鄧廷珍等呈，爲蒙憲洞識西水患源，敬效芻蕘，聯懇垂鑒，以除民患事。

緣西江一水，發源牂牁，歷雲、貴、廣西三省，下肇慶峽，由新會、香山兩縣界内入海。廣、肇兩郡居民，全賴各築圍堤以資保障。無奈下流壅塞，堤高一尺，水亦高一尺，疊遭潰决，慘不可言。茲蒙大人洞察患源，皆由新會、香山沿河各處開墾沙坦，櫛比鱗連，輒於附近河唇混報爲水草白坦，一經瞞准報承，即行砌堤樹樁，攔截半河，屢釀巨患。現蒙諭令，所築無論新舊，及曾否報墾，一律拆毁，以除水患而安邊氓。並蒙飭屬出示曉諭在案，宇下莫不喜躍欣欣，額手以慶。但念患源已蒙洞識，而釐剔尚慮無憑。緣河道比前闊窄，無由考據，圍築圍田，有礙河道者，無由分辨。委員查勘，恐無下手相應。稟請大人飭將香山、新會兩縣界内沿河上下，其近年之内報墾承陞之坦畝，逐一查列清單，毋混毋隱，繳進察閲，便知某某處爲佔河新築，有礙水道，並知其土名處所，以得按址照辦拆毁。若不先行查明，據其報墾年月、地名，按册指出，誠恐其豪户得以欺隱，委員亦無由遵照查勘，致虚大人德意，被害居民莫霑愷澤，所係匪細。只得稟懇就沿河各處圍築圍田及石壩，拆其有礙河道者。俾河道復闊，漲潦易消，不致壅水溢過堤面，免遭沖塌，斯民便受無窮之益。不然，民既迭傷淹浸，又須竭力科派，以修築圍堤。每年作剜肉醫瘡之謀，孰若從焦頭爛額之後，爲曲突徙薪之計？今方甫離淹溺之餘，幸遇大人恫瘝念切，宏濟情殷，勢着亟抒下情，懇爲廣、肇兩郡生民清此患源。則洪潦化爲恩波，造福無量矣。

蒙兩廣總督部堂李批：　查新會、香山兩縣界内河道藉坦築占處所，業經飭行委員勘拆在案。茲據呈請，將近年報墾承陞坦畝佔河新築之處，先行逐一查列清單繳核，按址拆毁，以免豪户欺隱等情。係爲預防水患起見，候即行司，飭查明妥辦，以利河道。

廣東巡撫部院盧批：沿河沙坦，如係天生自然之利，無礙水道，原許民人報陞，俾窮佃得資生計。至附近河唇混報水草白坦，以人力圈作圍圳，希圖積淤成田，止知利己，罔顧害人，必應從重查禁。據呈請，將新會、香山兩縣近年報陞坦畝占河新築之處，逐一清查，按址拆毁，係爲預防水患起見。候即行司、道，督飭該印委員作速勘明沿河上下有害水道，築埧樹樁之處，盡行拆毁，以免阻遏之患，詳明妥辦可也。

同治四年乙丑四月順德縣貢生馬應楷等築楊滘壩橫截水道，優貢盧維球暨八圍紳士呈請毁拆具呈

桑園圍南海縣屬沙頭堡優貢生盧維球，生員何亮熙，舉人鄧翔，生員馮濟昌、譚杞、鄧維霖，職員譚沅，百滘堡舉人潘以翎、潘斯湛、潘漸逵，生員潘贊勳，簡村堡舉人陳文瑞，副貢生陳伯翔，雲津堡舉人潘桂森、潘仕釗，九江堡舉人關仲暘，候選訓導關樹梅，武舉關榮章，生員劉樹南、曾師孔，先登堡舉人李良弼，生員李應剛、蘇應銓、區佩恩、蘇祥泰，海舟堡舉人梁清，生員梁以楨、李用詒，大桐堡舉人陳鑑泉，候選訓導傅超常，附貢李海，生員戴異、程啟瑞、李介臣、程潢，河清堡舉人熊次夔，生員潘繼李，鎮涌堡舉人何文卓，生員何如鏡、何亨，金甌堡舉人關景泰、余得後，順德縣屬龍山堡候選訓導馮培光，歲貢左秩俞，附貢吴元壽，龍江堡舉人張汝梅，監生張華秋，南海縣屬西園舉人沈維杰、廖翔，副貢李籍鏞，生員羅應坤、廖炳文、李拱宸、馮鑑清、關宗漢，羅格圍舉人羅熊光、羅應鏗，生員冼瑩，大柵圍舉人高子沅、何愷儔，生員何庭修、馮熺，鼎安圍武舉麥霖秋，生員麥文經、麥錦泉、王延年、王慶霖、王治平，大有圍舉人陳熾基，武舉譚廷昭，生員關焜、張耀奎、關萬年、陸登魁，蜆壳圍南海縣屬舉人康贊修、陳錦騰，生員游光海、杜清、潘鑑滐、游光潼、陸炳煌、康達芬、康達節、潘福保，三水縣屬舉人鄧顯仁，副貢冼冠魁，生員歐陽泓、周耀南、陸恒孚、徐善福、梁觀瀾、林焕、蘇禮昌，閂門圍三水縣屬舉人梁鞏，武舉謝樹芳、謝泰階、謝星階，生員劉始然、徐卓英、鄧震亨，大良圍南海縣屬舉人楊焯垣、鄧瑶、徐澄溥，生員何若瑜、劉廷鏡、張喬芬、黄德華，茯洲圍南海縣屬舉人李文燦，生員陳國儀、陸元達、李善康、陳熾垣，呈爲築壩遏流，沙外圖沙，聯懇飭縣，傳案解押，諭局拆毁，以救糧命事。

竊紳等。南、三、順等縣各圍，當西、北二江頂衝，潦水一漲，自上游建瓴而下，至三水南岸圍，南海、順德桑園圍、大柵圍、鼎安圍、大良圍、大有圍、蜆壳圍、閂門圍、茯洲圍、羅格圍、西圍、東圍等十餘圍，相連百餘里，所有圍外諸水，經由各圍村前，直落順德縣屬黄連海口，始有支海分流而去。若水流至順德楊滘鄉河面，築壩橫攔，宣洩

必滯，禾稻定然失收。查近年楊滘鄉開設磚窰，海邊沙外，復有沙影微露。然猶幸其流通無滯，沙可隨長隨消，不至大害。不料該鄉貢生馬應楷、生員馬家駒、職員馬業昌等，窺此沙可積，遂斂貲購石，於海邊沙外築壩，橫亘河面。現築石凸起水面者十餘丈，寄椿落石者數十丈，遏流圖沙。借名利鄉，實肥己橐。夏潦猝至，上流十餘圍均受其害，而對河之桑園圍被壩水激射，受害更慘。況桑園圍係蒙大憲奏請撥帑歲修之圍，豈容該貢生等漁利，切近貽災？忖築壩官河，大干例禁。今觀其壩在海邊沙外，離該鄉基圍五十餘丈，專爲積沙肥己起見，各圍農民怨聲載道。經紳等往勸拆毀，詎應楷等不惟不拆，反乘夜落石潛築，實屬昧良貽害。廹得粘圖聯叩憲恩，俯念十餘圍糧命攸關，趁此夏潦未發，迅飭順德縣拘馬應楷等解送憲轅，押令拆毀。查該鄉向係武舉馬逢清主局，伏乞諭令該局紳將已成未成築壩椿石徹底拆清，俾河水暢流，以救糧命，而息民爭。

兼署督憲瑞批：據呈，馬應楷等築壩積沙，有礙水道，候行東布政司迅飭順德縣馳往查勘，秉公剖斷，妥辦詳報。圖存。

署撫憲郭批：去歲聞順德縣河有私行築壩之案，正擬專札查辦。所禀馬應楷等在楊滘河面築壩，是否即係順德縣河面？此等利害，關係十餘圍基生命，豈能聽從一二户罔利私築，貽害數縣？仰布政司嚴飭順德縣查明禀覆，如果有築壩擅利，攔截水道情事，即先由順德縣將馬應楷等提解來省，聽候查辦。詞抄發。

署順德縣賡批：查楊滘海委係上游出水要處，既據該生等禀奉糧憲批行，候傳馬應楷等訊明，勒令拆毀，以杜訟端。繪圖附。

附馬應楷等赴順德縣投案訴禀

具訴詞：楊滘鄉紳士憂貢生馬應楷，生員馬家駒，職員馬福昌、馬德源、馬步蟾，監生馬應清、馬耀林爲修壩防患，揑控遏流，粘圖瀝禀，籲恩察核申詳，恤存民命事。

竊生等楊滘鄉，貼近玉帶圍邊居住。其對河爲沙頭桑園圍，溯西、北兩江之水，合流而下。自江浦司前至龍江二壩，河道或闊或窄，當江浦司前至沙頭堡河道，闊者一百三十餘丈，窄者約八十餘丈，而楊滘村前河道約二百一十餘丈，龍江二壩河道闊約九十餘丈，此河道闊窄各殊之明徵也。沙頭基圍外，自岡頭壩起，至洪聖廟壩止，共計築壩一十二條，各壩大細、長短不一，而真君廟壩爲最大，堆石長二十餘丈，且接連上十一壩之水橫射楊滘村前，撼決莫當。舊有築壩一條，以障狂瀾。嗣因玉帶圍西閘口海邊民居被水沖塌，避遷村內，此地今已變爲巨浸。誠恐沖塌愈甚，貽害莫測，且以合鄉公議，修復舊壩一條，以防水災，此修壩防患之實在情形也。不料沙頭堡局紳盧維球、何亮熙二人倡言有礙水道，意圖率衆逼拆。生等理勸不果，維球等遂聯各局聲勢，捏架築壩遏流等謊，借桑園圍防患大題，危言聳聽，瞞稟大憲，批發仁臺勘訊。忖沙頭圍外河道，闊約八十餘丈，而築壩一十二條，真君廟壩長廿餘丈；　楊滘河道闊約二百十餘丈，而西閘口修復舊壩一條，長約廿一丈。其中河道闊窄懸殊，築壩多寡互異。若以遏流而論，豈沙頭之河道窄而壩多者不爲遏流，楊滘之河道闊而壩少者反爲遏流乎？又捏海中沙影微露，沙外圍沙等謊，沙流聚散無常，倘若覬覦積沙，必先升科，爲佔沙地步。生等既無升科承稅，何謂沙外圍沙？總之是否遏流，伏乞察核詳覆，永頌甘棠。

署順德縣賡批：　查爾等楊滘鄉爲上游各圍出水要處，該貢生等築壩，横亘河面，殊於桑園各圍大有關礙。現稟防患各情，其中不無掩飾。昨奉糧憲札飭，傳集質訊，該紳等著即赴案投質，聽候訊明，分别察斷。繪圖附。

閏五月優貢盧維球等呈請押拆楊滘沙壩，併請給示永禁

呈稱，竊紳等前因馬應楷等在楊滘鄉前私築長壩，沙外圍沙，大礙水道，聯呈列憲暨仁憲，荷蒙堂訊諭，飭毁拆净盡。應楷等陽具遵結，陰違憲諭，並未動拆，瞞稟詳銷。揣其私意，因沙頭以上河窄，舊壩可存，楊滘河闊，築壩應拆，心非甘服，遂控伊鄉原有舊壩，希圖指新築爲舊址。不知沙頭上流，海心突起，羅村一沙，河道逼窄，頂衝處所故多，其壩正與沙争權，使沙不至趨下，愈積愈肆。楊滘地處下流，河闊則水勢散漫，無沙阻礙，水得以暢流入海。此沙頭舊必設壩，楊滘不用築壩實在情形，數百年相安無事之緣由也。以不用築壩之地，而忽於堤外涌外沙邊築石，横攔河面，此專欲積沙肥己之明證也。至謂沙頭真君廟壩長廿餘丈，水勢沖射，致該鄉民居沖塌遷避，更屬杜撰。忖真君廟與楊滘上下相隔三里之遥，其壩圍志載僅五丈，如果水勢激射，何以與壩相對之龍畔村、梧村兩鄉不見沖塌，而獨於相隔三里之楊滘鄉沖塌乎？且既有沖塌之慘，該壩何以不築於當時而築於今日乎？此又築壩之非以避沖，實欲積沙之明證也。至沙頭各壩，由來已久，屢蒙大憲奏准，撥帑培築。迄嘉慶廿四年盧、伍二紳捐建石堤，經前督憲阮飭委勘估，加石培長，以資捍禦。工竣報部，列憲檔案有據。今應楷等所築，已自認二十一丈，連打底見影者，不下數十丈。況官築與私築，緩急迥殊；　護堤與圖沙，形勢迥異。幸蒙仁憲洞悉姦謀，憫及蒼赤，勒令拆毁净盡，無留餘孽，仰見廉明公正，情僞難欺。　詎應楷等既捏稱修築舊壩於前，復謬稱拆至水面於後，謂於五月十四日集衆動拆，將加高新石盡行拆清至水面下三、二尺等詞，謊稟銷案。紳等會同察看，實未動拆。應楷詭乘夏潦漫面，混指未拆爲已拆，影射新築爲舊址，暗留異日積沙之計。勢著將沙頭有壩，楊滘無壩，歷久相沿事由剖明，呈繳《桑園圍志》瀆叩臺階，伏乞飭傳馬應楷

等到案，押令拆除浄盡，以免詭稱舊壩留址，貽害無窮。倘果澈底拆清，紳等定必據實稟覆，並懇給示勒石永禁，以絶後患，而息訟端，庶水道暢消，十餘圍田廬民命獲保，萬户沾恩。

署順德縣虞批：　前據馬應楷等稱，已於五月十四日將壩遵諭拆毁，當經具結在案，是以本縣將案詳銷。據呈尚未動拆，如果情真，殊屬藐玩。候飭差速查明確，勒令拆清，一面出示永禁復築，以杜訟端。《桑園圍志》三本存署。

順德縣虞爲諭飭遵照事。

照得現奉撫憲暨藩、臬憲批行，據南海、三水、順德三縣紳士盧維球等具控，順德楊滘鄉馬應楷、馬家駒、馬業昌等築壩遏流，沙外圖沙，致上游十餘圍均受其害。而對河之桑園圍被壩水激射，受害更烈。叩乞押拆，並諭該鄉局紳馬逢清等，勒限將已成未成各壩一律拆毁，以除後患等情。奉批，仰縣飭提馬應楷等押解赴省，除飭差勒傳外，合就諭飭，諭到該紳即便遵照，速即勸諭馬應楷等將該鄉海邊、沙外現築横壩澈底拆清。緣事關三縣各圍，且桑園圍更係奉旨撥帑歲修之處，如馬應楷現築之壩果與桑園圍有害，其勢斷不能不拆。該紳可傳諭馬應楷等，此案關係甚大，務須將壩早日拆毁，庶可保全身家，若再挨延違抗，其禍患有不忍言者。本縣忝任斯土，豈忍士民誤罹法網？用特專諭該紳，望爲愷切勸解，俾令悔悟，切囑特諭。

署順德縣虞諭三縣紳士盧維球等知悉，現奉撫憲委員，協同本縣，將馬應楷等所築之壩拆毁浄盡，其石起清，不准沙石存留。現斷令以石代工，著原告盧維球等督工代拆代起，本縣已將馬應楷暫押，俟拆清再釋，以免滋生事端。倘再有楊滘村人等阻撓，該紳等立即稟縣究辦，此諭。

六月署順德縣虞颺公示

爲飭遵事，現奉代辦布政司方札開，同治四年閏五月十一日，奉署理廣東巡撫部院郭批，據該縣具詳，桑園圍沙頭堡優貢生盧維球、生員何亮熙等具控馬應楷在楊滘鄉海邊沙地方攔河築壩，沙外圖沙，致上游十餘圍洩水要口均被阻礙，爲害非輕，叩乞飭縣毁拆等情，當經飭傳馬應楷等到案，諭令將該處新築之壩全行毁拆，毋得少留餘根，以杜訟端。馬應楷等遵諭拆毁，願具甘結完案，隨將控案詳銷。奉批如詳銷案。仰布政司轉飭遵照出示，泐石該鄉。嗣後不拘何姓人等，永遠不准在該處河面築壩，以免阻塞水道。此繳結存。又奉廣州將軍兼署兩廣總督部堂瑞批，據詳已悉。仰布政司檄飭銷案，仍候撫部院批示繳各等因到司，合札飭縣即遵照奉批情節，出示泐石等因。奉此，合行出示泐石，永遠嚴禁。爲此示諭楊滘鄉等處紳民人等知悉，嗣後楊滘鄉海邊沙外，不拘何姓人等，永遠不准在該處河面築壩，以致阻塞上游水道。倘此次拆清之後，如有人復敢覬覦，在該處築壩，准各縣紳士指名稟縣，以憑飭拘究拆，決不姑寬，各宜凜遵。特示。同治四年六月二十九日示按，此示泐石在沙頭堡桂香書院。

按，是時署總督者，瑞麟公。署巡撫者，郭公嵩燾。代辦布政司者，方公濬頤。知順德縣者，賡颺公。

附《南海縣續志》：同治四年乙丑，順德貢生楊濬馬應楷志在牟利，科斂鄉里銀萬餘兩，於村前水口下石築壩，壅閼洪流，使沙泥停積，冀成田畝。業經下石七千餘金，將江面湮塞一半。桑園圍上流各圍俱大驚，謂楊濬乃西、北江入海要道，今化爲桑田，水無所容身，勢必恣横。且楊滘對面，即桑園圍東基之河澎尾，平時已極危險，今於對面築壩，水勢横射，崩決事在旦夕。至上流各圍，雖淹浸有遲速，而水勢倒行逆趨，必灌滿而止。是該生所得沙田不過十餘頃，而廢棄上流之田不啻千萬頃，該生所得不過千萬金，各圍所傷人民不啻千萬命。且水之東下，來則恒欲其遲，退則恒欲其速。尋常盛漲，水將消洩，或爲採魚，箔罾中流，阻遏水退，遲一、二日，時節已過，即不能補蒔晚禾。今將水口塞其强半，水若灌滿圍内，尚有消洩之期哉？於是南海、順德、三水各圍紳士聯呈，指名控告，時郭撫台委員履勘，深悉利害，謂内河沙田皆水勢所積，人心不欲其有，人力又不能使之無，故消長聽之自然，未有塞水成田，利己而害人者。立批順德縣勒馬應楷毁拆，並將馬應楷押留。諭令海底石起清，乃行釋放。而桑園圍紳士酌議，石在海底，多少不可知，萬一起石不清，沙有停蓄之處，日久終竟成田，則禍根終未能去，不若桑園圍自行僱工將石挖起，查其落石若干，所起石必與所落之石相符而止。隨得其石估值，變充起石之費，有不足多費通圍公項，未爲不可耳。嗣後將石起清，稟覆順德縣，始將馬應楷釋放。竊思此事，真有天幸。設使當時大吏及州縣官不知地方形勢，疑彼此告訐，各有是非，將就了事，將沿海口之姦民殷户，人人攘臂而起，變水爲田，水出無門，縱横潰決，南、三兩邑以上，恃其基圍自固者，尚有寢食地哉！此事關係基圍甚大，故序其顛末，以示後人云。

同治七年戊辰，直隸候選同知進士明之綱等呈請給示禁築沙壩

呈稱：竊紳等桑園一圍，當西、北兩江之衝，歷蒙前督撫憲發帑，加高培護。沙消則水闊而流通，沙長則水窄而流淤。倘射利之徒復築壩攔海，使水不衝沙而衝圍，即間歲一修，亦潰決可懼。實慮徒費帑項，孤負憲恩。是欲藉圍以防潦，宜杜築壩以疏通。雖節蒙前督撫憲示禁築壩，并派委督拆，紳等仍恐日久玩生沙棍希圖子母相生，但知築壩有利，不顧圍基受傷，變海爲田，貽害無底。今因去年援照成案，請領歲修，邀恩撥給庫銀二萬兩，一律興修完竣，經具呈列册報銷各在案。趁此基工告成，理合

聯懇仁憲賞示，嚴禁桑園圍外一帶海心沙，永遠無得築壩射水，傷害基圍。立案勒石，永遠遵守。庶歲修有濟，共慶安瀾，長沐鴻慈於靡既矣。

同治八年署廣州府沈公映鈐示

案據南、順二邑桑園圍紳士候選同知明之綱等，遣抱陳正，赴轅呈稱，竊紳等桑園圍，當西、北兩江之衝云云，立案勒石，永遠遵守，庶幾歲修有濟，共慶安瀾等情。當批據呈。桑園圍工程，甫經修竣，誠恐射利之徒覬覦海心積沙，攔海築壩，潰決堪虞。聯請示禁，係爲保護基圍起見，事屬可行。候即出示嚴禁，以垂久遠保領。附在詞除批揭示，及行南、順二縣知照外，合行出示，泐石曉諭。爲此示諭沿圍附近鄉村人等知悉：爾等須知，桑園圍關係南、順二邑田園廬墓，此次領帑修築，工程浩大，始臻鞏固。自宜隨時保護，以期永慶安瀾。倘有射利之徒覬覦海心積沙，攔海築壩，阻其宣洩，一經指控，定即委員督拆，從嚴究辦，決不姑寬。各宜凜遵毋違。特示。同治八年正月二十七日示。按，此示一泐石在海神廟，一泐石在九江儒林書院。

廣州糧捕分府署南海縣事陳公善圻示

現據桑園圍紳士明之綱等呈稱，竊紳等桑園一圍，當西、北兩江之衝云云，立案泐石，永遠遵守等情。據此，除批揭示外，合行給示，泐石禁築，爲此示諭諸色人等知悉：爾等嗣後永遠無得在於桑園圍外一帶海心等處築壩射水，傷害圍基。倘敢故違，一經訪聞，或被指控，定必飭差嚴拿究辦，決不寬貸。各宜凜遵毋違。特示。泐石海神廟

光緒七年辛巳正月，龍江堡紳士薛聰等創築礮臺脚、三丫海兩水閘，龍山舉人梁士衡呈請停築

呈稱：竊紳等龍山鄉，地分四圖，皆居桑園圍下游。所有上游數十鄉諸山水，必經龍山鄉，直趨龍江鄉礮臺口而出。各圖各築基圍，以防外水。圍外官涌彼此流通，以洩內水。本年正月二十三日，據毗連龍江之一圖及二圖耆民張燦聯、胡獻榮、劉振芳、梁振邦、黄琇充等紛紛到約，投稱龍江鄉之金城埠、忠臣坊，勒樓之軍機寨等坊，卜期標字，在龍江礮臺口及三丫海官涌合建水閘兩度，攔截河道。一旦西潦漲發，該閘關閉，上游諸內水無以宣洩，民居稅業，因受淹浸，各圍亦有內潰之虞，而穀石、柴草、雜貨不能照常載運出入，求紳等設法勸止等情。紳等察看情形，上游南海屬各鄉，內水必由龍山三丫海出龍江礮臺口而去，倘在龍山、龍江兩鄉枕界水口建閘攔塞，受害無窮。查各鄉建閘，不過在該圍內橫涌安設，以備旱潦，從未有建在官涌者。誠以官涌係附近鄉往來要道，藉資宣洩，宜疏通不宜淤積，豈能建閘攔塞？查龍江金城埠、

勒樓軍機寨，本可在礮臺口及三丫海兩邊涌岸各自築圍，以防水患，何必貪省工費，在官涌橫建水閘，以害鄰境一帶居民！前經紳等函請龍江公約勸止，不料正月二十八日，有建閘紳士薛聰、蕭任生、蕭繼樟、梁厥成、馮堃等到説『建閘之事已成，斷不中止』等語。去後，查其設廠興工，僉以此閘建成，一貽水患，一制糧食，衆情洶洶，群赴勸阻。而軍機寨富惡蔡興賢、廖士寬，又親督强悍愚民數百，日夕在礮臺上各持洋鎗軍械看守，勢將械鬬。逼得繪圖註説，聯赴臺階，伏乞迅賜履勘，出示曉諭，祇許築圍，不准攔涌築閘，并差拘後開督衆建閘人七名到案，勒令停築，俾照舊相安，免釀巨禍。

奉署順德縣張公批：　該處官涌，向來通流，何得擅建水閘，致礙水道鄉鄰？候諭飭龍江鄉紳耆遵照，停止建閘，照舊相安，以免滋訟。　繪圖附。

五月，編修陳序球偕十三堡紳士呈請派員督拆龍江創建兩水閘

呈稱：　竊紳等南、順兩縣桑園圍，東、西兩基一萬五千餘丈，賦税二千餘頃，户口數十萬家，俱藉圍基保障。每年夏潦盛漲，甘竹灘水上下高低至丈餘二丈之多，故北宋創築桑園圍，獨留甘竹灘下獅頷口，及龍江東海口、歌滘口不設圍閘，使內河水易於宣洩，十四堡可及時蒔禾供賦。故圍內各水道疊奉憲示，責令疏通。是圍內諸水道，及獅頷口等處流通，實全圍水利，千百年成跡可循。去歲因連年水大傷基，闔圍聯懇恩給歲修帑息，並按畝起科大修。現因潦漲，尚未告竣。詎順德龍江鄉突在龍江礮臺脚創建水閘，經龍山附近紳耆以『龍江建閘，事屬創舉，貽害無窮』投知基局，請官禁止。紳等以龍山業經呈官查辦，可督拆寢息。今查龍江復在三丫海口創閘閉塞，則南、順十四堡水道不通，於糧命大有妨礙。查丁丑圍志載，康熙年間九江堡築篸启基，自潭邊至岡尾，市費萬餘金，阻塞水道，通圍呈蒙發府廳督拆，具有成案。伏乞督將創築各閘澈底拆清，俾全圍內水照舊流通，闔圍沾恩無既。

奉督憲張公批：　廣州爲衆水歸墟，下流壅塞，則上游皆受其害。桑園圍地大物博，繫於民生者甚大。據呈順德龍江鄉在龍江礮臺脚創建水閘，經附近紳耆呈官禁止，今復在三丫海口創閘閉塞，殊於南、順十四堡水利有礙。仰候札行東布政司，速飭廣州府督縣勘明，將龍江鄉創築阻礙水道各閘嚴督拆除，具報勿延。

撫憲裕公批：　前據順德縣舉人梁士衡等以薛聰、蔡興元即興賢等在於龍江礮臺口及三丫海地方建築水閘，致礙水道等情，來轅具呈。業經批行查勘，飭遵在案。兹閲該紳等所呈各節，是龍江鄉私建水閘，祇圖一己之利，不顧合圍之害，殊屬不合。仰布政司即行委員，會縣查勘明確，分别稟辦，示遵毋延。

六月，委候補同知席公寶書會同署順德縣馮公泰松履勘龍江水閘

會詳稱：卷查，本案前於光緒六年十一月十三日據勒樓龍江縣紳士陳書、廖元等以築堤捍潦爲詞，赴縣請示，當經卑前縣張令批候，函知護沙公約紳士查覆。十二月初九日，據龍江鄉紳舉人薛麟章等稟控，廖元等佔地築基，有礙水道等情。經批，昨據勒樓、龍江兩鄉紳士廖元等具稟，雜涌等五坊議築圍基，業經批飭，候函知護沙公約查覆，去後尚未接准該沙約函覆。該紳等即投知護沙公約紳士，聽候查勘會議。七年二月初一日，舉人陳書、蔡燾、薛麟章，監生廖元等以兩鄉基圍商允聯築，請諭飭遵等情，經批是否衆情允協，候並函知沙約紳士查覆。二月初八日龍山鄉紳舉人梁士衡等以官涌建閘閉塞下流，聯懇迅賜履勘示禁，免釀巨禍等情。經批，飭龍江鄉紳士停止建閘。二月十三日龍江等紳士陳書等以架題阻築，稟懇詣勘等情，又經批該舉人等即自行投請沙約紳士查勘。於舉人梁士衡等舉人陳書等兩造均上赴各憲控，奉批行飭縣詣勘辦理。前據舉人梁士衡等以詭乘未勘，抗諭趕築等情，赴本府控。奉批行仰縣速集親詣勘明，斷結具報等因，先後札行到。卑前縣張令奉此，未及詣勘，於五月初六日卸事。卑職泰松接任，即於初十日親詣勘明，龍江礮臺之閘，業已垂成，止有閘門未上。當飭停工，不准再築。應否准令建閘，候集兩造訊斷。其三丫涌之閘，已將涌道用船載石填塞，上復蓋以沙包，水不通行。卑職泰松就在三丫涌履勘處，勒令龍江鄉紳舉人蔡燾、薛麟章等刻日將填塞處開通，俾令涌道照常通流。嗣據差役稟覆，三丫涌水道已於五月二十五日經紳士陳書等僱足工人，將填塞之涌照舊一律開通。前據該紳陳書等聯稟，具覆到案，此卑職泰松於涖任後三日，親詣勘明，三丫涌之閘，委屬有礙。其水閘雖未建成，而涌道業已堵塞，即時勒令開通之情形也。因尚有龍江礮臺之閘，業已築成，未遽拆卸，致未將案稟報，正在傳集訊辦。間接准委員卑職寶書到縣會辦，於六月十四日會同前往，勘得龍江礮臺涌口裏水涌闊三丈七尺七寸，築成石水閘一道，外闊四丈四尺，閘口闊一丈五尺，水由南而來出閘口。閘外水深五尺，尚未上門，而工程已有九分。訊據龍山紳士梁士衡等所稱，龍山鄉内水匯經三丫涌，趨龍江礮臺口而出，其地之高下，水勢趨注，勢難創建水閘。三丫口之閘不拆，則龍山受害尤烈，幸未建築。已蒙勒令將填塞拆開，照常通流。然龍江之閘不拆，將來龍江亦必受害等供。傳訊龍江紳耆，均稱晋省不赴。其時觀者如堵，人多口雜，紛紛不經之論，俱不足聽。即是南海紳士陳序球函致卑職泰松，函内亦稱『民情洶洶議抗』等語。是該紳等已早有所聞，卑職就於勘處察省情形，當向龍山紳士諭以桑園圍紳士原控，亦無非以龍江鄉人在礮臺口創建水閘閉塞下流

之故。茲勘得閘基已將垂成，不過僅未上門，即斷令不准再上閘門，令涌水照舊通行，便與爾龍山無礙。該龍山紳士即稱『在伊等似無不可，惟桑園圍紳士不肯』等語。查桑園圍合圍，幅員寬廣，宜洩內水涌道甚多，究竟有無妨礙，原呈詞甚籠統，前未縷晰陳明其利害。惟就該處之形勢以觀，若礮臺之閘用門關閉，獅頷口所入之水無從宣洩，與龍山不無有礙。然該涌近在龍江村前，設該閘有門關閉，一旦潦水漲發，龍江礮臺口外潦固不得入，而獅頷口所入甘竹之潦即不得出，該龍江村定受其害。似以該閘不准上門，實爲兩全之法。查工程尚未告竣，前已勒令停止，茲再諭令該石匠不准再築，並不准別鋪石匠再行承造。其已造未上之閘門，亦予封貯，不准再上。若是礮臺口之涌水得以照舊通流，上游即無可藉口。如日後龍江人或須取回閘石，亦從其便，斯地利與人和得以兼盡。縱鄉愚無知，識淺心粗，易於滋事，亦斷不致負日前之氣，激成禍端。卑職等愚昧之見，是否有當？除另文申請俯賜卑職寶書先行銷差外，合將會同勘辦情形，繪圖具稟，察核批示飭遵。

奉督憲張公批：據稟及繪圖均悉。所有順德縣屬龍江礮臺腳已築成之水閘，該縣委等現斷不准再上閘門，免予拆毀。究竟於桑園圍宣洩水道有無妨礙，所斷是否允協，仰東布政確切核明，飭遵具報，仍候撫部院示繳。

撫憲裕公批：據稟，會勘過龍江礮臺腳創建水閘，業已築成，擬令不准再上閘門，實爲兩全之法等情。查近年廣、肇二府屬圍基屢次沖決，皆由下流築壩壅塞所致，現閱圖開，閘基砌成四丈有餘之闊，恐不免有礙水道，該委員等所請不准再上閘門，是否可行，抑仍應飭令將閘基一並拆毀之處，仰布政司即行核明，飭遵具報，毋任率忽滋訟，仍候督部堂批示繳。

附龍江耆民彭興發等稟稱：竊耆等順德龍江鄉內金城坊，被四鄰偏築圍閘，將潦水壅注於一區，迫與勒樓、西村等坊聯築基圍，在境內新開涌俗呼三丫口及礮臺涌兩頭設閘。先經通稟各憲臺築圍告竣，只有新開涌略近龍山，被豪紳梁士衡揑作官涌，又將礮臺涌影射作東海口。幸蒙委憲協同馮縣憲勘明，實與桑園圍無礙。是以圍紳呈詞籠統，終難縷晰分明。縣委故詳兩全之法，留存礮臺涌閘基。查龍山之大觀橋水，向通貞女橋，經龍江大瀝口，出歌滘外錦鯉沙。現有《順德邑誌》及《龍山鄉誌》，與桑園圍舊碑，其圖說俱刻兩丫，彼此不謀而合。今龍山鄉民先倡建閘兩丫中，勢若排牙。至新開涌，乃龍江內地，原係兩旁稅業溝塹，農艇撼觸，傾卸成溪，始與礮臺涌通流。潦漲時則灘水直趨東海口，而入礮臺涌者更猛，安有由獅頷口入，轉出東海口之理？且龍山偏築圍閘，已居樂土，獨使民等向隅待斃，心亦何安？尤可痛恨者，梁士衡永福圍正一面阻築，一面在直小海攔河添築新閘，與耆等新開涌閘相隔不過數丈，其水直出橫沙口便是大河，倘欲疏通，孰若此處之近而且捷？偏要將耆等田廬作彼六圍之壑。本年春初，迭請桑園圍紳履勘，冀其居間解紛，如果有礙全局，自應阻止。豈累耆等虚耗二萬餘金，除將各姓嘗業按揭外，尚欠各行物料銀四千餘兩，不知如何措抵。且圍紳終未到勘，是否安得了然？竊思離居蕩析，耕作失收，國課難逋，女孩鬻盡，功虧一簣，將以身填。惟有昧死痛陳，懇將各圍壅注情形委員徧勘，恩予一體完築，實荷再生。

奉督憲張公批：　本案昨據桑園圍龍山鄉各紳先後來轅具呈，當批司轉飭原派員會縣督拆，以復其舊，不准遷就了事，以貽後患在案。據呈仍欲於向無水閘之地准予復築，殊屬無理，應不准行。所稱梁士衡現在直小海攔河添築新閘，與新開涌相隔不過數丈，是否屬實？抑係藉詞牽混，仰東布政司即飭該印委查明覆奪。粘抄保領各圖並發。

撫憲裕公批：　查舉人梁士衡等呈控薛聰等在龍江磡臺口建閘，有礙水道一案，昨據該司呈據，已遵照督部堂批示，札飭原委員席令前往，會縣督拆在案。據呈各情是否飾詞聳聽，仰布政司即飭該縣委等分別辦理查報。粘抄繪圖並發。

藩憲姚公批：　此案昨奉督憲札行，當經札飭印委各員，將該處已築成之水閘嚴督拆毁在案。玆據呈前情，仰廣州府即飭該印委查照前札事理，妥速遵辦，毋任抗違滋訟。粘抄繪圖並發。

龍江生員蕭佐清等抗留磡臺脚閘基，編修陳序球等呈請押拆

呈稱：　竊桑園圍龍江堡在磡臺脚創築水閘，經紳等迭呈列憲，均蒙批飭，即委督拆在案。去冬印委札飭龍山、龍江兩堡雇便工匠，聽候親臨督拆。龍山紳士當即遵照列册，呈繳伺候。日久未到，該紳復經呈請，卒不果行。嗣龍江生員蕭佐清等砌詞擋拆，赴縣呈訴被留。本年正月，提同質訊，蕭佐清等詭稱不能作主，具限兩個月，懇釋回商同毁拆。馮前縣亦勸龍山紳士具結，俯如所請。紳等復呈，蒙批飭催拆，仰布政司查照，稟批飭遵。今逾期已久，仍不遵拆，是意圖狡脱，故爲延抗憲批，視若具文。忖時閲歲餘，民望綦切，咸欲旦夕復其舊觀，若聽其疲玩，貽禍無窮，人心難以帖然。紳等進退維谷，迫得遺抱瀆呈，伏懇憲臺飭縣，刻日將龍江磡臺脚新閘督拆，永絶根株，俾水道照舊通流，以遂民情，而息争訟。頂祝無既。

奉督憲張公批：　本案昨據委員席寶書會同順德縣馮署令勘明會稟，當以該印委等所斷，龍江磡臺脚水閘不准再上閘門。究竟於桑園圍宣洩水道有無妨礙？批司確切核明。續據龍山鄉約紳士舉人梁士衡等呈請委員會縣督拆，又以未便，仍留閘基，致啟異日争端，而礙水利大局。批司一並核明飭遵各在案。玆據來呈，閘基不拆，潦漲壅水各節，自係實情。廣屬下游，衆水歸墟，理宜疏通，

不宜阻扼。況桑園圍界連南、順兩縣，關係尤大。龍江磡臺脚向無水閘，豈容該處鄉人任意添築，便私圖而害全局。仰候札飭東布政司轉飭原派委員，迅速會同該縣，將龍江磡臺脚已築成之水閘嚴督拆毁，以復其舊，不准遷就了事，以貽後患，而絶根株。

閏七月布政使姚公覲元札委員席公寶書會順德縣督拆龍江磡臺脚水閘

札開，除札廣州府飭遵，及札順德縣遵照會同辦理外，合就札委，札到該員即便遵照，刻日束裝，前往順德縣，會同該縣速將龍江磡臺脚已築成之水閘嚴督拆毁，以復其舊，不得遷就了事，以貽後患，而長訟根。仍將遵辦情形會同該縣通禀察核，毋違速速。

十一月委員席公寶書會署順德縣馮公泰松飭差毁拆磡臺脚水閘

票開，案奉督憲批行，此案昨據該署縣會同委員勘明會禀，當以該印委等所斷，龍江磡臺脚水閘不准再上閘門。究竟於桑園圍宣洩水道有無妨礙，批司確切核明。續據龍山鄉約紳士梁士衡等來轅，呈請委員會縣督拆，當以未便，仍留閘基，致啟異日争端，而礙水利大局，經批司一並核明飭遵。現又據桑園圍紳士陳序球等具呈，閘基不拆，潦漲、壅水各節。復以廣屬下游，衆水歸墟，理宜疏

通，不宜阻扼。況桑園圍界南、順兩縣，關繫尤大，龍江磡臺脚向無水閘，豈容該處鄉人任意添築，便私圖而害全局？已另札該司轉飭原派委員迅往，會同該縣將龍江磡臺脚已築成之水閘嚴督拆毁，以復其舊，不准遷就了事，以貽後患，而長訟根等因批司，仰府轉飭到縣委。奉此查本案前奉札行，業經票仰該役，飭傳兩鄉紳士邀同石匠，立將龍江磡臺脚涌口新建之閘，遵照前赴該處協保，傳龍江、龍山兩鄉紳士帶同石匠，在龍江磡臺涌口伺候，本委縣親臨督拆，去後倘再玩延，定即提比不貸。速速須票。

光緒八年壬午正月，龍江生員蕭佐清等具結遵拆磡臺脚水閘

結稱：龍江生員蕭佐清、薛伯顔、蕭開述，監生蕭任生、黄幹廷，武生薛鴻恩等，今赴仁憲台前，爲具結事。緣生等被龍山鄉梁士衡等控建築水閘一案，今蒙提同梁士衡等質對委非。生等六人作主，情願具限兩個月，回鄉與各農民商量，將水閘毁拆。如兩個月内有潦水淹浸，便可看驗形勢。倘不禀覆，又不拆卸，聽候詳革究辦，中間不冒，合具甘結是實。

二月直隸候補同知明之綱等呈請迅飭委員會縣督拆磡臺脚水閘

呈稱：竊紳等南、順桑園大圍，去年呈明龍江磡臺

脚創閘阻水，蒙大憲批飭，印委督拆，各在案。嗣因龍江六圍紳耆混牽，謬指龍山附近直小海亦新築閘，藉詞嚇掣。查直小海小閘，原無關阻水，亦已知會龍山紳耆拆卸，以免圖賴，亦呈明各在案。去冬印委奉批，即簽傳龍江、龍山紳士僱便工匠，以便親臨勘拆。旋龍江紳士赴縣遞稟，砌詞擋拆。蒙順德縣主留押紳士，至今尚未督拆。竊思桑園圍烟户數十萬，人口數百萬，現創閘阻水，圍衆尚無滋鬧。況龍江六圍，地面僅桑園圍數十分之一，斷無拆閘滋鬧之理。現既押紳士，刻下又早僱便拆工，該處如別生事端，即唯現押紳士是問辦理。原易遵行，延遲至今，尚未督拆。紳等去冬復設局通修，邇來東西兩基趁春晴趕築，但龍江礮臺脚新創閘阻水，大礙全圍宣洩，倘未拆疏通，潦草告竣，將來貽誤全圍，紳等不得辭其咎。迫得粘批遣抱呈明，伏懇憲臺迅飭印委，刻日督拆龍江礮臺脚閘，俾全圍水道宣洩，照舊通流，以免兩年延不告竣，實爲恩便。再翰林院編修陳序球赴京考差，未與列銜，合並聲明。

奉督憲張公批：　此案昨據順德縣稟稱，業經提同生員蕭佐清等當堂質訊，已據龍山紳士梁士衡等結明，准予蕭佐清等具限回鄉，商同遵拆在案。據呈前情，仰東布政司即飭該縣，妥速將龍江礮臺脚新閘即行督飭勒拆，毋任抗延。粘抄保領並發。

撫憲裕公批：　現據該縣具稟，已將蕭佐清等釋令回鄉，勒限兩個月，商同設法遵拆。如限滿仍復抗違，查明分別革究等由，即經批飭遵照在案。據呈各情，仰布政司查照稟批飭遵。粘抄並發。

藩憲姚公批：　昨據順德縣稟報，案經提集質訊，該處水閘，已據龍山紳士梁士衡等遵結，准予蕭佐清等具限回鄉商拆等由。據呈前情，仰廣州府迅飭嚴催，依限毁拆，妥速辦結具報，毋任宕延。粘抄並發。

廣州府蕭公批：　此案現據該縣稟稱，已據龍江紳耆蕭佐清等具限兩個月，將礮臺脚閘拆卸等情。據呈前情，仰順德縣立即催令蕭佐清等依限拆毁，如敢藉詞抗違，即行查明把持之人，詳請究革，毋稍徇延。

六月，四品銜刑部主事馮栻宗以蕭佐清等拆閘違限，呈請移營會縣督拆

呈稱：　竊桑園圍内順德縣屬龍江堡，在礮臺脚創築石閘阻水，經紳等具呈列憲臺，蒙飭印委督拆在案。去冬署順德縣馮會委諭飭龍山、龍江兩堡僱便工匠，聽候親臨督拆，龍山紳士遵即列册呈繳。詎伺候日久，未蒙舉行。該紳復經呈請，竟置不理。嗣龍江生員蕭佐清等赴縣砌訴，本年正月二十八日提訊，蕭佐清等詭稱不能作主，情願具限兩月，求釋回商毁拆，前署縣馮竟如所請。二月時，紳等復上赴憲轅，懇飭速拆，蒙批在案。今逾期已久，仍不遵拆，顯係意圖狡脱，故爲延抗，視憲批若具文，實佽

留此閘基，爲後日關上閘門地步。伏思礮臺脚涌口闊三丈七尺七寸，今築成閘口，僅闊一丈五尺，即使不上閘門，内水已難暢流，上游十三堡田廬久淹，人情忿激，誠恐釀成事端。迫得遺抱瀆呈，伏懇憲臺迅賜移營，會縣將礮臺脚新閘督拆，永絶根株，俾水道通流，民情安謐。頂祝無既。再編修陳序球現回京供職，同知明之綱已故，故未列名。合並聲明。

八月，布政使姚公覲元、按察使龔公易圖會札順德縣袁公祖安會同順德協利公輝督拆礮臺脚水閘

袁利會覆稟稱：卑職祖安於光緒八年八月初二日奉藩、臬司札開，光緒八年六月二十一日奉廣東巡撫部院裕批，據該縣具稟，龍山鄉紳士梁士衡等，及南海桑園圍紳士陳序球等，分詞上控龍江鄉違築水閘一案，依限拆毁，稟懇札飭順德協利副將，會同卑職前往督拆緣由，奉批據稟已悉。本案應否如稟辦理，仰布政司會同按察司核明移行，遵照具報察核，仍候督部堂衙門批示繳。又於是月二十二日奉兼署兩廣總督部堂裕批，據稟已悉。此事應否如稟辦理，仰東按察司會同布政司核明移行，遵照具報察核，仍候撫部院衙門批示繳各等因。奉此並據該縣具稟到司，查本案先據該前署縣馮令泰松會同委員候補同知劉忱具稟，催傳兩造到案，提同蕭佐清等質訊，再三究詰，情願具限兩個月回鄉商辦，設法遵拆，如逾限不拆，即將功名詳革拘究等情，稟奉兩院憲批司行府核明，飭縣遵辦在案。該縣稟稱，本案業已逾限日久，該生蕭佐清等未據依限遵拆，飭差催傳亦不到案。復經該縣會同順德協前往龍江鄉查勘，並向該鄉紳士再三開導，該紳等猶以『事關通鄉，須與各人商量』等詞支吾延宕，顯係有意把持違抗，自應俯如該縣所請，會同營員，督帶兵役，前往彈壓督拆，以斷訟源。奉批前因具報，及移順德協會督員弁兵役前往督拆外，合就札飭，札到該縣，即便遵照，會同利協戎督帶兵役前往龍江鄉妥爲彈壓，督飭將新建水閘迅即拆毁。該紳等如敢再行抗違，即由該縣查明把持之人，詳革拘究，均毋違延，速速等因。奉此，卑職輝前准藩、臬司同前因，當即於八月二十九日會同督帶兵役前往龍江鄉妥爲彈壓，飭傳案内紳耆人等，督令速將新建水閘拆毁，分別示諭生員蕭佐清等遵照。是日舟次該鄉，祇據差役帶到耆老蕭雲芳、黄遇懷、薛昆遠、蔡遇和、淩秩揚、薛悦隆、薛志皆、薛湛恩等八名，訊據供稱，此處水閘實因歷年被水潦浸，是以集衆商議建築。龍山紳士控稱此閘閉塞下流，有礙水道，係屬謊説，求乞寬限，暫行免拆。至各紳士係因出省送考應試，俟各紳士回來，再行詳細稟明等語。維時觀者如堵，男女雜遝，議論紛紜。卑職等會同熟商，該鄉紳士既無一人到場，無從督飭拆毁，亦未便飭令兵役爲之代拆。伏查該龍江鄉於向無水閘之處，忽而新建水閘，既未稟准官示，亦不商允鄉鄰，率意徑行，已屬

非是； 迨至鄉鄰訐控不休，迭奉憲批，督飭拆毁，又復觀望遷延，現在卑職等會帶兵役到鄉，該鄉紳士復敢藉詞躱匿，若罔聞知，主使耆老數人支吾搪塞，實屬藐玩已極。究係何人從中把持，雖未得有確證，而生員蕭佐清等曾經到案，具限遵拆。前聲明如逾限不拆，聽候詳革究辦，則該生等前非事外之人，自應將該生員蕭佐清等功名詳革拘案。分別押拆究辦。除由卑職祖安查明該生等入學年分，報捐事由，另文詳革拘究外，合將本案辦理情形，先行會稟憲臺察核。

奉署督憲會公批： 據稟已悉，仰東布政司會同按察司速飭該縣，查明生員蕭佐清等入學年分，及報捐事件，通詳斥革，拘案訊明。押令將龍江鄉水閘迅即拆毁，毋任抗違。該司並移利副將知照，嗣候撫部院批示繳。

撫憲裕公批： 據稟已悉，仰布政司會同按察司即飭順德縣，查明生員蕭佐清等入學報捐各年分事例，另文通詳斥革。一面勒拘到案，諭令將新建水閘趕緊拆毁，毋任宕廷，並移利副將知照。仍候督部堂批示繳。

按，是時官總督者張公樹聲，署總督者曾公國荃，官巡撫者裕寬公，署順德縣者張公琮、袁公祖安。

按，龍江居桑園圍下游，受獅頷口、歌滘口倒灌之水，其亟圖自救，揆之情理，不得不然。但當仿各子圍之例捍以長堤，外水自不能爲患。舉人梁士衡稟稱，可在礟臺口及三丫海兩邊涌岸各自築堤以防水患，至公至平，切實可行。乃以惜地惜費之故，將通行水道遽爲堙塞，經闔圍人士再三指控，始拆三丫海一閘，而故留礟臺脚閘基，爲他日再築之計。嗣陳編修序球同京供職，明郡丞之綱、馮比部栻宗相繼呈控，歷奉大府批飭，所屬督拆，而主者奉行不力。值海疆戒嚴，軍書旁午，不欲再事瀆陳，上勞憲慮。迨海氛甫息，又有官山海口築閘一案，而龍江閘遂無暇過而問焉。民生利害，亦有數存焉者乎！

十一年乙酉十二月，大栅等圍紳士李應鴻等創築江浦海口馬頭岡水閘，遏流害鄰，舉人李錫培等呈縣，飭令改建

具呈　桑園圍簡村堡、先登堡、百滘堡、金甌堡、海舟堡、大同堡、沙頭堡紳士舉人李錫培、梁啟康、張瑞禧、崔友成、陳鑑泉、麥鴻、梁效成、梁侃、梁佐賢、洗祖燮，貢生陳伯翔、陳希珍、潘樹銘、陳鑑光、麥瀛祥、梁秉倫、梁獻書、關瑞溶、陳湛洤，生員郭汝舟、梁倣如、梁兆珏、陳仁溥、郭宗彥、余廷霖、陳嘉桂、潘維瑶、陳煜璣、李校、洗澄、洗昕、張汝桂、黎仕賢、麥寶崟、黄冕宗、黄曾憲、黄曾貫、黄士津、黄士榘，武生麥榮宗等抱呈梁升，呈爲築陂遏流，顧彼失此，黏圖聯懇，據情轉詳，飭令改建，以利宣洩，而衛農田事。

竊本年盛漲爲災，珊門、大栅等圍多被衝決，荷蒙仁台詳請上憲，邀給巨款，俻築捍災，仰見軫念民依至意。

前月集邑學宫時，原議建水閘於杜滘村口，於桑園圍東堤各竇宣洩，尚無甚礙。今忽改築於江浦海口之馬頭岡，反將河道填塞。紆引旁流，以建水閘，縮二、三十丈之海，僅留六、七丈之寬。建石馬頭，上寬下殺，實留五丈。至令桑園圍東基一帶，各竇出水，俱被壅閉，紆曲狹小，較之往時，宣洩彌艱。竊思水閘之築，在彼之利，以爲捍外水使不得入；在此之害，即在遏内漲使不得出，然猶謂利害尚屬參半。不知外來之水，消長無定，大小無常，若一經海口閉塞，則圍内潦漲宣洩無從。更值淫雨成災，山水交集，坐使圍内數千頃田畝頓爲汙池。潦退愆期，趕蒔不及，年年如此，以視堤決，受害尤爲慘烈。紳等熟覩形勢，博采輿情，當經公函迭致該處紳董，又復同赴崇德社學面陳利病，均未妥商。遽然興築，農民惶怖，衆議譁然。迫得黏圖聯叩琴階，懇據情轉詳，諭令將水閘改建，務使下流無壅，不致顧彼失此，闔圍感恩矣。

十二月，員外郎銜户部主事張琯生等通呈督撫藩臬飭令大栅等圍停築馬頭岡水閘

具呈　南海縣桑園圍在籍紳士員外郎銜户部主事張琯生，户部郎中潘譽徵，户部主事李仕良，兵部郎中崔寶菁，前靈山學訓導崔友成，舉人麥鴻、李錫培、張瑞禧、潘文澧、何文卓、何如銓、劉文照、梁效成、梁啟康、余得俊、梁佐賢、潘斯澈、梁侃、洗祖燮、陳鑑泉、何炳堃、何如鍇、余贊年、何增慶、陳兆璘、何槐勳、陳振庸、莫汝楨、潘三才、關勝銘、李剛，貢生陳伯翔、陳鑑光、陳希珍、林寶善、潘樹銘、麥瀛祥、關瑞溶、關俊英、陳湛淦、梁獻書、關瑞銘、梁承照、余作霖、梁秉倫，蔭生蘇朝亮，職員李榮福，生員郭汝舟、潘斯瀅、梁儆如、梁兆珏、郭宗彦、潘維瑶、黄曾憲、潘秉仁、黄曾貫、洗昕、張汝桂、麥寶鋆、洗澄、潘廷藩、黄冕宗、陳嘉桂、潘譽華、陳仁溥、黄士津、陳錫祺、黎仕賢、陳煜璣、李校、陳獻瑞、黄士渠、潘日鋆、李用貽、蘇祥泰、李應祺、蘇頌清、何尹業、潘佐儉、何文發、余鍾培、何崧年、梁永光、余廷霖、李榮棣、梁恩霖、陳邦佐、李祖唐、區崇熙、蘇耀慈、張傑榮、陳兆璋、李桂森、李杜文，武生麥榮宗等，抱呈梁升，呈爲築閘害鄰，懇恩飭令停工，務籌兩全，以重糧命事。

竊紳等。桑園圍與大栅等十四圍，兩地之水，同出一河。其河自官山海口而入，十餘里而至杜滘，其内復紆瀠十餘里而止。每逢西、北江漲，淫雨連旬，桑園圍積受西樵七十二峰，九江三十餘山，及甘竹、飛鵝各小阜之水，瀦蓄，儼成澤國。漲消時，下游全賴獅頷、歌滘兩口，上游全賴官山海口爲宣洩。宣洩稍遲，晚禾即難應節蒔植。坐是歉收，十常五六。大栅等圍以遞年衝決，初議建閘於杜滘口，今忽改建於官山海口，以二十餘丈海面，壘而障之，僅留七丈，桑園圍出水諸竇，壅遏可知。况上流如大路圍、坡子角等處，萬一衝決，水無出路，爲害更不堪言。該

紳等以爲，築閘於此，舉十四圍全兜在裏，可省築堤之費。並未邀同履勘，遽興大工。在君子憫彼蕩離，未及深維後患，尚或聽之。而農民生計，全在力田，歲歲歉收，流爲盜賊，利害切己，蓄勢洶洶，殊難禁止。竊以基圍鞏固，在乎脩築。以十四圍之內，殷富如林，踴躍捐助，佐以官款，何難使全圍堅實？比聞彼中絶無義舉，所議科派，觀望不前，專恃官款，故出此省費之計。設使大栅諸圍舍築此閘，無以自全，利己害人，尚須顧慮。今以惜費，致此紛紜，釁端一開，有何紀極？憲台恫瘝在抱，一民失所，有甚納溝，懇諭彼設法籌款，沿河脩築，或以工程浩大，亦懇據情，詳請顴帑興脩。聖天子飢溺時廑，斷不顧惜帑金，伸彼抑此。譬諸兩子，瘠弟肥兄，諒非聖意。我桑園圍夙沐皇仁，至優極渥，何敢不仰體聖天子無私之德，憲台如保之忱，而必令大栅諸圍歲受淹溺？第策必出於兩全，事必期其無害，紳等竊爲之計，籌款脩築，使彼圍一律完固，無凝水道，此爲上策。如用初議囘築於杜滘村口，彼圍中雖有利有害，而病不及鄰，是爲中策。若不恤人言，祇圖惜費，必建閘於官山海口，甚或激成事端，策斯下矣！本年倪大中丞勘災奏疏內云：『圍基間有脩不如法，壅遏水道者，經親履查勘，相度形勢，因地制宜，順水之性，飭令改作，務臻完善。』紳等恭誦仁言，同深欽佩。今此閘之築，壅遏水道，正宜改建者也。敢將輿情事勢，據實上陳，伏乞憲台飭令停工，秉公權度，使彼此人士，皆獲安全。至舉人李錫培等保逼近官山，害先切己，聯名呈縣，實出公議。而李應鴻等遽以賄託爲詞，希圖聳聽。同在搢紳之林，造爲影響之語，污人素履，牽涉無辜，訟棍所爲，不足深辨。

十二月，張瑄生等爲馬頭岡築閘案再上督撫藩臬呈

呈爲築閘害鄰，飾詞熒聽。謹據實剖明，懇迅飭改建，以弭後患事。

竊十四圍議築閘，原在杜滘海口，與桑園圍無涉，紳等無從越俎代謀。及改建官山海口之馬頭岡，自無而有，並未邀同商允，遽爾興工。此處有害桑園圍，業經呈請，飭令停工在案。今李應鴻等復以爲桑園圍形本如箕，遂混稱漲消時全由下游箕口而出。不知桑園圍形雖如箕，中間隔以海舟堡之積沙，大同堡之岡埠，惟堤基沖決時，水勢趨下，始多由箕口而出。若平時圍裏水漲，宣洩之道，下五堡則由歌滘口宣洩，而上九堡則由官山海口宣洩。彼謂桑園圍水多由下游而出者，非實在情形也。彼謂『有石閘以欄外水，則水落時更易暢消』，其意以爲有閘，則外水入少，故出時無壅。不知閘裏小河積受桑園圍并十四圍之水，重以陰雨連旬，西樵山七十二峰及飛鵝諸埠之水，內河停蓄幾滿，不必盡闗外漲也。況彼稱此閘以船作門，俟外水漲至六、七分，始行闗閉。夫外水至六、七分，復加以內水之漲，愈積愈盛，則閘裏水滿，與未設閘時

相去幾何？然則此閘之設，在十四圍，利在攔外水之入，而終不能攔；在桑園圍，害在阻内水之出，而實則終阻也。彼謂官山墟至窄處亦不過七、八丈，今石閘或擬增闊，則水出較易，不知官山墟至窄處亦僅有十餘丈，閘不築，則此十餘丈外四旁皆可宣洩，閘一築，則除閘口無出水之路。是謂此閘無礙於桑園圍者皆飾詞也。且此閘既閉，則轉運維艱，商人趨利，勢必叢聚於此。不出十年，舖店侵佔，瓦礫淤積，阻塞水道，不又增一官山墟乎？爭於是時，又已晚矣！彼謂築閘杜滘，恐潰決時該鄉受害，不若馬頭岡依山作固，可保無虞。不知水之奪閘，其勢直衝閘口，非倚山者所得阻壓。況既憂奪閘，則設閘明知無益，徒以省費故，苟且補苴，而不惜引人同患耳。彼謂出水之遲，十四圍亦同此患。何彼不以爲苦，而此獨憂之？不知彼此利害，原難概論。緣桑園圍無此閘，則田廬可冀兩全，有此閘，則雖保其廬而必没其田。十四圍無此閘，則彼患其田廬皆陷；有此閘，則彼雖没其田而仍保其廬。在十四圍利害參半，所得較前爲優，然桑園圍向無此患，今以十四圍故，强分以一半之害，在捨身救物者，或能爲之，未可概責諸鄉民也。況上游萬一衝決，石閘兜裹，下流桑園圍必因水逼致決。是向日受上游之患，桑園圍尚能巋然獨存者，今必因此閘而載胥及溺矣。張邑侯初議建閘杜滘口，以捍十四圍之閘，置於十四圍之地，利害惟其自受。至公至明，無可更易。乃該處猶以不便而議遷，己不欲而施於人，誰甘受之！彼謂遷築杜滘，該處知爲無益，則畝捐難收。此特十四圍事耳！豈得便一己之私圖，而貽鄰圍以無窮之害乎！紳等爲桑園圍計，杜滘之能否築閘，不敢與知；而馬頭岡爲彼此出水要隘，此閘既於桑園圍有害，斷難任彼所爲。懇飭令改圖，無使波累，則闔圍感恩於無既矣。

十二年丙戌正月，張琯生等爲馬頭岡築閘案三上督撫藩臬呈

呈爲偏聽瞞詳，謹據實呈明，乞恩省釋，以免斥革事。竊馬頭岡築閘，爲桑園圍害，興工伊始，衆情洶洶。圍中父老百數十人，於去年十二月先後兩次到工廠苦求停止，弗恤。紳等早恐激成決裂，先經舉人李錫培於十二月初三日呈明縣憲，紳等復於十二月中旬呈請列憲飭令停工，旋奉張邑侯親到明倫堂面諭，當飭令改築原議之杜滘海口。惟馬頭岡閘，仍復加工趕築，衆情蓄憤，比前更甚。張琯生隨擬旋鄉彈壓，深恐力有不及，并函懇張邑侯飭令停止。嗣奉藩憲批示會商，紳等冀其工程稍緩，不至激成事端。乃始則絶不邀同履勘，繼則絶不遵示會商。故紳等復函，請藩憲設法阻築，然而樁杉已集，石船已到，打樁有日，砌石有期，鄉民互相驚恐，互相傳播，所以有十二月二十日之舉也。計此閘自興工，以至糧憲履勘，爲時僅過半月，新開之閘，底深已如谷，填海之坭，高已如

陵，其絶不停工候商，已可概見，此糧憲到勘時所共覩也。紳等在省二十日，始聞履勘之信，石閘工廠即於二十日滋事。彼謂一聞履勘，立即招集無賴，鄉省睽隔，安得如此之速？其爲飾説顯然。焚燒工廠，農民數千，實出公憤。彼止謂招集無賴百餘人呈詞避就，尤屬訟棍所爲，所傷數人，查係互毆所至，石船亦以轟礟禦衆，遂至焚燬。在紳等早以啟釁爲憂，聯呈列憲。斯時李應鴻等謂以肇釁瞞聳憲聽，今釀成事故，又謂一聞履勘，即先逞兇，以實其滋鬧聳動之前言。欲加之罪，何患無詞？原水閘興築，紳等初呈，一則慮水道有礙宣洩，一則以上游衝决，水無去路爲憂。此統籌全局，非意存阻撓也。今宣洩之有礙，尚未即見，而上游衝决，水無去路，其患顯在目前。觀十四圍中，如大栅圍之龍灣基，地處上游，昨年十二月傾塌數十丈，壓斃二人，今年正月又復傾塌數十丈。以新培之基，當水涸之月，猶頻頻傾塌，向使水閘之築，李錫培不争之於先，紳等不争之於後，此閘一成，無論桑園圍實受其禍。試問，夏間上游水漲，乘頻頻倒塌之基，順流而下，十四圍之水如何宣洩？憲台軫念民艱，此弊難逃洞鑒。乃李應鴻等不自咎其閘之不應築，故阻其築者，不以爲德，而反以爲怨，激成事故。又藉端而歸罪李錫培等一、二人，曲突徙薪，古有明喻，今益信之。張邑侯聽一面之詞，將舉人李錫培遽行詳革，并移營捉拿，試思農民數千，豈李錫培所能鼓動？不過以阻築水閘，李錫培首先呈縣，故彼圍紳士百端巧詆，藉以洩其私憤耳！懇將李錫培省釋，免其斥革，感激無既。至武生實無麥玉成其人，李應鴻等專信訛言，於此可見。

督憲張公初次呈批：　桑園圍全賴官山海口宣洩，築閘於此，桑園圍水無出路，害不堪言等情，核與南海張令前禀，十四圍請官山築閘，以衛内河各堤情形不符，復據十四圍紳士李應鴻等呈稱，與該圍會商定築，並將該圍紳士陳太史覆信呈閲前來。究竟馬頭岡築閘，果否於桑園圍有礙，杜滘口建閘是否相宜？假如明年水消較遲，如李應鴻等呈所云，或再開一閘，或旁開兩竇，能否即保無虞？此外尚有何兩全之策？仰候札委督糧道李親往，督同南海縣令確切查勘，善爲勸導，妥議禀覆核辦，以期樂利均平，是爲至要。該圍與十四圍紳士同列薦紳，共防災患，望衡對宇，誼如一家，且桑園圍向領歲修巨款，幸獲有秋，十四圍今年甫倡官民合辦之議，際會難逢，該紳等必能虚衷商籌，同紓飢溺，有厚望焉。圖附存。

督憲張公第三次呈批：　馬頭岡建閘，於十四圍固有益，於桑園圍亦未必有損。兩造諸圍，同在閘内，即有積水，阻則均阻，消則均消。該圍紳等與大栅十四圍紳互控之初，本部堂惟恐顧彼妨此，不肯力駁桑園圍之議，因念各圍利害與共，誼等家人，婉切開譬，告以確查妥議，務籌兩全之策，特委署督糧李道，即日帶同南海縣令親往履勘，原期詳察情形，斟酌善策，同享樂利。該圍紳明知委員即日親臨，先集無賴，張揚旗幟，排列礮械，焚廠傷人，燬船搶掠，經李道詣驗，傳訊該圍紳董，一味無理强執，不知悔懼。今復砌詞扛幫，實屬藐法已極。無論此閘未必有害，即使有害，以十萬之工，現甫設廠運料，豈半月所能竣事？距委勘不過一兩日，俟勘明果不應築，雖造成亦能斷令拆毁。如糧道勘查不明，院司批斷不公，十四圍工作始終不停，再控再阻，再拆再毆，亦尚不晚，何遂糾衆逞兇，迫不及待，豈兩三日之内閘工即成，水害即見耶？且該圍將彼造焚傷以後，十四圍並無糾衆報復之舉，然則强弱曲直，固已顯然，即如陳太史序球，亦係該圍之人，豈無切身利害，何以覆函許其興築，極言馬頭岡築閘，於桑園圍有利無害，力勸成功。先不控阻，後不主鬭，可見明白公正紳士，斷不爲此暴横藐抗之舉。查該紳張琯生，既列呈首，爲李錫培開脱主謀，則該紳即係主持滋事之人。除舉人李錫培、武生麥玉成已經批斥革訊辦外，仰東臬司會同東藩司、糧道立飭南海縣確查，該紳張琯生如有主謀糾衆行兇情事，即據實詳請奏參。一面勒集人證，嚴訊究辦，毋稍瞻徇違延。

撫憲倪公初次呈批：已於李應鴻等呈内批示矣。仰善後局會同布政司、督糧道一併核明辦理。

附十四圍李應鴻等呈：批建堤築閘，必使上流足以屏障，下流足以宣洩，各鄉圍田，均屬有利無害，方可舉辦。該紳等議，自横江墟起，至官山海口止，建築大基石閘，已據南海張署令具禀，并稱估計工料約需銀十萬兩，業經本部院與督部堂批行照辦，并飭局籌發銀四萬兩，以助要工在案。現呈謂舉人李錫培從中阻撓，而現據桑園圍紳士張琯生等亦以築閘害鄰等詞來轅具控。是所築大基石閘之處，尚未會議妥辦。又現呈謂張琯生等咸以馬頭岡築閘爲是，而此次建閘害鄰之呈，即係張紳琯生首列其名，情節互異，殊不可解。事關大局，需費至十萬之多，務須邀集會議，衆論僉同，始可興工。若一興工，後復因地不合，再行改建，則不特虚糜巨款，且益啟争衅矣。仰善後局會同布政司、督糧道即行核明，遴委明幹之員，會同南海縣傳齊各圍紳士覆勘明確，究應於何處建築基閘，方爲妥善，據實禀覆核辦。粘抄并發。

督糧道李奉委履勘詳文

據南海縣桑園圍在籍紳士員外郎銜户部主事張琯生等遺抱呈稱，大柵等十四圍建閘官山海口，有礙桑園圍吉水竇水道出路，懇飭停工。又據十四圍紳士李應鴻禀稱建閘官山海口，實於桑園圍水道出路無礙，懇請委員督修各情形一案，除批揭示，將原呈印發外，合就札委，札到該道遵照，刻日親詣所控建堤築閘處所，督飭南海縣傳齊各圍紳士履勘明確，究應於何處建築基閘，方爲妥善，據實禀覆核辦，速速等因。奉此，並奉督憲札同前由，職道遵即於二十三日督同南海縣張令琮行抵江浦司屬官山海口馬頭岡，登山遠望，審察形勢。旋即泝流而上，經官山墟至吉水竇，陸行里許，已得桑園圍大勢。復舟行至吉贊橫基，登岸審視桑園圍地勢水道，尤瞭如指掌。再舟行經上桑園圍，至杜滘口東西瞭望，舉桑園圍，大柵、大良、珊門等圍皆得其全局。桑園圍北界上桑園圍、仙跡圍，田廬相連，僅隔吉贊橫基及螺岡等小平山，東界大柵圍，中隔一河，西南界西海，其大勢坐東北，向西南，其形如箕，水皆匯於西海。由馬頭岡出東海者，僅吉水竇一小支耳。西樵山七十二峰在桑園圍東南，惟吉水鄉係山北脚下水，歸吉水竇，餘皆不由此出。是馬頭岡建閘，有利於大柵等圍，無害於桑園圍明甚。況馬頭岡海口狹隘，今擬建二閘於水中，先由南岸陸地開建一閘，計三閘，擴海口三分之一，足障外水之入，並足利內水之出，形勢昭彰，顯而易見。乃大工方興，竟有二十日午刻之變，焚燒大小篷廠八座，浮橋二度，石船二隻，並傷人四名，桑園圍勢阻建閘如此。職道詰其爭訟之由，焚殺之故，該紳等言語支吾，難以理諭。大柵圍頗知自量，職道已面諭該紳等自避兇鋒，別作良圖，或將沿河舊堤加高培厚，或於杜滘口建立石閘，雖不如馬頭岡之握要，亦足以捍水患而存睦誼。惟經費支絀，非寬爲籌備，該圍力恐不及。抑或於焚殺一案作速核辦，勒令桑園圍悉數賠償，藉充大柵等圍修堤及移建新閘之費，似亦頗獲兩全之策。是否有當，伏乞憲裁。所有職道奉委同張令確切查勘，並曲爲勸導情形，理合據實稟覆。

署南海縣張詳請革究稟

爲詳革拘究事，案奉督憲批，據卑縣稟，據珊門、大良、大柵等三圍紳士李應鴻、劉廷鏡、張喬芬、高子沅等呈稱：先集三堡四圍之衆，通力合作，自横江墟起，至官山海口止，將沿河圍堤加高培厚，築爲大基，以捍東河之漲。復於官山裏之學堂周姓海面，建築石閘，以衛内河各堤，庶於捍衛較爲周備。連日齊集紳富業户人等，伸説斯議，咸以爲切要之圖，各願每畝捐銀六錢，合計大良、官洲、珊門、大柵、茅地、琴沙六圍，可集銀五萬餘兩，立約分列，各舉公廉值事，按畝收捐，以期速日興工。估計工料需銀約十萬兩，除民捐五萬餘兩外，不敷尚多，伏乞通稟提撥巨款，藉助民捐，俾要工早竣等情。卑職稟隨本道往勘情形無異，列摺具稟，奉批。珊門、大良、官洲、大柵四圍，上承西江分支，下接官山海口，實爲迤西六堡十四圍之障蔽。南海圍堤雖多，其關繫利害最鉅，殆無逾於此四圍者。既經蕭道率同該縣勘明形勢，並據紳士李應鴻等公呈，願合磻溪、登雲、雲津三堡之力，集捐銀五萬兩，擬議章程，並請官撥巨款，及早興工等情。自應先其所急，大舉施工，官款民捐，通力合作，准即如稟辦理。即由蕭道督同該縣獎勸紳董，切實估辦，將該四圍東面濱江大堤，一律加高培厚，並將學堂周姓海面三聖宫等處修築石牐三所，以衛内河各堤。其民捐之款，應責令各舉公廉值事妥爲經收撥用，由善後局發銀四萬兩以爲民工之倡。一切工程，務須椿磩堅實，底闊外坦，勿稍疏率。尤須併日趕辦，務於明正竣工。仰東善後局會同東布政司署糧道蕭道，轉飭遵照。如有未盡事宜，隨時妥核稟聞，並候撫部院批示繳清，摺存印發，並分别咨行外，合亟札飭札縣，立即查照批内事理，隨同道府獎勸，確估興工，趕緊辦理。事關水利，切勿違延等因到縣。奉此，當經黏列條款，出示曉諭，并照會各該紳董，遵照辦理在案。嗣奉撫憲札行，據紳士李應鴻等呈稱，切紳等遵奉憲諭，籌議大修珊門、大良、官洲、大栅圍東堤，蒙署藩憲履勘，在官山學堂周姓地方築建石閘，以衛十四圍田畝。當經給示，撥銀四萬兩以爲倡勸，稟報興工在案。紳等遵在學堂興工，而周姓不肯讓地，適桑園圍紳士陳太史序球告假回籍，公同籌畫，以學堂地方正與桑園圍堤對衝，不如在馬頭岡地勢堅固，並包官山墟，可免淹浸。擬倣洋人船澳攔水船式，面闊七丈餘，底闊六丈餘，帶同工匠察看，詢謀僉同。而舉人李錫培未諳水利，意見不同，傳集桑園圍紳士在學宫志局公議。李錫培屈於公議，紳等遂約於十一月二十九日在馬頭岡興工等情具稟。並據桑園圍紳士張琯生等以利己害人等情，赴督撫各憲暨憲台具呈。均奉札行，隨同李道傳齊各圍紳士覆勘明確，據實稟覆核辦等因。正在隨同勘辦間，旋據十四圍紳士李應鴻、區謂良、劉廷鏡、張喬芬、高子沅等赴縣稟稱，切紳等爲防水災，遵諭築建基閘，荷蒙批准，並發款興築，先經屢集學宫明倫堂，併在官山裏三鄉社學公議，及商允桑園圍紳士，覆准稟明，興工在案。嗣因舉人李錫培等控阻，奉批示勘明核辦，早經停工，恭候勘明飭遵。是以石船載石到來，數日均令仍泊對河，並未起用，候示行止。紳等伏讀仁憲批諭，委曲開導，剴切周詳，凡有天良，應同感激。詎料該圍主謀者早有成見，謂不鬧出事端，不足悚動上聽。且恐一經履勘，形勢了然，阻水之説情虚，定難阻築。故一聞大憲到勘之信，立即招集無賴百餘人，每名給銀半元，授以礮械旗幟，武生麥玉成督帶，趕於未勘之先二十日午刻，號礮一響，揚旗直出，先將基廠焚毁，器物搶掠一空，礮傷看守棚廠工一人，復將石併船焚而沈之江。船夫求侯伊上岸乃動手，亦不恤，礮刃交加，銃傷石船夫三人，聞尚有二人未知生死下落。伊等焚搶後，遂揚揚得意，仍由麥玉成帶領而去，衆目共覩，公憤填胸。諸紳因聞上憲臨勘，多在此伺候，身親目擊，兇横已極。伏思案即稟明，無論孰利孰害，應行應止，自當静候憲示。且奉批履勘有期，更何難少俟數日便見分曉？乃一聞履勘，即先逞兇，以實其滋鬧悚動之前言，顯係意存挾制，預蓄機心，毒手陰謀，目無法紀，概可想見。伏乞迅拏兇匪，嚴究主謀，按律懲辦，以警兇横而挽刁風，感德無既。除由被焚毁受傷人自行禀驗外，理合聯具公禀，據實訴明等情。據此，當經卑職隨同糧憲前往該處，勘明基廠焚毁無存，石船焚沈屬實，並據石匠翟德興等攜同受傷工人周亞春、陳勝龍、戴亞玉，及看廠工人楊錦赴案禀驗。又經驗明傷痕，填單飭醫在案。卑職伏查，舉人李錫培、武生麥玉成等，不候勘斷，統衆焚燒十四圍篷廠，並火器傷人，復焚沈石船，實屬膽大妄爲，應請先行斥革，以憑拘案究追。理合具詳憲台察核，俯將舉人李錫培、武生麥玉成斥革，以憑拘案究追，實爲公便。

署南海縣張詳請開復禀已下因志未刻成，續紀

敬禀者，案奉本府札開，光緒十四年五月初八日奉按察使司王札開，光緒十四年五月初二日奉兩廣總督部堂張批司會詳，遵批核議南海縣屬十四圍紳士李應鴻等禀控李錫培等阻撓建築石閘案，准予詳銷，並將已革舉人李錫培等開復，由奉批此案。據南海縣郭令禀覆，獲犯陳亞有等六名供認，聽從已辦之傅魚頭雲等起意，夥同郭亞明等一同滋事等情。查傅魚頭雲各犯供詞，並未供開此案，顯係牽合揑造，希圖借盜銷案。至李應鴻等原控各節，除致傷四人外，内稱尚有二人未知生死下落，該令何以並不查明禀報？至於該處石閘究竟曾否修築完善，何日工竣，亦未據具報查核，何得遽稱完固？該令欲以一派空言代請開復，實屬冒昧，未便准行。仰即轉飭現署南海縣張令遵照迭次飭行事理，嚴拿本案正犯，務獲查明船夫二人生死下落，究辦具報，並親詣石閘，查勘曾否完工，禀請驗收，再查看該革舉等是否悛改，能否日久安分，分别詳請核辦，毋稍徇飾。仍録報撫部院，並候批示繳。又先於四月二十九日奉廣東巡撫部院吴批，仰候督部堂批示，遵照録報此繳各等因。奉此，除咨藩司一體飭遵及録報撫憲察核外，合就札飭行府札縣，即便遵照，迭次飭行事理嚴拿本案正犯，務獲查明船夫二人生死下落，究辦通報，並親詣石閘，查勘曾否完工，禀請驗收，再查看該革舉等是否悛改，能否日久安分，分别詳請核辦，毋稍徇飾等因。奉此，卑職伏查本案，前據李應鴻等原控，『聞尚有二人未知生死下落』一語，係屬傳聞之詞，並未指實何人，如何失去情事。且查石船司事翟德興等赴縣報案，原禀祇稱致傷水手周亞春、陳勝龍、戴亞玉等三人，另傷看廠工人楊錦一人，即十四圍耆民何錦書等禀内，亦無提及尚有二人未知生死下落一事。迨後李應鴻等聽處和息，由明倫堂禀繳甘結，亦僅結明四人，傷經平復。是當日焚搶並無失去二人，一時傳聞錯悞，以致李應鴻等因而悞控，再三訪查無異。至本案滋事之傅魚頭雲等各犯，原供雖未供開此案，惟前署江浦司巡檢姜文輝，係在江浦行營承審之

員，既據申稱先後由李錫培等查開各匪姓名住址，引獲案犯陸亞有、關亞業、崔亞保、鄧亞章、盧亞杰、郭亞星六名訊，據供認迭劫，並究出該犯等又於光緒十一年十二月二十日聽從已獲審辦之傅魚頭雲、郭亞文、余亞象起意，糾同已獲審辦之郭亞明、胡亞慕仔、梁亞貫、梁亞蒼，未獲之崔沙塵調、盧大脚板、叶郭亞會，及不識姓名共夥二十餘人，乘鄉人攔阻築閘之時，混入人叢，毁拆焚搶，業已歸入查辦匪鄉，就地正法。則前獲之傅魚頭雲等各犯雖未供明，而後獲之陸亞有等六犯，均經該營員姜文輝等親提訊供，確鑿可查，亦非混行牽合可比，所有本案未獲各犯，應請緝獲另結。其馬頭岡擬建石閘處所，自阻建後並未再築，前禀所稱完固，係指圍堤而言，卑職上年巡視縣屬各處圍基時業已周歷察看，馬頭岡河道委係桑園圍、吉水、民樂、藻美各竇出水要津，如果建成石閘，上游三水大路諸圍設有潰決，出水未免阻滯，現在復經隨同督憲親履勘明屬實，可知前次在籍紳士張琯生、潘譽徵等具控，實因圍内農民不服，始行聯同李錫培等出頭控阻。原期鄉民相安，不致滋事，嗣因圍内農民糾黨阻建，不能先事彈壓，致釀焚毁重案，自屬實在情形。第念張琯生、潘譽徵等素來安静，久爲鄉閭所矜式，李錫培、麥玉成等祇因不能先事彈壓，均無主謀滋鬧情弊，自禀革後，委知改悔，首先責成鄉民賠償，復又引拿滋事匪犯多名，歸案審辦，似可從寬准予奏請開復，以示體恤而昭激勸。所有奉札查明緣由，理合通禀憲台察核，俯賜查照，卑前縣所禀情節，准將控案先行註銷，並將舉人李錫培、武生麥玉成等功名開復，實爲公便。

按，是時官總督者張公之洞，先後官巡撫者倪公文蔚、吴公大澂，先後官布政使者蕭公韶、高公崇基、游公智開，先後官按察使者于公蔭霖、王公毓藻、王公之椿，官督糧道者李公蕊，先後官南海縣者張公琮、郭公樹榕、張公璿。

按，自水患無常，堤防益密，然或利見於彼，而害即見於此者，群情所必争也，桑園圍内之水，大半由江浦海口紆回而出，設有阻礙，潦退愆期，晚禾即趕蒔不及，農常病之。光緒乙酉，大栅等十四圍籲請邑侯擬在官山墟外馬頭岡截塞海道，創立石閘，以捍外水，不知海道愈隘，宣洩愈難。桑園圍衆曰[一]與相持不下，李孝廉錫培恐其釀禍也，爰偕同志聯名呈請，飭令停工改建，冀以消患於未萌。邑侯矜其創舉，言諸大府，持之益力。而無知愚民群起而攻之，不期而會者數千人，直將石閘毁拆，釀成巨案。李君竟被奏革，而石閘之議遂寢。人多爲李君惜，而李君以爲事關大局利害，終引義不悔也。歲己丑，水復成災，制府關心民瘼，觸及舊案，輕騶

[一] 曰　當爲『日』之誤。

減從，親臨馬頭岡，復由吉水竇沿河巡閲，審知水勢所趨，確難築閘，曉然於前此之争，非無謂也。立消舊案，李君遂蒙奏請開復。事閲五載，乃獲昭雪。向之爲李君惜者，至是爲李君幸，以爲捍災禦患，自忘其身，小挫之正，以彰其志也。李君可無憾矣！是時張農部瑨生、潘農部譽徵更走上游，力争此閘，初爲大府指斥，或慮不測，後卒無他，其志其事亦猶李君云爾。爰掇始末，詳紀於篇，用知利害所在，義當力争。繼自今事有類於此者，慎無遷就，以貽後患也。

卷十三　渠竇附子圍

圍内竇閘渠涌，所以通潮汐，防旱潦，便舟楫者也。然圍其爲十四堡保障，此方既決，即浸及彼方。渠竇爲一方灌溉之資，利有所專屬。故崩決後築復大圍，則闔圍均派。而修葺竇閘，疏濬渠涌，衹以本方之資，興本方之利，不能動支公項，亦不得派及他方。前志渠竇失於詳載，僅記某堡竇閘有無，某鄉竇閘幾穴而已。每遇大修，輒云竇閘附於圍基，修圍基即修竇閘，彼此争論，剖析殊難。不知修竇閘，濬渠涌，前人已有遺法，因搜採經行成案，立『渠竇』一門。若夫各子圍包裹於大圍之中，爲一方利，與渠竇等；修子圍不動支公項，亦與治渠竇等。況凡爲竇閘，皆渠所灌輸，凡屬子圍，亦渠所瀠抱，三者相因，故舉以附焉。志『渠竇』。

嘉慶元年廣州府朱公棟詳文

二月三十日奉兵部尚書兼署兩廣總督朱憲牌，照得桑園圍民樂市等處被冲竇穴、圍基，先據稟報，順邑及該圍紳士公捐銀數萬兩，設立修基總局，今首事梁廷光等將捐銀修築鞏固等由，批飭遵照。續又檄催，遵照原案，嚴飭該縣巡檢督同該首事在於公項銀兩内購齊石樁、竇門，勒限修築堅固高厚，委勘具結，詳報在案。現屆春耕，正潦水漲發之候，亟宜趕早辦竣，以資捍禦。乃今未獲核實修竣委勘結報，將來潦水漲發，貽悞匪輕，合亟飭遵備牌，仰府照依事理，立將該處被沖竇穴圍基，徑飭該縣及巡檢主簿，督同總理首事梁廷光、李昌耀等，在於該圍及順邑紳士公捐銀兩内購齊石椿、竇穴門等項，親往民樂市各處，分段趕緊修築完固，高厚其竇穴上下左右，及基身危險處所，立即砌石，以期鞏固修竣，該縣及該巡檢首事出具保結，由府委勘明確，具結通詳。事關民瘼，毋得任由捏飭延悞，致干未便等因。奉此，遵即轉飭南海縣及九江主簿、江浦司巡檢遵辦。去後，兹據南海縣李令詳稱，移准九江主簿嵇會嘉、江浦司巡檢吴洪會申稱，遵查乾隆五十九年潦水異漲，桑園圍被水沖決二十餘處，當蒙各憲捐廉倡修，因全圍工程浩大，需費甚繁，而圍内各處竇穴不少，力難兼顧，當經圍衆公議，止將公捐銀兩專修基圍，其各處竇門竇穴，仍令各鄉查照舊例，自行修理，俱已允從，毫無異議。詎民樂市竇穴，向係百滘、雲津兩堡居民經管，該鄉田畝，仰藉灌溉，十居其九。歷來修理該竇，作爲拾壹分派修，百滘出費拾壹分之玖，雲津出費拾壹分之貳。而雲津堡生員潘炳綱派爲該堡首事，經收籤題銀兩，因伊住屋附近民樂市竇穴，遂懷私意，先將捐修基工銀壹百捌拾餘兩修理民樂市之竇穴，其意不過暫挪一時，欲向百滘堡收得歲修之費，仍復歸款。不料百滘堡居民隨以潘炳綱修竇並未通知同估工程，疑有冒銷等事，不肯出費，以致潘炳綱之雲津堡尾欠銀壹百捌拾餘兩，任意延宕至六十年十月内。潘炳綱無銀繳局，畏懼差追，又因修竇工程，不無浮冒，百滘堡切近同鄉，易於指摘，不敢復向百滘堡索取，輒以竇工未竣，係因總局不肯發銀，混赴上憲具呈，希圖諉卸。後蒙堂臺臨工齊集確訊，查出潘炳綱妄控，並百滘堡不肯出費實情，押取兩堡具結，令其趕緊興修。十一月内，蒙本府檄委候補縣朱振瀚來工督催，潘炳綱躲匿。敝廳等隨傳百滘堡管理該竇值年潘才一等，剴切曉諭，伊等亦知理虧，萬難推諉，即日出銀，將未完工程趕緊完竣。惟竇門朽爛，急需自另爲更换，據潘才一等同稱，數年前通堡公買力木板叁塊，存貯竇面，原爲修補竇門而設，後有潘蕃昌私自押錢應用，懇飭追繳等情。敝廳等隨傳潘蕃昌等，訊認不諱，當即押令贖回，交潘才一等做門，督令安設。即取潘才一等切結，加具印結，報竣在案。此民樂市竇門、竇穴，俱係該鄉自行出費，自行承修，並不動支總局公捐之項，毋庸着令總局首事出結奉行。前因復查，據總局首事梁廷光等覆稱，桑園圍竇穴閘門共有十餘處，如江浦司屬簡村堡之吉水竇，先登堡之陳軍涌竇，海舟堡之李村竇、麥村竇，九江主簿所屬鎮涌堡之鎮涌竇、石龍竇，河清堡之河清上下竇，九江堡之惠民竇、文昌橋閘，沙頭堡之新涌竇等處，俱經各鄉居民自行出費，自行承修，均已完固。其自出之費，係因各竇閘内外或有桑地、魚塘，或有居住、店鋪所收租銀，歷來各爲歲修之資，此次通修桑園圍基，工程浩大，南、順兩邑公捐之銀，實有不敷，各處竇門、竇穴力難兼顧。是以始初通圍公議，即經議定，各處竇門、竇穴概行照舊，各鄉居民自修，不准動支總局公捐之項。即如民樂市竇，現有店房九十四間，每年收租不下五、六十金，該鄉居民止於竇上略爲粘補，即將餘銀聯同派分，以致竇門如此朽壞，若因其觀望延遲，背違前議，獨將公捐銀兩撥給幫修，無論該處竇門竇穴已修未修，均得藉詞，群向總局索費，萬喙齊鳴，無可排解。且竇門竇穴，蓄水洩水，祇便本鄉，兼之房地租銀，歷世安享，利既專歸一隅，工亦惟一隅是問。其修圍基總局之公捐銀兩，斷難撥給幫修各處竇門竇穴，致啟紛爭，有悞基工等情。敝廳等覆加確查，委屬實情。伏查南、順兩縣，去歲公捐銀兩計共四萬五千有零，隨經築復各處被沖基身，併全圍增培土石，各工業已支銷凈盡，報竣後荷蒙藩憲暨本府及堂臺臨工察看，以近海險要處所，尚需疊石培護，以期歷久安瀾，飭委敝廳等確估，共需銀九千六百餘兩，通圍紳耆齊集公議，照各堡籤題原額，加二添捐，南邑該銀六千兩，順邑該銀三千兩，其餘不敷之銀，蒙各憲捐廉佽助。近聞順邑紳士以修本處子園爲詞，疊次推諉，恐難照數添捐，所估落石各工，正難辦理，所有民樂市竇穴，雖經潘才一修整完好，尚需內外砌石塊，仍應請照向例，飭令該鄉值年等自行承辦，並著承辦值年出具保固各結，敝廳等親赴勘明，加結轉繳。其總局首事梁廷光、李昌耀等，向不經理竇門竇穴，應請免其出結，俾事有專責，結無濫加，實爲公便等情。准此，卑職覆加體察，委屬實情，除該處竇門竇穴先已移行，准據九江主簿、江浦巡檢覆稱，押令雲津、百滘兩堡承修值年首事潘才一、潘日千，已於本年正月初十日購料興工，至二十日趕築完固取具。潘才一、潘日千保固甘結加結，經繳藩憲暨本府在案，嗣奉飭行。加培石工，仍應雲津、百滘兩堡值年首事潘才一等承修，除移行催令雲津、百滘二堡速將應行添捐加二銀兩照數清繳支應，并令承修該竇之值年首事潘才一趕緊培石完固，出具切實保固結狀，加具印結，申繳察轉。其總局首事梁廷光、李昌耀等係屬專管基身工程，並未經理竇門竇穴之事，應請免其出結，理合據實，詳請察核轉詳，以便轉飭遵照等由到府。據此，卑府伏查桑園圍內各處竇門竇穴，即據南海縣移行九江主簿、江浦巡檢查明，向例均係各鄉自行出資修理。民樂市竇亦係雲津、百滘兩堡居民派收，自不便在於公捐項內動支，亦毋庸首事梁廷光等具結。除民樂市應砌石工仍飭雲津、百滘兩堡值年首事修竣具結，另行加結申繳外，理合具據情，詳請憲台核示飭遵。除呈督憲外，爲此備由具申，伏乞照詳施行，須至書册者。

奉督憲朱批：仰東布政司檄明飭遵具報繳。奉此除行廣州府轉飭遵照外，查民樂市竇門、竇穴，既經雲津、百滘兩堡居民派修完固，自不便在於公捐項動支，亦毋庸首事梁廷光等具結。其應砌石工，應令轉飭雲津、百滘兩堡值年首事潘才一等迅速購石砌築堅固，統限一月内修竣實穴，一并取具保固甘結，由縣府加具印結，通繳查核。

布政使司陳批：仰即飭令雲津、百滘兩堡首事潘才一等迅速購石，砌築堅固，限一月内連各竇穴一併修竣，取具保固甘結，由該縣、府加具印結，詳報核轉，毋任延悞，仍候督憲批示繳。

二年布政使司莊公肇奎諭疏復通圍涌渠示

照得南海縣屬桑園圍，自乾隆五十九年間圍基被決，淹浸兩月，堤内涌渠淤積，浮土一尺有餘。嗣聞該處枕涌業户，有將自己田業挑去浮土堆積涌基，被牛羊踐踏，漸次卸落，以致水道不通。兹訪聞該圍自本年八月以後，雨澤稀少，灌溉無由，晚稻、雜糧被旱者十居三四。現在蔬菜薯麥望水灌溉，若不即行疏復，轉瞬交春，即應翻犁播種，偶遇雨水缺少，春耕必致有悞。查溝洫涌渠乃田間水道，向係鄉民業户公衆捐貲挑築，使田業得以灌溉，並得以利行人，而枕涌之田亦得先受其益。今該圍涌渠，既被枕涌業户挑土墊塞，自應各按業户田頭，督令疏復原位。除於該圍十一堡及各段淺窄涌渠橋樑處所出示外，合先札遵，札到該縣，立即查明圍内涌渠及橋樑淺窄者，多出告示，曉諭各業户，務於本月望後起，趁此天晴水涸之際，各按田頭自行疏復，一律寬深，水性流通，舟行利便，事竣稟覆，以憑委員查勘。倘有不遵，立即責懲，事關民瘼，毋任違延。速速。

三年署布政使司常公齡行九江主簿札

札廣州府南海縣九江主簿知悉，據廣州府詳據該南海縣詳報會同九江該主簿崔鎮查勘過桑園圍南村、石龍兩鄉，奉撫憲倡捐修費，疏復水竇水圳情形，繪具圖形，由府詳檄前來。查南村、石龍兩竇，前奉撫憲諭，開令該府、縣等，分飭各首事聯挑築章程，計需費若干，各鄉籤捐數目若干，由縣妥議，詳司覆核，詳報以憑，示期收銀興工，委員前往督辦。經前司諭飭，於南、石兩竇適中處所設立公所，先將兩鄉按糧加入起科銀一千三百兩，并妥議竇外挑疏水圳工程，務使經久無患。其竇内水利所經之涌渠、橋樑，議定高寬款式，拆去陂石，改用木橋，使一律深通，無碍水道，立定章程，使各鄉共悉。並親往水利可到之田心等鄉，凡有力仗義之家，一體勸諭籤捐，共計得銀若干，由縣府妥議，詳司以憑，詳請示期收銀興工，委員前往督辦。另選素諳工程首事數人專司經理，行知遵照在案。自應飭令各鄉紳耆首事，查照前檄情節，妥定收銀日期，并公推專司經理工程首事數人，選擇吉日，由縣府妥議，稟覆以憑，詳請撫憲給示興工。今撫憲指日赴京入覲，未便稽延，札飭札到該府縣，立即遵照札飭情節，迅飭各首事即日稟覆，由縣先行通稟察核，以慰憲懷，毋得遲延。

速速。

先登堡竇　在鵝埠石陳軍涌。

海舟堡竇　一在李村黎、余、石三姓基。光緒五年五月，大水竇傍石傾卸，牽動堤身，搶救三晝夜獲完。是年歲修，遂將竇穴填塞。一在麥村梁萬同基，今廢。

鎮涌堡竇　一在南村鄉南，一在石龍鄉南，一在鎮涌鄉南。

河清堡竇　一在河清鄉北，一在河清鄉南。

百滘雲津堡竇　一在莊邊鄉，今爲吉贊竇。一在民樂市，一在藻尾鄉。

簡村堡竇　在吉水鄉前西樵山麓。

沙頭堡竇　在北村前石江，閘在石江村前。

大桐堡閘　北陂閘在西樵山麓，南陂閘在大桐墟口。閘門二，曰林坦，曰敦根。新陂閘在柏山九江沙嘴口。

九江堡竇閘　奇山涌牐在龍母廟前，騰涌牐在叢靈廟右，新涌牐在新安社側，沙滘牐在上帝廟前，大觳牐在天后宮側，雙涌牐在鍾靈廟前，瓦子涌牐在南華社下。已上皆東方牐，捍獅領流入裏海者。惠民竇舊名南椏牐，又名下村牐，在西椏涌口文昌橋内。鳳岡竇在南頭圍，文昌橋牐在南椏涌口。惠民竇外上下柳木涌口牐、禮山涌口牐、棠村涌口牐、華光廟前牐，在棠村涌。已上皆南方牐，捍禦裏海流入南椏涌者。沖吉竇在樂只約吉水里，大稔牐舊名小伸牐，一名烏柏，在大稔上帝廟左；曇涌口牐在潭匯橋外，同治元年翹南五約刱建，名五福牐。已上皆西方牐，捍禦外海西潦者。大伸涌口牐在大伸市探花橋外，與曇涌口牐同建，亦名五福牐。烏布牐舊名大伸牐，在翹南約敦睦里外。龍涌牐在龍涌社左，新涌牐在新涌社右，朱滘牐在大水口磨熨基，石塘牐在大正坊石塘社迤西，大塹尾牐在梅圳社前，梅圳牐在沙涌，下鞏牐在梅圳慈悲宮側，蘆荻洛牐在新涌口，新涌口牐在梅圳村頭東北。已上皆在北方，捍裏海流入低滘者。

甘竹堡閘　一沙涌口閘，一大涌口閘，一菱角洲閘。

按，舊志所載竇穴，今雖湮塞，悉仍其舊。沙頭、大桐兩堡之牐，據《南海志》補甘竹堡牐，據《順德志》補九江堡竇牐，據《九江鄉志》補中如、漁歌、浦禾、貍涌等牐，今已湮塞，不復載。

子圍

新慶圍　在大桐堡，東與九江北方西圍接。北方西圍至沙嘴、柏山交界之新陂閘止。新慶圍亦從新陂閘起，北經大桐之敦根岐周，九江之樓基，至大同墟口之南陂閘止，長共一千二百餘丈。

白飯圍　在大桐蜆岡、邨尾兩鄉間。從南陂閘起，右爲新慶，左爲白飯，東北行繞蜆岡鄉，至沙頭堡石江鄉界。折而北至西樵山脚北陂閘止。圍爲内河頂冲，值西、北兩江齊漲，匯於堤前，相拒不退。水益高，堤益險，道光以前頻崩決，同治五年，該圍按畝起科，遍加培築，遂臻完固。自北陂至南陂長一千六百五十丈，自北至白鶴基尾，長四百八十丈。

玉帶圍　在九江北方之東，大圍内子圍也。對面爲九江西方子圍、西圍，自北方沙嘴而上，與大桐新慶圍接。是圍從大墟起向北行，洎出儒鄉首户，經磨熨基汛，與沙頭中塘圍接。道光十四年始，自儒鄉首户起，至沙涌大閘止，築横間基，自成一圍，長約二千四百餘丈。

中塘圍　在沙頭堡石江沙涌、水南等處，上接九江堡玉帶圍，經磨熨基逶迤東行，下至龍江界，長三千餘丈。

温郵圍　在沙頭堡石井村前，龍江、甘竹兩口灌入内河，咸萃於此。村後山玉女溪、沈婆坑、翠雲泉諸水，出石江閘，北行注之。

流洛圍　在沙頭堡之東，乃沙頭堡之老村、北村兩鄉所築。

九江東方子圍　在九江東方、大穀、沙滘等處。其地北枕桑園圍，惠民竇水出其左。獅頷口水從右來繞其前，流至三元橋，合惠民竇水，北行經九江大桐沙頭出龍江口。西漲時，竇已閉。獅頷口在惠民竇下，水低數尺，入口復分一支，逕龍山以弱其流，又千紆百折，倒流以殺其勢。明嘉靖時，江西右參政陳萬言始建築基段，周三十一里半，通竇門七，曰龍田廟，曰瓦子涌，曰雙涌，曰新涌口，曰沙滘，曰藤滘，曰大穀。

按，龍田廟，《九江鄉志》作龍母廟。

五約子圍　在九江堡北方，内包村莊五，曰翹南、曰侯王、曰大稔、曰太平、曰萬壽。北與新涌接界，其新涌、龍涌、沙嘴，至大同新陂閘另爲一圍，不在五約内。其地南届萬壽通衢，東際惠民閘，北行之大渠，西盡桑園外圍，并包大洲圍。在裏設兩石牐，以捍獅頷口、龍江口流入大涌之水，一在探花橋，一在潭匯橋，以時啟閉，自是裏水不能從下流倒灌上游，鎮涌、金甌等堡亦受其利焉。

南方子圍　在九江堡南方趙涌等處。其地自墟尾蘿白行起，逶迤南行，至閘邊青雲路止，約長六百丈。又從蘿白行起，西行另築一間基，至槎山脚止，共八十餘丈。

麥局墩圍　在九江堡，長二百六十餘丈。

趙涌圍　在九江堡南，方桑園圍大圍外，又名南頭圍。嘉慶二十一年，趙涌坊士民建築，自海口起，至西方高基頭止，長二百一十二丈二尺。

西方圍　在九江堡大稔、太平、萬壽等約，捍探花橋、潭匯橋兩涌口流入之水。同治元年，大修五約圍，創建石牐於兩口，大涌潦水遂不復爲患。

上沙圍　在九江堡西方太平約。咸豐十一年通修，加築間基三十餘丈。

北方圍　在九江堡，自大桐、敦根交界起，南至沙嘴折而西，渡新陂閘，復南行，經龍涌牐、新涌牐，至探花橋頭迤西，度烏布牐，又南行至西方基界止。此圍雖屬附近各村莊經管，一有決溢，則上游鎮涌、金甌、簡村、百滘諸堡均受其害。

大河洲圍　在九江堡，長四百四十一丈。

保安圍　在九江堡，南方即木盤圍，內包仁讓社民居十之五，騎龍社民居十之三，自三星宮側起，至騎龍社前止，屬保安圍。自金順侯廟前起，至騎龍社側止，屬桑園圍。又自青雲路口起，至沙口判官廟止，屬桑園外圍。

鷄公圍　在甘竹堡左灘，自南海之九江分界樹起，至阜寧墟止，長二百六十丈。明洪武間，里老陳博民創築，歲久傾圮，鄉人黄岐山易以石堤，費至巨萬，全堤鞏固，鄉人名之曰黄公堤，請於縣立石，至今存焉。

放牛萌圍　在甘竹堡。自象弼嘴起，至黄岡頭止，長三千四百十有一丈。

東安圍　在甘竹堡。自裏海一埠之獅山嘴起，至龍田牛頭山止，長一千二百丈有奇。道光二十四年，紳士吴文昭等築。

北輔圍　在龍山堡。自鳳塘至龍江，與河澎圍相接，外即新滘，南枕龍江，北枕沙頭之南畔。

土圍　在龍山堡。自南海之中塘圍起，至九江之朱滘圍止，長一千七百五十丈。

河澎圍　在龍江堡。自南海之北村分界起，至龍江村前止，長四百九十有五丈。

北輔圍　在龍江堡。自百歲坊起，至龍山堡之鳳塘村外止，長二千一百五十有九丈有三尺。

按，自新慶已下九圍，據《南海縣續志》修；麥局墊已下七圍，據《九江鄉志》修；鷄公已下七圍，據《順德縣志》修。又按，桑園圍西北高而東南下，故先登、簡村諸堡但有竇穴，以備旱潦而已。沙頭、龍江、九江諸堡，勢居下流，兼受獅頷口、龍江口倒灌之水，不得不沿內河兩岸捍以子圍，多設竇閘，以時啟閉。自井田之法亡，而遂人之職廢，然其遺意，猶有未盡湮没者。就圍中涌渠而論，鄉各有小涌，容納霪潦，建陂而障，可以佐耕；斷橋而守，且足防盜，古之溝洫也。簡村堡之有大水，沙頭堡之有人字水，大桐堡之有禾婆水，甘竹堡之有裏海，金甌堡之有陳仲海，計其廣深，幾踰尋丈，古之澮也，東、西海其即川乎！居人稱江在圍東者爲東海，在圍西者爲西海。西北諸水畢匯於官山口，而達於海。東南諸水分趨獅頷口、龍江口，而達於海。是三水口有疏通法，無堵塞法，殆所謂『濬畎澮距川』者矣！邇來屢事歲修，多方搶救，外水久不爲患，而稍窪之田得應時播種者，猶十不三四焉。蓋內水瀦蓄，宣洩不及，其勢然也。或者不察，妄議建閘而陻之，先王之遺意於是盡矣！其不至『上原下隰，交相告瘁』不止也。可勝慨哉！

卷十四　祠廟附産業

《記》曰，『能禦大災則祀，能捍大患則祀。名山川澤，出財用，有功烈於民者則祀』，此經義也。

《大清通禮》載，東西南北四海龍王，及江淮河濟四瀆之神，俱遣官致祭，此朝章也。雍正七年，浙江海塘敕建海神廟，自唐誠應武肅王錢鏐、吴英衛公伍員而下，左右配者凡十有七人，有司春秋時祭，所以崇德報功，爲民祈福。我桑園圍基築自有宋，吉贊横基向有洪聖廟，祀何公執中、張公朝棟，九江有穀食祠，祀陳公博民。乾隆六十年，既塞李村决口，用漢武帝塞瓠子河置宣防宫故事，創建南海神廟於新基旁，祀風伯、雨師暨地方有司、鄉先生之有功德於吾圍者，協於朝章，達於經義矣。布政司陳公大文復撥給祀産，例當備載，俾吾民永永年代，恪展明禋，庶幾萬福來也。志『祠廟』。

洪聖廟

在河清基上，以宋丞相何公執中配，今圮。

按，桑園圍濱海而居，各鄉多有洪聖廟，兹載其闔圍公建者，餘悉從略。

太師廟

在河清鄉北，舊志缺，今補。

《宋史》：何執中字裕通，處州龍泉人，進士高第。調台、亳二州判官，知鹽縣。入爲太學博士，以母憂去。紹聖中，五王就傅，選爲記室，轉侍講。徽宗即位，超拜寶文閣侍制，遷中書舍人，兵部侍郎，工部吏部尚書，兼侍讀。崇寧四年，拜尚書右丞。大觀初，進中書門下侍郎，積官金紫光禄大夫。三年，代蔡京爲尚書左丞，加特進。政和中，用提舉修哲宗史紀，恩加少保。會正宰相官名轉少傅，又遷少師，封榮國公。六年，以少傅就第，卒年七十四，贈太師，追封清源郡王，謚曰『正獻』。執中性至孝，居母喪，時寓蘇州。比鄰夜半火，執中方索居，遑遑不能去，拊柩號慟，誓與俱焚，觀者悲其孝而危其難。有頃，火卻，柩得存。判亳州時，亳數易守，政不治。曾鞏至，頗欲振起之。顧諸僚，無可仗信者。執中一見合意，事無纖鉅，悉委以剸决。有妖獄久不竟，株連寖多，執中訊諸囚，聽其相與語，謂『牛羊之角，皆曰股』，扣其故，閉不肯言，而相視色變。執中曰：『是必爲師張角諱耳。』叩頭引伏。及在政府，嘗戒邊吏勿生事，重改作，惜人材，寬民力。雖居富貴，未嘗忘貧賤時，斥緡錢萬置義莊，以贍宗族。性復畏謹，至於迎順主意，贊飾太平，則始終一致也。

案，《宋史》本傳，公未嘗官廣南，築圍年月，今不可攷。乾隆八年，周公尚迪碑謂：宋仁宗四十一年，公以工部侍郎奉命督建。四十三年，工成。四十五年，大路峽决，全圍仍淹浸，乃添築横基。舊志里民馮世盛等呈又謂建自徽宗四十一年。公不及事仁宗，仁宗在位四十一年，凡九改元，安得有四十五年也！周碑固不足據。徽宗凡六改元，共二十四年，公以大觀三年代蔡京爲相，則徽宗在位之九年。以政和六年致仕，則徽宗之十六年也。世盛云云，亦屬錯誤。竊意興舉水利，修理堤防，事歸工部，殆崇寧四年公官尚書時，而史佚之歟？公築斯圍，有功德於吾民者甚鉅，世世尸祝，勿替於今，而史臣頗多微詞。謹援稱美不稱惡之義，而節録《宋史》如此。《海塘擥要》於『錢武肅王傳』亦不備載五代史原文。後『雜録』門節録順德、南海諸志，竊准此例。

洪聖廟

在百滘堡吉贊横基，明建，旋圮。國朝乾隆八年重建，四十四年、六十年重修。祀宋太師何公執中、安撫使張公朝棟、督築桑園圍基黄公嗣昌、督築吉贊横基陳公遇隆，明修築横基陳公博民、國朝捐築横基程公儀先，附祀田一畝五分五釐零。

一、土名北丫田一坵，載中則民税一畝零二釐八毫三絲七忽，該民米三升三合，價銀二十三兩七錢八分，税在百滘堡十二圖八甲户内。

一、土名新基外田一坵，載中則税五分二釐三毫一絲四忽，該民米一升七合一勺一抄四撮，價銀十二兩九錢六分，税在百滘堡十二圖六甲户内。

穀食祠

在九江堡忠良山麓，十八堡士民公建，祀陳公博民。

《九江鄉志·陳博民傳》：陳博民，字克濟，號東山，慷慨有才略。

桑園圍自宋尚書僕射何執中、廣南路安撫使張朝棟先後建築，始有東西堤。西堤由先登堡循江而下，至本鄉倒流港。是時入海水道寬暢，江潦隨發隨消，水勢至此漸平，不足爲患。迨元至明，下流香山、新會等處淤積沙坦，圈築圍田，夏潦盛漲，阻塞難消，旁溢泛濫，往往從倒流港逆灌而入，於是壞廬墓、禾稼日以益甚，遠近諸堡之在圍内者均受其害。洪武二十八年，朝廷遣使脩天下水利，博民遂度港口深廣工程，走京師伏闕陳便宜，高皇帝嘉之曰：『下民昏墊，汝能任其責時乃功。』爰敕有司脩治，即屬博民董其役。海瀨湍激，博民取數大船，實以石，沈於港口，水勢遂殺。十八堡田户踴躍運土，合力填塞。博民因是工役上自豐滘，下至狐狸，以迄甘竹，東繞龍江，上至三水，周數十里，沿堤增築高五尺，厚稱之。半載工竣，由是水無旁溢，歲用大稔。十八堡士民皆舉手加額曰：『非陳君勇於有爲，則吾儕疾苦，上何由而知乎？今餒者有餘食，寒者有餘衣，相與安居樂業，無復淹溺之慘，伊誰力也！』相率爲博民建祠於忠良山麓，曰『穀食』，即以詔命『乃功』二字顔其堂。百滘堡吉贊横基舊建洪聖廟，國朝乾隆六十年，李村新堤創建南海神廟，皆以博民有功德於通圍，特配食焉。龍山堡亦設位於大墟，歲祀之。黎志謂博民以布衣流澤通都，廟食百世，彼得位乘權，視桑梓利害若越人視秦人之肥瘠，聞其風，豈不愧乎！誠有慨乎其言之也。

新會黎貞《穀食祠記》

南海廣之沃壤，唯鼎安沿流西江，自牂牁暨鬱林諸江，並匯於梧，合流經封、康，出高要峽，踰西樵山入海。湍瀨衝激，漲阡陌，圮濱江民廬舍，歲相望不絕。民束手屏耒耜。前代雖有堤防，尋起尋伏，不過踵白圭之餘法耳。洪武季年，九江東山叟陳君博民，迺相原隰，謂夏潦之湧，勢莫雄於倒流港，窒之必殺其流。於是度以尋尺，約其規矩，簡易如指掌，迺入京師，稽顙玉階下，悉縷陳其便宜。太祖高皇帝嘉之，即敕有司，呼子來之，民率疏附之。衆屬博民董其役，由甘竹灘築堤，越天河，抵橫岡，絡繹亘數十里。經始丙子秋，告成丁丑夏。是歲大稔，民皆舉手加額相慶，曰：『帝德如天，粒我烝民，萬世利也。然非陳氏子勇於有爲，則下民疾苦，上何由而知乎？今餒者有餘粟，寒者有餘衣，父子以樂，室家以和，無流離饑殍者，倚誰之力也！不有報德，何以勸善？』乃相率鳩材，建祠三間，額曰『穀食祠』，爲游息之所。里人岑平漢等走鄰壤新會，請記於予。予維《洪範》『八政』，以『食貨』爲首；《管子》『五事』，以『溝瀆』爲先。蓋溝瀆遂，則食貨由是而出，此王政之要，農務之急，司牧者之責也。今博民無是責而能施政，可不謂賢乎？設使居其位，任其責，必能大有爲，不失民望矣。夫酬功報德，士君子之心也，二三子拳拳若此，予不可不成人之美，遂記其事。而繼之以頌曰：　天生烝民，稼穡是依。疇昔洪水，黎民阻饑。禹稷既興，萬世農師。裁成其道，輔相其宜。水患既平，百穀既生。迺粒迺食，迺安迺康。後世有作，孰繼其良？堯佐於滑，子瞻於杭。彼美博民，頡頏前人。才堪撫衆，志存濟民。挾策獻納，前席講論。功加當時，澤被後昆。桑田滄海，坐見遷改。以耕以牧，以勞以來。萬寶告成，三時不害。紀績貞珉，光於前載。

南海神廟

在李村上墟。國朝乾隆六十年建，祀南海神。《廣東通志》：　南海君姓視名赤，夫人姓翳名鬱寥。

《欽定全唐文·唐册祭廣利王記》：　我皇乘時，龍臨大寶，四十載矣。洪休鑠於元吉，元澤浸於有截。恢復五運，更明三辰。以爲海者，沖融浮天，汗漫吐氣，戴萬有，朝百川，屢効休徵之應，未崇封建之典。逮天寶十載三月庚子，册爲廣利王，明盛禮也。分命義王府長史范陽張九章，奉玉簡金字之册，將璧環幣帛之貺，拖毳衣繡，潔牲正辭：　神理居歆，伫百福而上達；　帝道惟永，視九瀛而咸乂。洋洋乎，未始有也。初張公作宰南海，亟遷右職，惠化未泯，琴堂尚存。人挹子期之風，時美相如之使。議政之老，惟見子孫；　佐書之史，俱垂斑白。風闕郊候，鱗雜歡迎。詠舊德於江干，覩慈君於鷁首。咸謂『愷悌君子，令聞不忘』者歟！夫典册光揚，德貴周洽，信美不著，古人所慚。敢舉其凡，以記於石。夫天寶十載暮春三月，天王正土德之元辰，海君受玉册之初吉也。

宋康定二年，中書門下牒廣州南海廣利王牒

奉敕：四瀆淵流，歷代常祀。物均蒙於善利，禮未峻於徽稱。載考國章，式崇正爵。四瀆并褒封爲王，其四海仍增崇懿，號宜封爲洪聖廣利王。及令本處限敕，命到差官，精虔致祭。牒至准敕故牒。康定二年十一月日牒。

宋皇祐五年，牒中書門下牒廣州南海洪聖廣利王牒

奉敕：《易》載害盈益謙之旨，蓋神道正直，必有輔於教也。其有陰相吾民，沮遏凶醜，應答明白，不列美稱，曷以揚神之休？南海洪聖廣利王，惟王廟食尊爵，表於炎區，年既遠矣。唐韓愈記稱，神次最貴，且有福禍之驗。國家秩禮，祀等尤高。康定中，朕嘗增王徽名牲幣器數，罔不稱是。今轉運使絳言，迺者儂獠狂悖，暴集三水，中流颶起，舟留三日。逮至城闉，廣已守備，火攻甚急，大風還飈，閉闕渴飲，澍雨而足，變怪婁見。賊懼西遯，州人咸曰：『王其恤我者邪！』朕念顯靈佑順，靡德不酬，其加王以『昭順』之號，神其歆茲顯寵，萬有千載，永庇南服。宜特封南海洪聖廣利昭順王，仍令本州差官往彼，嚴潔致祭，及仰製造牌額安掛。牒至准敕故牒。皇祐五年六月二十七日牒。

宋陳豐《南海廣利洪聖昭順威顯王記》

南海王有功德於民，威靈昭著，傳記所載，與故老傳聞歷歷可考。自唐以來，褒封崇極，隆名徽稱，累增而未已。天寶中，册尊爲廣利王，牲幣祭式，與爵命俱升。元和十二年，詔尚書右丞孔公戣爲刺史，有惠政，事神不懈益虔，神所顧歆，風災息滅，仍歲大熟，韓昌黎爲之記。爛然與日月争光，神之靈迹益著。聖宋開基，太宗皇帝遣中使修敬，易故宫而新之，册祝唯謹。仁宗康定改元之明年，增封四海，而王加號『洪聖』。皇祐壬辰，蠻獠猾二廣，暴集三水，中流颶作，閉闕渴飲，雨降而足，變怪驚異。賊矍然若加兵額上，一夕遁去。有司以狀聞，上心感歎，詔增『昭順』之號，加冕旒簪導，以答靈休。元祐間，妖巫竊發新昌，領衆數千來薄城下，官吏登城望神而禱，是日晴霽，忽大晦冥震，風凌雨凝爲冰沍。群盗戰慄，至不能立足，望城上甲兵無數，怖畏顛沛，隨即潰散，雖八公山草木之助，未若是之神速也。狀奏，下太常擬定所增徽名，禮官以爲，王號加至六字矣，疑不可復加。二聖特旨，詔工部賜緡錢，載新祠宇，於以顯神之賜。太上皇御圖，慨然南顧，務極崇奉。紹興七年秋，申加命秩，度越元祐。於是有『威顯』之號，寵數便蕃，不以爲侈，第恨無美名徽稱以酬靈貺，豈復計八字褒封耶！左海遐陬，颶風掀簸，蛟

鰐磨牙，祝融司南，彈壓百怪，庇護南服，俾瀕海居民飽魚蟹，饜稻粱，舟行萬里，僅如枕席上過，獲珠琲犀象之贏餘，斂惠一方厚矣！而京師頃年旱暵異常，裕陵遣使懇祈，雨雪應不旋踵，又何惠澤溥博若是也！黎弓毒矢，嘯聚巖谷；多楉大棹，出没濤波。弄兵未旬，時旋即撲滅。陰護捍禦，而人不知神之力。冥漠之中，陰賜多矣！至於震風反燄，霈雨蘇暍，見新城於水中，出陰兵於城上，飛鼠凝澌，變怪萬狀，又何靈異顯著若是也！日者郴寇猖獗，侵軼連山、南海，牧長樂陳公偕部使者祓齋以請於祠下，未幾賊徒膽落，折北不支，屬城按堵帖然，無犬吠之警。公之精誠感神，如桴鼓影響之應；神之威靈排難，如摧枯拉朽之易，皆當大書，深刻以詔。後人豐叨乘一障，在窮海之濱，方託价藩岍幪，而竊神庇屃，多不敢以蕪纇爲辭。謹再拜而書之，且係以詩，曰：顯顯靈異，百神之英。功德在民，昭若日星。庇祐南服，民無震驚。風雨時敘，百穀用成。夷船往來，百貨豐盈。順流而濟，波伏不興。自唐迄今，務極徽稱。祀典祭式，與次俱升。捍禦劇賊，間見陰兵。呼吸變化，風雨晦冥。壓難折衝，易如建瓴。奔儂磔岑，群盜肅清。蠢爾郴寇，嗷嘯橫行。傳聞詾詾，郡邑靡寧。堂堂元侯，賢於長城。邀我星軺，各盡其情。祓齋以請，神鑒惟精。式遏寇攘，惟神之靈。應如影響，惟元侯之誠。惟部使者，協恭同盟。選值群賢，惟天子之明。神休無斁，何千萬齡。

宋慶元尚書省牒神部狀：

准都省批送，下中奉大夫、充祕閣修撰、知廣州、主管廣南東路經略安撫司公事錢之望狀奏：

竊見南海洪聖廣利昭順威顯王，廟食廣州，大芘茲土，有禱必應，如響斯答。臣領事之始，大奚小醜阻兵陸梁，既迫逐延祥，官兵怙衆索戰，復焚蕩本山室廬，出海行劫。臣即爲文以告於廟，願借檣風，助順討逆，俾獻俘祠下，明正典刑，毋使竄逸，以稽天誅。然後分遣摧鋒水軍前去會合，神誘其衷，既出佛堂門外洋，復回舟送死，直欲趨州城。十月二十三日，至東南道扶胥口東廟前海中，四十餘艘銜尾而進，與官兵遇。軍士爭先奮擊，呼王之號以乞靈，戰鬭數合，因風縱火，遂焚其舟。潮汛陡落，徐紹夔所乘大船膠於沙磧之上，首被擒獲，餘悉奔潰。暨諸軍深入大洋，招捕餘黨，如東薑、段門諸山，素號險惡，或遇颶風驟發，不容艤舟，人皆危之。既至其處，波伏不興，及已羅致首惡，則長風送颿，巨浪暴至，武夫奮棹，且喜且愕，益仰王之威靈。凡臣所禱，無一不酬，將士間爲臣言，『此非人之力也！』凱旋之日，闔境士民以手加額，歸功於王，乞申加廟號，合辭以請。臣參訂輿言，具有其實，除已先出帑錢千緡崇飾廟貌外，用敢冒昧上聞。臣考之圖經，惟王有功於民，著自古昔，載在祀典，神次最貴，唐天寶十載始封爲『廣利王』，國朝康定二年增號『洪聖』，皇祐五年以陰擊儂賊，詔賜『昭順』，紹興七年復加『威顯』。所以致崇極於神者，其來尚矣！旌應表異，正在今日，欲望睿慈，特降指揮，申命攸司，討論典禮，優加命數，昭示褒寵，以答神休，以從民欲。伏候敕旨，後批送部勘當，申尚書省，尋行下太常寺勘當。去後據申，照得上件神祠，係是五嶽、四海、四瀆之神，兼上件靈應，並是助國護民，蕩除兇寇，比尋常神祠靈應不同。所有陳乞廟額，本部尋再行下太常寺擬封。去後據申，今將南海洪聖廣利昭順威顯王廟，合擬賜廟額降敕，伏乞省部備申朝廷，取旨施行，伏候指揮。牒奉敕宣賜『英護廟』爲額，牒至準敕故牒。慶元四年五月尚書省印日牒。

元陳大震《重建波羅廟記》

古者帝王巡狩方岳，不至四海，以四海在要荒之外，不可得而至也。《周禮》凡將事于四海、山川，校人飾黄駒而望祭焉。祭有坎壇，未有祠廟。漢武帝惟登之罘，浮大海，欲求仙耳，不在海也。至隋文帝始命於近海立祠，以巫一人知洒埽，多植松柏。南海祀於南海鎮，即今之扶胥鎮，距城八十里者也。唐武德、貞觀之制，則嶽、鎮、海、瀆，年別一祭，以五郊迎氣之日祭之，各於其所。南海於廣州，祠官以都督刺史，望此祠祭之始也。天寶十載封四海爲王，南海曰『廣利』，以三月十七日同時備禮，此封爵之始也。惟兹南海，神次最貴，元和間，刺史孔戣拓舊廟而大之，又得韓愈碑爲之發揚，祠禮之盛，莫盛於此。時至宋康定，加『洪聖』之號，皇祐加『昭順』，紹興加『威靈』，合爲八字。前乎紹興，四海同封而異號，及紹興疆土乖離，獨南海耳。自天命歸于皇元，至元十三年，乃入職方氏，神始有會同之喜。二十八年，世祖皇帝加以『靈孚』之號。天使奉宣命，馳驛萬里，至廣城，官吏無不肅恪，將致寵光於正祠。聞祠已廢，乃於城西别祠行禮焉。同知總管府事趙公勝興曰：『自隋唐歷宋，踰七百年，鎮之祠無不修舉，今廢不治，遺神之羞。夫君所以養民，神所以衛民，君之敬神，正以民故。食君之禄，而不以君之所以敬神者事神，可乎？』乃捐俸倡之，未備也。二十年，公陞宣慰副使，復修之，苟合矣。已而被命簽都元帥府事，始得展其力，乃於農隙募材鳩工，入執宫功。一木一石之未良，一斧一鑿之未精，必更之，使盡善乃已。大門三間，横二十二丈，翼以兩廡，從三十二丈。正殿巋然，其中又演廡三十二丈。至寢殿，崇廣如正殿，明順夫人之所處也。下至興衛翼從，悉有寧宇，又崇館以爲天使弭節之所，雖祝使庖夫所棲，亦皆完好。凡爲屋一百二十五間，歷十餘年而後就。吁，公之勞心殫力而爲是者，何也？或謂公初莅職，平海寇，禱于神，神克相之，故契契于是。又以上恩久任，獲與斯民相安，民亦知有上命，子來經營，乃克就緒。大震約居二十年，有田數畝在廟傍，時勞耕者父老誇侈其事，請大震記之。韓碑在前，何敢穢珠玉側？第公之功德，踰於孔戣，不書則後人何以稽？故不得辭，復有一於此，初亦不能無惑。張宣公栻嘗云：『川流山峙，是其形也，而人之也何居？氣之流通，可以相接也，而宇之也何居？』遂疑唐以王爵封神者，未然也。及觀《家語》，云季康子問五帝之名，孔子曰：『天有五行，金木水火土，分時化育，以成萬物，其神謂之五帝。』然則五行既可爲帝，則四海之爲王，又何慊乎？立之祠而設之像，亦靈星之尸之意，幽爲神，明爲人，是爲一理。弁冕端委，亦其爵秩之當然爾乎？不然，必有能辨之者。

明洪武《御祭南海神文》

維洪武三年，歲次庚戌，七月丁亥朔，越十一日丁酉，典儀臣王憿蒙中書省點差，欽齎祝交，致祭於南海之神，皇帝制曰：

生同天地，浩瀚之勢既雄，淺深之處莫測。古昔人君，名之曰『海神』而祀之。於敬則誠，於禮則宜。自唐及近代，皆敕以封號。予因元君失馭，四方鼎沸，起自布衣，上天后土之祐，百神之助，削平暴亂，以主中國，職當奉天地，享鬼神以依時，式古法以治民。今寰宇既清，特修祀儀。因神有歷代之封號，予起寒微，詳之再三，畏不敢效。葢觀神之所以生，與穹壤同立於世，其來不知歲月幾何。凡施爲造化，人莫可知，其職必受命於上天后土，爲人君者何敢煩焉！予懼不敢加號，特以南海名其名，依時祭祀，神其鑒之。

國朝雍正

遣官加封號祭文：

維雍正三年，歲次乙巳，五月戊戌朔，越十二日己酉，皇帝遣巡撫廣東等處地方提督軍務兼理糧餉都察院右副都御史加六級年希堯，致祭於南海之神，曰：

惟神流滋炎域，容納百川，功宏長養，庶類蕃昌。朕撫馭寰區，考稽典禮，將祈福以庇民，宜加封而致祭。爰命所司，崇神封號曰『南海昭明龍王』之神，所冀波瀾永息，烝黎獲利濟之安；風雨以時，稼穡享屢豐之慶。神其昭鑒，來享苾芬。

按《番禺縣志》載歷代御祭南海神文及碑記甚夥，兹録其加神封號者，彰靈貺而誌尊禮。宋紹興七年，加『威顯』之號。元至元二十二年，加『靈孚』之號。牒狀無存，散見於陳豐、陳大震碑記，故並録之。又謹按，世宗憲皇帝御祭之文，義當弁首，今遵《欽定四庫全書》之例，恭録於前代之次，以明神之尊崇，其來有自。

配祀名宦

宋尚書左丞特進贈太師清源郡王何正獻公執中

宋廣南東路安撫使張公朝棟

國朝

贈太傅體仁閣大學士前兩廣總督朱文正公珪

兵部尚書前廣東布政使陳公大文

廣東督糧道吴公後

廣州府知府朱公棟
署九江主簿嵇公會嘉
南海縣知縣李公櫺
署順德縣知縣王公志槐
順德縣知縣汪公泩
兩廣總督蔣公攸銛
太傅體仁閣大學士前兩廣總督阮文達公元
刑部尚書前廣東巡撫陳公若霖
雲南總督前廣東布政使趙文恪公慎畛
特調南海縣知縣冐公掄閣
署南海縣知縣仲公振履
南海縣知縣吉安公
贈太子太師兩廣總督盧敏肅公坤
廣東布政司吉公恒
廣東督糧道盧公元偉
廣東督糧道鄭公開禧
特調廣州府知府金公蘭原
署廣州府糧捕監掣府劉公毓琇
特調南海縣知縣黄公定宜
九江主簿李公德潤
江浦巡檢吕公濚
太保兩廣總督文華殿大學士文莊公瑞麟
兵部侍郎前署廣東巡撫郭公嵩燾
廣東巡撫蔣果敏公益澧
廣東巡撫李公福泰
福建巡撫前廣東布政使王文勤公凱泰
廣州糧捕通判署南海縣知縣陳公善圻
配祀鄉先生
明處士陳公博民
國朝
兵部侍郎温公汝适
國學生梁公玉成
贈資政大夫候選州同潘公進
前工部郎中盧公文錦
刑部員外郎伍公元芝
刑部郎中伍公元蘭
署雲南糧儲道鄧公士憲
布政司銜候選道伍公崇曜
處默堂義士
選用員外郎舉人潘公斯湖
知府銜選用同知李公錦華

何子彬《重修桑園圍南海神祠記》

歲丙午冬十月，連日驟雨，十有二日。天方曙，繼之以風，廟之後堂遂塌焉。時值麥村梁君雨馨館其地，屨皇劍寢，始獲免於厄。其徒某即於瓦礫中扶翊而出，尋得無恙。以是知神之爲靈昭昭也。廟建自乾隆甲寅、乙卯間，圍堤鉅工既竣，僉以李村爲通圍適中之地，爰立廟以妥神，并建後堂爲集事處。惟時官斯土者，類皆恤民隱，體察輿情，用能上下交孚，一乃心力。故自有桑園圍以來，言堤工者皆以甲寅爲備觀。其大修告成之後，於禾义基之險要處，謂爲河伯之所争，固讓地而坡之培之，於竇穴之淤壞者，悉令該處紳業倡修，以爲圍中宣洩灌溉，而疏之導之。事無纖悉，次第具舉。其泛應曲當也，如川之赴壑也，由水之就下也，莫不盈科而後進也。以視吾儕之甫謀一工，甫畢一役，真不啻跋前而躓後焉，豈和衷之實難歟？抑才力之不逮歟？何勞逸之懸殊，而古今人不相及也。故曰堤工以甲寅爲備正，不僅壯廟貌之宏規，使歲時伏臘，講貫有資，經晝得所而已！夫士君子浮湛里社，即此一二修廢挽頹之舉，力所能致，當致力焉。顧爲之拘牽憚勞，而不任厥事，將自矜其智，而人獨愚乎？況溯廟迄今五十餘年，構堂重新，規模展焕，於以仰答神庥，式承靈貺。則所以慶安瀾，貽樂利者，其在斯乎，其在斯乎！是役也，經始於戊申九月，以己酉閏四月與歲修堤工一齊蒇事，其間鳩工庀材，則潘君焯堂之力居多，而始終在工督役者，則有梁君雨馨常川到局，揚榷者則有何君省蘭、李君芸軒。彬不過隨諸君子後，效奔走之勞焉。爾因援筆而記其事。

嘉慶元年布政使陳公大文撥陳軍涌沙坦示

爲報明官荒，懇撥祀典，以杜争端，以資公用事。嘉慶元年九月二十六日，奉巡撫廣東部院朱批，本司呈詳，嘉慶元年九月初五日據南海縣申稱，嘉慶元年正月二十六日，據桑園圍紳士舉人黄世顯，歲貢區先登，生員李定卓、符澤、蘇奠安，業户梁俊江、李著鴻、李璧東等稱：竊照桑園一圍，前被潦水沖决，荷蒙各憲軫念民依，捐廉倡築，兩邑紳民共捐銀五萬兩，合力大修，全圍藉固。事竣，蒙藩憲諭令，于李村新基外建立南海神祠，爲全圍保障。落成後，復蒙各憲親詣行香，題留頌禱，聲靈遠播，不特全堤藉庇，即南、順兩邑，上下村莊，往來籌議堤防事宜，亦得有託足駐宿之地，洵爲千古不可易之香烟。但目下堂垣雖已聿新，而將來修葺，以及遞年春秋祀典，司祝傳事公需尚有未備，自應預籌經久，方足以仰副各憲建設深恩。兹查先登堡鵝埠石村基外陳軍涌，生有沙坦九十餘畝，久經業户區廣昇當官承佃，其自區廣昇地界之西北，自陳軍涌三水鳳起鄉周明端地界起，南至先登堡茅岡鄉區福祖地界止，計長三百六十餘丈，極西至河邊，約税將及百畝，前于乾隆四十年擬抵九江堡關敦厚虚税，隨奉前督憲李批行，不准承陞，恐其圈築，有礙河道，任由沖刷。迨後附近貧民貪圖美利，私種雜糧，因係無主之業，此種彼收，致釀人命。嗣經先登堡各鄉嚴禁，不計私耕，此後變爲牧牛草地。然遞年潦水淤積，沃土日漸高寬，現成膏腴之業，可以種植桑麻豆麥等類，較之上下接連地段，每畝可批租銀一兩有奇。與其任由抛荒，日後豪强霸耕滋事，附近村民有公庭牽累之慮，孰若撥歸神廟，爲春秋祀典，固可以杜各鄉貧民霸耕滋訟之端，而于全圍香火公需似亦不無小補。爲此聯呈，叩懇仁恩，查案核明，委員勘丈，詳請撥入神廟，遞年按堡收租，辦理祀典公用，實爲德便等情到縣。據此卷，查乾隆六十年十二月二十三日，奉憲臺札開，據本司書辦梁玉成禀前事等情到司，當經札飭南海縣親往逐一查勘，去後兹據申稱，卑職遵即卷查，并查額征全書附載雜税，絶軍王翰仁、馬寬等各業應征官租銀三十七兩五錢七分六釐，前因各業沖缺，查將九江洛口沙撥給佃户關敦厚等抵耕，嗣洛口沙復經沖缺，關敦厚等將陳軍涌口新沙撥抵。奉委順德縣勘明，詳奉前督憲李因恐有礙水道，未奉准行，嗣據楊彤蕚、吴樂天、鄭思誠等承佃各沙，共收租銀七兩二錢四分一釐，撥抵王翰仁等虚租外，尚存虚租銀三十兩零三錢三分五釐，遞年官爲捐解在案。隨將卷宗移送九江主簿查勘，去後兹准覆稱，查明各卷，傳集紳耆沙鄰人等，吊核原承税照，齊赴該沙，勘得形分七段，委係水生淤坦，係屬無主官荒，土厚而肥，悉與鄰田相等，並無妨礙水道、鄰田、盧墓，以及隱佔重承情事，不用圈築，即可開耕，即當訊取沙鄰，各供揷明界址。丈得該沙實税一頃一十三畝五分零二毫六絲七忽，繪圖取結，造具弓册，移送前來。卑職覆查無異，并經飭據紳耆、總局、首事人等議稱，該沙一頃一十三畝五分零二毫六絲五忽，每畝約收租銀一兩五錢有奇，每歲可共收銀一百七十餘兩，除請撥抵絶軍王翰仁等虚租銀三十兩零三錢三分五釐外，計賸租銀一百三十餘兩，以之供辦神廟春秋二祭，約共支銀四十兩，歲修神廟，支銀二十兩，司祝供食支銀二十兩，香燈支銀二十兩外，尚仍剩銀三十餘兩，儘足以資經理租項首事紙筆薪工，并議公事茶水等費，其經理租項首事，每三年公舉殷實公正二人，交接承當。通圍共十一堡，離廟遠近不一，按各遠近配搭輪值，以來歲嘉慶二年爲始，首以海舟、金甌、大桐、簡村四堡公舉二人，經理三年；次以先登、百滘、雲津三堡公舉二人，經理三年；又次以鎮涌、河清、九江、沙頭四堡公舉二人，經理三年，收支各數，均令逐一登明，三年期滿，交代下手。接交時將各帳目公同逐一算明，毋任私毫遺漏侵隱，循環稽察，自可經久無患，公私各有所裨等情前來。卑職確加查核，似屬妥協，傳集面詢，亦與禀詞無異。伏查該沙係屬水生無主官荒，並無妨礙水道、鄰田、盧墓，以及隱佔重承情事，與其抛荒日久，豪强霸耕滋事，誠不若歸入海神廟内，批佃收租，供辦祀典，以及歲修各費。且據紳耆所議經理租項之處，亦極公妥詳明，實可經久無弊，應請俯順輿情，悉如所請，准將該沙歸入海神廟内，批佃收租，以資各費。倘蒙允准，即令將界用石竪明，聽該紳耆等自行召佃承耕，并令勒石以垂久遠。至該沙税，現奉停墾，應請免其陞科，將來奉行墾陞，再行酌議。具詳分别辦理，理合詳候察核示遵等由到司。據此，該本司查看，得南海縣屬桑園圍總局紳耆黄世顯等請，將先登堡鵝埠村前基外土名陳軍涌口水生沙坦撥歸海神新廟内，批佃收租，以供祀典，及各費用一案，緣桑園圍基工竣，復在該基身建立海神廟宇，保護全圍，紳耆黄世顯等因無祀典以及歲修香燈費用，闔圍酌議，請將陳軍涌沙坦一段撥歸海神廟内，批佃收租，以資春秋祀典及歲修費用等情。當經札飭南海縣，親往該處沙坦逐細勘明，有無妨礙水道、鄰田、廬墓，以及隱佔重承情事，刻日確查，妥議詳覆。去後兹據南海縣申稱，該沙係屬水生無主官荒，並無妨礙水道、鄰田、廬墓，以及隱佔重承情事，與其抛荒日久，豪强霸耕滋事，誠不若歸入海神廟内，批佃收租，供辦祀典，以及歲修各費。且據紳耆所議，經理租項之處，亦極公妥詳明，實可經久無弊，應請俯順輿情，悉如所請，准將該沙歸入海神廟内，批佃收租以資各費。倘蒙允准，即令將界石竪明，聽各紳耆等自行召佃承耕，并令勒石，以垂永久。至該沙税，現奉停墾，應請免其陞科，將來奉行墾陞，再行酌議，具詳等因前來本司。伏查陳軍涌沙坦，既據南海縣查明，委係無主官荒，亦無妨礙水道、鄰田、廬墓，以及隱佔重承情事，且各紳耆所議經理租項，甚屬公平，應如該縣所請，准予擬歸海神廟内，批佃收租，以資各費。候奉批回，飭令南海縣將各界用石竪明，聽該紳耆等自行召佃承耕，并令勒石，以垂久遠。至該沙税，現在停墾，應請免其陞科，將來奉行墾陞，再行酌議，另詳緣由。奉批如詳，飭遵辦理，仍俟將來墾陞時酌議，具詳核辦，並候督部堂衙門批示，繳圖册存等因。奉此，又奉兵部尚書總督兩廣部堂朱批，仰候撫部院衙門批示，飭遵具報，繳圖册存等因。奉此，除呈報督憲衙門，及行廣州府轉飭遵照外，合就出示，爲此示諭該圍紳耆人等遵照，立將該沙用石竪明界杙，查照議定章程，遞年自行召佃收租，除解抵絶軍王翰仁等虚租銀三十兩零三錢三分五釐外，遞年辦理春秋祀典等項公用，勒石海神廟内，以垂永久。如將來奉行墾陞，再行具呈請辦，毋違。特示。

按，示中前督憲李，爲李公侍堯。

光緒七年二月十三日，買受羅樹本莊邊鄉魚塘、桑地一十八畝五分。

莊邊鄉近基田畝管業之家，向有修基之責，此段基塘本羅、馮兩姓税業，自遭水患，村廢人徙，遂輾轉售買，始由潘秉章而張蘭堂，繼由張蘭堂而張德祖，又由張德祖而羅樹本。樹本羅格圍人，居址窎遠，休戚隔閡，應出修費，動多諉卸，仍向張德祖討取，彼以波累爲辭，圍衆亦懼貽誤基工，議在廟箱羨餘提銀二百兩，將基塘買回，以每年所得之租，爲此基歲修之費，與吉贊横基一體培護。

卷十五　藝文

志堤工主於修築，非以校論文藝。然凡興大工，其事勢之曲折，人情之背向，多散見於時賢文藝之中，故攷其文藝，有以識當日之情勢。前人言水利諸書，如宋魏峴《四明它山水利備覽》、明潘季馴《河防一覽》、謝肇淛《北河紀》，於碑記題詠，靡不悉載。翟均廉《海塘録》、謝廷讚《千金堤志》，均專立『藝文』一門，今沿其例，取書記序跋之屬，有關堤工者存之。至於騷人謠詠，憫災紀事，情見乎辭，亦古詩人作歌告哀之遺意也，悉爲纂輯，以待輶軒之采焉。志『藝文』。

重修吉贊横基碑記

傅雲山

蓋聞『善作貴於善成，有舉期於勿廢』，凡經理之道皆然。况基圍之設，所以扞水潦，利國家，而庇民人者也。莫爲之前，雖美弗彰；莫爲之後，雖盛弗傳。我桑園一圍，向無基址，遇横潦靡有寧居。宋時始於東西沿江建築圍基，越數年，復添築間堵横基，以除水患。前則有大憲何公、張公規畫於上，繼則有義士博民陳公等踵修於下，其中經理源流，建修年月，基址廣狹高低，上下界至，詳勒前碑，兹不具述。保障無虞，慶奠安者三十七年矣！今乾隆己亥夏正朔，西、北兩江水勢浩瀚，環繞通圍。越五日，三水波角崩陷，湧漲下流。初十日，吉贊横基水溢過面，堵截維艱，坍決三口，計長三十丈有奇。圍内早稻乏收，房屋傾圮，指不勝屈。十有八日，各堡圖甲集儒村鄉佛子廟，酌議堵塞，得蒔晚稻。緣以倉卒，防衛未堅，基址低薄，呈憲給示，就近委員督築，在南北田圳取土，由近及遠。復論糧均派，每兩條銀起科銅錢三百五十文，以爲基工費。是歲十有一月初四日興工，歲暮告竣，半載經營，乃得如前鞏固。念始創維艱，接修匪易，遂將原創廟宇增以深廣，前座禋祀洪聖王，後座奉祀宋丞相暨歷代先賢。廟右構小室一，置田産，募司祝，俾歲時伏臘，享祀無窮，永誌甘棠之愛。并將田産土名税畝附録於碑。

按，桑園圍在宋元之間書缺有間，其有文字可攷者，最古則黎秫坡《穀食祠記》，次則乾隆八年周尚迪《東基洪聖廟碑》，次則此碑。周碑今尚存，中言里民控杜滘横水渡一案。程儀先築復横基一役，爲舊志所依據，至是年起科，分别田畝，落在外圍者不捐外，税在圍内者，每條銀一兩捐錢二百文有奇，遂爲本圍起科成例。後人聚訟，皆援此以折群喙焉。若夫支離附會，不無失實。如中書行省，始自元時，東閣置員，肇於明世，其碑言督築，則曰委通省水利道；言賞功，則曰晋東閣大學士，均非宋制。甚或以吉贊横基之築，乃陳公博民請於張公朝棟而行之，坐宋明人於一堂，尤爲譌舛。此碑質樸有體，足資攷證，甲寅志存此佚彼，有由然也。

通修桑園圍各堤碑記

陳大文

南海鼎安都去縣治西南百二十里，西、北兩江環左右流，號稱澤國。有桑園圍各堤捍西江，中塘圍各堤捍北江，延袤幾萬丈，周迴百有餘里。兩江中獨西江稱湍悍，每夏潦暴漲，挾滇、黔、交、鬱諸水，建瓴而下，民惴惴焉，以昏墊爲患，故桑園堤工爲最要。堤之始，相傳創自北宋，然書闕有間。明洪武中，曾遣使修天下水利，越二年，鄉人九江陳博民走京師伏闕陳便，宜詔報可，爰命有司修治，即以博民董其役。自甘竹灘築堤，越天河，抵横岡，綿亘數十里，新會黎貞嘗記之。嗣是而後，潰決不一。重則董之於官，輕則役之於民。永樂乙未，成化壬寅、乙巳並決。嘉靖乙未決時，御史戴景奏請蠲賦。萬曆丙戌，總督吴文華疏請減租。至丁酉復決，已而海舟堡下堤爲怒濤激齧，文學朱泰等籲請制府護築新堤，堤成。越七年己未，而舊堤潰，即今三丫堤是其故址。崇禎辛巳，大路峽決，丹桂十餘堡悉被淹浸，邑令朱光熙捐俸請賑，並請當事助工修峽。明年，復捐修鎮涌堡南村各堤二千二百餘丈。逮至我朝，順治四年，康熙三十一年、三十三年並決，而三十三年奏免錢糧三分之一。先是雍正五年，總督孔公毓珣奏請基圍之務，責成於官，或動帑修葺，或督率培補。大中丞傳公泰以海舟堡之三丫堤最衝極險，發帑采石修築，歷癸亥、己亥及甲辰，堤之以決告者復屢矣。予奉命擢藩東粤，甫越月而桑園圍又以決告。余親歷勘視，各堤潰決計二十餘處，而李村決口長百數十丈，尤難施工。既申請督撫兩院，奏准撫恤，并酌量緩征亟籌，所以塞之者。適在籍翰林院編修温君汝适暨二邑士民旋以修復請，謂是堤自明初至今四百餘年，潰決無慮十數，皆塞此決彼，迄無成功，欲圖久安，非通修之不可。予曰：『此百年之利也，當爲諸君亟成之。』太夫人聞之喜，出百金助工，曰：『是功德之鉅者。』其以此爲善事倡，時南海令李君橒、署順德令王君志槐同廑民艱，屢赴工所，開誠激勸，感動輿情，尅期集事。乃設局修築，而以太學生李肇珠等董其役。措理規畫，則有何君𤅷洲；往來營度相視，則委之九江主簿嵇君會嘉、江浦巡檢司吕君濼。先塞李村決口，餘東西圍並次第施工，卑者築以土，激者捍以石，畚鍤如雲，登馮相應。逾年而事竣，二邑之士請余爲之記。

昔人諭河渠，謂繕完舊堤、增卑培薄爲下策，然鄭白之沃，衣食之源，渠堰節宣，所以除害而興利。管子『五事』，以『溝瀆』爲先，詳哉言之矣。矧鼎安一都，號稱沃壤，自宋迄今，世族大家田疇廬舍於是乎在，其根蟠蒂固，比族而居，大者輒逾萬人，次亦不下千百，莫不世享其利，安土重遷。一遇潰決，則數十萬户之人屏息失措，靡有甯居，是不得不與水争尺寸利。迺若陰陽災祲，端賴人事爲之補救，朱子不云乎，『知所先後，則事有序』，捍災禦患，夫豈一端而已哉！且各堤分隸諸鄉，舊章無改，兹以通修全堤，贖四百年而一舉，酌緩急之宜，通融挹注，闔圍十數堡能者任力，富者任財，黽勉同心，不分畛域，此固足以驗人情之大，順良由涵煦乎？太和優渥之化，故人敦禮義，户誦詩書，仁讓雍容，蔚爲首郡之望。余亦得與兩邑之士，樂觀厥成，其鄉鄰風俗，不可謂不厚矣！是役也，經始於甲寅年冬十月，告成於乙卯年七月，醵金五萬有奇，凡官吏之捐廉，鄉人士之捐助，暨各堡分理諸人名氏有功兹堤，堪垂不朽者，並載碑陰。

通修鼎安各堤始末記

温汝适

南海縣治西南百餘里，有都曰鼎安，其堡凡十有八。當順德未置縣時，龍江、龍山皆鼎安屬也。有大山中峙曰西樵，有大江環左右流曰西江、北江，有大堤捍江水，由來舊矣！瀕江地卑下，其始各圍潬成田圍，即堤也。其後連十數堡之圍爲一，而渠堰之利遂廣，此鼎安全圍所由始也。全圍周回百數十里，當水暴漲時，各堡捄護，首尾不相應。自築吉贊横基，各堡稱便。今自吉贊横基起，左右繞西樵，接順邑界者，其名有四：曰桑園圍，曰甘竹鷄公圍，所以捍西江也；曰沙頭中塘圍，曰龍江河澎圍，所以捍北江也。桑園圍長六千二百八十餘丈，今工程册作九千餘丈，先登、海舟、鎮涌、河清、九江、大桐、金甌、簡村、雲津、百滘十堡所築，中塘圍長一千八百八十八丈，沙頭一堡所築；接中塘圍者爲河澎圍，長四百八十五丈，龍江一堡所築；接桑園圍者爲鷄公圍，長二百六十丈，甘竹一堡所築；皆詳載各邑志。其險要，西則海舟堡之三丫基等工，爲極險；東則沙頭韋馱廟等工，爲次險，亦詳載《南海志》。其建置，故老相傳，桑園圍始宋仁宗至和、嘉祐間，何公執中所築，舊有祠，在河清，祠已圮，獨故址存。然《宋史》本傳，執中相徽宗，在大觀、政和間，與所傳異。至明初，陳公博民謂夏潦之湧，勢莫雄於倒流港，窒之必殺其流，遂自甘竹灘築堤，越天河，抵横岡，連亘數十里事詳《穀食祠記》，俱載郡志，此其創始之大略也。自甘竹灘渡江，新會界有天河、横岡，但據此文，勢天河當即南海之銀河，横岡當與百滘堡相近。倒流港，據《南海志》，明末曾於倒流港樹樁，今九江、龍山交界有水名倒流，未知即此港否？至修築章程，凡歲修及小沖決培築，皆附堤之堡分段專管，遇沖決過甚，需費浩繁，始派之圍衆。惟吉贊横基係十堡同修。然西圍不派東圍，南、順各不相派，向例然也。其散見於文字碑記可據者，若永樂十三年海舟李村圍潰，十堡修復；萬曆四十年海舟舊堤被水沖割，庠生朱泰等謂其地爲河伯所必争，呈制府另築新堤，皆十堡計畝派築；乾隆四十四年，吉贊横基決三十餘丈，亦論糧均派，刻石洪聖廟中；四十九年，李村決八十餘丈，各處亦多潰決，均照舊章修復。四百餘年，相沿成例，各堡斷斷謹守，尺寸不踰，此其最著者也。五十九年六月，西潦大至，東、西圍坍決二十餘處，而李村衝潰百數十丈，九江大洛口裏外圍俱多潰決，則皆十年前甫經堵築處。

圍內田全浸，水四旬不退。及八月水落，李村三姓相率求助，各鄉多遲疑不應。於是龍山堡集鄉約議曰：『桑園圍潰決，雖南海專責，而李村一隅，中決至再，度其力不克舉，即或勉强從事，恐工程不堅固。前事不忘，可無設策。且明初至今，閱四百餘年，亟宜通修，以期鞏固。既名通修，即可通融捐助，俟工竣乃申明舊例，以專責成，自不致推諉貽誤。』余兄熙堂與陳君龍麓咸韙其議。先是偏災甫報，大司馬長公、大中丞朱公親臨廣、肇各屬勘視，專摺驛聞，請旨分別賑恤緩徵。余九月到郡城謁謝，并請通修桑園圍，捍西江，爲一勞永逸計。中丞詢問甚悉，曰：『此守土之責也，然工費浩繁，宜與各鄉人妥議，聯呈請修，官爲董勸可也。』時兩邑人士多在省會，酌議連日，皆曰『須各鄉齊到妥議乃可』。余兄聞之，即先札知各鄉，并偕陳君自甘竹灘沿堤行數十里，至李村時，各鄉到不及半，余袖議稿付南邑諸君，曰：『大憲軫念甚殷，吾輩當勉爲桑梓計。』十月初旬，南邑諸君再訂期會議，至則何君瓛洲已妥議章程。先期一日，南邑十一堡俱因糧定額，議認捐三萬餘兩矣。蓋額以糧定，實由殷富捐貲足額，章程最妥。然各堡畏難，仍未即領簿。至沙頭、龍江、甘竹，皆觀望不到，則拘於舊例。故是月，南海縣尹李公諭開局李村，遴選公正諳練數人爲總理，各鄉公推李君昌耀等董其事，復勸諭丁寧，尅期先交一半，以應要工。又議凡各圍有應修工程，報局彙估，仍派鄰堡協修，以昭公允。會是歲歉收，以工代賑，日役數千人，趨事恐後。時則方伯陳公諄諭各屬，剴切周詳，令小康者按畝派費，富厚者從厚捐貲。尤留意於桑園圍，則以西江全勢所趨，勘災時親臨閱視，洞悉情形，念億萬家糧命攸關，補救不容少緩，疊委賢員以時董率。自郡太守暨兩縣大尹莫不簡僕，從詢民瘼，惠心所孚，百廢具舉，遂先築復李村并各決口。餘險要單薄，視緩急爲先後，以次繕完。今年春，緩徵錢糧奉特旨加恩豁免，里民歡呼載道，共戴皇仁。東作方興，千耦齊出，而各堡陸續興築，登憑相應，欣欣然有安居粒食之幸矣。既南邑認捐三萬餘，順邑議捐一萬，至閏二月初旬，僅繳十之八。而水潦將至，費將不敷，於是方伯檄縣，十日一親催，邑侯王公約三堡皆會總局，至則合兩邑人士，定議加捐，遂定順邑一萬五千，南邑三萬五千，合成五萬之數，即詳准上憲催繳，然後鉅工始克全竣。蓋此圍曾於雍正五年奏准，官爲督修，是以上下相孚，因勢利導，動則有成，勞而不怨，不如是，則渙而易散，其不同築室，道謀者鮮矣！而總理諸君，措置得宜，心力況瘁，甫於首夏蕆事。而西潦洊至，屹然若金堤之固，恃以無恐，闔圍十數堡莫不欣躍過望，非甚盛事耶？余幸陪末議，慮日久無以徵信，言媿無文，語期摭實，亦使後之君子知圖始綦難，成功不易，而相與保守於無窮，桑梓數百年之利，將在是矣！至善後事宜，定於一時，而持之經久，未雨綢繆，事半功倍，防蟻漏以固苞桑，尤吾人所宜三致意者已。

通修全圍記

李昌耀

事苟可垂久遠，而缺略弗傳，則後之人欲採遺交，以尋軼跡，往往失所考據，而致歎無徵。即傳矣，或所聞異辭，則疑以傳疑，因而滋惑，又不若身親其境者之切實而可信。我圍以桑園稱，素號殷庶，父老相傳，始於宋代。周帀百有餘里，内載貢賦五千一十有奇。圍左右環西、北兩江。西江發源牂牁，合繡灘抵端州，繞圍之西，而注於崖門大海。北江發源湞水，合武、湟至三水，會流過圍，之東而出於虎門。歲遇夏潦，兩江齊漲，汪洋澎湃，震目駭心，沿堤晝夜防護，莫敢少息。然長堤延袤一萬二千餘丈，偶值水勢洶湧，人力難施，即有漫溢潰決之虞。故圍之潰者非一，俱旋潰旋修，止及一方一隅，塞此決彼，卒鮮善策。乾隆甲寅季夏，潦汛逾常，秋七月，李村堤決一百四十餘丈，圳口、大洛口、仁和里等處先後坍決二十餘處，陸沈數十里，居人靡有寧宇。既水退，圍衆議修，紛紜不一。何君瓛洲謂欲圖鞏固，必須通力合作，方可一勞永逸。議以按糧起科之外，量力簽題，遂條列章程，允洽輿論。適太史温公篔坡，中書温公熙堂、陳君蘁麓至自龍山，會同我邑孝廉潘公吉士暨諸紳士集議，已定設局於李村基所，遴推總理，以肇珠等應其選。自揣弇陋，辭不獲命，用是黽勉圖維，夙夜罔懈，復酌量各堡分之大小，每堡舉公正者三、四人，分任催收及修築事。宜隨蒙列憲捐俸，以爲之倡，各堡因而踴躍。藩憲陳大人復選派老成吏書梁君殿昌同鄉察看，備悉情形轉達，隨時訓示，而廣糧分府劉公暨我邑侯李公、順德縣王公數往來相視，我邑侯又專派家丁在局督催，復委九江分縣嵇公、江浦司吕公協同經理，不辭況瘁，爰得購料鳩工，畚揭紛作。先其要害，將李村決口築復，次及全堤，靡不高其卑厚，其薄險者防之，圮者補之，經始甲寅仲冬，閱乙卯孟夏告竣，計工費五萬餘金。衆謂救災備患，固以人事爲先，而名山大川，必藉神靈鎮奠。南瀆尊神，聲靈赫濯，吾粤受蔭，尤爲顯著，亟宜崇祀，以肅明禋。乃另設簿勸捐，擇地於李村新堤之傍，創建廟宇，以迓神庥。廟成諏吉，呈請藩憲，率同郡伯，分府南、順、三水各邑侯詣廟拈香，隨沿堤履勘，謂三丫基等處最爲頂衝，應需培石，方可無患。允以再爲倡捐，復簽得銀九千餘兩，於乙卯冬月，將應砌石之處分别加築完固。追維始事，端緒棼如，工繁費鉅，期不轉瞬，深懼無以副鄉先生委任重心。今日告成，固由列憲慈惠之心，有感斯應，而何君瓛洲始終維持，規畫盡善，梁君殿昌左右贊襄，余等隨事獲益，得以藉告無過者，不可謂非幸也。既畢役，若不詳爲紀載，誠恐代遠年湮，故老云遥，後有作者欲訪故實，無由悉其梗概，因序厥端。末開列工程段落，附以圖説，以俟大雅君子而就正焉。

修築全圍記

何元善

嘗考河渠治法，千古紛紜，因時變通，固未可盡拘成法。然必須熟究於平時，方可取辦於臨事。至欲萃衆力，興鉅工，則非有以順乎人情不可。元善世居南海鼎安都之鎮涌堡石龍鄉，實隸桑園圍。圍有基，即堤也，與河渠之堰無異。圍内烟户數十萬家，田地千五百餘頃。圍兩旁環繞大河，在左者爲北江，在右者爲西江，波濤浩瀚。每當夏令，潦水驟漲，洶湧震蕩，全賴圍基保障。得之故老傳聞，圍始自宋仁宗朝，欽差何公執中所築。河清堤上舊有何相公祠，已圮，故址尚存。逮明初修水利，九江鄉人陳公博民伏闕陳請，自甘竹灘起築堤，越天河，抵横岡，綿亘數十里，事詳郡志。厥後屢潰屢修，俱僅隨時堵塞，補苴罅漏。歲久，基漸卑薄，乾隆八年癸亥，李村海舟基決，予方髫齡，目擊昏墊，念非大修，徒滋糜費，而有志未逮。及長，旅食京師，道經黄河，悉其修築之法，固非尋常工程可擬。而於險要情形，或分流以避水勢，或加土以固堤防，因地制宜，理無二致。歸而以暇，周歷全圍，默誌險易，籌議章程。間與鄉人言之，時方平安無事，未有以應也。嗣就外郡縣聘及，移榻廣州，汲汲未暇，而此心無日或忘。會甲寅歲夏六月，西潦大漲，益以北江水勢異常。七月五日，本圍兩岸沖缺坍陷者，無慮數十處，而李村基决口一百四十餘丈，圍内田廬淹没，梓里之人巢棲露宿，靡有寧居。圍形如箕，順德之龍江、龍山、甘竹三堡住當箕口，勢處下游，被水爲尤甚。仰荷列憲臨勘撫恤，奏蒙恩旨，加賑緩徵，并奉憲檄頻催修築，而村落散處，言人人殊，迄無定論。予謂欲圖一勞永逸，必通力合作，乃有成功，若稍遷延，轉瞬交春，雨水一至，即難集事。顛連在目，不啻剥膚。遂分遣子姪，邀南、順兩邑紳士至會垣，商議通修，而各鄉以道遠，或有未至。十月初旬，予偕諸君歸里，至麥村之文瀾書院，聯集各鄉紳士，定議按糧起科之外，量力捐題。發簿認簽，俾無推諉，并酌擬修築規條，章程甫定。次日，太史温公篔坡、中翰温公熙堂暨陳君龍麓由龍山踵至，亦以通修爲良策，詢謀僉同，會計工料，需費約五萬餘金。南邑堡分較多，認捐十分之七；順邑堡分略少，認捐十分之三。是月，南邑侯李公諭令開局李村，遴選數人總理，收支一切。衆推李君昌耀等董其事，仍每堡各派三、四人在局贊襄，以昭平允。隨蒙列憲分俸倡捐，各堡相率樂助，藩憲軫念倍切，復選派老成吏書梁殿翁往來察看，曲達民隱。廣糧分府，南、順兩邑侯暨九江分縣、江浦巡政廳嵇、吕二尹時至工所，多方董勸，不辭勞瘁。由是輿情踴躍，莫不趨事争先。是歲歉收，以工代賑，野無飢色。先將李村决口築復，其餘通圍無論坍卸，次第舉修，凡有單薄、浮鬆、低陷，一律培厚、築固、增高。間有未盡事宜，諸賢就予詢焉，悉心商榷，期於至當，并親歷相度，務求料實工堅。七閱月，而全工告竣，適夏潦洊至，全堤鞏峙，咸樂安居，早稻幸獲豐收。快覩成效，閭衆忭慰。因念鉅工克蕆，固沐列憲恩膏；而河流順軌，實賴神靈默貺，允宜肅祀，仰答鴻庥。合議另行設簿簽銀，於李村基所創建廟宇，崇祀南瀆尊神，以資鎮奠。落成之日，藩憲率同郡伯，暨分府南、順、三水各邑侯，賁廟燒香，以予及任事諸公與有微勞，賜匾褒嘉，復沿堤履勘，俱各完固，惟頂衝之三丫基等處應需培築，諭令籌辦，許再捐俸佽助。仰惟憲恩有加無已，衆心倍形鼓舞，約計石工需銀九千餘兩，南邑各堡按照原額加二添捐銀六千三百餘兩，兩龍、甘竹續襄銀一千四百餘兩，埠商義士簽助銀一千三百兩有奇，購備石塊，於乙卯冬月分別段落，堆砌完成。而所以善其後者，亦復條議呈明，勒石今日者。群歌樂土，共慶安瀾，亦足見人情之不甚相遠，而鄉鄰事尚可爲矣。惟是常人之情，每多切於危亡，而忽於安樂，所望留心世務，明理通達之士，事未至而先爲之防，事既至而急爲之計，同患相恤，和衷共濟，慎勿稍分畛域，坐視稽遲，致滋貽誤。成式具在，非云信以傳信，令人膠柱鼓瑟，實欲後起者斟酌損益於其間，以歸盡善，而垂久遠。是則區區之意，與長堤眷念於無窮耳。

後修堤記

温汝适

桑園圍延袤九千餘丈，半當西江之衝。西江溯源牂牁，挾數省之水建瓴下，勢甚湍悍，圍内田廬，恃此爲保障。曩乾隆己亥歲，西潦潰堤，余家居目擊，奔避倉皇。故老言，數十年來未嘗有也。歲甲辰，李村沖決，余官京師，聞水勢過於己亥。迨甲寅歲，李村復決百餘丈，水四旬不退。時巡撫爲大興朱文正公，余謁見，請不分畛域，勸各鄉大修全堤，公韙之。簡亭陳公時爲方伯，鋭意觀成，勸捐集事，語詳前記。自是閲二十年無水患。歲癸酉，決稔、横兩鄉基，咸謂其地水心生沙，昔平今險。丁丑歲，決海舟之三丫基，則本屬險工，歲修樁石不如法。又聞其處因修補堤岸，伐大樹數百，易銀以給工費，歲久樹根蝨朽，竟至坍決。因小失大，尤堪駭異。余避水經旬，束手無策，賴制府蔣公與方伯趙公、觀察盧公念切民生，亟諭海舟鄉人趕築月堤，防淫潦再至。又諭各鄉照甲寅歲五成捐簽，俟水落即築復大堤。兩邑邑侯先後踵臨，所以爲捍禦計者甚至。然余頗聞，近年西潦歲至，洶湧異常，則歲修最要。向例雖責成各堡分段認修，而實無一定之項，臨時措辦艱難，往往有名無實。倘可借帑生息，庶幾歲修可恃，民慶更生乎。即商之制府蔣公，公謂陳中丞甫至，當與熟籌。會兩邑紳士亦以是爲請，越數日，公復書謂已與中丞酌定，借帑八萬，交商生息，以備歲修，仍俟各鄉踴躍捐簽，尅期通修，再爲入奏。余即薦廣文何君毓齡任其事，開局興修。未幾，蔣公移節西蜀，余致書謂：『曩甲寅歲修堤工竣，復續籌萬金落石，然夏潦湍急，石隨水轉，仍不免沖决。昔年在史館，見乾隆初年前總督鄂公奏疏，稱廣、肇各屬，基圍皆土築，難免衝坍，欲除大患，惟以建築石堤爲要，請每歲留鹽羨銀二萬五千兩，擇險要處陸續興建石堤。乃知前人已經籌及，而八十年來，坍漲靡常，風浪衝齧，堤岸之待貼石者不少。昔《水經注》稱「鬱水又南注於海」，馬文淵爲石塘達於海，而粵無水患，至今名在炎荒，與銅柱並垂不朽。今桑園圍當滇、黔、桂、鬱諸水之衝，全賴歲修爲固，此十年内，可堅築土堤，增高培厚，并於堤脚落石，而未暇即建石堤，十年後，土堤既固，歲有贏餘，似可擇險要處所，陸續漸建石堤，以期經久，則水患永除，文淵不得專美于前矣！』公曰：『吾瀕行，必再與中丞言之。』是歲十一月，制府阮公臨粤，念闗民瘼，不廢詢芻，余亦縷述全堤利弊甚悉，公一一見之施行，即與陳中丞疏請借帑惠民，爲久遠利，得旨允行。

聖天子明見萬里，渥沛殊恩，極之海隅，蒼生莫不霑被，何其盛也！而大憲嘉謨入告，溥利無窮，保赤誠，求拯斯民，而登之衽席，維桑與梓何幸而蒙此惠澤也。語曰，『長袖善舞，多錢善賈』，信哉是言！設綿力薄財，則捉襟肘見，納履踵决，曷克勝任愉快。今兹之請，誠斯圍之急務矣。雖然力小任重，固不可也，有力不任，將誰咎乎？繼自今我鄉鄰各敦古處，相與有成，未雨綢繆，務臻鞏固，則豈惟歲計有餘，修防足恃，石堤之建，亦不難矣。安見水國沮洳，不可興歌樂土也耶？是役也，董其事者廣文何君而外，則有孝廉羅君思瑾、潘君澄江、岑君誠、梁君建翎，咸訪求舊章，悉心經畫，而始終其事，不辭勞瘁，則何、潘二君之力爲多。先築三丫基，次吉贊横基，次將各堡應修處勘估，交本堡自辦。經始於十月，告成於二月。方伯趙公親臨閲視，指示周詳，仍再落石培護。至六月初旬，工乃竣。五月二十日，西潦盛漲，風雨交至，新堤一百八十丈穩固無虞，惟麥村旁舊堤間有坍卸，即搶築堅實，各堡莫不額手相慶，謂經此巨浸，安然無恙，成效已著，在酌定善後事宜，歲修罔懈，可永慶安瀾。余亦念前事不忘，後將于此考信，因記之以告來者。

築復三丫基並通修全堤碑記

羅思瑾

事以難而自阻，非吾儒之所以爲心，故誼之所屬，雖盤錯當前，可驚可愕，亦且壹意圖之，而務期有濟。丁丑五月，西潦漲發，九江、河清兩鄉，始則外基不保，繼且内圍坍卸，仁和里、永安門、牛牯路各險，方搶救幸免，而海舟之三丫基竟以决告矣。一晝夜間，圍腹盈溢，沙頭、龍江諸堤，及吉贊横基皆反潰向外，而圍中泛濫，曾不稍消。人口田廬，多遭傷壞。淹浸二十餘日，不克胥匡。蒙大憲軫念民生，據情入告，賑緩兼施，並請旨賞借本管基段十二户帑項五千兩，暫築月基，以護晚禾。嗣復爲長久計，再請借帑八萬兩，發南、順兩邑當商生息。歲給四千六百兩，爲通圍修築之用。俱蒙俞允，立予施行。

聖天子德洋恩普萬里外，灑沈澹災，如恐不及，懷生之類，已莫不歌頌皇仁，同欣得所。惟月基之築，浮鬆卑薄，僅救一時，非築復大堤，無以爲異日歲修之地。十二户方籌還前借帑項，於鉅工斷難獨支，即各堡坍卸基段，責令自修，終恐苟且塞責。列憲深以爲念，遴委吉明府偕南、順閆、王兩邑侯會勘設處，檄飭通圍并力從事，照甲寅大修之例，五成勸捐，共得銀二萬七千餘兩，命瑾等五人董其役。事關桑梓，不容諉謝，即於是年十月興工，至今年六月始克蒇事。溯桑園之決，自宋元以迄國朝，不勝屈指。而築復之難，無有如今日者。蓋牂牁江自端州出峽，建瓴南下，越百餘里，爲石旗諸山所阻，激而東駛，三丫基正受其東折之衝。有明萬曆四十年，文學朱泰謂其地爲河伯所爭，籲請護築新堤，堤成而舊堤潰，新堤即今所潰者也。

國朝雍正、乾隆間，中丞傅公、方伯陳公皆命採石修築，胥以湍怒難制爲憂。蓋地當最衝極險，以故堤身一決，溢流澒濘，奔溜磢錯，視他處所潰，衝突更甚。且決口内陑於高坵，南北歧射，瀦而成湖，深者三丈，淺亦二丈有奇，比之曩時李村決口，較難爲力矣。受命以後，與闔圍紳士相視機宜，悉謂舊堤必不可復，因依傍月基，跨南北湖規而内繞，以避決口之深。舊堤所決六十二丈者，新築計百八十二丈。其間填塞南湖，施工最鉅。堤成，高皆二丈，面闊丈有二尺，其底則當南湖處十二丈，他亦不下八、九丈。既先其所難，遂以次及其所易，吉贊横基則築復原址，各堡決口及曾經搶救諸堤，請官勘估，交各堡紳耆修復。魚塘之害於堤者塞之，卑薄處概加高厚，以二月初旬，闔圍土工先就。方伯趙公親至工所，歷覽欣慰，命多購巒石，累積新堤暨大洛口、禾义基以捍衝激。五月中旬，石工僅成八、九，而西潦洊至，新堤不没者二尺，加以暴風淫雨，震撼非常。本邑邑侯亟相臨視，制府宫保阮公亦委官查勘，而新堤屹如山立，得恃無恐，不可謂非幸也！昔胡瑗教弟子經義之外，言治事必兼治水，爾時劉彝善於水利，後多以治水見長。自愧佔畢儒生，不能如古人明體達用，素裕經猷，又復事處其難，功之克成，豈能自必！故當其始也，湖深決鉅，洋洋浩浩，慮殫爲河。即楗石將竣之日，夏潦暴發，圍衆慄慄，鮮不慮如汲長孺、鄭當時之塞瓠子，成而復壞者，而卒鞏若宣防，人歌萬福。先儒有言，『處事者不以聰明爲先，而以盡心爲急』，其亦勤能補拙之義乎？而列憲之指示周詳，搢紳之維持恐後，則所資者良不少矣！雖然，不可狃者，目前之安也，憶昔甲寅通修，費金五萬有奇，工竣後又復籌貲購石，捍衛周全，方以爲一勞永逸，乃二十年後，横、稔兩鄉基既潰於前，今此三丫、吉贊基復潰於後，而各堡之坍卸搶修，僅乃得免者，又不一處，此豈前功易隳哉！涓涓不壅，將成江河，歲修一弛，狂瀾孰禦！繼起者所貴，有蝗漏之防也。夫以萬難之事，付之書生之手，悉心以圖，尚可按期奏效，況後之君子，才力且十倍吾曹，籍帑息之常贏，思患預防，圖難於其易，奠定之休，豈有既極？吾知萬寶告成，千村安宅，俗美風淳，可無負聖主栽培之德，暨列憲保恤之恩矣！若夫博稽故事，審度時宜，踏實易行，恃源不竭。與兩臺往復商榷，延利澤於無窮，則在籍少司馬温質坡先生實任之，已詳先生《後堤記》，茲不具述。

按，舊志所載碑記、序跋，彼此稱述，頗多繁複，因此可以識彼，酌存數篇，餘從佚焉。

新建南海縣桑園圍石堤碑記

阮元

南海縣之西南，有西樵山焉。勢高而基厚，連綴甘竹、飛鵝各小埠，盤礴數十里，西、北兩江之水所共抱，而洩海者也。此山古必居海潮中，數千年兩江泥沙附山而渟，漸渟漸廣，山之距水亦漸遠，於是始有田。田患大水之浸，於是北宋以後，始圍以堤，始有桑園之名。田之未圍堤也，大水浸之，則泥沙加積焉。一年積二、三分厚之泥沙，百年即二、三尺厚之田地。自有堤而田無水患，地亦不復加高。然而順德、香山、新會下游之海變而爲田者，愈久愈多。下游之田既多，則上游兩江之水難速洩。以難速洩之水，抱不復加高之田，水高田低，且以不堅之堤捍之，烏能不險而潰哉！

國朝以來，屢經修築，以衛民生。溯宋元明事，載前碑誌，不具述。余于嘉慶二十二年冬初涖粵，是年夏水決三丫基，民命田稼，所傷實多。察知歲修資少，乃籌庫貲，發商生息，歲得銀四千陸百兩以濟之，然終不能無大患。南海人伍元芝、伍元蘭兄弟，並官刑部郎，捐銀六萬兩，新會人盧文錦，前官工部郎，捐銀四萬兩，請于險處皆建石堤以障之。其險者如三丫基、禾义基、天后廟、大洛口、吉贊橫基諸堤，上用條石疊之堤坡，堤根用塊石護之，共疊石一千六百餘丈，護石二千三百餘丈。始斯役者，南海令仲振履，終斯役者，南海令吉安。躬斯役而勞心力者，佐貳顧金臺、李德潤，舉人潘澄江、何毓齡等。二十五年工成，用銀七萬五千兩，餘銀還之三部郎。三部郎不願復受，請以濟三水縣堤，及公事之用。夫桑園圍内數十里，如一小邑，堤若潰，則順德龍山諸地兼受其衝，伍與盧無田廬在其中，乃捐銀至十萬之多，志在保障，可謂好義而樂善者矣。是役也，工鉅用多，不可不奏而行。二十四年，元會撫部院奏，奉旨允行，道光元年以工竣奏，且請照禮部建坊例，獎伍、盧以坊，題欽定『樂善好施』四字，奉旨又允行。余閱水師，出虎門，歸過順德，歷斯圍各險處，勘其工，謁海神廟，心慰焉。且誠圍中各堡紳士耆老等，自茲後，歲逢大水，土堤之薄者厚之，低者崇之，漏者塞之，石堤之壞者，增之修之，塊石之卸者，增之壘之。官士請樹碑以記其事，書此付之。庶幾此一方永臻安定焉！

捐修桑園圍全圍碑記

何毓齡

我桑園圍，周遭百餘里，受東〔一〕、北兩江之衝，時憂潰決。前蒙大憲奏請皇上，發帑生息，爲歲修之資，里巷歡騰，平成可賴。歲己卯，息項新頒，遴選總理，闔圍紳士以毓齡、澄江薦舉，辭不獲命，遂執藁函爲工人先。土工既就，前邑侯仲公察勘情形，謂『帑息歲修，固堪久遠，然水勢湍悍異常，非先固堤身，異日歲修，必多費力』，鋭意爲築石堤之舉。勸古岡盧公文錦，本邑伍公元芝、元蘭昆仲，合銀十萬兩助工，詳于大憲據情入奏，得旨恩准，圍衆喜出非望。大憲乃委南雄刺史余公保純，相其險夷緩急之宜，裁定章程，飭毓齡、澄江，仍肩其任，而各堡別舉十五人以贊之。委員顧公金臺、李公德潤常駐總局，以司稽糾。工鉅費繁，深虞辱命。經始于是年九月，閱今年四月，大工告竣。蓋時邑侯吉公接任數月，幾經訓示，始幸無過焉。且夫我桑園圍之有石堤也，自乾隆元年，鄂大司馬始當其時，廣、肇兩郡圍基，俱勞經畫，不能以全力爲我圍計，椗石之處，百止一二。數十年來，怒濤衝齧，遺跡無存。曩亦間一修補，大都巒石硉矹，散置堤根，未及數年，隨流滚溜，不可久長。今列憲以十萬之資，備一圍之用，開山採石，飛挽連綿，自斯堤修築以來，未有庀材若斯之富者也。是故甃石爲牆者，一千六百四十丈六尺；壘石爲坡者，二千三百二十丈；激石爲壩者四所，並加堆舊壩一十二所，即土堤之無需石護者，亦概爲之培厚增高，固益求固，靡有遺憾。昔召信臣守南陽，壘石爲鉗盧陂，厥後杜詩復修其業，民有『召父杜母』之歌。夫因前人之所有而修之，猶有頌聲洋溢，況增前人之所不足者哉！而邑侯吉公轉以毓等兩人勤劬爲念，詳請大憲與盧、伍諸公概予獎勵，夫盧、伍諸公初非自護田廬，以列憲心廑民瘼，相率佽助，斯誠好義可風。毓等勤其手足，即以衛其身家，何功之足云。迄今堤身已固，帑息暫停頒發，然安不忘危，存不忘亡，以迅猛洪流，與石爲鬭，豈能過恃，當聯懇大憲，再請皇仁，按年給領，擇要而修，是又無窮之樂利，我圍衆所寢食不忘者也。

大修桑園圍記

史樸

邑之有圍，所以衛田廬，捍水患，由來舊矣。南海爲廣州郡首邑，都圖濱海者十之六，恃基圍爲長堤之限。每遇西、北兩江匯漲，安危繫焉。曩日官斯土者，亦復講求詳盡，而不能無潰決之虞。道光甲辰夏四月，予受事之初，值水患決圍者數十，而桑園圍尤甚。予因撫恤，遍歷其所，如林村吉水竇等處潰決者百四十餘丈，吉贊、龍坑

〔一〕東　應爲『西』之誤。

等處汕刷脱卸者百八十餘丈，其因基身薄弱滲漏者未可勝計。桑園固大圍也，地兼南、順兩邑，綿長百有餘里，内糧田二千餘頃，一有沖決，則全圍受患。此而不亟圖，將數十萬家之民生安託？爰邀闔圍紳士同詣海神廟集議，僉稱是圍非全修不可，估其值三萬兩有奇。第鴻嗷未紓，鳩工無計，予爲請於大府，撥給官紳捐項八千兩正，又奏請撥給本圍生息歲修銀一萬兩，圍中十四堡按畝簽銀一萬四千兩，統計得銀三萬二千兩之數，由通圍公舉何君子彬、馮君日初、明君倫、潘君漸逵四孝廉董其事。自甲辰年十一月二十四日開工，至次年乙巳四月初二日告成。予親往履勘，見其一律工竣，與諸紳相慶，諸紳亦歸美於予，予曰：『是役也，仰荷聖恩憲德，及富紳好善樂施之舉，與在工者勤賢襄事之力。予數月以來，督飭經畫其間，第守土者責耳，烏足譽。』雖然，竊有言焉，夫制作樂觀厥成，而苞桑尤期永固，今全圍固屹若金城矣。而或不能隨時修葺，恐歷久難保無虞，甚非所以慎遠圖也。書曰『有基勿壞』，記曰『民生在勤』，吾願諸君子共籌經久之計，弗懈初心，防護在秋夏，培築在冬春，闕者補，削者益，未雨綢繆，俾十四堡保障常新，狂瀾無恙，將室家安堵，物産豐滋，我百姓永享平成之福焉。此予之所厚望也夫！

桑園圍總志序

明之綱

桑園圍堤，建始北宋，逮明洪武季年，陳東山叟修築全堤，亦未纂輯圍志紀事。厥後分修基段，遇坍決按基址築復，記載闕如也。昔人論河渠，謂繕完舊堤，增卑培薄爲下策，若桑園圍則不然，東、西基遵海捍築，偶決依舊加修，不與水争地。圍東南隅倒流港、龍江滘兩水口不設閘堵水，聽其自爲宣洩，受水利不受水害，亦地勢使然，至今稱便。乾隆甲寅圍決，温質坡少司馬倡議籌款，闔圍通修，不分畛域，工程最鉅，圍志爰是創始。厥後丁丑志繼之，己卯志、庚辰志又繼之。嘉慶丁丑冬，温少司馬復在籍，請督撫奏請借帑生息，爲本圍歲修專款，己卯之役，實爲領歲修之嚆矢。歷届歲修，皆有志紀實，奏撥之摺、請領之呈、報銷之册，莫不詳載以備徵考，而圍志遂爲歲修必不可缺。是歲，經盧、伍二紳捐銀十萬兩改建石堤，歲修銀撥歸籌備堤岸款項，從此歲修暫歇，已詳庚辰志内。至道光癸巳，鄧鑒堂觀察、潘思園封翁援例案請督撫憲奏撥本款，而歲修復舊。癸巳一志，裒前志而集大成，分類纂輯，體例最善。即己丑伍紳捐貲修築摺册，亦備載癸巳志中。嗣是而甲辰志、己酉志俱倣此。迨咸豐癸丑，歲修甫竣，未及紀事，遽遭兵燹，志板遂燬。迄同治丁卯，歷十五年，東、西基多坍卸，遇潦漲潰決可懼，唯亂後帑本息別經提用，同治三年十二月，督撫憲撥還本款銀二萬二千七百餘兩，照舊發商生息。同治四年閏五月，潘蓮舫侍御奏請將本款全數撥還，年來督撫憲均擬籌撥清款，旋於丁卯、己巳頻年請領歲修，前後皆俯准發給應急，紀以志，併查癸丑檔册補之。諸君子恐舊板無存，圍志湮没，謀再付剞劂，以甲寅志板最豁目，各志之大小參差者，悉照甲寅志式翻刻，重者删之，缺者增之，合而爲總志。適盧明經燮石勷理邑志局務，且圍例曉暢，爰請其手校編定，卷首特標列總目，庶易於查覽焉。

桑園圍甲辰歲修志序

史樸

事無鉅細，惟功則傳，非欲炫其功也。蓋一事也，而天時之變異在其中，人事之經畫在其中，工力之艱難瑣屑亦在其中。迨乎厥功告成，身其事者幸風雨無虞，而綢繆匪易，遂欲條舉端緒，以質來世。南海桑園圍，亘百餘里，待衛田盧者數十萬家。甲辰夏，雨漲堤決，田與水俱。予爲之請款籌貲，率都人士鳩工畚築，填蛟窟，峻虹基，培蟻漏，久乃保障一新，而田疇復舊。予既記之，刓諸石矣。今春，何君子彬手志一卷，請序於予，自始事以迄竣工，綱舉目張，如指諸掌，俾繼此者有所遵循，而不廢厥志，尚已！嘗謂唐休璟能知河防，酈道元作《水經注》乃心民瘼，卓哉古人！諸君子力挽波靡，砥柱中流，他日建防秋之策，普利群生，其時尚有待其事，顧異人任耶？而予竊有幸焉。自黑蜧肆虐以來，予徧歷鄉陬，親瞻疾苦，波濤瀰湃，時縈寤寐。兹乃承乏廣熙，行且往矣。緬乎堤柳毿毿，良苗一碧，未嘗不撫摩憑眺，流連不忍去。獲此一卷，藏諸篋笥，暇復展閱，而某水某山，神與俱往，更不啻與諸君子口講手畫時也。此又欲搦管而躍然心喜者也。爰綴數語於簡端云。

桑園圍甲辰歲修志序

張繼鄒

嘗讀相國阮公元桑園基圍一碑，未嘗不歎其措置之允當也。始則倡捐集事，繼則籌款歲修，嗣因伍氏盧氏捐建石堤，議者遂以爲一勞永逸，而歲修之款，改爲報部備撥矣，繼又改充捕盜經費矣。記曰：『有其舉之，莫敢廢也！』胡乃弁髦前事，而安竟忘危耶！予於丙午冬蒞任南武，前任史侯重以培護桑園基圍相屬，繼則接見彼中紳士，詢悉端委，得觀所輯《甲辰大修志》三卷，益歎其經理之艱，而有備無患也。予謂率衆鳩工，不難於勤以集事，而尤貴公以服人。桑園一圍，界聯南、順，計畝起科，宕延攻訐，何紛紛也！是當扼其要領，袪其蔽痼，公爾忘私，其爲今之第一吃緊者乎？首事何君等以序言相諈諉，守土之吏，責無他讓。以今日言之，堤堅且固矣，而患起忽微，計須經久，予當與諸君子交勉而力持之，以期洪流順軌，永奠苞桑，無愧經始之前賢，而可作後來之準則也。是爲序。

己酉歲修紀事

案，桑園圍自嘉慶戊寅，蒙端揆宫保前督憲阮文達公、偕前撫憲陳公若霖，以鄉先生少司馬温質坡公之請，奏准借帑八萬發商生息，遞年以五千兩還帑本，以四千六百兩發桑園圍歲修之用。次年己卯，即發給息銀四千六百兩通修圍堤，以訓導何毓齡、舉人潘澄江二先生董其役，此我桑園圍歲修之嚆矢也。嗣因盧、伍二紳捐建石堤，由是歲修不舉。比歲修息，積貯司庫，待潦漲圍潰，搶築無措，始籲請憲恩，補偏救敝。如道光癸巳、甲辰，一築海舟堡三丫決基，借帑四萬餘兩，蒙前督憲盧公以歲修息撥抵三萬九千餘兩；一築雲津堡林村決基，蒙前督憲耆公給歲修息一萬兩，俾蕆厥事，是皆臨時籌款奏案。昔賀坡先生創議歲修，其作《後修堤記》有曰：『未雨綢繆，務臻鞏固。與其救之於事後，孰若防之於未然』，慮至深遠也。戊申仲秋，海風大作，鎮涌堡之禾义基、泥龍角石堤有剥卸掀動者，海舟堡天后廟石坡多有隨流汩没者。圍内紳民以該基當太平沙梗流之沖，若不思患預防，江潦湍悍，勢必日晙月削，潰敗不能復救。自此以外，土石之損者、卑者、薄者，所在皆然，於是集議通圍，僉謂宜體未雨綢繆至意，因以其事聞諸當道，蒙督憲爵部堂徐公、撫憲爵部院葉公奏准，動撥本款修息，己酉奉給銀一萬兩，闔圍公舉前開建縣儒學何子彬、候選教諭潘以翎董其事，度其險易繁簡，環東西堤而通修之。其所爲弭患於未萌，且並能復己卯歲修之舊，奠之磐石，固於苞桑，計至善也。考己卯志卷首有歲修紀事一編，兹以事原相類，故亦序其緣起，列諸簡端，特加己酉字以别之，使閱者知其所自。

癸丑歲修紀事

盧維球

桑園圍每歲修，必有志。惟咸豐三年癸丑九江榆岸五鄉岡頭涌等基決，是冬領歲修本款息銀一萬兩，加二起科通修患基，甲寅春工甫竣，會紅匪不靖，繼以海氛，志務久未遑及。今歲，因輯丁卯志，諸君子以前志板悉燬兵燹，議哀全志稍加删補，重授梓人，將并癸丑領帑事補志之。而是役首事潘君湘南、崔君霽南均先後謝世，工役度支，無有記其詳者。爰從檔房備查案由大略，續輯至岡頭涌鍾姓圖揑代墊工費，控追歸款，並誌之以杜諉卸。而楊滘鄉築壩一事，關礙全圍，亦附誌之，以厪鄰戒焉。若夫修築購料，一切章程，則癸巳志已薈萃，前志詳言之，兹不復贅。

丁卯己巳歲修紀事

盧維球

桑園圍自咸豐癸丑領帑歲修，後中更多故，歲修帑本息銀别經提用，全堤破壞不修者，歷十數寒暑。同治甲子，奉制府毛公、撫院郭公撥還本銀二萬二千七百餘兩照舊發當生息。乙丑，潘蓮舫侍御復奏奉諭旨，著將提用本款帑本息銀查明已還未還，設法歸款。丁卯秋，陳京圃邑侯甫攝篆，詢邑中大利病，李君子莊首以本圍久廢修對，因請潘君湘南手撰節略上邑侯，懇先達上游。繼以紳士呈請，皆報可。分兩年籌撥息銀二萬兩，加二起科，是年冬興修各堡患基，一律培築，惟人村裏内塘外涌，礙難加高培闊，如沙頭北村者，迫於外坦增築護基六百餘丈，以助捍衛，而舊基仍不廢，推潘君鶴洲、岑君翥卿、陳君雲史、關君心葵任其勞，而潘君湘南實總厥成。逾年，工甫竣，湘南、子莊兩君遽歸道山，派支總數，未得其詳，故闕載焉。己巳春，陳邑侯、彭委員勘工，周歷各處，深以海舟、鎮涌首險爲憂，飭具摺繪圖，以兩處外海内湖基身壁立，應再壘石填泥，面覆大府，是冬，遂得續請發給帑息一萬兩，專注兩堡首險，董事者潘君鶴洲、何君立卿、梁君鄰林、潘君海三，而倡始提其領者明君立峰也。未雨綢繆，有備無患，由是而間歲踵行之，豈非斯園無疆之福哉！

己酉歲修志跋

何子彬

予築復林村決口之五年，與潘君鶴洲董修禾义基。禾义基者，予南村管也。其基未嘗決，修之何也？禾义之北，爲海舟堡三丫基，兩基毗連，江中太平沙自先登邏迤至斯沙，盡水復合，基當其衝。西潦盛時，建瓴東下，撼地滔天，古稱龍門峽、瞿唐峽，其剽悍恣怒之勢，當不過是。向者道光癸巳，三丫基嘗決矣，決口之大且深，實爲桑園從前所未有。園内淪胥之慘，亦視從前彌甚。環予鄉南北古墓，纍纍漂没廢徙者數百穴，膏腴上地，積沙深數尺，棄置不耕者十之三四。幽明告哀，辛苦墊隘，每一追述，猶有餘痛。搶塞修築，費至五萬。予嘗董其役焉，蓋自甲寅以後，工役未有若斯之鉅者也。今禾义基石堤被颶擊剥，履霜堅冰，患將至矣。予懲三丫基往事，念此基若決，其禍之烈，將與三丫基等。三丫之決，民困未蘇，若此基又決，吾其魚乎？是以傳布通圍，籲請帑息，修而固之也。是役也，因禾义而修及全圍，盡防衛也。然則修禾义基與築林村決，同乎？曰，林村基捍桑園圍之東，河狹而水緩，取土堅築高厚，可以無虞；禾义基捍桑園圍之西，江廣而流急，惟積石乃能障。而[一]東之地異勢殊，修之之法未可同日語也。

己酉歲修志跋

潘以翎

道光己丑，築仙萊吉水決基之役，先長伯思園公以基決，民貧力絀，義勸伍紳捐銀三萬餘兩，環堤通修。時觀察夏公修恕迭次按臨，先長伯所條議，夏觀察輒韙之。越四年癸巳，築三丫基決口，借帑數萬，鄉先生鄧公鑒堂以爲憂，先長伯指授機宜，呈《盧制軍》節略：查桑園圍三丫基，於嘉慶二十二年沖六十餘丈，業户科銀不足，借帑銀五千兩湊辦。其銀係從前貯備各屬基堤公款，業經按年清還無欠。又道光九年，桑園圍吉水灣藻尾、仙萊岡各基沖決，係伍紳士捐銀修復，並無借帑興修。桑園圍通圍前後實無少欠借修決基帑銀。至南海縣各屬別圍，及主簿屬鱉岸外圍，有借帑未還，均與桑園圍無涉。其所借之帑，均係乾隆八年積存貯備公項，與桑園圍紳士李

[一] 而　當爲『西』之誤。

應揚等現在請領歲修生息銀兩不同。現在請領之銀，係嘉慶二十二年桑園通圍南、順兩縣紳士呈奉前督憲阮公、撫憲陳公奏蒙恩准，借藩庫追存沙坦息銀四萬兩，道庫貯普濟堂息項銀四萬兩，共銀八萬兩，發交南、順兩縣當商生息，每年得息銀九千六百兩，以五千兩歸還原借帑本，四千六百兩交桑園圍歲修各基。嘉慶二十四年，蒙照給二十三年息銀四千六百兩修葺各基，列冊報給，不用還款在案。嗣因盧、伍二商捐銀改建石堤，此項息銀暫停未給。道光九年，吉水灣等基沖決，又經伍紳捐修，是以未經請領此項銀兩。計自嘉慶二十三年起，至道光十二年止，共十五年，實得息銀一十四萬餘兩，除還原借帑本銀八萬兩，并二十四年給銀四千六百兩歲修外，尚有原本銀八萬兩，仍交南、順二縣當商生息，未經停止，又積存息銀五萬餘兩未領，此項息銀係南、順兩縣紳士稟奉奏蒙恩准，借帑本銀八萬兩發交南、順兩當商生息，以爲桑園圍歲修之用，專爲桑園圍而設，給發歲修，不用還款有案，與別圍無涉，亦與別圍及二十二年三丫基所借通省各項應還者不同。盧、伍二商捐銀大修，亦止奏明暫時停止，仍聲明俟將來基有所損壞，再行核辦，亦無奏明不給之案，理合開明送核。遂獲請當道以歲修銀撥償，而我桑園圍此歲修款自續奏停支以來，復得援據成案。沐皇仁而安樂土者，賴有此也。翎於先長伯無能爲役，然時時追隨左右，基務之要，每聞而謹識之。戊申冬十月，闔圍人士以秋颶傷及堤岸，爲防護計，時斯濂乞假南歸，予勗之曰：『桑園圍事，先世嘗三致意，繩諸祖武，爾其勉之！』於是斯濂先向上游略陳梗概，厥後圍紳繼謁呈請，遂蒙委勘，隨即撥領歲修銀一萬兩，翎以圍衆公推董理，屢辭不獲命，迺與同事何君綺堂，執畚鍤爲役徒先，首致力於禾叉基，其餘派修各段，常督勸不敢懈。工竣，彙敘顛末，付之剞劂，不揣固陋，謹仿丁丑舊志，謬付己意，以盡駑鈍所不逮。竊惟生民之患，有天有人，桑園圍地跨南、順，一有潰決，民命之瘡痍，田廬樹畜之漂没，不可勝數，此天實爲之。至於土石歲久剥落，不先事培修，致成巨浸滔天之害，厥咎在人。《傳》曰『豫備不虞，古之善教』。我桑園圍歲修本款，歷有案據，可爲防護之資。

聖天子子惠元元，賢公卿奉揚德意，苟下情上達，罔弗恩膏立沛。後之君子所當隨時入告，以歲修之利，爲桑梓造無窮之福也。抑又聞之，『善治水者，不與水争地』，故禹播九河，不惜棄數百里之地，以殺河流，前人論之詳矣。鎮涌堡禾叉基横置一角於水次，仲邑侯嘗謂，建圍之始，拙於相度，即先長伯每爲翎言之，然形勢已定，不能復更，今就其已定之勢，爲善後之策。積石爲壩，迂水勢也；壘石爲坡，護河壖也；增土爲塘，抑泛濫也；壘石爲楗，固藩籬也。翎所爲奉先長伯之訓，偕何同事并力一心，冀無隕越者，如此而已矣！若其勢處極險異時，水激難支，如朱生論下墟古基，爲河伯所必争，翎豈能逆知其必無哉！惟安不忘危，勤修勿懈，庶幾永永年代，久而彌固，翎願與基主圍衆共勉之。

書己酉歲修清册後

何子彬

案歲修莫要於籌款，籌款既得，董事者自應秉公辦理，按基段險易匀派，使全圍均沾實惠。其險患衆著者，固宜多與修費，吃緊用力。即基非甚險，而土薄堤低者，仍須量給修費，加高培厚，以備不虞。要在基主業户，不以歲修銀爲充公濫費之資，而以爲防潦築堤之用，則不論多少，皆於基有益，帑不虛縻。况遇有基決，科税必派通圍，若歲修領項，僅利及偏隅，同苦不同樂，人心恐難帖服。此次歲修，原呈祇聲敘禾义基、泥龍角、天后廟、大洛口、蠶姑廟、真君廟、及九江河清分界處共七段，迨奉給銀後，預貯公費、部費餘銀盡數派定，通傳各堡到領，除原呈七段外，東西堤一律按派，同時興修。以禾义基爲最險，修費最鉅。總局設南村，首事協同基主督辦，其外派修之處，基主領銀自理，首事仍隨時巡察。并議官項之外，各加二捐修，以助公用，以專責成。嗣後遇領歲修，允宜照式通派，其派修之數，或今日多而異日少，或今日少而異日多，由首事隨時酌定，不能膠柱鼓瑟。在基主亦不必圖占便宜，應聽首事酌派，宜多宜少，無非審時度勢，豈能任意軒輊？此次先登堡於圍衆公稟後，獨自補稟，妄有覬覦，後所派者，卒不逾原議三百之數，可爲明鑒。否則人人爭執，築室道謀，徒令首事無所適從耳。至向例凡派修費，止及濱海大圍，不及圍裏子圍，此次大桐堡白飯、新慶兩子圍，亦有修費派及，衆議以該處當大圍之腹，每遇潦決，則雲津、百滘、簡村、先登、海舟、鎮涌、河清、金甌、大桐九堡均受其害，與他處子圍不同，故權宜從事。然與向例略殊，恐他處子圍藉端生議，下次歲修是否合派，應俟後賢相機而行，是又未可與大圍一概論也。

與制府蔣公書

温汝适

秋初差弁回省，曾肅函佈謝，轉瞬又屆初冬，懷思時切。兹閏閣下渥邀宸眷，移節蜀中，九重之毗倚方隆，三錫之恩榮疊沛。玉壘群欣於望歲，珠江彌切於去思。弟誼託金蘭，契深膠漆。顧以庭闈侍奉乏人，跬步不離左右，未獲摳送行旌，少抒積愫，歉仄奚似！惟冀雄略如神，訏謨坐鎮，化巖疆爲坦易，指南極以重臨，此則吾粤人士所深願者也。前者屢承俯念，各鄉頻遭水患，勸諭丁寧，今照甲寅六萬之數，五成捐簽修復，此後即爲借款歲修。兹閏各鄉甚爲踴躍，計日可收集腋之效，未審借帑生息曾經具奏否？昔《水經注》稱，『鬱水又南注於海』，馬文淵爲石塘達於海，而粤無水患，至今名在炎荒，與銅柱並垂不朽。今西江挾滇、黔、桂、鬱諸水，建瓴而下，桑園圍適當其衝。且延袤九千餘丈，險要處不一而足。此十年内增高培厚，未暇籌及石工，十年後土堤既固，歲有贏餘，似宜漸建石堤，以資捍衛。則水患永除，文淵不得專美於前矣。至於堤上伐樹，堤脚開池，種藕養魚，皆大爲堤害，仍冀瀕行。時與中丞裁定，有利必興，有弊必革，將頌修和而歌樂只者，歷百年如一日，何快如之！書不盡言，伏惟鑒察。

與阮制軍書

温汝适

一別三秋，倍深懷想。猶憶西江雪泊，辱承旌麾過訪，又蒙惠貺稠疊，拜嘉飽德，感不可言。茲聞閣下政成南紀，移節海疆，庾樓之雅興方酣，服嶺之仁風更被。星軺甫莅，人士騰歡，引領喬輝，曷勝忻頌。弟南歸後，喜南方氣候常和，侍奉庭闈，甚覺安適。現家慈年高，跬步需人扶掖，未便遠離左右，尚未得一到會垣，少敘闊悰。所幸城鄉雖隔，帶水非遥，瞻企之私，無時或釋耳。今歲五月時，南海桑園圍沖決，連村淹浸，敝鄉水亦深五尺餘。溯自己亥至今，三十餘年，五遭堤決，每次數十丈至百餘丈不等。弟目擊顛連，殫心籌畫，曾商之蔣制軍，承復書謂『民力果不足恃，已與陳中丞酌定，當爲借帑八萬，發當商生息，以備歲修』。至現在堵築各工，仍照甲寅歲大修，公捐六萬之數，勸令各堡五成交出，鄉人喜出望外，陸續捐輸，已於十月十三日興工矣。此圍當滇、黔、桂、鬱諸水之衝，非歲歲如法增修，難期鞏固。且歷年既久，今昔情形判然迥別，向日堤外距水常十數丈，今則半無沙潬，壁立如削。竊謂堤外之削，緣爲水所割，非落石與築壩，不能捍禦，施工不易，當擇其要者先之。至堤内之削，則附近居人侵佔，開挖魚池、藕池，致傷堤岸，在核定丈尺，以時培築堅實而已。視其緩急爲先後，歲計有餘，無難奏效，但全堤延袤九千餘丈，險薄處不一而足，非金高如山，不足以語此。此借帑生息，用之無窮。

皇仁浩蕩，萬世永賴，策之上者也。尚懇留神照察，庶使澤國咸登樂土，則美利同霑，荷德靡涯矣。

上粵中大府論西江水患書

朱士琦

竊謂西潦之發，消長有期。其漲也，豁數尺至一、二丈，來以一、二日越四、五日，其漲必止。下流不壅，五日後必消。若下流壅塞，前潦未退，後潦又來，或東、北兩江齊漲，消不如期，必有衝決圍基之患至，圍決而官民交受其困矣！東江水力，不及北江之長，其入海道又捷，爲患較少，北江水道漸長，然無牂柯江以遏之，雖爲患亦不甚。若牂柯江，則水長而力悍，其洪濤駭浪，自相擊撞，日晴風定，猶隱隱作雷霆聲，爲患較東、北江恒劇。防牂柯江者，歲用民力，保固圍基，有司促迫，加高加厚似矣。然自乾隆五十九年，迨嘉慶十八年、二十二年、二十三年，修基者四次，加高一、二尺逮四、五尺有差，潦至輒與圍平，此急計，非本計也。疏瀹入海，下流石壩未築者禁，已築者坼，此本計也，非民所能爲也。牂柯江自肇慶上溯雲南，匯諸江水，有蓄無洩。肇慶峽以下，地少岡阜，匯水愈多，其流益駛。以平衍之地，受徼外經行七、八千里驕悍之水，奔逸橫恣，非尋丈圍基所能禦也。地勢然，亦水勢然也。查牂柯江自峽下順流至新會北街口、猴子山，南出外海，西出江門猴子山脚，十年前水深六丈有奇，今冬月水涸，水僅丈餘。十年以後，豈堪設想？總緣沙田多築石壩，水遭壅遏，流緩而泥淤故也。江水入海，支流凡六：一曰思賢滘水，過三水縣西南，會北來諸水，至省河，直注虎頭門入於海。一曰甘竹灘水，過順德黃連板、沙尾，南注於海。一曰仰船岡水，過福岸、馬寧，香山之海洲，沿河有石壩二、三十度，長各十餘丈，沙田所圈築也。其曾步口第一埒口，中間海壢有石壩長七、八十丈，東爲小欖河面，將淤矣，西曹步尚通舟耳。一曰白藤頭海口，直注古鎮，夾岸石壩十餘度，江水將失故道矣。一曰河塘、潮連，潮連居南，河塘居北，中一河，合古鎮仰船岡諸水，下有石壩二度，截流橫築，長各二十丈，水爲石激湍急，不得驟洩，舟人過此，非風力與乘潮，弗能上矣。一曰猴子山水，繇寨尾墟，過外海嘴，逕注古鎮香山界。古鎮沙尾連百頃沙、大鼇沙，至竹洲頭。自外海嘴至竹洲頭，約四、五十里，西界外海，傍逕東成沙、雷霆廟、鴉洲山，夾河有大石壩十餘度，牂柯江汪洋澎湃之勢，至此竟弩末而改觀矣。百頃沙左曰廣福沙，廣福沙左曰芙蓉沙，三沙排列，各有大港爲界，而沙之左右，石壩攢築，或百丈，或數十丈，或築至中流，居然與天吴海若爭權。三十年後，海將成溝，壑亦揚塵，而廣、肇兩郡宅土芒芒，人烟浩浩，牂柯一水，不知徙嚮何處流也。繇廣福沙下注神灣，東西有承田壩，稍下爲燈籠洲，東入澳門，又東出三竈，外無居民，已達大洋矣。西入內河泥灣門，往者內洋大船繇此入睦洲墟，繇睦洲墟入江門，今皆阻淺不可行，凡此皆牂柯江入海要區，亟宜嚴切疏通者也。

道光九年己丑五月，西潦漲猛，廣、肇兩屬圍基同時衝決。水退，兩郡紳士歷控大府，請疏通水道，同人以士琦歸館新會，聞見較詳，屬爲繕草。總督德化李公、巡撫涿州盧公洞悉其弊，令司道飭縣查勘，礙水坦畝、壩塡，分別拆毁。諸紳又請將香山、新會兩縣近歲報陞坦畝清查，便知佔河新築，按址懲辦。而糧道新建夏公勘覆尤力。方議拆毁，夏公擢廉使去，盧公旋亦移節，役遂寢。越四年癸巳，又大水，患尤劇。糧道閩縣鄭公亟申前議，未幾擢山東都轉，事亦竟止。吾友曾明經釗《送鄭公序》慷慨言之。亭林顧氏謂，『立言不爲一時』，拙稾已爲胡文學調德纂入《龍涌陞編》，今輒采夏、曾兩稾附綴文後，世有欲造福閭閻，救此一方民命者，庶覽觀焉。

夏公修恕覆督撫兩院公文：

竊惟民生所繫，固莫大於農田；而民莫所關，更應籌夫水患。故事可因地致利，則荒土皆可耕耘。若其壅遏防川，則狂瀾必遭潰決。在小民趨利忘憂，不知深思遠慮，惟官司求安圖治，不得不預計綢繆者。如今日之報墾沙坦是已。粵東濱臨洋海，地處低窪，西之上游爲梧江，匯潯、柳、灕江之水，奔騰而東，勢若建瓴，北之上游爲曲江，聚瀧、溱、湞江之水，順流而下，勢極汪洋。此外，港汊分歧，川原錯出，悉皆注於珠江，入於滄海。粵東數十年以前，沙田稀少，水道暢行，嗣雖間有淤灘，農民報墾無多，不甚壅滯，是以歷少水患。近查沿海之番禺、東莞、順德、香山、新會等縣，沙坦隨潮淤結，櫛比鱗連。各邑鄉民趨利若鶩，强者報升斗之科，墾無限之地；黠者借它處之税，耕此處之田，弊竇叢生，莫可窮詰。地方官悉皆俯順輿情，不察形勢之阻阨，不問海口之宣洩，動云無礙水道，詳請給照開墾。該墾户盡屬豪强之徒，每於附近沙田水深丈餘之處，混報爲土名某處之水草白坦，一經瞞准報承，即行纍石築壆，以防衝陷。三年可以種菱，五年即可種稻，旋復築堤樹樁，固其基址，歷歲既久，土結堤堅，潮不能衝，沙復壅積。堤外之沙，則潛滋暗長；海邊之地，復月積歲淤。沙坦既愈墾而愈寬，水道則愈侵而愈狹，每遇西、北兩江水潦陡發，百川驟漲，即至淹没田廬，傷害民命，水之爲患，其所繇來者漸矣！自來言治水者，惟順其自然之性，不與水争地，須寬其河身，暢其流行，今則徧墾沙坦，侵佔水道，是與水争地也，將何以順其流，而弭其患乎！是以嘉慶十八年暨二十二年，及道光三年至九年，先後共遭漫決四次，去夏水灾，淹没民田廬舍，爲害尤甚，此水灾之所以疊見，而爲禍之所以愈烈也。屢蒙憲恩，恫瘝在抱，賑恤灾黎，小民賴免流離，田廬亦漸修葺。竊恐姦民嗜利，故智旋生，雖報墾海坦，繇無飭止，而有防水道，例禁應嚴。伏查粤東近海沙坦，先於乾隆三十七年奉前督憲李以出水要區，恐高築堤垸，有遏水勢，奏禁開墾，不准報承。嗣於乾隆五十年，經前撫憲孫以粤東田少人稠，産穀不敷民食，議請沿海無礙水道之沙坦，給民承墾陞科，以千頃爲計，每歲可添設十萬餘石，裨益民食等因，奏奉允准在案。此粤東沙坦，前禁後弛之原委也。前禁開墾，係防其阻遏水勢，爲害民生；後弛例禁，係指濱臨大海，無礙水道之沙坦，誠屬有裨農民，無傷水利。故沙坦雖報墾，而定例仍云『濱臨江、海、湖、河處所沙坦地畝，如有阻遏水道，爲堤工之害者，毋許任意開墾，妄報陞科。如有民人冒請認種，以致釀成水患，即將該民人家産查抄，嚴行治罪，並將代爲詳題之地方官一併從重治罪』等語，是沿海沙田，有防水道，爲害堤工者，不容任意報承，已屬例有明禁。況原奏章程定以千頃爲限者，原恐千頃以外，難免侵削河身，漸傷水道也。溯查歷年報墾之案，自乾隆五十年弛禁起，至五十八年已墾至一千五百餘頃，嘉慶元年至二十五年，又添墾一千三百餘頃，道光元年以來，又增墾二百六十餘頃，統計開墾至三千餘頃之多，此猶核計詳報有案者而言。若以墾户之影射侵耕，其數尤逾倍蓰。況其所墾者不僅大海淤沙，甚至開及内河灘岸，欲其無礙水道，無害圍基，其可得乎？是前之准墾，固屬因地制宜，今之飭禁，實屬因時防患。夫當利害相形之際，應權輕重去取之宜，果害輕而利重，原可將就因仍，今既害重而利輕，自宜熟籌早辦，所謂害不百不除也。職道曾將應禁緣繇，縷悉面禀憲鑒，並同會禀飭，令委員會同各縣查勘。去後，嗣據委員會同各縣稟覆，勘明有礙水道，應行拆毁之堤、樁、基、涌，番禺縣屬五處，東莞縣屬八處，順德、香山兩縣各十七處，新會縣屬四十二處，總共七十二處。是各屬農民墾坦遏流，致貽水患，已屬查有明確，迭經飭令拆除，迄未全數毁盡。此外未經查出者，恐尚不少，與其查毁於成基成堤之後，莫若禁之於未報未墾之前。職道管見所及，應請通行沿海各府、州、縣，飭令各該牧令，周歷屬内沙坦，詳加查勘，其有靠河私設土堤者，攔江私築石壩者，海口不甚寬闊處圈圍蓄沙，預圖日後報墾者，均屬有妨河道，押令該墾户人等，概行拆毁，毋許少有存留。並令清界立碑，永遠示禁，仍將拆毁處所，造具清册，通稟立案，以備查核。統限一年，妥爲辦竣，倘所毁係屬有税之地，應准查明糧税若干，詳請劃除，以免虚受賠累。其餘無礙水道之堤基，免其拆毁，以省紛擾。至歷年報墾之沙坦，仍須曉諭墾户，照依科則，各守界址，不得借科影射，肆意侵耕。此外未墾沙坦，除係濱臨大海，無關水口宣洩者，如有承墾，繇縣詳請，委員會同勘明，實無防礙，許其詳請，憲示遵行外，其餘切近海口之沙坦，無論舊壅新淤，均屬有妨河道，有害圍基，應令恪遵定例，概不准呈請開墾。倘各州、縣仍以無礙水道爲辭，率行詳墾，即繇道、府嚴行駁飭，不得據情轉詳。倘各州、縣奉行不力，或意存徇隱，遷就顢頇，一經查出，即行揭請參辦，以示懲儆。倘有姦民串同書役，私設堤基，均令該州、縣隨時查究。似此明定章程，將沙坦分別墾禁，堤垸酌量存毁，庶沿海小民，仍不失農桑之利；而江潦下注，亦可無泛濫之虞，水利農田，似覺兩有裨益。管見所及，是否有當，合將番禺等五縣查有礙水道，應毁各堤基開具清摺，稟候憲臺察核示遵。至將來應如何設法嚴禁，方可久行無礙之處，恭候鈞裁。

曾君釗《送鄭雲麓觀察擢山東都轉序》：

廣州水患，或比年而見，或三、四年而見，説者以爲墟堤庳且薄之故。然畚築既興，民脂既竭，埤厚增高，工未告竣，水又大至，堤高水高，竟若與堤争勝。然者何哉？同鄉朱畹亭文學示釗，西江達海圖、潮連、銀洲湖諸處，皆兩岸爲石壩，凡幾十道，各幾百丈，犬牙交出，水不直流，委屈洒去。釗嘗游香山，觀海於澳門，經芙蓉沙，其石壩横截海中，不知其幾百丈。訪諸舟子，皆云：『昔築石壩以護沙，今且築石壩以聚沙；昔因河爲田，今且築海爲田，年年累積，未知所届。』釗聞而驚之。然後歎水患洊至，在海口不在墟堤，而知此者，惜乎鮮其人也。道光十二年，雲麓先生觀察廣東，明年大水，先生乘扁舟巡視墟堤，賑撫窮乏，不以爲勞。秋水落，堤工興，又親閲虎門、厓門，焦門海口，求致患之繇，記石壩之害，條白大府，間語釗曰：『海口不通，廣州水患未有艾也。』去年，宫保中丞祁公有意疏治，命釗等試從事於靈洲、鬱水，皆爲先生是諮。於是廣州人莫不翹足舉首以俟，以爲水患之平，先生其人也。今年秋，擢山東都轉，廣州人皆慶其榮遷，而惜其去。剑曰：『海口不通，其原有三。豪富、豪貴、豪族，類能勝有力之口，變白爲黑，必得二、三大臣同心壹力，以情形入告，奉明詔，然後無有阻撓，而事以成。今先生乃爲朝廷倚信，行將受封疆之任，復臨廣東，水患其有瘳乎！』衆皆曰『然』，爰書之爲序，以抒廣人之思，且爲異日券。自記

致張振軒制府書

潘斯濂

敬再啟者，粤東水災，民不聊生，仰荷大公祖勞心撫恤，俾中澤哀鴻不至流離失所，鄉書疊至，愛戴同深。查粤中西、北兩江，水勢異常湍悍，其當衝險要，須年年防護，實無一勞永逸之方。緣下流壅塞，無從疏濬，地勢使然。端藉人功，以爲保障。敝屬桑園圍跨連南、順兩縣，地方寫闊，户口蕃多，於諸圍中最稱險要。嘉、道以前，頻年沖決。嘉慶二十二、三年間，經敝同鄉温質坡前輩請奏，撥給帑銀八萬兩發商生息，每年得息銀九千六百兩，以五千兩攤還帑項，其四千六百兩由紳士呈明領款，修築東、西兩堤，工竣題銷，爲該圍歲修專款。咸豐四年，葉崑臣相國以此項借充兵餉，此款幾爲無著，堤工歲歲可虞。弟以桑梓之鄉，情難漠視，於同治三年復經奏准，由督撫陸續撥還，依舊發商生息，爲歲修費。厥後圍中紳士四次呈領，皆蒙給發，前後將東、西兩堤加高培厚，雖水災洊至，差幸保全。查該圍向以西堤爲重，東堤受患較輕，近緣三水縣屬之大路圍連年沖決，東堤地居下游，有高屋建瓴之勢，以故去年所領歲修銀八千兩專葺東堤。今春大路圍修築完固，水勢并力趨西，西堤如前赤緊。昨得鄉書，稱本年夏潦盛漲，較前尤甚，西堤水過面者千數百丈。辰下闔圍會議，欲續領歲修銀一萬兩，由紳士陳序球等具呈請領，繼以抽捐，於堤身低薄處再復增修，爲思患預防之計，伏乞大公祖俯念民艱，飭司如數給發。聞前所撥還本銀僅及三萬兩，而承領息銀四次，計已五萬八千，如將本論息，此刻或無所存。又值本省籌辦海防，誠恐重勞碩畫，但念桑園圍糧命所關甚大，猝有水患，議修議賑，補救更難，蒿目群黎。不得已復爲發棠之請，惟有仰懇查明成案，籌撥歲修銀一萬兩，以濟要工，並於將來庫項稍充時，陸續將八萬兩本銀全數撥足，庶幾子金有所出，水患得所防，大公祖造福此邦，士民感戴厚恩，曷其有極！臨楮不勝迫切待命之至。專此，載頌勛祺。

復順德縣張石璘大令書

陳序球

承示龍山堡碑文暨紳士原函。審閱再三，不勝駭異。如云：『各鄉堡多未盡繳，而獨苛求於圍外之龍山。』夫一龍山也，前攻龍江築閘，則歷云居桑園圍内；今抗本圍畝捐，則又云居桑園圍外。首鼠兩端，無所適從，持子之矛，刺子之盾，其將何以自解也？既同居一圍，則合力

通修，如手足之捍頭目，曾何功之足云。乃其碑文，則援救災恤鄰爲言，以切己之災，而諉之於鄰； 以自救之事，而名之爲恤，此豈通論也耶？夫前賢之論起科詳矣，應科不應科，不論縣之同不同，但論圍決之浸不浸。今試問桑園圍一決，龍山浸乎？抑不浸乎？其碑文則明云：『李村堤決，龍山平地，水深丈餘，淹浸者四旬，較其被害，視上游諸堡爲尤甚』，是應科捐，已無疑義。如謂龍山無經管基段則不應科，圍内如大桐、金甌兩堡亦無基段，未聞有以此規卸者，此可知公論之難逃矣。況無基段，則省每年小修、巡邏、遇險、搶救諸費，已多占地步，顧反藉以爲詞，冀壞通圍成例，揆之情理，豈可謂平？至云『歲修培築，各不相派』，此指子圍而言，非所論於大圍； 亦指小修而言，非所論於大修，先民於此剖析甚明，載在圍志，可覆按也。弟等率由舊章，遇事持平，不敢有所苛求，其實不必苛求，伏懇善爲開導，俾知此次大修，乃數十年一舉，同休等戚，無論科捐與襄捐，皆義不容辭，責無可卸，總要如數完繳，以濟大工。若斷斷於一、二字間，聚訟不休，撓成憲而乖睦誼，非所以仰副我公祖一視同仁之意也。序球謹復。

與順德縣馮雲伯大令書

陳序球

桑園圍界連南、順兩縣，户口數十萬，賦税二千餘頃。西北透迤皆山，水皆下注，中峙西樵山，有三十二泉，匯而赴壑。故建桑園圍之始，於龍山兩堡虛其下，所以洩内水也； 東西兩基張其翼，所以捍外水也，此前人創造良法，亘古不易。其中支河、水道，互相流通，實一圍水利所在，誠如督院云：『地人物博，繫於民生者甚大。』今龍江堡祇圖一己之利，不顧闔圍之害，於三丫海礮臺脚創建水閘，截塞内外水道，使内水無所宣洩，外水逼於逆行，將鄰近桑田盡成澤國。又誠如督院云：『下流壅塞，則上游皆受其害也。』近又聞，龍江人負氣，謂已拆三丫海之閘，必不拆礮臺脚之閘，其情尤謬。夫即以龍江論之，不拆三丫海之閘，則堵塞上游，損人尚足利己； 不拆礮臺脚之閘，則閉塞下流，害人并以害己。夏潦盛時，外水由甘竹灘獅頜入，折而東經三丫海礮臺脚，轉東海口而出，礮臺脚之閘不拆，則内外水且合而注於龍江，其謂必不拆者，特未深思耳。且建閘地不同，而阻水道則一。礮臺脚之閘可築，則凡各堡皆謀所以自利，而龍山碉樓脚之閘築，官田口之閘築，文廟脚之閘築，九江沙嘴之閘築，沙頭南畔之閘築，大桐各處之閘亦築，紛紛效尤，孰能禁止？下流壅塞，貽害無窮。是桑園圍蒙皇上恩德，費十萬帑金以捍外水，而内水反成巨浸，皆自龍江之一閘始也。故築皆可築，而拆必盡拆，萬無去一留一之理。懇即勘明龍江阻礙水道各閘，詳稟督拆，不勝翹企之至。

甲辰全圍報竣謝啟

何子彬

竊惟塘成捍海，紀年實溯開元；堤美護城，載記尚傳郭杲。導河水於澶淵，坡培牧馬；甃石坪於高堰，灣障黄牛。自來治河籌海之方，罔非禦患澹菑之策，況禀承之有自，每感戴於不忘。舉人等桑園圍，地聯南、順，堤亘東西，東當湞湟之支流，西接牂牁之歸匯。甲辰五月，西江潦發，林村各處，潰决頻聞。流分燕尾，塘迴直激夫翻瀾；社没鵝春，堤陷遂逾於累卵。漫漫鯨浪，處處鴻哀。仰承列憲，賑恤兼施，班載道之餱糧，登斯民於衽席。固已巢居穴處，均受帡幪；虀粥葦航，無胥饑溺者矣！詎月基之插築垂成，而瓠子之防秋復潰。嘆黄熊之披猖肆虐，刑白馬而禱祀無靈。疊蒙膏雨涵優，分捐鶴俸，亟趁冬晴水涸，諭令鳩工，代求本款生息之資，飭行通圍捐派之例，論採芻蕘，惟通力而合作；材分樗櫟，遂委任而專司。於是瓜皮泥馬，驅薄淖以平基；鐵脚木鵝，就淺深而測水。跨蛟屇則難資堅穩，偃虹形而略作彎環。梢芟薪柴，楗橛竹石，樁料既具，工役大興。合千夫而操作，虎旅紛騰；積一簣之高堅，牛蹄絡繹。既築修夫决口，遂併力於全圍。胼胝罔憚，肯忽犍涔；繚繞悉堙，不遺蟻穴。計自去冬經始，共費三萬二千金；迄今初夏告成，爲堤一萬五千丈。復荷禬帷暫駐，福曜重臨，鼓腹方賡九敘之歌，當頭更覩五雲之色。慶奠安於《酸棗》，美蔽芾之《甘棠》。從此雲横山固，蜿蜒留《漢上》之題；桑沃禾油，羔羊樂《豳風》之俗。永臻磐石，恒頌岡陵。

己酉全堤告竣謝啟

何如鏡

竊惟平河紀效，甫帀月而成堤；紹郡承流，築三江而立閘。塞長塘而防海，建高堰於平津。此皆挽頹波於岸决山排之後，而非障狂瀾於風飄雨剥之時。某等桑園圍，地逼海隅，生當河曲，竈居樹上，屋隱蘆中。占蛟宫而卜宅，是水耕火耨之鄉；蟠蜃穴以建基，繫一髮千鈞之任。即使蜿蜒如故，潰敗未成，固已形同累卵之危，勢等朽索之馭者矣！去年八、九月，兩遭舊風，一江新漲。狂翻颶母，望澤國而天黄；掀動波臣，訝荆門之水鬭。慨長堤之剥蝕，將群姓兮其魚。爰憫江鄉舄没，李垂陳捍海之圖；中澤鴻嗷，賈讓奏治河之策。伏惟父師大人，馴雉鄰封，飛舄邑境，悉下情而上達，先軫念乎民依。汲長孺便宜從事，騰茂實而著循聲；范文正憂樂關心，對蒼生而無愧色。籌桑園之專款，繕槐里之環堤。諸宣金鼎，先頒一朵紅雲；錢發水衡，不待十行丹詔。某等恭承明命，仰體仁懷，王尊立水，沈白馬以明心；錢王禦潮，向長鯨而控弩。於是驅五丁之石，剔穴搜巖；掘萬刦之灰，誅茆刈棘。江革移舟，增飄檣而重載；陶公運甓，雜竹木以宣勞。豈比竊來息壤，遂堙洪水於九年；載就蘆灰，漫止洪流於一瞬也哉！其禾义基處所，地當德棣之衝，施功彌急；水蓄梗漂之狀，用石尤多。他如波灣鶴嘴，護以雲腴；岸堵龍坑，培之膏土。總會計夫全堤，大半增其高厚。興修於春正月十二，報竣於閏四月二十三。竭東南之民力，定應胥種劾靈；費巨萬之金錢，頓使蛟鼉避道。從此虹形偃水，慶成平而治媲蘇堤；蟹堁宜禾，頌安瀾而功垂禹甸矣！

鐵犀銘

嵇會嘉

以金尅木，蛟龍藏；以土制水，黿蛇降。作鎮萬古，奠南方；永除昏墊，報我皇。

按，乾隆甲寅大修，嵇公以九江主簿督役。工竣，謂鎮涌堡禾义基爲通圍五險之首，捐俸鑄鐵犀四，各銘焉。沈其二於江，餘二置堤上，嗣爲牧豎摧毁。丙寅年歲修重鑄。

堤決

何如漋

鳳曆紀八年，夏五癸未朔。洪流潰横堤，驚濤欻噴薄。白馬怒奔騰，聲勢摇山嶽。孤村波際浮，樹杪水雲錯。嗟我此邦人，旱潦亦已數。粳稻慳如珠，十室九藜藿。今春努力耕，雨暘喜時若。轉盼受厥明，紛紛痔錢鎛。相對共欷歔，曰免填溝壑。孰知陽侯波，一朝縱毒虐。室廬不自謀，耕耨竟何穫。野老吞聲悲，寡妻暗淚落。蒼蒼聽轉遥，元元命安託？吾聞至道世，水不冒城郭。又聞唐堯初，九載勞疏瀹。災豈由人興，孽或自天作。所賴仁者心，焦勞在民莫。爲奠爾里居，爲謀爾耕鑿。勉哉營生生，且待豐年樂。

次張蓮嶽孝廉己丑五月桑園圍紀事韻

文晟

桑園渾莫辨田園，一片汪洋漫溯源。桑園圍周一百餘里，時被漫溢。坡角波子角，在三水縣，余稟請改名坡子角。横流趨蜆殼，坡子角決口，漫過蜆殼圍，遂沖破桑園圍之仙萊鄉吉水灣，江浦、九江皆受害沙灘新漲阻蛟門。蛟門一帶趨海之路，多有沙灘壅塞。挽回天意災須救，嘆息人聲慘不喧。我亦乘舟還泛泛，思量何策可相援。余時奉委查南海水灾，先勘桑園圍。

横基一道扼咽喉，漫過横基更足憂。連日報來三縣水，南海、三水、清遠俱告災。幾人能挽百川流？勘量決口詢前事，嘉慶十八年、二十二年，此地俱遭水災。分别災區惹舊愁。丙戌萍鄉大水，余兄弟勸辦展賑。囑咐船丁勤放渡，遺民恐在樹梢頭。督撫憲命余多帶小艇，隨時濟渡。

捧檄星馳又一遭，載將厚澤壓波濤。各憲捐廉撫恤，復委余勸事。算來江浦人家少，望到樵山地勢高。計口放錢宜補恤，負兒攜女賴先逃。水至時江、浦居民多上西樵山得免。夜深不敢支牀睡，怕剩哀鴻野外嗷。

幾多生死别離時，近處情形遠處知。都説山中無溺鬼，如何江上有浮屍？各處保鄰俱報尚無淹斃人口，而制軍委員於下流撈葬，浮屍十八具。甲辰災後三當厄，桑園自甲辰而後，凡三决口。子午潮來兩失期。波濤洶湧，壓過潮頭數日。滄海茫茫空悵望，低頭不覺淚頻垂。

暑雨侵人又暴風，長堤來往各西東。驚濤已上河神廟，鄉俗猶祈斗姥宫。果有靈能凶化吉，將毋歲變歉爲豐？池塘開後魚蝦賤，九江一帶池塘盡漫，魚蝦漂散，價甚賤。到底民窮水不窮。

蜆塘再决勢轟轟，蜆塘圍即坡子角總名，五月廿後堵築將成，西潦復發，决口數丈。余時奉委解石工銀過其地，即同催堵築。多少人家寐不成。吉水灣曾開竇口，仙萊鄉亦坐愁城。幸蒙大吏先籌策，各大憲籌款給借各圍堵築决口，復委余經理。會有鄉衿解勸耕。紳士伍元薇共籌晚耕，助築蜆塘、桑園圍决口，並議冬閒修石基，捐貲數萬，其兄元蘭同督工。我輩馳驅何敢憚，江頭今尚駐雙旌。時阿方伯、夏觀察俱親勘撫恤。

同僚莫漫説辛勤，此際身如出岫雲。要向閭閻推實惠，敢期案牘紀微勳。蒼生所望誠何事？清夜捫心盡幾分。南海各圍行未遍，一般聲色不堪聞。

上游爲此費尋思，土可堤防木可支。大憲命，于凡决口處，先打椿立基，沈土囊堵水。新址方成民力薄，新基暫時築成，似覺單薄，冬閒應添築堅固。舊巢無恙鳥聲悲。委查房屋有無倒塌。關心江海相連處，回首田園未没時。願與居人謀奠定，石基重建水之湄。時議各修石基，復奉委督辦桑園工程，約蓮嶽暨明孝廉離照、黄孝廉龍文諸君共事。

西潦歎

鄧泰

癸巳五月十八日，西潦直决桑園圍。萬人殉命捄不得，水勢突若千刀飛。堤基陡潰三百尺，轉瞬高岸成陂池。天容慘作死灰色，日輪淹没雲車馳。連朝淫雨更助虐，垣墉詎足供排擠。水纔及脛倏滅頂，高逾竟丈封門楣。尋常一家有八口，急拯父母亡妻兒。牆頭屋角人鵠立，驚悸未定神魂癡。富豪力可具舟楫，貧賤命自同沙泥。朝寒無衣暮無食，有似溼鳥巢危枝。稻田盡供蜃蛤飽，水畜難飫蛟螭飢。乘時更恐颶風發，計日未見濤頭低。民財已竭民力盡，雖居故土嗟流離。曾聞甲寅及丁丑，西漲兩度衝長堤。水由漸長尚可避，倉卒未若今番奇。米薪坐覺日騰貴，盜賊正喜乘顛危。人心洶洶靡有定，東鄰驚喊西鄰啼。吁嗟凶災至此極，天意難問疇能知。去年秋來赤地旱，仲冬雷震原非時。驕奢固遭造物忌，仁愛終望天心慈。檐前甎痕默記數，日退夜長無窮期。六親同運請貸絶，連村漸少炊烟吹。還愁水去官吏至，租税日日敲門追。

大水歎

陳澧

羊城積雨盈街衢，溼我架上千卷書。朝來著屐過田舍，問訊水勢今何如。老農告我水已大，上游傳説基圍破。江頭萬斛老龍船，昨日揚帆田上過。陽侯爲虐誠何心？縱彼蛟蜃爲驕淫。盤桓不肯赴滄海，忍使繡壤成荒沈。我謂陽侯豈得已，非水逼人人逼水。君不見，大庾嶺上開山田，鋤犂狼藉蒼厓巔。剥削山皮剩山骨，草樹剷盡胡能堅？山頭大雨勢如注，洗刷沙土填奔川。遂令江流日淤淺，洲渚千百相鉤連。又不見，海門沙田日加廣，家家築壘洪波上。海潮怒挾泥沙來，入此長圍千萬丈。三年種得草青青，五年輸租報官長。海門日遠路日紆，坐見滄溟成土壤。陽侯束手敢與争，迫窘詰屈難爲情。欲留不能去不得，暫借君家田上行。人情貪得死不悔，豈知世事浮雲改。欲驅山海盡成田，反使田疇盡成海。老農聞言三歎吁，信我此論良非誣。不然粤地際南海，自昔水潦常無虞。今時水即舊時水，何至比歲淹田廬？鬬萊任地本良策，其奈利害相乘除。一方受利數郡害，徒使吾儕常向隅。嗚呼，親民之吏慎勿疏，再謀開闢吾其魚。

陳滉

西江怒瀉柳郴水，伏雨闌風日不已。憑陵城邑淹田禾，鼉背排山五千里。倒注羚羊勢愈狂，匯於南海瀦吾鄉。吾鄉人家十萬户，大半居室魚龍藏。癸巳水災何忍説，數百年年來凄慘絶。厥後天吴屢致殃，尚賴桑園堤不决。舊年穀賤也傷農，早禾今日將成功。一旦黄雲付洪潦，悲哉樂歲還成凶。昨聞鄰嫗哀哀哭，痛恨河神心太毒。數載飢寒未贖兒，前歲風波猶破屋。只今滿眼皆瘡痍，安瀾共慶知何時？既憂瓠子易傾塌，更慮萑符難糾治。萬間廣厦胸何有，巨川舟楫知誰某。愁殺酸吟老杜陵，滿地江湖成釣叟。

甲辰大水歎

賴洪禧

粤東水患恒流毒，無過今年民慘酷。春初旱魃先肆虐，萬民請雨聲如哭。羲和握鞭鞭日回，雨師風伯興雲雷。盡將天上銀河水，滔滔倒瀉人間來。陂陀日窄水難受，東江西江衝左右。平陸盡成魚鼈叢，大地茫茫浸星斗。蕩析離居殊可憐，不分滄海和桑田。旬餘江漲不少殺，滂沱雨復連長天。前水未平後水起，堤防决潰屋傾毀。水旱頻仍粒食艱，富者日貧貧者死。況兹民氣久不蘇，打門往往愁追逋。即今廑念民艱者，誰進流民鄭俠圖。

憫潦詩呈愛之、次鄉兩孝廉四首

朱次琦

連宵發奇凍，中人毛髮洒。預憂水氣盛，西潦驚里社。數日聞訛言，滿耳雜侈哆。忽傳高漲及，羚峽三丈瀉。倒屣往視之，駭目汗盈把。激盪風雷鳴，渾濁天日赭。古潭衆窰户，滅没出寸瓦。一漲三日期，一日百憂寫。幾時誓安瀾，刑牲斬白馬。

急流既呼洶，長風復蕭騷。大堤如堅城，浮脆同輶毛。延緣一綫泥，障壅千丈濤。是時萬家命，呼吸人鬼交。鵂鶹爾何物，白日聲嗚驕。得無鬼伯使，作此絶命妖。野人聽其聲，一寸魂摇摇。有飯不暇炊，有機不得繰。重憶癸巳歲，淚落連珠抛。

中夜鼓柝來，告急踵相貫。既潰曲胼頭，磯名。又報河清岸。賢哉兩孝廉，吉凶與同患。肩輿弗及待，僵走泥至骭。武力來什伯，椿埽亦億萬。一夫抱其根，投没奔湍半。一夫椓其頂，飛空奮椎健。剽疾過竿戲，勢上切雲漢。畚挶各就理，出險發深歎。覆巢與完卵，其間不以寸。去時五更霜，歸時二更飯。

壤地各有疆，護助亦有盟。吁惟此邦人，真不可與明。不自有其土，樂禍如佳兵。費我借箸籌，曾無簞犒情。是地豈閑田，虞芮兩勿争。不争事猶可，不救瘡痏成。三五垂白叟，叩頭厥角崩。藉非明公惠，百室魚頭生。揮手謝父老，我亦識字氓。肉食從古爾，請勉秋稼耕。

赴李大孝廉鳴韶招飲

朱次琦

樂事每不數，愁來動彌旬。忽如墮煙霧，及此長日辰。入室儼下帷，引屨旋出門。出門無所詣，李生在城闉。李生予汝同，辛苦識字氓。豈不欲汝見，嘔我一寸肝。道逢祈雨人，風翩龍子旛。四人舁明水，披灑楊枝青。泥龍水蜥蜴，瑣細不一形。熏熏煙已霾，百叩額欲墳。道左頂觝蹠，遠伏塵土昏。人言一月來，公私苦崩奔。亦既省刑纍，亦既疏渠坑。玄靈西樵禡，白書南城關。都邑止殺屠，鵝鴨羊魚豚。祝詛引方外，于嗟而吟呻。天公耿何許，上呼無時聞。白日徒昭昭，不照千啼痕。難忍見此狀，欲行還逡巡。君適馳尺簡，遥遞急足伻。云有賣文資，可共銷憂觥。我屬采薪告，夙夕始得行。握手一太息，同視蒼冥冥。遂歷今古愁，遂遺半晌閒。遂酌酃湖酒，勸我醉不醒。孰知徑寸膠，不辨黄河澄。泠泠勺水潤，詎救魚尾赬。且盡知己杯，酣歌聲吐吞。話及往年事，一瀉不可扃。壬辰冬之孟，公車君有程。我縶守鄉術，未得送離輚。風波一失所，反覆難具論。憶惟世難初，我館於河清。村名。春時暘雨若，民訛無由興。苗穎既舒舒，條桑復英英。驀報西潦至，五月日在庚。蔽江下浮栰，雜以宗桷椽。趣歸及中夜，荷鍤先黥髡。寐者呼使覺，瘻者走駪駪。抗此一綫泥，上與千濤争。崩波壓我面，其勢如壞山。植立猶束柴，逆受風雨寒。滂浪兩晝夜，泥髁未有乾。降割方鞠凶，洪口决李村。嗟嗟十二户，盡空爲魚黿。鯨呿以鼇驤，有水無涯垠。比鄰閧號咷，誰知其死生。我家三百指，垂屋如鴟蹲。膳飲波面炊，鷄狗牆頭眠。高漲更未已，滅没驚我顔。昏黑扶老稺，一一下破船。室人莫涕泗，我有好弟昆。緣岡亘房廬，足以相援攀。可憐非柁工，尾掉船頭横。千摇並萬兀，寸寸强弓彎。滉瀁涉中流，上有星月明。喜達賢主人，舍我在高閎。色定見憔悴，老親蹙額歎。弱妻授我食，執箸不下咽。脱我淖中衣，易我犢鼻褌。展視著股處，血痕已朱殷。憐惜不出口，泣睫淚漣漣。摇手使勿聲，吾母腸斷間。民生正摧挫，我敢自求安？願以膚髮勤，易此骨月[一]完。敝廬忍就棄，旬日還巢橧。相守倏乏匱，乞米廣州城。兩地百里强，早夜心淩兢。天乎人何辜，颶雨萬竅鳴。眡甚耳目眩，勢恐元黄翻。平陸有頓撼，豈況衝狂瀾。覓信走且僵，然疑半不真。側聞泛濫中，地塌千山平。心肝墮何所，難狀此際情。聞君鎩羽歸，乃及江海傾。咫尺胥江驛，惡遇風陊猛[二]。詰朝亟挐舟，里門泊牆端。揩目認久别，入室笑語温。我亦得書反，相對疑夢魂。次第訊媦族，兼弔死問存。略舉崩騫流，令我吐吞驚。天子今堯湯，牧伯矧多仁。請命叩閶闔，借帑發倉囷。上有綢緩詔，悱惻泣王言。下有挹注澤，濡煦勸老慳。匄爾垂盡喘，餽爾以斗升。巡撫江寧公，萬家頭上雲。攜扶先守令，俾張遞薦紳。至今服嶺南，去思有餘恩。旱魃又煽虐，市地比惔焚。低田委白草，高田飛黄塵。畯畯龜兆坼，野赤百縣盈。豈無近潮哇，斥鹵齧其根。居人呷無所，闚視井已眢。料知早禾闕，米户解索錢。哀哀中澤鴻，何處謀盤飧。官家定正供，里胥急如煎。大福諒不再，未敢邀痌瘝。我少負郭畝，君非扶耒畊。編摩手口勞，一飽羞儒冠。艱食終見及，況彼塗足民？瘖瘂薦三載，瘡痍互仍因。或言俗窳呰，奢麗雜詐諼。蓄戾爲應召，水溼火熱然。或云往必復，五運有凋殘。譬彼月盈魄，終則隕其圓。大造本芒昧，孰能測幽玄。我願剖心血，淋漉通天箋。稽首東南風，寄上一掬丹。播穫趁時節，首求逮冬春。次求祂生理，勿使壓溺顛。尚歆郊祀心，亦牖公孤卿。爰曁百有位，同德持鴻鈞。沕穆貴無爲，無懷與大庭。是時泥君飲，一醉三千齡。忼慨陳此辭，吾將待輶軒。

西潦行

鄧翔

道光癸巳夏五月，中旬七日西潦決。李村堤岸二百丈，山岳横摧勢一瞥。滔天波浪挾雷行，市地人禽驚夢没。紅樓白閣入烟渚，緑樹青山浮瀣渤。下巢上窟還幾何？半與魚龍併巖穴。客居羊石身皇皇，夢繞桑園心惙惙。聞災鼓櫂問鄉井，不見田廬望空闊。幾家屋脊鷄犬同，藁薦懸遮午炎烈。匍匐登牆就相見，渴瓦如焚焠掌熱。愴懷淚綫流復斷，仰肩默默對愁絶。忽駭雲黄天慘淡，颶母南奔怒顛蹶。翻花瓦鱗隨葉飛，閉眼浪珠過頂潑。黑風拗雨又東來，鷺拳猴沐苦堪説。人鬼同號天不聞，波瀾震盪總塗抹。未信昊蒼少仁愛，或許艱難寄生活。數桁蝸廬兀難據，一葉漁舠避倉猝。瀕年水患燕焚巢，妄思爽塏遷高豁。空囊未裕年一餬，廣厦難謀兔三窟。孤篷漏溼何足道，太息黔黎遭殄滅。願乞鴻流早歸海，秋晚有收聊補

[一]『月』當作『肉』。
[二]『猛』當作『獰』。

缺。救荒先策更何如？勸獎捐題語剴切。羊牢更補築患基，莫使可虞重降割。

甲辰西潦嘆　鄧翔

道光癸巳西潦災，十稔不來驚復來。漂流滅没憶餘創，談虎色變心肝摧。此潦今來夏四月，東西圍岸恃如鐵。鐘塘倒灌危猶支，白盤蒼黄勢先决。小圍已塌大圍憂，鐵鑄不勁當衝流。十四十五風雨横，桑園鬼哭鳴鵂鶹。水勢滔天比癸巳，上流略减半甎耳。下流更過二尺餘，壅遏不行逆行矣。奇謀塞海防紅夷，夷不能防洪水欺。黔黎何罪致淹溺，獻策者誰營者誰？安得龍神訴真宰，跋驅沈石歸溟海。滄溟無底洪濤消，永奠狂瀾億萬載。

乙酉粤潦歎四首　馮栻宗

天地色晦冥，淫雨十晝夜。遠潦攙近水，江漲若傾瀉。維時五月初，奇凍失炎夏。濤聲轟巨霆，到耳心駭怕。東江狀洶湧，北江勢激射。我家傍西江，水更建瓴下。浹旬風逆吹，似挽陽侯駕。澎湃向所無，岌岌憂堤埧。

沿江千萬家，咸恃堤爲命。平時屹崇墉，至此不能勁。鳴鉦屢報險，奔救若嚴令。趹踔丈餘椿，奮與洪濤競。萬手駭浪中，齊力功僅竟。馮夷故逞虐，豈易制强横？十圍九已决，淪没甚陷阱。幸完亦偶然，敢作安瀾慶？

陟高望羚峽，極目何滔滔。人畜蔽江下，漂漾如輶毛。聞道粤西地，山僻多發蛟。肇屬當其衝，受禍先覆巢。波及各鄉邑，遍地濤頭高。東北害亦均，一網嗟難逃。災民廿餘萬，慘慘哀鴻嗷。伏觀大府疏，傷哉珠淚拋。

皇仁憫災區，賑恤荷恩賞。繄我桑園圍，亦承發專帑。培修固所宜，其要在疏盪。試溯廿年來，盛潦遞增長。下沙壅彌多，上游害彌廣。曲防古有誅，姑息譬癰養。擘之利宣洩，所賴巨靈掌。誥誡徒具文，焉覩安流象。

銅鼓灘歌　馮栻宗

風號雨嘯鼓聲起，方叔之奏不如此。鼕鼕亦異漁陽撾，千聲萬聲駭人耳。非革非木此聲何？自來不知乃出雁山之陽，牂江之裏。牂江恣肆横南交，羚峽一束仍滔滔。奔騰至此石隱扼，悍勢被遏濤聲高。粤中土樂重銅鼓，宫音範出同鉦敲。濤聲鼓聲宛相似，入聽共懾陽侯驕。我家居與此灘近，每以鼓聲占水信。農夫舉鍤女執筐，歲歲聽鼓先驚惶。鼓動水發堤偶潰，釜空甑冷吁可傷。去年夏潦非常長，十家囊橐九消蕩。寒冬鼕鼓正修防，何堪江又淵淵響。彈箏谷，石鐘山，古來名勝皆等閒，不如此灘消息民瘼關。何當中流東障作砥柱，神祠擊鼓酬安瀾。

風雨牂牁江行　馮栻宗

蕭蕭蘆葦戰，逐浪涇飆張。浦樹沈雲黑，江流入潦黄。人家堤是命，澤國水爲鄉。要仗迴瀾手，搴茭奠梓桑。

桑園圍工告竣，大寒日由海神廟渡江，謁何孝廉嗣農式輿昆仲先壠。

馮栻宗

昨宵冷雨詰朝晴，放棹中流雪浪平。浩蕩一江横古廟，鬱葱群嶺護佳城。最難度歲身能暇，每到看山眼輒明。回望長堤虹縹渺，搴茭容或慰輿情。

吾鄉東方沿江榕樹乾隆間嵇主簿會嘉築堤時所植也，勘圍過此，賦之。

馮栻宗

葱蘢老木映波光，堤上行人隔夕陽。父老能談賢尉事，一株榕樹一甘棠。

卷十六　雜録上

志乘之有雜録，所以廣聞見也。遺文、瑣記、芻言、巷議，有時足資攷證，纂録者猶不忍委棄，存以爲博雅君子之助。況堤工險要，肆應無方，尤宜旁搜佚聞，博考成憲，周咨土俗，以備稽覽。今此所録，有事不專繫於吾圍，而可推行於吾圍者；言不主於修築，而實有裨於修築者，精而擇之，變而通之，亦講堤防者之矩券也。志『雜録』。

江潦之決圍基也，歲自四月中旬始，七月初旬止，喫緊在五、六月，餘潦不足慮也。四月小滿節後，是其一鼓作氣之時也；五月朔至六月望，則再鼓而盛；立秋節後則三鼓而竭矣。有基段專管業户，以其時於基岸公所，慎選老成持重紳耆住宿，其中雇强健實心工役，聽其指揮，畫段巡基，椿橛竹笪之物，早爲之具。要險者四人巡百丈，平易者四人巡三、二百丈。四人更番巡視，雖猋風暴雨，黑夜篝燈，弗少懈。稍有坍裂滲漏，飛報通圍，合力奔救之。即猝遇悍潦，必不使之肆其虐。或風浪鼓擊，震撼基身，則用稻秆、蓕茅及樹枝、草蒿之屬，束成綑把，編浮下風之岸，而繫以繩；或伐大樹，連梢繫之堤旁，隨風水上下，以破囓岸巨浪。巨浪勢堅，綑把樹木勢柔，堅物遇柔，輒足殺其勢，則巨浪止能排擊綑把，而基身晏然。其附基脚池塘，悉貯水，令平岸以助内力，雖有烈風，莫之能害也。據《治水筌蹄》、《元史·河渠志》修。

圍基所由潰决也，有數端。臨河陡立，無石壩沙坦爲之護，多伐護基大樹，收目前之利，而根蕴蝨腐，於中蛇竇、鼠穴、蜞孔偏蝕腹基，不早爲之所，其患每釀於一、二年以前，然亦無潦至驟潰决者，必有坍裂滲漏爲之兆。兆纔見，鳴鑼遍告於衆，環而救之，多樹椿，厚培土，坍裂者補，滲漏者塞矣。即釀患已深，潰决尋丈至十數丈，及時顲趫捷强毅善基工者數十人，畀以椿橛，視水之深淺爲長短，一丈至二、三丈有差，並駕農艇迎决口，逆流密樹而救。逆流高噴尋丈，浪濤喧豗，趫捷强毅者當之，目不瞬而艇不移，兩艇夾椿剌下，一人抱椿末墜之入水，一人站艇旁捉椿頭牽制之，使不斜，持錘者跨兩艇旁，奮臂迅擊之，一、二擊而椿定，三、四擊而椿入泥，五、六擊而椿根固。椿根既固，入水者仍淘而出也；一椿既樹，持錘者立椿之頂，用力益捷。樹至四、五椿，以麻篾排繫之；至十餘椿，以杉横押而堅絟之；至三、二十椿，以西桅爲龍骨，横押其後，而統繫之。復以長杉揞拄龍骨，而斜撐之，防潦猛摇撼之久，而椿或漂折也。椿之樹，分兩層，兩層相距由五尺至八尺爲率。椿工方畢，土工繼之。實土於蒲包而填之，或以竹笪偏插椿裏，而中以散土填之。椿裏偏插竹笪，則土草間疊層下可也。工則以速爲宜，土工畢而水基成矣。或决瀕西江圍基，潦勢視北江酷虣數倍，往往衝而成潭，不能接决口。舊基堵塞，則相度基外内地勢爲彎而樹椿，又名月基也。凡樹椿，以麻篾箍其頭而擊之，則受錘雖多不禿裂。錘之重，可半伯斤也，兩人輪持之，與河工兩人舁擲之，其功有遲速之殊。據《南海縣志》修。

圍基之决，恒值禾蠶迭熟，大魚上市，新魚入塘之時。使管基業户搶救，多三、五日則基决。遲三、五日，將禾之熟者刻期搶刈，蠶之熟者以次上箔，新魚速撈而還，大魚熟者剋期搶刈，蠶之熟者以次上箔，新魚速撈而遷，大魚驟網而售，商賈百貨群輦而避，居民衣服器械檢而高庋，禽畜牢籠而飼也。惟業户惜椿橛之費，靳犒工之需，且慮搶救物料不繼，圍衆索責，馴致毁房廬以實决口，遂坐視潰决，諱不傳鑼，大事迺去。至圍基一决，溺斃人命，衝塌屋宇，傷敗禾稼，其尤大者。次即魚塘，計每塘一口，自正月去舊水，换灌新水，漚水餵魚草糞之需，歷五、六月，塘耗十金，第約略舉耳。魚之淘逸則未暇數，他貨物漂失復難屈指，搶救不力，害竟如斯。既决之後，旬日内宜及早搶築，有帑可借，即領即施工，無帑可借，該業户竭力起科，慎勿覬覦各堡資助，遷延貽誤。務保蒔晚禾，桑早露杪發葉，補供蠶事。池塘岸出魚可再種，失之東隅，尚可收之桑榆。苟越旬月不施工，則前潦方消，後潦續漲，漲久功虧，其爲害有不可勝言者。據《南海縣志》修。

搶築水基，或謂必不能如大基並高，苟前潦雖退，後潦續發，泛溢其面，仍無濟於事。且秋後築大基，水基椿橛盡數拔起乃可施工，豈不重費？不若任其自然，待秋高潦盡水落，决口岸露，乘勢并築大基，費省而民不勞之爲愈。吾應之曰：內河小圍基捍禦田廬無多，大圍基先決，雖搶築而潦無由消，待秋高水落，築之可也。若捍禦西、北兩江，大圍基不先搶築水基，則潦至輒灌入圍內，勢同大海，不特晚禾桑株不保，洪潦淫雨迭乘爲虐，民人露棲瓦面，宅土無期，寒溼熏蒸，疾疫繼作，何以處之？海風煽威，颶母播惡，破屋溺命，何以禦之？至溢面之不足慮，其易明者耳。今試置缸貯水，大雨時行，豈不泛溢四出？然其泛溢露缸口而止，缸以內之水，不能躍而出也。則潦發泛溢，亦露水基面而止，不能躍而入也。江潦不能躍入，則基內之水將漸消且涸矣。彼齗齗以不待潦平，搶築水基防溢面爲慮，非不知行水之理，則有意誤基工者也。據《南海縣志》修。

防河至堅之策，堤底以八丈爲度，面以丈爲準，高以一丈五尺爲憑。每堤一丈，應用土九十七方半。若底闊七丈，面闊三丈，高一丈二尺，每丈亦土六十方。計每地一丈掘土六十方，離堤三十丈之內，不許取土。其三十丈以外取土者，每土一方，用夫三工；一百二十丈以外取土者，每土一方，用夫四工；二百四丈以外取土者，每土一方，用夫五工，合遠近而牽算之，大約每土一方，用夫四工，每工照例給銀四分。據靳文襄公《經理八疏》修。

土以方二丈高一尺爲一方。然有上方、下方之別焉，有專挑兼築之分焉；至挑河，又有起土深淺之不同焉，築堤亦有運土主客之不同焉；其土方工值，更有人力强弱之不同焉。上方、下方者，以築成堤工之實土爲上方，土塘所取之鬆土爲下方也。然一堤之中，亦自有上方、下方之別。如築堤一丈，則以平地起至五尺爲下方，自六尺至一丈爲上方。如築堤一丈二尺，則以一尺至六尺爲下方，七尺至十二尺爲上方。蓋築堤愈難，故必先爲斟酌難易而等差其工價，庶鋪底者不致以易而多取價，收頂者不致以難而寡受值。專挑者止挑去河身之土，而不係築堤，兼築者即用挑河之土，以築防河之堤。主土者就近挑挖之土，以所築之堤爲準；客土者迤遠挑運之土，以所起之土爲主。據靳文襄公《治河書》修。

堤工取土有遠近，故價值有多寡。取土之遠者，每土一方估銀二、三錢不等；取土之近者，每土一方亦估銀一錢四、五分不等。遠土或取之百丈之外，及十五丈之外，此定例也。今見現築各堤，即於堤根取土，且於近堤一帶先挖下一、二尺，並將周圍剷平，以作假堤，希圖虛冒錢糧。又舊例，每堆土六寸謂之一皮，夯杵三遍，以期堅實，行硪一遍，以期平整。虛土一尺，夯硪成堤，僅有六、七寸不等，層層夯硪，故堅固而經久，雖雨淋衝刷，不致有水溝浪窩汕損之虞。今見各堤俱無夯杵，止有石硪，又自底至頂，俱用虛土堆成，惟將頂皮陡坦微硪一遍，以飾外觀，是以堤頂一經雨淋，則水溝浪窩在在不堪，堤底一經汕刷，則坍塌損壞，崩潰繼之。故年來糜費錢糧，迄無成效，自今以後，加幫之堤，俱將原堤重用夯杵密打數遍，極其堅實，而後於上再加新土。創築之堤，先將平地夯深數寸，而後於上加土建築，層層如式夯杵行硪，務期堅固。照依估定遠近土方取土加幫，不許近堤取土，亦不許挖傷民間墳墓。據張文端《治河書》修。

案，以上七條，舊志分載『搶塞』諸門。

《海塘擥要》：康熙五十有九年秋七月，閩浙總督覺羅滿保、浙江巡撫朱軾疏言，海寧縣老鹽倉正當江海交會，今土塘隨浪坍頹，現沖開徐家壩口，與内河支港相通，已築石壩堵塞。老鹽倉北岸皆係民田廬舍，支河汊港甚多，皆與上河通連，東即長安鎮，與下河官塘僅隔一壩。萬一上岸坍盡，決入上下運河，則鹹潮直注嘉、湖、蘇、松諸郡，關係甚鉅。今擬於老鹽倉北岸，東自浦兒兜，西至姚家堰，共一千三百四十丈，建築石塘，始可護杭、嘉、湖三府民田水利。築石塘之式，就於塘岸用長五尺、闊二尺、厚一尺之大石，每塘一丈，砌作二十層，共高二十尺。於石之縫橫側立兩相交接處，上下鑿成槽筍，嵌合聯貫，使其互相牽制，難於動搖。又於每石合縫處，用油灰抿灌，鐵鑻嵌口，以免滲漏散裂。塘身之内培築土塘，計高一丈，寬二丈，使潮汛大時不致泛溢。塘基根脚密排梅花樁三路，用三和土堅築，使之穩固。又請以藩庫原留捐鹽羨銀爲寧邑海塘每年歲修之資，下部議行。

魚鱗石塘，其築法，塘身高一十八層者，每丈用厚一尺、寬一尺二寸條石一百一十八丈三尺三寸三分。石有厚薄不齊，以丁順間砌，參差壓縫，計高一丈八尺爲準。頂寬四尺五寸，底寬一丈二尺，内除收頂蓋面石，以及鋪底蓋樁石各一層，不留收分外，自底上第二層，至十二層，每層外留收分四寸，内留收分一寸。又自十三層至十七層，每層外留收分三寸，内留收分一寸，共留收分七尺五寸。底寬一丈二尺，外口釘馬牙樁二路，以禦潮刷。樁縫中心、重石之下擔負全力，釘馬牙樁一路及後一路，共四路，每路用樁二十根，尚餘底空，釘梅花樁七路，每路用樁一十根，二共樁一百五十根，俱一木一樁。馬牙樁用圍圓一尺五寸，長一丈九尺之木。梅花樁用圍圓一尺四寸，長一丈八尺之木。塘身九層以下，砌坦水保護，不扣錠鋦外，自第十層、第十二層、第十四層、第十六層，每層每丈扣砌生鐵錠二個，熟鐵鋦二個。又收頂蓋，蓋面石一層，前後扣砌生鐵錠一十六個。其地勢卑下，建築一十八層，地勢稍卑，建築一十七層，地勢稍平，建築一十六層。

乾隆五十八年，浙江巡撫長麟奏酌減海塘石壩工程，奉上諭，大學士九卿議覆，曰：從來治水之道，以順其性爲要。水勢順軌直趨，自不致迎激爲患。若攔截抵禦，則水勢激怒，不免潑損之虞。浙省建築海塘，原爲保障地方起見，柴石塘工，已屬與水争地。今又添建石壩，高二丈八尺至一丈五尺，直出十餘丈至五丈不等，以十二壩，總計縱橫不下百餘丈，逼靠塘身，是占水之地更多，又何怪水勢愈怒，沖激損工？又曰李奉翰即日到京陛見，俟該總河於陛見後即行赴江南，會同蘭第錫偕赴浙江，與吉慶三人詳悉履勘，公同商榷，將此項石壩應否照舊建築，抑應照長麟所奏酌減丈尺，或竟可無需辦理之處，斟酌定議，速奏。

大學士公阿桂等奏覆《請罷范公塘石壩疏》言： 乾隆五十八年十一月二十六日内閣抄出蘭第錫、李奉翰、吉慶奉覆罷范公塘石壩。 奉硃批『原議大臣議奏，欽此』。

案： 浙江省仁和章家菴迆西海塘壩十二座，去年秋汛内，福崧奏修五座，尚有未修七座。 海寧城外鎮海塔汛内去年六月間福崧奏建石壩二座，經長麟以壩式大而無當，奏請將章家菴未修七座及鎮海塔汛内增建二座，一律改小。 奉硃批『大學士九卿議，具奏，欽此』。

經臣等奏請，交與撫臣吉慶，請加察勘，妥協經理。今據蘭第錫、李奉翰、吉慶所奏，新建石壩横出水中，與水爲敵，自不如柴薪柔軟，與水相宜。 即偶有潑損，亦可隨墊隨鑲，非若石工難於修補，而所需錢糧、柴工，更爲節省。 應如所奏，准將范公塘新修石壩内第二、第十、第十二壩暫存，如有潑損，一律改築柴盤頭。 海寧石壩二座，既稱現當迎溜，護塘有益，亦應准其存留，俟將來應行修理時，一併改築盤頭，以資鞏固。

案： 築壩拒水，利在己，害在人； 利在目前，害在日後。 蓋水勢東趨，以長壩捍之，則折而之西，彼岸必割。壩上湍激，壩下沖刷，必有深潭回旋之水暗蝕堤身，柔而善齧，日久將成巖穴，一旦變動，搶救無所施。 聞之長老，道光癸巳決田心三丫基，適在華光廟石壩下，其水先從田底噴湧而出，須臾而全堤陷。 浙江塘工罷諸石壩，洵洞悉水性，謀慮深遠矣。 桑園圍自泥龍角壩圮，此後凡應落石處所，皆依傍堤身作陂陀形，不與水争地而激其怒，較之攔截抵禦，害固殺焉。 善乎陸氏奎勳之策，曰『塘基之式，陡塘不及陂陁塘，是以柔勝剛之道也』。 而塘身之設，直塘不及凹凸塘，是急脈緩受之道也。

賀長齡《皇朝經世文編》： 靳輔論賈魯治河曰： 昔賈魯治河，用沈舟之法，人皆稱之。 明萬曆間，僉事俞汝爲奏議，以爲塞決簡便之用，無如此者，臣竊嘗疑之。 夫河底淺深坦陷不一，惟草柳性柔，一經壓擠，則周遭充滿，故塞決必用埽。 今以至平之舟底，而沈之深淺坦陷不一之湍流，則埽根透溜之患，必有不俟終日而見者。 若沈舟之後，仍用埽工繼之，則所費不貲，何如專用埽之省便？然以魯之才，其成功如是，必非孟浪姑試之人。 因於《至正河防記》沉思尋繹者累日，恍然知魯之沈舟，蓋以代壩而逼水，非以塞決而合龍也。 蓋彼時故河業已通流，但決河勢大，水流多淤。 故河十之八，又適當秋漲，洄漩湍急，埽不能下。 又其上逼水，三堤短弱，勢有不支，恐埽行一遲，水盡湧決。 決則故河復淤，前功盡墮，因急沈舟爲壩以逼之，所謂搶救也。 故前則曰『魯乃精思障水入故河之方』，後則曰『船堤之後，草埽三道並舉』，此並舉之三道，乃加築前短弱之三堤也。迨至船埽，四防并就，河勢南流，然後塞決耳。不然，魯於九月七日沈舟，而龍口之合何以直至十一月十一日耶！

張靄生《河防述言》：大司馬曰：『子論甚善。顧《禹貢》所謂陂者，果與堤防之制有合否耶？』陳子曰：『陂者，坂也，土披下而袤側也。此非陡崖之岸，乃坦坡之堤，後人以騎而可登，謂之曰「走馬堤」，是即陂也。蓋堤防之制，其基必倍廣於頂，則水不能傾之。古聖人之一言，而作堤之法已備，洵言簡意該也。至於近世，堤防之名不一，其去河頗遠。築之以備大漲者，曰遥堤；逼河之游，以束河流者，曰縷堤；地當頂衝，慮縷堤有失，而復作一堤於內，以防未然者，曰夾堤；夾堤有不能綿亘，規而附於縷堤之內，形若月之半者，曰月堤；若夾堤與縷堤相比而長，恐縷堤被衝，則流遂長驅於兩堤之間而不可遏，又築一小堤横阻於中者，曰格堤，又曰横堤。堤防雖多，不出數者。其作堤之法，遥堤去河遠，必相地勢，因高而聯絡之，其餘隨流以防範焉。取土須遠堤根，築土必旋挑旋夯。若近堤取土，則基不固；土厚方夯，則築不堅也。築成驗土，舊法插籤灌水，水不即滲便爲堅結。然插驗之法，務於連晴之後，其鐵籤須細，直下直起方合。若輩作弊，籤麤而摇宕之，則貼籤之土先實，水亦不即滲，遂被掩飾矣，驗時宜細察也。遥堤之外，離堤取土之地，即可成小河，以資運料。縷堤逼流，排樁襯埽所不可少，若在頂衝險工，尤必用護堤埽也。堤上插柳，可備捲埽，堤根蓄草，亦足禦波。隨地制宜，皆不可不喻也。』

吴璥《請辦高堰碎石坦坡疏》：竊照江南洪澤湖，周四百餘里，浩瀚汪洋，全賴一綫長堤爲淮揚保障。每遇西風大作，浪湧如山，石工動即掣卸，不惟逐年補築，糜費滋多，萬一刷透土堤，淮揚億萬生靈，將何依賴？欲圖捍衛之計，惟有碎石坦坡，方能經久鞏固。蓋水性至柔，激之則剛，石堤壁立陡峻，怒濤撞激，傾圮堪虞。若遇碎石坦坡，雖巨浪掀騰，其來也不過平潑而上，其退也旋即順勢而下。其怒既平，其力自弱。坦坡不動，石堤自無擊卸之虞。前河臣靳輔曾云：『障淮以匯黄者，功在堤；而保堤以障淮者，功在坦坡』，誠至當不易之論也。又云：『石坡與土坡不同，土易汕刷而石質堅重，又係坦坡，水過無力，間或盪激坍卸，略爲補填，即完整如舊，所費無多。或以石堤外有碎石堆積，倘若石堤之下樁朽坍塌，難以拆修，此亦所當慮及者。但樁木有碎石攔禦，風浪亦所不及，即使年久朽拆，而外有碎石擁護，石工不能坍倒，止于坐蟄欹斜，不修亦無妨礙，酌修亦易整齊。』臣通盤籌畫，似屬經久可行。

丁愷曾《治河要語·堤工篇》：凡土之性，高者堅，下者涣。堅者老，雖衝蕩而凝以結，涣者反是。而浮沙漫散，因水而揚，故築堤者度勢急也。度勢之道，探以水平高下攸别，而標以識之，墩以封之，斯起伏審。築堤之道，有顛有基，無過瘠，亦無過腫。凡水之勢浮者，震蕩而有力，顛過瘠則不可禁也。而腫之則土厚，風日不能入脈内，發而牽引剥也。如瘠其基，所憑既薄，疊而上之，必愈峭，必愈危，而圮可立見，故腫無嫌以爲固。夫基無定，而顛有憑，道在先定其顛，而下遞增之。遞增之法，以六尺爲率，蓋堤高丈者，其顛宜丈之三，以六尺加之，至基而得九，此所謂六收法也。由此以推，凡地下尺者，堤高必加尺以取平，而基必加六尺，可知也。如是則相勢遞加，雖數十百里，地勢不齊，而堤之高低如一可知也。堤如一，則波濤洶湧而一束於堤，無此盈彼縮可知也，豈有旁溢哉！

凡堤之名五，有縷，有遥，有越，有格，有戧。臨河曰縷，遠河曰遥，薄而重門曰越，越分内外，因時制宜也。河有變遷，於遥、越中預築以捍曰格。溜蕩堤基，於後岺附，可捲埽，可防滲，總謂之戧。凡此五者，堤之異名也。縷堤之法，外坦内險，外不坦則登者艱，内不險則下埽也礙而無力。如堦如坡，既堿且平，四二收分，人許許而升，埽閣閣而落，斯縷之善也。遥堤之形，若斧若鞍，内外平收，必堅且穩，雖蹴踏不頽。

凡築堤之事，官憚煩則役惜力，何也？役任其全，則多土而少硪。土多者硪力不勝，硪少者土氣仍疏。硪不勝則上急而下散，土氣疏則或蟄或冒。其究也，上土以無著而陷，故土可委於役，而硪不可委於役，此之不可不知也。

凡築堤之事，底必薄其土，土薄遇硪，鐵石斯堅，準是加工，層疊相乘，而脈發無患，此不可不知也。

凡築堤之事，工之不能不分於夫役者，勢也。夫役之各分爲界者，情也。以夫役之衆，有别界之心，兩界之際，彼此交諉，事畢而合之，補綴有痕，雖絲髮皆隙，强加硪力，又震發前築，激湍砅衝，豁然開矣，此又不可不知也。

地性不同，爲土爲沙。土者粘，沙者散。多沙之堤，風颺之，雨坍之，既剥既削，必卑必薄。雖臻人工，未爲美善，故輂土無畏遠，封蓋無過薄，勿儉半尺，硪磋數四，此沙堤之固也。

凡平地，數經人跡，外結皮聯以新土，若粉傅然。草之芊眠，其根如織，遽覆新壤，必抗不入，待腐而隙生焉。上下割判，此大患也。故硪舊土者，欲其齟齬成齒，與生者交也。上勿塊者，恐其壏瓏而不附也。鏟草木者，防内間也。擇潤土者，恐其燥而抵硪，又恐逐水成隙也。虚土寸之八，可實寸之五，硪必三加而後定。從是疊加，固如鑄矣。然後播以卉種，葉絲披如簑，根蟠結如甲。如簑，則驚風驟雨不濡也；如甲，則飛沫濺瀑不穿也。

凡增高培厚，能合一乎？舊堤可附，能勿捍乎？故逸者勞之占也，舊者新之媒也。法當視如平地而築之，則不遠焉。行硪同也，鏟草樹同也，切坡成堦各廣尺，犬牙制伏，新舊吐吞，舊顛劚寸有奇，覆以新土而築之，而高之，則補接化其不裂者以此。

魯之裕《急溺瑣言》：　凡人言曰堤防，夫曰堤而又曰防者，堤固所以防水，而堤又需人以防之也。是故有堤而無人也，與無堤同。有人而無法也，與無人同。其法維何？一曰晝防。五、六、七、八此四月間，雨多水漲之候也。常以人巡堤上，搜獾洞，實鱔孔，灌柳枝，堆土牛，而於要害之處，則尤宜積椿草、綮麻、柳梢等物以備之。一曰夜防。防於夜，則燈竿不可不設也。而設燈竿，則信地尤不可不定。大約堤長一里，宜分三鋪，鋪各三夫，而里以數計，鋪以號編，夫各分其信地。而又鋪十有長，里十有官，當夫汛至，而堤有欲决之勢，則鋪長鳴金，左右鋪夫奔而至，至即運土牛，下椿埽，以搶禦之。倘一長之夫力不勝，則鋪長疊振其金，而官督其十里之夫以齊來料備。夫齊，則將决未决之堤，未有不可保者矣。一曰雨防。防雨之法，與夜等。惟是二鋪之間，須更設一窩鋪，使夫雨有蔽，而勞者亦可以暫息也。然非聽其熟睡也，宜標禁於窩鋪之前，違者務嚴懲之如軍法，乃不虞於或誤。一曰風防。四防之中，風爲劇。蓋濤之洶湧，風致之。無風則漲易禦耳。法宜於平時預束秸藁、翹薪、柳枝、蒿藜等物以爲把，而貯於兩岸之上。及其水發風狂，則自下風之岸，將所束之把浮繫於樹，以柔浪而殺其勢。迨乎浪平風定，水退堤安，即仍將把束收晒而高貯之，以爲捲埽之需。夫四防之候，每歲不過五、六、七、八月，而此數月之水，其發不過數次，每次亦不過數日。然而初發之水不盛也，再次則猛矣。至於八月以後，則雖發而勢亦衰。惟是極盛之時，苟防之而不能禦，則須避其鋭焉。其法在謹守要害，而以不要害處，委之非然，即不能固此要害也。俟其勢退，而即急補其所委，蓋恐其再至，則愈流而愈深，不特深而補之，難爲力也。决口既深，則正流必淤，正流一淤，欲從而疏之，其費多而工鉅矣。兵法有云，『善委敵者敵必疲』，此法可以爲防堤之一助。

王鼐《鉅鹿堤防議》：　人之常情，水至則繚繞䣛號，水退則偃仰玩忽。苟懲今患，而復堤防，但於冬春交會，于耜舉趾之前，村落之處下流者，家出幾簣，簣復幾日，立爲成約。若宅隴尤當衝要者，竭作亦聽自便。日計不足，歲計有餘，十年之後，當必如陵如阜矣。其下淺泊深塘，既可放洩，而且饒萑蒲、稻𧒂、菰菱、魚蛤之利，倘馮夷縱恣，攜家以登，不穩於橧巢耶。總之，疏瀹之説，萬全之策也，固巨而難行；　豫培之説，一隅之見也，似易而漸舉。雖卑卑平實之事，亦須亹亹耐久之心。

《浙江通志・兩浙水利詳考》：　故善治水者，不惟享其利，兼宜防其害，貴順其性而使之流，亦貴遏其勢而使之止。要而論之，瀕江海者，利在堤塘陡門；　瀕湖者，利在疏濬規豬。山澗、谿壑之水，利在堰埭坡閘。前代已舉者修復之；　昔賢未創者增益之。先時而謀，臨時而慎，俾蓄洩有方，旱潦無恐，皆爲牧者所當盡心竭力者也。

《湖廣通志・湖南水利・論修堤防》曰：近年深山窮谷，石陵沙阜，莫不芟闢耕耨。然地脈既疏，則沙礫易圮。故每雨則山谷泥沙盡入江流。而江身之淺澁，諸湖之湮平，職此之故，欲盡心力以捍民患，惟修築堤防一事耳。故備考古今，可經久而通行者，蓋有十焉。一曰審水勢。東洗者必西淤，下澁者必上湧，築堤審其勢而爲之址。最難禦者，莫如直衝之勢。議者退爲曲防，故荆州虎渡、穴口之堤，先年愈退愈決，而後直逼江口，以遏水衝，乃得無恙。他如順注之傾涯，則堤勢宜迂；急湍之迴沙，則堤勢宜峻。二曰察土宜。一遇決口，必掘浮泥，見根土，乃築堤基。其所加挽者，必用黄、白壤。三曰挽月堤。洗在東涯，則沙迴而西；淤在南塍，則波漩而北。故往往古堤反挹江流者，爲水所齧，即臨傾涯之上，勢甚孤懸，必先勘要害之地，而預築重護之堤。四曰塞穴隙。獾屬螻蟻窠穴，秋冬水涸，徧察孔端，極探其原，而爲之防。五曰堅杵築。木杵不如石硪，石硪不如牛轢。六曰捲土埽。塞決口爲上，護城堤次之。法，埽以萑葦爲衣，以楊柳枝爲筋，以黄壤爲心，以穀草爲綍纚。因決口之淺深，水勢之緩急，而爲長短大小者也。若堤防初成，土尚未實，必以楊柳爲埽，橫棲於堤外，則可以禦波濤，而堤無恙。七曰植楊柳。八曰培草鱗。九曰用石甃。當衝決之要處，若非石堤，必不能回水怒而障狂瀾。十曰立排椿。將大木長丈餘，密排植於堤之左右，聯以綍纚，結以竹葦，則風浪先及排椿，而堤可恃以不傷也。

《論護守堤防》曰：決堤之故三，有堤甚堅厚，而立勢稍低，漫水一寸，即流開水道而決者；有堤形頗峻，而橫勢稍薄，湧水撼激，即衝開水門而決者；有堤雖高厚，而中勢不堅，浸水漸透，即平穿水隙而決者。要皆修築既疏，而防守復怠，故坐致此患耳。故防範護守之計，條議有四：一曰立堤甲。每千丈僉一堤老，每五百丈僉一堤長，每百丈僉一堤甲，凡堤夫十人，一應堤防事宜。官守之而有垸處所，亦設有垸長、垸夫，其法與堤甲同。仍不論軍屯、官莊，凡受利者，各自分堤若干丈。二曰豁重役。凡堤老、堤長、堤甲，及垸長、垸甲人役，各復其身，每遇編審，即與豁除別差，則彼得一意於堤防。三曰置鋪舍。查照漕河事例，於堤上創置鋪舍三間，令堤長、人役守之，則往來棲止不患無所，而防護事務亦庶幾不致妨誤矣。四曰嚴禁令。凡有奸徒盜決，故決江漢堤防者，即照依河南、山東事例，發遣揭示通衢，以警偷俗。

陸世儀《論溝洫・遂人職》曰：凡治，野夫間有遂，遂上有徑；十夫有溝，溝上有畛；百夫有洫，洫上有塗；千夫有澮，澮上有道；萬夫有川，川上有路。註謂萬夫者，方三十三里有奇，此亦大概以成法言耳，不可泥也。古人治地，必因水利，而水性趨下，河形無常，如伊、洛、澗、瀍之類，皆川也，然不可以方計也。即如我吳，三江既入，震澤底定。三江，皆川類也，然不可以方計也。

乃若遂人之法，則可因三江以明之。三江之水，自湖達海，長亘百餘里，深廣亦數十丈。而江之兩旁，或十里，或五里，則有縱浦。縱浦者，江之支流也。故其深廣則稍減于江。縱浦之兩旁，或三里，或二里，則有橫塘。橫塘者，又浦之支流也，故其深廣又稍減于浦。至于塘之兩旁，又有港汊，港汊之兩旁，又有溝渠，其深廣以次更減。而凡江浦涇塘之上，莫不有岸，是以知遂人之法矣。萬夫有川，三江也；川上之路，則江岸也。千夫有澮，縱浦也；澮上之道，則浦岸也。百夫有洫，橫塘也；洫上之涂，則塘岸也。十夫有溝，港汊也；溝上有畛，則港岸也。夫間有遂，溝渠也；遂上之徑，則塍圩也。此即遂人之法也，不徵之實境，而拘拘求紙上之圖，豈不悖哉。

治地之法，與治兵不同。治兵由寡以及衆，治地自大以及小。故善治兵者，必先定隊伍，隊伍定而後千夫、百夫，以至數十萬之衆，無不可就約束。善治地者，必先濬大川，大川濬，而後縱浦、橫塘以至港汊、溝渠之屬，無不可就條理。知隊伍而後可以談八陣，知濬川而後可以論溝洫。今之談八陣者，泥八門之説，而隊伍之間，亦欲以八起數，是由衆以及寡也。論溝洫者，泥遂人之制，而萬夫之川，亦必以爲周三十里，是自小以及大也。何怪乎議論煩多，迄無成功哉！

錢泳《三吴水利·贅言》：老農有云：『種田先做岸，種地先做溝。』蓋高鄉不稔，無溝故也；低鄉不稔，無岸故也。是池塘爲高鄉之急務，大約有田百畝，必闢十畝之塘以蓄水；而防旱堤岸爲低鄉之急務，大約有田百畝，必築三尺之圩以洩水而防潦。夫圩者，圍也，內以圍田，因外以圍水也。

嚴如熤《漢中水利説》：漢中山河，大堰三道，攔烏龍江水作堰，烏龍江即讓水也。頭堰繞褒城城下，至新集入漢，已久圮。第二堰由褒城之金華堰入南鄭，經上漢衛高橋三皇川，激入漢川，環繞百餘里，灌田八萬餘畝。第三堰在二堰下五里，至沙河下九真壩入漢，溉田二萬餘畝。相傳爲蕭酇侯、曹平陽所創。考史，漢高祖元年四月至漢中，七月即由故道出取三秦。是時曹平陽侯從征，而酇侯於三秦既定，即以丞相鎮撫關中，其在漢南爲時無幾。兹往來堰上，查其堰身，廣六丈至三丈，深一丈七、八尺。分水之堰計數十處，大者亦廣一丈有餘，深至一丈，其由堰而灌田者。每堰又各有小渠數十道，類古川、澮、溝、洫之制。至用攔河，縱橫釘巨木樁，磊以亂石，不疎不密，攔河收水，入大渠灌田，由下而上。下壩水遠，一日灌至六日；上壩水近，七日灌至十日。下壩用水，將上壩各堰口封閉，水漲之時，則由各激口洩水。蓄洩均有成法，又有糾合以司其總。堰長分管三壩，小甲各管小渠，冬春鳩工，起沙培堤，上下三壩各分段落，一應堰工事宜，井井有條。數千年來循之則治，失之則亂，雖酇侯元勳才大，恐亦倉卒不能定也。竊以商鞅廢阡陌，漢中尚爲楚地，至楚漢之際，猶有存者。鄭侯因川、澮、溝、洫之遺，濬而爲渠，故無事開鑿之勞，而收灌溉之利。其後武侯武安則又因鄭侯之舊，加以修治，漢中水利，遂爲東南堰渠所不能及，觀此益歎先王立法之良也。

晏斯盛《河淮全勢疏》：河臣靳輔，治效所施，壂守潘法，其功多在上河。而下河之治，則河臣張鵬翮遵聖祖仁皇帝方略，閉六壩，拆攔黄壩，大開海口，乃見成功。然則堤壩不修，決溢不免，上流不治，中梗可虞；下流不治，水無所歸，欲覩安瀾，必無幸也。又曰：總之茅城鋪滚壩修，則河不奪溜，海口開，則淮水暢出。淮水暢出，則盱、泗、鳳、臨五河七十二溪之水賴有歸宿，不至上行，淮、揚、高、寶諸堤不致下溢，此皆本之當治者也。

陳世倌《籌河工全局利病疏》：伏查康熙三十三年聖祖仁皇帝巡歷黄河，諄諭河臣靳輔云：『減水各壩洩出之水，作何善法歸海？毋或淹損民田，欽此。』臣竊以爲欲救此二十餘州縣年年被水之災，當先治黄河之墊淤；欲治黄河之墊淤，當先通海口之紆曲。又云：『此臣所謂疏闢海口，浚治河身，爲今日捍災之急務也。』

黎世序《建虎山腰減水壩疏》：近年河道情形，日久更變，毛城鋪以下之洪灘河，大谷山、蘇家山以下之水綫河，均已淤成平陸，黄河亦漸淤高。閘壩口門，有建瓴掣溜之虞；減洩之水，無循序分洩之路，以致大汛水長，壅積不消，黄河兩岸節節生險，屢屢漫堤。上游漫決一處，下游淤墊一處，各處堤工歲歲加高，仍形卑狹，磚石埽壩處處著重，未得平寧。久煩宵旰之憂勤，多耗國家之經費，其病皆出於有堤防而無減洩，不能保守異漲也。

又《黄河北岸減壩疏》：臣等遞年相度情形，亟須多籌宣洩，以保堤岸。上年清、淮並漲，爲數十年來未有之大，直至霜降節後，猶復拍岸盈堤，非常危險。推原其故，實在下游無路分洩，故徐州一帶雖報水落，而清河以下仍復壅積不消，必須於下游籌畫減水之區，始足保堤工而資引注。

張伯行《塞運口説》：愚按今日之黄河，既不復資之以濟運，惟有塞之一法，涓滴不漏，使淮、黄併力以刷海口，海口既深，則上流自無壅滯之患，而潰決之虞，庶乎免矣。

陳宏謀《南運河西岸不宜設堤防説》：况天津濱臨大海，形同釜底，水至獨流，勢同建瓴。無論其非堤所能堵，即幸而安堵，而尾閭有阻，上流奔赴，天津郡地適當其衝，城郭人民所關甚鉅，故前人獨於此處不設堤防，非偶忘之，乃所以慎之也，非竟棄之，乃所以取之也。

裘曰修《直隸河道工程事宜疏》：總之，治河不外『疏』、『築』二字，而築不如疏，理甚明白易曉。築而不疏，人特未心誠求之耳。又直省之弊，近水居民與水争地，如兩河之外所有淀泊，本所以瀦水，乃水退一尺，則佔耕一尺之地，既報陞，則呈請築埝，有司見不及遠，遽爲詳報。

上司又以納糧地畝，自當防護，如塌河淀、七里海諸處，堤埝直插水中，其實原無堤埝之時，水過後仍然退出；而堤埝一立，水從缺口而入，浸灌既滿，被淹更甚。及水退之時，不能仍從缺口而出，遂致久淹不退。而愚民無知，仍以築堤埝爲愛之，遂使曲防重重，甚有横截上流，俾無去路者。現在既不能一一將廢堤之土普行除盡，只得多開涵洞以爲出路，究不能如原無堤埝之爲暢宣也。又往往倡爲防禦下游倒漾之説，殊不知倒漾之水，隨長隨落，不能經久，而不顧上游之全無出路，則誠知其一未知其二者也。臣經行數次，既有所見，理合一併備陳梗概，仰祈敕下所司，於一切淀泊原係蓄水之區，嗣後不許報墾陞科，其淀泊中偶值涸出，不能横加堤埝，則凡水皆有歸宿，不致壅遏，爲上游之害，而河道民田似不無小補矣。

程含章《擇要疏河以紓急患疏》：竊惟《禹貢》之言治水，其大要在導之一言，孟子以疏瀹排決釋之，凡以順其就下之性而行，所無事也。是以欲治上游，先治下游，必尾閭暢而後腸胃之氣乃順；欲治旁派，先治中流，必胸腹利而後四肢之氣乃通。查天津爲衆水會歸之處，全省之尾閭也，現止有海河一道消水入海，每至盛漲，消洩不及，輒汪洋一片，淹没數百里，爲害甚鉅。應多其途以洩之，使衆水分道入海。分洩之法，其要有三，一爲塌河淀，一爲北運河，一爲南運河。凡此皆疏瀹之事，多其途以洩之，使全省之水不致畢注於天津，而尾閭始暢也。尾閭之水既暢，則胸腹之氣乃通。至東淀、西淀，全省之胸腹也，東淀握要在三河頭、楊家河，與南、北、中三股河合，西淀以清河口、馬道河、趙北口爲扼要。凡此數端，皆決排之事，使胸腹寛舒，不致腹滿爲患也。尾閭之勢既暢，胸腹之氣漸舒，則得其就下之性，而支流旁派，乃可次第引導，不致動輒爲患矣。

湯斌《答孫屺瞻開海口治下河書》：蓋天下水，未有不以海爲歸者。黄河北岸減水壩，由沭陽、安東等處，皆入海之路。潘印川減水壩俱建於河北岸，欲從灌口入海也。又云：『前讀大疏，無海口高於内地之事』，此先生親身閲歷之言，故鑿鑿如此。只此一言，便是治下河定算矣！故減水壩不可不塞，則海口更不可不開。下河之水愈大，則開海口之功愈大，惟先生斷然持之耳。

張世友《議浚吴淞江書》：自順治九年至今，吴、淞、劉河等處發帑開浚已十數次，詳請修治者不啻數十次。然是我朝開浚之功，視歷代倍勤，故水患較歷代亦甚少。然數十年，蘇、松各屬究不免有泛濫之憂者，其弊在民貪小利而昧遠計；官多偏治而闇情形。東陞西漲，苟利一身，補偏救弊，只利一邑。或治在尾閭，而遺其腹心；或治在承接，而不究源頭，未能自始至終，通身勤治者也。又云：『酌劑先後緩急，綱舉目張之法』，其道有三：一請帑以浚三江之正河；一按縣計圖，以浚三江兩岸之幹河；一每歲輪修支港，并令各圖查報江湖水口之浮漲，删除侵礙水面之茭蘆，查拔攔江蔽口之魚簖。如此不懈，則五年之後，水利益溥矣。

沈起元《去劉河七浦新閘議》：天下建閘之處，大抵因上流高峻，水迅易竭，故建閘以時蓄洩，未有於平水而用閘者也。吴地水平，故號平江，路自常而東，則又平矣。自蘇而東，則又平矣。何事於閘？當事者但知閘之妙於蓄洩，而不計平水之無所爲蓄洩也。今請言新閘之害。今之海潮，既以河道溢而僅通細流，至六渡橋，而去海已遠，潮力已微，又東之以閘，則來者愈微，退時愈緩。水緩則沙渟，沙渟即淤，以致濱海田畝戽救無從，膏腴之産化爲石田槁壤。萬一大水爲災，河道既微，復梗其咽喉，震澤西來，東南列郡之水，將盡歸劉河，而争出於丈餘之水門，其勢必洩瀉不及，則泛濫漂没之患，吾州先受之。明張儀《部采修州志》，其言水利，有『禁中流横截蟹簖，致泥沙留淀』一則，夫閘之束水而留淀，不有萬倍於簖者乎？嘗聞之濱海居民，欲灘之西漲，横一木於西岸，則逼衝於東而西漲，欲東漲亦然。今兩閘旁石堰，其爲横木亦大矣。宜兩岸灘漲，驟爲溝渠也，去之不宜急乎？或者曰，閘固宜去，如前之議者，何夫？前人之誤，後人正宜救正，當議建之時，後患未形，無論督撫大臣，不習水土者不能計及，即居其土，而非熟精水利者不能預知。知之未能言，言之無徵也。前人未見其害而爲之，後人見其害而去之，前人固未爲受過也。即受過矣，而惜一、二人之受過，而不顧百姓世世之害，賢者所不忍。

沈德潛《元和水利議》其論第三弊曰：河之四旁，雜植茭蘆。茭蘆既生，泥沙附之，可種菱芡。菱芡蔓衍，泥沙愈多，可種稻苗。有力者陞科輕糧，傳爲世業，入之版籍，而不知河流日狹，驟成平田，淫雨暴漲，膏腴之壤並爲巨浸。以前所陞之毫末，易所汩之鉅萬，以有力者之牟利，易萬户之災荒，三弊也。又條四事，酌而行之。一曰築圩裹田，二曰開治港浦，三曰修築塘岸，四曰除去壅塞。

黄叔琳《詳陳浙江水利情形疏》：此項田地原屬官湖，漸爲民占，在亘塞湖心者，固爲妨礙水道，即去湖較遠者，亦皆阻遏水流。況所納於官者，每年僅銀三十餘兩，米二十餘石，即利於民者，每年亦止花息銀四百九十三兩零，其爲官民利益者甚微。而所損於三縣民田者，實不止於鉅萬。所當仰請皇仁，豁除糧額，照西湖舊址，盡行清出歸湖，去其梗塞，開通水源，以貽萬世無窮之利。

馬慧裕《湖田占水疏》：臣愚以爲，國家生齒日繁，地土甚闢，至於關係水利之蓄洩，當仍以地予水，而後水不爲害，田亦受益。小民不能遠慮，貪目前之小利，忘經久之大計。臣思從前已經開墾者之田，逐一清釐，固恐滋擾，若自今以往，嚴行禁止，於東南各省甚爲有益。應請皇上敕下，凡地關蓄水及出水者，令地方官親自勘明，但有礙水利，即不許報墾。此實治水務農，裨益民生之大端也。

卷十七　雜録下

《南海縣續志》：　泥龍角，桑園圍最險處。其地勢横插一支於江中，逆遏西流，向多坍卸。後因沙土之堤，不能與水敵，遂採買亂石，疊在基脚，築一長壩，高出水面數丈，幾與堤等。然築成後，爲水所衝激，遞年低卸，每有歲修，即加石培補，已成故事。同治丁卯、戊辰年，通圍大修，再培厚加高，費買石銀數千兩，計前後築壩，銀不下萬餘兩。同治九年七月，壩忽低陷數尺，八月盡卸下江中，渺無形迹。堤身傍江處亦裂開，長數丈，圍中人往觀，皆愕然不知其故。有老於堤務者曰：『此易知耳。西水從高而下，石壩横遏之。水不能從上面暢流，勢必向下淘刷。石壩之下，即浮土也。沿壩脚河底之土，受水衝日久，必成孔穴，石遂跌下，以填其空。壩底石卸一尺，壩面石必低一尺，此定理也。且水勢柔而善入，日夜鑽刺，不止刮剥壩外之土已也，又從石罅穿入壩心，遥計數十年來，全壩之底，必剔透如蜂窠矣。但亂石縱横，互相支拄，不至全行陷下耳。今忽加以數千銀之石，上重下輕，力不能承，必倒卸於江中矣。』若爲長久之計，必另圈築一堤，以故堤爲外基，多一重門户，尤爲堅固云。或曰：『圈築棄地多，又圍内多墳墓，恐爲所壓，不若籌數千銀買石，委之江邊，修回舊壩，暫救目前。』此爲急則治標之法，現已籌款買石，照舊修築云。

案：　石壩全圮，在七月十六夜，不至八月始盡傾卸。縣志未核。

嘉慶元年十月，南海縣正堂李，諭桑園圍總局首事李昌耀等知悉：　案奉廣州府正堂朱牌行，嘉慶元年十月二十二日奉布政使司陳憲牌行，據南海縣申稱，嘉慶元年八月二十五日，奉本府轉奉憲臺諭，開據吏南科書辦梁玉成稟爲全工指日完竣，附請奬賞，以示鼓勵事。竊辦本籍修築桑園全圍，土石各工先後共派捐銀五萬九千六百餘兩，前此本邑李縣主與順邑温内翰等公推總理首事七人，在局董率經理，復於本邑各堡内舉出勸捐首事數人，僉捐足額，陸續收銀交局，以應鉅工。上年七月，大工告竣，經李縣主稟蒙憲恩，於總局首事李昌耀、余殿采、梁廷光、關秀峰、何曒洲五人，給與扁額，示奬其協辦局務，派委東、西兩岸督築大小缺口及吉贊横基之李冠賢、譚東元、張聘君、麥脩達、李式豪五人，亦蒙本府製扁奬賞，其餘十一堡首事，亦經李縣主按名給扁，以勵賢勞。至續添辦石工，本邑各堡復懇添派勸捐首事數人經理。兹各堡續僉銀兩，早經完繳，隨將各段工程培護結實，另行由縣查明奬賞外，惟兩龍、甘竹三鄉前推首事二人，迨後未經到局辦事，是以上年未及稟請奬賞。兹三堡前後襄捐土石各工銀兩均已全數清繳，洵屬踴躍急公，可否仰懇憲恩，於兩龍、甘竹三堡，每堡給予扁額，懸於該堡公所，庶三堡紳民得以共沐恩光，足徵好善樂施之慶。至若在局辦事三載以來，常川公所，實心實力，任勞任怨，始終不倦者，則係署九江主簿事、鹿步司巡檢嵇會嘉，本縣奉委在工之内司林雲朝、總局首事監生李昌耀、協理局務職員李冠賢四人之功居多。此外尚有一府兩縣工房典吏，及九江、江浦兩攢典，暨在局掌理數目書記，登號絲毫不亂之李荷君等，三載以來，屢奉大人暨本府、本縣疊頒曲諭，抄寫傳宣，敬謹將事。每於喫緊之際，夜以繼日，且能仰體憲懷，潔己奉公，勤勞不倦，均各出自至誠。兹本邑各紳擬於月内將工程完竣後，在於海神廟唱戲酬恩，並請兩龍、甘竹紳士到局，分别備情，公同酬謝，以答勤勞，并將修築各段工程支銷數目開列貼堂，務使圍衆共悉，一目了然。次將大人發給扁額，擇吉送赴兩龍、甘竹三鄉公所懸掛，以暢輿情，所有扁額囑辦，稟懇撰給，賜予爵銜，恭候帶回。至一切典禮應用銀兩，即在於先登堡陳軍涌，歸廟沙坦租銀項内動支，無庸派捐，合并稟明。是否有當，統候鑒核示遵等由到司。據此當批兩龍、甘竹三堡，准給扁獎勵，餘飭府分别獎賞可也。備札到府，仰縣立即查明在事出力人員，及書吏攢典，分别獎賞，揭示公所，以勵賢勞等因到縣，奉此，遵即分别移行擬賞。去後兹准署九江主簿兼署江浦司巡檢嵇會嘉覆稱，遵奉，率同總局首事秉公酌議，除李昌耀、李冠賢已蒙給扁賞勵，毋庸再議外，查府憲與兩縣工房，於屢奉各憲疊頒曲諭，均能抄寫傳宣，敬謹將事堂臺林内司雲朝，實心實力，潔己奉公，擬請各賞袍褂一套。九江江浦攢典均係屬内子民，田舍廬墓，皆賴安享，分應急公，但既蒙札行獎賞，擬請各給袍料一件。其在局辦理支收賬目，勤慎不倦之李荷君，并各堡新派首事無不踴躍急公，應請分給扁額，以示榮寵而慰勤勞等由到縣，准此。伏查卑職屬内桑園圍基，綿長一萬二千餘丈，實爲通縣圍基最大之區。乾隆五十九年間被潦，溢决基口數處，荷蒙憲臺捐廉，倡令該圍各堡紳民踴躍僉捐工費，以襄厥事。現在全圍土石各工均已告竣，奉諭查議獎賞，此誠逾格優恤之慈懷，兹准議覆前由，是否允協，理合申請察核等由到司。據此查核，所議分别獎賞甚屬妥協，據議前由，備牌行府，仰縣速即轉飭，遵照分别獎賞，毋違等因。奉此，除移順德縣轉飭知照外，合諭遵照諭到，該首事等即便傳諭在事出力人員，届期赴局，祇領獎賞，毋違特諭。

《九江鄉志·劉宗望傳》：乾隆甲寅，通修桑園圍，并築東、西基决口，工程浩大，各憲諭飭地方官掄選值事，宗望預選，實力從公，始終不懈，工竣之日，主簿嵇會嘉上其勞績，藩司旌以扁，曰『務本宣勞』。

《明倫傳》：甲辰，桑園圍决，倫與孝廉馮日初等請於官，撥金數萬兩興修，并董其事。堤岸屹然，耆制府製扁旌之。案，修桑園圍之有獎敘，僅見於李邑侯之諭。甲寅所旌者劉宗望外，何𤄃洲有『功垂桑梓』、李昌耀有『鄉閭保障』之扁，甲辰則自明倫外，無可攷矣。故特存之。

粵東省例：　一南海縣所屬之桑園圍，界連順德，爲全省最衝、最險、最廣之圍，關係最要。前因土堤易圮，嘉慶二十二年奏准，在藩、糧二庫借動銀八萬兩，交南海、順德兩縣當商生息，每年息銀九千六百兩。以五千兩歸還原借本銀，以四千六百兩作爲歲修之用。嘉慶二十四年，紳士伍元蘭等捐銀十萬兩改建石堤，無需歲修，即將前項歲修銀兩歸入籌備堤岸項下聽撥，其歸原本銀兩於補足後，業已撥充捕盜經費。道光十三年，桑園圍基被水沖決，需費繁鉅，捐項不敷，奏請即在籌備堤岸項内歷年存貯歲修本款息銀支用，如本款不敷動支，先於藩庫籌項借給，仍俟續收歲修息銀歸補。如工程過大，費用過多，借項未便久懸，亦應酌定年限，除續收歲修幾年歸補若干外，餘銀仍應由該圍分年按糧攤徵歸款。　道光二十四年，該圍復決，即援照十三年辦過成案奏明辦理。

《九江鄉志・朱遐朱淩沖傳》：　遐字叔華，以西寧籍補諸生，博洽多聞，深於史學，留心鄉邑利害。萬曆戊午、己未間，與文學朱淩沖建議於李村大圍内改築新堤，不與水争地，實慮始首功。淩沖字宏會，讀書能究本源，誼切桑梓，凡興利除害之事，則毅然任之。萬曆四十年，海舟堡下堤被水衝割，坍陷幾盡，淩沖謂此基逆障洪流，爲河伯所必争，必旋折讓之，方可免患。亟與文學朱遐倡請制府於原基内退數十丈，別創一基。工竣後，原基盡没，不爲害，全圍賴安。

按，舊志改築新堤事，謂倡請制府，由文學朱泰。攷《九江鄉志》、《朱氏族譜》皆無朱泰名。淩沖號太一，《南海縣志》則云朱泰一、朱石室等倡里民呈張制軍鳴岡檄，海防晏攄，忠履勘晏，采輿論勘覆制軍，允行。泰，即太一，舊志殆佚其一字乎。

《滿洲名臣傳・阿克敦傳》：　初，廣東巡撫楊文乾議將高要等五縣圍基頂衝改築石工，次衝改作樁埽，計費數十萬金，借庫銀修築，且有開捐之議。阿克敦意與相左，文乾專摺奏請。五年正月，阿克敦疏言：　查廣東沿江之高要、高明、四會、三水、南海五縣，向有圍基，俱係土工，開竇建牐，以時蓄洩。年年十一月後，地方官督率鄉民，按畝分工，加卑培薄，民不爲苦，官無所費。至田畝間有被淹，圍基衝決，多因江漲。但水性不猛，非必土石樁埽，方能抵禦。請仍循舊法，令地方官農隙督民修補，倘遇江水驟漲，遣員巡查，以防衝決圍基，即能保固，無庸改築費帑，且無一勞永逸之理。得旨『所奏甚是』。尋請以廣州、肇慶屬圍基，專遣廣南韶道、肇高廉羅道督修，與毓珣會疏奏聞，下部議行。

《龍山鄉志》：　桑園圍，九江陳博民所築堤也，事詳郡志《穀食祠記》。初，龍山、龍江悉屬鼎安，迨置順德，而縣始分。縣分，則堤爲南堤矣。雖然，水漲同其災，堤固同其利。吾鄉之人，追思厥德，亦莫不曰此陳氏子之賜也。歲設位於大墟祀之，以報其功云。自後，歷數百年，堤久圮屢，築修亦屢。乾隆甲寅之秋，潰決尤甚，及冬，衆堡合議通修，凡圍内皆與捐派，議如聚訟，苟非官爲督責，事幾不成，具詳修堤各記。夫修者，因之而已。其難若是，而況創於昔乎！故是役也，身董其事者，雖備極勤勞，猶莫不曰此陳氏子之賜也，後人何與焉。噫嘻，功德之感人，固如此哉！雖千百世祀之宜也。按堤分段爲歲修例，某處陷，責之某堡。惟通修全堤，非合力不克舉云。

《順德縣志》：梅應科、曾熙、陳科、葉觀相，皆龍山人。年地相等，同爲鄉里信服。鄉東北田廬，每苦西潦爲患，議築堤捍之，役重費鉅，咸推四人者始終其事。四人相與謀合，乃慨而肩焉。堤成，一鄉皆居樂土。其按語曰：『龍山每防西潦，故民舍率有樓閣，設避水具。蓋地在桑園圍之内，而堤去其鄉遠，搶救恒恃他堡，今固築無虞矣。』此則堤防鄉東北田廬者，尤爲切近也。

《温汝适傳》：温汝适，字步容，號筼坡，龍山人。年十六，領乾隆甲寅鄉薦，甲辰成進士，改庶常，授編修，入直上書房，擢贊善、洗馬、侍講、侍讀，轉左、右庶子，遷祭酒，太僕寺少卿，通政使，歷典試廣西、四川、山東，督學陜西，遷副都御史。己巳，監臨京兆試，臨場條陳，左遷太僕寺卿，旋復副都御史。癸酉，擢兵部右侍郎。汝适居官勤慎，朝中號正人，以母老，乞終養，瀕行蒙温諭。抵家，會西潦爲災，順德、南海村落，多恃桑園圍捍障，而圍基適在南地，壞則南圍南修，汝适以順民故，在圍中廣勸同縣，輸貲協濟，言於當事，奏借帑金八萬生息，爲歲修資，兩縣田廬咸利賴焉。按此圍跨連數縣，而在南海者爲至多，在順德者爲至少。西岸東北自南海、三水交界飛鵝山下之馬蹄圍，南而海舟，凡四越小山，至鎮涌，河清、九江之西，又越象蚌等三小山，至龜岡一帶山嶺；復自九江之南龜背山，下至分界樹，折而東，即順德之甘竹堡。其東岸自南海仙萊鄉，南越晒網墪，經民樂，至沙頭，即順德之龍江堡。盡於高桑，地稍東，即水藤堡，而龍山堡即在其西南。蓋圍基雖在南海，而龍江、龍山，實居圍之腹心，歲當西潦，至一切察看搶修，皆恃於近圍基村堡。而居腹内者，力無從施，一有衝決，轉瞬波及，無可措手。故龍江、龍山，地稍低窪者，必築樓以備避水之具，亦時時預蓄之。先是圍基不入縣境，舊持南圍南修之説，遇堤壞，即由決處修復。力薄，工不能固，輒復坍陷。自汝适捐修，均諸圍内，又言於大吏。嘉慶二十年，奏准借帑八萬，發當商生息，歲得銀九千六百兩，以五千還帑，以四千六百備歲修，俟還足，即以息項全資修費，可謂一勞永逸。惟繳存官庫，縉紳無請行歲修之舉，於是，當事者或移充捕費。道光十三年沖決，奏請在堤岸歲修項内支用，二十年林文忠領兩廣節鉞，知侍郎八祀府學之由，端在於此。時方海夷多故，猶令首縣查開存項，將籌爲經久之法。未幾，受代以去，事遂中止。今纂八省例云：如歷年存貯歲修本款息銀，不敷動支，先於藩庫籌項借給，續收歲修息銀歸補，如工程過多，借項未便久懸，應酌定年限，除續收歲修歸補若干外，餘銀仍由該圍分年按糧攤征。既而丁内艱，哀毁成病。聞睿皇帝賓天，力疾奔赴，至吉安遽卒，年六十有七。宣宗成皇帝念藩邸舊勞，賜子承悌舉人，旋中進士。

《南海縣續志·李昌曜傳》：昌曜名肇珠，以字行，海舟堡人。少隨父客粤西，習法家言。恒居縣幕，留心經世之學，於農田水利尤所深悉。乾隆五十九年甲寅，水大漲，自李村抵烏婢潭，決口共二十二處。時布政使會稽陳大文、在籍紳士翰編温汝适謂此圍捍西、北兩江，爲糧命最大之區，年來爲洪濤沖擊，危險已極，非通圍大修不可。然工鉅費煩，必得熟曉堤工，實心任事之人，乃克有濟。於是博訪衆紳，咸推昌曜，遂札委爲通圍主辦。昌曜乃躡勘東西圍形勢，其厚薄高下，危險平易，了然於心。而後買料必得其用，用人必當其才，工役不敢偷安，度支不得泛濫。數閲月工完，除塞二十二決口外，補薄增高，危者平，險者易，數千丈一律完固。時督工者，九江主簿嵇會嘉，仿漢築宣房宫法，建海神廟於李村鎮壓之。又於缺口栽榕樹護堤，陰森夾道，論者謂『此圍自明初陳博民詣闕上書，請築堤捍患，迄今五百年，而昌曜繼之。』兩布衣後先輝映，爲德桑梓，陳方伯賜以扁額，曰『鄉閭保障』，誠實録也。後數年，友人招往湖南辦鹺埠，埠居萬山中，前有小河通舟楫，每出水發，縱横曼衍，山民雜糧多被淹，昌曜詳看川源，得其條理，教民採石作壩，遏山水盡入小河，患遂息。土人德之，名曰『思德壩』，此其精於水利之一端也。

李應揚，海舟堡人，乾隆六十年乙卯科武舉，留意堤工。道光年間舉人曾銘勛、何子彬、馮日初、明倫等修圍，前後資其贊畫。

《鄧士憲傳》：鄧士憲，字臨智，號鑒堂，沙頭堡人。乾隆五十四年己酉，以郡試第一，補弟子員。是秋，領鄉薦。嘉慶四年壬戌，成進士，選庶吉士，散館，歸部學習。補職方司主事、員外郎，升武選司郎中。二十一年，以京察一等，授雲南臨安府知府。二十二年，調貴州大定府知府，調思南府賞加道銜。與布政司吴榮光兒女姻親，調雲南開化府知府。未到任，調補普洱府知府，兼署迤南道。道光九年，署糧儲道，因繼母年近八十，已官中外二十八年，遂請養回籍。十三年，西、北江漲，堤堰缺，七月，颶風大作，偕邑紳區玉章、何文綺親歷災區勸捐賑恤，全活多人。是歲，桑園圍亦決，請當道籌款興修，人懷其德，崇祀於李村海神廟。十九年卒，年六十有七。

《何文綺傳》：何文綺，字宸書，號樸園，鎮涌堡烟橋鄉人，嘉慶庚午舉人，庚辰成進士，授主事，兵部職方司行走。後以修桑園圍出力，加員外郎銜。性恬退，尤以友愛稱。登第後，告假歸，不復出，居省垣二十餘載。惟遇賑凶荒，修堤堰，捕盜賊等事，關係小民疾苦，慷慨直陳於官，否則望門裹足，若將浼焉。未易得其一面，和而不同，素性然也。

《潘進傳》：潘進，字健行，號思園，百滘堡黎村人。自幼友愛成性，篤交誼，喜施予。居鄉，族内凡理所當爲，力所能爲者，無不踴躍争先。道光十三年，西潦決圍，民苦飢饉，颶風又作，族内房舍坍塌實多，率先捐貲平糶。水退後，按房大小，酌量給貲，使自修復。昏墊露處之民，多所全活，而惠澤及人之廣遠，尤在前後保護桑園圍一事。初，桑園圍乾隆甲寅後頻年潰決，修築之費累鉅萬，起科不足，繼以題簽，上則督率追呼，下則喧爭聚訟，民甚苦之。自嘉慶間，温侍郎汝适家居，商同督撫，奏發司庫銀八萬兩，發南、順當商生息。俟將遞年息銀清還庫款項，然後將此息爲歲修之資，帑項無虧，堤防有賴，法至善也。厥後盧、伍二商捐銀十萬兩，將險要處改建石堤，當道謂『崩決既可無憂，歲修亦可不設』，將此項改撥他用。道光癸巳，圍再決，工料之需，茫無藉手，進乃言於鄧觀察士憲，曰『此項銀爲修圍而設，前因無需修而改去，今因急於修而撥回，至公至平，有何不可？』旋請於大吏，卒如其言。嗣後歷甲辰、己酉、癸丑，屢次興修，皆得陸續支領，長圍鞏固，進之力居多。進精籌畫，善變通。常有衆人束手，一轉移間，即反敗爲功者。先是道光九年圍決，三水之陂子角水建瓴下，由是桑園圍之吉水灣、仙萊岡等處皆決，進勸伍商捐銀三萬六千兩，分助修築。而圍故事，各鄉所管基段，如有崩決，附近業主修築。仙萊岡族小人貧，除伍商助銀二千兩外，不敷五百餘兩，官紳追迫頻仍，將有逃亡之勢。進謂其鄉人曰：『我鄉每月會交經費不足，而仙萊岡因修堤故，曾買田十二畝，挖田面浮泥土以培厚堤基，田既低窪，不能種植，盡成廢業，且留下虚糧，我欲開義會，湊銀千百兩，照原價買此廢田，然後就窪處再刬深以爲池，池深六尺，池旁地即高六尺，低者養魚，高者種桑，則變下業爲上業，仙萊岡人得田價爲修費，可無拖欠之虞，税入我鄉，又無虚糧之累，而我變田爲塘，租入自倍，會費裕如，此方便術也。』僉曰『善』。如言行之，人己公私兩利，其善爲謀如此。援例候選直隸州州同，以孫斯濂貴貤，贈翰林院庶吉士，卒年七十一。論者謂，進自祖父以上，累代單傳，名亦不顯，自進以後，子孫林立，科第聯翩，爲邑望族，殆厚德之報云。

《陳信民傳》：陳信民，原名亨時，字任甫，九江堡人。道光丙申科進士，湖南即用知縣。性任俠，樂施予。道光癸巳，大圍決，七月多颶風，房屋寄水府，多傾頽，米價踴貴。信民時爲諸生，駕小舟巡行村落，勸有力者出貲助賑，不足發南方義倉，不足發通鄉同濟倉。旬日間，舌弊唇焦，存活無算。仍心如歉然，謂救荒無善策，與其救於後，不若備於先。南方澤國，旱少潦多，能常修治基圍，或可免飢饉。會道光丁酉，水又大至，兼淫雨連月，内河水又漲，大圍内子圍水將刮面過，幾決者數矣。信民以寒士倡捐多金，鳩工庀材，手沾足塗，親自監督，瀕危後安，其有德於鄉類此。

《九江鄉志·明之綱傳》：明之綱，字禹書，號立峯，東方沙滘人，訓導離照子也。性伉爽，狀貌魁梧。道光己亥中式，廣西鄉試第五名。咸豐壬子，成進士，即用知縣，分發直隸，未赴任。丁外艱，以母盧年老，遂絶意仕進。時造福於鄉閭，屢與圍紳呈請桑園圍歲修官帑息銀，前後六次，修築堅穩。自道光甲辰起，桑園圍不被水决已四十年，泝北宋築堤以來，保固最久，賴之綱之力爲多。

整理人：萬毅，中山大學歷史系副教授，從事中國古代史研究和教學工作。著有《岑仲勉文集》《大汕和尚集》。

〔清〕温肅　何炳堃　纂修

續桑園圍志

張宇明　張孝南　嚴黎　馬濤　整理

整理説明

《續桑園圍志》係民國二十一年出版，孟秋由温肅、何炳堃等倡修及編纂的桑園圍的歷史文獻。因前有《桑園圍志》，故志名曰《續桑園圍志》，全志共十六卷，上接乙酉年《桑園圍志》，詳細記載了桑園圍的地理情況，并繪有完整大、小圍圖。該志記述了桑園圍的續修及遭遇的洪灾、搶救、修筑、維護等各類事項，以及有關桑園圍治理方略的論争，總結了桑園圍的修築技術及桑園圍的管理經驗。

清代廣東地方政府的倡導，促進了重要水利工程歲修制度與管理機構的確立。大修時施工總局機構擴充，設總理、協理若干人，首事若干人。大修時的施工總局機構龐大，組織嚴密，對工程規劃、資金籌措、材料採買與各基段管理，施工組織與管理，施工技術及工程驗收，堤圍日常維護形成一套嚴密的章程、歲修制度。文獻記録桑園圍各基段自有基主，平時各堡、各甲自行維修，由圍内各村、各堡實行分段負責制落實堤圍維護。詳盡的歲修維護制度的確立是桑園圍安全的重要保證。

文獻記載了當時歲修經費的籌措辦法。其來源主要爲向國庫申請無息撥款，用來貸給典當商，每年獲利息，除去還本，剩下的銀兩作爲險要堤段每年專修款，平時維護費由各地鄉親捐款籌集，按畝徵收。

《續桑園圍志》是一部完整記録堤圍水利工程的文獻，其工程經驗及管理制度對當今水利工作仍有借鑒意義。

本編纂單元整理工作由張宇明、張孝南、馬濤、嚴黎完成，由萬毅、黎沛虹審稿。不當之處請批評指正。

整理者

續修桑園圍志　序

癸亥春，余如京師，道出香港、南海，岑君伯銘手桑園圍志稿一帙相示，且屬爲之序。爰略讀一過而歸之。抵京年餘，此諾未踐而岑君函促至再，因思圍志自何嗣農[一]孝廉重輯，詳略得宜，今屬草之。何屏山[二]孝廉即昔日之任校對者，體例不更，事從其覈，依類排纂，奚用余贅詞爲？雖然，甲寅乙卯之決，工鉅且費，向所未見，而時局俶擾，任事之艱亦前所未有也。以今之經歷，爲後之鑒懲，亦惡可無言哉？蓋自來護圍之要，厥在歲修專欵。甲寅決後，時長財政廳者爲嚴公家熾。余馳書告急，嚴允援案照撥，且列入預算表，以規永久。粤局一再變亂，此欵有無，遂不可問。第使機有可圖，必當争回，毋虚前賢之成勞。且見先朝洞鑒民隱，無微不至，民非后，罔克胥匡以生[三]，舉一事可以風其餘也。又地形水利，時有變遷，歌滘等三口爲全堤尾閭，載在前志。光緒癸巳，五堡建議於三口設閘，議卒不行，然其利害究未能決。余以爲創者、沮者，兩議不妨並存，以俟後人論定。否則，均删不録，免傷同圍之誼，此亦載筆者所宜審也。至於動欵數十萬，起科歷六七年，非有熱誠巨力者倡塾於先，事何由集？岑君之功亦奚可忘哉？余東西南北之人也，然家於圍内數百年矣。自癸丑奉諱歸里，甲乙兩災均所目擊。迨丁巳、戊午潦漲日高，至癸亥、甲子而加甚。竊慮水患之日加無已，而增卑培薄之非長策也。夫長策云：何疏濬下流開通支河？前人備言之矣。今下流堤岸日益增，沙田圈築日益廣，與水争地而潦無歸壑，居上流者，寧有幸焉？此則私憂竊歎，而願與同圍諸公共圖之也。

順德温肅謹序

[一] 何嗣農，即何如銓，《重輯桑園圍志》的編纂者。
[二] 何屏山，即《續修桑園圍志》編纂者何炳堃。
[三] 該句引自《尚書・太甲》。意思是説没有統治者的組織管理，民衆無法協作謀生。具體釋義可參閲有關註釋。

續修桑園圍志　序

桑園圍之有志，自乾隆五十九年甲寅大修始。嗣是嘉慶丁丑、己卯、庚辰繼之，道光癸巳、甲辰、己酉繼之，咸豐癸丑、同治丁卯繼之，庚辰以前，僅就工程文牘彙刻成編，至癸巳志始分門目纂輯。光緒乙酉，馮比部越生領帑歲修，因與何君嗣農議及舊志體例未協，屬令增删，何君去其繁蕪，補其闕略，分爲一十六門，頓改舊觀，一展卷而心目爲清矣。

書成，迄今三十餘年，請領歲修者凡幾次，加以甲寅、乙卯連年圍決，致有非常之大工，是不可以不志也。總理岑君與同事諸君屬堃編輯，以紀其事。爰踵乙酉志門目而叙次之。夫志者記也，記其事所以使後人有所據。依變通而推事盡利也。潦之爲禍烈矣，沿江田園、廬墓賴築圍堤以捍之。而堤每加高，水若隨而争長，是豈水之性哉？水性就下，下流壅，斯張難消，勢使然也。從來下流圍田築壩長沙，沙日積而水道日淤。前潦未退，後潦復來，猶路塞而人擠，不可行矣。水之與堤争高職是故也。在昔大吏有留心民瘼者，嘗欲疏通水道，委勘阻碍水道處所。未築者禁，已築者拆，議定未行而調任去矣。後之能爲繼者固難其人，即有其人，亦未必能久於其位，而竟其成也。蓋有力能使之去者，其將如之何哉？欲革其弊而阻於勢之不能行，可慨也。或有擬在上流開一支河，由陽江達海，以殺水勢者，光緒間張文襄公督粤時，曾遣員罗君海川測量新興江口至黄坭灣，從此鑿通道流入海，地勢高於水面二十丈，地長百餘里，爲費鉅，成功難，勢亦不可行矣。上流既不能開，下流又幾鄰於塞，水患何時已哉？

昔人以繕完堤防，增卑培厚爲下策。至我圍則所恃惟在堤防。若舍加高培厚，而别求一策，正不知上策果安在也？今以漫溢致決，通圍加高三尺，兼復一律培厚，費至四十餘萬金，固以期一勞永逸也。顧上流之分殺，與下流之疏通，有不能必於將來者，則今日之加高培厚，其可恃與否？又未可知耳。安得當道有勤恤民隱者，洞悉豪勢之姦，而力除其弊，毅然救此一方民哉？編輯既畢，因念水患頻仍，思所以善其後。竊慨夫前人建策主於疏通，實爲篤論，而阻於勢力，垂成中止，爲可惜也。爰并及之，以諗後世之有心斯圍者。

續修桑園圍志　序

桑園圍志續修既成，將付梓。兆徵循讀一過，以爲何君此稿，謂之不翔實不可。然於兆徵多所獎譽，慮讀之者疑其阿也。因綴數言於簡端曰：此圍數十年來，工程之鉅，莫如甲寅、乙卯兩役，而乙卯尤甚。決口至四十餘處，用欵至六十餘萬。方事之殷，圍衆集邑學明倫堂，票舉修圍總理，兆徵以票多被舉。時水災後，公私交匱，幾無從措手，不得已勉捐萬員爲之倡，賴群力輻湊，應者繼起，共得義捐約十萬，合之丁捐共二十萬。

大綱始粗立，然不敷尚距。復從事於墊借，照舊章按畝起科償之。竭十餘年徵收之力，卒清償無負。然自來科斂之舉，非董勸並施不能集事。其太疲玩者，或呈官派員坐催。雖出於無可如何，不求人諒，然此心終覺歉然，此其名之不敢居者也。

又施工之際，不能不清釐界段。飛鵝翼横基之易土而石也，區村後山之創築新基也，黄公堤之收回主權也。幾經争辨，或竟訴諸官而後決。此亦事勢之無可如何，而非逞意氣以求勝也。至於同事諸公，如程少慈、關子清之繁頤躬肩，不辭勞瘁；老潔平、陳度之之審計精核，出納無私；關遜卿、黄澄溪之勇敢耐勞，始終勤慎。實能勖兆徵之不逮，有非紀載所能盡者。

兆徵自受任以來，舟車旅費，從不動用公欵分毫。而諸公慷慨赴義，相感以誠，亦復不受薪水伕馬。此雖小節，在諸公固未嘗矢諸口，然亦不可没也。今者志書既成，圍事告竣，修基公所，行將裁撤，此十餘年辛苦共歷之境，不能不表而出之，豈敢云後事之師哉！抑愚意尤有過慮者。

天下事變無常，惟有備斯無患。往者歲修之欵，領自官中，縱逢小決，補苴有賴。今並此而無之，而水勢與年俱長，苟無儲備，以時增卑培薄，豈獨潰決堪虞，行見巨漲之没堤而過也。今夏河澎圍瀕決而獲全，兆徵蓋親見之，毋使他日謂余不幸而言中哉。

乙卯南順桑園圍修基總理伯銘岑兆徵謹序

重輯桑園圍志　職名開列

倡修　温肅　周廷幹　岑文藻

總纂　何炳堃

分纂　余德偁　關遇志　朱瑞年

續修桑園圍志　凡例

一、圍志專志圍事之有關係者，非是不書。

一、圍志創始乾隆甲寅，繼而編輯者凡八，至癸巳、甲辰始分列門目，乙酉何君嗣農纂修，乃從舊志門目而損益之。今用其例，删去江源，仍載沿革，餘悉從之。稱其志爲前志，稱各志爲舊志。

一、舊志所載沿革甚詳，難以備載，當撮舉大者以存其梗概。而甲寅、乙卯兩次大工爲從來所未有，自當從詳。

一、舊圖但繪大圍，而子圍從略。今增繪子圍，以補其闕。

一、此次纂修接踵乙酉前志，其未採録者，録之。其已採録者，不再複出。

一、事勢今昔不同，章程隨時而變，其爲向章所常行者，可無容贅録；其當變通者，必詳録之。使後人知所遵守。

目録

卷一　奏議缺

舊志所載奏稿，乾隆以前無有存者。豈日久流傳散失歟？抑向由民捐民修未及上達天聽也。自是以來，大吏因災入告，可得而稽矣。迨嘉慶間，阮公奏准，借帑生息，乃有歲修專欵。迭次修築，必由紳士呈請當道，專摺上陳，准予給領，然後興役，工竣奏銷，習爲故事。歷觀所存奏疏，具見勤民至意，録之所以昭皇仁、表遺愛也。爰及世變，至官署公牘類多散失，兹就採得者録存之，闕者無可補也。能無增懷舊思古之感乎？志『奏稿』。

現人民國本無奏議，惟此志仍沿前例，自光緒十四年續修，至宣統本有奏議，前經搜集繕正，因總纂何君屏珊由香港返九江，在沙口駁艇被水淹没，連原稿一并失去，無從追補。

卷二　圖説契附末

古人左圖右書，圖之切於用可知矣。況地志稱爲圖經，是志，地不可無圖也。無圖則道里之遠近，山川之險易，無由悉也。有圖則一覽如在目前矣。且水利堤防，民命所託甚大，有司之留心民瘼者，按圖而審其利害，致其經畫，雖未至其地，已不啻身親見之矣。是可不求其詳細哉？圍舊有圖，得其大略耳，未得其詳也。大圍有圖，子圍無圖也。今全圍繪一總圖，有基段十一堡各繪一分圖，子圖附焉。基段長短、險易，新築、改築，注説於後。志『圖説』。

桑園圍總圖

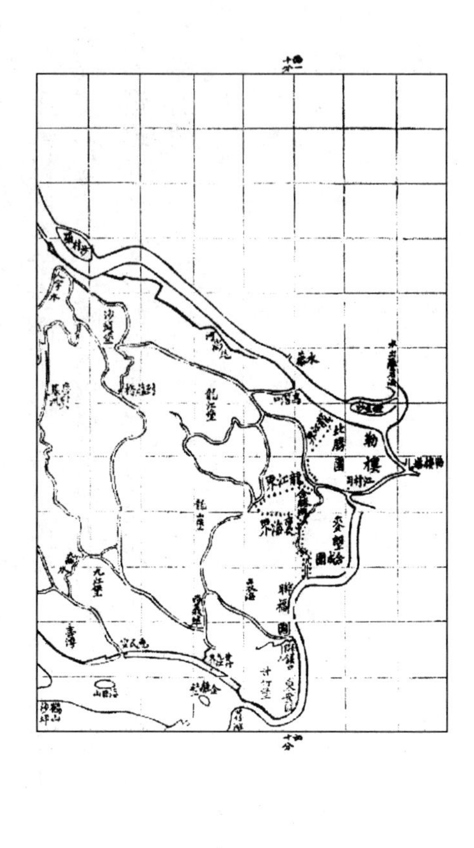

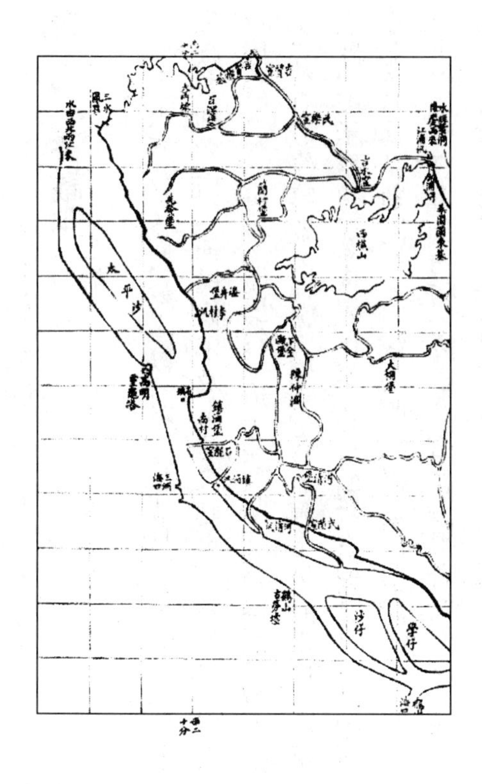

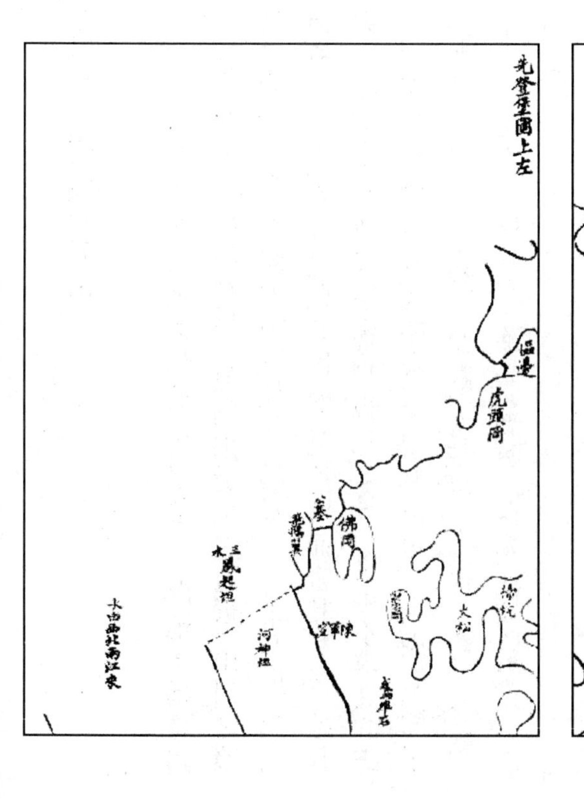

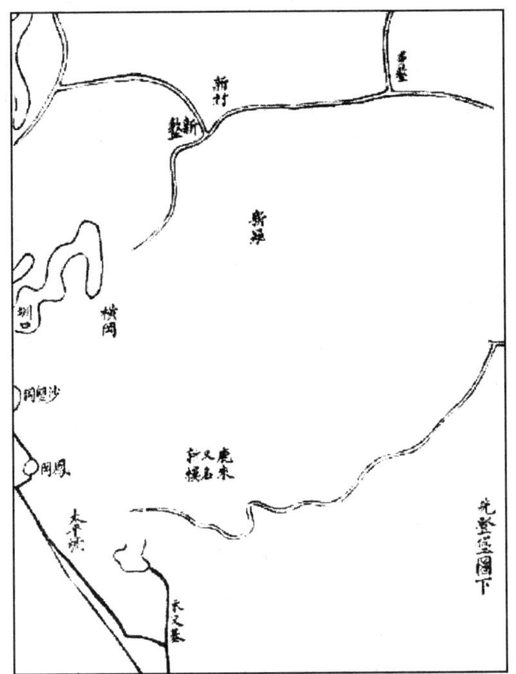

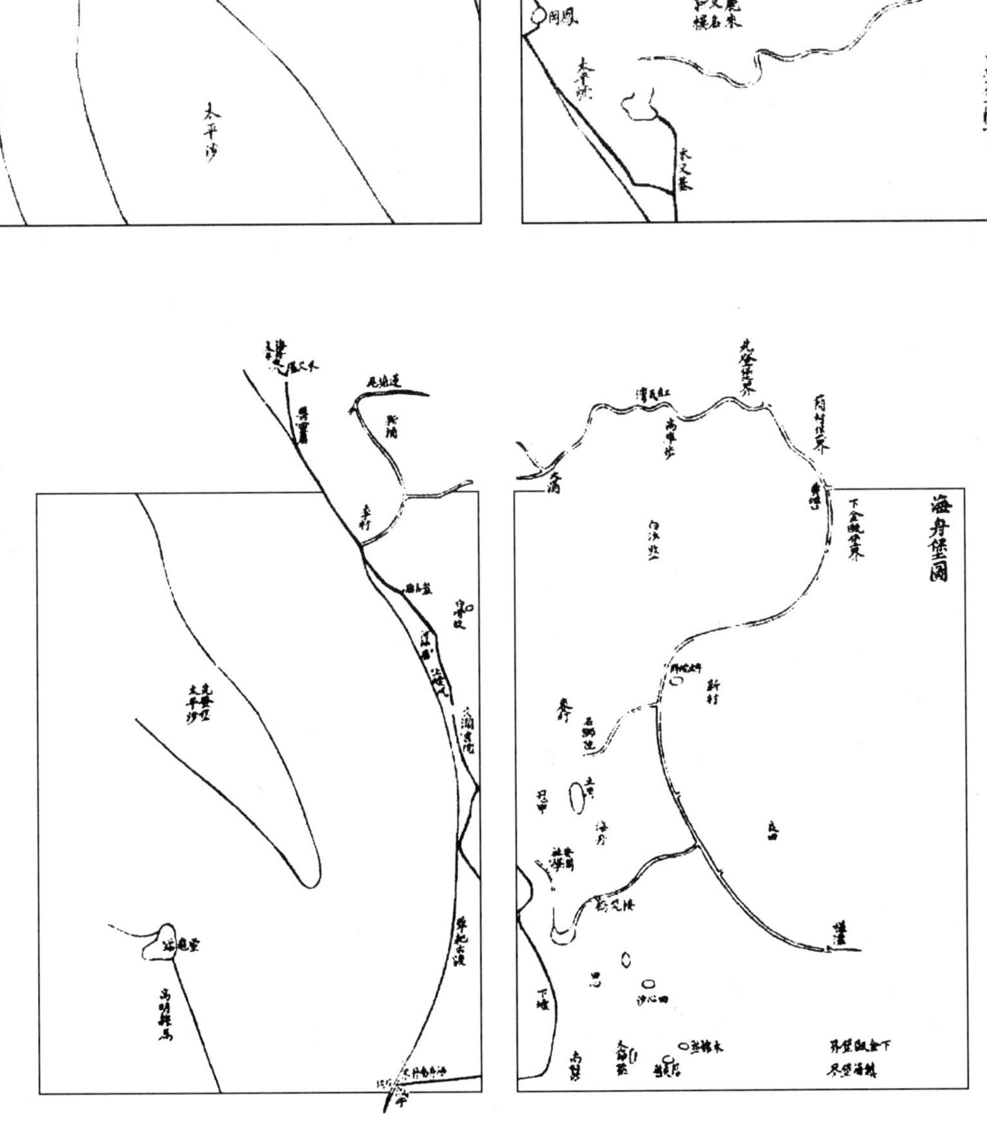

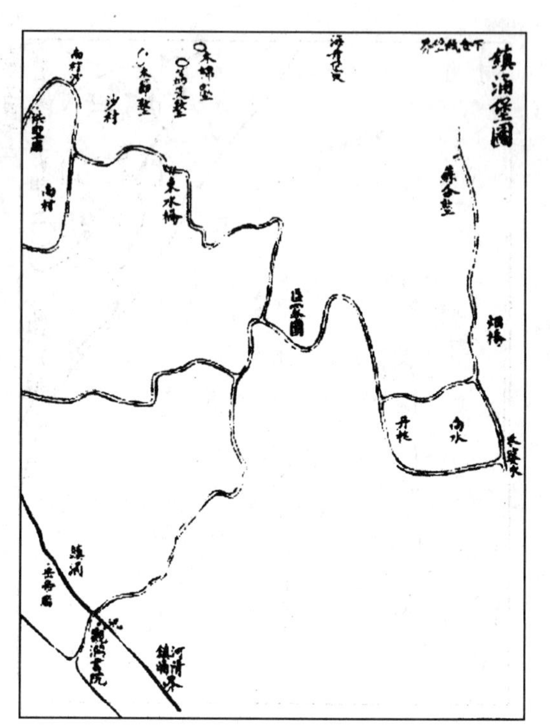
鎮涌堡圖

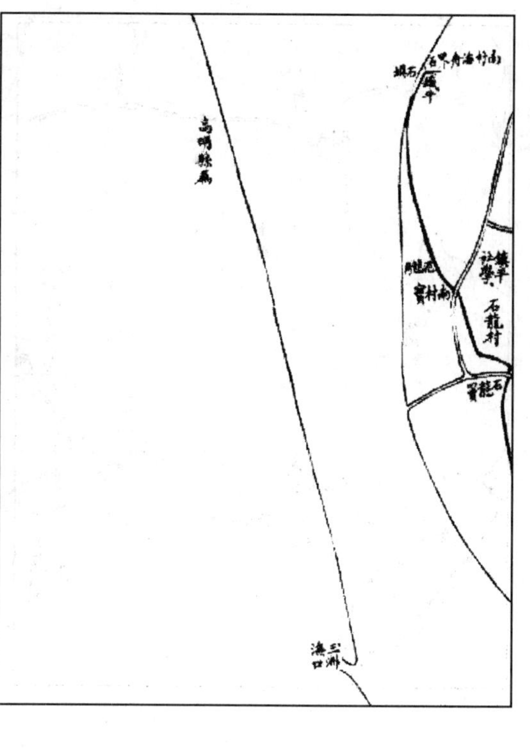

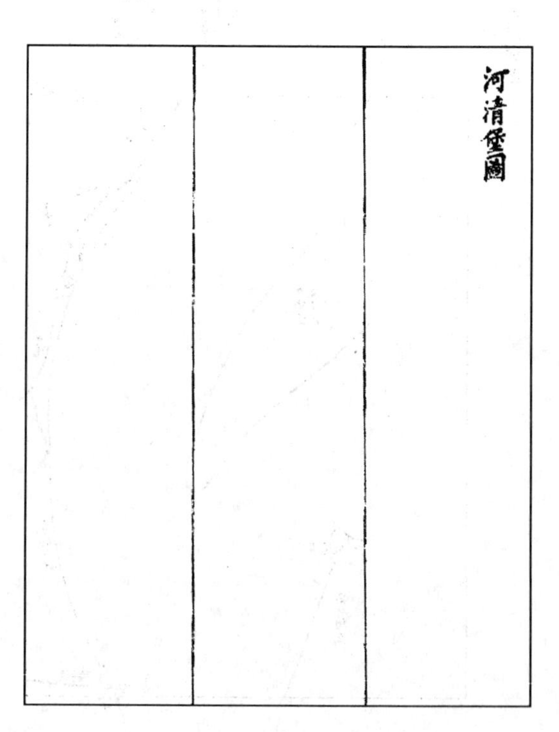
河清堡圖

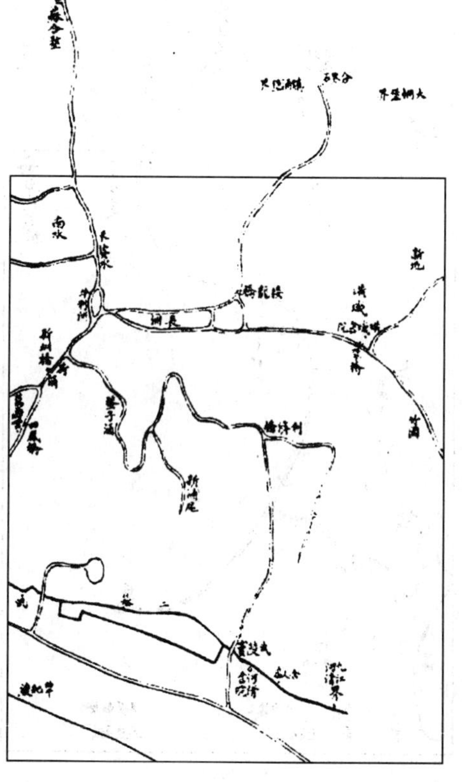

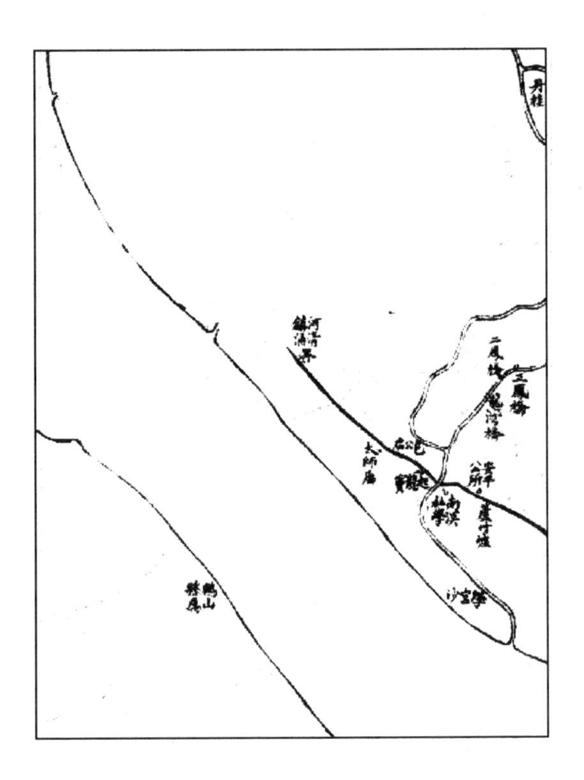

九江堡圖上

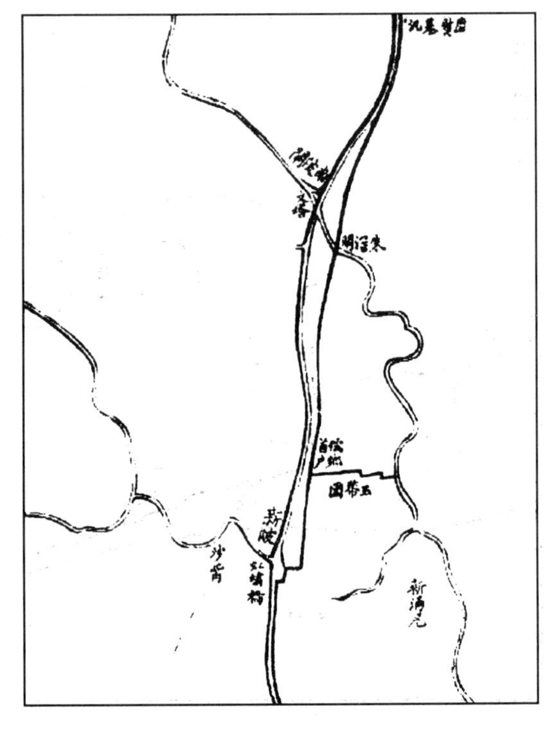

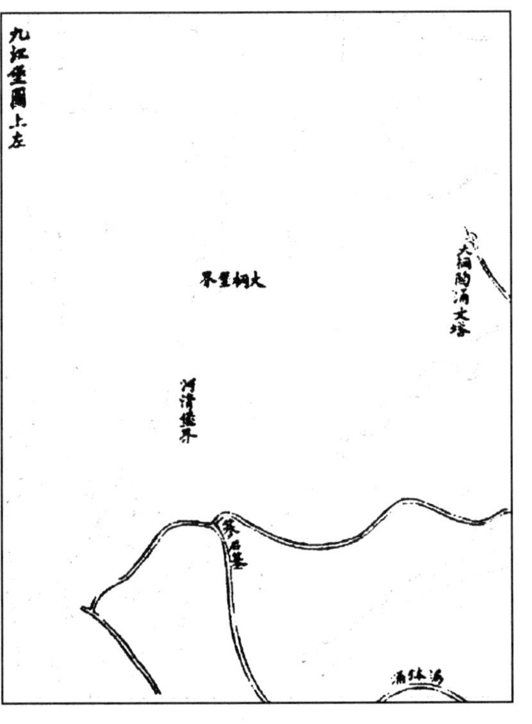

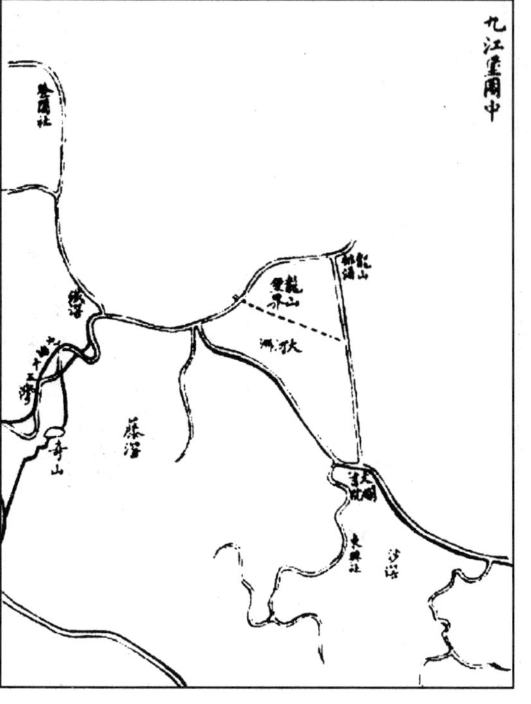

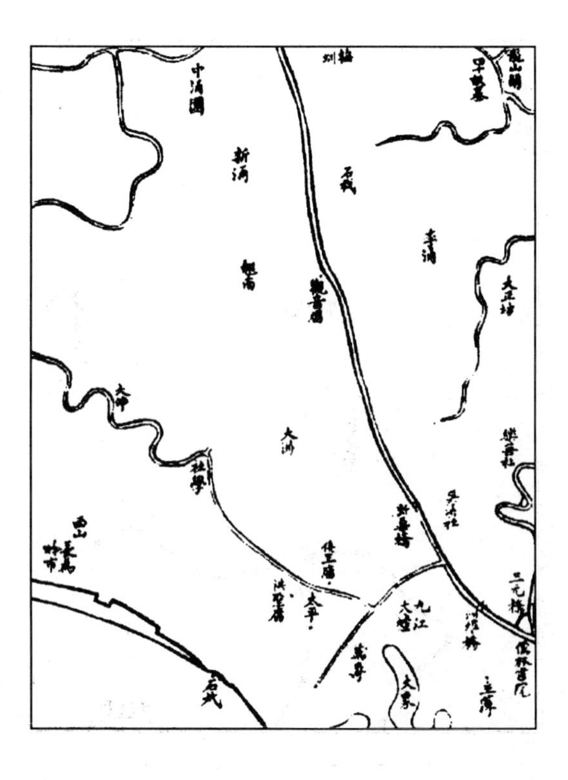

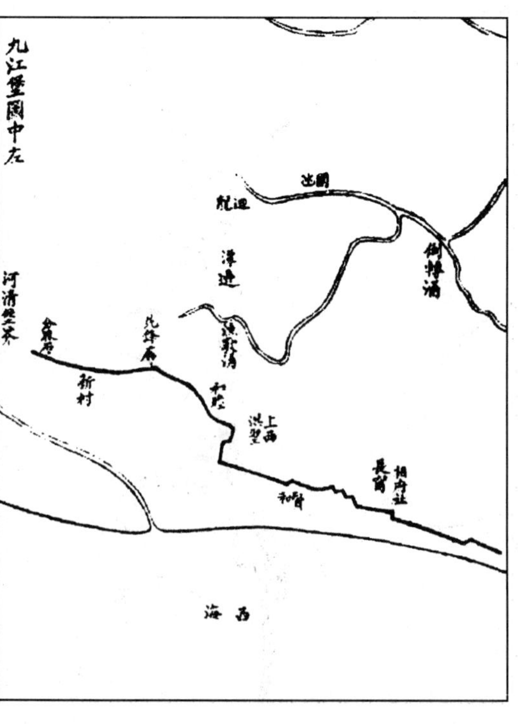

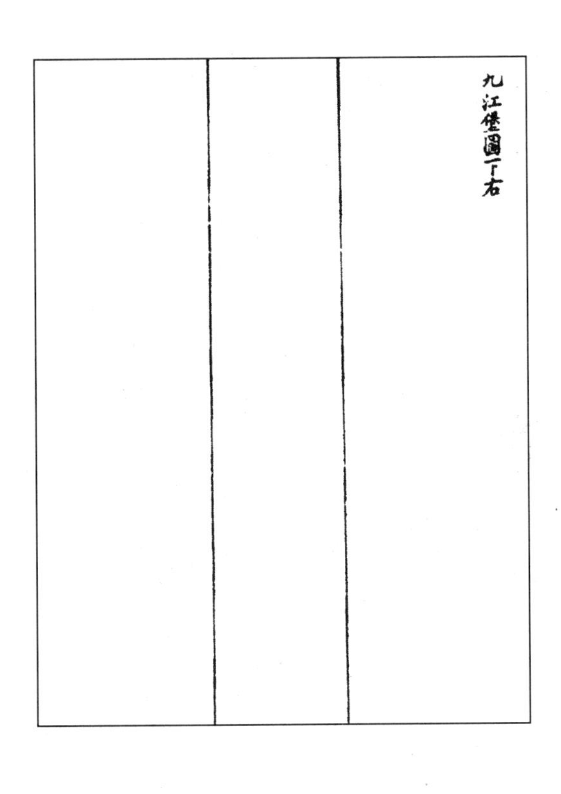
九江堡圖一下右

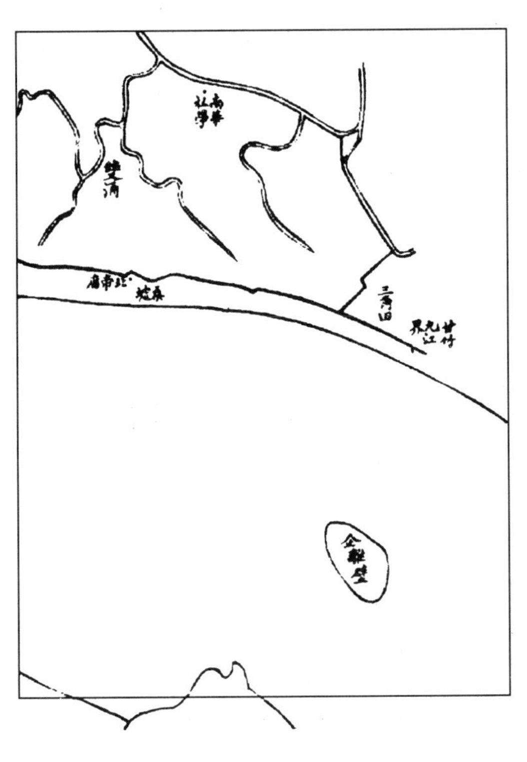

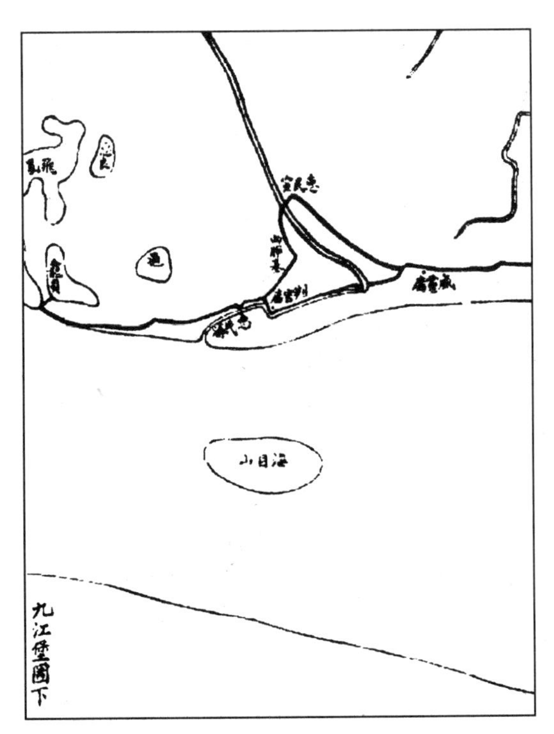
九江堡圖下

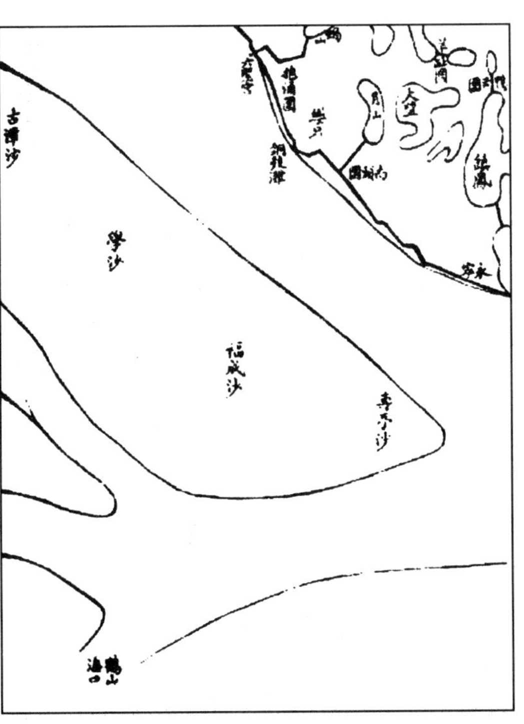

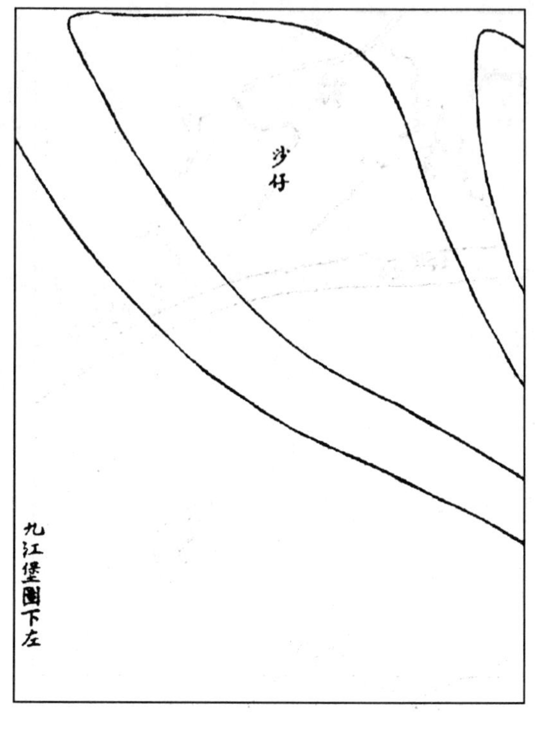
沙仔
九江堡圖下左

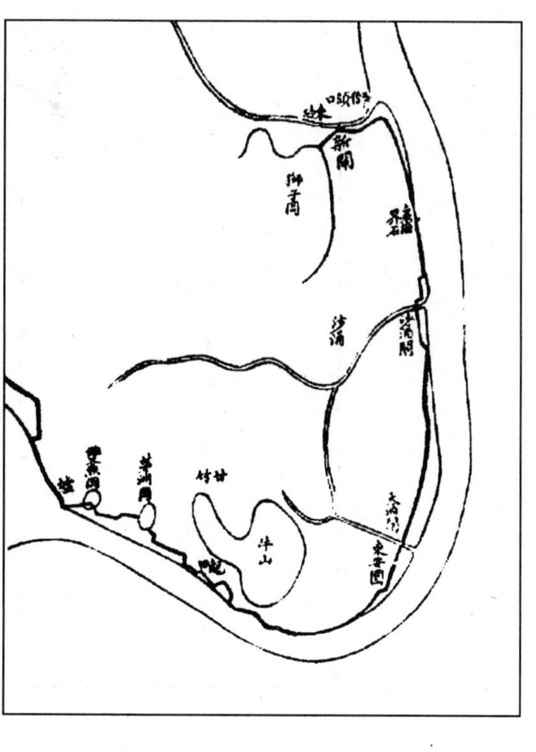
新閘
獅子岡
沙涌
沙涌閘
東安圍
大涌
甘竹
洋山
茅洲閘

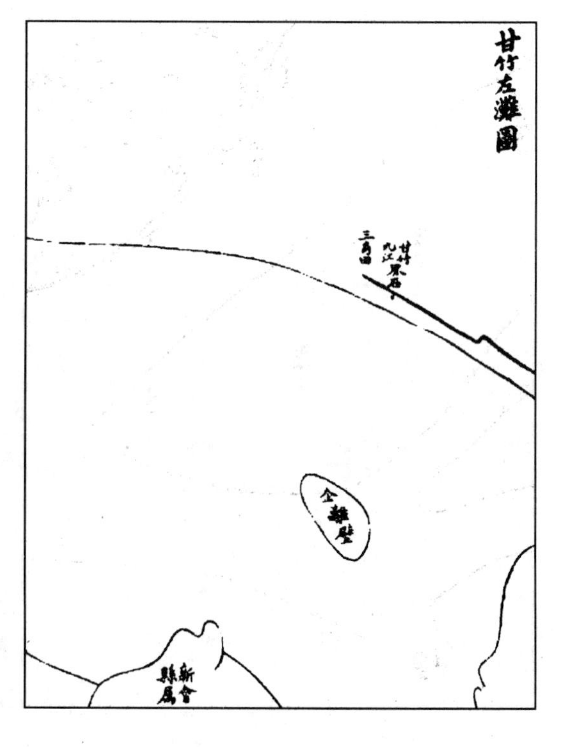
甘竹左灘圖
甘竹九江界石
三角田
企灘壁
新會縣屬

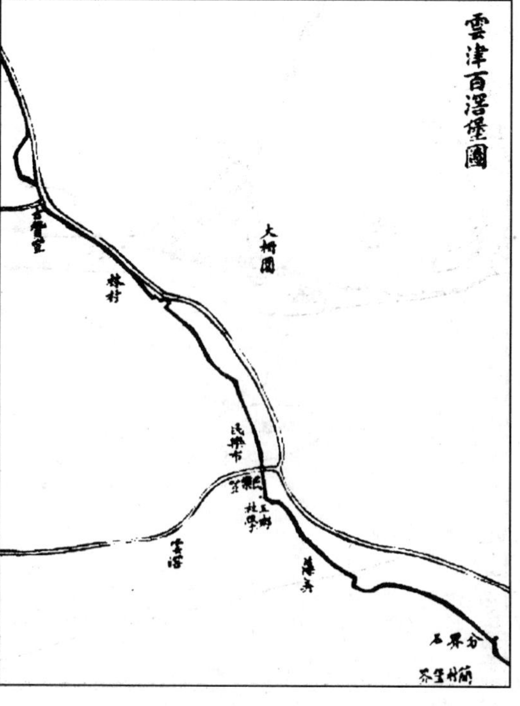
雲津百滘堡圖
大桐圍
林村
民樂市
雲滘
海舟
分界石

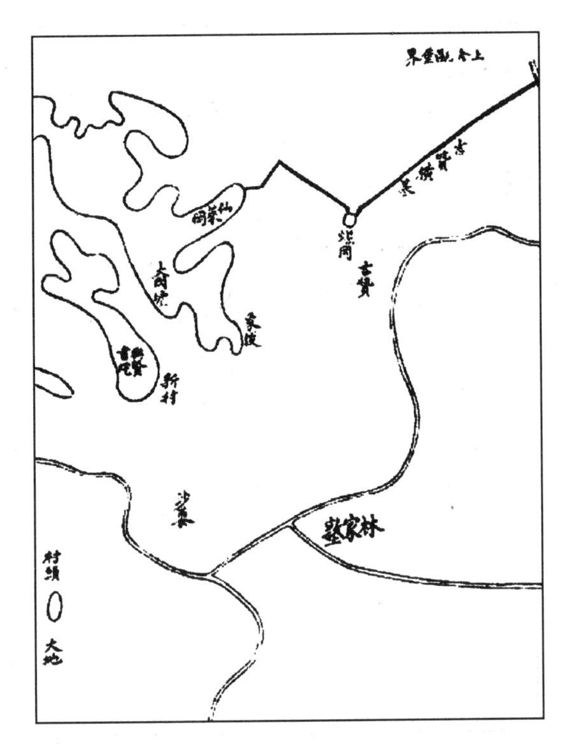
敦家林
沙滘
大地
村頭
新村

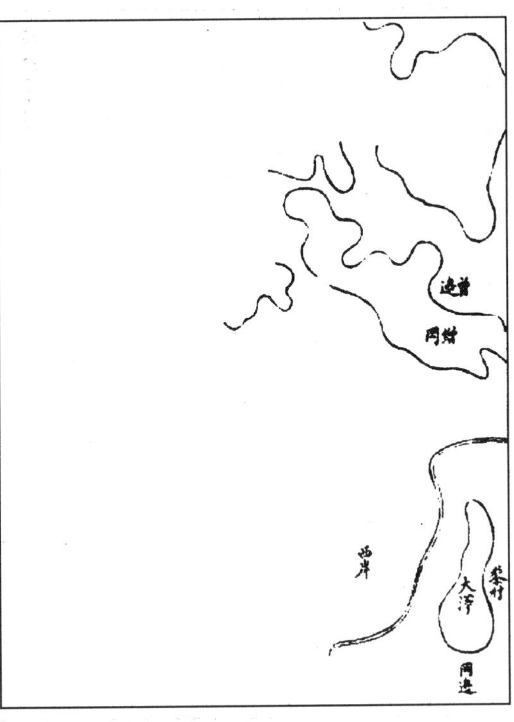
西岸
大滘
岡邊

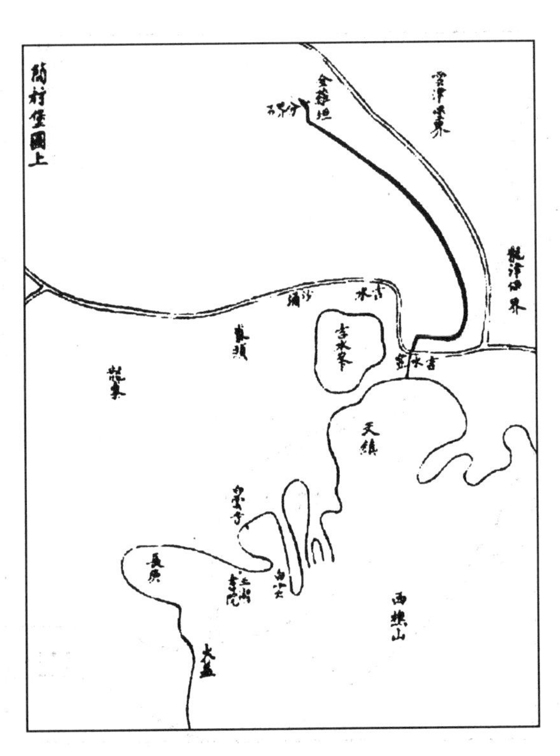
簡村堡圖上
李水峯
天鎮
西樵山
大岸
長岸

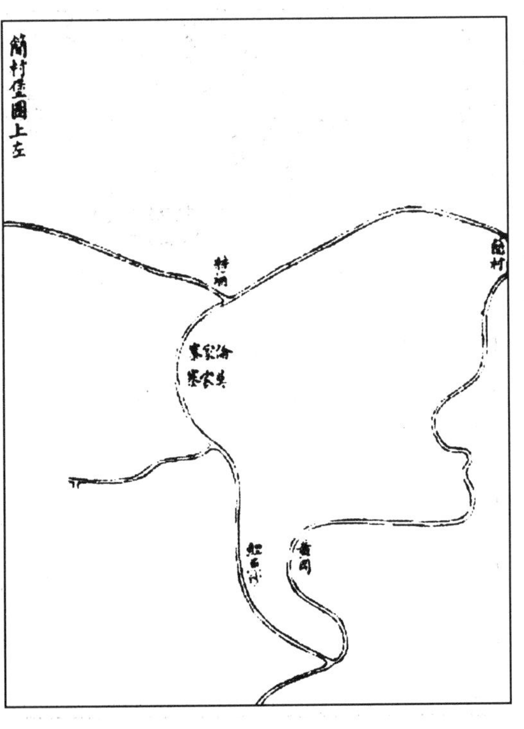
簡村堡圖上左
簡村

簡村堡圖下

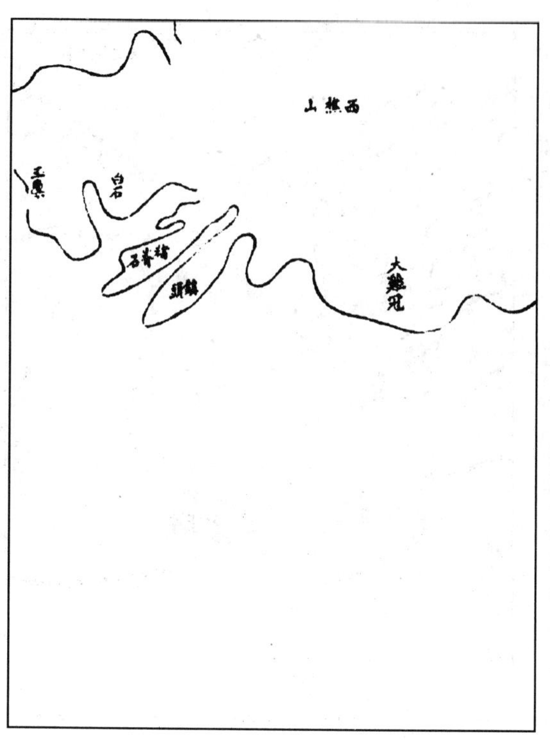
西樵山

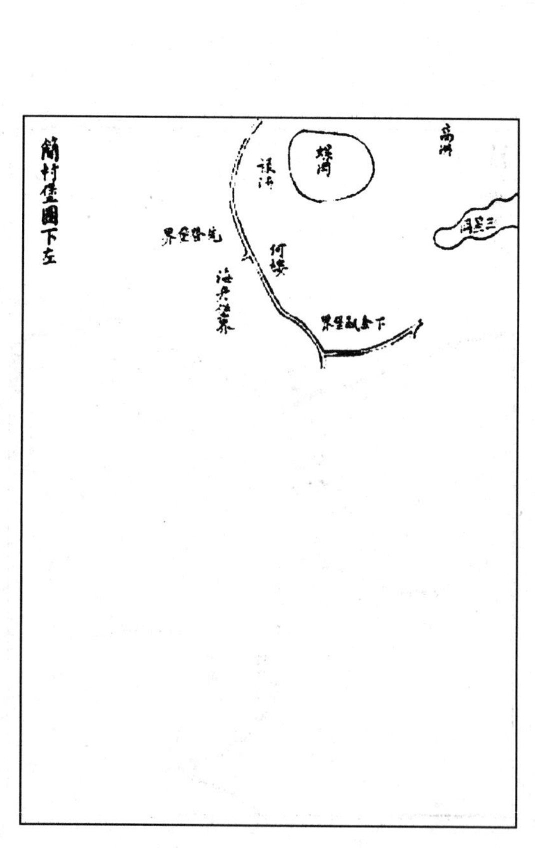
簡村堡圖下左
下金甌堡界
高洲

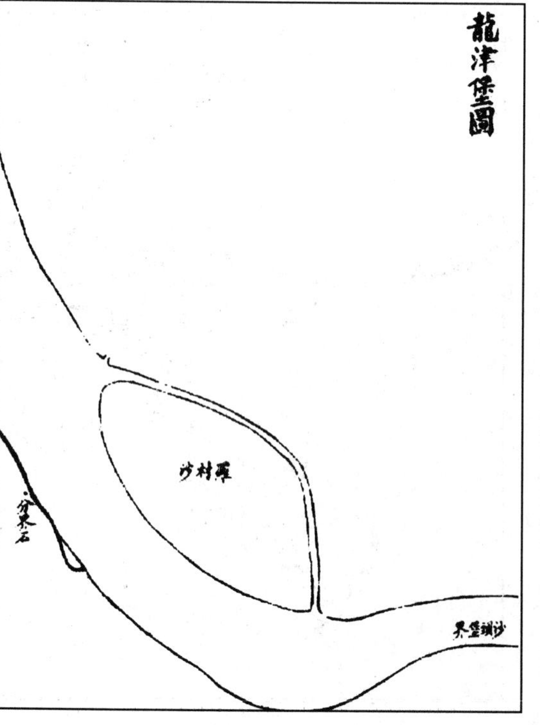
龍津堡圖
沙村圍
分界石
沙頭堡界

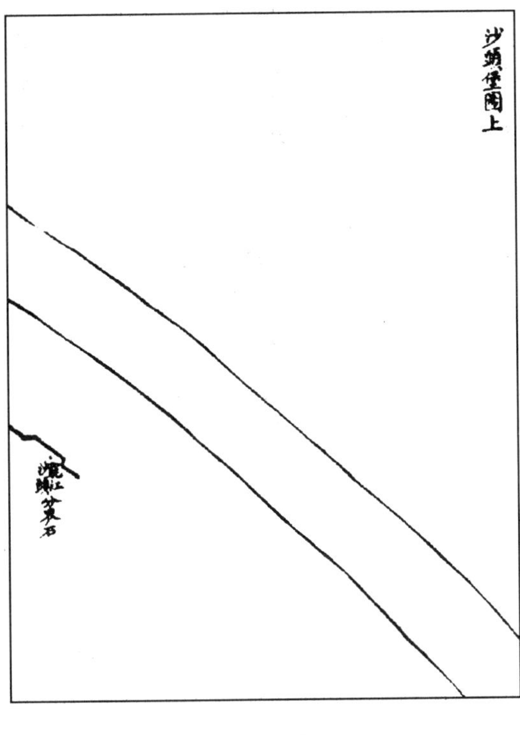
沙頭堡圍上

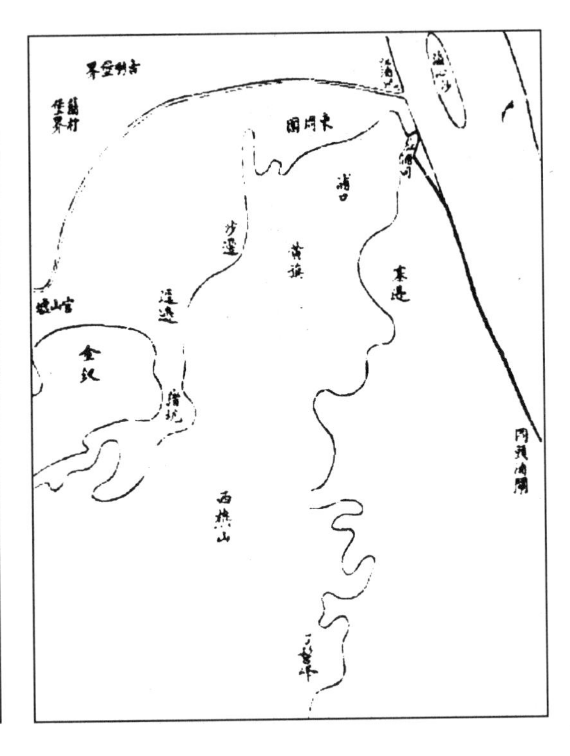
東方圍
浦口
沙邊
黃旗
寨邊
逢涌
金紋
西樵山

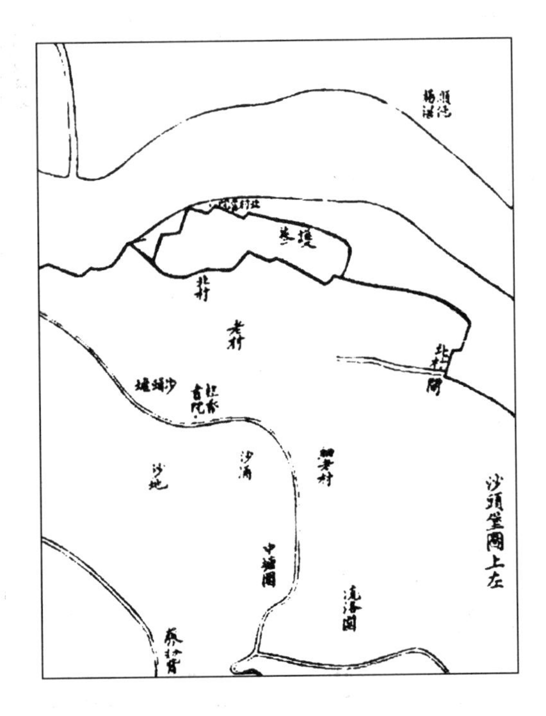
沙頭堡圍上左
北村
老村
沙地
沙涌
中塘圍
流洛圍
細滘村

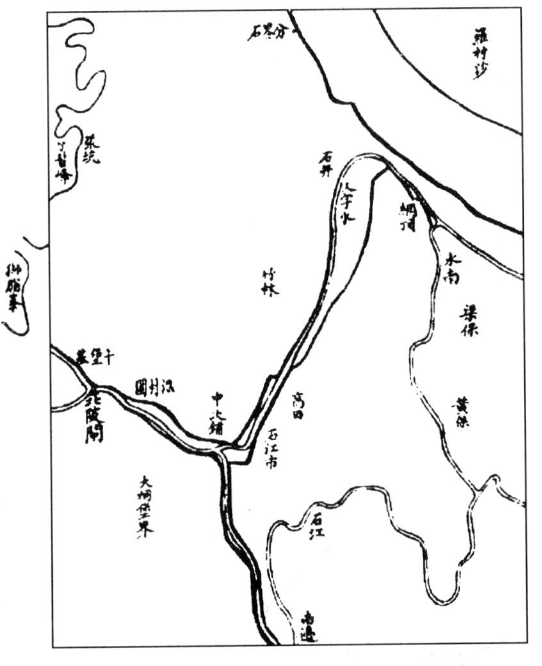
竹林
石井
水南
石江市
高田
石江
南邊

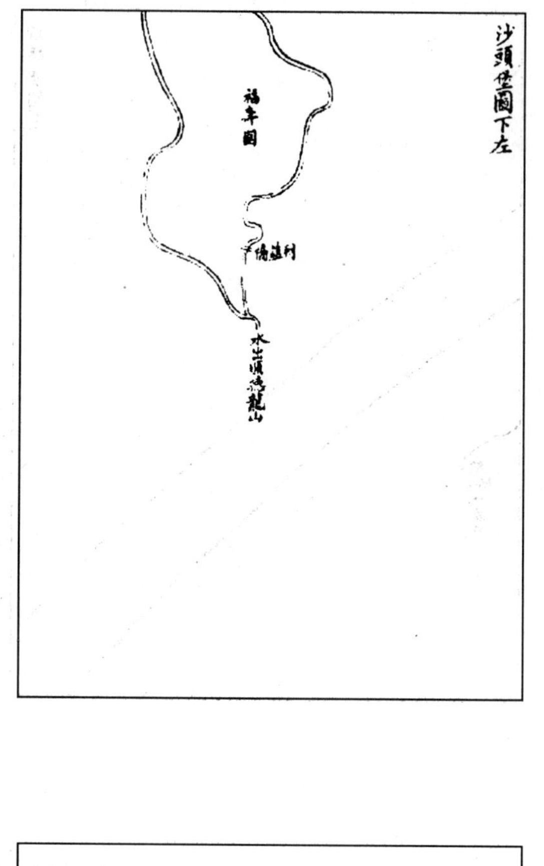
沙頭堡圖下左
福年圍

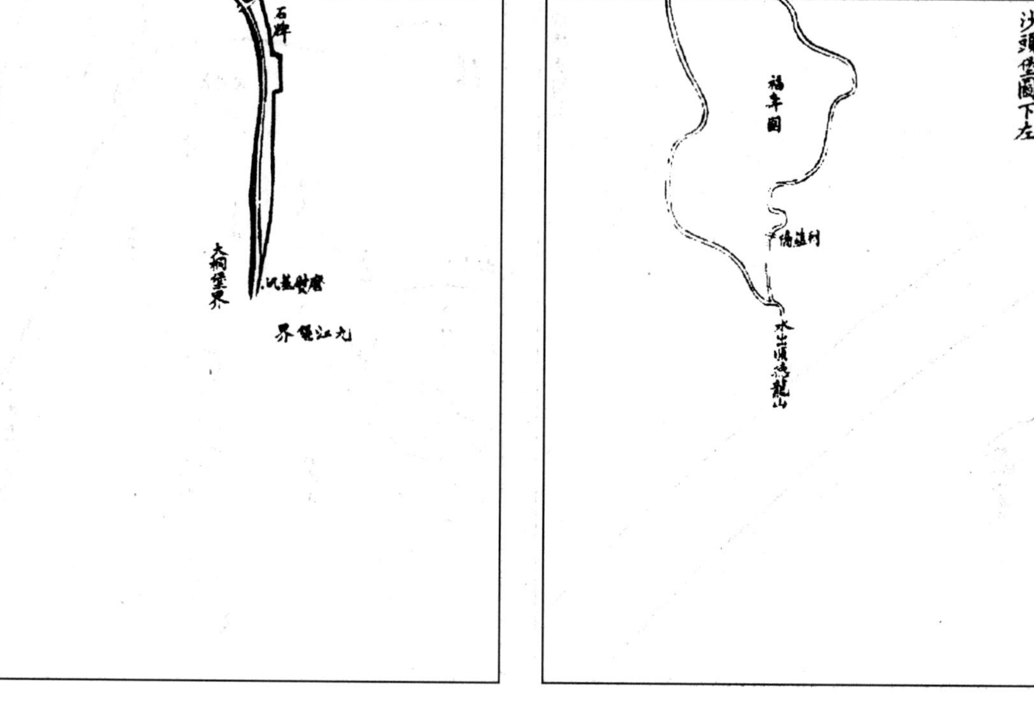
石牌
大桐堡界
九江堡界

龍江堡圖上

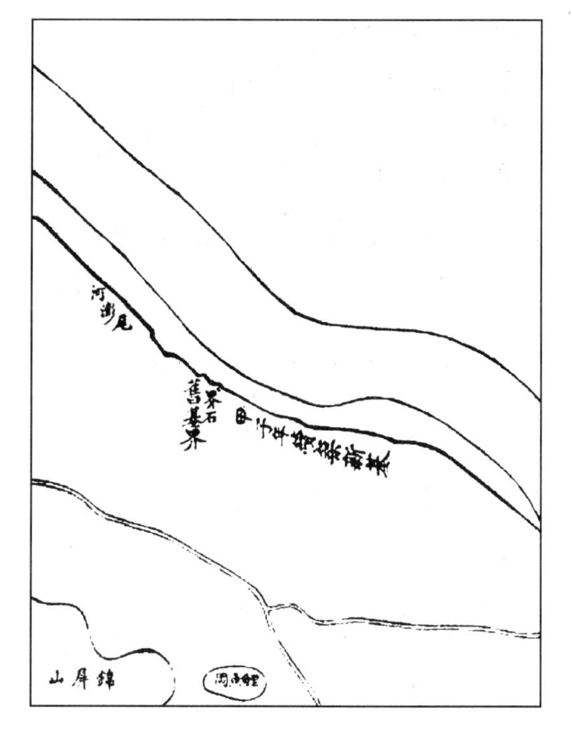
河澎尾
山屏錦

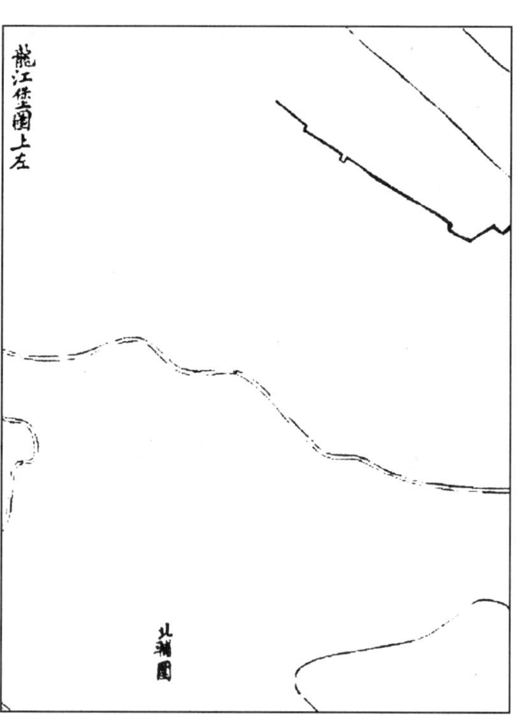
龍江堡圍上左
北補圍

龍江堡圍中右

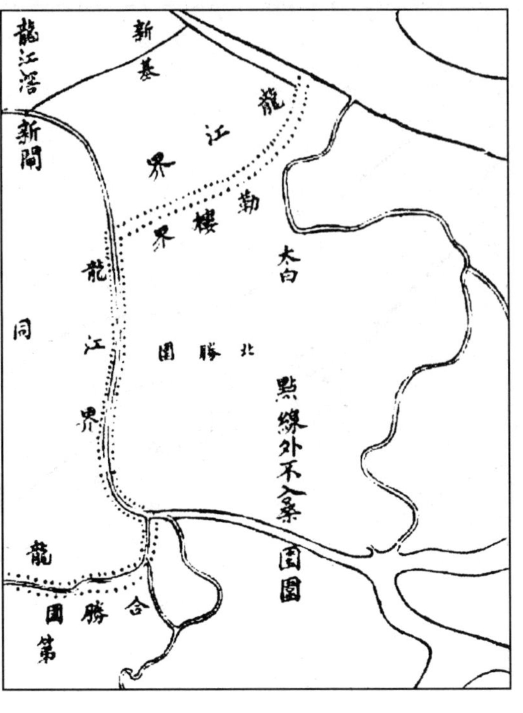
龍江滘
新基
新閘
龍江界
勒樓界
大白
龍江界
同
北勝圍
點線外不入桑園圍
龍
合勝圍
第

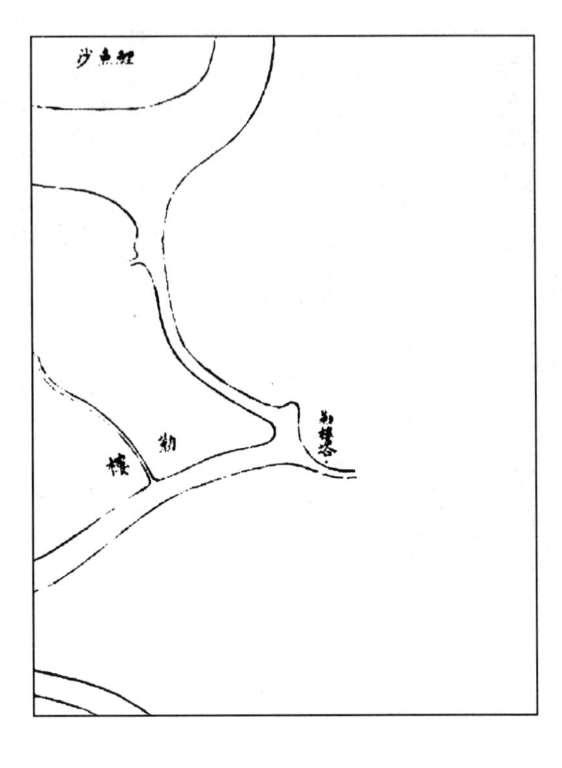
勒樓
勒樓

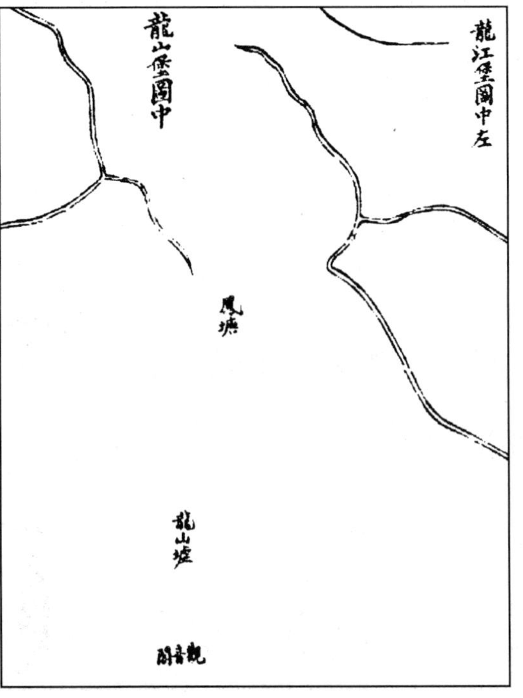
龍山堡圍中
龍江堡圍中左
鳳塘
龍山墟
觀音閣

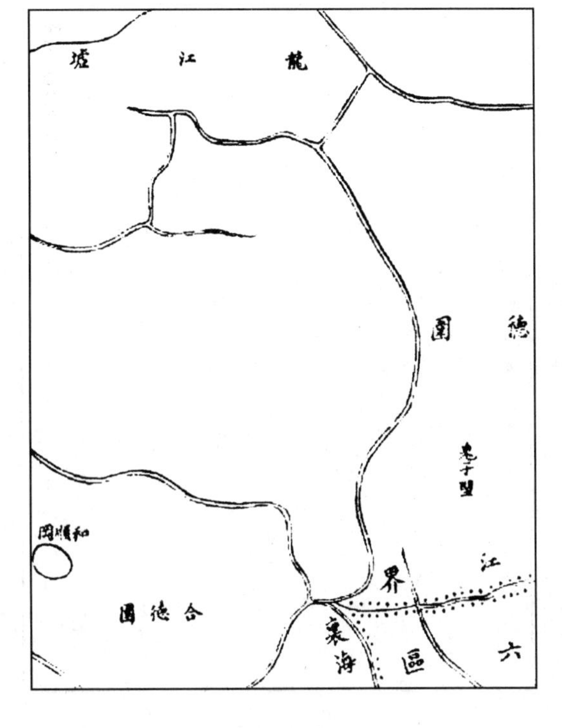
龍江墟
德圍
界
江
六
區
海
合德圍
和順圍

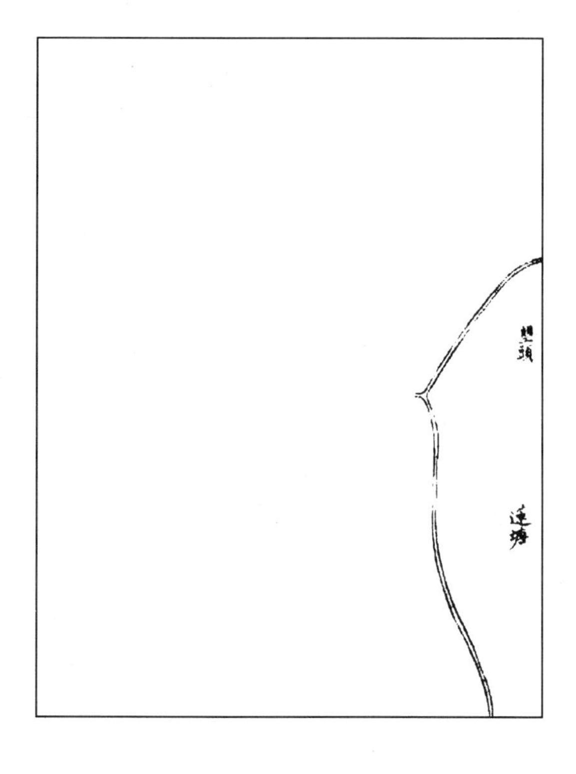
連海

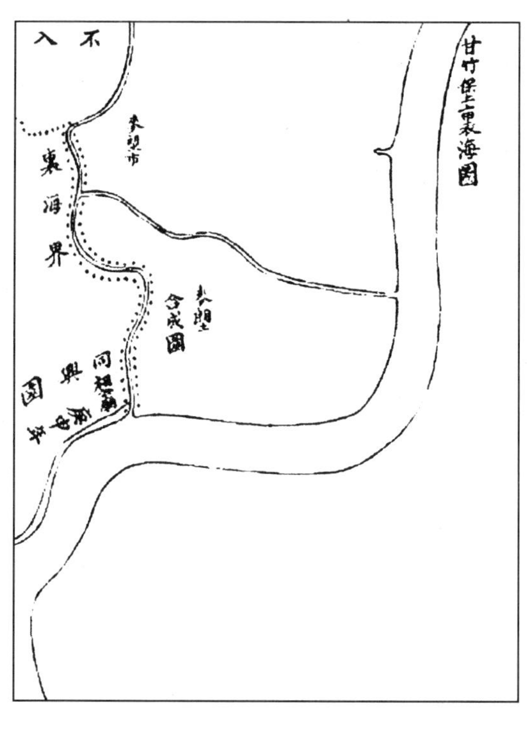
不
入
甘竹堡上東海圍
東海界
合成圍
同興圍

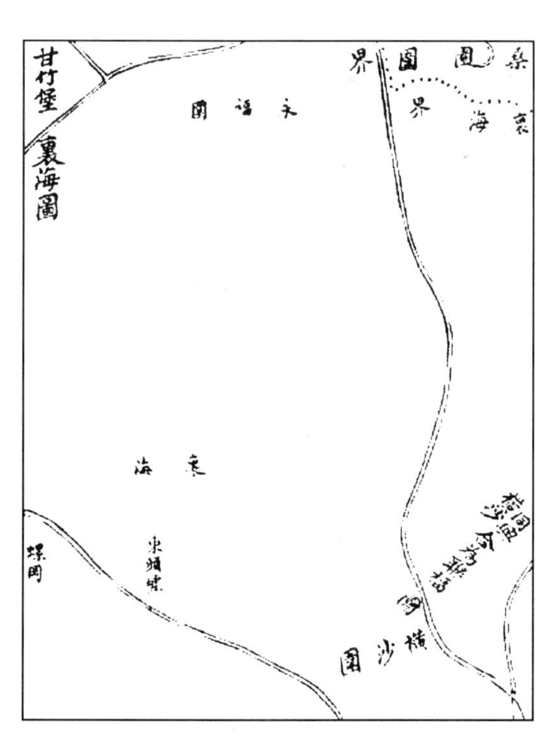
桑園圍界
東海界
甘竹堡
裏海圍
東海
橫沙圍

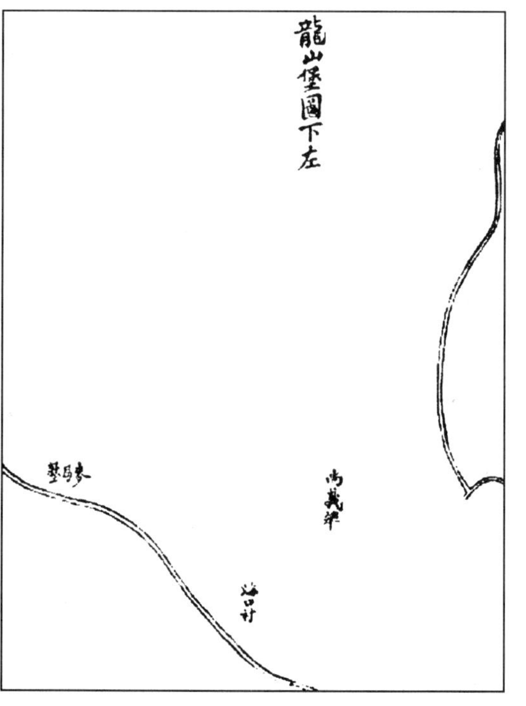
龍山堡圖下左

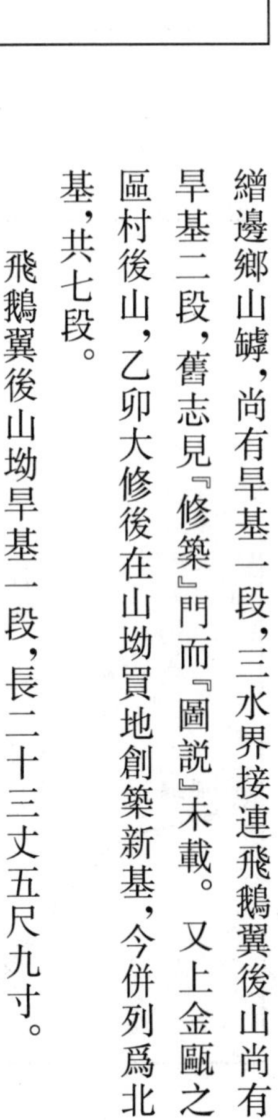

民國四年歲次乙卯重修桑園圍，岑伯銘先生以圍圖屬繪。查舊圖無分率準望，第以意爲之，殊失裴氏六法之旨。庚午之圖，可云翔實矣，惜祇有總圖而無分圖。今爲是圖，以限於經費，僅將大基略爲測量，其餘各地皆從別圖補入。疏略之處，識者當自諒之，計成總圖一，分圖十一，粗線爲基，雙線爲河道。山則隨其曲折之形以單線聯之，比例縮爲二萬分之一，云爾。

潘濬川跋

北基

按，舊志載仙萊岡及吉贊橫基二段。其實百滘堡之繒邊鄉山罅，尚有旱基一段，三水界接連飛鵝翼後山尚有旱基二段，舊志見『修築』門而『圖説』未載。又上金甌之區村後山，乙卯大修後在山坳買地創築新基，今併列爲北基，共七段。

飛鵝翼後山坳旱基一段，長二十三丈五尺九寸。

遞東隔一山咀旱基一段，長四十一丈二尺五寸，按，舊志嘉慶二十五年庚辰創築，長四十餘丈。惟基段日續增高，丈尺日續增長。此基屬三水地，歸先登經管，舊志有案，詳『修築門』。

繒邊山罅旱基，長三十三丈，舊志未載。

區村後山坳仰天螺旱基，長十丈零零六寸，戊午年創築。該地契附後

自仙萊岡山脚起，至吉贊五顯廟止，長一百八十一丈五尺。按，舊志長一百五十二丈，乙卯基決，略有圈築，故丈尺增長。

橫基，自吉贊山脚起，至杜滘基頭止，長三百二十丈。乙卯大修吉贊橫基無改變，因加高基面，吉贊山脚築長二丈九尺二寸。

西基

先登堡

馬蹄圍，自三水飛鵝山右翼起至陳軍涌竇面止，長九十二丈七尺五寸。

按，舊志長八十九丈五尺。遞年歲修，由李、周二姓分管。經府飭縣勘明，豎立石界，有案。乙卯大修，加高基面，飛鵝翼山咀築長三丈二尺五寸。

自陳軍涌起，至海舟分界止，內鵝埠石、茅岡、圳口、稔岡、横岡、鳳巢、鄧林各姓户基，共長一千一百五十五丈。

按，舊志長一千一百四十一丈一尺，迄今基界分明，乙卯大修，勘得實溢基一十三丈九尺，緣中寅蘇萬春基決，舊管基二十六丈五尺，新基長三十六丈九尺。蘇萬春占基二十六丈六尺，圳口占基一十丈零三尺。

又，鵝埠石至鳳巢各段接連岡阜基面，加高則山脚斜坡無不續長，但各段以山爲界，雖有溢基，無從推諉。故但誌其總數，不復逐户區分焉。

海舟堡

自先登分界起，至鎮涌界止，共長壹千四百九十壹丈七尺。

按，舊志管基壹千三百零壹丈，癸巳圖説載壹千四百二十壹丈，已不相符。乙卯勘基，量得壹千四百九十壹丈，溢基太多。再逐段覆勘，自李村至麥村、龍潭各段所差無幾，惟龍潭至南村禾乂基溢壹百七十餘丈，想該段決口最多，圈築後未經丈勘之故。

鎮涌堡

自海舟分界至河清界止，仍舊共長壹千零壹十二丈。

河清堡

自鎮涌界起，至九江分界止，外圍長壹千壹百壹十三丈三尺。又，內圍自太吉社起，至太盛社止，長三百零九十八丈七尺。

九江堡

自河清分界起，至甘竹分界止，外圍長三千二百七十七丈四尺七寸。又，內圍洪聖約長一百二十丈零九尺四寸。

延和約至蝸岡脚，長八百六十一丈九尺六寸。

象岡至馬岡，長二十七丈八尺。

馬岡至蘆葫山，長二十四丈七尺五寸。

蚌岡至龜岡，長三十三丈。

鎮岡至鳳岡，長四十八丈二尺六寸。

惠民竇外曲埗頭，長三百六十九丈二尺六寸。

共內基長一千四百八十五丈九尺七寸。

按，舊志內圍長二千玖百零五丈七尺，外圍長一千七百一十八丈四尺。乙卯公議修外圍不修內圍，故先列外圍總數，至內圍舊志未清晰。今清丈，計分七段，皆屬桑園圍古堤，故分别詳載。內圍係河清、九江所有，别堡皆無。又，九江管基責成附基業主，基塘隨時變賣，管基隨時不同，與他堡各姓户永久管基有異，舊志不逐段分别管基户姓，實緣於此。

甘竹堡

自九江界三角田起，至甘竹灘雙魚山脚止，長四百七十二丈七尺。

按，乾隆甲寅志甘竹堡管基長二百六十丈，不詳起止。癸巳志因之。己丑志載自九江分界起，至甘竹灘止，長二百六十丈。起止分明矣，而丈尺仍以訛傳訛。考甲寅志首載黎貞穀食祠記，陳博民塞倒流港，自甘竹灘築堤，越天河，抵横岡，天河疑即倒流港横岡，今先登堡地。廣東志、府縣志、明黎春曦九江鄉志皆同，是甘竹基由九江界至甘竹灘確鑿無疑。乙卯大修清丈，自九江界三角田起，至分界樹止，長壹百五十丈，自分界樹起，至阜盈墟口止，長壹百七十五丈二尺，自阜盈墟起，至甘竹灘雙魚山脚止，長壹百四十六丈八尺，與舊志不符。惟志書雖有訛誤，基段丈勘自明。今將自九江至甘竹灘逐段詳載，庶不至仍舊志之誤焉。

東基

百滘、雲津二堡

自杜滘與横基頭分界起，至簡村分界止，長一千四百九十三丈。

按，癸巳志二堡基共長一千四百五十二丈。乙卯大修，基址未有改變，清丈約溢四十丈，惟二堡基段交錯，頗難申畫，舊志已有明言。且二堡取泥責成基主，故管基尺寸斤斤謹守。今清丈微有不同，而丈尺仍照前志，俾管基悉由舊章焉。

簡村堡

自雲津吴聰户基起，至西樵山脚止，長五百六十五丈五尺。乙卯大修，基段無改，實量得五百六十玖丈五尺五寸，因西樵山脚築，長數丈也。

龍津堡

自江浦司起，至五鄉舊基止，長一百六十丈。

又自五鄉舊基起，至沙頭界止，長四百六十三丈。

沙頭堡

自龍津分界起，至梅屋閘門止，長七百一十玖丈玖尺。

自梅屋閘門起，至拱陽門止，長五百零一丈。

自拱陽門起，至龍江分界止，連圈築新基，長六百六十五丈，圈築決口長一百一十二丈。

按，乙卯大修，勘得龍津堡實長六百零四丈零六寸，沙頭堡實長二千零二十二丈，計龍津堡幾縮二十丈，沙頭堡盈二十餘丈，附志備考。

龍江堡

自沙頭分界起，至河澎尾止，長四百九十五丈。

按，舊志該堡基長四百八十五丈，乙卯圈出外坦改築新基，故基段增長。

區村後基買受田契附

民國丁巳歲夏曆四月吉日，買受仰天螺基底田契叁紙。

一紙、區村鄉區明奎將先人遺下岡田一坵，坐在深水坑启，東至關華真地，西至區祖華地，南至少波祖地，北至松塘祖地。憑中人區村西鄉區廉説合，將此田讓與桑園圍修築新基之用。原段價銀叁拾伍元，該糧税永遠仍由讓主自辦，俱在價内。

一紙、區村鄉區慶林、加林將先人少波祖遺下秧田一坵，坐在深水坑启，東至敏慎堂岡田，西至區天寶堂岡田，南至敏慎堂岡田，北至區明奎堂岡田。憑中人區村西鄉區廉説合，將此田讓與桑園圍修築新基之用。價銀伍拾元圠兑足，該粮税永遠仍由讓主自辦，俱在價内。

一紙、區村鄉關華真將先人遺下田一坵，坐在深水坑启，東至仰螺岡，南至敏慎堂地，西至區明奎地，北至仰螺岡。憑中人區村西鄉區廉説合，將此田讓與桑園圍修築新基之用，價銀五拾大元圠兑足，該粮税永遠仍由讓主自辦，俱在價内。

卷三　沿革

圍有崩決，基有變遷，數百年來亦多故矣。前事之不忘，後事之師也。自有圍以來，工役之興，不知凡幾。其或因或創，前人之所經營者，必經審度而行，後人未可輕議也。因地制宜，遠害興利，是在實心任事而慎重出之耳。志『沿革』。

考桑園圍創築於宋徽宗時，奏請於朝者張公朝棟，奉命興役者何公執中。二年堤成，即分别界址，屬各堡各甲隨時葺理。越叁年，上流大路峽決，水勢建瓴下，圍中無間堵，仍淹浸。張公乃相度地勢最狹處，築吉贊横基叁百餘丈。

明洪武二十玖年丙子九江陳博民塞倒流港。因是工役，上自豐滘，下至狐狸，以迄甘竹，東繞龍江，上至叁水，周數十里，沿堤增築，高五尺，厚稱之。半載工竣。

萬曆四十年壬子，九江文學朱泰請移築海舟堡基，謂此處逆障洪流，爲河伯所必争，須退數十丈别創一堤，方可免患。通圍定議，計畝助築百丈有奇，基成後七年，舊基潰。

道光十叁年癸巳，海舟堡十二户、叁丫基決壹百叁拾丈，馮德耀村盡冲成潭。跨湖圈築長五百丈。

十四年，甘竹堡牛山基陷，順德生員吴文昭以牛山基段基脚冲卸，屢被西潦撼擊，磡下成潭，旋築旋卸，不能鞏固。因相度形勢，擬在南約涌内改築裹圍，添設水閘，在水閘兩旁築至山麓，不受波濤冲擊，堵塞桑園圍下關。衆議允協，禀准照辦。

道光十五年五月，西潦漲湧，漫溢沙頭、九江、河清、雲津、簡村等堡，圍基坍決十餘處。俱該基主業户自行築復。沙頭圍基一千八百丈餘一律加高三尺，龍江圍基四百餘丈亦並時加高。

同治六年丁卯，築沙頭堡北村外護基六百丈，北村内塘外涌礙難加高培厚，故有是舉。主其議者舉人潘以翎、岑鳳鳴、陳文瑞，生員關俊英也。

玖年庚午冬，舉人何文卓大修泥龍角。泥龍角在南村前，爲桑園圍第一險工。道光己酉何廣、文子彬等貼近圍堤北邊築大石壩一道，後遇歲修，必添堆巒石。是年七月十六夜，有聲如雷，大壩一夕傾圮殆盡，牽動基身坼裂數丈。僉謂舊壩横柱江中與水争地，日久積壓冲擊致然。届冬興修，凡坼裂處所，概春灰墻堆石基脚，隨水曲折作坡陀形，不復築壩，而水勢順流，迴殊昔日之湍激矣。

卷四　修築乙卯呈請修築公文入此門散失無存

水性至柔，而能摧剛。練土成堤，固而未可恃也；改用石堤，波濤冲激，亦復不能持久。甚矣，水之湍悍可畏也。

夫建堤捍潦，專恃修築以爲固，土工、石工前人著有成效，舊章自可率由。或有前人所未及，試其利害，必待經歷而後見者，是不可不知也。西人之用士敏土[一]，堅逾於石。用作基骨，不患不固矣。乃甲寅築茅岡決口，用士敏土拌沙作基骨，基成，未幾，陷裂不相膠粘，分爲三段。從來春灰墻不聞有此，非錯過不知也。向來築基，未有以沙墊基底者，以沙爲鬆浮也。不知沙得水則融結，壓以重土則穩實，用法最善。乙卯堵塞東基各決口，特用此法而基皆穩固。其效可覩，是可爲法守矣。明於其利，達於其害，是在究心綜核者。志『修築』。

民國三年甲寅十二月一日，爲歲收專欵軍餉挪用未還，聯懇財政廳長嚴追列預算，照本支息，俾資修築圍基禀

具禀：　南、順桑園圍基務公所在籍紳士前清吏部主

[一]『士敏土』是水泥的英文單词cement的音譯。

事郭乃心，翰林院檢討周廷幹，總理陳蒲軒，協理潘桂鑅，董事余葆德、馮敬禹、郭文修、程秉琦、余得偁、李兆元、賴有秋、賴振宸、黄光賡[一]、任元熙、傅朝陽、張思燊、李寶瀚、梁禹傳、潘光祖、李承祖等禀爲圍基歲修專欵，軍餉挪用未還，聯懇追列預算，照本支息，俾資修築，永杜水患事。

竊桑園圍地跨南、順兩縣，東、西堤共長一萬四千七百餘丈。其中村落、桑塘最多。前清嘉慶二十二年，粤督阮元奏撥庫欵銀八萬兩，發商生息，遞年歸本存息，以備歲修。自是請領修費，均蒙照撥。即咸豐、光緒年間，屢以軍餉挪用，而先後請領歲修多次，或將提餘息銀照發，或在別項借給。成案具在，欵目可稽。此皆前代之恩施，實賴官斯土者之關心民瘼。民國肇造，圍紳援案請領歲修欵項，亦蒙給紙幣壹萬元。溯自道光甲辰迄今，而始見崩決者厥惟歲修專欵之力。

本年潦漲堤潰，重以坍卸低薄，隨地皆然。現當東隅既失，急圖補救於桑榆。然勢險形長，工鉅欵絀，未易收一勞永逸之效。況桑園圍當西北兩江之衝，稍有崩潰，微特人民生命財産概遭損失，而糧税輒蒙蠲緩，并關繫於財政前途。與其經營已決之後，縻費尤多，孰若圖謀持久之方，有備無患。此咸、光年間挪用歲修專欵，所以急望照案籌還者也。除現年修復全圍，節經禀候、核撥外，理合備文粘抄歲修成案，聯懇鈞廳查案核議，追列預算，將每年息銀肆千陸百兩專欵存儲，備給本圍歲修之用。則奠堤基於永固，垂聲譽於無窮，二千餘頃之賦税不患歉收，數十萬户之生靈如感再造矣。

粘抄呈桑園圍歲修專欵歷年籌撥成案。

前清嘉慶二十二年《總督阮元籌議借欵生息以資歲修摺》文，載在圍志卷一奏議門。

二十四年，圍紳何毓齡、潘澄江等始領歲修息銀四千六百兩。

道光十三年《總督盧坤請將歲修本欵分别扣抵攤徵以紓民力摺》文，載在圍志卷一奏議門。

二十四年《布政司傳繩勛籌撥歲修息銀》詳文，載在圍志卷七撥欵門。

《二十八年總督徐廣縉籌撥歲修息銀摺》文，載在圍志卷一奏議門。

《咸豐三年總督葉名琛籌撥歲修息銀摺》文，載在圍志卷一奏議門。

《同治四年御史潘斯濂請設法籌還提用歲修本息銀》片文，載在圍志卷一奏議門。

《七年總督瑞麟奏報動撥歲修息銀修築完竣摺》文，載圍志卷一奏議門。

[一] 見後文卷七作『賴振寰』『黄晃賡』。

八年巡撫李福泰續撥歲修息銀壹萬元。

《十二年巡撫張兆棟籌撥歲修息銀摺》文，載在圍志卷一奏議門。

一、光緒庚辰歲續給銀陸仟餘兩。

一、光緒乙酉歲給銀壹萬兩。

一、光緒壬辰歲給銀捌仟兩。

一、光緒丁酉歲給銀壹萬肆仟伍佰捌拾兩。

一、光緒丙午歲給銀式萬兩。

一、光緒戊申歲給銀壹萬兩。

一、民國二年給紙幣壹萬元。

謹將桑園圍應修決口及各基段工程開列清摺，呈請察核。

計開

修復決口工程

一、茅岡蘇萬春戶基崩決長三十七丈，高二丈，闊五、七丈、二丈，平均四丈六尺六寸，約每丈實泥九十三井，每填地一井，用泥二井，每井泥價八毫，計每丈基用銀一百四十九元壹毫二角。修築決口計基五十丈，用銀七千四百五十六元。

一、杉椿每丈基用一百條排列成梅花樣，每條壹丈六尺，杉尾徑四寸，每條約銀式元式角。計伍拾丈，須杉椿伍仟條，共銀壹萬壹仟元。另打椿工每條伍毫，共銀式千伍百元。共銀壹萬叁仟伍百元。

一、竹圍高六尺，長五十丈，每丈壹元。內外基脚均用，計壹佰丈，共銀壹佰元。

一、基骨闊二尺，高二丈，長五十丈，計二百井。每井英泥石仔四十元，共計捌仟元，另運費肆佰元。

一、泥橋爨具、棚廠散工等項，共計費用銀壹仟元。

一、用錬基牛工陸百工，每工壹元，共陸百元。

一、基底粗砂壹千式百元。

修築各基段工程

一、西基鵝埠石公基水溢八寸，應加高壹尺，長壹百壹十五丈式尺。估計用泥式百柒拾陸井，共估價銀式百式拾元零捌角。

一、周氏拜月基坍卸滲漏長拾伍丈，培牛尾陸條，用泥叁佰陸拾井，估價銀式百捌拾捌元，加椿柒百伍拾枝，銀柒百伍拾元。

又滲漏二處，長共叁拾丈，舂基骨壹百式拾井，該灰石工銀叁千陸百元，加椿壹千伍百枝，銀壹仟伍佰元。

一、竹樹脚真然祠前滲漏二處，長式拾丈，舂基骨捌拾井，該灰石工銀式仟肆佰元。

又卸裂八丈，培厚壹尺，估計用泥叁拾式井，估價銀式拾伍元陸角。加椿壹千玖百枝，銀壹千玖佰元。

一、周家社後先鋒廟後木棉樹坍卸滲漏，共長壹拾捌丈，舂基骨柒拾式井，該灰石工銀式仟壹百陸拾元。加椿九百枝，銀玖百元。

一、五岳廟右滲漏，長八丈，春基骨叁拾弍井，該灰石工銀玖佰陸拾元。加椿四百枝，銀肆百元。

一、區國器户基長四十二丈，竹樹頭太尉廟後二段俱滲漏，長八丈、九丈共壹拾柒丈。春基骨陸拾捌井，該灰石工銀弍仟零四十九元。加椿捌百伍拾枝，銀捌百伍拾元。又培牛尾三條，估計用泥壹百捌拾井，銀壹百肆拾肆元。

一、太平列聖廟左、桑市前滲漏各一處，計長共拾壹丈，春基骨肆拾肆井，該灰石工銀壹千叁佰弍拾元。加椿陸百枝，銀陸佰元。

一、龍坑基長壹百丈，滲漏叁處，應培牛尾叁條，用泥壹百捌井，估價銀壹百叁拾肆元。

一、李村九十甲住場基龍門巷至古巷，基長壹佰肆拾丈，內滲漏長二十七丈。春基骨壹百零捌井，該灰石工銀叁仟弍百肆拾元。加椿壹千叁百伍拾枝，銀壹仟叁百伍拾元。

一、三門基益隆店至敦仁里口滲漏長拾壹丈，關帝廟前瀉漏，長伍丈，共長拾陸丈。春基骨陸拾肆井，該灰石工銀壹千玖百弍拾玖元。加椿捌百枝，銀捌百元。

一、南離拱宸門樓至盤石廟水溢九寸，長弍拾玖丈，闊一丈，加高壹尺，估計用泥伍拾捌井，該工銀肆拾陸元肆角。

一、麥村社後水溢二尺六寸，加高叁尺，長拾陸丈，闊弍丈肆尺，估計用泥弍百叁拾井，銀壹百捌拾肆元。

一、海舟基冠甲水溢柒寸，長十九丈，闊壹丈肆尺，加高壹尺，估計用泥弍拾陸井，估價銀弍拾元零捌角。又新墟水溢捌寸，長拾丈，春基骨肆拾井，該灰石工銀壹仟弍百元，加椿伍百枝，銀伍佰元。

一、南村基石角咀至火秧樹脚水溢柒寸，滲漏坍卸長叁拾丈，闊壹丈捌尺，加高壹尺，估計用泥壹佰零捌井，銀捌拾陸元肆角。春基骨壹百弍拾井，該灰石工銀叁千陸佰元。加椿壹仟伍百枝，銀壹千伍佰元。

一、石龍村基水溢壹尺捌寸，長柒拾伍丈，闊壹丈叁尺，加高弍尺，估計用泥叁百玖拾井，銀叁百壹拾弍元。又曾家祠前見龍里滲漏共長叁拾丈，春基骨壹百弍拾井，該灰石工銀叁仟陸百元。

又村尾基水溢壹尺陸寸，加高弍尺，長壹拾弍丈，闊壹丈，估計用泥肆拾捌井，銀叁拾捌元肆角。

一、鎮涌基滲漏二處太平里口、中和社下長十丈、十一丈，春基骨捌拾肆井，該灰石工銀弍仟伍百弍拾元。基脚低陷均應加椿壹千零伍拾枝，銀壹仟零伍拾元。

一、土地廟至文閣底基水溢壹尺叁寸，長二拾五丈，闊壹丈弍尺，估計用泥壹百弍拾井，估價銀玖拾陸元。

一、河清堡西十二坊基長叁百捌拾丈，低陷水溢基面壹尺捌寸，宜加高弍尺，闊平均約計壹丈叁尺，估計用泥壹仟玖百柒拾陸井，銀壹千伍百捌拾元零捌角。另培厚壹尺伍寸，估計用泥弍千弍百捌拾井，銀壹千捌百弍拾肆元。加樁柒仟伍佰枝，銀柒千伍佰元。又社學下至侯王廟口基長拾叁丈，闊壹丈，水溢弍尺伍寸，宜加高叁尺，估計用泥柒拾捌井，銀陸拾叁元肆角。基底低陷，宜培厚壹尺，估計用泥伍拾弍井，銀肆拾壹元陸角。加樁陸佰伍拾枝，銀陸百伍拾元。

一、河清堡東自書院後起至舍人廟基長柒拾丈，闊平均計叁丈一尺，低陷極單，本年驚險搶救，最爲首險基段，宜加高培厚。加高弍尺，估計用泥捌佰陸拾捌井，培厚弍尺。估計用泥伍佰陸拾井，取泥太遠在伍百步以外，每泥壹井工銀弍元伍角，共銀叁千伍佰柒拾元。又基脚卸陷，應用英泥舂固，共估價銀叁千壹百元。又舍人廟以下至九江基界，共長叁佰丈，闊壹丈弍尺，太低陷單薄，水溢壹尺陸寸，宜加高弍尺，培厚弍尺，估計共用泥叁仟捌百捌拾井，銀叁千壹百零肆元。又豐寧里、永安門、榮昌里、葵扁巷巷尾基滲漏卸裂共弍拾肆丈，舂基骨玖拾陸井，該灰石工銀弍仟捌百捌拾元。加樁壹仟弍百枝，銀壹千弍百元。

又武陵廟横基，本年傾卸搶救，甚屬危險。長伍拾丈，闊玖尺，應培厚弍尺，加高叁尺，估計用泥陸百柒拾井，銀伍百叁拾陸元。基底卸陷，宜用紅毛泥舂固，共銀玖佰元。

又元吉社至南山祠後横塘基，三華書舍至集慶坊，共計壹百弍拾丈，闊壹丈，水溢壹尺陸寸，宜加高弍尺，估計用泥肆百捌拾井，共估價叁佰捌拾肆元。

一、九江堡基西方先鋒廟前至上下洪聖約水溢，基面坍卸，共長壹佰丈，闊壹丈弍尺。應加高弍尺，培厚弍尺，共估計用泥壹千弍百捌拾井，共估價銀壹千零弍拾肆元。

一、九江六聖宫左便基被水鑽通約叁拾伍丈，舂基骨壹百肆拾井，該灰石工銀肆仟弍百元。加樁壹千伍百枝，銀壹仟伍百元。

一、吉水里閘頭受水冲激，最爲危險，宜壘魚頭石伍百萬斤，估價銀柒仟伍佰元。

一、張家路口基長弍拾丈，闊壹丈弍尺，水溢基面壹尺捌寸，加高弍尺，培厚壹尺伍寸，估計用泥弍百壹拾陸井，估價銀壹百柒拾弍元捌角。

一、九江南方將軍廟前至崗頭大道，基長伍拾丈，北帝廟右便至鳳崗社前長肆拾丈，再向西學憲祠及先鋒古廟前，長柒拾丈，闊壹丈弍尺，均水溢基面壹尺陸柒寸，宜加高弍尺，培厚壹尺伍寸，估計用泥壹仟柒百弍拾捌井，估價銀壹千叁百捌拾弍元肆角。

一、九江南方六堂祠前至城隍廟右便基，長伍拾伍丈，崗咀社至彭家基長叁拾叁丈，猪行後至桑市，長伍拾丈，闊壹丈叁尺，均水溢基面壹尺伍寸。宜加高弍尺，估計用泥伍佰柒拾陸井，銀肆百陸拾元零捌角。

又彭李宅前、土地廟前滲漏坍卸，長叁拾伍丈，舂基骨壹百肆拾井，估價銀肆仟弍百元。加椿壹仟柒百伍拾枝，銀壹仟柒佰伍拾元。

一、東基百滘堡吉贊里并公基傾卸，長五拾丈，宜培築該灰石工銀壹千壹百弍拾元。加椿弍仟伍百枝，銀弍仟伍百元。

一、雲津堡程佑新基上社、大巷低陷，共長肆拾丈。闊壹丈弍尺，宜加高壹尺伍寸，估計用泥壹佰肆拾肆井，銀壹百壹拾伍元弍角。

一、林村鄉潘姓基滲漏拾丈，舂基骨肆拾井，估價銀壹仟弍百元。加椿伍百枝，銀伍佰元。

一、林村鄉陳姓基低陷，長弍拾丈，闊壹丈弍尺，宜培厚壹尺，加高弍尺，估計用泥壹佰陸拾捌井，銀壹百叁拾肆元肆角。

一、雲津堡藻美鄉潘姓基割脚滲漏，長拾丈，基舂骨〔一〕肆拾井，該灰石工銀壹千弍百元，并壘魚頭石伍拾萬斤，共銀柒百伍拾元。加椿伍百枝，銀伍百元。

一、藻美鄉吴聰户基滲漏拾丈，坍卸拾丈，宜培厚壹尺伍寸，估計用泥壹百弍拾井，銀玖拾陸元。舂基骨肆拾井，該石灰工銀壹仟弍百元。加椿伍佰枝，銀伍百元。

一、簡村堡基低陷單薄，〔長〕伍拾丈，闊壹丈，宜加高培厚各壹尺伍寸，估價用泥肆百伍拾井，銀叁佰陸拾元。

一、龍津堡二、三甲顔姓基低陷，長肆拾丈，闊壹丈弍尺，宜加高弍尺，估計用泥壹百玖拾弍井，銀壹百伍拾叁元陸角。

一、龍津堡鍾贊鳴、崔日昇户基低陷，長叁拾丈，闊壹丈，加高叁尺，估計用泥壹百捌拾井，銀壹百肆拾肆元。又江頭涌烏狗樹、石龍田滲漏，共長伍丈，舂基骨弍拾井，該灰石工銀陸百元。加椿弍百伍拾枝，銀弍佰伍拾元。

一、沙頭堡韋馱廟旁基單薄，蟻穴，内塘危險已極，長叁拾丈，用站石五層護脚，培泥至基面，用石肆佰丈，紅毛泥舂固，估價銀伍千元。加椿壹千伍百枝，銀壹千伍百元。

又廟前受水冲激，壘魚頭石伍拾萬斤，銀柒百伍拾元。

一、沙頭舊渡頭基低陷，長肆拾丈，闊壹丈伍尺，宜加高培厚各壹尺伍寸，估計用泥肆百弍拾井，銀叁百叁拾陸元。

一、沙頭北村崔樂善、何觀海祠前坍卸十丈、八丈，宜培厚壹尺，估計用泥壹百肆拾肆井，銀壹百壹拾伍元弍角。舂基骨柒拾弍井，該灰石工銀弍仟壹百陸拾元。加椿玖百

〔一〕基舂骨　疑爲『舂基骨』之誤，它處皆爲『舂基骨』。

枝，銀玖佰元。

一、沙頭北村先鋒廟前竇石卸裂低陷拾丈，舂基骨肆拾井，該灰石工銀壹仟弍百元。加椿伍百枝，銀伍百元。

一、北村六約尾崩口長弍丈伍尺，深柒尺，活(一)平均弍丈，宜築復。用壹丈陸椿四層，計弍百枝，估計用泥柒拾伍井，取泥在肆百步以外，每井約弍元，用大石陸拾萬護基脚，共估工銀壹仟弍百伍拾元。

一、沙頭河澎尾崩口，長弍丈伍尺，宜築復，照上用工料銀壹仟弍百伍拾元。

一、龍江堡車比决口，長拾丈，平均闊弍丈伍尺，估計用泥陸百井。白鶴灣决口長伍丈，平均闊弍丈伍尺，深壹丈弍尺，估計用泥叁百井。渡頭决口，長玖丈，平均闊弍丈，深伍尺伍寸，估計用泥壹百玖拾捌井。吴面涌决口，長伍丈，平均闊弍丈弍尺，深壹丈壹尺伍寸，估計用泥弍百伍拾叁井。厘料氹决口，長玖丈弍尺，深捌尺，平均闊弍丈，估計用泥弍百捌拾捌井。儘槽氹决口，長捌丈，闊壹丈伍尺，深肆尺，估計用泥壹拾壹井。帽塘基决口，長叁丈，闊壹丈捌尺，深壹丈壹尺，估計用泥壹百壹拾玖井。共計决口七處，用泥壹仟柒百陸拾玖井，又丈弍杉椿弍千肆百伍拾枝，共估價銀叁仟捌佰陸拾伍元叁角。

分計數修復决口工程共估價銀叁萬弍千弍百伍拾陸元。

分計數修築各基段工程共估價銀壹拾壹萬肆仟捌佰肆拾肆元玖角。

合計數應修决口及各基段工程估價銀壹拾肆萬柒千壹佰元零玖角。

按，順德縣長成公憲詳文，係據呈首翰林院檢討周廷幹呈轉詳，其餘文同，兹不贅。

民國四年乙卯造具預算，正總理岑兆徵、副總理程學源、關勝銘稟請撥欵修築。

稟稱：　爲修圍工鉅，民力未逮，謹造具預算，擬請鑒核，迅予撥欵維持事。

竊以本圍地跨南、順兩縣，爲粤中四大圍之一，基長一萬肆千柒百餘丈，田土弍仟柒佰餘頃，不幸霪潦爲灾，連年崩决，圍内損失殊重，情形極慘，早在仁台洞鑒之中。前承撫慰使、道尹、知事各委員親到勘災，並諭以從速集中籌議，及時修築，董等敢不恪遵？現在業已施工，迭策進行。祇緣圍大工鉅，需費浩繁，自揣民力實有未逮。計此次全圍决口五十處，兼以基身多數裂卸，照舊修復，已需費弍拾萬零肆千弍百零壹元弍角壹分。又圍衆迭次集議，僉謂水勢年有增加。本年前後兩次潦水，均足潰决有餘，且均水逾圍面壹弍尺，或至

(一) 活　當爲『闊』之誤。

三尺以上，逆料非增高培厚，不足以弭將來鉅災。但增高三尺，培厚伍尺，應需費柒拾弍萬伍千零弍拾捌元弍角玖分。本圍當兩江要衝，險工較多，非多用石分配圍身閘礪，難期完固。則石料一項，又需費壹拾柒萬弍千陸佰陸拾元。統計全圍修固，一切支欵共應需費壹佰壹拾萬零壹千捌百捌拾玖元弍角玖分，此係核實預算。當此連年災害，元氣大殘，徧地灾民，救死不贍，自揣全圍之力未能勝此鉅工。董等竊計，日前議定各種畝捐、鋪捐、丁捐，又屬緩不濟急，無以應目前要支。而各堡各鄉極力分担籌墊，亦祇得二十萬零伍千元。壹爲衡較，相差甚鉅。董等日夜焦思，惕息難安。轉瞬春令水潦又至，設以欵絀施工未竟，爲禍何堪？設想惟有造具預算，粘呈籲請仁台大發慈悲，俯念兩縣人民生命財産所托，迅撥鉅欵特予維持，庶大工或可告成。闔圍戴德靡既，謹禀代理廣東巡按使龍。

計附呈預算表乙扣，桑園圍志乙套。

批：

據禀已悉，候行賑務善後局，復勘明確，函商救災總公所酌核辦理預算。表及志書均存，此批。

民國四年十二月卅一日　發

民國五年二月呈請巡按使履勘及時趕築

呈爲照章修築並無誤認，謹粘圖案，懇請飭委會縣照案勘明，以憑赶築，免誤要工而累全圍事。

緣桑園圍連跨南、順兩縣，地廣人稠，中分十四堡，藉東、西兩基以爲保障。每遇夏潦盛漲，遠處搶救不及，是以向章各基段歸附近各堡分姓主管，遇有冲決及坍卸滲漏，年歲小修，責令該堡將歷年基坦，出息自行修復。若全圍大修，則十四堡公推董事主權，計畝捐租，通力合作，不分畛域。去夏西、北兩江並漲，水溢基面叁尺有奇，決口多至四十餘處，人畜淹没，屋舍傾塌，慘不忍言。秋後潦水漸退，正擬籌欵修築，適奉治河兼籌賑處譚督辦有此後修築基圍，務必加至本年水量之高度，以免再行漫溢之佈告。經集衆議，遵照全圍加高叁尺，先修決口，續擬分段加高。忽奉巡按使鈞批，黄公堤既向歸黄姓管理，如有坍塌滲漏，自應查照向章，仍歸黄姓籌修。該桑園圍董何得誤認侵築，致滋訟蔓？候行粤海道轉南、順兩縣照案轉諭遵照等因。

查桑園圍志黄公堤原九江陳博民於明洪武間伏闕請築。由甘竹灘築堤，越天河，抵横江，絡繹亘數十里，有《穀食祠記》可據，其事並載郡志。迨萬曆間，該堤冲決，黄岐山易之以石，鄉人感其德，因名黄公堤。實即桑園圍基段。故乾隆五十九年，陳布政司大文委九江主簿稽會嘉、江浦巡檢吕滐督監生李肇珠等全圍修築。西岸自南邑鵝埠石起，下至順邑甘竹灘止，東岸自南邑仙萊鄉起，下至順邑龍江河澎尾止，有廣州府朱奉布政司扎開示諭爲據。歷次大修，均循照向章，此次不能獨異。總理等承闔圍推舉，專理修基事宜，並非與人争利，循照向來界址，並無誤認侵築。奉批前因，迫得暫行緩築，謹粘圖案，呈請憲台察核。但工程浩大，爲日已促，轉瞬西潦即來，則闔圍糧命攸關，大局何堪設想，再四思維，惟有懇恩查照前案，履勘明確，俾得及時赶築，免誤要工而貽後患，實爲德便。

廣東巡案使批第四零七八號一件

據南、順桑園圍修基總理岑兆徵等稟，照章修築並無誤認，謹粘圖説，飭委照案會勘，以憑赶築。

由查此案前據紳士黄慕湘等以黄公堤向係黄姓管理等詞具稟，業經批飭查照向章辦理在案。現稟小修則就近自理，大修則合力通籌，究竟所陳是否實情？該黄公堤現應如何修築？仰候飭粤海道督同南、順兩縣履勘，并召集該地方紳董妥商辦法，詳候察奪。至修理圍堤係屬公益事業，各宜顧念水災痛苦，蠲除成見，從長計議，以奠民生。毋稍偏執，致誤善舉，是爲至要。仰即知照，此批。

民國五年三月八日批

卷五　搶救

西潦盛漲，人有戒心，晝夜巡邏，遇有卸陷，即傳鑼搶救，此故事也。然握要尤在平日預備，沿堤基主業户各有沙坦、魚利、歲收所入，置辦杉樁、竹笪、麻包等件，分貯鄉約神廟、祠堂，安置乾燥地方，隨時料理，立爲定規，無使損失。各鄉同一辦法，無論何鄉遇警，遠近到處皆可借用，事後照數償還。如此則呼應自靈，即不至臨時束手，此先事預防之計也。

至於工役之赴救，弊竇實多。必得公明幹練之員，爲之約束指揮，方能收其實效，而不至滋生事端，貽累大局，此臨時制變之宜也。志『搶救』。

民國九年五月日議定傳鑼搶救簡章

一、遇有搶救時期，當年值理在該地點設立工人報名處。

一、鳴鑼搶救須有字據，報明情形，并給該地方圖記，或該鄉局片，或用該地方箇人名義，方爲有效。

一、各堡搶救必須設人管帶，自造名册，或自備腰牌襟章，統率工人到搶救地點，向當年值理報名，以得分工施救。

一、各堡搶救工人須聽當年值理指揮，務宜和衷共濟，如有彼此意見不合，切勿争執，致誤要工。

一、搶救工人打樁及挑泥等，各自携備器具，不許携帶槍枝，以免滋生事端。

搶救

光緒十九年癸巳七月，南村竇報險，搶救數日。

光緒三十四年戊申五月，茅岡基、鵝（阜）〔埠〕石基、龍坑基搶救數日。

民國三年甲寅五月廿六日，搶救鵝埠石基、茅岡、圳口基，河清基、九江沙溪基，至閏五月初一日，茅岡蘇萬春基決十餘丈。

五月廿七日，九江子圍沙咀虹秀橋基決數丈，至廿九日基主救復。

五月廿九日，九江子圍沙咀金花廟基決數丈。

四年乙卯五月廿六日，搶救先登鵝埠石、茅岡、龍坑、海舟河神廟、上原仲祠前、鎮涌關帝廟、河清舍人廟外基一帶，九江趙大王廟上。至六月初一日，仙萊岡、吉贊橫基崩決，東基決口四十餘處，西基墮二百餘丈。趙大王廟上基初一崩決，初三救復，廿竹東安圍水反冲出，決數十丈。

六年丁巳，茅岡新村竇因土人取魚，將竇門撬開。四月廿一日，西潦大至，不能復塞，水勢奔騰，頃刻附近水深數尺。該堡鳴鑼告警，全圍搶救。西基所墊欵壹千餘元救復，該墊欵基主尚未交出。

七年戊午四月，西潦盛漲。廿二日，九江沙口判官廟下第二口塘，一連三口基脚卸墮，六聖宮後塘基脚卸墮，吉水里下張永孚堂塘基脚卸墮，由西基所率工墊欵搶救，該墊欵經業主交回。

廿四日沙頭河澎尾基卸墮，該堡團保局與西基所借銀伍佰餘元搶救復完。其欵尚未交出。

九年庚申四月廿七日，雲津堡藻尾潘姓基拆墮拾餘丈，基所墊欵，派人督工搶救，該墊欵基主尚未交出。

五月十一日，吉贊竇大漏閘板將折，基所派人用泥將竇孔填塞，該欵基主尚未交出。

附刊誤校正表

卷數	頁數	行數	字數	刊誤	校正
卷二	三頁	十行	三字	飾	飭
卷二	七頁	十八行	十七字	長	丈
卷三	二頁	十四行	二十字	銅	翎
卷四	一頁	五行	一字	悍	捍
卷四	二頁	六行	二十字	瀚	瀚
卷四	三頁	四行	十四字	特	持
卷四	四頁	六行	十八九字	本修	修本
卷四	八頁	八行	十二三字	九寸	十九丈
卷四	九頁	十三行	二字	漏千字	
卷四	十四頁	五行	十四字	活	闊連篇多以活代
卷四	十八頁	十六行	末字	撥	發
卷四	十九頁	二行	廿二字	按	案
卷四	廿頁	十七行	十一字	禀	章
篇中誤字承印願爲補正恐仍有遺漏故列此表					

卷六　蠲賑

圍決告災，凡水所淹及之區，人之瑣尾流離，誠不堪言狀矣。官斯土者，苟不知撫綏賑恤，豈非魚其民而索之於枯魚之肆乎？所賴當道大吏，痌瘝乃心，封章入告，俾民仰邀渥澤，庶慶其蘇耳。前志備載。

列朝遇災，大吏奏聞，皆如所請。或免糧，或減租，或緩征，或借口糧，或給修費，殊恩渥沛，亦云至矣。降及後世，惟知朘削自奉，不復以恤民爲心，明知水旱成災，民艱粒食，猶復迫於星火，四出催科，窮民無告，有訴之於天已爾，其將如之何哉？志『蠲賑』。

甲寅賑欵

民國三年圍決，南海縣知事陳公崧澧賑銀壹千伍百陸拾玖元。

領救災公所銀壹萬壹仟元。

領籌賑處銀弍萬玖仟伍百柒拾叁元。

領自治研究社銀柒仟元。

乙卯賑欵

民國四年圍決，領省城救災公所銀陸萬肆千元。

領南海籌賑處銀弍百元。

卷七　撥欵

廣、肇兩府大小百數十圍，而桑園圍獨有歲修專欵。此由皇仁之優渥致然，而要非賢公卿、鄉先達之力不至此。歲修專欵自嘉慶二十三年奏准借帑生息始，其領歲修息則自二十四年始，嗣因盧、伍捐建石堤，既臻鞏固，無庸歲修。由是暫停領息，將此欵撥入籌備堤岸項内，聲明別圍許其借動，徵還存庫，爲桑園圍歲修本欵。及至道光十三年海舟堡十二户、三(了)〔丫〕[一]基決，請領庫銀四萬餘兩，築復决口。自後，每興役呈請息欵，必蒙發給，而搢紳出而董理者亦類能失慎矢公，以力衛桑梓。其所以支持至七十年之久者，非偶然也。此欵前因軍興提用，經蒙諭旨飭大吏籌還，迄未如數填足，惟呈請入奏，立沛恩施，無或違者。此以見朝廷之德意終不可諼，即此欵之終不可泯滅，亦可知矣。

國變之初，曾經領過息銀壹萬員，猶知此欵在官，無可假借也。後再有請，則不應矣。繼自今其能保全與否，誠不可知。然盡人事，聽天命，固吾人責也，是豈可諉之於數哉？志『撥欵』。

[一] 了　應爲『丫』之誤。

民國三年甲寅九月十一日南海縣長　公　據情轉詳巡按使《公財政廳長嚴公迅撥歲修專欵詳文》

詳爲：　大圍坍決，亟需修復，聯懇迅撥歲修專欵，以資培築，而維糧命事。

竊桑園圍地跨南、順兩縣，東、西堤共長壹萬肆千柒百柒拾餘丈，障禦西、北兩江潦水，素稱險要。户口百萬，賦税弍千柒百餘頃，爲十四堡糧命所關。倘遭崩潰，工鉅費繁，非民力所能担負。故自前清嘉慶二十二年奏撥帑欵，發商生息，以備歲修。歷年潦水漲發，圍身不無滲漏。迨光、宣年間，颶風爲災，潦水泛溢，互相衝激，歷經稟請估勘，並蒙照給歲修銀兩，各在案。民國肇造，援案請領修欵，僅給紙幣壹萬元，稍加修葺，方幸勉强支持。

詎本年六月，江潦暴漲至二丈餘，紳民按段分巡，晝夜督率救護。如西基之先登、海舟、鎮涌、河清、九江等稍低薄處，水溢基面，由八寸至二尺有奇，基脚每多疏變滲漏。東基之沙頭、龍江等處，或被崩決，或已坍卸，正在奮力搶救間，而水勢洶湧，激射益烈。至六月二十三夜，西基茅岡觀音山下水自圍低噴起，堤石冲倒，遂決三十餘丈。搶救無效，一片汪洋，瞬成澤國。房屋倒塜，婦孺呼號，蕩析離居，死傷枕藉，其桑蠶損失之數已在三千餘萬。

緣圍内多是桑基、魚塘，蠶業甚衆，非別圍盡是禾田者比。况當蠶造最旺之際，不獨現有魚桑概被漂没，而數月淹浸，桑根過半枯死，即令補種，難望收成。桑蠶之利全無，租税安有所出？災民百萬，何處謀生？即有殷富，同遭損失，財産已空，窮於應付，此誠七十年來所未見，而十四堡所同哀也。乃若樹椿攔水，踴躍争赴，一切工料等費，業耗銀叁萬餘元，舊存圍欵提支已罄，决口原基尚未施工填築。全圍踏勘，舉凡决陷坍漏低薄，稍遇水漲，在在可危。

查道光癸巳崩潰，曾蒙給銀叁萬兩，近來工料價值比前數倍加增，去年新會天河圍修築工程，亦非弍叁拾萬金不克蕆事。現擬將全堤按段修築，估價需銀壹拾肆萬柒千壹百元零玖角。總之，東、西基堤既形長而勢險，則修築經費自當取多而用宏。若非領有大宗欵項，及時通修，終不足以竣大工而杜後患。幸值欵仁憲飢溺關懷，凡對於已決之圍，請欵修築者，均蒙批准補助。桑園圍既有存庫歲修專欵，子母積累，計逾弍拾萬金，當更蒙格外撥給。理合備文，連同應修基段清摺一扣，歷次領欵成案二紙，志書（書）一部，聯懇憲台，俯念民力維艱，工程浩大，一面派員履勘，詳請巡按使准將本圍存庫歲修專欵息項撥銀壹拾萬元給領，并咨會籌賑處，將捐欵大加補助，以爲修築之資。此外，如有不敷，除按畝起科，留抵修復各子圍未便重抽外，惟有募捐不足，繼以變産。圍内士民勉力籌集，務使工必堅實，欵不虚糜。庶樂土可居，安瀾永奠，圍内百萬生靈將沐鴻施於靡既矣。

計粘領欵成案二紙，并附應修基段清摺一扣，隨繳志書一部。

南、順桑園圍基務公所在籍紳士前清吏部主事郭乃心，翰林院檢討周廷幹，修基總理岑文藻，協理潘桂鏻，鄧善麟，董事余葆德、郭文修、馮敬禹、李兆元、李寶瀚、程秉琦、傅朝陽、梁禹傳、任元熙、賴有秋、張思燊、賴振寰、余得偁、李承祖、老潔平、黄晃賡；　連署人南海縣九江堡紳董關秉虔、關景亮、關鴻肇、陳藻芬、馮懷清、張樹棠、吴耀邦、岑伯銘、黄湯池、梁國旒、關澄弼、曾古愚，沙頭堡紳董崔朝杰、馮朝熙、盧維照、盧奭、崔德元、崔登瀛、崔珄、崔鎏、老朝良、盧翔、盧柱生，大同堡紳董郭博文、郭協和、郭博厚、郭弁群、郭而壽、郭而沐、程以俊、程租彝、程學源、程元、戴鴻惠、戴曾謙、戴曾詒、陳廷芳、陳文、陳壽康、傅崇光、傅燊、麥鼎新、李述堯、李蔚如、李郁煌、李慕韓，河清堡紳董潘廷誥、潘元普、潘桂鑣、潘伯燊、潘文譜、潘龍驤、潘慶堪、潘敬祥、潘敬祐、潘朝林、潘汝霖、潘廷諤、潘蔭宇、潘明、潘本燊、潘本炘、潘耀華、潘國光、潘燿南、陳耀慈、陳翰藻、胡仕規、胡仕榜、胡仕前、黎堃，鎮涌堡紳董何炳堃、何學彰、何堯芬、何翰堯、梁惠顯、任其椝、何毓楨、何焯、何佐彦，海舟堡紳董李仕良、李宗邦、李樹恭、李榮科、李文訓、梁秩西、梁蔭懷、梁廣倫、李莪土、李榮圭、李幹才、梁惠臣、李秩三、余芑廷、麥少林、李誠光、梁鉅明、李次垣，百滘堡紳董潘斯潘禹、潘臣、潘伯實、黎芷湘、黎承鎏、潘偉樵、潘伯櫟、潘逸雲、潘廷蔭、潘譽韶、潘譽華、潘敬、潘伯颺、潘佐儉、潘維瑶、潘應賡、潘樹勛、區子沅、潘仲明，先登堡紳董符仕龍、符葆心、張燮垣、蘇頌清、蘇維楫、蘇維櫟、蘇維瀚、區恭範，雲津堡紳董羅葆彝、潘葆銘、潘應昇、羅藻清、潘肇元、吴國可、程友謙、陳祖禧、梁金鑄、梁幹芳、張銘恕、張荀龍、張士毅，簡村堡紳董陳煜璣、羅啟光、郭瓊修、麥輝遠、黄士椝、黄澤樹、陳蒲軒、陳廉伯、陳黼庭，金甌堡紳董岑挺生、余懷謀、關勝銘、石伯雅、余伯典、關子惺、余漸逵，順德縣龍山堡紳董黎豫章、温重儀、鄧學儲、梁鳴琚、馮啟熙、盧玉瑚，龍江堡紳董張雲翼、張佐元、張超元、張日耀、張仲孝、張廷弼、鄧藻彰、鄧兆吕、劉啟榮、劉耀南、康緝熙、黄翰章、黄鋭、蔡鴻逵、蔡綬采、蔡作寅、蔡光彝、薛明球、薛鴻恩、李宸贊、李曰明、劉奮、周光宇、蕭偉基、尹藻鎏、凌子雲、張賜康、彭吕元、鄧暢如、陳智謀、陸宗權、簡樞南、蔡文海、鍾偉臣，甘竹堡紳董余侯建、梁錦濤、胡公詒、張日南等。

謹將桑園圍歷届請領歲修銀兩成案開列呈電：

一、道光癸巳歲堤决，闔圍援案稟蒙給銀叁萬兩。

一、道光甲辰歲堤决，蒙給銀壹萬兩。

一、道光己酉歲給銀壹萬兩。

一、咸豐癸丑歲給銀壹萬兩。

一、同治丁卯歲給銀壹萬兩。

一、同治己巳歲給銀壹萬兩。

一、同治癸酉歲給銀壹萬兩。

一、光緒丁丑歲給銀弍萬兩。

一、光緒己卯歲給銀捌仟兩。

光緒三年巡撫張兆棟籌撥歲修息銀摺文，載在圍志卷一奏議門。

五年巡撫裕寬籌撥歲修息銀捌千兩摺文，載在圍志卷一奏議門。

六年總督張樹聲、巡撫裕寬籌撥歲修息銀陸仟陸拾餘兩摺文，載圍志卷七撥欵門。

十一年總督張之洞籌撥息銀壹萬兩摺文，載在圍志卷一奏議門。

十八年總督李翰章籌撥歲修息銀捌千兩。

二十三年總督譚鍾麟籌撥歲修息銀一萬四仟五百八拾兩。

三十二年總督岑春萱籌撥歲修息銀弍萬兩。

三十四年總督張人駿籌撥歲修息銀壹萬兩。

民國二年前都督胡漢民籌撥歲修息銀壹萬員。

民國五年丙辰一月十日南海縣長陳崇澧詳請廣東財政廳長蔣公撥歲修欵項詳文

詳稱：　爲詳請事。民國四年二月二十三日奉鈞廳第三十五號飭開，查接管卷内奉巡按使批本廳會同籌賑處具詳遵批，會同核議桑園圍稟請撥欵，并將歲修經費列入預算，由奉批詳悉。

查此次補助該圍修基欵項，已據籌賑處摺報，發還弍萬玖千伍百柒拾餘元辦理，尚屬平允。至該圍請將年息肆仟陸佰兩列入預算，專存備用，又經該廳處核明，與前清成案辦法相符，應准自四年度預算案起，遞年照數編列，用昭大信。奉仰該廳查照辦理，並飭南海縣轉行該圍紳董知照等因。奉此，當經轉飭該圍總理遵照。茲據該圍總理岑兆徵等稟稱：　敝圍連年慘遭水患，決口甚多，現當水涸冬晴，亟應及時修築。惟工鉅費繁，非得大宗欵項，難期有濟。查歲修息銀既蒙核准自四年度起遞年支給備用，用敢稟懇轉詳，准將四年分及元年〔一〕分歲修息銀，共壹萬弍仟柒佰柒拾柒元柒毫陸仙，撥發下縣給領，等情到縣。據此，理合據情詳請察核，俯賜照數撥發下縣轉給領用以濟要工，實爲公便。

民國五年丙辰三月十一日，南順桑園圍修基總理岑兆徵、程學源、關勝銘懇請財政廳長給發歲修經費，以濟要工稟

稟稱爲歲修經費專存備用，懇迅賜給發，俾得祇領，以濟要工事。

竊南順桑園圍歲修一項，係於前清嘉慶二十二年在藩糧二庫提銀捌萬兩，發商生息，每年得息銀玖仟陸百兩，以伍千兩還本，以肆千陸佰兩爲桑園圍歲修之用。歷經奏報，動支有案。民國三年，慘遭水患，基圍崩決，稟縣詳請援案照給歲修息銀，以爲善後之計。奉前廳長第三十五號飭開，奉巡按使批，本廳會同籌賑處具詳遵批，會

〔一〕據上下文意，此處『元年』不通，疑爲『五年』。

同核議桑園圍稟請撥欵，並將歲修經費列入預算。由奉批詳悉，該圍請將年息肆仟陸百兩列入預算，專存備用，又經該廳處核明，與前清成案相符，應准自四年度預算案起，遞年照數編列，用昭大信。仰該廳查照辦理，并飭南海縣轉行該圍董知照等因。

奉此，仰見列到憲克守成案，軫念民生，莫名感激。現桑園圍連年崩決，民窮財盡，此次全圍加高培厚更屬工鉅用繁。雖經黽勉籌借，財力實有未逮。伏查歲修息項，既荷核准。自四年度起，遞年編入預算，專存備用。前經稟由南、順兩縣詳請發給在案。兹爲日已久未蒙准發，迫得據情稟請憲台迅賜核准，將桑園圍每年應領歲修息銀肆仟陸百兩，由民國四年至五年兩度合計伸銀壹萬弍仟柒百柒拾柒元柒毫陸仙，迅發下縣，轉行給領，以濟要工。闔圍人民感德無既，謹稟財政廳長蔣。

廣東財政廳批：第一千九百四十號原具稟人岑兆徵稟爲修基需欵，請將四年分歲修息銀發縣給領，由稟悉。查此案前據南海縣具詳，請將該圍四年分及（元）〔五〕年分歲修息銀發縣給領等情。

當經批准，將四年分歲修息銀肆千陸百兩，伸合毫銀陸千叁佰捌拾捌元捌毫捌仙，先行如數提支，發縣給領在案。仰該董等備具領狀，赴縣請領，俾資修築可也。此批。

民國五年三月　　日

查該欵因政變未有給領。

卷八　起科

築圍以防潦，所以衛田廬也；而土地之所出，其財用亦恃以保圍。圍因修築而起科，固其所也。桑園圍每興大役，籌措必以起科爲先，着輕重公同議定，衆情允協，然後舉行。南七順三，著爲成例，所從來遠矣。顧昔人舉事，循公義而屏私情，畛域不分，和衷共濟，是以事易集而功易成。後人則惟求自便其私，蔑視公義而不顧，飾詞自外，希圖免科，甚至搆訟牽纏，逞刁相抗，終於勢窮力竭，而後當官呈繳，其在略明大義者，非不知例無可違，亦復觀望遷延，忍而不能舍也。世嘗說：古今人不相及，其信矣乎？乙卯科捐，徵收至七八年，餘欠尚十餘萬無可收拾。疲玩較甚於從前，可謂每況愈下矣。不知何以挽回人心。使如前輩，相與了此公案也，世有良有司可與告語者乎？吾將敷衽陳詞，而使之聽直矣。志『起科』。

光緒十四年籌集捐欵緣起

我圍捍禦西、北兩江，較他完固者，賴有歲脩專欵也。然與奪操之自上，時勢不無變遷，則善全之策所當預爲備矣。

光緒十四年歲在戊子，圍中諸紳集議籌欵，論丁科捐，每一口銀壹錢，實得銀壹萬零陸百伍拾伍兩捌錢零捌厘，佐以義捐人〔一〕主，復得銀捌仟陸百玖拾伍兩，合共實得銀弍萬零零叁拾壹兩叁錢壹分叁厘，發商生息，所以預備不虞，計至周也。歷年積存本息銀柒萬柒千伍百陸拾捌兩壹錢伍分玖厘，經甲寅、乙卯連年堤決提用，及買舖與鐵路附股，歷年碎用，存積一空。此次集欵資生，實即古人未雨綢繆之義，例當登録，俾後人得所覽觀，踵其事而張大之，謂非我圍之厚幸歟！

進丁捐列

九江堡，丁捐共收銀肆仟壹百肆拾壹兩伍錢弍分捌厘。

大同堡，丁捐共收銀壹仟弍百玖拾弍兩肆錢玖分。

沙頭堡，丁捐共收銀壹仟柒百玖拾兩零陸錢。

鎮涌堡，丁捐共收銀叁百叁拾陸兩弍錢。

河清堡，丁捐共收銀肆百叁拾柒兩壹錢。

海(洲)〔舟〕堡，丁捐共收銀叁佰叁拾柒兩壹錢。

上金甌堡，丁捐共收銀弍拾兩零肆錢。

下金甌堡，丁捐共收銀弍百叁拾伍兩玖錢。

先登堡，丁捐共收銀叁佰零玖兩柒錢玖分。

百滘堡，丁捐共收銀柒百零柒兩柒錢。

簡村堡，丁捐共收銀伍百伍拾玖兩壹錢。

雲津堡，丁捐共收銀肆百捌拾柒兩玖錢。

共丁捐銀壹萬零陸百伍拾伍兩捌錢零捌厘。

進入主捐列

九江堡儒林鄉馮玉樵祖，入主捐銀壹仟兩。

九江堡儒林鄉馮玉堂祖，入主捐銀壹仟兩。

鎮涌堡河清鄉陳體全祖，入主捐銀壹仟兩。

海(洲)〔舟〕堡李村鄉李昇佐祖，入主捐銀壹仟兩。

鎮涌堡南村鄉何福堂翁，入主捐銀壹仟兩。

九江堡儒林鄉朱沛之翁，入主捐銀壹仟兩。

九江堡儒林鄉馮玉田翁，入主捐銀壹仟兩。

九江堡儒林鄉岑紀虞翁，入主捐銀伍百兩。

共入主捐銀柒千伍百兩。

進義捐列

甘竹堡左灘西約，捐銀伍拾兩。

雲津堡雲端鄉關濟廣翁，捐銀伍兩。

大同堡郭崇厚堂，捐銀壹佰肆拾兩。

龍山闔堡，認捐銀壹千兩。

龍江堡，認捐銀柒百弍拾兩。

共義捐銀壹千玖百壹拾伍兩。

以上各捐，除費用，實收銀弍萬零零叁拾壹兩叁錢一分三厘，存數列光緒十四年至十八年。

一、存陳吉瑚銀陸千兩。

一、存九江局收丁捐銀叁千壹佰弍拾兩零柒钱壹分

〔一〕人　應爲『入』之誤，具見『進入主捐列』。

捌厘。

一、存九江局收入主捐銀弍千伍佰兩。

一、存光緒十七年、十八年續交九江局帶用銀伍千玖佰玖拾陸兩伍錢玖分叁厘。

一、存大同局付大同當押銀壹千叁百肆拾兩。

一、存大崗墟永生當銀柒佰零柒兩柒錢。

一、存下墟元昌押銀壹百兩。

一、存龍山堡自行帶用銀壹千兩。

一、存龍江堡自行帶用銀柒百弍拾兩。

共存銀弍萬壹千肆百捌拾伍兩零壹分壹厘。

歷年收支開列

收數列

收陳吉瑚光緒廿三年還本銀陸千兩。

收陳吉瑚息銀壹千弍佰弍拾柒兩肆錢肆分。

收陳侶琴交出數尾銀柒佰捌拾捌兩捌錢柒分伍厘。

收大同當押還本銀壹仟叁百肆拾兩。

收永生當光緒十九年還本銀柒百零柒兩柒錢。

收省城同泰押光緒廿二年還本銀壹佰兩。

收下墟元昌押光緒廿八年還本銀壹百兩。

收各當押共來息銀弍百柒拾壹兩玖錢肆分肆厘。

收九江局還光緒十四年至十八年本銀壹萬壹仟陸百壹拾柒兩叁錢壹分壹厘。

收九江局還光緒十九年至廿八年本銀肆千弍佰玖拾捌兩玖錢伍分玖厘。

收九江堡前後來息銀叁萬肆仟柒百捌拾捌兩玖錢叁分。

收龍山堡還本銀壹千兩。

收龍山堡來息銀壹仟兩。

收龍江堡還本銀柒百弍拾兩。

收龍江堡來息銀伍百零肆兩。

收潘允成堂光緒廿二年至廿五年息銀壹千壹佰零叁兩。

收潘允成堂還本銀陸仟兩。

收潘允成堂來息銀陸仟兩。

共本息銀柒萬柒仟伍百陸拾捌兩壹錢伍分玖厘。

計開收本銀叁萬弍千陸百柒拾弍兩捌錢肆分伍厘。

計開收息銀肆萬肆仟捌佰玖拾伍兩叁錢壹分肆厘。

支數列

支值年手起用付大同當押銀壹仟叁佰肆拾兩。

支潘允成堂光緒廿三年揭銀陸千兩。

支光緒十九年至廿八年撥交九江資生銀肆仟弍百玖拾捌兩玖錢伍分玖厘。

支光緒廿二年置興隆街舖一間，銀壹仟弍百肆拾兩。

支光緒廿二年置南門直街舖一間，銀壹仟肆百兩。

支置舖中佣税契等費，共銀弍佰捌拾叁兩玖錢柒分陸厘。

支做粵漢鐵路伍仟股交三期，連費用，共銀壹萬叁仟捌百弍拾叁兩壹錢又公箱做伍千股共壹萬股。

支甲寅塞决口起用龍山本息銀弍千兩。

支甲寅塞决口起用龍江本息銀壹千弍佰弍拾肆兩。

支甲寅大修起用銀壹萬伍千二百玖拾弍兩柒錢捌分弍厘。

支乙卯大修起用銀壹萬柒千柒百玖拾捌兩肆錢零捌厘。

支民國九年起用潘允成堂本息銀壹萬弍千兩。

支歷年管理丁捐酬金費用徵信等共銀捌百壹拾弍兩玖錢叁分肆厘。

支辛酉九江交出丁捐數尾銀伍拾肆兩。

共支銀柒萬柒千伍百陸拾捌兩壹錢伍分玖厘。

據陳侶琴交出數部及九江徵信録修。

總理岑兆徵呈請省長耀公道尹公飭縣嚴追丁畝捐呈稱： 圍工已竣，欠户疲延，乞恩飭縣嚴追，以維公益而免負累事。

竊南、順屬桑園圍，素爲二邑屏障，乙卯年西潦漲發，圍基崩决，數百萬生命財産損失，不堪言狀。當時集議大修，征收丁畝捐欵充修，全圍經費經各堡紳耆公决，呈奉各憲批准立案，舉定兆徵爲總理，設局興修。

自開辦以來，各鄉民深明利害，踴躍輸將者固多，而延玩不繳者亦復不少，現全圍工竣，南海屬各堡丁畝兩捐尚欠叁拾餘萬元，順德屬之龍江、龍山、甘竹等堡畝捐分文未繳，丁捐所欠亦鉅，刻計全圍負債廿餘萬元，無欵清還。

查桑園圍綿亘兩邑，各鄉民等田園廬墓所在，具有天良，似應早爲捐納，乃疲玩至此，致使全圍負累，結束無從，非仗霜威飭屬嚴追，决難集事。惟有仰懇憲台分飭南海、順德兩縣，責成附圍各堡紳耆嚴厲追收，若敢仍前狡玩延不繳納者，即予傳訊辦理，并查封祠産，變價低償，以清全圍積欠，而維公益，實爲德便。披瀝具陳，伏乞迅賜施行，並候批示祗遵。

總理岑兆徵再呈請省長張公飭縣督催丁畝捐

呈稱： 圍工早竣，欠户久延，乞恩再飭縣令督催各堡紳耆嚴追繳納，以免負累，而維公益事。

竊南、順兩縣征收丁畝兩捐，充修桑園圍經費，經各堡紳耆公决，呈奉核准有案，惟圍工早竣，兩邑鄉民積欠丁畝兩捐爲數甚鉅，亦經呈請，指令兩縣嚴飭各户迅即繳納在案，現查南屬各堡遵繳者源源而至，而順屬龍山、龍江、甘竹等堡仍然玩視飭令，屢次苦追，置諸不恤，刻計全圍負債弍拾餘萬，日夕籌維，清償無力，迫不得已，再瀆求鈞座俯賜，迅飭順德縣令躬親下鄉，督催各該堡早日遵納，以清全圍積債，而免負累全圍。公益實賴維持，不勝盼禱之至。披瀝具陳，伏乞察核施行。

南、順桑園圍總理岑兆徵致順德縣函

函稱：竊桑園圍征收南、順兩邑丁畝捐欵，充修全圍經費，經各堡紳耆公决，呈奉各憲批准立案，惟圍工早竣，兩邑鄉民久延不納，爲數尚鉅，合計全圍負債式拾餘萬。總理等日夕籌維，清償無力，前曾據情直陳，懇請執事暨南海縣令飭令各户迅即繳納在案。現查南屬各堡遵繳者源源而至，而順屬龍山、龍江、甘竹等堡仍置諸不恤，屢催遵繳，竟無應者，實屬疲玩已極。用敢一再奉懇，可否撥冗親臨各該堡，嚴加諭責，各鄉民素服聲威，必不如前之狡玩，所欠捐欵可望速納，全圍之債藉以清償。感荷大德，無有涯涘，區區下忱，敬乞鑒納，不勝翹企之至。

順德縣公署訓令　第六二六號

案，據裏海鄉南約保衛分局局董黄輝垣等呈稱：竊裏海鄉地方處於西江及甘竹灘下游，西潦一到，即遭潦浸，雖頻年水患，各處多蒙其害，匪獨裏海爲然。第各鄉仍有堤基保障，平常水患尚足以抵禦，惟裏海之南約向無堤基，因約内各坊皆山巒環繞其後，每值潦水漲滿之時，山水陡然暴發，縱有圍基，若非活動可能挑水出外者，亦終歸無用，故欲免水患，幾無善策。伏思修圍抽捐，亦必須該處居民得有所保障，斯捐欵乃能踴躍輸將。若全無受益，而强令一律抽捐，此所以窒礙難行也。抑尤有進者，自甲乙兩年水灾後，省中大吏有將桑園圍内粮税豁免，惟當時佈告僅許裏海鄉緩征，不能同繳豁免之列。似乎裏海非隸屬於桑園圍内，何以丁畝捐則一律抽收？揆之情理，似未能平。

兹又聞畝捐有帶粮抽收，亦有窒礙之點。緣圍内各户之業，必非盡在圍内，散處别縣者頗多，若照各户實征帶收，恐或有重抽之累，現該圍之丁畝捐，日間已有委員到鄉催繳，但我南約諸多窒礙，迫得將原由據實呈訴琴階，伏祈察核，將南約之丁畝捐恩免，以紓民困，實爲公便，等情據此，當經指令呈悉。

查基圍之設，乃爲保障圍内所有人民生命財産起見，據稱該鄉南約山巒環繞，向無基堤，不屬於桑園圍範圍之内。是否屬實？候令該圍總理查明呈復，再行核辦。總之圍捐應抽與否？以該約所有人口産業是否在圍内以爲斷。設如住宅在圍内，而産業在圍外，祇應抽丁捐；或産業在圍内，而住宅在圍外，祇應抽畝捐；若併在圍内，宜照章抽收，自不得藉口抗延，致礙公益。仰并知照此令，在詞除令復外，合行令仰該總理即便遵照指令，事理查明妥辦呈復，毋稍徇延，切切此令。

中華民國九年二月十四日

知事陳大賓

呈順德縣控黄耀垣抗捐

具呈　南、順桑園圍總理岑兆徵等爲呈復事。

民國九年六月十四日奉鈞署第六二二六號訓令内開：案據裏海鄉南約保衛分局局董黄耀垣等呈稱云云。除原文有案不贅録外，至合行令，仰該總理即便遵照指令，事理查明妥辦呈復，毋稍徇延，切切此令等因。

奉此，查黄耀垣等呈稱，詞多狡辨，志在諉卸丁畝捐，謹將所陳各節縷析言之。裏海鄉確在桑園圍範圍之内，案圖可稽。惟桑園圍上游跨南、三交界諸山築一横檔，基東西濱臨西、北兩江築有大堤，圍内十四堡均受保障。其下游不築閘竇，仍留龍江口、歌滘口、獅頷口以爲交通宣洩之便，故圍内港汊紛歧，各築子圍以捍下游倒捲之水，圍志所載子圍二十餘處，彰彰可考。據稱南約向無堤基，是該鄉不自築子圍，盛潦時致遭淹浸，間亦有之，現圍内九江、沙頭、龍江、龍山各堡均有未築子圍，其丁畝捐仍一律抽收，并不因無子圍減免。至所謂各坊皆山巒環繞，山水暴發，縱有圍基亦歸無用等語，不思本圍上游南、三交界，山巒綿亘十餘里，西樵山亦在圍内，豈無山水暴發，何嘗見有堤無用，此丁畝捐不能諉卸一也。

又據稱甲、乙兩年水灾後，省中大吏有將桑園圍粮税豁免，惟當時佈告僅許裏海鄉緩征，不能同邀豁免之列，似乎裏海非隸屬於桑園圍内，何以丁畝捐仍一律抽收一節，但南約是否隸屬桑園圍，裏海人婦孺皆知，何至因糧税而始生疑問？查桑園圍内南屬各堡糧税未嘗豁免，甲、乙兩年舊糧昨年多已繳納，順屬龍江、龍山、甘竹糧税豁免與否，鈞署有案可查，無庸再瀆，總之糧税與丁畝捐不同，國税蠲免，官廳樂予恩施，圍例破壞，基務不可收拾，此丁畝捐不能諉卸二也。

又據稱畝捐帶糧抽收，亦有窒礙一節，查本圍向章，均帶糧征收，成案昭然，備載圍志，似未便因一鄉一約而壞十四堡自古相沿之公例，此丁畝捐不能諉卸三也。

竊謂丁畝捐爲修圍籌欵萬不得已之舉，乙卯年十四堡集議，陳前南海縣長蒞會，議決每丁捐銀壹元，每畝捐銀弍元，爲全圍大修之費，其畝捐照向章帶糧征收，當時衆人熱心公益，慷慨贊成，迨辦事人極力墊欵，築圍完竣，負債纍纍，藉收回丁畝捐以還墊欵，詎料裏海鄉自便私圖，多方狡辨，飾詞推諉，敝公所惟有執行議案，抽收丁畝捐以還公債。至裏海係桑園圍範圍及圍志所載畝捐成案，粘抄附呈，并圍志全套寄上，以備察核。懇請嚴飭該紳董黄耀垣等迅將丁畝捐照向章一律繳納，無任狡卸，實爲德便。兹奉前因，理合備文呈復，謹呈。

順德縣知事陳

中華民國九年　　月　　日

謹將南約地點及畝捐成案子圍載在圍誌開列粘抄呈電。

一、南約確在桑園圍範圍之内。

見圍誌第二部卷二圖説門五十七頁，桑園圍全圖，獅頷口之西南，經線偏西一十一分，緯線二十二度四十八至四十九分。

一、畝捐帶糧抽收。

見圍誌第三部卷八起科類第一二頁。

一、南約稱無基堤，係不自築子圍，查桑園内有子圍者二十餘處。

見圍誌第五部渠竇門子圍類，卷十三第九頁。

兹將全圍粮户圖甲開列

九江三十四圖

甲一 關　陞　柱另 關　譽　甲二 曾　廣　柱另 曾三省

甲三 關仕榮　甲四 張明臣　柱另 張斌受　甲五 關仕隆

柱另 關福昌　甲六 梅魁先　甲七 關應運　甲八 岑良富

柱另 岑繼祖　甲九 曾通理　甲十 朱廷相

九江三十五圖

甲一 黄運興　柱另 黄興友（前無今有）　甲二 蘇運隆　柱另 老榮芳

甲三 曾　宏　甲四 關　美　柱另 關上遷　甲五 李隆運

柱另 黄　登　柱另 鍾　和　甲六 陳一德　柱一 陳永昌

甲七 廖起昌　柱一 廖　元　甲八 關仕興　甲九 關　法

甲十 陳顯祖　柱另 陳元俊（前無今有）

九江三十八圖

甲一 陳世昌　柱一 陳楚鏡（前無今有）　柱一 陳大受　柱一 陳大業

柱一 陳　承　柱一 陳世山　柱一 陳碧州　柱一 陳大德

柱一 陳廣恩　柱一 陳世德　柱一 陳　保　柱一 陳永隆（前無今有）

柱一 陳　勝　柱一 陳多福（前無今有）　柱一 陳萬安　柱一 陳萬盛

甲二 張仁智　柱一 張彭太（前無今有）　柱一 張　復　柱一 張　同

柱一 張　信　柱一 張崇萬　柱一 張永賢　柱一 張永寛

柱一 張　英　柱一 彭效忠　甲三 明　鐸　柱一 盧紹明

柱一 岑　都　柱一 岑　洞　柱一 岑善祖　甲四 鄭波石

柱一 朱紹源　柱一 朱繼昌　柱一 朱宣義　甲五 馮胡劉

柱一 馮　平（前無今有）　柱一 馮德潤　柱一 馮新盛　柱一 馮化生

柱一 馮　球　柱一 馮嗣京　柱一 馮啟昌　柱一 馮直山

柱一 劉　芳　柱一 劉　岳　柱一 劉世隆　柱一 劉　毓

一柱劉遠盛　一柱劉隱　一柱劉世美　一柱劉濟美
一柱劉永華　一柱劉昌泰　一柱劉華卓　一柱劉國安
一柱胡廣安　一柱胡大盛　一柱胡子盛　一柱胡新盛
一柱胡海盛　一柱胡昌盛　一柱胡珽　六甲陳熙載
一柱陳廣業　一柱關義存　一柱關忠顯　一柱關榮仁
一柱關遇春　一柱李大能　一柱李永甯　一柱李鼎熾
一柱鄧英今無　一柱鄧貽穀　一柱鄧冲霄今無　一柱黎祖福
一柱黎廣發　一柱黎其昌　一柱黎永盛　一柱黎錫玉
一柱黎奇　一柱曾昌勝　一柱曾允勝　一柱曾維新
一柱曾祖　一柱曾志興　九甲關世業　一柱關税宇
一柱關永昌　一柱關洛溪　一柱關樂川今無　一柱關寢昌今無
一柱關鶴亭　一柱關玉亭　一柱關汝璧　一柱關麗泉
一柱關鳳至前無今有　一柱關崇爵尚無今有　一甲關顯揚前無今有　一柱黃泰來
一柱黃貴益今無　一柱黃適中前無今有　一柱黃連元今無　四甲黃敬今無
一柱周上喬　一柱周溥今無　一柱周昌　一柱周東田
一柱周元覆　十甲馮昌英　一柱馮永興　一柱馮丹陵

一柱余文炳　一柱余吾埜

九江七十九圖

一甲曾永泰　一柱曾觀富　一柱曾恒泰　二甲李春華
三甲梁瑞隆　四甲劉思宗　一柱黃昭泰　五甲張清富
六甲關日新　一柱關文熺　一柱關嘉南　一柱關文球
一柱關福存　七甲曾奉朝　一柱曾輝　八甲黎登泰
九甲岑起新　十甲黃興隆

九江八十圖

一甲陳聯宗　一柱黃揆文　一柱陳乃志前無今有　二甲陳世卿
一柱陳士貴　三甲梁鳴鳳　四甲鄧偉　一柱鄧仕昌
六甲劉盛　七甲吳大進　一柱吳廣　八甲朱寶前無今有
一柱朱巨載前無今有　一柱朱熙隆前無今有　一柱朱永祥前無今有　九甲區文昌前無今有
一柱陳永承前無今有　十甲陳谷登　一柱曾功墀

沙頭二十三圖

一甲鄧仕同　又一甲關鎮　二甲李太留　三甲崔震

四甲 崔仕興　另柱 崔肇基（前無今有）　又四甲 崔仕登　五甲 吳憲祖
又五甲 馮躍祥　六甲 黃色高　七甲 梁耀祖　又七甲 盧明
又八甲 馮長　又八甲 李泗興　九甲 崔文奎　十甲 鄧瓚
又十甲 鄧貴旺

沙頭二十四圖

一甲 崔維同　二甲 盧世昌　三甲 馮世隆　又三甲 崔國賢
四甲 何必昌　另柱 歐陽翹玉　五甲 崔壽　又五甲 崔昌
六甲 崔永昌　七甲 何漸造　八甲 何聰先　九甲 何仕
十甲 李盛　另柱 鄭國安

沙頭四十三圖

一甲 老必昌　二甲 陳振南　三甲 陸繼思　四甲 李何創
五甲 蘇繼軾　六甲 何紹隆　七甲 張懷德　八甲 譚呂進
九甲 梁超　十甲 鍾萬壽

沙頭五十圖

一甲 盧萬春　二甲 崔日盛　三甲 譚廣興　四甲 譚廣安

五甲 盧有道　六甲 莫必盛　七甲 崔彥興　另柱 崔承緒（前無今有）
八甲 何維新　九甲 崔萬昌　十甲 譚同盛　另柱 黃永隆

沙頭六十八圖

一甲 周遷　二甲 馮相　三甲 崔桂奇　四甲 胡文昌
五甲 老少懷　六甲 老鍾英　另柱 老沼芷　七甲 蘇萬盛
八甲 葉承爵　九甲 胡祖昌　十甲 何祖興　另柱 僧顯珍

沙頭七十圖

一甲 程萬里　二甲 梁勝　三甲 崔日新　四甲 梁喜昌
五甲 林秀　六甲 林仕昌　七甲 何繼昌　八甲 林桂芳
九甲 李萬盛　十甲 盧大綱

沙頭七十三圖

一甲 鄧崔宏　二甲 劉胡同　三甲 崔浩賓　四甲 譚南興
五甲 吳崔興　六甲 覃盛（何其昌）　七甲 李馮文　八甲 羅邵新
九甲 何三有　十甲 廖永經

沙頭七十四圖

一甲 莫銳　二甲 李南軒　三甲 崔紹興　四甲 盧明正
五甲 崔勝昌　六甲 崔熾昌　七甲 黃色裔　八甲 鄧潤高
九甲 崔漸鴻　十甲 關鎮興

大同二十五圖

一甲 陳永泰　另柱 陳昌祖　二甲 程慶　三甲 梁世昌
四甲 陳永進　五甲 郭尚雄　六甲 陳永昌　七甲 郭嘉隆
八甲 郭萬昌　另柱 郭應時　九甲 周日先　十甲 熊萬春

大同二十六圖

一甲 冼派宗　二甲 李綱　三甲 郭無疆　另柱 黎珍女
一甲 譚民安　一柱 程儲富　一柱 冼英　一柱 胡再興
一柱 譚德　四甲 郭宗　五甲 郭夢松　六甲 傅榮貴
又六甲 郭善安　七甲 郭嘉進　八甲 戴仁　另柱 郭天福
另柱 郭祖同　九甲 郭志豪　十甲 李禎祥　另柱 李日盛
另柱 李進盛

大同四十一圖

一甲 陳餘三　二甲 李同春　三甲 郭日盛　四甲 郭祖興
五甲 郭永興　六甲 何侯關　七甲 李三茂　八甲 冼永隆
九甲 陳恒泰　十甲 胡程昌

大同六十三圖

一甲 林昌祚　另柱 林鳳彩　二甲 梁顯隆　三甲 郭子保
四甲 林厚業　五甲 吳何羅蔡　六甲 郭晉豐　七甲 蘇蔡沈
八甲 李賢　九甲 郭會隆（前無今有）　另柱 李元（前無今有）　一柱 李淑女（前無今有）
一柱 李茂（前無今有）　一柱 李進　一柱 曾大年（前無今有）　十甲 梁潘清

大同七十一圖

一甲 程章　二甲 劉昌　三甲 傅維新　四甲 麥豐
五甲 程冼昌　六甲 陳昭　七甲 程思增　八甲 程經顯
九甲 傅永昌　十甲 胡廣

大同七十二圖

一甲 溫徐　二甲 傅居萬　三甲 傅精忠　四甲 黎民盛

甲五陸光祖　甲六老猶壯　甲七袁桂芳　甲八高光臨
甲九郭良進　甲十李貴隆　柱另僧斯竺

鎮涌二十七圖

甲二梁建昌　甲三何耀祖　甲四柱一何宗顯　柱一何毓裕
甲六潘可大　柱一潘善正　甲七任　儒　甲十任　隆

鎮涌二十八圖

甲二曾　賢　甲三任稅同　甲四柱一何昌裔　甲五劉鳴鳳
甲六何少同　甲七曾　奇　甲九任　賦　甲十何大成

鎮涌二十九圖

甲二潘龍興　甲三潘起龍　柱另馮　會　甲四陳永昌
柱一陳順章　柱一陳應文　甲六潘裔昌　甲七潘大用
甲八何胤龍　柱一何愈昌　柱一何晚盛　柱一何　興
甲九梁大德　户另何國珍彥 今無　户另何信賢 今無　户另何良輔 今無

鎮涌四十圖

甲二鄧振東　甲二鄧劉昌 今無　甲四何斌舉　甲五黃復興 前無今有

柱一雷秀娘 前無今有　柱一霍德祿 前無今有　甲六何仕富　柱一何宗遠
柱一扶　昌　柱一何　長　柱一陳永盛 前無今有　甲八黃志德
甲九馮太泰　甲十何　桓　柱一何維建 今無

河清三十二圖

甲一潘永盛　甲二潘　魁　甲三潘紹祺　甲四潘有德
甲五何其昌　甲六何余元達　甲七潘繼業　甲八何榮相
甲九潘朝璉　甲十譚有俊　户另潘鰲公　户另潘樂成 今無
户另潘何興 今無　户另潘清端 今無

河清三十三圖

甲一黎福增　甲二潘永思　甲三潘可仕　甲四何福隆
柱一何扳桂　甲一何群英　甲五潘賢昌　甲六胡伯興
甲七潘　傑　甲八潘維昭　柱一潘日升　柱一潘隆升
柱一潘燦升　柱一潘俊澤　柱一潘昌寧 前無今有　甲九潘明盛
甲十潘祚興　柱一潘廣隆　柱一潘象賢 前無今有　柱一潘世隆
甲一潘榮升　柱一潘毓秀 前無今有　柱一潘廣進

簡村十四圖

一甲麥逢年　二甲冼憲忠　三甲梁永盛　四甲陳德昌
一柱陳燕侯　五甲馮世盛　六甲李喬興　一柱李國祀
一柱李榮（前無今有）　七甲倫廣　八甲梁俊英　又八甲（黃）李紹宗
九甲梁富　又九甲馮二昌　另九甲陳以平　十甲陳章
另柱冼天球

簡村五十三圖

一甲何勝祖　二甲張世昌　一柱張世盛　三甲黃德
四甲張二德　五甲陳德昌　六甲馮震　一柱莫勝女（前無今有）
一柱陳大昌（前無今有）　一柱黃子興（前無今有）　七甲麥嘉　八甲羅萬石
九甲張廣生　十甲張宗

簡村五十四圖

一甲冼以進　一柱冼喬　一柱馮逸吾　一柱馮觀育
二甲麥德　一甲張永（隆今貴有）　一柱陳鼎新（前無今有）　一柱郭齊有（前無今有）
一柱張承恩　三甲蘇芝秀　一柱梁萬鍾（前無今有）　一柱梁永昌（前無今有）
一柱梁恩（前無今有）　一柱李元（前無今有）　一柱梁有積（前無今有）　四甲簡如錦
一柱林挺秀（前無今有）　一柱林坤如（前無今有）　一柱麥碧　四甲梁永芳
一柱梁有增（前無今有）　一柱譚鳴高（前無今有）　六甲李進（前無今有）　一柱李嘉昌（前無今有）
一柱蘇茂達　一柱符瑞龍　一柱梁有義（前無今有）　七甲左英
九甲黎有寶　一柱黎衆盛

百滘十一圖

一甲潘耀璣　二甲黎忠　三甲潘大有　四甲潘啟元
五甲黎日進　一柱黎昌　六甲潘世隆　七甲黎豐焕
八甲潘光壯　九甲潘龍　一柱潘日千　一柱潘日山（今無）
又九甲潘萬盛　一柱潘廣相　一柱潘挺相　十甲梁榮

百滘十二圖

一甲張祖同　又一甲張天錫　二甲潘紹元　三甲潘大成
四甲潘上進　五甲潘致忠　六甲梁同　七甲潘永盛
又七甲潘學　另柱潘始昌（今無）　八甲區紹基　九甲麥佳
又九甲潘興　十甲黎日登

先登十三圖

一甲梁觀鳳　又一甲蘇耀先　二甲李　標　三甲李大有
四甲蘇芝望　五甲張俊英　六甲梁卓明　一柱梁南儒
七甲蘇萬春　八甲李瑯琮　九甲蘇志大　十甲李　棟

先登五十二圖

一甲張嘉隆　二甲李永高　三甲梁喬昌　四甲蘇　節
五甲梁九達　六甲李大成　一柱李　宗　七甲張宗傑
八甲馮有成　又八甲符曰臣　九甲李　祥　十甲區國器
另柱黃繼善前無今有

海舟三十圖

一甲梁萬同　二甲麥秀陽　三甲馮　俊　四甲余尚德
又四甲梁税滿　五甲梁榮隆　一柱梁孟朝　一柱梁義誠
六甲温萬成　一柱梁天祚　一柱梁大有　一柱梁　仰
一柱黎天傑　七甲黎禮敬　八甲梁　椿　九甲李常興
又九甲李復興　十甲李遇春　另柱潘志成前無今有

海舟三十一圖

一甲石宗藏　二甲簡其能　三甲馮永盛　四甲譚税長
五甲黎世隆　六甲林　璋　七甲李文興　八甲李文盛
九甲梁　昌　十甲李繼芳　另柱李南隆前無今有　另柱李有年前無今有
另户蔣良材今無

雲津十圖

一甲張裕賦　二甲馮　梓今無　林桂芳今無　黎祖興今無
五甲潘祖同　六甲潘世興　另柱潘其勤　九甲吴　聰

雲津二十二圖

一甲鍾鄧劉今無　三甲羅　信今無　馬　盛今無　三甲麥裕益
五甲程祐新　七甲陳運昌　一柱陳積宗貴前無今有　一柱陳　敬前無今有
一柱梁成貞泰前無今有　一柱周世茂前無今有　一柱羅以積前無今有　人和寺
八甲潘　德　一柱張仕傑今有　一柱陳永隆今有

雲津三十七圖

二甲陳善基今有　三甲麥大年　一柱符世興今有　一柱潘　聰

杜一 黃宏興 有今　甲四 黎振昌　杜一 黎祚昌 有今　杜一 鄧萬福 有今
杜一 陳上倫 有今　杜一 麥大成 有今　甲五 李春富 有今　周　興 有今
杜一 李耀祖 有今　甲七 陳聯昌　甲八 何昌祚　杜一 馬騰雲 有今
杜一 陳　弘 有今　杜一 林　勝 有今　甲九 區大器 有今　杜一 區兆麒
杜一 潘　進 有今　甲十 梁德彰

雲津四十七圖

甲九 羅祖相 有今

雲津四十八圖

甲七 梁餘慶 有今

雲津四十九圖

甲一 黎譚崔　甲三 石　英 無今　甲四 潘祖昌 有今　洗裕興 無今
甲四 區世長 有今　杜一 李　芳 有今　何德詹 無今　梁林周 無今
陳宗器 無今　陳　同 前今　嚴　法 無今　甲七 陳宗富
杜一 梁永昌 有今　杜一 梁　梅 有今　甲八 區彥昌 有今　李　華 無今
洗公養 無今　陳兆祥 無今

金甌九圖

甲二 岑　樓 有今　甲三 余振剛　甲五 余　成　甲四 區達昌 有今
甲七 余一鸞　户衿 余良棟　杜一 余永昌　甲八 陳　政 有今
甲九 梁維彰　杜另 陳　廣　甲十 趙萬印

金（區）（甌）三十六圖

甲一 潘　綬　甲二 岑老壯　甲三 羅　昌　甲四 余　挺
甲五 岑裕昌　甲六 關永興　甲七 洗祐隆　甲八 余永隆
甲九 唐　聖　甲十 余際興

金（區）（甌）四十六圖

甲一 陳　昌　甲二 老陳梁　甲三 余區同　甲四 余世昌
甲六 余萬盛　甲八 陳　益　户衿 陳　鰲　甲九 區　勝 有今
甲十 余洗興　洗有潁

龍津十六圖

又二甲 霍超宗

龍津五十五圖

甲一顏永祖　甲二顏昌祖　甲四梁顏同　甲五鍾贊鳴
甲八崔日星

龍江二十二圖

甲一張　超　甲二蔡龍興　甲三康紹隆　甲四劉宗翰
甲五蕭日高　甲六鄧張衆　甲七張顯承　甲八陳同昇
甲九張承祖

龍江二十三圖

甲一葉餘慶　甲二葉廣昌　甲五馮世守　甲六李　盛
甲七葉世榮　甲十葉天保

龍江二十四圖

甲四簡　常　甲四康有興　甲五簡從高

龍江二十五圖

甲一彭東間　甲一蕭維新　甲一梁　興　甲二馬　隆
甲二薛用榮　甲二區祖政　甲三蔡喜長　甲四馬　秀
甲五周德全　甲六余業盛　甲七莫晚成　甲八李　錦
甲八黃正中　甲八林　相　甲九陳　同　甲十廖　富

龍江三十七圖

甲一鄧紹皋　甲二蔡　登　甲三郭　新　甲四鍾　同
甲四李　同　甲五凌維高　甲五簡　高　甲六劉兆隆
甲七麥朝鸞　甲八蔡　廣　甲九黃大同

龍江六十六圖

甲一李得暢　甲二黃業隆　甲三葉　松　甲四蕭于蕃
甲五劉　相　甲六盧　同　甲六黃　同　甲七劉自昌
甲八陳復隆　甲九陳　偕　甲九梁　偕　甲十彭萬禄

龍江六十七圖

甲一蔡必昌　甲二劉成有　甲三黃餘慶　甲四薛侯章
甲五譚葉同　甲六尹邦寧　甲七朱家乘　甲八張仞昌
甲九劉漢光　甲十薛昌祚

龍山堡

馮萬里　梅又長　李必昌　張嗣興　左天週
張振先　黃繼華　張隆興　周命新　李孔昌
陳興繼述堂　陳興中業堂　鄧　澄　陳際昌　康應麒
馮　標　黃宗顯　吳宗良　尤永昌　劉昌祚
盧　鳳　黎遠昌　左奇昌　黃天俊　柯紹科
梁仕達　溫壽昌　邱天相　邱德昌　黎可相
鄧承芳　陳應祥　陳　進　陳大成　劉積達
賴崇貴　葉必登　賴德盛　黃復隆　陳萬昌
陳一隆　陳世昌　陳復昌　陳紹昌　徐　正
洪鳴大奇　徐　建　康子榮　康有德　康有恒
康　金　康　全　盧　紀　盧　貴　梁　明
盧仕成　周永豪　區金明　巫有恒　鄧　英
鄧有義　蔡世昌　林　桂　梁　勝　梁永昌
范聖仲　左繼昌　梁新有　梁經同　胡　明
胡永昌　黃秀春　楊冠悟　李　勝　黃紹魁
潘　順　吳郁蔭　李聖銳　溫志權　張　源
徐克昌　張　昌　張永昌　張昌仞　黃永興
何天進　滘西社　盧　勝　馮天興　鄧敏昌
葉筋竹　馮昌源、李瑞成　周　祿　梅大昌
陳大有　陳道榮　陳合和　左順平　梁均郊
郭元蕃　丁應祥　左岳山　左國斌　左國瑞
劉明遠　劉永盛　劉　貴　劉洪盛　劉永興
劉萬同　劉寶廷　張　烈　張永思　張鳳昌
左隆盛　朱昌業　朱其勝　鍾輔臣　鍾　德
陳　善　朱永業　葉　長　葉君復　葉公禹
葉新昌　陳大興　邱仰倫　葉　星　黃餘昌
左靜庵　邱永安　尚義堂　尼奇清　尼靜運
保康園　鄧　桂　朱省裕　廣興文社　廣生文社
賴安吉　顏敬齊　凝紫社　康平社　黃開澤
陳昌裕堂　何有和　黃喜安堂　周光裕　黃信成
老承志　胡有善　文保善　左益昌　張儒宗
何印華　葉盛昌　譚宗富　譚孔儒　梅萬祚
吳旺成　李　盛　黃福全永銓　黃仕珏　黃必興至隆
黃儒鴻鳳　黃興常　梅健叟　馮聯興應祥　馮應湖家祚
左永昌　曾磁基　陳慎公　馮　興　屈求伸
林永盛　盧大勛　郭雲山　冼錫隆　黎蘭孫
曾　新　梁有瑞　梁敬翠

甘竹一圖

二甲余興進　四甲吳龍標　五甲胡美軒　六甲李茂芳
七甲譚昌隆念祖　八甲胡貴隆　十甲黃日盛

甘竹三圖

甲二　梁怡貴

甘竹十五圖

甲一　譚桂芳　甲二　譚奕隆　甲三　張起隆　甲四　蘇龍光

甲五　譚天後　甲六　鄧大恒　甲七　譚榮宗　甲九　鄧宗興

甲十　程日隆

甘竹三十圖

甲一　譚富盛　甲一　馮　俊　甲三　何祚廣　甲三　廖秀涯

甲三　廖仞昌　甲四　高　期　甲四　陳大積　甲五　黃萬昌

甲七　林喬木　甲七　林日昌　甲九　梁萬佳

另有糧户不屬圍内，而業主税業在圍内者，附列。

伏隆堡四十五圖，九甲，關世澤堂　住雲滘鄉

另柱　王　裕　住雲津

北隅三圖　另柱　何奕階　住丹桂鄉

城西四圖　另户　真君堂　住九江

十四圖　另户　五桂堂　住龍津

鰲頭六十一圖　一甲　陸漸鴻　入龍津

水藤　區誠昌堂　入沙頭

另户　何君牧　入沙頭

謹按，本圍起科，向例南七順三。乙卯起科，在南海明倫堂集議，每畝捐銀弍元，全圍公定。順屬龍江、龍山、甘竹三堡，藉口襄捐，延宕不交。至甲子年興築三口閘，全圍集議，决定將順屬龍江、龍山、甘竹及南屬沙頭四堡未交畝捐興築獅頷口、龍江滘、歌滘三閘，及開沙頭人字水新閘由四堡畝捐項下開銷，如欵項不足，其興築三口閘由四堡籌足，新開沙頭閘由上九堡籌足。現三口築成，外水防禦已周，沙頭新閘未開，内水宣洩猶滯，於議案未能完滿辦妥。然三口築閘，順屬畝捐陸續繳交，以應築閘經費，無可推諉，此後如有起科，自然全圍一律計畝徵收，變通向來襄捐之例，前志南屬户口登載詳明，而順屬户口缺而未載，今查前志，南屬各粮户有前無而今有者，有前有而今無者，再逐一註明，順屬各户前志未有登載，兹照補録，以備將來考核。

兹將各堡所欠畝捐欵列，截至辛未年止。

九江堡税，肆百捌拾肆頃零零伍陸伍，該銀玖萬陸千捌百零壹元壹毫叁仙，共來銀玖萬壹仟玖百陸拾弍元玖毫柒仙，除來欠銀肆千捌佰捌拾捌元弍毫陸仙。

河清堡，税捌拾伍頃叁拾叁畝捌肆伍，該銀壹萬柒千零陸拾柒元陸毫玖仙，共來銀壹萬陸千陸佰陸拾捌元叁毫陸仙，除來欠銀叁百玖拾玖元陸毫叁仙。

鎮涌堡，稅壹百零肆頃柒拾肆畝捌壹，該銀弍萬零玖百肆拾玖元陸毫弍仙，共來銀弍萬零伍佰玖拾陸元肆毫玖仙，除來欠銀叁百伍拾叁元壹毫叁仙。

海舟堡，稅壹百壹拾叁頃捌拾捌畝玖玖，該銀弍萬弍千柒佰柒拾柒元玖毫捌仙，共來銀壹萬伍仟叁佰柒拾弍元伍毫柒仙，除來欠銀柒千肆百零伍元肆毫壹仙。

先登堡，稅壹百弍拾玖頃零弍畝捌捌，該銀弍萬伍仟捌百零伍元柒毫陸仙，共來銀壹萬陸仟肆百伍拾柒元弍毫壹仙，除來欠銀玖仟叁百肆拾玖元玖毫弍仙。

百滘堡，稅壹百零叁頃陸拾畝零伍捌伍，該銀弍萬零柒百弍拾壹元壹毫柒仙，共來銀壹萬柒千捌佰零零伍毫叁仙，除來欠銀弍千玖百弍拾元零陸毫肆仙。

雲津堡，稅柒拾柒頃壹拾玖畝捌，該銀壹萬伍仟肆百叁拾玖元陸毫，共來銀壹萬叁仟弍百壹拾弍元捌毫陸仙，除來欠銀弍千弍佰弍拾陸元柒毫肆仙。

簡村堡，稅壹百伍拾捌頃柒拾弍畝叁陸，該銀叁萬壹仟柒百肆拾肆元柒毫弍仙，共來銀弍萬玖仟叁百叁拾玖元壹毫捌仙，除來欠銀弍仟肆佰零伍元伍毫肆仙。

金甌堡，稅壹百壹拾伍頃捌拾叁畝陸捌伍，該銀弍萬叁仟壹百陸拾柒元叁毫柒仙，共來銀壹萬柒千玖佰叁拾玖元柒毫玖仙，除來欠銀伍仟弍百弍拾柒元伍毫捌仙。

大同堡，稅弍百零陸頃肆拾弍畝捌玖伍，該銀肆萬壹千弍百捌拾伍元柒毫玖仙，共來銀叁萬柒仟柒百弍拾陸元捌毫肆仙，除来欠銀叁仟伍百陸拾元零壹毫肆仙。

沙頭堡，稅弍百伍拾玖頃捌拾壹畝捌捌，該銀伍萬壹千玖百陸拾叁元柒毫陸仙，共來銀伍萬壹千叁百玖拾伍元零弍仙，除來欠銀陸佰零陸元壹毫肆仙。

龍山堡，稅肆百弍拾捌頃肆拾玖畝零伍伍，該銀捌萬伍千陸佰玖拾捌元壹毫壹仙，共來陸萬玖千伍百陸拾柒元玖毫壹仙，除來欠銀壹萬陸千壹百叁拾元零弍毫。

龍江堡，稅弍百陸拾柒頃陸拾壹畝叁伍，該銀伍萬叁千伍佰弍拾弍元柒毫，共來銀伍萬叁仟伍佰伍拾弍元玖毫玖仙。

甘竹堡，稅壹百捌拾柒頃柒拾壹畝壹肆，該銀叁萬柒仟伍百肆拾弍元弍毫捌仙，共來銀壹萬零柒百壹拾叁元肆毫陸仙，除來欠銀弍萬陸仟捌百弍拾捌元捌毫弍仙。

龍津堡，稅壹拾叁頃捌拾弍畝肆柒，該銀弍仟柒佰陸拾肆元玖毫肆仙，共來銀弍仟柒百肆拾伍元陸毫弍仙，除來欠銀壹拾玖元叁毫弍仙。

乙卯各堡丁捐列

九江堡，共丁捐銀肆萬壹仟肆百柒拾玖元壹毫。

河清堡，共丁捐銀肆仟零壹拾捌元捌毫。

鎮涌堡，共丁捐銀弍仟叁百壹拾肆元。

海舟堡，共丁捐銀二仟零柒拾肆元。

先登堡，共丁捐銀弍仟弍百陸拾柒元壹毫。

百滘堡，共丁捐銀肆仟弍百叁拾弍元。

雲津堡，共丁捐銀弍仟玖百陸拾肆元。
簡村堡，共丁捐銀肆仟伍百伍拾伍元。
金甌堡，共丁捐銀弍仟伍百弍拾陸元。
大同堡，共丁捐銀陸千陸百伍拾陸元。
沙頭堡，共丁捐銀壹萬壹仟捌百玖拾肆元。
龍津堡，共丁捐銀叁佰玖拾元。
龍江堡，共丁捐銀柒仟元。
龍山堡，共丁捐銀壹萬元。
甘竹堡，共現來丁捐銀壹千弍百弍拾捌元。
以上十五堡，共來丁捐銀拾萬零叁仟伍佰玖拾捌元。

卷九　義捐

捐金助工，修築圍堤，所以衛田廬也，衛人實自衛也，災屬切近，其慨捐鉅資，義無可辭也，宜也！乃有身非生長斯圍，如處默義士，捐銀伍仟兩助築水基，盧、伍三部郎，捐銀拾萬兩助築石堤，其爲高義，豈可以尋常論乎！有圍以來，數百年矣，圍中殷富不爲少矣，爲問能如其慷慨者，曾有幾人？安得好義之士，以其人爲先路之導，前事之師，與之齊驅而並駕也！《傳》曰，『人之欲善，誰不如我？』後之人其拭目俟之乎！志『義捐』。

此次義捐，合共壹拾壹萬弍千零叁拾捌員肆毫捌仙，名數繁多，徵信録經已備録，兹就百元以上著於篇，以識高誼，餘從略以省繁文。

甲寅義捐

九江堡救災公所捐銀叁千元。
龍山賴振寰翁捐銀壹千元。
龍山左懽若翁捐銀壹千元。
老宏業堂捐銀伍百元。
郭民發翁捐銀壹百伍拾元。
茂生堂捐銀弍百元。
黎思堂、賴温氏共捐銀壹百兩。

何一經堂捐銀壹百元。
沙頭商會、書院、善堂合辦救災處捐銀壹佰元。
潘述誠堂捐銀壹佰元。
潘成遠堂捐銀壹佰元。
香港瑞吉號捐銀壹百元。
萬和行捐銀壹百元。
廣和隆捐銀壹百元。
岑永發堂三宅捐銀壹百元。
岑永發堂四宅捐銀壹百元。
岑永發堂五宅捐銀壹百元。
各緣部繳到共捐銀肆千叁百弍拾壹元陸毫壹仙。

乙卯義捐

先登堡舖捐共銀肆佰捌拾弍元陸毫弍仙，
海舟堡下墟舖捐共銀叁佰弍拾捌元，三橋市舖捐銀壹拾壹元陸毫肆仙，
河清堡舖捐共銀弍佰捌拾壹元陸毫伍仙，
金甌堡舖捐共銀壹百柒拾肆元柒毫陸仙，
大同堡舖捐共銀壹百玖拾肆元玖毫叁仙，
沙頭堡舖捐共銀壹仟伍百零零肆毫伍仙，
璜璣堡舖捐共銀壹百弍拾弍元陸毫叁仙，
雲津堡舖捐共銀捌百肆拾伍元叁毫伍仙，
九江堡舖捐共銀玖千伍百肆拾肆元零壹仙，
共舖捐銀壹萬叁仟肆百捌拾陸元零肆仙。
九江救災公所助銀壹萬員，
岑伯銘助銀壹萬員，
岑喬生助銀伍仟員，
岑謙生助銀伍仟員，
梅麥氏助銀伍仟員，
璜璣程致遠堂助銀伍仟員，
儒村老宏業堂助銀肆仟員，
關崇禮堂助銀弍千員，
瑞吉助銀弍千員。

九江黃積厚堂	陳永昌堂	陳貽昌堂
岑竹珊	劉翼庭	郭翼如
馮仰宸	鄧煥球	朱文石
大同郭民發	簡村陳未能堂	陳廉伯
陳度之	陳昆成	鄧志昂
梁任官	品利洋行	敬和行
香港於仁燕梳公司		
那干拿燕梳公司		
梅縣廖毓光		

以上俱捐助銀壹千員

港南海商會	潘藹臣	潘達初
何植三	廣和隆	永同福
永　德	裕和隆	鉅　昌

誠　泰　壽草堂　廣安詳

安　裕　德成行　謙生發

謙　信　逢安行　逢源興

天和堂　郭日佳　廣益隆　永同德

以上俱捐助銀伍百員

祥安發　貞　泰　宜　昌

以上俱捐助銀肆佰員

九江慎行堂　李善慶堂　潘玩南

曾翰生　公發源　茂生堂

祐興隆　百和堂　同　茂

永　生　廣同安　永順和

萬福盛　誠　德　裕生昌

恒和昌

以上俱捐助銀叁百員

關俊臣　何炯堂　遠　號

岑時徵　百草堂　百壽堂

萬草堂　光大和　岐　茂

怡　亨　（舊金山）致生號　程垂慶堂

南海縣長陳少春

以上俱捐助銀弍百員

（堤岸）義昌成　（上海）茂和興　何炳記

（孖士佛冷）祥源利　（孖士佛冷）源和生　裕（生昌昌仁）

榮茂號　郭念初代四社朝山鄉

以上俱捐助銀壹佰伍拾員

（堤岸）利厚昌　吴再合　仁和昌

四合公司　郭耀南　（孖士佛冷）東昌泰

（牛庄）潘玉田　吴　東　周興和堂

（山打根）萬和隆　黎樂村　（舊金山）關寶軒

（會安）南　泰　（上海）裕和泰　慈祥堂

大德昌　宜安號　廣安和

聯益公司　李占記　郭瑞餘

誠安堅如手捐余少臣　錦經綸

（龍賴山）覲光堂　關章甫　建昌號

公慎昌　廣怡英　元和行

永　源　集祥行　永禎祥

廣福隆　尹侶南　均益泰

安昌號　協和隆　周永春

梁禮泉　義　益　馮恩三

黄勵初　黄從善堂　益　茂

以上俱助銀壹百員

個嗹度埠綿順隆，經手緣部捐來連匯水共港紙銀弍百零肆元伍毫柒仙。

輝罵埠德和隆，經手緣部捐來連匯水共港紙銀弍百肆拾伍元陸毫壹仙。

上海羅灼亭，經手緣部捐來連匯水共港紙銀弍佰柒拾玖元。

永安和胡善，經手緣部捐來連匯水共港紙銀壹百玖拾伍元。

廣怡昌鄧赤雲，經手緣部捐來連匯水共港紙銀叁百壹拾叁元零弍仙。

堤岸怡昌蔭，經手緣部捐來連匯水共港紙銀壹仟零肆拾捌元。

丁錫，經手緣部捐來連匯水共港紙銀伍佰壹拾肆元。

同盛，經手緣部捐來連匯水共港紙銀壹百肆拾元。

安南壽而康，經手緣部捐來連匯水共港紙銀壹百元。

呂宋永誠，經手緣部捐來連匯水共港紙銀捌拾陸元叁毫壹仙。

亞、灣廣有恆，經手緣部捐來連匯水共港紙銀叁千零二拾伍元。

上海關淮州，經手緣部捐來伸港紙銀陸百玖拾柒元玖毫二仙。

河内陳澤川，經手緣部捐來共港紙銀壹百伍拾元。

會安南泰黎錫南，經手緣部共捐大銀二百叁拾叁元。

暹羅黎次奇，經手緣部捐來得港紙柒拾玖元陸毫玖仙。

庇能榮棧號，經手緣部捐來連匯水共港紙銀壹百四拾二元三毫壹仙。

山打根萬和隆，經手緣部捐來港紙銀二佰零伍仙員。

散沙、仙羅埠厚德昌，經手緣部捐來港紙銀陸百零二元四毫柒仙。

古巴埠緣部捐来連水共港紙銀壹仟零壹拾壹元伍毫。

舊金山信源與經手緣部捐来連共港紙四任柒百零零毫叁仙。

漢口永源昌，經手緣部捐來連水共港紙銀捌零玖元伍百叁拾陸。

士佛冷埠源利，經手緣部捐来實得港紙捌百零玖元。

卷十　工程

工役繁興，良莠不一，弊竇滋多，綦難防範。滋生事端，在所時有，必須駕馭得人，嚴明約束，始足以弭事變而絕弊端。所有土石各工皆有前人成迹可循，按籍而稽，自有條理，至於工錢、物價，高下隨時，難拘一定。而經畫區處，因地斟酌，與時變通，斯則存乎其人矣。志『工程』。

民國三年甲寅大修

總　理　陳蒲軒
副總理　潘少彭
財政員　左懽若
督理員　崔鸞藻
吴鏡帆
李秩三
梁秩西
程仙翔
何耀墀
張敬社
黄伯常
張鑑如
程次韓
潘劍生
陳日林
梁禹傳

甲寅，先登堡茅岡基缺口，長約叁拾丈，既築復，又低陷，再築復。然基凡三變，費銀捌萬餘元，是歲大脩，復費銀叁萬餘元，兹將工程開列如左：

先登堡

鵝埠石

一、公基陳軍竇至鵝埠石培坭，外厚弍尺，由面至脚叁丈，長壹拾肆丈。

一、鵝埠石界至周氏拜月培坭，外厚上弍尺下伍尺，由面至脚肆丈，長壹拾陸丈。

一、周氏拜月至魯岡前加大牛尾拾叁條，又培坭，外厚弍尺，由面至脚叁丈伍尺，長叁拾伍丈，培内即牛尾相間處，厚弍尺伍寸，由面至脚叁丈，長弍拾柒丈。

一、魯岡咀至山咀培坭，高壹尺，闊壹丈伍尺，長弍拾壹丈。

一、山咀至紅岡培坭，高壹尺，闊壹丈弍尺，長柒拾叁丈，又培外厚壹尺伍寸，由面至脚壹丈陸尺，長柒拾叁丈。

一、紅岡至順水社下培坭，高壹尺伍寸，闊壹丈，長弍拾弍丈捌尺，又培外，厚壹尺伍寸，由面至脚壹丈陸尺，長弍拾弍丈捌尺。

一、先鋒廟前，培外厚上一尺，下弍尺伍寸，由面至脚叁丈叁尺，長拾丈，打樁培內厚上壹尺下弍尺伍寸，由面至脚叁丈叁尺，長叁丈。

一、先鋒廟下至五岳廟加大牛尾三條。

五岳廟右，培坭加高壹尺，闊玖尺，長伍丈伍尺。

五岳廟前，培外泥，厚上壹尺下叁尺，由面至脚叁丈叁尺，長拾丈，又加闊玖尺，長叁丈。

茅岡

一、新村後，培泥，高壹尺陸寸，闊壹丈，長柒拾陸丈，加中大牛尾弍條，培外厚弍尺，由面至脚叁丈，長壹拾陸丈加舂灰基，長陸丈，闊弍尺，深柒尺。

一、蠶姑廟太尉廟段，培泥，高壹尺捌寸，闊壹丈弍尺，長捌拾伍丈，加中大牛尾柒條，培外厚壹尺，由面至脚弍丈陸尺，長柒拾丈，培內即牛尾相間處，厚叁尺，由面至脚壹丈伍尺，長拾丈。

一、稔岡，培外泥，厚弍尺，由面至脚壹丈伍尺，長叁丈，培內厚叁尺，由面至脚壹丈，長捌丈。

一、三株榕，培外泥，厚壹尺叁寸，由面至脚弍丈，長弍拾丈。

一、鳳岡咀，培外泥，厚壹尺，由面至脚壹丈，長壹拾陸丈伍尺。

一、桑墟，培內外泥，厚壹尺，由面至脚捌尺，長柒丈伍尺。另桑墟舊竇加舂灰基，用士敏土沙石填底，長壹丈，闊弍尺，深伍尺，又長叁丈，闊叁丈，深壹丈弍尺。

一、太平新、舊墟，培泥，高壹尺，闊肆尺伍寸，長壹百丈，交基主自理。

一、龍坑上段，培坭，高壹尺，闊壹丈，長弍拾肆丈，又培外厚壹尺伍寸，由面至脚捌尺，長陸拾壹丈，加中大牛尾肆條，牛尾打樁叁拾條。

一、龍坑中段，舂灰基，長伍丈叁尺，深玖尺，闊肆尺伍寸。

一、龍坑下段，舂灰基，長伍丈弍尺，深柒尺，闊弍尺。

以上共計支工料銀肆仟零捌拾玖元零捌仙。

海舟堡

李村

一、十甲醫靈廟前，培泥，高壹尺，闊陸尺，長弍拾柒丈，培外厚壹尺，由面至脚壹丈，長捌丈，打樁培內坭，厚壹尺，由面至脚伍尺，長伍丈肆尺。

一、龍門巷口，舂灰基，長柒丈弍尺，闊弍尺弍寸，深柒尺伍寸。

一、古巷口，舂灰基，長肆丈弍尺，闊弍尺弍寸，深柒尺。

一、德源里口，舂灰基，長伍丈柒尺，闊弍尺弍寸，深柒尺伍寸。

一、高雲里口，舂灰基，長叁丈伍尺，闊弍尺弍寸，深柒尺。

一、敦仁里口，培坭，高肆尺，闊伍尺，長叁丈，舂灰基，長叁丈，闊弍尺，深弍尺伍寸。

一、海竹園，春灰基，長陸丈捌尺，闊弍尺伍寸，深捌尺，又長伍丈，闊弍尺肆寸，深柒尺伍寸。

一、六户竇下至義利店，春灰基，長壹拾陸丈，闊弍尺弍寸，深壹丈，另一穴約廣壹井，打樁培坭，内厚叁尺，由面至脚玖尺，長壹拾陸丈。

一、簡家樹頭，培外泥，高叁尺伍寸，闊弍丈，長叁丈陸尺。

一、賢樂里口，春灰基，長叁丈，闊弍尺，深玖尺。

十二户基

一、冠甲欄水基，培坭，高壹尺弍寸，闊伍尺伍寸，長肆拾弍丈伍尺。

一、新墟口，培泥，長捌丈伍尺。

一、原登祠前，培泥，高壹尺，闊陸尺。

一、原仲祠前，培泥，高壹尺，闊捌尺二，共長叁拾捌丈伍尺，培外厚弍尺，由面至脚壹丈弍尺，長弍拾丈，培馬尾弍條。

一、遵王之道之北，培泥，高壹尺，闊陸尺，長捌尺伍寸。

一、下墟南北頭，培坭，高壹尺，闊肆尺伍寸，長弍共肆拾玖丈伍尺。

一、南離門樓至盤古廟，培泥，高壹尺，闊捌尺，長叁拾柒丈。

一、盤古廟至上墟口，培坭，高壹尺，闊陸尺，長陸拾壹丈伍尺。又培外泥：一厚壹尺，由面至脚伍尺，長叁丈；二厚弍尺，由面至脚陸尺，長伍丈伍尺；三厚弍尺伍寸，由面至脚陸尺，長伍丈伍尺。又打樁、培内泥，厚三尺，由面至脚弍丈，長柒丈肆尺。

一、盤古廟左漏穴，由基面開坑探險，事後春回，長肆丈伍尺。

一、盤古廟右，春灰基，長陸丈伍尺，闊弍尺，深陸尺。

一、上墟口，春灰基，長伍丈，闊弍尺，深陸尺。

一、河神廟後，春灰基，長肆丈伍尺，闊弍尺，深肆尺伍寸。

一、上墟之南，培坭，高壹尺伍寸，闊柒尺，長壹拾弍丈伍尺，又厚壹尺，闊陸尺，長玖丈。

麥村

一、不求梁基舊汛地至社前，培坭，高壹尺，闊陸尺，長伍拾壹丈。

一、不求梁基，春灰基，長叁丈伍尺，闊弍尺，深陸尺，又長弍丈，闊弍尺伍寸，深叁尺，又長柒丈，活弍尺，深柒尺。

一、枯樹頭培築廣闊弍拾捌井。

一、社左，培外泥，厚壹尺，由面至脚壹丈，長肆丈叁尺。

一、社前至書院右，培泥，高壹尺伍寸，闊陸尺，長壹拾捌丈。

一、書院至賢樂里，培坭，高壹尺，闊陸尺，長弍拾玖丈。賢樂里至冠甲基界，培泥，高壹尺伍寸，活陸尺，長叁拾弍丈。

一、下墟留香閣至華光廟後，春灰基，長捌丈伍尺，闊弍尺，深肆尺伍寸。

一、鐵牛坦北，培泥，高壹尺伍寸，闊柒尺，長二共弍拾玖丈，另填二氹。

另李村三門基，用灰石修補石磡裂罅。

另冠甲基内漏穴二處探險，事後舂回灰沙。

以上共支工料銀肆仟肆百叁拾肆元捌毫。

另兩堡雜支共銀伍百陸拾肆元陸毫弍仙。

先登、海舟兩堡合共支銀玖仟零捌拾捌元伍毫。

鎮涌堡

南村鄉

一、鐵牛角，培泥，長叁拾肆丈，高弍尺。

一、竇口上，培泥，長叁拾玖丈，高壹尺伍寸。

一、鐵牛角下，春灰基，長壹拾伍丈。

一、大步頭上，春灰基，長壹拾壹丈。

一、大步頭下，春灰基，長拾丈，另築復坍卸基約叁丈。

以上連雜支共銀壹仟零玖拾弍元陸毫柒仙。

石龍鄉

一、華光廟前，培泥，長壹拾弍丈，高壹尺伍寸。

一、聖帝廟前，培厚外基泥，長捌丈叁尺，高壹尺伍寸。

一、曾家祠前，培厚外基坭，長弍拾壹丈伍尺，高壹尺。

一、曾家社下，培泥，長弍拾伍丈，高壹尺。

一、厠坑角下，培厚外基坭，長叁拾捌丈，高壹尺。

一、天后廟北，培厚外基坭，長陸丈捌尺。

一、廟仔前，培泥，長陸丈，闊叁尺。

一、竇口上，培厚竇頂坭，長柒丈，高壹尺。

一、蔗基上，培厚外基坭，長壹拾陸丈。

一、見龍里，春灰基，長弍拾伍丈伍尺，培高坭，長弍拾玖丈。

一、劉家社裏基，打丈弍樁弍拾玖條陸尺，樁肆拾陸條。

以上連搭棚、砌石及雜支共支銀壹仟叁佰叁拾肆元。

鎮涌鄉

一、蔗基下，培厚坭，長伍拾丈，高壹尺。

一、岳帝廟外基培厚坭，長叁拾捌丈，高弍尺，基裏加大牛尾弍條，春灰基捌丈，另築復坍卸約弍丈。

一、中社路，培厚泥，肆拾丈，高弍尺。

一、洪聖廟上，培泥，長弍拾捌丈伍尺，高弍尺。

一、洪聖廟下，培泥，長陸拾肆丈，高弍尺伍寸。

以上連搭棚、砌石及雜支共支銀壹仟零玖拾伍元陸毫壹仙。

鎮涌堡共支銀叁仟伍百弍拾玖元弍毫捌仙。

河清堡

一、太師廟兩旁，培泥，長壹百肆拾丈，高壹尺。

一、河清鄉門樓基段兩旁，培厚泥，長肆拾丈，高壹尺伍寸。

一、上竇口兩旁，培厚泥，長叁拾丈，高弍尺。

一、廿六號基塘兩旁，培厚泥，長肆拾壹丈，高弍尺伍寸。

一、觀音廟前，培厚泥，長壹拾玖丈，高弍尺伍寸。

一、熊家祠後兩旁，培厚坭，長叁拾肆丈，高弍尺伍寸。

一、顯南公祠前兩旁，培厚坭，長肆拾丈，高弍尺伍寸。

一、沙田兩旁，培厚坭，長叁拾丈，高弍尺伍寸。

一、侯王廟，培坭，長捌丈，高弍尺，舂灰基長弍丈。

一、平安公所前，培坭，長玖丈，高弍尺。

一、淺水社，培坭，長壹拾伍丈，高弍尺。

一、熊家大塘，培坭，長陸丈，高弍尺。

一、市面，培坭，長叁拾丈，高弍尺。

一、岳帝廟前，培坭，長弍拾丈，高弍尺。

一、水木堂觀音廟後兩旁，培厚坭，長叁拾伍丈，高弍尺。

一、上橫間基兩旁，培厚泥，長弍拾陸丈，高弍尺。

一、雲林祠前兩旁，培厚坭，長叁拾弍丈，高弍尺伍寸。

一、天后廟前兩旁，培厚泥，長叁拾丈，高弍尺伍寸。

一、花社大塘邊兩旁，培厚泥，長拾叁丈，高弍尺伍寸，傍脚丈弍樁弍百壹拾陸條。

一、有盛公祠兩旁，培厚泥，長叁拾伍丈，高弍尺。

一、靜浦公祠兩旁，培厚泥，長叁拾丈，高弍尺。

一、容趣公祠兩旁，培厚泥，長叁拾丈，高弍尺伍寸。

一、葵扇巷兩旁，培厚泥，長叁拾丈，高弍尺伍寸。

一、延康社兩旁，培厚坭，長叁拾丈，高弍尺伍寸，舂灰基長伍丈伍尺。

一、嘉隆公祠前兩旁，培厚泥，長弍拾肆丈，高弍尺伍寸。

一、秀槐公祠前兩旁，培厚坭，長弍拾捌丈，高弍尺。

一、靖波公祠前兩旁，培厚坭，長叁拾丈，高弍尺伍寸。

一、下橫間基兩旁，培厚坭，長叁拾玖丈，高肆尺，舂灰基壹拾伍丈，基外傍脚丈弍樁叁百陸拾條，基裏傍脚捌尺樁叁百叁拾弍條。

一、太盛社兩旁，培厚坭，長拾肆丈伍尺，高弍尺，舂灰基弍段，共長弍拾弍丈。

一、武陵廟右兩旁，培厚坭，長拾壹丈伍尺，高弍尺。

一、書院後基坍卸玖丈，用灰沙築，復又舂灰基叁拾丈。

一、榮盛社，舂灰基，長伍丈。

一、何家社，舂灰基，長弍丈。
一、由義巷，舂灰基，長伍丈伍尺。
一、半荒基，舂灰基，長伍丈叁尺。
以上連砌石、搭棚及雜支，共支銀捌仟零肆拾玖元陸毫叁仙。

九江堡

一、西方先鋒廟前基段被水潑面，培築高壹尺伍寸，長捌丈。
一、上洪聖約基段坍塌兩次，打樁培坭搶救，長壹拾弍丈，加高培厚，內舂灰基捌丈。
一、仁德約基竇底被水鑽通，打樁坭包堵塞，長叁丈，照修復。
一、康真君廟前基段水潑基面，長約肆拾丈，培高壹尺。
一、長齡社基段被水潑面，約拾丈，培高基面，長叁拾丈。
一、仁德約尾加高培厚，長拾弍丈。
一、西方冰壺祖荳付舖加高培厚，長叁拾丈。
一、荔菴翁祠前加高培厚，長拾叁丈。
一、惠祖菴前基段加高培厚，長拾壹丈。
一、六世祖祠前加高築厚。
一、登瀛社學後便竇被水鑽通，打樁堵塞修補，長弍丈。
一、下洪聖約基段坍塌，打樁搶救，長約伍丈，又滲漏處舂灰沙，長柒丈。
一、人和社外基水潑基面伍陸寸，培高長伍丈。
一、迎福里外基水潑基面，加高長肆丈。
一、玄水先鋒廟後，舂灰基，長叁丈。
一、朱氏祖祠前桑市水潑基面，加高長約陸丈。
一、吉水里閘頭被水衝壞，坭包堵塞，長約弍丈，基段滲漏，舂灰基骨陸丈。
一、李宅前滲漏，舂灰基骨長弍丈。
一、向西祠前，舂灰基長拾丈。
一、六聖宮左便基被水鑽通，搶救打樁叁百枝，舂灰基長伍丈。
一、岡頭大道圍基滲漏，舂灰基長肆丈餘。
一、樂只約竇壞鑽通，用灰坭舂復。
一、張家路口基段被水潑面，長約拾肆伍丈，後打樁砌石培坭，基長柒拾弍丈，高壹尺，闊陸尺。
一、南方將軍廟至岡頭大道被水潑面，長約肆拾丈，後培闊陸尺，加高壹尺，長弍拾捌丈。
一、向西北帝廟右便至鳳岡社前被水潑面，長肆拾餘丈，照段培築。
一、學憲祠至向西北帝廟滲漏，長弍拾肆丈，舂灰基。
一、先鋒古廟至甘棠社低卸，水潑面陸寸，長約肆拾柒捌丈，照培厚加高。
一、公義社先鋒廟坍塌，打樁泥包堵塞，長伍丈餘，培厚。

一、南方關王廟前至城隍廟右便基段，水潑基面陸柒寸，長肆拾餘丈，加高。

一、南方穀滘一路低陷，用泥加高。

一、岡咀社至彭宅前基段，水潑面柒捌寸，長叁拾餘丈，培高，舂灰基骨，長肆丈餘。

一、李宅前滲漏，舂灰基骨，長弍丈零。

一、豬行後大基，水潑面柒寸，長弍拾餘丈，培高。

一、浮排角坍塌，打樁培坭，長叁丈零。

一、東方土地廟前，培厚加高，長玖寸餘。

一、周將軍廟前加高，長捌尺。

一、北帝廟前加高，長柒丈零。

甘竹堡

一、長洲閘頭，培厚坭，捌丈伍尺，長叁尺伍寸，面闊伍尺。

一、蘇州閘脚，打樁培厚坭拾丈，闊捌尺，高叁尺伍寸，底闊壹丈弍尺，高壹尺伍寸。

一、蘇州塘邊，培厚長叁丈弍尺，長肆尺伍寸，闊伍尺陸寸。

一、文塔脚，基身低陷，打樁砌石，舂灰沙長伍丈。

一、相公廟側培泥，長捌丈。

以上九江、甘竹兩堡連雜支共支銀叁仟叁百玖拾元零弍毫捌仙。

百滘堡

一、民樂竇兩旁，舂灰沙，用英坭樁壹百弍拾條。

一、吉贊橫基，砌石磡。

一、吉贊竇兩旁，培坭。

一、潘姓山板頭，培泥。

一、潘姓永安里，培泥。

一、日昇門樓，培泥。

一、居仁里，培泥。

雲津堡

一、程氏上社左段，培泥。

一、程氏上社右段，培坭。

一、吴懷洞祖祠後滲漏，舂灰泥，長柒丈。

一、藻美張，培泥。

一、藻美鄉黎姓基段坍卸，培築長肆丈。

一、潘姓六斗田頭，培泥。

一、海邊潘陳梁基段，培坭。

一、庄邊基段，培泥。

一、程練溪祠，舂灰沙。

一、康公廟後，舂灰沙。

一、延陵福地滲漏，舂灰沙，長柒丈。

一、藻美潘，舂灰沙。

簡村堡

一、西湖村基段，培坭，舂灰沙。

一、九甲基段，培泥。
一、七甲基段，培泥。
一、二十七户基段低陷，加高，長弍拾丈。
一、一甲何勝祖基段，培坭。
以上連栅廠雜支，共支銀叁仟捌百壹拾伍元。

沙頭堡

一、舊省城渡頭基段低陷，培築加高，長弍拾丈。
一、崔太師祠前坍卸，打樁捌拾條，春灰沙，培泥，長弍拾丈，該工料銀肆百玖拾弍元伍毫叁仙，應由該祠補價二成，應補銀玖拾捌元伍毫。
一、馮時亮祠前卸裂，培築，長拾丈。
一、梅屋何姓閘頭低陷，培築，長肆丈。
一、北村崔樂善祠前坍卸，培築，長捌丈。
一、北村何觀海祠前坍卸，培築，長肆丈。
一、北村何姓大巷前坍卸，培築，長弍丈。
一、北村先鋒廟前竇石卸裂，培築，長肆丈。
一、北村六約尾缺口築復，長壹丈伍尺，深柒尺。
一、河澎尾缺口築復，長壹丈伍尺，深伍尺。
以上連雜支，共支銀弍仟零伍拾壹元伍毫伍仙。

龍江堡

一、車北缺口築復，長玖丈伍尺，深壹丈壹尺伍寸。
一、白鶴灣缺口築復，長肆丈弍尺，深拾丈叁尺伍寸。
一、渡頭缺口築復，長捌丈伍尺，深伍尺弍寸。
一、吴面涌缺口築復，長肆丈伍尺，深壹丈壹尺。
一、田料氹缺口築復，長玖丈弍尺，深柒尺伍寸。
一、儘槽氹缺口築復，長捌尺，深肆尺。
一、帽塘基缺口築復，長弍丈，深壹丈壹尺。
以上連雜支，共支銀弍千弍百壹拾陸元肆毫伍仙。

龍津堡

一、二甲、三甲顔姓基段低陷，培厚築高，長肆拾丈。
一、岡頭涌基段低陷，培厚築高，長弍拾丈。
一、岡頭涌烏臼樹下滲漏，春灰坭，長壹丈伍尺。
一、岡頭涌石龍田滲漏，春灰坭，長壹丈伍尺。
以上連雜支，共支銀壹仟壹百弍拾元零陸毫弍仙。

民國四年乙卯修築全圍

總　理　岑兆徵
副總理　程學源　關勝銘
東基總所司理　吴秉衡
　關頌廷
　石伯雅
　司庫李次稱
沙頭分所督理　余德偁
龍江分所督理　胡拔南
西基總所司理　關遇志
　黄澄溪

司庫關祐之
總巡梁惠顯
李伯嚴

九江分所督理　關作德　黃靄禎
河清分所督理　陳寶書　潘次華　黃伯始
鎮涌分所督理　何漢橋　潘旅若
海舟分所督理　關子惺　麥少林
先登分所督理　蘇少衡　黃熾培
甘竹分所督理　周植甫　胡儼若

乙卯築決口及全圍加高培厚工程

築決口

仙萊岡大決口，共支銀壹萬捌仟肆百壹拾弍員。
仙萊岡小決口，共支肆百叁拾壹員。
吉贊五顯廟前決口，共支銀弍仟捌百捌拾捌員。
吉贊横基二決口，共支銀叁仟伍百弍拾壹員。
吉贊竇側決口，共支銀陸仟弍佰陸拾弍員。
鑊耳灣天字決口，共支銀肆仟零肆拾捌員。
鑊耳灣地玄兩決口，共支銀叁千伍佰肆拾伍員。
林村潘姓基決口，共支銀玖仟叁百捌拾陸員。
林村陳姓基決口，共支銀伍佰陸拾弍員。
林村程姓基決口，共支銀肆千肆佰陸拾柒員。
藻美張姓基決口，共支銀叁百捌拾捌員。
藻美聖妃決口，共支銀壹千零弍拾玖員。
藻美潘吴二姓決口，共支銀弍仟壹百玖拾員。
藻美吴姓基大小決口，共支銀三千捌百柒拾肆員。
西湖村小決口，共支銀叁仟零陸拾員。
西湖村大決口，共支銀捌仟伍百壹拾捌員。
龍津寨邊決口，共支銀弍佰零玖員。
沙頭梅屋決口，共支銀弍百陸拾員。
沙頭東閣名區恩厚里二決口，共支銀壹百伍拾壹員。
沙頭太師廟前決口，共支銀壹萬零肆百玖拾伍員。
時亮祠前二決口，共支銀弍佰零伍員。
北村竇河澎尾三小決口，共支銀壹百伍拾叁員。
共築決口銀捌萬肆仟零伍拾肆員。

案，舊志，工程由官派委擬定，故但有估價數目，無實支數目，乙卯工程浩大，用欵最鉅，又未經官派委擬價，故詳列開銷實數，俾後之覽者得以考其梗概焉。

乙卯築決口工程一覽表

地名	井坭	銀坭	沙	石	連樁工	碑角石矢	煉牛牛草	散工	石灰英坭	石工	棚	買地買田坭	總數
仙萊岡大決口	五五〇七	一一九二九	八八九		一六七	七二	一九五五	一二四三	二九五	三三九	二八五	一二三八	一八四一二
仙萊岡小決口	一二五	一七五					四八	九八	五九		五一		四三一

地名	吉贊五顯廟	吉贊橫基	吉贊賓側	鑊耳灣六字	鑊耳灣地玄字	林村潘基	林村陳基
井坭	九三五	五七〇	一三六六	一〇五三	一一七一	二〇三六	一三〇
銀坭	一四四一	八四二	二三六二	二〇二五	一五六七	二八四四	一一七
沙	八四	六五	一三二一		八一二	三四二六	
石							
椿連工	三		三〇〇			一五八	一二四
磚角石矢			四三九			七七	
煉牛牛草	三九四	六六四	八四三	六六〇	五五一	一一〇六	七二
散工	七二三	一〇二六	五五八	一〇五四	五二一	一一五九	一七一
石灰英坭	一五〇	四二七	三三五	一六七	三三	五一七	三四
石工	六三	三四八	九	一二		一〇	二一
棚	三〇	一四九	五九	一三〇	六一	八九	二三
買地買田坭							
總數	二八八八	三五二一	六二六二	四〇四八	三五四五	九三八六	六五二

地名	林村程基	藻美張基	藻美聖妃廟	藻美潘吳基	藻美吳基	西湖村小決口	西湖大決口
井坭	八四九	一〇〇	一五六	六八〇	一二一〇	七九八	一六一八
銀坭	一五一三	一五〇	一五四	七七〇	一七三八	一四三二	三六二三
沙	七				一五	七八二	三〇二〇
石							
椿連工	三五八		六二	七一	四六九		
磚角石矢	四七			二六			
煉牛牛草	五二七	三九	一八四	二六四	五〇四	二六四	五二六
散工	一〇九一	一四六	四九三	八四九	七〇八	二七一	六七七
石灰英坭	四一〇	一三	三六	一七〇	二四九	七五	二一六
石工	三九四	二三	六			一七九	三五八
棚	一二〇	一七	九四	四〇	一九一	五七	九八
買地買田坭							
總數	四四六七	三八八	一〇二九	二一九〇	三八七四	三〇六〇	八五一八

總數	北村河澎尾	時亮祠前	沙頭太師廟前	東閣名區恩厚里	沙頭梅屋	龍津寨邊	地名
一九八三四	八六	八〇	一〇一〇	七七	一五二	一二五	井坭
三六〇四二	一一三	一二八	二八七五	六八	一〇一	七五	銀坭
一一三二〇			八九九				沙
一〇六四			一〇六四				石
二一九〇			四七八				工連椿
一四〇六			七四五				礡角石矢
九二九三		三〇	五一六	三七	五七	五二	煉牛牛草
一一七一九	四〇	二五	七四七	二八	四八	四三	工散
五〇三四		二二	一七一五	一八	五四	三九	石灰英坭
二七四四			九八二				工石
二〇〇四			四七四				棚
一二三八							買地買田坭
八四〇五四	一五三	二〇五	一〇四九五	一五一	二六〇	二〇九	總數

說明：　右表末數以元爲單位，左爲大數，右爲末數，假如單一箇數，即爲元數，一一兩位即十一元，三位爲百，四位爲千位，伍位爲萬，以此遞推。坭數表上列井數，下列銀數。因取泥有遠近，價格不同，由銀數以推井數，可知該處取泥遠近。計此次通修，全圍共用泥壹拾玖萬叁仟陸百叁拾弍井，以每井地掘泥三井平均計算，共掘地六萬肆仟叁佰陸拾叁井，計面積拾頃零柒拾餘畝。西基有外坦，日久泥塘無難積復，東基自仙萊岡至西湖村，均無外坦，後有大工，實難爲繼，此留心基務者所當研究也。

乙卯東基加高培厚

東基總所修百滘、雲津、簡村三堡自區邊公基起，至吉水西樵山脚止，三堡基段工程費用共支銀陸萬肆仟叁百弍拾弍元。

沙頭分所修自龍津官山海口起，至龍江分界止，兩堡基段工程費用共支銀弍萬伍千叁百零肆元。

龍江分所修自沙頭分界起，至河澎尾基界止，該堡基段工程費用共支銀壹萬弍仟柒百玖拾捌元。

乙卯東基加高培厚工程一覽表

地名	百滘區邊	仙萊岡	吉贊五顯廟	基吉贊横	吉贊庄邊至竇	雲津林村
井坭	二一五	五四二	七三〇	六八二二	八四〇一	五九六六
銀坭	七一二	七〇六	一〇二二	一一四八七	五〇九五	一二二〇六
工散	三五	〇六 六〇	一二六	五八九	一〇四	七一三
棚		七三		三五五	九八	一八九
工連石				二五		二三三
英石坭灰						
石磚矢角						
連墈工磚						
連椿工杉						
坭田買				九二二		
數總	七四七	八三九	一一四八	一三三七八	五二九七	一三三四一

地名	民樂市	雲津藻美	簡村堡	沙頭連龍津	龍江	總數
井坭	一二二〇	六二三八	七四六八	一五二一四	六一二九	五三四三五
銀坭	二六二二	一一二二八	一三一八二	一六八四五	六八〇七	八一九一二
工散		八八二	五一二	四六九八	二六〇四	一〇三二三
棚	一四二	一六八	三八三	四五三	四三〇	二二九一
工連石				二〇二一	八八〇	三一五九
英石坭灰					五八二	五八二
石磚矢角				七二八	五八九	一三一七
連墈工磚		九九三				九九三
連椿工杉				五五九	七五八	一三一七
坭田買					一四八	一〇七〇
數總	二七六四	一三二七一	一四〇七七	二五三〇四	一二七九八	一〇二九六四

另基所費用表

	員役薪金	膳費	器用雜用	買牛虧價	擬築秋欄	鐵轆椿杵	總數
東基總所	三四七五	二四五七	八六〇	七五〇	五〇	六四六	八二三八
沙頭分所	一二三一	九三五	四三四				二六〇〇
龍江分所	五〇五	四二七	一九八				一一三〇
總數	五二一一	三八一九	一四九二	七五〇	五〇	六四六	一一九六八

按，舊志工程不紀費用，然浩大工程無辦事人籌畫監督，工程何由成立，今於工程之下詳載費用，紀其實也。西基每堡設一分所，故工程費用合爲一表；　東基設一總所二分所，故另列費用一表焉。

乙卯西基加高培厚

西基總所修自九江堡江頭大道起，至河清分界止，共長壹仟伍百捌拾弍丈陸尺，工程費用共支銀叁萬壹仟肆百玖拾捌元。

九江分所修自江頭大道至甘竹分界止，長壹仟陸百弍拾弍丈，工程費用共支銀弍萬弍千伍百叁拾肆元。

河清分所修自九江分界起，至鎮涌分界止，長壹仟壹百壹拾叁丈，工程費用共支銀弍萬柒千弍百柒拾捌元。

鎮涌分所修自河清分界起，至海舟分界止，長壹仟零壹拾肆丈柒尺，工程費用共支銀弍萬壹仟捌百伍十二元。

海舟分所修自鎮涌分界起，至先登分界止，長壹仟肆百玖拾壹丈，工程費用共支銀肆萬弍仟壹百肆拾弍元。

先登分所修自海舟分界起，至陳軍涌止，長壹千壹百伍拾伍丈，又修自陳軍涌起，至三水起鳳鄉山罅公基止，長玖拾弍丈，總共支銀肆萬壹千捌佰柒拾元。

甘竹分所修自九江分界起，至獅頷口止，長壹仟捌百陸拾捌丈弍尺，工程費用共支銀壹萬陸仟陸百玖拾元。

西基加高培厚工程費用一覽表

地名	西基總所	九江分所
坭井	一六一四九	一四二二五
坭銀	一五八一一	一二八三九
散工	六六四五	三九六〇
開灰基	二八七	六五
石灰英坭	二〇一四	五一五
杉椿連工	一五八三	二二三八
磚角	一五〇	六五五
雜工	二三九	一〇四
石連工		一五三
煉牛草		六四
遷山置義塚		
器用雜用	八七七	二五四
棚廠	二四八	三四七
膳費	一九一七	六四四
薪金	一七二七	六九六
總數	三一四九八	二二五三四

地名	河清分所	鎮涌分所	海舟分所	先登分所	甘竹分所	總數
坭井	一九二七四	一六〇六五	一七一二九	二六六〇四	一〇九二六	一二〇三七二
坭銀	二〇六七九	一七〇九〇	一九九四一	二八八九〇	一〇三〇七	一二五五五七
散工	三八二二	三三二八	九三〇九	八七八〇	三四五三	三九二九七
開灰基	一〇六	一三	二一三	一二六		八一〇
石灰英坭	五五六	一二三	三一八一	八六六	五三一	七七八六
椿杉連工	一四九	七四	四〇三	七三八	八五一	六〇三六
磚角			一九七			一〇〇二
雜工	九五	五五	三八九	一七三	一四一	一一九六
石連工			五四五二			五六〇五
煉牛草			一九五	四三		三〇二
遷山置義塚	五一六					五一六
器用雜用	八二	五五	二一二	一六六	一二四	一七七〇
棚廠	三四三	三〇六	六〇六	五八九	二一九	二六五八
膳費	四五三	三六三	九二五	六三四	四六七	五四〇三
薪金	四七七	四四五	一一一九	八六五	五九七	五九二六
總數	二七二七八	二一八五二	四二一四二	四一八七〇	一六六九〇	二〇三八六四

丙辰續修

西基工程

一、飛鵝翼外横檔基新築石磡，工料銀叁仟陸佰玖拾元，又自飛鵝山後旱基至陳軍涌培泥，工費銀弍仟捌百捌拾壹元，公基全段共支銀陸仟伍百柒拾壹元。

一、先登堡全段共支工費銀弍千捌佰弍拾陸元。

一、海舟堡李村石堤加石，工料銀壹千柒百壹拾叁元，全段培泥費用銀壹仟玖百弍拾捌元，共支銀叁仟陸百肆拾壹元。

一、鎮涌堡全段共支工費銀陸百捌拾肆元。

一、河清堡全段共支工費銀陸佰捌拾柒元。

一、九江堡全段共支工費銀肆千肆佰柒拾叁元。

甘竹堡已設分所興修，該堡人要求先修黄公堤，訟事遂起，不能開工，欲先修他段，該堡人不允，丁巳二月廿六設分所，閏弍月初六裁(撤)〔撤〕。

東基工程

一、自仙萊岡公基起，至吉水竇西樵山脚止，共支工費銀壹萬肆仟零壹拾捌元。

一、沙頭龍江兩堡共支工費銀弍仟柒百伍拾捌元，是年東、西基共修銀叁萬伍仟陸百伍拾捌元。

戊午續修

西基工程

一、先登堡修葺銀壹千壹百壹拾捌元。

按，丁巳年，茅岡人因開竇放水取魚，致累全圍搶救，是年公議將該竇填塞，又圳口石壆變裂，用工修復。

一、海舟堡基修葺銀壹仟壹百叁拾伍元。

一、河清堡基修葺銀壹百玖拾伍元。

一、九江堡基修葺銀肆仟弍百陸拾壹元。

按，是年四月廿四日，西潦暴漲，内塘水歉不足頂基，於是九江六聖宮後塘、五聖宮前塘、判官廟後塘一連三口微有滲漏，同日卸墮，搶救連日，秋後水涸巡閱，傍基脚企之塘計七口，經搶救五口，又判官廟後壹口，西方洛南社後一口，一律開脚培厚，用磚角在塘底填成一基，高出水面，然後培泥成斜坡形，此法勝於打樁，因樁杉日久廢爛，磚角永久不變，每塘收回業主磚角銀壹百元，計七塘培築費除收回磚角價外，約需銀弍仟伍佰餘元。

東基工程

一、築區村後仰天螺旱基，因乙卯水溢岡面，買地創築，地契附圖說門。

一、築林村程基，石壆并培厚。

一、林村潘基，培厚并舂灰基。

一、藻美基，培厚并培決口壆脚。

一、再填西湖村決口，裏潭。

一、吉水竇左右至山脚，培厚。

一、海口泗利店後，培厚。

一、寨邊顔基，培厚。

一、沙頭灰澳，培厚并舂灰基。

一、沙頭梅屋，砌石壆。

一、培韋馱廟前，砌石壆。

一、培北村六約閘腮。

一、培河澎尾搶救處。

共修葺銀叁仟弍百叁拾捌元。

東西基是年共修銀玖千玖百肆拾元。

按，從前修基，先由官派委估價，呈請核准，然後開辦。此次修基，由辦事人巡視何處要修，及該地方人陳請當修基段，公同酌定，應修則修，不分畛域，故各堡修銀多寡不同。是年續修，鎮涌堡有人在修基所督理，不修該堡，因基段完好不用修補也。至甘竹未有續修，因丙辰抗阻不修，以後不交畝捐，故戊午亦未有續修也。

庚申修葺各基工程

一、先登圳口石壆修築，銀弍仟柒佰玖拾元。

按，圳口石壆頻年墮裂，因壆後基旁純是鬆沙，又水勢頂衝，丙辰續修，已將壆後鬆沙挖去，仍復變壞，壹再詳誌，著險基也。

一、先登堡鵝埠石茅岡、新村、龍坑共培泥銀捌百玖拾柒元。

按，三處牧牛最多，基面被其踏壞，舊誌禁例，西潦漲滿之期，不得放牛上基面，此次培補，皆被牛踐塌之處也。

一、九江大將廟下基旁崩隳，培坭，銀肆拾弍元。

一、吉贊横基，基面填磚角，共銀壹仟陸佰柒拾捌元。

按，此基爲大岡墟牛隻出入孔道，修築數年，已爲牛隻踏壞，低損不少，因用磚角填平基面，庶較泥鞏固，不易變壞。

一、藻美聖妃廟上潘姓基，修補銀壹千肆百伍拾弍元。是年西潦甫漲，該處基外河旁折隳十餘丈，裂至基邊，低陷數尺。

共支銀陸仟捌百伍拾玖元。[一]

壬戌石工

西基

圳口護基壘石壹百肆拾玖萬陸仟伍百斤，價銀弍千零伍拾叁元。

稔横岡護基壘石壹百壹拾萬零陸仟壹百斤，銀壹仟伍百壹拾柒元。

鳳巢護基壘石壹百叁拾萬零壹仟叁佰斤，銀壹千柒百捌拾伍元。

龍門大巷護基壘石壹拾叁萬零壹百斤，銀壹佰柒拾捌元。

古巷護基壘石壹拾叁萬零壹百斤，銀壹佰柒拾捌元。

海竹園護基壘石弍拾陸萬零弍百斤，銀叁佰伍拾柒元。

三門護基壘石陸百弍拾肆萬陸仟弍百斤，銀捌千伍百陸拾柒元。

河神祠護基壘石柒拾捌萬零捌百斤，價銀壹仟零柒拾壹元。

大壩壘石壹千捌百玖拾萬捌千捌百斤，銀弍萬陸仟零伍拾玖元。

二壩壘石陸拾伍萬零陸百斤，銀捌百玖拾弍元。

三壩壘石弍拾陸萬零叁百斤，銀叁百伍拾柒元。

海舟冠甲天后廟護基壘石叁佰壹拾弍萬叁仟壹百斤，銀肆仟弍百捌拾肆元。

南村護基壘石壹百叁拾萬零壹仟叁百斤，銀壹仟柒百捌拾伍元。

六聖宮護基壘石重玖百叁拾陸萬玖仟叁百斤，銀壹萬弍仟捌佰伍拾壹元。

銅(豉)〔鼓〕灘護基壘石伍百叁拾叁萬伍千叁百斤，銀柒仟叁佰壹拾捌元。

[一] 原書其後又衍『庚申修葺各基工程』，内容重復，故此處删去。

東基

吉贊竇護基壘石叁拾玖萬零肆佰斤，銀伍佰叁拾伍元。

林村護基壘石壹拾叁萬零壹百斤，銀壹百柒拾玖元。

藻美潘護基壘石弍百零捌萬弍仟壹百斤，銀弍仟捌百伍拾陸元。

藻美吳護基壘石壹拾叁萬零壹百斤，銀壹百柒拾捌元。

吉水竇護基壘石陸萬伍仟斤，銀捌拾玖元。

江頭涌、閘亭陰護基壘石肆百捌拾柒萬玖仟玖百斤，銀陸仟陸佰玖拾叁元。

韋馱廟護基壘石叁佰陸拾肆萬叁千陸百斤，銀肆仟玖百玖拾捌元。

石井護基壘石叁拾玖萬零肆百斤，銀伍佰叁拾伍元。

人字水護基壘石陸拾伍萬零陸百斤，銀捌百玖仟弍元。

縠埠護基壘石弍拾陸萬零弍百斤，銀叁佰伍拾柒元。

上壩壘石弍拾陸萬零弍百斤，銀叁佰伍拾柒元。

真君廟護基壘石伍拾弍萬零伍百斤，銀柒百壹拾肆元。

北村三帝廟護基壘石弍拾陸萬零叁百斤，銀叁佰伍拾柒元。

甘竹聯福園小壩壘石共重壹百捌拾伍萬壹仟零七十斤，銀弍千柒百柒拾陸元陸毫。

總共重陸千陸百萬零肆仟伍佰壹拾伍斤，該銀玖萬零柒佰陸拾捌元壹毫伍仙。

丁卯補修甘竹堤工程

一、修阜盈墟口至雙魚山脚止，長一百四十六丈八尺，加高三尺，面闊八尺，連天后廟後填磚角，共銀玖百餘員。

一、修麻州岡相公廟、文塔脚等處，共銀叁百餘員。

按，甘竹灘墟堤，因右灘黄姓阻築興訟，故乙卯大修，連年續修均未修及。丙寅左右灘械鬬，甘竹墟被盜，焚燬略盡，鋪主掘取地脚磚石，大傷圍堤。丁卯春，本圍召工修復，黄姓以無墟利可圖，亦不復阻築再訟。

附刊誤校正表

卷數	頁數	行數	字數	刊誤	校正
卷七	一頁	二行	二字	欵撥	撥欵
卷七	五頁	十三行	九十字	禹潘	潘禹
卷七	九頁	一行	十一字	使	便
卷七	十頁	五行	十字	海	順
卷八	一頁	十五行	一字	興	與
卷八	四頁	十二行	十三字	六	五
卷八	八頁	六行	三字	決	决，連篇多作決

卷數	頁數	行數	字數	刊誤	校正
卷八	十一頁	九行	廿三字	仰	抑
卷八	十四頁	十行	六字	照	昭
卷八	十四頁	十六行	十二字	飭	飾
卷八	廿二頁	十一行	三字	七	四
卷八	廿二頁	十四行	三四字	泰恒	恒泰
卷八	卅一頁	九行	二字	山	江
卷八	卅一頁	十一行	十二字	秉	乘
卷八	卅七頁	五行	一字	築	簡
卷八	卅七頁	十三行	三四字	來除	除來
卷九	四頁	十一行	一字	邦	那
卷十	六頁	四行	十四字	活	闊，連篇多以活代
卷十	十四頁 十五頁	九行 十行	八字 五字	長	高
卷十	十五頁	十六行	五字	前	先
卷十	廿三頁	十六行	十三字	二	三

卷十一　章程

章程之設，所以示遵循，垂法守也。天下事無法不立，而行法則在乎人。昔人所以有『用法貴得法外意』之論也。前志採録迭次，所擬章程既切要，亦詳備矣。遵而行之，當永無愆矣。然世變無窮，或有難以泥古者，所貴因時制宜也，若作聰明以亂舊章，則非君子所敢出耳。志『章程』。

民國五年丙辰十二月十四日，南海縣長周公仁順德縣長吕公炳晟佈告：

爲佈告事，現據桑園圍董岑兆徵函稱，全圍基段，經會合督理同事履勘一週，擬趁此隆冬水涸，動工修築，第各段基圍多有侵種桑株等物，實爲有礙。蓋基本土築，土宜固結，更藉草根將基面坭土把實，草兼能瀉水，則圍基可臻永固。若侵佔種植，勢必將坭土鍬鬆，則水易滲入，圍基之傾頽可立見。勘得各基段皆有侵種基地等弊，而以南海縣屬沙頭堡之河澎尾、順德縣屬龍江堡之龍江新基，又甘竹堡裏海之東安圍等基段爲尤甚。自基脚至基面遍種桑株雜糧，及全圍基段每多盜葬墳塚，實屬不顧公義，妨礙圍基，懇出示并令各局嚴禁等情。

除分令沙頭等局實行取締外，合行佈告桑園圍鄉民人等知悉，爾等須知，基圍爲田廬保障，務期永久鞏固，自圍基面至新築基脚，毋得侵種桑株雜糧以及盜葬墳塚，如敢故違，定行拘究。此佈。

具呈　南、順桑園圍總理岑兆徵等爲呈請曉諭各堡，清除内河水仙花及督拆箔籪，免碍交通而利宣洩事。

竊近日水仙花阻塞河道，有碍交通，此花生植最速，若一堡清除，瞬由鄰堡蔓延，滋生旋滿。惟合十四堡，趁此春水未生，河道範圍狹小，水仙花尚未結子遺種，各堡同時自行設法一律清除，庶除惡務盡，免碍宣洩。經前縣嚴禁有案，飭令各圍堡局一律督拆，以維水利。爲此懇請移知順德縣屬，會同出示，飭令圍内各圍堡局設法清除水仙花，并督拆箔籪，免碍交通而利宣洩，實爲公便。

此事於三月十一日在河神廟集議，經衆贊同，理合據情詳達，謹呈南海縣長李。

二月二十九日接南海縣公署指令第二四八號，令桑園圍總理岑兆徵：

据呈，該圍河内水仙花及取魚箔籪阻碍交通，請咨順德縣令飭清除督拆由。

呈單均悉。查該呈稱各節，係爲利便交通、宣洩水道起見，候咨請順德縣會同，飭令各堡局一律清除督拆可也。

中華民國十一年三月二十五日　縣長李寶祥

民國　年　月　日開投散工章程

一、投散工以價低者得，同票先開先得，惟須低過本所攔票，方爲有效。

一、落票者每號收按票銀壹元，如不入取者，原銀交回，其投得者俟開工之日交還。

一、工人所用鋤頭、鑿鏨、繩索、大簝及爨具，由投得者自備，其住宿棚廠，由本所料理，該廠各工人如不謹慎火燭，以致燒燬，仍爲投得之人是問。

一、散工晨早七點鐘開工，正午休息一點鐘，連食晏在内，下午六點鐘收工。

一、散工每號須舉定攬頭一名，担任管理督率之責，另每名設腰牌一個，如有懶惰及不聽指揮者，按名開除。

一、散工以做得半工者乃有銀開支，倘無故而做一二點鐘擅自停工者銀不開支，如因風雨所阻，做至十打鐘前停工者，工銀給三份之一，做至雨〔一〕打鐘停工者，工銀給三份之二。

一、散工應得之工銀，三日一開，八成支發，留二成，俟完工日，查無作弊情事，然後清找。

一、散工所做之工程，由本所監督人指揮，每日應用工人多少，由本所監督人預日規定。

〔一〕雨　當爲『兩』之誤。

一、工人必須勤力耐勞，方能入選。如有聚賭、酗酒、争鬭、滋事者，隨時斥退，老弱幼穉及廢疾者，不能當充。

民國　年　月　日開投水石章程

一、投水石每票收責票銀伍拾元，票内須寫明每萬觔取價若干。

一、投票以取價最低者得，倘有同票，先開先得，惟必低過本所攔票者，方爲有效。

一、本圍所用水石，不拘何種石，總以大塊者爲妙，以最小塊而論，不得過伍拾斤以下。

一、水石或有大塊不能用秤者，則用尺量度伸算。

一、水石到步時，由本公所督理員以司碼秤收入，毋得執拗，至於將石安放何處，亦任由督理員指揮。

一、水石交到時，經本公所督理員驗明點收，按收石多少，價銀若干，先交捌成，留存弍成，俟水石交足日，然後清找，銀色俱用雙龍毫。

一、水石安放地點，任由本公所督理員指揮，毋得異言。

一、本圍開投水石，以壹百萬觔爲壹號，若有加多，隨時商酌。

一、水石分叁期收足，以十壹月十五以前爲第壹期，拾壹月廿五以前爲第二期，十二月初五以前爲第三期。倘有逾期，本公所有退回之權，該責票銀及留下二成之銀不得追討。

按前志，水石均取大塊，不及伍拾斤者不取，以爲石大乃穩重也。不知石大罅大，石在水中甚易摇動，故石墹不久冲去，有小石填塞其罅，則穩固不摇，大石填底，小石蓋面，最爲合宜，又不可不知也。

開投石灰章程

一、投石灰每票收責票銀弍拾元。

一、投以取價最低者得，倘有同票，先開先得，惟必取價低過本所攔票者爲有效。

一、本圍所用石灰，或用東安上石灰，或用北江上石灰，投票者須分别註明，每担取價若干。

一、石灰到步時，以司碼秤交足，由本公所督理員收足秤，毋得執拗。

一、石灰交到時，經本公所督理員驗明點收，按收灰多少價銀若干，先交七成，留餘三成。則俟石灰交足日，然後清找，銀色俱用雙龍毫。

一、本圍招投之石灰，以拾萬斤爲一號。

一、石灰到步，由本公所指點運至某基段缺口，上至吉贊横基，下至吉水竇等處。

一、投得石灰者，必須依本公所限期交灰。倘有逾期，本公所得有退回之權。

一、所投或東安石灰，或北江石灰，俱要上等好灰，不得以雜灰及次灰混充，若有此弊，本公所得有退回之權。

卷十二　防患

利害之所在，争訟之所集也。祇知所利在己，不知所害在人，人既不堪其害，我能獨享其利哉！事有利害雖未形，而患有不容不防者，審其勢而知其幾也。防之爲義大矣！桑園圍之利害，在水道之通塞，利在通，則害在塞，夫人而知矣。數十年來，訟端迭出，無非由阻碍水道而成。因阻碍之爲害，迫而出於争者，勢也。圍包西樵山，山下田畝爲數十山泉之所瀦，每遇霪雨，加以潦漲，田即爲壑，秋成無望矣。下流病不能洩故也。疏通之不暇，可復輕言塞乎？後之君子，無議前人之拙而輕舉妄動，其可哉？志『防患』。

呈上游陳明三口活堤窒碍情形

呈爲　縣詳活堤，下情未達，據實陳明，以伸公論事。

竊桑園圍活堤一案，主築者以其足禦倒灌，阻築者以其有碍宣洩，（是）是非各執，言人人殊。本年四月初二日，荷蒙縣憲函詢，以案關通圍利病，奉督撫憲傳諭上九堡紳各陳利害，以備采擇。紳等先經公函呈覆，復奉縣憲傳令，各紳於二十五日齊集府學會議。届期除郭乃心因事未到，紳等均同赴議。業將新建活堤情形詳細面陳，並清摺二扣。維時活堤諸紳先已在座，因議論不合，遂形齟齬。忽有九江武紳相率攘臂大肆咆哮。雖經黎都戎力爲彈壓，紳等仍懼決裂，不辨而退。以爲公函清摺，且呈縣憲，如果有意垂詢，自可據情上達。乃縣憲竟以郭紳不到，遂謂覆函尚略，並置所陳清摺概不及詳，反有責於上九堡之不向官呈辨者。獨不思上年縣憲委勘之初，並未傳諭上九堡，是以紳未及呈辨。繼而奉准給示，紳等集學駁辨數次。温紳子紹屈於公議，自願罷築，是以紳等不復呈辨。迨十月間，活堤之工忽興，群相驚駭。而其時下五堡中已自搆訟，馬營圍復起衅端，奉諭停工，紳等又何容呈辨？兹既動明問，會衆集議，而乃曲恕武夫之咆哮，轉坐紳等以唯諾，卒使下情莫達，固大失上九堡僉同之議，抑更有負大憲清問之心，迫得聯赴崇轅，據實陳明，恭備采擇。如紳等議論未愜，而活堤諸紳任其智術，堅意主築，紳等固不能力争。惟是去年活堤之議，發自温紳子紹，彼其先侍郎公嘗有大功德於本圍，民有餘慕，以故鄰圍焚拆，亦不至相率效尤。今者温紳知難而退，群用帖然。若復再動大工，輕爲嘗巧，深恐輿情不愜，非復一、二武夫所能以咆哮相禦也。紳等爲地方利害起見，理合條列窒礙情形，並將覆縣原函節略，恭録清摺，呈請察核，批示祇遵。除禀外，爲此具呈備由。切赴。

順德縣詳覆活堤禀稿

敬禀者：

案奉藩憲札開：『奉前撫憲批，據南海、順德縣桑園圍紳士温子紹等聯請在桑園圍下游獅頟、東海、高滘三口創築活堤一案，奉批：「事關農田水利，且係十四堡公衆之事，必須詳細勘明，衆情允協，方可舉行。仰布政司即飭順德縣體察情形，逐加查勘，分別核辦」等因，轉行到縣。』

奉此，隨據温紳子紹等赴縣，稟同前情。並准南海縣移會訂期勘辦。當經卑職會同南海縣前往桑園圍擬築活堤處所，逐加履勘。該圍分隸南、順兩縣，有上九堡、下五堡之別。下五堡之内，隸南海縣者，九江、沙頭兩堡，隸順德縣者，龍山、龍江、甘竹叁堡而已。現擬築堤之處，甘竹則獅頟口，龍山、龍江則東海、高滘兩口。西北潦水盛漲，即由叁口倒灌而入，數百年來害之已形者。温紳子紹等擬在三口砌石，仿照洋式倡造欖核活堤，以禦倒灌之水。業經南、順會勘，繪圖註説，通稟請示，奉批准予興築，并經南海縣移會出示曉諭。嗣據該圍紳董稟報開工日期，當又轉報查考在案。上年十月中旬甫經購料鳩工，而十一月初間，遂有馬營圍紳士梁汝芬等以伊叁拾陸鄉『圍身單薄，潦水直下，每藉叁口宣洩，今叁口築堤，河流壅遏，鄉鄰將受其害。《南海誌》載：「叁口安議設閘，無異瞇目而道黑白。」前人定論，具有可考。呈乞示禁。』等情，並據桑園圍紳士朱祝年等亦以有碍鄉鄰，聯同指控。均經卑職批飭築堤紳董停工候勘。去後隨據温紳子紹等稟報『獅頟口工廠於客臘初六日被汝芬等糾衆焚搶』等情，而梁汝芬等又先後赴臬憲控奉批行查勘。比經卑職親詣獅頟口查勘，工廠、木料等物有被焚情形。其時馬營圍搢紳如京卿黎兆棠等均在河干接見，且首執《南海縣誌》『禁築三口』爲言。卑職就便巡視，馬營圍與獅頟口夾河而立，據云『叁口築堤，西潦盛漲時不無湍急，此害之未形者』，當即諄屬馬營圍各紳，約束鄉民，不得滋事。一面飭令叁口堤局，遵照停工，聽候處斷。時已歲聿云暮矣。新正晋謁督憲承詢叁口情形，亦奉飭令温紳停工之諭。卑職稟辭回署，正在邀集兩造紳士熟籌善法，期於兩不相妨。不謂叁口堤局糾合伍堡紳民，各於要隘處所築台置炮，屯紮鄉勇。叁棚并鳩集工匠民夫，日夜趕築活堤，揚言敢有阻撓，即行轟擊。以致馬營圍内叁拾陸鄉之衆忿憤不平，迫即赴縣呼籲。卑職星馳勘視，灼見伍堡恃蠻搶築情形。當傳堤局各紳，相率躲匿，惟一二龍鍾老農叩舷請見。據稱三口築堤，民生所繫，勢難中止，情遣理諭，充耳無聞。即緘諭堤局紳士鄧佩芳等，飭其速停興工，亦轉爲諉之鄉民，不爲彈壓。似此搢紳相率諉卸，堤局晝夜趕築，殆有計日告成之勢。然其不恤衆論，一味用强，非僅等官諭如弁髦，抑甚慮動鄉隣之交鬨。蓋伍堡與叁拾陸鄉勢均力敵，各以類從，萬一不逞之徒居間交搆，即恐激成械鬬，愈難收拾，星火燎原之患，不可不防之於早。惟兩比搢紳巨室，意氣相高，必須仰仗憲威，迅飭温紳子紹速回原籍，勒令匠作停工。一面照會黎京卿並扎飭南海縣，分別彈壓叁拾陸鄉及九江、沙頭兩堡，方免變生肘腋。此事温紳倡議於先，難保卸責於後。而黎京卿達尊俱備，聞望素崇，定能訓服鄉人也。至活堤之應築應罷，必俟停工後集衆調處，以弭後衅。事處迫切，不及會商南海縣，合單銜馳稟憲台察核，伏乞迅賜批示祇遵，不勝翹跂，待命之至。謹稟。

下流三口不宜築閘節略

謹案桑園圍周迴百餘里，中包十四堡田盧，西、北兩江環流而下，西堤自先登堡起，至甘竹灘下止，東堤自仙萊岡起，至河澎尾止，其形如箕，西北隅爲箕腹，東南隅爲箕口。自甘竹灘下至河澎尾相距約叁拾餘里，向不設堤。其土人各築子圍以自衛，遂缺此叁口，而獅頷、東海、高滘以名焉。圍之西，牂牁江急流直下，得甘竹灘橫塞其衝，水勢已順趨於新會、香山等處，流入灘下者無幾。圍之東，自紫洞、隆慶下流至河澎海外，亦與灘下水分洩於黄連、勒樓，各支河水勢已散緩，不足爲患。故雖遇潦漲，三口不無倒灌，亦聽其各自消長，向不設閘，以爲内水宣洩之區，蓋地勢使然也。每當春夏之交，各堡霪雨，所積潦水復由各竇鋪灌入，加以山水内漲，自西樵山順流而南，原野一望汪洋。宣洩稍遲，早禾固多失收，晚禾亦或趕蒔不及。若再於三口築閘，壅塞下游咽喉，無論圍堤遇決，水無出路，全圍必成澤國。即此啟閉需時，消流自窒，不獨上九堡秋蒔既難應候，即下五堡桑魚塘亦被久淹，其爲農桑害可勝言哉！徒欲免外水之侵，已先受内水之困。彼倡築閘之議者，殆未熟籌全圍利害耳。查從前温侍郎於斯圍功德最大，而所經營者皆專力於上九堡，絶不措意下游。即謂先公後私，重所急而輕所緩。然侍郎竭數拾年心力，如果叁口應築，不當如是。其恝知成法，在所必循。故闔圍既感其厚恩而並服其深識。夫里閈共處，休戚相關，使叁閘之設果有大利於下游，無大害於上游，何難委曲相就，無如通盤熟計。下流之三水口，委係全圍拾肆堡咽喉要道，並非下五堡所能自私，實有萬萬不能堵築者。紳等向持此説，兩集邑明倫堂與温紳往復辨難，彼亦屈於公議，許作罷論，且謂若再倡築，任由稟攻。第念誼屬同圍，不忍以利害未形，遽相搆訟。是以前奉鈞諭公覆，亦祇略陳其概，至應行應止，憲台自有權衡，乃復奉集學面議之諭，仰見憲意審慎，不厭周詳。紳等利病所關，自當直陳無隱。總之主三閘者顧偏隅，阻三閘者籌全局；贊叁閘者狃近利，慮叁閘者懷永圖。何去何從，兩言可決。竊謂事苟係全圍利害，就令下五堡詢謀僉同，然且不可。況首與發難者，彼五堡已不一其人，與其連衆論而逞偏私，何如仍舊貫而釋群議之爲愈也。仰奉垂詢，不能自默，敬列清摺，備陳所見，是否有當，伏候憲裁，實爲德便。

桑園圍上九堡紳等謹呈

上九堡覆邑侯書

敬肅者：

月之二日，奉到賜書，以三口築閘釀事一案，亟思集衆旁詢，妥籌辦法，仰見虛衷盛德，欽感莫名。緣桑園圍內包十四堡，其形如箕，築圍時特留獅頷、東海、高滘叁口以便宣洩，前人具有深意。邇因下沙增築，潦退稍遲，居近叁口者間有倒灌之患，然以其淹浸無幾，向亦安之。去年龍山鄉温紳子紹聯合下五堡，倡議於三口創建活堤，藉以自衛。而上九堡鄉民皆謂其有礙宣洩，嘖嘖止之。六七月時，各紳經集邑學明倫堂，數次與温紳反覆辨論，各陳利害，並查圍志、邑志，均有禁築叁口明文，一若慮後來浮議而預爲之防者。温紳屈於公議，願作罷論，且稱自後若果興築，任由稟攻等語。各堡帖然，以爲從此相安無事矣。乃十月中旬，突聞叁口活堤興工在即，不勝駭異，顧念誼屬同圍，不忍互相搆訟，且上九堡宣洩之礙，害尚未形，如果下五堡均以爲利，礙難强阻。不料旬日之間，九江堡之朱祝年、龍山堡之譚鶚英、甘竹堡之余守約等紛紛稟阻。則是活堤之設，不獨上九堡慮其有害，即下五堡亦非盡以爲利也。迨至馬營圍衆以阻築之故，激成焚毁，奉諭停工，此其得失情形，早在列憲洞鑒之中，無庸瑣瀆。乃鈞諭以案關鉅大，必須衆論持平，方能息争妥辦。

忖思圍內地勢高低不一，利害不同，言人人殊，似少兩全之術。但爲調停計，應令叁口仍循舊蹟，以爲全圍宣洩之路，而於附近叁口之處，各自加高堤基，以防倒灌，庶足杜異議而息争端。是否有當，俟鈞裁。至函內又云『二月廿九日，訂邀在事各紳到縣面談』一節，紳等實未奉有明諭，以故不及赴轅，親聆棨訓。不然事關桑梓，又何敢如是之怠玩也。肅函祇復，藉展下忱，虔頌勛安，仰希霽鑒。

上九堡致下五堡書九江　沙頭　龍山　龍江　甘竹

公啓者：

前月二十六日，園衆會議三口活堤事，僉以此舉有碍大局，因函致温颸翁，曲陳利害，勸令罷議。覆函謂非一己之事，當函商五鄉以定行止。又謂日前屢到河神廟議，兼有節略傳知各堡，初無異議，此言非盡實情也。去年河神廟之議，各堡在座者多云非所宜，爲其沮之甚力者，大同陳君希柳也。不得謂無異議矣。節略則寓目者實少，亦不得以遍傳節略，即謂衆情允協也。颸翁以此事委之五鄉，謂非一己所得自主，故迫得將利害情形粗爲高明陳之。

我桑園圍創築以來，缺下流三口以消洩內水，非不慮及倒灌也。後人因倒灌之爲患，自築子圍，未嘗議堵下流也。是豈前人之拙哉？計深慮遠，熟籌大局，有所不可也。圍中西樵山周迴四十里，山水常涓涓不絶。當春夏霖雨，諸澗流入田中，足以增内水之漲，誠不知其尺寸何如。總之山水助雨水爲虐，消洩遲則病禾稼，此前人所慮，亦夫人而知者也。方今下流子圍增築日多，雖有叁口宣洩，上流諸水猶患其壅滯，田畝頻年被淹。村落之在水中央者，所在多有，情形實與五堡同。近年業户患田稼無收，多改作桑基。而内水愈漲，昔所稱地勢最高者，今亦多淹及矣。水愈漲，消愈遲，田禾愈不可問。猶復從下流增其閉塞，上流各堡得不成澤國乎！五堡無禾田，業皆桑基耳。桑基高，淹者少。即低，亦可培築。田被淹，無能爲力也。桑株非年年種蒔，須按時節也。田禾種蒔，過時則無收矣。以今日上流各堡受内漲水患，比五堡水患尤劇，此亦地勢使然，無可如何者也。

從前留心水利者，議在沙頭人字水開一竇穴，使内水暢消，保全禾稼，倡其議者明立峰先生，亦伍堡中人也。惟其習於圍務，洞悉情形，故規畫如此，無如議梗不行，爲可惜耳。其《序桑園圍志》，首以獅頷口等爲言，亦慮之深，憂之切矣。從來先達有功斯圍最卓著者，前明則九江陳東山先生，嘗築倒流港，未聞建議並築三口閘。國朝則龍山温賀坡先生，呈請借帑生息，爲歲修專欵。其時叁口倒灌，當與今日無異，向使築閘足以自衛田廬，無礙大局，彼倡其議，誰則與之齟齬者？而亦未聞議及也。此其故可思矣！如謂今昔異勢，當隨時變通，則下流之不可壅遏，初無今昔之異也。《圍志》載九江欲築高篸启基爲内防，各堡以閉塞水道，聯請禁止，此康熙四十五年事也。楊滘築壩，有碍水道，合南、順、三水三縣呈請毁拆，此同治四年事也。前後兩事，一在圍中，一在圍外，均蒙當道照所請批行，則下流之不可壅遏明矣。

且事更有近在數年内者，馬頭岡閘猶屬圍外事也，龍江閘則圍中事矣。龍江閘不過障碍龍山下流，初無害全圍大局，猶且闔圍聯呈移管督折〔一〕。今三口堵以活堤，猶閘也，獨無碍水道乎？抑龍江不可礙，三口不妨碍乎？謂三口今昔異勢，三口與龍江閘亦今昔異勢乎？明於龍江閘不可築，亦可知三口閘不宜築矣。

至謂『活堤作欖核船形，大小長短悉照河道深闊，水有五分灌入，即將船截河口，水退則將船引退，使内水消洩。』以爲『潦漲時外水方倒灌，即無閘，内水亦難逆流而出，有閘則内河水低，消洩較易。』其説似屬可從。不知欖核船上闊下狹，兩邊石磡阻碍去水，與閘無異。且水入時以五分爲率而閉，則水退時亦當以五分爲率而啟。何也？外水高而内水低，啟則外水灌入，勢不可也。必俟水退五分而啓，前水未退，後水繼來，則啟時少、閉時多矣。内水之困，豈待問哉！況閉閘以五分水爲率，伍堡地勢低者，田廬先已浸矣。益之以數日雨水，溝澮所集，無難增

〔一〕折　疑爲『拆』之誤。

至七八分，是有閘亦與無閘同，且爲患倍甚。何也？無閘，則外水退一分，内水亦消一分； 有閘，則外〔水〕雖退，内水未遽消也。候閘啓，斯退遲數日矣。第知潦漲時雖無閘，内水不能出，豈知潦退時一有閘内水即難出乎？第知有閘不受外水之害，豈知有閘轉受内水之害乎？又啓閉全恃機器，勢難持久。一旦有壞，非其人不能修。修不及時，則貽誤多矣。後人因修之不便，能不變活堤爲閘乎？

匪特此也。三口閘成，大同常啓，三陴上流水建瓴下，雖五堡地廣，足以容受有餘，要不得不爲自全之策，由是築横基以斷上流之議起矣。不築則作法自斃，築則搆怨不解，械鬬興而命案出矣。此皆意中事，不待智者而後知也。

議者又謂近年大同設三陴圍，内已分爲兩截，上流九堡久已截斷，下三口有閘無閘於圍身本無損益。不知雖無損益於上游圍身，實大礙於上游水道。蓋上游諸水由三陴宣洩者，十之三四，由三口宣洩者，十之六七。按大同三陴其詳雖不可考，而邑志載道光二十六年上游各堡助銀倡修，由來已舊，正所謂衆情允協者也。

今閲貴處稟稿謂閤圍紳民僉以爲便，揆諸事實，夫豈其然？此無論上九堡衆情未協也，即探之五堡輿論，亦屬依違參半。而謂之衆皆樂從，可乎？伏乞熟商得失，仍守舊規，無俢前人，以貽後悔。闔圍厚幸！

弟等擬日間聯呈存案，先此佈達，尚祈惠賜教言，實爲公便。謹頌鈞安，惟照不宣。

桑園圍基段被隔河右灘黄姓佔築興訟緣由節略

竊桑園圍連跨南、順兩縣，地廣人稠，户口數十萬丁，税賦弍千餘頃。受西北兩江頂衝之患，爲粤省糧命最大之區。歷蒙前督撫憲奏撥歲修專欵，踵其役者，率皆鉅紳殷富，力任修葺。然水勢湍急，衝決頻聞。

前清嘉慶間，南海伍元薇、新會盧文錦諸公慨助鉅資，險要改建石堤，全圍大修，鄉人至今稱頌。計自道光以後，慶安瀾者七十餘年。不料前年茅岡基段崩決，去年甫經修復，西潦旋至，溢過基面叁尺有奇，決口多至四十餘處，人畜淹没，屋舍傾塌，慘不忍言。經集合全圍十四堡舉岑兆徵等爲正、副總理，擔任修築。適奉治河兼籌賑處佈告，此次築基務須加至本年水量之高度，以免再行漫溢。但連年崩決，民窮財盡，全圍壹萬伍仟餘丈，修復決口已屬不易，若再加高三尺，非集欵百萬，難竟其功。爰集衆議，糧捐每畝弍元，丁捐每名壹元，再由義捐補助，均無異議。先由東基修復決口，再合全圍分段加高。正籌辦間，適有本圍對河甘竹右灘鄉黄姓人到，稱『甘竹左灘桑園圍基一段名黄公堤，歸右灘黄姓主管。』阻止辦事，人不得興工，交出碑文爲據。

查此碑文，新舊圍志俱不載。詢之甘竹堡人，或有謂其僞造者，姑不具論。《順德志》載：『甘竹堤，原九江人陳博民於明洪武年間創築土基，歲久傾圮，至萬曆年間，由黄岐山易以石堤，費至鉅萬。全堤鞏固，鄉人感其德，因名黄公堤，以爲紀念。』今觀碑文，事實相符。是此基由九江堡先築土基，而黄姓易之以石。如謂出資修築即該姓物業，則盧、伍諸公捐至十萬，修築全圍，不將全圍盡歸盧、伍主管乎？圍中向章各基段均歸各堡主管，年歲小修，俱由各堡基段出息修補。如遇潦漲，搶救亦由附近基段料理，以備不虞。倘或全圍大修，則通力合作，不分畛域。即如該碑載，黄公墟舖店由黄姓收租以備修葺，是其明證。此次全圍加築，財力不逮，該處基段黄姓收租日久，由其出資修築，減輕負擔，圍内居民方歡迎之不暇，何必遽啟争端？不知此次大修，應由闔圍主權。何則？查去年水勢漲溢，爲亘古所未見，是以十四堡集議，全圍加築，遵譚督辦佈告，以去年水漲高度爲準。倘任右灘不關痛癢之人經理，固患不能加高，尤患不能堅實！設再崩決，不特數十萬生命財産付之東流，即刻下畝捐、丁捐退縮不交，勢必停築。豈得以少數私利而誤大局！此其不能不争主權者一。基在左灘，爲陳公所築，則此基非黄姓顯然。迨易之以石，始名黄公堤。兩旁舖店，租利尚撥作修基之用，在黄姓當日爲桑園圍計者，周矣。

今遠隔對河，如越人視秦人之肥瘠，倘仍歸其主管，設潦水暴漲，河流湍急，輪船猶且難行，安望其渡河搶救？此不能不争主權者二。跨基舖店，全圍統計逾萬，皆由附近收租培基。設各堡紛紛效尤，訟累何有底止？此不能不争主權者三。是此次之争，非争區區少數之産業，直争有關數拾萬生命財産之主權。現各堡農民群情洶洶，已生惡感，萬一釀成械鬥，則不特有負黄姓祖宗恩施之美意，並辜政府撥欵助築之苦心。迫將前情呈請憲台察核，懇飭委協同南、順兩縣履勘，明確勒令黄姓停築，將歷年租項撥歸修基事務所公同修築，以免侵佔而斷訟籐，實爲德便。謹呈。

道尹勘基節略

謹將甘竹堡黄公堤基段應歸桑園圍修築理由節録呈電：

一、《圍誌》載，桑園圍甘竹基址於明洪武三十年由本圍九江人陳博民伏闕陳請創築土堤。至萬曆四十二年西潦衝決，黄岐山倡捐助築，易以石堤。鄉人德之，因名黄公堤，以爲紀念。今觀右灘黄姓所呈出碑文，事實相符，顯見黄公堤即桑園圍古堤，而黄姓易之以石。如謂出資修築即爲該姓物業，則盧、伍二公捐至拾萬，修築全圍，不將全圍盡歸盧、伍主管乎？

一、本圍對於各基段，務求達修築及搶救完全。主權所有，墟舖權利，概不干涉。

一、本圍由陳公博民自甘竹灘築堤，越天河，抵横岡，綿亘數十里，苦心毅力，斷無功虧一簣，舍灘上最險要之處，闕而不築。即以黃姓碑文而論，猶稱庶幾再造之人，與創始者並隆天壤，則此基段原屬於本圍無疑。

一、築堤主義爲保障圍内人民生命財産起見，右灘黃姓遠隔對河，捐資助築雖屬一時義舉，然本圍勢不能以數十萬生命財産永久依賴外人，若該基段無管築之權，則萬餘丈之圍基皆同虚設。

一、遇潦漲搶救，全賴附近基段各堡協同救護。黃姓遠隔對河，灘流險惡，若待渡河搶救，必致貽誤大局。

一、沿堤建舖各業主均有升科，似不能以有舖附基，將基段踞爲己有，致凝修築。

《穀食祠記》在第五本祠廟門第五編。

《鷄公圍》在第五本渠竇門第十二編。

《朱廣府示文》在第三本起科門第七編。

《陳藩憲文碑記》在第六本藝文門第三編。

《温汝适碑記》在第六本藝文門第五編。

《明之綱序》在第六本藝文門第二十三編。

《順德縣誌》在第三本建置略堤築門第四十二編。

又癸巳舊志、廣州檔册，後列己丑捐修收支總册，内詳『甘竹阜甯墟基奉發銀弍百兩交紳士黃焕賢領收』在第六本卷八五十一編。

民國六年聯懇准予搶築主權

爲反客爲主，牽案判斷，輿情不服，聯懇批准追加搶築主權，以弭鉅患而保粮命事：

竊桑園圍連跨南、順兩縣，税賦弍仟餘頃，人民數十萬家，爲粤省粮命最大之區，受西北兩江頂衝之患。按西基自鵝埠石起，至甘竹灘止，内有黃公堤一段，地址在甘竹灘上，位置於桑園圍基段之中。查《圍誌》，該堤原係明洪武年間里老陳博民叩閽請築，萬曆四十二年土基崩决三十餘丈，甘竹人以慈善事業央請黃公岐山捐欵，以石易土，鄉人德之，名曰黃公堤，立碑紀念。厥後，黃姓在堤旁建舖收租，以爲歲修經費。查前清道光九年大修甘竹阜盈墟基，即黃公堤，紳士黃焕賢亦收領修基銀弍佰兩正，載在舊圍志第八卷第五十一篇，内設『非桑園圍基段鳥[一]能領桑園圍修圍專欵』，尤爲鐵証。歷朝成案、郡志、縣志、圍志，鑿鑿可據。

迨前清光緒年間，甘竹左、右灘爲争墟舖利權，牽涉堤基，圍内人不欲爲左右袒，擱置不理。嗣因民國三、四年西潦非常暴漲，連年崩决，圍内十四堡聯議大修，至甘竹基段，突爲對河黃姓阻築，業由總理岑兆徵等通稟大

[一] 鳥　疑爲『烏』之誤。

切膚，勢必相率搶救，倘有衝突，則害上加害。是省長判救之權悉委外人，寧有是理？設遇潦漲危險，圍内人痛甚搶救公所判與黄姓設立，譬諸室有火警不准自行撲滅，灌堅，搶救不及，猝有變故，全圍損失，黄姓能具結賠償否？本圍經年水災，若築圍搶救之權永操諸外人，萬一修築不

在道尹爲息事寧人起見，或（末）〔未〕[一]暇細詳。惟人而能當此乎？搶救主權不能屬之圍外人者二也。

之力，始克復完者，其奮不顧身之概，豈圍外無關痛癢之將折裂，樹樁架板，冒險施工，露立風雨泥濘中，竭數晝夜十餘村人齊出救護，始獲轉危爲安者。更有基段鬆浮，勢少數人所能維持。常有一村人搶救不敷，鳴鑼報警，附近能行，必不能渡河搶救。當夫水溢基面，勢正漫延，亦非隔河，西潦暴漲時，灘上下水勢相懸一丈有奇，輪船猶不

凡事非切身利害，誰肯出死力以争？無論黄姓遠處圍外人者一也。

口全墟變賣，尚何恃以爲修葺經費？修築主權不能屬之葺圍堤之用。今查該墟舖店，黄姓管業者僅得半數，設異舖逮有變遷，圍基亘古不易。在黄姓碑載藉舖租以備修

忖思築堤、争墟顯分兩事，種福、釀禍截然分明，况墟案盡行推翻，反據黄姓争墟攘利卷宗遽行詳上。

仲，權歸原主。廼竟不蒙明察，不惜將前明、前清累代鐵丙行申訴。蒙省長批飭，道尹履勘，圍内人以爲正理可吏。前巡按使張泥於争墟成案，率行批准黄姓修築，嗣又

令黄姓搶救，欲爲全圍造福，適以種禍。毋乃與仁人用心相剌謬耶！現在群情洶洶，萬分憤激，瞬生鉅變，何法制止？不能不據情上達，聯懇批准追加搶築之主權，以弭後患，而保粮命。實爲公便。

南、順桑園圍十四堡紳董前南海縣知事李寶祥，廣東省議會議員符仕龍，紳士余得偁、崔鎏、何次瓊、岑鍾英、黄鋭、何毓楨、關遇志、黄攀孫、關辰階、李莪士、賴有秋、何學彰、蔡最白、余侯建、何禹州、潘少彭、潘炳棻、陳星梅、李綺樓、陳渭儔、郭錫彤、關章甫、吴秉衡、陳舜軒、冼仁卿、何爾昌、胡頌棻、余潔泉、余國經、李舜臣、李伯嚴、譚克强、趙佩琪、郭民發、潘守約、陳雨村、黄孔紹、關玉成、程炳琪、梁禹傳、關朝棟、曾寶祥、陳惕菴、關獻琛、關藻華、余得士、關子惺、何輪堯、張燮垣、蘇維棟、李厚培、潘佐儉、羅錫洪、陳香池、温子琴、黄晃賡、蕭鵬舉、黄澄溪、關頌廷等謹呈督軍批查。

省長批：

此案前據粤海道呈覆『業經督同南、順兩縣親詣勘明，復查案卷，按諸事實，黄公堤基批歸黄姓措貲，由官廳監督修繕。并飭黄姓於墟内常設黄公堤基務公所，購儲救基器具，以備不虞』等情，當以所斷甚屬公允，今復照

[一] 末　當爲『未』之誤。

辦，并飭迅將堤務公所規約妥定呈核，以免諉卸。旋據該道呈復以『順德縣繳到堤務公所規約，現經核明，均甚妥協，所請由道給示泐石，以免日久争執，應准照辦。已飭縣遵照』等情各在案。是該道辦理此案尚屬審慎周妥。現呈仍恐黄姓修築不堅，搶救不力，致受損失，自係預防水患起見。候行粤海道即飭順德縣轉諭黄姓紳董切實辦理，以重要工。至所請追加搶築主權各節，應無庸議。此批。

中華民國六年三月

南海縣訓令

現奉粤海道尹訓令：奉省長指令，本公署呈報查勘順德縣黄公堤擬辦情形一案，内開：

呈悉。桑園圍董岑兆徵與順德縣紳士黄慕湘争築黄公堤基一案，既經該道督同南、順兩縣親詣勘明，復經詳察案卷，按諸事實，黄公堤基段擬仍歸黄措資，由官廳監督修理，并飭黄姓於墟内常設黄公堤務公所，儲備救基器具，處斷甚屬平允，應准照辦，仰即分行南、順兩縣轉諭各紳董遵照毋得再有争執。至黄公堤務公所，並飭順德縣知事督令克日成立妥定規約，專案報核，以免諉禦而重要工，此令。等因奉此，除分行外，爲此令仰該縣知事即便遵照辦理等因。奉此，合就令仰該總理即便遵照。顧此令黄公堤基務公所規約一在黄公堤墟設立黄公堤務公所，延聘墟正墟董，常川駐所辦理墟務，防護墟堤。薪金由黄姓籌送，一購備樁橛竹笪畚、包袋、坭土。一切救基器具存儲堤務公所，以便需用每月由墟正墟董查點一次，倘有缺壞即行照补。

一、週年僱工役二名，巡視堤基，考查[一]察水度。如遇西潦盛漲，即添僱多名，日夜梭巡堤上。或有坍塌滲漏，飛報公所。董理督率子弟，帶同墟内警勇，僱集墟内工人，齊同赴救。

一、埠寧墟向設横水渡八艘，晝夜開擺。潦水稍漲時即加渡夫帮棹開駛，以便來往。平日，黄姓子弟在灘口拉魚與及在灘面網魚船隻之人不少，均熟習水性，慣歷風濤，遇險可以招呼，帮同赴救護，分别給賞，以期踴躍從事。

一、潦漲時，黄姓紳士當與子弟齊集黄公堤，日夜守護，以防不虞。

一、設腰牌分給族衆，在墟内貿易者，聞有警告，即佩牌齊赴公所，領取器具，馳往救護。

呈懇恩准將黄公堤搶救修築主權歸還本圍由

南、順桑園圍修基公所呈爲主權坐失，貽誤無窮，聯

[一] 疑衍一『查』字。

懇恩准仍將黃公堤修築搶救之權歸還本圍，以弭水患而保生命事：

竊查黃公堤基址，原屬桑園圍之内，因萬曆四十二年該堤冲决三十餘丈，附近左灘鄉民財力困乏，聯懇右灘鄉民黃岐山慨允，捐資助築，易以石堤，鄉人感德，因名之曰黃公堤。此亦不過崇德報功，藉留紀念之意。迨後黃姓在堤旁建舖收租，備作修基費用。然向來小修則歸黃姓經理，大修仍由全圍公舉董事，抽收畝捐，合力興築，數百年來相安無異。

查桑園圍界連南、順兩邑，並分東、西二堤。攷圍志所載，黃公堤實即桑園圍基段，係由南海九江義士陳博民於明朝洪武年間伏闕請築，由甘竹灘起，越天河，至橫岡，綿亘數十里，有《穀食祠記》可據，並有群志可稽。厥後，雖標名曰黃公堤，然探本尋源，究非出乎桑園圍範圍之外。觀於乾隆五十九年全圍大修，官督紳辦，奉廣州府轉奉藩司扎飭，聲明西堤自南邑鵝埠石起，至順德甘竹灘止。又嘉慶二十四年，南海縣奉督憲諭，内載『勘得桑園圍一道，自南海先登堡起，至順德甘竹灘止』。又二十五年《余刺史詳文》内載『西堤上自南海三水交界馬蹄圍起，下至順德甘竹灘止』。是黃公堤包括於桑園圍之内，已瞭如指掌，而大修工程非僅由黃姓一族主持，更明若觀火矣。

民國四年，夏潦暴漲，溢於桑園圍基面三尺有奇，決口多至四十餘處，人民蕩析離居，慘害不堪言狀。總理等爰於秋後潦退，照案集衆籌欵，大舉修築，以資補救。乃順德右灘鄉黃慕湘等竟以黃公堤係歸伊黃姓管理，不許總理等修築，恃强措阻，絶無理由。迭經總理等具呈辯明，並檢齊圍志圖説，案據呈請鈞署察核在案。

旋蒙前省長朱電飭前粤海道尹王典章親詣查勘，詎王道尹因狃於從前左右灘互争墟舖權利成案，不加考察，遽將黃公堤斷歸黃姓籌修，並飭立堤務公所，儲備救災器具，遇有水溢堤面，亦令黃姓預備搶救，諭令遵守。不思桑園圍綿亘數十里，圍内十四堡人民生命財產惟圍堤是賴，每當水漲堤危，合力救護，蓋一隅潰決，全圍受災，痛切剥膚，勢無坐視。黃公堤爲桑園圍固有之基段，今以搶救修築之權付之隔河之人，本圍反不得干預，恐無是理。況黃公堤附近上下横坦頭及大洋灣等處最爲險要，西潦漲發，洶湧冲激，時虞崩決，黃姓遠處堤外隔河，當潦水湍急時，輪船且不能行駛，安能渡河搶救？王前道尹斷令該堤歸黃姓搶救修築，飭設堤務公所，潦漲時黃姓子弟在堤日夜守護，以爲責有攸歸，寧人息事。須知圍堤每有險工，必須集衆搶救。本圍人居處相近，利害相關，聞呼即集。黃姓遠在隔岸，堤上雖設公所，黃姓子弟斷不能舍其常業，日夜駐守。潦水漲發無時，有事仍難飛渡。設遇圍工緊急，搶救不及，十四堡人民生命財產何堪設想？總理等素日在外經商，從不與聞鄉事，此次因災重創深，逼於公義，擔任籌修，不料黄姓横生枝節，啟此訟端。

自王前道尹斷定後，圍内各鄉人民萬口同聲，誓不承認，並以丧失圍權、貽害大局見責。總理等旦夕徬徨，罔知所措。恭值督軍、省長、道尹痌瘝在抱，用敢披瀝直陳，伏懇俯念全圍生命財産關係重大，准將王前道尹所斷黄公堤專歸黄姓搶救修築之案，迅予撤銷。並分行南、順兩縣，飭令仍照舊章，凡年中小修，即責成黄姓經理，若遇大修，則由十四堡公推董事主持，以期通力合作，共獲乂安。總理等祇要求搶救修築之主權，非争墟舖利益。想明鏡高懸，當邀洞鑒也。不勝迫切，待命之至。爲此上呈

廣東督軍

廣東省長

粤海道尹

程學源

總理岑兆徵等謹呈

關勝銘

南、順兩縣會銜呈覆督軍、省長兩署公文

呈爲會銜呈請核示事：

案奉鈞署第一六五一號批，據南、順桑園圍修基公所總理岑兆徵呈請將黄公堤修築搶救之權歸還本圍以弭水患一案由，内開：『案經朱前省長委王道尹詣勘呈覆云云，叙至會同順德縣查明擬復，以憑核奪，呈鈔發。此批。』等因。

奉此遵查此案，雙方纏訟已久。在黄姓方面，堅稱修圍有主，黄公堤係屬自業，修築搶救之權無庸他人干預。在桑園圍一方，則以黄公堤係桑園圍之一部分，若坐失修築搶救之權，一旦有事，勢必牽動全圍，貽害無已。兩造各持一説，計非按切事實，查勘明確，無以明真相而昭折服。知事悝常當於十一月二十九日會同知事大審，傳出兩造，前往踏勘。勘得黄公堤基址南北均與桑園圍接連，中間自阜寧、永寧閘口起，至永昌閘口止，俱用石砌成，爲黄公堤。堤面建有店舖，即爲阜寧墟。前後基段皆與桑園圍互相啣接，聯成一氣。勘畢繪圖，旋即邀集兩造，考詢一切。

據黄孟綸、黄仲山等僉稱，黄公堤基段係伊祖黄岐山於明萬曆年間，在本鄉土名横坦頭及大洋灣地方用石建築，後於堤面建舖收租，以備歲修堤工之費，即爲阜寧墟。前清光緒七年、宣統三年先後與左灘控争墟堤，均經官廳判歸黄姓管修。民國六年，復經王前道尹親到履勘，照舊案斷結，并飭敝族於墟内設立堤務公所，以備籌修搶救。現桑園圍董誤認黄公堤爲鶏公圍基段，故必欲争修築搶救之權，不知黄公堤與桑園圍各不同地。考圍誌『鶏公圍自南海九江分界樹起，至阜寧墟止』，與黄公堤墟中隔一倒流港，是則地名、基址各自有别。且桑園圍與黄公堤本

不相接，該圍圍尾基段，實係現時迤東之小路，直入村心。乃該圍董等不向舊時之基段接築，而偏與黃公堤接築，實係錯誤等語。

又據岑兆徵等稱，《桑園圍誌》載，黃公堤即桑園圍基段，前由九江人陳博民於前明洪武年間創築土堤，由甘竹灘起，越天河，抵横岡，綿亘數十里。有《穀食祠記》爲據。嗣因前明萬曆年間該堤崩決數十丈，該處右灘鄉人黃岐山慨然捐資，易築石堤。人感其德，因名爲黃公堤，并刻碑泐石，永爲紀念。推原溯本，實係陳博民舊堤之基段，並非黃姓產業，否則黃姓自堤自築，鄉人何以德之，且爲之刻石以爲紀念乎？況乾隆五十九年全圍大修，時奉廣州府轉奉藩司札飭，聲明『西堤自南邑鵝埠石起，至順德甘竹灘止』。又嘉慶二十四年南海縣仲奉督憲諭，内載『勘得桑園圍一道，自南海縣先登堡起，至順德甘竹灘止』。又二十五年《余刺史詳文》内載『西堤上自南、三交界馬蹄圍起，下至順德甘竹灘止』。是黃公堤原屬桑園圍範圍之内，彰彰可考。乃黃姓必欲將黃公堤一段與桑園圍離異，復强指迤東之小路謂爲桑園圍圍尾舊基段，與前次道尹履勘時所指之小路又各異其處，隨意妄指，實不可解。且所指係小路而非基段，一覽自明。豈有壹萬柒仟餘丈之圍，首尾皆歸管轄，而中間獨截分一段，劃入他人掌握之理？今黃公堤前後基段皆由桑園圍修築管理，乃强劃彼此接連之弌百餘丈，使桑園圍無修築搶救之權。須知圍内十四堡人民，百數十萬生命財産惟圍堤是賴，若遇水漲堤危，合力救護尤虞不足，今以搶救修築之權付之隔河黃姓，反令圍内人束手旁觀，恐非情理之平。且黃姓所恃爲修築堤之費，不外墟利一項，今調查墟内舖店，黃姓已逐漸變賣，十之四、五歸左灘鄉胡姓管業，將來人事變遷，設不幸而變賣殆盡，墟利且歸於無着，堤工將安所責成？十四堡生命財産豈同兒戲！猝有危害，誰將負責！應請據情轉呈，將前案撤銷，所有修築搶救之權，概由圍内十四堡人民通力合作。至於墟利一項，願遵前斷，永不過問各等語。

據此，知事等細核雙方繫争之點，不外兩端：一、黃公堤是否黃姓産業；一、修築搶救之權應否公開。

關於第一争點，兩造各援引碑志文告以爲憑證。惟查黃姓所引《南海桑園圍石刻圖》，有鷄公圍及黃公堤各地名，又載鷄公圍自南海九江分界樹起，至皁寧墟止。又《順德縣誌》載『明萬曆間黃岐山築石堤，捍水鄉，人德之，名曰黃公堤』各節。似係斷章取義，於原文條理未盡貫通。故辯論愈多，糾紛愈甚。知事等伏查《順德縣誌》卷五『建置略・堤築類』，有鷄公圍沿革一段，其文曰「鷄公圍，在甘竹左灘，自南海之九江鄉分界樹起，至皁寧墟止，共長弍佰陸拾丈，高玖尺伍寸，底寬捌尺，面寬叁尺。明洪武間里老陳博民創築，修久傾圮，鄉人黃岐山易以石堤，費至鉅萬。全堤鞏固，可以經久，鄉衆德之，名曰黃公堤。請於縣泐石，至今存焉』云云。細繹全文，則鷄公圍、黄公堤、阜寧墟實同爲一地。黄姓對於『至阜寧墟止』誤爲『至阜寧墟閘外止』，遂滋轇轕。遍查黄姓前後呈詞，阜寧墟之下皆加『閘外』二字，未免畫蛇添足。查原文所謂『至阜寧墟止』當然指全墟而言，自墟頭至墟尾皆包括在内，若加多『閘外』二字，則界限迥別，與原文下截陳博民創築、黄岐山易石之語互相（予）〔矛〕盾。蓋鷄公圍由陳博民創築，至黄岐山而易石。易石之後即名爲黄公堤。則是黄公堤與鷄公圍是一非二。若謂鷄公圍在阜寧墟閘外，則黄公堤亦在阜寧墟閘外矣，案之事實，豈非適得其反？揆其錯誤之原，實由黄姓於歷次呈稟呈文内多加『閘外』二字。又復斷章取義，衹節録『自九江分界樹起，至阜寧墟止』一段，反略去『陳博民創築、黄岐山易石』一段，讀者（末）〔未〕觀全文，致淆耳目，此所以糾紛不息也。若細玩全段上下文意義，復按合事實，則阜寧墟、黄公堤、鷄公圍實一地而三名，其『至阜寧墟止』一語應以阜寧墟全墟爲斷，則文理及事實均脗合無間。至於界至及丈尺實數，查檔卷内黄姓前後呈文，有曰『自南、順分界石起，至阜寧墟止，計長弍百陸拾丈』，有曰『自南海九江分界樹起，至阜寧墟止，計長弍百陸拾丈』。或樹或石，標的不同，代遠年湮，似難確指。王前道尹勘丈時，實得叁百叁拾叁丈，相差甚遠，其爲標的錯誤顯而易明，似當在闕疑之列。惟一地三名，按諸文理及事實均相符合。此查勘時所得之情形一也。

關於第二爭點，在黄姓主張，動謂『自築自業，無勞外人干預』。使黄公堤果係黄姓産業，則拒絶干預，誰曰不宜？無如《順德縣志》所載，明明陳博民創築而黄岐山易石，又易石之後黄姓因之建舖收租，故謂石與舖爲黄姓産業則可，若認堤之原身爲黄姓産業，無怪桑園圍董等之振振有詞也。且不受他人干預，必自己占有完全獨立之地位乃可，何以該堤前後基段皆與桑園圍啣接一氣，自己本身并無收束？既係啣接一氣，則全身痛癢相關，豈能於全圍壹萬柒千餘丈之中劃分弍百餘丈自行離异？况救災恤鄰，人有同責，若潦水洊至，痛及肌膚，猶必令圍中身受者相率坐視，止許圍外隔河之人相率搶救，平心論事，似亦反乎情理之常。至阜寧墟黄姓店舖逐漸變賣一節，知事等履勘之餘，訪問墟民，亦實有其事。此查勘時所得之情形又其一也。

竊謂甲地乙建，事所恒有，黄姓先祖易坭堤爲石，捍禦水患，功德在民，其後人因堤建舖，歲收墟利，亦不過食祖宗之賜，自應永遠維持，以彰善類。至修築搶救之事，關係全圍大局，不妨公開，使圍内十四堡人民通力合作。縱有危害，藉群策群力，亦較易於籌顧。現桑園圍董等所稱墟利一節願遵前斷，永不干預，實屬深明大義。至小修責成黄姓，大修由十四堡公推董事主持，係爲顧全大局起見，權度事勢，似當可行。

所有遵令查覆各緣由，理合備文會銜，呈請察核。是否有當，伏候指令祇遵，實爲公便。謹呈

廣東省長張
粵海道尹張
南海知事何
順德知事陳

張省長批：

呈悉。桑園圍董岑兆徵等與黄姓士紳互争修築黄公堤主權一案，既據該縣會勘明確，復經考查志乘，傳集兩造詳加研究，黄公堤基段原與桑園圍啣接一氣，不能離異，所稱阜寧墟、黄公堤、鷄公圍實一地而三名，黄姓所争基身主權證據多有錯誤，且現在阜寧墟内舖店黄姓經已逐漸變賣，是黄姓既不能完全永保墟産，自不能保其必不貽誤堤工。今桑園圍董對於墟利既願遵照前斷永不干預，祇争修築搶救之權，是所争者，爲保護全圍生命財産之權也。若以保護全圍生命財産之權，仍授之危險可虞之人，起黄公於九京，當亦歎辦法之未妥。應如所請：倘阜寧墟利仍歸黄姓；歲中小修，即責成黄姓經理；倘有大修險工，均由十四堡公推董事主持，以便統籌全局。從前朱前省長斷黄公堤專歸黄姓修築搶救，斷案應予撤銷。希粵海道即便分行南、順兩縣轉飭桑園圍基務公所暨黄姓紳董，一體遵照。此令。

南、順兩公署訓令抄録

中華民國八年十一月廿七日令桑園圍基務公所

民國九年請給示（勅）〔勒〕石呈

爲呈請給示勒石，以垂永久事：

竊敝公所現奉南海、順德縣公署令開：

『現奉粵海道尹公署第五九號訓令開：

「現奉省長公署第七二六九號指令，據南海、順德縣會呈遵飭勘明黄公堤基擬辦情形由，令開：

『呈悉。桑園圍董岑兆徵等與黄姓士紳互争修築黄公堤主權一案，既據該縣會勘明確，復經考查志乘，傳集兩造詳加研究，黄公堤基段原與桑園圍啣接一氣，不能離異，所稱阜寧墟、黄公堤、鷄公圍實一地而三名，黄姓所争基身主權証據多有錯誤，且現在阜寧墟内舖店黄姓經已逐漸變賣，是黄姓既不能完全永保墟産，自不能保其必不貽誤堤工。今桑園圍董對於墟利既願遵照前斷永不干預，祇争修築搶救之權，是所争者，爲保護全圍生命財産之權也。若以保護全圍生命財産之權，仍授之危險可虞之人，起黄公於九京，當亦歎辦法之未妥。應如所請：倘阜寧墟利仍歸黄姓；歲中小修，即責成黄姓經理；倘有大修險工，均由十四堡公推董事主持，以便統籌全局。從前朱前省長斷定黄公堤專歸黄姓修築搶救之案應予撤銷。希粵海道即便分行南海、順德兩縣轉飭桑園圍基務

公所暨黄姓紳董，一體遵照。此令。』等因。

奉此，并據該縣呈請到道，據此合行令仰該縣遵照令飭辦理，并轉飭桑園圍基務公所暨黄姓紳董，一體遵照。此令。」等因。

奉此，合行令仰該公所等一體知照。此令。』等因。

奉此，仰見鈞憲洞悉民隱，秉斷至公，敝圍十四堡人民同深感激。然此案争持已久，皆由黄姓多方抗阻，致使敝圍不能行使修築搶救之權，又復淆惑官廳，以致修搶之權判歸彼等，反使圍内人民不得干預。今幸鈞憲剖辨明白，毅然將朱前省長前斷撤銷，總理等爲維持永久計，擬請鈞憲將此案查勘情形及判斷事實，會同督軍署給示泐石，以垂久遠，庶堤務藉以保障，而圍内十四堡人民均拜嘉賜矣。除呈督軍外，謹呈廣東省長張。

桑園圍董岑兆徵等呈請給示泐石由批

案經斷定所請會同給示、遵守應予照准，仰粤海道即將發來佈告，飭發南海縣，轉發該公所具領可也。此批。

佈告

爲佈告遵守事：

照得桑園圍董岑兆徵等與甘竹黄姓互争修築黄公堤主權一案，業經本省長飭，據南、順兩縣會同查勘，擬辦呈復到署，查核會復情形頗爲詳晰，當以本案既據該縣等會勘明確，復經考查志乘，傳集兩造詳加研究，黄公堤基段原與桑園圍唧接一氣，不能離異，所稱皁寧墟、黄公堤、鷄公圍實一地而三名，黄姓所争基身主權証據多有錯誤，且現在皁寧墟内舖店，黄姓經已逐漸變賣，是黄姓既不能完全保有墟産，自不能保其必不貽誤堤工。今桑園圍董對於墟利，既願遵照前斷永不干預，祇争修築搶救之權，是所争者，爲保護全圍生命財産之權也。若以保護全圍生命財産之權，授之危險可虞之人，起黄公於九京，當亦歎辦法之未妥。應如所請：皁寧墟利仍歸黄姓；歲中小修，即責成黄姓經理；倘有大修險工，均由十四堡公推董事主持，以便統籌全局。從前朱省長斷定黄公堤專歸黄姓修築搶救之案，應予撤銷。令粤海道分行南、順兩縣轉飭桑園圍基務公所暨黄姓紳董，一體遵照。在案續據該圍董岑兆徵等呈請給示前來，本督軍、省長復核，本案已經斷定，所請應予照准。除批印發外，合行佈告該桑園圍各堡紳董民人，一體遵照毋違，切切。此佈。

中華民國九年二月五日

廣東督軍莫榮新

護理廣東省長粤海道道尹張錦芳

民國九年二月呈報遵示泐石并懇督飭銷毀舊碑

具呈　南、順桑園圍基務公所圍董岑兆徵等，爲呈報遵示泐石，并懇督飭毁銷舊碑，以息争端事：

民國九年二月一日，奉鈞署第二四七號指令内開：『呈悉。所請給示泐石，應予照准。既據巡呈督軍、省長兩署，仰候批行，到縣遵辦。此令。』等因。

旋於二月五日奉廣東督軍、省長佈告第七號內開：

『爲佈告遵守事：

照得桑園圍董岑兆徵與甘竹黄姓互争修築黄公堤主權一案，業經本省長飭，據南、順兩縣會同查勘，擬辦呈復到署，查核會復情形頗爲詳晰，當以本案既據該縣等會勘明確，復經考查志乘，傳集兩造詳加研究，黄公堤基段原與桑園圍唧接一氣，不能離異，所稱皐寧墟、黄公堤、鷄公圍實一地而三名，黄姓所争基身主權，証據多有錯誤，且現在皐寧墟内舖店黄姓經已逐漸變賣，是黄姓既不能完全保有墟産，自不能保其必不貽誤堤工。今桑園圍董對於墟利既願遵照前斷永不干預，衹争修築搶救之權，是所争者，爲保護全圍生命財産之權也。若以保護全圍生命財産之權，授之危險可虞之人，起黄公於九京，當亦歎辦法之未妥。應如所請：皐寧墟利仍歸黄姓；歲中小修，即責成黄姓經理；倘有大修險工，均由十四堡公推董事主持，以便統籌全局。從前朱前省長斷定黄公堤專歸黄姓修築搶救之案，應予撤銷。指令粤海道分行南、順兩縣，轉飭桑園圍基務公所暨黄姓董紳，一體遵照。在案續據該圍董岑兆徵等呈請給示前來，督軍、省長復核，本案已經斷定，所請應予照准。除批印發外，合行佈告該桑園圍各堡紳董人民，一體知照，毋違。切切。此佈。』等因。

奉此，圍董等遵示泐碑五道：一立粤海道署，一立南海縣署，一立順德縣署，一立本圍河神廟，一立甘竹堡内清寧大街閘口。謹呈報存案，以垂永久。其立鈞署之碑，俟運到即請示遵照辦理。至朱前省長斷定之案，黄姓以黄公堤内堤務公所泐有石碑，實爲日後争訟之階，懇請督飭毁銷，永息争端，實爲公便。

謹呈順德縣知事陳。

明除分呈順德縣署外，謹呈南海縣知事何。

中華民國九年九月　日

呈請順德縣督飭銷毁舊碑

具呈　南、順桑園圍基務公所圍董岑兆徵等，呈爲遵示泐石，并懇督飭銷毁舊碑，以息争端事：

九年八月八日奉鈞署第七百三十號訓令内開：『現奉粤海道署第二六六五號訓令内開：「現奉督軍署第五四二五號指令，據本署呈，據桑園圍董岑兆徵等呈請將黄公堤内堤務公所舊碑銷毁，永息争端由，令開：『呈悉。此案前准省長會銜佈告，至黄公堤舊泐碑石應否毁銷，既據分呈，應候省長示遵。此令。』等因。

旋奉省長公署第二七七三號指令，據本署呈同前由，令開：『呈悉，案經更爲斷定，前原泐石碑已失效力，應准如請銷毁。仰即轉令順德縣遵照辦理具報。此令。』等因。

奉此，合行令仰該縣即便遵照令飭辦理具報，并轉飭桑園圍董知照。此令。」等因。

奉此，自應遵辦。除分令外，合行令仰該總理即便遵照，會同委員，督率銷毁，具復以憑轉報，毋違。此令。』等因。

奉此，旋於十一日蒙鈞署派委員陳家謨，會同敝圍董等，前往黄公堤堤務公所，欲將舊碑銷毁，詎黄姓紳耆傳見未到，衹有管帶黄公堤游擊隊劉弁出而會面接閲公事，謂無分飭黄慕湘遵照明文，此事應與黄慕湘交涉，在鄉黄族紳耆不能作主云云。陳委員旋即返署請示辦理，現經多日，未見派委督將舊碑銷毁，爲此懇請台端再派委員，并帶軍隊，督飭銷毁舊碑，安立新碑。實爲德便。其新碑擬立甘竹灘墟内清寧大街閘口，合并聲明。

除分呈南海縣署外，呈順德縣知事陳。

中華民國九年九月　日呈

廣東省長陳炯明訓令

民國九年十二月十八日令南海縣知事：

案據順德縣民黄慕湘等呈稱『竊甘竹灘黄公堤，前明先祖黄岐山鄉賢捐築，後設立阜寧墟，爲貿易之地乾隆二十三年，《廣州府志》第二十一卷四十一頁《人物志·黄鎬》。義行傳至今垂數百年，子孫世世保管，本非桑園圍基段，故桑園圍歷次大修并未修及本堤，歷朝相安無異。光緒七年，左灘梁、胡、余等姓因争墟不遂，轉而争堤，纏訟數十年。經前歷任督撫查核志乘碑示，迭次批准黄管左灘，各姓人等志不得逞，藉民國四年大水之後，聳動桑園圍出頭攙争。圍中老成人亦有勸止，無如圍董岑兆徵等不恤人言，飭詞控告。經前巡按使張鳴岐批斥，前省長朱慶瀾斷結，仍照原案判歸黄姓管理。朱省長并委粤海道尹王興章督同南、順兩縣知事親勘丈量，深悉桑園圍屬之鷄公基與阜寧墟内之黄公基界址分明，中隔一倒流港，顯分兩地，并令黄姓在堤上建設堤務公所，常川駐守，以重堤防，詳准給示勒石在案。

詎去年岑兆徵恃充督軍莫榮新顧問，遂與署省長張錦芳、楊永泰、南海縣知事何愰常串通一氣，竟將數百年之古堤盡欲翻案，撤銷朱省長批示，并請飭順德縣知事陳大賓毁拆石碑。種種倚勢横行，經民等再三申辯，均未准理。既在專制淫威之下，衹得暫行隱忍，惟有約束族中子弟不許忿激尋衅，故幸未釀成鬬禍。兹值旌節南旋，粤民重覩天日，理合據實判結之成案，永保祖宗税業之堤基，實叨德便。』等情。

據此當批：『查此案先因互争築堤涉訟，經朱前省長飭道查明，斷定該黄姓堤基仍歸黄姓措資，由官廳監督修理，其阜寧墟利亦歸黄姓收用。嗣桑園圍董岑兆徵不服，具呈力争，復經張前護理省長飭，據南、順兩縣勘復，以黄公堤與桑園圍實係啣接一氣，不能離異，飭將墟利一層仍照前斷，小修并准黄姓經理，惟大修則由十四堡公推董事主持，以免貽誤，在案。現呈「桑園圍屬之鷄公基與阜寧墟内之黄公堤，界址分明，中隔一倒流港，顯分兩地」等語，究竟是否屬實，候行南海縣會同順德縣詳加復勘，秉公擬議呈奪，粘件附。此批。』等語，在詞除揭示外，合將原呈所粘附件令發，仰該縣迅即咨會順德縣，親詣復勘明確，秉公擬議，呈候核奪，毋稍偏遲。此令。

南、順兩縣將會勘黄公堤情形會銜呈復省長由

爲呈復事：

案奉鈞署第三五四號訓令，内開：案據順德縣民黄慕湘等呈稱『竊甘竹灘黄公堤……云云，照叙至原文即上頁省長訓令便是，毋稍偏延』等因，并發原呈附件到縣。奉此，當經咨會順德，訂期於一月十八日親往會勘。

查勘得桑園圍全堤本首尾相聯，一氣啣接，皆屬土堤，惟近甘竹灘口左旁有石堤數十丈，是處水石相激，灘水奔流，實有迴旋之勢。據桑園圍總理岑兆徵等僉稱『明洪武間，里民陳博民由甘竹灘築堤，即在是處。且該處河流甚急，水與石遇，有倒流之勢，《志》所稱陳博民塞倒流港者，亦當在是處附近，惟當時僅屬土堤，迨後黄岐山易之以石，鄉人德之，故又名黄公堤，因黄姓又建墟於上，復稱爲阜寧墟，實則阜寧墟即黄公堤，黄公堤即陳博民所築之鷄公圍，固一地而三名，有《順德縣志》卷五第四十二頁可據。其餘古碑、石圖、志書及領欵修築各證據凡數十條，班班可考』等語。隨據黄立權等引勘，由阜寧墟閘外至九江堡基傍樹林止，約長三百三十餘丈，據黄姓指稱『當日有分界石，離樹林之下不遠，計由分界石起凡二百六十丈爲鷄公圍，其餘七十餘丈即爲倒流港故址，其下即阜寧墟，有甘竹圍基圖爲憑，是黄公堤與鷄公圍顯分兩地』等語。惟查勘所指倒流港故址已成一片平原，無形跡可尋，且細察該處河水係順流，與倒流二字名實未符，而沿途皆屬土堤，並無片石可考。經知事國華令其指出黄岐山易石之處，黄姓一無答復，即詰以《順德縣志》及《桑園圍志》，僅有分界樹三字，並無分界石字樣，究竟樹在何處，及石又在何處，黄姓指稱石已被毁，樹亦久枯，皆不能指定地點，惟斤斤以圖爲言，欲按圖索驥，不知其與現在事實迴不相符。此當日查勘之實在情形也。

竊謂前人圖學非經實測，亦素不講求，無論何種志書，若據圖而言，恒多錯誤。惟灘也、石也、河流也，則恒歷千百年而不變。今查碑、志，均稱陳博民築堤，起甘竹灘、塞倒流港，又稱黄岐山易石等語。以現勘形迹而言，則灘旁數武[一]是即石堤，堤旁水勢衝激，有倒流痕迹，是岑兆徵所稱各節，自屬信而有徵。至黄姓所稱黄公堤是

[一] 武　量詞，古代六尺爲步，半步爲武，泛指脚步。

黃岐山所築，與陳姓所築鷄公圍無涉，且不入桑園圍範圍之内各情，似難自完其説。此又查勘所得之實迹也。

知事伏查此案，桑園圍所争者並不在黃公堤三字名義，蓋黃岐山就陳博民土堤易石，鄉人至今德之，黃公堤之名固亘古不滅，初無湮滅名蹟之可慮，即墟利一節，在桑園圍方面久已聲明並不干預，更無串同争墟之可言，其所争者不過修築搶救之權必須公開，而十四堡人民生命財産所在，若被黃姓阻其修築，必危及全圍，其不得不争者，勢也。顧黃姓居在右灘，於利害無關之左灘地段，必欲劃分一小部份歸其修築，又必阻止其利害及身者搶救，理由自不充分。

查前南海縣知事何惺常、順德縣知事陳大賓所斷，小修責成黃姓，大修由十四堡公推董事主持，於黃公堤主權並無喪失，於桑園圍大局得以保存，並無偏袒，似可仍照前案定議，以免紛更。所有查勘過倒流港今已並無形迹及擬議緣由，理合會同呈覆鈞署察核，指令遵照。再此呈係由知事國華主稿，合併陳明。謹呈廣東省長陳。

附圖一紙

順德縣知事蕭惠長
南海縣知事張國華
民國十年二月六日

敬再呈者：

竊查順德縣民黃慕湘等與桑園圍總理岑兆徵互控一案，先經會同勘明，由知事擬定呈稿，於二月六日寄請順德縣蕭知事會核。兹於三月二日始接覆文，其對於此案主張不同，在蕭知事憑黃姓所述之言代爲呈覆，初無足怪，第細按其所述意見，不免自相矛盾，且與本案事實不符，考諸圍志亦不合。若不略爲辯正，恐此案永無息訟之時。而桑園圍遇有搶修救護，必至因黃姓出而抗阻，發生危險，釀成鬭案，貽害地方實大。兹謹就管見，詳述各節以備采擇。

一、考《順德縣志・甘竹堡基分圖》，即黃姓所據爲本案最確之圖，現由順德縣呈繳，均無分界石字樣，衹有分界樹三字。今兩縣會勘時，既已無石，亦復無樹，試問丈尺從何而定？而蕭知事文内謂按圖索地，歷歷可指，蓋不過就黃姓所指而言耳，不知分界石已無根據，豈能憑空指定一地，謂爲分界之處耶？

一、倒流港三字，必當顧名思義，今查惟甘竹灘左旁近石堤之處，因水石相激，河流逆上，略有倒流形狀。若黃姓所指之倒流港故址，察其河流極爲順軌，安能舍實事而信虚言？蕭知事文内既云其倒流港今已無河流形迹，又云甘竹分圖指爲倒流港故址亦屬可據，殊難索解，不知倒流港塞自明洪武年間，已將五百年，無論今人不能知，即昔人亦必不能知，與其按圖而索，不若循名責實之爲得。知事查勘時已注意及此，竊以爲陳博民所塞之倒流港，當在甘竹灘附近，不當在甘竹灘上游。今黃姓所指之倒流港故址，在甘竹灘上游約三四百丈，何也？該河流本無不順，惟遇水石相激，始有倒流，亦惟水石相激之處，最爲危險，陳博民相其地勢、因其危險而塞之，黄岐山因其基身單薄而易之以石。今凡經甘竹灘者，皆能見其實迹，有倒流形狀，有石堤可憑。似當以該處爲倒流港故址，蓋河流千古不易，不能嚮壁虚造也。

一、考之碑文志書，無不云陳博民築堤自甘竹灘起。兹摘列於下：

甲、黎貞《穀食祠記》云：『陳博民董其役，由甘竹灘築堤，越天河，抵横岡，絡繹亘數十里。』

乙、陳大文《修桑園圍各堤碑》云：『陳博民董其役，自甘竹灘起築堤。』

丙、黄姓呈案示云：『自九江、龍山分界，直至本鄉龍應橋下一帶，原係里老陳博民於洪武年間叩閽請築。』查龍應橋現在甘竹堡内。

丁、《廣東通志》卷一百五十云：『明洪武中，九江鄉人陳博民伏闕請修，即命有司修治。自甘竹灘築堤，越天河，抵横岡，亘數十里。』廣州府、南海縣志同。

戊、明黎春曦《九江鄉志》云：『陳博民塞倒流港，自甘竹灘起。』

據以上各條，則陳博民所築之堤，起自甘竹灘，可無疑義，即所塞之倒流港，亦在甘竹灘附近，更無疑義。乃蕭知事現文，一則云『尚有七十餘丈倒港流故址，爲鷄公圍與黄公堤之甌脱地』，再則云『然則黄公堤與鷄公圍東西分爲兩地，似無疑義』等語，不知黄公堤已在甘竹灘之上游，而鷄公圍更在黄公堤之上游，若如所言，則各碑志起自甘竹灘之語，皆爲不足信矣。蕭知事實未考碑志，致有此誤。第惜甘竹一灘不能變動，亦不能移之使在上游，得與黄姓以争點耳。

如上所述，不過証實黄公堤爲桑園圍内之範圍，於此案隱情，尚未發其覆也。查黄姓居甘竹灘之右，而桑園圍則在甘竹灘之左，以對海之人，而争爲隔海修堤出欵出力，求之當世，恐無此等愚人。而黄姓所以必争之不已者，實有利存焉。

查桑園圍爲廣東最大之基圍，每遇水患，政府恒發帑興修。黄姓藉修黄公堤名義，前在政府曾領過鉅欵數千，而所修之公費不過數百，此利之所在者一。粤省人民，非有訟事則不能開銷訟費、動用公欵。黄姓有此爲祖宗争名義大題目，足以動人觀聽，藉此搆訟，其在事者不過略費筆墨、投遞禀詞，費三數元之欵，而在鄉間即可藉此斂錢，開銷訟費若干矣。此利之所在者二。王前道尹典章斷令黄姓在左灘設一黄公堤基務公所，謂遇有搶救時由黄姓用船渡海救護，不知西潦盛漲時，以甘竹灘之危險，雖輪船尚不能上駛，而謂隔海之右灘能用民船横渡急流，救濟左灘，將誰信之。然黄姓斤斤以此爲請者，豈真急人之難耶？蓋既設公所，則可以開報使費，而每遇西潦，又可以開報船費，其費用可攤諸鄉人。揆其實則於中取利，徒飽私囊而已。此利之所在者三。有此三利，故黃姓不惜支離其詞，以期爭勝矣。

至王道尹前案，亦非有意袒護，蓋緣盧紳乃潼爲黃姓再三請托，故王道尹曲徇其請。知事當日曾在王道尹幕中，頗聞其說。此足知王道尹所斷未爲公允。現蕭知事請照王道尹所議辦法，似難昭折服。知事對於此案初無成見於其間，惟事不離實，亦據事直書而已。查郭君民發、李君實祥宅心純正，不作僞言，對於此案均能深知其詳，加以查詢，便得真際，固無庸知事再爲贅述。惟究竟如何辦理之處，仍乞鈞裁。謹此附呈，伏祈察核。知事國華謹再呈。

順德縣爲會勘黃公堤情形自行另文呈覆由

呈爲呈覆事：

案准南海縣咨開：『奉鈞署第三五四號訓令內開：「案據順德縣民黃慕湘等呈稱：竊甘竹灘黃公堤云云照叙至原文即上頁省長訓令便是。會同履勘協報，請勿有延。」』等因。

准此當經咨會南海縣，訂期於一月十八日親往會勘。知事詳繹鈞批，以此案『經張前護理省長飭，據南、順兩縣勘復，以黃公堤與桑園圍實係啣接一氣，不能離異，現呈「桑園圍屬之鷄公圍與阜寧墟內之黃公堤界址分明，中隔一倒流港，顯分兩地」等語，究竟是否屬實，候行南海縣會同順德縣詳加履勘，秉公擬復呈奪』等因。

是此次會勘，主旨全在分別鷄公圍與黃公堤是一是二，中有無倒流港相隔。此旨若明，則全案自易判斷。知事初到甘竹，即由桑園圍總理岑兆徵引往。自阜寧墟以下至石山咀止一帶圍基兩家爭點不在此，據岑兆徵說均屬桑園圍基尾，不但阜寧墟包括已也按《桑園圍志·甘竹圍基圖》，自阜寧墟以下大圍一千五百丈，係道光十四年通鄉在此新築，以桑園圍基尾，未免範圍太廣。隨入阜寧墟，傳同黃慕湘之子黃立權，一同引勘，勘得阜寧墟即係黃公堤，堤身用石砌築，堤面現爲街道，寬約七八尺，兩旁建舖，舖之西端有石閘，嵌『阜寧通衢』四字，即爲黃公堤盡處。出石閘，上至南海界，皆屬土堤，據岑兆徵言『自此以上皆係桑園圍基，與黃公堤啣接一氣，《順德縣志》及《桑園圍志》所稱鷄公基，即由此土堤聯下黃公堤，均屬鷄公基舊址，當陳博民創築時名爲鷄公基，黃岐山易石後喚名黃公堤，黃姓築舖後又名阜寧墟，一地三名，無可分別，皆在桑園圍範圍之內，統謂之桑園圍基，亦無不可，有《順德縣志》及各種碑志可據』等語。據黃立權稱『自阜（盈）〔寧〕[一]墟閘口量至南、順分界石止，共長三百三十三丈二尺，自分界石量下二百六十丈爲甘竹堡鷄公基，餘七十三丈二尺爲陳博民所塞倒流港故

[一] 盈　當爲『寧』之誤，下文重復出現徑改。

址，閘口以下阜寧墟即係黄公堤，與鷄公基爲二地三名，不能相混，其丈尺位置有《桑園圍圖志》及各種碑志可據』。知事詢以分界石及樹所在，則謂『樹已久枯，石即立在分界樹下，去年争訟時，界石已被匪人減去。然該石距阜寧墟閘口丈尺，有前王道尹勘丈公文可據，石可移，案不可移。且南、順分界圍面鋪路石，順界僅有兩條，南界則用三條，南界路旁有樹，順界則無，一看便明』等語。

知事查此案關鍵，全在勘明鷄公堤與黄公堤是否一地兩名，抑係各爲段落。查岑兆徵所繳《黄公堤即鷄公基節略》，書所引碑示圖志亦甚多，而要以《順德縣志·建置略·堤築門》之鷄公圍一條爲根據。黄慕湘所繳《黄公堤案辨正》，書所引碑示圖志亦甚多，而要以《桑園圍志》之舊圖、甘竹堡基分圖及各志所載鷄公基之丈尺爲根據。

知事謹將查勘所得及証以圖志，爲具述意見如下：

案《順德縣志·堤築門》鷄公圍下載：『鷄公圍在甘竹左灘，自南海之九江鄉分界樹起，至阜寧墟止，計長二百六十丈、高九尺五寸，底寬八尺，面寬三尺，明洪武間里老陳博民創築，歲久傾圮，鄉人黄岐山易以石堤，費至鉅萬，全堤鞏固，可以經久，鄉衆德之，名黄公堤，請於縣泐石，至今存焉。』下又載：『按陳志載有丈尺而不著緣起，據採訪册，洪武間築，日久傾壞，黄岐山鳩工易石後名黄公堤。』岑兆徵根據是點謂爲一地兩名，自屬近理。但《志》載『自南海之九江鄉分界樹起，至阜寧墟止，計長二百六十丈』，分界樹今雖無存，前王道尹詣勘時尚有分界石爲証據，勘丈自分界石起，至阜寧墟閘口止，共長三百三十三丈二尺，除去鷄公圍二百六十丈，尚餘七十三丈二尺，而黄公堤尚不在内。據黄慕湘《辨証》〔一〕書，謂《縣志》後加案語，謂『陳志載有丈尺而不著緣起，據採訪册，洪武間築，日久傾壞，黄岐山鳩工易石』云云。係丈尺照舊志不誤，而纂入里老陳博民創築一段，爲縣志據採訪册之誤，未嘗無見。蓋丈尺係一成不變，而沿革不免傳聞異詞，即上段所言『自南海之九江鄉分界樹起，至阜寧墟止』，阜寧墟名詞亦後人追加，堤面設墟，設在黄岐山築堤之後，陳博民築鷄公圍時在二百年前，安得有阜寧墟爲標耳？

岑兆徵舍舊志之丈尺，注重新志之緣起，蓋亦明知執丈尺則不特黄公堤不能包括在内，且尚有七十餘丈倒流港故址爲鷄公圍與黄公堤之甌脱地也。黄慕湘《辨証》書係按《桑園圍志》之桑園圍舊圖及甘竹堡基分圖，查該兩圖係基圍專書，與縣志所收舛有辨，圖内標明有南、順分界樹，以下一段注明弍百陸拾丈爲鷄公圍，圍下標明爲倒流港故址，港下即屬黄公墟及黄公堤。

知事到勘時按圖索地，歷歷可指。其倒流港今已無河流形迹，據《桑園圍志》係洪武間經陳博民奏請填塞，數

〔一〕前文爲『辨正』。

百年後自無形迹可言。惟查前王道尹勘文，除鷄公圍外，尚餘柒拾餘丈之地，上不屬於鷄公圍，下不屬於黄公堤，究將何屬？是《桑園圍志·甘竹分圖》指爲倒流港故址，亦屬可據。然則黄公堤與鷄公圍東西分爲兩地，似無疑義。考《黄公堤紀功碑》明萬曆四十六年里排士民公立載『本堡防水基圍，自九江、龍山分界，直至本鄉龍應橋下一帶，係里老陳博民於洪武年間請築，惟灘上下横坦頭及大洋灣爲最險，歷年巨浪衝嚙，補葺維艱，衆請黄岐山鳩工易石，動費巨資，砌築完固』云云。是縣志所稱黄岐山易以石堤，原名即爲横坦頭及大洋灣之地，但該堤未易石之先，主權不知誰屬，而易石後，黄姓納税升科，即以該墟街名爲納税之户爪，查其所繳永寧、永昌、永豐各爪粮審核，與該墟街名亦屬相符。

知事再三詳考，并徵諸前清光緒二十九年、宣統元年，中華民國六年歷次争墟、争堤結訟，各上憲判示均與知事所見大略相同。至查兩造互相争訟原因，一則以利害攸關爲言，一則以主權不讓立説。實則該堤自黄岐山易石後，至今數百年未嘗崩潰，在桑園圍久饒公欵，儘可在鷄公圍以上加意修築堅固，黄姓子孫已願獨力修理該堤，不必桑園圍越俎代庖。黄慕湘雖以祖業爲言，然岑兆徵等已聲明不争墟利，則當大修時，鄉鄰苟肯解囊相助，何必善自己爲？乃以祖宗世澤，堅執舉不敢廢之義，雖屬愚孝可嗤，究係當仁不讓。

知事之愚以爲，此案似仍應照中華民國六年朱前省長所批『黄公堤基段擬仍歸黄姓措資，由官廳監督修理，并黄姓於墟内常設黄公堤基務公所，購儲救基器具，以備不虞，似於本案主權利害，兩不偏廢。』所有查勘黄公堤及擬議緣由，本應會同南海縣張國華同詞呈復，因彼此所見間有不同，特分呈請鈞署察核。究應如何辦理之處，伏候指令祇遵。謹呈。

廣東省長陳。

附摹桑園圍圖一紙、甘竹堡基分圖一紙。

順德縣知事蕭惠長

中華民國十年二月二十八日

爲興修黄公堤基段呈請飭縣派勇保護由

呈爲興修堤基，恐鄉民無知，藉端阻撓，乞恩飭縣派勇彈壓，以護堤工而重公益事：

竊查黄公堤基址，原與桑園圍基段，志乘所載，瞭如指掌。乃順德右灘鄉黄向爲桑園圍基段，志乘所載，瞭如指掌。乃順德右灘鄉黄慕湘等，竟以該堤爲黄姓管理，不歸入桑園圍範圍，以致修築之權全行佔有，恃强横暴，絶無理由。迭經總理等具呈辯明，並檢齊圍志圖説，案據呈請鈞署察核，仰蒙憲台明達，公平判斷，准以黄公堤修築搶救之權，仍由桑園圍收回在案。嗣後圍内十四堡人民生命財産可賴保全，感荷鴻恩無有涯涘也。

查黄公堤基段自乙卯年潦水冲决，由黄姓於桑園圍一萬七千餘丈之中劃分二百餘丈自行離異，隨意修築，全以瓦礫，既反情理，且不堅固，日後一旦復遇水患，危害萬分。總理等言念及此，仰遵鈞令，大修之事，責無旁貸。是以輾轉思維該堤復修完固，刻不容緩，應即興工修繕，以防水患而保鄉民。惟恐附近該堤鄉民無知，群相阻撓，不特堤工有礙，且慮秩序不安。總理等經與各紳耆公議，惟有懇請俯賜，令行順德縣即派勇隊到堤彈壓，庶免頑民强抗而護堤工。他日工竣堤固，該處人民生命財産攸賴實深，而全圍公益亦得藉以維持。不勝盼禱之至，理合懇請鈞令行縣，派勇保護興修堤工緣由，備文呈請察核，伏乞訓示祇遵。謹呈。

廣東省長張

粵海道尹張

南、順桑園圍總理岑兆徵等謹呈

甘竹堡黄公堤實即桑園圍基段原委節録

緣桑園圍甘竹灘上基段，原本圍九江堡人陳博民於明洪武年間伏闕請築，由甘竹灘築堤，越天河，抵横岡，綿亘數十里，有《穀食祠記》爲據，其事並載《郡志》。迨萬曆四十二年，灘上土基冲決三十餘丈，向章該管基段冲決由該堡籌欵修築，是時左灘居民財力困乏，聯懇右灘黄公岐山捐資助築，易以石堤，鄉人德之，因名黄公堤，以留紀念。縣志、圍志及黄姓呈案碑文均屬相符，是此堤陳博民築土基於前，黄岐山易石堤於後，其爲桑園圍基段實無疑義。

查乾隆五十九年全圍大修，廣州府朱奉陳藩司札開示諭，内載『西岸自南邑鵝埠石起，下至順邑甘竹灘止』。嘉慶二十四年，南海縣仲奉督憲諭，内載『勘得基圍一道，自先登堡起，至甘竹灘止』。二十五年，《余刺史詳文》内載『西圍上自南海、三水交界馬蹄圍起，下至順德甘竹灘止』。案據確鑿，界至分明。

前月經本圍總理稟明，蒙省長令粵海道尹履勘，詎道尹狃於從前左右灘互争墟舖權利成案，含混詳覆，擬由黄姓籌修，如有水溢基面，亦由黄姓預備搶救。不知黄姓遠處隔河，當西潦湍急時，灘上下相懸一丈有奇，輪船猶不能行，安能渡河搶救。凡事非利害切身，難望出死力以争。若築圍搶救之權永操諸圍外無關痛癢之人，萬一修築不堅，搶救不及，則圍内數十萬生靈多成餓殍，二千餘頃財賦盡付東流，是基段雖屬無多，禍害所關甚大。在官廳爲息事寧人起見，或未暇細詳。惟我圍連年水災，人民蕩析離居，財物損失千萬，痛定思痛，倍覺寒心。謹將該圍堤確據臚列，附以圖説，懇請紳善各界察核，憐憫水災痛苦，代達當道，俾本圍修築搶救之權歸還本圍，十四堡人民均感無既。謹略。

兹將歷朝成案確據列後：

一、黎貞《穀食祠記》：『上略洪武季年，九江東山叟陳君博民迺相原隰，謂夏潦之湧，莫雄於倒流港，於是度以尋尺，約其規矩，簡易如指掌。迺入京師，稽首玉階下，悉縷陳其便宜。太祖高皇帝嘉之，即勅有司，呼子來之民，率疏附之衆，屬博民董其役，由甘竹灘築堤，越天河，抵橫岡，絡繹數十里。經始丙子秋，告成丁丑夏，是歲大稔。下略。詳園志卷十四「祠廟」』

一、陳藩憲大文《通修桑園圍各堤碑記》：『上略明洪武中，曾遣使修天下水利。越二年，九江陳博民走京師，伏闕陳便宜，詔報可，爰命有司修治。即以博民董其役，自甘竹灘築堤，越天河抵橫岡，綿亘數十里。下略。詳園志卷十五「藝文」』按園志分圖，倒流港在鷄公圍之下，黃公墟之前，今記載陳博民先塞倒流港，由甘竹灘築堤，綿亘數十里，是此堤由陳博民創築，全爲捍衛桑園圍起見，故至今廟祀不衰。證以黃姓交出碑文，亦云『里人陳博民叩閽請築，但土基雖甚堅厚，惟灘上下橫坦頭等處爲最險。甲寅潦水漲，灘上崩决叁拾餘丈，居民昏墊，力困難支，團懇黃太爺普救，鳩工易石，並有庶幾再造之人，與始創者並隆天壤』等語。是此堤陳公創築於前，黃姓易石於後，證據確鑿。叩閽成案何等鄭重，豈得以少數私利湮没前賢！

一、温侍郎汝适《通修鼎安各堤始末記》：『上略全園周回百數里，當水暴漲時，各堡救護，首尾不相應。自築吉贊橫基，各堡稱便。今自吉贊橫基起，左右繞西樵、接順邑界者，其名有四：曰桑園圍、曰甘竹鷄公圍，所以捍西江也；曰沙頭中塘圍、曰龍江河澎圍，所以捍北江也。桑園圍長六千弍百捌拾餘丈，先登、海舟、鎮涌、河清、九江、大同、金甌、簡村、雲津、百滘十堡所築；中塘圍長壹仟捌百捌拾捌丈，沙頭壹堡所築；接中塘圍者，爲河澎圍，長肆百捌拾伍丈，龍江壹堡所築；接桑園圍者，爲鷄公圍，長弍百陸拾丈，甘竹壹堡所築。皆詳載各邑志。中略至明初，陳公博民謂西潦之湧莫雄於倒流港，窒之必殺其流。遂自甘竹灘築堤，越天河，抵橫岡，連亘數十里，事詳《穀食祠記》。俱載郡志其所創始之大略。下略。詳園志卷十五「藝文」』按鼎安全圍上連三水，下連順德，周回百數十里，自築吉贊橫基，合沙頭中塘圍、龍江河澎圍、甘竹鷄公圍，統謂之桑園圍。明以前，鷄公圍僅弍佰陸拾丈，以當時水勢不大，至甘竹灘直趨下流，故不用築堤。自明初，夏潦漸漲，倒灌爲患，始由陳博民叩閽請築，塞倒流港，由甘竹灘起築堤，而全圍賴安。

一、嘉慶元年，廣州府正堂朱示：『上略軫念兩邑百萬生靈盡遭慘害，目覩全堤歷年已久，壞爛日多，非建議通修，其禍終屬無底。隨會順德温内翰權商，并傳兩邑紳士妥定章程，共捐銀五萬兩。西岸自南邑鵝埠石起，下至順邑甘竹灘止；東岸自南邑仙萊岡起，下至順邑龍江河澎尾止，俱一律填築高厚，均在兩邑所捐銀伍萬兩開銷。下略。詳園志卷八「起科」』

一、嘉慶二十四年，南海縣仲轉奉督憲諭：『上略兹經酌定候補訓導何毓齡、舉人潘澄江總理基務，卑職於本月初八日由省起程，初十日抵九江堡，約會署主簿吕衡璣，督同何毓齡、潘澄江及各堡紳耆人等詳加查勘。勘得基圍一道，自先登堡起，至甘竹灘，約計肆拾餘里。內除河清外基漫生沙坦，水不能溢，及先登、甘竹上下皆山，無患崩決外，圍之緊要者，約弍拾餘里。下略。詳本圍己卯舊志』

一、嘉慶二十五年，委員余刺史詳文：『勘查桑園圍，東西兩河環繞，左右圍以大堤。西圍上自南海、三水交界馬蹄圍起，下至順德甘竹灘止，共堤長捌仟陸百丈零柒尺，外堤弍仟壹百壹十伍丈，係先登、海舟、鎮涌、河清、九江、甘竹六堡分管。下略。詳本圍庚辰舊志』

按歷次全圍大修，西基俱修至甘竹灘止，新舊圍志所載甚多，而以見諸官牘者爲確據。考乾隆、嘉慶歷次修築成案，見諸公牘者，均至甘竹灘止。據舊志載『南海縣詳先登、甘竹上下皆山，無患崩決，是以堤基由先登堡鵝埠石起，至甘竹灘雙魚山止』之鐵證，如謂桑園圍基至阜寧墟止，則該處何嘗有山？縣詳亦何敢瞞稟上憲？其言無患崩决者，以百年前與今水勢不同也。

總而言之，黄姓當日捐欵鉅萬，助築石堤，誠屬義舉。但黄姓經在堤旁建舖收租，則所以酬報之者亦厚矣。據黄姓碑文所載『舖租留爲異日修葺之費』，故該堤向來年歲小修，俱由黄姓經理，惟大修則歸之闔圍董事，搶救則歸之附近各鄉。不獨本圍有歷朝案據可稽，即闔省基圍均照此普通規則。譬之道路，道旁舖舍雖屬私産，惟通衢之大道，豈經附近舖舍砌石，遂可據爲私産乎！矧圍基有保障全圍生命財産公地，普通俱無承税，更無任外人承税之理。如以黄公墟舖店之税左右灘争墟之案牽入圍基，謂成案不能翻，則本圍前明叩閽成案，前清陳藩司、温侍郎之碑記及乾隆、嘉慶屢朝之示諭、檔册，獨可推翻乎？况墟舖遞有變遷，圍基亘古不易，彼黄姓藉口保存古蹟，則附近之舖應如何珍重、愛惜，以示祖宗之地，尺寸不可與人。惟查該墟舖店多已易主，現歸黄姓管業者僅得半數，設異日全墟變賣，尚何恃以爲修築圍堤之用？在黄姓遠處隔河，固無關痛癢，所難堪者，託庇於圍內之數十萬生靈，束手待斃耳！伏望仁人志士，憫水災之痛苦，力任維持，勿惜私利而不顧大局，勿畏權勢而任壓公理。倘荷成全，則闔圍人民所馨香頌祝者也。

南順桑園圍十四堡人民公呈

黄姓呈出碑示

廣州府順德縣正堂施爲大功既成，恩當紀播，乞准立石以垂不朽事：

本年正月二十日，據甘竹堡里排土民譚昌隆等呈前事，稱『本堡防水基圍一自九江、龍山分界，直至本鄉龍應橋下一帶，原係里老陳公博民於洪武年間叩閽請築，捍水保民，流芳二百餘年，迄今廟食不朽。但土基雖甚堅厚，惟灘上下横坦頭及大洋灣爲最險，歷年巨浪衝嚙，補葺維艱。昨甲寅歲春夏西潦漲，灘土崩決叁拾餘丈，居民昏墊，力困難支。衆見誥封黄太爺歷世修德，祥發狀元，團懇普救。荷蒙發好生之心，拯生民之溺，鳩工易石，動費巨資，砌築完固，民賴安堵，可謂輕財仗義，嘉惠鄉閭，體天地父母之心，行己溺己飢之事。隆等感恩思報，曷爲其己。伏覩祀典，凡有功於民者祀之，能爲民禦災患者祀之。隆等雖歌功頌德，然力不能創建祠宇，尸祝萬年。敢竭鄙誠，立碑紀蹟，俾後之人覩河洛而思禹功，見甘棠而念召伯。爲此聯懇，伏乞俯順輿情，准衆立石，表功垂後，庶幾再造之人，與創始者並隆天壤。』等情到縣，當批准立石在案外，隨看得宦宅救民，恩同覆載，拯溺亨屯，實盛德事，本當立廟報功，何止勒石銘德。權從所請，爾等當飲水思源，永矢弗諼可也。合仰本呈遵照泐石，用貽悠久，須至碑者。

萬曆四十六年三月二十日

里排士民　譚昌隆　林榮基
李茂芳　余尚隆等

十堡呈控九江璜璣閉塞官涌公文

呈爲堵塞官涌，害及全圍，謹粘圖説，聯懇飭縣勘明，勒令開復，以便宣洩事：

竊桑園圍地枕南、順兩縣，税畝弍千餘頃，居民百數十萬，既築圍基以禦水患，復於圍内各鄉濬有官涌，以利宣洩而便交通，歷年雖久固，不敢稍有塞閉者也。乃璜璣鄉於辛亥反正之年，乘地方棼亂，擅將該鄉東著坊、利濟橋兩處原有通行之官涌，任意堵塞。彼亦知衆論不容，乃於東著坊近紆曲之地另開一涌，以冀塞責，號於衆曰『我非塞涌，不過改涌，於全圍交通、水利兩無（坊）〔妨〕[一]礙』。查其所以如此狡獪者，純爲該鄉桑墟利權起見。因東著坊之涌可逕達九江之龍潭社，該社向有桑墟，生意較暢，今將東著坊原涌塞斷，另改紆曲之涌，則農人桑艇盤運維難，勢必就便而與璜璣桑墟交易。不知該涌一塞，則下游障礙，雖有新改之涌，而繞道而出，宣洩爲難，一遇霪雨爲災，潦水漲至，基竇閉閘，上游各堡蓄水淹浸自不待言，即就改涌而論，既屬關繫全圍，若非詢謀僉同，何得妄行己意？乃璜璣鄉祇圖私利，罔顧公益，業經十四堡屢次集議，勸令照舊開復，柰一味恃蠻，不恤公論。九江堡人以璜璣之不恤公論也，尤而效之，竟於去年將七坡榕一帶水道打椿填泥，盡行堵塞。人情洶洶，咸謂璜璣、九江有意害及全圍，群起詰責。惟九江則援璜璣爲詞，璜璣則始終以改涌非塞涌爲辯。似此强詞奪理，萬一衆情憤怒，激

[一] 坊　應爲『妨』之誤。

成暴動，紳等無權無勇，將何制止？且目下春水方生，西潦漸至，不早設法，人心益惶。迫得粘圖貼説，聯懇省長飭縣尅日履勘明確，傳集兩處紳耆，勒限照舊涌基址，所有東著坊、利濟橋、七坡榕，一律開通以弭隱患。感激靡既。此呈廣東省長朱、粵海道尹王、南海縣長周。

具呈人：　鎮涌堡四鄉局局董何毓楨、潘耀華、吴恒熙，鎮涌三鄉局局董何翰堯、任熾南，河清堡局局董潘公鼐、潘炳棻，先登堡局局董張傑榮、蘇頌清，海舟堡局局董余紀廷、李秩三，百滘堡局局董潘公甫、潘寶善，雲津堡局局董羅葆熙、張士毅，簡村堡局局董羅啓光、陳煜璣，大同堡局局董陳渭儔、郭錫彤，金甌堡局局董關子惺、石伯雅等。謹呈。

南海毛知事履勘後判詞

此案據鎮涌、河清、先登、海舟、百滘、雲津、簡村、大同、金甌各堡均以璜璣鄉堵塞利濟橋、東著坊兩處官涌，另開小涌，及九江鄉堵塞七坡榕水道，大礙交通，害及全圍，迭次呈請飭令開復，而璜璣鄉則以防盜起見，將該兩處涌道堵塞，另開新涌，無窒礙爲詞。

各前縣未及勘斷卸事，本知事接任，復經傳集兩造質訊，情詞各執，非勘不明，當即帶同各造親詣履勘。查鎮涌各堡原有官涌直達九江，此涌係桑園圍内，歷年已久，水道紛岐，四通八達，足以宣洩内河之水，以消水患，船隻往來，尤爲利便。至利濟橋、東著坊、七坡榕三處，均爲直達九江之水道，璜璣鄉及九江鄉未經禀官核准，擅行堵塞，雖在東著坊另闢小涌，惟察看形勢甚爲紆曲，不特交通不便，抑且於上游之水宣洩尤艱。璜璣鄉堵塞官涌，雖據稱爲防盜起見，然因一鄉之保障而害及多鄉之公益，揆之情理，殊有未平。應著令璜璣鄉將所塞利濟橋兩處原有官涌，一律照舊開放，不准堵塞。鎮涌各堡應籌資在該兩處建修水閘，日啓夜閉，以防盜賊而保公安。閘門之寬闊，務以足兩艇爲度。九江所塞七坡榕水道，業經照舊址開通，應毋再議。自經此次勘斷之後，務須各皆遵守，和好如初，毋再纏訟。倘敢故違，是謂立心破壞公益，本知事亦難曲予寬宥也。除分訓令飭遵照外，並呈報立案。此判。

再呈南海縣公文

爲抗判弗恤，堵塞如故，聯懇派隊督拆，以利水道而弭後患事：

竊璜璣、九江兩鄉塞涌一案，經奉傳集訊，復經縣長親臨履勘，判令『璜璣鄉將所塞利濟橋、東著坊兩處原有之涌，一律照舊開放，不准堵塞；九江所塞七坡榕水道，業經照舊開放，應毋容再議』等因。紳等奉讀判詞，仰見縣長維持水利至意，欽佩莫名，圍内農民竊喜下游早日疏通，上游各堡得以宣洩，當晚造播種之時，秋收可望。詎奉判兼旬，而利濟橋、東著坊兩處之涌堵塞如故。紳等竊思璜璣鄉人向來頑梗，塞涌之後，屢經全圍人士再三勸解，悍然不顧，今奉鈞判又復視同弁髦。若非仰仗官威派隊督拆，恐把持之人愈覺得計，而原有官涌終無照舊開放之日。迫得再具呈詞，聯懇縣長迅派警隊，尅日到鄉，督令將利濟橋、東著坊兩處一律照舊開放。庶頑梗無從阻撓而宣洩交通，兩得其便，不勝迫切待令之至。謹呈。

南海縣知事毛　　十堡領銜如上

南海縣公署訓令第二二五號

令鎮涌　河清　先登　海舟　百滘　雲津　大同

金甌　簡村等局董何毓楨等：

現奉道尹公署第六四三號指令：

『據本公署呈報勘訊璜璣鄉塞涌一案情形由，奉令開：

「呈悉七坡榕水道，九江鄉既照舊開通，應准毋庸置議。其利濟橋、東著坊兩處原有官涌，亦令照舊一律開放。由鎮涌各鄉籌資在該兩處修建水閘，日啓夜閉，既可宣洩上游之水，又足以防盜賊。」所斷甚是。仰取具兩造切結，給示泐石碑，遵守以垂久遠，兩息爭端，仍候省長指令』等因。奉此除令璜璣局董遵照外，合行令仰該局董等遵照，刻日來案親具切結，以憑給示泐石，遵守。無稍違。此令。

民國六年九月二日　　知事毛丕恩

王委員建昌會同履勘呈覆　鄭委員憲典會銜爲呈覆事

案奉訓令，以縣屬鎮涌四鄉局局董何毓楨等呈控璜璣鄉人堵塞官涌一案，除原文有案，不復贅述外，後開：

『合將圖說令發，仰該委員即便遵照，前赴桑園圍内勘明東著坊、利濟橋兩處是否原有通行官涌，璜璣鄉人因何堵塞另闢新涌；并勘明九江堡七坡榕一帶水道，打樁填泥堵塞是何實情，於各鄉有無防礙。繪圖註説，刻日呈復。』各等因。

奉此，憲馳回桑園圍後，當召集各方面，到時引勘。隨于五月五日，遍歷東著坊、利濟橋、七坡榕一帶，逐處勘丈明確，除繪圖註説呈電外，查所塞各涌均屬原有官涌，通行者不知幾歷年所自。璜璣人堵塞後，上流河清、鎮涌、先登、大同等十堡，既不能望水之宣洩，又不獲交通之利益。璜璣人無端堵塞，中原因難逃洞鑒。惟所開新涌，中間淺窄之處，實難容舟過，冬晴之時，必成乾涸。即使另開支港，亦必較原有之涌寬闊簡捷，及開濬成功，然後將舊者截塞，方無阻礙。今閉塞六年之久，於新開之涌，任令淺窄，不顧水利，有礙通行，最爲無理取鬧。九江堡人因見璜璣鄉將涌堵塞，特於七坡榕地方填塞，揆其用意，不過藉此抵制，亦以塞爲開之意。現查七坡榕一處，業于又二月間折開六尺之寬，可以行舟，惟尚未全開。已細查此案閉塞原涌，于各堡水道大有妨礙，一遇積雨，受水之禍有不堪言狀者。應如何判結，伏候卓奪。再，是日引勘，璜璣鄉人無一到場者，合并聲明奉令前因，理合將查勘情形詳細縷陳。謹呈南海縣長周。

南海縣訓令第一零四四號

令本署委員鄭憲典：

現據縣屬鎮涌四鄉局局董何毓楨等呈稱『云云』到縣，據此，并據該局董等以前情呈，奉省長公署暨道尹公署令行飭即履勘妥辦等因，除令派王委員建昌會同勘外，合將圖説令發，仰該委員即便遵照，會同王委員前赴桑園圍内勘明東著坊、利濟橋兩處，是否有通行官涌，璜璣鄉人因何堵塞，另開新涌；　并勘明九江堡將七坡榕一帶水道打樁填泥堵塞，是何實情，於各鄉水道有無防礙。繪圖註説，刻日會同呈覆核辦，毋稍偏，切切。此令。

繪圖師潘桂洪先生八月十一日再呈公文赴縣

爲抗拒官軍，堵塞如故，聯懇咨營撥隊督拆，以維威信而儆强横事：

竊璜璣鄉塞涌一案，經奉前任縣長毛集訊斷結，并親臨履勘，派委員鄭會同羅團長暨各堡紳董，於本月十三日，帶隊到璜璣鄉按址督拆。詎該鄉率其野蠻子弟，糾集多人，藐視官軍，開槍抗拒，并圍困工人，將廖士、張太、周洪等三名鎖禁，聲勢洶洶。官軍目擊情形，鳴槍示威，始得解圍。當場捉獲放槍抗拒之局勇潘敦一名，連同槍枝解辦在案。

竊思桑園圍内各鄉原有官涌，實爲宣洩水道，利便交通起見，所關甚大。前人築圍之始，備極經營，詳載志書，繪圖註説，以垂永久。自宋至今，各鄉無敢擅行堵塞者。乃璜璣不恤公論，祗計一己桑墟之權利，不計上游各堡之壅閉。科以有礙公安之法律，已屬咎無可辭，今復鼓衆抗官，弁髦命令，若果寬其懲處，深恐威信一失，此後官廳辦事益覺爲難。而各堡人民眼見該鄉反抗官軍不加懲辦，該鄉氣焰日必增加，萬一公憤不平，激成暴動之舉，涓涓不塞，流成江河，非過慮也。

紳等爲水道開通起見，預防後患起見，迫得聯懇鈞署迅咨李司令，速撥大軍，先行勒令該鄉局交出爲首鼓衆抗拒之人懲辦，立將璜璣鄉所塞東著坊、利濟橋兩處原有之涌，一律督拆，以儆强横而安閭里，實爲公便。

此呈南海縣長陳。　　十堡領銜如上

八月廿二日南海縣長陳堂判

堂判：

此案經前任判决詳准立案，惟何毓楨等以栅門設在璜璣地段，由十三堡出資建造，於理不公，萬難承認。所言尚屬近情，應令璜璣鄉將東著坊、利濟橋兩涌，十日内照舊開復，建栅地點由縣派員勘明，再飭遵照。兩造遵依，具結存案。

具切結：　璜璣鄉局局董程秉琦、潘鈞衡，今赴縣長台前，爲具切結事。

緣敝鄉因塞涌事與鎮涌等鄉互相投訴一案，奉前縣長勘訊明確，判令敝鄉將東著坊、利濟橋兩處原有官涌一律照舊開復，並由鎮涌等鄉籌資，在該兩處建築水閘，日啓夜閉，其閘門之寬，以能容兩艇並行爲度等因。局董等情願遵判具結，並願自具結日起，限十日内遵判將兩涌照舊開復，至建閘應在何處，請派員勘明地點，開工建築，不敢翻異違抗，中間不冒，切結是實。

中華民國六年八月廿二日　具結人程秉琦　潘鈞衡的筆

具切結：　鎮涌等局局董何毓楨等，今赴縣長台前，爲具結事。

緣敝局等前控璜璣鄉塞涌一案，經奉前縣長勘明，判令璜璣鄉將東著坊、利濟橋兩處原有官涌一律照舊開復，並由鎮涌等鄉籌資在該兩處建築水閘，日啟夜閉，以能容兩艇並行爲度等因。今奉傳，案局董等於璜璣鄉開回舊涌一事，情願遵判具結，至建閘應在何處，請派員勘明，指定地點開工建築，局董等不敢翻異違抗，中間不冒，切結是實。

何毓楨　何翰堯　潘寶善

民國六年八月廿二日　潘恭甫　余紀廷代表何禹州

李伯嚴　潘炳棻

九月廿二日再呈公文赴南海縣

爲抗官背判，藉勢把持，聯懇嚴拘押究，勒令剋日開復原涌，以順衆情而維水利事：

竊璜璣鄉塞涌一案，發生在辛亥反正之年，迭經圍内各紳以該處水道係屬原有官涌，載在志書，繪圖註説，勸令照舊開通。乃磋商六年，均置弗理，迫得具詞呈控。經蒙毛縣長前派委會同羅圍長率隊督拆，詎料璜璣糾衆持械轟擊官軍，亦經鄭委員、羅圍長將抗拒情形呈覆在案。舊曆八月十二日堂訊，復蒙我賢明縣長判，限璜璣鄉十日内將東著坊、利濟橋兩處照舊開復，乃迭次派員監視。而璜璣鄉僅將原涌略爲開通，未及向日三份之一，且涌内杉椿亦不過截去其半。隆冬水涸，小艇不能往來，是其有意抗違已可概見。紳等爲水利計，爲國法計，爲後患計，不得不瀝情控告，伏乞迅派大隊，按名嚴拘押究，一面治以鼓衆抗拒之罪，一面勒令將東著坊、利濟橋兩處刻照原址開通，免留隱患，以服衆情而利水道，實爲公便。謹呈南海縣知事陳。

十堡局董各領銜如上

十一月三十日璜璣再呈公文赴南海縣

具呈　璜璣保衛圍局局董程秉琦、潘鈞衡，爲涌開有日，閘建無期，懇飭鎮涌何毓楨等從速建閘，以符成案而資守衛事：

竊董前奉判令璜璣將所塞利濟橋、東著坊兩處原有官涌一律開放，不准堵塞，鎮涌各鄉應籌資在該兩處建修水閘，日啟夜閉，以防盜賊而保公安等因。奉此，敝鄉經遵判將兩處之涌僱工開掘完竣，事閱兩月，而何毓楨等竟敢狡詞飭卸，不願建閘。是推翻堂判自鎮涌何毓楨始，是直以公事爲兒戲，視判詞如弁髦。恐將來鄉人效尤，反爲生事，况邇來盜賊披猖，洗劫全村，所在多有。以敝鄉褊小，壓於强隣，若不從速建閘，恐不足以阻匪徒之跡而逆制其侵凌。不特鄉村之擄劫在在堪虞，即基塘之桑魚亦遭盜窃。受害之慘，有不堪設想者。迫得瀝情陳請，懇憲台以地方治安爲重，飭何毓楨從速建閘，以符成案而資守衛，實爲德便。爲此切赴南海縣長陳。

南海縣公署指令第六百七十五號

令璜璣局局董程秉琦等：

據呈爲涌開有日，閘建無期，請飭從速建閘由，呈悉。該璜璣鄉所塞利濟橋及東著坊兩處官涌，前經判限十日内照舊開復，並由該紳等具結遵依在案。乃逾限未據遵辦，復經由縣派員前往督催，該紳等仍僅將涌開放六尺，殊屬不合，仰即將兩涌按照舊址開復，再行呈請核辦，毋再玩延，切切。此令。

民國六年十二月二十七日

十一月廿二日南海中隊長葉霈棠呈覆縣長

爲呈復事：

據一小隊副隊長黄端報稱：『現奉縣長第四百五十號訓令開：

「案據縣屬鎮涌局局董何毓楨等呈，控璜璣鄉延不遵結將東著坊、利濟橋兩處官涌照舊開復一案，當經派令該隊長前往該處，督令璜璣鄉紳耆，限五日將兩處官涌照舊開復，日久未據妥辦。兹復據何毓楨等呈催前來，合行令該隊長立即遵照先令行各節，速赴璜璣鄉局督令該鄉紳耆，限三日内將東著坊、利濟橋兩處官涌依照原址開復，毋任違延。仍將辦理情形呈復察核。」等因。

奉此，伏查此案，先奉縣長三二四號令行，經即前赴該處，勒令將各官涌照舊開復。惟各紳耆均未會面，據璜璣局代表説稱「如鎮涌局將水閘建設，即可立將兩處官涌照舊開復」等語。兹奉令行，復再前往查勘，各涌口亦係僅開六尺餘闊，其涌底略爲挑深，理合呈請轉復核奪。』等情前來，合照呈復，伏候察核施行。

謹呈。

縣長陳

中隊長葉霈棠

七年一月十四日接到南海縣公署佈告

南海縣公署佈告第六十九號

案據縣屬鎮涌局局董何毓楨等呈控璜璣鄉堵塞利濟橋、東著坊兩處官涌，另開小涌，及九江鄉堵塞七坡榕水道，大礙交通等情，當經傳集訊明，判令將原有官涌照舊開復在案。茲據何毓楨等以原有官涌經由璜璣等鄉先後照舊開復，請給示遵守等情前來，應即照准，合行佈告桑園圍内各鄉人等知悉。嗣後圍内各涌水道，非經全圍公意，呈候官廳核准，不得私自更改。倘敢故違，定必嚴究。其各遵照毋違。此佈。

民國七年一月十四日　　知事陳嵩澧

附刊誤校正表

卷數	頁數	行數	字數	刊誤	校正
卷十一	三頁	八行	七字	園	團
卷十二	四頁	十七行	四字	核	該
卷十二	十頁	十三行	廿二字	骸	駭
卷十二	十六頁	十六行	十一字	通	適
卷十二	三十七頁	十三行	二十字	撤	撤
卷十二	三十八頁	十七行	十七字	案	定
卷十二	五十九頁	十四行	六字	減	滅
卷十二	六十五頁	二行	廿四五字	益公	公益
卷十二	六十八頁	十四行	十六字	二	六
卷十二	七十八頁	三行	四字	著	署
卷十二	八十一頁	九行	二十二十一字	礙有	有礙

卷十三　渠竇

圍之有渠竇，所以備旱潦、利農田也。而舟楫往來，亦因以爲便焉。向例渠竇歸各堡自理，所有修費不動支公項，亦不派及鄰堡。誠以渠竇利在一方，與堤防關係通圍，其勢異也。或者不察，以爲附於圍基，修圍基自當修及，即當一律分派，其亦未深考矣。志『渠竇』。

築龍江新閘

龍江新閘在龍江新基。乙卯年水災，衝決龍江基段，白鶴灣决口最深，基身尤薄。龍江鎮人士請在磨熨基下改築新基，圈入桑塘數百餘畝，并在磨熨基下建築新閘。新基工程由公欵建築，竇閘工程由該鎮自行籌欵建築。

填塞先登堡茅岡鄉旱竇

茅岡鄉旱竇，在茅岡鄉。丁巳年四月廿一日，西潦盛至，該竇因鄉人取魚漁利，閉塞不及，猝被潦水灌入，牽動堤身，搶救兩晝夜獲完。是年歲修，遂將竇穴填塞。

修復沙頭堡北村竇

沙頭堡北村竇，在北村。乙卯年水災，冲塌竇腮，由該鄉修復，撥公欵加落磚角，擁護竇旁，以防水勢冲刷。

甲子築獅頷、龍江滘、歌滘三口閘

獅頷口閘在甘竹裏海獅山下。是處河面闊肆丈，閘口闊壹丈柒尺壹寸，水底至閘面高弍丈弍尺弍寸。

龍江滘閘在龍江，土名東海口。是處河面闊拾壹丈；閘分三口：中一口闊弍丈肆尺壹寸，左右兩口俱闊玖尺；水底至閘面高弍丈弍尺肆寸。

歌滘口閘在龍江河澎尾。是處河面闊陸丈，閘口闊壹丈陸尺弍寸，水底至閘面高壹丈捌尺肆寸。

按三口築閘，光緒壬辰曾經興築，圍內、圍外阻築，是非各執，至成争訟，事遂中止。乙卯起科，龍山、龍江、甘竹、沙頭四堡畝捐延宕不交，要求三口築閘。戊午、己未、癸亥、甲子連年大水，各堡有子圍者多有搶救，無子圍者受害更深，於是四堡倡築三口。甲子八月廿二日，十四堡在九江集議，四堡請議三口築閘，上九堡亦建議沙頭開閘。衆議三口既築，宣洩較難，宜開新閘以爲補救。議决，築三口及沙頭開閘雙方並舉。築閘經費在龍江、龍山、甘竹、沙頭未交畝捐項下開銷，如有不足，三口築費由四堡籌足，沙頭閘費由上九堡籌足。九月初三日，全圍選派代表履勘四閘地址，下游三口照光緒間舊址興築，沙頭則在人字水外穀埠側創建。衆情允協。三口築費，四堡自行認捐籌足，於是年冬開工。獅頷口、龍江滘二閘乙丑夏工竣，歌滘閘丙寅年乃竣工。沙頭開閘，上九堡籌欵不足，事未果行。至向例，各堡築閘由該地方集欵自辦，此次開銷畝捐，係經全圍集議，變通辦理。現三口築成，倒灌無虞，上游宣洩，亦有阻碍。如龍江滘，河面闊十一丈，今閘口僅得四丈餘，其出水必較前稍遲可知也。若沙頭開閘，上游宣洩迅速，交通亦便，下游亦不至積水久淹，不獨上九堡之利，亦下游各堡之利也。

子圍

遷建大同堡南陂閘

大同堡南陂閘，向在大同堡村尾。丁巳年，十堡聯修子圍，以閘外左接白飯圍，右接新慶圍，基身單薄，且多鼠穴，工費浩繁，修築難期完固，衆議遷建於大同堡舊文閣地。兩圍共圈入基段三百餘丈，省修築費伍百餘元，即將十堡修築公欵伍百餘元補助爲遷閘費。

遷建大同堡新陂閘

大同堡新陂閘，向在九江堡沙咀龍王廟前，由大同堡柏山鄉管理。己未年，十堡聯修子圍，以該閘在九江沙咀，而管理由柏山負責，隔涉過遠，且新慶圍基段太薄，附基魚塘太多，修築難於施工。衆議將閘遷出虹秀橋，可省修築基段數百餘丈。自後由九江、沙咀各約管理。庚申年實行遷築。

桑園圍紳耆張雲翼、岑兆徵、賴亮夫、周廷幹、盧維嶽、余德偁、蔡作英、崔時周、黄澄溪、譚麟書、譚秉衡等呈爲呈請派員測勘規劃設施，以利遵行而防潦患事。

緣南海、順德兩縣地多低下，頻年水災，盡成澤國，受害之慘，不忍見聞。雲翼等繞室旁皇，籌維補救，知非依照鈞處治河計劃，難防泛濫爲災。爰合群力，勸集義捐，擬於桑園圍下游之獅頷口、東海口與高滘口之間，將原有單薄基堤加高培厚，以防外潦。又於沙頭堡新穀埠地點開一新口，并設活閘以資宣洩。凡陳管見，似與鈞處籌治大計尚無抵觸。惟兹事體大，其中工程如何設施、經費如何估定，設閘地址何處最爲適當，非經富有專門學識經驗之工程師測勘指導，恐難臻妥善而捍禦水災。用特聯呈台端，請准派員分別詳細規劃，并先指定日期批回，以便赴省，鵠候引勘。倘承俞允，懇將批令郵遞『順德縣龍江鎮局收轉南順築閘公所』祗聆，實叨德便，不勝迫切待命之至。謹呈。

廣東治河處督辦鈞鑒

中華民國十三年十一月十四日即舊曆十月十八日

治河處批：

據呈已悉。該紳者等勸集義捐，擬在獅頷口等處分築活閘，并將單薄基堤分别培厚加高，洵屬防潦切要之舉。惟該圍地址與水流如何情形，自應派員測勘明白，方能核辦。候本處定有履勘日期，再行諭知該紳等來處引勘可也。此批。

又：

據呈已悉。定於十二月二日派遣工程師前往測勘，仰該紳等於十二月一日以前來處接洽，聽候引勘，切勿延悮爲要。此批。

呈順德縣長文

呈爲築閘防潦，請予核准并給示保護事：

竊紳等世居龍江、龍山、甘竹、沙頭四堡，地處西江下游，北有龍江之河澎圍以捍北江，南有甘竹之鷄公圍以捍西江，均接南海之桑園圍尾。惟河澎、鷄公兩圍之間，全賴子圍堤防。年來水勢劇增，子圍輒潰。紳等鑒連年受災之慘，用特召集四堡同人會議興築甘竹之獅頷口、龍江之東海、高滘三口水閘，而陸上則築圍堤，聯絡河澎、鷄公兩圍，俾潦水不能倒灌。詢謀僉同，即經設立築閘公所於龍江之忠臣坊，并由四堡公推紳等專任其事。惟是事繁費重，擬於堡内每畝一次過征收築閘費弍元，限於夏曆十一月以前掃數清繳，值此秋瀾時候，分别興工。謹將四堡籌備築閘及征收築閘費各緣由呈請察核，伏乞迅予核准，并給示保護，俾竟全功，實叨德便。謹呈。

順德縣長鄧

龍江、龍山、甘竹、沙頭四堡十一月廿三呈

中華民國十四年一月十八日順德第七區自衛團局長蔡作英接順德縣縣長鄧來電文：

現准南海縣縣長函開：

案據『桑園圍修基總理岑兆徵呈稱「桑園圍建築獅頷口、龍江東海口、高滘口三處活閘及沙頭人字水開閘，全圍集議贊成，惟水利工程諸待規劃，請呈治河督辦，刻日派員履勘全圍，規定工程，以便從速興工」等情，當已據情呈請治河督辦派員履勘，應請貴縣飭令龍江、龍山、甘竹、沙頭等紳董速將擬築三口丈尺、界址，詳繪圖説以備履勘應用。治河處業已派員，不日前往，務望飛飭速辦，切勿延悞，是所至盼』等由，准此合亟電仰該局長即便遵照，迅即詳繪圖説，呈繳以憑轉送，毋延切速。

縣長鄧巧印

具呈　南順築閘公所紳董張雲翼、周廷幹、李宸贊、譚秉衡等，呈爲工程急迫，需欵孔殷，懇請給示曉諭催征築閘經費，并指令各鄉局紳董從嚴督催，以竟要工而捍潦患事：

竊桑園圍内龍山、龍江、甘竹、裏海、左灘、沙頭等堡，位處西江下游，地勢低窪，年來水勢劇增，每當春夏，潦水輒由龍江河澎圍、甘竹鷄公圍兩圍間空處倒灌而入，子圍崩潰，受災慘重。紳等鑒於連年慘狀，經召集南、順四堡同人，議決興築裏海之獅頷口、龍江之東海、歌滘三口水閘，以禦外水。又於沙頭人字水開一新閘，以洩上九堡内水。各堡均已贊同，擬由各堡業户每畝捐築閘費弍元，倘仍不敷，則由各堡紳董担任義捐籌足。所有籌備築閘暨征收費用緣由，前於　月　日備文呈報鈞憲察核，并蒙給示保護各在案。現公議限夏曆本年春季内竣工，時日短促，工程急迫，需費更異常孔亟。查乙卯年水災後，經議決由圍内各堡業户每畝捐銀弍元，以充修圍之用，按照納粮實征税額繳交，不得以税業係在圍外推諉不交，以業主之宅居圍内者，既享受保障利益，自應担負畝捐義務。又乙卯迄今已歷十年之久，圍内税業不無有移易業主及增減税畝之異，此次築閘，現經公議依據去年甲子歲各户納粮實征，由現時業主按每畝繳足建閘經費弍元，不得以乙卯年納粮税額推諉舊業主繳交，以昭公允。現計各堡照繳畝捐雖屬不少，而延緩未交者尚居多數，誠恐各堡業主間有藉詞抗繳，貽悞要工。現際工程急迫，時日無多，謹將嚴催畝捐緣由備文，呈請察核。伏乞仰仗憲威，准予給示，曉諭龍江、龍山、甘竹、裏海、左灘各堡業户，無論圍外圍内，税畝均按照甲子年納粮内實征，除已交外，迅速繳足每畝建閘經費弍元，毋得推諉，并指令各鄉局紳董從嚴督催，以竟要工而重公益，實爲德便。謹呈。

順德縣縣長鄧

順德縣公署訓令第七七號

令龍江自衛團分局長董等，爲令遵事：

現據南、順築閘公所紳董張雲翼等呈稱『工程急迫，需欵孔殷，請佈告催征畝捐，并令行各鄉局紳董督催，以竟要工』等情，查南、順筑閘，全恃乙卯年畝捐餘欵，業經佈告征收在案。旋於一月假座南海明倫堂，召集十四堡議決，所有畝捐准夏曆乙丑正月内掃數清交，倘有逾延，加一罰繳。兹爲期將屆，而各鄉業户仍未遵繳，殊屬疲玩。爲此令仰該鄉局長董即便遵照，認真督催，倘敢逾延，准飭團拘案押追，以維公益，毋得循延，切切。此令。

計發佈告二十五張。

二月七日

順德縣公署指令第九三號

令南順築閘公所紳董張雲翼等：

呈乙件，爲『工程急迫，需欵孔殷，請給示曉諭催征築閘經費，并令各鄉局紳董從嚴督催，以竟要工，而捍潦患』。由呈悉：

據稱『工程急迫，需欵孔殷，請佈告催征畝捐，并令各鄉局紳董督催，以竟要工』等情，應即照准，除分行外，仰即知照。此令。計附發佈告十張，實征一册。

二月七日

順德縣公署訓令第一八四號

令築閘公所紳董張雲翼等：

爲令知事。現奉督辦廣東治河事宜處第二七號訓令開：

『現據南、順築閘公所紳董張雲翼等呈請興築東海、高滘、獅頷口三閘，以捍外潦，開沙頭水竇以洩内水。謹先將三閘工程繪就圖式，備載丈尺及施工計劃，請予核准，并給示保護興築，俾竟要工。計繳三閘圖式六紙』等情，據此當批：『呈圖均悉。

此案擬於順德縣屬之獅頷口、東海口、高滘口等處建築三閘，又於南海縣屬之沙頭堡新穀埠開闢一口，建築活閘，係爲防禦外潦，宣洩内流起見。既經本處派員勘明，復據南、順兩縣長查復。欵項有着，圍衆贊成，亦無違禁堵塞河流情事。察核情形，尚屬可行，應即准其立案建築。除咨會省長，并飭縣出示保護，暨候沙頭堡繳到圖説另飭辦理外，仰即按照呈案計劃興舉工程，仍候工程完竣時報由本處派員復驗，以重河務。此批。』圖存在詞。

查此案前據張雲翼等來處具呈，并據修基總理岑兆徵呈（由南海縣李縣長轉呈到處），先經派員履勘，并飭據該縣暨南、順兩縣長查明，欵項有着，圍衆贊成，事有專司，并無糾轕情弊各等情復處。嗣又據第八區三十六鄉聯團自衛局局長麥淵如等以獅頷口違禁修築，以鄰爲壑等詞郵電來處，經再飭據縣長查明，麥淵如等誤會妄控，且該縣亦無委彼爲聯團局局長明文等情，復處核辦各在案。

據呈前情核與修築圍閘辦法相符，自應准其立案建築。除揭示并咨省署飭縣，暨候沙頭堡繳到圖説另飭辦理外，合亟令『仰該縣長轉諭該圍紳董遵照，一面由縣出示保護，仍將興工日期報處備查，切切。此令。』等因，奉此除出示保護外，合行令仰該紳等即便遵照呈案計劃，趕速興工，并先將興工日期呈報治河處備查。將來工程完竣時，仍應呈報治河處派員覆驗，以重河務，切切。此令。

計發佈告五十張。

縣長鄧雄十四年三月十八

督辦廣東治河事宜處佈告第二號

爲佈告事：

照得桑園圍順德縣屬之獅頷、高滘、東海等口建築水閘，培厚基圍一案，前據圍紳張雲翼等來處具呈，并據修基總理岑兆徵呈由南海縣轉呈到處，業經派員前往查勘，并飭據南海、順德兩縣長查明，圍衆贊成，欵項有着，亦無防碍河流情弊各等情，具復在案。兹復據張紳雲翼等呈請核准立案興築等情前來，察核情形，尚屬可行，應即准其立案建築。除批示并咨會省長公署，暨飭縣出示保護外，合行佈告，仰該縣人民一體知照毋違。此佈。

中華民國十四年三月十一日　　兼督辦林森

卷十四　祠廟附産業

聖人以神道設教，將以輔刑賞所不及，意至微矣。能捍禦災患，有功於民則祀之，所以爲民祈報也。桑園圍所祀者爲南海神，舊有廟，在河清基，爲闔圍公建，已圮無存。又有廟在吉贊基，圮而復建，今猶在也。

李村基南海神廟，建於乾隆六十年。是年大修工竣，因依新基經營以成之。正座祀昭明龍王，左右別立室，附祀官紳義士之有功斯圍者，後座爲會集所。廟既成，圍事會集有常所矣。遞年神誕，歲晚報賽，各堡人士亦咸集焉。將事者能無肅然於神之鑒臨哉！志『祠廟』。

光緒十四年戊子，重修海神廟，衆議捐銀伍佰元以上者附祀海神廟襯祠，計入主八位。民國四年乙卯大修勸捐章程，捐欵伍千元以上者附祀海神廟，與盧、伍諸公同座，捐欵壹千元以上者附祀偏座。己未重修神廟，將配祀鄉先生之座分爲左右中三龕，捐伍仟元者附祀中座，捐壹仟元者附祀左右偏座位。計附祀正座者五位，附祀偏座者三十位。又甲寅大修，捐壹仟元者附祀二位。

光緒十四年戊子入主八位偏座位：

皇清貤贈中憲大夫諱昇佐號侶河李先生神位

皇清敕授武德騎尉諱體全號瑞雲陳先生神位

皇清誥授朝議大夫知府銜諱奎元號沛芝朱先生神位

敕授徵仕郎中書科中書誥封奉直大夫鹽課司提舉諱如璧號玉田馮先生神位

皇清誥授奉政大夫候選府同知諱如璋號玉樵馮先生神位

皇清誥授奉政大夫賞戴藍翎五品銜諱振升字福堂號進喜何先生神位

皇清誥贈奉政大夫諱如璋號玉堂馮先生神位

皇清誥贈奉政大夫邑庠生諱積熙號紀虞岑先生神位

民國三年甲寅入主二位偏座位：

清二品頂戴花翎福建試用道揀選知縣甲午舉人左慶欣號懽若禄位

清候選訓導廩生賴名振寰字頌平號弼彤禄位

民國四年乙卯入主五位正座位：

清叠封朝議大夫岑謙生封翁長生禄位

清封通議大夫岑公喬生神位

清贈奉政大夫諱炳奇號南亭岑公神位

清贈奉政大夫諱錦源號鴻標岑公神位

清誥封奉政大夫國學生諱敬常號敷五程先生神位

又入主　偏座位：

清封徵仕郎仰宸馮先生神位

清貤贈奉政大夫諱煥興字爵英號禄齋關先生神位

清封奉政大夫敕授儒林郎諱汝鏞字惠餘關先生神位

清誥封資政大夫諱祐能字俊賢號翼庭劉先生神位

清封奉政大夫候選州同陳均成公神位

清封奉政大夫同知銜諱德和字敦紹號藹臣潘公神位

清授登仕郎叠贈儒林郎晋贈奉直大夫望山黄公神位

清貤贈奉政大夫國學生朱公文石神位

清封朝議大夫岑公竹珊神位

清贈朝議大夫陳公璽玉神位

清贈奉政大夫陳公少濂神位

清誥授奉直大夫晉封朝議大夫少農陳先生禄位

清贈資政大夫諱演寅號翹一梅公神位

清贈資政大夫諱聯輝號桐軒梅公神位

清贈資政大夫諱海目號協中梅公神位

清贈資政大夫諱錫芬字藹生號若蘭梅先生神位

清資政大夫禮興郭先生神位

清誥授奉直大夫富謙彭先生長生禄位

清誥授奉政大夫榮光張先生長生禄位

清封資政大夫候選道鄧煥球先生神位

清花翎二品銜候選道廖鵬章號煜光先生長生禄位

清誥贈奉直大夫中書科中書叠贈奉政大夫老府君諱文錦字章華號表康先生神位

清誥授奉政大夫欽加同知銜賞戴藍翎老府君諱永祥字傑南號鶴顔先生神位

清誥授奉政大夫同知銜候選軍民府老府君諱柏祥字麗南號松顔先生神位

清誥封奉直大夫老府君諱禮祥號文川先生神位
清欽加二品銜陳錫先生長生禄位
郭文發先生之長生禄位
花翎二品頂戴候選道二等嘉禾章農商一等獎章、特派赴美報聘實業員督軍公署顧問陳廉伯先生禄位
清誥贈奉政大夫敕授徵仕郎銜諱惟賢字應能號任官梁公神位
清候選道賞戴花翎鄧君志昂長生禄位
桑園圍東基海神廟奉祀先哲神位：
宋尚書左丞贈太師清源郡王何正獻公執中神位
宋廣南東路安撫使張公朝棟神位
明處士陳公博民神位
清賜進士出身同知銜知南海縣事史公樸神位
清捐築桑園圍基程公儀先神位
督築桑園圍基黄公嗣昌神位
督築吉贊横基陳公遇隆神位
清例授儒林郎貤封承德郎焯堂潘公神位
清歷任教諭以翎潘公神位

重修東基洪聖廟碑記

圍之有堤，多有廟焉。桑園圍堤分東西，斯廟最古，建自明，旋圮。清乾隆八年重建，至四十八年重脩，光緒六年又重脩。民國三年甲寅夏，西潦漲盛，冲決茅岡基。次年乙卯，西江上游陡漲，建瓴而下，奔騰澎湃，所有基圍皆莫能禦。基決之日，水始至，夜半，水逾基面盈尺，而横基遂潰焉。自道光甲辰以來，其水患無有大於此者，而廟亦遂凌夷傾頽矣。是年冬，慷慨好義之士熱心桑梓，群起而担任鉅工，將全圍培厚加高，動費肆伍拾萬，全圍固若金城。皇天惟德是依，人事既盡，鬼神亦爲之呵護焉。覩斯廟者，可任其荒蕪不治而不爲之規復乎？夫人情莫不趨事赴功，凡一二有益於民之舉，類多勇力爲之，而况神之威靈丕著，振古如兹也！丁巳，百滘堡適桑園圍值年，援照河神廟舊章，會同鄰堡雲津、先登兩堡諸紳估價勘脩，籌議妥洽，預算材用工程及廟一切神物約需銀捌百元。先在河神廟公箱項内提出。至戊午正月興工，三月而功告竣。從此廟貌長新，恩光普被，而全堤亦永鞏苞桑矣。爰執筆而樂爲記。

里人潘佐儉謹誌

民國七年戊午三月　　日　立

官産處飭縣公文　　民國五年七月五日

爲飭查事，現據人民羅彬舉報，該縣江浦屬陳軍涌官坦現爲佃户侵佔隱匿等情前來，當批：『奉查南海縣屬官田縣報原案：陳軍涌官坦該税肆拾玖畝弍分捌厘，年納税銀肆拾壹兩陸錢零；又税壹頃壹拾叁畝伍分零弍毫陸絲柒忽，年納税銀壹佰弍拾兩零；又税玖拾弍畝肆

分捌厘柒忽，年納税銀柒拾捌兩零。前經財政廳清查，官産處飭縣查勘在案。

該民現報『南海縣江浦屬桑園圍陳軍涌官坦，年租玖拾壹兩零伍分，向由九江、河清、金甌各堡河神廟代納。該坦值價銀壹萬捌仟兩，現爲佃户區松、李逵、余照等侵佔隱匿』等語。究竟該官坦實有若干税畝，每畝估值價銀幾何，現報租額核與縣報原案不符，究竟現報前項官坦與該縣原案所報是一是二？候飭委員梁繩之、陳芳池等會同南海縣，飭傳該民引帶前往勘明切實，估價給圖列表，并查明是否與縣報之案相同，抑别爲一起。一面勒限河神廟值理余廷林等來處繳驗契據，限文到十日内詳覆，再行核辦可也。仰即知照。此批。』揭示外，爲此令仰該縣即便遵照批指各節，確切據實查明，勘丈明確，切實估價，給圖列表，并查明是否與縣報之案相同，抑别爲一起。一面勒限河神廟值理余廷林來處繳驗紅契，限十日内詳細查復，以憑核辦。事關舉報要公，萬勿率延，切速。此飭。

右飭南海縣知事准此。

總辦王秉必　廳長汪度　會辦沈輝

南海縣公署訓令

爲令飭事，現奉財政廳産字第弍百叁拾柒號訓令開：案查該縣屬陳軍涌坦官田，原由桑園圍承佃壹百壹拾叁畝伍分零弍毫陸絲柒忽，年輸官租銀壹佰弍十兩零壹錢叁分弍厘。當以該田近年溢生子坦，面積甚大。飭據委員勘覆：『該坦田現實有面積壹百玖拾捌畝零捌厘零柒絲伍忽，每畝約估值大洋伍拾元。該田由河神廟轉批承佃，年約收租壹仟元，比對原案畝數、租欵相差甚鉅。如何覆請察核』前來。

查前項坦田，既據勘覆，實有面積壹百玖拾餘畝，核計溢生子坦將及一半，而轉批收租年得仟元，比較原輸官租將及六倍。現值財政奇絀，應即召變以濟餉糈。查核所估價值尚屬平允，應援所估定爲每畝大洋伍拾元，以壹佰玖拾捌畝零捌厘零柒絲伍忽計，共大洋玖仟玖百零弍元零壹仙捌文。准該原佃桑園圍於佈告後半個月内繳清價欵，優先承領，永免官租，改完民粮。逾限不繳，即行公佈開投，或准别人承領。倘爲别人投領，事後不得藉原佃之名争執。除呈報督軍、省長察核，及登報俾衆週知外，合行令仰該縣即便遵照，立即專人傳知桑園圍值事等依限赴領，勿得遲延貽悞。再據委員復稱，該處相連坦地尚多溢生，現再派李偉奇、陳瑞麟前往清出投變，仰該縣會同前往查勘，併飭遵照毋違。等因，奉此，合行令仰該員即便遵照，立即前往傳知桑園圍值事人等，迅即依限逕赴財政廳官産處繳價承領，勿得遲延貽悞。一面隨同官産處李、陳委員偉奇、瑞麟前往查勘該處相連溢生坦地若干，繪(圍)〔圖〕呈復察核，毋稍遲延。切切。此令。

呈請陳軍涌照舊管業

呈爲奉委踏勘陳軍涌沙坦，業經引勘丈量明確，懇請仍舊給發批照，永資遵守以顧基堤事。竊查《桑園圍誌》內載，陳軍涌沙坦係奉前清嘉慶元年廣東布政使陳大文示諭，撥入桑園圍海神廟批佃，除每年輸租及公用外，其餘留爲以備歲修，意甚善也。攷示諭所載，『該坦四至：東至區廣升租坦界，西至海邊，南至區福租坦界，北至鵝埠石坦界，實稅壹百壹拾叁畝伍分零式毫陸絲柒忽。撥入海神廟當官承佃，聽該紳耆等自行招佃承耕，并令勒石以垂久遠。』各等因，後人思其德，奉祀神祠。查該坦每年官租輸納無幾，連各項公費，共輸銀壹百式拾兩零肆錢，均在南海縣署交納。今奉委員丈量明確，係得壹百玖拾零畝，實溢多捌拾餘畝，雖與所呈互有不同，而不知或長或消，原屬靡定。況近年西潦漲盛，冲缺實多，且該坦原日不准圈築，任由冲刷，目下情形有消無長，應請免予置議。竊思民國元年核計金庫所存歲修之欵約式拾餘萬，實難給領，惟恃該坦每歲所入涓滴之租以資挹注。懇請將所溢之捌拾餘畝一并撥入海神廟批佃，查廟例有功於園基者則祀之。如蒙憲恩浩大，定當奉祀神廟，與前布政使後先輝映，即圍內數百萬生靈又不知若何謳思，饔軒鼓舞也。用特聯叩崇階，懇乞將桑園圍基陳軍涌沙坦全數撥歸海神廟批佃，照每年官租銀壹百式拾兩零肆錢繳納。此係出自逾格鴻施，并懇給發批照立案，永資遵守，俾刻碑以爲記念，闔圍感恩無既矣。謹呈。

財政廳廳長曾

桑園圍紳董李作鈞、岑兆徵、余德偁、潘佐倫等謹呈

民國七年國曆二月廿六日呈

南海縣陳訓令一千四百三十八號　民國七年七月四日

爲飭知事。現奉財政廳産字第五號訓令開：『查接管卷内本月十四日奉督軍第三二三一號指令：「呈悉此項陳軍涌坦官所得租息餘欵，既屬補助圍費之用，應准照舊承佃，免予變價，並准立案。仰即分別佈告，另行查照，仍候省長核示。此令。」各等因，奉此，除佈告及函知廣州總商會救災公所知照外，合行令仰該縣即便遵照，並轉桑園圍紳董知照，（每）〔毋〕稍遲延。』等因，計抄發呈文一紙，下縣奉此，合行令仰該圍董等即便知照毋違。此令。

廣東財政廳佈告一件第一號　七年六月廿五日

爲佈告事。查接卷内開本月十三日奉督軍第三二三一號指令，本廳呈請將南海縣陳軍涌坦官田由桑園圍海神廟照舊承佃，免予變價，請立案令遵。由奉令：『呈悉：此項陳軍涌坦官田所得租值餘欵，既屬補助桑園圍費支用，應准照舊承佃，免予變價，并准立案。仰即分別佈告，令行查照，仍候省長核示。此令。』又於是月二十六

日，奉到省長五五六四號指令同前，由奉令：『呈悉，陳軍涌坦田既經該廳飭南海縣查明，向係撥歸海神廟批佃，繳納官租，所得租息餘欵悉數補助桑園圍經費，與個人不同所請。准其承佃，免予變價，應准立案，仰即知照。仍候督軍核示。此令。』各等因，奉此，除分别函令，爲此佈告該桑園圍紳董一體知照。切切。此令。

光緒廿二年七月初三日買受陳鼎新堂省城興隆街舖契

立永遠斷賣舖契人陳鼎新堂。今有承先人經分名下吉舖一間，坐落省城太平門外西關興隆街，現開張逢源號花紗店生理。坐東朝西，深二大進，前進闊二十一桁，後進連厨闊十一桁，深，皆照舊形，所有桁數俱係見光，計週圍青磚牆壁、瓦面晒棚，閣陣門扇窗板、板障、地㙮板、神樓、食井、竇籠、厨房天窻、門籠、企戙，凡磚瓦木石一概俱全。上至青天，下至黄土，自願出賣，取實時價銀壹仟弍百肆拾兩正。先召親房人等各無承買，次憑中人引至桑園圍承買，依口還足時價銀壹千弍佰肆拾兩正，連簽書酒席俱在價内。先經立定標貼，即日立契交易，銀契兩相交訖。自賣之後，任從桑園圍管業收租或建造，該税亦補在價内。此舖委係經分名份，與各兄弟無涉，亦非留爲蒸嘗祭業。此是明賣明買，不是債折典當等情，如有來歷不明係賣主同中理明，不干買主之事。今欲有憑，立永遠斷賣契一紙，并上手紅契共三紙，租部一本，統交執存據。

一、實收到業價銀壹仟弍百肆拾兩正足司碼。

中人余看敷

光緒廿二年七月初三日立賣舖契人陳鼎新堂倡座

的筆

光緒廿二年税契布頒使字四十九號

民國八年三月驗契南海縣地字一十四號

查此舖上手契輾轉售賣始道光二年三月廿一日，由陳振宗、羅其德賣與黎思遠堂黎賢兄弟，業價銀一百兩正，中人冼逢見，証人李科繼。道光九年十月廿二日，由番禺捕屬人黎賢兄弟秉醇、秉綸賣與蔡榮豐堂，業價銀肆百兩正，中人崔良。又道光廿五年七月廿八日，由番禺捕屬人蔡榮豐堂燿堂賣與陳昌垣祖業，價銀玖百伍拾兩正，中人龍正昌。後由陳昌垣祖鼎新堂倡座賣與本圍。

光緒廿二年七月初三日買受陳鼎新堂省城大南門外直街舖契

立明永遠斷賣舖契人陳鼎新堂。今有承先人經分名下吉舖一間，坐落省城大南門外直街，現開張廣隆昌天津京菓生理。坐東朝西，深叁大進，前進闊見光壹十七桁，中進闊見光一十七桁，後進闊見光一十五桁，週圍青磚墻，厨房天窻、門櫳、企戙，凡磚瓦木石一概俱全。上至青天，下至黄土，自願出賣與人，取實時價銀一千四百兩正。先召親房人等各無承買，次憑中人引至桑園圍承買，依口還價一千四百兩正，連簽書酒席俱在價内。先經立定標貼，即日立契交易，銀契兩相交訖。自賣之後，任從桑園圍管業與建造，該税亦補在價内。此舖委係經分名下，與各兄弟無涉，亦非留祭蒸嘗物業。此是明賣明買，不是債折按當等情，如有來歷不明，係賣主同中理明，不干買主之事。今欲有憑，立永遠斷賣契壹紙，并上手紅契壹張，租部一本，統交收執存據。

一、實賣出省城大南門外直街舖一間，
　　實收足舖價番銀壹千肆百兩正。

中人余看敷

光緒廿二年七月初三日立斷賣舖契人陳鼎新堂侶崟的筆

光緒廿二年税契布頒俊字十五號

民國八年三月驗契南海縣洪字第二號

查上手紅契，係乾隆五十七年八月廿八日由黄鼎司紫桐石扶鄉人劉本昌賣出，陳松齡買受，業價銀一百二十兩正，中人李君亮，見証人劉梅長、劉衍朝。

乾隆五十七年税契布頒號字二十八號

光緒廿二年十一月廿九日買受伍福利堂園田兩號共民税肆拾捌畝壹分叁厘式毫壹絲契據

立明斷賣園田人伍福利堂，係南海縣人，現居舊豆欄。今因急用，母子商量，願將自置園田一號，坐落本邑下恩洲堡泥炮台後東南方，土各蚌甕涌，該民税叁拾壹畝玖分零式毫壹絲，東至涌心，西、南、北俱至基外爲界，基面黑葉荔枝柒拾餘株，圓眼式拾餘株，番石榴、桃樹俱數株，所有菓木在内，又園館一間，所有基水實園外草坦，一應盡賣無餘。又一號，坐落下恩洲堡黎滘裏，土名瓦甕涌，式坵共中，則民税壹拾畝式分叁厘，東至　　西至　　西至　　南至　　北至　　。又相連一坵式畝，東至本宅，南至　　西至　　北至　　。合共該税肆拾捌畝壹分叁厘式毫壹絲，自願出賣，先召親房人等各無承買，次憑中人引至桑園圍承買，合共還足時價銀三千捌佰兩正，司碼平兑，連簽書酒席俱在價内。三面言明，大家允肯，此是明賣明買，不是債折按當等情，又不是蒸嘗留祭物業，自賣之後，任從桑園圍印契過割，自納粮務，永遠收租管業。該税載在城西一圖，另户伍惇庸户。曾經立定標貼，如有來歷不明，由賣主同中理明，不干買主之事。今欲有憑，立斷賣契壹紙，并檢出本堂紅契式紙、白契叁紙，上手紅契肆紙、白契式紙，交執存據。

一、實伍福利堂賣出園田兩號，共民税肆拾捌畝壹分叁厘式毫壹絲，任從買主照税割入西隅壹圖，另户桑園永固户永遠辦納粮務。

一、實伍福利堂收到田價銀叁仟捌佰兩正司碼平兑。

中人余瀚湖　馮羽雙

見收銀在堂母　何氏指模

伍後初、伍德初的筆

光緒廿二年十一月廿九日

驗契南海縣因字陸拾玖號
中華民國四年六月　日
印契布頒立字陸拾伍號
光緒廿二年十一月　日

民國二年十二月五日附股商辦廣東粵漢鐵路一萬份
商辦廣東粵漢鐵路有限總公司發給
往字第五册第七十弍號壹萬股
本公司招集華股，開辦廣東粵漢鐵路每股實收廣雙毫銀伍元整，共集股捌百捌拾壹萬柒仟伍佰陸拾弍股，分三期遞收，第一期收銀壹員，第二期收銀壹元伍毫，第三期收銀弍元伍毫。今據　省　縣股東桑園圍永固先生附股壹萬份，業經照章交足三期，實共繳到股本銀伍萬員整，理合發給股票息單，俾作憑證。
此據
民國二年十二月五日給
總理詹天佑
協理李煜棻
董事徐恩佑　李振成
張家照　劉錦江
梁汝棻
梁燮垣　李鑒誠
另連息單一頁第一期至第廿期

民國五年乙卯十二月買受關園柏祖九江西方樂只約桑園圍外基塘契
立明永遠斷賣基塘契人關園柏祖。
今有承先祖遺下基塘一口，坐落土名九江堡西方樂只約桑園圍外，今因遷祠需用銀兩，宗孫紳耆集祠當衆商議，各願將此基塘出賣與人。先召至親，各無如意，房內子孫執賬問到桑園圍承買，全盆取實價銀肆百伍拾元正，簽書席金俱在價內，還價相同，二家允肯即日標貼晒栰，卜日邀請業鄰丈量，東至南涌心界，長弍拾柒丈陸尺伍寸；南至西桑園圍基邊界，闊弍拾壹丈零弍寸；西至北吉水里閘心界，長弍拾弍丈三尺柒寸；北至東涌心界，闊壹拾七丈玖尺陸寸。肆至明白。該鄉丈税捌畝玖分陸厘陸毫肆絲捌忽，即日竪（栈）〔杙〕立界，書立賣契交易，銀契兩相交訖。並無少欠分厘，亦不是債折等情，從前并無按揭別人銀兩，亦非蒸嘗留祭之業，的係承先祖遺下之業，與別人無涉。倘有外人争論及來歷不明，賣主自理明，不干買主之事。
自賣之後，任從買主管業收租，或填塞，或開水路，臨時不得異言，水陸二路照舊通行通放。此基塘該原承民米三斗六升九合一勺，載在九江堡三十八圖七甲關義存户辦納，任從買主隨時收歸本圍辦納，二家不得多開少承。屬在圍内同人，不用多寫。恐口無憑，特立明斷賣基塘契一紙，交執存據。其上手契日久遺失，倘有搜出，視爲故紙。

一、實關園柏祖宗孫紳耆、漢長、其昌、耀星等親手賣出基塘一口，該鄉丈稅捌畝玖分陸厘陸毫肆絲捌忽正。

民國五年乙卯十二月立賣基塘契人關園柏祖

宗孫紳耆、漢長、其昌、耀星等的筆

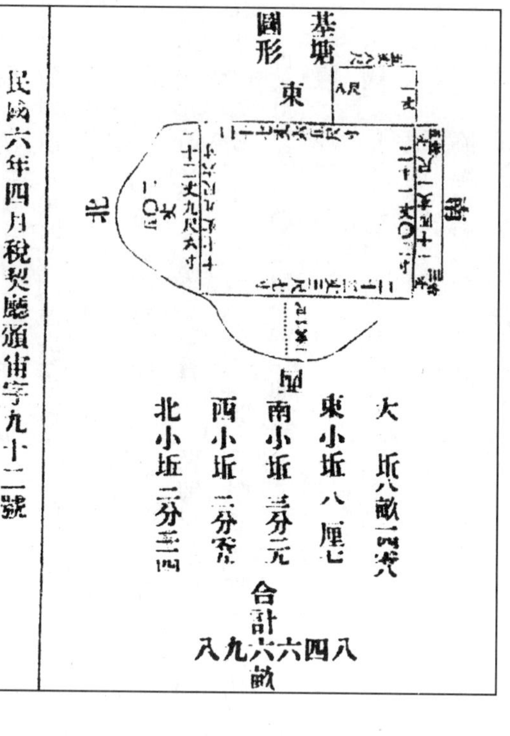

民國五年　月　日承受儒林書院萬善堂從風草堂

九江鄉南方趙涌趙大王廟前基塘契

立讓基塘契人：　九江堡儒林書院萬善堂從風草堂。

今有基塘一口，坐落本鄉南方趙涌趙大王廟前第三口，該稅四畝九分一厘伍毫伍絲零伍，又肆分壹厘玖毫叁絲捌式伍，東至涌心界，南至基心界，又至元芳公界，西至路邊界，北至涌心界，四至明白。茲因民國四年乙卯西潦澎漲，水溢基面，搶救數日用去鉅欵，曾自適堂、曾起岑祖無力歸欵，將此業獻出抵填搶救之項。現桑園圍因此處外沙日割，須收用此塘改闊基段。本書院善堂等集衆商議，情願將此基塘平價讓與桑園圍承受，即日收回業價銀叁百大元，其粮米式斗零捌合玖勺陸零肆柒，又壹升柒合玖勺式陸叁，共該民米式斗式升六合捌勺捌陸玖，載在曾宏户辦納。嗣後歸桑園圍承辦納，水陸式路照舊通行。今欲有憑，特立讓數壹紙，并上手契式紙，交執存據。

一、實從風堂、儒林書院、萬善堂賣出基塘一口，該稅五畝三分三厘四毫八絲八柒五，原民米二斗二升六合八勺八陸伍。

一、實從風草堂、儒林書院、萬善堂收到業價銀叁百大元。

民國十一年五月初一日稅契廳頒率字式拾式號

查上手契二紙。一紙民國四年乙卯十二月初五日，由曾起岑祖紳耆值事宗孫曾滿榮等，將先祖遺下基塘一口，坐落九江南方趙涌趙大王廟前第三口，土名墟後塘，該稅肆畝玖分壹厘伍毫伍絲零伍，賣與儒林書院從風草堂萬善堂承受，該業價銀捌百伍拾大員。一紙民國四年乙卯十二月初五日，由曾自適堂將先祖遺下基地一坵，坐落曾大夫祠前，與墟後塘相連，該稅肆分壹厘玖毫叁捌式伍，賣與儒林書院從風草堂萬善堂承受，該業價銀叁拾陸兩正。

民國六年丁巳歲閏二月廿九日買受柏林祖、聚靈公坐落景星里基塘一口

立明永遠斷賣基塘契人柏林祖、聚靈公。今有基塘一口，坐落土名九江堡南方景星里桑園圍外，茲因桑園圍修圍要用，故我柏林祖、聚靈公集衆，願將此基塘讓與桑園圍承受，衆議照原價銀叁百捌拾兩正，所有簽書席金俱在價內，即日標帖晒（栈）〔杙〕，卜日邀請業鄰丈量四至明白。該鄉丈六畝一分零玖毫玖絲陸忽八末六微，另繪形圖於契末，俾得一目了然。即日豎杙立界，書立賣契交易，銀契兩相交訖，并無少欠分厘，亦不是債折等情，從前并無按揭別人銀兩，與別人無涉，倘有外人争論及來歷不明，由賣主自行理明，不干買主桑園圍之事。自賣之後，任從買主管業收租，或填塞，或開水路，臨時不得異言，水陸二路照舊通行通放。此基塘該承民米式斗柒升，載在九江堡卅四圖九甲曾通理户辦納，任從買主隨時收歸本圍納辦，二家不得多開小承，屬在圍内同人，不用多寫。

恐口無憑，特立明斷賣基塘契一紙，交執爲據。上手契日久無存，日後如有搜出，視爲廢紙。

一、實　曾柏林公賣出基塘占壹半總理曾信挺收到　原價銀　壹佰玖拾兩

聚靈公賣出基塘占壹半總理馮雲甫收到　壹佰玖拾兩

共叁百捌拾兩伸元　伍百式拾柒元柒毫捌仙

大小五坵鄉丈稅六畝壹分零玖毫玖絲陸忽捌陸

民國六年四月稅契廳頒日字第叁拾號

南
西
北
東
十五丈五尺二寸
一十二丈四尺
十一丈五尺
一十三丈八尺五寸
稅五畝一分谷伍毫玖絲一六六

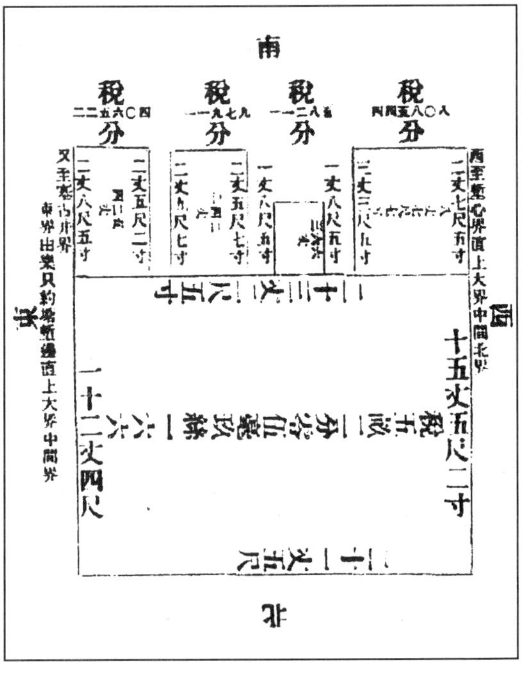

民國十二年癸亥歲十二月買受張永孚堂坐落景星里基塘壹口

立送基塘帖人張永孚堂。今有自置基塘壹口，坐落景星純中舊屋前，鄉丈該稅壹畝玖分玖厘，東至塘仔及舊屋脚界，西至包大圍界，南至椿磡界，北至包上便塘基界，四圍界至明白。此基塘因該處基段於民國七年由桑園圍修築培厚，墊支工料銀叁佰捌拾伍元柒毫壹仙正，茲集衆公議表决，將此基塘永遠送與桑園圍管業，以抵墊支欵項。自後此基塘批租納粮及日後重修改變，概與本堂無

涉，桑園圍所墊之欵亦兩相清訖。此基塘民米載在張明臣户内，該民米壹斗零陸合肆勺陸抄伍撮，由桑園圍自行辦納。今立送帖壹紙，交執存據。

民國十二年十二月　　日張永孚堂當年值事恩海立

建甫
湛清
灼三
介熙

卷十五　藝文

事非言不著，言非文不傳。藝文者，所以載其言而詳其事也。昔人地志、水利諸書，每立藝文一門，凡以地方利病、事勢、人情，其見於時賢議論者，亦是非得失之林也。至於閔時感事，作詩告哀，情景如繪，録之以備輶軒之採，義固宜然。其與圍無預者，不濫及也。志『藝文』。

惠民竇碑記

陳萬言

南海九江里，在省會之西南，去邑百八十里。其地負山帶海，上瞰牂牁、離、鬱之水，南流入於海，下控厓門、西樵、大雁諸山，峙其左右。洪濤巨浸，中流兩峰砥柱屹立。州大夫曾公儲題曰『海偶亭』云，即郭景純所謂『靈洲鬱鬱，嶺南多衣冠之氣』，殆此類也。故其地人文蜚英，産饒物阜，甲於他邑。先民奉上令，於南了[一]衝枕海處引潮入内，設板閘以司啓閉，藉以蓄洩灌溉，十八堡賴之，遂成沃壤。

厥後洚水爲災，有鄰國爲壑之憂，則以曩昔閘之廣一丈許，且啓閉不時之爲患也。權要者誤聽豪民言，遂决意

[一]『了』字似應爲『丫』字。下段文字中『南了』同此。

堙塞之，堤岸懸隔，海潮不通，南了內河日漸淤淺，旱不及灌，潦不及洩，禾稼不登，池泉益涸，魚利耗竭，生民勞瘁，囂妻孥以供賦税，至於今日極矣。當事者議復古制，而豪民之裔鼓衆而陰沮之。會周侯奉例清畝，經九江里，按軾周視故閘遺址，憮然歎息，召父老而告之曰：『閉此不竇則九江之民病，廣設閘則大同、河清之民病。然大同遠而易坊，九江近而宜拯。語曰「不習爲吏，視已成事」，今之河清有竇無患，獨於汝民不爲之所乎？吾聞謀於衆者，貴兩利而俱全；慮其終者，當作始之盡善。君子爲政，圖易於其難，爲大於其細，亦爲審擇利害，損而益之，與民宜之而已。吾將令民改閘爲竇，高不逾七尺，廣不踰五尺，旱而開，潦而閉，一如河清之例。越此者，有誅；民或貪利擅啓竇而不顧隣人之陷溺者，有誅；民或健訟壞成法而忍視一方之飢渴者，有誅。明有國法，幽有鬼神。若等其自保之。』於是，遠方之民言不便者遽至。侯曰：『試爲之令。』既具布之國，父老率其子弟樂事赴工，荷鍤如雲，負土成邱，選石以爲砌，擇材以爲門，門之闔闢隨潮消長，缺三字力，內作重板以資蔽障，高廣如式，蓋不踰旬月而工竣。潮汐之至，膏潤百里。於是枯者榮，涸者蘇，浸者洩，昔之勞瘁而無告，盡力於農畝缺二字囂頌以鼓。衆者革心而向化曰：『而今而後，知侯之能仁我也。』衣冠者歌詠載道，感侯之惠，惠而能文。貿遷者舟楫咸集，感侯之惠，惠而能均。

侯時方膏車入覲，里中父老詣予，請記萬言，稽首曰：古之人有高世之功者，負遺俗之累。有獨智之慮者，任驁民之怨。夫天子加惠元元，簡侯以治南海。侯知澤國之民急於水利，故決策以疏導之，而遠方之人求多於吾里，必欲終訟。衆言淆亂，苟非明足以察，勇足以斷，事未有不沮格者。侯之任怨任勞，以底厥成功，宜於今而不泥於古，悦乎近而不忽於遠，殆善之善者也。鄉士大夫諸父老勒碑以紀盛美，名之曰『周侯惠民竇』，名義迨攸稱焉。嗟我子孫遵法而世守之，尚亦有利哉！異日者人秉鈞衡，推是術以濟天下，直易易耳。子產之始相鄭也，不和於俗，而其終也，輿誦歸之。夫子以爲惠人，侯殆吾邑之子產也。庚桑楚居，畏壘三年，畏壘之民願尸祝之。庚桑楚避而不有天下，後世亮其心者鮮矣。萬言生也，甍見忤於時，侯之德教也日深。予殆故知侯者，若等其無忘涸鱗之困，以保侯之惠於無窮也。於是父老舉手加額，曰『公之及此言也，百姓之德也。』遂爲之歌曰：『汪汪泮泂缺一字[一]歷蒼梧。而東流至於南海兮，拔我靈洲。帝命循良兮，憂民之憂。疏導以廣水利兮，澤我田疇。樹藝黍稷兮，亦乃有秋。順彼遠鄉兮，彼不我仇。缺二字可通兮，社醉而謳。侯之還朝兮，黼黻王猷。於萬斯年兮，勒功羅浮。』

[一] 依文意，此處疑缺『兮』字。

侯名文卿，由隆慶辛未進士，湖廣江夏人，遂勒之貞珉，以詔來者。

陳博民墓志銘

關上進

匹夫而澤及生民，一事而功垂萬世，於戲難矣。然則博民陳公之墓烏可不誌。公諱博民，字克濟，號東山叟，南海九江鄉人。父德華，祖建端，曾祖擇口，即南雄珠璣遷來之鼻祖也。公在元季明初間，生平慷慨有大志，念西江傾注，盛夏潦漲時，鄉及鄰堡之瀕江者歲受水患，因堤防未善，潦至則澎湃激嚙故也。公相度形勢，審視要害，思築而固之，爲永久計。又念大工大役，非聞於朝不可，乃走金陵上書闕下。明高皇曰：『捍水災惠政也，叩玉階義舉也。』嘉而俞之。爰勅有司鳩工，而指揮董率惟公是任。經始於洪武丙子秋，以丁丑夏竣事。自甘竹灘上至天河、橫岡，綿亘數十里，堤之狹者廣之，卑者崇之，薄者厚之，脆者堅之。人皆舉手加額，相與德公頌公不輟，謀所以酬公勳者，爲公建祠，顏曰『穀食』。高皇褒勞，以乃功榜其堂。噫，豈非盛事哉！時古岡黎秣坡貞爲記，勒諸石，至今存焉。

公藏魄於里中鎮山之原，舊無墓誌，今各後裔重修馬鬣，謂不可無表墓者。其十一世孫文學之俊，予門高弟也，謁以誌請。予曰：『予固公之里人，幼聞公事，知公績偉矣。數百年來上下數十里間，不至魚鼈其人民，滄海其桑田，廛市其室廬，蛟宮其池沼者，非荷公之惠哉？由此以至千百祀，猶食公賜也。靚長堤虹偃，慨然想見公之爲人。公一海濱布衣耳，而利賴所詒若是，彼碌碌紆青紫綰印綬者，知而不言，爲而不勇，聞公風亦可少愧矣。使公當時稍得尺寸之柄，其功業之所究又焉得而測之。昔人謂誌墓之文，惟郭有道碑不愧，今予于公亦云。』

公生於順帝戊戌年十二月十一日辰時，卒於宣德十年八月初九午時，享壽七十有八。元配孺人梁氏，次配封氏、曁氏、蕭氏、朱氏、何氏。子男七人，長諫，次能，三秉，四濂，五正，六觀，七和。女一，其所適，即吾族支祖善吾公也。四代孫夢蘭，字廷吉，賢而文，從白沙先生遊，推陳門游酢書法，尤得江門三昧。今厥族蕃衍不下千指。予既樂爲公誌，復繫以銘曰：偉男子，詣神京。一獻策，動彤廷。築堤堰，障滄溟。利萬姓，永康寧。壙埋魄，不埋名。澤及遠，後必興。千百世，保佳城。過斯地，讀斯銘。

上祁竹軒中丞書

馮志超

敬稟者。伏以非常之舉，待其人而後行；大利之興，乘其時不可失。邇見粵東水潦，連年爲災，民情愈蹙，吏治尤難。適當此際，老夫子來撫是邦。若天使之因時舉事，以彌患一時，造福千古者。近聞日夜焦勞，降尊貴而親問疾苦，而制憲及藩、臬兩憲又皆賢慈，和衷共濟，自必有善全之政術，可無事於芻蕘獻策也。然志超所不能已於言者，蓋古人事師無隱之訓，故管見所及，不敢隱忍，以冀泰山土壤之助。竊見去年水災，勸捐平糶勉强支持，今若復行勸捐，勢必有所難强。即開倉放（賬）〔賑〕，恩亦有所未周。惟以工代賑，古今救荒善法莫善於此，而工程之興在今日所尤亟者，莫如開河以殺水勢，此轉禍爲福之機也。

夫粤東三江匯流入海，已近向無水患，至是連年成災，誠非適然。究其至此之由，蓋近海各屬富户築沙灘以成田，築圍基以種果，海口日隘，宣洩不及，遂至於此。禁止築沙築基，此固不可少之策，而尤宜於西江上流開河以殺水勢。查三江之水，北江發源以南雄，東江發源以潮州，而西江爲最大，由滇、黔、廣西總匯十餘江東下，至三水縣與北江合流歸海，廣、肇、羅三郡州縣悉其所經，每年基圍紛紛崩灌，皆此爲患。雖水退復業，因基圍不足以禦之，即如今年，新築各基圍仍多崩塌，是前車之鑒。於此別籌良策保全，非開通新興河不可。蓋西水非能一歲不至，疏而分其十之四，則西江水勢既緩，而東江、北江胥慶安瀾矣，而各處基圍永無崩塌之患矣。查新興縣屬土名河頭，有水源北流，出肇慶府與西江合。陽春縣屬土名黄泥灣，有水源南流出洋。自河頭至黄泥灣，中間相去僅三十五里路，雖其中有山，繞麓而開，不難通也。此河果通，不特粤東下流普蒙其利，即粤西潯、梧、鬱各州郡之在上流，可以歲減其災，誠彌患一時，造福千古之至計也。

或曰，此河曾經踏勘，實不可開。無論水尾太高勢難轉注，即數十里陸路無畎澮之迹，何以濬之？有嵯峨之阻，何以鑿之？又有天堂墟在其中，廬墓間錯，雖因勢利導隨其高下，然岸涘不齊，夏秋之間水勢奔注，必有溢出槽外之患，田畝仍有被淹者，是以隣爲壑，顧此失彼，後悔奚及。

不知天下最平者，水也。地勢有高低，而水無高低，開深南河以引水，則水尾漸平。挖寸低寸，挖尺低尺，無患其高也。鄭國開渠，豈因川澤，人力可通也。漕運之河，曾開數十里石脊，專藉火攻，無難朽也。廬償其值，墓勸其遷，間有低窪田畝受其旁注，亦不過百里，害小而益多。況又岸邊開壑，膏腴日闢，亦足補虛。是真西江之壑也。引而歸之，廣州各屬無桑變滄海之虞，肇、羅一道有裕國通商之利，不兩得與！

或曰，此河縱使能開，亦多未便。數十里脚夫失業，其患一。徑達下四府，宵小易於逋逃，其患二。當僱倩開挖之時，不厚其傭值則瞻顧不前，若厚償其傭值則奔走輻輳，日役數千人，彈壓綦難。況際災傷之後，孑身赴役無妻孥繫戀，恃黨羽衆多，患有不可勝言者。不知脚夫悉可駕舟，良歹亦易盤詰，畏法不敢者人之情，得食即安者民之性，果能以工代賑，數月開挖計可活人無算，惟在賢有司實心實力，不憚暑雨，不避嫌怨，與受役者同甘苦，將見『經始勿亟，庶民子來』，可爲詠矣。

或又曰，水性固無有不下，工程亦易於考成，惟若輩書生空言無補，以數十萬經費，豈可以紙上談？因再三思之，開河之舉，若興議於太平無事之年，人或疑信參半，甚至譏以好事喜功者有之。惟興議於連年慘傷之際，其爲一勞永逸之圖，人所共諒，出示勸捐，不但各鄉富户被災者痛定思痛，急切願捐，即如西關居民、佛山鋪户知獲其福，亦必踴躍樂從。鹽洋兩商豈竟無關痛癢，殷實典庫應願稍分羨餘。況緣各省捐賑捐工成案，奏獎鼓勵，更有自念勝於援例捐職而争先恐後者。蓋再勸賑濟則歲無底止，似難以爲情。惟以決策開河，則效可共期者，自必勇於從義。由是以工代賑，野無餓莩，不須捐以倖廉，河告成功，亦不至虚縻財穀，以視拘拘賑濟，功德不更遠哉？

或猶恐捐輸不足，勢難勸派，工程浩大，難以圖終。此亦老成過計，未可厚非。嗟乎！水之泛溢，誰實爲之？沙田爲之也。築沙田者石角水樁，日積月淤，又至加以基圍環突，遂至海口日隘，水道愈灣，宣洩不及，釀成大患。而彼之所報則汙萊下税，所享則膏腴厚利。即檄令按址自行洗刷，俾復故道，亦不爲過於猛烈。今但酌令每畝捐出銀叁伍分，集腋已可成裘矣。在築沙田者皆是富豪，出之甚易，況溢坦不下數十萬畝，接生隱報借照影佔，誠委賢能之吏，按籍丈量，檄繳花色。若屬官荒，則召人承佃，召户承陞，其爲有土此有財，有財此有用，不尤綽綽然有餘裕哉？志超旅居斯地，目擊情形所見，潦溢基崩，田淹屋倒，各鄉遭難，城内受驚擾，兹幸上天垂佑，實鑒老夫子愛民真誠，祈晴旋應，漲亦漸消，小民咸誦深仁，至爲感泣。惟是群黎當災殘之後，望倖恩澤甚爲迫切，而老夫子正思善爲處置之時，倘所言或有可採，則與制憲設定章程，懸示勸捐，按照數目之多寡，奏賞職銜之大小，昭示之信，然後着令各鄉自行公舉紳士，給簿勸捐。檄令各縣按照海口沙田畝數抽捐工費，尅日興工，以代賑濟，是誠千古一時也。設尚有持兩可之見，謂事屬創舉，未可鹵莽行者。試問西水又復駛至，將以何法消之？何地容之？現在嗷嗷鴻雁何以安集之？夫事固不可不計利害，而亦當權其重輕。朱子云：『凡事七分害三分利，即不可行；七分利三分害，即不妨行之。』伏願老夫子審輕重之權以決行止而已。志超冒昧之見，未知果有當否，伏惟裁奪。受業志超謹稟。

按：馮君號班甫，上書時在道光十三年，經按憲扎委道府勘明稟覆，惜爲時議所阻。前數年又經省善堂商會獻議，亦不果行。查新興河頭，《廣東野史》内載有『渠形，在林阜中，可以疏鑿，使水南行三十里許，直至陽春黄泥灣』等語。如果渠形尚在，踵而行之，固爲易易。即使渠形無存，而天堂墟左右一帶俱是平岡，並無高山竣嶺，其土山可以力施，石山亦可以用火煅煉，斷不至半途而廢。況今日人工機巧百倍從前，蘇彝士河尚可開鑿，尤易策其功效者乎？非常之功必待非常之人。現雖未行，存此以俟後之君子。

公築十堡横檔基碑記

吾粤渠堰之制，有大圍，有子圍，有大涌，有小涌。大圍者，沿西、北兩江之旁累土爲鉅防，以禦大川之横決者也。大涌者，鑿大圍爲牐門，引川水注於圍内以通宣洩者也。子圍者，夾大涌兩旁而築之，免大涌之泛溢於圍内者也。小涌者，鑿子圍爲牐門，引大涌注子圍内，縈邨落，絡土田，雖千支萬派，舟楫可以相通，旱潦因而啓閉者也。然則言水利者，聯衆堡之力以固大圍，分各邨之力以護子圍而防閑密矣。

兹乃於子圍内再築一圍，不於江河之邊，反置於平田之上，人勞財費，無乃多事乎？曰，非也，不得已也。

蓋吾鄉大涌之水，其來源有三，曰惠民竇，曰獅頷口，曰龍江口。惠民竇之水在甘竹灘上，較灘下高四五尺，四月後即將牐門緊閉，並湮塞以泥沙，外漲不能來，内潦亦無從洩，所恃以疏通積水者，東、西二口而已。獅頷口在甘竹灘下，水較灘上低四五尺，圍基到此已盡，四無阻攔，故從此引水，逆流而上，又百折千紆以殺其勢，抵大穀，分爲二支。一支繞龍山逶迤而行，出於龍江口。一支入九江，至三元橋下合惠民竇水，經大同、沙頭，亦出於龍江口。龍江口之水從北江流入，亦經沙頭、大同而出獅頷口。所幸者二水强弱異勢，銷長異時，故漲於西者消於東，漲於東者消於西。若二水合漲同在一時，則力敵勢均，會合於沙頭、大同之間，而白飯、温邨兩圍乃頂冲最險之區，十堡恃爲屏障審矣。然白飯、新慶等圍俱能自行修築，自行保護，而温邨圍則自己視爲緩圖，隣堡反代爲喫緊，其故何也？曰：此有無可奈何之勢焉，非可一言竟也。

夫他圍民居俱散處圍内，温邨圍則近貼圍邊，加厚則壓損民房，加高則湮塞門户，其無可奈何者一；他圍業户俱住在圍中，温邨圍多住在圍外，若有搶救，工食誰爲代支？椿杉誰爲代辦？無可奈何者二；他圍業主多食土平民，以租息爲命脉，温邨圍多富商巨賈，田園被淹，如九牛亡一毛，不爲增損，誰肯出力維持？無可奈(可)〔何〕者三；他圍佃户皆土着之民，聚族而居，人力既多，董率亦易，温邨圍之佃丁皆外來之蛋民也，欲出力保護則丁口幾何，欲借助鄉鄰則招呼莫應，無可奈何者四；若於邨後另築一圍，則鄉後皆品字基塘，跨塘直築，圍根不固，沿基紆築，則棄業太多，况地近西樵，塘多石底，設有崩決，椿杉難施，無可奈何者五。故每有潰裂，皆大同堡代爲傳鑼，十堡公同救護，至無可救護，不得已借大坑邨前泥路，加高培厚，以横截之。洎同治□年，大坑之路亦潰，約計修費百餘金，大同堡獨力擔當，不料修於前則決於後，修於彼則決於此，遂糜費千餘金。事前則曰十堡匀攤，事後則曰向無此例。蓋農夫深知形勢，不能操出納之權，紳士能操出納之權，又苦於不知形勢。或曰，此温邨圍地也，何故舍己芸人？或曰，此地與北陂相連，必白飯圍地也，安得以私基支公費？由是歸欵者(小)〔少〕，拖欠者多。在大同噬臍莫及，僅受屈於一時； 在十堡則剜肉難醫，不知受痛於何底矣。

同治四年，余銜恤家居，以紳衆推牽强管局務，農夫野老俱言，此圍不修，十堡同歎淪胥，本堡率先受累，而余於此地情形實未目擊也。後因先人窀穸事親履其地，始知此地在温邨圍内，而責沙頭人修築則不能。其地確與北陂相連，而名爲白飯圍又不可。況借路成圍乃一時權宜，非百年久計，若圖自鞏藩籬，非十堡買地另築一基不可也。

因與慷慨任事、不避嫌怨之陳訓導鑑泉，熟悉基務、心計精通之潘訓導以翎，情殷梓桑、喜成人美之陳孝廉文端，彼此函商所見，若合轍節，而後通傳十堡紳士聚集於大同書院之嘉會堂，酌籌欵興築之法。或曰，築圍先買地，固也。然買地必買路旁之地，則傍路成堤，地不增多而堤愈闊，堤内開一溝，則就近取泥，以深爲高而堤愈峻。且有溝以儲積水，堤内行潦皆有所鍾，内水與外水抵力既均，堤無偏壓之虞，而堤愈定。又，堤面不能種桑者以妨行人也。今有大坑之路以便往來，則堤身可禦洪流，堤面可培嘉植，將來租入即可爲歲修之資矣。僉曰善哉。於是通計圍長若干尺，買地若干畝，地價約若干，工料工錢一切雜費共若干，然後於十堡田畝起科，每糧銀一兩科銀一錢，共得銀一千餘兩。不足從十堡殷户勸捐，得銀數百兩。署南海縣鄭親下鄉徵收，囑圍内紳士催收懸遠舊粮，收得銀一千謝銀一百爲修基費，共得數百兩，通共銀一千餘兩，支去銀一千餘兩而堤以成。是役也，經始於　年月日，成於　年月日，計桑園圍十四堡，兹除去龍山、龍江、甘竹、沙頭及九江堡東方下北方不在此圍内，在圍内者九堡有半，名曰十堡者，舉大數也。其勸捐督工紳士，始終其事，不辭勞瘁者，梁知縣荔浦融、關茂才心葵俊英、冼上舍莘農謙等，例得書於碑以垂不朽。

廣東水患論

何炳堃

廣東水患，西、北兩江爲甚。北江源自梅嶺，南過樂昌，又南過連州，至三水會西江，出虎門入於海。西江發源夜郎，匯滇、黔、交、桂諸水，下梧州爲牂牁，出羚羊峽分流爲二，東流至三水會北江，出虎門入於海； 南流出大蘆，經西樵復分爲二，一過新會出厓門入於海，一下甘竹出焦門入於海。廣州地處下游，築堤捍禦，頻年潰決，增卑培厚，災亦不止。固水之驕悍使然，亦下流壅遏所致也。而議者謂新興河有水源北流與西江合，陽春黄泥灣有水源南流出洋，平陸相距不過三十餘里，鑿而通之，可分洩西江水而殺其勢，其説似矣。

乃近聞有司採納輿論，特遣人測驗，其地地高於水二十餘丈，又新興、陽春兩河皆有小灘數十里，潮所不及，非鑿深兩河，流亦中互。若併兩河疏鑿，計當百里有奇，所費不下千萬，揆以今日之事，勢恐施行未易言也。且經費可無論矣，即以地勢而論，土薄水淺，掘及尋丈泉即湧出，數丈之下，雖有畚鍤亦無所施。況發掘二十餘丈，水中取土，豈不爲費彌鉅而成功愈難乎？

昔人籌河，有建議欲於塞外鑿渠，道之北流入於北海，勿使經中主〔一〕，謂既可隔華夷，又使中土永無河患。論者奇其策，而惜其途遥費距難成也。今之議者無乃類於是歟！然則不能分其流以殺其勢，亦惟疏其流以順其性而已矣。夫柔而善下者，水之性也，禹之行水行所無事，順其性也。

溯自乾隆以前，水潦亦歲歲至矣，而爲災者少。乾隆以降，堤加高厚而潰決愈多。水若與堤爭勝，然是何也？下流沙田攢起，迄今殆逾萬頃，犁户多築石壩，沙停淤淺又復成沙，沙田既多，水道愈壅。近今水患視昔爲甚，職此之由。然貴勢豪族固有牢不可破者，苟無善法以處之，事亦不可行也。是在留心民瘼者矣。

擬重修桑園圍河神廟碑記

何炳堃

昔先聖王神道設教，凡有功德、能捍災患同在祀典，所以申其報，示不忘也。

我桑園圍河神廟創於乾隆乙卯，修於道光丙午。正室前堂祀昭明龍王，後堂爲集會所，兩旁翼室，左祀官粵諸賢，右祀圍中先達暨諸義士，皆有功德於圍者也。光緒初年倡集義捐爲堤修備，遂增祀義助諸主於後堂，禮以義起也。

歲丁酉復舉歲修，在事諸君以廟貌日就阤敝，非所以彰恪事也，爰商諸衆，作而新之。正堂、前後堂悉仍舊規，兩旁翼室，左崇德、右報功，奉祀如故，而以其前餘地改作中座垛廊，復築兩室夾大門爲崇義祠，移祀後堂義助諸主。舊基瀕江，歲淹於潦，因移後數丈，高築地基，自是乃免水患，而氣象較崇隆焉。經始於戊戌□月，告成於是年十月。所費白金若干兩，實出於餘積存欵，不捐湊而事集，則未雨綢繆之效也。落成之日，十四堡人士咸集，相與拜祝嗟歎神庥。

蓋自道光甲辰以來，慶安瀾忘昏墊者五十餘年矣，謂神靈呵護固宜，然神依人而行者也。坍塌者補，庳薄者培，險者護以石，漏者築以灰，此人之所爲，非神所能爲也。向使冒領官帑，工程粉飾，暗中伸手，糊塗奏銷，一旦潦至，東、西搶救，倉皇祈禱，求神庇庥，雖荐馨香將吐之矣。呵護之靈可妄冀乎？惟人事既至，神鑒其誠，庶足延嘉貺耳！

〔一〕主　或爲『土』之誤。

繼自今凡我同人敬爾在公，尚一心力，無作神羞，繕完以時，有基勿壞，將所以防災患而保功德者，胥在是焉。我圍堤直不啻以金鑄矣，神之默佑豈有既歟！炳堃生長斯土，夙與畚鍤之役，與闔圍士衆享樂利者數十年，同承神賜弗敢忘也。因樂爲記之。

桑園圍下流三口不宜築閘議

何炳堃

天下事利害常相半，利於此者每害於彼，未可見其利不顧其害也。

我桑園圍自北宋創築，圍形如箕，箕腹在北，箕口在南，南缺獅頷、高滘、東海三口，爲下流宣洩之區。前人規畫周詳，用意深遠，未易及也。今議者以三口倒灌，倡建活堤，謂可絶下五堡水患。誠如其說，下五堡固有利矣，上九堡果無害乎？不獨上九堡有害，即下五堡亦不能有利無害。

所謂上九堡有害者，何也？方今圍内田畝連年多被水淹，簡村、金甌、鎮涌、河清等堡尤甚。前十餘年高田猶可恃，今亦與低田等矣。推求其故，良由下流子圍築閘，阻遏水道，加以低田多變桑基，則容水之地日少，即載水之田愈漲，水愈漲則消愈遲，而禾稼愈不可問。欲救其弊，正宜疏通竇穴一切去水之路，使得暢流，然後田水易消，可望及時種蒔。

今者歲比不登，種蒔失時也。其所以失時者，由内水退遲也，雖有下流三口洩水，其爲患且至於此。猶復築閘以增其閉塞，上流水漲絶無去路，將見各堡皆成澤國，禾田桑基均無望有收矣。此其害之易見者也。至謂下五堡亦不能有利無害者，以五堡地處下游，上九堡之水所注也，下閉三口之閘，上承九堡之水，子圍單薄，將有壅而潰決莫可救止者矣。且三口爲五堡舟楫通津，蠶桑魚苗百貨之所出入也，閘成而艱於運載，小民之失業者多矣，此不可謂無害也。如謂不築閘不免水患，豈知五堡非盡受水患也，其中受水患者爲無子圍也，非爲無閘也，自築圍可免水患矣。不築圍以固吾圉，而築閘以鄰爲壑，是猶馬頭岡閘之故智，豈一視同仁之義乎？

查圍志載，康熙四十五年，九江欲築篸㞐基爲内防，各堡以閉塞水道，聯呈請示禁止。同治四年，楊滘築壩有礙水道，合南、順、三水三縣呈請毀拆，均照所請批行。從來先達明於利害者，無不以通利水道爲務。今擬三口築閘，是欲以塞爲利也。使塞而有利，前人先已爲之矣，豈待今日始圖補救哉？愚竊以爲大不便，當曉以利害，寢其議，勿使行。

論三口活堤呈上游節略

何炳堃

桑園圍界連南、順兩邑，分東、西兩基。東基捍禦北江水潦，西基捍禦西江水潦，共長壹萬肆仟柒百餘丈。圍内十四堡居民百餘萬。圍形如箕，箕腹在北，箕口在南，以龍江、龍山、甘竹三堡地方爲下流宣洩之區，即獅頷、東海、高滘三口是也。

圍自宋創築以來，數百年相沿無異。今沙頭、九江、龍江、龍山、甘竹五堡議在三口創建機器活堤堵截外水。忖思前人規畫周詳，而三口獨不設閘陡水者，非力有未逮計有未周也，實恐下流壅遏，未受外水之害，先受内水之困也。向來下流三口無閘阻塞，而雨水山水所積，宣洩稍遲，田廬之被淹者已多矣。況築閘以壅遏下流，則水患漲而消愈遲，欲其種蒔及時而秋成有慶，不亦難乎？且更有可慮者，以五堡地處下游，閘成後，下閉三口之閘，上承九堡之水，水無去路，爲患滋甚。勢必從上九堡交界處所堵築橫基，截上流諸水，不然是築閘以自困，雖愚者不爲此，又可爲逆料者也。今日築閘，明日築堤，止分先後耳。今日既不能禁築閘，異日又豈能禦彼築堤乎？築堤而上流常爲澤國，械鬬頻仍，禍有不可勝言矣。

議者謂今昔異勢，當隨時變通，則近事亦有可舉爲例者。前六七年，龍江堡所築橫涌水閘，祇屬龍山下流，本無礙全圍大局，圍衆猶以爲阻塞水道，礙難宣洩，合圍呈請移營督拆，況三口爲下流咽喉之區，其利害輕重比之龍江横涌水閘相去何啻萬萬，則三口之不宜築閘，正不得以今昔異勢論也。總之，向來既無舊址，今日不必新築。若執一偏之見，創數百年來未有之事，甚非所以息事安人也。謹瀝陳其弊，惟仁台察焉。

桑園圍疏通下流議

何炳堃

桑園圍創於北宋徽宗時，迄今逾八百年，崩決者不知凡幾，增卑培薄者亦不知凡幾。而加增高厚，水若與之相爭者，何哉？非上流之水有所加也，由下流之水有所壅耳。下流所壅者何？沙壩也。始築壩以護沙，繼築壩以積沙，積沙之地日多，即容水之地日少。盤盂盛水盈量不溢，中覆數碗其溢立見矣。沙壩豈異是乎？閭巷溝渠流遏，則水溢侵階矣。況攢築石壩以遏萬里之流，其奔騰又可問乎？此漫溢潰決所由頻聞也。

昔九江朱晦亭先生嘗上粵中大吏書，本其身所目擊痛切陳之。時總督李公、巡撫盧公洞悉其弊，飭屬查勘分別（折）〔拆〕毁，粮道夏公勘覆，力主其議。方議舉行，而盧公、夏公並以遷擢卸任，後粮道鄭公復申前議，亦以陞調去事竟止，豈天不欲救此一方民，故撓之使不得行乎？抑有人事存乎其間也？蓋報陞沙坦，富貴豪家業也。築壩則沙聚而業可增，拆壩則沙割而業將損，食業者懼其損而望其增也，情也。思所以保全之，無可致力則已耳，力有可圖則用力以圖之，亦勢所必至也。然則毁拆沙埧，非切於爲民而不爲勢力所奪者不能辦也。

方今有當道欲議行，即可斷然行之，無慮爲勢力所奪矣，所慮者工資無所出耳。然事有可援爲例者：同治四年，楊滘築壩阻塞水道，南、順、三水各圍紳士聯呈稟請督拆，批准以石代工。前事可師，仿而行之不難也。爲今之計，應請當道委員查勘各口要衝，不許築壩以礙水道，未築者禁，已築者拆，限期勒令業户自行拆平，不拆者由官督拆，業没入官。壩拆而水道寬，則下流自可暢消，上流即不至漲，斯崩潰可免矣。不然，雖加築高厚，其勢豈足以相敵哉？

紀處默義士事

何炳堃

道光二十四年甲辰，桑園圍堤決林村吉水。圍衆集河神廟籌築水基費趕蒔晚禾。突來二人，問所需幾何，告以五千兩。問交付何處，告以其所。越數日，有人駕槳船賫白金五千兩至，題曰處默堂。問姓名，不答而去。後題處默義士。粟主奉祀之數十年，無知其人者。

光緒初元，順德李太史翹芬時方童年，從學於予，其祖擅青烏術，主龍太常家者十餘年，習知其家事，其父亦常來往太常家。嘗爲予言太常封翁，人稱梓四公，好義喜施，事多可述，曾捐五千金助修桑園圍。李封翁蓋得諸其父所見知者，其言可信也。至是而處默義士之姓名可得而傳矣。

以龍封翁闇然自晦，原不欲其名彰徹於人，予必表彰之者，固發潛闡幽之義，而樂道人之善亦君子所不廢也。抑予慕龍封翁爲人，則更有所感者。彼與我圍生處異縣，非同桑梓休戚相關也，顛連之狀愁歎之聲耳不聞目不見也，即有見聞，如秦人視越人之肥瘠，漠然於心亦常情，無足怪也。而封翁乃出鉅資以助工，將以爲近名，彼則深自韜晦，惟恐人知，未嘗以姓名告也。謂彼欲積陰德於冥冥之中，爲子孫計長久，則以惠及人，子孫食報，固其宜也。人苟知此，推有餘以濟不足，此善於用財，正善於貽謀也。

嘗見世之雄於貲者矣，持籌握算，心計偏工，志求贏餘，銖錙必較，每有義舉，勸之不應，比比皆是。彼豈不知義之當爲哉？存自私之見，無愛物之仁也，卒之爲子孫作守錢虜，溘然長逝，轉瞬成空，子孫驕淫，縱情揮霍，向之數十年經管蓄積忍而不能舍者，不數載而破散盡矣。以視存心濟物身受多福賴及後人者，奚啻霄壤！而人往往没溺於吝嗇而不悟，聞龍封翁之高誼，其亦庶幾興起也夫。

甲寅修圍紀事

何炳堃

民國三年甲寅閏五月初一日，茅岡基決二十餘丈。是年西潦本不甚大，各屬圍堤崩決者少，乃以人事不齊之故，致成鉅災，良可慨矣。

當時該處基段報警，不過略有滲漏，且堤身廣闊，外脚復砌石磡，基主狃於成見，以爲無虞意外，漫不經心。而各堡赴救丁役又督率無人，衆口誼呶，幾釀械鬬。加以連日各處基段又迭報警，東奔西走，未免顧此失彼，遂致乃以公箱圍田押借鉅欵，再向内培厚堤身底，大功乃克告成。

是役也，共費銀七萬三千一百餘兩，積欵固蕩然無存，且揭入債項數千兩。雖曰工程之擘畫或有未周，然使圍堤弗決於前，又何至鉅工糜費於後耶？願後之君子思深慮遠，防患未然，是則闔圍之福也。

乙卯修圍紀事

何炳堃

我圍自道光甲辰崩決以後，慶安瀾者七十年，其鞏固長久莫與儷矣，豈非賴有歲修，諸先達實心經理之力哉！延及甲寅茅岡基決，逾年大工甫竣，旋復告災，其間有天焉，有人焉。甲寅之決本可施救，而搶救不力，以致於決，此人之所爲也，非天也。乙卯之決，漫溢無可施救，此天也，非人之所能爲也。

是年五月末，西潦大至，肇慶皇城圍決，水勢建瓴下，沿江各圍次第潰決。我圍東基正當其衝，潦水陡漲，溢出基面數尺，六月初一日，仙萊岡以下至河澎尾東基一帶，決口四十餘處，共長三百餘丈。西基搶救數處，坍卸百餘丈。實爲從來未有之巨災。

圍決後六月中，在邑學明倫堂集議修築，選舉總理，到者廖廖，票舉既有屬矣。有抗議者謂此次大災工程重大，必須傳集全圍，大衆公同推舉實心任事之人方克有濟，不宜草草，復蹈覆轍也。於是約期另行再選。

潰決。然外基石磡冲塌者不過丈許，倘各堡丁役協力搶救，自可築復。乃以圍堤久不被災，曩日勇於赴工、熟悉搶救法者多已徂謝，且不免各顧家室田園，紛紛四散，遂至愈潰愈闊。聞潰後歷一晝夜，其決口尚不過數丈，豈非人事不齊有以致之邪？

迨七月後，潦水漸退，各堡集議先築秋攔。董理者未諳障築諸法，先從決口兩旁着手束窄水道，合龍之處水勢冲激愈烈，耗費幾許工料始克告成，而所費已不貲矣。秋攔既成，遂集議築復決口。舉定陳蒲軒君爲正總理，潘少彭君爲副總理，并延請治河督辦譚君學衡暨南、順兩縣長踏勘決口，籌商築復之法。定議以士敏土勻沙作基骨，裏外加泥培闊基身，以爲堤身之固莫逾於此。不知士敏土拌沙與泥土不相膠粘，於是堤外之土一層，堤内之土一層，堤中之士敏土拌沙又一層，是直分一堤爲三堤，欲堤之固而反危，欲堤之厚而反薄也。不特此也。堤底被水冲激日久，土既鬆浮必不堅固，惟須用沙填至水面，使其重壓浮土，方可建築堤身。其時或未細籌及此，迨乙卯五月工甫告竣，堤身陡然陷裂，堤中士敏土基骨低陷數尺，兩旁坭堤坼裂傾卸，駭人心目。其時已屬夏令，施工良難。僉議從基外厚培基身，應救目前之急，不知外堤之底既厚，内堤之底尚虛，其變可立而待。未幾而堤底浮坭復從堤内擁出，基面又復再陷。蓋自築秋攔至是，費欵幾至十萬，日前儲積公欵經已羅掘一空，且以入夏施工愈難，七月初二日集議，決定每堡自舉幹事員二十人，九江人數最多，舉四拾人，港商籌欵最有把握，亦舉四拾人，定於初拾日各幹事員齊集明倫堂票舉總理。是日到會者數百人，舉定岑兆徵爲總理，關勝銘、程學源爲副總理，老潔平、陳度之、左懽若管理財政。二拾日再大集會議，南海縣長陳嵩醴(一)蒞會。衆議以近年水患日加，謂宜照現年水度，全圍加高三尺，大加培厚，惟工程浩大，非大集欵項不辦，因擬徵收丁捐畝捐義捐爲建築費。決定畝捐照糧册每畝科銀二元，丁捐每丁科銀一元，義捐每人捐一千元以上者，附祀河神廟以酬高義。詢謀僉同，呈准立案開辦。二十二日勘驗全圍，岑總理偕九人買舟同行計決口四十餘處共約三百餘丈，卸陷亦百餘丈。決口多在東基，因上游蜆塘圍決猝然，水溢基面，低處水嚙坭卸致決也。西基搶救多處卸陷百餘丈，因水勢漸漲，雖溢基面，可以逐漸加高也。惟甘竹東安基決口多處，因地居下游，圍內水溢基面冲出而決，故各口皆非深闊。二拾八日勘畢。是時水未退，不能興工，而決口太多，亦不復築秋攔矣。

九月二拾七日，在河神廟集議。是日，治河專使李翰芬、粵海道委員陳新亞、南海縣陳嵩醴、順德縣成憲均蒞會，勸諭尅日徵收興工。二拾九日，在雲津堡三鄉局集議開工。拾月初二日，興築東基，司理者關頌庭、石伯雅、吳秉衡也。十一月初一日，興築西基，司理者關遜卿、黃澄溪也。東基設總所於雲津堡，沙頭、龍江兩堡各設一分所。西基設總所於九江，先登、海舟、鎮涌、河清、九江、甘竹(名)〔各〕設一分所。

至丙辰四月工竣。東基填塞決口及加高培厚共費銀二十萬四千弍百肆拾餘元，西基乙、丙、丁三年修費銀弍拾萬弍仟玖百壹拾餘元，戊、己、庚、辛四年續修費銀壹萬肆仟伍百陸拾餘元。龍江堡決口十餘處，內涌外塘難照舊址築復，故全段首尾除數十丈外，其餘圈出外坦改築新基。甘竹堡東安圍向屬子圍，修築例當自理，此次因科收畝捐，故由公欵通築。又裏海聯福圍以濱臨大河，援東安圍例屢請代爲修築。庚申十二月十五日河神廟集議，公定由西基所派人修築，其欵由裏海畝捐項內開銷。該基四百八十七丈加高培厚，辛酉冬修築完竣，用銀弍仟叁百玖拾壹元。此皆變通辦理，不得援以爲例。

開辦之始，丁畝捐墊欵收入無幾，僅領得救災公所銀陸萬肆千元，其餘悉由總理籌措接濟，且以商務殷繁之身，不憚往返常臨公所督理，其實心毅力有足多者。丙辰大工告竣，而徵收捐欵續修基圍諸事未能結束，於是九江仍設一西基總所，以爲收捐修基總匯，司理仍由關遜卿、黃澄溪當義務。設一分所於雲津堡三鄉局以策應東基，司理由余贊廷擔任。後擇要修補壘石，自乙卯至辛酉，統計修

(一) 前文多處作『陈嵩澧』。

築費銀四十二萬四千一百餘元，又壘石八萬八千元，修補局費不在數内。欲知其詳，徵信録可按而稽也。徵收畝捐，其始由官發委，經歷數員，殊無起色，而夫馬薪水所費滋多。後由圍内揀選人員，請官加委，爲費較省，辦事亦較切實，但衆情疲玩，徵收實難。人情自顧其私不顧大局，自昔已然，加以時局紜紛災祲迭告，則又勢使然也。岑總理自以任事數載，催收畝捐餘欠竟無了期，乃以辛酉十二月十五日在河神廟當衆議決，由各堡每選派核數員一名，在九江西基總所將各數簿核算無訛。壬戌年二月十三日，衆核數員復在河祖[一]廟聲明核數完竣，衆無異議，由是將全盤數目刻爲徵信録，分派各堡，遂辭總理之席。癸亥二月十三日，各堡齊集河神廟合詞挽留，總理又辭。至六月二十四日，各堡集九江西基所，議派四人親同赴港面留總理，兼議催收畝捐，限以甲子六月一律清繳。各堡簽字贊成，總理于此亦不得不出而終其事矣。

是役自有圍以來工程最大，集欵鉅而成功難，非有力量肝膽如岑總理，固未易勝其任；而非得群策群力各奏爾能相助，爲理亦未易竟其成也。諸君子之勤勞顧可忘乎？援筆記之，俾後世得所考焉。

記乙卯大水事

朱麐

洪水橫流，連年爲害。西江流域圍基多被衝决，生命財産田廬器物，其損失不知凡幾。哀我人斯罹此慘酷，有目不忍睹、耳不忍聞者矣。以我桑園圍内言之，去年祇决茅岡一處，今年則决四十餘處；去年被浸者淺則一二尺，深不過一丈，今年則淺者三四尺，深者一丈二三尺；去年水之來也以漸，今年則一夜而滿極矣。

中華民國四年，歲在乙卯，夏時六月初一日，桑園圍基潰。是日二時，水到我屋後塘，五時入屋至中堂，七時水深六寸。在堂中測計初二早五時水深三尺，十二時水深至三尺六寸而止。而人家之被水淹浸者，去年浸過門楣以上者十之二，浸至門楣者十之四；今年比舊加滿二尺四寸，則向之浸至門楣者，今則淹及屋檐矣。尋常人家皆毁瓦拆桷，從屋上逃走，避於岡阜之間。圍基之上，叢聚露處蓋以萬計。濕泥汙體，烈日當頭，沐雨櫛風，忍飢受渴，悽慘萬狀，雖救生賑濟鄉人勉力爲之，而溺斃餓死者殆不少矣。初四日水始下，每日下僅二三寸。十六早，我家水盡退去，而鄉中之水盡月乃退得七八。七月初一日水又至，我家逐日滿二三寸，至初十日而止，計水深一尺二寸。十一日水始退，逐日下一二寸，至廿一早，我家水盡退去，而鄉中之水中秋乃退得七八也。

嗚呼！鄉人去年逃避水災，至冬乃能還定安集。曾幾何時而逃避更慘，歲暮猶有未能返其故居者，而房屋之

[一] 祖　疑爲『神』之誤。

被倒塌者更無論矣。嗟乎！天災流行疊聞報告，山東、河南、河北、江西、雲南、廣西、廣東以及東三省，皆受其害，可謂莫大之災矣。

吾粵之水，以西江爲最長，其爲禍亦最烈。西江發源於雲南，經兩粵而入海，流行三省，里凡數千。此數千里之山林原隰，每歲木葉之飄下，沙石之傾瀉，一切敗物廢料隨風而入江，日積月累填淤壅塞，加以沙田日築，陸地日拓，故泛濫之患往往難免。然則雖天行之肆虐，亦人事之不修也。前清道光九年，盧公坤撫粵。是年五月，西潦漲猛，廣肇兩屬圍基同時衝決。水退，兩郡紳士歷控大府請疏通水道，同人以族叔祖士琦歸館新會，聞見較詳，屬爲繕草，我叔祖於是有《上粵中大府論西江水患書》，見朱氏傳芳集。極言下流壅塞總緣沙田多築石壩，水遭壅遏流緩而泥淤所至，亟宜嚴切疏通。巡撫盧公洞悉其弊，令司道飭縣查勘礙水坦畝壩坝分別拆毀。諸紳又請將香山、新會兩縣近歲報陞坦畝清查，便知佔河新築，按址懲辦。而糧道夏公脩恕勘覆尤力。方議拆毀，夏公擢廉使去，盧公旋亦移節，役遂寢。越四年，癸巳又大水，患尤劇。其時撫粵者祁公塤也，糧道鄭公雲麓亟申前議，謂海口不通，廣州水患未有艾也。祁公有意疏治，而鄭公擢山東都轉，事亦竟止。

粵人馮公志超上祁公書，有擬開新興江以消西江水勢之策。此策一出，人多傳誦。廿四年朱公桂楨撫粵。又大水，欲行馮氏之策，均以下流勢高，不能而止。自是而後，雖有大小，鮮有議疏治之者。

去年甲寅大水，今年乙卯水大尤甚，粵人困苦顛連呼天籲地。康君有爲有《答族戚知交告慘書》，見中華民國四年八月廿六日《七十二行商報》謂中國宜用英人爲埃及治尼羅河之法以治水。

略謂：尼羅河長行萬里，直而不曲，一河之外左右皆爲流沙，故挾沙而下，狂湍怒濤，直瀉無阻，非若吾國之處處有山，河流曲曲，上游無沙，下游多阻者。然而英人之爲埃及治河，乃絶無水患而大收水利。歲於秋，凡河流所過輒增淤泥，農田獲肥禾稼滋長，民以大豐，絶未聞有所謂水災之奇者。其治水之法，上游自舊京谷土渾而中京録士，下至開羅，數千里間皆設水塘，通以水閘。其水塘廣十數丈，夾分二、三塘。其塘可蓄魚溉田，其堤可植桑種樹，其閘可交通内外，設夫守之。沿河設測候所，日月雨水之下、山水之漲，測其流量多寡、速量緩急，沿馳電報。若當雨少天旱，則酌洩水塘之若干里、若干尺寸以溉農田，故全埃及無旱澇之患。及當多雨之日，山水長溢之時，則日日時時電報雨下之分數及水漲之分數。譬如雨下十里，其深一寸，則開十里之水塘以受之，其他類是。至大水暴來淫霖連日，則全開上游數十里水塘以受之，以至暴漲之水勢爲其置塘之數，故雖雨水極大、山水極漲，數千里之塘無不能受，量雨勢、水勢而次第開放水塘。其若更乏財，則但治廣西而緩肇慶可也。若吾粵人聽用吾言，吾敢信吾粵數千里數千萬人永無水患。若不聽吾言，則吾粵明後歲數千里數千萬人之水患猶是也。先修西江而緩東、北江可也；能有大力則并治廣州焉。地，下游必無泛濫之禍，更求精美，待之後來。若無巨力，之夫以工代賑，成功益大，是在財力。上游既有瀦水之至於明年之夏五，凡得三百日，可得三百萬工。若增十倍所，妙選實心測量技師以司其事。自今經始，萬夫齊作，所，北江則於韶州設總測候所，東江則於惠州設總測候司閘之啟閉，西江則於梧州、南寧、平樂、潯州設大測候清遠、三水上游沿河買地數十里設測候所，每里設閘夫以但以廣西南寧、潯、鬱、平、梧，肇慶、嘉、惠、韶州、英德與弭。廣西地價至賤，或多官地，東、北江上游之地亦然。欵爲此初哉首基之計，然後漸增長擴大之，則水患亦可必而成此一大事也。大多數則不敢妄想，但望先得千萬之今賑災之餘籌欵愈艱，然爲一勞永逸之計，則不可不努力然爲今之計，衹在上游多開水塘水閘，設測候所而已。方支河而絶無水患，亦不必拆沙田濬下游而未嘗有水患。能開支河與否亦應審之矣。然以尼羅河論之，未嘗開一

今粵之被災甚矣，去年之測勘亦應得大概矣，地勢之人謀之不臧，治水之無道耶？

水患，況吾國諸河非挾沙而直悍者，然而大受其災，豈非合其水閘焉。以全埃及人遇至橫悍之河流，而無涓滴之德律風，以總瀦納宣洩之。其各司水塘者，聽其號令而開總持之者日夕上視雨澤圖，下視地理圖，左視電線，右發

予得康君書，讀之狂喜，以爲際此創巨痛深之時，吾粵人士身受剥膚之災，目睹滅頂之慘，大群易合，鉅欵易籌，況疏河一事總統有命，督辦有人，誠不難秋而興工成於來夏，則吾粵水患永無再見之日矣。豈料良法美意鮮有提議及之，報館亦未有力爲鼓吹者，遂使我圍內之人爲自固吾圉計，日惟以修築圍基、增高培厚爲務。

嗟乎！我國人士日以效法西人爲事，舉凡政治、學術、禮法、倫理無不步武恐後，或變本而加厲焉，獨至西人盡美盡善之法，我國仿而行之，至大至切之災可以永絶，則有倡無和，亦可見我國人性質學識其程度何如也。若治尼羅河之法，則害既可除又興大利，康君既備言之，可覆按也。爰撮其大要於篇，以俟後之君子。

乙卯歲暮，南海九江鄉人朱廖伯靈記。

補修甘竹灘堤記

關遇志

中華民國四年，本圍連年崩決，全圍大修。乃修至甘竹灘墟右灘，黄姓阻築，興訟，至丁卯乃克補修完竣。僕于役圍務垂十餘年，謹就此事經歷及有感於余心者，援筆記之。其中證據曲直，詳見本志『防患』門，無庸多述。民國六年，省長朱慶瀾委道尹王典章履勘此堤，黄姓引勘。畢，道尹返駐阜盈公所，十四堡人士赴訴理由，概不接見，

傳令派代表四人到座船問話。僕忝列代表，見道尹聲色俱厲，開口便説：『近來社會多藉慈善營利，修圍乃善舉，須出資，何争爲？』又説：『此案自有公道辦法，汝等無庸争執。』並不詳細咨詢，亦復不由分説。閲旬餘而修築搶救之權斷歸黄姓之判詞下矣。黄〔一〕道受人請託，偏聽一面之詞，詳請斷歸黄姓。省長不察，昏瞶斷定，陷溺吾民甚於洪水。八年，督軍莫、省長張將大修搶救之權歸還本圍，撤銷前案，給示泐石。迨陳炯明復任省長，彼猶纏訟不休。南海縣長張國華勘覆呈函摘發其奸，並揭王道尹袒庇黑幕，直道保障得以不至翻案。十五年左、右灘械鬬，甘竹墟被盗焚燬略盡，舖主掘取地脚磚石，大傷堤圍。翌年春，本圍召工修復，加高三尺，面闊八尺，費工銀玖百餘元。黄姓以無墟利可圖，亦不復再訟。

竊嘗俯仰其間十年，前事如閲數百年之歷史。溯陳博民塞倒流港，自甘竹灘起築堤，越天河，抵横岡，綿亘數十里，此甘竹堤之爲桑園圍也。至萬曆間堤决，黄岐山易之以石，因於堤上兩旁建舖收租，此甘竹堤之爲阜盈墟也。至彼所謂黄公堤，乃土人頌之，十四堡但知有桑園圍而已。今阜寧墟化爲瓦礫之塲，而自甘竹灘起綿亘數十里之堤古蹟復現，彼所稱收租以備歲修，今收租者其問諸水濱矣。禍福倚伏，瞬息改觀。於是歎降祥降殃非偶然也。其祖宗助人築堤，享有墟利食報垂数百年；其子孫阻人修堤，盈滿爲災，利權一旦烏有，福善禍淫昭昭不爽矣。當黄慕湘之阻止修堤也，僉憤其横蠻無理，攘我主權，群情洶洶，屢欲以武力護修，當事力爲勸止，不至滋事，亦云幸矣。登甘竹灘一望，江河日下，孰挽狂瀾？見石堤而高義可風，覩長堤而乃功尤偉。衆建穀食祠，以高皇褒勞，以乃功榜其堂，見陳博民墓志。疇昔之街市喧闐而今安在，慨然憑弔，太息滄桑，吾上下古今而更有感也。昔陳公請築斯堤，明太祖温旨褒勞，迄今讀之，猶見視民如傷之隱。朱慶瀾、王典章袒護一姓産業，置數十萬人生命財産之保障於不顧，數百年歷史任意推翻，古今人不相及，豈虚語哉？！

桑園（桑）〔圍〕下游築閘平議

關遇志

利害相倚伏者也。昔鄭國爲秦鑿渠，曰『始吾爲間，然渠成亦秦之利也。』三口築閘，上九堡久言其害，然閘成亦全圍之利也。以今方昔，水之爲利害，誠未易言。夫下流疏通之利、閉塞之害，人人知之矣。疏通而反倒灌，閉塞而反保障，事非經驗不易知也。

乙卯大修後，各子圍日益增高，水亦繼長連年，下游淹浸日甚，上游子圍亦屢水溢基面。甲子夏，十堡子圍萬壽約基決而救復，各子圍亦皆岌岌矣。是年秋，龍江、龍

〔一〕黄　疑爲『王』之誤。

山、甘竹、沙頭四堡請議築三口閘，上九堡集會建議開沙頭閘。衆議三口築閘宜開沙頭閘以爲補救，議決雙方並舉，其欵項將四堡未交畝捐開銷。不敷，三口閘由四堡籌足，沙頭閘由上九堡籌足。三口照前清擬定地址，沙頭閘地址亦於人字水外勘定。詢謀僉同，四堡踴躍認捐，三口閘是年冬開工，獅頷口、龍江滘乙丑夏告成，歌滘閘丙寅乃竣。沙頭閘因上九堡籌欵不足，迄未照議案興辦。此三口築閘之大概情形也。

今閘成，四堡幸免昏墊，上游子圍亦慶安瀾。昔之以爲害者，今且見其利矣。至交通不便，水瀦成腐，害少利多，不復詳論。說者謂閘口築窄消水較遲，誠不待智者而辨，然有閘無虞倒灌，內水比舊常低數尺，出水雖緩，水量減少，亦足相抵。然謂閘成有利無害亦不盡然，有閘內水低歉，基身捍水力倍。河澎尾基今昔情形不同，在人隨時補救，所謂利害相倚伏也。惜沙頭閘未開，亦一憾事。此閘若成，下游保障既周，上游宣洩更捷，交通亦便，誠有利而無害者也。熱心水利者幸留意焉。

修圍瑣記

關遇志

記以瑣名，謂言非一事，事非一時，隨筆彙録，故曰瑣也。修圍之犖犖大者，何君屏珊已有撰述。志就所經歷綴拾蕪冗以備軼聞，有慚大雅。

乙卯圍決，全圍選派代表在南海明倫堂集議多次，舉定總理、財政各員畢，於夏曆七月二十二日，在省河買舟出發，勘驗決口墮基，總理岑伯銘與老潔平、趙佩琪、關仲晃、黃澄溪、關頌廷、彭勤生、陳雨村、胡拔南及志等并工程丈手數人偕行。廿三早到龍江勘白鶴灣基決口，如鋸齒，水湧出如灘，不能履勘。僱小舟巡閱，幾遭覆没。後改築新基，故工程無築決口數。次勘沙頭堡，太師廟前決口最鉅；餘皆淺小。次勘龍津、簡村、雲津、百滘各堡，西湖村決口甚深；藻美決口多處，潘、吴二姓最鉅；林村程、潘、陳決口皆鉅，潘姓決口尤鉅而深，内冲成潭，方廣二十餘丈。吉贊竇側鑊耳灣決口亦深，竇内積沙如山邱，長里餘。吉贊横基決口頗淺，不及基脚。五顯廟側至仙萊岡決口最深而鉅，仙萊岡内外成潭，基身尋丈之鉅石，漂流十餘丈外，水勢之猛可知。隨勘西基卸墮二百餘丈，九江趙大王廟上決而塞復。甘竹灘以上無決口，灘上基旁調茂醬園舖數家及天后廟後冲深丈餘，灘下決口十餘處，水皆決出不甚深，故大修亦無築決口數。

沿途見西湖村塌屋十餘家，藻美潘吴塌屋不少，林村潘塌屋百餘，吉贊亦塌屋數十。聞藻美、林村、吉贊皆有溺斃數人，查得林村陳姓溺斃至二十餘人，最爲慘酷。其餘圍内各堡各鄉塌屋溺斃多少，又未及調查矣。堤上災民張蓬支板作屋，悽慘萬狀難以殫述。藻美林村多古樹，崩陷之處皆舂基骨數重，因樹根穿堤，歷年滲漏故也。又見茅岡墮基新植榕樹大不盈把，其根已逾數丈外，堤中有樹之處無不滲漏，樹雖美蔭，惟擇根株不甚大者爲宜。前人倡議基旁種龍眼、荔枝，以此樹根藴不甚大，成熟正當潦漲時期，入夜守果兼可巡基，圍中得此入息可備歲修之用，兼杜盜種之弊，亦切實可行之論也。

此次大修，共用泥十九萬六千餘井，續修不在數内。除築决口壹萬玖仟井，計修圍壹萬柒仟餘丈，匀計每丈用泥十井餘。修築章程照水則加高叁尺，面闊壹丈，西基加一五開脚，東基加一三開脚。如加一五開脚，面闊壹丈以加高三尺計，每邊開脚肆尺伍寸，至舊時基面已有一丈玖尺之厚；加一三開脚至舊時基面亦有一丈七尺八寸之厚矣。計至基脚其厚不啻倍蓰。舊時基面大率厚四五尺，惟西基茅岡圳口及海舟之李村下至泥龍角、東基仙萊岡至民樂市皆厚或一丈八尺至數丈不等。凡基之厚者，皆前時决口或患基，履其地，見水勢之險，覩圈築情形，見工程之艱鉅。河澎尾及東安圍皆面闊八尺，以下游無險也。三口未築，河澎尾内外水差不過三尺；閘成，内外水差五六尺，今昔情形不同矣。西基開脚皆照議案，河清、鎮涌多有過之，基脚斜坡成長斜三角形，卸墮不易。東基雲津堡貪築闊基，面多逾一丈，開脚不及議案，美觀易卸墮，不可不知也。

前志大修全圍壹萬肆仟餘丈，因歲修領欵有成案，俱修至甘竹灘止。乙卯并修甘竹灘下共壹萬柒仟餘丈，因東安圍屬子圍，歲修由該地方自理，此次起科，故修及，非常例也。至患基隱伏無形，雖加高培厚仍未可恃。乙卯大修似爲鞏固，乃丁巳春，龍坑基心急陷長丈餘，闊四五尺；稔岡石墈下發現一穴，大可容牛；己未河清上竇石墈側陷一穴如窩，丁巳海舟盤古廟側陷一穴，廣盈丈，係古樹頭，皆在春間大雨後即修復，不至搶救。圳口石墈己、庚連年卸墮，因基脚鬆沙所致。庚申夏藻尾聖妃廟上基旁墜十餘丈，因乙卯冲傷基脚，在水線下不及知也。同時九江六聖宫吉水里判官廟下基塘共五口卸墮搶救，因培内泥未結實，有滲漏泥壅而卸也。

又戊午沙頭河澎尾水溢基面搶救，癸亥龍江新閘側亦水溢基面，兩處皆决口，修築時一律填平泥縮低，故高度不足也。又海舟大潭大眼廟下舊崩基，歷來有漏孔，基面闊數丈，前人舂灰基數重，乙卯後連年舂灰基數道，漏如故，後於漏孔出水處發掘窮追，其源出上流數丈外，用泥塞之，漏乃止。凡漏孔宜發掘尋見漏道，用泥舂回，自然結密。若尋不到漏道處，草草舂灰基，無益也。

又吉贊横基爲大岡墟牛市出入孔道，修築數年，基面被牛踐壞不堪。庚申年用磚角填平，費銀壹仟伍佰餘元，以後基面得免損傷。舊志西潦漲時例禁放牛上基。先登牧牛最多，基段被牛踐傷，連年續修，損壞最甚。今歲修已無的欵，大修未知何時，補救之法惟有該地方設法修理而已。

又河清、鎮涌兩堡多有盜葬基旁，雖有例禁亦不能免，緣兩堡無山，富者遠葬西樵古勞，貧者多葬就近田隴，水漲時田隴淹没暫葬基旁，亦無可如何之勢。大修時勸令基旁山墳另遷別處，河清除山主自遷外，基所代檢出骸骨八百餘具，另葬他所。鎮涌觀望不遷，因盜葬無碑，日久不能辨認，後一律培泥，基中空穴不少矣。欲免此弊，兩堡宜擇地培高以爲義塚，庶水漲時有地可葬，乃無盜葬之患，否則難以禁絶矣。大修時曾有此議，惜畝捐延宕無款，致未果行，亦一憾事。

故老傳聞，桑園圍無鼠穴，大抵頻頻歲修，有漏即春灰基，古堤坭土堅實，鼠不易穴。乙卯巡基，吾見亦罕。丙辰續修後，見鼠穴往往有之，以新培坭鬆也。西基尚少，東基沙頭、萬安、渡頭上、河澎尾一帶鼠穴最多，亦基務一大患也。

又決隄之基須牛錬泥。此次不租牛而買牛二百餘頭，價連運費共銀壹萬玖仟餘元，工竣沽出，虧去七百餘元，比租牛費省。計大修、續修及落水石共費銀伍拾餘萬元，當時工賤，物價亦廉，今則不啻倍餘矣。

又沿堤擬基舖舍毁拆不少，當時皆願公益，俱無異言，獨黄公堤訟事出人意外，今收舖租以備歲修之説無可藉口，應自悔從前多事矣。至收捐疲玩，本志經已詳言。聞三口築閘欵項仍未清結，可稱同病。昔程儀先修築横基，工竣科捐不繳，至鬻家産以償。我思古人，輒爲浩歎。

以上所陳，多有志所已及而複述之，亦有志所未詳而補及之。言而無文，聊備前事之不忘而已。

道光十三年記水患作有序

關星林

桑園圍正當西江下流之衝，近年加高基面數尺，而水患亦隨高數尺，人罕知其故者。或曰，水之大小，歲運爲之。此一説也。或曰，下沙圈築，壅塞去路，此尤共執之一説也。壅塞之辨，篇内詳之。至歲運之説，亦不盡然。如各江之潦同日齊至，則水必大。若間數日而來，則前者已消，後者繼至，水勢必小。此因得雨成潦之期有不同故也。自來水勢大率如斯，惟今日之患則於二説之外。端別有在，因爲長古述而誌之。善言水者，苟能合序文詩意通會而細繹之，庶善後有方，則此篇之作于禦水備患之用，不無少補云爾。

癸巳之年月在午，西潦滔天逾往古。我鄉十七報圍崩，頃刻哀號齊叫苦。缺水當衝數百家，一時廬舍爲泥沙。須臾四野波濤合，田園没盡水無涯。往時有水不過膝，今年水深旋到額。往時屋背可暫居，今年屋没不見脊。水深蕩析勢殊常，稍不堅牢屋倒堂。倒堂二字近俚，然《欽協定紀書·利用篇》曾經收用，足爲典據。大厦高樓差自固，狂飈易假復摧傷。水深故風易假力産蕩居傾堪痛惜，更聞呼救聲悲激。東隣方訝有人淹，西隣又見全家溺。浮屍狼藉任風吹，死者已矣生更哀。老稚緣山伴鬼宿，飢愁交集卧坭埃。道旁一老餓未死，歎道不如赴流水。傷心餓死早有人，朽腐依然猶棄委。死生萬狀説紛紛，旅外鄉人驚喪魂。鄉人多客佛省者 吉凶疑信時偷哭，况乃相看何可言。大吏仁恩發賑捐，朱撫軍坐先倡賑 頒來餘俸若干綿。同時好義興施舍，暫救燃眉慰目前。細推後患堪長慮，安得禍根胥拔去。或云壅塞在下沙，致水端由圈築處。如云壅塞果無疑，下流應與上流齊。以甘灘以上下 試問桑園圍下客，何曾因水結巢棲。甘灘以上淹浸已深，甘灘以下依然無事。 羚羊峽下萬頃波，海面洪深殊特絶。天作甘灘鎖下關，春夏漲來消不得。消不得來源，日添盈必溢。因之基面議加高，加高而不加厚，非計之得。 束之使高勢愈豪。階祸而人不知 螳臂當轅不自量，此基從此失堅牢。圍高致危，勢所必至。 幸不崩傷十之一，贏一輸九數不匹。細把曲防二字思，基勢愈高計愈失。往事昭昭歷可徵，我圍未缺他鄉崩。他圍雖崩不去水，必缺桑園患始平。他圍如櫃桑園如箕 從知此有西流道，水如有知應我笑。君今偪我向下行，除是神功更鑿竅。向有峽上疏河通海之議，尤關利病，行者恨之。 要之水自行無事，只怨吾人不善備。横流何害在中天，好待賢能商策治。我聞故老有良規，基不增高轉不危。小水防之大則任，縱然溢缺易支持。此理當前本易明，無奈人貪與水争。若然更作增高想，將來爲禍倍縱横。有如原基高一丈，遇缺水頭纔十尺。若教增作二丈强，缺水衝來必倍益。不思蓄患有由然，淹没傾頽漫怨天。我作此歌如不信，請將防口喻防川。

甲辰大水歎并序

陳禮庸

粤瀕南溟，爲西、北二江所匯注，潦水之患由來舊矣。歲甲辰夏潦暴發，諸圍多潰，較前己丑、癸巳災爲尤甚。或者謂粤自海氛寖息以還，籌海者因於海口險隘築堤截水以防敵，故當巨漲犇來，下流壅滯，而到處江鄉遂同釜底。余身罹其艱，老屋湮沈，扁舟寄泊，蒿目之餘，乃爲斯詠。

我家小住臨江鄉，疏林作障花爲牆。危樓近水占明月，畫闌倒影沈波光。長天鎮日霾陰積，濕霧濃烟鋪姽嫿。黄梁雨灑濯枝青，瓜蔓水生添漲碧。霪霖半月傾如注，埋没金烏隱蟾兔。一勺泉衡蜑子驚，五更寒逼幽人寤。昨夜江流捲地來，寒聲繞枕轟如雷。浪花風送重飛滚，堤石濤翻半欲摧。堤摧彷彿張秋決，萬里村墟遥浸滅。目極烟波景縱奇，漫空風雨愁應絶。飄然一舸託烏篷，逐浪隨波西復東。身世欲聯鷗鷺侣，人家愁作蜃鮫宫。愁緒真如水淼茫，人間幾見變滄桑。神堯自昔憂治水，河伯于今歎望洋。粤城地下水周郭，緣溪處處開村落。卅六江濤湧作山，三千溟海收爲壑。海氛曾憶扇悠悠，策士無端妄運籌。不聞馬援思横海，堪笑苻堅説斷流。斷流郤敵原非計，徒令怒激紅潮勢。忽訝浮波有卧龍，幾曾銜石勞精衛。宣洩今難學尾閭，下游梗斷碧濤瀦。水國頓教嗷澤雁，浮家終恐歎吾魚。吾魚浩歎幾時刪，既倒狂瀾挽絶艱。休論築屋都宜水，翻恨無錢爲買山。

七月十四夜大堤上作　朱次琦

萬井蒼涼又告灾，憑高小立一懷開。月華洞洞隨行策，秋氣微微盪劫灰。海上雲雷餘漲急，日南民物采風哀。豪吟巨壑笙鐘應，恐有潛虬作和來。

入月來風雨總至，堤圍西漲，向譽可憂，感書二絶句。　朱次琦

萬室郊原稔識灾，連雲堤砦亦堪哀。傷心屋角纖纖柳，三見衝波照影來。

短垛高牆深淺痕，二儀積雨又黃昏。哀鴻病鶴知何限，才説東風總斷魂。潦時東風則漲甚以决，邦人憂之

泥龍角鐵牛歌　李徵霨

長堤蜒蜿如游龍，一角横插洪濤中。水府深沈足妖怪，誰肯雌伏尊其雄？會稽短簿識物理，安置戊己爲中宮。以土制水水漸縮，沙岸突起成垣墉。更聞庚辛壬癸歲，煦嫗拊育勞喁顒。天吴海若宿跋扈，一旦馴擾消頑兇。爰呼傭奴具畚鍤，搜括鑌鐵加精攻。排列洪爐設埏填，陰陽熾炭光熊熊。俄撥寒灰出大武，厥角嶷嶷驚兒童。千夫挽運沈海底，海波激激鳴鴻鐘。長蚊巨黿各鼠竄，疑有神物循行蹤。從此江河日清晏，水面凝碧磨青銅。後人好事更增飾，高築石壩當横衝。雲根萬疊壓牛背，譬鼇首戴方瀛蓬。那知壩身自牢固，壩脚沙土仍浮鬆。湍流竹箭猛鑽射，蜂窠百道穿玲瓏。年深研豁若大壑，落潨瀉下皆包容。他時穴隙噴底出，丸泥一撮安能封。牛老成精發囊智，徙薪曲突先施功。將身轉側卸石下，豫以餘羨填虚空。世人無知作驚怪，云鬼移向滄溟東。擬把黃金擲虚牝，再買巨石爲彌縫。或言屠龍折其角，將堤内徙成彎弓。不與水争水亦讓，差勝争地頻交鋒。倘嫌長堰壓墳墓，養指失背真愚蒙。嗚呼，道旁築室紛異論，歧途百出吾奚從。問天天老愁盲聾，善法盍訊奇章公。泥龍角石壩横截江水，高與堤平，先後費及萬餘金。今年八月無故失之，世人謂水鬼移去，可發一笑。

甲寅乙卯連歲潦漲堤决避水樓居感賦　賴振寰

滿地波濤欲撼天，乾坤翻覆世顛連。愧難濟衆饒漿食，依舊陳書樂槧鉛。自古聖賢皆定静，何心名利尚牽纏。隨從犬亦知人意，寂向榕陰作晝眠。

甲寅大水有感　周元頴

噫吁嚱，危哉殆乎！洪流之狂，狂於猛獸然。奔騰不知幾千里，祇見滄海無桑田。頑雨惡風復助虐，茫茫樹杪出重泉。鮫宫蜃窟飛白馬，瞥爾覆地陡滔天。

粤本澤國迭患此，今歲更非曩昔比。溯自道光甲辰間，七十一年又禍水。况兼皖贛及閩湘，匪獨珠江流域始。半壁河山幾陸沈，蕩蕩神州，浩浩爾痛。憶去年革命潮流，實濫觴域外。一波先發起，排山倒海聲洶洶。四萬萬人旋渦裏，從此倒行逐逆施。上中下流抉藩籬，大廈飄摇勢傾塌。同舟翻覆説紛歧，狂夫大言徒汗漫。汪洋恣肆無綱維，決若沛然莫能禦。混淆清濁與推移，要使無高無卑一。平等放蕩且任自由雌，從來小人窮斯濫，縱彼披猖尤可悲。殺人流血如漂杵，惡人墜淵不爲奇。載胥及溺何能淑，無形陷害更無斯。空慨人間大澤龍蛇險，縱壑吞舟横恣睢。嗟嗟，洪流之狂狂於猛獸然，手挽銀河將屬誰。自古黄河以北長江東，天傾地缺各不同。脱令一隅遭陷溺，群策群力堪彌縫。奈何滔滔皆是誰與易，欲援天下難爲功。舉國若狂沈溺甚，横流洶湧直漫空。惟狂非聖弗克制，河清莫俟恐終窮。或者往而復，變則通。大地瀾迴將有日，海不揚波聖人出。障百川而東之，導衆流而趨一。斬鮫屠鯨瀾復安，歸仁就下勢倍疾。縱爾洪流之狂狂於猛獸然，奚復殃民而泛溢。自注此昨年寄慨之作，見者曾拉登《人權報紙》，不意今歲乙卯，更有如無已，而人心之陷溺亦然。詩云『其何能淑載胥及溺』，不重可慨也夫！不重可慨也夫！

壬寅連陽聞家鄉西潦大漲作二首　何炳堃

西江發源溯夜郎，滇黔交桂經流長。直下蒼梧注羚羊，奔騰澎湃來吾鄉。所恃保障惟堤防，數十萬户居中央。田疇櫛比雜耕桑，歲收絲絮與稻粱。堤缺滿地爲汪洋，人阨飢溺胥慘傷。昔歲甲辰天降殃，隣堤大潰百丈强。村陷作湖陵且襄，沙隨水至積高岡。堆塞門户没屋牆，膏腴轉瞬成沙塲。至今爲累虚輸糧，被災如此誠非常。在古洪水差可方，筆之誌乘示不忘。人知儆懼修築良，五十七年享樂康。年來潦至少恐惶，邇日書報勢頗狂。爲祝愛民乞彼蒼，水怪驅伏蛟龍藏。載錫之福時雨暘，無使昏墊戚我皇。

其二

西潦漲盛尋所由，害由多雨長源頭。厥咎實歸壅下流，譬彼富人肆貪求。積而不散猶營謀，盈滿爲災終可憂。水窮去路因淹留，溢出高岸天倒浮。長堤一線如絲遊，勢本就下壓渚洲。濱海沙積成田疇，富家不仁計孔周。叠石作壩攢築稠，聚沙爲田利坐收。與水争地勢不休，割據未肯分鴻溝。并吞傴處海若愁，昔人建策陳嘉猷。宣暢水道壩毁投，大吏俯聽計熟籌。豪强勢力足與讎，此舉身恐叢怨尤。付諸流水空悠悠，捍災禦患屬吾儔。且當未雨先綢繆，補苴罅漏勤歲修。在事公慎毋包羞，保兹鞏固垂千秋。

甲寅在香江聞桑園圍決感賦　何炳堃

家住牂牁濱，西潦歲歲至。源遠流孔長，滇黔匯交桂。萬里奔騰來，羚峽束其勢。下阻甘竹灘，分流崖門外。沿江築堤防，田廬藉屏蔽。我園曰桑園，連跨兩邑地。明景泰間，謹龍山、龍江、甘竹三堡開順德縣。創築自北宋，他園莫比大。長萬四千丈，二千餘頃税。大小鄉百餘，户凡十萬計。潦漲倒狂瀾，湍悍發憂悸。一綫障洪流，險絶成柔脆。潰敗不可收，將所安逃避。

其二

堤決昔所經，園志備録存。流傳在父老，復有舊水痕。道光癸巳年，十三年西鄰決江潰。十二户馮德耀我鄉爲之壑，被害不忍言。水淹没户牖，沙積埋田園。田税被沙□[一]虚爲累至今從古數陳迹，漲盛前未聞。十載賴休養，瘡痍將復元。甲辰又告災，二十四年吉水及林村。我生甫三齡，苦樂尚未分。迄今七十載，安瀾荷國恩。嘉慶年間蒙恩奏准借庫欵生息以資歲修如何天降災，忽復波濤翻。客來得報書，驚我逆旅魂。

其三

今兹潦爲災，勢更甚於昔。水高越堤入，倒落三四尺。遏流壘土囊，抗敵堅壘壁。茅岡基庫薄，施救復不力。一朝竟土崩，丸泥豈能塞。巨浸欲滔天，渺瀰涵空白。村落處低窪，滅没餘屋脊。居人東高閣，飄摇同汎宅。或無房屋居，野處如逐客。在畝稼未收，事畜曷謀食。桑田變汪洋，婦女休蠶織。池魚散不留，園蔬漚莫摘。米貴囊復空，虚願望平糴。多少命如絲，朝廷不及夕。

其四

嗷嗷衆莫哺，施振賴有人。豈無好義士，救災能邺鄰。災區恨太廣，惠及難徧均。舟楫所未歷，呼籲誰復聞。斗升縱有獲，足給幾晨昏。還念水土平，行當事耕耘。生資無處尋，豈堪問水濱。作計將奈何，可哀此下民。惟有粥兒女，忍割骨肉親。賣多買者稀，值賤胡濟貧。盜賊益復滋，禍亂難具陳。爲祝天仁愛，有年甦涸鱗。歲歲慶安流，福祐祈河神。

乙卯館西域同遇災即事三十韻

何炳堃

上帝本好生，降災胡慘酷。去年決我園，旅港未親目。聞所不忍聞，曾作詩當哭。今兹館西城，攜家寄朋族。身在蜆壳園，鄉園留眷屬。相去卅餘里，信使阻往復。兩地並告災，吉凶彼此卜。我室踞山坡，避水常託足。鄰里狃所經，及溺謂能淑。安土而重遷，欲前還退縮。自幸先見幾，疊架庋書簏。忽報堤防崩，高岸爲深谷。漲盛溢舊痕，尺計增五六。頃刻奔騰來，半時及腰腹。堂上安牀棲，伸手水可掬。居停遺舟迎，脱險如出獄。導我老幼行，奠居陟林麓。藉草權作茵，蔭樹即爲屋。掘坎成竈陘，濕薪炊脱粟。男女忘嫌疑，野處齊露宿。竟如山野

[一] 原稿該處漫漶不清，以空白格代替。

人，相隨友麋鹿。俛仰竊自憐，依附在草木。陰雨復逼人，思騁嗟路蹙。相善賴有隣，託庇從所欲。經旬水始涸，退宿脩初服。日望家書來，平安先報竹。還念耕田夫，新舊無餘穀。尤憐室毀人，流離困煢獨。我雖罹屯難，猶得書還讀。但思後患懲，誰遣蛟龍伏。

憫潦　何炳堃

水從西北來，其勢建瓴下。奔騰匯衆流，橫行每傷稼。天降淫雨多，災帝令司夏。無心補漏天，銀河倒傾瀉。赴壑歸牂牁，逝波流日夜。湍悍勢排山，濤頭孰敢射。臨涯一縱觀，神魂亦驚怕。捍禦憑堤防，蟻穴不容罅。忽決如山頹，釜底沈廬舍。農田如江湖，舟楫任乘駕。人在昏墊中，豈惟耕織罷。阻飢誠可憐，恐逐魚龍化。

卷十六　雜録

物之紛紜錯出者爲雜。古人作述，有稱雜記者，有稱雜著者，謂瑣事遺聞隨筆備載也。圍志所載以修築爲要義，不切之陳言義無取焉。其有父老流傳、先民記載，不必爲修築言，而不無關係於吾圍者，録之亦足以資見聞，備採擇，是又烏可棄哉？志『雜録』。

陳東山叟博民塞倒流港，水勢湍急，莫能下手。忽一人挑油笠過，笑謂『水勢如此，安可填築？惟移山塞海可耳』。陳悟，因取數大船滿載石沈之，遂塞。疑爲神教。

九江主簿稽會嘉自乾隆甲寅奉委築基，旋調任江浦，士民籲大府乞留，遂以江浦巡檢兼署主簿，視事如故。戊午堤工竣，會嘉旋以母憂去職。去之日赴餞，數千百人財物一無所受。曾學正文錦爲詩送之曰：『扳輿留得好官住，於今又送好官去。官之慈母騎鶴游，民之慈父悲難留。不辭小官行大道，仁聲豈但徧五堡。』又曰：『連年西潦浸五穀，一帶長堤爲民築。民宅爾宅田爾田，官貧不受劉公錢。』皆實録也，其所植堤上榕株，人比之甘棠遺蔭云。

吾鄉西潦之患有加無已。從前水約三年一大漲，今則連六年大漲矣。水多以漸而長，近二年皆驟進矣。且水以今年乙卯爲最大矣。去年甲寅閏五月初二，桑園圍今茅岡決口，水與道光十三年、廿四年圍決時不相上下。然吾觀天年吉贊横基過面三尺，比去年水又增二尺餘。時人事，又不徒憂水已也。廣東各屬水患幾遍，而外省亦多報水災，回憶前數月，或雷雨晝晦，或交夏頻寒，皆陰盛也，是即君子道消，小人道長之兆。氣運如此，禍患安有豸乎？朱子碑樓緝存

去年甲寅，廣肇二屬水患誠爲巨災。今年乙卯三月初四日丑時，連縣屬地雷電大雨，至翌辰卯刻河水陡漲四丈，河西上游一帶山崩石爆，水勢滔天，横直百里田園屋宇盡被潦没，沿河屍體屈指難數。又翁源、乳源間於二月初二日，忽有大山十座同時倒塌，尤奇者，有一山劈分兩股，中有黄水噴出成河，壞植物不少。五月下旬，西潦暴發，適東、北江又漲，水勢益横，廣肇各屬圍堤崩決幾盡，省垣亦大受水患，兼以大火，壞人畜、房屋、禾桑無算，爲我粤亘古所未有。時直隸、河南、山西、湖南、江蘇、浙江、福建、山東、雲南、吉林、奉天、廣西亦報水災。又同月，上海大風，黑龍江大雪。董仲舒曰：『水者，陰氣盛也。』讖曰：『水者，純陰之精也。』陰盛洋溢者，小人專制擅權，治疾賢者；依公結私，侵乘君子。小人席勝，失懷得志，故涌水爲災。《五行傳》曰：『簡宗廟，不禱祠。廢祭祀，逆天時。則水不潤下。』通考曰：『若臣道顓，女謁行，夷狄彊，小人道長，嚴刑以逞，民不堪憂，則陰勝而水至。』當今之世，夷禍、官邪、民奸、盜熾、破神道，張女權，廢棄經書，絶滅倫理，固宜有陰盛之患。然漢文帝元年，齊、楚地二十九山同日崩，大水潰出；十二年，河決東郡；後三年，藍田山水出，流九百餘家，壞民室八千餘所，殺三百餘人，乃自文至景修行德政，天下乂安，幾致刑措。乃知天地之譴告，恐懼修省，亦可化災爲祥。曠觀唐之洪水、周之大風、大戊之桑、高宗之雉，可以會其通矣。仝上

吾粤東故老傳説，水患以上古甲辰年爲最。溯自嘉慶年間，亦有水患，然未有如道光九年及十三年者，其間崩決基圍無算。廿一年又遭水患。廿四年甲辰，其水患最爲浩大，咸豐三年癸丑而水患則逾於甲辰，六年丙辰之水患比癸丑而更溢之。逮乎十一年辛酉，而水患又溢於丙辰。至同治三年甲子，而水患又與甲辰年等。今則比同治甲子年日有增加矣。仝上

記甲寅大水事

中華民國三年陰曆甲寅，夏五月大水。閏五月三日，南、順桑園圍茅岡基潰。前十日，西潦驟至，萎草枯木蔽江而下，廬舍器物隨之，間有死屍。越三日，盛漲。又三日，汎濫，人盡張皇，用土囊塞之。至初三早而聞茅岡基潰。或曰，我鄉距茅岡叁拾餘里，一二日水則至。或曰，圍盜賊欲圖搶劫，拔去土囊以恐人耳，非基潰也。或曰，圍潰例必傳鑼告警，使人豫爲之備，况圍事今年爲我九江值理，圍内各堡分年值理其事顧乃寂寂無聞乎？虚傳無疑。

初四早，聞説水至鄉之沙嘴，人猶疑之。午後聞已至大稔，見有提男抱女望山而奔者，則大稔人又有數船泊於禾貍涌。問何以舉家至此，則云世居沙嘴，家在村邊，水至甚驟，不逾時而深數尺，避之不及，乃由窗而下，没水而出，泛舟至此，以此去山不遠，作暫避計也。至是而知傳説之非虚矣。

酉正，則見水由北方澎湃而來，盈塘而後進，其勢浩瀚，其聲潺湲，未幾而至我村矣。當其時，水勢暴至，人語喧嘩，魚逐水而遊躍，人逐水而取魚。是夜，我村屋宇水漸浸至，相距或一日或半日。我家則初六早始見水，初七早則滿八寸，初八早又滿八寸矣。是午，我乘舟周遊，一望汪洋，盡成巨浸。所見屋宇，其浸至門楣者十之四，過門楣以上者十之二，將及門楣者二，半門口者二。尋常人家門口大約高五尺五寸至六寸以上亦有在閣上鑿壁而出者，而桑株魚塘淹没殆盡，墟塲廛肆類皆閉門，買賣則自樓縋而上下。此則通鄉被水之大概情形也。

舟至樓村社前，釋舟登陸，此地珮山、牛山、象山、龜山四面環繞，不知有水患，與平時無異。山麓山上多蓋篷廠，祠堂、廟宇盡是居人。行至儒林古廟，則其門如市，内皆逃水難者，男女老少千有餘人，席地而坐，或則偃息，顔色憔悴，蓋猝遭水難，勞形焦思，眠食頓減，故至此也。至方便醫院，則救災公所寓焉，其旁有篷廠以棲止難民。前有小舟數十艘，乘以周巡鄉内，見有水至門楣者招度之，否則給以粥米，絡繹不絶。嗚呼，可謂仁智俱盡，能補天地之憾者矣。初九早，測水則滿五分而已。

初十早，水始下一寸五分。十一早，則又下一寸五分。十二早，則下二寸五分。十三早，則下四寸。十四早，則下五寸，下午而水盡退矣。而環視四鄰，仍在巨浸中也。計此水之來吾家，以初六早始見，至初九而深一尺六寸五分，在天井起計初十日始退，至十四而盡，被浸者九日，而煩難困阨則已不堪，彼鬱鬱久居此者不更甚耶。然以水之退勢論之，想被浸極深者不過一丈，不出十日而通鄉之水可以盡退，詎料潰口洶涌莫能塞止，旋消旋長上下無常，竟至六月十七日，堵塞乃告成功。又十二日，而通鄉之水乃克全退，淹浸凡五十六日。嗟乎！魚桑之利既歸烏有，百果草木萎死亦多，而室廬、衣服、貨賄、什器，其損失更不知凡幾矣。民窮財盡，瞻念後來何堪設想哉？昊天不傭，降此鞠訩，小民惟曰怨咨，將何以平其憾也？

考之鄉志，有明二百八十年，桑園圍基潰者十一次。有清二百六十八年，潰十三次。自道光二十四年一决以來，迄今七十年矣。我生之後未嘗遇之，一旦罹災，困居樓上，其不自由有難以言述者，然後歎坎之爲險也，而困之誠苦也。爰著於篇，不避冗瑣，俾後之覽者如身在其中，目睹慘狀，用以自固堤防，勤加修築，勿至貽誤大局。而修志乘者亦有考焉。

是歲七月朔日，謹記。朱慶稿

黎貞《穀食祠記》載，陳博民塞倒流港，由甘竹灘築堤，越天河抵横岡。今圍内無天河，或疑爲甘竹隔岸之天河，或疑上桑園之銀河，皆非也。當時建祠，岑平漢等遠走古岡，請名流爲記，如何鄭重，必無誤指隔河及圍外之理。竊謂天河即倒流港一地而二名。當時人人皆知，代遠年湮，後人莫知此港又名天河，故滋疑耳。甘竹與本圍原不相連屬，塞港築堤，故謂之越。若九江至横岡雖有河流，舊有堤，不得謂之越。横岡即今先登太平上之横岡。按圖可稽，横岡以上皆山，想茅岡鵝阜石基續築在後，古時因山爲堤，猶之九江自蝸山下山，斷處皆有古堤，抱涌圍、南頭圍，皆續築相類。或疑横岡爲三水地，亦非也。

穀食祠在九江忠良山麓。前志載十八堡士民公建，堡名未詳。堂爲三間，柱凡十八，相傳十八堡各送一柱云。今圍内有十四堡，無十八堡，向嘗疑之。查明黎春曦《九江鄉志》載，陳博民塞倒流港事，公取大船數艘，實以石，沉於港口，水勢漸殺，拾捌堡田户運土填築，上自豐滘，下至狐狸，繞龍江三水周數拾里，各築高五尺，半載工竣。拾捌堡士民建祠崇祀，顔曰『穀食』云。當時甘竹尚在圍外而已。有拾捌堡田户運土助築，則建祠報德祇因同患，不必盡屬圍内可也。又查陳萬言《惠民竇碑記》言，拾捌堡賴之，遂成沃壤。萬言當明中葉，少貧賤，奔走四方，周知鄉隣事，爲記在宦成後，所言當確鑿可據，則桑園圍明代曾有拾捌堡也。竊疑塞倒流港後，甘竹、麥塱、勒樓、大白一帶或聯合同圍，故有拾捌堡。桑園圍如箕，不築圍尾，當時同隷南海，畛域不分，中間或因事糾紛，或起科膠轕，復行離異亦未可知。景泰間置順德縣，析南屬鼎安之龍江、龍山、甘竹隷馬寧司，而起科南七順三，遂分界限。今桑園圍雖稱拾肆堡，尚有龍津堡五鄉因乾隆甲寅起科，請以工代捐，自行修築，未及清丈，故不另列一堡。以後通修，亦有科捐。圍誌始於乾隆，十四堡之名稱由是確定。考《南海縣志・沿革門》第言，析江浦之甘竹、龍江、龍山隷順德，乾隆間析江浦之九江、沙頭。大同、河清、鎮涌置主簿司，各堡無分析合併事。或疑十八堡合上桑園而言，不知吉贊横基築於北宋，舊志詳言陳博民修築横基，則十八堡不屬上桑園可知也。書闕有間，徒歎文獻無徵而已。關遜卿《懷疑録》

續修桑園圍志書後

民國甲寅、乙卯，連年圍决。歲己未，倡議續修圍志，庚申經始，癸亥成書。因圍欵支絀，延未付梓。僕忝經襄事，回首數年，何君屏珊、余君贊廷、朱君稷卿先後返道山，不勝今昔之感。此數年間甘竹堤之補修，三口閘之建築，科捐之續收，粮户之核載，圍圖之審查，岑君伯銘囑爲增補校正。查圍圖測繪，當時未築三口，龍江裏海各子圍不相聯屬，周歷準望良難，故圍尾淆混不清，即河神廟石刻新圖，圍尾亦無標誌。或誤認江村、勒樓爲圍内，沿我圍向不築圍尾致然。甲子、乙丑，余嘗往來三口間，見子圍犬牙相錯，殊難辨悉。今查閱《順德縣志》新圖，於龍江裏海區域甚爲清晰，因據其分區界限，僭於圍圖，綴以點線，旁註某某界，俾閱者有所辨别。但順德誌於麥塱一部劃入裏海界，今點線依各圍基形頗有出入，地非親歷，採訪未周，不知有舛否？剞劂甫就，蔡君翊雲馳書相告，稱龍江添築新基共二千四百餘丈，裏海基丈量未畢，函囑登誌。現龍江新基已據順德誌加入圍圖，至基段尺寸，歷來公開勘明，分段保管，竪立石界，誌明丈數，極爲鄭重，未敢率爾載筆。

謹綴數言，以述承乏補校情形而已。中華民國二十一年壬申歲孟秋關遇志記。

附刊誤校正表

卷數	頁數	行數	字數	刊誤	校正
卷十三	五頁	十四行	七字	開	築
卷十四	四頁	十四行	十二字		漏悔字
卷十四	十頁	五行	二字	輪	輸
卷十四	十頁	十六行	十七字	厚	原
卷十四	十二頁	二行	六字	坦	勘
卷十四	十四頁	十二行	十五字	佃	田
卷十四	二十頁	二行	二十字	有	立
卷十四	廿二頁	四行	十五字	另	只
卷十五	四頁	十 十一行	廿四字	貞 兮	兮 貞
卷十五	八頁	十六行	六七字	里十	十里
卷十五	十二頁	四行	十字	以	於
卷十五	廿四頁	五行	三字	如	始
卷十五	廿五頁	三行	十二字	衙	衝
卷十五	卌八頁	十五行	九字	臟	臧
卷十五	三頁	一行	三字	桑	圍
卷十五	下八頁	十一行	十一字	徙	徒
卷十五	下十四頁	十三行	十五字	勞	煢
卷十六	二頁	十六行	二字	急	忽
卷十六	三頁	四行	二字	野	舒

整理人： 張宇明，編審。中國水利學會水利史研究會委員，長期從事珠江水利史志和水文化的研究、編撰工作。參與《珠江水利簡史》研究、編撰工作，《珠江志》編撰人之一，《珠江續志（一九八六至二〇〇〇）》副總編，《中國河湖大典·珠江卷》執行副主編。

張孝南，編審。長期從事文史研究工作以及水利史志編纂工作。《珠江續志（一九八六至二〇〇〇）》副總編，《中國河湖大典·珠江卷》常務執行副主編。

嚴黎，水利部珠江水利委員會珠江水利科學研究院流域管理與規劃研究室，工程師。

馬濤，中國電信廣州研究院。

〔清〕陳坤 撰

鱷渚回瀾記

嚴黎 整理

整理説明

《鱷渚回瀾記》是系統記録潮州人民戰勝洪水、整治堤防的一部著作。

《鱷渚回瀾記》之『鱷』指鱷溪，即韓江。『渚』爲水邊，即江岸。韓江下游江岸築有堤防。『回瀾』意爲力挽狂瀾，即堵口復堤，水返故道。《鱷渚回瀾記》全文近萬字，記録的是清咸豐三年（一八五三年）潘劉堤決口至咸豐六年（一八五六年）堵復工程開工，至七年丁巳七月工程竣工的過程。是時陳坤任藩（布政）司少尉（後任參軍），被調來參與施工，於八月撰寫了《鱷渚回瀾記》。

陳坤以親身感受和獨到見解記録復堤堵口工程實事，文章周詳簡明，條分縷析，翔實而嚴謹。《鱷渚回瀾記》分八則，『則』有引言，『則』下列目，井然有序。《記》中詳細地叙述了具體的施工歷程和應注意事項，記録了治堤的經驗，並補充了地方誌的有關記述，使此大事的經過更加明晰。實事實録，歷歷如見，如在《治法》中提到的『釘樁之法』『合龍之法』，爲後世築堤提供了直接經驗，其中一些至今仍有實踐價值。

本編纂單元整理工作由嚴黎完成，由張宇明、王紹良審稿。不當之處請批評指正。

整理者

序

五嶺之東爲潮郡，海陽其附郭邑也。境内有潘劉堤，當鱷渚西溪之衝，登隆八都所賴以保障焉。自咸豐癸丑間被水冲決，狂瀾倒注，屢塞屢潰，蕩析者數百鄉之廣，橫流者歷四載之久，哀鴻遍野，慘不堪言。當事篤痌瘝之抱，求拯濟之方，丙辰冬，邑侯汪公政寬籌經費大興工役，親臨水次而董治之。坤適權尉事，奉檄往襄，審度地形，測觀水性，稽成法之得失，（辦）〔辨〕衆論之否臧，應塞應疏，實事求是，怨勞罔避，賞罰兼行。凡八閲月而告成，水歸故道，民復其業，因就其經驗者振筆記之。分爲八則，上兩章專論本事，中五章概言通治，末一章雜録存參，考訂再三，將以質諸君子，極知僭竊，無所逃罪，然於後之堤務，未必無小補云。咸豐丁巳八月甲子，錢唐陳坤謹序。

目録

一記濬故道[一]

錢唐陳坤子厚著

潘劉堤決，水勢旁趨，舍正路而不由，故西溪之下游淤矣，然專於止潰之圖，不得止其潰，必喻於迴瀾之義，乃可迴其瀾。記濬故道。

因勢挑溝

欲治堤，必先治水，水無所歸，堤不能治。河決數載，水由潰口橫流，故道盡成沙坦，以地平測之，高出河面一二丈不等，長亘十里，非去沙無以疏通水道。欲盡去則工煩費重，難矣。因思以人治水，不若以水治水，乃沿溪審度其吸溜之勢，於沙坦低處，挑濬深溝一道，上接來水，直達下游，寬約二三丈。不三月溝成，正軌遂通，旁流漸殺，迨合龍後，大溜復趨故道。賴此深溝爲引，水有所容，沛然莫禦，以歸諸海，從前淤墊之沙，皆隨流冲刷，此用力於堤務之先者也。

船運淤沙

濬溝之初，祇用夫挑運淤沙，頗形拙滯。有建船運之議者，謂一船二工，所載不啻倍蓰，行之果效，後乃船夫並運，溝遂速成。

分段挑空[二]

溝欲其深，不深則復淤矣。奈河中故道掘至二三尺，下即見泉水，各工撈坭水中，頗難施力，輒避深就淺，亦舍難趨易也。察知其故，乃分段授工，定以程限而加賞罰焉。各工始盡其力，溝成，流果深暢。

工費節省

挑溝之沙即運赴決口處填塞，一事兩用，故船夫不必另支工項，而故道開通，蓋以築爲濬也。

二記塞決口

錢唐陳坤子厚著

故道既淤，潘劉欲塞，水有所受而無所歸，此所以屢築屢潰也。但水之趨下，千古不移，違其理，而強治之，其何以有成耶？順其性而利導之，則行所無事矣。記塞決口。

〔一〕原書正文標題爲『鯶渚回瀾記一』，現據目録改。以下徑改。

〔二〕原書目録題爲『分段包空』，現以正文標題爲準。

讓水營基

西溪水從東北來，下游故道在東南，勢曲，所以受淤。潘劉堤决在西南迎溜，所以奪流。初循舊址塞之，繼築迤東敵水，皆不果成。孔子繫《易》曰：『天道虧盈而益謙，地道變盈而流謙。』其象曰，君子以裒多益寡，稱物平施。夫水麗於地者也，其道之變必由於益，其流之順必歸於謙。乃經營築基較前凹入數丈，以合乎裒多益寡之義，使堤前地廣河寬，水不奪溜，其氣乃舒。舒則緩，緩則平，平則衝激力殺，堤完乃固矣。

覆沙廣基

《禹貢》曰：『九澤既陂。』陂者，坂也，土披下而衺側也，基廣於頂，水何能傾？作堤之法，古聖人一言已盡之矣。近時修堤，與水争地，每每監流便舂灰籬，聳然陡立，所以易崩。兹築營基既畢，即用小船搬運沙坭覆於基内，外以廣大之灰籬，又在坭簍椿内開舂，雖不能盡如陂制，似亦近於古意焉。

人字基頭

决口築至十餘丈時，急溜深刷，下椿不受，沉簍不留，填築不出，幾至束手，蓋水勢由北而下至决口，一束則折而西，乃復奔放，一束一放之勢，猛不可當，决口益深而難測矣。乃使善泅者遍探其下，知隙外稍淺，於隙中就其淺處，兩基迤東築出若人字然，以避急溜，人字交互處，即以合口，後可制以爲磯，又一舉兩得焉。

合龍用奇

既作人字基頭，漸漸築出，而兩畔之椿輙相向而仆，頻頻塌陷。初以爲危，繼悟其理曰，無傷也。口狹溜緊，河底之土鬆，故椿易仆，仆則坭簍爲椿所壓，其勢轉實，椿簍牽制，故仆而不流。當即藉勢加椿，層仆層釘，如織布者，經之緯之，併工而作，蓋椿以直爲用，而兹則以横爲力，迨收口至三丈，則兩椿相接，無罅漏矣。乃架梁封椿，晝夜搶塞，以合龍口，事若奇而理則甚正也。

建磯得要

一在上游新舊交接處，一在中凹合口處，皆取其形勢，與故道相冲，遞相逼溜歸東，使新堤不受水，保一段之基，無保全工，緣得其要耳。

三記治法

錢唐陳坤子厚著

河流遽漲，堤防不固，或漫决，或冲决，其水退見地者，治之殊易也。若决口被刷成潭，改築則工程浩大，不得不仍舊塞復，治已不易矣。倘如潘劉，地勢低窪，水性趨下，長流直注，變而爲河，最爲難治者哉。記治法。

釘樁之法

興工之初，須先釘樁，植欲直，入欲深，尋常以二尺一樁，參差三道即可。套簍實坭當急溜處，雖樁樁相接，前後列二三十道亦不爲多，若以護基者，釘一二層足矣。凡樁已釘者，不可摇蕩，摇蕩則根鬆自脱；不可撞擦，撞擦則冒烟自焚。視有摇蕩之樁，預用小杉格定，竹篾拴牢；遇有冒烟之樁，澆水不熄，亟以生猪油墊之即止。倉卒將牛燭代之亦可。

套簍填坭之法

樁若釘就，當在三四樁上套一大竹簍。如簍應沉水者，先用篾繫樁頭，填實海坭，後再斷篾墜下；如簍已出水者，不必繫篾，衹填實海坭可也。然套簍於樁不可一様，務要層層變换，使其簍互套於樁，彼此牽連，俾無傾仆之患。更有水深不能釘樁之處，又須先艤脚艚五肚等船於是，然後將空大竹簍放於船上，填坭加蓋，用篾四面繞縛妥當，推沉水底，再用篙探，可受樁，而後下樁釘之。往往水溜過急，沉數十簍尚有不受樁者，不可不知也。至出水堤基之上，將海坭填高，則可不必用簍。

屯沙之法

釘樁下簍，填實海坭之處，當於其後覆沙土，屯高培厚，以相輔助，不可稽延，致爲冲潰。若行有餘力，樁前亦覆沙土而廣其基，更屬鞏固。

合龍之法

塞决既狹，當在兩基頭作人字形，向外斜築而出，步步進前，層層壓下，使傾攲之樁下交於水，方可填高基頭，支架大梁，待梁架齊，方可封樁，並預將大坭船實坭於簍，排泊决口之外，待頭層樁封完，方可令坭船更迭沉簍，并用多工負運沙袋坭筐，在龍口内搶塞，而各層樁亦須次第封完，不可停緩，大約兩個時辰，即能合龍。至合龍工料，務須多備，合龍之日，本不能預定，切不可預擇。合龍之時，總要極早，俾有餘晷，得以彌縫其闕漏，培足其高厚，免貽一簣之嗟。

舂灰籬之法

灰籬外以禦水，内以護堤，故在坭簍樁後開舂，高視堤作。入土愈深而愈固，厚無定數，分墈漸收而漸狹，大率頭墈七尺可也。有頭墈内加釘梅花樁者，蓋亦取其入土深固之義。其外加細灰抹光者，藉以利水耳。凡細沙合灰舂者，三、四月即可結實；粗沙合灰舂者，非半載不能結實。倘春工甫畢之時，遇大水久浸，則毀。若旋長旋消滋潤之，既燥益固。

建磯頭之法

堤之有磯，猶竹之有節也。堤身既長，雖有灰籬，力必虛怯，故當水溜相衝之處，新舊交接之區，龍口所合之地，皆當建磯，大小因其勢，高下適其宜，或用石，或用灰沙，或用海埽，或兼而用之，皆必先釘木椿，然後可以填築，外護尤非積石不可。

除旋渦之法

塞口愈窄，束溜愈緊，前有所阻，水必起渦，或左或右，迴旋割脚。堤基之内，多係沙埽，一受此病，片片脱卸，椿根浮動，遂致傾圮。宜察其勢，去堤稍遠，斜釘密椿，套篗實埽，如鳥之翼，以蔽來渦，使其直下，即絶迴流。

杜穿洩之法

水底工程隱而不見，椿多篗密難免參差。罅隙一留，水從此洩，涓涓不絶，挾土而流，小則横穿，大竟塌陷，若不亟治，厥堤必頹。速在堤心空溝下視，另將埽塊塞斷來源，堤外屯沙，壅以内灌，彌縫其闕，自可保全。

督工之法

大工既啟，聚衆河干，輟作無時，群嬉必逞，鼠牙雀角之端，胠篋探囊之事，恐俱不能免矣。須先出示明定日程，既曙點名，各執其事，午正進食，稍息片時，集而復興，至昏始罷。聚散之節，仍以鑼聲三遍傳催，不齊即斥，勤則有賞，惰則有刑。

查料之法

堤工需料甚繁，以椿、埽、灰、石四者爲重。然埽、灰、石既用則無可稽，當於收買時，留神查驗。灰係以石論價，統應過斛，如運到船多，亦可令其開單，先將數目報明，酌予抽取盤量，短少准算。埽石係以載論價，船有大小，載有盈虛，全憑眼力估計，最易滋弊，甚有空艙支板，積埽石於上以冒混者，然載輕載重亦有定分，當先議明，隨時抽取過秤，或用空船量水測之。至椿木支數，收固應點，即逐日釘用，收工時亦須查明登簿，并用查訖棕印醮墨，於椿頭逐一蓋記，俾有辨别，而杜侵欺。

四記經費

錢唐陳坤子厚著

事在人爲，亦必有所資藉；百尺高樓，不能平地起也。況決口不塞，洪水橫流，關係者國計民生，無費豈可辦乎？吝費豈可辦乎？記經費。

籌之宜廣

堤分段，段分鄉，如何派修，自有定章。當先查明，著令照數科交，倘已受災，實係無力全完，再就殷户題捐幫補； 若猶未足，另於被水各鄉勸捐協濟。至外方殷户以及官紳客商，如有好善樂施者，仍聽其捐助，但有可籌之法，不妨推廣行之，俾經費得以足備，辦事者便可從長畫策，不致將就了局，貽異日之憂也。

蓄之宜裕

人情急公者少，觀望者多，雖有捐項不能一起交清，陸續催收，恒虞匱乏，而工資料價，隨時須發，更有應用之物，預當備辦，每每因此延悮多費。當先設法催取，或借別起公項，源源接濟，毋致屢空，庶措施得以應手，辦理更爲妥速矣。

核之宜嚴

堤工每係民間自行捐修，故從來不作報銷，流弊叢生，多歸中飽。啟工之初，當飭司事，將一切工料分欵立簿，遇有收支，逐日登記，仍彙列流水總簿一本，五日一送，委員查核，如有浮冒，隨時指斥。蕆事之日，仍將收支各欵會計確數，臚列清单，標貼公所，倘敢侵漁，一經糾發，分别究罰，則經理者自不敢不覈實矣。

用之宜泰

築堤而求堅固，非工良料美不能，非工充料足亦不能，工良而充，料美而足，其費也必多，然一勞永逸矣。若圖苟簡，勢必草率而易壞，一壞之後，勢必更張，而再搆則費不更多乎？夫不當用而用之，乃謂之不節，若當用而反節之，仍留餘患，可不慎哉！

五記工衆

錢唐陳坤子厚著

有治人斯有治法，故得人最難，雖一技之微，優劣殊異，不可不擇也。記工衆。

委員

工務藉其提調，司事資其駕馭，故斯人之選最難，非果盡心經理情面悉捐者不克勝任也。然督之既亟，察之既嚴，嫉怨必多，謗議必興，在上者須驗之實虛，而待之寬厚，庶可以收得人之效。

司事

夫工之作也，必有以董其役況。費不經官，更非一手可辦，收支繁瑣，工料零雜，不能不分任其勞。但所舉之人當究其素履，審其賢否，擇可用者録之。孰司銀錢？孰司夫役？孰司物件？定其執事，專其責成，給以薪水之資，杜其侵漁之漸。

椿工

每班五人，能立龍鬚上舉槌釘椿者不過一二人，餘以負椿木，擎龍鬚，此項工食最大，故竽濫亦最多，察之尚易。大都好手，所用之槌必重，可以一氣連擊數十，下椏著椿，頭不亂跳，雖急溜中，敢用船載而往釘之，否則逡巡不前矣。至所謂龍鬚者，椿頭縛索入雙木，用兩人擎之，若龍鬚然也。

椿船

載椿工以釘椿者，惟開尾船適用。當急溜處，又須脚艚船爲妥。

埽工

澄邑南洋鄉人，生長海濱，習以海埽築堤，傳遞填砌，頗擅其妙，且善泅，堤根穿洩，並能入水探治，故有埽工，必召以應募而用之，美其名曰：『合龍手』。

沙工

即小工。用以挑取沙埽，增高培薄，濬深疏淺，和灰實袋，並起杉搬運之事，皆附近鄉人所充，日以千百計，最難稽查，必須分鄉分起舉（泒）〔派〕工頭，責成領束。

沙船

凡沙埽瀕水之區，有船可達工次者，無論遠近，用小船兼行搬載，比小工挑運，事半功倍。

沙杋

水中淤沙，不便乞取，當用鋤掘杋刮，每班用工多寡，視杋大小。

舂工

須招素業版築者應募，數十人爲一班，班各置長董之，善舂者勤，執杵直，用力匀，其成功也速而固。

灰工

用以合灰沙，資版築，然發水有度，和沙有度，椏鍊如方，燥濕得宜，始適其用也。

篾工

剖篾縛椿，織竹爲篗。

杉工

椿頭欲平，受椏穩也；　椿尾欲尖，入土易也。　椿工藉修椿而嬉，故用杉工治之。

六記料件

錢唐陳坤子厚著

人之有強弱，器之有精麤，何？莫非質之異也。　堤緣土木而成，欲求其固，必審其材矣。　記料件。

椿木

杉有大小河之分，以清流爲上。　匀而短不宜於深水，帶皮者，毛杉出自近地，長而浮不宜於緊水。　梨柯則細且沉，入土便利，雖疾流猛撼亦不起，故龍口所必需。

海坭

土入水而易化，沙入水而易流，惟海坭入水不化不流，故在水中築堤，非用海坭不能成基。　蓋海口淤坭久受鹹潮浸漬，凝結成性，是以膠黏，澄邑各港皆生，爲勢家佔管，必先納其利始可僱工鏟取。　每塊約重十餘斤，色兼青黄兩種，近有將新淤僞冒者，辨之甚易，隨意拾取一塊，擲之踏之，雖陷不坼，若團糍然爲佳。　但招坭頭轉約脚艚、五肚開尾等船前往取回，給價收買，緩急之時，最行挐捏，不如官封船隻，派人督押至各海口采辦，仍照值發船户爲運費，較得其用。

蠣灰

蠣，俗釋作殼之總名，大爲蚌，小爲蚶，爲蛤，爲螺蠣殼，既有大小，灰性亦有厚薄，是以蚌殼灰爲良。　煅不透不發，煅過老又枯若蠔鏡，殼雖煅不化，皆不合用。　開灰窑者，多在瀕海之區，因採殼便易故也。　大工既興，僅就郡窑購買，必不敷用，須往澄邑、樟林、東隴、新市、梅林、水寨、洪渡等處，招窑户赴工，議定斗價，寫立限单，覓妥擔保，先付三成，價銀領回，辦運到工，驗明交收後，再陸續找清價尾。　倘舞弊，於灰中攙和沙土，查出罰之，方免延悮。　又有窑户，聞工中用灰，多自行雇船載灰來工發售，亦可收買，此皆所謂船灰是也。　再，灰初出窑，質極鬆浮，貯久始實，盤量一次，每石只剩八九斗，蝕耗最重，當風尤甚，不宜數相盤量。　議價時運工與到窑交收大不相同，須分別言之，斗以開元米斗爲率。

石塊

磯頭堤脚當衝禦溜，必須積石。取於海邑烏石山等處者，爲山石； 取於潮陽打石山等處者，爲海石。塊雖各有巨細，而其爲用則一也，皆須預爲招募，始有船户自往采運到工售賣。

坭簍

以青竹剖而編之，竹宜寬厚，編宜緊固，高六七尺，圍寬一丈餘，孔大容樁，盖另結邊加篾絞。每具約重十五六斤，實海坭可六七千斤。

坭筐

即盛物小竹簍，店中有製就者發售。連蓋購回，實以坭土，每具約二百斤，兩人可舉，俻合龍時搶塞而用。

沙土[一]

夾坭之沙宜培築堤基，净沙宜入水屯塞，净而且麤之沙宜合灰。

茅草

叢生山野，民間取以代薪者也。凡堤無灰籬之處，沙坭每易脱卸，宜在基邊以草護之。其法，先鋪一層茅草，再墊一層沙坭，層積而上，沙草相藉，雨露頻沾，發生甚速，數月之後，根蔓盤結則固。

沙袋

沙沉易流，入袋則凝，柔物相疊，罅隙全無，然不經久，只宜濟急，故惟合龍時所必需耳。用必取蔴布，縫袋盛沙，倉卒不辦，赴各行棧收買裝貨舊袋應用亦可，或以蒲包代之，滑脆不宜。

七記善後

錢唐陳坤子厚著

病每劇於小愈，患常伏於無形，此所以重防微而慎慮遠也。况成功不易，民瘼攸關，費有限之精神，溥無窮之樂利，詎可忽乎哉？記善後。

辦歲修

堤潰必先受病。或因年久失修，灰崩土卸； 或有蟲窠鼠穴，下陷横穿，殘缺多端，勢已岌岌，洪流衝激，遂致豁開。應先查明舊章，按鄉分段，訂定界限，嚴諭責成，於

[一] 原書正文標題爲『土』，據目録改。

每歲冬初周行省視，如有應修之處，即時科費葺復，務期一律堅固，自無不保之堤矣。

防大水

鱷渚來源發於大、小兩河。小河乃循梅贛三州之水，大河獨汀州之水。每歲至夏秋間，時常暴漲，城不没者恒尺許，海邑固澤國也。北有北堤，南有南堤，東有東堤，秋溪水南江東各又有堤，然唯南、北二堤爲要耳。大水至，當遣員役分往巡察，遇有漫溢傾圮之處，督飭附近居民火速搶護，加意防虞，則洪流亦不足慮也。

清河道

夫河之所以決者，皆由洪水暴漲，下流壅滯，不得遂就下之性，故旁流溢出，致開決口。決口既開，旁流分勢，則正流愈緩，正流緩則沙因以停，沙停淤淺則就下之性愈不得遂，而旁決之勢益横。應赴下游河道逐細查勘，遇有淤淺之處，水若停緩，勢若紆曲，亟宜導之使通，引之使直，俾流利可[一]迅，迅則有力，新沙不致再停，舊淤並可盡刷，水行地中，河決之患必弭矣。

闢海口

鱷渚三流，皆由澄邑出海，自塭田之築興，海口日窄，而上游愈壅，以致漫決頻仍，内訌而不之止也。夫塭田者，本係海口沙淤，爲勢家佔而有之，周圍築塭若堤防然，中墾爲田，歲收饒熟，故效尤者日甚，非闢之海口不廣，尾閭不洩，水患不絶也。闢之之道在破塭，然亦不必盡破，擇其有礙於水道者，乘漲決之，隨流蕩滌，不必多時而可盡刷，則海口開，水患除矣。

八 記雜事

錢唐陳坤子厚著

談言微中，猶可以解紛也，矧其義有所存，理足相喻者乎！記雜事。

鯉魚臍築壩

鯉魚臍在中溪西溪之間，水漲時乃可通流，咸豐癸丑年冲開百餘丈，急溜遂直注潘劉，堤所由決，塞所由難。故議者輒欲於此築壩，以截其源，俾潘劉堤可易築，並不爲無見第。察勘此處，逼近中溪水，勢不減潘劉，此處可以築壩，潘劉亦可築堤，勞費相等，何必多此一舉？況此處築壩祗能截中溪之源，不能截西溪之源，下游故道淤沙不濬，洪流暴漲，水終無歸，潘劉堤縱築成，其潰仍未能免

[一] 可　疑爲『河』之誤。

也。後竟在此處築壩，費竭中輟，而故道疏通，決口亦塞矣。

合龍之異

丙辰正月，潘劉堤合龍時，漏已二下，有人見一黑面大漢立於合口處，昂然執棍，金光閃爍，轉瞬間龍口復潰。至二月再合龍，於封樁之際，隙内預伏壯丁，伐鼓鳴角，搖旗吶喊，鎗炮齊施，若對陣殺賊之勢，竟有一蛇，長數寸，驚竄至南畔基頭，爲工人擊殺之，搶塞遂成，並無他患。因思韓文公從鱷文中何嘗不以『強弓毒矢』怵之！蓋潮之鬼物畏威由來亦久矣。

跋

《鱷渚回瀾記》一卷，錢塘陳子坤譔記。咸豐丙辰修潮州潘劉堤事也。古來言水利諸書專記一堤一堰之事者，宋魏峴有《它山水利備覽》二卷，明謝廷諒等有《千金堤記》八卷。是書述堤事始末，意與二書相近，惟不闌入詩文題詠，體例獨爲謹嚴，其中於經畫規制，言之極詳，而闢沙田以暢下流尤洞中肯綮之説。海濱沙田與水争地，沙田日多，下流日隘，横決而後，區區補苴於堤防之間，固治標之計矣。雖然沙田實未易除，水患終未能免，經營補救之方固亦不可不講也。前事之師，利弊具在，後之人得是書而存之。其亦中流之一壺乎？

同治元年七月，會稽汪瑔識。

整理人：　嚴黎，水利部珠江水利委員會珠江水利科學研究院流域管理與規劃研究室，工程師。

後記

按照中國水利史典編委會的安排，珠江水利委員會在領受了編纂《中國水利史典・珠江卷》任務後，即開展珠江一九四九年以前水利典籍的調研任務，先後查閱了國家圖書館、清華大學圖書館、廣東省立中山圖書館、廣州市圖書館、廣東省檔案館和中國名校聯網、廣東省圖書資料聯網等圖書館館藏資料，電詢了肇慶圖書館、佛山圖書館、汕頭圖書館等，形成了中國水利史典珠江卷備選書目表。根據珠江片的情況和編委會原擬定的參考書目，確定了本册點校書目，其中《桑園圍總志》《重輯桑園圍志》《續桑園圍志》《鱷渚回瀾記》圖文並茂，内容連貫、詳實，是珠江流域重要的水利史料，參考借鑒意義重大。

珠江片所在地域基本屬嶺南地區，以珠江爲主，珠江水利最具特色者當爲堤圍，涉及桑園圍的三種志書占了本册文字的九成以上。桑園圍地處西、北兩江之水交匯後下流之處，其修建，無論在組織上和修建特色上都獨具特點。歲修制度和小修專責、大修朝廷撥款加全圍均派的管理體制，在各個水利設施中是獨具特色的，這種管理體制既考慮了其堤圍的特點，也考慮了桑園圍地理上的特别重要性，可以説桑園圍既是圍内十四堡的，也屬於三角洲乃至整個西、北兩江。桑園圍被淹冲决，整個三角洲都會受損；桑園圍堵塞，西、北兩江水便四處漫溢。所以桑園圍的修建受到道省藩州縣各級，乃至皇帝的重視。《鱷渚回瀾記》主要總結了堤圍修治的經驗方法。總的來説，本册主要集中反映了嶺南特色——堤圍的修治。

本册所選篇目基本上出自嶺南人之手，其文風遣詞造句、修辞用字，也都帶有嶺南特色，如歷史的『歷』一般用『歴』，『派』一般用『泒』。

本册關於桑園圍的三大部志書，因主要是縣以下紳士們寫的文書，不完全符合規範，因而多與朝廷的正規公文有所區别；對同一事件的叙述、轉述也許過於煩瑣，或重複，或訛誤，但不影響讀者瞭解事件的來龍去脈。有些詞語帶有地方特色，如稱一種長脚蜘蛛爲蠄蟧，也只有廣東一帶才這樣稱。

本册整理工作在遵重底本字形的基礎上進行斷句標點注釋，儘可能保持底本原貌，如對混用但不致歧意的字不作改動；保留底本刊誤校正表，供讀者參考和查閱原書。

《中國水利史典·珠江卷》主編

中國水利史典　編輯出版人員

總　編　輯　湯鑫華
總責任編輯　陳東明
副總責任編輯　穆勵生　馬愛梅

珠江卷一

責任編輯　楊春霞
審稿編輯　穆勵生　王　藝　張小思　宋建娜　朱　莉
　　　　　趙　耀　王　勤　陈　昊
封面設計　王　鵬　蘆　博
版式設計　孫立新　黄雲燕
責任排版　吴建軍　郭會東　孫　静　丁英玲　聶彦環
責任校對　張　莉　梁曉静　吴翠翠
責任印制　崔志强　帥　丹　孫長福　王　凌